4판

환경공학 및 과학

Principles of Environmental Engineering and Science, 4th Edition

1   2   3   4   5   6   7   8   9   10   GMP   20   22

Original: Principles of Environmental Engineering and Science, 4th Edition © 2020
    By Mackenzie Davis, Susan Masten
    ISBN 978-1-259-89354-4

This authorized Korean translation edition is jointly published by McGraw-Hill Education Korea, Ltd. and GYOMOON Publisher. This edition is authorized for sale in the Republic of Korea.

This book is exclusively distributed by GYOMOON Publisher.

When ordering this title, please use ISBN 978-89-363-2287-8

Printed in Korea

PRINCIPLES OF ENVIRONMENTAL ENGINEERING AND SCIENCE

4판

환경공학 및 과학

Susan J. Masten, Mackenzie L. Davis 지음
박제량, 최용주 감수
김이중, 명재욱, 박제량, 윤석환, 이재영, 조은혜, 최용주, 최정권 옮김

교문사

역자 서문

이 책은 환경공학 및 환경과학을 공부하는 이들에게 반드시 필요한 여러 분야의 기초지식을 아우르는 교과서인 S. J. Masten 과 M. L. Davis 교수의 "Principle of Environmental Engineering and Science" 4판의 번역서입니다. 이 책은 환경공학 및 과학 을 이해하기 위해 필요한 화학, 생물학 등 과학적 원리는 물론이고 수처리, 대기오염, 폐기물공학, 소음공해 등 환경공학 내 다양한 분야들의 이론과 실제에 대한 내용도 상당히 깊이 있게 소개하고 있습니다. 또한 학문 발전에 따라 진화하는 대학 교 육에 적합하도록 지속 가능성, 위해성 평가 및 관리 등 다른 교과서에서는 접하기 어려운 분야들도 포함하고 있습니다. 우리 나라 여러 대학교에서 이 책을 교과서로 채택하고 있으나, 놀랍게도 이전 판들부터 현재의 4판에 이르기까지 한글 번역서가 한 번도 출간되지 않았습니다. 역자들은 우리 학생들이 환경공학 및 과학에 조금 더 쉽게 다가가고 학습한 내용을 빠르게 이 해할 수 있기 위해 번역서가 반드시 필요하다고 생각하여 본 번역서 출판에 힘을 모으게 되었습니다.

환경공학 및 과학의 다양한 세부분야를 포함하고 있는 책인 만큼 정확한 번역을 위해 해당 분야를 전문적으로 연구하고 교 육하는 현직 교수들이 역자로 참여하였습니다. 우리나라 환경법령 및 제도와 환경관리 현장에서 사용되는 한글 용어들을 그 정의에 맞게 사용하는 데 힘쓰는 한편 책 전반에 걸쳐 용어의 통일성을 유지하기 위한 노력도 소홀히 하지 않았습니다. 그럼 에도 첫 번역서인 만큼 오류 및 오역이 있을 수 있으며, 이에 대해서는 최대한 수정하여 다음 인쇄본에서는 오류를 최소화하 려는 노력 역시 지속할 것입니다.

전 지구적 기후변화, 이제는 일상이 되어 버린 미세먼지, 선진국 수준의 국가임에도 여전히 발생하는 다양한 수질사고 등 우 리나라가 앞으로 해결해야 할 환경문제들이 점점 다양해지고 있습니다. 미래 세대들이 더욱 안전하고 깨끗한 환경에서 삶을 지속할 수 있기 위해서는 더 많은 환경공학 및 과학자들의 지혜와 노력이 필요합니다. 이 책의 역자들은 이 번역서가 그러한 전문가들을 양성하기 위한 초석이 되기를 희망합니다.

2022. 07

역자 일동

차례

1 서론

1-1 환경과학이란?

자연과학

가장 넓은 의미에서 과학이란 문제의 인식 및 공식화, 관찰을 통한 자료의 수집, 그리고 이에 대한 실험을 통해 도출되고 검증되는 체계화된 지식이다. 사회과학은 사람 및 그들이 어떻게 가족, 부족, 공동체, 인종, 국가로 함께 사는지에 대한 연구를 다루는 반면, 자연과학은 자연과 물리적 세계에 대한 연구를 다룬다는 점에서 서로 구분된다. 자연과학에는 생물학, 화학, 지질학, 물리학 및 환경과학과 같은 다양한 분야가 포함된다.

환경과학

생물학, 화학 및 물리학과 하위 분야인 미생물학, 유기화학, 핵 물리학 등의 분야는 자연과학의 특정 측면에 초점을 두지만, 환경과학은 넓은 의미에서 자연과학의 모든 분야를 포괄한다. 물론 과거의 환경과학자들의 주요한 연구 초점은 자연환경이었다. 자연환경은 건설된 환경(built environment)과 구별되는 대기, 땅, 물 및 여기에 서식하는 생물을 의미한다. 반면에 현대 환경과학은 인공환경 또는 인공환경에서 배출되는 것들도 포함한다.

정량적 환경과학

과학 혹은 더 정확하게는 **과학적 방법론**(scientific method)은 관찰을 기록한 자료(데이터)를 다룬다. 물론 자료는 수많은 가능성의 표본일 뿐이다. 이 자료는 대표적인 것일 수도 있으나, 편향된 것일 수도 있다. 표본들이 대표적이라 하더라도 현재의 지식으로 설명할 수 없는 무작위적 변동성이 일부 포함된다. 독립적인 검증뿐만 아니라 자료 수집과 기록 시 주의와 공정성은 과학의 초석이다.

데이터의 수집과 구성이 특정한 규칙성을 드러낼 때, 일반화를 하거나 또는 **가설**(hypothesis)을 만드는 것이 가능할 수 있다. 이는 특정 상황에서 어떤 현상이 일반적으로 관찰될 수 있다는 진술일 뿐이다. 많은 일반화들은, 대규모 집합에는 정확하게 적용되지만 더 작은 집합이나 개별적으로 적용될 때는 확률에 지나지 않는다는 점에서 통계적이다.

과학적 접근법에서 가설은 허용 가능한 것으로 입증될 때까지 시험과 수정이 반복된다.

특정 가정을 통해 일련의 일반화를 결합할 수 있다면 이론을 만들게 된다. 예를 들어, 오랜 시간 동안 받아들여진 이론들은 **법칙**(law)으로 알려져 있다. 몇몇 예로는 움직이는 물체를 묘사하는 운동법칙과 기체의 거동을 묘사하는 기체법칙이 있다. **이론**(theory)의 개발은 지식의 거대한 통합을 이루게 하는 중요한 성과이다. 또한 이론은 새로운 일반화를 찾기 위해 어디를 봐야 할지 알려주기 때문에 지식 획득에 있어 강력한 새로운 도구를 제공한다. "따라서 자료의 축적은 사실의 수집이 아니라, 필요한 정보를 찾는 체계적 수색 과정이다. 과학을 지식의 조직체로 만드는 것은 분류와 일반화이며, 무엇보다도 이론이다"(Wright, 1964).

논리는 모든 이론의 한 부분이다. 논리에는 질적 논리와 양적 논리가 있다. 질적 논리는 서술적이다. 예를 들어, 강으로 유입되는 폐수의 양이 너무 많으면 물고기가 죽는다고 서술할 수 있는데, 질적 논리로는 "너무 많다"는 것이 무엇을 의미하는지 알 수 없다. 이를 위해 양적 논리가 필요하다.

자료와 일반화가 양적일 때, 양적 관계를 보여주는 이론을 제공할 수 있는 수학이 필요하다. 예를 들어, "강에 유입되는 유기물질의 양이 하루에 x kg일 때, 하천의 산소량은 y"라는 정량적 진술을 할 수 있다.

여기서 중요한 것은, 양적 논리는 관계에 대해 "만약에?"라는 질문을 탐구할 수 있게 해준다는 것이다. 예를 들어, "만약 하천에 유입되는 유기물질 양을 줄인다면, 하천의 산소량은 얼마나 증가할 것인가?"라고 질문할 수 있다. 또한 이론, 특히 수학적 이론은 종종 실험적으로 통제된 관찰과 현장에서 이루어진 관찰 사이의 차이를 메울 수 있게 해준다. 예를 들어, 실험실의 어항 내 산소량을 조절하면 물고기가 건강을 유지하는 데 필요한 최소 산소량을 결정할 수 있다. 그리고 나서 이 숫자를 사용하여 하천에서의 허용 가능한 유기물질의 양을 결정할 수 있다.

환경과학이 환경적 관계에 대한 지식의 조직체라는 점을 감안할 때, **정량적 환경과학**(quantitative environmental science)은 환경적 관계를 기술하고 탐구하는 데 사용될 수 있는 수학적 이론의 조직화된 집합체이다.

이 책에서는 환경과학에서의 관계를 설명하고 탐구하는 데 사용될 수 있는 몇 가지 수학적 이론을 소개한다.

1-2 환경공학이란?

환경공학은 수학과 과학을 응용하여 물질의 특성과 에너지원을 환경위생 문제해결에 활용하는 전문 분야이다. 여기에는 안전하고, 먹음직스럽고, 풍부한 공공 용수의 공급, 폐수와 고형 폐기물의 적절한 처리 또는 재활용, 적절한 위생 처리를 위한 도시 및 농촌 지역의 적절한 배수, 물, 토양 및 대기오염의 제어, 그리고 이러한 해결책의 사회적 및 환경적 영향이 포함된다. 또한 환경공학은 절지동물 매개성 전염병의 통제, 산업 보건 위험의 제거, 도시, 농촌 및 휴양 지역에서의 적절한 위생의 제공, 그리고 기술적 발전이 환경에 미치는 영향과 같은 공공보건 분야의 공학적인 문제와 관련이 있다(ASCE, 1973, 1977).

환경공학은 공조(냉·난방, 환기 등)를 중점적으로 다루지 않고, 조경 설계를 중점적으로 다루지도 않는다. 또한 가정, 사무실 및 기타 작업장과 같은 건설된 환경과 관련된 건축 및 구조 공학적 기능과 혼동해서도 안 된다.

역사적으로, 환경공학은 토목공학에서 특화된 분야였다. 오늘날에도 여전히 환경공학은 교과 과정에서 토목공학과 관련되어 있다. 하지만 환경공학 전공의 대학원생은 다양한 다른 학문 분야에서 올 수 있다. 예를 들면 화학, 생물 시스템, 전기, 기계공학, 생화학, 미생물학, 토양과학 등이 있다.

전문직으로서의 환경공학자

환경공학자들은 전문가들이다. 전문가라는 것은 비단 전문직에 종사하는 것만을 의미하는 것이 아니다. 진정한 전문가들은 공공 서비스 정신으로 그들이 익힌 이상을 추구하는 사람들이다(ASCE, 1973). 진정한 전문성은 다음과 같은 특징으로 정의된다.

1. 전문적인 결정은 고려 중인 특정 사례와 관계없이 일반 원칙, 이론 또는 명제를 통해 이루어진다.
2. 전문적인 결정은 그 사람의 전문 분야에 대한 지식을 의미한다. 전문가라 하면 특정 분야

에서의 전문가임을 의미하며 모든 분야에서의 전문가는 아니다.

3. 전문가의 고객과의 관계는 객관적이며 고객들에 대한 특정 정서와는 독립적이다.

4. 전문가는 그들이 성취한 업적에 의해서만 신분과 재정적 보상을 얻으며, 출생순서, 인종, 종교, 성별, 나이와 같은 내재적 특성이나 자격에 의해서 얻는 것이 아니다.

5. 전문가의 결정은 고객을 대표하고 개인의 이득과는 무관하다고 가정한다.

6. 전문가는 자발적인 전문가 협회와 관계를 맺고 그 동료들의 권한만을 자신의 행동에 대한 승인으로 받아들인다(Schein, 1968).

전문가의 우수한 지식은 인정된다. 이로 인해 의뢰인은 매우 취약한 위치에 있게 된다. 의뢰인은 의사결정에 대한 상당한 권한과 책임을 갖는다. 전문가가 아이디어와 정보를 제공하고 행동 방침을 제안하면, 의뢰인의 판단과 동의가 필요하다. 의뢰인의 취약성은 강력한 직업윤리강령을 개발케 하였다. 윤리강령은 의뢰인뿐만 아니라 대중을 보호하는 역할을 한다. 윤리강령은 전문가들의 동료 그룹을 통해 시행된다.

직업윤리강령.　환경공학이 속해 있는 토목공학은 이러한 원칙을 구현하는 윤리강령이 확립되어 있다. 강령은 그림 1-1에 요약되어 있다. 미국 공학 및 측량 시험위원회(National Council of Examiners for Engineering and Surveying, NCEES)가 발간하는 기사시험 참조용 핸드북에는 전문가 행동의 모델 규칙이 포함되어 있다. NCEES의 핸드북에는 윤리강령 원칙이 상세하게 담겨 있으며, 이는 온라인에서 확인 가능하다(www.ncees.org/Exams/Study_materials/Download_FE_supplied-Reference_Handbook.php).

1-3 환경과학 및 공학의 역사

개요

환경과학이 자연과학에 뿌리를 두고 있으며 자연 과정에 관한 가장 기초적인 형태의 일반화가 문명만큼 오래되었다는 것을 감안할 때, 환경과학은 매우 오래된 학문이다. 잉카의 작물 재배 및 마야와 수메르인들의 수학은 자연과학의 초기 응용으로 볼 수 있다. 마찬가지로 나일(Nile)강의 연례 홍수에 대한 이집트인들의 예측과 치수는 환경공학이 문명만큼이나 오래되었다는 것을 보여준다. 반면에 아르키메데스나 뉴턴, 파스퇴르에게 그들이 환경공학 및 과학의 어떤 분야에서 일했는지 물어봤다면 그들은 어리둥절해 했을 것이다. 1687년까지 과학이라는 단어는 널리 사용되지 않았다. 뉴턴의 논문은 자연 철학과 수학 원리(Philosophiae Naturalis Principa Mathematics)만을 언급한다.

오늘날 우리가 알고 있는 공학과 과학은 18세기에 꽃을 피우기 시작하였다. 학문 분야로서 환경공학이 자리잡게 된 것은 1800년대 중반 토목공학의 다양한 학회(예: 1852년 미국 토목학회)가 형성된 시점과 일치한다고 볼 수 있다. 이 학문 분야는 첫 등장부터 20세기까지 수질 정화라는 뿌리로 인해 위생공학으로 불렸다. 이러한 명칭은 1960년대 후반과 1970년대 초반에 수질 정화뿐만 아니라 대기오염, 고형 폐기물 관리 및 현대의 환경기술자의 업무 범위에 포함되는 여러 측면을 반영하기 위해서 환경공학으로 바뀌었다.

환경과학의 시작을 18세기로 보는 경우들이 많으나 사실 1960년대 이전에는 문헌상에서 환경과학에 대한 언급을 찾기 힘들다.

그림 1-1

미국 토목학회(American Society of Civil Engineers)의 윤리강령(ASCE, 2005)

AMERICAN SOCIETY OF CIVIL ENGINEERS CODE OF ETHICS

Fundamental Principles

Engineers uphold and advance the integrity, honor and dignity of the engineering profession by:

1. using their knowledge and skill for the enhancement of human welfare and the environment;
2. being honest and impartial and serving with fidelity the public, their employers and clients;
3. striving to increase the competence and prestige of the engineering profession; and
4. supporting the professional and technical societies of their disciplines.

Fundamental Canons

1. Engineers shall hold paramount the safety, health and welfare of the public and shall strive to comply with the principles of sustainable development in the performance of their professional duties.
2. Engineers shall perform services only in areas of their competence.
3. Engineers shall issue public statements only in an objective and truthful manner.
4. Engineers shall act in professional matters for each employer or client as faithful agents or trustees, and shall avoid conflicts of interest.
5. Engineers shall build their professional reputation on the merit of their services and shall not compete unfairly with others.
6. Engineers shall act in such a manner as to uphold and enhance the honor, integrity, and dignity of the engineering profession.
7. Engineers shall continue their professional development throughout their careers, and shall provide opportunities for the professional development of those engineers under their supervision.

1940년대에 생태학의 개념이 확고하게 정립되었고, 이 분야에서 분명히 한 명 이상의 학자가 활동하였지만, 오늘날 우리가 알고 있는 환경과학의 선구자는 아마도 레이첼 카슨(Rachel Carson)과 그녀의 책인 〈침묵의 봄〉(Silent Spring, 1962)일 것이다. 1970년대 중반에서야 환경과학이 학계에 확고하게 자리를 잡게 되었고, 1980년대에는 자연과학의 오래된 학문 분야들이 환경과학의 하위 분야(환경화학, 환경생물학 등)로 등장하게 되었다.

수문학

다음 절에 대한 인용은 원래 초우(Chow)의 응용 수문학 편람(Handbook of Applied Hydrology) (1964)에 나와 있다. 현대 수문학은 17세기에 측정으로부터 시작된 것으로 볼 수 있다. 센(Seine) 강의 강우, 증발 및 모세관 현상이 페로트(Perrault, 1678)에 의해 측정되었고, 마리오뜨(Mariotte, 1686)는 수로의 단면적과 유속을 측정하여 센강의 유량을 계산하였다.

18세기는 실험의 시기였다. 현재 사용되는 일부 측정 도구의 전신이 이 시기에 발명되었다. 베르누이(Bernoulli)의 피에조 미터, 피토 튜브, 월트맨(Woltman)의 유량 측정기 및 보르다(Borda) 튜브 등이 여기에 포함된다. 1769년 체지(Chézy)는 개수로에서의 균일한 흐름을 설명하기 위해 그의 방정식을 제안하기도 하였다.

19세기는 실험 수문학이 가장 번성한 시기였다. 이 시기에 지질학에 대한 지식이 수문학 문제에 적용되었다. 하겐(Hagen, 1839)과 푸아세유(Poiseulle, 1840)는 모세관 흐름을 설명하는 방정식을 개발하였고, 달시(Darcy, 1856)는 지하수 흐름의 법칙을 발표하였으며, 뒤퓌(Dupuit, 1863)는 지하수 관점으로부터 흐름을 예측하는 공식을 개발하였다.

20세기에 수문학자들은 경험 위주에서 수문학적 현상에 대한 이론적 설명을 하는 경향으로 변화하였다. 예를 들어, 헤이즌(Hazen, 1930)은 수문학 분석에 통계학을 적용하였으며, 호튼(Horton, 1933)은 침투 이론을 기반으로 강우 초과량을 결정하는 방법을 개발하였고, 테이즈(Theis, 1935)는 우물 수리학의 비평형 이론을 제시하였다. 20세기 말에는 고속 컴퓨터의 출현으로 토양 내 오염물질의 이동을 예측하기 위한 유한 요소 분석법이 사용되었다.

수처리

다음을 통해 이미 고대 문명에서 물 공급과 폐기물 운반의 필요성에 대한 인식이 있었다는 것을 알 수 있다. 인도 니푸르의 하수도는 기원전 3750년경에 건설되었고, 기원전 26세기에 건설된 하수도가 이라크 바그다드 근처 텔 아스마르(Tel Asmar)에서 확인되었다(Babbitt, 1953). 허셜(Herschel, 1913)은 로마 수도국장 프로티누스(Sextus Frontinus)의 보고서를 번역하여 서기 97년에 3×10^5 $m^3 \cdot d^{-1}$의 물을 로마로 운반한 9개의 수로가 있었음을 확인하였다.

수 세기에 걸쳐 깨끗한 물을 공급하고 오염된 물을 적절하게 방류할 필요성을 확인하고 그에 따른 조취를 취했다가, 그 필요성을 망각하고 재확인하는 일이 반복되었다. 가장 최근의 재확인과 사회적 자각은 19세기에 일어났다.

영국에서는 1804년 스코틀랜드 페이즐리에 설치된 물 여과 공정과 1829년 템스(Thames)강 수질을 개선하기 위해 필터를 설치한 첼시 워터 컴퍼니(Chelsea Water Company)의 기업가적 노력이 사회적 자각을 이루었다(Baker, 1981; Fair and Geyer, 1954). 파리의 대형 하수도 건설은 1833년에 시작되었고, 린들리(W. Lindley)는 1842년 독일 함부르크의 하수도 건설을 감독하였다(Babbitt, 1953). 사회적 자각은 의사, 변호사, 엔지니어, 정치가, 그리고 작가 찰스 디킨스(Charles Dickens)에 의해 주도되었다. "무엇보다도 중요한 것은 에드윈 채드윅(Edwin Chadwick) 경이 변호사를 양성함으로써 보건을 위한 십자군을 소집한 것이었다. 그는 1842년 영국 노동 인구의 위생 상태 조사에 관한 빈민법 위원회의 보고서에서 주요 발언자였다"(Fair and Geyer, 1954). 환경운동의 많은 지도자들이 겪었듯이, 그의 권고는 대부분 무시되었다.

최초의 환경과학자 중에는 존 스노우(John Snow)(그림 1-2)와 윌리엄 버드(William Budd)(그림 1-3)가 있다. 그들의 역학 연구는 오염된 물과 질병 사이의 관계에 대한 설득력 있는 증거를 제공하였다. 1854년 스노우 박사는 콜레라로 인한 사망자와 이들이 사용한 수원의 위치를 이용하여 오염된 물과 콜레라 간의 관계를 보여주었다(그림 1-4 및 1-5). 그는 콜레라로 인한 사망자들이 템스강에서 오염된 물을 공급하는 런던 브로드(Broad)가(街) 펌프 주변에 밀집되어 있음을 발견하였다(Snow, 1965). 1857년 버드 박사는 장티푸스(typhoid)와 수질오염 사이의 관계를 보여주는 작업을 시작하였다. 1873년에 출판된 그의 논문은 장티푸스 전파가 일어난 순서를 잘 설명했을 뿐만 아니라 이 질병의 확산을 예방하기 위한 간결한 규칙을 제공하였다(Budd, 1977). 이 규칙은 130여 년이 지난 지금도 여전히 유효하다. 이 두 사람의 연구는 1876년 코흐(Koch)가 질병에 대한 세균 이론을 발견하기 이전에 이루어졌다는 점에서 더욱 놀랍다.

미국에서는 1832년 버지니아주 리치먼드에서 여과 공정이 처음으로 가동되었는데, 이 대담한 첫 시도는 성공을 거두지 못하였다. 이후 미국에서는 남북전쟁이 끝날 때까지 더 이상 여과지가 설

그림 1-2

존 스노우 박사 (©Pictorial Press Ltd/Alamy)

그림 1-3

윌리엄 버드 박사 (©Used with permission of the Library & Archives Service, London School of Hygiene & Tropical Medicine)

치되지 않았다. 심지어 남북전쟁 이후에 설치한 여과지도 성공적으로 가동되지 못하였다. 1830년대부터 1880년대까지 미국에서는 단순 침전 공정이 수질 정화의 주요 수단이었다.

1881년에 미국수도협회(AWWA)가 설립되었다는 것은 주목할 만한 일이다. 이 집단은 전문가들의 지식과 경험을 공유하기 위해 조직되었다. 1800년대 후반 및 1900년대 초반에 설립된 다른 전문 학회 및 협회와 마찬가지로 미국수도협회는 물을 정화시키는 데 필요한 지식과 경험을 수집하여 축적하는 활동을 하였다. 이는 식수 정화의 지속적인 개선에 필수적이었고, 지금도 마찬가지이다. 또한 협회는 새로운 아이디어를 제시하고 비효율적인 관행을 지적하는 장이 되었다. 협회에서 발행하는 저널과 기타 간행물들은 전문가들이 정수 기술의 발전 동향을 접할 수 있게 한다.

미국에서의 여과에 대한 제대로 된 연구는 1887년 매사추세츠주 보건국이 로렌스 시험소(Lawrence Experiment Station)를 세우면서 시작되었다. 이 실험실에서 수행된 실험을 기반으로 로렌스에 완속 모래 여과지를 설치하여 1887년에 가동을 시작하였다.

비슷한 시기에 급속 모래 여과 기술이 적용되기 시작하였다. 러트거즈(Rutgers) 대학의 오스틴(Austen), 월버(Wilber) 교수의 발견과 조지 워렌 풀러(George Warren Fuller)가 오하이오주 신시내티에서 실시한 실규모 플랜트 실험 덕분에 영국에서의 실패와는 대조적으로 급속 모래 여과지가 여기서는 성공을 거두게 된다. 1885년 오스틴과 월버는 알루미늄을 응집제로 사용한 후 침전을 하게 되면, 침전만 하는 것보다 수질이 더 좋아진다고 보고하였다. 풀러는 1899년에 응집 침전 공정

그림 1-4

스노우 박사에 의해 작성된 1854년 8월 19일부터 9월 30일까지의 런던의 콜레라 지도. 각 사각형(■)은 사망자 1인을 나타냄.

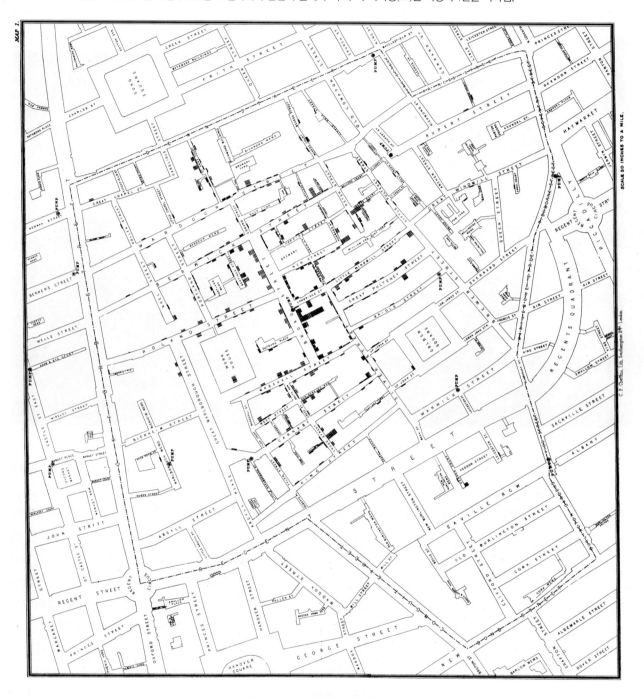

을 급속 모래 여과와 결합하여 오하이오 강물이 최악의 조건인 경우에도 물을 성공적으로 정화할 수 있었다고 보고하였고, 이 결과는 널리 알려지게 되었다.

1902년 벨기에 미들케르케(Middlekerrke)에서 세계 최초의 물 염소 소독 설비가 가동되었다. 이후 1905년 영국 링컨, 1908년 뉴저지의 저지시티 상수원인 분턴(Boonton) 저수지에 염소 소독 설비가 설치되었다. 오존 소독도 염소 소독과 거의 비슷한 시기에 시작되었다. 하지만 20세기 말까지

그림 1-5

1854년 런던의 세 군데 물 회사의 서비스 지역도. 원 지도는 UCLA 웹사이트 참조: http://www.ph.ucla.edu/epi

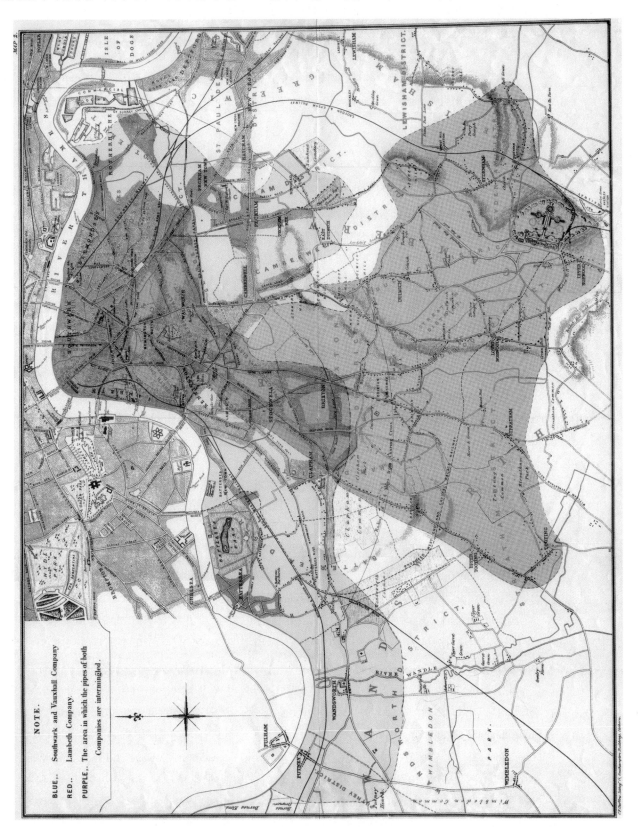

오존 소독의 경제성은 낮았다.

불소 주입(fluoridation)은 1945년 미시간주 그랜드래피즈의 도시 용수에 처음 사용되었다. 이 프로젝트의 목표는 충치 발생이 적게 나타나는 인근 지역의 상수도에서 발견되는 정도로 불소 농도를 높여 수돗물을 공급할 경우 충치 발생률을 낮출 수 있는지 여부를 확인하는 것이었다. 결과는 적절한 수준의 불소 주입이 충치 발생률을 상당히 감소시킨다는 것을 보여주었다(AWWA, 1971).

수처리에서 가장 최근의 주요한 기술적 발전은 합성막을 사용한 여과이다. 막(membrane)은 1960년대에 수처리에 처음 도입되었으며, 1990년대에 이르러서는 특수한 상황에서의 공공 수처리에 경제성을 갖추게 되었다.

하수 처리

초기의 하수 처리는 하수를 인근 하천으로 운반해 방류하는 형태로 이루어졌다. 하천의 자연생물에 의해 하수에 의해 유입된 오염물질의 일부가 소비되어 처리되었지만, 보통은 하수의 양이 너무 많아 결과적으로 개방 하수도나 마찬가지였다.

영국에서는 1868년 왕립 하천오염위원회가 설립되었다. 위원회는 6개의 보고서를 통해 (선호도가 낮아지는 순서대로) 여과, 관개 및 화학적 침전을 공식적으로 하수 처리 방법으로 인정하였다(Metcalf and Eddy, 1915).

이 즈음에 미국과 영국에서는 관련한 일들이 다소 빠르게 진행되기 시작하였다. 1872년 미국에서는 메인주 어거스트에 있는 국립 정신병원에서 관개에 의한 첫 하수 처리가 시도되었다.

첫 하수 폭기 실험은 1882년 영국 애쉬테드에서 스콧 몽티에프(W. D. Scott-Monctieff)에 의해 수행되었다(Metcalf and Eddy, 1915). 그는 하수를 거르는 일련의 9개의 트레이를 사용하였다. 약 2일간의 트레이 운전 이후, 트레이에 박테리아가 자가 증식하고 유기물질을 효과적으로 제거하기 시작하였다.

1887년 매사추세츠주에 로렌스 연구소가 설립되면서 하수 처리에 관한 연구가 본격적으로 시작되었다. 연구소의 주목할 만한 인물 중에는 초창기 책임자였던 앨런 헤이즌(Allen Hazen)과 하수 내 질소 화합물을 산화하는 생물을 최초로 분리한 엘렌 리차드(Ellen Richards) 및 조지 휘플(George Whipple) 팀이 있다.

1895년 영국에서는 정화조에서 메테인가스를 수집하여 처리장의 가스 조명에 사용하였다. 살수여상(trickling filter)은 영국에서 성공적으로 개발된 후, 1908년 미국 펜실베이니아주 레딩 및 워싱턴과 오하이오주 콜럼버스에 설치되었다(Emerson, 1945).

1914년 영국에서는 아덴(Arden)과 로켓(Lockett)이 활성 슬러지 공법의 개발로 이어진 첫 번째 실험을 수행하였다. 미국에서는 1916년에 첫 번째 공공 활성 슬러지 플랜트가 설치되었다(Emerson, 1945).

최신 하수 처리 기술의 진행 경과는 미국 토목학회의 위생공학분과(이후 환경공학분과로 변경)에 의해 기록되었다. 이 분과는 1922년 6월에 창립되어, 환경공학분과 저널(The Journal of the Environmental Engineering Division)을 매월 발행한다. 수질오염 제어 협회(Water Pollution Control Federation)로도 알려져 있는 하수 및 산업 폐기물 협회(Federation of Sewage and Industrial Wastes Association)는 1928년 10월에 설립되었으며 최신 기술 발전에 대한 보고서를 출판한다. 현재는 물 환경 협회(Water Environment Federation, WEF)로 불리며 발간하는 저널은 물 환경 연구(Water

Environment Research)이다.

대기오염 관리

1272년에 대기오염에 대한 잉글랜드 왕실의 포고와 에세이가 있었지만, 이것들은 단지 역사적으로 만 가치가 있을 뿐이다. 공기 중 입자를 제거하기 위한 최초의 실험 기구는 1824년에 보고되었다 (Hohlfeld, 1824). 홀펠트(Hohlfeld)는 병 안의 안개를 제거하기 위해 전기 바늘을 사용하였다. 이는 1850년에 기타드(Guitard)에 의해 재발견되었고, 1884년에 롯지(Lodge)에 의해 다시 재발견되었다 (White, 1963).

19세기 후반과 20세기 초반은 현재 사용되고 있는 대부분의 기술의 선구 기술들이 도입되는 분수령이다. 여기에는 섬유 필터(1852), 사이클론 스크러버(1895), 벤츄리 스크러버(1899), 전기집 진기(1907), 흡착탑(1916)이 포함된다. 흥미로운 점은 처리 기술이 등장하기 전에 질병발생과 수질 오염 문제를 먼저 인지했던 물·폐수 처리와 달리, 대기 관리 기술은 대기오염과 질병과의 관계를 인지하기 전에 개발이 되었다는 점이다.

대기 및 폐기물 관리 협회(Air & Waste Management Association)는 1907년 국제 매연 방지 연 맹(International Union for Prevention of Smoke)이라는 이름으로 설립되었다. 이 기구의 회원은 초 기 12명에서 65개국의 9,000명 이상으로 성장하였다.

1849년 잉글랜드와 웨일스에서 43,000명 이상의 생명을 앗아간 콜레라 전염병처럼 1952년 런 던에서 4,000명의 생명을 앗아간 대기오염 사건(WHO, 1961)은 마침내 문제 해결을 위한 입법과 기술적 시도를 촉진하는 계기가 되었다.

20세기 말에는 화력 발전소에서 나오는 이산화황, 질소산화물, 수은 배출을 제어하는 화학 반 응기 기술이 발전하였다. 교통수단으로서 차량이 폭발적으로 증가하여 발생한 대기오염을 억제하 기 위한 노력도 시작되었다.

20세기 말 환경과학자들은 지구 대기오염에 관한 주요한 발견을 하였다. 1974년 몰리나(Molina) 와 로랜드(Rowland)는 오존층의 파괴를 일으키는 화학적 메커니즘을 규명하였다(Molina and Rowland, 1974). 1996년까지 기후변화에 관한 정부간 패널(Intergovernmental Panel on Climate Change, IPCC)은 "그 증거의 균형이 지구 기후에 대한 인간의 뚜렷한 영향을 시사한다"는 데 동의 하였다(IPCC, 1996).

고형 및 유해 폐기물

이미 1297년부터 런던 사람들은 그들의 주택 앞의 포장도로를 깨끗하게 유지해야 할 법적 의무가 있었다(GLC, 1969). 관계 당국이 이러한 규제를 시행하기가 매우 어려워지자, 1414년에는 순경 및 다른 공무원들은 거리에 쓰레기와 오물을 버린 범법자들에 대한 증거를 모으기 위해 제보자들에게 보상금을 지불하겠다는 선언을 하기에 이른다. 1666년 런던 화재는 정화 효과가 있었으며, 한동안 거리 쓰레기에 대한 불만이 사라졌다. 하지만 위에서 소개한 환경과 관련한 인식 변화 사례와 마찬 가지로, 고형 폐기물 규제는 19세기 말까지 큰 성공을 거두지 못하였다(GLC, 1969).

1875년에 정립된 현대의 쓰레기 수거 및 처리 체계는 기술 발전에도 불구하고 큰 변화 없이 오 늘날까지 이어지고 있다. 여전히 바퀴 달린 차량을 이용하여 손으로 쓰레기를 적재한 후 버리거나 소각하게 된다. 과거에 사용된 말은 내연기관으로 대체되었으나 그것이 수거 속도를 크게 증가시키지는 못하였다. 말은 명령에 따라 움직일 수 있지만, 차량의 경우 일반적으로 수거를 직접 하지 않는 운전자가 별도로 있어야 하기 때문에 인력 측면에서는 생산성이 오히려 떨어졌다고 볼 수 있다. 20세기 말, 자동 적재 장비를 갖춘 1인 수거 체제가 팀에 의한 수거 체제를 대체하기 시작하였다.

초기에는 수거된 고형 폐기물을 처리하기 위해 소각을 실시하였다. 1885년에 미국 최초의 소각로가 설치되었고, 1921년까지 200개 이상의 소각로가 가동되었다. **위생 매립**(sanitary landfilling)에 중점을 둔 폐기물 관리는 1930년대 초 영국에서 시작되었다(Jones and Owen, 1934). 위생 매립에는 일일복토, 야외 소각 방지, 수질오염문제 방지라는 3가지 기준이 포함되었다(Hagerty and Heer, 1973).

1970년대 환경운동의 증가로 자원 보존에 대한 인식과 더불어 발화성, 반응성, 부식성 또는 독성으로 인해 유해하다고 간주되는 폐기물에 대한 특별 관리 필요성에 대한 인식이 증가하였다. 소각은 대기오염 배출물질을 제어하기 어려워 평판이 나빠졌다. 1976년 미의회는 자원 회수 및 보존과 유해 폐기물 관리에 초점을 맞춘 법을 제정하였다.

1-4 환경공학자와 환경과학자의 협업

"과학자들은 발견을 하고 공학자는 그 발견을 작동시킨다"는 옛말이 있다. 많은 오래된 격언과 마찬가지로 이 격언 역시 일부는 맞으며 일부는 지금과는 맞지 않다. 교육적 관점에서 보면, 환경공학은 환경과학의 기반 위에 만들어졌다. 환경과학, 특히 정량적 환경과학은 환경공학자가 환경문제에 대한 해결책을 설계하는 데 사용하는 기본 이론을 제공한다. 많은 경우 환경과학자와 환경공학자의 업무와 도구는 동일하다.

환경과학자와 공학자가 어떻게 협업하는지는 다음 몇 가지 예를 통해 살펴보자.

- 20세기 초, 발전소의 냉각수를 공급하기 위해 댐이 건설되었다. 하지만 이러한 댐 건설이 하천의 산소와 여기에 의존하는 어류들에 끼치는 영향은 고려되지 않았고, 하천에서의 연어의 이동도 고려되지 않았다. 이 문제를 해결하기 위해 환경공학자와 과학자들은 물고기가 댐을 우회할 수 있을 뿐 아니라 폭기를 통해 용존 산소를 높일 수 있도록 계단식 어도를 설계하였다. 환경과학자들은 물고기가 이동할 수 있는 수심과 계단의 높이에 대한 정보를 제공하였다. 환경공학자들은 필요한 수심이 확보될 수 있는 물이 댐 주위로 충분히 흐르도록 우회로의 구조적 요구사항을 결정하였다.
- 도시에 내리는 빗물은 금속 및 유기오염물질을 도로에서 강으로 운반하여 강을 오염시켰다. 이러한 문제를 해결하기 위해 처리시설을 지을 수도 있었지만, 이 대신 습지를 이용한 오염 제어 시스템이 선택되었다. 습지를 통과하는 수로의 경사는 환경공학자가 설계하였다. pH의 중화 및 금속의 제거를 위해 수로 바닥에 석회석을 까는 것은 환경과학자와 공학자의 공동 작업에 의해 결정되었다. 습지 식물의 선택은 환경과학자들의 일이었다.
- 주말 연휴 동안 고속도로 휴게소 정화조 시스템에 과부하가 걸렸다. 보다 큰 정화조를 설치하거나 일반적인 오수처리장을 건설하는 대신, 고속도로 중앙의 식생대 지표에 오수를 흘려보내는 시스템이 해결책으로 채택되었다. 폐수를 휴게소에서 중앙분리대로 운반하는 공학 시스템은 환경공학자가 설계하였다. 지표 유하 시스템의 기울기와 길이는 환경과학자와 공학자가 공동으로 결정하였다. 잔디 덮개는 환경과학자에 의해 선택되었다.

위 예시의 경우, 환경공학자와 환경과학자가 각각 기여하는 부분이 있다. 적절한 해결책을 도출하기 위해서는 서로 간의 요구사항을 숙지해야 할 필요가 있다.

1-5 환경공학 및 환경과학의 원리 소개

출발점

이 책은 환경공학자에 대한 ASCE 정의를 출발점으로 사용하였다.

1. 안전하고 맛이 있으며 충분한 물의 공급
2. 폐수 및 고형 폐기물의 적절한 처리 또는 재활용
3. 물, 토양, 대기오염 관리(대기오염에 소음공해 포함)

이 목록에 환경에 대한 폭넓은 이해를 돕기 위하여 환경과학에서 다루는 주제들(생태계, 위해성 평가, 토양 및 지질자원, 농업의 영향)을 추가하였다.

이 책의 간략한 개요

이 책은 환경공학과 과학의 다양한 측면을 개괄적으로 설명한다. 전반부에 나오는 장들에서는 나머지 장에서 활용할 배경지식을 학습한다. 여기에는 화학(2장), 생물학(3장), 물질 및 에너지수지(4장), 생태계(5장), 위해성 평가(6장)가 있다.

7장에서는 수문학을 소개한다. 질량 보존의 원칙은 자연에서의 물수지를 계산하는 데 사용된다. 지표와 지하에 있는 물의 거동에 대한 물리적 고찰은 강우와 하천 흐름 사이의 관계를 파악하는 정량적 도구를 제공한다. 이는 지하수 오염 문제를 이해하는 데 필수적이다.

8장에서는 물, 에너지, 광물 및 토양자원의 개요와 이러한 자원 이용이 환경에 미치는 영향, 자원의 지속 가능한 이용을 위한 몇 가지 방법을 논한다.

수질은 역동적인 성격을 갖는다. 수리학적 변수, 화학의 특성, 생물학적 특성 사이의 상관관계는 9장에 설명되어 있다.

인간이 사용하기 위한 물의 처리는 화학과 물리학의 기초적인 원리에 기반을 두고 있다. 10장에서는 이러한 과학적 원리가 정수에 어떻게 적용되는지 설명한다.

공공하수와 일부 산업폐수의 현대식 처리는 화학, 미생물학 및 물리학의 기초 원리를 적용하며, 이는 11장에서 설명한다.

대기오염은 자연적으로 발생하면서도 인간의 활동과 가장 밀접한 관련이 있다. 대기오염물질과 연관된 화학 반응과 대기오염물질이 이동하는 물리적 과정, 이들이 일으키는 환경영향에 대해 12장에서 설명한다.

13장에서는 고형 폐기물 발생 문제와 그 환경적 영향에 대해 개괄적으로 다룬다.

14장에서는 유해 폐기물을 다룬다. 여기서는 정량적 환경과학을 환경공학에 적용하는 사례로 몇 가지 유해 폐기물의 오염 방지와 처리 대안을 소개한다.

50~59세의 미국인 근로자 중 170만 명이 보상을 받을 수 있을 정도의 청력 상실을 겪고 있는 것으로 추산되었다. 고속도로와 관련하여 가장 자주 언급되는 환경문제는 소음이다. 15장에서는 소음 및 이의 저감을 물리학의 기초 이론을 이용하여 설명한다.

　　마지막 16장에서는 이온화 방사선(ionizing radiation)과 방사선이 건강에 미치는 영향에 대해 간략히 살펴본다.

1-6 환경 시스템 개요

시스템

본격적으로 시작하기에 앞서 여기에서는 앞으로 논의될 문제들을 더 큰 관점에서 살펴보고자 한다. 공학자들과 과학자들은 **시스템적 접근법**(systems approach)이라 부르는데, 이는 서로 연관된 모든 부분과 그 영향을 관찰하는 방식이다. 사람이 환경 시스템의 상호 연관된 모든 부분과 그 영향들을 확인하기는 어렵다. 시스템 공학자나 과학자가 가장 먼저 하는 일은 실제 시스템과 유사한 방식으로 동작하면서도 다루기 쉬운 형태로 시스템을 단순화하는 것이다. 단순화된 모델은 실제 시스템처럼 상세하게 동작하지는 않지만 이러한 시스템에서 어떤 일들이 일어나는지에 대한 근사치를 제공할 수 있다.

　　5장에서는 '생태계'라고 불리는 자연과학 시스템을 소개한다. 그림 1-6에서 보여주는 바와 같이 넓은 관점에서 생태계는 물, 공기, 토양 등 환경의 구성요소와의 관계 및 상호 작용에 대한 틀을 설정한다. 이러한 큰 스케일에서 이 책은 3가지 환경 시스템, 즉 수자원 관리 시스템(7, 9, 10, 11장), 대기자원 관리 시스템(12, 15장), 고형 폐기물 관리 시스템(8, 13, 14장)을 중점적으로 소개한다. 오염문제가 이러한 시스템 중 하나에 국한되어 공기, 물 또는 토양 중 하나의 매체에만 일어날 경우 **단일 매체 문제**(single-medium problem)라고 한다. 하지만 많은 환경문제들은 단순히 하나의 시스템에 국한되지 않고 경계를 넘나드는데, 이러한 문제들을 **다매체 오염 문제**(multimedia pollution problem)라고 한다.

수자원 관리 시스템

물 공급 하위 시스템.　일반적으로 상수원의 특성에 따라 취수, 정수, 송수 및 배수시설을 위한 계획, 설계 및 운영이 결정된다. 지역 사회 및 산업에 필요한 물을 공급하기 위해 사용되는 2가지 주요 수원은 **지표수**(surface-water)와 **지하수**(groundwater)이다. 지표수원은 하천, 호수, 강이며, 지하

그림 1-6

생태계로서의 지구

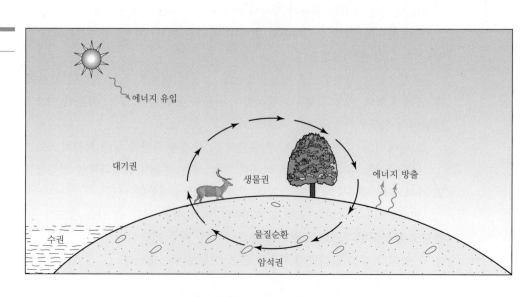

수원은 우물에서 양수한 물이다.

그림 1-7은 소규모 지역 사회에 물을 공급하기 위한 수자원 시스템을 보여준다. 각 수원에 따라 취수 및 정수의 유형이 결정된다. 도시 내의 파이프 네트워크를 **배수 시스템**(distribution system)이라고 부른다. 파이프는 **급수본관**(water mains)이라고 부르는 경우가 많다. 급수본관 내부의 물은 일반적으로 200 kPa에서 860 kPa 사이의 압력으로 유지된다. **물 수요**(demand)[*]가 적은 시기(일반적으로 야간)에 정수장에서 생산한 과잉수는 물 저장소에 저장된다. 물 저장소는 높은 곳(유비쿼터스 급수탑)이나 지상에 설치할 수 있다. 저장된 물은 주간의 높은 수요를 충족시키기 위해 사용된다. 저장소는 수요의 변동성을 완화함으로써 정수장의 크기를 줄일 수 있게 한다. 저장된 물은 화재 발생 대비용 소방수로도 이용할 수 있다.

인구 및 물 소비 패턴은 필요한 물의 양과 이에 따른 수원 및 수자원 시스템의 전체 구성을 좌우하는 주요 요인이다. 적절한 급수원을 선정하는 첫 번째 단계 중 하나는 수요를 결정하는 것이다. 물 수요의 필수요소에는 일일 평균 물 소비량과 첨두 수요율이 포함된다. 일일 평균 물 소비량은 다음 2가지 이유로 추산할 필요가 있다: (1) 지표수 유량이 낮거나 지하 수위가 매우 낮은 기간 동안 수요를 지속적으로 충족할 수 있는 수원의 용량을 결정하기 위해서, (2) 이러한 시기 동안 수요를 충족할 수 있는 저장 수량을 추정하기 위해서. 첨두 수요율은 배관 및 파이프 크기, 압력 손실 및 첨두 수요 기간 동안 충분한 물을 공급하는 데 필요한 저장 요건을 결정하기 위해 추정해야

그림 1-7

수자원 시스템

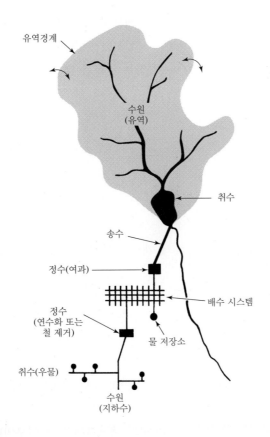

---

[*] 'demand'는 소비자에 의한 물 이용이다. 이 단어는 '상품에 대한 욕구'를 의미하는 경제 용어에서 파생되었다. 물 소비자가 물에 대한 욕구를 표현하는 행위는 수도꼭지를 열거나 변기물을 내리는 것 등을 들 수 있다.

표 1-1	공공 공급을 위한 총 담수 취수량
주	**취수량(Lpcd[1])**
습한 주	
코네티컷	680
미시간	598
뉴저지	465
오하이오	571
펜실베이니아	543
평균	571
건조한 주	
네바다	1450
뉴멕시코	698
유타	926
평균	1025

출처: Kenny et al., 2009의 자료를 편집
[1]Lpcd = 1인당 1일 수량(liter per capita per day)

한다.

　　많은 요인들이 물 이용량에 영향을 미친다. 예를 들어, 수압이 있는 물을 사용할 수 있다는 사실만으로 잔디와 정원에 물을 주고, 자동차를 세차하고, 에어컨을 작동하며, 가정과 산업에서 기타 많은 활동을 수행하는 데 물을 과도하게 사용하는 경우가 많다. 다음 요인들은 물 소비량에 크게 영향을 미치는 것으로 확인되었다.

1. 기후
2. 산업 활동
3. 계량기
4. 시스템 관리
5. 생활 수준

하수도관의 설치, 시스템 압력, 용수 가격 및 개인 우물 가용성 등 역시 물 소비에 영향을 미치지만 위의 요소보다는 영향이 적다.

　　물 수요를 **1인당***(per capita) 기준으로 측정하는 경우, 기후는 수요에 영향을 미치는 가장 중요한 요소이다. 이는 표 1-1에 극명하게 나와 있다. 습한 주들의 연평균 강수량은 약 100 cm인 반면, 건조한 주들은 약 25 cm에 불과하다. 물론 이 목록에서 건조한 주들은 습한 주들에 비해 기온도 높다.

　　산업은 1인당 물 수요를 증가시킨다. 작은 시골과 교외 지역들은 산업화된 지역들과 비교하여 1인당 물 사용량이 적다.

　　물 이용에 있어 세 번째로 중요한 요소는 수도 계량기의 설치 여부이다. 계량기는 계량되지 않

---

* "Per capita"는 '머릿수당'을 의미하는 라틴어이며, 여기서는 1인당의 의미로 쓰인다.

표 1-2	1인당 물 소비량의 변화 예시				

| | | 1인당 소비량에서 차지하는 비중(%) | | |
지역	Lpcd	산업	상업	주거
랜싱, 미시간	512	14	32	54
이스트랜싱, 미시간	310	0	10	90
미시간 주립 대학교	271	0	1	99

출처: 지역 정수장 자료(2004)

는 주거지와 사업체에서는 찾아볼 수 없는 책임감을 안겨준다. 이러한 책임감으로 인해 물 사용자는 누수를 수리하게 되고, 물 가격과는 관계없이 물을 보다 보수적으로 이용하는 결정을 내리기 때문에 1인당 물 소비량을 줄일 수 있다. 주거용 물 이용의 경우 요금이 매우 저렴하기 때문에 가격은 물 사용량을 결정하는 큰 요인이 되지 않는다.

다음으로 중요한 요소는 시스템 관리이다. 배수 시스템을 잘 관리하면 그렇지 않는 경우보다 1인당 물 소비량이 감소한다. 여기서 잘 관리되고 있는 시스템이란 관리자가 언제 어디에서 관의 누수가 발생하는지 알고 신속하게 수리할 수 있는 시스템을 말한다. 용수 가격은 많은 양의 물을 사용하는 산업 및 농업 부문에서 매우 중요하다.

기후, 산업 활동, 계량기 및 시스템 관리는 생활 수준보다 물 소비에 영향을 미치는 더 중요한 요인들이다. 다섯 번째 요인의 근거는 간단하다. 1인당 물 소비량은 생활 수준이 높아질수록 증가한다. 선진국들은 개발도상국들보다 훨씬 더 많은 물을 사용한다. 마찬가지로, 사회경제적 지위가 높아질수록 1인당 물 사용량이 더 많아진다.

2010년 미국의 담수 및 염수를 포함한 모든 용도(농업, 상업, 가정, 광업, 열전기 발전)의 총 물 취수량은 1인당 일일 약 5000 L(Lpcd)로 추산되었다. 같은 해 미국의 공공 공급량(가정, 상업, 산업용)은 590 Lpcd로 추정되었다(Maupin et al., 2014). 미국수도협회는 2010년 미국의 하루 평균 가구당 생활용수 사용량이 525 L였다고 추정하였다(AWWA, 2016). 이는 약 200 Lpcd에 해당한다. 수요의 변화는 보통 일일 평균 인자로 나타낸다. 계량기가 있는 주거지의 경우 일일 최댓값은 일일 평균의 2.2배이고, 첨두 시간은 일일 평균의 5.3배이다(Linaweaver et al., 1967). 미시간 중부의 일일 평균 사용량과 수요의 여러 부문이 차지하는 비중은 표 1-2와 같다.

국가별 1인당 물 사용량은 국제연합(UN)이 추정한 바 있다(www.DATA360.org). 예를 들어, 호주는 493, 방글라데시 46, 캐나다 3300, 중국 86, 독일 193, 인도 135, 멕시코 366, 나이지리아 36 Lpcd로 추정되었다.

하수 처리 하위 시스템. 인간이 배출하는 모든 오물은 개인, 가족, 지역 사회의 건강을 보호하고 불쾌감을 유발하는 것을 방지하기 위해 안전하게 처리할 필요가 있다. 이를 위해서는 다음과 같은 방법으로 오물을 처분해야 한다.

1. 어떤 식수 공급도 오염시키지 않을 것.
2. 곤충, 설치류 또는 기타 질병 매개체가 음식이나 식수에 접촉하여 공중보건 위험을 야기하

지 않을 것.

3. 아이들이 접근함으로써 공중보건의 위험을 초래하지 않을 것.

4. 수질오염이나 하수 처리와 관련된 법률이나 규정을 위반하지 않을 것.

5. 해수욕장, 조개 양식장, 공공 또는 가정용 급수 또는 여가활동 용도로 사용하는 하천의 물을 오염시키지 않을 것.

6. 냄새나 시각적으로 불쾌감을 야기함으로써 문제가 되지 않게 할 것.

이러한 기준은 가정용 하수를 적절한 공공 또는 지역 하수 시스템으로 배출함으로써 충족시킬 수 있다(U.S. PHS, 1970). 지역 하수 시스템이 존재하지 않는 경우 승인된 방법에 의한 현장 처리가 필수이다.

가장 간단한 형태의 하수 처리 시스템은 6개의 부분으로 구성되어 있다(그림 1-8). 하수의 발생원은 산업폐수 또는 가정하수[*], 혹은 둘 다일 수 있다. 산업폐수는 도시 **하수 처리장**(wastewater treatment plant, WWTP)의 허용 용량을 초과할 가능성이 있는 경우 배출 현장에서 일부 전처리를 할 수 있다. 미국 연방 규정에서는 도시하수 처리 시스템을 **공공 처리시설**(publicly owned treatment works, POTW)이라고도 한다.

하수 처리장으로 유입되는 하수의 양은 물 이용량에 따라 하루에도 매우 크게 변화한다. 일반적으로 볼 수 있는 일일 변화량은 그림 1-9에 나와 있다. 지역 사회에서 사용되는 대부분의 물은 결국 하수도로 가게 된다. 물 사용량의 5~10%는 조경수, 세차 및 기타 소모적인 용도로 손실된다. 따뜻한 기후에서는 실외에서의 소모적인 이용이 최대 60%까지 증가할 수 있다. 실외에서의 소모적인 물 이용량은 배수 시스템으로 유입되는 평균 유량과 하수 처리장으로 유입되는 평균 유량의 차이로 볼 수 있다(배관 누수량 제외).

하수의 양은 물 공급량을 결정할 때 필요한 요소와 동일한 요소에 따라 달라진다. 한 가지 주요 예외사항은 하수도는 누출이 일상적으로 발생하므로 지하수 조건이 시스템 내 수량에 큰 영향을 미칠 수 있다는 것이다. 상수 배수 시스템은 가압상태이면서 비교적 밀폐가 잘 되어 있지만, 하수도 시스템은 중력으로 작동하며 비교적 개방되어 있다. 이에 따라 지하수가 시스템에 **침입**(infiltrate)할 수 있다. 맨홀이 낮은 지점에 있을 경우 맨홀 커버를 통해 **유입**(inflow)될 가능성도 있다. 다른 유입원으로는 지붕 물받이 홈통과의 직접 연결부, 지하 바닥 타일의 물을 제거하는 데 사용되는 배수 펌프 등이 있다. **침입과 유입**(Infiltration and Inflow, I & I)은 강우 시 특히 중요하다. I & I에 의한 추가 수량은 하수도에 수리학적 과부하를 일으켜 하수를 역류시킬 뿐만 아니라 하수 처리장의 효율성을 떨어뜨릴 수 있는데, 새로운 건설 기술과 자재로 I & I를 매우 적은 양으로 줄일 수 있게 되 었다.

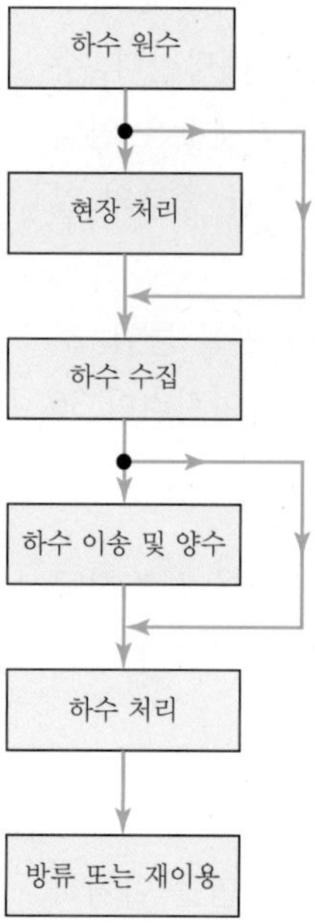

하수관은 오수관, 우수관, 합류식 관의 3가지로 분류된다. **오수관**(sanitary sewers)은 가정과 상업시설에서 배출되는 도시하수를 운반하도록 설계되었다. 적절한 전처리를 통해 산업폐수도 이러한 오수관으로 배출될 수 있다. **우수관**(storm sewers)은 저지대 지역의 범람을 방지하기 위해 과잉의 빗물과 눈 녹은 물을 배수하도록 설계되었다. 오수관은 처리시설로 오수를 운반하는 반면, 우수관은 일반적으로 하천으로 배출된다. **합류식 하수관거**(combined sewers)는 도시 오수와 우수 모두를 처리하기 위한 것이다. 이 시스템은 건조기 동안 오수를 처리시설로 운반하고, 우기 동안에

그림 1-8

하수 처리 하위 시스템

하수 원수 → 현장 처리 → 하수 수집 → 하수 이송 및 양수 → 하수 처리 → 방류 또는 재이용

---

[*] 가정하수(domestic sewage)는 오수(sanitary sewage)라고도 불린다.

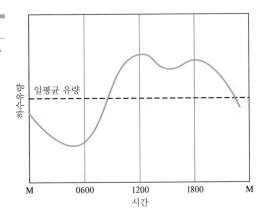

그림 1-9

전형적인 일일 하수유량 변화

는 과잉 하수량을 처리 없이 하천 또는 호수로 바로 방류한다. 이 시스템의 단점은 빗물이 처리되지 않은 오수와 섞인다는 것이다. 미국 환경보호청(EPA)(이하 'EPA'라 지칭)은 매년 4만 건의 월류(overflow)가 발생하는 것으로 추정하였다. 합류식 하수관은 더 이상 미국에서 건설되지 않고, 많은 지역들이 합류식 하수관을 오수 및 우수를 따로 배수하는 분류식 시스템으로 교체하고 있다.

중력에 의한 흐름이 불가능하거나 하수구가 비경제적으로 깊어지면 하수를 양수할 필요가 있다. 하수를 더 높은 곳에서 중력에 의해 흐르는 하수도로 배출되게 하기 위해 수직으로 양수하게 되는데, 이러한 하수 펌프가 위치한 곳을 **리프트 스테이션**(lift station)이라고 한다.

하수 처리장에서는 오물을 안정화하기 위해, 즉 **부패가능성**(putrescible)을 낮추기 위해 하수 처리를 한다. 하수 처리장의 **방류수**(effluent)는 바다, 호수 또는 강(수용체라 함)으로 방류되거나 땅 위 또는 땅속으로 방류될 수 있고, 추가 처리 후 재사용할 수도 있다. 하수 처리 부산물인 슬러지(sludge)도 환경적으로 허용되는 방식으로 처리해야 한다.

오물이 땅 위로 배출되든 혹은 수용체로 배출되든 땅 또는 수용체의 동화 능력에 과중한 부담을 주지 않도록 주의를 기울여야 한다. 하수 방류수가 방류되는 강보다 더 깨끗하다고 해도 "낙타 등을 부러뜨리는 지푸라기"로 밝혀진다면 방류를 정당화하지 못한다.

요약하자면, 수자원 관리는 가용성과 깨끗함을 훼손하지 않으면서 인간의 이익을 위해 사용되는 물의 양과 질을 모두 관리하는 과정이다.

대기자원 관리 시스템

대기자원은 수자원과는 2가지 측면에서 크게 다른데, 첫 번째는 양에 관한 것이다. 공학시설은 적절한 수량을 공급할 수 있도록 설치될 필요가 있는 반면, 공기는 그 양이 얼마든지 무료로 공급된다. 두 번째는 질에 관한 것이다. 이용하기 전에 처리할 수 있는 물과 달리, 오염된 공기를 처리하기 위해 방독면을 쓰고 다니거나 소음을 막기 위해 귀마개를 사용하는 것은 비현실적이다.

원하는 대기질을 얻기 위한 비용과 편익의 균형을 **대기자원 관리**(air resource management)라고 한다. 여기에서 비용-편익 분석(cost-benefit analysis)은 적어도 2가지 이유로 문제가 될 수 있다. 첫 번째는 원하는 대기질이 무엇인가에 대한 질문이다. 물론 기본적인 목표는 사람들의 건강과 복지를 보호하는 것이다. 하지만 사람이 견딜 수 있는 대기오염의 정도라는 것이 얼마인가? 허용 한도가 0보다 크다는 것은 알고 있지만, 그 값은 사람마다 다르다. 두 번째는 비용 대 편익의 문제이다. 우리는 개인의 건강이나 복지가 훼손되는 것을 방지하는 데 국내총생산의 전부를 소비하고 싶지 않다는 것을 알지만, 어느 정도는 지출해야 함을 알고 있다. 대기질 제어 비용은 표준적인 공학적 및 경제적 수단에 의해 합리적으로 결정될 수 있지만, 오염 비용은 여전히 정량적으로 평가하기에 턱없이 부족하다.

대기자원 관리 프로그램은 다양한 이유로 시작된다. 가장 확실한 이유는 (1) 대기질이 악화되었기 때문에 분명히 시정이 필요하고, (2) 향후 문제가 발생할 가능성이 높다는 것이다.

대기자원 관리 프로그램을 효과적으로 수행하기 위해서는 그림 1-10에 있는 모든 요소를 사용해야 한다(이 요소들은 **대기** 대신 **물**이라는 단어로 대체하여 수자원 관리에도 적용 가능하다).

고형 폐기물 관리 시스템

과거에는 고형 폐기물이 자원으로 여겨졌는데, 여기에서도 현재 고형 폐기물의 자원으로서의 잠재력을 살펴볼 것이다. 하지만 일반적으로 고형 폐기물은 회수해야 할 자원이라기보다는 최대한 저비용으로 해결해야 할 문제로 여겨지고 있다. 그림 1-11은 고형 폐기물 관리 시스템의 단순화된 흐름도를 보여준다.

1800년대 중반의 장티푸스와 콜레라 전염병은 수자원 관리 노력에 박차를 가했고, 대기오염 사건들로 인해 대기자원 관리가 개선되었다. 하지만 현대의 우리는 아직 고형 폐기물 관리를 혁신할 만큼 심각한 물질 또는 에너지 부족을 느끼지 못하고 있다. 1980년대의 매립지 "위기"는 신규 매립지 건설, 기존 매립지 확장과 고형 폐기물 발생량을 줄이기 위한 많은 조치 덕분에 1990년대 초반에 완화되었다. 또한 1999년까지 9,000개 이상의 재활용품 수거 프로그램이 생겨나 미국 인구의 절반이 수거 서비스를 받게 되었다(U.S. EPA, 2005).

다매체 시스템

많은 환경문제들이 공기-물-토양의 경계를 넘나든다. 예를 들어, 산성비는 황산화물과 질소산화물이 대기로 배출되면서 발생한다. 이 오염물질들은 비가 오면 대기에서 씻겨나가지만, 그로 인해 물을 오염시키고 토양의 화학 작용을 변화시켜 결국 물고기와 나무의 죽음을 초래한다. 과거의 대기오염 제어장비 설계 시 이러한 대기의 자연 정화 과정에 대한 의존은 이 문제의 다매체적 특성을 반영하지 못한 것이었다. 마찬가지로 폐기물 소각은 대기오염을 발생시키고, 이를 제어하기 위한 물을 이용한 세정(scrubbing)은 수질오염 문제를 야기한다.

다매체 문제에 대한 경험을 통해 얻은 3가지 교훈이 있다. 첫째, 너무 단순한 모델을 개발하는 것은 위험하다. 둘째, 환경공학자와 과학자는 다매체 접근 방식을 사용해야 하며, 특히 환경문제를 해결하기 위해서는 다학제 팀과 협력해야 한다. 셋째, 환경오염에 대한 최선의 해결책은 폐기물 발생을 최소화하는 것이다. 폐기물이 발생하지 않으면 처리하거나 처분할 필요도 없기 때문이다.

지속 가능성

"**지속 가능한 개발**(sustainable development)은 미래 세대의 필요를 충족할 수 있는 능력을 손상시키지 않으면서 현재의 필요를 충족시키는 개발이다"(WCED, 1987). 오염 문제는 가까운 미래에도 계속 남아 있겠지만, 보다 중요한 문제는 우리가 현대적 생활 방식을 계속 유지해 나갈 수 있을지, 개발도상국들이 발전을 통해 선진국과 유사한 생활 방식을 영위할 수 있을지이며, 이것이 **지속 가능성**(sustainability)의 문제이다. 다시 말해서, 천연자원이 고갈되는 상황에서 우리의 생태계를 어떻게

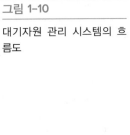

그림 1-10

대기자원 관리 시스템의 흐름도

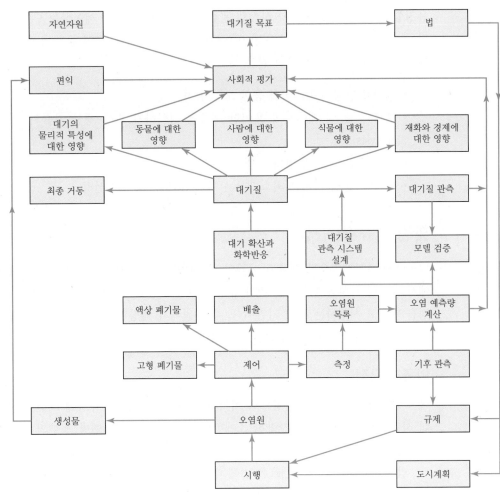

그림 1-11

고형 폐기물 관리 시스템의 흐름도

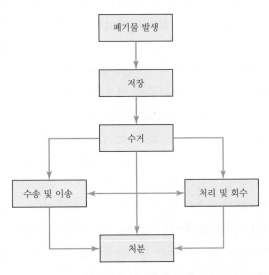

유지할 것인가? 만약 우리가 시스템 관점을 활용하여 오염을 제어하는 단순한 아이디어를 넘어 보다 큰 시각에서 환경 유지를 위한 아이디어를 고찰해 보면, 오염 문제에 대해 더 나은 해결책이 있다는 것을 알 수 있다. 다음과 같은 것들이 그러한 예이다.

- 폐기물 발생의 최소화를 통한 오염 방지
- 재료 추출 및 재이용이 용이한 제품을 생산하기 위한 생산 기술의 전 주기 분석(life cycle analysis).
- 수명이 긴 재료 및 방법 선택
- 에너지 및 물 소비를 최소화하는 제조 방법 및 장비의 선정

1-7 환경 법규 및 규정

미국에서는 공개적으로 선출된 이들이 주 및 연방의 환경법을 제정한다. 법에서는 관련 기관이 법에서 요구한 사항을 이행하기 위한 규정을 만들고 공표하도록 한다. EPA는 연방 차원에서 환경 규정을 만들고 시행하는 주요 기관이다. 주 차원에서 제정된 대부분의 법률은 연방법에서 파생된 것이므로 여기에서는 연방법에 초점을 둔다.

법률과 규정

다음 단락에서는 규정의 제정으로 이어지는 과정과 법률 및 규정에 대한 정보의 위치를 식별하는 데 사용되는 용어에 대해 간략히 소개한다. 이 논의는 미국 연방 정부의 프로세스 및 명명법에만 한한다.

법안(bill)이라고 하는 새로운 법에 대한 제안은 상원(Senate)이나 하원(House of representatives)에 제출된다. 이렇게 제출된 법안은 상원의 경우 S. 2649, 하원의 경우 H.R. 5959와 같이 번호가 지정된다. 종종 상원과 하원에서 유사한 법안이 동시에 발의될 수 있기 때문에 동반(companion) 법안이라는 것이 있을 수 있다. 법안은 의회(Congress)의 행위(act)라는 의미에서 "Safe Drinking Water Act"와 같은 "타이틀(Title)"이 부여된다. 법률은 하나의 타이틀을 갖거나 여러 개의 타이틀로 나눠질 수 있다. 법률의 타이틀에 대한 참조번호는 로마 숫자로 표시된다. 예를 들어, 개정 청정대기법(Clean Air Act Amendments)의 Title III는 유해 대기오염물질 목록을 설정한다. 종종 법안은 EPA와 같은 특정 연방정부 부처가 오염물질에 대한 기준을 설정하는 것과 같은 조치를 취하도록 지시한다. 때로는 법안에 오염물질 기준에 관한 구체적인 수치를 포함하기도 한다. 법안이 성공적으로 위원회를 통과하면 전체 상원(예: 상원 보고서 99-56) 또는 전체 하원(하원 보고서 99-168)에 보고된다. 예시에서 앞 숫자는 법안이 보고되는 의회의 회기를 나타낸다. 이 예에서는 제99회 의회이다. 법안이 상원/하원 전체를 통과하면 상원과 하원 의원으로 구성된 합동위원회(이견조정 위원회, conference committee)에 의해 상·하원 양측이 단일 법안을 구성하게 된다. 양원 과반수가 이 법안을 채택하면 대통령이 찬성하거나 거부권을 행사한다. 대통령이 법안에 서명하면 **법**(law)이나 **법령**(statute)이 된다. 그런 다음 Public Law 99-339 또는 PL 99-339와 같이 고유번호가 지정된다. 이는 제99대 의회가 통과시킨 339번째 법안이라는 것을 의미한다. 대통령의 서명으로 승인된 법이나 법령은 의회에서 법안에 할당한 명칭을 따서 "무슨무슨 Act"로 부르기도 한다.

연방관보국(The Office of the Federal Register)은 매년 미국 법령 전반(United States Statutes at

Large)을 준비한다. 이것은 각 의회 회기 동안 발표된 법률, 동시 결의안, 조직 개편 계획 및 선언문을 정리한 것이다. 법령은 연대순으로 번호가 매겨지며 주제별로 정렬하지는 않는다. 예를 들어, 약식 참조 번호는 104 Stat. 3000과 같이 매겨진다.

미합중국 법전(United States Code)은 현 회기가 시작되기 하루 전에 시행 중인 문서화된 법률을 종합해 놓은 것이다(U.S. Code, 2005). 미합중국 법전에 있는 법률을 참조할 때는 법전의 타이틀과 섹션 번호를 사용한다(예: 42 USC 6901 또는 42 U.S.C. §6901). 표 1-3은 타이틀 및 환경 관련 섹션의 예들을 보여준다. 미국 법전의 타이틀은 의회 법령의 타이틀과 일치하지는 않는다.

의회의 지시에 따라 **규정**(regulation) 또는 **규칙**(rule)을 개발할 때, EPA와 같은 정부 부처는 일련의 공식적인 절차에 따라 **규칙 제정**(rule making)을 한다. 정부 기관(EPA, 에너지부, 연방항공청 등)은 먼저 **규칙안**(proposed rule)을 연방관보(Federal Register)에 공표한다. 연방관보는 정부의 신문이라 할 수 있으며, 연방 정부의 휴일을 제외하고 매일 발행된다. 정부 기관은 규칙 제정 이유(**전문**(preamble)이라고 함)와 규칙안을 제공하고 의견을 구하는데, 몇 줄에 불과하거나 오염물질의 허용 농도에 대한 한 쪽짜리 표로 이루어진 규칙이라도 전문의 길이는 수백 쪽에 이를 수도 있다. 최

표 1-3	미합중국 법전 타이틀 및 환경 관련 섹션 번호		
	타이틀	섹션	법령
	7	136에서 136y	연방 해충, 곰팡이, 설치류 퇴치제법(Federal Insecticide, Fungicide, and Rodenticide Act)
	16	1531에서 1544	멸종위기종보호법(Endangered Species Act)
	33	1251에서 1387	수질보호법(Clean Water Act)
	33	2701에서 2761	기름오염법(Oil Pollution Act)
	42	300f에서 300j-26	식수안전법(Safe Drinking Water Act)
	42	4321에서 4347	국가환경정책법(National Environmental Policy Act)
	42	4901에서 4918	소음관리법(Noise Control Act)
	42	6901에서 6922k	고형폐기물처리법(Solid Waste Disposal Act)
	42	7401에서 7671q	청정대기법(Clean Air Act, §7641에 소음 포함)
	42	9601에서 9675	종합환경대응배상책임법(Comprehensive Environmental Response, Compensation, and Liability Act)
	42	11001에서 11050	비상계획 및 지역 사회 알 권리에 관한 법(Emergency Planning and Community Right-to-know Act)
	42	13101에서 13109	오염방지법(Pollution Prevention Act)
	46	3703a	기름오염법(Oil Pollution Act)
	49	2101	항공 안전 및 소음 방지법(Aviation Safety and Noise Abatement Act)[1]
	49	2202	공항 및 항공로 개선법(Airport and Airway Improvement Act)[1]
	49	47501에서 47510	공항소음방지법(Airport Noise Abatement Act)

[1]미합중국 주석법전

표 1-4	연방규정집의 환경 관련 타이틀 번호	
	타이틀	**주제**
	7	농업(토양 보존)
	10	에너지(원자력 규제 위원회)
	14	항공우주(소음)
	16	보존
	23	고속도로(소음)
	24	주택 및 도시개발(소음)
	29	노동(소음)
	30	광물자원(지표 광해 복구)
	33	항해 및 항해 가능 수역(습지와 준설)
	40	환경보호(환경보호청)
	42	공중보건 및 복지
	43	공유지: 내무부
	49	수송(유해 폐기물 수송)
	50	야생동물 및 어업

종 규칙이 발표되기 전에 정부 기관은 공개 의견을 수렴한다. 공개 의견 제출 기간은 각기 다르다. 복잡하지 않거나 논란의 여지가 없는 규칙의 경우 의견 제출 기간이 몇 주면 되는 반면, 복잡한 규칙의 경우 1년까지 연장될 수도 있다. 연방관보 발행물에 대한 인용 형식은 59 FR 11863과 같다. 첫 번째 숫자는 권을 나타내며 이는 연도에 따라 부여된다. 마지막 숫자는 페이지 번호이며, 매년 1월 업무 첫날 1페이지부터 시작하여 순차적으로 매겨진다. 앞의 예에서의 규칙 제정은 11,863페이지에서 시작됨을 알 수 있다. 이 숫자를 보면 연말이라고 생각할 수도 있겠지만, 그 해에 많은 규칙들이 발행된 경우에는 꼭 그렇지 않을 수도 있다. 따라서 규칙을 검색할 때 게시 날짜가 매우 유용하다.

매년 7월 1일, 지난 1년간 확정된 규칙이 **성문화**(codified)된다. 즉, 연방규정집(Code of Federal Regulations)에 담겨 공표된다는 것을 의미한다(CFR, 2005). 연방관보와 달리 연방규정집은 정부가 어떻게 결정에 이르게 되었는지에 대한 설명 없이 여러 기관의 규칙·규정만을 모은 것이다. 규칙이 어떻게 제정되었는지에 대한 설명은 연방관보에서만 찾을 수 있다. 연방규정집에 사용되는 표기법은 40 CFR 280과 같다. 첫 번째 숫자는 타이틀 번호이며, 두 번째 숫자는 편 번호이다. 그러나 이 타이틀 번호는 법안의 타이틀 번호나 미합중국 법전(United States Code)의 타이틀 번호와 관련이 없다. 연방규정집 환경 관련 주제와 타이틀 번호는 표 1-4에 나와 있다.

표 1-5	환경윤리강령
	1. 환경의 개선과 보호를 위해 지식과 기술을 사용한다.
	2. 환경의 건강, 안전 및 복지를 최우선으로 생각한다.
	3. 개인의 전문 분야에서만 서비스를 수행한다.
	4. 대중, 고용주, 고객 및 환경에 봉사할 때 정직하고 공정하게 한다.
	5. 객관적이고 진실된 방식으로만 공적인 발표를 행한다.

1-8 환경윤리

환경윤리는 인류의 장기적인 존속에 대한 관심과 더불어 인류는 하나의 생명 형태에 불과하며 인류는 지구를 다른 생명체들과 공유한다는 인식을 바탕으로 생겨났다(Vesilind, 1975).

이 짧은 서론에서 환경윤리에 대한 논의를 위한 틀을 설정하는 것이 다소 무리이긴 하지만 표 1-5에 몇 가지 중요한 사항을 요약하였다.

이러한 몇 가지 원칙이 간단해 보이지만, 실제 문제에서는 상당한 과제를 안긴다. 다음은 각 원칙에 대한 예이다.

- 첫 번째 원칙은 기아에 고통받는 인구를 위한 식량의 필요성과 국가가 메뚜기로 뒤덮이는 것이 상충될 때 위협을 받을 수 있다. 살충제를 사용하면 환경이 개선되고 보호될까?
- EPA는 사람들이 물과 접촉하는 곳에서는 폐수를 소독해야 한다고 규정하였다. 그러나 이 소독제는 자연적으로 발생하는 유익한 미생물 또한 죽일 수 있다. 이는 두 번째 원칙과 일치하는가?
- 당신의 전문 분야가 물 및 폐수 화학이라고 하자. 당신이 근무하는 회사는 대기오염 분석 작업을 하기로 하고 회사 내 전문가가 부재중인 상황에서 당신에게 작업을 하라고 한다. 당신은 이를 거절하고 해고당할 위험을 감수할까?
- 일반인, 당신의 고용주, 당신의 고객은 호수를 준설하여 잡초와 침전물을 제거하면 호수가 좋아질 것이라고 믿는다. 그러나 준설은 사향쥐(muskrat)의 서식지를 파괴할 것이다. 당신은 어떻게 하면 이 모든 구성원에게 공정할 수 있을까?
- 당신은 EPA가 제안한 새로운 규정을 시행하기에는 비용이 너무 많이 든다고 생각하지만 이를 확인할 데이터가 없다. 당신의 의견을 묻는 지역 신문 기자에게 어떻게 대답할 것인가? 당신의 의견을 구하는데도 제5원칙을 어길 것인가?

다음의 두 사례는 더 복잡한 경우이다. 여기에서는 적절한 해결책을 제시하지는 않았다. 이것은 당신과 교수자가 찾아 보도록 하자.

사례 1: 더할 것인가 말 것인가

당신의 친구는 그의 회사가 베이컨을 보존하기 위해 아질산염(nitrite)과 질산염(nitrate)을 베이컨에 첨가하고 있다는 것을 발견하였다. 그는 또한 이 물질들이 신체에서 생성되는 암 유발물질의 전구체라는 것을 알게 된 반면, 처리되지 않은 베이컨에서는 보툴리누스 중독 독소(botulism toxin)를 생성하는 것과 같은 특정 질병 유발 미생물이 자라는 것을 알게 되었다. 친구는 당신에게 (a) 자신이 해고될 수도 있다는 것을 알면서도 상사에게 항의해야 하는지, (b) 언론에 누설해야 하는지, (c) 암으로 사망할 위험이 보툴리누스 중독으로 죽을 확률보다 낮기 때문에 침묵해야 하는지 묻는다.

참고: 미국 식품의약국은 베이컨에 아질산염을 첨가하는 것을 승인하고 있다. 아질산염과 질산염은 그 자체로는 성인에게 독성이 없다. 그러나 이 물질들을 가열하면 단백질의 아민과 반응하여 발암성 물질인 니트로사민(nitrosamine)을 형성한다.

사례 2: 모든 것을 한 번에 할 수는 없다

개발도상국에 새로 배정된 환경과학자인 당신은 콜레라가 유행하는 외딴 마을에 있다(사례 2는 Wright, 1964에서 각색). 다음 2가지 옵션 중에서, 도의적으로 어떤 선택을 해야 할까?

1. 아픈 사람들을 간호하고 위로한다.
2. 공급되는 물을 정화하고자 노력한다.

여기에 기술된 것과 같은 다양한 환경과 관련한 결정이 이 책의 나머지 장에서 제시된 문제보다 훨씬 더 어렵다는 점을 지적하고 싶다. 이러한 문제들은 환경공학 및 환경과학보다는 윤리적 혹은 경제적 문제와 더 관련이 있는 경우가 많다. 이러한 문제들은 최선책이 무엇인지 확실치 않은 상황에서 다양한 조치가 가능할 때 발생하게 된다. 안전, 건강, 복지와 관련된 결정은 쉽게 내릴 수 있지만, 공공에 가장 이익에 되도록 방침을 결정하는 것은 훨씬 어렵다. 더욱이, 환경에 가장 이익이 될 수 있는 방침이 때로는 공공에 가장 이익이 되는 결정과 상충될 때가 있다. 공익을 위한 결정은 직업윤리에 기초하는 반면, 환경을 위한 최선의 결정은 환경윤리에 기초한다.

윤리(ethic)의 어원인 '에토스(ethos)'는 행동으로 나타나는 사람의 특성을 의미한다. 이 특성은 인물의 진화 과정에서 발전되었으며 자연환경에 적응이 필요함에 따라 영향을 받았다. 우리의 윤리는 행동하는 방식이며 자연환경의 직접적인 결과물이다. 호모 사피엔스(Homo sapiens)는 진화 과정의 후반기에 수천 년 후 다윈의 자연 선택설이라 알려지게 된 것에 복종하는 대신 환경을 바꾸기 시작하였다. 예를 들어, 선사 시대의 쌀쌀한 새벽에 검치호랑이 털이 추위를 견디는 데 쓸모있다는 것을 깨닫고, 그것을 개인적으로 사용한 동굴 원시인을 생각해 보라. 자연을 이용하는 패턴이 발전하며 우리의 윤리는 환경에 순응하기보다는 스스로 수정되는 방향으로 나아갔다. 따라서 우리는 더 이상 자연환경에 적응하는 것이 아니라 우리가 만든 환경에 적응한다. 생태학적 맥락에서 수천 년에 걸친 그러한 부적응(maladaptation)은 2가지 결과 중 하나를 초래한다: (1) 유기체(호모 사피엔스)가 죽거나 또는 (2) 자연환경과 양립할 수 있는 형태와 특성으로 유기체가 다시 진화한다(Vesilind, 1975). 우리가 후자의 길을 선택한다고 가정할 때 이러한 특성(윤리)의 변화는 어떻게 일어날 수 있을까? 각 개인은 자신의 특성이나 윤리를 변화시켜야 하며, 사회 시스템은 지구 생태계와 양립할 수 있도록 변화되어야 한다.

지금 우리에게 필요한 시스템은, 균형을 되찾기 위해 고갈 가능한 자원을 공유하는 방법을 배우는 시스템이다. 이를 위해서는 수요량을 줄이고 사용하는 재료를 다시 보충할 수 있어야 한다. 우리는 지구 전체를 신성한 신탁으로 보고 그 양이 줄어들거나 영구적으로 변화되지 않도록 해야 한다. 우리는 자연계에 해를 입히며 재생되는 물질을 배출해서는 안 된다. 이러한 적응(생존 수단으로 서)의 필요성에 대한 인식은 우리가 현재 **환경윤리**(environmental ethic) 또는 **환경의무**(environmental stewardship)라고 부르는 것으로 발전하였다.

연습문제

1-1 2000년도 미국의 모든 용도에 대한 담수와 염수를 모두 포함한 총 일일 취수량($m^3 \cdot d^{-1}$)을 추정하시오. 인구는 281,421,906명이다.

　　　　답: $1.52 \times 10^9 \, m^3 \cdot d^{-1}$

1-2 280세대의 주거지 개발이 계획되고 있다. 미국수도협회의 가구당 일평균 물 소비량이 적용되고, 각 가구 인원은 3명이라고 가정한다. 시에서 추가로 공급해야 하는 일평균 물 생산량($L \cdot d^{-1}$)을 추정하시오.

　　　　답: $1.68 \times 10^5 \, L \cdot d^{-1}$

1-3 문제 1-2의 자료를 사용하고, 주택의 수돗물 사용량이 계량된다고 가정할 때, 피크 시간에서의 추가 수요량을 결정하시오.

　　　　답: $1.96 \times 10^6 \, L \cdot d^{-1}$

1-4 사바벅(Savabuck) 대학교는 화장실에 표준 압력 작동식 플러시 밸브를 설치하였다. 세척 시 이 밸브는 $130.0 \, L \cdot min^{-1}$의 물을 내린다. 물의 비용이 m^3당 0.45달러인 경우, 밸브 고장으로 물이 계속 흘러내리는 밸브를 수리하지 않는 데 드는 월 비용은 얼마인가?

　　　　답: 2,527.20달러 또는 2,530달러

1-5 미시간 서부의 공공 용수 가격은 m^3당 0.45달러이다. 자동판매기에서 구입한 0.5 L 생수는 1.00달러이다. m^3당 생수 비용은 얼마인가?

　　　　답: 2,000달러

1-6 태평양 개발, 환경 및 안보 연구소 웹사이트(http://www.worldwater.org/table2.html)를 사용하여 Lpcd 단위로 세계에서 가장 낮은 1인당 가정용 물 취수량 값은 얼마이며 이에 해당하는 국가는 어디인지 찾으시오.

2

화학

사례 연구

유연 휘발유–기업의 욕심 vs. 화학

학생들은 종종 왜 화학을 공부해야 하는지 묻는다. 화학은 환경공학과 과학의 근간이라고 할 수 있다. 예를 들어, 식수에서 칼슘과 마그네슘(경도 미네랄)을 줄이는 데 필요한 화학물질의 양을 구하기 위해서는 화학 침전 반응을 알아야 한다. 화학물질이 대기에서 어떻게 반응하고 토양과 지하수에서 어떻게 거동하는지 이해하기 위해서도 화학에 대한 기본적인 이해가 필요하다.

이 책을 읽고 있는 당신은 차를 몰고 주유소에 들어가 유연 휘발유와 무연 휘발유를 선택해야 했던 때를 기억하지 못할 것이다. 하지만 이는 60년 이상 동안 미국에서 있었던 일이고 대부분의 개발도상국, 동유럽과 같은 지역에서는 지금도 일어나고 있는 현실이다.

납은 강력한 신경독으로, 로마인들은 그것을 알고 있었다. 비투르비우스(Vitruvius)는 다음과 같이 기록했다: "흙으로 만든 관으로 물을 운반하는 것이 납관으로 운반하는 것보다 건강에 좋다. 납으로 운반되는 물에는 흰색납[$PbCO_3$, 탄산납]이 있으며, 이는 인체에 해로운 것으로 알려져 있다."(Lead Poisoning and Rome, n.d.). 1786년에 벤자민 프랭클린도 납의 위험성에 대해 언급하며 납이 인쇄노동자의 손을 떨게 하고 더 이상 일을 할 수 없을 정도의 심각한 질병을 발생시킨다는 글을 썼다(Lead-Franklin, n.d.).

납은 자연에서 원소 형태로 존재하지 않는다. 납은 황화납 광물인 방연광으로부터 추출되며 다른 원소들과 마찬가지로 시간이 지나도 분해되지 않는다. 1854년 독일에서는 유기 형태의 납인 테트라에틸 납(TEL)이 발견되었다. 이는 환각, 호흡 곤란, 광기, 경련, 질식 및 사망을 유발하는 것으로 알려졌으며, 이러한 이유로 1920년대 중반까지는 상업적으로 사용되지 않았다(Kitman, 2000).

1921년에 제너럴 모터스(GM) 리서치 코퍼레이션에 근무하던 엔지니어 토마스 미글리(Thomas Midgley)는 내연기관 내의 노킹 현상을 저감하기 위해 수만 가지 화학물질을 테스트한 후, 상사인 찰스 케터링(Charles Kettering)에게 TEL이 이를 해결할 수 있는 물질이라고 보고하였다. 1년 후, 피에르 뒤 퐁(Pierre du Pont)은 뒤퐁 회장에게 TEL이 "매우 유독하며 피부를 통해 흡수되면 바로 납 중독을 일으킨다"고 보고하였다. 그럼에도 불구하고 GM은 TEL 생산에 대한 특허를 출원하여 1923년에는 이를 제조하고 상업화하기 시작하였다(Kitman, 2000).

왜 TEL을 사용했을까? TEL이 저렴했기 때문이다. TEL의 비용은 휘발유 1갤런당 1센트에 불과하였다(Kovarik, 2005). 미글리는 에탄올도 대안이 될 수 있다고 보고하였으며, 에탄올은 내연기관에 사용할 수 있고 쉽게 구할 수 있는 연료였다. 하지만 에탄올은 누구나 생산할 수 있었다. 즉, TEL은 특허를 받을 수 있지만 에탄올은 특허를 받을 수 없었다(Kitman, 2000). 때문에 업계에서는 TEL을 대체할 물질이 없다고 거짓 주장을 했으며, 내연기관의 원활한 작동을 위해서는 TEL이 반드시 필요하다고 주장하였다(Kitman, 2000; Kovarik, 2005).

1977년까지 유연 휘발유의 연간 생산량은 1000억 갤런에 임박하였다(Great Lakes Binational Toxics Strategy, 1999). 당시 대기 내 납 농도는 도시에서는 $1{\sim}10\ \mu g/m^3$, 고속도로에서는 $14{\sim}25\ \mu g/m^3$에 도달하였다. 이후 유연 휘발유의 생산량이 감소하였는데, 이는 환경규제 때문만이 아니라 휘발유 내 탄화수소 배출 저감에 필요한 촉매 변환기의 성능을 납이 저하시키는 것으로 밝혀졌기 때문이다. 그림 2-1에서 볼 수 있듯이 미국의 평균 대기 납 농도는 1980년 1.8 $\mu g/m^3$에서 2015년 0.02 $\mu g/m^3$로 크게 감소하였다(U.S. EPA, n.d.). 미국의 대기 납 농도 수준은 수십 년 전보다 훨씬 낮지만 아직 항공유에는 납이 포함되어 있으며 이는 대기로 계속 배출되고 있다. 여러 연구에 의하면 납을 함유한 항공유가 사용되는 공항에서 1 km 이내에 사는 어린이는 다른 어린이들보다 혈중 납 수치가 더 높다고 보고되었다. 현재 1,600만 명의 미국인이 납을 함유한 항공유를 사용하는 22,000개 공항 근처에 살고 있으며, 300만 명의 어린이가 공항 근처 학교에 다니고 있다(Scheer and Moss, 2012).

미국 환경보호청(EPA)에서는 유연 휘발유로 인해 1983년까지 미국 내에서 연간 100만 건 이상의 고혈압 질환이 발생하고 심장마비, 뇌졸중, 혈압과 관련된 기타 질병으로 40~59세의 백인 남성 5,000명 이상이 사망한 것으로 추정하였다(Lead Education and Abatement Design Group, 2011). 당시 환경보호청장인 캐롤 브라우너(Carol Browner)는 1995년에 대기 중 납 농도의 극적인 감소는 "수백만 명의 어린이가 영구적인 신경 손상, 빈혈 또는 정신 지체와 같은 납 중독의 고통스러운 결과를 면할 수 있음을 의미한다"고 보고하였다(The Lead Education and Abatement Design Group, 2011). 만약 과학과 공공보건 전문가들이 기업의 탐욕과 이익에 기반한 납 사용에 대해 적극적으로 문제를 제기하고 대응을 하였다면 이러한 비극은 일어나지 않았을 수도 있다. 안타깝지만 지난 기간 동안 연소된 약 7백만 톤의 납은 아직 미국의 토양과 물, 대기, 그리고 생물 내에 남아 있는 것으로 알려져 있다(Kitman, 2000).

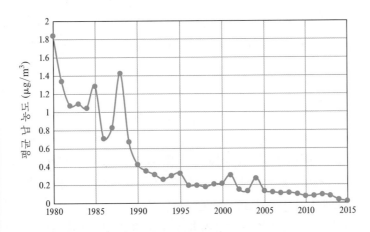

그림 2-1 미국의 대기 중 평균 납 농도
출처: https://www.epa.gov/air-trends/leadtrends.

2-1 서론

환경과학은 기본적으로 자연계 또는 환경의 화학, 물리학 및 생물학에 대한 학문이다. 따라서 이 분야들에 대한 기본적인 이해가 필수적이다. 이 장에서는 환경과학과 관련된 화학의 기초 개념을 검토하는 데 중점을 둔다.

화학(chemistry)은 물질을 연구하는 학문이다. **물질**(matter)은 질량이 있고 공간을 차지한다. 기체든 액체든 고체든 모든 물체는 원소로 이루어져 있다. **원소**(element)는 어떤 화학 반응으로도 더 작은 물질로 분해될 수 없다. **화합물**(compounds)은 화학적으로 결합된 2가지 이상의 원소를 포함한다. 순수한 화합물은 항상 정확히 동일한 비율로 동일한 원소를 함유하고 있다(**일정 성분비 법칙**). 예를 들어, 1.0000 g의 염화나트륨(NaCl)에는 항상 0.3934 g의 나트륨과 0.6066 g의 염소가 포함되어 있다. 나트륨과 염소는 화학적으로 결합되어 있다. 화합물 내의 원소들의 비율과 구조적 구성은 화합물의 물리화학적 특성에 큰 영향을 미친다. 예를 들어, 포도당은 탄소, 수소와 산소로 구성된 화합물이다. 화학식은 $C_6H_{12}O_6$이며, 이는 탄소 원자 6개, 수소 원자 12개, 산소 원자 6개가 있음을 의미한다. 다른 화합물인 CH_2O는 포도당과 탄소, 수소, 산소의 비율이 같으나 특성은 전혀 다르다. 이 화합물은 포름알데하이드로, 실온에서 사람에게 유독한 액체이다. **혼합물**(mixture)은 물리적 수단으로 분리할 수 있는 다양한 조성을 갖고 있는 물질이다. 예를 들어, 물에 소금이 용존되어 있는 소금물은 혼합물이다. 물을 증발시키면 소금만 남게 된다.

탄소와 수소를 기본 구성요소로 갖고 있는 화합물을 **유기화합물**(organic chemicals)이라고 부른다. 유기화합물은 살아 있는 유기체 내에서 또는 합성 화학 반응에 의해 형성될 수 있다. 유기화합물을 제외한 모든 다른 물질은 **무기화합물**(inorganic chemicals)로 간주된다. 일산화탄소(CO), 이산화탄소(CO_2), 탄산 이온 및 시안화물과 같은 몇 가지 간단한 화합물은 탄소를 포함하고 있지만 무기화합물로 간주된다. 이 장의 뒷부분에서 이러한 화합물 중 일부를 다루고자 한다.

2-2 기본 화학 개념들

원자, 원소, 주기율표

모든 화합물은 다양한 원소의 원자로 구성되어 있다. 원소는 기본 속성에 따라 **주기율표**(periodic table)에 족으로 구분되어 배열되어 있다(부록 C 참조). 예를 들어, IIA족(알칼리성 토금속)에는 칼슘, 마그네슘 및 바륨이 포함되며, 이들은 모두 자연 내 규산염 암석에서 발견된다. 이들은 일반적으로 탄산 이온 및 황산 이온을 포함한 화합물로 존재한다. 베릴륨을 제외한 모든 IIA족 원소는 0가의 순수 원소 금속으로 존재할 경우 물과 반응한다. 주기율표의 반대쪽에는 불소, 염소, 브롬, 요오드 및 아스타틴 등 할로겐(VIIA족) 원소들이 있다. 이들은 모두 반응성을 갖고 있는 비금속이다(다만, 아스타틴의 화학 반응에 대해서는 아직 연구가 많이 이루어지지 않았다). 모든 할로겐 원소는 -1의 산화상태에서 안정한 화합물을 형성한다.[*]

원자는 화학 반응 시 그 존재를 유지하는 매우 작은 입자이다. 원자는 전자, 중성자, 그리고 양성자로 구성되어 있다. 중성자와 양성자는 핵을 구성하며 원자의 질량의 대부분을 차지한다. **핵**(nucleus)은 하나 이상의 전자를 포함할 수 있다. **양성자**(proton)는 양전하를 띤 입자이며 전자의 1800배 이상의 질량을 갖고 있다. **중성자**(neutron)는 양성자와 거의 같은 질량을 갖고 있지만 전하를 띠지는 않는다. **전자**(electron)는 핵 주위를 빠르게 움직이며 전자구름을 형성한다.

원자 번호(atomic number, Z)는 원자핵에 존재하는 양성자의 수이다. 특정 원소의 모든 원자는 양성자 수가 같으며, 다만 중성자와 전자의 수는 다를 수 있다. 따라서 원소란 같은 원자 번호를 갖는 물질이라 말할 수 있다. 예를 들어, 염소의 원자 번호는 17이며 핵에 17개의 양성자를 갖고 있다. 원소의 **질량수**(mass number)는 특정 원소의 핵에 존재하는 양성자와 중성자 수의 합이다. 예를

---

[*] 산화상태는 화학물질 내 각 결합에서 전자쌍이 더 전기음성도가 높은 원자에 속할 경우 원자가 가질 전하이다. 이온 결합으로 구성된 화학물질의 경우 산화상태는 이온 전하와 같다. 공유 결합된 화합물의 경우 산화상태는 일반적으로 정해진 일련의 규칙에 따라 할당된 가상 전하로 나타낸다.

들어, 가장 보편적으로 존재하는 탄소 형태인 carbon-12는 6개의 양성자와 6개의 중성자를 갖고 있다. 고대 유물의 연대 측정에 사용되는 carbon-14는 carbon-12와 같은 수의 양성자(6개)를 갖고 있지만 중성자의 수는 8개이다. 이러한 다양한 형태의 탄소를 동위원소라고 한다. **동위원소**(isotope)는 화학적으로 동일한 형태를 갖지만 중성자 수가 다른 원소이다. 동위원소들은 원자 번호는 같지만 질량은 다르다. 나트륨과 같은 일부 원소는 자연발생되는 동위원소를 하나만 갖고 있지만, 산소, 탄소 및 질소를 포함한 다른 원소들은 자연발생되는 동위원소가 여럿 존재한다.

원소의 **원자량**(atomic weight)은 자연적으로 발생하는 원소의 원자량의 평균값이며 원자 질량 단위(amu) 또는 달톤으로 표시된다. 부록 C에 나열된 원자량은 자연발생되는 동위원소의 존재비율과 그 특정 동위원소의 원자량에 따라 결정된다.

예제 2-1 아래 표에 마그네슘의 동위원소들과 각각의 질량, 그리고 이들이 자연에 존재하는 비율을 나타내었다. 이를 이용해서 마그네슘의 원자량을 구하고, 부록 B의 값과 비교하시오.

동위원소	동위원소 질량(amu)	비율
^{24}Mg	23.985	0.7870
^{25}Mg	24.986	0.1013
^{26}Mg	25.983	0.1117

풀이 각 동위원소 질량을 상응하는 비율과 곱한 다음, 이들의 합을 구한다.

동위원소	동위원소 질량(amu)	비율	동위원소 질량×비율
^{24}Mg	23.985	0.7870	18.876195
^{25}Mg	24.986	0.1013	2.531082
^{26}Mg	25.983	0.1117	2.902301
			합 24.30958

마그네슘의 원자량은 24.3096 amu이다. 이 값은 부록 B의 값과 매우 작은 차이를 보이며, 이는 절사 과정에서의 단순한 오류 때문이다.

화학 결합과 분자간 힘

단일 원자 형태로 존재하지 않는 모든 원자는 화학 결합에 의해 서로 간에 고정된다. 분자는 일반적으로 분자들 간에 작용하는 약한 인력에 의해 서로 고정될 수 있다. **분자**(molecule)는 화학적으로 결합되고 고정된 기하학적 배열로 함께 유지되는 원자들의 집합이다.

2가지의 기본적인 결합 유형은 이온 결합과 공유 결합이다. **이온 결합**(ionic bond)은 양이온과 음이온 사이의 정전기적 인력에 의해 형성되는 화학 결합이다. 이온 결합에서는, 원자 하나의 원자가 껍질에서 다른 원자의 원자가 껍질로 적어도 하나 이상의 전자를 전달한다. 전자를 잃은 원자는 양전하를 띤 이온인 **양이온**(cation)이 되고, 전자를 얻은 원자는 음전하를 띤 이온인 **음이온**(anion)이 된다. 예를 들어, 불화수소산(HF)의 수소 원자는 불소 원자에게 전자 하나를 제공한다. 이 경우 수소는 양전하를 띠고 불소는 음전하를 띠게 된다. 전자를 자기 쪽으로 더 많이 끌어당기는 경향

그림 2-2

(라이너스 폴링 척도에 의한) 원소들의 전기음성도

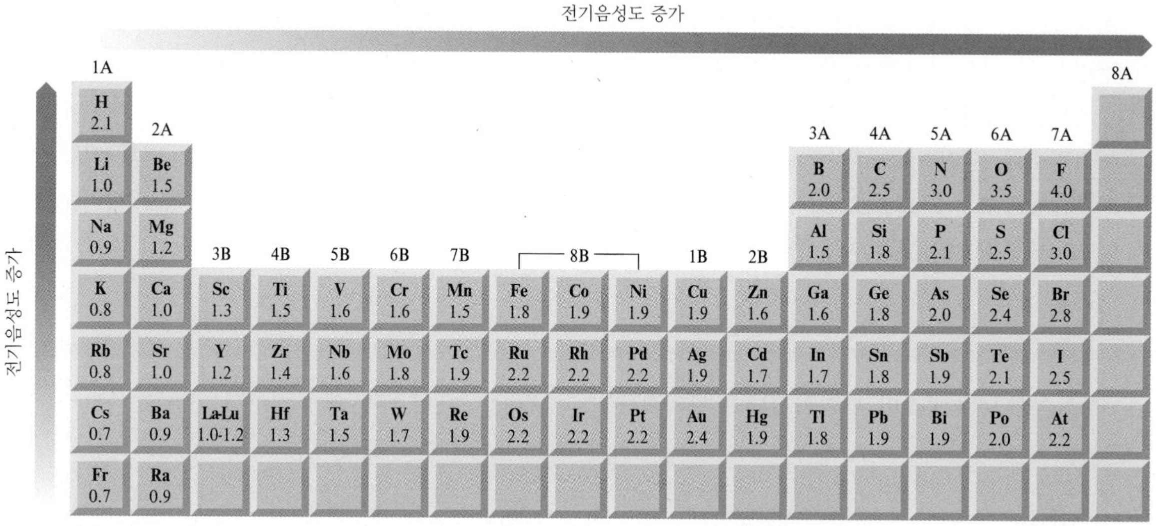

전기음성도 증가 →

전기음성도 증가 ↓

1A	2A	3B	4B	5B	6B	7B	8B			1B	2B	3A	4A	5A	6A	7A	8A
H 2.1																	
Li 1.0	Be 1.5											B 2.0	C 2.5	N 3.0	O 3.5	F 4.0	
Na 0.9	Mg 1.2											Al 1.5	Si 1.8	P 2.1	S 2.5	Cl 3.0	
K 0.8	Ca 1.0	Sc 1.3	Ti 1.5	V 1.6	Cr 1.6	Mn 1.5	Fe 1.8	Co 1.9	Ni 1.9	Cu 1.9	Zn 1.6	Ga 1.6	Ge 1.8	As 2.0	Se 2.4	Br 2.8	
Rb 0.8	Sr 1.0	Y 1.2	Zr 1.4	Nb 1.6	Mo 1.8	Tc 1.9	Ru 2.2	Rh 2.2	Pd 2.2	Ag 1.9	Cd 1.7	In 1.7	Sn 1.8	Sb 1.9	Te 2.1	I 2.5	
Cs 0.7	Ba 0.9	La-Lu 1.0-1.2	Hf 1.3	Ta 1.5	W 1.7	Re 1.9	Os 2.2	Ir 2.2	Pt 2.2	Au 2.4	Hg 1.9	Tl 1.8	Pb 1.9	Bi 1.9	Po 2.0	At 2.2	
Fr 0.7	Ra 0.9																

이 있는 화합물을 **전기음성도**(electronegativity)[*]가 높다고 표현하며, 불소의 경우 수소보다 공유 전자쌍에 대한 인력이 더 크다고 할 수 있다. 일반적으로 금속 원소들은 전기음성도가 낮으며 비금속 원소들은 전기음성도가 높다(그림 2-2).

공유 결합(covalent bond)은 원자들이 전자쌍을 공유하여 형성된다. 예를 들어, 수소가스(H_2)의 경우 $1s$ 궤도의 전자들이 겹쳐서 각 전자는 두 수소 원자 주위의 공간을 차지할 수 있다. 즉, 이 전자들을 두 원자가 공유한다고 설명할 수 있다. 공유 결합으로 이루어진 다른 화학물질로는 메테인(CH_4), 암모니아(NH_3), 에틸렌(C_2H_4) 등이 있다.

수소가스의 경우, 결합된 전자들이 두 원자 간에 균등하게 공유된다. 하지만 결합된 두 원소가 다를 경우에는 전자가 동등하게 공유되지 않을 수 있다. 결합된 전자들이 동등하게 공유되지 않는 공유 결합을 **극성 공유 결합**(polar covalent bond)이라 한다. 이 경우에는 한 원자 근처에서 전자를 찾을 확률이 다른 원자 근처에서 찾을 확률보다 더 크다. 예를 들어, HCl의 경우 결합된 전자들은 수소 원자보다는 염소 원자 근처에서 발견될 가능성이 더 크다. 물(H_2O)과 같이 수소와 산소로 구성된 화합물의 경우 수소와 산소 둘 다 전자를 다른 원소에게 제공하지는 않기 때문에 자연에서 두 원자 모두 완벽한 양이온 또는 음이온으로 존재하지 않는다. 물의 경우 수소는 부분적으로 양전하를 띠고 있으며, 산소는 부분적으로 음전하를 띠고 있다고 간주할 수 있다.

지금까지 원자를 함께 묶게 하는 이온 결합과 공유 결합에 대해 설명하였다. 하지만 이 외에도 분자들을 함께 묶게 하기 위해 약하게 끌어당기는 힘들이 존재한다. 이들은 **분자간 힘**(intermolecular forces)이라고 불린다.

---

[*] 전기음성도는 분자 내 원자가 결합되어 있는 전자를 끌어당기는 능력의 척도이다. 가장 널리 사용되는 척도는 라이너스 폴링(Linus Pauling)에 의해 개발되었다. 그는 결합 에너지로부터 전기음성도 값을 도출하고 불소에 4.0 값을 할당하였다. 그리고 같은 열의 왼쪽 끝에 있는 리튬의 값은 1.0이다. 일반적으로 전기음성도는 주기율표의 오른쪽에서 왼쪽으로, 그리고 위에서 아래로 갈수록 감소한다.

중성 분자를 끌어당기는 분자간 힘에는 쌍극자-쌍극자 힘, 런던(또는 분산) 힘, 그리고 수소 결합의 세 종류가 있다. **반데르발스 힘**(Van der Waals force)의 경우 쌍극자-쌍극자 힘과 분산 힘을 모두 포함한다. 반데르발스 힘은 Cl_2나 Br_2와 같은 중성 분자들 사이에 존재하는 단거리의 약한 인력이다. 분산 힘 또한 단거리의 약한 인력이며, 이는 전자가 핵 주위를 다양하게 이동할 때 발생할 수 있는 순간 쌍극자/유도 쌍극자 상호 작용으로 인해 발생한다. 분자량이 큰 분자는 더 많은 전자를 갖는 경향이 있기 때문에 분산 힘은 분자량이 증가함에 따라 강해지는 경향이 있다. 또한, 더 큰 분자의 경우 분극화가 잘 되어 유도된 쌍극자를 형성할 가능성이 커져 분산 힘의 크기가 강해질 수 있다.

수소 결합은 전기음성도가 매우 높은 특정 원자와 결합된 물질에서 발생한다. 수소 결합은 물에 고유한 특성을 부여하기 때문에 환경과학자나 공학자에게 매우 중요하다.

수소 결합은 플루오로메테인(CH_3F)과 메탄올(CH_3OH) 두 화학물질을 통해 살펴볼 수 있다. 두 물질은 분자량과 쌍극자 모멘트가 거의 같다. 그래서 두 화학물질은 유사한 특성을 가질 것으로 예상할 수 있다. 하지만 플루오로메테인은 실온에서 기체로 존재하며, 메탄올은 액체로 존재한다. 플루오로메테인과 메탄올의 끓는점은 각각 -78℃와 65℃이다. 두 물질이 매우 다른 특성을 보이는 이유는 바로 전기음성도가 높은 원자에 공유 결합된 수소 원자가 다른 분자의 작고 전기음성도가 높은 원자의 비결합 전자들과 적당히 강한 인력을 갖기 때문이다. 예를 들어, 메탄올의 경우 부분적으로 양전하를 띤 수소 원자가 부분적으로 음전하를 띤 다른 분자의 산소 원자와 결합을 형성하게 된다.

$$H_3C-\overset{\delta-}{O}-\overset{\delta+}{H}\cdots\overset{\delta-}{O}\overset{\overset{\delta+}{H}}{\diagdown}{CH_3}$$

이러한 힘들로 인해 메탄올은 고유한 특성을 가진다. 이와 마찬가지로 물 분자들 사이에서도 수소 결합이 발생하며, 이를 통해 물은 낮은 분자량에도 불구하고 실온에서 액체로 존재하게 된다.

몰, 몰 단위, 활성도

몰(mole)은 물질의 **아보가르도수**(Avogadro's number), 즉 6.02×10^{23}개의 분자로 정의된다. 예를 들어, 벤젠(휘발유에 존재하는 화합물) 1몰에는 6.02×10^{23}개의 벤젠 분자가 있다. 분자량은 각 원소의 원자량에 화합물에 존재하는 각 원소의 원자수를 곱하여 구할 수 있다. 벤젠의 분자식은 C_6H_6이다. **분자식**(molecular formula)은 분자에 존재하는 여러 원소들의 정확한 원자수를 표시한 화학식이다. 물질의 **분자량**(molecular weight)은 이 물질의 몰당 질량이다. 탄소와 수소의 원자량은 각각 12.01과 1.008 amu 또는 달톤이므로, 벤젠의 분자량은 아래 식으로 구할 수 있다.

$$(12.01)(6) + (1.008)(6) = 78.11 \text{ g} \cdot \text{mol}^{-1} \tag{2-1}$$

즉, 벤젠 1몰의 질량은 78.11 g이다.

이온(ion)은 전하를 띤 원자 또는 분자이다. 예를 들어, 칼슘 이온은 물에서 양이온(Ca^{2+})으로 존재하고 염소는 음이온인 염화 이온(Cl^-)으로 존재한다.

몰농도(molarity)는 용액 1리터당 몰수이다. 예를 들어, 벤젠 1몰(1 M) 용액에는 리터당 1몰의 벤젠이 있다. 몰농도는 대괄호 [ ]로 표시한다. 환경에서 발견되는 화학물질의 농도는 종종 매우 작기 때문에 환경과학 분야에서는 리터당 밀리몰(mmol · L^{-1} 또는 mM) 또는 리터당 마이크로몰(μmol · L^{-1} 또는 μM)을 단위로 사용하기도 한다.

예제 2-2 염화칼슘 용액을 1.00 L 부피 플라스크에 제조하였다. 60.00 g의 $CaCl_2$를 작은 양의 물과 섞어 플라스크에 첨가하고, 추가적으로 물을 더해 용액의 총부피를 1.00 L로 맞추었다. 이때 이 용액의 염화칼슘 농도를 몰농도(M) 단위로 구하시오.

풀이 이 문제를 풀기 위해 우선 염화칼슘의 분자량을 구한다. 칼슘과 염소의 원자량은 부록 B에서 얻을 수 있다. 칼슘은 40.078 amu이며, 염소는 35.4527 amu이다. 그러므로 염화칼슘의 분자량은

$$40.078 + 2(35.4527) = 110.98 \text{ g} \cdot \text{mol}^{-1}$$

용액 내 농도는 SI 단위로 60.00 g · L^{-1}이다. 이를 몰 단위로 환산하면 다음과 같다.

$$(60.00 \text{ g} \cdot \text{L}^{-1})/(110.98 \text{ g} \cdot \text{mol}^{-1}) = 0.5406 \text{ M}$$

이를 다르게 나타내면 다음과 같다.

$$\frac{60 \text{ g}}{\text{L}} \times \frac{\text{mol}}{110.98 \text{ g}} = 0.5406 \text{ M}$$

이를 통해 단위가 상쇄되는 것을 보다 쉽게 확인할 수 있다.

활성도(activity)는 화학 포텐셜*로 정의하며 단위가 없다. 활성도는 중괄호 { }로 표시한다. 순수한 상(예: 고체, 액체, 이상적인 1성분 기체)에서는 활성도는 1로 정의된다. 활성도는 활동도계수(activity coefficient)를 통해 활성도와 몰농도를 연계시킬 수 있으며, 활동도계수는 시스템 구성요소의 비이상적 거동을 표현하는 인자로 간주할 수 있다.

용액 내 총 이온 농도가 낮을 경우(통상적으로 10^{-2} M 미만)를 묽은 용액이라고 한다. 묽은 용액 내 이온들은 서로에게서 독립적으로 작용한다고 간주할 수 있다. 용액 내 이온 농도가 증가함에 따라 이들의 전하가 상호 작용하여 이온들의 평형 관계에 영향을 미친다. 이러한 상호 작용은 이온 강도(ionic strength)로 측정한다. 높은 이온 강도의 영향을 고려하기 위해 활동도계수를 사용하여 이온들의 평형 관계를 보정한다. 활동도계수는 $\gamma_{(ion)}$로 표현된다. 활성도는 아래 식과 같이 활동도계수와 몰농도의 곱으로 표현된다.

$$\{i\} = [i]\gamma_{(ion)} \tag{2-2}$$

---

* 포텐셜 에너지(potential energy)는 물체가 힘의 장(場) 내 위치함으로써 소유하는 에너지이다. 화학 포텐셜(chemical potential)은 자발성을 판단하는데 유용한 열역학적 수치이다. 화학적 포텐셜은 반응이 일어나는 경향성으로 간주될 수 있다. 예를 들어, 음의 화학적 포텐셜 값을 갖는 반응의 경우 배관 내 가득 찬 물이 내리막 방향으로 흐르는 것과 유사하다고 볼 수 있다. 배관 내 물은 중력에 의해 아래로 흐른다. 화학적 포텐셜의 경우, 반응이 열역학적으로 가능한지 알려준다. 그러나 화학적 포텐셜은 반응의 속도에 대해서는 아무것도 알려주지 않는다.

이 책에서는 용액의 활성도를 나타낼 때 {i} 표기법을 사용하며, 용액의 몰농도를 나타낼 때 [i] 표기법을 사용한다. 예를 들어, NaCl 용액 0.1 M에서 Ca^{2+}의 활성도는 칼슘의 몰농도와 다음 식과 같이 관련이 있다.

$${Ca^{2+}} = \gamma_{(Ca^{2+})}[Ca^{2+}] \tag{2-3}$$

활동도계수를 계산하기 위한 방법 하나를 48-49쪽에 설명한다.

화학 반응과 화학량론

화학량론(stoichiometry)은 반응에 관련된 원소 또는 화합물의 비율의 측정과 관련된 화학 분야이다. 화학량론적 계산은 화학 반응에 질량 보존의 법칙을 적용한다.

화학 반응식(chemical equation)은 화학식을 사용하여 화학 반응을 표현한다. 예를 들어, 휘발유는 가장 널리 사용되는 자동차 연료이다. 휘발유에서 발견되는 화합물 중 하나는 옥테인이다. 옥테인이 완전히 연소될 때 물과 이산화탄소만 생성된다. 이 반응을 설명하는 화학 반응식은 아래와 같다.

$$2C_8H_{18} + 25O_2 \longrightarrow 16CO_2 + 18H_2O \tag{2-4}$$

반응 방향을 보여주는 화살표 왼쪽에 있는 화합물을 **반응물질**(reactant)이라고 하며, 오른쪽에 있는 화합물을 **생성물질**(product)이라고 한다.

많은 경우, 반응에 관련된 화학물질의 상태나 단계를 표시하는 것이 유용하다. 일반적으로 다음 기호들이 사용된다.

(g)＝기체, (l)＝액체, (s)＝고체, (aq)＝수용액

이러한 기호를 사용하여 식 2-4를 표현하면 아래와 같다.

$$2C_8H_{18}(l) + 25O_2(g) \longrightarrow 16CO_2(g) + 18H_2O(l) \tag{2-5}$$

화학 반응식 균형 맞추기. 모든 화학 반응식은 균형이 맞아야 한다. 즉, 반응 화살표의 양쪽에 있는 각 원소의 원자수가 같아야 한다. 반응식의 균형 맞추기 예제는 아래와 같다.

예제 2-3 자연수의 칼슘은 수산화나트륨을 첨가하여 제거할 수 있다. 이에 대한 반응식을 균형을 맞추지 않고 적으면 아래와 같다.

$$Ca(HCO_3)_2 + NaOH \rightleftharpoons Ca(OH)_2 + NaHCO_3$$

위 반응식의 균형을 맞추시오.

풀이 첫 번째로 반응식의 양쪽 원소들의 숫자를 확인한다.

원소	반응물질	생성물질
칼슘	1	1
수소	$(1 \times 2)+1=3$	$(1 \times 2)+1=3$
탄소	$(1 \times 2)=2$	1
산소	$(3 \times 2)+1=7$	$(1 \times 2)+3=5$
나트륨	1	1

생성물질에서 탄소가 하나 부족하기 때문에, $NaHCO_3$의 몰수에 2를 곱한다.

$$Ca(HCO_3)_2 + NaOH \rightleftharpoons Ca(OH)_2 + 2NaHCO_3$$

이제 탄소가 2개 있지만, 2개의 $NaHCO_3$에는 나트륨 2개, 수소 2개, 산소 6개도 함께 있다(여기에 기존에 수산화칼슘에 존재하는 원소들의 수도 더해야 한다).

원소	반응물질	생성물질
칼슘	1	1
수소	$(1 \times 2)+1=3$	$(1 \times 2)+(1 \times 2)=4$
탄소	$(1 \times 2)=2$	$\not1 2$
산소	$(3 \times 2)+1=7$	$(1 \times 2)+(3 \times 2)=8$
나트륨	1	$\not1 2$

이제 $NaOH$의 몰수에 2를 곱할 필요가 있다.

$$Ca(HCO_3)_2 + 2NaOH \rightleftharpoons Ca(OH)_2 + 2NaHCO_3$$

결과는,

원소	반응물질	생성물질
칼슘	1	1
수소	$(1 \times 2)+(1 \times 2)=4$	$(1 \times 2)+(1 \times 2)=4$
탄소	$(1 \times 2)=2$	$\not1 2$
산소	$(3 \times 2)+(1 \times 2)=8$	$(1 \times 2)+(3 \times 2)=8$
나트륨	$\not1 2$	$\not1 2$

이제 반응식의 균형이 맞춰졌다.

화학 반응에는 화학종들의 산화와 환원 반응 또한 포함될 수 있다. 뒤에 나오는 산화-환원 반응 부분에서 산화-환원 반응의 균형을 맞추는 방법을 설명한다.

화학 반응식 종류. 환경과학자와 공학자에게 가장 중요한 4가지 유형의 화학 반응은 침전-용해, 산-염기, 착물화, 산화-환원이다.

침전-용해. 일부 용해된 이온들은 다른 이온들과 반응하여 **침전물**(precipitate)이라고 불리는 고체의 불용성 화합물을 형성한다. 용해된 화학물질이 불용성 고체를 형성하는 상변화 반응을 **침전 반**

응(precipitation reaction)이라고 한다. 침전 반응의 예로 염화칼슘 용액이 탄산나트륨 용액과 혼합될 때 형성되는 탄산칼슘을 들 수 있다.

$$CaCl_2 + Na_2CO_3 \rightleftharpoons CaCO_3(s) + 2Na^+ + 2Cl^- \tag{2-6}$$

위 반응에서 (s)는 $CaCO_3$가 고체임을 나타낸다. 상태를 나타내는 기호를 사용하지 않는 경우, 그 화학종은 용존상태로 가정한다. 위 반응의 화살표는 반응이 가역적이며, 오른쪽(이온이 결합하여 고체를 형성함) 또는 왼쪽(고체가 이온으로 해리됨)으로 진행될 수 있음을 의미한다. 반응이 왼쪽으로 진행되는 것을 **용해 반응**(dissolution reaction)이라고 한다. 용해 반응은 암석과 광물 등을 다룰 때 중요하다. 예를 들어, 산성 조건에서 탄산 이온 광물의 일종인 방해석($CaCO_3$)은 용해되어 칼슘 이온(Ca^{2+})과 탄산 이온(CO_3^{2-})을 물에 방출할 수 있다. 평형상태에서는 칼슘이나 탄산 이온이 추가로 용액에 용해될 수 없다. 이 상태를 용액의 **포화**(saturated) 상태라고 한다. 용액이 평형상태가 아니며 칼슘과 탄산 이온이 더 용해될 수 있는 경우를 **불포화**(unsaturated) 상태라고 한다. 어떤 경우에는, 평형상수를 사용하여 예측된 농도보다 더 높은 농도의 용존 이온이 용액에 존재할 수 있다. 이런 용액은 **과포화**(supersaturated) 상태라고 한다.

일부 용해 반응은 끝까지 진행되기도 하는데, 이 경우 반응이 완전히 오른쪽 또는 왼쪽으로 진행된다. 예를 들어, 염화나트륨 또는 황산칼슘을 물에 첨가하면 이러한 화합물들이 해리되어(갈라져) 이온들을 용액에 방출한다.

$$NaCl(s) \longrightarrow Na^+ + Cl^- \tag{2-7}$$

$$CaSO_4(s) \longrightarrow Ca^{2+} + SO_4^{2-} \tag{2-8}$$

우리는 종종 물 안에 $NaCl$과 $CaSO_4$가 포함되어 있다고 말하는 경향이 있는데, 실제로 이들은 해리된 형태(Na^+, Cl^-, Ca^{2+}, SO_4^{2-})로 존재한다.

산-염기(중화) 반응. 산과 염기의 일반적인 개념은 브뢴스테드(Brønsted)와 로우리(Lowry)에 의해 고안되었다. 브뢴스테드-로우리(Brønsted-Lowry) 산은 다른 물질에 양성자를 제공할 수 있는 모든 물질로 정의되며, 브뢴스테드-로우리 염기는 양성자를 받아들일 수 있는 모든 물질이다. 따라서 양성자 이동은 산과 염기가 둘 다 존재하는 경우에만 발생할 수 있다.

산을 A, 염기를 B라고 했을 때, 산-염기 반응의 일반적인 형태는 다음과 같다.

$$HA + H_2O \rightleftharpoons H_3O^+ + A^- \tag{2-9}$$

여기서 HA는 물보다 강한 산이며 물은 염기 역할을 한다. 위 반응을 통해 두 번째 산(짝산, H_3O^+)과 두 번째 염기(짝염기, A^-)가 형성된다. 아래 반응에서는 B^-가 염기이며 물은 산 역할을 한다.

$$B^- + H_3O^+ \rightleftharpoons HB + H_2O \tag{2-10}$$

이 반응 또한 마찬가지로 두 번째 산(HB)과 염기(H_2O)가 형성된다.

pH라는 용어는 H^+ 활성도에 상용로그를 취한 값의 음수로 정의된다.

$$pH = -\log\{H^+\} \tag{2-11}$$

pH가 7인 용액은 중성이며, 이는 산성도 염기성도 아니다. pH<7인 용액은 산성이고, pH>7인 용액은 염기성이다. 자연에 존재하는 대부분의 물의 pH는 6~9 사이인데, 이는 대부분의 생명이 유지되는 데 필요한 조건이다. 다만, 친극한성 박테리아는 pH 4보다 낮거나 9보다 큰 값에서 자랄 수 있다. 생물학적 활동은 산-염기 반응을 포함하므로 물의 pH에 영향을 미친다. 물이 토양 내를 이동할 때 산-염기 반응이 일어날 수 있다. 산성비가 존재하는 대기에서도 산-염기 반응이 일어난다. 산은 가정, 도시 및 산업 폐기물에서 직접 배출되어 물 및 육지의 생태계로 유입될 수 있다. 많은 침전 반응들과 달리 산-염기 반응들은 매우 빠르게 일어나며, 일반적으로 1/1000초 단위의 반감기를 갖는다.

자유 양성자는 물에 존재할 수 없다. 이들은 H_2O 분자와 결합하여 하이드로늄 이온(H_3O^+)을 형성한다. 물에 산을 첨가하면 해리되어 양성자를 방출한다. 예를 들어,

$$HCl \rightleftharpoons H^+ + Cl^- \tag{2-12}$$

염산(HCl)은 강산이기 때문에 이 반응은 거의 비가역적으로 일어난다. 즉, 1몰의 HCl은 1몰의 양성자를 생성한다. 산-염기 반응이 일어나기 위해서는 양성자가 염기로 옮겨져야 한다. 물은 **양쪽성**(amphoteric), 즉 산이나 염기로 작용할 수 있다. 이 경우에 물은 염기 역할을 하며 염산의 해리로 인해 방출된 양성자를 받아들인다.

$$H_2O + H^+ \rightleftharpoons H_3O^+ \tag{2-13}$$

위 반응식들을 합치면 아래와 같은 전체 반응이 된다.

$$HCl + H_2O \rightleftharpoons H_3O^+ + Cl^- \tag{2-14}$$

이 반응이 물에서 발생하는 실제 반응이지만, 식 2-12와 같은 약식 표기법을 자주 사용한다.

물에 염기를 첨가하면 물에 존재하는 하이드로늄 이온과 반응한다. 예를 들어, 물에 수산화나트륨을 첨가하면 H_3O^+가 소모된다.

$$NaOH + H_3O^+ \rightleftharpoons 2H_2O + Na^+ \tag{2-15}$$

이 경우 물은 산 역할을 하며 염기에 양성자를 제공한다.

착물화 반응.　착물화 반응(complexation reactions)은 용액 내의 2개(또는 그 이상)의 원자, 분자 또는 이온의 "배위(coordination)"가 보다 안정적인 생성물을 형성할 때 일어난다. 생성되는 화학물질의 형태가 해당 화학종의 독성, 제거 효율 및 생물 흡수율에 상당한 영향을 미칠 수 있기 때문에 착물화 반응은 환경과학자와 공학자들에게 중요하다.

착물(complex)은 착이온과 반대 전하를 갖는 다른 이온들 또는 중성의 착물종으로 구성된 화합물이다. **착이온**(complex ion)은 배위 공유 결합을 통해 루이스(Lewis) 염기[*]가 결합된 금속 이온으로 정의된다. 착물의 금속 이온에 결합된 루이스 염기를 **리간드**(ligand)라고 한다. 착물에서 금속 원자의 배위수는 금속 원자가 리간드와 형성하는 결합의 총 수이다. 예를 들어, $Fe(H_2O)_6^{2+}$의 경우 금속인 Fe^{2+}는 착이온이며 물은 리간드이다. 6개의 물 분자가 철 분자에 결합되어 있기 때문에 이 착물에서 철의 배위수는 6이다.

앞서 말했듯이 금속 착물은 금속의 흡수, 생분해성 및 독성에 큰 영향을 미치기 때문에 환경공학 및 과학에서 중요한 개념이다. 예를 들어, 연구자들은 모델 유기화학물질로 사용되는 니트릴로

---

[*] 루이스 염기는 착물의 중심인 금속 양이온에 제공할 수 있는 전자쌍을 하나 이상 가진다.

트리아세트산의 여러 금속물질에 대한 착물화를 연구하여, Cu(II), Ni(II), Co(II), Zn(II)와 결합된 니트릴로트리아세트산의 경우 킬라토박터 하인치(*Chelatobacter heintzii*)로 인한 생분해율이 저감되었으며, 이는 니트릴로트리아세트산이 금속물질들의 생이용성을 감소시켰기 때문인 것을 발견하였다(White and Knowles, 2000). 또 다른 연구에서는, 착화제의 농도가 증가하고 착물 형태가 아닌 구리 농도가 감소함에 따라 단세포 조류에 대한 구리의 생체 흡수 및 독성이 감소한다는 것이 밝혀졌다(Sunda and Guillard, 1976).

산화-환원 반응. 산화-환원 반응(oxidation-reduction reaction, 또는 redox reaction)이 없다면 우리가 현재 알고 있는 생명의 형태는 불가능할 것이다. 광합성과 호흡은 본질적으로 일련의 산화-환원 반응이다. 환경에서의 영양소 순환 또한 산화-환원 반응에 의해 일어난다. 산화-환원 반응은 자동차의 철이 녹슬 때도 발생한다. 누구든지 자동차가 빠르게 녹슬어 파괴되는 것을 원치 않는데, 다행히 산화–환원 반응은 매우 느리게 일어난다. 그러나 이런 느린 반응은 환경과학자나 공학자에게 어려움을 준다. 자연환경에 존재하는 산화-환원 반응은 대부분 평형에 거의 도달하지 않기 때문이다.

산화-환원 반응은 이온의 산화상태 변화와 전자 이동을 일으킨다. 철 금속이 부식될 때 전자가 방출된다.

$$Fe^0 \rightleftharpoons Fe^{2+} + 2e^-$$ (2-16)

한 원소가 전자를 방출하면 다른 원소가 전자를 받아들일 수 있어야 한다. 강관이 부식될 때 아래 식과 같이 수소가스가 종종 생성된다.

$$2H^+ + 2e^- \rightleftharpoons H_2(g)$$ (2-17)

여기서 (g)는 수소가 기체상태임을 나타낸다.

산화-환원 화학식의 균형을 맞출 때에는 전달된 전자의 수도 균형이 맞는지 확인해야 한다. 예제 2-3에서는 어떤 원소의 산화상태에도 변화가 없었다. 하지만 다음 두 예제에서는 산화상태가 변한다.

예제 2-4 석탄 발전소에서 배출되는 산화황은 대기에서 산소 및 수증기와 천천히 반응하여 황산을 생성한다. 황산은 오염물질로 호흡곤란을 일으키며, 산성비를 발생시키기도 한다. 반응식은 아래와 같다.

$$SO_2 + O_2 + H_2O \rightarrow H_2SO_4$$

위 반응식의 균형을 맞추시오.

풀이 위 반응식이 평형 반응의 형태로 쓰여지지 않았음에 주목하자. 이 반응은 끝까지 진행되며 가역적이지 않다. 우선 반응식의 모든 원소를 정리한다.

원소	반응물질	생성물질
S(황)	1	1
O(산소)	5	4
H(수소)	2	2

이 반응에서 산소(O)의 산화상태는 O_2의 0에서 H_2SO_4의 -2로 환원되었다. 황은 SO_2의 $+4$에서 H_2SO_4의 $+6$로 산화되었다. 그렇기 때문에 우선 산화-환원 과정에서 옮겨지는 전자수를 맞춰야 한다.

$$O_2 \rightleftharpoons 2O^{2-}$$
$$S^{4+} \rightleftharpoons S^{6+}$$

첫 번째 반응에서 4개의 전자가 이동하며, 두 번째 반응에서는 2개의 전자가 이동한다. 전자수를 맞추기 위해서 두 번째 반응에 2를 곱한다.

$$O_2 + 4e^- \rightleftharpoons 2O^{2-}$$
$$2(S^{4+} \rightleftharpoons S^{6+} + 2e^-)$$

이때 반응식은 아래와 같이 된다.

$$2SO_2 + O_2 + H_2O \longrightarrow 2H_2SO_4$$

다음 단계에서는 반응식 양쪽의 각 원소의 수를 맞춘다. 예를 들어, 반응물질 쪽에는 $2SO_2$로부터 산소 4개, O_2로부터 산소 2개, H_2O로부터 산소 1개로 총 7개의 산소가 있다. 이를 아래 표의 반응물질 쪽 산소 칸에 기입하고 다른 원소들의 수도 유사하게 기입한다.

원소	반응물질	생성물질
S(황)	2	2
O(산소)	7	8
H(수소)	2	4

양쪽의 모든 원소의 수는 같아야 하는데, 왼쪽의 산소는 7개이며 오른쪽은 8개이다. 반응물질 쪽의 산소가 1개 부족하다. 우선 물 분자의 수를 2로 곱해 보자.

$$2SO_2 + O_2 + 2H_2O \longrightarrow 2H_2SO_4$$

이때 표는 아래와 같이 된다.

원소	반응물질	생성물질
S(황)	2	2
O(산소)	78	8
H(수소)	24	4

이제 균형이 맞춰졌다.

예제 2-5 아래 반응은 산소가 없는 하천의 퇴적물에서 중요한 반응이다.

$$SO_4^{2-} + H^+ + CH_2O \rightleftharpoons HS^- + CO_2 + H_2O$$

위 반응식의 균형을 맞추시오.

풀이 미생물에 의해 이루어지는 위의 반응식은 가역적이다. 우선 식에 나오는 여러 원소의 산화상태를 고려한다. 산소는 대부분의 경우 산화상태가 −2이다.[*] 산소의 산화상태가 −2일 경우, SO_4^{2-}의 황의 산화상태는 +6이며, CO_2의 탄소의 산화상태는 +4이다. 수소는 대부분의 경우 산화상태가 +1이다(H_2일 때는 산화상태가 0이다). 이때 HS^-의 황의 산화상태는 −2이며, CH_2O의 탄소의 산화상태는 0이다. 황의 환원 반응식이 다음과 같을 때,

$$S(+6)O_4^{2-} \rightleftharpoons HS(-2)^-$$

반응식의 왼쪽에서 오른쪽으로 가기 위해서는 8개의 전자가 필요하다. 소괄호 안의 숫자는 황의 산화상태를 의미한다.

$$S(+6)O_4^{2-} + 8e^- \rightleftharpoons HS(-2)^-$$

($[+6] + [-8] = -2$). 이제 산화 반응의 균형을 맞춰야 한다. 이 반응식에서는 탄소의 산화상태가 0에서 +4로 변한다. 이를 위해서는 4개의 전자가 필요하다.

$$CH_2O \rightleftharpoons CO_2 + 4e^-$$

환원 반응과 산화 반응에서 이동하는 전자수를 맞춰야 하기 때문에 다음 단계로 위 산화 반응에 2를 곱한다.

$$2CH_2O \rightleftharpoons 2CO_2 + 8e^-$$

처음 식은 아래와 같이 되며 전자수의 균형이 맞게 된다.

$$SO_4^{2-} + H^+ + 2CH_2O \rightleftharpoons HS^- + 2CO_2 + H_2O$$

다음 단계로 앞서와 같이 다른 원소들의 수를 맞춘다.

원소	반응물질	생성물질
S(황)	1	1
O(산소)	6	5
C(탄소)	2	2
H(수소)	5	3

　탄소와 황 원소의 수는 이미 균형이 맞춰져 있기 때문에 탄소 또는 황을 포함하고 있는 분자들은 건드리지 않는다. 이제 1개의 산소와 2개의 수소만 생성물질 쪽에 추가되어야 하며, 이는 물 분자 하나를 생성물질 쪽에 추가하면 해결된다.

---

[*] 산소는 전하가 0인 이원자 상태(O_2) 또는 전하가 −1인 과산화물(H_2O_2)을 제외하고 거의 항상 −2의 전하를 갖는다.

$$SO_4^{2-} + H^+ + 2CH_2O \rightleftharpoons HS^- + 2CO_2 + H_2O$$

이로써 표는 다음과 같이 바뀐다.

원소	반응물질	생성물질
S(황)	1	1
O(산소)	6	5 6
C(탄소)	2	2
H(수소)	5	3 5

이제 반응식의 균형이 맞춰졌다.

기체를 포함한 반응들. 산소나 이산화탄소와 같은 기체들이 물에 용해되지 않았다면 수중생물이 생존할 수 없었을 것이기 때문에 용액 안팎으로의 기체 이동은 중요하다. 이산화탄소가 물에 용해되지 않는다면 빗물의 pH는 약 5.6이 아니었을 것이다. 이산화탄소는 아래 반응과 같이 물에 용해된다.

$$CO_2(g) \rightleftharpoons CO_2(aq) \tag{2-18}$$

여기서 (aq)는 용존된 상태를 나타낸다.

용존된 이산화탄소는 물과 반응하여 탄산을 형성할 수 있다.

$$CO_2(aq) + H_2O \rightleftharpoons H_2CO_3 \tag{2-19}$$

산소가 물에 용해되는 것은 환경공학자와 과학자에게 중요하며 우리가 잘 알고 있듯 생물에게 필수적이다. 산소는 물에 약간만 용해되며 수온이 감소함에 따라 용해도가 증가한다. 물속 생물은 호흡을 통해 산소를 소모하므로 그 산소가 보충되어야 한다. 어항에서는 펌프와 디퓨저를 통해 공기를 물속으로 공급해 준다. 자연환경에서는 대기와 물의 계면에서 공기 중의 산소가 확산을 통해 물속으로 유입된다. 이 용해 반응은 아래와 같은 화학 반응식으로 나타낼 수 있다.

$$O_2(g) = O_2(aq) \tag{2-20}$$

이러한 기체 이동 반응을 우리는 목적에 맞게 사용할 수도 있다. 예를 들어, 암모니아를 물에서 제거하기 위해서는 용액의 pH를 높여 NH_4^+를 NH_3로 전환하고, 암모니아 분자가 기상으로 빠져나가는 조건을 만들어 주는 방법을 활용할 수 있다.

$$NH_3(aq) \rightleftharpoons NH_3(g) \tag{2-21}$$

화학 평형

묽은 염산 용액에 방해석을 추가하면 방해석이 용해되어 이산화탄소 거품이 발생하기 시작하고, 이는 **화학 평형**(chemical equilibrium)에 도달할 때까지 지속된다. 평형에 이르게 되면, 오른쪽 방향으로 진행하는 반응속도와 왼쪽으로 진행하는 반응속도는 같게 된다.

$$CaCO_3 + 2HCl \rightleftharpoons Ca^{2+} + CO_2(g) + H_2O + 2Cl^- \tag{2-22}$$

화학 평형은 정반응의 속도와 역반응의 속도가 같은 조건으로 정의한다.

화학 평형은 **평형상수**(equilibrium constant)를 이용하여 수학적으로 나타낸다. 화학의 열역학 데이터에 기반한 평형상수는 각 생성물 농도에 화학 반응식의 화학량론적 계수를 거듭제곱한 값들의 곱을 각 반응물 농도에 화학량론적 계수를 거듭제곱한 값들의 곱으로 나눈 값과 같으며, 각 농도는 평형 조건에서의 농도이다. 아래와 같은 일반적인 반응의 경우,

$$a\text{A} + b\text{B} \rightleftharpoons c\text{C} + d\text{D} \tag{2-23}$$

평형상수 K는 다음과 같은 식으로 나타낸다.

$$K = \frac{\{C\}^c \{D\}^d}{\{A\}^a \{B\}^b} \tag{2-24}$$

용존상태의 화학물질의 경우 식 2-24에 사용된 농도는 활성도 또는 몰농도 단위여야 한다(단, 충분히 묽은 용액일 때만 몰농도를 사용할 수 있다). 화학물질이 기체인 경우 농도는 활성도 또는 압력 단위를 쓴다. 묽은 기체인 경우 식 2-24에는 기체의 분압이 주로 사용된다. **질량 작용의 법칙**(The law of mass action)에 따르면 평형상수 K값은 특정 반응의 주어진 온도에서의 상수이며, 이 값은 식에 대입되는 화학물질의 평형 농도와는 독립적이다.

많은 환경 반응들은 빠르게 진행되므로 일부 처리 공정, 수체, 빗방울에서의 화학물질의 농도 예측에 평형식 계산을 사용할 수 있다. 잘 혼합된 반응기 내에서 일어나는 화학물질의 용해, 산과 염기의 해리, 빗방울이나 안개 속의 가스 용해 등이 이에 잘 부합한다. 화학 평형을 이용한 계산은 암석에서 광물이 용해되거나 큰 수역에서 가스가 용해되는 등의 느린 반응에는 덜 유용하지만, 이런 경우에도 충분히 긴 시간이 지나 화학 평형에 도달한 후의 화학물질의 농도를 파악하는 데 사용할 수 있다.

용해도 계산. 모든 화합물은 어느 정도 물에 용해된다. 마찬가지로, 모든 화합물의 농도는 그 화학물질이 얼마나 물에 용해될 수 있는지에 따라 제한된다. NaCl과 같은 일부 화합물은 물에 매우 잘 녹는데 반해 AgCl과 같은 화합물은 거의 녹지 않으며 소량만 물에 들어간다. 증류수에 고체 화합물인 베이킹소다($NaHCO_3$)를 넣을 때, 이 중 일부가 용액 속으로 들어가게 되는데, 이를 **용해**(dissolve)라고 부른다. 일정량의 베이킹소다가 물에 녹은 이후에는 더 이상은 용액에 용해되지 않는다. 이 시점에 반응은 평형에 도달한다. 중탄산나트륨(베이킹소다)의 용해도 반응은 아래와 같다.

$$NaHCO_3(s) \rightleftharpoons Na^+ + HCO_3^- \tag{2-25}$$

침전–용해 반응식은 일반적으로 다음과 같이 표현할 수 있다.

$$A_aB_b(s) \rightleftharpoons a\text{A}^{x+} + b\text{B}^{y-} \tag{2-26}$$

앞서 언급한 바와 같이, 반응에 대한 평형식은 각 생성물에 해당 화학량론적 계수를 거듭제곱한 값의 곱을 각 반응물에 해당 화학량론적 계수를 거듭제곱한 값의 곱으로 나눈 식으로 표현할 수 있다. 위 반응의 경우, 반응물 A_aB_b의 농도는 이 평형식에 나타나지 않는다. 이는 평형식에서는 몰농도가 아닌 활성도로 식을 표현하기 때문이다. 정의에 따라 순수한 고체의 활성도는 1이다. 순수한 고체로 가정한 반응물의 경우 그 활성도에 해당되는 항은 평형식에서 생략된다. 따라서, 침전 반응에 대한 평형식(용해도 곱)은 다음과 같이 표현할 수 있다.

표 2-1	몇 가지 물질의 25℃에서의 용해도		
물질	평형 반응	pK_s	응용 사례
수산화알루미늄	$Al(OH)_3 \, (s) \rightleftharpoons Al^{3+} + 3OH^-$	32.9	응집
인산알루미늄	$AlPO_4 \, (s) \rightleftharpoons Al^{3+} + PO_4^{3-}$	22.0	인 제거
탄산칼슘(아라고나이트)	$CaCO_3 \, (s) \rightleftharpoons Ca^{2+} + CO_3^{2-}$	8.34	경수연화, 부식 제어
수산화철	$Fe(OH)_3 \, (s) \rightleftharpoons Fe^{3+} + 3OH^-$	38.57	응집, 철 제거
인산철	$FePO_4 \, (s) \rightleftharpoons Fe^{3+} + PO_4^{3-}$	21.9	인 제거
수산화마그네슘	$Mg(OH)_2 \, (s) \rightleftharpoons Mg^{2+} + 2OH^-$	11.25	칼슘과 마그네슘 제거
백운석	$CaMg(CO_3)_2 \rightleftharpoons Ca^{2+} + Mg^{2+} + 2CO_3^{2-}$	17.09	백운석 광물의 풍화
카올리나이트	$Al_2Si_2O_5(OH)_4 + 6H^+$ $\rightleftharpoons 2Al^{3+} + 2Si(OH)_4 + H_2O$	7.44	카올리나이트 점토의 풍화
석고	$CaSO_4 \cdot 2H_2O \rightleftharpoons Ca^{2+} + SO_4^{2-} + 2H_2O$	4.58	석고 광물의 풍화

자료 출처: Stumm and Morgan, 1996.

$$K_s = \{A^{x+}\}^a\{B^{y-}\}^b \tag{2-27}$$

중탄산나트륨의 용해 반응(식 2-25)에 대한 용해도 곱은 다음과 같이 표현할 수 있다.

$$\{Na^+\}\{HCO_3^-\} = K_s$$

용해도 곱 상수(K_s)는 다양한 자료를 통해 얻을 수 있다. 일부 상수들을 표 2-1과 부록 A-9에 제공한다. 더 완전한 목록은 CRC 화학 및 물리학 핸드북(The CRC Handbook of Chemistry and Physics)등의 자료에서 얻을 수 있다.

용해도 곱은 종종 아래식과 같이 pK_s, 즉 K_s의 상용로그값의 음수로 표현된다.

$$pK_s = -\log_{10}(K_s) \text{ or } -\log(K_s) \tag{2-28}$$

이는 대부분의 K_s 값이 매우 작기 때문이다.

모든 평형상수와 마찬가지로 용해도 곱 또한 열역학 데이터에 기반하며 해당 반응에 따른 깁스 자유 에너지(Gibbs free energy)[*]의 변화를 이용해 계산할 수 있다. 반응이 평형에 도달하려는 경향성(또는 추진력)은 깁스 자유 에너지 $\Delta G°$에 의해 결정된다. 평형상수 K와 $\Delta G°$ 사이의 관계는 아래와 같이 정의된다.

$$\Delta G° = -RT \ln K \tag{2-29}$$

여기서 R = 이상기체상수

$\quad\quad K$ = 평형상수(예: 용해도 곱)

$\quad\quad T$ = 온도(K)

많은 용해도 곱 상수들은 실험을 통해 경험적으로 제공된다. 다만 난용성 화합물질들의 경우 이러한 실험값은 종종 부정확하며 실험값 간의 편차가 매우 크다. 일반적으로 용해도 곱 상수는 25℃라는 특정 온도에서의 값으로 정의된다. 만약 상수값을 얻은 기준 온도와 다른 온도에서 사용해야 할

---

[*] 깁스 자유 에너지는 반응의 자발성에 대한 직접적인 기준을 제공하는 열역학적 수치이다.

경우 보정이 필요하다. 25℃ 이외의 온도에서의 용해도 곱 상수는 아래와 같은 기본 열역학식을 사용하여 계산할 수 있다.

$$\frac{\partial \ln K}{\partial T} = \frac{\Delta H_r^0}{RT^2} \tag{2-30}$$

여기서 ΔH_r^0 = 해당 반응의 엔탈피 변화

해당 온도 범위에서 ΔH_r^0 값이 일정하다고 가정할 때, 식 2-30은 아래와 같이 풀 수 있다.

$$\ln \frac{K_{T_2}}{K_{T_1}} = \frac{\Delta H_r^0}{R} \left(\frac{1}{T_1} - \frac{1}{T_2} \right) \tag{2-31}$$

한 가지 기억해야 하는 점은 평형상수와 같은 열역학 데이터는 반응의 속도(얼마나 빨리 진행되는지)에 대해서는 아무것도 알려주지 않는다는 것이다. 위 반응들은 평형에 도달하는 데 몇 초가 걸릴 수도 있고, 수십만 년이 걸릴 수도 있다.

예제 2-6 탄산칼슘(CaCO₃) 30.00 g을 1.00 L 부피 플라스크에 첨가하고 1.00 L 표시까지 증류수를 추가하였을 때, 칼슘(Ca²⁺)의 농도를 구하시오. 온도는 25℃이며 용액 내 칼슘은 CaCO₃(s)와 평형을 이루고 있고, 방해석의 pK_s는 8.48이다.

풀이 관련 식은 아래와 같다.

$$CaCO_3(s) \rightleftharpoons Ca^{2+} + CO_3^{2-} \qquad K_s = 10^{-pKs} = 10^{-8.48}$$

$K_s = \{Ca^{2+}\}\{CO_3^{2-}\}$이며 묽은 용액 조건을 가정할 때 활성도는 몰농도와 근사하다고 할 수 있다. 이때 위 식은 아래와 같이 된다.

$$K_s = [Ca^{2+}][CO_3^{2-}]$$

1몰의 방해석이 용해될 때 1몰의 Ca²⁺와 1몰의 CO₃²⁻가 용액으로 용출된다. 평형상태에서 Ca²⁺와 CO₃²⁻의 몰농도는 같으며 아래와 같이 표현할 수 있다.

$$[Ca^{2+}] = [CO_3^{2-}] = s$$

각 화합물을 s로 대체할 때 K_s식은 아래와 같이 된다.

$$10^{-8.48} = s^2$$

s를 구하면 Ca²⁺ 농도는 $10^{-4.24}$($= 5.75 \times 10^{-5}$ M)이다. 칼슘 및 탄산 이온의 농도는 매우 낮기 때문에 묽은 용액이라는 가정은 성립된다. 여기서 플라스크 안의 방해석의 양은 상관 없다. 우리가 구하고자 하는 것은 평형상태의 농도이며, 방해석을 용해도 이상으로 투입하는 한 이는 반응의 초기 조건이나 투입한 방해석의 양과 관련이 없다.

해수, 매립지 침출수, 활성 슬러지와 같이 용액 내 배경[*] 전해질 농도가 높을 경우에는 모든 평형상수에 대해 이온의 영향을 고려해야 한다. 지금부터는 용해도 곱에 이들이 미치는 영향을 살펴보고자 하며, 이러한 영향은 모든 평형상수에 동일하게 적용된다. 식 2-27에 언급된 바와 같이 용해도 곱은 아래와 같이 정의된다.

$$K_s = \{A^{x+}\}^a \{B^{y-}\}^b$$

그리고,

$$\{i\} = \gamma_i[i] \tag{2-32}$$

여기서 $\{i\}$는 i의 활성도이며, γ_i는 i의 (특정 조성 및 이온 강도를 갖는 용액에서의) 활동도계수, $[i]$는 i의 몰농도이다. 식 2-27에 $\gamma_i[i]$를 대입하면 아래와 같이 표현할 수 있다.

$$K_s = (\gamma_A [A^{x+}])^a (\gamma_B [B^{y-}])^b \tag{2-33}$$

활동도계수는 여러 근사법을 사용하여 구할 수 있다. 여기서는 데이비스(Davies) 식을 사용하며, 이 식은 가장 넓은 범위의 전해질 농도(이온 강도 I가 0.5 M 미만)에서 유효하다. 데이비스 방정식은 아래와 같다.

$$\log \gamma = -A z^2 \left(\frac{\sqrt{I}}{1 + \sqrt{I}} - 0.2I \right) \tag{2-34}$$

여기서 $A \approx 0.5$ (25°C의 물의 경우)

z = 이온의 전하
I = 용액의 이온 강도 = $\frac{1}{2} \Sigma C_i z_i^2$
C_i = 용액 내 i번째 이온의 몰농도
z_i = i번째 이온의 전하

예제 2-7 예제 2-6을 다시 살펴보자. 30 g의 방해석을 0.01 M의 NaCl 용액 1.00 L에 첨가하였을 때, 칼슘(Ca^{2+})의 농도를 구하시오. 온도는 25°C이며 용액 내 칼슘은 $CaCO_3(s)$와 평형을 이루고 있다.

풀이 우선 용액 내 염화나트륨 농도를 계산한다. 용액 내에 존재하는 두 이온은 Na^+와 Cl^-이다. NaCl을 완전하게 해리되기 때문에, 두 이온의 농도는 각각 0.01 M이다. 이를 통해 이온 강도를 계산한다.

$$I = \frac{1}{2} [(0.01)(1)^2 + (0.01)(1)^2] = 0.01 \text{ M}$$

이제 칼슘과 탄산 이온을 살펴본다. 칼슘과 탄산 이온의 전하의 절댓값은 2로 동일하기 때문에 $\gamma_{Ca} = \gamma_{CO_3}$이다.

$$\log \gamma_{Ca} = \log \gamma_{CO_3} = -(0.5)(2)^2 \left(\frac{\sqrt{0.01}}{1 + \sqrt{0.01}} - 0.2(0.01) \right) = -0.178$$

$$\gamma_{Ca} = \gamma_{CO_3} = 10^{-0.178} = 0.664$$

---

[*] '배경'이라는 용어는 용액 내에 존재하는 이온들을 나타내는 데 사용된다.

위에서 구한 활동도계수를 이용하여 다음과 같이 이온 강도가 용해도 곱에 미치는 영향을 알 수 있다.

$$K_s = \{Ca^{2+}\}\{CO_3^{2-}\} = \gamma_{Ca}[Ca^{2+}]\gamma_{CO_3}[CO_3^{2-}]$$

$$\frac{K_s}{\gamma_{Ca}\gamma_{CO3}} = [Ca^{2+}][CO_3^{2-}] = \frac{10^{-8.48}}{(0.664)(0.664)} = 7.51 \times 10^{-9}$$

예제 2-6과 같이 문제를 풀면, 아래와 같이 값을 구할 수 있다.

$$[Ca^{2+}] = [CO_3^{2-}] = 8.7 \times 10^{-5} \text{ M}$$

예제 2-8 예제 2-6을 한 번 더 살펴보자. 30 g의 방해석을 아래 표 이온들이 함유된 수용액 1 L에 첨가하였을 때, 수용액 내 칼슘(Ca^{2+})의 농도를 구하시오. 온도는 25°C이며 용액 내 칼슘은 $CaCO_3(s)$와 평형을 이루고 있다.

풀이

이온	농도(mM)	이온	농도(mM)
NO_3^-	2.38	Mg^{2+}	53.2
SO_4^{2-}	28.2	Na^+	468.0
Cl^-	545.0	K^+	10.2
		Cu^{2+}	10.2

$$I = \frac{1}{2}[(2.38 \times 10^{-3})(1)^2 + (2.82 \times 10^{-2})(2)^2 + (0.545)(1)^2 + (1.02 \times 10^{-2})(2)^2$$
$$+ (5.32 \times 10^{-2})(2)^2 + (0.468)(1)^2 + (1.02 \times 10^{-2})(1)^2] = 0.696 \text{ M}$$

$$\log \gamma_{Ca} = \log \gamma_{CO_3} = -(0.5)(2)^2 \left(\frac{\sqrt{0.696}}{1 + \sqrt{0.696}} - 0.2(0.696)\right) = -0.631$$

$$\gamma_{Ca} = \gamma_{CO_3} = 10^{-0.631} = 0.234$$

위에서 구한 활동도계수를 이용하여 다음과 같이 이온 강도가 용해도 곱에 미치는 영향을 알 수 있다.

$$K_s = \{Ca^{2+}\}\{CO_3^{2-}\} = \gamma_{Ca}[Ca^{2+}]\gamma_{CO_3}[CO_3^{2-}]$$

$$\frac{K_s}{\gamma_{Ca}\gamma_{CO3}} = [Ca^{2+}][CO_3^{2-}] = \frac{10^{-8.48}}{(0.234)(0.234)} = 6.05 \times 10^{-8}$$

예제 2-6과 유사하게 칼슘 및 탄산 이온 농도를 구하면 아래와 같다.

$$[Ca^{2+}] = [CO_3^{2-}] = 2.5 \times 10^{-4} \text{ M}$$

일반 화학에서는 "비슷한 화합물끼리는 잘 녹는다(like dissolves like)"라는 말을 배운다. 칼슘과 탄산 이온은 이온성이 높다. 증류수에 염화나트륨을 첨가하면 용액의 이온성이 높아진다. 따라서 방해석은 순수한 물에서보다 염화나트륨 용액에서 더 잘 용해된다. 예제 2-8의 수용액의 이온

강도가 예제 2-7의 0.01 M NaCl 용액보다 더 강하기 때문에 방해석은 예제 2-8의 수용액에 더 잘 용해된다.

공통 이온 효과. 자연수에서는 화학물질이 물에 용해될 때 해당 화학물질의 이온이 이미 용액에 존재하는 경우가 대부분이다. 예를 들어, 지하수가 방해석이 포함된 암석을 지나갈 때 아래 반응에 의해 칼슘이 물에 용해된다.

$$CaCO_3(s) \text{ (calcite)} = Ca^{2+} + CO_3^{2-} \qquad K_s = 10^{-8.48} \tag{2-35}$$

그러나 대부분의 경우 지하수에는 이미 칼슘이나 탄산 이온이 존재한다. 따라서 지하수에 용해되는 방해석의 양은 순수한 물에서만큼 높지는 않다.

예제 2-9 $100 \text{ mg} \cdot \text{L}^{-1}$ CO_3^{2-}를 함유한 물에 대한 백운석의 용해도를 구하시오. 백운석의 용해도 곱은 $10^{-17.09}$이고, 이온 강도 효과는 미미하다고 가정한다.

풀이 우선 백운석이 용해되기 전의 탄산 이온 농도를 계산한다. 탄산 이온의 분자량은 $60.01 \text{ g} \cdot \text{mol}^{-1}$이다. 그러므로 탄산 이온의 몰농도는 아래와 같다.

$$(100 \text{ mg} \cdot \text{L}^{-1})(10^{-3} \text{ g} \cdot \text{mg}^{-1})(1 \text{ mol}/60.01 \text{ g}) = 0.00167 \text{ M}$$

백운석은 아래와 같이 용해된다.

$$CaMg(CO_3)_2 \rightleftharpoons Ca^{2+} + Mg^{2+} + 2CO_3^{2-} \qquad K_s = 10^{-17.09}$$

반응이 시작할 때는 용액 내에 0.00167 M CO_3^{2-}, 0 M Ca^{2+}, 0 M Mg^{2+}가 존재한다. s몰의 백운석이 용해될 때, s몰의 Ca^{2+}, s몰의 Mg^{2+}, $2s$몰의 CO_3^{2-}가 용액에 추가된다. 평형상태에서의 각 이온의 농도는 아래 표와 같이 표현할 수 있다.

	농도(M)		
	Ca^{2+}	Mg^{2+}	CO_3^{2-}
시작	0	0	0.00167
차이	s	s	$2s$
평형	s	s	$0.00167+2s$

백운석의 평형식은 아래와 같다.

$$[Ca^{2+}][Mg^{2+}][CO_3^{2-}]^2 = K_s = 10^{-17.09}$$

농도를 위 표의 값으로 치환하면 아래와 같다.

$$(s)(s)(0.00167 + 2s)^2 = 10^{-17.09}$$

위 방정식은 엑셀 프로그램 내 SOLVER나 유사한 수학 방정식 풀이 패키지를 사용하거나, 시행착오법(trial and error)으로 풀 수 있다. 결과적으로 s값은 1.704×10^{-6} M이 나온다. 이때 Ca^{2+}, Mg^{2+}, CO_3^{2-} 각각의 농도는 1.704×10^{-6} M, 1.704×10^{-6} M, 1.673×10^{-3} M이다.

많은 경우, 반응이 시작될 때 이미 용액에 여러 공통 이온이 존재하는 조건을 고려해야 한다. 어떤 경우에는 용액에 특정 이온이 과포화상태로 존재하여 고체의 침전이 발생할 수도 있다. 아래 예제에서는 용액이 과포화상태인 경우를 다룬다.

예제 2-10 CO_3^{2-}와 Ca^{2+}가 과포화상태로 존재하는 용액에서 각 이온의 농도는 50.0 mg·L^{-1}이다. 평형상태에 도달했을 때, Ca^{2+}의 최종 농도를 구하시오.

풀이 탄산 이온과 칼슘으로 과포화된 용액에서 시작해서 시간이 지나면서 평형에 도달할 때, 탄산칼슘이 침전된다. 이 반응은 아래와 같다.

$$Ca^{2+} + CO_3^{2-} \rightleftharpoons CaCO_3(s) \qquad pK_s = 8.34$$

평형식을 풀 때는 몰농도 단위를 사용해야 한다는 것을 기억하자. Ca^{2+}의 원자량은 40.08 amu이고, CO_3^{2-}의 분자량은 60.01 g·mol^{-1}이다. 즉, Ca^{2+}와 CO_3^{2-}의 초기 몰농도는 1.25×10^{-3} mol·L^{-1}과 8.33×10^{-4} mol·L^{-1}이다.

$$K_s = 10^{-pKs} = 10^{-8.34} = [Ca^{2+}][CO_3^{2-}]$$

1몰의 Ca^{2+}가 침전될 때, 1몰의 CO_3^{2-} 또한 침전된다. 이 침전되는 농도를 s라고 표현했을 때, 아래와 같은 식으로 표현할 수 있다.

$$10^{-8.34} = 4.57 \times 10^{-9} = [1.25 \times 10^{-3} - s][8.33 \times 10^{-4} - s]$$

$$1.037 \times 10^{-6} - (2.083 \times 10^{-3})s + s^2 = 0$$

위 식에서 s를 풀기 위해 근의 공식을 사용한다.

$$s = \frac{-b \pm \sqrt{b^2 - 4ac}}{2a} = \frac{2.08 \times 10^{-3} \pm \sqrt{4.34 \times 10^{-6} - 4(1.037 \times 10^{-6})}}{2}$$

$$= 8.20 \times 10^{-4} \text{ M}$$

따라서, Ca^{2+}의 최종 농도는 아래와 같다.

$$[Ca^{2+}] = 1.25 \times 10^{-3} \text{ M} - 8.33 \times 10^{-4} \text{ M} = 4.17 \times 10^{-4} \text{ M}$$

또는

$$(4.17 \times 10^{-4} \text{ mol·L}^{-1})(40 \text{ g·mol}^{-1})(10^3 \text{ mg·g}^{-1}) = 16.7 \text{ mg·L}^{-1}$$

근의 공식을 풀 때 도출되는 두 해 중에서 큰 해인 $s = 1.25 \times 10^{-3}$는 Ca^{2+}의 초기 농도보다 크다. 최종 농도는 0이 되는데, 이는 물리적으로 불가능하다. 따라서 큰 해는 버린다.

산-염기 평형. 물은 아래 식과 같이 이온화된다.

$$H_2O \rightleftharpoons H^+ + OH^- \qquad \text{(2-36)}$$

물의 이온화 정도는 매우 작으며 이는 물의 **해리상수**(dissociation constant) 또는 **이온화상수**(ionization

표 2-2 강산의 종류

산	화학 반응	pK_a	관련 사례
염산	$HCl \longrightarrow H^+ + Cl^-$	≈ -3	pH 조절
질산	$HNO_3 \longrightarrow H^+ + NO_3^-$	-1	산성비 생성
황산	$H_2SO_4 \longrightarrow H^+ + HSO_4^-$	≈ -3	산성비 생성, 응집, pH 조절
중황산염	$HSO_4^- \rightleftharpoons H^+ + SO_4^{2-}$	1.9	혐기성 토양 내 생성

constant)인 K_w로 표현할 수 있다. K_w는 아래와 같이 정의된다.

$$K_w = \{OH^-\}\{H^+\} \tag{2-37}$$

K_w는 25℃에서 10^{-14}($pK_w = 14$)의 값을 갖는다. 용액의 $\{H^+\}$가 $\{OH^-\}$보다 클 경우 산성, 같을 경우 중성, $\{H^+\}$가 $\{OH^-\}$보다 작을 경우 염기성이라고 한다. 25℃의 온도에서 (K_w에 대한 이온 강도 효과는 무시할 수 있는) 묽은 용액 조건에서 $[H^+] = [OH^-] = 10^{-7}$ M이면 용액은 중성이다. 동일한 조건에서 $[H^+]$가 10^{-7} M보다 크면 용액은 산성이다. 수소 이온 농도와 수산화 이온 농도를 표현할 때 pH와 pOH를 사용한다. 이들은 아래 식과 같이 정의된다.

$$pH = -\log\{H^+\} \tag{2-38}$$

$$pOH = -\log\{OH^-\} \tag{2-39}$$

여기서 log는 pK_s와 동일하게 상용로그를 사용한다. 따라서 25℃에서 중성(그리고 묽은) 용액의 pH는 7(pH 7로 표기), 산성 용액은 pH<7, 그리고 염기성 용액은 pH>7이다. 또한 25℃의 묽은 용액의 경우, 식 2-37의 양변에 로그를 취하여 아래와 같이 표현할 수 있다.

$$pH + pOH = 14 \tag{2-40}$$

산은 강산과 약산으로 분류된다. 앞서 언급했듯이 강산은 양성자를 물에 제공하고자 하는 경향이 강하다. 예를 들어,

$$HCl \rightleftharpoons H^+ + Cl^- \tag{2-41}$$

위 식은 아래 식의 단순화된 형태이다.

$$HCl + H_2O \rightleftharpoons H_3O^+ + Cl^- \tag{2-42}$$

이 식에서 물은 염기로서 양성자를 받아들인다.

해리된 이온과 해리되지 않은 화합물 사이에는 평형이 존재한다. 강산(strong acid)의 경우 모든 산이 해리되어 양성자와 짝염기(위에서의 Cl^-)를 형성한 상태를 평형으로 간주할 수 있다. 이에 대한 평형식은 아래와 같다.

$$K_a = \frac{[H_3O^+][Cl^-]}{[HCl]} \tag{2-43}$$

또한, 다른 평형상수들과 마찬가지로 아래와 같이 표현할 수 있다.

$$pK_a = -\log K_a \tag{2-44}$$

대표적으로 중요한 강산의 목록은 표 2-2에 있다. 강산의 경우 통상적으로 반응은 완전히 오른쪽으로 진행된다고 가정할 수 있기 때문에 반응식에 단일 화살표를 사용한다.

예제 2-11 100 mg의 황산(분자량=98)을 물에 첨가하고 최종 부피를 1.0 L로 맞췄을 때, 최종 pH를 구하시오.

풀이 황산의 분자량을 통해 몰농도를 구한다.

$$\left(\frac{100 \text{ mg}}{1 \text{ L } H_2O}\right)\left(\frac{1 \text{ mol}}{98 \text{ g}}\right)\left(\frac{1 \text{ g}}{10^3 \text{ mg}}\right) = 1.02 \times 10^{-3} \text{ mol} \cdot L^{-1}$$

반응은 다음과 같다

$$H_2SO_4 \longrightarrow 2H^+ + SO_4^{2-}$$

황산은 강산이므로 pH는 다음과 같이 구할 수 있다. 만약 황산의 농도가 1.02×10^{-3} M이면, 산의 해리로 인해 $2(1.02 \times 10^{-3}$ M$)$의 수소(H^+)가 생성된다. 이때,

$$pH = -\log(2.04 \times 10^{-3}) = 2.69 \text{이다.}$$

약산(weak acid)은 물에서 완전히 해리되지 않는 산이다. 해리된 이온과 해리되지 않은 화합물 사이에 평형이 존재한다. 약산의 반응식은 아래와 같다.

$$HA \rightleftharpoons H^+ + A^- \tag{2-45}$$

이 반응의 평형상수는 약산이 해리되는 정도와 관련이 있다.

$$K_a = \frac{[H^+][A^-]}{[HA]} \tag{2-46}$$

표 2-3		25℃에서의 약산 해리상수		
	물질	화학 반응	pK_a	관련 사례
	아세트산	$CH_3COOH \rightleftharpoons H^+ + CH_3COO^-$	4.75	혐기성 소화
	탄산	$H_2CO_3^* \rightleftharpoons H^+ + HCO_3^-$	6.35	자연수 완충, 응집
		$HCO_3^- \rightleftharpoons H^+ + CO_3^{2-}$	10.33	
	황화수소	$H_2S \rightleftharpoons H^+ + HS^-$	7.2	폭기, 냄새 제거, 혐기성 토양
		$HS^- \rightleftharpoons H^+ + S^{2-}$	11.89	
	차아염소산	$HOCl \rightleftharpoons H^+ + OCl^-$	7.54	소독
	인산	$H_3PO_4 \rightleftharpoons H^+ + H_2PO_4^-$	2.12	인 제거, 식물 영양분, pH 조절
		$H_2PO_4^- \rightleftharpoons H^+ + HPO_4^{2-}$	7.20	
		$HPO_4^{2-} \rightleftharpoons H^+ + PO_4^{3-}$	12.32	

* H_2CO_3 옆의 별표는 화합물질인 탄산과 용해된 이산화탄소 두 가지를 함께 의미한다. 분석기법을 통해 두 가지를 구분할 수 없기 때문에, 이 두 화합물의 농도를 합쳐서 $H_2CO_3^-$로 지칭한다.

환경과학에서 중요한 약산 목록은 표 2-3에 나와 있다. 용액의 pH(pH 측정기 등을 통해 쉽게 측정할 수 있다)를 알 경우, 산이 얼마나 해리되는지 대략적으로 알 수 있다. 예를 들어, pH가 pK_a와 같으면($[H^+] = K_a$), 식 2-46을 통해 $[HA] = [A^-]$이다. 산의 모든 화학종의 총량 $A_T = [HA] + [A^-]$이며, $[HA] = [A^-]$이기 때문에 50%의 산이 해리된 것을 알 수 있다. 만약 $[H^+]$가 K_a의 100배일 경우,

$$K_a = \frac{[H^+][A^-]}{[HA]} = \frac{100 K_a [A^-]}{[HA]}$$

$$1 = \frac{100[A^-]}{[HA]}$$

$$[HA] = 100[A^-]$$

이 경우 pH≪pK_a이고, 산은 주로 양성자화(protonated)된 형태인 HA로 존재한다. 반대로 pH≫pK_a일 경우, 산은 주로 해리된 형태(A^-)로 존재한다.

예제 2-12 15 mg의 HOCl을 부피 플라스크에 첨가하고 1.00 L 표시까지 물을 추가하여 HOCl 용액을 제조하였다. 이 용액의 최종 pH는 7.0으로 측정되었다. 용액 내 HOCl과 OCl^-의 농도를 구하시오. 또한, 몇 퍼센트의 HOCl이 해리되었는지 구하시오. 온도는 25°C로 가정한다.

풀이 HOCl의 해리 반응은 다음과 같다.

$$HOCl \rightleftharpoons H^+ + OCl^-$$

표 2-3에서 HOCl의 해리상수(pK_a)는 7.54이다.

$$K_a = 10^{-7.54} = 2.88 \times 10^{-8}$$

평형식을 식 2-46과 같이 쓰고 H^+의 농도를 대입하면 아래와 같다.

$$K_a = \frac{[H^+][OCl^-]}{[HOCl]} = \frac{[1.00 \times 10^{-7}][OCl^-]}{[HOCl]} = 2.88 \times 10^{-8}$$

위 식을 HOCl의 농도에 대해 풀면,

$$[HOCl] = 3.47[OCl^-]$$

HOCl과 OCl^-의 농도의 합은 초기에 첨가한 양과 동일하여야 하므로,

$$[HOCl] + [OCl^-] = 첨가한 몰농도$$

반응 시작 전에 첨가된 화합물은 HOCl로, HOCl의 몰농도를 구하기 위해서 분자량을 사용한다.

$$몰농도 = (15 \text{ mg} \cdot L^{-1})(10^{-3} \text{ g} \cdot mg^{-1})(1 \text{ mol}/52.461g) = 2.86 \times 10^{-4} \text{ M}$$

즉,

$$[HOCl] + [OCl^-] = 2.86 \times 10^{-4} \text{ M}$$

HOCl의 농도에 대해 나타낸 위의 식을 대입하면,

$$(3.47[OCl^-]) + [OCl^-] = 2.86 \times 10^{-4} \, M$$

그러므로 $[OCl^-]$는 $6.39 \times 10^{-5} \, M$이다. HOCl의 농도 또한 이를 통해 구할 수 있다.

$$[HOCl] = 2.86 \times 10^{-4} - 6.39 \times 10^{-5} = 2.22 \times 10^{-4} \, M$$

해리된 OCl^-를 퍼센트로 표현하면 아래와 같다.

$$\frac{[OCl^-]}{[HOCl] + [OCl^-]} = \frac{[6.4 \times 10^{-5}]}{[2.86 \times 10^{-4}]} = 22.4\%$$

기체와 액체 간의 평형. 물과 공기 사이의 화합물 분배는 헨리의 법칙(Henry's law)에 의해 설명된다. 헨리의 법칙에 의하면 평형상태에서 기체상태의 화학물질의 분압(P_{gas})은 용존상태의 화학물질 농도(C^*)와 선형적으로 비례한다.

$$P_{gas} = kC^* \tag{2-47}$$

헨리의 법칙은 묽은 용액(담수)과 환경 시스템에서 일반적으로 볼 수 있는 압력 조건에서 유효하다. 헨리상수는 실험을 통해 경험적으로 산출되며 단위가 있는 형태와 단위가 없는 형태로 표현된다.

단위가 있는 형태의 헨리의 법칙은 혼동을 야기할 수 있는데, 이는 기체 및 용존상태의 농도를 표현하는 데 다양한 척도가 사용될 수 있으며, 비례상수를 두 농도 중 어느 쪽에도 사용할 수 있기 때문이다. 예를 들어, 헨리의 법칙은 아래 식과 같이 정의할 수 있다.

$$K_H = \frac{P_{gas}}{C^*} \tag{2-48}$$

여기서 K_H = 헨리상수($kPa \cdot m^3 \cdot g^{-1}$)

P_{gas} = 평형상태에서의 기체 분압(kPa)

C^* = 물에 용해된 기체의 평형 농도($g \cdot m^{-3}$)

이와 비슷하게, C^* 및 P_{gas}에 각각 몰농도와 기압을 단위로 사용할 수 있다. 이 경우, 해당 식은 아래와 같다.

$$K'_H = \frac{C_{air}}{C^*} \tag{2-49}$$

여기서 K'_H = 헨리상수($atm \cdot mol^{-1} \cdot L$)

C_{air} = 평형상태의 기체 농도(atm)

C^* = 물에 용해된 기체의 평형 농도($mol \cdot L^{-1}$)

또한 헨리의 법칙은 식 2-49의 역수로 표현할 수도 있다.

$$K_H^{\ddagger} = \frac{1}{K'_H} = \frac{C^*}{C_{air}} \tag{2-50}$$

이 경우 $K^\ddagger$의 단위는 $mol \cdot L^{-1} \cdot atm$이다.

위에서 언급했듯이 헨리상수는 단위가 없는 형태로도 표현할 수 있다. 이럴 경우, 상수는 평형상태에서 공기 중에 존재하는 화합물의 농도를 물에 용해된 동일한 화합물의 농도로 나눈 값이라고 생각할 수 있다. 이는 아래와 같은 식으로 나타낼 수 있다.

$$H = \frac{C_{air}}{C^*} \qquad\qquad (2\text{-}51)$$

여기서 C_{air} = 화학물질의 공기에서의 농도($g \cdot m^{-3}$)

$\qquad\quad C^*$ = 화학물질의 수중에서의 평형 농도($g \cdot m^{-3}$)

단위가 없는 형태의 헨리상수 H가 1보다 클 경우($C_{air} > C_{water}$), 화합물은 물보다 공기 중에 있는 것을 선호한다. 반대로, 단위가 없는 형태의 헨리상수 H가 1보다 작을 경우($C_{air} < C_{water}$), 화합물은 물에 존재하는 것을 선호한다. 단위가 있는 형태의 헨리상수($atm \cdot L \cdot mol^{-1}$ 단위)는 단위가 없는 형태의 상수(H)에 이상기체상수($atm \cdot L \cdot mol^{-1} \cdot K^{-1}$)와 온도($K$)를 곱하여 구할 수 있다.

헨리상수는 온도와 다른 용해물질의 농도에 따라 변화한다. 헨리상수는 부록 표 A-11에서 찾을 수 있다.

예제 2-13 20°C의 수중 이산화탄소의 농도는 $1.00 \cdot 10^{-5}$ M으로 측정되었다. 이산화탄소의 헨리상수는 20°C에서 $3.91 \cdot 10^{-2}$ M $\cdot$ atm^{-1}이다. 이때, 대기의 CO_2의 분압을 구하시오.

풀이 M $\cdot$ atm^{-1}의 단위를 갖는 헨리상수의 경우, 우리는 식 2-50을 아래와 같이 사용할 수 있다.

$$K_H^\ddagger = \frac{C^*}{C_{air}}$$

대기에서의 이산화탄소 농도는 분압(P_{CO_2}) 단위로 표시하기 때문에

$$P_{CO_2} = C_{air} = C^*/K_H^\ddagger$$

$$= \frac{1.00 \times 10^{-5} \text{ M}}{3.91 \times 10^{-2} \text{ M} \cdot \text{atm}^{-1}} = 2.56 \times 10^{-4} \text{ atm}$$

예제 2-14 주유소의 지하 저장탱크에 누수가 생겨 그 아래 오염된 토양과 지하수가 존재한다. 지하수 내 벤젠과 메틸3차부틸에테르(MTBE)의 농도는 각각 45 μg/L와 500 μg/L이다. 토양의 온도인 10°C에서 벤젠과 MTBE의 헨리상수(H)는 각각 0.09와 0.01일 때, 각 화학물질의 토양 증기 내 농도를 구하시오.

풀이 $C_{benzene} = H \times C^*_{benzene}$

$\qquad\qquad = (0.09)(45 \text{ μg/L}) = 0.36 \text{ μg/L}$

$$C_{MTBE} = H \times C^*_{MTBE}$$
$$= (0.01)(500 \ \mu g/L) = 5 \ \mu g/L$$

반응속도론

환경에서 일어나는 많은 반응들은 평형에 빠르게 도달하지 못한다. 물의 소독, 하천 수면에서의 기체 이동, 암석과 광물에서의 용해, 방사성 물질의 붕괴 등이 그 예이다. 이러한 반응들이 진행되는 속도와 관련된 분야를 반응속도론(reaction kinetics)이라고 한다. 반응속도 r은 화합물이 형성 또는 소멸되는 속도를 설명하는 데 사용된다. 액체, 기체 또는 고체 등의 단일상 안에서 일어나는 반응을 **균질 반응**(homogeneous reaction)이라고 한다. 복수의 상 표면에서 발생하는 반응은 **불균일 반응**(heterogeneous reaction)이라고 한다. 각 반응 유형에서의 반응속도는 아래와 같이 정의할 수 있다.

균일 반응의 경우:

$$r = \frac{\text{화학종의 질량}}{(\text{부피 단위})(\text{시간 단위})} \tag{2-52}$$

불균일 반응의 경우:

$$r = \frac{\text{화학종의 질량}}{(\text{표면적 단위})(\text{시간 단위})} \tag{2-53}$$

관례적으로, 화합물의 생성은 양의 부호를 가진 반응속도($+r$)로 표시되고, 대상 물질의 소멸은 음의 부호($-r$)가 사용된다. 반응속도는 온도, 압력 및 반응물 농도의 함수이다. 아래와 같은 화학량론적 반응이 존재할 경우,

$$a\text{A} + b\text{B} \longrightarrow c\text{C} \tag{2-54}$$

여기서 a, b, c는 반응물 A, B, C의 화학량론 계수이다. 이 반응이 회분식 반응기에서 일어날 경우, 화합물 A의 농도 변화는 아래와 같은 화합물 A에 대한 반응속도식으로 표현된다.

$$-\frac{1}{a}\frac{d[\text{A}]}{dt} = -\frac{1}{b}\frac{d[\text{B}]}{dt} = +\frac{1}{c}\frac{d[\text{C}]}{dt} \tag{2-55}$$

여기서 [A], [B] 및 [C]는 각 반응물의 농도이다.

앞서 언급한 일반 반응에서, 전체 반응속도 r은 아래와 같이 개별 물질의 반응속도와 서로 관련이 있다.

$$r = -\frac{r_a}{a} = -\frac{r_b}{b} = \frac{r_c}{c} \tag{2-56}$$

다시, 아래와 같은 일반 반응에서

$$a\text{A} + b\text{B} \rightarrow c\text{C} \tag{2-57}$$

반응속도식은 이렇게 표현된다.

표 2-4	반응차수의 예		
반응차수	반응속도식		속도상수 단위
0	$r_A = -k$		(농도)(시간)$^{-1}$
1	$r_A = -k[A]$		(시간)$^{-1}$
2	$r_A = -k[A]^2$		(농도)$^{-1}$(시간)$^{-1}$
2	$r_A = -k[A][B]$		(농도)$^{-1}$(시간)$^{-1}$

$$\frac{d[A]}{dt} = -k[A]^\alpha[B]^\beta \tag{2-58a}$$

여기서 α와 β는 경험적으로 산출된 상수들이다.

비례항 k는 **반응속도상수**(reaction rate constant)라고 불리며, 일반적으로 온도와 압력에 따라 변화한다. A와 B는 반응에서 사라지기 때문에 위의 반응속도식 부호는 음수이다. C는 반응에서 형성되고 있기 때문에 C에 대한 반응속도식에서는 양수를 사용한다.

전체 반응의 차수는 반응속도식의 각 물질의 반응차수의 합으로 정의된다. 차수는 정수 또는 분수일 수 있다. 표 2-4에 일부 반응차수의 예가 나와 있다. 1차 반응(first order reaction)은 단순하며, 속도상수의 단위는 시간의 역수이다. 1차 반응에서는 일반적으로 반감기($t_{1/2}$)라는 개념을 사용하는데, 이는 초기 농도의 1/2값에 도달하는 데 필요한 시간이다. 1차 반응에서 반감기는 $-\ln(0.5)k^{-1}$ 또는 $0.693k^{-1}$로 정의된다.

예제 2-15 1974년 소비에트 연방 당시의 아이칼 핵실험으로 인해, 1993년에 측정된 토양 내 세슘-137 농도는 2×10^4 Bq·kg^{-1}였다. 토양의 세슘-137 배경농도가 0.5 Bq·kg^{-1}라고 한다면,* 토양의 ^{137}Cs 농도가 배경농도까지 도달하기 위해서는 몇 년이 걸리는지 구하시오. 핵종 분열은 1차 반응을 따르며, 반감기는 30년이다.

풀이 $t_{1/2} = 0.693 \cdot k^{-1}$이므로, $k = 0.693/(30년) = 0.0231년^{-1}$이다.

이제 1차 반응식에 따라,

$$\ln(C/C_0) = -kt$$

$$\ln(0.5/2 \times 10^4) = -(0.0231년^{-1})t$$

$$t = 459년$$

---

* 베크렐(Bq)은 방사능의 세기를 나타내는 단위로, 초당 붕괴 횟수를 뜻한다.

표 2-5	반응차수를 구하기 위한 그래프 방법				
반응차수	반응속도 미분식	반응속도 적분식	선형 그래프	기울기	절편
0	$d[A]/dt = -k$	$[A] - [A]_0 = -kt$	$[A]$ vs. t	$-k$	$[A]_0$
1	$d[A]/dt = -k[A]$	$\ln[[A]/[A]_0] = -kt$	$\ln[A]$ vs. t	$-k$	$\ln[A]_0$
2	$d[A]/dt = -k[A]^2$	$1/[A] - 1/[A]_0 = kt$	$1/[A]$ vs. t	k	$1/[A]_0$

자료 출처: Henry and Heinke, 1989.

반응속도상수 k는 실험을 통해 반응물의 농도를 시간별로 얻은 데이터를 그래프화하여 구해야 한다. 표 2-4의 반응속도식을 적분한 결과를 토대로 그래프의 유형(어떤 반응속도 차수를 보여주는 지)을 결정할 수 있다. 표 2-5에는 각 반응차수별 반응속도의 적분식과 선형 관계를 보이는 그래프 유형들이 기술되어 있다.

예제 2-16 한 환경공학 전공 학생은 2,4,6-철조망이라는 화학물질의 반응에 관심이 많다. 그녀는 실험실에 가서 수중에서 2,4,6-철조망이 분해된다는 사실을 알아냈다. 실험 중에 모은 데이터는 아래 표와 같다. 이 데이터를 사용하여 분해 반응이 2,4,6-철조망의 농도에 대해 보이는 반응차수가 0차, 1차, 혹은 2차인지 살펴보시오.

시간(분)	농도(mg · L^{-1})	시간(분)	농도(mg · L^{-1})
0	10.0	10	5.46
1	8.56	20	4.23
2	8.14	40	1.26
4	6.96	80	0.218
8	6.77		

풀이 위 데이터와 표 2-5를 통해, 우선 반응이 0차식을 따르는지 살펴본다. 이때 우리는 시간에 따른 $C_t - C_0$ 값을 그래프로 그린다.

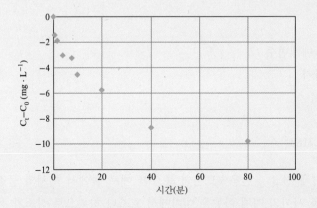

그래프가 비선형으로 나타나기 때문에, 2,4,6-철조망의 반응은 0차식이 아니다.

다음으로 2,4,6-철조망의 시간에 따른 초기 농도 대비 농도의 로그값을 그래프로 그린다.

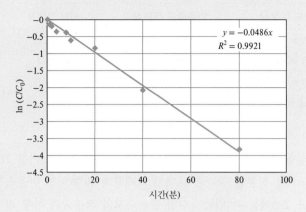

$$y = -0.0486x$$
$$R^2 = 0.9921$$

이 그래프는 선형을 보인다. 최소제곱법을 이용한 회귀분석을 통해 r^2값이 0.9921로 나타난다. 선의 기울기는 (y절편을 0으로 지정했을 때) 0.0486이 나온다. 이는 반응속도상수가 0.049 min^{-1}임을 의미한다. 따라서 본 반응은 1차 반응을 따른다.

특별한 유형의 반응으로 기본 반응이 있다. 기본 반응은 화학량론적 반응식이 분자 수준에서의 물질수지와 반응 과정을 모두 나타내며, 각 화합물의 화학량론 계수들(a, b, c)은 이들의 반응속도식 차수와 동일하다. 예를 들어 다음과 같은 기본 반응이 있을 때,

$$aA + bB \rightarrow cC \tag{2-54}$$

이 반응의 속도식은 아래와 같이 표현할 수 있으며,

$$r_A = -k[A]^a[B]^b \tag{2-58b}$$

따라서 실험 결과로부터 각 차수를 구할 필요가 없다. 다시 말해서, 기본 반응에서 $\alpha = a$이며 $\beta = b$로 차수는 화학량론 계수로 결정된다.

기본 반응들에 대한 온도의 영향은 아레니우스(Arrhenius, 1889)가 제시한 관계에 의해 설명할 수 있다.

$$k = A e^{-E_a/RT} \tag{2-59}$$

여기서 A = 아레니우스 매개변수

$\qquad E_a$ = 활성화 에너지

$\qquad R$ = 이상기체상수

$\qquad T$ = 절대 온도

$\qquad e$ = 지수; $e^1 = 2.7183$

공기-물 경계에서의 기체 전달. 반응속도론의 중요한 예로 물에서 기체의 물질 이동(용해 또는 휘발)이 있다. 공기와 물 사이의 기체 이동은 대기에서 호소나 하천으로 산소가 용해되는 과정이나 이산화탄소를 지하수에서 제거하기 위한 화학적 처리 등 여러 환경 시스템에서 중요하다.

그림 2-3

기체와 액체 경계에서의 (a) 흡착 시와 (b) 탈착 시의 이중 경막 모형. C_t는 시간 t에서의 농도를 나타내며, C_s는 기체의 액체 내 포화 농도이다.

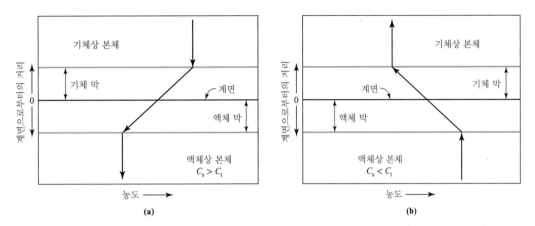

루이스(Lewis)와 휘트만(Whitman)(1924)은 기체의 물질전달을 설명하기 위해 이중 경막 이론 (two film theory)을 제안하였다. 그들의 이론에 따르면, 기상과 액상 사이의 경계(계면이라고도 함) 는 상의 본체 사이의 장벽 역할을 하는 2개의 별개의 막(필름)으로 구성된다(그림 2-3). 기체 분자 가 용액 속으로 들어가기 위해서는 기체상 본체를 지나 기체경막, 액상경막을 통과하여 액체상 본 체 속으로 들어가야 한다(그림 2-3a). 액체를 떠나기 위해서는 기체 분자는 반대 방향으로 이동해 야 한다(그림 2-3b).

기체를 움직이게 하여 물질 이동을 일으키는 원동력은 $C_s - C$로 표현되는 농도 차이이다. C_s는 용액 내 기체의 포화 농도이며, C는 실제 용액 내 기체 농도이다. 포화 농도는 온도, 압력과 기상 농도 또는 액상 농도(어느 쪽이든 농도를 결정하는 쪽)의 함수이다. C_s가 C보다 클 경우, 기체는 액 상에서 기상으로 휘발된다. C_s는 앞서 언급한 헨리의 법칙 및 상수를 이용하여 구할 수 있다.

물질전달속도는 아래 식으로 표현된다.

$$\frac{dC}{dt} = k_a(C_s - C) \tag{2-60}$$

여기서 k_a=속도상수 또는 물질전달계수로, 단위는 (시간)$^{-1}$이다. 회분식 반응기에서, 식 2-60은 다 음과 같이 표현될 수 있다.

$$r_c = k_a(C_s - C) \tag{2-61}$$

포화 농도와 실제 농도의 차이인 $C_s - C$를 부족량이라고 한다. 포화 농도는 온도와 압력에 따라 일정하기 때문에, 위 속도식은 1차 반응이다.

위의 방정식을 적분하면

$$\ln\left(\frac{C_s - C_t}{C_s - C_0}\right) = -k_a t \tag{2-62}$$

여기서 C_t=임의의 시간 t에서 기체의 용존 농도이다.

예제 2-17 떨어지는 빗방울은 처음에 용존되어 있는 산소가 없다. 산소의 포화 농도는 $9.20 \text{ mg} \cdot \text{L}^{-1}$이다. 만약 떨어진 후 2초 후의 빗방울 내 산소 농도가 $3.20 \text{ mg} \cdot \text{L}^{-1}$라고 한다면, $8.20 \text{ mg} \cdot \text{L}^{-1}$이 되기 위해서는 시작부터 몇 초가 걸리는지 구하시오. 산소 전달 속도는 1차 반응을 따른다고 가정한다.

풀이 우선 2초 후의 산소 농도와 $8.20 \text{ mg} \cdot \text{L}^{-1}$ 산소 농도가 포화 농도와 비교했을 때 각각 얼마만큼 부족한지 구한다.

2초 때: $9.20 - 3.20 = 6.00 \text{ mg} \cdot \text{L}^{-1}$

t초 때: $9.20 - 8.20 = 1.00 \text{ mg} \cdot \text{L}^{-1}$

이제 표 2-5의 1차 반응식을 사용한다. 이때 속도식은 포화 농도 대비 부족한 농도에 비례한다. 즉, $[A] = (C_s - C)$이며 $[A]_0 = (9.20 - 0.0)$을 사용하면,

$$\ln\left(\frac{6.00}{9.20}\right) = -k(2.00 \text{ s})$$

$$k = 0.214 \text{ s}^{-1}$$

위에서 구한 k값을 사용하여 t를 구할 수 있다.

$$\ln\left(\frac{9.20 - 8.2}{9.20}\right) = -(0.214 \text{ s}^{-1})(t)$$

$$t = 10.4 \text{ s}$$

고체-물 계면에서의 반응. 환경화학의 아버지로 여겨지는 베르너 슈툼(Werner Stumm)이 언급했듯이, 환경을 구성하는 요소는 자연에 존재하는 고체와 물의 경계면에서 발생하는 반응에 의해 크게 좌우된다. 우리는 광물의 용해를 통해 고체와 관련된 반응의 중요성을 살펴보았다. 토양과 물에 식물의 영양소가 얼마나 존재하는지는 고체-물 계면에서 발생하는 반응에 의해 결정된다. 이러한 유형의 반응들은 부식을 억제하는 방법, 새로운 화학 센서 및 반도체를 구성하는 방법, 음용수 처리를 위한 더 나은 멤브레인을 개발하는 방법을 이해하는 데에도 중요하다.

고체-물 계면에서의 반응은 불균일 반응의 일종으로, 반응물과 촉매가 서로 다른 상에 존재하는 반응이다. 자연에 존재하는 불균일 촉매의 한 예인 금속 산화물은 반응물 중 하나를 흡착하여 반응을 일으킨다. 고체-물 계면에서 발생하는 반응은 종종 고체물질의 반응성 표면적과 광물 표면의 조성에 따라 결정된다.

2-3 유기화학

지금까지 이 장에서 다룬 대부분의 내용은 무기화학과 관련되어 있다. 환경과학은 생명과학의 한 분야이기 때문에 우리는 유기화학 역시 다룰 필요가 있다. 앞서 언급한 바와 같이 탄소와 수소를 포함하는 화학물질들인 유기화학물질은 자연적으로 생성되거나 인위적인 합성 반응을 통해 생성된다. 유기화합물질은 방대하고 다양한 화학물질들로 구성된 그룹이며 모든 생명체의 기초를 형성하기 때문에 중요하다. 또한 살충제, 제초제, 호르몬, 항생제 등 여러 용도로 사용될 수 있는데, 이

표 2-6	알케인의 화학명
분자식	**IUPAC명**
CH_4	메테인
C_2H_6	에테인
C_3H_8	프로페인
C_4H_{10}	뷰테인
C_5H_{12}	펜테인
C_6H_{14}	헥세인
C_7H_{16}	헵테인
C_8H_{18}	옥테인
C_9H_{20}	노네인
$C_{10}H_{22}$	데케인

는 환경에 심각하게 유해한 영향을 미칠 수 있다.

유기화학물질은 몇 가지 다른 방식으로 그룹화할 수 있다. 예를 들어, 우리는 유기화합물질을 이를 구성하는 탄소(C—C) 결합의 유형에 따라 구분할 수 있다. 알케인(Alkane)은 두 탄소 원자 사이에 단일 결합을 갖는 화합물이다. 알켄(Alkene)은 두 탄소 원자 사이에 이중 결합을 갖고 있고, 알카인(Alkyne)은 두 탄소 원자 사이에 삼중 결합을 갖으며 높은 반응성을 보인다. 알케인은 단일 결합에 포함된 탄소 원자들이 2개의 전자를 공유하며, 알켄의 이중 결합 탄소는 4개의 전자, 알킨의 삼중 결합 탄소는 6개의 전자를 공유한다.

알케인, 알켄 및 알카인

알케인(C_nH_{2n+2})은 파라핀 또는 지방족 탄화수소라고도 한다. 이 화학물질 그룹에서 탄소 원자는 모두 단일 공유 결합으로 연결되어 있다. 표 2-6에는 IUPAC(International Union of Pure and Applied Chemists)에서 사용하는 명명에 의한 알케인 화합물질이 나와있다. 접미사 '-ane'은 알케인을 다른 화합물과 구별하는 데 사용한다. 알케인은 직쇄형(straight-chained), 분지형(branched), 또는 고리형(cyclic)으로 존재할 수 있다. 일부 알케인(및 기타 유기화합물)은 분자식은 같지만 구조가 다를 수 있다. 이러한 화합물들을 **구조 이성질체**(structural isomer)라고 한다. 예를 들어, n-헥세인, 2-메틸펜테인, 3-메틸펜테인, 2,3-다이메틸뷰테인은 모두 분자식이 C_6H_{14}이다. 그러나 이들의 구조식은 그림 2-4에서 볼 수 있듯이 모두 다르다. 6개의 탄소를 가진 사이클로헥세인은 분자식이 C_6H_{12}로, 여기에 나열된 다른 헥세인들의 구조 이성질체가 아니다.

앞서 언급하였듯이, 알켄(C_nH_{2n})은 적어도 1개의 이중 결합을 갖고 있다. 알켄 이름의 형식은 알케인 이름 지정과 유사하며 IUPAC에서는 접미사 '-ene'을 사용하여 구분한다. 다른 명명 방법에서는 접미사로 '-ylene'을 사용하기도 한다. 따라서 C_2H_4는 IUPAC 표기로는 '에텐(ethene)'이며 일반적으로 '에틸렌(ethylene)'으로 명명되기도 한다. 알켄은 알케인과 달리 C=C 결합이 단단하며

그림 2-4

C_6H_{14}의 구조 이성질체들과 이들의 IUPAC 명칭

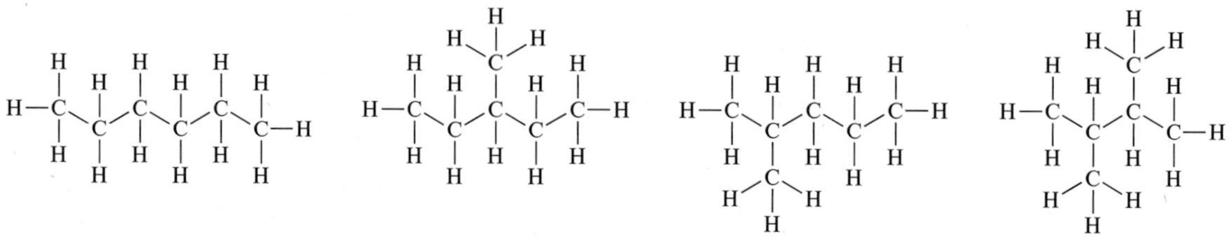

n-헥세인	3-메틸펜테인	2-메틸펜테인	2,3-다이메틸뷰테인

그림 2-5

기체와 1,2-디클로로에텐의 시스 및 트랜스 이성질체

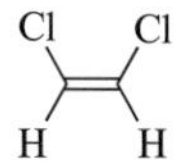

cis-1, 2-디클로로에텐

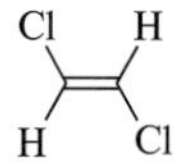

trans-1, 2-디클로로에텐

회전할 수 없기 때문에 기하 이성질체(geometric isomer)를 갖게 된다. 따라서 알켄 물질은 시스(cis) 및 트랜스(trans) 이성질체가 존재함을 기억해야 한다. 예를 들어, 산업용 용매로 쓰이며 지하수 내에서는 오염물질인 디클로로에텐(DCE)은 cis-DCE와 trans-DCE의 두 가지 형태로 존재한다(그림 2-5).

알카인(C_nH_n)은 IUPAC에서 접미사 '-yne'를 사용한다는 점을 제외하고는 알케인 및 알켄과 유사한 방식으로 이름이 정해진다. 다른 명명 방법으로 아세틸렌(acetylene)을 기반으로 명명하기도 한다. 예를 들어, $H_3C-C\equiv C-CH_3$는 디메틸아세틸렌이라고 불린다. 알카인은 반응성이 높고 폭발성이 있어 위험하다. 이들은 환경에 오래 잔류하지 않기 때문에 일반적으로 환경적으로 중요한 물질은 아니다.

아릴(방향족) 화합물

그림 2-6

벤젠의 케쿨레 공명 구조

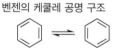

그림 2-7

방향족 고리의 로빈슨 기호

방향족 화합물은 이중 결합이 하나 걸러 하나 존재하는 고리 구조이며, 이를 구성하는 모든 탄소가 π-결합 전자를 공유하는 공명 구조로 이루어져 있다. 이 공유는 항상 균등하지 않을 수 있어 방향족 고리는 약간의 극성을 갖는다. 벤젠(C_6H_6)은 가장 단순한 방향족 화합물이며 그림 2-6과 같이 케쿨레(Kekulé) 공명 구조를 갖고 있다. 벤젠은 π-결합 전자를 공유하며 이는 탄소 원자를 둘러싸고 있는 전자 "구름"을 생성하기 때문에 그림 2-7의 화학 기호(로빈슨(Robinson) 기호로 알려짐)로 구조를 간단히 나타내기도 한다. 여기서 수소 원자들은 탄소 원자에 결합되어 있는 것으로 가정한다.

환경적으로 중요한 많은 방향족 화합물에는, 벤젠류 탄화수소(벤젠, 톨루엔, 자일렌 등 BTX로 알려져 있음), 다환방향족탄화수소류(PAHs, 다핵방향족탄화수소(PNA)로도 알려져 있음), 폴리염화바이페닐(PCB)의 세 종류가 있다. 첫 번째 그룹인 BTX(그림 2-8)는 휘발유에서 발견되며 휘발

그림 2-8

BTX 화합물들

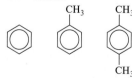

벤젠   톨루엔   자일렌

그림 2-9

다환방향족탄화수소류의 예

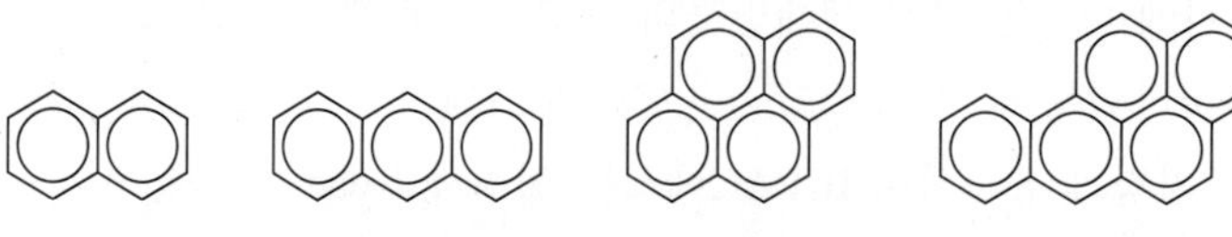

나프탈렌   안트라센   피렌   벤조피렌

그림 2-10

바이페닐 화합물의 기본 구조인 두 벤젠 고리의 공유 결합

유 제품으로 오염된 토양에서 흔히 볼 수 있다. 다음 그룹인 PAH는 벤젠 고리들이 융합된 구조로, 많은 석유 제품에서 발견되며 다른 탄화수소의 불완전 연소로 인한 부산물이다. 이들 중 일부는 발암성 물질이며 환경문제를 야기한다. 그림 2-9에는 여러 PAH가 나와 있다. 그림 2-10과 같이 바이페닐 화합물은 단일 공유 결합으로 연결된 2개의 벤젠으로 구성된다.

폴리염화바이페닐(PCB)은 각 방향족 고리에 수소 원자 대신에 총 1~5개의 염소 원자가 결합된 바이페닐 화합물이다. PCB는 1978년까지 미국에서 생산되었으며 이들은 본질적으로 불연성이기 때문에 변압기 오일로 광범위하게 사용되었다. 이 외에도 무탄소 복사 용지, 전기 절연체, 페인트와 같은 제품에도 사용되었다. 바이페닐 자체는 독성이 없으나, 바이페닐의 염소화는 이들의 독성과 발암성을 증가시킨다. 일반적으로 염소화 정도가 클수록 이러한 화합물은 **잔류성이 높아**(recalcitrant)지며 생분해성이 낮아진다. PCB는 20년 이상 사용이 금지되었지만 아직도 환경에 존재하며 지속적으로 문제가 되고 있다.

표 2-7	자주 나오는 작용기들과 이들이 포함된 화합물 예		
작용기[a]		**화합물 예**	
이름	화학 구조	이름	화학 구조
알코올	**R—OH** (알킬기에서)	에탄올	$H_3C—CH_2OH$
페닐	**R—OH** (아릴기에서)	페놀	(벤젠 고리)—OH
알데하이드	$R—CH$ ($=O$)	아세트알데하이드	H_3CCH ($=O$)
케톤	$R—C—R'$ ($=O$)	메틸에틸케톤	$H_3C—C—C_2H_5$ ($=O$)
에스터	$R—C—O—R'$ ($=O$)	메틸에틸에스터	$H_3C—C—O—C_2H_5$ ($=O$)
에테르	$R—O—R'$	메틸에틸에테르	$H_3C—O—C_2H_5$
아민	$R—C—NH_2$	메틸아민	$H_3C—NH_2$
아마이드	$R—C—NH_2$ ($=O$)	아세타마이드	$H_3C—C—NH_2$ ($=O$)
메르캅탄	$R—SH$	메틸메르캅탄	CH_3SH
할라이드	R—(Cl, Br, I, or F)	클로로포름	$CHCl_3$
술폰산	$R—SO_3H$	벤젠술폰산	(벤젠 고리)—$S(=O)_2$—OH

[a]참고: R은 작용기 또는 수소를 의미한다.

화합물의 작용기 및 종류

탄화수소의 골격 구조에 있는 다른 원소 또는 원소 그룹의 존재는 화학물질의 특성을 크게 변화시킨다. 예를 들어, 에테인의 수소를 하이드록실(−OH) 작용기로 대체하면 수불용성 기체(에테인)에서 수용성 액체(에탄올)로 변화한다. 작용기는 유기 분자에서 원자의 특정 결합 배열로 존재하는 그룹이다. 자주 사용되는 작용기는 표 2-7에 나열되어 있다.

2-4 수질화학

모든 환경 시스템에는 물이 포함되어 있기 때문에 물의 특성은 환경 내 과정들을 정의하는 데 매우 중요한 역할을 한다.

물의 물리적 특성

환경과학과 관련된 물의 기본적인 물리적 특성은 밀도와 점도이다. 밀도는 물질의 농도를 나타내는 척도이며, 아래와 같이 3가지 방식으로 표현된다.

1. **질량 밀도**(mass density), ρ. 질량 밀도는 단위 부피당 질량이며 세제곱미터당 킬로그램($kg \cdot m^{-3}$) 단위로 측정된다. 부록의 표 A-1은 공기가 없는 순수한 물의 온도에 따른 밀도 변화를 보여준다. 용해 또는 부유상태로 존재하는 불순물들은 이들의 농도와 자체 밀도에 정비례하게 물의 밀도를 변화시킨다. 대부분의 환경과학 분야에서 물의 불순물로 인한 밀도 증가는 무시한다. 그러나 고농도의 용액 및 현탁액을 취급할 때는 이러한 밀도의 변화를 무시할 수 없다. 이러한 예로 농축 슬러지, 석회(수질 정화에 사용) 등 시약의 고농도 스톡 용액, 또는 해양 및 하구 해역 등이 있다.

2. **비중량**(specific weight), γ. 비중량은 세제곱미터당 킬로뉴턴($kN \cdot m^{-3}$) 단위로 측정한 단위 부피당 무게(힘)이다. 유체의 비중량은 아래 식과 같이 중력 가속도($g = 9.81 \ m \cdot s^{-2}$)를 이용해 밀도와 관련지을 수 있다.

$$\gamma = \rho g \tag{2-63}$$

3. **비중**(specific gravity), S. 비중은 다음과 같이 주어진다.

$$S = \frac{\rho}{\rho_0} = \frac{\gamma}{\gamma_0} \tag{2-64}$$

여기서 ρ_0와 γ_0은 3.98°C에서의 물의 밀도인 $1000 \ kg \cdot m^{-3}$과 물의 비중량 $9.81 \ kN \cdot m^{-3}$을 나타낸다.

　빠른 근사를 위해 일반적인 온도에서 물의 밀도는 $1000 \ kg \cdot m^{-3}$(또는 $1 \ kg \cdot L^{-1}$)로 간주하기도 한다.

4. **점도**(viscosity). 액체를 포함한 모든 물질은 움직임에 대한 저항, 즉 내부 마찰을 보인다. 물, 옥수수 시럽, 당밀과 같은 여러 액체를 생각해 보자. 옥수수 시럽이나 당밀은 점성이 있어 물보다 훨씬 덜 자유롭게 흐른다. 세 액체 각각에 구슬을 떨어뜨렸을 때 구슬은 물에서 가장 빨리 이동한다. 유체의 점도가 높을수록 마찰이 커지며 액체 내를 이동하기가 더 어려워진다. 점도는 실제로 마찰의 척도이며 아래 2가지 방법 중 하나로 표시된다.

a. **역학점도**(dynamic viscosity) 또는 **절대점도**(absolute viscosity), λ는 질량을 길이와 시간의 곱으로 나누는 것이며 미터 곱하기 초당 킬로그램($kg \cdot m^{-1} \cdot s^{-1}$) 또는 초당 파스칼($Pa \cdot s^{-1}$) 단위를 사용한다.

b. **동점도**(kinematic viscosity), ν는 역학점도를 해당 온도에서의 유체의 밀도로 나눈 값으로 정의된다.

$$\nu = \frac{\mu}{\rho} \tag{2-65}$$

ν는 시간당 길이의 제곱으로 나타나며 초당 제곱미터($m^2 \cdot s^{-1}$) 단위를 사용한다.

용액의 불순물 상태

물질은 부유, 콜로이드, 용해의 3가지 중 하나로 물에 존재한다. 용해물질은 용액에 완전하게 용존되어 있으며 이 물질은 액체 내에 균일하게 분산된다. 용해된 물질은 단순한 원자 또는 복잡한 분자 화합물일 수 있다. 예를 들어, 소금을 물에 첨가하면 용해된 나트륨은 Na^+로 존재하고, 이는 NaCl의 해리된 형태이다. 반대로 물에 설탕을 더하면 설탕(포도당)의 용해된 형태는 $C_6H_{12}O_6$이다. 용해된 물질은 액체 내에 존재하며, 즉 하나의 상만 존재한다. 용해된 물질들은 증류, 침전, 흡착 또는 추출과 같은 상변화를 거치지 않고서는 액체에서 제거될 수 없다.

증류(distillation) 과정에서 액체 또는 물질 자체는 액체상태에서 기체상태로 변화하여 분리된다. 증류는 자연에서 발생할 수 있는데, 예를 들어 염화나트륨 염을 함유한 염수가 증발하여 나트륨 및 염화 이온을 남기고 염화나트륨이 없는 증기를 생성한다.

침전(precipitation)에서 액상에 존재하는 물질은 다른 화학물질과 결합하여 액체상태에서 고체상태로 변화함으로써 물과 분리된다. 예를 들어, 경도를 야기하는 이온(특히, 칼슘 및 마그네슘)을 제거하기 위해 수처리시설에서 석회를 넣을 때 이러한 현상이 일어난다.

흡착(adsorption) 역시 상변화를 수반하며, 용해된 물질은 고체입자의 표면에 부착된다. 부착은 화학적 또는 물리적 인력으로 발생할 수 있다. 흡착은 질산 이온, 인산 이온과 같은 이온이 토양 입자의 표면에 달라붙을 수 있는 토양에서 중요하다.

액체 추출(liquid extraction)은 물질을 다른 액체로 추출하여 물 또는 고체에서 분리함으로써 물에서 다른 액체로 상이 변화한다. 액체 추출은 환경공학의 일부 응용 분야에 사용된다. 예를 들어, 다환방향족탄화수소(PAH)와 같은 석유 기반 화합물들은 헥산과 같은 유기용매로 토양에서 추출하여 제거할 수 있다.

어떠한 경우에도 여과, 침전 또는 원심분리와 같은 물리적 방법으로 용해물질을 제거할 수는 없다. 활성탄 필터는 용해된 화학물질을 제거하지만, 이들은 입자를 체거름 기작(straining)으로 제거하지 않는다는 점에서 진정한 필터는 아니다. 활성탄은 용해된 물질을 흡착시켜 제거한다.

부유물질은 실제로 용해되어 있지 않으며 용액에서 침전되거나 여과에 의해 제거될 만큼 입자가 크다. 이 경우 액상과 부유입자 고체의 2가지 상이 존재한다. 액체와 부유입자의 혼합물을 **현탁액**(suspension)이라고 한다. 작은 부유입자들의 범위는 0.1~1.0 μm이며 이는 세균 크기와 비슷하다. 부유입자의 최대 크기는 약 100 μm이다. 부유물질들은 편의상 유리 섬유 필터로 여과할 수 있는 고체로 정의되며, 따라서 여과 가능 물질이라고 부를 수 있다. 부유물질들은 침전, 여과 및 원심분리와 같은 물리적 방법으로 물에서 제거할 수 있다.

콜로이드 입자(colloidal particle)는 일반적으로 크기를 기준으로 정의되며 크기가 0.001~1 μm이다. 콜로이드 입자는 물리적, 화학적 인력에 의해 부유상태로 유지된다. 우유는 콜로이드 현탁액의 한 예이다. 지방 분자는 완전히 용해되지 않고 물에 대한 인력에 의해 부유상태로 유지된다. 발효와 같은 자연적인 이유나 식초 첨가로 산이 더해지면 고체 침전물이 형성됨을 알 수 있다. 산은 콜로이드 입자의 전하를 변화시켜 콜로이드 입자가 서로 결합하여 현탁액에서 분리되게 한다. 콜로이드 입자는 초원심분리와 같은 물리적 수단이나 0.45 μm 미만의 공극 크기를 갖는 막을 통한 여과에 의해 액체에서 제거할 수 있다. 콜로이드 입자는 입자가 먼저 응집되어 침전하기에 충분히 큰 입자를 형성하지 않는 한 침전에 의해 제거될 수는 없다.

수용액 또는 현탁액의 농도 단위

용액의 농도는 다양한 단위로 표현할 수 있다. 화학자는 **몰농도**(molarity) 또는 몰랄농도(molality)를 사용하는 경향이 있지만 환경과학자와 공학자는 일반적으로 **리터당 밀리그램**(mg $\cdot$ L^{-1}), **백만분율**(ppm) 또는 **퍼센트**(중량 기준) 단위를 사용한다. 이 외에 노르말농도를 사용하기도 한다.

중량 퍼센트(weight percent), P는 상용화된 화학물질의 대략적인 농도나 슬러지의 고형 농도를 나타내기 위해 때때로 사용된다. 이는 용액 또는 현탁액 100 g당 물질의 그램으로 표현되며 수학적으로 다음과 같이 표현된다.

$$P = \frac{W}{W + W_0} \times 100\% \tag{2-66}$$

여기서 P＝물질의 중량 백분율

$\qquad W$＝물질의 질량(g)

$\qquad W_0$＝용질의 질량(g)

분석 결과는 종종 부피당 질량(농도)으로 표현하며 리터당 밀리그램(mg $\cdot$ L^{-1}) 단위가 사용된다. 환경과학 및 공학에서는 물질이 물의 밀도를 변화시키지 않는다고 가정하는 경우가 많다. 이는 일반적으로 일정 온도의 묽은 용액 조건에서는 유효하지만 농축된 용액이나 공기 내, 또는 온도 변동이 큰 경우에는 유효하지 않다. 그러나 이 가정이 유효할 때에는 물의 밀도(1 g $\cdot$ mL^{-1})를 사용하여 아래 식과 같이 단위 변환을 할 수 있다.

$$\left(\frac{1 \text{ mg 용질}}{\text{L 용액}}\right)\left(\frac{1 \text{ L}}{1000 \text{ mL}}\right)\left(\frac{1 \text{ mL}}{\text{g}}\right)\left(\frac{\text{g}}{1000 \text{ mg}}\right) = \frac{1 \text{ mg}}{10^6 \text{ mg}} = 1 \text{ ppm} \tag{2-67}$$

이 경우 1 mg $\cdot$ L^{-1}은 1백만분율(ppm)과 같다. 매우 묽은 용액에서는 10억분율(ppb) 또는 1조분율(ppt) 농도가 사용되기도 한다. 식 2-67과 유사한 변환을 통해 1 μg $\cdot$ L^{-1}＝1 ppb, 1 ng $\cdot$ L^{-1}＝1 ppt 임을 알 수 있다. 동일한 방법을 통해 리터당 밀리그램을 중량 퍼센트로 변환할 수도 있다.

$$\frac{1 \text{ mg}}{\text{L}}\left(\frac{1 \text{ mL}}{\text{g}}\right)\left(\frac{\text{L}}{1000 \text{ mL}}\right)\left(\frac{\text{g}}{1000 \text{ mg}}\right) = \frac{1 \text{ mg}}{10^6 \text{ mg}} = \frac{1 \text{ mg}}{10^4 \,(100 \text{ mg})} = 10^{-4} \text{ P} \tag{2-68}$$

여기서 1 mg $\cdot$ L^{-1}은 1×10^{-4} P와 같으며, 1%＝10,000 mg $\cdot$ L^{-1}로 변환할 수 있다.

농도는 리터당 몰(몰농도) 또는 리터당 등가(노르말농도) 단위로도 표현될 수 있다. 화학 반응식에서 계산할 때는 몰농도 또는 노르말농도(35-36쪽 참조)를 사용해야 한다.

몰농도는 아래 식을 이용해 리터당 밀리그램으로 변환할 수 있다.

$$mg \cdot L^{-1} = 몰농도 \times 분자량 \times 10^3$$
$$= (mol \cdot L^{-1})(g \cdot mol^{-1})(10^3 \ mg \cdot g^{-1}) \tag{2-69}$$

두 번째 단위인 노르말농도는 경수의 연화 및 산화-환원 반응에 자주 사용된다. **노르말농도**(normality)는 리터당 물질의 등가(equivalent)로 정의된다. **당량**(equivalent weight, EW)은 분자량을 산화-환원 반응에서 전달되는 전자의 수(n) 또는 산-염기 반응에서 전달되는 양성자의 수로 나눈 값이다. n은 분자가 반응하는 방식에 따라 다르다. 산-염기 반응에서 n은 전달되는 수소 이온의 수이다. 이를 쉽게 이해하기 위해 예를 들어보고자 한다. 우선 황산(H_2SO_4)을 생각해 보자. 황산은 아래 식과 같이 염기에 2개의 양성자를 줄 수 있다.

$$H_2SO_4 \rightleftharpoons 2H^+ + SO_4^{2-} \tag{2-70}$$

해리되는 황산 1몰마다 양성자 2몰(H^+)이 방출되며 이를 염기가 받아야 한다. 예를 들어,

$$2H^+ + 2NaOH \rightleftharpoons 2H_2O + 2Na^+ \tag{2-71}$$

위 식 2-70과 2-71을 합치면 아래 식이 된다.

$$H_2SO_4 + 2NaOH \rightleftharpoons SO_4^{2-} + 2H_2O + 2Na^+ \tag{2-72}$$

여기서 2몰의 양성자가 2몰의 수산화나트륨(염기)으로 옮겨지므로 황산의 경우 몰당 등가는 2가 된다.

산-염기 문제를 다룰 때, 종종 분자량 대신 당량이 사용된다. 당량은 단순히 분자량을 전달된 양성자의 수로 나눈 값이다. 계속해서 황산을 예로 들면, 황산의 당량은 분자량($98.08 \ g \cdot mol^{-1}$)을 2로 나눈 값, 즉 $49.04 \ g \cdot equivalent^{-1}$임을 알 수 있다.

침전 반응에서 n을 구하는 것 또한 산-염기 반응의 특수한 경우로 고려할 수 있다. 여기서 n은 침전 반응 내 양이온을 대체하는 데 필요한 수소 이온의 수와 같다. 예를 들어 $CaCO_3$의 경우, 칼슘을 대체하기 위해 2개의 수소 이온이 필요하며 이때 H_2CO_3이 형성된다. 따라서 몰당 등가 n은 2이다.

산화-환원 반응에서 n은 반응에서 전달된 전자의 수와 같다. 예를 들어 아래 반응에서,

$$Fe^{2+} + \tfrac{1}{4}O_2 + H^+ \rightleftharpoons Fe^{3+} + \tfrac{1}{2}H_2O \tag{2-73}$$

하나의 전자가 전달되기 때문에 n은 1이다. 여기서 철 이온의 당량은 $55.85 \ g \cdot equivalent^{-1}$이다. 반응을 모를 경우에는 등가를 결정하는 것은 불가능하다.

노르말농도(N)는 용액 리터당 등가이며 다음 식을 통해 몰농도(M)와 관련된다.

$$N = nM \tag{2-74}$$

여기서 n은 몰당 등가이다.

예제 2-18 황산(H_2SO_4)의 상용품은 93 wt%(무게 함량) 용액으로 구매할 수 있다. 이 용액 내 H_2SO_4의 농도를 $mg \cdot L^{-1}$, M, N 단위로 각각 구하시오. 황산(100%)의 비중은 1.839이다. 용액의 온도는 15℃로 가정한다.

풀이 식 2-64를 사용하여 100% 황산 용액의 밀도를 계산한다.

$$(1000.0 \text{ g} \cdot \text{L}^{-1})(1.839) = 1839 \text{ g} \cdot \text{L}^{-1}$$

부록의 표 A-1을 통해 15℃에서 1.000 L의 물의 무게는 999.103 g임을 알 수 있다. 이를 이용하여 93% H_2SO_4 용액의 밀도는

$$(999.103 \text{ g} \cdot \text{L}^{-1})(0.07) + (1839 \text{ g} \cdot \text{L}^{-1})(0.93) = 1780.2 \text{ g} \cdot \text{L}^{-1} \text{ 또는 } 1.8 \times 10^6 \text{ mg} \cdot \text{L}^{-1}$$

H_2SO_4의 분자량은 부록 B의 각 원자량을 통해 구할 수 있다.

원자 수(n)	원소	원자량(AW)	n x AW
2	수소(H)	1.008	2.016
1	황(S)	32.06	32.06
4	산소(O)	15.9994	64.0
			분자량 98.08 g · mol⁻¹

식 2-69에서 $g \cdot L^{-1}$ 단위의 농도를 분자량($g \cdot mol^{-1}$)으로 나누면 몰농도를 구할 수 있다.

$$\frac{1780.2 \text{ g} \cdot \text{L}^{-1}}{98.08 \text{ g} \cdot \text{mol}^{-1}} = 18.15 \text{ M}$$

노르말농도는 식 2-74와 H_2SO_4는 수소 2개를 제공한다는 사실($n = 2 \text{ Eq} \cdot \text{mol}^{-1}$)을 이용해서 구할 수 있다.

$$\text{N} = 18.15 \text{ mol} \cdot \text{L}^{-1}(2 \text{ Eq} \cdot \text{mol}^{-1}) = 36.30 \text{ Eq} \cdot \text{L}^{-1} \text{ 또는 } 36.3 \text{ N}$$

예제 2-19 1.00 L 부피 플라스크에 들어있는 증류수에 탄산수소나트륨($NaHCO_3$) 1.0 M 용액을 만들기 위해 첨가해야 하는 탄산수소나트륨 질량을 구하고, 이 용액의 노르말농도를 구하시오.

풀이 $NaHCO_3$의 분자량은 84이다. 그러므로 식 2-69를 통해 필요한 질량을 구할 수 있다.

$$\text{농도} = (1.0 \text{ mol} \cdot \text{L}^{-1})(84 \text{ g} \cdot \text{mol}^{-1}) = 84 \text{ g} \cdot \text{L}^{-1}$$

즉, 84 g의 탄산수소나트륨을 1 L 용액에 첨가할 때 1 M 농도 용액을 제조할 수 있다. HCO_3^-는 1개의 수소를 제공하거나 받을 수 있기 때문에 $n = 1$이다. 식 2-74를 통해 노르말농도는 몰농도와 같다는 것을 알 수 있다.

예제 2-20 Ca^{2+}, CO_3^{2-}, $CaCO_3$ 각각의 당량($g \cdot Eq^{-1}$또는 $mg \cdot Eq^{-1}$)을 구하시오.

풀이 당량은 EW =(원소량 또는 분자량)/n으로 정의되며, n은 산화상태 또는 반응에서 교환되는 전자 및 수소의 수이다. EW의 단위는 $g \cdot Eq^{-1}$또는 $mg \cdot mEq^{-1}$이다.

칼슘의 경우 n은 수중에서의 산화상태, 즉 $n=2$이다. 주기율표를 통해 Ca^{2+}의 원소량은 40.08 $g \cdot mol^{-1}$이다. 이때 당량은

$$EW = \frac{40.08}{2} = 20.04 \ g \cdot Eq^{-1} \ \text{또는} \ 20.04 \ mg \cdot mEq^{-1}$$

탄산 이온(CO_3^{2-})의 경우, 탄산 이온이 수소 2개를 받을 수 있기 때문에 $n=2$이다. 아래 표와 같이 분자량을 계산할 수 있다.

원자 수(n)	원소	원자량(AW)	n x AW
1	탄소(C)	12.01	12.01
3	산소(O)	15.9994	48.0
			분자량 60.01 $g \cdot mol^{-1}$

이때 당량은

$$EW = \frac{60.01 \ g \cdot mol^{-1}}{2 \ g\text{-}Eq \cdot mol^{-1}} = 30.01 \ g \cdot Eq^{-1} \ \text{또는} \ 30.01 \ mg \cdot mEq^{-1}$$

$CaCO_3$는 양이온(Ca^{2+})을 탄산(H_2CO_3)으로 대체하기 위해 2개의 수소가 필요하기 때문에 $n=2$이다. 분자량은 Ca^{2+}의 원소량과 CO_3^{2-}의 분자량을 합쳐서 40.08 + 60.01 = 100.09이다. 이때 당량은

$$EW = \frac{100.09 \ g \cdot mol^{-1}}{2 \ g\text{-}Eq \cdot mol^{-1}} = 50.05 \ g \cdot Eq^{-1} \ \text{또는} \ 50.05 \ mg \cdot mEq^{-1}$$

완충 용액

산이나 염기를 첨가하거나 용액을 희석할 때 용액의 pH 변화에 저항하는 용액을 **완충 용액**(buffer)이라고 한다. 약산과 그 염을 포함하는 용액을 완충 용액의 예로 들 수 있다. 대기 중 이산화탄소(CO_2)는 다음 반응을 통해 천연 완충 용액을 생성한다.

$$CO_2(g) \rightleftharpoons CO_2(aq) + H_2O \rightleftharpoons H_2CO_3^* \rightleftharpoons H^+ + HCO_3^- \rightleftharpoons 2H^+ + CO_3^{2-} \tag{2-75}$$

여기서 $H_2CO_3^*$ = "탄산" = 이는 진짜 탄산(H_2CO_3)과 용해된 이산화탄소($CO_2(aq)$)의 합이며, 이들은 분석기법으로 구별할 수 없다.

HCO_3^- = 중탄산 이온
CO_3^{2-} = 탄산 이온

탄산종은 아마도 물에서 가장 중요한 완충 시스템이다. 우리는 탄산 이온 완충 시스템을 이 장과 다음 장들에서 여러 번 언급할 것이다.

자연수의 완충 작용을 계속 살펴보기 전에 기본적인 탄산 이온 화학 반응을 살펴보도록 하자.

앞서 언급하였듯이 탄산은 해리되어 중탄산 이온을 형성한다.

$$H_2CO_3^* \rightleftharpoons H^+ + HCO_3^- \qquad K_{a1} = 10^{-6.35} \text{ at } 25°C \tag{2-76}$$

위 반응에 우리는 아래 평형식을 쓸 수 있다.

$$\frac{[HCO_3^-][H^+]}{[H_2CO_3^*]} = 10^{-6.35} \tag{2-77}$$

이와 유사하게, 중탄산 이온도 브뢴스테드-로우리 산으로 작용하여 아래와 같이 해리 후 탄산 이온을 형성할 수 있다.

$$HCO_3^- \rightleftharpoons H^+ + CO_3^{2-} \qquad K_{a2} = 10^{-10.33} \text{ at } 25°C \tag{2-78}$$

위 반응 또한 아래와 같은 평형식을 쓸 수 있다.

$$\frac{[CO_3^{2-}][H^+]}{[HCO_3^-]} = 10^{-10.33} \tag{2-79}$$

탄산종의 농도가 일정하게 유지되는 일정한 닫힌 시스템(closed system)에서,

$$[H_2CO_3^*] + [HCO_3^-] + [CO_3^{2-}] = C_T \tag{2-80}$$

위 식에서 중탄산 이온 및 탄산 이온 항을 탄산 농도를 이용해 표현한 식으로 대체하면 탄산 농도를 아래와 같이 pH의 함수로 표현할 수 있다.

$$[H_2CO_3^*] = C_T \left(1 + \frac{K_{a1}}{[H^+]} + \frac{K_{a1}K_{a2}}{[H^+]^2} \right)^{-1} \tag{2-81}$$

여기서 아래와 같은 관계를 설명할 수 있다.

(a) $pH < pK_{a1} < pK_{a2}$일 때, $\log[H_2CO_3^*] \approx \log C_T$ 이다.

이때 $d(\log[H_2CO_3^*])/d(pH) = 0$이고 $\log[H_2CO_3^*]$ 선은 기울기 0의 직선으로 나타낼 수 있다.

(b) $pK_{a1} < pH < pK_{a2}$일 때, $\log[H_2CO_3^*] \approx pK_{a1} + \log C_T - pH$이다.

이때 $d(\log[H_2CO_3^*])/d(pH) = -1$이고 $\log[H_2CO_3^*]$ 선은 기울기 -1의 직선으로 나타낼 수 있다.

(c) $pK_{a1} < pK_{a2} < pH$일 때, $\log[H_2CO_3^*] \approx pK_{a1} + pK_{a2} + \log C_T - 2pH$이다.

이때 $d(\log[H_2CO_3^*])/d(pH) = -2$이고 $\log[H_2CO_3^*]$ 선은 기울기 -2의 직선으로 나타낼 수 있다.

HCO$_3^-$와 CO$_3^{2-}$에 대해서도 유사한 관계를 찾아내어 각 종의 농도의 로그값을 그래프에 도시하는 데 사용할 수 있다. 모든 탄산종에 대해 관계를 찾은 후, pH와 각 종의 농도를 로그-로그 그래프로 표현하면 그림 2-11과 같다.

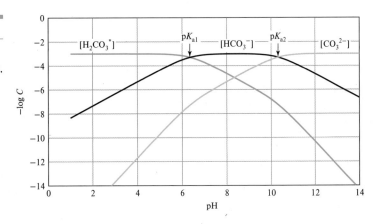

그림 2-11

기체와 탄산염 시스템의 pC (−log$C$)와 pH 그래프 (T=25℃, pK_{a1}=6.35, pK_{a2}=10.33)

예제 2-21 물의 pH는 7.5로 측정되었다. 중탄산 이온 농도는 1.3×10^{-3} M로 측정되었다. 이때 탄산 이온, 탄산의 농도와 C_T를 구하시오. 시스템은 닫힌 시스템으로 가정한다.

풀이 이 문제는 위에 주어진 관계들을 사용해서 풀 수 있다.

$$p K_{a1} = \frac{[HCO_3^-][H^+]}{[H_2CO_3^*]} = 10^{-6.3}$$

그리고

$$\frac{[CO_3^{2-}][H^+]}{[HCO_3^-]} = 10^{-10.33}$$

$[H_2CO_3^*]$에 대해 풀면

$$[H_2CO_3^*] = \frac{[HCO_3^-][H^+]}{p K_{a1}} = \frac{(1.3 \times 10^{-3})(10^{-7.5})}{10^{-6.3}} = 8.2 \times 10^{-5} \text{ M}$$

$[CO_3^{2-}]$에 대해 풀면

$$[CO_3^{2-}] = \frac{p K_{a2}[HCO_3^-]}{[H^+]} = \frac{(10^{-10.33})(1.3 \times 10^{-3})}{10^{-7.5}} = 1.9 \times 10^{-6} \text{ M}$$

$$C_T = [H_2CO_3^*] + [HCO_3^-] + [CO_3^{2-}] = 8.2 \times 10^{-5} + 1.3 \times 10^{-3} + 1.9 \times 10^{-6}$$

$$= 1.384 \times 10^{-3} \text{ M} \approx 1.4 \times 10^{-3} \text{ M}$$

식 2-75에 표현된 바와 같이 용액 내 CO_2는 대기 $CO_2(g)$와 평형을 이룬다. 식에서 $CO_2(aq)$의 오른쪽 탄산종들에 변화가 있을 때 $CO_2(g)$는 용액에서 방출되거나 용액에 용해된다. 이러한 경우를 열린 시스템(open system)이라고 하며, $H_2CO_3^*$의 농도는 pH에 따라 일정하게 유지되고 C_T는 pH가 변화함에 따라 변한다. 이때 농도 대비 pH의 로그 그래프는 그림 2-12와 같이 매우 다르게 나타난다.

그림 2-12

기체와 탄산염 시스템의
$pC(-\log C)$와 pH 그래프
(T=25℃, pK_{a1}=6.35, pK_{a2}=
10.33, K_H=$10^{-1.5}$ M·atm^{-1};
P_{CO2}=$10^{-3.5}$ atm)

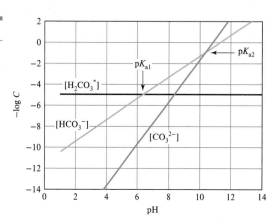

예제 2-22 물의 pH는 7.5로 측정되었다. 이때 탄산 이온, 중탄산 이온, 탄산의 농도와 C_T를 구하시오. 시스템은 열린 시스템으로 가정한다. 온도는 25℃이다. 이산화탄소의 헨리상수는 $10^{-1.47}$ M·atm^{-1}, 분압은 $10^{-3.53}$ atm이다.

풀이 앞의 문제와 비슷한 관계를 갖고 있다. 이산화탄소의 헨리상수와 분압이 주어졌으므로 탄산 농도는 아래와 같이 구할 수 있다.

$$[H_2CO_3^*] = K_H P_{CO_2} = (10^{-1.47} \text{ M} \cdot \text{atm}^{-1})(10^{-3.53} \text{ atm}) = 10^{-5.0} \text{ M}$$

$$pK_{a1} = \frac{[HCO_3^-][H^+]}{[H_2CO_3^*]} = 10^{-6.3}$$

그리고

$$\frac{[CO_3^{2-}][H^+]}{[HCO_3^-]} = 10^{-10.33}$$

$[HCO_3^-]$에 대해 풀면

$$[HCO_3^-] = \frac{[H_2CO_3^*]pK_{a1}}{[H^+]} = \frac{(1.0 \times 10^{-5})(10^{-6.3})}{10^{-7.5}} = 1.6 \times 10^{-4} \text{ M}$$

$[CO_3^{2-}]$에 대해 풀면

$$[CO_3^{2-}] = \frac{pK_{a2}[HCO_3^-]}{[H^+]} = \frac{(10^{-10.33})(1.58 \times 10^{-4})}{10^{-7.5}} = 2.3 \times 10^{-7} \text{ M}$$

$$C_T = [H_2CO_3^*] + [HCO_3^-] + [CO_3^{2-}] = 1.0 \times 10^{-5} + 1.6 \times 10^{-4} + 2.3 \times 10^{-7}$$

$$= 1.70 \times 10^{-4} \text{ M} \approx 1.7 \times 10^{-4} \text{ M}$$

pH 변화에 저항하는 완충 시스템의 특성은 산 또는 염기를 첨가한 결과를 **질량 작용의 법칙**(law of mass action) 또는 **르 샤틀리에의 원리**(Le Châtelier's principle)를 적용하여 해석함으로써 이해할 수 있다. 예를 들어, 산이 시스템에 추가되면 수소 이온 농도가 증가하여 시스템은 평형상태에 있지 않다. 평형을 이루기 위해 탄산 이온은 자유 양성자와 결합하여 중탄산 이온을 형성한다. 중탄산 이온은 반응하여 탄산을 형성하고, 이는 CO_2와 물로 해리된다. 열역학적으로 열린 시스템에서 용액 내 과포화상태의 CO_2는 대기 중으로 방출된다. 반대로 염기가 추가되면 수소 이온이 소모되고 시스템이 오른쪽으로 이동하여 CO_2가 대기에서 보충된다. 만약 CO_2가 용액 내로 유입되거나 또는 질소 등의 불활성 가스를 유입하여 용액에서 제거될 경우(스트리핑이라고 불림), 대기가 더 이상 CO_2의 공급원 또는 흡수원으로 작용하지 않기 때문에 pH는 더 극적으로 변하게 된다. 그림 2-13에는 탄산 이온 완충 시스템의 일반적인 4가지 반응이 요약되어 있다. 처음 2가지 경우(I 및 II)는 반응이 비교적 오랜 시간 동안 진행되는 자연환경에서 일반적으로 볼 수 있다. 나머지 경우(III 및 IV)는 자연환경에서는 일반적이지 않지만 공학적 공정에 적용될 수 있다. 예를 들어, 수처리장에서는 대기에서 CO_2를 보충하는 것보다 더 빠르게 반응을 일으킬 수 있다.

완충 능력. 우리는 종종 산이나 염기가 첨가될 때 pH 변화에 저항하는 물의 능력을 알 필요가 있으며, 이러한 변화에 저항하는 능력을 **완충 능력**(buffering capacity)이라고 한다. 수화학자들은 산 첨가 시 pH 변화에 저항하는 물의 능력을 설명하기 위해 **알칼리도**(alkalinity)라는 용어를 사용하며, 이를 **산 중화 능력**(acid-neutralizing capacity)이라 하기도 한다. **산도**(acidity)는 염기 첨가로 인한 pH 변화에 저항하는 물의 능력을 나타내며, 이는 **염기 중화 능력**(base-neutralizing capacity)이라고도 한다.

그림 2-13

탄산염 완충 시스템에서 산과 염기 추가 또는 이산화탄소가 추가 및 제거될 때 변화

> *첫 번째 경우: 열린 시스템*
> **탄산염 완충 시스템에 산이 추가되었을 때.[a]**
>
> 반응은 왼쪽으로 진행되며 H^+와 HCO_3^-가 반응하여 $H_2CO_3^*$를 생성한다.[b]
> CO_2가 용액에서 대기로 배출된다.
> H^+의 양의 변화에 따라 pH는 낮아진다(단, 용액의 완충 능력에 따라 그 정도는 다름).
>
> *두 번째 경우: 열린 시스템*
> **탄산염 완충 시스템에 염기가 추가되었을 때.**
>
> 반응은 오른쪽으로 진행된다.
> CO_2가 대기에서 용액으로 용해된다.
> H^+가 OH^-와 결합하기 때문에 pH는 높아진다(단, 용액의 완충 능력에 따라 그 정도는 다름).
>
> *세 번째 경우: 열린 시스템*
> **탄산염 완충 시스템에 CO_2가 추가되었을 때.**
>
> CO_2와 H_2O가 반응하여 $H_2CO_3^*$를 생성하며 반응은 오른쪽으로 진행된다.
> CO_2가 대기에서 용액으로 용해된다.
> pH는 낮아진다.
>
> *네 번째 경우: 열린 시스템*
> **탄산염 완충 시스템에 CO_2가 제거되었을 때.**
>
> 제거된 탄산염들을 보충하기 위해 $H_2CO_3^*$가 소모되기 때문에 반응은 왼쪽으로 진행된다.
> CO_2가 용액에서 배출된다.
> pH는 높아진다.

[a]식 2-75 참조.
[b]$H_2CO_3^*$의 *는 용액 내 CO_2와 H_2CO_3의 합을 의미함.

<u>알칼리도.</u> 알칼리도는 pH를 약 4.5까지 낮출 때 적정되는 모든 염기의 합으로 정의된다. 단위로는 리터당 등가 또는 노르말농도를 사용한다. 이는 물 샘플의 pH를 4.5로 낮추는 데 필요한 산의 양과 같으며 실험을 통해 측정할 수 있다. 대부분의 담수에서 알칼리도에 기여하는 유일한 약산 및 염기는 중탄산 이온(HCO_3^-), 탄산 이온(CO_3^{2-}), H^+와 OH^-이다. 해수에서는 브롬산종 또한 알칼리도를 결정하는 데 중요한 역할을 한다. 탄산종을 주로 포함하는 물에 의해 중화될 수 있는 총 H^+는 아래 식으로 표현된다.

$$\text{알칼리도} = [HCO_3^-] + 2[CO_3^{2-}] + [OH^-] - [H^+] \tag{2-82}$$

여기서 [ ]는 리터당 몰의 농도를 나타낸다. 대부분의 자연수(pH 6~8)에서 OH^- 및 H^+는 그 농도가 매우 낮기 때문에 아래와 같이 표현할 수 있다.

$$\text{알칼리도} \approx [HCO_3^-] + 2[CO_3^{2-}] \tag{2-83}$$

여기서 $[CO_3^{2-}]$는 2개의 양성자를 받아들일 수 있기 때문에 위 식과 같이 2를 곱한다. 몰농도 대신 노르말농도를 사용할 경우에는 아래 식과 같이 표현할 수 있다.

$$\text{알칼리도} = (HCO_3^-) + (CO_3^{2-}) + (OH^-) - (H^+) \tag{2-84}$$

여기서 ( )는 노르말농도를 나타낸다.

여기서 중요한 산-염기 반응들은

$$H_2CO_3 \rightleftharpoons H^+ + HCO_3^- \qquad 25°C에서 \ pK_{a1} = 6.35 \tag{2-76}$$

$$HCO_3^- \rightleftharpoons H^+ + CO_3^{2-} \qquad 25°C에서 \ pK_{a2} = 10.33 \tag{2-78}$$

위 pK 값을 통해 몇 가지 유용한 관계를 찾을 수 있다. 이 중에서 중요한 것은 다음과 같다.

1. pH 4.5 이하에서, 우세하게 존재하는 탄산종은 H_2CO_3이며 OH^- 농도는 무시할 수 있다. 탄산은 알칼리도에 기여하지 않기 때문에, 이 경우 알칼리도는 H^+로 인해 음수이다. 이 경우 산을 중화하는 능력은 없으며 산을 조금만 첨가해도 pH가 크게 감소한다.
2. pH 7~8.3의 범위에서 HCO_3^-가 탄산 이온보다 우세하다. H^+의 농도는 OH^-의 농도와 거의 같으며 둘 다 HCO_3^-의 농도에 비해 작다. 따라서 알칼리도는 HCO_3^-의 농도와 거의 같다.
3. pH 12.3 이상에서, 주요 탄산종은 CO_3^{2-}이고, H^+의 농도는 무시할 수 있으나 OH^-의 농도는 무시할 수 없다. 여기서 알칼리도는 $2[CO_3^{2-}] + [OH^-]$이다.

환경공학과 과학에서 우리는 알칼리성 물과 알칼리도가 높은 물을 구별해야 한다. 알칼리성 물은 pH가 7보다 높은 물이며, 알칼리도가 높은 물은 완충 능력이 높은 물이다. 알칼리성 물은 높은 완충 능력을 가질 수도 있고 그렇지 않을 수도 있다. 마찬가지로, 알칼리도가 높은 물은 pH가 높을 수도 있고 그렇지 않을 수도 있다.

일반적으로 알칼리도는 앞의 방정식과 같이 몰농도 단위로 표현하지 않고 **리터당 $CaCO_3$ 당량 밀리그램**(mg as $CaCO_3$ per L) 단위 또는 노르말농도($Eq \cdot L^{-1}$)로 표현된다. 이온 농도를 리터당 $CaCO_3$ 당량 밀리그램으로 변환하려면 아래 식과 같이 해당 종의 리터당 밀리그램을 $CaCO_3$의 당량과 종의 당량(EW)의 비율로 곱하면 된다.

$$\text{CaCO}_3 \text{ 당량 밀리그램} = (\text{해당 종의 리터당 밀리그램}) \left(\frac{\text{CaCO}_3 \text{의 당량(EW)}}{\text{종의 당량(EW)}} \right) \qquad (2\text{-}85)$$

이후 알칼리도를 구하는 방법은 똑같은데, 다만 노르말농도 대신 리터당 CaCO_3 당량 밀리그램 농도로 더하거나 빼면 된다.

예제 2-23 물은 $100.0 \text{ mg} \cdot \text{L}^{-1}$ CO_3^{2-}와 $75.0 \text{ mg} \cdot \text{L}^{-1}$ HCO_3^-를 갖고 있으며 pH는 10이다(온도는 25℃이다). 이때 정확한 알칼리도를 계산하시오.

풀이 우선 CO_3^{2-}, HCO_3^-, H^+, OH^-를 모두 CaCO_3 당량 밀리그램으로 변환한다. 문제에서 주어진 탄산 이온 및 중탄산 이온의 농도는 해당 화학종의 $\text{mg} \cdot \text{L}^{-1}$ 단위, 그리고 H^+와 OH^-의 농도는 몰농도로 주어진 것을 기억하자.

각 물질의 당량은 다음과 같다.

$$\text{CO}_3^{2-}: \text{MW} = 60, n = 2, \text{EW} = 30$$
$$\text{HCO}_3^-: \text{MW} = 61, n = 1, \text{EW} = 61$$
$$\text{H}^+: \text{MW} = 1, n = 1, \text{EW} = 1$$
$$\text{OH}^-: \text{MW} = 17, n = 1, \text{EW} = 17$$

또한, H^+와 OH^-의 농도는 다음과 같이 계산한다. pH $=10$이므로 $[\text{H}^+] = 10^{-10}$ M. 식 2-69를 통해,

$$[\text{H}^+] = (10^{-10} \text{ mol} \cdot \text{L}^{-1})(1 \text{ g} \cdot \text{mol}^{-1})(10^3 \text{ mg} \cdot \text{g}^{-1}) = 10^{-7} \text{ mg} \cdot \text{L}^{-1}$$

식 2-37을 통해 다음을 알 수 있다.

$$[\text{OH}^-] = \frac{K_w}{[\text{H}^+]} = \frac{10^{-14}}{10^{-10}} = 10^{-4} \text{ mol} \cdot \text{L}^{-1}$$

그리고

$$[\text{OH}^-] = (10^{-4} \text{ mol} \cdot \text{L}^{-1})(17 \text{ g} \cdot \text{mol}^{-1})(10^3 \text{ mg} \cdot \text{g}^{-1}) = 1.7 \text{ mg} \cdot \text{L}^{-1}$$

식 2-85를 통해 농도를 CaCO_3 당량 $\text{mg} \cdot \text{L}^{-1}$으로 변환할 수 있으며, 이때 CaCO_3의 당량은 50이다.

$$\text{CO}_3^{2-} = 100.0 \times \left(\frac{50}{30} \right) = 167 \text{ mg} \cdot \text{L}^{-1} \text{ as CaCO}_3$$

$$\text{HCO}_3^- = 75.0 \times \left(\frac{50}{61} \right) = 61 \text{ mg} \cdot \text{L}^{-1} \text{ as CaCO}_3$$

$$\text{H}^+ = 10^{-7} \times \left(\frac{50}{1} \right) = 5 \times 10^{-6} \text{ mg} \cdot \text{L}^{-1} \text{ as CaCO}_3$$

$$\text{OH}^- = 1.7 \times \left(\frac{50}{17} \right) = 5.0 \text{ mg} \cdot \text{L}^{-1} \text{ as CaCO}_3$$

이들을 모두 합쳐 알칼리도를 계산한다.

알칼리도 $= 61 + 167 + 5.0 - (5 \times 10^{-6}) = 233 \text{ mg} \cdot \text{L}^{-1} \text{ as CaCO}_3$

2-5 토양화학

종종 당연하게 여겨지고 물이나 공기만큼 소중히 여기지 않는 경우가 많지만, 만약 흙이 없다면 이 행성에 생명체는 존재하지 않을 것이다. 토양은 식량 생산에도 중요하며 탄소, 질소 및 인의 균형 유지와 건설 산업에도 매우 중요하다.

화학적으로 토양은 풍화된 암석과 광물, 부패한 동식물 물질(부식토 및 찌꺼기), 그리고 세균, 식물 및 동물 등 작은 생물체로 이루어진 혼합물이다. 또한 토양에는 물과 공기도 포함되어 있다. 일반적으로 토양은 약 95%의 미네랄과 5%의 유기물을 포함하지만 이들의 구성비는 상당히 다양하다.

토양 내 화학물질 농도는 ppm, $mg \cdot kg^{-1}$ 또는 $\mu g \cdot kg^{-1}$ 등의 질량 단위로 표현된다. 단위는 토양의 단위 질량(보통 kg)당 존재하는 화학물질의 질량에 따라 다소 다르다. 예를 들어, 탄소의 경우 일반적으로 탄소가 토양물질의 약 1~25%를 차지하기 때문에 농도는 백분율로 표시된다. 반대로, 영양소(예: 질소, 인 등) 농도는 $kg \cdot kg^{-1}$ 단위가 사용된다. 일반적으로 농도가 낮은 대부분의 유해 폐기물을 다룰 때에는 ppb 또는 $\mu g \cdot kg^{-1}$ 단위를 사용한다.

질산염, 암모니아 및 인산염과 같은 이온성 영양소의 이동은 이온 교환 반응에 의해 좌우된다. 예를 들어, 나트륨 이온은 정전기 상호 작용에 의해 토양 표면에 부착될 수 있다. 칼슘을 함유한 물이 토양을 통과할 때 다음 반응에 따라 칼슘이 우선적으로 나트륨과 교환된다.

$$2(Na^+\text{–Soil}) + Ca^{2+} \rightleftharpoons Ca^{2+}\text{–(Soil)}_2 + 2Na^+ \tag{2-86}$$

이 반응에 의해 교환된 칼슘 이온 1개당 2개의 나트륨 이온이 방출되어 전하 균형을 유지한다. 따라서 토양의 중요한 특성은 교환 능력이다. **교환 능력**(exchange capacity)은 본질적으로 토양의 단위 질량이 특정 관심 이온 질량을 교환할 수 있는 정도이다. 교환 능력(토양 질량당 이온의 등가 단위)은 마그네슘, 칼슘, 질산 이온 및 인산 이온과 같은 이온을 침출시키는 능력을 나타내는 토양의 중요한 특성이다.

토양에서 발생하는 또 다른 중요한 과정은 **수착**(sorption)이다. 수착은 본질적으로 토양 입자의 광물 또는 유기물 부분에 화학물질이 부착되는 것이며, 흡착(adsorption)과 흡수(absorption)를 모두 포함한다. 반데르발스 힘, 수소 결합 또는 정전기 상호 작용으로 인해 토양 표면에 화학물질이 부착될 수 있다. 어떤 경우에는 공유 결합이 발생할 수 있는데, 이 경우 화학물질은 토양에 비가역적으로 결합된다.

오염물질 농도가 낮을 때, 수착은 수학적으로 아래와 같은 선형식으로 설명할 수 있다.

$$K_d = \frac{C_s}{C_w} \frac{(mol \cdot kg^{-1})}{(mol \cdot L^{-1})} \tag{2-87}$$

여기서 C_w = 수중 화학물질의 평형 농도(물 부피당 질량)

$\quad K_d$ = 화학 분포 비율의 흡착 평형을 설명하는 분배계수 = (토양 질량당 질량) (물 부피당 질량)$^{-1}$

$\quad C_s$ = 토양에 대한 화학물질의 평형 농도(토양 질량당 질량)

다양한 유기오염물질의 분배계수는 10^8배 이상까지 차이가 날 수 있으며, 주로 오염물질의 화학적 특성과 토양 자체의 특성에 따라 달라진다.

대부분의 중성 유기화학물질의 경우, 유기물 함량이 어느 정도 되는 토양 내에서의 수착은 토양 내 유기물 부분에서 주로 발생한다. 이러한 경우,

$$C_s \approx C_{om} f_{om} \qquad (2\text{-}88)$$

여기서 C_{om} = 토양의 유기물에 있는 유기화학물질의 농도

f_{om} = 토양에 있는 유기물 함량

식 2-87과 2-88을 합치면, 아래와 같이 중성 유기화학물질에 유효한 식으로 표현할 수 있다.

$$K_d = \frac{C_{om} f_{om}}{C_w} \qquad (2\text{-}89)$$

예제 2-24 토양 샘플을 수집하여 토양 수분 내에서 화학물질인 1,2-디클로로에테인(DCA)을 분석하였다. 그 농도는 12.5 $\mu g \cdot L^{-1}$으로 나타났다. 토양 내 유기물 함량은 1.0%이다. 이때 토양 내 유기물에 흡착된 DCA 농도를 구하시오. DCA의 K_d값은 0.724 $(\mu g \cdot kg^{-1})(\mu g \cdot L^{-1})^{-1}$이다.

풀이 식 2-87을 통해

$$K_d = \frac{C_s}{C_w}$$

따라서

$$C_s = K_d C_w = (0.724 \ (\mu g \cdot kg^{-1})(\mu g \cdot L^{-1})^{-1})(12.5 \ \mu g \cdot L^{-1}) = 9.05 \ \mu g \cdot kg^{-1}$$

식 2-88을 통해

$$C_{om} = \frac{C_s}{f_{om}} = \frac{(9.05 \ \mu g \cdot kg^{-1})}{0.01} = 905 \ \mu g \cdot kg^{-1}$$

2-6 대기화학

대기는 지구 표면을 둘러싸고 있는 얇은 층의 가스들이며 중력에 의해 고정되어 있다. 고도가 높아짐에 따라 지구의 중력이 감소하고 가스들의 밀도도 감소한다. 공기의 조성은 위치, 고도, 인위적 발생원(예: 공장, 자동차 등) 및 자연발생원(예: 먼지 폭풍, 화산, 산불 등)에 따라 다르다. 일부 가스의 농도는 다른 가스보다 덜 변화한다. 대체적으로 대기에서 차지하는 비중이 "불변하는" 기체가 부피 기준으로 대기의 약 99%를 구성한다. 비중이 가변적인 가스들 중에서는 수증기, 이산화탄소, 오존이 가장 대표적이다. 표 2-8에는 이러한 가스들의 부피 백분율을 나열하였다.

대기는 온도에 따라 여러 층으로 나뉜다. 지구 표면에 가장 가까운 층인 대류권(troposphere)은 약 13 km까지 이어진다. 그림 2-14에서 볼 수 있듯이 이 층의 온도는 고도가 증가함에 따라 감소한다. 대기 질량의 80~85%가 대류권에 있는 것으로 추정된다. 다음 층은 약 50 km 고도까지 뻗어 있는 성층권(stratosphere)이다. 성층권 내 온도는 고도가 증가함에 따라 증가하며 성층권과 중간권 사이의 경계인 성층권 계면(stratopause)에서 약 0℃에 도달한다. 성층권의 온도 상승은 자외선 흡수와

표 2-8   **대기 구성**

기체	부피 기준 퍼센트[a]
불변 기체들	
질소	78.08
산소	20.95
아르곤	0.93
네온	0.002
기타	0.001
가변 기체들	
수증기	0.1-≈5.0
이산화탄소	0.035
오존	0.000006
다른 가스들	미량
입자상 물질	통상적으로 미량

[a]수증기를 제외한 기체들의 퍼센트는 건조 공기에서의 수치이다.
자료 출처: McKinney and Schooch, 1996.

성층권 내에서 발생하는 반응에서 방출되는 열로 인한 것이다. 대류권과 성층권은 대기 질량의 약 99%를 차지한다. 다음 층인 중간권(mesosphere)은 약 80 km에 이르며 고도가 증가함에 따라 온도가 약 −80℃까지 감소한다. 지구를 둘러싸고 있는 가장 바깥쪽의 층은 고도가 증가함에 따라 온도가 증가하는 또 다른 영역인 열권(thermosphere)이다.

    수중과 대기에서의 화학 반응들의 주요한 차이점 중 하나는 대기에서의 기체상(gas-phase) 및 광화학 반응이다. 대류권에서 일어나는 가장 중요한 기체상 광화학(photochemical) 반응 중 하나는

그림 2-14

지구의 대기

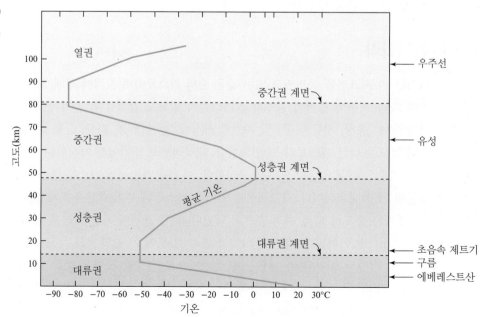

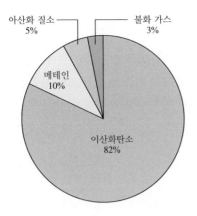

그림 2-15

2015년 미국 내 온실가스 배출(총배출량=65억8천7백만 이산화탄소 환산톤) (출처: U.S. Environmental Protection Agency (2017). Inventory of U.S. Greenhouse Gas Emissions and Sinks: 1990–2015.)

자외선, 탄화수소, 질소 산화물(NOₓ)들의 반응으로 인한 오존 형성이다.

또 다른 중요한 반응들로 이산화탄소(CO_2), 메테인(CH_4), 아산화질소(N_2O) 및 플루오르화 가스(수소불화탄소, 과불화탄소, 육불화황 및 삼불화질소 등을 포함)에 의한 적외선의 흡수가 있다. 후자의 화학물질 그룹은 때때로 성층권의 오존을 고갈시키는 화학물질의 대안으로 사용된다. 이러한 가스들은 적외선을 흡수하여 대류권을 따뜻하게 하기 때문에 온실가스라고 불린다. 위에 나열된 앞의 3가지 화학물질 중 이산화탄소는 미국에서 배출되는 온실가스량의 대부분을 차지한다. 이들은 적외선을 흡수하는 정도가 다르기 때문에 종종 CO_2 등가량 단위로 보고되며, 이는 1 kg의 가스 방출이 특정 시간 내에 미치는 누적 복사력을 기준 가스인 CO_2 대비 비율로 나타낸 것이다. 그림 2-15에는 미국에서 배출되는 온실가스들의 상대적 배출량을 보여준다. 대기에서 일어나는 이러한 반응들과 이외의 주요한 반응들에 대한 내용은 12장(대기오염)에서 더 자세하게 다룬다.

기체의 기본

이상기체 법칙(Ideal Gas Law). 공기 내 화학물질의 거동은 주어진 온도 및 압력에서 (화학적으로) 이상적이라고 가정할 수 있으며, 이는 대체적으로 이러한 오염물질들의 농도가 일반적으로 매우 낮기 때문이다. 따라서 동일한 온도와 압력 조건에서 다른 종류의 기체들은 분자량에 비례한 밀도를 갖는다고 가정할 수 있다. 이는 아래 식과 같이 나타낼 수 있다.

$$\rho = \frac{P \times M}{R \times T} \tag{2-90}$$

여기서 ρ = 기체 밀도($g \cdot m^{-3}$)

  P = 절대 압력(Pa)

  M = 분자량($g \cdot mol^{-1}$)

  T = 절대 온도(K)

  R = 이상기체상수 = $8.3143 \; J \cdot K^{-1} \cdot mol^{-1}$ (또는 $Pa \cdot m^3 \cdot mol^{-1} \cdot K^{-1}$)

밀도는 단위 부피당 질량 또는 단위 부피당 몰수, n/V로 정의되기 때문에 위 식은 아래와 같은 일반식으로 표현될 수 있다.

$$PV = nRT \tag{2-91}$$

위 식은 이상기체 법칙으로 알려져 있으며, 여기서 V는 n몰의 기체가 차지하는 부피이다. 273.15 K

온도와 101.325 kPa압력에서 1몰의 이상기체는 22.414 L의 부피를 차지한다.

돌턴의 부분 압력 법칙(Dalton's Law of Partial Pressures). 1801년에 영국 과학자 존 돌턴(John Dalton)은 가스 혼합물이 가하는 총압력은 각 유형의 가스가 단독으로 용기를 채울 때 가하는 압력의 합과 같다는 것을 발견하였다. 이를 수학적으로 표현하면 아래와 같다.

$$P_t = P_1 + P_2 + P_3 + \cdots + P_n \tag{2-92}$$

여기서 P_t = 혼합물의 총압력

P_1, P_2, P_3, P_n = 각 기체의 부분 압력(분압)[*]

또한 돌턴의 법칙은 아래와 같이 이상기체 법칙으로 표현할 수도 있다.

$$P_t = n_1 \frac{RT}{V} + n_2 \frac{RT}{V} + n_3 \frac{RT}{V} + \cdots \tag{2-93}$$

$$P_t = (n_1 + n_2 + n_3 + \cdots) \frac{RT}{V} \tag{2-94}$$

돌턴의 법칙은 공기질 평가에서 중요하며, 이는 공기로 보정된 기기를 사용하여 굴뚝 및 배기가스 샘플링 측정을 실시하기 때문이다. 연소 과정에서의 생성물은 공기와 그 구성이 완전히 다르기 때문에 이 차이를 반영하기 위해 판독값을 조정해야 한다. 돌턴의 법칙은 이에 사용되는 보정계수 계산의 기초를 제공한다.

공기 중 오염물질의 농도. 공기 중의 가스 농도를 다룰 때 묽은 수용액에서 사용한 $1 \text{ ppm} = 1 \text{ mg} \cdot \text{L}^{-1}$의 근사치는 더 이상 유효하지 않다. 이는 공기의 밀도가 $1 \text{ g} \cdot \text{mL}^{-1}$이 아니고 온도에 따라 크게 변하기 때문이다. 공기의 경우 농도는 종종 $\mu\text{g} \cdot \text{m}^{-3}$ 또는 ppm 단위로 표현된다. 공기의 경우 ppm 단위는 부피-부피 기준으로 표현하며, 이는 수중 농도에서 질량-부피 기준으로 사용되는 것과 다르다. ppm 단위는 온도와 압력의 변화가 공기의 부피 대비 오염물질 부피의 비율에 영향을 미치지 않는다는 점에서 $\mu\text{g} \cdot \text{m}^{-3}$보다 이점이 있다. 따라서 ppm으로 주어진 농도의 경우 압력이나 온도의 영향을 고려하지 않고 비교할 수 있다. 입자상물질의 농도는 $\mu\text{g} \cdot \text{m}^{-3}$으로만 보고될 수 있다. μm 단위는 입자 크기를 표현하는 데 사용된다.

$\mu\text{g} \cdot \text{m}^{-3}$에서 ppm으로의 단위변환. $\mu\text{g} \cdot \text{m}^{-3}$과 ppm 사이의 변환은 표준 조건(0°C 및 101.325 kPa)에서 1몰의 이상기체가 22.414 L를 차지한다는 사실을 기반으로 한다. 이를 통해 표준 온도 및 압력(STP)에서 오염물질의 질량(M_p)을 g 단위에서 부피(V_p)인 L 단위로 변환하는 식을 아래와 같이 표현할 수 있다.

$$V_p = \frac{M_p}{\text{MW}} \times 22.414 \text{ L} \cdot \text{mol}^{-1} \tag{2-95}$$

여기서 MW는 오염물질의 분자량이며 몰당 g 단위를 사용한다. 표준 조건 이외의 온도와 압력에서 측정한 경우, 표준 부피인 $22.414 \text{ L} \cdot \text{mol}^{-1}$을 수정해야 한다. 이는 다음 이상기체 법칙을 사용할 수 있다.

---

[*] 이는 이 기체들이 각각 가스통 내에 단독으로 있을 때 압력이다.

$$(22.414 \text{ L} \cdot \text{mol}^{-1}) \times \frac{T_2}{273 \text{ K}} \times \frac{101.325 \text{ kPa}}{P_2} \tag{2-96}$$

여기서 T_2와 P_2는 절대 온도(K 단위)와 절대 압력(kPa 단위)의 측정값이다. ppm은 부피비이므로 다음과 같이 표현할 수 있다.

$$\text{ppm} = \frac{V_p}{V_a + V_p} \tag{2-97}$$

여기서 V_a는 측정이 수행된 온도와 압력 조건에서의 공기의 부피(m^3)이다. 식 2-95, 2-96, 그리고 2-97을 합치면 다음과 같이 표현할 수 있다.

$$\text{ppm} = \frac{(M_p/\text{MW}) \times 22.414 \text{ L} \cdot \text{mol}^{-1} \times (T_2/273 \text{ K}) \times (101.325 \text{ kPa}/P_2)}{V_a \times 1000 \text{ L} \cdot \text{m}^{-3}} \tag{2-98}$$

여기서 M_p는 대상 오염물질의 질량(μg)이다. μg을 g으로, L를 백만 L로 환산하는 환산인자는 서로 상쇄된다. 달리 명시되지 않는 한 $V_a = 1.00 \text{ m}^3$로 가정한다.

예제 2-25 1 m^3 부피의 대기에 $80 \ \mu\text{g} \cdot \text{m}^3$의 SO_2가 있는 것으로 나타났다. 온도와 기압은 각각 $25℃$와 103.193 kPa이다. 이때 SO_2 농도를 ppm 단위로 구하시오.

풀이 부록 B를 이용하여 SO_2의 분자량을 계산한다.

SO_2의 MW $= 32.06 + 2(15.9994) = 64.06 \text{ g} \cdot \text{mol}^{-1}$

다음으로 온도를 섭씨에서 켈빈으로 변환한다.

$25℃ + 273 \text{ K} = 298 \text{ K}$

이제 식 2-98을 통해 농도를 계산한다.

$$\text{농도} = \frac{(80 \ \mu\text{g}/64.06 \text{ g} \cdot \text{mol}^{-1}) \times 22.414 \text{ L} \cdot \text{mol}^{-1} \times (298 \text{ K}/273 \text{ K}) \times (101.325 \text{ kPa}/103.193 \text{ kPa})}{\text{m}^3 \times 10^3 \text{ L} \cdot \text{m}^{-3}}$$

$$= 0.030 \text{ ppm } SO_2$$

연습문제

2-1 아래 각 원소 기호가 나타내는 원소명을 답하시오.

(a) Pb　(b) C　(c) Ca　(d) Zn　(e) O　(f) H　(g) Hg　(h) S　(i) N　(j) Cl　(k) Mg　(l) P

답: (a) 납 (b) 탄소 (c) 칼슘 (d) 아연 (e) 산소 (f) 수소 (g) 수은 (h) 황 (i) 질소 (j) 염소 (k) 마그네슘 (l) 인

2-2 아래 표의 분포분율 자료를 이용하여 붕소(B)의 원자량을 계산하시오.

동위원소	동위원소 질량(amu)	분포분율
B-10	10.013	0.1978
B-11	11.009	0.8022

답: 10.812

2-3 45.00 g의 탄산수소나트륨을 1.00 L 부피 플라스크에 첨가하고, 1.00 L 표시까지 증류수를 추가하여 탄산수소나트륨 용액을 제조하였다. 이때 탄산수소나트륨 용액의 농도를 다음 단위들로 구하시오.
(a) $mg \cdot L^{-1}$,　(b) 몰농도(M),　(c) 노르말농도(N),　(d) 리터당 $CaCO_3$ 당량 밀리그램($mg \cdot L^{-1}$ as $CaCO_3$)

답: (a) $4.5 \times 10^4 \, mg \cdot L^{-1}$ (b) 0.536 M (c) 0.536 N (d) $2.68 \times 10^4 \, mg \cdot L^{-1}$ as $CaCO_3$

2-4 10.00 g의 수산화마그네슘을 부피 플라스크에 첨가하고, 1.00 L 표시까지 pH 7.0으로 완충되어 있는 수용액을 추가하여 수산화마그네슘 용액을 제조하였다. 온도는 25℃이며 이온 강도는 무시한다고 가정했을 때, 이 용액 내 마그네슘 농도를 계산하시오.

답: 0.17 M

2-5 2.4 g의 인산철을 1.00 L 부피 플라스크에 첨가하고, 1.00 L 표시까지 $1.0 \, mg \cdot L^{-1}$ 농도의 인산염을 함유한 수용액을 추가하여 인산철 용액을 제조하였다. 온도는 25℃로 가정했을 때, 용액에 용해되어 있는 철의 농도를 계산하시오.

답: $1.20 \times 10^{-17} \, M$

2-6 용액의 수소(H^+) 농도는 $10^{-5} \, M$이다. (a) 이 용액의 pH를 구하고, (b) 이 용액의 pOH를 구하시오.
(온도는 25℃로 가정한다.)

답: (a) 5　(b) 9

2-7 11.1 g의 아세트산 나트륨을 부피 플라스크에 첨가하고, 1.00 L 표시까지 물을 추가하여 아세트산 용액을 제조하였다. 이 용액의 최종 pH는 5.25로 측정되었다. 용액 내 아세트산과 아세트산염의 농도를 구하시오. (온도는 25℃로 가정한다.)

답: [HA] = 0.033 M [A$^-$] = 0.102 M

2-8 수중의 화학물질 농도는 1차 반응식을 따라 감소한다. 반응상수는 $0.2 \, day^{-1}$이다. 초기 농도가 100 $mg \cdot L^{-1}$일 때, $0.14 \, mg \cdot L^{-1}$에 도달하기까지 걸리는 시간을 구하시오.

답: 32.9일

2-9 차아염소산은 자외선에 의해 분해된다. 분해 반응이 1차 반응식을 따라 감소한다는 가정하에 (특정

온도 및 자외선 조사 강도에서의) 반응상수가 0.12 day^{-1}이다. 초기 농도가 3.65 mg · L^{-1}인 경우, 차아염소산 용액의 농도가 검출한계 미만인 0.05 mg · L^{-1}에 도달하기까지 걸리는 시간을 구하시오.

답: 35.8일

2-10 무게기준 함량이 4.50%이면 1 m^{3}의 수용액에 이 물질이 45.0 kg 존재한다는 것을 계산식으로 보이시오.

답: 45 kg · m^{-3}

2-11 다음을 몰농도와 노르말농도로 각각 구하시오.

(a) 200.0 mg · L^{-1} HCl　　　　　　　(b) 150.0 mg · L^{-1} H$_2$SO$_4$

(c) 100.0 mg · L^{-1} Ca(HCO$_3$)$_2$　　　(d) 70.0 mg · L^{-1} H$_3$PO$_4$

답:

	몰농도(M)	노르말농도(N)
(a)	0.005485	0.005485
(b)	0.001529	0.003059
(c)	0.0006168	0.001234
(d)	0.000714	0.00214

2-12 다음을 mg · L^{-1} 단위로 각각 구하시오.

(a) 0.01000 N Ca^{2+}　　　　　　　　(b) 1.000 M HCO$_3^-$

(c) 0.02000 N H$_2$SO$_4$　　　　　　　(d) 0.02000 M SO$_4^{2-}$

답: (a) 200.4 mg · L^{-1} (b) 61,020 mg · L^{-1} (c) 980.6 mg · L^{-1} (d) 1921.2 mg · L^{-1}

2-13 수용액 내 Mg^{2+}가 40 mg · L^{-1} 존재한다. 용액의 pH를 올려 OH$^-$ 농도가 0.001000 M이 되었다. 이 pH에서 마그네슘 이온의 농도를 mg · L^{-1} 단위로 구하시오. 온도는 25℃로 가정한다.

답: 0.4423 mg · L^{-1}

2-14 황산칼슘(CaSO$_4$)이 포화상태로 존재하는 수용액을 제조하였다. 온도는 25℃이다. 이 수용액에 황산나트륨(Na$_2$SO$_4$)을 5.00×10^{-3} M 추가하였다. 평형에 도달했을 때, 수용액 내 칼슘 이온과 황산염 농도를 구하시오. 황산칼슘의 pK$_s$는 4.58이다.

답: Ca^{2+} = 0.0032 M, SO$_4^{2-}$ = 0.0082 M

2-15 예제 2-6의 산 용액을 중성화하기 위해 필요한 NaOH(강산)의 양을 mg 단위로 구하시오.

답: 81.568 또는 81.6 mg

2-16 수처리 공정에서 배출되는 물의 pH는 10.74이다. 1.000 L의 배출수를 중화시키기 위해서 필요한 0.02000 N 황산의 부피를 mL 단위로 구하시오. 배출수의 알칼리도(완충 능력)는 0으로 가정한다.

2-17 문제 2-16의 용액을 중성화하기 위해 필요한 0.02000 N 염산의 부피(mL)를 구하시오.

답: 27.5 mL

2-18 25℃에서 0.5000 mg·L^{-1}의 염산 수용액의 pH를 구하시오. 이때 평형상태에 도달했으며, 물의 해리는 무시해도 된다고 가정한다. 소수점 아래 둘째 자리까지 표시하시오.

　　　　답: pH 6.28

2-19 아래 각 이온(또는 분자)의 mg·L^{-1} 단위 농도를 mg·L^{-1} as CaCO$_3$ 단위로 변환하시오.

(a) 83.00 mg·L^{-1} Ca^{2+}　　　　　　　　　(b) 27.00 mg·L^{-1} Mg^{2+}

(c) 48.00 mg·L^{-1} CO$_2$

　　(CO$_2$와 H$_2$CO$_3$는 수용액 내에서는 동일하게 간주된다: CO$_2$ + H$_2$O $\rightleftharpoons$ H$_2$CO$_3$)

(d) 220.00 mg·L^{-1} HCO$_3^-$　　　　　　　　(e) 15.00 mg·L^{-1} CO$_3^{2-}$

　　　　답: (a) 207.3 mg·L^{-1} as CaCO$_3$　　　(b) 111.2 mg·L^{-1} as CaCO$_3$

　　　　　　　(c) 109.2 mg·L^{-1} as CaCO$_3$　　　(d) 180.4 mg·L^{-1} as CaCO$_3$

　　　　　　　(e) 25.0 mg·L^{-1} as CaCO$_3$

2-20 아래 mg·L^{-1} as CaCO$_3$ 단위 농도를 각 이온(분자)의 mg·L^{-1} 농도로 변환하시오.

(a) 100.00 mg·L^{-1} SO$_4^{2-}$　　　　　　　(b) 30.00 mg·L^{-1} HCO$_3^-$

(c) 150.00 mg·L^{-1} Ca^{2+}　　　　　　　　(d) 10.00 mg·L^{-1} H$_2$CO$_3$

(e) 150.00 mg·L^{-1} Na$^+$

　　　　답: (a) 95.98 mg·L^{-1}　　　　　(b) 36.58 mg·L^{-1}

　　　　　　　(c) 60.07 mg·L^{-1}　　　　　(d) 6.198 mg·L^{-1}

　　　　　　　(e) 68.91 mg·L^{-1}

2-21 0.6580 mg·L^{-1} HCO$_3^-$ 수용액의 pH가 5.66일 때, 이 수용액의 알칼리도를 구하시오.

　　　　답: 0.4302 mg·L^{-1} as CaCO$_3$

2-22 120 mg·L^{-1}의 중탄산 이온과 15.00 mg·L^{-1}의 탄산 이온이 들어 있는 물의 대략적인 알칼리도를 CaCO$_3$ 당량 mg·L^{-1} 단위로 구하시오.

2-23 문제 2-22의 용액 pH가 9.43일 때, 이 수용액의 알칼리도를 구하시오.

　　　　답: 123.35 mg·L^{-1} as CaCO$_3$

2-24 120.00 mg·L^{-1} HCO$_3^-$와 15.00 mg·L^{-1} CO$_3^{2-}$가 들어 있는 수용액의 pH를 구하시오.

　　　　답: 9.43

2-25 298.0 K 온도와 122.8 kPa 압력의 질소 기체의 밀도를 구하시오.

　　　　답: 1.39 kg·m^{-3}

2-26 25℃와 101.325 kPa 압력에서 1몰의 이상기체가 차지하는 부피를 구하시오.

　　　　답: 24.46 L

2-27 1 m^{3}의 탱크 내에 18.32 mol O$_2$, 16.40 mol N$_2$, 6.15 mol CO$_2$가 가스로 존재한다. 온도는 25℃일 때, 탱크 내 각 물질의 분압을 구하시오.

　　　　답: O$_2$: 45.4 kPa, N$_2$: 40.6 kPa, CO$_2$: 15.2 kPa

2-28 5.0 m³의 탱크 내부가 산소 기체로 채워져 있으며 기압이 568.0 kPa이고 온도가 263.0 K일 때, 산소의 질량을 구하시오.

      답: 41.56 kg

2-29 28 L의 혼합가스는 11 g의 CH_4, 1.5 g의 N_2, 16 g의 CO_2로 구성되어 있다. 온도가 300 K일 때, 각 기체의 분압을 구하시오.

      답: CH_4: 61.2 kPa, N_2: 4.77 kPa, CO_2: 32.4 kPa

2-30 표준상태의 온도 및 압력 조건에서 22,414 L의 공기 내 각 기체들의 분압은 다음과 같다: 21.224 kPa 산소, 79.119 kPa 질소, 0.946 kPa 아르곤, 0.036 kPa 이산화탄소. 이때 공기의 분자량을 구하시오.

      답: 28.966

2-31 기체의 온도가 290 K이고 압력이 100.0 kPa일 때, NO_2 농도를 0.55 ppm에서 $\mu g \cdot m^{-3}$ 단위로 변환하시오.

      답: 1050 $\mu g \cdot m^{-3}$

2-32 스파르탄그린(Spartan Green)이라는 화학물질의 분배계수는 12,500 $(mg \cdot kg^{-1})(mg \cdot L^{-1})^{-1}$이다. 평형상태에서 이 물질의 수중 농도가 105 $\mu g \cdot L^{-1}$일 경우, 토양에서의 농도를 구하시오.

      답: 1312.5 $mg \cdot kg^{-1}$

3 생물학

사례 연구

이리 호수(Lake Erie)는 죽었다

1960년대 미국의 이리 호수에서는 공업활동으로 인한 오염, 미처리 하수의 방류, 농지로부터의 영양분 유입의 결과로 심각한 조류의 이상 번식 현상이 전면적으로 확산되었다. '이리 호수는 죽었다'라는 어구는 일상적인 관용구로 쓰이게 되었고, 닥터 수스(Dr. Seuss)가 1971년 버전의 Lorax 애니메이션에서 "이리 호수 상황이 이만큼 안좋다고 들었어"라는 표현을 썼을 정도로 그 심각성이 널리 언급되었다. 수년간의 연구 끝에, 과학자들은 호수에서 발생하는 조류 이상 번식의 원인이 인(phosphorus)이었음을 발견하였다. 1970~80년대에 걸쳐서 세제에 인을 포함하는 물질을 사용하는 것을 금지하는 정책과 법령이 통과되었고, 농지로부터 유출되는 인의 농도를 제어하는 농지관리 방법이 개발되었으며, 하수 처리 공정 개선으로 하수 처리수에 포함된 인의 양이 감소되었다. 그 결과 이리 호수의 수질은 개선되었고, 2014년까지만 해도 이 문제가 근본적으로 해결된 것으로 보였다.

2014년 8월 3일, 톨레도시 당국은 톨레도 시내와 대부분의 교외 지역, 그리고 일부 인접한 미시간주 남동부 지역을 아우르는 지역의 400,000명의 주민에 대한 수돗물 공급을 중단한다는 경보를 발령하였다. 간 독소물질인 마이크로시스틴의 농도가 먹는 물 기준을 초과하여 검출되었고, 단순히 끓이는 것만으로는 독성물질의 농도를 높이는 결과를 초래할 뿐이었다. 물은 사람이나 가축이 마시거나 생활용수로 사용하기에 안전하지 않았다. 오하이오주의 카이쉬(Kaisch) 주지사는 긴급사태를 발령하였고, 주방위군이 소집되어 피해지역에 물과 정수장치, 전투식량을 배급하였다. 이에 지역 주민들은 이어지는 사흘 동안의 대부분을 수돗물 공급 없이 지내야 했다.

40년간의 노력에도 불구하고 무슨 일이 일어났던 것일까? 하나의 원인으로 지질학적인 특성을 꼽을 수 있다. 이리 호수의 서단은 평균 심도가 7.3 m로 깊이가 얕다. 물이 쉽게 따뜻해지므로 이 독성물질의 발생원인 남조류 마이크로시스티스(Microcystis)의 번식지로 완벽한 조건을 지니고 있다. 이리 호수로 유입되는 마우미(Maumee)강은 생산성이 매우 높은 인디애나와 오하이오주의 농장들을 통과해 흐르면서, 농장뿐만 아니라 골프장과 근교 택지의 잔디밭에 살포된 비료를 씻어 내렸다. 이에 더해, 오늘날 쓰이는 비료는 용해도가 보다 높고 조류를 포함한 식물에 의해 생합성 되기 쉬운 형태의 인을 포함하고 있다는 문제점이 있다. 하수 처리 공정을 개선하고 최선의 농지관리 방법을 개발했지만, 이리 호수로 방출되는 인의 절대적인 양과 형태가 조류 이상 번식이 일어나지 않는 범위 내에서 정상적인 생합성 반응만으로 호수가 감당할 수 있는 범주를 넘어선 것이었다.

설상가상으로 기후변화는 이 문제를 악화시키는데, 높아진 기온보다 극단적인 강우 현상이 더 큰 문제이다. 폭우의 빈도와 강우량이 증가하면서 유출량이 증가하게 되어 다량의 인이 순간적으로 호수로 방류되는 현상이 나타났다. 그리고 최근의 연구 결과는 질소와 인이 동시에 대량 유입되는 것이 문제를 보다 악화시킬 수 있음을 시사하고 있다.

여기에 확실한 대책은 없고, 정책을 변경하기에는 여느 때보다 상황이 좋지 않아 보인다. 오대호의 환경보호와 하수 처리시설의 개선에 할당된 연방정부의 지원은 도마 위에 올라 있는 실정이다. 트럼프 행정부는 파리기후협약(Paris Agreement on Climate Change)에서의 탈퇴를 표명하고 있으며 규제 기관들의 활동을 제약하거나 철폐하고 있다. 그럼에도 불구하고 이리 호수에 의존하고 있는 수백만의 사람들을 위해서 반드시 해결책이 필요한 실정이다.

3-1 서론

앞서 제시된 사례 연구는 공공보건과 환경공학에 있어서 생물학의 중요성을 잘 보여준다. 영국 의학 저널에서 수행된 2007년 설문조사에 따르면, 공공위생의 증진이 지난 150년간 의료 분야의 가장 큰 업적으로 여겨지고 있다. 20세기의 첫 40년 동안 미국의 사망률은 40% 감소하였다. 동일 기간 동안 신생아의 기대수명은 47세에서 63세로 증가했으며, 커틀러(Cutler)와 밀러(Miller)(2005)는 식수의 정수 처리와 올바른 위생 관리가 도시의 사망률 감소에 1/2, 유아 사망률 감소에 3/4, 아동 사망률 감소에 2/3 정도 기여했음을 밝혀냈다. 오늘날 우리의 지식은 20세기 초보다 비교할 수 없게 발전했지만 아직도 배울 것이 많고 넘어서야 할 문제가 도처에 산재해 있다. 지혜와 지식을 확장할 수 있는 기회를 최대한 활용하고, 이를 이용하여 인류와 우리가 살고 있는 세계의 상태를 개선하기 위한 노력을 끊임없이 기울여야 한다.

3-2 생명체의 화학적 조성

모든 생명체는 화학물질로 이루어져 있다. 이 분자들은 탄소를 중추로 하고 있으며, 2장에서 이미 언급된 대로 유기화합물이라 불린다. 세포에는 이 외에도 많은 유기화합물이 존재하고 있지만, 여기서 우리는 주로 **거대분자**(macromolecules)라 불리는, 4가지 계열의 큰 생물학적 분자들에 대해 논하는 데 집중하도록 하겠다. 바로 탄수화물, 핵산, 단백질, 지질이 그것들이다. 이 중 앞의 3개는 사슬 형태로 같거나 비슷한 작은 분자들이 이어져서 형성되어 있는 **중합체**(polymers)이다. 이 반복되는 작은 분자들을 **단위체**(monomers)라 한다.

탄수화물

생명체는 당류와 이로 이루어진 중합체를 포함하는 탄수화물을 에너지원, 생합성의 재료, 인지와 전달을 위한 세포 표식 등의 용도로 이용한다. 탄수화물은 광합성을 하는 생물들에 의해 이산화탄소, 물, 태양광으로부터 생산된다. 모든 탄수화물은 탄소, 수소, 산소를 1:2:1의 비율로 함유하고 있으며, 따라서 CH_2O의 실험식으로 표현될 수 있다. 탄수화물은 단당류, 과당류, 다당류 3가지로 분류될 수 있다.

　단당류(monosaccharides)라고도 불리는 단순당은 세포에게 있어서 주 영양분이다. 세포호흡에서 세포는 포도당 분자에 저장된 에너지를 추출한다. 단순당은 아미노산, 지방산 및 기타 생물적 화합물 합성의 원료가 되기도 한다. 이 화학물질 집단에는 여러 개의 수산기와 케톤 또는 알데하이드기를 포함하는 탄소의 단일 고리들이 포함된다. 그림 3-1a에서 볼 수 있듯이, 케톤기를 가지고 있는 화합물들을 **케토스**(ketoses)라고 하며, 알데하이드(aldehyde)를 포함하는 것들을 **알도오스**(aldoses)라고 칭한다. 3개의 탄소를 함유하고 있는 당을 **삼탄당**(triose)(그림 3-1a), 5개의 탄소를 함유하고 있는 물질을 **오탄당**(pentoses)(그림 3-1b), 6개의 탄소를 함유하고 있는 물질을 **육탄당**(hexoses)(그림 3-1c)이라 한다. 단순당은 건조상태(그림 3-1)에서는 선형 구조를 갖고 있으나, 수용액에서는 그림 3-2에 나타나듯 화학 평형상 고리형 구조가 선호된다. 고리 형태가 되면 1번 탄소의 수산기가 고리가 이루는 면의 내부에 위치하여 알파당(α-sugar)의 형태를 이루거나, 면의 위에 위치하여 베타당(β-sugar)의 형태를 갖는다.

　과당류(oligosaccharides)는 글리코사이드 결합(glycosidic linkages)이라 불리는 공유 결합을 통

그림 3-1

단순당: (a) 삼탄당, (b) 오탄당, (c) 육탄당

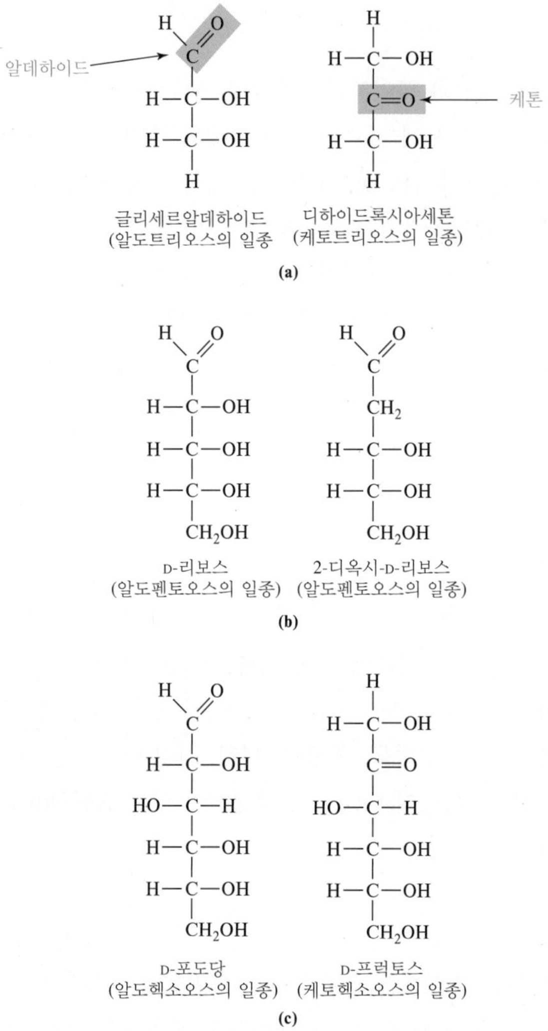

글리세르알데하이드
(알도트리오스의 일종)

디하이드록시아세톤
(케토트리오스의 일종)

(a)

D-리보스
(알도펜토오스의 일종)

2-디옥시-D-리보스
(알도펜토오스의 일종)

(b)

D-포도당
(알도헥소오스의 일종)

D-프럭토스
(케토헥소오스의 일종)

(c)

그림 3-2

D-포도당이 물에 용해되면, 5번 탄소의 수산기가 1번 탄소의 알데하이드기와 반응하여 닫힌 고리형 구조가 형성된다. 만약 1번 탄소의 수산기가 고리가 이루는 평면의 아래에 위치하게 되면 α-D-포도당, 위에 위치하게 되면 β-D-포도당이라 불린다.

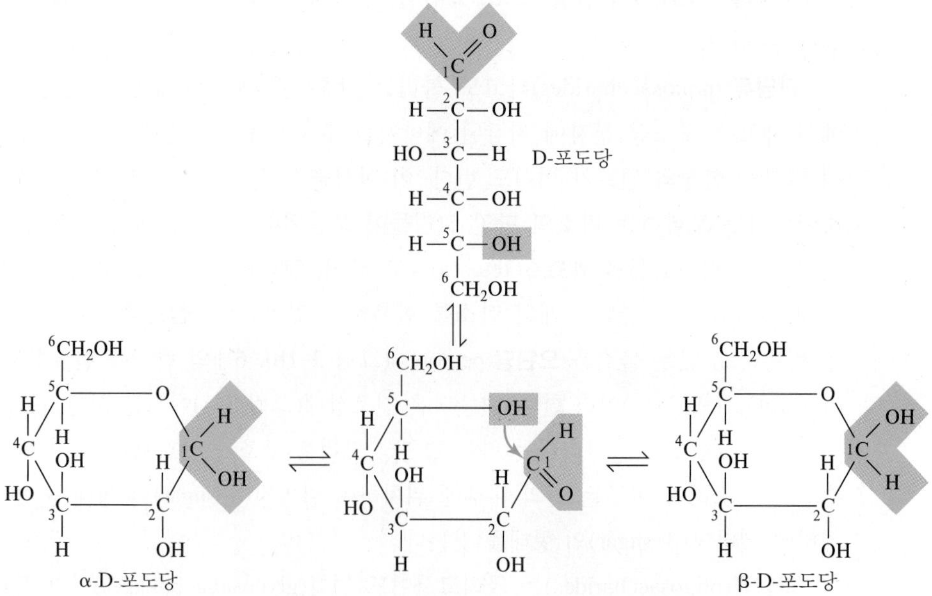

D-포도당

α-D-포도당

β-D-포도당

그림 3-3

이당류인 엿당의 합성 반응. 2개의 α–포도당 분자가 탈수 반응으로 알파 1-4 글리코사이드 결합을 이루면서 형성된다. 아래는 알파 1-2 글리코사이드 결합을 포함하는 자당의 구조이다. 엿당은 가수분해를 통해서 포도당으로 분해된다.

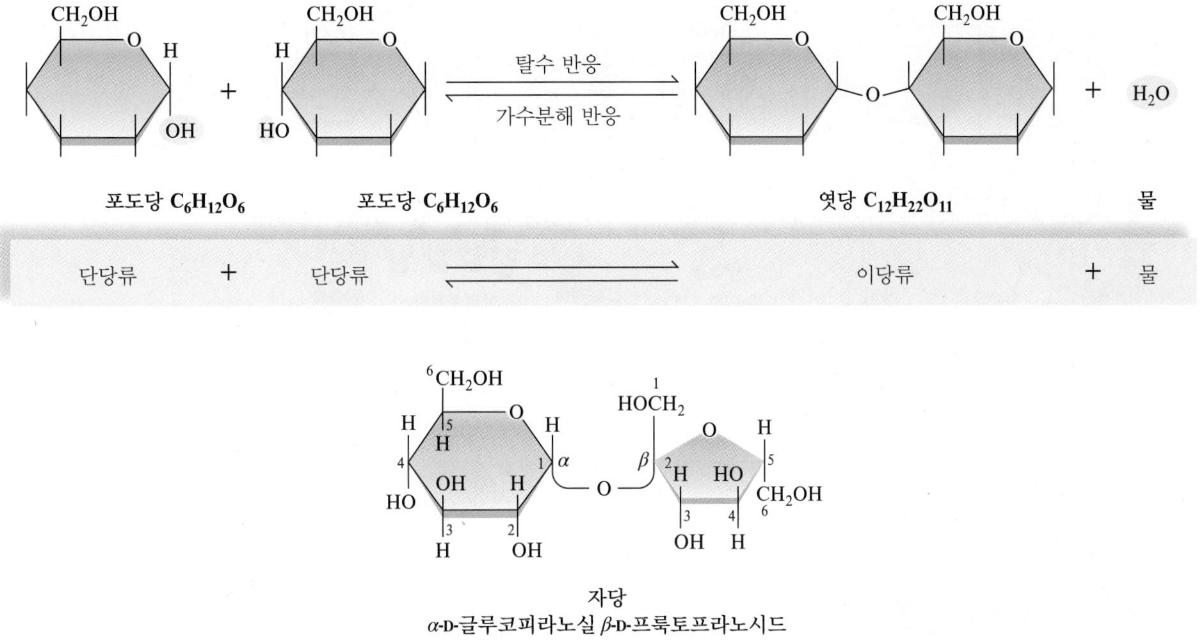

포도당 $C_6H_{12}O_6$ 포도당 $C_6H_{12}O_6$ 엿당 $C_{12}H_{22}O_{11}$ 물

단당류 + 단당류 ⇌ 이당류 + 물

자당
α-D-글루코피라노실 β-D-프룩토프라노시드

해 이어진 2~3개의 단당류로 이루어져 있다. 이당류인 엿당(맥아당)과 자당(설탕)의 구조는 그림 3-3에 나와 있다. 자당은 가장 흔한 형태의 과당류이다. 엿당은 우유에 들어있는 당이다. 식물은 잎에서 뿌리로 탄수화물을 전달하는 용도로 자당을 활용한다.

다당류(polysaccharides)는 수백 개에서 수천 개에 이르는 단당류의 중합체이다. 이 화학물질들은 에너지를 저장하고 세포의 구조를 지탱하는 역할을 한다. 전분(starch)은 포도당의 중합체로 이루어져 있으며, 그림 3-4a에서 볼 수 있듯이 식물에서 에너지를 저장하는 용도로 쓰인다. 인간은 근육과 간 세포에 글리코겐(glycogen) 형태로 에너지를 저장하며, 글리코겐은 신체 운동 중에 포도당으로 대사될 수 있다(그림 3-4b). 그림 3-4c의 셀룰로오스(cellulose)는 식물의 세포벽을 이루는 주요 구성원이며 세포의 구조를 지탱하는 역할을 한다. 또 다른 형태의 다당류인 키틴(chitin)은 절지동물(arthropods)이 외골격(exoskeleton)을 만드는 데 이용되며, 진균류가 세포벽을 합성하는 데 이용된다. 인간은 전분은 소화할 수 있지만 셀룰로오스는 소화하지 못한다. 셀룰로오스를 분해할 수 있는 토끼, 양, 소 같은 동물들은 사실 이를 가능하게 하기 위해 소화기관 내에 공생하는 박테리아나 원생동물들의 존재를 필요로 한다.

핵산

핵산은 유전 정보를 저장하고 전달하는 데 쓰이는 물질이다. 핵산은 정확하게 자기복제를 할 수 있는 유일한 분자이다. 자기복제를 함으로써 생명체가 번식할 수 있도록 한다. 핵산에는 **디옥시리보핵산**(deoxyribonucleic acid, DNA)과 **리보핵산**(ribonucleic acid, RNA) 2가지 종류가 있다. DNA는 자기복제와 RNA 합성을 지시한다. RNA는 단백질의 합성을 제어한다. DNA와 RNA는 핵산 중합

그림 3-4

(a) 녹말, (b) 글리코겐, (c) 셀룰로오스의 구조와 기능 (a: 큰 그림-©Steven P. Lynch, 삽입-©Freer/Shutterstock, b: 큰 그림-©Don W. Fawcett/Science Source, 삽입-©McGraw-Hill Education, c: 오른쪽 그림-©Martin Kreutz / Age Fotostock)

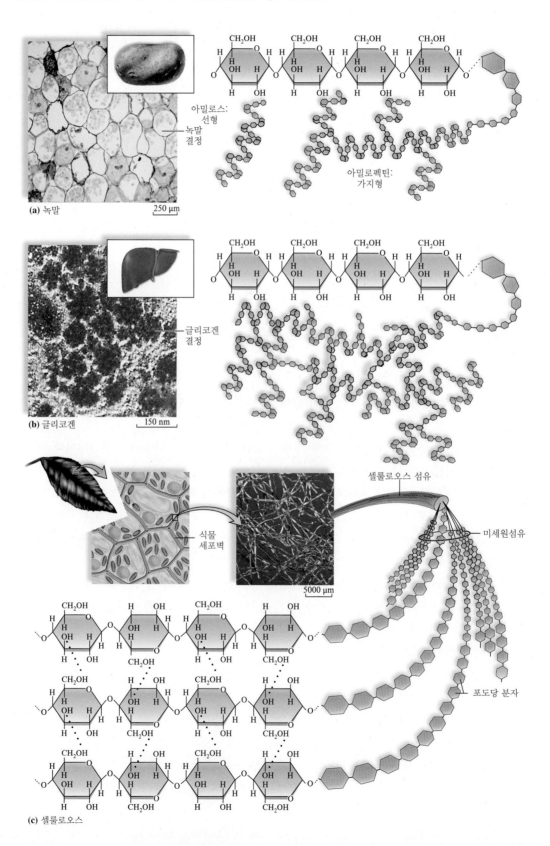

(a) 녹말 250 µm

아밀로스: 선형
녹말 결정
아밀로펙틴: 가지형

(b) 글리코겐 150 nm

글리코겐 결정

셀룰로오스 섬유
식물 세포벽
미세원섬유
포도당 분자

(c) 셀룰로오스 5000 µm

그림 3-5

(a) 핵산의 구조. (b) DNA에서 당은 디옥시리보스이고, RNA에서 당은 리보스이다. (c) DNA와 RNA에는 퓨린, 피리미딘 두 종류의 질소화합물이 있다. 피리미딘염기는 사이토신(C), 타이민(T), 유라실(U)이다. RNA에는 DNA에 있는 타이민 대신에 유라실염기가 있다. 퓨린염기는 아데닌(A)과 구아민(G)이다. (d) 두 뉴클레오타이드는 한 뉴클레오타이드의 인산 그룹과 다음 뉴클레오타이드의 당을 잇는 인산다이에스터 결합으로 이어져 있다. DNA는 이중가닥이다. 두 가닥의 DNA는 수소 결합으로 붙어 있다.

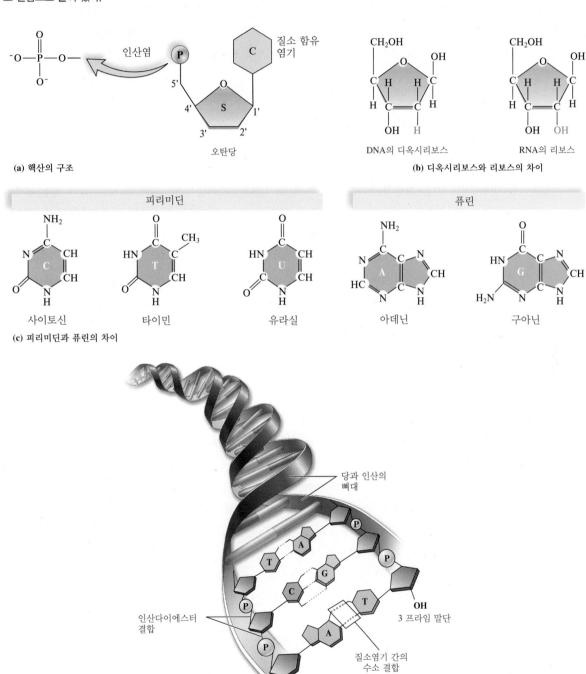

(a) 핵산의 구조

인산염

질소 함유 염기

오탄당

(b) 디옥시리보스와 리보스의 차이

DNA의 디옥시리보스　　　RNA의 리보스

피리미딘

사이토신　　　타이민　　　유라실

퓨린

아데닌　　　구아닌

(c) 피리미딘과 퓨린의 차이

당과 인산의 뼈대

인산다이에스터 결합

질소염기 간의 수소 결합

3 프라임 말단

5 프라임 말단

(d)

체이다. **핵산**(nucleotide)은 그림 3-5a에 나타나 있듯이 질산성 염기와 오탄당, 인산염으로 이루어져 있다. DNA는 디옥시리보스 형태의 당을 포함하고 있다. RNA는 리보스를 포함하고 있다. 분자 구조는 그림 3-5b에 도시되어 있다. 그림 3-5c에 나와 있듯이, DNA와 RNA에는 사이토신(cytosine), 타이민(thymine), 유라실(uracil), 아데닌(adenine), 구아닌(guanine) 5가지의 유기염기가 있다. 사이토신, 타이민, 유라실은 **피리미딘**(pyrimidine), 즉 총 6개의 탄소와 질소 원자로 이루어진 고리를 포함하는 물질이다. 아데닌과 구아닌은 **퓨린**(purine)이며, 이는 6개의 원자로 이루어진 고리가 5개의 탄소와 질소 원자로 이루어진 고리에 접합되어 있는 화학 구조를 포함하고 있다는 의미이다.

DNA는 아데닌, 구아닌, 사이토신, 타이민으로 이루어져 있다. RNA는 아데닌, 구아닌, 사이토신, 그리고 타이민 대신 유라실로 이루어져 있다. 두 뉴클레오타이드는 한 뉴클레오타이드의 인산 그룹과 다음 뉴클레오타이드의 당을 잇는 인산다이에스터 결합(phosphodiester linkage)으로 이어져 있다. RNA는 단일 가닥 구조로 되어 있으며, 이는 뉴클레오타이드의 단일 중합체로 이루어져 있다는 것을 의미한다. 그림 3-5d에서 볼 수 있듯, DNA는 "이중나선" 형태로 서로 감겨 있는 2개의 가닥으로 이루어져 있으며, 한 가닥의 질소 염기와 다른 가닥의 상보적인 염기 간의 수소 결합으로 이어져 있다.

핵산은 또한 에너지 형태의 전환에 있어서 중요한 역할을 하는 매개체이다. 핵산 아데노신 삼인산(ATP)은 세포 내에서 이루어지는 거의 모든 에너지 전달 과정에 관여한다. 니코틴아미드 아데닌 디뉴클레오타이드(NAD^+)와 플라빈 아데닌 디뉴클레오타이드(FAD^+)는 모두 ATP의 생성 반응에 관여되어 있다. NAD^+와 유사한 형태의 분자인 니코틴아미드 아데닌 디뉴클레오타이드 인산($NADP^+$)은 광합성에 이용된다.

단백질

다양한 화합물 그룹인 **단백질**(protein)은 세포의 건조 중량의 50% 이상을 차지한다. 거의 모든 세포 기능에 관여하며, 세포 구조를 지탱하고, 물질의 전달, 세포 내 또는 세포 간의 신호 전달, 이동, 방어 등에 이용된다. 효소는 촉매로 작용하는 단백질이다. 면역 글로블린(immunoglobulin)은 세포를 보호하는 단백질이다. 헤모글로빈(hemoglobin)은 산소를 전달하는 단백질이다.

단백질은 20가지의 아미노산으로 이루어진 중합체(그림 3-6 참조)로, 분자의 아미노산 서열에 의해 결정되는 특정한 3차원의 구조로 접힌 형태를 띠고 있다. 폴리펩타이드(polypeptide)라 불리는 아미노산의 중합체는 단백질 합성에 의해서 세포의 세포질에서 형성된다. 단백질 합성에는 DNA에 내재되어 있는 유전 정보가 전달되는 과정이 포함된다. RNA는 DNA에 코드화되어 있는 지시를 수행한다. 리보솜 RNA(ribosomal RNA)와 특정한 단백질들이 결합되어 형성되는 복합 구조체인 리보솜(ribosome)은, 메신저 RNA를 따라 이동하면서 아미노산이 단백질 사슬로 이어져 합성되는 반응을 촉매한다. 그림 3-7에서 볼 수 있듯이, 단백질은 덩어리진(원만한 구형의) 형태를 띠기도 하며, 선형의 형태를 띠기도 한다. 단백질의 기능은 그 특정한 입체구조(형태)에 의해 결정된다. 단백질의 구조와 기능은 발견되는 환경의 물리·화학적 조건에 높은 의존성을 갖는다. 한 예로, 위장에서 발견되는 소화 효소 가스트린(gastrin)은 pH 2에서 가장 효과적으로 기능하며, pH 10 이상에서는 "변성"(형태가 변함) 된다. 달걀 흰자위의 투명한 단백질은 고온에 노출되면 변성되어 불투명한 흰색으로 변한다.

그림 3-6

20개의 아미노산의 구조식

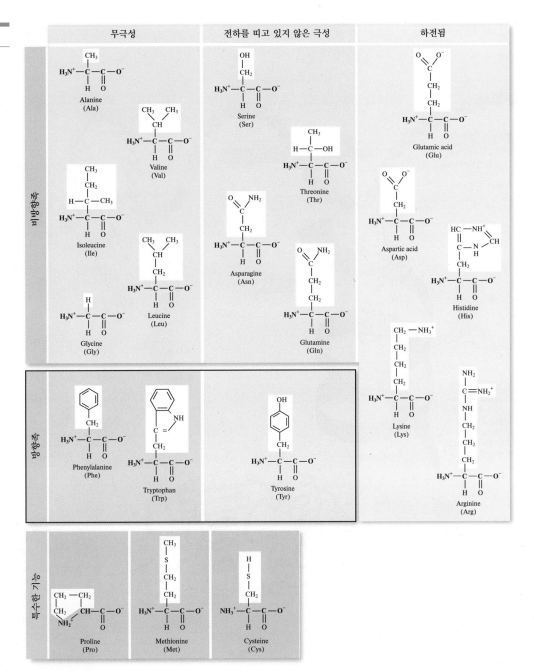

효소는 특정한 반응을 촉진하며, 반응 경로를 제어하고 유도하는 단백질이다. 많은 반응들은 열역학적으로는 발생 가능하지만 비생물적 환경에서는 일어나지 않는다. 하지만 같은 반응이라도 효소의 존재로 인해서 세포 내에서는 일어날 수 있다. 그 예로, 미생물이 존재하지 않는 환경에서 포도당 용액에서는 아무 반응도 일어나지 않는다. 하지만 3-4절의 그림 3-19에 제시되어 있듯이, 호기성 생물들은 포도당을 섭취하여 이산화탄소와 물로 변환시키며 에너지를 얻는다.

효소 촉매 반응의 반응속도론은 다른 화학적 반응들과 같은 원리를 따른다. 가장 큰 차이는 효소 반응의 속도는 기질의 농도에 영향을 받는다는 것이다. 그림 3-8에 제시되어 있듯이, 기질의 농도가 매우 낮을 때, 반응속도는 기질의 농도에 정비례한다. 그 결과, 반응속도는 1차 반응으로 설명

그림 3-7

단백질 구조의 단계

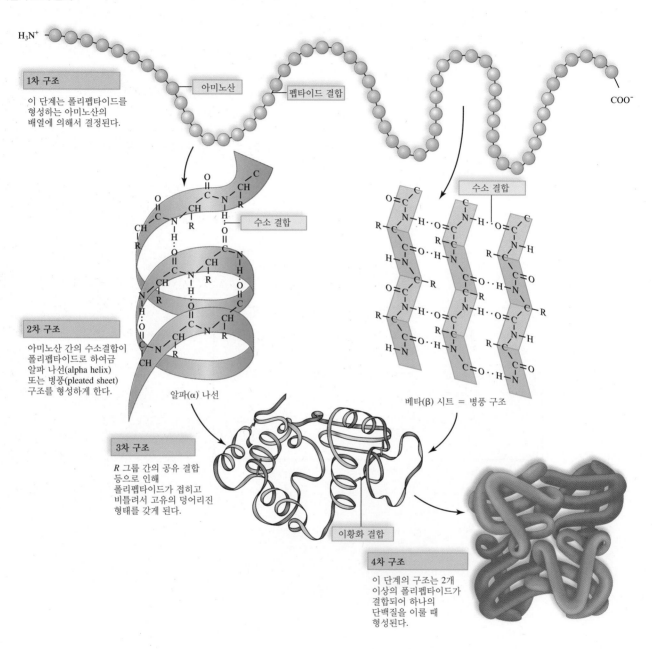

1차 구조
이 단계는 폴리펩타이드를 형성하는 아미노산의 배열에 의해서 결정된다.

아미노산

펩타이드 결합

수소 결합

2차 구조
아미노산 간의 수소결합이 폴리펩타이드로 하여금 알파 나선(alpha helix) 또는 병풍(pleated sheet) 구조를 형성하게 한다.

알파(α) 나선

베타(β) 시트 = 병풍 구조

3차 구조
R 그룹 간의 공유 결합 등으로 인해 폴리펩타이드가 접히고 비틀려서 고유의 덩어리진 형태를 갖게 된다.

이황화 결합

4차 구조
이 단계의 구조는 2개 이상의 폴리펩타이드가 결합되어 하나의 단백질을 이룰 때 형성된다.

될 수 있다. 기질의 농도가 높아지면, 반응속도의 증가량이 감소하여, 결국에는 반응속도가 최대치에 점근하게(asymptote) 된다. 이 시점에서 반응은 기질 농도에 대한 0차 반응이 된다.

효소 반응의 반응속도론은 1913년에 미켈리스(L. Michaelis)와 멘텐(M. L. Menten)에 의해서 최초로 제시되었다. 이들이 수립한 수학적 모형에 따르면, 반응의 첫 단계에서 효소는 기질과 반응하여 효소-기질 복합체를 형성한다.

$$E + S \underset{k_{-1}}{\overset{k_1}{\rightleftharpoons}} ES \tag{3-1}$$

그림 3-8

효소 촉매 반응에 기질의 농도가 미치는 영향

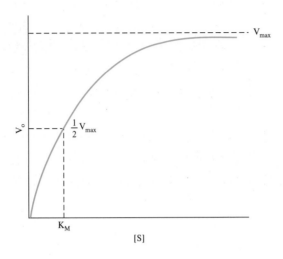

이 복합체는 이어지는 반응에서 생성물과 유리 효소를 형성한다.

$$ES \underset{k_{-2}}{\overset{k_2}{\rightleftharpoons}} E + P \tag{3-2}$$

이러한 반응들은 가역적인 반응으로 가정하며, 순방향의 속도상수는 양의 값을 갖는 아래 첨자로, 역방향의 속도상수는 음의 값을 갖는 아래 첨자로 표기한다. 이러한 반응식들을 이용해서 단일 기질을 대상으로 하는 효소 촉매 반응에 대한 미켈리스-멘텐 식을 유도할 수 있다. (유도 과정은 이 책이 다루는 범위를 벗어나지만, 대부분의 화학이나 생화학 교과서에서 쉽게 찾을 수 있다.)

$$v_o = \frac{v_{max}[S]}{K_M + [S]} \tag{3-3}$$

여기서 v_0 = 효소 반응의 초기 반응속도

v_{max} = 최대 초기 속도

K_M = 미켈리스-멘텐 상수

$[S]$ = 기질의 농도

이 식에는 효소의 농도가 관여되어 있지 않은 것처럼 보일 수도 있으나, 실제로 이는 v_{max} 변수에 포함되어 있으며, v_{max}의 값은 효소의 농도와 정비례한다. 이와 달리 K_M은 효소의 구조에 의해 결정되며, 효소의 농도에 의해서는 영향을 받지 않는다.

여기에서 우리가 관심을 갖는 값은 생성물 P의 생성속도이다. 이 반응의 속도인 v는,

$$v = \frac{v_{max}[S]}{K_M + [S]} \tag{3-4}$$

바로 이 식이 미켈리스-멘텐 식으로 알려져 있는 식이다.

초기 반응속도가 최대 반응속도의 반이 되는, 즉 $v_o = 1/2\, v_{max}$ 일 때, 변수들 간에 중요한 관계

가 존재한다.

$$v_o = \frac{v_{max}}{2} = \frac{v_{max}[S]}{K_M + [S]} \tag{3-5}$$

이 식을 재배열하면 $K_M = [S]$라는 등식을 얻을 수 있다. 따라서 초기 반응속도가 최대 반응속도의 절반일 때, 상수 K_M은 기질의 농도와 일치한다. 이는 초기 기질 농도와 초기 속도 간의 상관관계를 구하는 간단한 실험을 통해서 K_M값을 구할 수 있다는 것을 의미하므로 중요한 관계이다.

K_M값은 범위가 매우 넓다. 글루탐산염 탈수효소의 NAD_{ox} 기질을 대상으로 하는 반응의 0.025 mM 만큼이나 낮은 값에서부터, 키모트립신 효소의 글리실타이로신아미드 기질 대상 반응의 122 mM에 달하는 높은 값을 가질 수 있다. 이 값은 pH와 온도에 따라서도 차이가 나타난다. 대부분의 효소가 단일 기질 모형으로 가정하기에는 훨씬 복잡한 반응속도론적 특성을 갖고 있음에도 불구하고, 미켈리스-멘텐의 접근법은 조직 내의 효소 활성을 정량적으로 예측하는 데 여전히 유용하게 쓰이며, 새로운 암 치료법의 발견으로 이어졌다.

예제 3-1 다음의 결과는 효소 반응에서 얻은 결과이다. v_{max}와 K_M값을 구하시오.

초기 농도 (mM)	v_o (μg/h)
0.5	40
1.0	75
2.0	139
3.0	179
4.0	213
6.0	255
7.5	280
10.0	313
15.0	350

풀이 이 문제를 해결하려면, 우선 주어진 결과를 그래프로 그리도록 하자.

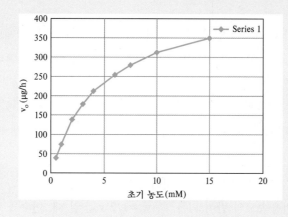

이 그래프에서 v_{max}값을 구할 수도 있지만, 이 데이터에서는 곡선이 어느 값에 점근하게 될지를 구하기 힘들기 때문에 v_{max}를 추정하기가 어렵다. 하지만 미켈리스-멘텐 식은 양변의 역수를 취하는 방법을 통해 다음의 식으로 변환할 수 있다.

$$\frac{1}{v_0} = \frac{K_M}{v_{max}[S]} + \frac{1}{v_{max}}$$

(3-6)

이 식은 보통 라인위버-버크 식(Lineweaver-Burk equation)이라 불린다. 이 그래프의 기울기로 K_M/v_{max} 값을 구할 수 있다. y 절편은 $1/v_{max}$이다. 주어진 데이터를 변환해서 v_0와 $[S]$의 역수 그래프를 그리면 다음과 같다.

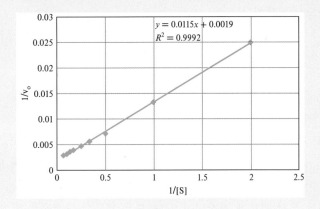

이 그래프의 기울기는 0.0115이고 y 절편은 0.0019이다. 따라서 v_{max}는 526 µg h^{-1}이고 K_M은 6.05 mM이다.

지질

지질(lipid)은 본질적으로 중합체의 형태를 띠지 않으며, 탄소, 수소, 산소로 구성된 소수성의 분자이다. 이 화합물 집단은 매우 다양하지만, 물 분자에 대한 반발력을 갖는다는 하나의 공통된 성질을 갖고 있다. 세포에서 가장 중요한 지질은 지방, 인지질, 스테로이드이다.

　지방(fat)은 그림 3-9a에 제시되어 있듯이, 글리세롤(glycerol)과 지방산이 에스테르 결합(ester linkage)으로 이어져 있는 구조를 갖고 있다. 글리세롤은 각각 1개의 히드록시기에 결합된 3개의 탄소가 포함된 알코올이다. 대부분의 지방산은 최소 16개의 탄소를 포함하고 있으며, 한쪽 끝에 카르복실기를 갖고 있다. 포화지방산(saturated fatty acid)은 가능한 최대로 많은 수소 원자를 포함하고 있다. 이는 C—C 이중 결합이 없음을 의미한다. 불포화지방산(unsaturated fatty acid)은 최소한 하나의 C—C 이중 결합을 포함하고 있다. 대부분의 동물성 지방은 포화지방산인 반면, 식물성 지방이나 어류로부터 유래된 지방은 대부분 불포화지방산이다.

　지방은 세포 내에서 가장 일반적인 에너지 저장 물질이다. 1 g의 지방은 약 38 kJ(9 kcal)의 화학 에너지를 저장하는데, 이는 같은 질량의 단백질이나 탄수화물보다 2배 이상 높은 값이다. 동물은 탄수화물을 지방으로 변환하여 지방 조직의 세포 내에 작은 방울의 형태로 저장할 수 있다. 이 지방층은 추운 날씨로부터 체온을 보호하는 역할을 한다.

인지질(phospholipid)은 세포막의 주 구성요소이다. 인지질은 그림 3-9b에 제시되어 있듯이, 글리세롤 분자 1개가 2개의 지방산과 1개의 인산염기에 연결된 구조를 띠고 있다. 인지질의 "머리"는 소수성이고, "꼬리"는 친수성이다. 물에서 인지질은 구 형태의 마이셀(micelles)을 형성하는데, 이 형태에서는 소수성의 꼬리 부분이 (구 내부에) 모여 있는 형태로 배열되어 있다. 인지질은 이 구조가 선택적으로 특정 분자들은 통과시키고 그 외의 분자는 차단하는 막의 형성을 가능하게 한다는 점에서 그 특이성을 갖는다(그림 3-9c 참조).

스테로이드(steroid)는 4개의 탄화수소 고리가 결합된 탄소 골격을 갖는 지질이다. 그림 3-10에서 볼 수 있듯이, 서로 다른 종류의 스테로이드에는 다른 종류의 작용기들이 이 고리들에 부착되어 있다. 콜레스테롤은 대중 매체에 의해 부정적으로 인식되고 있으나, 비타민 D와 담즙염(bile salts)으로 변환되며, 척추동물의 생식 호르몬 등 다른 스테로이드의 전구물질로 쓰이므로, 세포의 정상적인 기능을 위해서 반드시 필요하다.

3-3 세포

각각의 세포는 생명 유지에 필요한 각종 물질들과 구조를 생성하고 유지할 수 있는 기능을 완전하게 갖춘 생명의 단위체이다. 모든 살아 있는 세포는 양분과 에너지를 섭취하고, 에너지를 전환하고, 물질을 합성하고 유지하며, 화학 반응을 일으키고, 노폐물을 제거하고, 번식하고, 항상성(homeostasis, 내부적인 균형)을 유지한다. 모든 세포는 원형질막으로 둘러싸여 있으며, 그 내부는 시토졸(cytosol)이라는 반유동적(semifluidic) 물질로 채워져 있다. 모든 세포에는 염색체가 있으며, 염색체에는 DNA 형태로 유전 정보가 저장되어 있다. 모든 세포는 단백질을 합성하는 구조인 리보솜을 보유하고 있다. 원형질막은 영양분과 노폐물을 통과시키는 선택적 보호막 기능을 한다.

원핵생물과 진핵생물

세포는 기본적으로 원핵생물의 세포와 진핵생물의 세포 2가지로 나뉜다. 그림 3-11에 제시되어 있듯이, 원핵세포(prokaryotic cells)에는 DNA가 함유된 세포핵(nucleus)이 존재하지 않는다. 그 대신 DNA는 핵양체(nucleoid)에 싸여 있는데, 핵양체는 세포 내의 다른 부분들과 막으로 분리되어 있지 않다. 진핵세포(eukaryotic cells)에는 막으로 둘러싸여 있는 세포핵이 있다. 진핵세포 내부의 세포핵과 외부 원형질막 사이에는 세포질(cytoplasm)이 있다. 또한 원핵생물과는 달리 진핵생물에는 소기관(organelles)이라는 막으로 싸여 있는 구조들이 있다. 동물세포의 주요 소기관과 그 기능은 그림 3-12에 제시되어 있다. 그림 3-13은 식물세포의 주요 소기관을 보여주고 있다. 진핵세포는 일반적으로 원핵세포에 비해서 크다.

세포막

원형질막(세포막)의 구조는 매우 복잡하다. 원형질막의 두께는 8 nm에 불과하지만, 안팎의 모든 물질 이동을 제어한다. 원형질막은 선택적인 투과성을 나타내어, 특정한 분자들을 다른 분자들에 비해 쉽게 통과시킨다. 막은 주로 지질과 단백질로 이루어져 있으나 탄수화물도 존재한다. 막의 지질 중 가장 큰 비중을 갖는 인지질은 양친매성(amphipathic)이라는 중요한 특성을 갖고 있다. 즉, 이 분자의 일부는 친수성이고 일부는 소수성을 띤다는 것이다. 막은 유체 정도의 점성을 갖으며 단백질

그림 3-9

(a) 지방 분자의 형성 과정. (b) 인지질의 구조와 (c) 인지질이 모여서 이중층을 형성하는 과정을 나타낸 모식도.

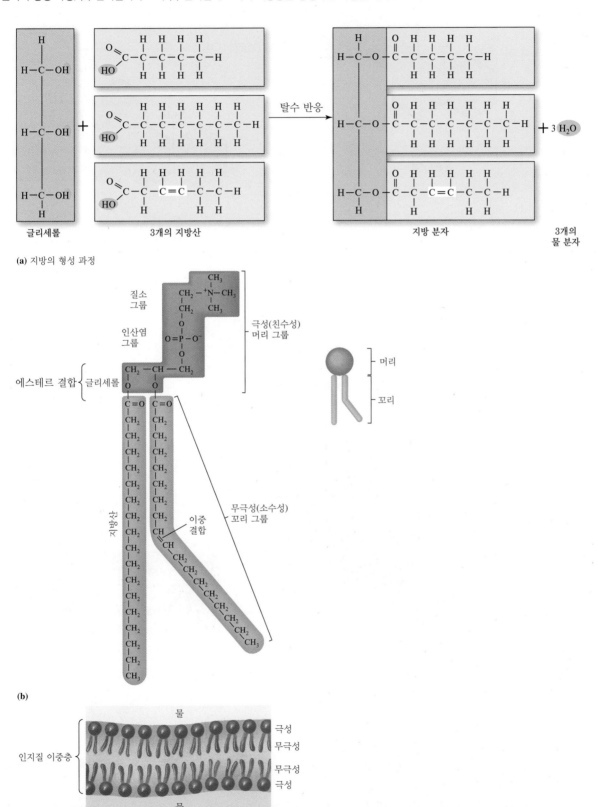

(a) 지방의 형성 과정

(b)

(c)

그림 3-10

콜레스테롤과 테스토스테론
은 모두 스테롤족의 지질에
속한다.

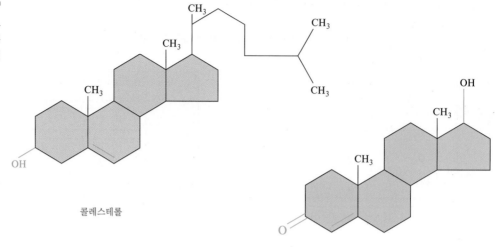

콜레스테롤

테스토스테론

그림 3-11

원핵세포의 구조 (오른쪽 밑-
©Steven P. Lynch)

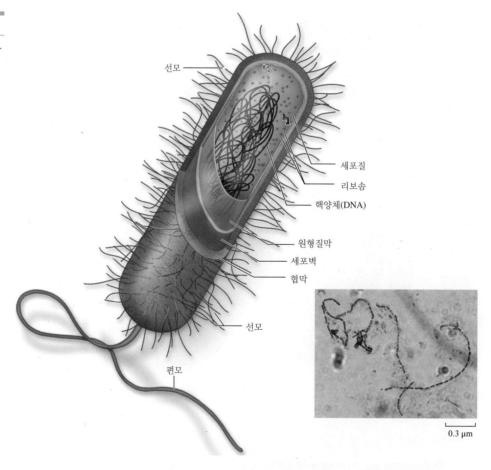

선모

세포질

리보솜

핵양체(DNA)

원형질막

세포벽

협막

선모

편모

0.3 μm

분자들이 인지질 이중층에 박혀 있거나 부착되어 있다는 것이 정설로 여겨지는데, 이를 **유체 모자이크 모델**(fluid mosaic model)이라 칭한다.

동물세포에는 콜레스테롤 분자도 포함되어 있어서 넓은 온도 범위에서 기능을 유지할 수 있게

그림 3-12

동물세포의 구조

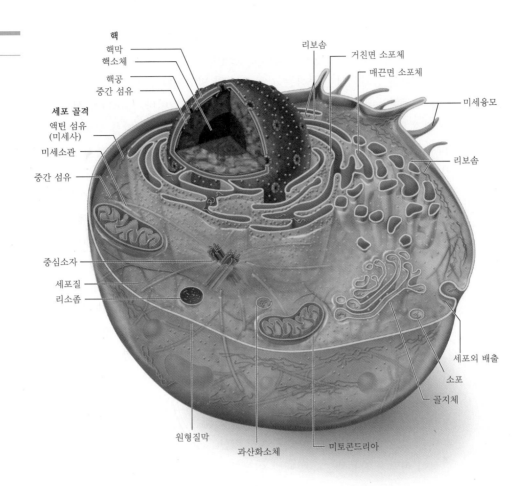

그림 3-12

동물세포의 구조

그림 3-13

식물세포의 구조

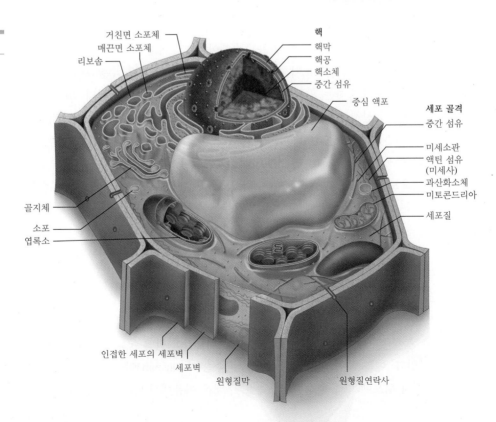

해준다. 콜레스테롤 분자는 여러 생물적 화학물질에 대한 막의 투과성을 감소시킨다.

세포막은 분자들을 세포 안팎으로 운반하기 위해 여러 가지 방법을 이용한다. 확산(diffusion)은 분자가 막을 통과해서 이동하는 가장 단순한 방법이다. 이때 분자들은 농도가 높은 곳에서 낮은 곳으로 이동하는데, 화학물질의 농도 차이가 그 원동력이다. 산소나 이산화탄소 등 크기가 작고 전하를 띠지 않는 분자들은 확산으로 막을 통과하여 이동한다. 막을 통과하는 분자의 확산을 **수동 수송**(passive transport)이라 하는데, 이는 세포가 이 현상이 일어나게 하기 위해서 에너지를 소모할 필요가 없기 때문이다.

물은 삼투압(osmosis)이라는 작용에 의해서 생물막을 투과하여 이동한다. 삼투압은 두 용액 사이에 있는 반투막을 통과해서 **용매**(solvent)가 확산되는 현상이다. 세포 안팎의 물의 농도가 같다면, 막을 통과하는 물의 순 흐름은 0이 되며; 이러한 조건을 **등장성**(isotonic)이라 한다. 세포 바깥의 물의 농도가 안쪽보다 높다면, 물의 순 흐름은 세포 안쪽으로 향하게 되며, 이러한 조건을 **저장성**(hypotonic)이라 한다. 만약 세포 내의 물의 농도가 세포 바깥보다 높을 경우에는, 물의 순 흐름은 세포의 밖으로 향하게 되며, 이러한 조건을 **고장성**(hypertonic)이라 한다. 확산과 마찬가지로, 삼투를 일으키기 위해 세포는 에너지를 소모할 필요가 없으므로, 이 역시 수동적 현상이다.

많은 극성 화학물질과 이온은 스스로 막을 통과하지 못한다. 예를 들어, 포도당은 확산으로 막을 통과하기에는 크기가 너무 크며, 막의 지질에 녹지 않는다. 이러한 화학물질을 수송하기 위해서 세포는 막 내에 위치하는 특수한 수송 단백질을 발전시켰다. 수송 단백질은 수송의 대상이 되는 특정한 용질에 대해서 높은 선택성을 갖는다. 많은 수송 단백질이 효소의 활성 부위와 유사한 결합 부위를 갖고 있다. 이러한 현상을 **촉진 확산**(facilitated diffusion)이라고 하며, 생물학자들은 이러한 현상이 어떻게 작용하는지에 대한 이해를 증진하기 위해 연구를 계속하고 있다. 확산과 수동 수송과 마찬가지로, 촉진 확산도 세포의 에너지 소모를 필요로 하지 않는다.

세포가 영양소를 대사하면서, 세포에서 제거되어야 하는 노폐물이 생성된다. 세포는 생존을 위해서 외부의 영양소를 세포 내로 수송해야 한다. 이를 달성하기 위해서 세포는 에너지를 이용하여 농도가 낮은 곳에서 농도가 높은 곳으로 이 화학물질들을 수송해야 한다. 농도 구배의 역방향으로 화학물질을 수송하는 과정을 **능동 수송**(active transport)이라 한다. 당신이 앉아서 이 책을 읽는 동안, 당신의 신체는 계속해서 에너지를 소모하고 있다. 약 40%의 에너지가 능동 수송에 쓰인다. 신장에 있는 세포 같은 일부 세포는 이보다 훨씬 많은 양의 에너지를 능동 수송에 사용한다. 신장 세포는 능동 수송에 소비 에너지 총량의 90%를 사용한다. 신장 세포의 역할이 포도당과 아미노산을 소변으로부터 다시 혈액으로 흡수하고 독성이 있는 노폐물을 혈액으로부터 걸러내어 소변으로 배출하는 것임을 감안할 때, 이는 놀라운 사실이 아니다.

능동 수송은 막에 묻혀 있는 특정한 단백질에 의해서 일어난다. 이 과정에서 소요되는 에너지는 ATP로부터 나온다. 수송 단백질은 능동적으로 이온이 막을 통과하여 이동할 수 있게 한다. 예를 들면 나트륨과 칼륨 이온의 경우, 수송 단백질이 막 전위가 발생될 수 있도록 해주며, 전압의 형태로 에너지가 저장될 수 있게 해준다. 이 저장된 에너지는 나중에 세포 내의 여러 반응에 유용하게 쓰일 수 있다.

능동 수송 중에 저장된 에너지는 다른 물질이 막을 통과해 이동할 수 있게 유도하는 데 활용될 수 있다. 예를 들어, 식물세포에서는 **공수송**(cotransport)이라 불리는 이러한 과정을 통해서 세포가 양성자 펌프에 의해 형성된 H^+ 농도 구배를 이용해서 당과 아미노산을 농도 구배와 반대 방향으로 세포 내로 수송한다. 이러한 작용은 물을 언덕 위로 펌프질을 한 후 경사를 따라 흘려보내면서 발전하여 에너지를 얻는 원리와 유사하다.

앞서 소개한 방식으로 수송되기에는 너무 크거나 지나치게 높은 극성을 띠는 물질들(예: 단백질과 다당류)이 있다. 이러한 경우에, 세포는 막으로 둘러싸인 작은 주머니인 **소포**(vesicle)를 이용하여 "삼키거나" 배출하는 방식을 이용한다. 소포의 막이 안쪽으로 접혀져서 세포 외부의 유체에 있는 소량의 물질을 고립시켜서 삼키는 작용을 **세포내이입**(endocytosis)이라 한다. 세포내이입에는 포액작용, 식작용, 수용체매개 세포내이입의 3가지가 있다. **세포외배출**(exocytosis)은 이와 유사한 반응이지만, 세포가 거대분자를 세포 외부의 유체로 배출하는 작용이라는 점이 다르다.

포액작용(pinocytosis)에서 세포는 외부의 유체의 작은 일부를 삼켜서 이에 포함된 모든 용존물질과 입자상 물질들을 함께 받아들인다. 포액작용은 본질적으로 비선택적인 작용으로, 세포에서 매우 일반적으로 일어나는 현상이다.

식작용(phagocytosis)은, 위족이 입자를 둘러싸서 액포(vacuole)로 분류되기에 충분히 큰 막으로 둘러싸인 주머니 속에 고립시킨다. 이 작용은 선택성이 높으며, 면역 방어 작용과 연관된 큰 혈액세포인 대식세포 같은 특수화된 세포에서만 일어난다. 단세포동물인 아메바는 식작용을 이용해서 먹이를 먹는다.

포액작용이나 식작용과는 달리, **수용체매개 세포내이입**(receptor-mediated endocytosis)은 매우 선택적이다. 특정 거대분자에 선택적으로 작용하는 수용체 부위가 있는 단백질은 세포막에 파묻혀 있다. 이러한 단백질은 세포 외부의 유체에 노출되어 있으며 특정 거대분자에 선택적으로 결합할 수 있다. 단백질과 수용체 분자가 결합하면, 주변의 세포막이 안쪽으로 접혀져서 이 두 분자들을 포함하는 소포를 형성하게 된다. 소포는 세포 내부로 내용물을 방출하고 막으로 돌아가는데, 이때 외부를 향하도록 방향이 변하고 수용체 분자와 막은 원상태로 복구하게 된다.

진핵생물의 세포 소기관

세포의 핵은 세포의 구조적 특성이나 기능을 결정하는 유전 정보의 대부분을 저장하고 있다. 핵은 진핵세포에서 가장 쉽게 찾을 수 있는 소기관으로, 약 5 μm의 직경을 갖는다. 핵막은 세포질과 핵을 구분한다. 핵 내부에는 DNA와 단백질로 구성된 섬유질 물질인 **염색질**(chromatin)이 있다. 세포가 분열을 준비할 때, 가느다란 염색질 섬유가 감겨서, 염색체(chromosome)라 불리는 독립적인 구조로 볼 수 있을 만큼 두터워진다. 각각의 핵에는 **핵소체**(nucleolus)라고 하는 염색질 영역이 적어도 1개 이상 포함되어 있다. 핵소체에서는 리보솜 RNA가 합성되고 단백질과 결합되어 리보솜 단위체를 형성하며, 이는 핵공(nuclear pores)을 통해서 세포질로 수송된다. 세포질에서 이 단위체들이 결합하여 리보솜을 형성한다.

리보솜(ribosome)은 단백질을 합성하는 소기관이다. 1개의 세포에는 수천 개의 작은 리보솜이 있으며, 그 개수는 세포가 단백질을 합성하는 속도와 관련이 있다. 리보솜은 "자유로운" (즉, 세포질에 현탁되어 있는), 또는 "결합된" (즉, 소포체 외부에 부착된) 상태로 존재할 수 있다. 두 상태의 리보솜은 구조상으로 동일하며, 두 역할을 번갈아 수행할 수 있다.

그림 3-14에 나와 있듯이, 내막계는 여러 겹의 성질이 다른 진핵세포의 막들을 포함하고 있으며, 핵막, 소포체, 골지체, 리소좀, 그리고 다양한 종류의 액포와 원형질막을 포함한다. **소포체**(endoplasmic reticulum)는 화학 반응이 일어나기 좋게 매우 넓은 표면적을 갖도록 접혀 있는 여러

개의 막으로 이루어져 있다. 소포체에는 매끄러운 것과 거친 것, 2가지 유형이 있다.

매끈면 소포체는 세포질과 맞닿은 표면에 리보솜이 없다. 이 소기관은 부신에서 분비되는 성 호르몬이나 스테로이드 호르몬 등의 지질 합성에 관여한다. 매끈면 소포체에서 생산되는 효소는 약 물이나 독을 해독하는 데 이용된다. 근육세포의 매끈면 소포체는 시토졸로부터 칼슘 이온을 외부로 배출해서 신경을 자극하여 근육세포를 자극하는 기능을 한다.

거친면 소포체는 인슐린 등 분비 단백질의 합성에 관여한다. 현미경 사진에서 거친면을 가진 것으로 보이는데, 이는 리보솜이 핵막의 세포질을 향한 면에 붙어 있기 때문이다.

그림 3-14

내막계 (오른쪽 아래-©EM Research Services, Newcastle University)

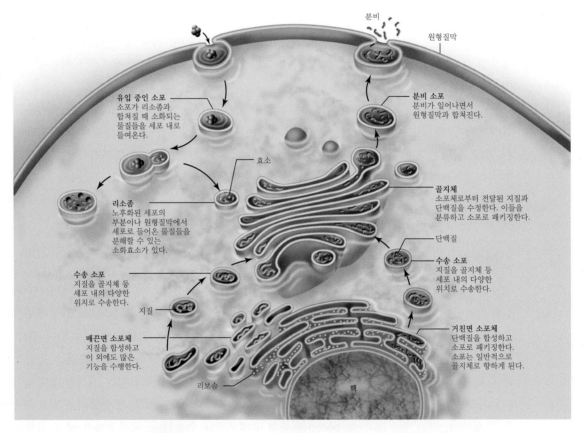

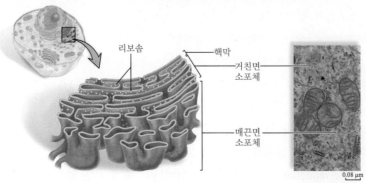

골지체(golgi apparatus)는 생산, 저장, 분류 및 발송의 허브로 볼 수 있는 소기관이다(그림 3-15 참조). 골지체 내부에서는 소포체에서 합성된 거대분자가 완전한 기능을 갖출 수 있도록 처리되며, 세포 내의 적절한 위치로 수송될 수 있도록 분류된다. 또한 골지체는 세포에 의해서 배출되는 여러 종류의 다당류를 생산한다. 골지체는 다른 소기관들에 의해 식별될 수 있도록 분자 식별 물질을 거대분자에 붙이는 기능을 하기도 한다.

리소좀(lysosome)은 세포의 "퇴비통"이다. 그림 3-16에 제시되어 있듯이, 이 막으로 둘러싸인 주머니에는 단백질, 다당류, 지방, 핵산을 분해하는 데 필요한 가수분해 효소가 있다. 리소좀 내의 pH는 대략 5 정도이다. 리소좀의 효소가 대량으로 세포에 누출되면 세포 사멸이 발생할 수 있다.

과산화소체(peroxisome)는 소포와 구조적으로는 유사하지만, 지방산을 보다 작은 분자로 분해하거나 알코올이나 해로운 화학물질들의 독성을 제거하는 등 다양한 기능을 하는 과산화수소를 생성하는 효소를 포함하고 있다. 과산화소체에 의해서 생산된 과산화수소는 세포에 독성을 가지며, 세포 손상을 막기 위해 막 내부로부터의 유출이 제한되어야 한다. 과산화소체는 과산화수소를 물로 변환

그림 3-15

골지체의 구조 (오른쪽 아래-©Charles Flickinger, Journal of Cell Biology, 49:221–226, 1971, Fig. 1, p. 224)

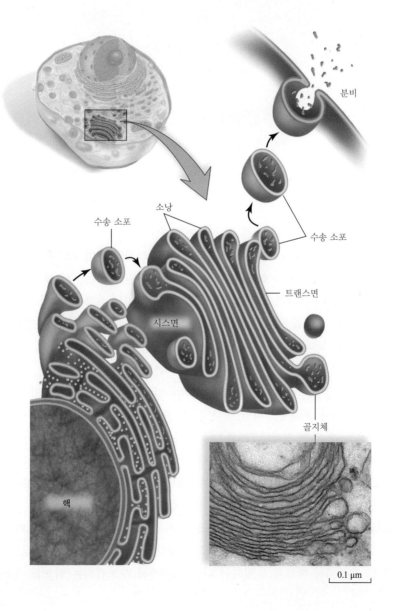

분비

수송 소포

소낭

수송 소포

트랜스면

시스면

핵

골지체

0.1 μm

그림 3-16

리소좀의 구조 (©Daniel S. Friend)

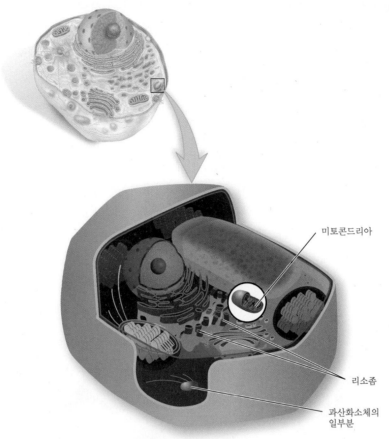

미토콘드리아

리소좀

과산화소체의
일부분

리소좀 내의 미토콘드리아와 과산화소체

하여 세포를 보호하는 산화효소를 함유하고 있다.

　　액포(vacuole)와 **소포**(vesicle)는 모두 막으로 둘러싸인 주머니의 형태를 띠고 있지만, 소포는 액포보다 크기가 작다. 식포는 **식균작용**(phagocytosis)이라 불리는 작용에 의해서 형성되는데, 이는 세포가 작은 생물이나 먹이가 되는 분자를 둘러싸서 삼키는 작용이다. 식포는 리소좀과 합쳐지며, 효소들이 생물이나 먹이를 소화한다. **수축성 액포**(contractile vacuole)는 다양한 민물 원생생물에 존재하며 세포로부터 과다한 수분을 배출한다. 액포는 골지체에서 형성되며, 세포막으로 이동하여 세포외배출이라 알려진 작용을 통해 내용물을 새포외액에 버린다.

　　그림 3-17a에 제시된 **미토콘드리아**(mitochondria)는 에너지를 세포가 일을 하는 데 쓸 수 있는 형태로 변환시킨다. 미토콘드리아 내부에서는 여러 형태의 거대분자에 저장되어 있던 에너지가 세포에게 사용될 수 있는 형태(ATP)로 이동된다. 다량의 에너지를 이용하는 세포들은(예: 간세포) 높은 밀도의 미토콘드리아를 함유하고 있다. 이 소기관은 자신만의 리보솜과 원형 DNA를 함유하고 있다. 미토콘드리아는 중간에서 분열하여 2개의 딸 미토콘드리아를 생산하는 자가 생성을 하며, 이는 원생생물인 세균이 분열하는 방식과 거의 같다.

　　세포골격(cytoskeleton)은 핵에서 세포막까지 세포질 전체에 걸쳐 있으며, 이 공간에서 소기관의 위치를 정리하고, 세포의 형태를 결정하고, 세포의 부위들이 이동할 수 있도록 해준다. 세포골격은 세포의 한 부위에서 빠르게 분해되어 다른 부위에서 재조립되는 식으로 세포가 형태를 변경할 수

그림 3-17

에너지 관련 소기관의 구조: (a) 미토콘드리아 (b) 엽록소 (a: 오른쪽-©EM Research Services, Newcastle University; b: 위-©Dr. Jeremy Burgess/Science Source)

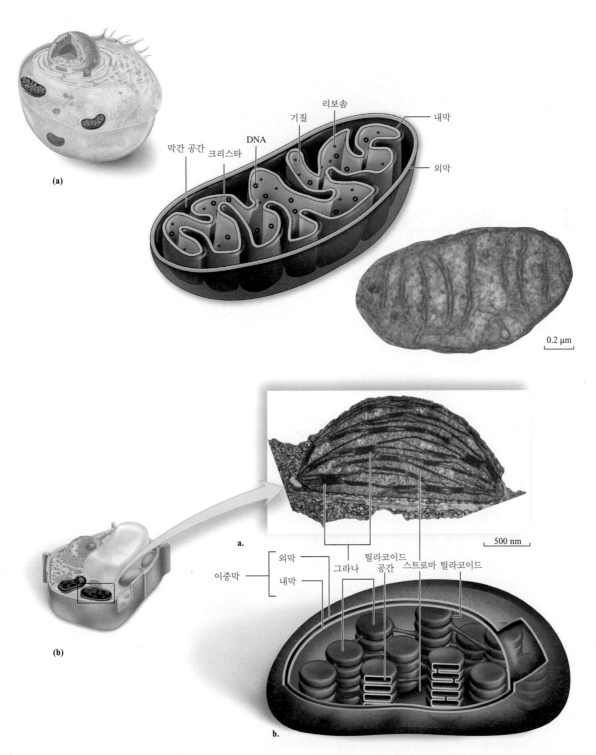

그림 3-18

세포골격의 중심소자는 미세소관으로 이루어져 있다.

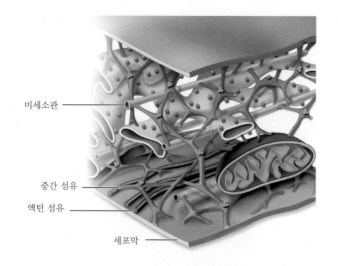

미세소관

중간 섬유

액틴 섬유

세포막

액틴 섬유

미세소관

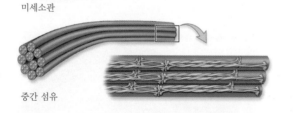

중간 섬유

있게 한다. 또한 운동 분자(motor molecule)라 불리는 단백질과 상호 작용하여 섬모와 편모의 움직임을 일으켜서 세포가 움직일 수 있게 한다. 세포골격은 식세포작용에서 원형질막이 식포를 형성할 수 있도록 유도한다. 또한 세포골격은 세포 내의 다른 소기관들에 기계적인 신호를 전달함으로써 세포 기능 조절을 돕는 것으로 보인다. 세포골격은 미세소관(microtubule), 미세사(microfilament)(액틴 섬유(actin filament)), 중간 섬유(intermediate filament)로 이루어져 있다. 이들은 각기 다른 기능을 갖고 있으나, 모두 단백질로 이루어져 있고 세포의 형태와 기능을 돕는다는 점에서 동일하다.

중심체(centrosome)는 세포분열을 조직하고 유도한다. 중심체에는 막이 없다. 그림 3-18에서 볼 수 있듯이, 한 쌍의 중심소자(centriole)가 포함되어 있으며, 이는 고리의 형태로 배열된 미세소관으로 구성되어 있다. 중심소자는 섬모와 편모의 형성에도 관여할 수 있다.

섬모(cilium)와 편모(flagellum)는 세포에서 돌출되어 있는 꼬리이며, 유체가 세포의 표면 위로 흐르게 하여 추진운동을 가능하게 한다. 섬모는 물결 모양으로 움직이는 짧은 원통 형태의 돌출부로, 직경은 약 0.25 μm, 길이는 약 2~20 μm이다. 편모는 섬모와 거의 같은 직경을 가지며, 길이는 약 10~200 μm이다. 편모는 채찍처럼 구르는 동작으로 움직인다. 편모와 섬모는 중심소자와 구조적으로 동일한 기저체에 의해 세포에 고정되어 있다.

식물세포의 소기관

식물세포에는 생존에 필요한 몇 가지 고유한 소기관이 있다. 여기에는 세포벽, 원형질연락사, 중심 액포, 액포막, 엽록체가 포함된다. 다른 소기관들은 식물과 동물세포에 공통적으로 존재하는 것들로, 핵, 미토콘드리아, 골지체, 소포체 등이 있다. 리소좀과 중심소체는 동물세포에만 있다.

세포벽(cell wall)은 식물세포에 형태, 강도, 강성을 부여하고, 세포를 보호하며, 식물이 과도하게 수분을 흡수하지 않도록 한다. 대부분 단백질과 다당류로 이루어진 뼈대 구조에 채워져 있는 셀룰로오스 섬유로 이루어진 세포벽은 원형질막보다 두껍다. **원형질연락사**(plasmodesmata)는 세포벽을 통과하는 관으로 인접한 세포들의 세포질을 연결한다.

중앙액포(central vacuole)는 성숙한 식물세포에 존재하는 경우가 일반적이지만, 젊은 세포에는 보다 작은 액포가 많이 존재한다. 중앙액포는 먹이, 노폐물, 다양한 이온을 저장하는 역할을 하며, 노폐물의 분해와 식물의 성장에도 관여한다. **액포막**(tonoplast)은 중앙액포를 둘러싼 막이다.

색소체(plastid)는 식물세포의 세포질과 광합성을 하는 원생생물에서 발견된다. 색소체는 예외 없이 여러 겹으로 싸여 있는 내부의 막 주머니를 포함하며, 이는 이중막으로 둘러싸여 있다. 색소체는 광합성을 할 수 있으며 녹말, 지질, 단백질을 저장할 수 있다. 이 소기관은 자체적인 DNA와 리보솜을 갖고 있다. 색소체의 한 종류가 바로 그림 3-17b에 나와 있는 엽록소이다. 엽록소는 식물이 녹색을 띠게 하며, 광합성이 일어나는 동안 햇빛의 에너지를 탄수화물 형태의 저장된 에너지로 전환한다. 세포 내 색소체의 수는 환경 조건이나 식물의 종에 따라 다르다.

원핵생물의 세포 소기관

앞서 언급했듯이, 원핵세포에는 진핵세포에 있는 핵이나 막에 둘러싸인 다른 소기관들이 존재하지 않는다. 원핵세포는 그림 3-11에서 볼 수 있듯이 진핵세포에 비해 구조가 단순하며, 미토콘드리아 정도의 작은 크기를 하고 있다.

핵양체(nucleoid)는 이중가닥의 DNA로 된 하나의 고리를 포함한다. 일부 원핵생물은 **플라스미드**(plasmid)를 보유하고 있는데, 이는 염색체와 분리된 작은 원형의 자기복제가 가능한 DNA 분자이다. 플라스미드는 일반적인 세포의 생존과 증식에 필수적이지 않은 적은 수의 유전자만을 보유하고 있다. 플라스미드는 일반적으로 극한 조건에서의 생존이나 항생제나 독성 화학물질에 대한 내성에 관여한다.

모든 원핵생물은 세포벽을 갖고 있으며, 일부 원핵세포에는 세포벽을 둘러싸고 있는 **캡슐**(capsule)이라는 점액층이 있다. 원핵생물 중에는 프로펠러처럼 회전하는 **편모**(flagellum)를 갖고 있거나 **선모**(pilus)라 불리는 세포들끼리 표면에 달라붙을 수 있게 하는 속이 빈 돌기를 갖고 있는 경우도 있다.

3-4 에너지와 물질대사

모든 형태의 생명체는 기능하고 생존하기 위해서 에너지를 필요로 한다. 당신은 오늘 아침에 이를 닦기 위해서, 교실로 걸어가면서, 저녁 먹을 때 포크를 들기 위해서, 밤에 잠자리에 들기 위해서 에너지를 필요로 하였다. 당신이 사용하는 에너지는 당신이 먹은 음식에서 나온다. 이는 당신이 교실로 향하면서 지나친 나무, 캠퍼스 정원에 심어져 있는 꽃, 연못에 떠 있는 조류도 마찬가지이다. 식물은 기능하고 생존하기 위해서 소비하는 에너지를 햇빛으로부터 얻는다.

세포, 물질, 에너지

우리가 알고 있는 생명은 에너지가 생물로 유입되는 현상이 없다면 존재할 수 없을 것이다. 모든 생명체는 햇빛을 에너지원으로 이용하는 녹색 식물에 의존하고 있기에, 태양은 이 에너지의 근원이라고 할 수 있다.

광합성: 일부 생물(예를 들면, 엽록소를 보유한 식물)이 햇빛을 화학 에너지로 전환하는 작용을 **광합성**(photosynthesis)이라 부르며, 이는 다음의 간단한 식으로 표현할 수 있다.

$$6CO_2 + 6H_2O + 태양광으로부터 얻는 에너지 2800 KJ \xrightarrow{\text{엽록소}} C_6H_{12}O_6 + 6O_2 \qquad (3\text{--}7)$$

광합성은 100가지가 넘는 다양한 화학 반응들이 관여된 매우 복잡한 작용이다. 이 과정은 "빛" 단계와 "합성" 단계의 두 단계로 구분한다. 빛 단계에는 빛에 의한 화학적 반응이 일어난다. 이 화학 물질들이 합성 반응을 발생시키며, 이 반응을 통해 포도당 분자의 화학 결합 형태로 에너지가 저장된다.

모든 식물에는 특정 파장의 빛을 흡수하는 색소가 들어있다. 대부분의 식물의 잎에는 450~475 nm와 650~675 nm 영역의 파장의 빛을 흡수하는 엽록소가 있다. 엽록소는 흡수한 에너지를 합성 반응을 일어나게 할 수 있는 형태로 변환하는 역할도 한다. 빛의 흡수와 에너지 변환이 모두 일어나려면, 엽록소는 엽록체 내에 있어야 한다.

엽록체는 일반적으로 크기가 작다. 1 cm 길이의 줄에 약 5천 개의 엽록체를 일렬로 세울 수 있을 정도이다. 하지만 1개의 엽록체는 단 1초에 수백, 수천 개의 반응을 일으킬 수 있다. 엽록체는 내막과 외막을 모두 갖고 있다. 이 막들은 스트로마(stroma)라는 단백질이 풍부한 반액체 물질로 채워진 내부 공간을 둘러싸고 있다. 스트로마 속에는 막으로 둘러싸인 주머니들이 이어진 형태를 띠고 있는 틸라코이드(thylakoid)가 있다. 이 주머니들은 차곡차곡 쌓여서 그라나(grana)를 형성한다. 광합성은 빛을 흡수하는 색소와 일련의 전자 전달 반응에 관여되어 있는 화학물질들을 함유한 스트로마와 틸라코이드의 막에서 일어난다. 틸라코이드 막의 넓은 표면적은 광합성 효율을 극대화하며, 스트로마에서는 합성 반응이 일어난다.

광합성은 3단계에 걸쳐서 일어난다.

1. 빛 에너지가 색소에 의해서 포착된다.
2. ATP와 NADPH가 합성된다.
3. 캘빈 순환(Calvin cycle)이라는 일련의 반응에 의해서 탄소가 탄수화물로 고정된다.

첫 번째 단계에서는 틸라코이드 막에 내장되어 있는 색소가 빛을 흡수하며, 두 번째 단계인 명

반응을 통해 에너지를 ADP와 NADP$^+$로 전달하여 ATP와 NADPH를 합성한다. 엽록소 a는 빛 에너지를 변환하여 탄소 고정 반응을 일으킬 수 있는 유일한 색소이다. 엽록소 b와 카로티노이드(carotenoid)는 자신들의 에너지를 엽록소 a로 전달하여 순환 반응이 일어날 수 있도록 유도한다. 세 번째 단계에서는 스트로마에서 ATP로부터 얻는 에너지와 NADPH에서 얻는 환원력을 활용해서 이산화탄소로부터 당을 생산한다.

이화작용 경로. 에너지는 유기화합물의 원자 간 결합에 저장되어 있다. 잠재 에너지가 풍부한 복잡한 유기화합물은 세포 내에서 에너지가 적은 작은 분자들로 분해된다. 이 반응들은 효소에 의해 매개된다. 이런 반응에서 발생되는 에너지의 일부는 일을 하는 데 사용될 수 있고, 나머지는 열로 소산된다. 이화작용으로 에너지를 생성하는 일반적인 2가지 경로로 세포호흡과 발효가 있다.

세포호흡은 그림 3-19에 나와 있듯이 해당작용(glycolysis), 크렙스 회로(Krebs cycle)(시트르산 회로(citric acid cycle)나 트리카르복시산 회로(tricarboxylic acid(TCA) cycle)라고도 알려져 있음), 그리고 전자전달계(electron transport chain)와 산화적 인산화(oxidative phosphorylation)를 포함하는 세 단계로 이루어진 과정이다. 첫 두 단계는 포도당 등의 유기화합물의 분해와 관련된 이화작용이다. 진핵세포의 해당작용은 시토졸에서 일어나며, 크렙스 회로는 미토콘드리아에서 일어난다. 해당

그림 3-19

포도당 1개 분자당 총에너지 생성량을 보여주는 세포호흡의 모식도

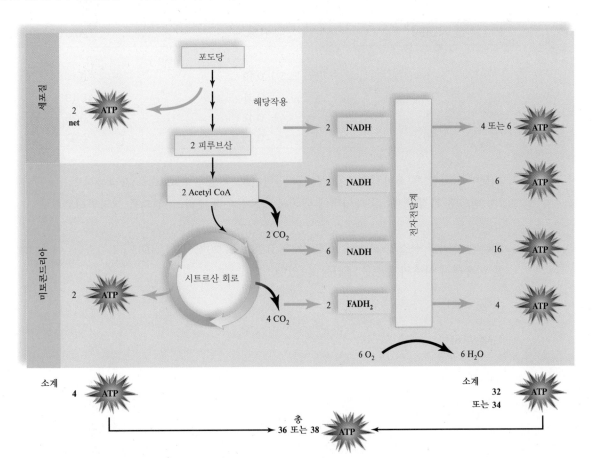

작용에서는 포도당 분자 1개가 2개의 피루브산(pyruvate)으로 분해된다. 또한, 해당작용을 통해서 2개의 ATP와 2개의 NADH가 생성된다. 해당작용과 크렙스 회로 중에 전자가 (NADH를 매개체로) 전달계로 제공되며, 이로 인해 산화적 인산화 반응이 일어나게 된다. 크렙스 회로에서 CO_2가 발생되며, 1개의 ATP가 생성되고 전자가 3개의 NAD^+와 1개의 FAD로 전달된다. ATP가 합성되는 과정인 산화적 인산화는 전자를 기질(즉, 양분)로부터 산소로 전달하는 일련의 산화-환원 반응에 의해 일어난다. 이 일련의 반응 중 마지막에서는 전자가 산소로 전달되어 산소가 물로 환원된다. 이 과정은 매우 효율적으로, 1개의 포도당 분자가 CO_2로 전환되는 과정에서 최대 38개의 ATP 분자가 생성될 수 있다.

예제 3-2 호흡속도는 산소의 소비나 이산화탄소의 생성속도를 모니터링하여 구할 수 있다.

$$C_6H_{12}O_6 + 6O_2 \rightleftharpoons 6CO_2 + 6H_2O \tag{3-8}$$

한 실험에서 25개의 발아 중인 완두콩 씨앗을 넣은 호흡률 측정기의 기체 부피 변화를 2개의 다른 배양 온도(10℃와 20℃)에서 측정하였다. 이 실험은 광합성이 일어나지 않도록 암실에서 진행되었다. 세포호흡 도중에 생성된 CO_2는 CO_2와 수산화칼륨(KOH)이 고체 탄산칼륨(K_2CO_3)을 생성하는 반응에 의해 제거되었다. 이 방법으로 산소의 소비량을 측정할 수 있었다. 결과는 다음과 같다.

시간(분)	대조군과의 부피 차이(mL)	
	10℃	20℃
0	–	–
5	0.19	0.11
10	0.31	0.19
15	0.42	0.39
20	0.78	0.93

1. 20분이 경과한 후 소비된 산소의 몰수를 구하시오. 기압은 1 atm으로 가정하시오.
2. 1차 반응을 가정할 때, 각 데이터에 대해서 속도상수를 구하고, 결과를 설명하시오.

풀이 1. 20분간 소비된 산소의 부피는 10℃에서는 0.78 mL, 20℃에서는 0.93 mL이었다. 이상기체 법칙을 이용해서 산소의 몰수를 계산할 수 있다.

$$PV = nRT$$

n을 구하면:

$$n = PV/RT$$

10℃에서:

$$n = \frac{(1 \text{ atm})(0.78 \text{ mL})(10^{-3} \text{ L} \cdot \text{mL}^{-1})}{(0.082 \text{ atm} \cdot \text{L} \cdot \text{mol}^{-1} \cdot \text{K}^{-1})(10 + 273 \text{ K})}$$

$$= 3.4 \times 10^{-5} \text{ 몰}$$

20℃에서:

$$n = \frac{(1 \text{ atm})(0.93 \text{ mL})(10^{-3} \text{ L} \cdot \text{mL}^{-1})}{(0.082 \text{ atm} \cdot \text{L} \cdot \text{mol}^{-1} \cdot \text{K}^{-1})(20 + 273 \text{ K})}$$

$$= 3.9 \times 10^{-5} \text{ 몰}$$

2. (1)번 문제에서와 같은 방법으로 접근하면, 두 세트의 데이터에 대해서 산소의 몰수를 계산할 수 있다.

시간 (분)	10℃ 부피 (mL)	20℃ 부피 (mL)	10℃ n (몰)	20℃ n (몰)	10℃ ln (n)	20℃ ln (n)
0	–	–				
5	0.19	0.11	8.19×10^{-6}	4.58×10^{-6}	−11.7	−12.3
10	0.31	0.19	1.34×10^{-5}	7.91×10^{-5}	−11.2	−11.7
15	0.42	0.3	1.81×10^{-5}	1.62×10^{-5}	−10.9	−11.0
20	0.78	0.93	3.36×10^{-5}	3.87×10^{-5}	−10.3	−10.2

이렇게 몰수로 환산된 값들의 자연로그값들과 시간의 관계를 그래프로 나타내면 기울기와 속도상수를 구할 수 있다.

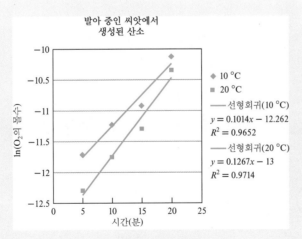

자료 출처: http://www.scribd.com/doc/7570252/AP-Biology-Lab-Five-Cell-Respiration; http://www.biologyjunction.com/Cell%20Respiration.htm

그림에서 볼 수 있듯이 씨앗들의 속도상수는 10℃에서 0.10 min⁻¹, 20℃에서 0.13 min⁻¹이었다. 온도가 높아지면 씨앗의 대사활동도 증가하므로 이러한 증가는 예상할 수 있는 결과이다.

발효는 세포호흡에 비해 덜 효율적이다. 발효작용 중에 당은 산소가 없는 상태, 즉 혐기성 조건에서 부분적으로 분해된다. 발효는 해당작용(1개의 포도당 분자가 2개의 피루브산으로 분해되는 작용)의 연장으로 ATP를 생성한다. 혐기성 조건에서 전자는 NADH로부터 피루브산이나 피루브산의 부산물들로 전달된다. 가장 일반적인 형태(발효작용에는 여러 가지 형태가 있음)의 발효작용으로 알코올 발효와 젖산 발효가 있다.

알코올 발효에서는 피루브산이 두 단계를 거쳐서 에탄올로 변환된다. 그림 3-20에 제시되어 있듯이, 피루브산에서 이산화탄소가 제거되어 아세트알데하이드(acetaldehyde; HCOCH₃)로 변환된다. 그 다음 아세트알데하이드는 NADH에 의해 에탄올로 환원된다. 발효는 혐기성 하수 처리에서 중요한 반응이다.

젖산(lactate) 발효 중에는, 피루브산염이 NADH에 의해 젖산으로 환원된다. 이 반응에서는 이산화탄소가 발생되지 않는다. 젖산 발효는 환경공학에서는 널리 쓰이지 않지만 치즈나 요구르트 제조에 있어 중요한 작용이다.

그림 3-20

효모는 피루브산을 에탄올로 변환하는 반응을 수행한다. 근세포는 피루브산을 에탄올에 비해서 독성이 낮은 젖산으로 변환한다. 각각의 경우에서 포도당의 1몰의 환원은 NADH를 NAD⁺로 다시 산화시켜서 혐기성 조건에서 해당작용이 지속될 수 있게 한다.

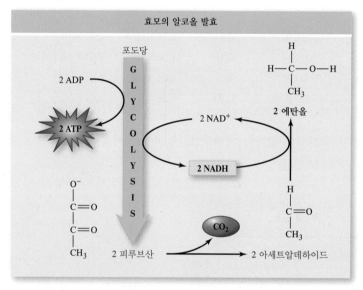

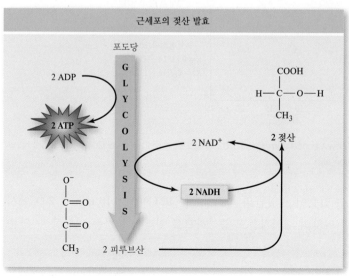

예제 3-3 아래에 제시된 아세트산 이온에서 이산화탄소로의 산화반응과 산소에서 물로의 환원반응을 나타내는 2개의 반쪽 반응식을 이용해서 아세트산 이온 1몰당 소비되거나 방출되는 에너지량을 구하시오. 또한, 포도당 1몰의 산화로부터 생산되는 에너지가 아세트산 이온 1몰로부터 얻어지는 에너지보다 크다는 것을 보이시오.

$$\Delta G°, \text{ kJ/e}^- \text{ eq}$$

$$1/8\ CH_3COO^- + 3/8\ H_2O \rightleftharpoons 1/8\ CO_2 + 1/8\ HCO_3^- + H^+ + e^- \qquad -27.40 \qquad \textbf{(3-9)}$$

$$1/4\ O_2 + H^+ + e^- \rightleftharpoons 1/2\ H_2O \qquad -78.72 \qquad \textbf{(3-10)}$$

풀이 아세트산 이온의 산화를 나타내는 2개의 반쪽 반응식을 합치면, 전체 반응식은 다음과 같다.

$$1/8\ CH_3COO^- + 1/4\ O_2 \rightleftharpoons 1/8\ CO_2 + 1/8\ HCO_3^- + 1/8\ H_2O \qquad -106.12\ \Delta G°, \text{ kJ/e}^- \text{ eq} \qquad \textbf{(3-11)}$$

따라서 아세트산 이온이 산화되어 이산화탄소와 물을 생성하는 반응은 전달되는 전자 1몰당 106.12 kJ의 에너지를 방출한다. 산화되는 아세트산 이온 1몰당 에너지를 구하려면, 이 반응식이 1/8몰의 아세트산 이온에 대한 식이므로 106.12에 8을 곱하면 된다. 즉, 8(106.12)=848.96 kJ이 방출된다.

포도당이 이산화탄소와 물로 산화되는 반응의 반쪽 반응식은 다음과 같다.

$$\Delta G°, \text{ kJ/e}^- \text{ eq}$$

$$1/24\ C_6H_{12}O_6 + 1/4\ H_2O \rightleftharpoons 1/4\ CO_2 + H^+ + e^- \qquad -41.35 \qquad \textbf{(3-12)}$$

$$1/4\ O_2 + H^+ + e^- \rightleftharpoons 1/2\ H_2O \qquad -78.72 \qquad \textbf{(3-13)}$$

전체 반응식은,

$$1/24\ C_6H_{12}O_6 + 1/4\ O_2 \rightleftharpoons 1/4\ CO_2 + 1/4\ H_2O \qquad -120.07 \qquad \textbf{(3-14)}$$

따라서 포도당 분자 1개로부터 2881.68 kJ의 에너지를 얻을 수 있으며, 이는 아세트산 이온 1몰에서 방출되는 것보다 확연하게 많은 양이다.

3-5 세포 재생산

생물의 자기복제 능력은 생물과 무생물을 구분 짓는 가장 두드러진 특성 중 하나이다. 생명은 바로 이 세포의 재생산, 즉 **세포분열**(cell division)이 있기에 지속된다.

세포주기

세포주기는 성장과 분열, 두 단계로 이루어져 있다. **간기**(interphase)라 불리는 성장기에 세포는 성장하고 분열을 준비하기 위해 염색체를 복제한다. 주기의 약 90%의 시간 동안 세포는 간기에 있다. 이 시간 동안 새로운 세포물질이 합성되면서 세포의 부피와 질량이 증가한다.

간기의 첫 부분을 **G1기**("gap 1")라 한다. 이 기간 동안 세포는 빠르게 성장하고 활발한 대사활

그림 3-21

식물세포의 유사분열의 단계

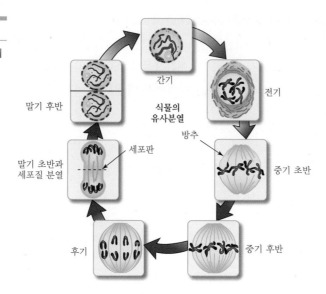

동을 한다. G1기가 끝나면 세포는 휴지기로 들어가거나, 합성기 또는 **S기**라 불리는 다음 단계로 진행된다. 세포가 휴지기로 들어가면, 대사는 계속되지만 복제는 일어나지 않으며 세포주기가 더 이상 진행되지 않게 된다. S기 중에는 DNA가 합성되고 염색체가 복제된다. S기가 끝나면 세포는 **G2기**("gap 2")라 불리는 두 번째 성장기로 넘어간다. 세포는 계속해서 성장하고 단백질과 세포질 소기관을 생산하며, 세포분열을 준비한다. 이 기간 동안, 핵은 명확하게 구분되어 있으며 핵막은 그대로 유지된다. 염색체는 복제된 상태이지만 아직 느슨한 크로마틴 섬유 형태로 존재한다. **유사분열기**(mitotic phase)라 불리는 다음 단계는 **유사분열**(세포 핵의 분열)과 세포분열을 모두 포함한다. 세포분열은 세포질이 분열되는 과정과 2개의 새로운 세포가 생성되는 과정을 포함한다.

유사분열은 일반적으로 전기, 전중기, 중기, 후기, 말기의 5개 세부 단계로 구분된다. 그림 3-21에 나와 있듯이, **전기**(prophase)에는 크로마틴 섬유가 보다 촘촘하게 감겨져서 개별 염색체를 광학 현미경으로 볼 수 있게 된다. 각각의 염색체는 X자 형태를 띠고 있으며 이 X자의 절반에 해당하는 부분이 원래 염색체 1개에 해당되는 부분이다. 이때 핵막과 핵소체는 더 이상 볼 수 없게 된다. 중심소자는 세포의 양단으로 이동한다. 두 중심소자 사이에 방추 섬유가 형성되기 시작한다.

유사분열의 두 번째 단계는 **전중기**(prometaphase)이다. 이 단계에서 핵은 2개로 분리된다. 방추의 미세소관이 핵 영역으로 이동하여 염색체와 섞인다. 미세소관 다발은 방추의 양단에서 세포의 중앙으로 이어진다. 각 쌍의 염색분체의 중앙에 동원체가 형성된다. 동원체가 아닌 미세소관은 반대쪽 극단의 미세소관과 연결된다.

세 번째 단계는 **중기**(metaphase)로, 이 단계에서 염색체는 세포를 반으로 구분하는 가상의 면인 중기판을 따라 배열된다. 방추 섬유는 복제된 염색체의 중심절(centromere)에 붙는다. 1개의 방추 섬유가 1개의 염색분체에 붙어서 각각의 딸세포가 동일한 유전 정보를 가질 수 있게 한다.

네 번째 단계는 **후기**(anaphase)이다. 이 단계에서 중심절이 분리되며 자매 염색분체들이 분리되어 반대쪽 끝으로 이동하여 각각 하나의 염색체가 된다. 이에 따라 세포의 양극은 점점 멀어진다. 이 단계가 끝나는 시점에서는 세포의 각 절반이 동일한 완전한 염색체 세트를 갖게 된다.

마지막 단계는 **말기**(telophase)이다. 이 단계에서는 2개의 극에서 딸세포의 핵이 형성된다. 모세포의 핵막의 조각들이 재결합되어 새로운 핵막이 형성되고, 염색체가 풀리면서 잘 보이지 않게 된다. 이제 유사분열은 완료되고 세포질분열도 어느 정도 진행된 상태이다.

세포질분열(cytokinesis) 동안에는 세포질이 분열되고 2개의 딸세포가 형성된다. 방추 섬유가 해체되어 사라지고, 핵이 재생성되고, 핵막이 형성되어 각각의 염색체 세트를 둘러싸게 된다. 마지막으로, 세포막이 형성된다. 식물세포에서는 세포벽이 형성되고 2개의 새로운 세포가 완성된다.

무성생식

유성생식과는 달리, **무성생식**(asexual reproduction)에는 생식세포(단상세포)의 형성과 융합 과정이 관여되지 않는다. 1개의 개별적인 생명체는 완전히 똑같은 유전자를 갖는 자손을 낳는다. 각각의 새 생명체는 어미의 복제(클론)이다. 효모를 포함하는 단세포 생물은 무성생식으로 번식한다.

대부분의 세균을 포함하는 원핵생물은 **이분법**(binary fission)이라는 무성생식 과정을 통해서 번식한다. 대부분의 세균은 1개의 염색체가 유전물질을 가지고 있다. 염색체는 1개의 원형 DNA 가닥을 포함한다. 원핵생물은 유사분열 방추를 가지고 있지 않기 때문에 염색체가 다른 방법으로 분열되어야 하지만, 그 정확한 원리는 여전히 밝혀지지 않았다. 세균 세포는 복제되면서 계속해서 성장한다. 복제가 완료되는 시점에 세포는 처음 크기의 약 2배가 된다. 각각의 새로운 세포는 1개의 완전한 유전체를 갖는다. 이분법의 반응속도론은 5장에서 다루어질 것이다.

다세포 생물의 일부는 무성생식을 하며, 여기에는 많은 무척추 동물이 포함된다. 예를 들어, 해파리의 일종인 히드라해파리(Hydra)는 **발아**(budding)로 번식한다. 발아 과정에서 새끼는 어미의 몸에서 자라서 떨어져 나온다. 해면을 포함한 다른 생물들은 새끼 개체로 발달하는 특수한 세포 덩어리 **무성아**(gemmule)(내부 발아체)가 형성되고 배출되는 과정을 통해 번식한다. 육식성 편형동물의 일종인 플라나리아는 분열 또는 **단편화**(fragmentation)를 통해 번식하는데, 이는 어미가 명확히 구분되는 여러 조각들로 쪼개져서, 각각의 조각이 하나의 새끼가 되는 방식이다. 불가사리는 **재생성**(regeneration)을 통해서 번식하는데, 어미로부터 떨어져 나온 조각이 이 과정을 통해서 새로운 개체로 발달될 수 있다.

유성생식

유성생식은 교실에서 수업을 듣는 학생들, 슈퍼마켓에서 장을 보는 사람들, 심지어는 형제자매 간에도 볼 수 있는 다양성을 가능하게 한다. 유성생식에서는 두 부모로부터 나온 자식이 부모로부터 이어받은 유전자의 고유한 조합을 갖게 된다. 유성생식은 2개의 세포(다른 부모로부터 나온)의 결합으로 접합체가 형성되는 과정을 포함한다. 접합체는 두 부모 모두의 염색체를 포함하고 있으나, 체세포(접합체가 아닌 모든 세포)의 염색체 개수의 2배를 보유하고 있지는 않다. 어떻게 이것이 가능할까? 이는 생식기관에서만 일어나는 **감수분열**(meiosis)이라는 과정 때문이다. 감수분열은 생식세포의 형성으로 이어진다. 이 생식세포(즉, 정자 또는 난자)는 **반수체**(haploid)이며, 즉 각 염색체를 1개씩만 갖고 있다. 인간의 반수체 수는 23개이며, 개는 39개, 고사리의 일종(Adder's tongue fern)은 무려 630개이다. 수정으로 반수체 정자와 반수체 난자가 결합해서 생기는 접합체는 두 부모의 염색체를 갖게 된다. 이 접합체는 두 세트의 염색체를 포함하므로 **이배체**(diploid)이다. 모든 체세포는 이배체이다.

유성생식을 하는 생물들에게는 세 종류의 생명주기가 있다. 감수분열과 수정은 유성생식을 하는 생물 모두에게서 공통적으로 번갈아가며 일어나지만, 일어나는 시기는 종마다 다르다.

인간을 포함한 동물들의 경우 유일한 반수체 세포는 생식세포이다. 감수분열은 생식세포의 형성 시에 일어나는데, 생식세포는 수정될 때까지 분열하지 않는다. 이배체인 접합체는 유사분열에 의해 나뉘며, 이로 인해 이배체 세포로 이루어진 다세포 생물이 형성된다.

대부분의 진균류와 일부 조류는 두 번째 형태의 생명주기로 번식한다. 이 생물들의 경우, 생식세포들이 합쳐져서 이배체인 접합체를 형성한다. 자손이 발달하기 전에 감수분열이 일어나서 반수체 세포들로 이루어진 다세포 성체로 성장하게 된다. 성장한 생물은 감수분열이 일어나는 동물과 달리 유사분열을 통해서 생식세포를 생산하게 된다. 이 종류의 생물에서는 접합체가 유일한 이배체이다.

식물과 일부 조류종은 이배체와 반수체의 다세포 단계를 모두 포함하는 **세대교번**(alternation of generations)이라 불리는 복잡한 생명주기를 갖는다. 다세포 이배체 단계는 **포자체**(sporophyte)라 한다. 반수체인 **포자**(spore)는 포자체가 감수분열을 할 때 생성된다. 포자는 유사분열 과정을 겪으면서 다세포이자 반수체인 **배우체**(gametophyte)를 형성한다. 배우체는 유사분열 과정을 통해서 생식세포를 형성한다. 수정 단계에서는 2개의 생식세포가 결합되어 이배체인 접합체가 되며, 이는 포자체로 발달된다.

무성생식에 불리한 조건에 놓이게 되면, 세균은 **접합**(conjugation)이라는 과정을 통해 유성생식을 할 수 있다. 접합 과정에서, 긴 관 모양의 선모가 두 세균 사이를 잇는다. 이 중 하나의 세균이 특화된 소기관을 통해서 염색체의 전부, 또는 일부를 다른 세균에 전달한다. 이 새로운 유전물질을 받은 세포는 이분법을 통해서 분열한다. 이 과정을 통해 새로운 유전적 조합을 갖는 세포를 생성할 수 있기 때문에, 새로운 세포들이 변화하는 환경에 보다 잘 적응할 수 있는 추가적인 가능성을 부여한다.

3-6 생명체의 다양성

모든 식물과 동물 및 기타 생물들은 특성에 따라서 다양하게 분류될 수 있다. 기원전 4세기에 살았던 그리스 철학자인 아리스토텔레스는 생명체를 우선적으로 식물계(plantae)와 동물계(animalia) 2개의 그룹으로 분류하였다. 그는 각 그룹을 설명하기 위해 2300년이 지난 지금까지 쓰이고 있는 **계**(kingdom)라는 개념을 만들었다. 카를 본 린네(또는 린나이우스(Linaeus))는 그의 저서 자연의 체계(Systema Naturae)에서 이 분류법을 보완했지만, 아리스토텔레스가 인지한 2개의 계만이 존재한다는 주장을 견지하였다. 린나이우스는 유성생식의 역할을 매우 중요하게 봤으며 생식기관의 수와 배열에 따라서 식물들을 분류하였다. 1960년대까지도 생물학 교과서에는 이 두 계만이 언급되었다. 동물계에는 원생동물이 포함되었고 세균은 식물계로 분류되었다. 1957년, 코넬 대학의 로버트 J. 휘태커(Robert J. Whittaker) 교수는 2개의 계로 이루어진 분류체계가 불충분함을 주장하였다. 1969년에 이르러서, 그가 주장한 5개의 계로 이루어진 분류체계가 과학계에서 널리 받아들여지게 되었다. 이 5개의 계는 동물계, 식물계, 균계, 원생생물계, 원핵생물계이다. 앞선 4개의 계는 진핵생물이다. 원핵생물은 모두 원핵생물계로 분류된다.

휘태커 교수는 다세포 생물들을 부분적으로는 영양상태에 기반하여 여러 개의 계로 분류하였

그림 3-22

세 개의 역

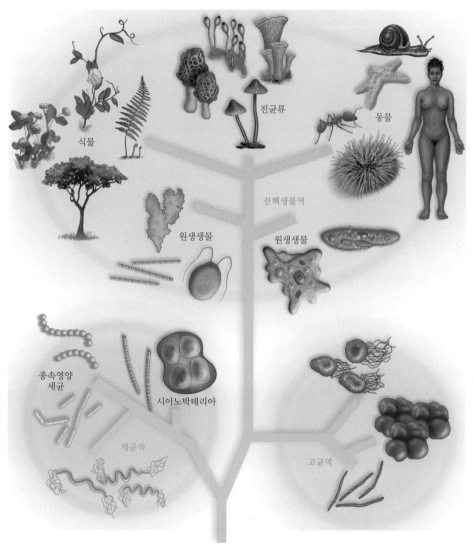

식물

진균류

동물

진핵생물역

원생생물

원생생물

종속영양
세균

시아노박테리아

세균역

고균역

공통된 조상

다. 자신들의 영양분을 스스로 광합성을 통해 합성(독립영양)할 수 있는 생물을 식물계로 분류하였고, 탄소원으로 유기화합물을 활용하며(종속영양) 흡수성이 있는 생물들은 균계로 분류하였다. 균류의 대부분은 자신들이 섭취하는 먹이에 붙어서 사는 분해자이다. 이들은 유기화합물을 소화할 수 있는 효소를 분비하여 부분적으로 소화된 물질을 흡수한다. 동물들은 대부분 종속영양이며 특화된 기관 내에서 먹이를 소화하며 동물계로 분류하였다.

　원생생물계에는 다른 4개의 계에 속하지 않는 나머지 생물들을 포함시켰다. 원핵생물들은 대부분 단세포 생물이지만 다세포 생물도 있다. 모든 원생생물은 호기성이며 세포호흡 기능을 하는 미토콘드리아를 갖고 있다. 이 중 일부는 엽록체를 갖고 있으며 광합성을 할 수 있다. 원생동물, 점균류, 조류가 이 계로 분류되었다.

　유전학 연구와 분자생물학이 발전하면서 5개의 계로 생명체를 분류하는 체계도 불충분하다는 것이 점점 더 확실해졌다. 분자생물학 기법을 이용하면서 미생물학자들은 유전적, 대사적으로 서로 매우 달라 같은 계에 속하지 않는 2개 그룹의 세균이 존재함을 알게 되었다. 이를 포함해서 5개의 계를 기반으로 하는 분류체계에 여러 가지 문제가 발견되면서 3개의 역(domain)을 기반으로 하는 분류체계가 대두하게 되었다. 그림 3-22에 나와 있듯이, 3개의 역을 기반으로 한 분류체계에서는 모든 생명체가 3개의 그룹 또는 상계, 즉 세균, 고균, 진핵생물 중 하나에 속하게 된다. 고균은 지구의 대기에 산소가 포함되기 전인 태초 시절부터 존재해 왔던 "살아 있는 화석"으로 여겨진다. 세균역은 시아노박테리아나 엔테로박테리아 등의 세균을 포함한다. 세 번째인 진핵생물역은 세포핵을 가진 진핵생물들을 포함하며, 원핵생물에서부터 인간에 이르기까지 넓은 범위의 생물들을 망라한다. 이 3개 역의 관계, 각 역에 속하는 계나 그룹의 개수, 이 분류체계가 생명체의 진화사를 어떻게 반영하는지 등에 대해서는 논의가 계속되고 있다. 생물학계의 합의에 도달하려면 아직 많은 연구가 필요하다.

3-7 세균과 고균

환경공학 및 과학은 세균과 고균 없이는 우리가 알고 있는 것과 전혀 다른 분야일 것이다. 사실, 세계 자체가 다른 곳이 되었을 것이다. 세균과 고균의 총질량은 모든 진핵생물의 질량을 합한 것보다 적어도 10배 이상 클 것이다. 지금까지 살았던 사람의 수를 전부 합한 것보다 더 많은 수의 세균과 고균이 한 삽으로 떠낼 수 있는 만큼의 토양에서 살고 있을 것이다. 하수를 정화하는 활성슬러지 수조와 바이오필터는 이 생물들이 없으면 작동하지 않을 것이다(11장 참조). 세균과 고균이 없으면 탄소, 질소, 황, 인의 순환은 곧바로 멈출 것이다. 따라서 이 중요한 미생물들에 대한 설명에 한 절을 할애할 필요가 있다.

고균

전통적인 5계 분류에 따르면, 단세포 미생물(공식적으로는 원핵생물이라 칭함)은 원핵생물계에 속한다. 3역 분류체계에서 이 미생물들은 세균역 또는 고균역으로 분류된다. 앞서 언급한 바와 같이 고균(archea)은 지구가 형성되고 나서 10억 년 이내에 생겨난 살아 있는 화석으로 볼 수 있다. 고균은 세균이 아니다(따라서 고세균(archaebacteria)이라는 개념은 더이상 쓰이지 않는다). 이들의 유전자는 세균의 유전자와 큰 차이를 나타낸다. 하지만 고균과 세균은 **플라스미드**(plasmid)라 불리는 소수의 유전자만이 있는 작은 DNA 고리들을 가질 수 있고, 하나의 원형 염색체가 주가 된다는 공통점이 있다. 고균의 세포막은 다른 생물들에서 발견되는 지질 대신 이소프렌 사슬로 이루어져 있다. 고균은 크기가 매우 작아서, 보통 길이가 1 μm 미만이다. 세균과 마찬가지로 고균은 여러 가지 모양을 띠고 있다. 이들은 **구균**(coccus)으로 알려진 구형을 띨 수 있는데, 완전한 구형이거나 2개의 구가 연결된 형태이다. 다른 고균들은 **간균**(bacillus)으로 알려진 막대 모양을 하고 있으며, 짧은 막대 모양을 하거나 채찍 모양을 띤다. 일부 특이한 고균은 삼각형 모양이거나, 심지어 우표처럼 직사각형의 모양을 하고 있기도 하다.

고균은 1개 이상의 머리털 같은 편모를 가지는 경우도 있고, 편모를 전혀 가지고 있지 않은 경우도 있다. 여러 개의 편모가 있을 경우, 대부분의 경우에 세포의 한쪽에 모여 있다. 고균은 단백질을 분비하기도 하며, 이 단백질은 세포들끼리 달라붙게 해서 큰 덩어리를 형성하게 한다.

모든 단세포 생물들처럼, 고균은 내막이나 핵이 없다. 대부분의 고균은 이들이 서식하고 있는 극한 환경으로부터 보호하는 기능을 하는 세포벽을 가지고 있다. 세균과는 달리, 고균의 세포벽은 펩티도글리칸을 포함하고 있지 않고, 식물세포처럼 셀룰로오스를 포함하고 있지도 않다. 고균의 세포벽은 화학적 조성에 있어서 다른 생명체들과 명확히 구분된다. 반면에 고균의 리보솜은 다른 원핵생물보다 진핵생물의 리보솜에 훨씬 가깝다. 단백질 합성을 시작하는 아미노산인 메티오닌은 고균과 진핵생물에서는 발견되지만 세균에는 없다(포르밀 메티오닌으로 대체됨).

고균은 서식하는 극한 환경에 따라서 구분되는 경우가 많다. **극호염성균**(extreme halophiles)은 그레이트 솔트 레이크(Great Salt Lake)나 사해(Dead Sea) 같은 염도가 매우 높은 환경에 서식한다. 이들은 해수보다 약 5~6배 염도가 높은 15~20%의 염수에서 번성한다. 이들은 염도가 보다 낮은 환경에서는 생존할 수가 없다. **극호열성균**(extreme thermophiles)은 온도가 매우 높고 산성을 띠는 환경에 서식한다. 대부분 60℃에서 80℃에 이르는 온도에 서식하지만, 황을 대사하는 균종은 심해의 열수 분출구 부근의 105℃의 물에 서식하기도 한다. **메탄생성균**(methanogen)은 이산화탄소를 이용해서 수소를 산화함으로써 에너지를 얻고, 메테인은 노폐물로 생성된다. 이 생물들은 산소가 있으면 생존하지 못한다. 메탄생성균은 혐기성인 늪이나 습지, 퇴적물에서 발견된다. 메탄생성균은 소, 흰개미 등 주로 셀룰로오스로 이루어진 먹이를 섭취하는 초식동물들의 소화기관에서 중요한 기능을 한다. 또한 메탄생성균은 도시의 하수 처리에서도 중요한 역할을 한다.

세균

세균(bacteria)의 특성에 대해서는 앞서 고균과 비교하면서, 이미 일부 제시한 바 있다. 그림 3-23a에서 볼 수 있듯이, 고균과 마찬가지로 세균은 주로 구균, 간균, 나선균(나선 모양으로 생긴 균)의 3가지 형태를 띠고 있다. 세균은 독특한 패턴으로 자란다. 쌍을 이루고 있는 경우에는 '**diplo-**'라는 접두사를 써서 표현한다. 예를 들면, 쌍으로 모여 있는 구균의 경우 **쌍구균**(diplococcus)이라 불린다. '**staphylo-**'라는 접두사는 포도송이를 연상케 하는 모양의 덩어리로 뭉쳐져서 자라는 세포들을 칭할 때 이용한다. 사슬 모양으로 배열되는 것들은 '**strepto-**'라는 접두사를 이용한다.

앞서 언급한 바와 같이 대부분의 세균은 짧은 폴리펩타이드(polypetide)로 엉켜있는 변형된 당으로 이루어진 펩티도글리칸으로 이루어진 세포벽을 갖고 있다. 폴리펩타이드는 종마다 다양한 형태를 띤다. 세포벽은 세포의 모양을 유지하고 열악한 환경으로부터 세포를 보호하며, 저장성 용액에서 세포가 터지는 것을 방지한다.

그람염색(그림 3-23b 참조)은 세균을 식별하는 데 있어서 매우 유용하게 쓰일 수 있기 때문에 환경공학자와 과학자들에게 널리 사용된다. 염색법은 세포벽의 차이에 따라서 세균을 분류하는 데 이용된다. **그람양성**(Gram-positive)균은 상대적으로 높은 밀도의 펩티도글리칸을 함유한 간단한 세포벽을 갖고 있다. 이에 반해, **그람음성**(Gram-negative)균의 세포벽은 그람양성균의 세포벽보다 복잡한 구조를 갖고 있으며, 펩티도글리칸의 함량이 낮다. 또한 이 생물들은 세포벽 위에 지질다당류(lipopolysaccharides)로 이루어진 외막을 가지고 있는데, 이 외막은 독성을 갖는 경우가 많다. 이 외막층은 생물을 보호하는 역할을 하기도 하여 병원성(질병을 유발하는) 생물들이 숙주의 공격으로부터 보다 강한 저항성을 가질 수 있도록 한다. 때문에 그람음성균은 항생제에 보다 강한 저항성을 갖는다.

다수의 세균들은 얇은 다당류(또는 단백질) 층을 분비하며, 이 층은 세균세포를 둘러싸는 캡슐을 형성한다. 이 캡슐은 생물로 하여금 숙주에 달라붙을 수 있게 해주며, 백혈구 같은 방어세포로부터 보호해준다. 세균은 단백질로 이루어진 속이 빈 머리털 모양의 기관인 **선모**(pilus)를 이용해서

그림 3-23

(a) 세균의 형태적 특징 (b) 그람염색 기법 (a: 맨 위와 중간: ©Janice Haney Carr/CDC, ©Don Rubbelke/McGraw-Hill Education, b: ©HBiophoto Associates/Science Source)

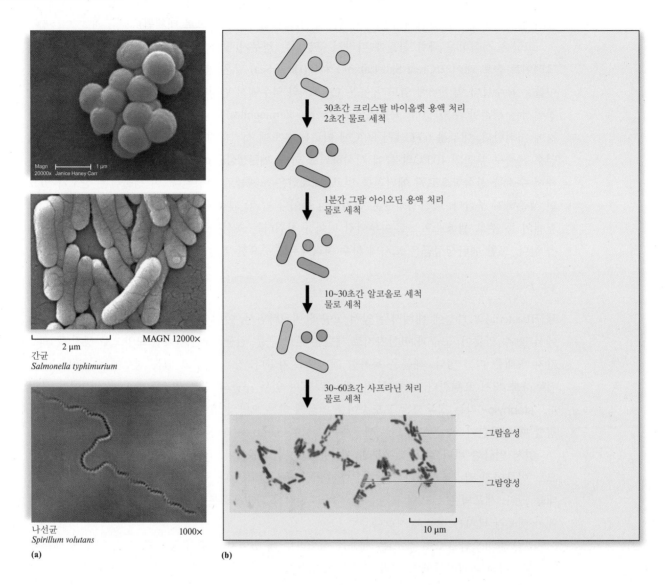

간균
Salmonella typhimurium

나선균
Spirillum volutans

(a)

30초간 크리스탈 바이올렛 용액 처리
2초간 물로 세척

1분간 그람 아이오딘 용액 처리
물로 세척

10~30초간 알코올로 세척
물로 세척

30~60초간 사프라닌 처리
물로 세척

그람음성

그람양성

(b)

서로에게 달라붙을 수 있다. 일부 세균은 특수화된 선모를 형성하며, 이는 세포 간 DNA 전달이 일어나는 접합 과정 중에 2개의 세균세포를 잇는 데 이용된다.

고균의 경우와 마찬가지로 세균도 이동성을 가질 수 있다. 가장 일반적으로 운동에 이용되는 소기관은 **편모**(flagellum)이다. 편모는 가늘고 머리카락 형태를 하고 있는데 하나의 편모만을 가진 경우도 있고, 다수의 편모가 세포 표면 전체에 고루 나 있을 수도 있고, 한쪽이나 양쪽 극단에 집중되어 있을 수도 있다. 나선균이라 불리는 일부의 나선 모양의 세균은 2개 이상의 나선형 사상체를 갖고 있다. 각각의 사상체는 세포의 외층 밑에서 모터처럼 작용하는 기초 기관에 부착되어 있다. 이 기관들은 회전하면서 세포들이 코르크 따개가 회전하는 모양으로 움직이게 한다. 일부 다른 세균들은 주로 사슬 모양의 사상체를 형성하며 또 다른 운동 메커니즘을 갖고 있다. 이들은 세포를 기질에 고정시키는 끈적끈적한 실을 분비한다. 이 세균들은 이 점액을 이용해 표면을 따라 미끄러지듯 이동한다.

많은 세균들은 어떤 자극을 향하거나, 또는 이로부터 멀어지는 성질인 **주성**(taxis)을 가질 수 있다. 주성은 물체를 향한 경우에는 양성, 물체로부터 멀어지는 경우에는 음성으로 수식한다. 주광성(phototaxis)은 어떤 생물이 빛에 반응하는 능력이고, 화학주성(chemotaxis)은 화학물질(예: 먹이, 산소, 독성물질)에 반응하는 능력이다. 압력주성(barotaxis)은 압력에, 수분주성(hydrotaxis)은 수분에 반응하는 능력이다.

세균은 다른 생물들과 마찬가지로 영양상태(즉, 생물들이 에너지와 탄소를 얻는 방법)에 따라서 분류될 수 있다. "영양(Trophic)"이라는 용어는 영양 수준을 나타내는 데 사용된다. 영양 수준은 5장(생태계)에서 보다 자세히 논의될 것이지만, 여기서 어느 정도 짚고 넘어갈 필요가 있다. 이산화탄소(CO_2)나 중탄산 이온(HCO_3^-) 같은 무기물에서 탄소를 얻는 생물들을 **독립영양**(autotrophic)이라 한다. 무기물에서 탄소를 얻고 태양광으로부터 에너지를 얻는 광합성을 하는 생물들을 **광독립영양**(photoautotrophic)이라 한다. 광독립영양세균은 흔하게 존재하며, 남조류, 녹색황세균, 자색황세균 등이 있다. **화학독립영양**(chemoautotrophic)생물은 CO_2를 탄소원으로 사용하고 무기물질을 산화하여 에너지를 얻는다. 화학독립영양세균은 드물게 존재한다. **종속영양생물**(heterotrophs)은 다른 생물들이 만든 복잡한 유기물질을 분해하여 에너지를 얻는다. 빛을 에너지원으로 이용하는 **광종속영양세균**(photoheterotrophic bacteria) 중에는 자색비황세균과 녹색비황세균이 있다. **화학종속영양생물**(chemoheterotrophs)은 무기물이나 유기물을 에너지원으로 이용하지만, 기존에 생성되어 있던 환원성 유기물질만을 세포 합성을 위한 탄소원으로 사용할 수 있다. 이 집단에는 흔하게 존재하는 아시네토박터(*Acinetobacter*), 알칼리게네스(*Alcaligenes*), 슈드모나스(*Pseudomonas*), 플라보박테리아(*Flavobacterium*) 등이 포함된다. 또한 이 집단은 죽은 생물로부터 생긴 유기물을 분해하여 영양분을 흡수하는 **부생균**(saprobes)과 살아 있는 생물의 체액에서 영양분을 얻는 **기생균**(parasites)을 포함한다.

세균은 산소와의 관계에 따라서 분류되기도 한다. **호기성 미생물**(aerobes)은 산소가 풍부한 환경에서 살아가며, 산소를 최종 전자수용체로 사용한다. **절대호기성 미생물**(obligate aerobes)은 산소가 존재하는 환경에서만 생존할 수 있다. 호기성 분해의 1차적 최종 생산물은 이산화탄소, 물, 그리고 새로운 세포 조직이다. **혐기성 미생물**(anaerobes)은 산소가 거의 없는 환경에서만 존재할 수 있다. 황산염, 이산화탄소, 환원될 수 있는 유기물질 등이 최종 전자수용체가 된다. 황산염의 환원은 황화수소, 메르캅탄, 암모니아, 메테인 등의 생성으로 이어진다. 이산화탄소와 물이 주로 부산물로 생성된다. **절대혐기성 미생물**(obligate anaerobes)은 산소가 있으면 생존할 수 없다. **통성혐기성 미생물**(facultative anaerobes)은 산소를 최종 전자수용체로 사용할 수 있으며, 특정한 조건에서는 산소 없이도 성장할 수 있다.

세균은 이들이 자라는 최적 온도의 범위에 따라서도 분류될 수 있다. **저온균**(psychrophiles)은 어는점 근처의 온도에서도 자랄 수 있지만, 15℃와 20℃ 사이에서 가장 잘 자란다. **중온균**(mesophiles)은 25℃와 40℃ 사이에서 가장 잘 성장하며 온혈 동물 체내에 서식하는 세균을 포함한다. **호열균**(thermophiles)은 대부분의 생물의 주요 단백질을 변성시킬 수 있는 온도보다 높은 50℃ 이상의 온도에서 가장 잘 자란다. **절대호열균**(stenothermophiles)은 50℃ 이상에서 가장 잘 자라며, 37℃ 이하에서는 자라지 못한다. **극호열균**(hyperthermophiles)은 75℃ 이상에서 가장 잘 자라며, 해저의 지열로 데워진 지역에서 발견되는 프로딕티움(*Pyrodictium*)이라는 생물을 포함한다. 그러나 위에 제시된 온도 범위는 대략적인 범위일 뿐이며 주관적인 해석이 약간 개입되어 있다.

세균이 자라기 위해서는 최종 전자수용체가 반드시 있어야 한다. 이에 더해, 모든 생명체는 탄소, 질소, 인 등 미량 영양소를 필요로 한다. 미량 금속과 비타민, 성장에 적합한 환경(수분, pH, 온도 등)도 필요하다.

세균에는 프로테오박테리아, 클라미디아, 나선균, 그람양성균, 시아노박테리아 등 5개의 집단이 있다. **프로테오박테리아**(proteobacteria)는 그람음성균의 크고 다양한 **분기군**(clade)(공통된 진화 이력에 기반한 집단)이다. 이 세균은 광독립영양, 화학독립영양, 종속영양일 수 있다. 혐기성과 호기성인 종이 모두 존재한다. 이 분기군에는 환경공학자와 과학자에게 매우 중요한 세균들이 몇 종 포함되어 있다. 예를 들어, 흔한 토양 세균인 니트로소모나스(*Nitrosomonas*)는 암모늄을 아질산염으로 산화시키므로 질소 순환에서 중요한 역할을 한다. 비브리오 콜레라(*Vibrio cholera*)는 수인성 전염병인 콜레라의 원인이 되는 생물이다. 포유류의 내장에서 발견되는 대장균(*Escherichia coli*)은 흔히 분변 오염의 지표로 사용된다. **클라미디아**(chlamydias)는 동물의 세포 내에서만 생존할 수 있는 기생균이다. **나선균**(spirochetes)은 길이가 약 0.25 mm에 불과한 미세한 나선 모양의 종속영양생물이다. 이 분기군에는 라임병을 일으키는 보렐리아 버그도르페리(*Borrelia burgdorferi*)가 포함된다. **그람양성균**(Gram-positive bacteria)은 크고 다양한 분기군으로, 치명적인 감염병인 보툴리누스 중독증(botulism)을 일으키는 보툴리누스균(*Clostridium botulinum*)을 포함한다. 마지막으로 **시아노박테리아**(cyanobacteria)는 광합성을 할 수 있는 유일한 원핵생물이다. 시아노박테리아는 자연에서 개별적으로 혹은 집락을 이루며 있을 수 있다. 이들은 담수나 해수에 풍부하며 많은 수생 생태계의 기반을 형성한다.

3-8 원생생물

세 번째 역은 진핵생물로, 기존에 원생생물(Protista), 진균(Fungi), 동물(Animalia), 식물(Plantae)의 4개의 계(Protists)로 분류되었던 모든 진핵생물을 포함한다. 마지막 3개의 계는 새로운 분류 체계에서도 거의 변경되지 않고 그대로 유지되었다. 하지만 원생생물계의 경우, 그 경계가 해체되어 기존에 원생생물로 분류되었던 생물 중 일부가 진균, 동물, 생물로 재분류되고, 나머지 생물들은 약 20개의 새로운 계로 재분류되었다. 하지만 "원생생물"이라는 용어는 계 간 경계가 애매모호한 다른 3개 집단의 진핵생물들을 칭하는 개념으로 생물학자들에게 여전히 사용되고 있다.

앞서 언급했듯이, 대부분의 원생생물(protists)은 단세포 생물이지만, 일부는 다세포 생물이거나 군체를 이루고 있다. 이들은 모두 진핵생물이다. 원생생물은 독립영양 또는 종속영양일 수 있다. 대부분의 원생생물은 호기성이며, 세포호흡을 수행하는 미토콘드리아를 가지고 있고, 일부는 엽록체를 가지고 있어 광합성을 할 수 있다. 한편 원생생물들 중에는 **혼합영양생물**(mixotroph)도 있는데, 이들은 광합성이 가능한 동시에 종속영양생물이기도 하다. 원생생물의 대부분은 운동성이 있으며, 생애주기 중에 편모나 섬모를 갖는 시점이 있다. 많은 원생동물들은 혹독한 환경 조건하에서 생존할 수 있는, **낭포**(cysts)라 불리며 저항성을 갖는 세포를 형성한다. 기생생물도 일부 존재하지만, 대부분은 병원성이 없다. 이들은 대부분의 수생 먹이 사슬에서 하단에 속하는 중요한 생물 집단이다. 원생생물은 원생동물, 조류, 점균류와 물곰팡이 3가지로 분류된다.

원생동물

"최초의 동물"을 의미하는 원생동물은 단세포 진핵생물이다. 대부분은 먹이를 소화하거나 흡수하는 호기성 화학종속영양생물이다. 30,000종 정도의 원생동물은 미세한 크기의 짚신벌레(*Paramecium*)에서 손톱 크기의 껍데기에 싸인 해양생물들에 이르기까지 매우 다양한 형태를 띠고 있다. 많은 원생동물들, 그중에서도 특히 기생생물들은, 복잡한 생애주기를 갖고 있다. 어떤 경우에는 생애주기 동안 여러 다른 형태를 띠기 때문에, 생물학자들이 하나의 생물을 2개 이상의 다른 종으로 오판하기도 한다. 원생동물은 줌마스티나(*Zoomastigina*), 디노마스티고타(*Dinomastigota*), 육질 편모충류(*Sarcomastigophora*), 라비린토모르파(*Labyrinthomorpha*), 아피콤플렉사(*Apicomplexa*), 마이크로스포라(*Microspora*), 아스케토스포라(*Ascetospora*), 점액 포자충류(*Myxozoa*), 섬모충류(*Ciliophora*) 등 18개의 문으로 나뉜다. 이 문들은 그림 3-24에 나와 있는 편모충류, 아메바, 섬모충류, 포자동물 4개의 주요 그룹을 대표한다. 이 책에서는 운동 원리에 기반해서 분류된 이 4개의 그룹에 중점을 두고 논할 것이다.

편모충류. 편모충류는 채찍 모양으로 움직이는 편모를 1개 이상 가진 원생동물이다. 이들은 이분법으로 증식하며, 일부 종은 낭종(cysts)을 형성할 수 있다. 세포구가 있는 경우도 있다. 편모는 이 생물들이 숙주를 침범하고 다양한 환경 조건에 적응하는 데 있어서 경쟁적 우위를 제공한다. 일반적인 민물종인 유글레나(*Euglena*)는 혼합영양이라는 점에서 매우 독특하다. 이 그룹에는 내장을 침범하는 가장 흔한 병원성 편모충류 중 하나로 람블편모충(*Giardia lamblia*)이 있다. 편모충증(giardiasis)은 배출된 람블편모충 포낭에 물이 오염되어 전파되는 수인성 질병이다. 포낭은 소독에 대해 내성을 가지게 해주는 두터운 세포벽을 가지고 있고, 유리한 조건에서는 몇 주 동안 체외에서 생존할 수도 있다. 주요 증상으로는 복통, 헛배부름 및 간헐적인 설사가 있다. 기생 편모충류는 체체파리에 의해 전염되는 트리파노소마증(trypanosomiasis, 아프리카 수면병)의 원인이 되기도 한다.

육질충. 지역 내의 연못을 탐험하다 보면, 일반적으로 아메바(amoeba)로 알려져 있는 육질충을 발견할 것이다. 이들은 원형질 덩어리처럼 보인다. 아메바는 육질충이라 알려져 있는 40,000여 종의 단세포 생물 중 하나이다. 대부분의 아메바는 **위족**(pseudopods)이라 불리는 팔 모양으로 세포질을 연장하여 움직이고 먹이를 삼킨다. 아메바는 세포질 내부의 흐름을 이용해서 움직인다. 위족은 식세포작용을 이용해서 섭식하는 데 이용될 수도 있다. 불리한 환경 조건에서 아메바는 낭종을 형성할 수 있다. 개발도상국에서 흔히 발생되는 수인성 질병인 아메바성 이질은 이질 아메바(*Entameba histolytica*)에 의해 유발된다.

섬모충류. 섬모충(Ciliophora) 문에는 8,000개가 넘는 종이 있다. 이들은 모두 리듬에 맞추듯이 움직이는 세포막의 털 모양 돌출부인 섬모를 이용해서 운동한다. 대부분은 크고 복잡하며, 길이가 0.1 mm까지 자랄 수 있다. 모두 이분법에 의해 무성생식을 하고 접합에 의해 유성생식을 한다. 접합을 통해서는 염색체 전달만 일어나므로 새로운 세포가 생성되지는 않는다. 접합 후 세포는 무성분열한다. 섬모충류에는 대핵(macronucleus)과 소핵(micronucleus), 두 종류의 핵이 있다. 대핵은 세포 기능과 무성생식을 제어한다. 소핵은 접합 중 유전자 교환을 제어한다. 흥미롭게도, 섬모충류는 진화학적으로 원생동물보다 진균류, 식물, 동물에 더 가깝다. 또한 대부분 민물에 서식한다. 앞서 아메바를 발견했던 연못에는 짚신벌레가 존재할 확률이 매우 높다. 짚신벌레는 세포막 위로 **지방막**

그림 3-24

원생 동물의 예. (a) 편모충류: 람블편모충, (b) 육질충: 아메바, (c) 섬모충류: 짚신벌레, (d) 포자충류: 쥐의 분변에서 채취한 작은와포자충의 난포낭.

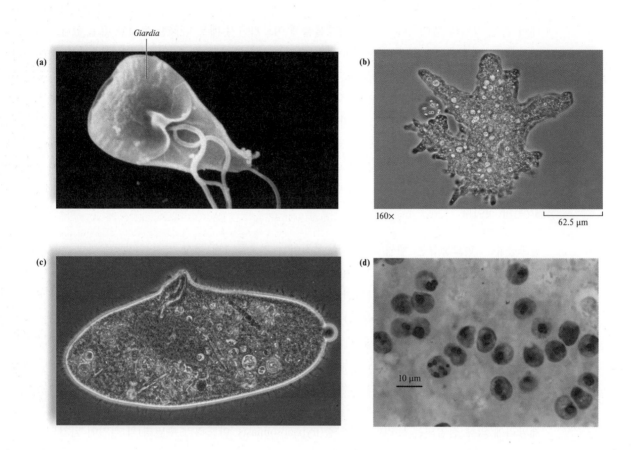

(pellicle)이라 불리는 보호막을 가지고 있다. 이들은 수백 개의 섬모를 일괄적으로 움직여서 먹이 입자를 식포와 이어져 있는 식도로 이동시키고, 식포 내부에서 영양분이 추출된다. 노폐물은 **항문 공**(anal pore)이라는 구멍을 통해 배설된다.

포자충류. 포자충(Sporozoa) 문의 생물들을 포함하는 포자충류는 운동성이 없다. 이들은 모두 기생생물이며 복잡한 생애주기 중 어떤 특정 시점에서 포자를 형성한다. 포자충류는 숙주를 침범하는 데 도움이 되는 소기관을 여럿 가지고 있다. 이 집단에는 사람, 가축, 애완동물, 야생동물(새, 쥐, 사슴, 너구리 등)을 감염시키는 원생동물 기생충인 작은와포자충(*Cryptosporidium parvum*)이 속해 있다. 작은와포자충은 달걀형 또는 구형의 난포낭을 생성하는데, 그 안에는 4개의 포자소체(sporozoites)가 있다. 감염된 동물의 대변에는 두꺼운 벽으로 둘러싸인 이 난포낭이 매우 많이 (1 g당 최대 1,000만 개) 존재한다. 난포낭을 섭취하면 포자소체가 방출되어 소장의 내벽에 기생한다. 난포낭은 회복탄력성이 매우 높으며, 불리한 환경 조건(어는점 근처의 온도)이나 염소 소독 (일반적인 용량 및 잔류 시간 범위)에도 장기간 생존할 수 있다. 대부분의 사람들은 작은와포자충 증(cryptospiridosis)에서 회복할 수 있지만, 면역체계가 약한 사람들은 이 병으로 죽을 수도 있다. 1993년의 위스콘신주 밀워키의 발병사태에서 100,000명 이상의 사람들을 감염시키고, 100명의 사망자를 낸 것이 바로 이 작은와포자충이었다. 또한 말라리아와 톡소플라즈마도 포자충류가 그 원인이다.

조류

조류는 녹말을 합성하고 저장하는 소기관인 **피레노이드**(pyrenoids)를 가지고 있는 광독립영양 원생생물이다. 이들 중 대부분의 종은 수생생물이다. 조류는 단세포, 군체, 사상 또는 다세포 형태를 띨 수 있다. 조류는 이들이 가지고 있는 엽록소와 색소의 종류, 색(색소와 관련 있음), 영양분 저장 방법, 세포벽의 조성에 따라서 6개의 문으로 분류된다. 이 4개 집단의 조류의 예는 그림 3-25에 나와 있다.

녹조류. 녹조류는 대부분의 식물과 같은 종류의 엽록소를 가지고 있고 같은 색을 띠고 있다. 식물과 마찬가지로, 이들은 세포벽에 셀룰로오스를 함유하고 있고, 녹말의 형태로 영양분을 저장한다. 녹조류는 수생생물이며, 육지의 습한 지역에서 발견된다. 클라미도모나스(*Chlamydomnas*) 등 많은 단세포 조류들은 편모를 가지고 있다. 또한 이 생물들은 빛에 민감한 세포 소기관인 붉은 색소가 있는 눈점에 의해 주광성을 나타낸다.

갈조류. 갈조류는 저온의 해양 환경에서 번성한다. 대부분이 다세포 생물이며, 일반적으로 해초라 불린다. 이들은 셀룰로오스와 알긴산으로 이루어진 세포벽을 가지고 있다. 이들은 바위로 된 해저에 자신을 고정하고 바다에 씻겨가지 않도록 해주는 뿌리와 유사한 **흡착기관**(holdfasts)을 가지고 있다. 갈조류는 파도의 지속적인 충격을 견디기에 충분히 강한 크고 평평한 잎을 가지고 있다. 잎에는 공기 주머니가 있는데, 이는 빛을 흡수해서 광합성을 할 수 있도록 잎이 수면 근처에 떠 있을 수 있게 해준다. 마크로시스티스(*Macrocystis*, 거대다시마) 종은 길이가 100 m에 이르기까지 자랄 수 있다.

홍조류. 홍조류는 일반적으로 따뜻한 바다에서 발견된다. 이들은 갈조류보다 작고 연약하며, 다른 조류에 비해서 더 깊은 곳에서도 자란다. 대부분 가지가 있고, 깃털 모양이나 리본 모양의 잎이 있다. 주로 산호초에서 발견된다.

규조류. 규조류는 대양에 가장 많이 존재하는 단세포 조류이며, 민물에 서식하는 종도 많다. 이들은 먹이사슬 밑바닥에 자리하는 주요 영양 공급원이다. 종속영양생물도 소수 있지만, 대부분은 광합성을 한다. 이들은 편모나 섬모를 가지고 있지 않으며, 유성생식이나 무성생식으로 번식한다.

규조류는 이산화규소 성분의 껍질이 있는 단단한 세포벽을 가지고 있다. 이 생물들의 잔해는 세제, 페인트 제거제, 비료, 치약 등의 생산에 사용되는 규조토라 불리는 물질이 된다. 규조토는 수영장 필터의 재료로도 쓰인다.

과편모조류. 대부분의 과편모조류는 광합성을 하는 단세포 해양생물로, 일부는 종속영양이다. 규조류와 마찬가지로, 이들은 대양의 유기물 중 상당한 부분을 차지한다. 과편모조류는 갑옷을 연상시키는 셀룰로오스 성분의 보호막을 가지고 있다. 이들은 2개의 편모로 식별할 수 있는데, 하나는 회전운동으로 움직이며 생물을 앞으로 추진시키고, 다른 하나는 방향타 역할을 한다. 과편모조류는 독립적인 개체로 살아가거나 말미잘, 따개비, 산호 등 무척추 동물의 체내에서 공생한다. 이때 보호

그림 3-25

조류의 예 (위쪽 중앙–©M.I. Walker/Science Source; 오른쪽 위–©PhotoLink/Getty Images; 오른쪽 중앙–©Andrew Syred/Science Source)

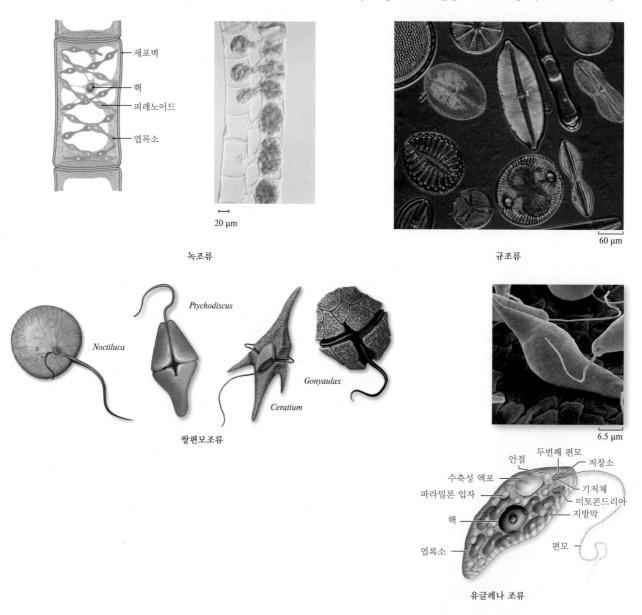

세포벽
핵
피레노이드
엽록소

20 μm

녹조류

60 μm

규조류

Ptychodiscus

Noctiluca

Gonyaulax

Ceratium

쌍편모조류

6.5 μm

두번째 편모
안점
저장소
수축성 액포
기저체
파라밀론 입자
미토콘드리아
핵
지방막
엽록소
편모

유글레나 조류

받는 대가로, 이들은 광합성을 통해 생산하는 탄수화물을 숙주에게 제공한다. 과편모조류의 일부는 발광성이다.

어떤 특정 조건에서 과편모조류는 급속도로 번식하여 흔히 "적조"라 불리는 조류 이상번식을 야기할 수 있다. 밀도 높게 자란 과편모조류 개체군은 물고기를 죽게 하고, 이 조류들을 먹고 자란 어패류들을 섭취한 사람들을 중독시키는 독성물질을 생산할 수 있다. 조류 이상번식은 생물의 종류, 해수의 조건, 생물의 밀집도에 따라서 녹색, 갈색, 또는 짙은 오렌지색을 띨 수 있다. 사실 "적조"라는 용어는 잘못된 명칭이며, "유해 조류 이상번식"이라는 용어를 쓰는 것이 바람직하다. 1970년에서 2015년 사이의 변화를 보여주는 그림 3-26을 통해 문제의 심각성을 알 수 있다. 조류로부터

그림 3-26

1970년과 2015년의 마비성 폐류 중독(PSP)을 유발하는 독성물질의 지구적 분포 (출처: Woods Hole Oceanographic Institute.)

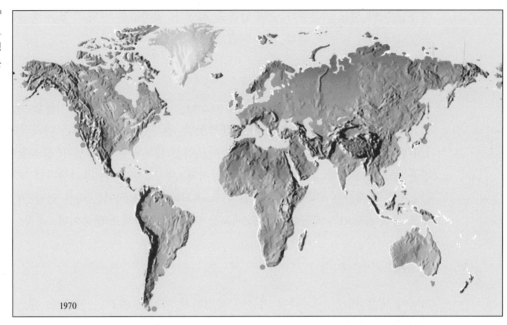

1970

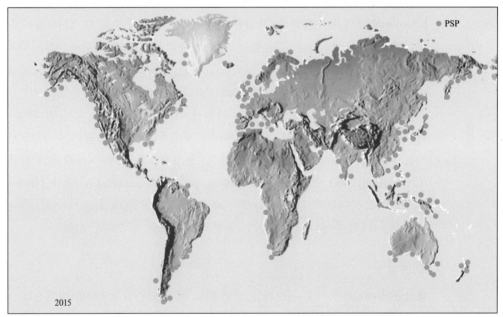

PSP

2015

유래된 독성물질을 섭취하는 것에서 기인하는 증후군 중 하나인 마비성 패류 중독(PSP)은 생명을 위협하는 병으로, 심각한 경우에는 호흡 정지가 발생할 수 있다. 그러나 일반적으로는 치료를 받으면 완전히 회복한다. 어떤 종들이 독성물질을 배출하는지, 이런 조류 이상번식 현상을 어떻게 방지할 수 있는지를 보다 잘 이해하려면 많은 연구가 필요하다.

유글레나 조류. 유글레나 조류(Eugleoids)는 2개의 편모를 가지고 있는 작은 단세포의 담수생물이다. 보통은 편모 중 하나가 다른 것보다 훨씬 짧다. 이 생물들은 단단한 세포벽을 가지고 있지는 않지만, 짚신벌레처럼 **지방막**(pellicle)이라 불리는 신축성 있는 단백질 코팅으로 싸여 있다. 유글레나 중 일부 종은 엽록소를 가지고 있어 광합성을 하지만, 다수의 다른 종은 종속영양생물이므로 생물학자들은 이 생물을 분류하는 데 난관을 겪었다. 엽록소를 가지고 있는 종들은 빛이 없을 경우 종속영양이 되기 때문에, 분류를 더 어렵게 한다.

점균류와 물곰팡이

점균류(slime molds)와 물곰팡이(water molds)는 진균류, 원생동물, 식물의 특성을 모두 갖고 있다. 진균류와 마찬가지로 이들은 포자를 생성한다. 원생동물처럼 이들은 미끄러지듯 움직이며 음식을 섭취한다. 또한 식물처럼 셀룰로오스로 이루어진 세포벽을 갖고 있다. 물곰팡이는 흰녹병균과 노균병균 등을 포함한다. 기생생물도 일부 있지만, 대부분은 죽은 유기물질을 먹고 산다. 유동성 점액 곰팡이는 부패하는 축축한 유기물질 위로 미끄러지듯 움직이는 작은 민달팽이처럼 생긴 생물이며, 세포 점액 곰팡이는 세균이나 효모 세포를 먹고 사는 단세포 생물이다.

3-9 진균류

저녁에 먹은 버섯이나, 샤워 커튼에 제거하기 힘들게 자라는 곰팡이, 샌드위치를 만드는 데 필요한 빵에 더해지는 효모가 모두 진균류에 속한다. 진균류(fungi)는 부생종속영양(saprophytic heterotrophic)의 진핵생물로, 복잡한 유기화학물질을 흡수할 수 있는 형태로 소화하는 효소를 이용하여 영양을 섭취한다. 진균류는 영양소 순환에 중요한 역할을 한다. 대부분의 진균류는 다세포 생물이지만, 효모를 포함한 일부 진균류는 단세포 생물이다. 진균류 중 일부는 기생생물인데, 여기에는 네덜란드 드릅 나무병(Dutch elm disease), 무좀, 백선을 일으키는 것이 있다. 다른 진균류는 공생적인 관계 속에 살아간다. 예를 들어, 어떤 진균류는 식물의 뿌리에 살면서 토양으로부터 무기 영양소를 흡수해서 식물의 뿌리로 방출한다. 이때 진균류는 식물로부터 유기 영양소를 취하는 이득을 얻는다. 진균류는 유성생식, 무성생식을 모두 이용해서 번식한다. 진균류는 호상균(Chytridiomycota), 접합균(Zygomycota), 자낭균(Ascomycota), 담자균(Basidiomycota) 4개의 문(phyla)으로 분류된다. 여기에 다섯 번째 문인 불완전균(Deuteromycota), 즉 불완전한 진균이 있는데, 이는 4개의 문에 해당되지 않는 종들의 집합으로 이루어져 있다.

호상균문

호상균(chytrids)은 가장 원시적인 진균류로, 이전에는 원생생물로 여겨졌다. 대부분 수생생물이며, 일부는 부생영양생물이고, 다른 일부는 기생생물이다. 이 생물들은 흡수를 통해서 영양분을 얻고 키틴(chitin)질로 이루어진 세포벽을 가지고 있다. 이들은 진균류 중 유일하게 편모가 있는 성장 단계인 유주자(zoospore) 상태를 거친다.

접합균문

접합균(zygomycetes) 또는 **접합진균**(zygote fungi)은 대부분 육지생물이며, 토양이나 부패하는 동식물의 물질을 먹고 산다. 균근(mycorrhiza)은 식물들의 뿌리와 공생관계로 살아가는 접합균류의 중요한 한 집단이다. 접합균 중 하나인 리조푸스(*Rhizopus*)종은 과하게 익은 과일이나 빵에서 쉽게 찾아볼 수 있다.

자낭균문

자낭균(ascomycotes)은 진균류 중 가장 큰 집단으로, 해양, 담수, 육지 환경에 서식하는 60,000개의 종을 포함한다. 단세포인 효모에서부터 복잡한 컵 곰팡이와 그물버섯에 이르기까지, 크기와 복잡성에 있어서 다양하게 나타난다. 대부분 부생생물이지만 일부는 식물에 기생하는 것들도 있다. 모든 종들은 무성포자가 들어있는 **자낭**(asci)이라 불리는 손가락 모양의 주머니를 가지고 있다. 자낭균은 바람을 통해서 널리 퍼질 수 있는 무성포자를 다량 생성하여 무성생식으로 번식한다. **분생포자**(conidia)라 불리는 포자는, 그림 3-27a에 나와 있듯이, **분생포자경**(conidiophores)이라 불리는 특수화된 균사(hyphae)의 끝단에서 형성된다. 효모는 그림 3-27b에 나와있듯이 출아법(budding)을 통해서 무성생식하는 것이 일반적이다.

이 집단의 진균류는 환경공학자들에게 있어서 중요하다. 이들은 세균의 절반 정도의 질소만을 필요로 하므로 질소가 부족한 하수에 많다(McKinney, 1962). 일반적으로 생물탑(biotower)이나 살수 여상(trickling filter) 등 pH가 낮은 환경에서 볼 수 있다(11장 참조). 이들은 이러한 반응기에서 막힘이나 물고임 현상을 발생시킬 수 있다. 사상진균(filamentous fungi)은 하수 슬러지가 덩어리지는 현상(bulking)을 발생시켜서, 폴리머 소비량을 증가시키고 슬러지 탈수가 어려워지게 할 수 있다(11장 참조). 최근 한 연구에서는 푸사리움 솔라니(*Fusarium solani*)는 질산화와 탈질화가 모두 가능하여 생물학적 하수 처리에 이상적인 생물임을 밝혔다(Guest and Smith, 2002).

담자균문

담자균문(Basidiomycota)에는 잔디밭에서 자라는 버섯이나 죽은 나뭇가지에서 볼 수 있는 괄호곰팡이(bracket fungus), 삼림지 숲의 바닥에서 볼 수 있는 말불버섯(puffball) 등이 있다. 담자균류는 나무와 식물 물질들을 매우 효과적으로 분해한다. 이 문에 속하는 모든 생물들은 **담자기과**(basidiocarps)라 불리는 수명이 짧고, 섬세한 유성생식 기관(자실체)이 있다. 이 자실체가 유성포자를 생성한다.

흰구름버섯(*Phanerochaete chyrsosporium*)이라는 생물은 다환방향족탄화수소(Zhongming and Obbard, 2002), 올리브 오일 정제소 폐수(Yeşilada, Şik, and Şam, 1999), 리그닌(Aust, 1995) 등의 복잡한 유기화학물질들을 분해할 수 있는 능력 때문에 환경공학자들에게 광범위하게 연구되었다.

그림 3-27

자낭균의 무성생식. (a) 아스테르길루스의 주사현미경 사진에서 균사의 끝단에 있는 구 모양의 분생포자를 볼 수 있다. (b) 효모가 출아법을 통해 번식하는 모습을 보여주는 주사현미경 사진.
(출처: a-©Janice Haney Carr/CDC; b-©Science Photo Library RF/Getty Images)

분생포자

(a)

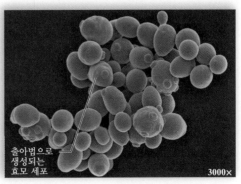

출아법으로 생성되는 효모 세포

3000×

(b)

불완전균

분류체계는 완벽하지 않다. 이 집단은 다른 4개의 문에 해당되지 않는 종들이 포함된다. 불완전균류(Deuteromycota), 즉 불완전 진균은 알려진 유성생식 단계가 없다. 이들은 포자를 생성하여 무성생식만으로 번식한다.

아스페르길루스 푸미가투스(*Aspergillus fumigatus*)는 이 집단에 속하는 종 중 하나이다. 이 곰팡이는 기생생물일 수도 있지만 부생하는 호기성 생물일 수도 있다. 아스페르길루스 푸미가투스는 퇴비화가 가능한 물질들을 안정화된 최종 산물로 분해하는 데 있어서 핵심이 되는 구성원이므로, 퇴비 더미에서 쉽게 발견된다. 또한 이 종은 아스페르길루스(*Asperigillus*) 속에 속하는 종들 중 인간에게 가장 높은 병원성을 갖는다. 부비동, 기관지, 폐의 공기 공간에 집락을 형성할 수 있는데, 이는 급성 기관지폐 아스페르길루스증을 야기한다.

3-10 바이러스

바이러스(virus)는 살아 있는 생물이 아니다. 이들은 세포질, 세포 소기관, 세포막이 없다. 호흡을 하거나 이외의 생명작용을 하지 않는다. 그렇다면 이들은 무엇인가? 바이러스는 **캡시드**(capsid)라 불리는 단백질 코팅에 싸여 있는 감염성 입자이다. 바이러스의 지놈(genome)은 이중가닥 DNA, 단일가닥 DNA, 이중가닥 RNA, 또는 단일가닥 RNA로 이루어져 있을 수 있다. 따라서 바이러스는 DNA 바이러스나 RNA 바이러스로 분류된다. 가장 작은 바이러스에는 4개의 유전자만이 있고, 가장 큰 바이러스에는 수백 개의 유전자가 있다.

캡시드는 그림 3-28에 나와 있는 것처럼 나선형, 다면체, 또는 이보다 더 복잡한 모양을 띨 수 있다. 이들은 캡소미어(capsomere)라 불리는 수많은 단백질 소단위로 이루어져 있다.

일부 바이러스에는 캡시드를 덮고 있는 **바이러스 외피**(viral envelope)라 불리는 막 외피가 있다. 이 막에는 숙주 세포에서 생성된 단백질과 인지질, 바이러스 자체로부터 유래된 유사한 물질들이 포함되어 있다. 이 외피는 바이러스가 숙주를 감염시키는 것을 돕는다.

바이러스는 예외 없이 세포 내에 기생한다. 분리된 바이러스는 숙주를 감염하기 전에는 아무것도 할 수 있는 능력이 없다. 바이러스의 각 유형은 감염시킬 수 있는 숙주 세포의 종류가 제한적이다. 어떤 바이러스는 여러 종의 생물들을 감염시킬 수 있다. 그런가 하면, 일부 박테리오파지(세균을 감염시키는 바이러스)와 같이 *E.coli*만을 감염시킬 수 있는 바이러스도 있다.

3-11 미생물 감염병

1800년대 후반이 되어서야 서양의 과학자*들은 병원성 미생물과 질병의 연관성을 발견하였다. 특정한 병과 특정 세균의 연결고리를 찾은 첫 서양 과학자는 독일의 의사 로버트 코흐(Robert Koch)였다. 그는 아직까지도 의학 미생물학자들에게 지침이 되고 있는 **코흐의 가설**(Koch's postulates)을 수립하였다. 그는 특정 병원균을 질병의 원인인자로 규정하려면, (1) 검사대상이 된 병에 걸린 사람이나

---

* 중세 의학은 서양보다 동양에서 훨씬 더 발전하였다. 실제로 이란의 의사였던 아부 바크르 무하마드 이븐 카카리야 알라지(Abu Bakr Muhammad ibn Zakariya' al-Razi, 865~925)는 기생충과 감염 사이의 연관성을 밝혀냈다. 그는 천연두와 홍역 치료에 혁명을 일으키고 외과적 소독제의 사용을 도입했다. 그의 논문은 라틴어로 번역되어 서구 전역에서 의학 교육의 기초가 되었다.

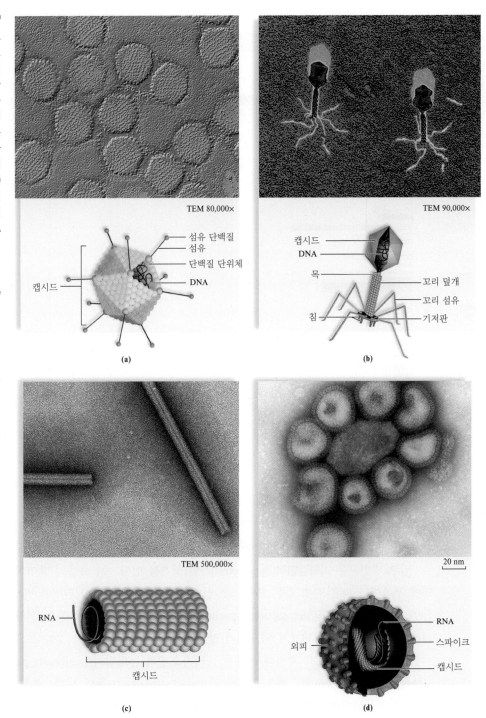

그림 3-28

바이러스의 형태. (a) 아데노 바이러스: 다면체 형태를 띤 캡시드와 모서리마다 섬유가 있는 DNA 바이러스 (b) T-짝수 박테리오파지: 다면체의 머리와 나선형의 꼬리가 있는 DNA 바이러스 (c) 담배 모자이크 바이러스: 나선형 캡시드가 있는 RNA 바이러스 (d) 인플루엔자 바이러스: 스파이크가 있는 외피에 둘러싸인 나선형 캡시드가 있는 RNA 바이러스.

(출처: a-©Science Photo Library RF/Getty Images; b-©Eye of Science/Science Source; c-©Omikron/Science Source; d-©Dr. F. A. Murphy/Centers for Disease Control)

생물 모두에게서 동일한 병원균을 검출하고, (2) 그 병원균을 감염된 개체에서 분리하여 순수배양체로 배양하고, (3) 배양된 병원균을 이용하여 생물에서 발병을 유도하고, (4) 발병 후에 실험적으로 감염된 생물에서 동일한 병원균을 분리하는 절차를 반드시 밟아야 한다고 주장하였다. 이 방법은 대부분의 병에는 효과적으로 적용할 수 있지만 한계가 있다. 예를 들면, 나선균인 트레포네마팔리듐(*Treponema pallidum*)은 매독을 유발하는 것으로 알려져 있지만 인공 배지에서 배양된 적은 없다.

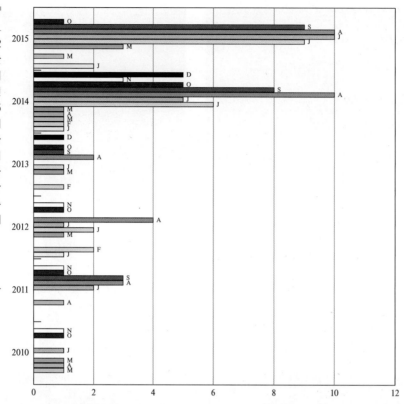

참고: 발병 날짜를 사용할 수 없는 경우 의뢰 날짜를 사용하였다(즉, 사례가 공중보건에 회부된 날짜).
2014년 사례에는 2014년 발병과 관련된 제네시 카운티 거주자가 아닌 1명이 포함된다.

모든 미생물이 병원성은 아니다. 사실 대장 내의 미생물은 음식물의 소화와 비타민 배출을 위해 반드시 필요하다. 우리 피부에 서식하는 미생물은 피부를 침범할 수 있는 해로운 미생물들로부터 피부를 보호한다. 한 생물체가 병원성을 갖으려면, 해로운 영향을 미치기에 충분할 정도로 장기간 동안 숙주를 침범할 수 있어야 한다. 대략 인간의 질병 중 반은 원핵생물에 의한 것이다.

일부 병원균은 **기회감염적**(opportunistic)인 성격을 띤다. 즉, 숙주의 방어체계가 스트레스, 피로, 영양 부족이나 다른 질병 같은 요인으로 인해 약화되지 않는 이상 질병을 발생시키지 않는다. 예를 들면, 폐렴연쇄상구균(Streptococcus pneumonia)이라는 생물은 대부분의 건강한 사람들의 목에 존재하지만, 숙주의 방어체계가 억제되지 않는 이상 병을 발생시키지 않는다. 이 외에도 가정의 배관 시설에서 없어지지 않고 계속해서 자라는 레지오넬라 뉴모필라(Legionella pneumophila), 조형결핵균(Mycobacterium avium), 녹농균(Pseudomonas aeruginosa) 등이 있다. 호흡기 질환 같은 기존 질환이 있거나 면역이 저하된 사람들은 특히 취약하며, 샤워나 분무기(약물 전달용) 등을 통한 흡입을 통해 노출된다. 그림 3-29에 나와 있듯이 확실한 연결고리는 찾을 수 없지만, 플린트(Flint)시가 플린트 강물을 처리해서 공급했던 기간 동안 레지오넬라증 발병 횟수가 매우 뚜렷하게 증가하였다(플린트 수질 위기에 대한 자세한 설명은 10장의 사례 연구 참조).

질병은 **전염성**(communicable 또는 contagious)을 갖는다고 하며, 이는 한 개인으로부터 다른 개인으로 전염됨을 의미한다. 일부 질병은 종간 교차 감염이 일어날 수도 있지만 대부분은 하나의 종에만 영향을 미친다. 병원균은 **독성**(virulent)이 있을 수 있는데, 이는 이 미생물들이 질병을 야기할 수 있는 강력한 능력을 가지고 있음을 의미한다. 이들은 높은 병원성을 가지며, 숙주의 방어체계를 쉽게 뚫을 수 있다. 광견병은 악성 바이러스에 의해 발생하지만, 병 자체는 높은 전염성이 있지는 않다. 그러나 바이러스에 노출되면 매우 높은 확률로 감염으로 이어져서, 급속도로 뇌 기능의 급격한 감퇴 등의 증상이 시작되고, 치료받지 못하는 경우 죽음으로 이어지므로 악성이라 불린다. 하지만 물리거나 열린 상처를 통해 바이러스가 직접적으로 혈관에 유입되지 않는 이상, 감염된 사람과의 접촉이 병을 발생시킬 가능성은 낮다. 콜레라(cholera)는 전염성이 높고 악성인 질병이다. 매년 전 세계적으로 약 200,000명 정도의 감염과 약 5,000명의 사망자를 발생시킨다.

어떤 경우에 병원균은 조직 내로 침투하는 것이 아닌 독성물질의 생성과 방출을 통해서 병을 발생시킨다. **외독소**(exotoxin)는 원핵생물에 의해서 배출되는 단백질이다. 이 독성물질이 존재하는 한 살아 있는 생물이 없더라도 병은 발생할 수 있다. 예를 들어, 보툴리누스중독증(botulism)은 제대로 보관되지 않은 음식에 자랄 수 있는 보툴리누스균(Clostridium Botulinum)이라는 세균에 의해서 생성된 외독소가 그 원인이 되는데, 이는 치명적일 수 있다.

내독소(endotoxin)는 특정 그람음성균의 외막에 존재한다. 살모넬라(Salmonella) 속의 구성원은 모두 내독소를 생성하며, 살모넬라로 인해 유발되는 식중독은 사실 감염으로 인한 결과가 아닌, 용해된 세포(lysed cells)로부터 방출된 내독소로 인한 것이다. "청록조류"라고도 불리는 광합성을 하는 플랑크톤 세균 집단인 시아노박테리아(cyanobacteria)도 내독소를 생성한다. 또한 간독소(hepatoxin)인 마이크로시스틴(microcystin)은 이 그룹에 속하는 생물들이 생성하는 여러 종류의 독소 중 하나이다. 이 독성물질에 저농도로 노출되면 간암이나 만성 위장장애가 나타날 수 있다. 이러한 이유로 미국 환경보호청(EPA)은 식수 허용기준 제한이 필요한지 결정하기 위해 조사가 진행 중인 화학물질들의 목록인 미규제오염물질목록(candidate contaminant list)에 이 물질을 포함시켰다.

감염병은 다양한 경로를 통해서 전염될 수 있는데, 가장 흔한 경로 중 하나는 다른 사람의 기침이나 재채기로 방출된 분비물의 흡입을 통한 감염이다. 독감이나 일반 감기를 포함하는 이런 형태의 감염을 **비말 감염**(droplet infection)이라 한다. 다른 병원체들은 오염된 물의 섭취를 통해서 사람의 몸에 침입할 수 있다. 이는 **수인성 감염**(waterborne infection)으로 알려져 있으며, 장티푸스와 콜레라 등이 여기에 속한다. **직접 접촉 감염**(direct contact infection)으로 알려진 일부 감염병은 직접적인 접촉을 통해서 한 사람에게서 다른 사람으로 전달된다. 성병이나 다수의 위장 감염이 이런 방식으로 확산된다. 이때 대부분의 경우, 병원체는 점막을 통과해서 체내로 침입을 해야 한다. 전염병이 확산되는 네 번째 경로로, **매개체**(vector)를 통해 확산되는 방법이 있다. 매개체는 병을 옮기는 동물, 곤충인 경우가 많다. 선페스트(Bubonic plague, 흑사병)는 1347년에 상인들의 배를 타고 중국에서 유럽으로 확산되었다. 이 병은 여시니아페스티스(*Yersinia pestis*)라는 세균이 원인인데, 쥐가 벼룩에 물려서 인간에게 전염된다. 이 경우에 매개체는 벼룩이다.

질병의 원인이 되는 물질 중 가장 최근에 발견된 것은 **프리온**(prion)이다. 프리온은 정상적인 단백질을 비정상적인 형태로 변하게 하는 비정상적으로 접힌 단백질이다. 프리온은 뇌세포에 들어가서 정상 세포의 단백질을 프리온 형태로 전환한다. 만약 충분한 수의 분자가 변형된다면, 감염된 소의 뇌는 정상적으로 기능하지 않게 될 것이고, 이 동물은 "광우병" 혹은 "전염성 해면상뇌증(transmissible spongiform encephalophthies)"(일반적인 명칭)으로 쓰러지게 되는데, 비틀거리며 공포에 질려있거나 미친 것처럼 보인다. 양과 염소는 광우병처럼 뇌 기능에 영향을 주는 "진전병(scrapie)"에 감염될 수 있다. 이 동물은 불편함과 간지럼을 느끼게 되며, 모든 것들에 대고 미친듯이 문지르다가, 결국에는 양모와 털 대부분을 긁어서 벗겨내게 된다. 진전병은 새로운 질병이 아니라, 이미 약 250년 전에 보고된 질병이다.

오랜 기간 동안, 과학자들은 인간은 프리온에 감염될 수 없을 것이라고 믿었다. 하지만 1994~1996년에 영국에서 12명의 사람들이 광우병과 비슷한 증상을 나타내는 인간 프리온병인 크로이츠펠트-야콥병(Creutzfeld-Jakob disease, CJD)에 쓰러졌다. 희생자는 모두 광우병으로 의심되는 소의 고기를 먹은 상태였다. 부검을 통해 이 12명의 영국 환자 중 10명의 뇌가 광우병을 유발하는 것과 유사한 프리온을 함유하고 있어서 이 사람들이 "전형적인" CJD 병에 의해서 죽은 것이 아님이 밝혀졌다(Guyer, 1997). 다수의 과학자들이 이제 프리온은 진전병을 앓는 양으로부터 유래했다고 믿고 있다. 사람들은 소에게 양고기 찌꺼기와 뼈를 비롯한 사체의 버리는 부위를 사료로 먹였다. 이 소들은 양의 프리온에 노출되었고, 프리온은 소 숙주에 자리잡았다. 사람들이 감염된 소의 고기를 먹었고, 인간에게 감염되었다. 하지만 이 병의 정확한 원인을 파악하고 전염을 방지하는 방법을 알아내기 위해서는 아직 많은 연구가 필요하다.

3-12 미생물 변환

미생물은 수천 년간 화학적 전환을 일어나게 하는 데 사용되어 왔다. 와인, 맥주, 치즈, 요구르트는 미생물이 없었다면 만들 수 없었을 것이다. 보다 근래에는 미생물은 위생공학자(지금은 환경공학자로 불림)에 의해 안전한 먹는 물을 생산하고, 하수를 처리하고, 유해화학물질을 제거하는 데 사용되어 왔다.

수질. 공학자들과 과학자들은 생물학적 반응이 하천 정화에 있어서 갖는 중요성을 이미 1870년부터 인식하였다. 이 해에 영국의 왕립 하천오염위원회에서는 상류에 유입된 물의 오염물질을 정화하기에 충분히 긴 강은 없다는 결론을 내렸다. 1882~1883년의 겨울, 필라델피아의 슈킬(Schuykill)강이 오랜 시간 동안 얼음으로 뒤덮였을 때, 혐기성 세균이 활성화되어 강에서 "나쁜 맛과 냄새"가 났다.

악취 측면에서 조류가 수질에 미치는 영향은 이미 1917년에 상수도 관리자를 위한 교과서에 문서화되었다(Folwell, 1917). 여기에는 아나베나(*Anabaena*), 유로글레나(*Uroglena*), 아스테리오넬라(*Asterionella*)가 가장 흔한 위해생물에 속한다는 것이 강조되었다. 원생동물(protozoa), 해면동물(spongiana), 윤형동물(rotifera), 곤충(entomostraca, 이전에 갑각동물(Crustacea) 대신 사용되었던 용어), 연체동물(mollusk)은 저수지 물의 유기성 및 광물성 불순물을 정화하는 것으로 알려져 있었다.

5장에서 언급되었듯이, 환경에서 미생물은 질소, 탄소, 인, 황의 순환에서 중요한 역할을 한다. 하천과 호수에서의 유기물의 산화에 대한 보다 자세한 설명은 9장 수질관리에서 다룰 것이다.

하수 처리. 1889년에 이르러, 메사추세츠주 로렌스시의 메사추세츠주 보건국(Massachusetts State Board of Health)에서 살수 여상(trickling filter)을 개발하게 되면서, 공학자들은 생물학적 하수 처리 공정을 사용하기 시작하였다. 이후 1908년 펜실베이니아주 레딩시에서 최초의 살수 여상 가동이 시작되었다. 1917년에는 최초의 활성슬러지 처리시설이 가동되어 잉글랜드의 워체스터시로부터 유입되는 하수를 처리하기 시작하였다(Fuller and McClintock, 1926).

생물학적 하수 처리에 관여하는 2개의 주요 미생물 집단은 세균과 진핵생물(원생동물, 갑각류, 선충류, 윤형동물)이다. 진균류가 유의적인 숫자로 존재하는 경우는 거의 없다. 하수에 있는 유기물질의 1차 소비자는 종속영양 세균이지만 원생동물도 중요한 역할을 할 수 있다. 하수에 존재하는 세균 중 대부분은 그람음성이며, 슈드모나스(*Pseudomonas*), 아르트로박터(*Arthrobacter*), 간균(*Bacillus*), 주글로에아(*Zoogloea*), 노카르디아(*Nocardia*) 속의 생물들이 이에 포함된다. 종속영양 세균은 존재하는 생물 질량의 대부분을 이룬다. 원생동물, 갑각류 등의 생물은 주로 종속영양 세균이 생성하는 부산물과 죽어서 용해된 세균을 분해하는 2차 소비자이다. 생물학적 하수 처리에서의 미생물의 역할은 11장에서 보다 자세하게 논의될 것이다.

하수 처리의 생물학적 작용들에 대한 이해가 증진됨에 따라 하수 처리 공정도 발달해 왔다. 동물 배설물을 관리하는 방법도 개선되었고, 세균의 발효 작용을 활용하여 발전에 사용할 수 있는 메테인, 이산화탄소와 소량의 미량 가스들을 포함하는 바이오가스를 생산하는 분뇨 소화조(manure digestor)가 건조되고 있다. 잔류 고체물질은 토양 개량제로, 잔류액은 비료로 사용할 수 있다.

상수 처리. 상수 처리에 있어서 미생물의 역할은 인간의 건강 보호와 수인성 질병 방지 측면에서 주로 고려된다. 급속 모래 여과(rapid sand filtration)와 소독(disinfection)의 1차적 목표는 각각 병원균의 제거와 비활성화이다. 1917년에 이르러서, 먹는 물의 여과는 장티푸스 발병률을 유의적으로 감소시킨다는 것이 정설로 받아들여지게 되었다. 그림 10-1에 나와 있듯이, 염소를 소독제로 사용하게 되면서 장티푸스 열병으로 죽는 사망자의 수가 줄어들었다.

완속 모래 여과(slow sand filtration) 같은 공정은 쉽게 생분해될 수 있는 유기물을 소비하는 미생물들의 존재를 필요로 한다. 이들이 없다면 이 유기물들이 배수시설에서 분해되어 관로 벽의 바이오필름 형성을 초래할 수 있다. 실제로 1900년대 초에 이르러, 수도관 내부에 "파이프 이끼(pipe moss)" 또는 "식물과 동물 형태의 생명체(vegetable and animal life)"가 자란다는 것이 관찰되었다(Folwell, 1917). 이런 여과기는 탁도와 병원균도 효과적으로 제거한다. 1852년에는 세인트 폴 대성당(St. Paul's Cathedral)을 중심으로 5마일 이내에 있는 템스강에서 취수한 물은 런던 시민에게 배수하기 전에 반드시 여과를 거치도록 강제하는 메트로폴리스 수도법(Metropolis Water Act)이 제정되었을 정도로, 1800년대 중반에 이르러서 영국에서는 상수 처리를 위한 완속 모래 여과를 사용하는 방법이 확립되었다(Huisman and Wood, 1974).

최근 몇 년간, 미국에서는 생물학적 처리를 이용해서 마실 수 있고, 맛이 좋은 먹는 물을 생산하는 방법에 대한 관심이 다시 높아지고 있다. 이는 생물학적 불안정성(biological instability), 즉 생분해성 유기물질, 아질산염, 2가철, 망간(II), 황화물, 암모니아 등이 배수시설에서 세균의 성장을 촉진하는 현상이 관찰되었기 때문이다. 이런 류의 세균은 병원성인 경우가 거의 없으나, 종속영양 생물의 수를 증가시켜서 탁도와 맛과 냄새를 유발하는 화학물질을 증가시키고, 용존 산소를 소모하고 부식을 가속화한다. 이와 같은 생물학적 불안정성을 감축하는 데 사용될 수 있는 공정에는 생물활성탄, 오존-유동층 생물 처리(ozonation-fluidized bed biological treatment), 완속 모래 여과, 제방 여과(bank filtration) 등이 있다. 이 공정들에 대한 자세한 논의는 10장에서 다뤄질 것이다.

유해화학물질의 독성 제거. 오늘날 세계 시장에는 70,000여 가지의 합성유기물질이 거래되고 있으며, 이 중 대부분은 환경에서 잘 제거되지 않는 것으로 알려져 있다. 하지만 이들 중 다수가 처음 개발되었을 때는 환경에 어떤 영향을 미칠지 아는 바가 없었다. 예를 들면, 제2차 세계대전 중에는 비누를 만드는 동물성 지방이 부족하여 합성 세제가 개발되어 생산되었다. 세척에 탁월한 성질 때문에 합성 세제는 비누보다 선호되었다. 하지만 도시하수 처리시설로 배출되면서 폭기조와 하수가 방출되는 곳의 수역에서 심한 거품 현상이 발생하였다. 연구 결과, 그 원인은 쉽게 생분해되지 않고 거품 발생을 유발하는 알킬벤젠 술폰산(alkyl benzene sulfonate, ABS) 때문으로 밝혀졌다. 이는 ABS를 선형 알킬벤젠 술폰산(linear alkylbenzene sulfonate)으로 대체하면서 문제가 해결되었다. DDT, 폴리염화바이페닐(polychlorinated biphenyls, PCB), 할로겐화 용매, 염화불화탄소 등의 다른 화합물들도 쉽게 생분해되지 않고 환경에 축적된다. 이 화합물들 중 다수가 할로겐, 그중에서도 주로 염소, 불소, 브롬을 함유한 물질이다.

가솔린의 방향족 화합물 같은 다른 화합물들은 특정 조건하에서 느리게 반응이 일어나지만 생물학적으로 분해된다. 1972년에 석유 관로 유출 사고로 유출된 석유 화합물을 분해하는 데 최초로 미생물이 상업적으로 사용되었다. 1980년대에는 트리클로로에틸렌, 테트라클로로에틸렌, 항공유 등의 독성 화학물질로 오염된 지하수가 미생물을 사용하여 정화되었다. 또한 1980년대와 1990년대에 걸쳐서 화학물질을 보다 효과적으로 제거하기 위해서 미생물을 유전적으로 조작하려는 시도가 많이 있었으나 아직까지는 원래 기대했던 만큼의 성과를 얻지 못했다. 최근에는 자연적으로 발생하는 생물들에게 경쟁적 우위를 제공하여 관심 오염물질을 효과적으로 분해하게 하는 데 중점을 두고 있다.

예제 3-4 1,1-디클로로에테인(1,1-DCA)은 물에는 거의 녹지 않지만 대부분의 유기용매에는 잘 섞이는 염화 탄화수소이다. 이 물질은 용매, 탈지세척제, 살충제 스프레이와 소화기의 훈증제 등의 용도로 화학 제조 공정에 널리 쓰였다. 이 물질은 미국 환경보호청(EPA)에는 식수의 오염원으로, 미국 산업안전보건청(OSHA)에는 실내 공기 오염원으로 규제되고 있다.

당신은 환경공학자이며 1,1-DCA로 오염된 현장의 지하수 정화 공정을 설계해야 한다. 1,1-DCA가 황산염 환원 세균에 의해서 미생물학적으로 분해될 수 있는 가능성이 있는지 판단하고자 한다. 이 목적을 어떻게 달성하겠는가?

풀이 이 반응이 열역학적으로 가능한지를 판단하려면, 반쪽 반응식이 필요하다. 1,1-DCA가 염화에테인으로 변환되는 탈염 반응의 반쪽 반응식은 다음과 같다.

$$1/2\ C_2H_4Cl_2 + 1/2\ H^+ + e^- \rightleftharpoons 1/2\ C_2H_5Cl + 1/2\ Cl^- \qquad \Delta G^\circ = -49.21\ kJ/e^-\ eq$$

황화수소의 산화 반응의 반쪽 반응식은 다음과 같다.

$$1/8\ HS^- + 1/2\ H_2O \rightleftharpoons 1/8\ SO_4^{2-} + 9/8\ H^+ + e^- \qquad \Delta G^\circ = -21.23\ kJ/e^-\ eq$$

이 반쪽 반응식들로부터 1,1-DCA의 탈염 반응의 G°값은 $-70.44\ kJ/e^-\ eq$로 구해지며, 이는 열역학적으로 가능함을 의미한다. 실험실 연구와 현장 연구를 통해 이 세균이 1,1-DCA를 염화에테인으로 변환할 수 있음이 확인된 바 있다.

끝으로, 생물학에 대한 탄탄한 지식은 위에서 언급한 모든 분야에서 발전을 이루기 위해서 절대적으로 중요하며, 따라서 미래의 환경공학자들과 과학자들에게는 과거보다 훨씬 높은 수준의 생물학에 대한 이해도가 요구될 것이다.

연습문제

3-1 호흡속도는 산소 소비나 이산화탄소 생성속도를 관찰하여 구할 수 있다.

$$C_6H_{12}O_6 + 6O_2 \rightleftharpoons 6CO_2 + 6H_2O$$

한 실험에서 발아 중이지 않은 완두콩 씨앗 25개를 넣은 호흡률 측정기 속의 기체 부피의 변화를 2개의 다른 배양 온도(10°C와 20°C)에서 측정하였다. 이 실험은 광합성이 일어나지 않도록 암실에서 진행되었다. 세포호흡 도중에 생성된 CO_2는 CO_2와 수산화칼륨(KOH)이 반응하여 고체탄산칼륨을 생성하는 반응에 의해서 제거되었다. 이 방법으로 산소의 소비량을 측정할 수 있었다. 결과는 다음과 같다.

시간(분)	대조군과의 부피 차이	
	10°C	20°C
0	–	–
5	0.005	0.01
10	0.01	0.02
15	0.015	0.035
20	0.027	0.05

(a) 20분이 경과한 후 소비된 산소의 몰수를 구하시오. 기압은 1 atm으로 가정하시오.
(b) 1차 반응을 가정할 때, 각 데이터에 대해서 속도상수를 구하시오. 발아 중인 씨앗으로 수행한 실험에서 얻은 결과와 비교하시오(예제 3-2 참조).

답: (a) 10°C에서는 1.2×10^{-6} 몰; 20°C에서는 2.1×10^{-6} 몰
(b) 10°C는 0.108 min^{-1}; 20°C는 0.109 min^{-1}

3-2 황화수소(HS^-)는 하수도관 속에서 자라는 미생물들에 의해서 SO_4^{2-}로 산화되는데, 생성된 산에 의한 콘크리트 부식으로 이어질 수 있다.
(a) 100% 전환을 가정할 때, HS^-의 농도가 2.5 mg·L^{-1}이면 생성되는 황산염의 농도는 얼마인가?
(b) 전자수용체가 아세트산염이라 가정할 때, 이 반응의 $\Delta G°$값을 구하고, 이 반응이 열역학적으로 가능한 반응인지 논하시오.

HS^-가 SO_4^{2-}로 산화되는 반쪽 반응식은 다음과 같다.

$$\Delta G°, kJ \cdot (e^- eq)^{-1}$$
$$1/8\ SO_4^{2-} + 9/8\ H^+ + e^- \rightleftharpoons 1/8\ HS^- + 1/2\ H_2O \qquad 21.23$$

답: (a) 7.3 mg·L^{-1} SO_4^{2-}
(b) -6.2 kJ$(e^- eq)^{-1}$. 이 반응은 열역학적으로 가능한 반응이다.

3-3 새로운 효소 X의 특성을 분석 중이다. 여러 기질 농도에서 반응속도를 측정한 결과 다음의 데이터를 수집하였다.

초기 기질 농도(mM)	$V_0(\mu g \cdot h^{-1})$
3.0	10.4
5.0	14.5
10.0	22.5
30.0	33.8
90.0	40.5
180.0	42.5

(a) V_{max}값과 K_M값을 구하시오.

(b) 효소의 농도를 위의 실험에서 쓰인 양의 10%로 줄였을 때, 초기 반응속도가 달라지겠는가? 만약 그렇다면, 어떻게 달라지겠는가?

답: (a) $V_{max} = 44.6\ \mu g \cdot h^{-1}$; $K_M = 10.0$ mM

(b) 초기 반응속도도 원래의 10%로 낮아질 것이다.

3-4 염화비닐은 테트라클로로에틸렌이 트리클로로에틸렌을 거쳐서 디클로로에틸렌으로 이어지는 혐기성 탈염 반응으로부터 생성되는 물질이다. 염화비닐이 호기성 또는 혐기성 반응을 통해 에틸렌을 생성할 수 있는지 구하고 풀이 과정을 쓰시오. 관련된 반쪽 반응식은 다음과 같다.

$$\Delta G°, kJ \cdot (e^- \ eq)^{-1}$$

$1/2\ C_2H_3Cl + 1/2\ H^+ + e^- \rightleftharpoons 1/2\ C_2H_4 + 1/2\ Cl^- \qquad -35.81$

$1/8\ CO_2 + 1/2\ H^+ + e^- \rightleftharpoons 1/8\ CH_4 + 1/4\ H_2O \qquad 23.53$

$1/4\ O_2 + H^+ + e^- \rightleftharpoons 1/2\ H_2O \qquad -78.72$

답: 염화비닐은 혐기성 조건에서만 CO_2를 전자수용체로 이용한 탈염 반응을 통해서 에틸렌으로 변환할 수 있다.

4

물질 및 에너지수지

4-1 서론

물질 및 에너지수지는 환경 시스템의 움직임을 정량적으로 이해하는 데 사용되는 핵심 개념이다. 이는 환경 시스템 안팎으로 이동하는 에너지와 물질을 설명하는 데 사용된다. 물질수지는 환경 오염물질의 생성 및 거동을 모델링하기 위한 도구이며, 마찬가지로 에너지수지는 환경에서 에너지의 생성 및 거동을 모델링하기 위한 도구이다. 물질수지의 예로 빗물 유출 예측(7장), 채광 작업에서 발생하는 고형 폐기물 발생량 계산(8장), 하천 내 용존산소 변화(9장), 유해 폐기물 발생량의 감시 (14장) 등이 있다. 에너지수지를 통해서는 열 프로세스의 효율성을 추정하고(8장), 발전소에서 냉각수 배출로 인한 하천의 온도 상승을 예측하고(9장), 기후변화를 연구할 수 있다(12장).

4-2 통합 이론들

물질 보존

물질 보존 법칙(law of conservation of matter)에 의해 (핵반응을 제외하고) 물질은 생성되거나 파괴될 수 없다. 이는 매우 강력한 이론이다. 즉, 우리가 환경 프로세스를 주의 깊게 관찰하면 언제든지 물질의 양을 계산할 수 있다는 것을 뜻한다. 하지만 이는 물질의 형태나 물질의 속성이 변하지 않는다는 것을 의미하지는 않는다. 따라서 월요일에 카운터에 있는 신선한 물 한 컵의 부피를 측정하고 일주일 후에 다시 측정하여 부피가 더 작아졌을 때, 이는 마술이 일어난 것이 아니라, 물질의 형태가 변화한 것으로 이해한다. 다만, 물질 보존의 법칙에 의하면 일주일 전에 물 컵에 존재했던 물의 질량은 일주일 후에 유리에 남아 있는 물의 질량과 증발된 수증기의 질량을 더한 총질량과 동일하다. 이를 수학적으로 표현한 것을 **물질수지**(material balance, mass balance)라고 한다.

에너지 보존

에너지 보존 법칙(law of conservation of energy)에 따르면 에너지는 생성되거나 소멸될 수 없다. 물질 보존의 법칙과 마찬가지로 이 이론은 우리가 어느 시점에서든 에너지 양을 설명할 수 있다는 것을 의미한다. 그러나, 이 또한 에너지의 형태가 변하지 않는다는 의미는 아니다. 우리는 녹색 식물에서 동물에 이르기까지 일련의 유기체 간에 먹이의 에너지가 전달되는 것을 추적할 수 있다. 이와 같이 에너지를 추적하는 데 우리가 사용하는 계산 방법을 수학적으로 표현한 것을 **에너지수지** (energy balance)라고 한다.

물질과 에너지 보존

1905년 알버트 아인슈타인(Albert Einstein)은 물질과 에너지의 동등성 이론, 즉 $E = (2.2 \times 10^{13})(m)$ 를 제안하였다. 여기서 E는 열량(칼로리), m은 질량(그램), 2.2×10^{13}은 상수이다. 이 이론은 1 g의 물질을 에너지로 전환했을 때 2.2×10^{13} 칼로리가 방출된다는 것을 의미한다. 에너지의 양은 변화하는 물질의 성질에 의존하지 않는다. 이는 엄청난 양의 에너지이다. 예를 들어, 물질 1 g을 에너지로 전환하면 물 220 Gg의 온도가 0°C의 어는점에서 100°C의 끓는점까지 상승한다. 동일한 에너지를 얻기 위해서는 약 2.7 Mg의 석탄의 연소가 필요하다.

핵 시대의 탄생으로 아인슈타인의 가설이 옳았음이 증명됐기 때문에, 오늘날 우리는 **물질과 에**

너지 보존 법칙(law of conservation of matter and energy)이라는 결합 법칙으로 에너지와 물질의 총량은 일정하다고 정의할 수 있다. 핵 변화는 원자 자체의 정체성을 변화시켜 새로운 물질을 생산한다. 상당한 양의 물질이 핵 폭발로 인해 에너지로 변환된다. 물질과 에너지 간의 교환은 환경 분야에서는 많이 다루지 않는다. 일반적으로, 우리는 물질과 에너지를 각각 분리하여 이들의 수지를 고려한다.

4-3 물질수지

기초

물질수지를 아주 간단하게 설명하자면 가계부 정리와 같다. 수입과 지출이 있을 때마다 재산 잔고의 변화를 파악하는 것이다.

잔고＝수입－지출 (4-1)

환경 프로세스의 경우, 위 식은 아래와 같이 된다.

축적＝유입－유출 (4-2)

유입과 유출은 시스템에 축적되거나 시스템에 유입·유출되는 질량을 나타낸다. 여기서 "시스템"은 연못, 강, 오염 정화장치 등을 예로 들 수 있다.

검사체적. 물질수지 방식을 사용하여 환경 시스템 문제를 해결하고자 할 때 우리는 우선 이를 간략한 그림으로 표현하거나 각 프로세스의 흐름도를 그린다. 알고 있는 모든 유입과 유출, 축적 정보를 동일한 질량 단위로 변환하여 그림에 배치한다. 아직 모르는 유입, 유출, 축적 정보 또한 표시한다. 이런 방법은 문제를 정의하는 데 도움이 된다. 이때 시스템의 경계(분석할 공간이나 공정 또는 그 일부 주변의 영역을 보여주는 가상 경계)는 최대한 계산을 간단하게 할 수 있도록 설정한다. 이러한 경계 내 시스템을 **검사체적**(control volume)이라고 한다.

그 다음에 검사체적 내 유입, 유출, 축적되는 모든 물질들의 수지가 맞는지 식을 도출하여 확인할 수 있다. 수지가 맞지 않을 경우에는 이를 통해 아직 모르는 유입, 유출, 축적에 대한 정보를 구할 수 있다. 이러한 방법을 활용한 사례는 아래와 같다.

예제 4-1 콘주머(Konzzumer) 부부는 아이가 없다. 평균적으로 이들은 매주 약 50 kg의 소비재(음식, 잡지, 신문, 가전제품, 가구 등)를 구매하여 집으로 들고 온다. 이 중에서 50%는 음식으로 섭취된다. 음식 중의 절반은 생물학적 보존을 위해 사용된 후 이산화탄소(CO_2)로 배출되며 나머지는 하수로 배출된다. 콘주머 부부는 생성되는 고형 폐기물의 25%를 재활용하며, 대략 1 kg이 집 안에 축적된다. 이때 이들이 매주 버리게 되는 고형 폐기물의 양을 구하시오.

풀이 우선 물질수지 흐름도를 그리고, 알고 있는 유입물 및 유출물과 모르는 유입물 및 유출물을 표시한다. 이를 위해 2개의 흐름도를 그릴 수 있다. 첫 번째는 집에 대한 흐름도이며, 두 번째는 사람들에 대한 흐름도이다. 하지만 사람들에 대한 물질수지는 이 문제의 풀이에서는 필요하지 않다.

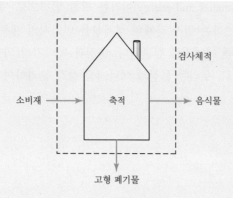

집에 대한 물질수지식은 아래와 같다.

유입＝집에 축적되는 양＋사람들이 먹는 음식 형태로서의 유출＋고형 폐기물 형태로서의 유출

이제 알고 있는 유입물과 유출물을 계산한다.

유입물의 절반은 음식이다＝(0.5)(50 kg)＝25 kg

이는 사람들이 먹는 음식 형태로서의 유출량과 동일하다. 즉, 물질수지식은 다음과 같이 다시 쓸 수 있다.

50 kg＝1 kg＋25 kg＋고형 폐기물 형태로서의 유출

이제 고형 폐기물의 질량을 계산한다.

고형 폐기물 형태로서의 유출＝50－1－25＝24 kg

이를 통해 물질수지 도표를 아래와 같이 그릴 수 있다.

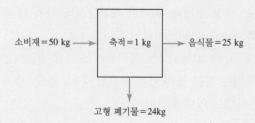

이제 고형 폐기물에 대한 물질수지를 다시 구축하여 최종적으로 버리게 되는 고형 폐기물의 양을 계산할 수 있다.

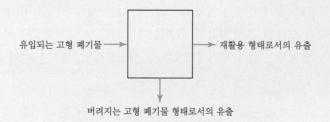

여기서 물질수지식은

유입되는 고형 폐기물＝재활용 형태로서의 유출＋버려지는 고형 폐기물 형태로서의 유출

전체 고형 폐기물의 25%를 재활용하기 때문에

재활용 형태로서의 유출＝(0.25)(24 kg)＝6 kg

이제 위 물질수지식을 통해 버려지는 고형 폐기물 질량을 구할 수 있다.

24 kg＝6 kg＋버려지는 고형 폐기물 형태로서의 유출

버려지는 고형 폐기물＝24−6＝18 kg

시간인자

많은 환경문제에서 시간은 문제의 심각성을 이해하고 이에 대한 해결책을 설계하기 위해 중요한 요소이다. 시간 개념을 포함할 때 식 4-2는 아래와 같이 된다.

축적속도＝유입속도−유출속도   (4-3)

여기서 **속도**는 "시간당 값"을 의미한다. 위 식을 미적분식으로 다음과 같이 쓸 수 있다.

$$\frac{dM}{dt} = \frac{d(\text{in})}{dt} - \frac{d(\text{out})}{dt} \tag{4-4}$$

여기서 M은 축적되는 질량을 나타내고, (in)과 (out)은 검사체적으로 들어오고 나가는 질량을 나타낸다. 환경문제에서는 시스템에 적합한 시간 범위가 선택되어야 한다.

예제 4-2 한 사람이 욕조 물을 채우기 시작했으나 마개로 막는 것을 깜빡하였다. 욕조가 가득 찼을 때 물의 부피는 0.350 m³이며, 물은 1.32 L · min⁻¹의 유속으로 채워지고 있고 0.32 L · min⁻¹의 유속으로 배수되고 있다. 이때 욕조를 가득 채우기 위해 걸리는 시간을 구하시오. 또한 이 사람이 욕조에 물이 가득 찼을 때 수도꼭지를 잠궜다면, 그 사이에 얼마만큼의 물을 허비하였는지 구하시오. 물의 밀도는 일정한 것으로 가정한다.

풀이 물질수지 흐름도는 아래와 같다.

물질수지는 질량 단위로 하기 때문에 우리는 부피를 질량으로 변환해야 한다. 이를 위해서는 물의 밀도를 사용한다.

질량＝(부피)/(밀도)＝(∀)(ρ)

여기서

부피＝(유속)(시간)＝$(Q)(t)$

$1.0 \ \text{m}^3 = 1000 \ \text{L}$이기에 $0.350 \ \text{m}^3 = 350 \ \text{L}$가 되며, 물질수지식은 아래와 같이 된다.

축적＝유입되는 물질－유출되는 물질

$(\forall_{ACC})(\rho) = (Q_{in})(\rho)(t) - (Q_{out})(\rho)(t)$

여기서 밀도가 일정하게 유지된다는 가정을 통해

$\forall_{ACC} = (Q_{in})(t) - (Q_{out})(t)$

$\forall_{ACC} = 1.32t - 0.32t$

$350 \ \text{L} = (1.00 \ \text{L} \cdot \text{min}^{-1})(t)$

$t = 350 \ \text{min}$

이때 허비된 물의 양은 다음과 같다.

허비된 물의 양 $= (0.32 \ \text{L} \cdot \text{min}^{-1})(350 \ \text{min}) = 112 \ \text{L}$

더 복잡한 시스템들

앞서 언급한 예들보다 더 복잡한 시스템 내에서의 물질수지 문제를 해결하기 위해서는 적절한 검사체적의 설정이 매우 중요하다. 어떤 경우에는, 복수의 검사체적을 설정하고 한 검사체적을 다른 검사체적의 입력값으로 순차적으로 대입하여 문제를 해결해야 하는 경우도 있다. 일부 복잡한 공정들의 경우, 검사체적을 적절하게 설정하여 그 안에 세부 공정들을 모두 한 묶음인 "블랙 박스(black box)"로 간주하여 문제를 풀어나가는 방법도 있다. 다음 예제에서는 복잡한 시스템에서 문제를 해결하는 한 방법을 보여준다.

예제 4-3 작은 거주 구역에서의 우수관망은 다음 그림과 같다. 우수는 중력에 의해 관망에 표시된 방향으로 흘러가게 된다. 우수는 동쪽과 서쪽 끝 우수관으로만 유입되며 북쪽과 남쪽에서는 들어오지는 않는다. 각 관 내 유속은 화살표와 함께 표시되어 있다. 각 관의 용량은 $0.120 \ \text{m}^3 \cdot \text{s}^{-1}$이다. 강우량이

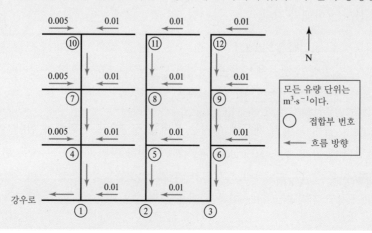

많아 관의 용량을 넘을 경우, 강우로의 1번 접합부에서 침수가 일어나게 된다. 이를 해결하기 위해 일시적으로 우수를 저장하는 저류조를 건설하자는 안이 제기되었다. 아래 우수관망에서 어디에 저류조를 설치해야 최대 용량을 약 50% ($0.06 \ \mathrm{m^3 \cdot s^{-1}}$) 증가시킬 수 있을지 찾으시오.

풀이 이는 유량수지를 맞추는 문제의 예이다. 즉 Q_{out}과 Q_{in}이 동일해야 한다. 물론 이 문제는 시각적으로 살펴보기만 해도 풀 수 있으나, 우리는 순차적인 물질수지 방법을 이용해 풀도록 한다. 우선 12번 접합부에서 시작한다.

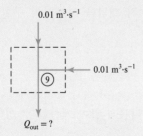

여기서 물질수지식은

$$\frac{dM}{dt} = \frac{d(\mathrm{in})}{dt} - \frac{d(\mathrm{out})}{dt}$$

이 접합부에서 물이 축적되지는 않기 때문에

$$\frac{dM}{dt} = 0$$

그리고

$$\frac{d(\mathrm{in})}{dt} = \frac{d(\mathrm{out})}{dt}$$

$$(\rho)(Q_{in}) = (\rho)(Q_{out})$$

물의 밀도는 일정하기 때문에 유입되는 물과 유출되는 물의 질량은 그 유량에 비례하게 된다.

$$Q_{in} = Q_{out}$$

따라서 12번 접합부에서 9번 접합부로 가는 유량은 $0.01 \ \mathrm{m^3 \cdot s^{-1}}$이다.

9번 접합부에서 물질수지는 아래와 같다.

0.01 m³·s⁻¹

0.01 m³·s⁻¹

⑨

$Q_{out} = ?$

여기서도 물은 접합부에서 축적되지 않는다고 가정하고 물질수지식을 유량에 기반하여 세울 때 다음과 같이 나타낼 수 있다.

$$Q_{9번 \, 접합부로부터} = Q_{12번 \, 접합부로부터} + Q_{9번 \, 접합부에 \, 연결된 \, 관}$$

$$= 0.01 + 0.01 = 0.02 \; m^3 \cdot s^{-1}$$

유사하게,

$$Q_{6번 \, 접합부로부터} = Q_{9번 \, 접합부로부터} + Q_{6번 \, 접합부에 \, 연결된 \, 관}$$

$$= 0.02 + 0.01 = 0.03 \; m^3 \cdot s^{-1}$$

그리고 동쪽-서쪽 관에는 우수가 유입될 수 있음을 기억하자.

$$Q_{3번 \, 접합부로부터} = Q_{6번 \, 접합부로부터} + Q_{3번 \, 접합부와 \, 2번 \, 접합부를 \, 잇는 \, 관}$$

$$= 0.03 + 0.01 = 0.04 \; m^3 \cdot s^{-1}$$

위와 같이 각 접합부를 기준으로 계산하면 관망 내 유량은 다음 그림과 같다.

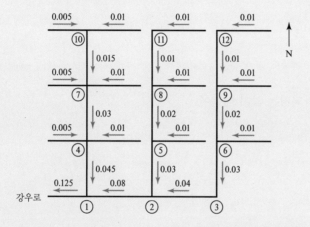

여기서 1번 접합부 이후 유량은 관의 용량인 $0.12 \; m^3 \cdot s^{-1}$를 넘는 것을 확인할 수 있다. 또한 2번 접합부에서 흐르는 총 유량이 $0.07 \; m^3 \cdot s^{-1}$이며, 여기에 저류조를 설치하였을 때, 1번 접합부로 흐르는 유량은 $0.055 \; m^3 \cdot s^{-1}$가 된다. 이 경우, 우수관망의 최대 용량을 약 50% 증가시킬 수 있다.

효율

오염물질을 제거하는 환경 프로세스의 효율도 물질수지 개념을 사용하여 구할 수 있다. 아래 식 4-4부터 시작할 때,

$$\frac{dM}{dt} = \frac{d(\text{in})}{dt} - \frac{d(\text{out})}{dt}$$

단위 시간당 오염물질의 질량[$d(\text{in})/dt$ 및 $d(\text{out})/dt$]은 다음과 같이 계산할 수 있다.

$$\frac{질량}{시간} = (농도)(유량)$$

예를 들어,

$$\frac{질량}{시간} = (mg \cdot m^{-3})(m^3 \cdot s^{-1}) = mg \cdot s^{-1}$$

이것을 **질량유량**(mass flow rate)이라고 한다. 농도와 유량에 기반했을 때, 물질수지식은 아래와 같이 표현된다.

$$\frac{dM}{dt} = C_{in}\, Q_{in} - C_{out}\, Q_{out} \tag{4-5}$$

여기서 dM/dt = 공정 내 오염물질의 축적속도

$\quad\quad C_{in},\ C_{out}$ = 공정으로 유입되는 또는 공정에서 유출되는 오염물질 농도

$\quad\quad Q_{in},\ Q_{out}$ = 공정으로 유입되는 또는 공정에서 유출되는 유량

공정 내 축적되는 질량 대비 유입되는 질량의 비율은 공정이 오염물질을 제거하는 데 얼마나 효과적인지를 나타내는 척도이다.

$$\frac{dM/dt}{C_{in}\, Q_{in}} = \frac{C_{in}\, Q_{in} - C_{out}\, Q_{out}}{C_{in}\, Q_{in}} \tag{4-6}$$

편의상 분수에 100%를 곱하고 식의 왼쪽을 η으로 표기한다. 이때 효율(η)은 다음과 같이 정의된다.

$$\eta = \frac{\text{유입되는 질량} - \text{유출되는 질량}}{\text{유입되는 질량}}(100\%) \tag{4-7}$$

유입되는 유량과 유출되는 유량이 같을 때, 위 식은 다음과 같이 단순화될 수 있다.

$$\eta = \frac{\text{유입 농도} - \text{유출 농도}}{\text{유입 농도}}(100\%) \tag{4-8}$$

다음 예제는 효율 개념을 이용하여 문제의 해를 구하는 방법을 보여준다.

예제 4-4 도시의 폐기물 소각장 내 대기오염 제어 장비에는 입자들을 수집하기 위한 섬유질 필터(**백하우스**, baghouse)가 포함되어 있다. 백하우스는 424개의 천으로 만든 백이 병렬로 구성되어 있으며 각 백에는 1/424의 유량이 흐른다. 전체 백하우스에 유입 및 유출되는 기체유량은 47 $m^3 \cdot s^{-1}$이고, 유입되는 입자의 농도는 15 $g \cdot m^{-3}$이다. 통상적인 운영 중 백하우스에서 유출되는 입자 농도는 규제 기준인 24 $mg \cdot m^{-3}$ 이하이다. 백을 교체하는 과정에서 하나의 백이 교체되지 않아 나머지 423개만 정상적으로 교체되었다.

424개의 백이 모두 정상적으로 작동하며 배출되는 입자 농도가 규정 수치와 동일할 때, 입자의 제거 효율을 구하시오. 또한, 하나의 백이 교체되지 않았을 때 유출되는 입자 질량유량과 제거 효율을 구하시오. 백하우스의 제거 효율과 각 백의 제거 효율은 같다고 가정한다.

풀이 백하우스가 정상적으로 운영될 때의 물질수지는 다음 그림과 같다.

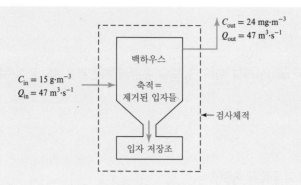

농도와 유량을 통해 물질수지식을 구성하면 다음과 같다.

$$\frac{dM}{dt} = C_{in} Q_{in} - C_{out} Q_{out}$$

백하우스에 축적되는 질량속도는 다음과 같다.

$$\frac{dM}{dt} = (15,000 \text{ mg} \cdot \text{m}^{-3})(47 \text{ m}^3 \cdot \text{s}^{-1}) - (24 \text{ mg} \cdot \text{m}^{-3})(47 \text{ m}^3 \cdot \text{s}^{-1}) = 703,872 \text{ mg} \cdot \text{s}^{-1}$$

여기서 제거되는 입자의 비율은

$$\frac{703,872 \text{ mg} \cdot \text{s}^{-1}}{(15,000 \text{ mg} \cdot \text{m}^{-3})(47 \text{ m}^3 \cdot \text{s}^{-1})} = \frac{703,872 \text{ mg} \cdot \text{s}^{-1}}{705,000 \text{ mg} \cdot \text{s}^{-1}} = 0.9984$$

백하우스의 제거 효율은 다음과 같다.

$$\eta = \frac{15,000 \text{ mg} \cdot \text{m}^{-3} - 24 \text{ mg} \cdot \text{m}^{-3}}{15,000 \text{ mg} \cdot \text{m}^{-3}} (100\%)$$

$$= 99.84\%$$

여기서 제거 효율은 제거되는 입자 비율을 퍼센트로 표현한 값과 동일하다.

이제 하나의 백이 없을 때 유출되는 입자 질량유량을 구하기 위해 물질수지를 재구성할 필요가 있다. 백 하나가 없기 때문에, 전체 Q_{out}의 1/424에 해당되는 유량이 필터를 거치지 않고 유출된다. 이러한 "우회" 경로는 그림으로 다음과 같이 표현할 수 있다.

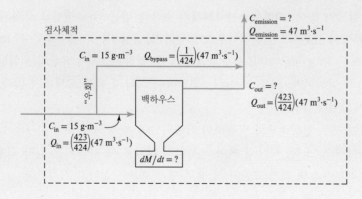

검사체적을 잘 구성하면 문제 풀이에 큰 도움이 된다. 만약 위 그림과 같이 전체를 검사체적에 포함할 경우 3개의 미지수가 존재하게 된다. 이는 백하우스에서 유출되는 질량유량, 백하우스 입자 저장조에 축적되는 물질유량, 그리고 우회되는 유량과 백하우스에서 유출되는 유량이 합쳐진 혼합

기체의 물질유량이다. 만약 검사체적을 백하우스 주위에 설정할 경우 미지수는 2개로 줄게 된다.

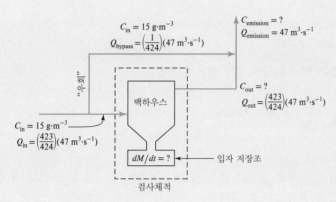

우리는 제거 효율 및 유입되는 입자의 질량유량을 알기 때문에 필터에서 유출되는 질량유량에 대한 식을 다음과 같이 풀 수 있다.

$$\eta = \frac{C_{in}\,Q_{in} - C_{out}\,Q_{out}}{C_{in}\,Q_{in}}$$

여기서 $C_{out}Q_{out}$을 구하면 다음과 같다.

$$C_{out}\,Q_{out} = (1 - \eta)C_{in}\,Q_{in}$$
$$= (1 - 0.9984)(15{,}000\ \mathrm{mg \cdot m^{-3}})(47\ \mathrm{m^3 \cdot s^{-1}})(423/424) = 1125\ \mathrm{mg \cdot s^{-1}}$$

이 값을 우회된 유량과 백하우스에서 유출되는 유량이 합쳐지는 접합부를 둘러싼 검사체적에 사용하면 최종 질량유량을 구할 수 있다.

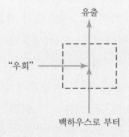

위 그림의 물질수지식은 다음과 같이 표현할 수 있다.

$$\frac{dM}{dt} = C_{in}\,Q_{bypass} + C_{out}\,Q_{out} - C_{emission}\,Q_{emission}$$

여기서 축적되는 질량이 없기 때문에

$$\frac{dM}{dt} = 0$$

이때 물질수지식은 다음과 같다.

$$C_{emission}\,Q_{emission} = C_{in}\,Q_{bypass} + C_{out}\,Q_{out}$$
$$= (15{,}000\ \mathrm{mg \cdot m^{-3}})(47\ \mathrm{m^3 \cdot s^{-1}})(1/424) + 1125 = 2788\ \mathrm{mg \cdot s^{-1}}$$

배출 농도는 다음과 같다.

$$\frac{C_{emission} \, Q_{emission}}{Q_{emission}} = \frac{2788 \text{ mg} \cdot \text{s}^{-1}}{47 \text{ m}^3 \cdot \text{s}^{-1}} = 59 \text{ mg} \cdot \text{m}^{-3}$$

이때 하나의 백이 없는 백하우스의 전체 제거 효율은

$$\eta = \frac{15,000 \text{ mg} \cdot \text{m}^{-3} - 59 \text{ mg} \cdot \text{m}^{-3}}{15,000 \text{ mg} \cdot \text{m}^{-3}} (100\%)$$

$$= 99.61\%$$

위 효율값은 매우 높지만 배출 농도는 규제 기준인 24 mg · m^{-3}를 넘는 것을 알 수 있다. 하나의 백이 없으면 유량 흐름의 변화로 바로 나타나기 때문에 실제로 이렇게 운영되는 경우는 없을 것이다. 하지만 백 안에 작은 구멍이 생긴다든지 다른 문제로 인해 필터가 제대로 작동하지 않아 배출 규제 기준을 맞추지 못할 경우는 충분히 일어날 수 있다. 이러한 상황을 막기 위해서 백들은 주기적으로 점검 및 보수가 되어야 하며 배출되는 기체 또한 주기적으로 모니터링이 되어야 한다.

혼합상태

시스템 내 혼합상태는 식 4-4를 적용할 때 고려해야 하는 중요한 사항이다. 약 200 mL의 커피(또는 다른 음료)가 들어 있는 컵을 생각해 보자. 여기에 크림 한 덩어리(약 20 mL)를 추가하고 즉시 한 모금을 마셔보면 크림이 커피 전체에 고르게 분포되지 않았다는 사실을 알 수 있을 것이다. 반면, 우리가 커피와 크림을 골고루 섞은 다음 이를 마신다면, 컵의 왼쪽에서 마시든 오른쪽에서 마시든 아니면 컵의 밑바닥에 꼭지를 달아 마시든 상관 없을 것이다. 우리는 어떻게 마시든 크림이 고르게 분포되어 있을 것을 예상한다. 물질수지 측면에서 "커피 컵" 시스템의 컵은 검사체적의 시스템 경계를 정의한다. 커피와 크림이 잘 섞이지 않았다면 어디서 한 모금(샘플)을 채취하는지에 따라 식 4-4의 $d(\text{out})/dt$ 값은 큰 영향을 받을 것이다. 반면에 커피와 크림이 순간적으로 잘 섞인다면 어디서 샘플을 채취하든 같은 결과가 나올 것이다. 이때 out값은 컵의 내용물의 값과 정확히 같다. 이러한 시스템을 **완전 혼합 시스템**(completely mixed system)이라고 한다. 더 엄밀한 정의로 완전 혼합 시스템은 모든 유체 방울이 균질한 시스템을 의미한다. 즉, 모든 유체 방울은 동일한 농도의 물질 또는 물리적 특성(예: 온도)을 갖는다. 시스템이 완전히 혼합된 경우, 시스템에서 유출되는 농도, 온도 등은 시스템 경계 내의 것들과 동일하다고 가정할 수 있다. 물질수지 문제를 해결할 때 이 가정을 자주 사용하지만, 현실의 시스템에서는 이 상태를 달성하기가 매우 어려운 경우가 많다. 이는 완전 혼합 가정을 통해 구하는 물질수지 문제의 해는 현실에서는 근사치로 보아야 함을 의미한다.

완전히 혼합된 시스템이 존재하거나 아니면 거의 완전 혼합된 것으로 가정될 수 있는 시스템이 있다는 것은, 반대로 전혀 혹은 거의 혼합되지 않은 시스템 또한 존재할 수 있다는 뜻이다. 이런 시스템을 **플러그 흐름 시스템**(plug-flow system)이라고 한다. 플러그 흐름 시스템의 동작은 철도 트랙을 따라 움직이는 기차의 동작과 유사하다고 볼 수 있다(그림 4-1). 열차의 각 차량은 앞의 차량을 따라 간다. 그림 4-1b와 같이 만약 한 다른 유형의 차량이 일반 화물차량에 삽입되었을 때, 이 차량은 목적지에 도착할 때까지 열차 내에서 그 위치를 유지하게 될 것이다. 기차가 트랙을 따라 이동

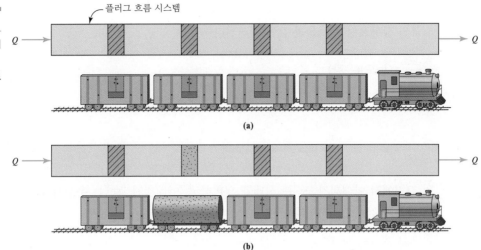

그림 4-1

(a) 플러그 흐름 시스템과 기
차의 비유
(b) 초기 농도가 순간적으로
변화하였을 때 비유

하는 사이에 우리는 이 차량을 언제든지 식별할 수 있다. 플러그 흐름 시스템 내에서 반응이 없을 경우, 유체의 흐름 방향을 따라 흐르는 각 유체 방울은 고유하게 유지되며 이는 시스템에 유입될 때와 동일한 농도의 물질과 물리적 특성을 같게 됨을 뜻한다. 이 시스템에서 흐름과 수직된 방향으로는 혼합이 일어날 수도, 일어나지 않을 수도 있다. 완전 혼합 시스템과 마찬가지로 이상적인 플러그 흐름 시스템 또한 현실 세계에서 흔히 발생하지 않는다.

시스템에서 유입량과 유출량이 일정하고 동일하게 운영될 경우, 당연히 질량의 축적량은 0이 된다(식 4-4에서 $dM/dt = 0$). 이러한 상태를 **정상상태**(steady state)라고 한다. 물질수지 문제를 풀 때 정상상태 조건을 가정하는 것이 편리한 경우가 많다. 이때 정상상태가 **평형**(equilibrium)을 의미하지 않는다는 점을 유의해야 한다. 예를 들어, 연못 안팎으로 같은 속도로 흐르는 물은 평형상태가 아니며, 만약 평형상태였다면 아예 흐르지 않을 것이다. 그러나 연못 내에 축적이 되지 않는다면 시스템은 정상상태이다.

예제 4-5는 완전 혼합과 정상상태라는 2가지 가정의 사용을 보여준다.

예제 4-5 1.200 g·L^{-1}의 염화 나트륨(소금)을 함유한 융설수가 우수관을 통해 작은 시내로 방류된다. 시내에는 자연으로부터 유출되는 염화 나트륨 20 mg·L^{-1}가 존재한다. 만약 융설수의 유량이 2000 L·min^{-1}이며 시내의 유량은 2.0 m^3·s^{-1}일 때, 두 물이 합쳐진 이후의 소금 농도를 구하시오. 융설수와 시내의 물은 완전하게 혼합되고, 소금은 보존성 물질로 반응하지 않으며, 시스템은 정상상태에 도달했다고 가정한다.

풀이 첫 번째로 물질수지 흐름도를 그린다.

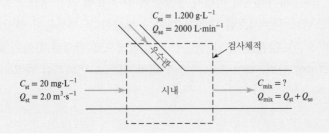

소금의 질량유량은 다음과 같이 계산된다.

$$\frac{농도}{질량} = (농도)(유량)$$

또는

$$\frac{농도}{질량} = (mg \cdot L^{-1})(L \cdot min^{-1}) = mg \cdot min^{-1}$$

위 그림에서 아래첨자 "st"는 시내를 의미하고, 아래첨자 "se"는 우수관을 의미한다. 이때 물질수지는 다음과 같이 쓸 수 있다.

소금의 축적속도 $= [C_{st}Q_{st} + C_{se}Q_{se}] - C_{mix}Q_{mix}$

여기서 $Q_{mix} = Q_{st} + Q_{se}$

정상상태이기 때문에 축적속도는 0이다.

$C_{mix}Q_{mix} = [C_{st}Q_{st} + C_{se}Q_{se}]$

C_{mix}를 구하기 위해

$$C_{mix} = \frac{[C_{st}Q_{st} + C_{se}Q_{se}]}{Q_{st} + Q_{se}}$$

값들을 대입하기 전에 단위를 아래와 같이 변환한다.

$C_{se} = (1.200 \, g \cdot L^{-1} \times 1000 \, mg \cdot g^{-1}) = 1200 \, mg \cdot L^{-1}$

$Q_{st} = (2.0 \, m^3 \cdot s^{-1})(1000 \, L \cdot m^{-3})(60 \, s \cdot min^{-1}) = 120,000 \, L \cdot min^{-1}$

$$C_{mix} = \frac{[(20 \, mg \cdot L^{-1})(120,000 \, L \cdot min^{-1})] + [(1200 \, mg \cdot L^{-1})(2000 \, L \cdot min^{-1})]}{120,000 \, L \cdot min^{-1} + 2000 \, L \cdot min^{-1}}$$

$$= 39.34 \quad 또는 \quad 39 \, mg \cdot L^{-1}$$

반응과 저감 공정의 추가

식 4-4는 물질수지에서 화학적 및 생물학적 반응이 일어나지 않고 또한 물질의 방사성 붕괴가 일어나지 않을 때 적용할 수 있다. 이런 경우 물질이 **보존**(conserved)된다고 한다. 보존성 물질의 예로 수중의 염 물질들이나 공기 중의 아르곤이 있다. 비보존성 물질(즉, 반응하거나 가라앉는 물질)의 예로 분해성 유기물질이 있다. 대기에서의 미립자 물질들의 침전 또한 저감 공정으로 간주할 수 있다.

대부분의 환경 시스템에서는 시스템 내에서 변환이 발생한다. 부산물이 형성되거나(예: CO_2), 화합물이 파괴된다(예: 오존). 많은 환경 내 반응들은 순간적으로 발생하지 않기 때문에 반응에 대한 시간의 영향을 고려해야 한다. 식 4-3을 시간에 대한 식으로 변환하여 다음과 같이 표현할 수 있다.

축적속도＝유입속도－배출속도±변환속도 (4-9)

이렇게 시간에 종속적인 반응들을 **동역학 반응**(kinetic reactions)이라고 한다. 2장에서 다루었듯이, 변환(또는 반응) 속도(r)는 물질 또는 화학종의 형성 또는 소멸속도를 설명하는 데 사용된다. 이를 사용하면 식 4-4는 아래와 같이 된다.

$$\frac{dM}{dt} = \frac{d(\text{in})}{dt} - \frac{d(\text{out})}{dt} + r$$ (4-10)

반응속도는 종종 온도, 압력, 반응물질 및 반응 생성물에 영향을 받는 복잡한 함수이다.

$$r = -kC^n$$ (4-11)

여기서 k ＝ 반응속도상수(s^{-1} 또는 d^{-1})

C ＝ 물질의 농도

n ＝ 지수 또는 반응차수

반응속도상수 k 앞의 마이너스 기호는 물질 또는 화학종이 감소하는 것을 나타낸다.

미생물에 의한 유기화합물의 산화(9장) 및 방사성 붕괴(16장)와 같은 많은 환경문제에서 반응속도 r은 남아 있는 물질의 양에 정비례한다고 가정할 수 있으며, 즉 $n = 1$이다.

이러한 반응을 **1차 반응**(first-order reaction)이라고 한다. 1차 반응에서 물질의 감소율은 주어진 시간 t에 잔존하는 물질의 양에 비례한다.

$$r = -kC = \frac{dC}{dt}$$ (4-12)

위 식을 적분하면 아래 식과 같다.

$$\ln \frac{C}{C_o} = -kt$$ (4-13)

또는

$$C = C_o e^{-kt} = C_o \exp(-kt)$$ (4-14)

여기서 C ＝ 시간 t에서의 농도

C_o ＝ 초기 농도

e ＝ $\exp$ ＝ 자연로그의 밑(e) ＝ 2.7183

단순한 완전 혼합 시스템 내에서 1차 반응이 있는 경우, 물질의 총질량(M)은 물질의 농도와 부피의 곱($C\mathbb{V}$)과 같으며, $\mathbb{V}$가 일정하다면 이 물질의 질량 감소율은 다음과 같다.

$$\frac{dM}{dt} = \frac{d(C\mathbb{V})}{dt} = \mathbb{V}\frac{d(C)}{dt}$$ (4-15)

1차 반응은 식 4-12와 같이 설명할 수 있으므로, 이를 통해 식 4-10을 다음과 같이 표현할 수 있다.

$$\frac{dM}{dt} = \frac{d(\text{in})}{dt} - \frac{d(\text{out})}{dt} - kC\mathbb{V}$$ (4-16)

예제 4-6 하수용 라군(lagoon, 얕은 인조 연못)에 유입되는 하수는 $430 \ m^3 \cdot d^{-1}$이다. 이 라군은 10 ha의 표면적을 갖고 있으며 깊이는 1 m이다. 라군으로 유입되는 하수 내 오염물질의 농도는 $180 \ mg \cdot L^{-1}$이다. 하수 내 유기물질은 라군 내에서 생물학적으로 분해되며 이는 1차 반응식을 따른다. 반응속도 상수는 $0.70 \ d^{-1}$이다. 만약 증발, 침투, 강우 등의 영향은 무시하고 라군 내 물의 부피가 변하지 않으며 라군 내에서는 완전 혼합이 유지된다고 가정할 때, 정상상태에서 라군에서 배출되는 오염물질의 농도를 구하시오.

풀이 물질수지 그림을 흐름도를 같이 그린다.

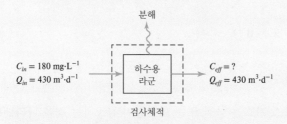

이때 물질수지식은 다음과 같다.

축적 = 유입속도 − 배출속도 − 분해속도

정상상태일 때 축적은 0이 되기 때문에,

유입속도 = 배출속도 − 분해속도

이를 다르게 표현하면,

$$C_{in} \, Q_{in} = C_{eff} \, Q_{eff} + kC_{lagoon} \mathbb{V}$$

여기서 C_{eff}를 구하기 위해

$$C_{eff} = \frac{C_{in} \, Q_{in} - kC_{lagoon} \mathbb{V}}{Q_{eff}}$$

이제 위 식의 각 항목을 계산한다. 우선 유입량($C_{in}Q_{in}$)은

$$(180 \ mg \cdot L^{-1})(430 \ m^3 \cdot d^{-1})(1000 \ L \cdot m^{-3}) = 77,400,000 \ mg \cdot d^{-1}$$

라군의 부피는

$$(10 \ ha)(10^4 \ m^2 \cdot ha^{-1})(1 \ m) = 100,000 \ m^3$$

이며 속도상수인 $0.70 \ d^{-1}$을 사용할 때, 분해속도는

$$kC\mathbb{V} = (0.70 \ d^{-1})(100,000 \ m^3)(1000 \ L \cdot m^{-3})(C_{lagoon}) = (70,000,000 \ L \cdot d^{-1})(C_{lagoon})$$

라군은 완전한 혼합상태이므로 $C_{eff} = C_{lagoon}$이다. 그러므로,

$$kC\mathbb{V} = (70,000,000 \ L \cdot d^{-1})(C_{eff})$$

이를 위의 물질수지식에 포함하면

배출속도 $= 77,400,000 \text{ mg} \cdot \text{d}^{-1} - (70,000,000 \text{ L} \cdot \text{d}^{-1} \times C_{eff})$

또는

$$C_{eff}(430 \text{ m}^3 \cdot \text{d}^{-1})(1000 \text{ L} \cdot \text{m}^{-3}) = 77,400,000 \text{ mg} \cdot \text{d}^{-1} - (70,000,000 \text{ L} \cdot \text{d}^{-1} \times C_{eff})$$

이를 활용하여 C_{eff}를 구한다.

$$C_{eff} = \frac{77,400,000 \text{ mg} \cdot \text{d}^{-1}}{70,430,000 \text{ L} \cdot \text{d}^{-1}} = 1.10 \text{ mg} \cdot \text{L}^{-1}$$

반응이 있는 플러그 흐름. 그림 4-1에서 설명한 바와 같이 플러그 흐름 시스템에서 차량 또는 유체의 "플러그(plug)"는 앞이나 뒤에 있는 유체와 혼합되지 않는다. 하지만 플러그 내에서는 반응이 발생할 수 있다. 따라서 정상상태에서도 플러그가 하류로 이동함에 따라 그 안의 내용물은 시간에 따라 변할 수 있다. 이때 물질수지를 위해 설정되는 검사체적은 유체 플러그이다. 이 움직이는 플러그의 물질수지는 다음과 같이 표현할 수 있다.

$$\frac{dM}{dt} = \frac{d(\text{in})}{dt} - \frac{d(\text{out})}{dt} + \Psi\frac{d(C)}{dt} \tag{4-17}$$

플러그 경계를 넘어서는 물질의 유입·유출이 없기 때문에 (참고로, 철도 차량 비유에서 한 차량과 다른 차량들 사이에 물질전달은 없음), $d(\text{in})$ 및 $d(\text{out}) = 0$이다. 이때 식 4-17은 아래와 같이 된다.

$$\frac{dM}{dt} = 0 - 0 + \Psi\frac{d(C)}{dt} \tag{4-18}$$

식 4-12에서 언급하였듯이 1차 반응은 다음과 같이 표현할 수 있다.

$$\frac{dC}{dt} = -kC \tag{4-19}$$

물질의 총질량(M)은 농도와 부피의 곱($C\Psi$)과 같으며, Ψ가 일정할 때 식 4-18의 물질의 감소와 관련된 식은 다음과 같이 된다.

$$\Psi\frac{dC}{dt} = -kC\Psi \tag{4-20}$$

여기서 식의 왼쪽은 dM/dt와 같다. 그러므로 플러그 흐름 시스템 내 1차 반응을 고려한 정상상태에서의 물질수지식의 해는 아래와 같다.

$$\ln\frac{C_{out}}{C_{in}} = -kt_\text{o} \tag{4-21}$$

또는

$$C_{out} = (C_{in})e^{-kt_o} \tag{4-22}$$

여기서 $k =$ 반응속도상수(s^{-1}, min^{-1} 또는 d^{-1})

$t_\text{o} =$ 플러그 흐름 시스템 내 체류 시간(s, min 또는 d)

플러그 흐름 시스템의 길이가 L이고, 흐름속도가 u라면, 각 플러그의 이동 시간(체류 시간)은 L/u이다. 이 시스템의 단면적이 A인 경우, 체류 시간은 다음과 같다.

$$t_o = \frac{(L)(A)}{(u)(A)} = \frac{\forall}{Q} \tag{4-23}$$

여기서 $\forall$ = 플러그 흐름 시스템의 부피(m^3)

$\qquad Q$ = 유량($m^3 \cdot s^{-1}$)

이를 활용하여, 식 4-21은 다음과 같이 다시 쓸 수 있다.

$$\ln \frac{C_{out}}{C_{in}} = -k\frac{L}{u} = -k\frac{\forall}{Q} \tag{4-24}$$

여기서 L = 플러그 흐름 시스템의 길이(m)

$\qquad u$ = 흐름의 선형 속도($m \cdot s^{-1}$)

주어진 플러그 내의 농도는 플러그가 하류로 이동함(시간이 지남)에 따라 변화하지만, 플러그 흐름 시스템의 특정 지점에서의 농도는 시간과 상관없이 일정하게 유지된다. 따라서 식 4-24는 시간에 대한 종속성이 없다.

예제 4-7은 반응을 포함한 플러그 흐름 시스템 사례를 보여준다.

예제 4-7 하수 처리장에서는 처리된 물을 하천에 배출하기 전에 반드시 소독 과정을 거쳐야 한다. 하수에는 리터당 4.5×10^5 CFU(집락형성단위, colony-forming unit)의 분원성 대장균군(fecal coliform)이 포함되어 있다. 하천으로 배출될 수 있는 최대 허용 대장균 농도는 2000 $CFU \cdot L^{-1}$이다. 하수가 이동하는 관을 소독 반응조로 사용하는 방안을 검토하고자 한다. 만약 하수가 $0.75\ m \cdot s^{-1}$의 선속도로 관 내를 이동할 경우 필요한 관의 길이를 구하시오. 관은 정상상태의 플러그 흐름 시스템과 동일하며 대장균의 소독 반응속도상수는 0.23 min^{-1}이라고 가정한다.

풀이 물질수지 흐름도를 그린다. 검사체적은 관과 동일하다.

$C_{in} = 4.5 \times 10^5$ CFU·L^{-1}
$u = 0.75$ m·s^{-1}
$L = ?$
$C_{out} = 2000$ CFU·L^{-1}
$u = 0.75$ m·s^{-1}

정상상태의 물질수지식을 적용하면 다음과 같다.

$$\ln \frac{C_{out}}{C_{in}} = -k\frac{L}{u}$$

$$\ln \frac{2000\ CFU \cdot L^{-1}}{4.5 \times 10^5\ CFU \cdot L^{-1}} = -0.23\ min^{-1} \frac{L}{(0.75\ m \cdot s^{-1})(60\ s \cdot min^{-1})}$$

이때 관의 길이를 구하면 다음과 같다.

$$\ln (4.44 \times 10^{-3}) = -0.23\ min^{-1} \frac{L}{45\ m \cdot min^{-1}}$$

$$-5.42 = -0.23 \text{ min}^{-1} \frac{L}{45 \text{ m} \cdot \text{min}^{-1}}$$

$$L = 1060 \text{ m}$$

규제 기준을 맞추기 위해서는 1 km 이상의 관이 필요하다. 하수 처리장에 설치하기에는 관 길이가 너무 길기 때문에, 하수 처리장에서는 배플(baffle) 반응조 등의 대안을 사용하며, 이에 대해서는 10장에서 더 자세하게 다룰 것이다.

반응조

연수화(10장) 또는 하폐수 처리(11장)와 같이 물리적, 화학적, 생화학적 반응이 일어나는 탱크를 **반응조**(reactor)라고 한다. 반응조는 흐름 특성과 혼합 조건에 따라 분류된다. 검사체적을 적절하게 선택하면, 이상적인 화학 반응조 모델을 이용하여 자연 시스템을 모델링할 수도 있다.

　　회분식 반응조(batch reactor)에서는 물질을 반응조에 추가하고(그림 4-2a), 반응이 일어나도록 충분한 시간 동안 혼합한 다음(그림 4-2b) 이들을 배출한다(그림 4-2c). 반응조가 잘 혼합되고 내용물이 반응조 내에서 균질하며, 시간이 지남에 따라 반응에 의해 반응조 내 물질의 조성이 변하게 된다. 회분식 반응조는 비정상상태이다. 회분식 반응조는 유입·유출이 없기 때문에,

$$\frac{d(\text{in})}{dt} = \frac{d(\text{out})}{dt} = 0$$

회분식 반응조에서 식 4-16은 다음과 같이 된다.

$$\frac{dM}{dt} = -kC \forall \tag{4-25}$$

식 4-15와 마찬가지로

$$\frac{dM}{dt} = \forall \frac{dC}{dt}$$

따라서 1차 반응의 회분식 반응조의 경우, 식 4-25는 다음과 같이 단순화할 수 있다.

$$\frac{dC}{dt} = -kC \tag{4-26}$$

그림 4-2

회분식 반응조 운전. (a) 물질이 반응조에 추가된다. (b) 혼합되며 반응이 진행된다. (c) 반응조에서 물질이 배출된다. (참고: 반응 시에는 유입과 유출이 없다.)

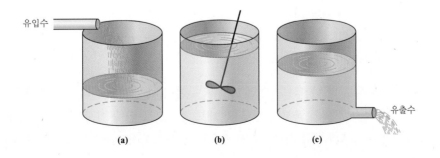

유입수

유출수

(a)　　　　(b)　　　　(c)

그림 4-3

(a) 완전 혼합형 반응조(CMFR)의 개략도 및 (b) 이를 단순화한 일반적인 흐름도. 프로펠러는 반응조가 완전하게 혼합됨을 나타낸다.

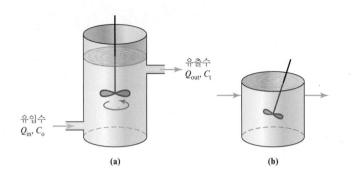

그림 4-4

플러그 흐름(PFR) 반응조의 개략도. (참고: $t_3 > t_2 > t_1$)

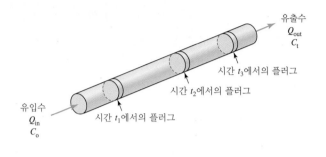

연속흐름 반응조에서는 물질이 항상 반응조 내부로 유입되고, 반응조를 통해 외부로 유출된다. 연속흐름 반응조는 혼합 조건에 따라 더 세부적으로 분류될 수 있다. **완전 혼합형 반응조**(completely mixed flow reactor, CMFR 또는 continuous-flow stirred tank, CSTR)에서 물질은 반응조 내에서 균질하게 존재한다. 그림 4-3에는 CMFR의 개략도와 일반적인 흐름도 표기가 나와 있다. 완전 혼합형 반응조에서 배출되는 조성은 반응조 내 조성과 동일하다. 반응조에 투입되는 물질의 유입량이 일정하게 유지될 때 배출되는 물질의 조성은 일정하게 유지된다. CMFR의 질량수지는 식 4-16으로 설명할 수 있다.

플러그 흐름 반응조(plug flow reactor, PFR)에서 유체 "플러그"는 반응조를 차례로 통과한다. 먼저 들어온 플러그가 먼저 떠난다. 이상적인 경우, 흐르는 방향으로는 혼합이 발생하지 않는다고 가정한다. 플러그의 조성은 반응조 내 위치에 따라 변화하지만 흐름 조건이 일정하게 유지된다면 유출되는 플러그의 조성도 일정하게 유지된다. 플러그 흐름 반응조의 개략도는 그림 4-4에 나와 있다. PFR에 대한 물질수지는 식 4-18로 설명되며, 여기서 시간 요소(dt)는 식 4-23에서 설명한 대로 PFR에서 소요된 시간이다. 실제 연속흐름 반응조는 일반적으로 CMFR과 PFR 중간 어디쯤에 해당하는 특성을 보인다.

시간 종속 반응의 경우, 유체 입자가 반응조에 체류하는 시간은 반응이 어느 정도 진행되는지에 분명하게 영향을 미친다. 이상적인 반응조에서 반응조의 평균 시간(**체류 시간**(detection time, retention time), 액체 시스템의 경우 **수리학적 체류 시간**(hydraulic detention time, hydraulic retention time))은 다음과 같이 정의된다.

$$t_o = \frac{\forall}{Q} \tag{4-27}$$

여기서 t_0 = 이론적인 체류 시간(s)

$\forall$ = 반응조의 유체 부피(m^3)

Q = 반응조 유량($m^3 \cdot s^{-1}$)

실제 반응조는 온도 및 다른 원인으로 인한 밀도 차이, 고르지 않은 유입구 또는 배출구 조건으로 인한 단락, 반응조 모서리의 국부적 난류 및 데드 스팟으로 인해 이상적인 반응조와 같이 행동하지는 않는다. 실제 반응조의 체류 시간은 일반적으로 식 4-27에서 계산된 이론적인 체류 시간보다 짧다.

그림 4-5

유입수 그래프의 예: (a) 초기 농도의 단계적 증가, (b) 초기 농도의 단계적 감소, (c) 초기 농도의 일시적 증가. (참고: 변화의 크기는 시각적인 편의를 위해 조정되어 있음)

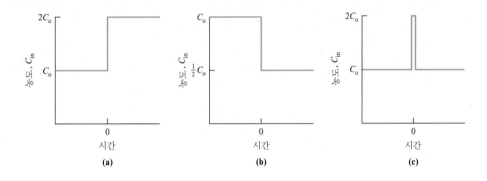

반응조 해석

처리시설 또는 자연 프로세스의 모델로 어떤 반응조를 선택할지는 그 거동 특성에 맞추면 된다. 우리는 여러 상황에서 회분식 반응조, CMFR과 PFR 반응조들이 어떻게 거동하는지 살펴볼 것이다. 특히 정상상태의 반응조에서 보존성 및 비보존성 물질의 유입 농도가 급격하게 증가(그림 4-5a)하거나 감소(그림 4-5b)할 때, 또는 펄스로 유입되는 상황(그림 4-5c)에 대해 그 영향을 살펴본다. 이러한 다양한 조건에서의 유입 농도의 변화가 미치는 유출수 농도의 변화 그래프를 제시한다.

비보존적 물질의 경우 1차 반응 조건에서의 해석을 살펴본다. 0차 및 2차 반응 조건에서의 거동은 마지막에 요약 및 비교할 것이다.

그림 4-6

보존성 물질 농도의 단계 및 펄스 증가에 대한 회분식 반응조의 변화. C_o=보존성 물질의 질량/반응조 부피

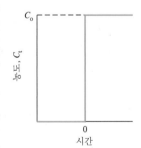

회분식 반응조. 회분식 반응조는 저렴하고 쉽게 구축할 수 있어 실험실 실험에 자주 사용된다. 소량의 폐수($150 \ m^3 \cdot d^{-1}$ 미만)가 발생하는 산업체들도 운영이 쉽고 배출되는 폐수의 규정 준수 여부를 쉽게 확인할 수 있다는 장점 때문에 회분식 반응조를 사용하기도 한다.

회분식 반응조는 유입·유출이 없기 때문에 보존성 물질이 순간적으로 추가된다면 반응조 내 보존성 물질의 농도는 순간적으로 증가하게 된다. 농도 변화 그래프는 그림 4-6과 같다.

또한, 유입수나 유출수가 없기 때문에 1차 반응으로 반응하는 비보존성 물질에 대한 물질수지는 식 4-26으로 설명된다. 이를 적분하면 아래 식과 같다.

$$\frac{C_t}{C_o} = e^{-kt} \tag{4-28}$$

그림 4-7

(a) 비보존성 물질의 감소와 (b) 증가 반응에 따른 회분식 반응조의 변화

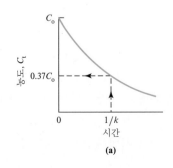
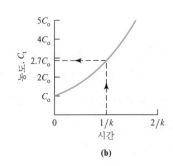

최종 농도 그래프는 그림 4-7a에 나와 있다. 물질이 형성되는 반응의 경우, 식 4-28의 부호는 양수가 되며 이에 대한 농도 그래프는 그림 4-7b와 같다.

예제 4-8 미국 슈퍼펀드 부지 내 오염된 토양을 파서 완전 혼합상태인 공기주입 라군에서 처리하고자 한다. 오염된 토양의 처리 시간을 구하기 위해 완전 혼합 회분식 반응조를 사용하여 아래와 같은 데이터를 수집하였다. 1차 반응식을 가정했을 때, 속도상수 k를 구하고 초기 농도의 99% 저감에 필요한 시간을 구하시오.

시간(d)	오염 농도($mg \cdot L^{-1}$)
1	280
16	132

풀이 식 4-28을 통해 속도상수를 구할 수 있다. 1일과 16일 사이의 간격은 $t = 16 - 1 = 15$일이다.

$$\frac{132 \text{ mg} \cdot L^{-1}}{280 \text{ mg} \cdot L^{-1}} = \exp[-k(15 \text{ d})]$$

$$0.4714 = \exp[-k(15)]$$

위 식에서 양쪽에 자연로그를 취하면

$$-0.7520 = -k(15)$$

위 식을 통해 k를 구한다.

$$k = 0.0501 \text{ d}^{-1}$$

99% 저감을 위해서는 시간 t일 때 농도가 초기 농도의 $1 - 0.99$이어야 하기 때문에

$$\frac{C_t}{C_o} = 0.01$$

이에 필요한 시간은

$$0.01 = \exp[-0.05(t)]$$

식의 양쪽에 자연로그를 취하면 t를 구할 수 있다.

$$t = 92\text{일}$$

CMFR. 회분식 반응조는 부피유량이 작을 때 사용된다. 물의 유량이 $150 \text{ m}^3 \cdot \text{d}^{-1}$보다 클 경우에는 화학적 혼합을 위해 CMFR을 선택할 수 있다. 예를 들어, pH를 조절하기 위한 균등화 반응조, 금속을 제거하기 위한 침전 반응조, 수처리용 혼합 반응조(**급속 혼합 반응조**(rapid mix; flash mix tanks)라고도 함) 등이 있다. 도시하수의 유량은 하루 동안에도 다양하게 변화하기 때문에 CMFR(**유량조정조**(equalization basin)라고 함)을 처리장 유입 지점에 설치하여 유량과 농도 변화를 줄일 수 있다. 호수, 두 하천의 혼합 또는 실내 및 도시의 공기와 같은 일부 자연 시스템에서 발생

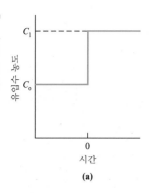
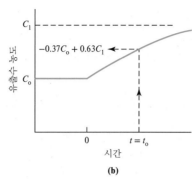

그림 4-8

CMFR 내의 (a) 보존성 물질 초기 농도의 단계 증가(C_0에서 C_1으로)와 (b) 이에 따른 유출수 농도의 변화

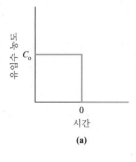
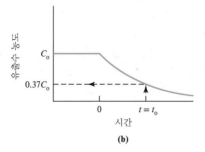

그림 4-9

CMFR 내의 (a) 보존성 물질 초기 농도의 단계 감소(C_0에서 0으로)와 (b) 이에 따른 유출수 농도의 변화

하는 실제 혼합 과정의 근사치 또한 CMFR을 이용하여 모델링할 수 있다.

만약 보존성 물질이 유입되는 CMFR에서 유입수 농도의 단계 증가가 있을 경우 $t=0$ 이전의 반응조 내 농도는 C_o이다. 유입 농도(C_{in})는 $t=0$에 순간적으로 C_1으로 증가하고 이후 이 농도를 유지한다(그림 4-8a). 유입량과 유출량이 같은($Q_{in}=Q_{out}$) CMFR 내에 반응이 일어나지 않는다면, 이에 대한 물질수지식은 다음과 같다.

$$\frac{dM}{dt} = C_1 Q_{in} - C_{out} Q_{out} \tag{4-29}$$

여기서 $M = C \forall$이다. 이에 대한 해는 아래와 같다.

$$C_t = C_o \left[\exp \left(-\frac{t}{t_o} \right) \right] + C_1 \left[1 - \exp \left(-\frac{t}{t_o} \right) \right] \tag{4-30}$$

여기서 C_t = 시간 t에서의 농도

C_o = 단계 증가 전 반응조 농도

C_1 = 단계 증가 후 유입수의 농도

t = 단계 증가 후 시간

t_0 = 이론적 체류 시간 = V/Q

그림 4-8b는 유출 농도 그래프를 보여준다.

비반응성 오염물질을 CMFR에서 제거하기 위해 오염물질이 없는 유체를 계속 흘려보내는 플러싱은 유입수 농도의 단계 변화의 한 예라고 할 수 있다(그림 4-9a). 이때 $C_{in}=0$이고 반응이 일어나지 않기 때문에 물질수지식은 다음과 같다.

$$\frac{dM}{dt} = - C_{out} Q_{out} \tag{4-31}$$

여기서 $M = C\Psi$이다. 초기 농도는 아래와 같다.

$$C_o = \frac{M}{\Psi} \tag{4-32}$$

시간 $t \geq 0$일 때 식 4-31을 풀면 다음 식과 같다.

$$C_t = C_o \exp\left(-\frac{t}{t_o}\right) \tag{4-33}$$

여기서 식 4-27과 같이 $t_o = \Psi/Q$이다. 그림 4-9b는 이에 대한 유출 농도의 그래프이다.

예제 4-9 지하에 위치한 시설실에 들어가서 수리를 진행하기 전에, 한 작업자가 이 공간의 실내 질 상태를 측정한 결과 29 mg·m^{-3}의 황화수소가 검출되었다. 황화수소의 허용노출기준은 14 mg·m^{-3}이기 때문에, 이 작업자는 송풍기를 사용하여 시설실의 환기를 시작하였다. 시설실 부피는 160 m^{3}이며 유입되는 깨끗한 공기의 유량은 10 m^3·min^{-1}이다. 이때 작업자가 안전하게 작업할 수 있는 농도까지 황화수소 농도가 저감되기 위해 필요한 시간을 구하시오. 지하시설실은 CMFR과 유사하며 황화수소는 환기하는 기간 내에는 보존성 물질이라고 가정한다.

풀이 이는 CMFR에서 보존성 물질을 제거하는 경우이다. 이때 체류 시간은

$$t_o = \frac{\Psi}{Q} = \frac{160 \text{ m}^3}{10 \text{ m}^3 \cdot \text{min}^{-1}} = 16\text{분}$$

식 4-33을 사용하여 시간 t를 구할 수 있다.

$$\frac{14 \text{ mg} \cdot \text{m}^{-3}}{29 \text{ mg} \cdot \text{m}^{-3}} = \exp\left(-\frac{t}{16 \text{ min}}\right)$$

$$0.4828 = \exp\left(-\frac{t}{16 \text{ min}}\right)$$

식의 양쪽에 자연로그를 취한다.

$$-0.7282 = -\frac{t}{16 \text{ min}}$$

$t = 11.6$ 및 12분 (이는 농도가 허용노출기준까지 감소하는 데 필요한 시간이다.)

황화수소의 악취 감지 초기값은 0.18 mg·m^{-3}이기 때문에 12분이 지나더라도 시설실 내에서 꽤 심한 악취가 날 수 있다.

여기서 한 가지 주의할 점은, 황화수소는 지하실 등 폐기된 공간에서 잘 검출되는 오염물질이다. 이는 매우 강한 독성물질이며 심할 경우 후각신경을 마비시킨다는 특성이 있다. 그러므로 냄새로 그 농도를 판단하려 시도하다 후각이 마비되어 농도가 충분히 감소하지 않았음에도 냄새가 나지 않는다고 오해할 수 있다. 미국에서는 밀폐된 공간에서 엄격한 안전 수칙을 지키지 않고 일하다 사망하는 사례가 매년 보고되고 있다.

CMFR은 완전히 혼합되어 있기 때문에 반응성 물질의 유입 농도에 단계적 변화가 있을 경우 CMFR에서 유출되는 농도는 즉각적으로 변화하게 된다. 정상상태에서 유입과 유출이 동일한 ($Q_{in} = Q_{out}$) CMFR 내 1차 반응을 따르는 반응성 물질의 물질수지는 다음과 같다.

$$\frac{dM}{dt} = C_{in}Q_{in} - C_{out}Q_{out} - kC_{out}V \tag{4-34}$$

여기서 $M = CV$이다. 유량과 부피가 일정하기 때문에 위 식을 V로 나누면 다음과 같이 단순화할 수 있다.

$$\frac{dC}{dt} = \frac{1}{t_o}(C_{in} - C_{out}) - kC_{out} \tag{4-35}$$

여기서 식 4-27과 같이 $t_o = V/Q$이다. 정상상태 조건에서는 $dC/dt = 0$이기 때문에 C_{out}은 아래와 같이 된다.

$$C_{out} = \frac{C_o}{1 + kt_o} \tag{4-36}$$

여기서 단계 변경 직후에 $C_o = C_{in}$이 된다. C_{in}은 단계 변경 전에 0이 아닐 수 있다. 물질이 생성되는 1차 반응의 경우, 반응항의 부호는 양수가 되며 물질수지식의 해는 아래와 같다.

$$C_{out} = \frac{C_o}{1 - kt_o} \tag{4-37}$$

식 4-36으로 표현되는 CMFR 거동에 대한 그래프는 그림 4-10과 같다. 정상상태에서 유출 농도(그림 4-10b의 C_{out})는 반응성 물질의 감소 때문에 유입 농도보다 낮다. 식 4-36에서 유출 농도는 유입 농도를 $1 + kt_o$로 나눈 값과 같다는 것을 알 수 있다.

유입량과 유출량이 같은($Q_{in} = Q_{out}$) CMFR에서 유입 농도가 $0(C_{in} = 0)$으로 단계 변경될 경우 1차 반응을 보이는 반응물질의 비정상상태 조건에 대한 물질수지식은 식 4-34를 변경하여 다음과 같이 표현할 수 있다.

그림 4-10

정상상태의 CMFR 내 (a) 반응성 물질 초기 농도의 단계 증가와 (b) 이에 따른 유출수 농도의 변화. (참고: $t=0$ 이전에 정상상태가 존재하였음)

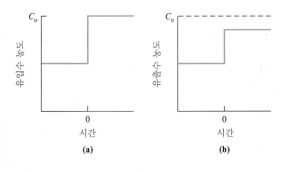

그림 4-11

비정상상태의 CMFR 내 (a) 반응성 물질 초기 농도의 단계 감소(C_0에서 0으로)와 (b) 이에 따른 유출수 농도의 변화

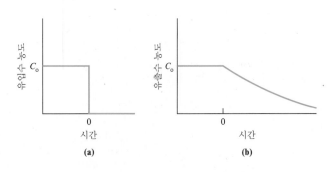

$$\frac{dM}{dt} = 0 - C_{out}Q_{out} - kC_{out}\mathbb{V} \tag{4-38}$$

여기서 $M = C\mathbb{V}$이다. 부피가 일정하기 때문에 위 식을 $\mathbb{V}$로 나누고 단순화하면 다음과 같다.

$$\frac{dC}{dt} = \left(\frac{1}{t_o} + k\right)C_{out} \tag{4-39}$$

여기서 식 4-27과 같이 $t_o = \mathbb{V}/Q$이다. 이를 풀면 C_{out}은 다음과 같다.

$$C_{out} = C_o \exp\left[-\left(\frac{1}{t_o} + k\right)t\right] \tag{4-40}$$

여기서 C_o은 $t = 0$에서의 유출 농도이다.
이에 대한 농도 그래프는 그림 4-11에 나와 있다.

PFR. 배관이나 길고 좁은 강은 PFR의 이상적인 조건에 가깝다. 공공하수 처리장 내 생물학적 처리 공정은 종종 PFR로 모델링될 수 있으며 길고 좁은 반응조에서 수행된다.

플러그 흐름 반응조에서 보존물질의 유입 농도의 단계적 변화는 그림 4-12에 나와 있는 것처럼 반응조의 이론적 체류 시간과 동일한 시간이 지났을 때 유출 농도의 동일한 단계적 변화로 이어진다.

식 4-21은 PFR에서 정상상태의 1차 반응물질에 대한 물질수지식의 해이다. 유입 농도의 단계적 변화에 대한 농도 그래프는 그림 4-13에 나와 있다.

PFR에 들어가는 펄스는 그림 4-14에 나와 있는 녹색 염료 펄스와 같이 개별로 이동한다. 펄스가 PFR을 통과함에 따라 각 위치에서의 농도 그래프도 그림 4-14에 나와 있다.

반응차수가 1보다 크거나 같은 경우, 동일한 효율을 달성하기 위해 필요한 이상적인 PFR의 부피는 이상적인 CMFR의 부피보다 늘 작다.

그림 4-12

PFR 내 (a) 보존성 물질 초기 농도의 단계 증가와 (b) 이에 따른 유출수 농도의 변화

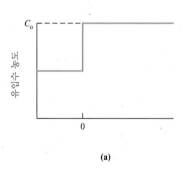
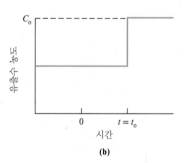

그림 4-13

PFR 내 (a) 반응성 물질 초기 농도의 단계 증가와 (b) 이에 따른 유출수 농도의 변화

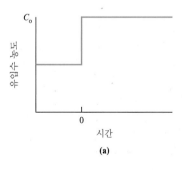
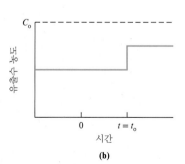

그림 4-14

PFR 내 보존성 물질 초기 농도의 펄스 변화의 이동 경로. u는 용액이 PFR 안을 이동하는 선속도이다.

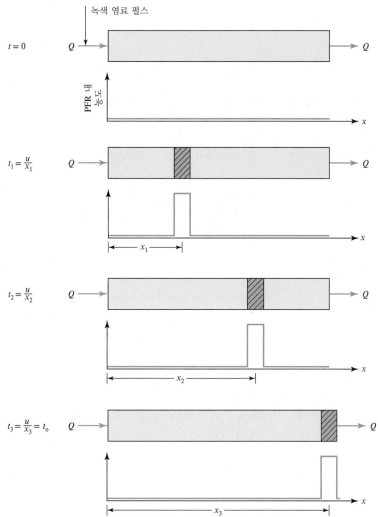

표 4-1   저감 반응의 반응차수별 정상상태 평균 체류 시간 비교[a]

반응차수	r	평균 체류 시간(t_0) 식		
		이상적 회분식 반응조	이상적 PFR	이상적 CMFR
0차[b]	$-k$	$\dfrac{(C_o - C_t)}{k}$	$\dfrac{(C_o - C_t)}{k}$	$\dfrac{(C_o - C_t)}{k}$
1차	$-kC$	$\dfrac{\ln(C_o/C_t)}{k}$	$\dfrac{\ln(C_o/C_t)}{k}$	$\dfrac{(C_o/C_t) - 1}{k}$
2차	$-kC^2$	$\dfrac{(C_o/C_t) - 1}{kC_o}$	$\dfrac{(C_o/C_t) - 1}{kC_o}$	$\dfrac{(C_o/C_t) - 1}{kC_t}$

[a] C_0=초기 농도 또는 유입 농도; C_t=최종 농도 또는 유출 농도; k의 단위는 0차 반응에서는 질량·부피$^{-1}$·시간$^{-1}$이며, 1차 반응에서는 시간$^{-1}$, 2차 반응에서는 부피·질량$^{-1}$·시간$^{-1}$이다.

[b] $kt_0 \le C_0$일 때만 성립; 이외의 경우 C_t=0

표 4-2		저감 반응의 반응차수별 정상상태 성능 비교[a]		
		C_t 식		
반응차수	r	이상적 회분식 반응조	이상적 PFR	이상적 CMFR
0차[b] $t \leq C_0/k$	$-k$	$C_o - kt$	$C_o - kt_o$	$C_o - kt_o$
$t > C_0/k$		0		
1차	$-kC$	$C_o[\exp(-kt)]$	$C_o[\exp(-kt_o)]$	$\dfrac{C_o}{1 + kt_o}$
2차	$-kC^2$	$\dfrac{C_o}{1 + ktC_o}$	$\dfrac{C_o}{1 + kt_oC_o}$	$\dfrac{(4kt_oC_o + 1)^{1/2} - 1}{2kt_o}$

[a]C_0=초기 농도 또는 유입 농도; C_f=최종 농도 또는 유출 농도
[b]시간에 대한 조건은 회분식 반응조에만 적용된다.

반응조 비교. 1차 반응은 환경 시스템에서 일반적이지만 다른 반응차수가 더 적절할 때도 있다. 표 4-1과 4-2는 0, 1, 2차 반응 각각에 대한 반응조 유형별 거동을 비교한다.

예제 4-10 유입되는 유량과 유출되는 유량이 동일한 정상상태의 CMFR에서 어떤 화학물질이 1차 반응에 따라 분해된다. 유입 농도는 10 mg · L^{-1}이며, 유출 농도는 2 mg · L^{-1}이다. 물은 29 m^3 · min^{-1}의 속도로 처리되며 반응조의 부피는 580 m^{3}이다. 이때 분해속도와 분해속도상수를 구하시오.

풀이 식 4-11을 통해 1차 반응식의 분해속도식은 $r = -kC$이다. 분해속도를 구하기 위해 식 4-34를 이용한다.

$$\frac{dM}{dt} = C_{in}Q_{in} - C_{out}Q_{out} - kC_{out}\forall$$

정상상태에서는 물질 축적이 없기 때문에 $dM/dt = 0$이다. 반응조의 유입유량과 유출유량은 동일하기 때문에 $Q_{in} = Q_{out} = 29$ m^3 · min^{-1}이다. 이들을 적용한 물질수지식은 다음과 같다.

$$kC_{out}\forall = C_{in}Q_{in} - C_{out}Q_{out}$$

반응속도를 구하기 위해 식을 다음과 같이 표현할 수 있다.

$$r = kC = \frac{C_{in}Q_{in} - C_{out}Q_{out}}{\forall}$$

$$= kC = \frac{(10 \text{ mg} \cdot \text{L}^{-1})(29 \text{ m}^3 \cdot \text{min}^{-1}) - (2 \text{ mg} \cdot \text{L}^{-1})(29 \text{ m}^3 \cdot \text{min}^{-1})}{580 \text{ m}^3} = 0.4 \text{ mg} \cdot \text{L}^{-1} \cdot \text{min}^{-1}$$

반응속도상수 k를 구하기 위해 표 4-1의 식을 사용한다. 1차 반응의 CMFR의 경우

$$t_o = \frac{(C_o/C_t) - 1}{k}$$

여기서 평균 체류 시간(t_0)은

$$t_o = \frac{V}{Q} = \frac{580 \text{ m}^3}{29 \text{ m}^3 \cdot \text{min}^{-1}} = 20분$$

위 식을 사용해서 k를 구한다.

$$k = \frac{(C_o/C_t) - 1}{t_o}$$

그리고

$$k = \frac{\left(\dfrac{10 \text{ mg} \cdot \text{L}^{-1}}{2 \text{ mg} \cdot \text{L}^{-1}} - 1\right)}{20 \text{ min}} = 0.20 \text{ min}^{-1}$$

반응조 설계. 부피는 반응조 설계에 있어 주요한 설계 변수이다. 일반적으로 물질의 유입 농도, 반응조로의 유량 및 원하는 유출 농도는 정해져 있다. 식 4-27에서 알 수 있듯이, 부피는 이론적인 체류 시간 및 반응조로 유입되는 유량과 직접적인 관련이 있다. 따라서 이론적 체류 시간을 구할 수 있다면, 부피 또한 구할 수 있다. 반응속도상수 k와 표 4-1의 식을 사용하여 이론적인 체류 시간을 결정할 수 있다. 속도상수는 문헌 또는 실험실 실험을 통해 구할 수 있다.

4-4 에너지수지

열역학 제1법칙

열역학 제1법칙(first law of thermodynamics)은 핵반응이 아닌 이상 에너지는 생성되거나 파괴될 수 없다고 명시한다. 물질 보존 법칙과 마찬가지로 이것이 에너지의 형태가 변하지 않는다는 뜻은 아니다. 예를 들어 석탄의 화학 에너지는 열과 전력으로 변할 수 있다. **에너지**(energy)는 유용한 일을 할 수 있는 능력으로 정의된다. **일**(work)은 물체에 작용하는 힘이 변위를 일으킴으로써 의해 수행된다. 1**줄**(joule, J)은 힘이 가해진 물체가 힘의 방향으로 1 m 이동할 때 1 N의 일정한 힘으로 인해 일어난 일이다. **힘**(power)은 일을 하는 속도 또는 에너지가 팽창하는 속도이다. 제1법칙은 다음과 같이 표현될 수 있다.

$$Q_H = U_2 - U_1 + W \tag{4-41}$$

여기서 $Q_H =$ 흡수된 열(kJ)

$\quad U_1, U_2 =$ 시스템의 상태 1과 2에서의 내부 에너지 또는 열에너지(kJ)

$\quad\quad W =$ 일(kJ)

기초

에너지의 열 단위. 에너지는 열, 기계, 운동, 위치, 전기, 화학 에너지 등 다양한 형태로 존재한다. 열 단위는 열이 물질(칼로리)로 간주될 때 생겼기 때문에 단위는 물질 양의 보존과 일치한다. 이후, 우리는 에너지가 물질이 아니라 특정한 형태의 기계적 에너지라는 것을 알게 되었지만 우리는 여전히 일반적인 미터법 열 단위인 칼로리[*]를 사용한다. **1칼로리**(calorie, cal)는 1 g의 물의 온도를 14.5℃에서 15.5℃로 높이는 데 필요한 에너지의 양이며 SI 단위인 J로 환산할 때 1 cal는 4.186 J과 동일하다.

물질의 **비열**(specific heat)은 물질의 단위 질량을 1℃ 증가시키는 데 필요한 열량이다. 비열은 미터법 단위로 $kcal \cdot kg^{-1} \cdot K^{-1}$로 표시되며, SI 단위로는 $kJ \cdot kg^{-1} \cdot K^{-1}$이다. 여기서 K는 켈빈이고 1 K = 섭씨 1도(1℃)이다. **엔탈피**(enthalpy)는 온도, 압력 및 물질의 조성에 따라 달라지는 물질의 열역학적 특성이다. 이는 다음과 같이 정의된다.

$$H = U + P\forall \tag{4-42}$$

여기서 H = 엔탈피(kJ)

U = 내부 에너지(또는 열 에너지)(kJ)

P = 압력(kPa)

$\forall$ = 부피(m^3)

엔탈피는 열에너지(U)와 흐름 에너지($P\forall$)의 조합으로 생각할 수 있다. 흐름 에너지를 운동 에너지($1/2 Mv^2$)와 혼동해서는 안 된다. 역사적으로 H는 시스템의 "열 함량"으로 불려 왔다. 열은 경계를 가로지르는 에너지 전달의 관점에서만 정확하게 정의되기 때문에 열 함량은 정확한 열역학적 설명이라 할 수 없으며, 이러한 이유로 엔탈피라는 용어가 선호된다.

부피의 변화 없이 비상변화 과정[†]이 일어날 때 내부 에너지의 변화는 다음과 같이 정의된다.

$$\Delta U = Mc_v \Delta T \tag{4-43}$$

여기서 ΔU = 내부 에너지의 변화

M = 질량

c_v = 정적 비열

ΔT = 온도 변화

압력의 변화 없이 비상변화 과정이 일어날 때, 엔탈피의 변화는 다음과 같이 정의된다.

$$\Delta H = Mc_p \Delta T \tag{4-44}$$

여기서 ΔH = 엔탈피 변화

c_p = 정합 비열

식 4-43 및 4-44에서는 비열이 주어진 온도 범위(ΔT)에서 일정하다고 가정한다. 고체와 액체는 거의 비압축성이므로 사실상 일이 없다고 할 수 있다. $P\forall$의 변화는 0이므로 H와 U의 변화는 동일하다. 따라서 고체와 액체의 경우 일반적으로 $c_v = c_p$이고 $\Delta U = \Delta H$라고 가정할 수 있어, 다음과 같이 시스템에 저장된 에너지의 변화를 나타낼 수 있다.

$$\Delta H = Mc_v \Delta T \tag{4-45}$$

---

[*] 칼로리(Calorie)는 생리학자들이 음식 대사를 설명할 때도 사용하는 용어이다. 다만, 음식 칼로리는 미터법에서의 킬로칼로리와 동일하다. 본문에서는 단위로 cal 또는 kcal을 사용한다.

[†] 비상변화란 상변화가 일어나지 않음, 예를 들어 물이 증기로 변환되지 않음을 의미한다.

표 4-3	다양한 물질들의 비열	
	물질	C_p (KJ·kg^{-1}·K^{-1})
	공기(293.15 K)	1.00
	알루미늄	0.95
	소고기	3.22
	포틀랜트 시멘트	1.13
	콘크리트	0.93
	구리	0.39
	옥수수	3.35
	건조토양	0.84
	인간	3.47
	얼음	2.11
	주철	0.50
	강철	0.50
	돼지고기	3.35
	수증기(373.15 K)	2.01
	물(288.15 K)	4.186
	나무	1.76

출처: Adapted from Guyton (1961), Hudson (1959), Masters (1998), Salvato (1972).

일부 일반 물질에 대한 비열은 표 4-3에 나열되어 있다.

물질의 **상**(phase)이 변화할 때(즉, 고체에서 액체로 또는 액체에서 기체로 변환할 때), 에너지는 온도 변화 없이 흡수되거나 방출된다. 일정한 압력 하에서 단위 질량의 고체를 액체로 상변화를 일으키는 데 필요한 에너지를 **융해 잠열**(latent heat of fusion) 또는 **융해 엔탈피**(enthalpy of fusion)라고 한다. 일정한 압력 하에서 단위 질량의 액체를 기체로 상변화를 일으키는 데 필요한 에너지를 **기화 잠열**(latent heat of vaporization) 또는 **기화 엔탈피**(enthalpy of vaporization)라고 한다. 동일한 양의 에너지가 증기를 응축하고 액체를 얼릴 때 방출된다. 물의 경우 0℃에서 융해 엔탈피는 333 kJ·kg^{-1}이고, 기화 엔탈피는 100℃에서 2257 kJ·kg^{-1}이다. 0℃에서 응축 엔탈피는 2490 kJ·kg^{-1}이다.

예제 4-11 생리학 교과서(Guyton, 1961)에 의하면, 70.0 kg의 인간이 먹고 의자에 앉아 있는 등의 아주 간단한 활동을 유지하기 위해 2,000 kcal가 필요하다고 한다. 우리가 음식을 통해 얻는 에너지의 약 61%는 에너지를 수송하는 분자인 아데노신 삼인산(adeonosine triphosphate, ATP)을 형성하는 과정에서 열로 변환된다(Guyton, 1961). 그리고 에너지가 세포들이 일을 하는 시스템으로 이동할 때 구체적인 에너지가 열로 변환된다. 세포들이 일을 할 때 더 많은 에너지가 발산되며 결론적으로 신진대사 과정을 통해 발산되는 모든 에너지는 마지막에는 열이 된다(Guyton, 1961). 이렇게 생성된 열 중 일부는 우리 몸이 37℃의 체온을 유지하는 데 사용된다. 실온 20℃인 방에서 37℃의 체온을 유지하기 위해서 2,000 kcal 중 얼마가 사용되는지 그 비율을 구하시오. 사람의 비열은 3.47 kJ·kg^{-1}·K^{-1}이라고 가정한다.

풀이 섭씨와 켈빈에서 ΔT는 동일하기 때문에, 몸에 저장되어 있는 에너지의 변화는 다음 식과 같다.

$$\Delta H = (70 \text{ kg})(3.47 \text{ kJ} \cdot \text{kg}^{-1} \cdot \text{K}^{-1})(37^{\circ}\text{C} - 20^{\circ}\text{C}) = 4129.30 \text{ kJ}$$

2,000 kcal를 kJ로 변환하기 위해서는

$$(2000 \text{ kcal})(4.186 \text{ kJ} \cdot \text{kcal}^{-1}) = 8372.0 \text{ kJ}$$

즉, 체온을 유지하기 위해 사용되는 비율은

$$\frac{4129.30 \text{ kJ}}{8372.0 \text{ kJ}} = 0.49, \text{ 또는 약 } 50\%$$

체온이 더 이상 올라가지 않기 위해 남은 에너지는 제거되어야 한다. 열전달을 통한 에너지 제거의 기작은 다음 절에서 설명한다.

에너지수지. 열역학 제1법칙이 물질 보존 법칙과 유사하다고 할 때, 에너지 또한 물질과 유사하다고 할 수 있으며, 이는 에너지도 물질과 같이 "수지"를 맞출 수 있음을 의미한다. 에너지수지식의 가장 간단한 형태는 다음과 같다.

높은 온도 물질에서의 엔탈피 감소 = 낮은 온도 물질에서의 엔탈피 증가 (4-46)

예제 4-12 복숭아 캔을 제조하는 한 회사에서는 복숭아 껍질을 벗기기 위해 복숭아를 100°C의 끓는 물에 넣는다. 이 과정에서 발생하는 폐수는 유기물질이 다량으로 포함되어 있어 폐기되기 전에 처리가 필요하다. 처리 공정은 생물학적 공정이며 20°C에서 진행되기 때문에 폐수의 온도를 20°C로 낮출 필요가 있다. 40 m³의 폐수를 20°C의 콘크리트 탱크에 넣어서 온도를 낮춘다. 주변으로의 유출은 없으며 콘크리트 탱크의 질량은 42,000 kg, 비열용량은 0.93 kJ · kg⁻¹ · K⁻¹일 때, 콘크리트 탱크와 폐수가 도달하는 평형 온도를 구하시오.

풀이 물의 밀도는 1000 kg · m⁻³라고 가정했을 때, 끓는 물에서 감소하는 엔탈피는 다음과 같다.

$$\Delta H = (1000 \text{ kg} \cdot \text{m}^{-3})(40 \text{ m}^3)(4.186 \text{ kJ} \cdot \text{kg}^{-1} \cdot \text{K}^{-1})(373.15 - T) = 62,480,236 - 167,440T$$

여기서 온도는 273.15 + 100 = 373.15 K이다.

콘크리트 탱크에서 증가하는 엔탈피는

$$\Delta H = (42,000 \text{ kg})(0.93 \text{ kJ} \cdot \text{kg}^{-1} \cdot \text{K}^{-1})(T - 293.15) = 39,060T - 11,450,439$$

위 두 식이 아래와 같이 동일할 때 평형 온도를 구할 수 있다.

$$(\Delta H)_{water} = (\Delta H)_{concrete}$$

$$62,480,236 - 167,440T = 39,060T - 11,450,439$$

$$T = 358 \text{ K 또는 } 85^{\circ}\text{C}$$

위에서 얻은 평형 온도는 우리가 원하는 수준의 온도(20°C)가 아니다. 이후에 다루게 되는 대류나 복사와 같은 열전달 방법 또한 온도를 낮추는 데 일정 부분 기여할 수 있으나, 20°C까지 온도를 내리기 위해서는 냉장시설이 필요할 것으로 판단된다.

개방형 시스템의 경우 보다 완전한 에너지수지식은 다음과 같다.

순에너지 변화량 = 시스템에 유입되는 물질의 에너지 − 시스템에서 유출되는 물질의 에너지
$$\pm \text{시스템에서 유입 및 유출되는 에너지} \tag{4-47}$$

많은 환경 시스템의 경우 에너지 변화의 시간 의존성(즉, 에너지 변화율)을 고려해야 한다. 식 4-47은 시간 의존성을 설명하기 위해 다음과 같이 표현할 수 있다.

$$\frac{dH}{dt} = \frac{d(H)_{\text{유입 물질}}}{dt} + \frac{d(H)_{\text{유출 물질}}}{dt} \pm \frac{d(H)_{\text{에너지 흐름}}}{dt} \tag{4-48}$$

유체가 dM/dt의 속도로 유입되고 dM/dt의 속도로 유출되는 공간 영역을 고려할 경우, 이 흐름으로 인한 엔탈피의 변화는 다음과 같다.

$$\frac{dH}{dt} = c_p M \frac{dT}{dt} + c_p T \frac{dM}{dt} \tag{4-49}$$

여기서 dM/dt는 질량유량(예: $kg \cdot s^{-1}$)이고, ΔT는 시스템 내부 물질과 시스템 외부 물질의 온도 차이이다.

식 4-47 및 4-48은 "에너지 흐름"이라는 추가 용어가 있다는 점에서 물질수지식과 다르다. 이 것은 광합성(태양의 복사 에너지가 식물 물질로 변환됨)에서 열교환기(연료의 화학 에너지가 열교환기의 튜브 벽을 통과하여 내부의 유체를 가열함)에 이르기까지 모든 시스템에서 물질과 에너지의 중요한 차이이다. 시스템 안팎으로 흐르는 에너지는 전도, 대류 또는 복사에 의해 일어날 수 있다.

전도(Conduction). 전도는 온도 구배에 따라 분자 확산을 통해 물질 내에서 발생하는 열전달이다. 푸리에의 법칙(Fourier's law)을 통해 전도에 의한 에너지 흐름을 계산할 수 있다.

$$\frac{dH}{dt} = -h_{tc} A \frac{dT}{dx} \tag{4-50}$$

여기서 dH/dt = 엔탈피 변화율($kJ \cdot s^{-1}$ 또는 kW)

$\quad h_{tc}$ = 열전도율($kJ \cdot s^{-1} \cdot m^{-1} \cdot K^{-1}$ 또는 $kW \cdot m^{-1} \cdot K^{-1}$)

$\quad A$ = 표면적(m^2)

$\quad dT/dx$ = 거리에 따른 온도 변화($K \cdot m^{-1}$)

여기서 $1\ kJ \cdot s^{-1} = 1\ kW$이다. 표 4-4에 보편적으로 사용되는 몇 가지 물질들의 열전도율의 평균값을 나열하였다.

표 4-4	주요 물질의 열전도율[a]
물질	h_{tc} $(W \cdot m^{-1} \cdot K^{-1})$
공기	0.023
알루미늄	221
점토 벽돌	0.9
콘크리트	2
구리	393
유리섬유 단열재	0.037
연강	45.3
나무	0.126

[a]단위는 $J \cdot s^{-1} \cdot m^{-1} \cdot K^{-1}$와 동일하다.
출처: Adapted from Kuehn, Ramsey, and Threkeld (1998); Shortley and Williams (1955).

대류(Convection). 강제 대류 열전달은 물이 흐르는 강이나 대수층, 불어오는 바람과 같은 대규모 유체 운동을 통해 열에너지를 전달하는 것이다. 온도 T_f의 유체와 온도 T_s의 고체 표면 사이의 대류 열전달은 식 4-51로 설명할 수 있다.

$$\frac{dH}{dt} = h_c A(T_f - T_s) \tag{4-51}$$

여기서 h_c = 대류 열전달계수$(kJ \cdot s^{-1} \cdot m^{-2} \cdot K^{-1})$
$\quad\quad A$ = 표면적(m^2)

복사(Radiation). 전도와 대류 모두 에너지를 전달하는 매체가 필요하지만 복사 에너지는 전자기복사에 의해 전달된다. 열의 복사 전달은 물체에 의한 복사 에너지의 흡수와 물체에 의한 에너지 복사라는 두 과정을 포함한다. 복사열 전달로 인한 엔탈피의 변화는 흡수된 에너지에서 방출된 에너지를 뺀 값이며 다음과 같이 표현할 수 있다.

$$\frac{dH}{dt} = E_{흡수} - E_{방출} \tag{4-52}$$

전자가 더 높은 에너지 상태에서 더 낮은 에너지 상태로 이동할 때 열복사가 일어난다. 복사 에너지는 파동의 형태로 전달된다. 파동은 그림 4-15와 같이 주기적(cyclical)이거나 **사인형**(sinusoidal) 파동으로 나타난다. 파동은 파장(λ) 또는 주파수(ν)로 그 특성을 표현할 수 있다. 파장은 연속적인 피크 또는 골 사이의 거리이다. 주파수와 파장은 빛의 속도(c)와 관련이 있다.

$$c = \lambda \nu \tag{4-53}$$

그림 4-15 사인파

파장(λ)은 두 피크 또는 두 골 사이의 거리이다.

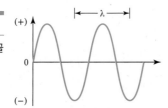

플랑크의 법칙(Planck's law)은 방출된 에너지를 방출된 복사의 주파수와 관련시킨다.

$$E = h\nu \tag{4-54}$$

여기서 h = 플랑크 상수 = 6.63×10^{-34} J · s

전자가 두 에너지 준위 사이로 전이될 때 방출되는 전자기파를 **광자**(photon)라고 한다. 주파수가 높으면(파장이 짧으면) 방출되는 에너지가 높다. 플랑크의 법칙은 에너지 광자의 흡수에도 적용된다. 분자는 복사의 파장이 두 에너지 준위의 차이에 해당할 경우에만 복사 에너지를 흡수할 수 있다.

모든 물체는 열복사를 방출한다. 방사되는 에너지의 양은 물체의 파장, 표면적, 그리고 절대온도에 따라 다르다. 물체가 주어진 온도에서 방출할 수 있는 최대 복사량을 **흑체 복사**(blackbody radiation)라고 한다. 모든 파장에 대해 가능한 최대 강도를 방출하는 물체를 **흑체**(blackbody)라고 한다. '흑체'라는 용어는 물체의 색상에 대한 언급이 아니다. 흑체는 표면에 도달하는 모든 복사 에너지가 흡수된다는 사실로 특징지을 수 있다.

실제 물체는 흑체만큼 많은 전자기파를 방출하거나 흡수하지 않는다. 물체가 방출하는 복사량과 흑체가 방출하는 복사량의 비율을 방사율(emissivity, ε)이라고 한다. 태양의 에너지 스펙트럼은 6000 K에서 흑체의 에너지 스펙트럼과 유사하다. 건조한 토양과 삼림 지대의 방사율은 정상적인 대기 온도에서 약 0.90이다. 물과 눈의 방사율은 약 0.95이다. 인체는 색소 침착에 관계없이 약 0.97의 방사율을 가지고 있다(Guyton, 1961). 물체가 흡수하는 에너지의 양과 흑체가 흡수하는 에너지의 비율을 흡수율(absorptivity, α)이라고 한다. 대부분의 표면에서 흡수율은 방사율과 동일한 값을 나타낸다.

모든 파장 범위에서 플랑크 방정식을 적분하면 흑체의 복사 에너지를 산출할 수 있다.

$$E_B = \sigma T^4 \tag{4-55}$$

여기서 E_B = 흑체 방출율(W · m^{-2})

σ = 스테판-볼츠만 상수(Stephan-Boltzmann constant) = 5.67×10^{-8} W · m^{-2} · K^{-4}

T = 절대 온도(K)

흑체 이외의 경우에는 식의 오른쪽에 방사율을 곱한다.

온도 T_b에서 방사율 ε 및 흡수율 α를 갖는 물체가 온도 $T_{environ}$의 흑체인 환경으로부터 복사를 받을 때, 그 엔탈피 변화는 다음과 같다.

$$\frac{dH}{dt} = A(\varepsilon\sigma T_b^4 - \alpha\sigma T_{environ}^4) \tag{4-56}$$

여기서 A = 물체의 표면적(m^2)

열복사 문제에 대한 풀이는 주변 물체의 "재복사"로 인해 매우 복잡해진다. 또한 온도 차이의 변화로 인해 시간이 지남에 따라 복사 냉각 속도는 변하게 된다. 초기에는 온도 차이가 크기 때문에 단위 시간당 변화가 클 것이며, 온도가 서로 접근함에 따라 변화속도가 느려진다. 다음 예제에서는 실제 평균 온도에 대한 첫 번째 근사값으로 산술 평균 온도를 사용한다.

예제 4-13 예제 4-12에서는, 이미 언급한 바와 같이, 대류나 복사를 통한 열의 감소는 고려되지 않았다. 아래 가정들을 통해 대류와 복사를 통해 폐수와 콘크리트 탱크가 20℃까지 도달하기 위해 필요한 시간을 구하시오. 이 과정 동안 폐수와 콘크리트 탱크의 평균 온도는 85℃(예제 4-12에서 구한 값)와 20℃의 중간값인 52.5℃로 가정한다. 또한 주위의 평균 기온은 20℃이며 콘크리트 탱크와 주위 환경은 모두 전방향으로 동일하게 복사한다고 가정하며, 방사율은 0.90이다. 물 표면을 포함한 콘크리트 탱크의 표면적은 56 m²이며, 대류 열전달계수는 13 J · s⁻¹ · m⁻² · K⁻¹이다.

풀이 20℃를 달성하기 위해 필요한 폐수의 엔탈피 변화는 다음과 같다.

$$\Delta H = (1000 \text{ kg} \cdot \text{m}^{-3})(40 \text{ m}^3)(4.186 \text{ kJ} \cdot \text{kg}^{-1} \cdot \text{K}^{-1})(325.65 - 293.15) = 5{,}441{,}800 \text{ kJ}$$

여기서 폐수의 온도는 273.15 + 52.5 = 325.65 K이다.

콘크리트 탱크의 엔탈피 변화는 다음과 같다.

$$\Delta H = (42{,}000 \text{ kg})(0.93 \text{ kJ} \cdot \text{kg}^{-1} \cdot \text{K}^{-1})(325.65 - 293.15) = 1{,}269{,}450 \text{ kJ}$$

둘을 합치면 5,441,800 + 1,269,450 = 6,711,250 kJ 또는 6,711,250,000 J이다.

복사만을 통해 온도가 내려간다고 가정했을 때 필요한 시간을 구한다. 우선 탱크와 주위 환경의 방사율이 동일하기 때문에 총 방사는 아래 식과 같이 온도의 차이를 통해 구할 수 있다.

$$E_B = \varepsilon\sigma \, (T_c^4 - T_{environ}^4)$$
$$= \varepsilon\sigma T^4 = (0.90)(5.67 \times 10^{-8} \text{ W} \cdot \text{m}^{-2} \cdot \text{K}^{-4})[(273.15 + 52.5)^4 - (273.15 + 20)^4]$$
$$= 197 \text{ W} \cdot \text{m}^{-2}$$

이때 열전달속도는

$$(197 \text{ W} \cdot \text{m}^{-2})(56 \text{ m}^2) = 1{,}032 \text{ W} \text{ 또는 } 11{,}032 \text{ J} \cdot \text{s}^{-1}$$

식 4-51을 사용하여 대류를 통한 열전달속도를 추정한다.

$$\frac{dH}{dt} = h_c \, A(T_f - T_s)$$
$$= (13 \text{ J} \cdot \text{s}^{-1} \cdot \text{m}^{-2} \cdot \text{K}^{-1})(56 \text{ m}^2)[(273.15 + 52.5) - (273.15 + 20)]$$
$$= 23{,}660 \text{ J} \cdot \text{s}^{-1}$$

이를 통해 20℃까지 내려가기 위해 걸리는 시간은

$$\frac{6{,}711{,}250{,}000 \text{ J}}{11{,}032 \text{ J} \cdot \text{s}^{-1} + 23{,}660 \text{ J} \cdot \text{s}^{-1}} = 193{,}452초 \text{ 또는 } 2.24일$$

이는 꽤 긴 시간이다. 만약 땅값이 비싸지 않으며 여러 탱크를 건설할 수 있다면, 냉각에 걸리는 시간은 문제가 되지 않을 수 있다. 시간을 줄이기 위해서 다른 방법을 생각해 볼 수 있다. 예를 들어, 대류를 통한 열전달속도를 증가하기 위해 열교환기를 설치할 수 있다. 그리고 에너지 효율을 높이기 위해, 열교환기를 통해 배출되는 열은 복숭아 껍질을 벗길 때 사용하는 끓는 물을 만드는 데 사용될 수 있다.

총괄 열전달.　대부분의 현실적인 열전달 문제의 경우 여러 열전달(heat transfer) 방법이 포함된다. 이러한 경우, 여러 방법를 통합한 총괄 열전달계수를 사용하는 것이 편리하다. 이때 열전달식은 다음과 같이 나타낼 수 있다.

$$\frac{dH}{dt} = h_o A(\Delta T)$$

(4-57)

여기서 h_o = 총괄 열전달계수($kJ \cdot s^{-1} \cdot m^{-2} \cdot K^{-1}$)

ΔT = 열전달을 유도하는 온도 차이(K)

　　환경과학자(종종 환경 위생사라는 직함을 가짐)들이 맡는 임무 중 하나로 식당에서 식품 안전을 점검하는 것이 있다. 여기에는 부패하기 쉬운 식품의 적절한 냉장 보관이 포함된다. 다음 예제에서는 가족 모임에서 발생된 식중독을 조사할 때 살펴볼 항목 중 하나인 냉장고의 전기 정격을 예로 다룬다.

예제 4-14　식중독에 대한 가능성을 살펴보기 위해 샘과 제넷은 가족 모임을 위해 구매한 여러 식품들을 냉장 보관하기 위해 필요한 전기 에너지를 연구하기로 하였다. 샘과 제넷 가족은 햄버거 12 kg과 닭고기 6 kg, 옥수수 5 kg과 탄산음료 20 L를 구매하였다. 가족 모임까지 식품들은 차고에 비치되어 있는 냉장고에서 보관된다. 각 식품들의 비열($kJ \cdot kg^{-1} \cdot K^{-1}$)은 다음과 같다: 햄버거 3.22; 닭고기 3.35; 옥수수 3.35; 탄산음료 4.186. 냉장고의 규격은 0.70 m×0.75 m×1.00 m이다. 냉장고의 총 열전달계수는 0.43 $J \cdot s^{-1} \cdot m^{-2} \cdot K^{-1}$이다. 차고의 온도는 30℃이며, 식품들은 상하지 않기 위해 모두 4℃를 유지해야 한다. 식품들이 4℃에 도달하기까지 2시간이 걸린다고 가정한다. 마트에서 집으로 오는 동안 고기류는 20℃가 되었으며, 옥수수와 탄산음료는 30℃가 되었다. 냉장고 내에서 2시간 동안 식품들의 온도가 내려갈 때까지 필요한 전기 에너지량(kW)을 구하시오. 그 다음 2시간 동안 온도를 유지하기 위해 필요한 전기 에너지량을 구하고, 냉장고 안은 4℃를 유지하고 있으며, 식품이 들어간 이후 4시간 동안 냉장고 문은 항상 닫혀 있다고 가정한다. 냉장고 내 공기의 열에 필요한 에너지는 무시하며 모든 전기 에너지는 열을 제거하는 데 사용된다고 가정한다. 만약 냉장고 전력이 875 W라면, 식중독 문제는 냉장고 때문에 발생한 것인가?

풀이　에너지수지식은 다음과 같다.

$$\frac{dH}{dt} = \frac{d(H)_{유입\,물질}}{dt} + \frac{d(H)_{유출\,물질}}{dt} \pm \frac{d(H)_{에너지\,흐름}}{dt}$$

여기서 dH/dt = 유입되는 에너지를 맞추기 위해 필요한 엔탈피 변화

$d(H)_{유입\,물질}$ = 식품들로 인한 엔탈피 변화

$d(H)_{에너지\,흐름}$ = 온도를 4℃로 유지하기 위한 엔탈피 변화

이 문제에서 $d(H)_{유출\,물질}$은 없다.

각 식품들의 엔탈피 변화는 다음과 같다.

햄버거

$\Delta H = (12\ \text{kg})(3.22\ \text{kJ} \cdot \text{kg}^{-1} \cdot \text{K}^{-1})(20°C - 4°C) = 618.24\ \text{kJ}$

닭고기

$\Delta H = (6\ \text{kg})(3.35\ \text{kJ} \cdot \text{kg}^{-1} \cdot \text{K}^{-1})(20°C - 4°C) = 321.6\ \text{kJ}$

옥수수

$\Delta H = (5\ \text{kg})(3.35\ \text{kJ} \cdot \text{kg}^{-1} \cdot \text{K}^{-1})(30°C - 4°C) = 435.5\ \text{kJ}$

탄산음료

20 L = 20 kg이라고 가정할 때

$\Delta H = (20\ \text{kg})(4.186\ \text{kJ} \cdot \text{kg}^{-1} \cdot \text{K}^{-1})(30°C - 4°C) = 2176.72\ \text{kJ}$

총 엔탈피 변화 = 618.24 kJ + 321.6 kJ + 435.5 kJ + 2176.72 kJ = 3,552.06 kJ

2시간 동안 식품 온도를 내리기 위해 필요한 엔탈피 변화속도는 다음과 같다.

$$\frac{3,552.06\ \text{kJ}}{(2\ \text{h})(3600\ \text{s} \cdot \text{h}^{-1})} = 0.493\ \text{또는}\ 0.50\ \text{KJ} \cdot \text{s}^{-1}$$

냉장고의 표면적은 다음과 같이 구할 수 있다.

0.70 m × 1.00 m × 2 = 1.40 m^2

0.75 m × 1.00 m × 2 = 1.50 m^2

0.75 m × 0.70 m × 2 = 1.05 m^2

총 3.95 m^{2}이다.

이때 냉장고 벽을 통한 열 감소는

$$\frac{dH}{dt} = (4.3 \times 10^{-4}\ \text{kJ} \cdot \text{s}^{-1} \cdot \text{m}^{-2} \cdot \text{K}^{-1})(3.95\ \text{m}^2)(30°C - 4°C) = 0.044\ \text{kJ} \cdot \text{s}^{-1}$$

첫 2시간 동안 필요한 전기 에너지량은 $0.044\ \text{kJ} \cdot \text{s}^{-1} + 0.50\ \text{kJ} \cdot \text{s}^{-1} = 0.54\ \text{kJ} \cdot \text{s}^{-1}$이다.

$1W = 1\ \text{J} \cdot \text{s}^{-1}$이기 때문에 요구되는 전력은 0.54 kW 또는 540 W이다. 따라서 냉장고 전력은 식중독의 원인이 아닌 것 같다.

다음 2시간 동안 필요한 전기 에너지량은 0.044 kW 또는 44 W로 줄게 된다.

예제 4-14의 결과는 전기 에너지를 냉각으로 변환하는 효율이 100%라는 가정을 기반으로 한다. 물론 이는 불가능하며, 이제 우리는 열역학 제2법칙을 다룬다.

열역학 제2법칙

열역학 제2법칙(second law of thermodynamics)은 에너지가 항상 더 높은 농도의 영역에서 더 낮은 농도의 영역으로 흐르고 그 반대는 일어나지 않으며, 또한 에너지가 변환됨에 따라 품질이 저하된다고 정의한다. 모든 자연스럽고 자발적인 과정은 제2법칙에 의거하여 연구될 수 있으며, 그러한 모든 경우를 통해 특정한 일방적 현상을 발견할 수 있다. 이는 열은 항상 뜨거운 물체에서 더 차가운 물체로 자발적으로 흐르며, 기체는 압력이 높은 영역에서 압력이 낮은 영역으로 자발적으로 틈을 통해 스며든다는 것을 의미한다. 제2법칙은 질서에서 무질서로 변하며, 무작위성이 증가하며, 구조와 집중이 사라지는 경향이 있음을 알려준다. 이것은 구배가 없어지며, 전기적 또는 화학적 전위가 균등화되며, 특별히 일이 가해지지 않는 한 열과 분자 운동은 균질화됨을 시사한다. 따라서 기체와 액체가 한곳에 놓이면 이들은 섞이는 경향을 보이며, 바위는 풍화되고 부서지며 철은 녹슬게 된다.

변환될 때 에너지가 열화된다는 것은 변환 과정에서 엔탈피가 낭비됨을 의미한다. 낭비되는 열의 일부를 사용 불가능한 에너지라고 한다. **엔트로피의 변화**(change in entropy)라고 하는 수학적 표현은 이 사용할 수 없는 에너지를 표현하는 데 사용된다.

$$\Delta s = M c_p \ln \frac{T_2}{T_1} \tag{4-58}$$

여기서 Δs = 엔트로피의 변화

$\quad M$ = 질량

$\quad c_p$ = 일정한 압력에서 비열

$\quad T_1, T_2$ = 초기 및 최종 절대 온도

$\quad \ln$ = 자연로그

제2법칙에 따르면 엔트로피는 농도가 높은 영역에서 낮은 영역으로 에너지가 변환될 때 증가하게 된다. 또한 무질서의 정도가 높을수록 엔트로피가 높아진다. 엔트로피는 분해된 에너지로, 이들은 폐기물과 열로 소산된다.

효율(efficiency, η)은 제2법칙의 또 다른 표현이다. 사디 카르노(Sadi Carnot, 1824)는 열기관(예: 증기기관)의 효율성 문제에 근본적인 방식으로 접근한 최초의 사람이다. 그는 오늘날 카르노 기관(Carnot engine)이라고 불리는 이론적인 엔진을 설명하였다. 그림 4-16은 카르노 기관의 단순화된 모식도이다. 그의 기관에서 물질은 팽창하여 피스톤을 밀어내며 주기적으로 초기 상태로 돌아가므로, 한 주기에서 이 물질의 내부 에너지 변화는 0, 즉 $U_2 - U_1 = 0$이다. 이때 열역학 제1법칙(식 4-41)은 다음과 같이 표현할 수 있다.

$$W = Q_2 - Q_1 \tag{4-59}$$

여기서 Q_1 = 받아들여지지 않은 또는 배출되는 열

$\quad Q_2$ = 열 입력

그림 4-16

카르노 열기관의 흐름도

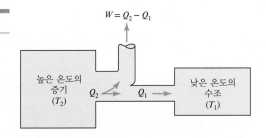

그림 4-17

카르노 냉동기관의 흐름도

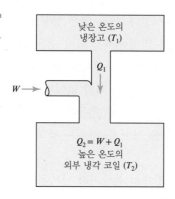

열효율은 작업(일)으로 출력되는 에너지 대비 열로 입력되는 에너지의 비율이다. 여기서 출력이란 기계적인 작업을 뜻한다. 배기열은 출력으로 간주되지 않는다.

$$\eta = \frac{W}{Q_2} \tag{4-60}$$

여기서 W = 일 출력

$\quad\quad Q_2$ = 열 입력

또는 식 4-59를 사용하면,

$$\eta = \frac{Q_2 - Q_1}{Q_2} \tag{4-61}$$

카르노의 분석에 따르면 가장 효율적인 기관은

$$\eta_{max} = 1 - \frac{T_1}{T_2} \tag{4-62}$$

여기서 온도는 절대 온도(켈빈)이다. 이 식은 T_2의 값이 가능한 한 높고 T_1의 값이 가능한 한 낮을 때 최대 효율이 달성됨을 의미한다.

냉장고는 반대로 작동하는 열기관으로 간주할 수 있다(그림 4-17). 환경적 관점에서 가장 좋은 냉동 사이클은 최소한의 기계적인 작업 비용으로 냉장고에서 가장 많은 양의 열(Q_1)을 제거하는 사이클이다. 따라서 효율성보다는 **성능계수**(coefficient of performance, C.O.P.)를 사용한다.

$$C.O.P. = \frac{Q}{W} = \frac{Q_1}{Q_2 - Q_1} \tag{4-63}$$

카르노 효율과 유사하게,

$$C.O.P. = \frac{T_1}{T_2 - T_1} \tag{4-64}$$

예제 4-15 예제 4-14의 냉장고의 성능계수를 구하시오.

풀이 C.O.P.는 온도를 통해 계산할 수 있다.

$$C.O.P. = \frac{273.15 + 4}{[(273.15 + 30) - (273.15 + 4)]} = 10.7$$

참고로, 열기관과는 다르게 냉장고의 경우 온도차가 적을수록 성능이 높다.

연습문제

4-1 어떤 공공 폐기물 매립장은 16.2 ha의 면적을 갖고 있으며 평균 깊이는 10 m이다. 고형 폐기물은 하루에 765 m^3씩 일주일에 5일 매립된다. 매립된 폐기물은 다짐(compact) 과정을 통해 부피가 절반이 된다. 이에 대한 물질수지 흐름도를 그리고 매립지가 다 찰 때까지 걸리는 기간(년)을 구하시오.

답: 16.25 또는 16년

4-2 드라이클리닝 회사에서는 매달 0.160 m^3의 드라이클리닝용 세척제를 구매한다. 세척제 중 90%는 대기로 손실되며 나머지 10%는 잔류하여 폐기된다. 세척제의 밀도는 1.5940 $g \cdot mL^{-1}$이다. 물질수지 흐름도를 그리고 매달 대기로 배출되는 세척제 질량을 $kg \cdot mo^{-1}$ 단위로 구하시오.

4-3 정부는 드라이클리닝 회사에서 사용하던 드라이클리닝용 세척제 생산을 2000년부터 금지하였고, 이 회사는 새로운 세척제를 사용하고 있다. 새로운 세척제의 휘발성은 기존 세척제(문제 4-2) 휘발성의 1/6이며 밀도는 1.6220 $g \cdot mL^{-1}$이다. 만약 새로운 세척제에서도 기존 세척제와 동일하게 10% 만큼의 잔류물이 발생한다면, 대기에 배출되는 배출량을 $kg \cdot mo^{-1}$ 단위로 구하시오. 또한 새로운 세척제는 휘발성이 낮기 때문에 회사는 기존 세척제 대비 적은 양의 세척제를 구매하려 한다. 기존 세척제 대비 매년 얼마만큼 적은 양을 구매하게 되는지 $m^3 \cdot y^{-1}$ 단위로 구하시오.

4-4 버지니아주 워런턴 근처의 래퍼해넉(Rappahannock)강의 유속은 3.00 $m^3 \cdot s^{-1}$이다. 소하천인 틴팟 런(Tin Pot Run)은 유속 0.05 $m^3 \cdot s^{-1}$로 래퍼해넉강으로 합류한다. 소하천과 강의 혼합을 연구하기 위해 보존성 추적자(tracer)를 틴팟 런에 추가하였다. 만약 측정 기기가 추적자 농도를 1.0 $mg \cdot L^{-1}$까지 측정할 수 있다면, 혼합된 물에서 1.0 $mg \cdot L^{-1}$ 농도의 추적자를 측정하기 위해 틴팟 런에 추가해야 하는 추적자의 최저 농도를 구하시오. 1.0 $mg \cdot L^{-1}$ 농도는 소하천과 강이 완전하게 혼합된 이후에 측정되며, 추적자는 틴팟 런에 추가되기 이전에는 소하천과 강에 존재하지 않는다고 가정한다. 또한 틴팟 런에 추가해야 하는 추적자의 질량유량($kg \cdot d^{-1}$)으로 구하시오.

답: 263.52 또는 264 $kg \cdot d^{-1}$

4-5 클리어워터(Clearwater)사의 설계 엔지니어는 탱크에서 보조배관으로 NaOCl 용액을 안정적으로 공급하고자 1.0 $L \cdot s^{-1}$ 용량의 펌프를 사용하기로 하였다. 탱크에는 농축 NaOCl(52,000 $mg \cdot L^{-1}$) 용액을 희석하여 넣도록 사용 설명서에 기술하였다. 탱크는 8시간에 한 번씩 채워지며 부피는 30 m^3이다. 만약 보조배관을 통해 NaOCl이 공급되는 속도가 1000 $mg \cdot s^{-1}$을 유지해야 할 경우, 이에 필요한 탱크 내 NaOCl 용액의 농도를 구하시오. 또한 탱크 내 NaOCl 용액을 채우기 위해 희석 과정에서 섞어야 할 농축 NaOCl 용액의 부피와 물의 부피를 구하시오. 통상적으로 NaOCl은 반응성 물질로 알려져 있으나, 이 문제에서 NaOCl은 반응성이 없다고 가정한다.

4-6 미국 환경보호청(EPA)은 소각장에서 소각로에 주입되는 유해 폐기물이 99.99%의 효율로 분해 및 제거(destructionand removal efficiency, DRE)되도록 규정하고 있다. 99.99%는 four nines DRE라고 불린다. 하지만 어떤 독성 폐기물들의 경우 six nines DRE(99.9999%)를 달성해야 하는 경우도 있다. 이때 DRE는 소각로로 주입되는 유해 폐기물의 질량유량 대비 굴뚝으로 배출되는 유해 폐기물의 질량유량을 통해 계산된다. 그림 P-4-6은 이에 대한 개략도이다. 이러한 효율을 지키기 어려운 원인 중 하나는 배출되는 유해 폐기물 농도를 측정하기 어렵기 때문이다. 물질수지 흐름도를 그리고, 소각로가 $1.0000 \text{ g} \cdot \text{s}^{-1}$의 폐기물을 처리할 때 허용되는 배출 농도를 구하시오. (이 문제에서 유효 숫자가 매우 중요하다.) 또한 소각로의 분해 효율이 90%일 때, 위 규정을 맞추기 위해 필요한 스크러버의 제거 효율을 구하시오.

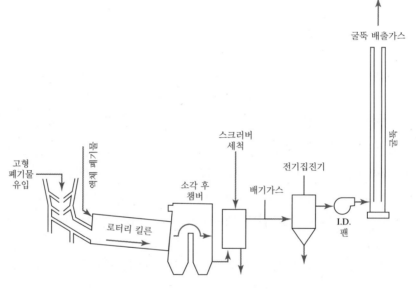

그림 P-4-6
유해 폐기물 소각로 그림

4-7 금속 도금 과정에서 도금된 부분에서 금속을 함유한 용액을 제거하기 위해 물로 세척을 한다. 세척된 물은 금속으로 오염되었기 때문에 배출되기 전에 반드시 처리되어야 한다. 시니(Shinny) 도금 회사는 그림 P-4-7과 같은 처리 공정을 사용한다. 도금 용액은 $85 \text{ g} \cdot \text{L}^{-1}$의 니켈을 포함하고 있다. 세척 과정에서 $0.05 \text{ L} \cdot \text{min}^{-1}$의 도금 용액이 세척탱크로 들어온다. 세척수는 $150 \text{ L} \cdot \text{min}^{-1}$의 유속으로 세척탱크에 유입된다. 세척탱크에 대한 물질수지 흐름도를 그리고, 폐수로 배출되는 니켈 농도를 구하시오. 세척탱크는 완전하게 혼합되며 세척탱크에서는 반응이 일어나지 않는다고 가정한다.

답: $C_n = 28.3$ 또는 $28 \text{ mg} \cdot \text{L}^{-1}$

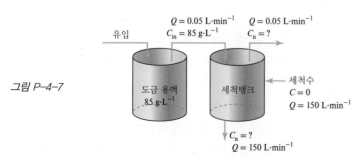

그림 P-4-7

4-8 미국 환경보호청(EPA, 1982)은 역류세정(그림 P-4-8)의 세척수 유량 계산을 위해 다음과 같은 식을 제공한다.

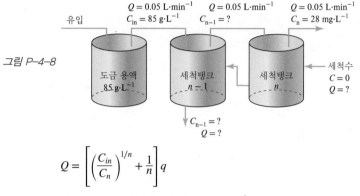

그림 P-4-8

$$Q = \left[\left(\frac{C_{in}}{C_n} \right)^{1/n} + \frac{1}{n} \right] q$$

여기서 Q = 세척수 유량, L · min^{-1}

C_{in} = 도금 용액 내 금속 농도, mg · L^{-1}

C_n = n번째 세척 과정 내 금속 농도, mg · L^{-1}

n = 세척탱크의 수

q = 도금 용액에서 세척탱크로 유입되는 유량, L · min^{-1}

위 식과 문제 4-7의 자료를 활용하여 컴퓨터 프로그램의 표 계산을 통해 직렬로 연결된 세척탱크의 수가 각각 1개, 2개, 3개, 4개, 5개일 때 세척수의 유량을 구하시오. 또한 프로그램의 그래프 기능을 통해 세척탱크 수 대비 세척수 유량 그래프를 그리시오.

4-9 칙은 5% 페놀 용액으로 탄저병 포자를 소독하는 실험을 보고하였다(Chick, 1908). 그 결과는 다음 표와 같다. 이 실험이 완전 혼합형 회분식 반응조에서 수행되었다고 가정했을 때, 탄저병 포자의 사멸속도에 대한 상수를 구하시오.

잔존 농도(포자수 · mL^{-1})	시간(분)
398	0
251	30
158	60

4-10 환경공학과 과학에서 '반감기'는 자주 사용되는 개념이다. 이는 방사성 물질의 방사선 저감이나 인체 독성 저감, 호소의 자정 작용 성능, 토양 내 살충제 저감 등을 설명할 때 사용된다. 물질수지식에서 시작하고 반응속도상수 k를 사용하여 물질의 반감기($t_{1/2}$)를 구하는 식을 도출하시오. 이때 반응은 회분식 반응조에서 일어난다고 가정한다.

4-11 액체상태의 유해 폐기물은 최저 에너지 함량을 유지하기 위해 CMFR에서 혼합되어 이후 유해 폐기물 소각장으로 보내진다. 현재 CMFR 내 폐기물의 에너지 함량은 8.0 MJ · kg^{-1}이다. 새로운 폐기물이 CMFR로 유입되기 시작하였으며 그 에너지 함량은 10.0 MJ · kg^{-1}이다. CMFR의 부피는 0.20 m^{3}이며, 유입량과 유출량은 4.0 L · s^{-1}이다. 이때 CMFR에서 배출되는 폐기물의 에너지 함량이 9 MJ · kg^{-1}에 도달하기 위해서 필요한 시간을 구하시오.

답: t = 34.5 또는 35초

4-12   테러리스트들의 위협 행위로 인한 상수도 관망 오염에 대비하기 위해 측정 기기가 설치되었다. 2.54 cm 직경의 연결관을 통해 상수도관과 기기를 연결하였다. 연결관의 길이는 20.0 m이다. 상수도관에서 양수한 물이 기기를 통과하면 추가 분석을 위해 저류탱크에 저장되며 이후 배수된다. 연결관 내 물의 유량이 1.0 L· min^{-1}일 때, 물이 상수도관에서 기기까지 도달하는 데 걸리는 시간(분)을 구하시오. 연결관 내 물의 속도를 계산하기 위해 아래 식을 사용하시오.

$$u = \frac{Q}{A}$$

여기서 u = 연결관 내 물의 속도, $m \cdot s^{-1}$
        Q = 연결관 내 물의 유량, $m^3 \cdot s^{-1}$
        A = 연결관의 면적, m^2

기기 측정에 10 mL의 샘플 부피가 필요할 경우, 상수도관에서 오염이 일어난 이후 몇 L의 물이 연결관을 통과해야 측정 기기가 이를 감지할 수 있는지 구하시오.

4-13   1,900 m^3의 물 탱크를 염소 용액으로 청소하였다. 물 탱크 내 염소 증기 농도가 허용 농도보다 높아 관리자는 물 탱크 내에 들어갈 수 없다. 현재 염소 농도가 15 $mg \cdot m^{-3}$이며 허용 농도는 0.0015 $mg \cdot L^{-1}$라면, 2.35 $m^3 \cdot s^{-1}$ 유량의 공기로 탱크를 얼마 동안 환기해야 하는지 구하시오.

4-14   눈사태가 일어나는 동안 불소 공급장치 내 용액이 모두 소진되었다. 그림 P-4-14와 같이 급속 혼합탱크는 5 km의 배관과 연결되어 있다. 혼합탱크로 유입되는 유량은 0.44 $m^3 \cdot s^{-1}$이며, 탱크의 부피는 2.50 m^3이다. 배관 내 속도는 0.17 $m \cdot s^{-1}$이다. 불소 공급 용액이 모두 소진되었을 때 급속 혼합탱크 내 불소 농도가 1.0 $mg \cdot L^{-1}$ 이라면, 불소 농도가 배관 끝에서 0.01 $g \cdot L^{-1}$ 로 감소할 때까지 걸리는 시간을 구하시오. 불소는 보존성 물질로 간주한다.

그림 P-4-14

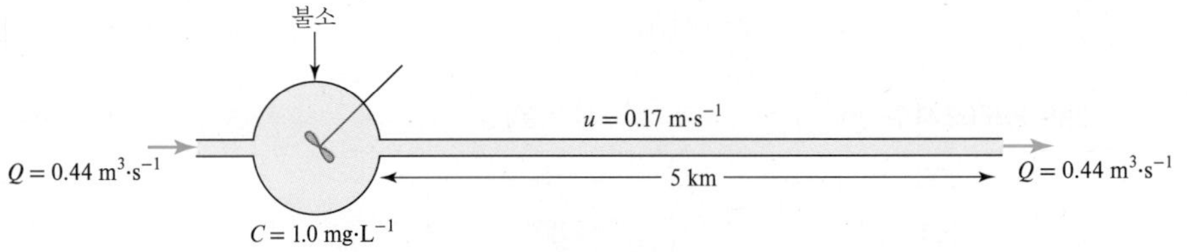

4-15   하수 처리용 라군의 표면적은 10 ha, 깊이는 1 m이며 1,000 $mg \cdot L^{-1}$의 생분해성 오염물질을 함유한 하수 8640 $m^3 \cdot d^{-1}$를 처리한다. 정상상태에서 라군의 유출수의 생분해성 오염물질 농도는 20 $mg \cdot L^{-1}$을 넘지 않아야 한다. 라군이 완전 혼합상태이며 라군에 유입되는 하수 이외에 라군 내 용액이 증가하거나 감소하지 않는다고 가정할 때, 위 유출 농도를 달성하기 위해 필요한 생분해 반응의 1차 반응속도상수(d^{-1})를 구하시오.

> **답:** $k = 0.3478$ 또는 0.35 d^{-1}

4-16   두 라군이 그림 P-4-16과 같이 직렬로 있을 때 문제 4-15를 다시 푸시오. 각 라군의 표면적은 5 ha이며 깊이는 1 m이다.

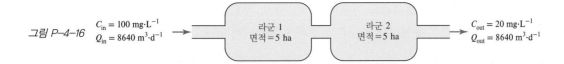

그림 P-4-16 $C_{in} = 100 \text{ mg} \cdot L^{-1}$ 라군 1 면적 = 5 ha   라군 2 면적 = 5 ha $C_{out} = 20 \text{ mg} \cdot L^{-1}$
$Q_{in} = 8640 \text{ m}^3 \cdot d^{-1}$ $Q_{out} = 8640 \text{ m}^3 \cdot d^{-1}$

4-17 90 m³ 크기의 지하실이 라돈으로 오염되어 있는 것으로 밝혀졌다. 지하실 내 라돈 농도는 정상상태에서 1.5 Bq · L⁻¹이다. 지하실은 CMFR과 같으며 라돈 감소 반응은 1차 반응식을 따르고 속도상수는 2.09×10^{-6} s⁻¹이다. 라돈의 발생 원인을 제거하였으며 지하실을 라돈이 없는 공기로 0.14 m³ · s⁻¹의 유량으로 환기한다고 가정했을 때, 지하실 내 라돈 농도가 허용기준인 0.15 Bq · L⁻¹로 저감될 때까지 걸리는 시간을 구하시오.

4-18 다음과 같은 조건에서 CMFR과 PFR 반응조의 효율을 각각 구하고, 어느 쪽이 더 효율적인 반응조인지 결정하시오. 반응조 부피는 280 m³이며 유량은 14 m³ · day⁻¹, 반응상수는 0.05 day⁻¹이다. 이때 반응은 1차 반응식을 따르며 반응조는 정상상태이다.
     답: CMFR η = 50%; PFR η = 63%

4-19 하수 배관에서 배수가 충분히 이뤄지지 않아 배관 끝의 물이 동결하게 되었다. 이를 녹이기 위해 얼음 안에 작은 구멍을 뚫어 200-W 전기히터를 구멍 안으로 넣었다. 만약 배관 내 2 kg의 얼음이 있다면 이를 녹이기 위해 얼마나 걸리는지 구하시오. 모든 열은 얼음을 녹이는 데 사용된다고 가정한다.
     답: 55.5 또는 56분

4-20 하수 처리장의 생물 반응조 내에서 미생물들이 활동하기 위해서는 하수의 온도가 15°C에서 40°C로 올라가야 한다. 하수 처리장 유량이 30 m³ · day⁻¹일 때, 하수의 온도를 올리기 위해 매일 필요한 열량을 구하시오. 반응조는 완전 혼합형이며 열 손실은 없는 것으로 가정한다.
     답: 3.14 GJ · d⁻¹

4-21 프랑스 센(Seine)강의 유량은 느릴 때 28 m³ · s⁻¹이다. 발전소는 센강으로 10 m³ · s⁻¹의 열폐수를 배출한다. 여름에 발전소 상류 지점에서의 강의 온도는 20°C이며, 발전소 열폐수와 혼합된 이후의 강의 온도는 27°C이다(Goubet, 1969). 강과 섞이기 전의 열폐수의 온도를 구하시오. 대기로의 복사와 전도 과정은 무시하며, 강바닥과 둑으로의 전도 역시 무시한다.

4-22 북부 위스콘신의 작은 호수 근처에 거주하는 지역 사회를 위해 공기주입 라군(공기를 주입하는 하수처리용 연못)이 제안되었다. 라군은 여름철 인구에 맞춰 설계되어 일년 내내 운영되며, 겨울철 인구는 여름철 인구의 약 절반이다. 설계된 라군의 부피는 3,420 m³이다. 겨울철 하수 부피는 매일 약 300 m³이다. 1월에 라군의 온도는 0°C로 떨어졌지만 아직 얼지는 않았다. 만약 라군으로 유입되는 하수의 온도가 15°C일 경우, 하루가 끝날 때 라군의 온도를 구하시오. 라군은 완전 혼합상태이며 라군에서 대기 또는 땅으로의 손실은 없는 것으로 가정한다. 또한 하수의 밀도는 1,000 kg · m⁻³이며, 비열은 4.186 kJ · kg⁻¹ · K⁻¹이다.

4-23 문제 4-22와 표 프로그램을 사용하여, 7일 동안 매일의 온도를 구하시오. 라군에 유입되는 유량과 유출되는 유량은 동일하며 라군은 완전하게 혼합되어 있다고 가정한다.

4-24 문제 4-22의 라군 내 하수는 강하게 혼합되기 때문에 얼 가능성이 높다. 하수의 온도가 15℃이고 대기온도가 −8℃일 때, 라군이 얼기까지 얼마나 걸리는지 구하시오. 참고로 라군 깊이는 3 m이다. 물론 하수가 모두 얼기 전에 폭기용 장비가 먼저 얼게 되겠지만, 본 문제에서는 라군 내 모든 부피의 하수가 언다고 가정한다. 열전도계수로 $0.5 \ kJ \cdot s^{-1} \cdot m^{-2} \cdot K^{-1}$를 사용(Metcalf & Eddy, Inc., 2003)하며 유입되는 하수의 엔탈피는 무시한다.

4-25 수평으로 되어 있는 잎의 양면의 복사열 부하는 $1.7 \ kW \cdot m^{-2}$이다(Gates, 1962). 잎은 이 중에서 일부를 다시 외부로 복사한다. 만약 잎의 온도가 주위 온도인 30℃와 동일하다면, 열 손실의 총량 대비 복사를 통한 열 손실의 비율을 구하시오. 잎의 방사율은 0.95로 가정한다.

답: 0.2676 또는 0.27 또는 27%

5

생태계

사례 연구

생태계

5-5절에서 논의될 바와 같이, 야생에서 발견되는 모든 종의 개체수는 먹이, 보금자리, 노폐물의 농도, 질병, 기생생물과 포식자의 개체 밀도 등에 따라서 달라진다. 날씨, 온도, 홍수 등의 환경적 요소들도 개체 밀도에 영향을 미친다. 이는 인간에게도 마찬가지로 적용된다.

호모 사피엔스(*Homo sapiens*)종이 나타난 약 20만 년 전쯤 되는 시기부터 약 12,000년 전까지 지구상의 인간의 개체수는 수백만에 불과하였다. 그림 5-16에서 볼 수 있듯이, 인간의 개체수는 1700년에서 2015년 사이에 6억에서 73억으로 증가하였다. 같은 기간 동안, 우리는 지구의 대기를 변화시켰고, 전 지구적인 이산화탄소 농도는 280 ppm에서 400 ppm보다 약간 높은 수준까지 증가하였다. 1950년 이래로, 인구는 10년마다 약 8억 명씩 증가해 왔다. 이 속도라면, 2025년까지 인간의 개체수와 이산화탄소 농도는 각각 80억, 419 ppm에 이를 것이다. 여기서 중요한 문제는 이러한 속도가 언제까지 계속 증가할지, 지구가 어느 정도의 인구까지 감당할 수 있는지이다.

성장을 제한하는 요인 중의 하나로 기후 조건과 비옥한 경작지의 가용성에 의해 결정되는 식량의 가용성을 들 수 있다. 전형적인 서구식 식단에는 1인당 약 0.5 ha가 필요하다(Pimentel and Pimentel, 1996). 2025년에 전 인류에게 이런 식단을 보장하려면 경작 가능한 땅 40억 ha가 있어야 한다. 하지만 현재 지구에는 약 14억 ha의 경작지만이 있으며, 전 세계의 인구 중 약 11%가 영양 결핍 상태에 있다(유엔 식량 농업 기구, 2013). 설상가상으로, 유엔 식량 농업 기구는 2050년에는 경작지의 면적이 1인당 약 0.15 ha 정도로 감소할 것으로 예측하고 있다(유엔 식량 농업 기구, 2010). 또한, 기후변화는 물 스트레스(이용률 대비 회수율)를 심화시켜 작물 생산성을 감소시킬 것으로 예상된다.

또 다른 요인은 폐기물 문제이다. 세계보건기구는 2012년에 전 세계 총 사망자의 25%가 건강하지 않은 환경에서 생활하거나 일하는 것으로부터 기인한다고 추정하였다(Prüss-Ustün et al., 2016). 이 환경적 위협 요소에는 대기, 수질, 토양의 오염, 화학물질 노출, 기후변화, 자외선 등이 있다. 대기 중 온실가스 농도의 증가로 인해 전 지구적 기온이 상승함에 따라, 대기오염, 물 스트레스, 풍토병이 증가하면서 이 비율은 증가할 것으로 예상된다.

세 번째 요인은 주거지 문제이다. 기후변화와 해수면 상승은 인구의 대규모 이주를 야기할 것이다. 점차 심화되는 물 스트레스와 함께, 원거주지가 물에 잠김에 따라 인구가 이동하는 현상이 일어나면서 국가들의 불안정화를 초래할 것이다. 이는 방글라데시나 키리바티, 나우루, 투발루 같은 태평양의 섬들, 알래스카 해안의 외딴 마을인 쉬쉬마레프(Shishmaref) 같은 지역에서 이미 일어나고 있는 현상이다. 최근 한 연구(Hauer, 2017)는 해수면 상승으로 인한 이주가 미국의 인구 분포를 변화시켜서, 해안 지역으로부터의 이주 물결을 맞을 준비가 되어 있지 않은 내륙 지역에 부담을 안길 수 있다고 지적하였다.

그렇다면 환경공학자나 환경과학자는 무엇을 해야 하는가? 2012년 두란(Dooran)이 백서에서 언급했듯, 우리가 대응할 수 있는 방법에는 여러 가지가 있다. 우리는 수자원을 보존, 재사용, 정화하고 관리법을 개선하는 시스템을 개발해야 한다. 환경공학자와 과학자는 일반 대중에게 보다 효율적으로 정보를 전달해야 하며, 규제 및 입법 과정에 보다 적극적으로 참여해야 한다. 우리는 도시 하수 및 산업폐수를 처리하는 데 있어 보다 효율적이고 덜 에너지 집약적인 방법을 찾아야 한다. 그리고 마지막으로, 우리는 항생제 내성과 기후변화 등의 문제를 해결해야 한다.

5-1 서론

생태계

생태계(ecosystem)는 생물들이 서로 간에, 그리고 햇빛, 강우량, 토양 영양분 등의 물리적 환경과 상호 작용을 하는 공간이다. 한 생태계 내의 생물들은 다른 생태계의 생물들보다 서로 간에 보다 많은 상호 작용을 한다. 생태계의 규모는 매우 다양하다. 예를 들면, 직경이 약 2 m에 불과한 조수웅덩이도 생태계로 간주될 수 있는데, 이는 이 환경에 서식하는 식물과 동물들이 서로에게 의존도가 높고 이 생태계에 대한 고유성을 띠기 때문이다. 규모가 보다 큰 열대우림[*] 역시 하나의 생태계이다. 전 지구적 생물권은[†] 지구라는 '궁극의' 경계로 둘러싸인 생태계로, 이보다 규모가 더 크다. 각 생태계 내에는 한 개의 생물군이[‡] 서식하는 공간으로 정의되는 **서식지**(habitat)가 있다.

더 나아가, 생태계는 물질이 유입·유출되는 시스템으로 정의될 수 있다. 하지만 생태계로 유입되거나 생태계로부터 유출되는 물질의 흐름은 생태계 내에서 순환하는 물질의 양과 비교해 그 양이 작다. 1개의 호수를 1개의 생태계로 생각하면, 물질은 물에 녹아드는 이산화탄소, 땅 위로 흘러들어오는 영양물질, 하천을 따라 호수로 흘러드는 화학물질 등의 형태로 유입된다. 호수 내에서 물질은 먹이, 배설물, 호흡가스(산소나 이산화탄소)의 형태로 한 생물에서 다음 생물로 흐른다. 이 물질의 흐름은 한 생태계의 존립을 위해서 필수적이다.

생태계의 또 다른 특징은 시간에 따라서 변한다는 점이다. 이 장의 뒷부분에서 우리는 호수가 시간이 지남에 따라, (자연적 또는 인간 활동에 의해서) 맑은 물과 낮은 영양 염분 함량, 다양한 종이 고르게 분포된 생태계에서 탁한 물과 높은 영양 염분 함량, 소수 종에 집중된 생태계로 어떻게 변해가는지에 대해서 논할 것이다. 두 생태계(같은 호수이지만 다른 시간)는 매우 다르다. 마찬가지로 심한 홍수나 가뭄, 그리고 극단적인 기온 변화나 기타 극한 환경 조건들(예: 화산 활동이나 산불)은 생태계에 큰 변화를 초래할 수 있다.

생태계는 자생적이거나 인공적일 수 있다. 호수, 조수웅덩이, 숲은 일반적으로 자생적이다(단, 호수는 인공적으로 형성될 수 있고 숲도 조성될 수 있다). 인공습지는 강우 유출수, 광산 폐기물(산성 광산 배수), 또는 도시하수 처리에 점차 많이 활용되고 있다. 농지는 인조(인공적인) 생태계의 또 다른 예이다. 앞서 설명한 생태계의 요건은 자생적이든 인공적이든, 크든 작든, 오래 지속되든 일시적이든 상관없이 모든 생태계에 적용된다.

---

[*] 열대우림은 생물군계의 한 예이다. 생물군계(biome)는 한 지역이나 기후대의 식물과 동물의 복잡한 군집이다. 사막, 툰드라, 떡갈나무 덤불, 관목림, 온대 낙엽수림 등이 있다.

[†] 생태계를 지탱하는 지구의 모든 지역들의 총체를 생물권(biosphere)이라 한다. 생물권은 대기권, 수권(물), 암석권(지구의 고형적인 부분을 이루는 토양, 암석, 광물)로 이루어져 있다.

[‡] '개체군(population)'은 같은 시간에 같은 장소에 사는 같은 종의 유기체 그룹으로 정의된다.

5-2 생태계에 미치는 인간의 영향

환경공학자와 환경과학자로서 우리는 생태계와 그 안에서 살고 있는 생명체들을 보호할 책임이 있다. 생태계는 자연적으로 변화하지만 인간 활동은 자연적인 과정을 급격하게 가속화시킬 수 있다.

무해하거나 이로울 것 같아 보이는 활동도 환경파괴로 이어질 수 있다. 예를 들어, 대규모 영농은 수백만 명에게 공급할 값싼 식량을 생산하지만 농약, 비료, 그리고 이산화탄소 등의 온실가스가 환경에 유출되는 결과를 초래할 수 있다. 마찬가지로 수력 발전은 청정한 재생가능 에너지로 보이지만 댐 건설은 하천의 생태계에 해로운 영향을 미쳐 물고기의 개체수를 감소시키고 강한 물결이 덮칠 때 토양과 식물의 침식을 유발할 수 있다.

인간 활동은 또한 종의 파괴를 통해 생태계를 변화시킬 수 있다. 서식지의 소실은 생태계 내의 개별적인 종의 존속에 위협을 가할 수 있다. 예를 들어, 멕시코의 열대우림의 파괴는 제왕나비의 존재 자체를 위협한다. 제왕나비가 번식지를 잃는 정도까지 숲이 파괴되면, 이 나비들의 **전 지구적 멸종**(global extinction), 즉 지구 전반에 걸친 이 동물 종의 완전하고 영구적인 멸종으로 이어질 수 있다. 하지만 유초식물의 국지적인 파괴는 이 나비가 번식하는 환경을 빼앗아가므로 **국지적인 멸종**(local extiction)으로 이어진다.

인간들이 동물의 개체수에 영향을 주는 경로로 생태계 파괴만이 있는 것이 아니다. 위에서 논의했듯이, **DDT**(dichlorodiphenyltrichloroethane), 석유화합물, 중금속 등 독성 화학물질의 유출도 야생생물을 위협할 수 있다. 발전소, 자동차, 산업시설 등에서 야기되는 산성비 역시 생태계에 상당한 영향을 미칠 수 있다. 이는 1997년에 이르러 수백여 개의 호수에서 물고기가 사라지게 된 북동부 미국과 북부 유럽에서 매우 뚜렷하게 나타난다(Moyle, 1997). 또한 전 세계에 걸쳐 수백만 에이커의 숲이 피해를 입었다. 하지만 과학적 연구를 통해서 이산화황과 질소산화물 배출과 산성비 간의 관계에 대해서 확실하게 이해할 수 있게 되었고, 이는 발전소 관련 법규의 강화로 이어졌다. 그 결과, 오늘날 미국 북동부의 내리는 비는 1980년대 초반에 비해서 산성도가 절반 정도로 감소하였으며, 취약한 생태계가 회복되기 시작하였다(Willyard, 2010). 캘리포니아 산 호아킨 계곡의 대규모 영농은 토양으로부터의 셀레늄 유출을 가속화시켜 케스터슨(Kesterson) 저수지의 셀레늄 농도를 증가시켰다. 이로 인해 검은목 죽마를 포함한 여러 종의 물새 개체군이 심각한 위협을 받고 있다(Moyle, 1997).

종이 위협을 받는 세 번째 경로는 생태계로 **외래종**(exotic species)이 유입되는 경우이다. 노포크 섬(Norfolk Island)의 토끼, 오대호의 얼룩말 홍합, 미국 동해안의 느릅나무 시들음병을 일으키는 아시아 곰팡이의 유입은 생태계에 지대한 영향을 미쳤다. 1830년에 노포크 섬에 토끼가 유입되면서 1967년까지 13개 종의 관다발 식물들이 사라졌다(Western and Pearl, 1989). 과학자들은 얼룩말 홍합(*Dreissena polymorpha*)이 홍합이 흔한 동유럽의 항구에 정박했던 대서양 횡단 화물선의 평형수로부터 오대호에 유입되었다고 믿고 있다(Glassner-Schwayder, 2000). 얼룩말 홍합은 이제 미국의 28개 주와 온타리오, 퀘벡주의 내륙 수계에서 발견되며, 이리 호수(Lake Erie)의 식물성 플랑크톤 질량의 약 80%를 감소시키는 역할을 한다. 얼룩말 홍합은 물을 효율적으로 여과하므로, 물의 투명도를 크게 향상시켜서 빛이 수주(水柱) 깊이 침투할 수 있게 해서 수생식물, 저서성 조류, 곤충과 유사한 저서생물 등의 밀도를 증가시킨다(Glassner-Schwayder, 2000). 또한 얼룩말 홍합은 세인트 클레어(St. Clair) 호수와 이리 호수의 서쪽 유역에서 다양한 종류의 토종 덩굴조개를 멸종위기에 처하게 하였다(Glassner-Schwayder, 2000). 얼룩말 홍합은 토종 조개들에 달라붙어 결국 죽게 만든다. 보다 최근에 오대호로 유입된 침입종 중 하나로 흑해나 카스피해에 서식하고, 밝은 적색을 띠는 0.5인치 길이의 핏빛 붉은새우(*Hemimysis anomala*)가 있다. 이 새우는 2006년 후반에 미시간 (Michigan) 호수로 흘러드는 무스키곤(Muskegon) 호수에서 야생생물학자들에 의해 최초로 발견되었다. 핏빛 붉은새우는 무스키곤 호수에서 발견된 후 2년이 지나지 않아 슈피리어(Superior) 호수를 제외한 오대호-세인트 로렌스강 지역 내의 모든 수역에서 발견되었다(Kestrup and Ricciardi, 2008). 이 생물체가 오대호에 미치는 영향은 아직 알려지지 않았지만, 미세한 동식물을 왕성하게 섭식한다는 점을 감안할 때, 그 영향이 상당할 것으로 예상할 수 있다(U.S. EPA, 2006; Associated Press, 2007). 리차르디(Ricciardi, 2012)는 핏빛 붉은새우를 포식하는 물고기에서 오염물질의 생물농축 현상이 증대될 수 있다고 지적하였다.

종의 멸종으로 이어지는 마지막 경로로 과도한 사냥이 있는데 일부는 합법적으로, 일부는 불법으로 자행된다. 에버글레이즈(Everglades)에 서식하는 해우(manatee)는 밀렵, 보트의 프로펠러로 인한 피해, 서식지 손실 및 파괴로 위협받고 있고, 코뿔소는 주로 뿔을 노리는 밀렵에 위협받고 있다.

5-3 에너지와 물질의 흐름

생태계는 에너지의 유입이 없다면 존속이 불가능할 것이다. 모든 생명체는 햇빛을 에너지원으로 이용하는 녹색식물에 의존하므로, 태양은 에너지의 주된 원천이다. 이처럼 햇빛을 이용하는 생물은 **1차 생산자**(primary producer)로 불린다. 1차 생산자는 이산화탄소(CO_2)와 중탄산 이온(HCO_3^-) 같은 무기물로부터 탄소를 얻는데, 이를 **독립영양**(autotrophic)이라 한다. 이렇게 광합성을 하면서 탄소를 무기물에서 얻는 생물을 **광독립영양생물**(photoautotrophic)이라 한다. "Trophic"은 영양 수준을 설명하는 데 사용되는 용어이다. 영양 수준은 표 5-1에 요약되어 있다.

일부 생물(특히 엽록소를 함유한 식물)이 수행 가능한, 햇빛의 에너지를 화학 에너지(당의 형태)로 전환하는 작용을 광합성이라고 하며, 다음의 간단한 식으로 나타낼 수 있다.

표 5-1	에너지원과 탄소원에 기반하여 생물의 특성을 규정하는 용어		
종류	에너지원	전자공여체[a]	탄소원
광영양생물	빛		
화학영양생물	유기 또는 무기화합물		
무기영양생물 (화학영양생물의 하위집단)		환원된 상태의 무기화합물	
유기영양생물 (화학영양생물의 하위집단)		유기화합물	
독립영양생물			무기화합물 (CO_2 등)
종속영양생물			유기탄소

[a]전자공여체(환원제)는 환원된 상태의 결합(즉, C—H 결합)으로부터 유래하는 전자의 공급원이다. 이러한 환원상태의 결합이 깨지면서 직접적 혹은 간접적으로 세포 내의 ATP 생성과 이어지기도 한다.

$$6CO_2 + 6H_2O + 2800 \text{ KJ의 태양 에너지} \xrightarrow{\text{엽록소}} C_6H_{12}O_6 + 6O_2 \tag{5-1}$$

$C_6H_{12}O_6$로 표현되는 화합물은 단순당인 포도당이다. 이산화탄소가 이용되는 속도, 즉 포도당이 생산되는 속도는 햇빛, 광독립영양생물의 개체수와 성장속도, 온도나 pH 같은 다른 환경 조건 등에 따라 달라진다. 1차 생산자에 의한 체내 포도당, 세포 등의 유기물질 생산속도를 **순 1차 생산성**(net primary productivity, NPP)이라 한다. 예를 들어, 늪과 열대우림은 NPP가 높은 반면 사막과 북극 지방의 툰드라는 그렇지 않다. 생산속도는 햇빛(예: 성장하는 계절, 입사태양 복사량, 수중으로의 햇빛의 투과량 등), 온도, 수분, 영양분의 가용성 등의 요소에 의해 제한될 수 있다.

식물은 밤에 광합성을 하지 않을 때 호흡을 하는데, 이는 동물이 하는 것과 같은 방식으로 이산화탄소를 방출하는 작용이다. **호기성 호흡**(aerobic respiration)은 간단하게 설명하자면, 당이나 녹말 같은 유기화학물질을 분자성 산소로 분해하여 기체 형태의 이산화탄소를 생산하는 과정이라 할 수 있다.

일부 생물들은 광합성을 통해서 에너지를 얻을 수 있지만 이산화탄소를 환원할 수 없다. 따라서 이 생물들은 환원된 탄소화합물로부터 탄소를 얻는다. 이러한 생물을 **광종속영양생물**(photoheterotroph)이라 한다. 여기에서 '종속영양'이라 함은 세포 합성을 위한 탄소를 보통 다른 생물들에 의해서 생산된 유기물질로부터 얻는다는 것을 의미한다. 이 생물군에는 보라색 비황 세균과 녹색 비황 세균, 크로물리나(*Chromulina*), 크리소크로물리나(*Chrysochromulina*), 디노브리온(*Dinobryon*), 오크로모나스(*Ochromonas*) 등의 일부 황갈조류(Chrysophytes), 유글레나 그라실리스(*Euglena gracilis*) 등의 일부 유글레나 조류(Euglenaphytes), 일부 은편모조류(Cryptophytes), 그리고 김노디니움(*Gymnodinium*)과 고니아울라욱스(*Gonyaulaux*) 등의 일부 황적조류(Pyrrhophyta; 와편모충류) 등이 포함된다.

광영양생물은 모두 빛에서 에너지를 얻으며, 유기 또는 무기 탄소원으로부터 탄소를 얻는다. 반면, **화학영양생물**(chemotroph)은 빛 대신 유기 또는 무기탄소로부터 에너지를 얻는다. 화학영양생물은 무기 형태의 탄소로부터 세포물질을 합성하는 독립영양생물일 수도 있고, 유기 형태의 탄소로부터 새로운 세포나 화학물질을 합성하는 종속영양생물일 수도 있다. 화학영양생물은 무기화학물질의 결합을 끊어 에너지를 얻는 무기영양생물(lithotroph)일 수도 있고, 유기화학물질의 결합을 끊어 에너지를 얻는 유기영양생물(organotroph)일 수도 있다.

독립영양생물인 화학영양생물은 유기 또는 무기화합물로부터 에너지를 얻으며, 무기 탄소화합물을 탄소원으로 사용한다. 모든 화학독립영양생물은 원핵생물, 즉 세균과 고균이다. 니트로소모나스 유로파에아(*Nitrosomonas europaea*) 등의 질산화균도 이에 포함된다. 다른 화학영양생물로 심해 분출공에서 발견되는 고온 환경에 서식하는 세균도 있다. 이 생물들은 H_2S, HS^-, S^{2-}, SO_3^{2-}, 황화철, Fe^{2+}, NH_3, NO_2^- 등을 전자수용체로 이용하기도 한다. 생태계의 산화–환원 상태가 생태계의 성질과 생태계에서 우점하는 생물종을 결정한다. 산화–환원 화학 반응은 앞서 2장에서 다루었다.

화학종속영양생물은 유기 또는 무기화합물을 에너지원으로 사용한다. 하지만 이들은 이미 환원된 상태를 띠고 있는 유기화학물질만을 세포 합성의 탄소원으로 사용한다.

화학종속영양생물의 예로 동물, 원생동물, 진균류, 세균 등이 있다. 기본적으로, 모든 병원성 세포는 화학종속영양생물이다.

1차 생산자에서 한 단계 높은 영양 수준에는(그림 5-1), **1차 소비자**(primary consumer)로 알려

그림 5-1

영양 단계

첫 번째 단계   두 번째 단계   세 번째 단계

그림 5-2   먹이 그물의 주요 경로만을 표현한 요약도

그림에서 먹이(에너지)는 화살표의 방향을 따라 이동하며, 원동력은 태양광이다. 다양한 생물들의 그림은 실제 크기와 상관없이 그려져 있다.
(출처: Fuller, 2006, U.S. EPA Great Lakes National Program Office, Chicago, IL.)

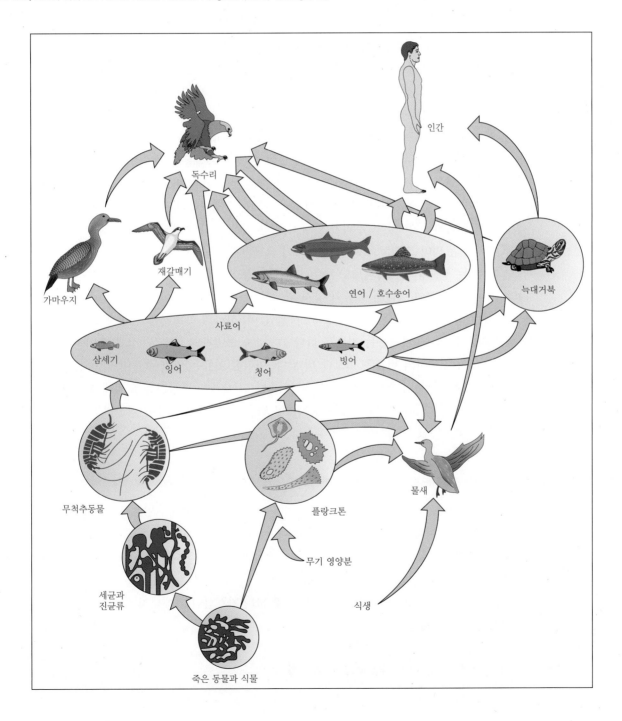

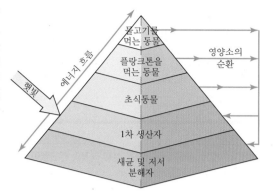

진 생물들이 있다. 이 **화학종속영양**(chemoheterotrophic) 생물은 식물을 먹는 초식동물이다. 화학독립영양생물은 다른 생물에 의해서 생성된 화학물질로부터 에너지를 얻을 수도 있지만, 대부분의 경우에 이들은 이러한 화합물을 얻기 위해 살아 있는 생물을 먹지는 않는다. 오히려 이들이 섭취하는 화합물은 살아 있는 생물들로부터 배출되거나 죽은 생물들이 부패하면서 방출된 것들이다. 이런 생물들은 (특정한 유형의 소비자이므로) 보통 **분해자**(decomposer)라 칭한다. **2차 소비자**(secondary consumer) 역시 화학종속영양생물로, 동물의 고기를 먹는 육식동물이다. 연못 생태계에서는 비버, 사향쥐, 오리, 연못 달팽이, 물벌레의 일종인 더 작은 물 보트맨(the lesser water boatman)이 모두 1차 소비자이다. 연못에 서식하고 있는 2차 소비자에는 곤충 (더 작은 물 보트맨 외 전부), 거머리, 수달, 밍크, 왜가리 등이 있다. 우리가 방금 설명한 것은 하나의 생태계 내의 생물들 간의 복잡한 관계를 보여주는 **먹이 그물**(food web)이다. 먹이 그물의 한 예를 그림 5-2에서 볼 수 있다.

먹이, 또는 생물량의 피라미드도 자주 사용되는 용어인데, 이는 영양 수준과 생물량(모든 생물들)의 관계를 도시하여 에너지 흐름의 양적 관계를 보이고자 한 것이다. 먹이 사슬을 따라 올라가면 존재하는 생물량은 감소한다(그림 5-3). 예를 들어, 하나의 목초지를 생태계로 보았을 때, 식물이 생물량의 대부분을 차지하는 것으로 나타난다. 1차 소비자의 비율은 (생물량 기준으로) 이보다 훨씬 낮고, 2차 소비자의 비율은 이보다 더 낮다. 이러한 이유는 영양 수준이 더 높은 생물이 섭취하는 먹이의 많은 부분이 소화되지 않고 유실되거나 그 생물의 대사활동에 의해 산화되어 열을 내기 때문이다. 먹이 그물의 맨위에 있는 생물들이 먹을 수 있는 생물량은 식물의 생물량의 극히 일부분이다.

예제 5-1　사슴은 하루에 25 kg의 식물성 물질을 섭취한다. 식물성 물질은 20%가 건조물량(DM)이며, 10 MJ · (kg DM)$^{-1}$의 에너지량을 함유하고 있다. 하루에 섭취한 총에너지 중 25%는 소화되지 않은 물질로 배출된다. 75%의 소화된 물질 중 80%는 대사노폐물과 열로 유실되고, 나머지 20%만이 신체 조직으로 변환된다.

하루에 신체 조직으로 변환되는 에너지는 몇 MJ인가? 섭취한 에너지 중 몇 퍼센트가 신체 조직으로 변환되는지 계산하시오.

풀이　식물성 물질의 건조물량은 다음과 같이 계산할 수 있다.

(25 kg의 식물성 물질 · day^{-1})×(0.20 kg 건조물량 · (kg의 물질)$^{-1}$)=5.0 kg DM · day^{-1}

이제 에너지수지의 흐름도를 그려보자.

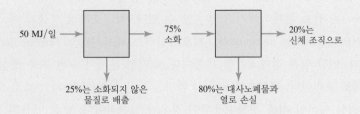

소화된 에너지의 양은 다음과 같이 구할 수 있다.

$(0.75) \times 50 \text{ MJ} \cdot \text{day}^{-1} = 37.5 \text{ MJ} \cdot \text{day}^{-1}$

신체 조직으로 변환된 에너지의 양은 다음과 같이 구할 수 있다.

$(0.2) \times 37.5 \text{ MJ} \cdot \text{day}^{-1} = 7.5 \text{ MJ} \cdot \text{day}^{-1}$

신체 조직을 합성하는 데 "소비"된 에너지가 몇 퍼센트인지는 다음과 같이 계산된다.

$$\left(\frac{7.5 \text{ MJ} \cdot \text{day}^{-1}}{50 \text{ MJ} \cdot \text{day}^{-1}} \right) \times 100 = 15\%$$

이러한 에너지 전환의 "비효율성"은 식물성 물질의 형태로 생물이 섭취하는 에너지의 약 10% 정도만이 동물 조직으로 변환되는 것으로 가정하는 것이 일반적이라는 사실에서 보다 잘 드러난다 (예제 5-1에는 15%로 나와 있다). 이를 호수송어의 물질수지 예제에 적용하면(그림 5-2 참조), 에너지의 대략 몇 퍼센트가 송어의 조직을 만드는 데 쓰이는지 산출할 수 있다.

예제 5-2 미시간 호수의 식물성 플랑크톤에 의해 소비되는 에너지 MJ당, 호수송어의 세포 조직을 합성하는 데 쓰이는 에너지는 몇 J인가(그림 5-2 참조)? 인간의 세포 조직을 합성하는 데 쓰이는 에너지는 얼마인가? 다음의 먹이 그물 경로를 이용하시오.

식물성 플랑크톤 → 동물성 플랑크톤 → 청어 → 호수송어 → 인간

풀이 소비한 에너지의 10%만이 바이오매스로 전환된다는 단순 계산법을 이용하면

식물성 플랑크톤 → 동물성 플랑크톤 → 청어 → 호수송어 → 인간
　　1 MJ　　　　　　0.1 MJ　　　0.01 MJ　 1000 J　 100 J

지금까지 우리는 살아 있는 생물들에게서 일어나는 호흡 방식에 대한 설명 없이 영양 수준의 논의에 집중하였다. 기본적으로 호흡은 호기성, 혐기성, 무산소성으로 나눈다. **호기성**(aerobic) 생물은 산소가 풍부한 환경에서 생존하며, 산소를 최종 전자수용체로 사용한다.[*] 절대호기성 미생물(obligate aerobe)은 산소 존재하에서만 생존할 수 있다. 절대호기성 생물의 예로 고초균(*Bacillus subtilis*), 녹농균(*Pseudomonas aeruginosa*), 티오바실러스 페록시단스(*Thiobacillis ferrooxidans*) 등의 미생물이 있다. 인간 역시 절대호기성 생물이다. 호기성 분해의 주된 최종 생성물은 이산화탄소와 물, 새로운 세포 조직이다. **무산소성**(anoxic) 환경은 낮은 농도(분압)의 산소가 있는 환경이다. 이런 환경에서는 질산 이온이 최종 전자수용체인 경우가 일반적이다. 탈질 반응의 최종 산물은 질소 가스, 이산화탄소, 물, 새로운 세포이다. **혐기성 호흡**(anaerobic respiration)은 산소나 질산 이온이 없는 환경에서만 일어날 수 있다. 절대혐기성 생물에는 클로스트리듐(*Clostridium*) 속에 속하는 종들과 박테로이데스(*Bacteroides*) 속에 속하는 종들이 포함된다. 황산 이온, 이산화탄소, 환원될 수 있는 유기화합물이 최종 전자수용체로 쓰일 수 있다. 황산 이온의 환원으로부터 황화수소, 메르캅탄, 암모니아, 메테인이 생성되며, 이산화탄소와 물이 주된 부산물이다. 황 환원 세균의 한 예로 디설포브리오 디설퍼리칸(*Desulfovibrio desulfuricans*)이 있다.

통성혐기성 생물(facultative anaerobe)은 산소를 최종 전자수용체로 사용할 수 있으며, 특정한 조건하에서는 산소 없이도 자랄 수 있다. 혐기성 환경에서 탈질균이라 부르는 통성혐기성 생물의 한 그룹은 아질산 이온(NO_2^-)과 질산 이온(NO_3^-)을 최종 전자수용체로 사용할 수 있다. 질산성 질소는 산소가 없는 환경에서 질소 기체로 변환될 수 있다. 이 작용을 **무산소성 탈질화**(anoxic denitrification)라 부른다.

생물축적

앞에서 우리는 먹이 그물과 생태 피라미드에 대해서 논의하였다. 생물축적은 환경에서 화학물질의 이동에 심각한 영향을 미친다. 소수성 화학물질(물에 "들어가는" 것을 원하지 않는 물질)은 친유성 경향, 즉 "지질을 좋아하는 성질"을 띤다. 따라서, 이런 화학물질들은 동물의 지방 조직에 **선택적으로 축적되는**(partition)(들어가는) 성질이 있다. 이 작용이 생물축적으로 이어진다. **생물축적**(bioaccumulation)은 먹이가 되는 물질들(저서 동물, 피식 물고기, 섭취하는 침전물)로부터, 그리고 아가미나 상피를 통한 물질 이동으로 화학물질이 생물에 섭취되어 쌓이는 현상이다(Schnoor, 1996). 화학물질이 생물 내에 축적되면, 환경 화학물질의 농도 대비 생물 내의 화학물질의 농도가 시간에 따라 증가한다. 이 현상이 일어나려면, 이 화학물질이 생체 조직에 쌓이는 속도가 분해(대사)되거나 배설되는 속도보다 빨라야 한다. 예를 들면, 갑각류나 "호수 바닥에 사는" 생물들이 호수 퇴적물로부터 DDT나 PCB를 섭취하면, 이 화학물질들은 생물의 지방 조직에 남는 경향이 있다. 만약 청정한 환경의 갑각류를 오염된 호수에 넣으면, 호수에서의 체류 시간에 따라서 이 갑각류 조직의 DDT 농도가 증가하는 것을 관찰할 수 있을 것이다. 작은 물고기가 이 갑각류를 섭취할 때 문제가 복잡해지는데, 이는 물고기가 갑각류뿐만 아니라 갑각류 조직에 있는 PCB나 DDT도 먹게 되기 때문이다. 이 과정은 큰 물고기가 작은 물고기를 먹을 때 계속된다. 이 결과, 먹이 그물을 따라 올라감에 따라 이 화학물질들이 생물확대되는 경향을 띤다.

---

[*] 전자공여체의 산화 반응에서 전자수용체(산화제)는 환원, 즉 전자를 수용한다.

그림 5-4 폴리염화바이페닐(PCB)류 등 난분해성 물질은 생물확대가 일어난다.

이 그림은 폴리염화바이페닐이 오대호의 수생 먹이 그물의 각 단계를 거치면서 생체 농도가 높아지는 정도를 보여준다(단위는 ppm). 재갈매기와 같이 물고기를 포식하는 조류의 알에서 가장 높은 수준의 농도에 도달하게 된다.

(출처: Fuller, et al., 2006. U.S. EPA Great Lakes National Program Office, Chicago, IL.)

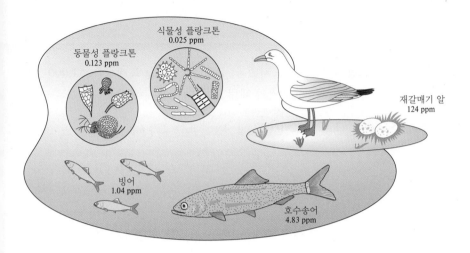

생물확대(biomagnification)는 한 생물에서 이 생물의 먹이에서 발견되는 것보다 높은 농도로 화학물질이 축적되는 현상이다. 이 현상은 화학물질이 먹이 사슬을 통해 위로 올라감에 따라서 점점 더 농축될 때 일어난다. 예를 들면, 물벼룩의 일종인 다프니아(*Daphnia*)가 조류를 먹고, 이를 호수 송어가 먹고, 최종적으로 물총새(또는 인간)가 송어를 먹게 되는 전형적인 먹이 사슬이 있다. 각 단계에서 생물축적이 발생하면, 먹이 사슬 꼭대기의 동물은 일상적인 먹이 섭취를 통해 화학물질을 먹이 사슬 아래에 있는 생물에 비해 훨씬 높은 농도로 축적하게 될 것이며, 생물확대가 일어날 것이다.

생물확대 현상은 한 DDT 연구 사례에서 잘 드러난다. 토양의 농도가 10 ppm인 곳에서, 지렁이 체내의 DDT 농도는 141 ppm, 개똥지바귀의 뇌 조직에서는 444 ppm에 달하였다(Hunt, 1965). 또 다른 연구에서는(그림 5-4) 오대호 먹이 그물 내 폴리염화바이페닐의 생물확대 현상을 쉽게 관찰할 수 있다. 공기, 물, 토양의 오염 수준이 낮더라도, 먹이 사슬 맨 위의 동물 체내의 화학물질 농도는 생물확대를 통해 죽음을 야기하거나 행동방식, 번식, 또는 질병에 대한 저항성에 악영향을 미쳐서 종의 존속을 위협하기에 충분한 수준까지 높아질 수 있다. 다행히, 생물축적이 항상 생물확대로 이어지는 것은 아니다.

자주 이용되는 (또한 자주 혼동되는) 다른 용어로 **생물농축**(bioconcentration)이 있는데, 이는 용해된 상태로부터의 화학물질 유입을 의미한다. 생물농축 현상을 통해서, 생물 체내의 화학물질 농도는 그 생물이 서식하는 곳의 공기나 물에 비해 높아진다. 이 작용은 자연적으로 형성된 물질이나 인공적으로 합성된 물질에도 마찬가지로 적용되지만, 생물농축이라는 개념은 주로 생물이 자연적으로 접하지 않는 물질에 대해 언급할 때 주로 쓰인다. 물고기나 기타 수생동물들에게 있어서, 생물농축은 주로 아가미(또는 피부)를 통해 유입되어 일어난다.

관심 화학물질의 생물 체내 농도와 수중 농도의 비를 나타내는 생물농축계수는 화학물질이 지질 조직에 축적되는 경향을 측정하고, 다음 식을 통해서 수중의 오염물질 농도와 물고기 체내 농도를 관련짓는 데 사용된다.

물고기 체내의 농도＝(수중 농도)×(생물농축계수)　　　　　　　　　　　　　　　(5-2)

이 계수는 특정 화학물질이 특정한 종에 미치는 영향을 예측하는 위해성 평가 계산에 중요하게 쓰인다.

예제 5-3 연못의 물에서 DDT 농약의 농도가 5 $\mu g \cdot L^{-1}$로 검출되었다. DDT의 생물농축계수는 54,000 $L \cdot kg^{-1}$이다(U.S. EPA, 1986). 이 연못에 서식하는 물고기의 체내 DDT 농도를 구하시오.

풀이 물고기의 체내 농도＝$(5\ \mu g \cdot L^{-1})(54{,}000\ L \cdot kg^{-1})=270{,}000\ \mu g \cdot kg^{-1}$ 또는 $270\ mg \cdot kg^{-1}$

5-4 영양소 순환

4장에서는 물질과 에너지수지에 초점을 두었다. 이러한 수지는, 매우 복잡한 형태를 띠지만, 지구 전체에도 동일하게 적용된다. 모든 생명체를 구성하는 기본 요소는 탄소, 질소, 인, 황, 산소, 수소이다. 이 중 앞의 4개는 산소와 수소보다 훨씬 양이 제한적이고 추적하기 쉽다. 이 원소들은 보존되어 영구적으로 재활용된다(또는 환경에서 순환된다). 이 원소들의 환경 내의 거동을 나타내는 경로는 순환적이므로 탄소, 질소, 인, 황 순환이라 불린다.

탄소 순환

탄소는 무게로 지구상에서 14번째로 많은 원소에 불과하지만, 모든 유기물과 생명 자체를 구성하는 요소이므로 단연코 지구상에서 가장 중요한 원소 중 하나라 할 수 있다. 탄소는 모든 살아 있는 생명체, 대기(대부분이 이산화탄소와 중탄산염 형태), 토양 부식질, 화석 연료, 암석과 토양(대부분 석회암, 백운석의 탄산염 광물로 존재하거나 셰일에 존재) 등에서 발견된다. 한때는 탄소가 육상 환경(식물, 암석 등)에 가장 많이 보존되어 있는 것으로 여겨졌으나, 실제로는 바다에 가장 많이 저장되어 있다. 그림 5-5에서 볼 수 있듯이, 지구의 탄소 총량의 85%가 바다에 있다.

광합성은 그림 5-6에서 볼 수 있듯이 탄소 순환의 주된 원동력이다. 식물은 이산화탄소를 받아들여서 유기물질로 변환한다. 화석 연료에 있는 유기탄소화합물들도 광합성으로부터 시작되었다. 화석 연료에 "묶여 있던", 즉 저장된 CO_2가 연소 과정을 통해 방출된다. 탄소 순환에는 동물의 호흡으로 인한 이산화탄소의 방출, 화재, 바다로부터의 확산, 암석의 풍화, 탄산염 광물의 침전 등도 포함된다.

바다는 탄소의 주요한 흡수원이며, 탄소의 대부분은 용존 이산화탄소, 탄산염, 중탄산염 형태로 존재한다. 1차 생산은 무기탄소를 유기물 형태로 합성하는 역할을 한다. 생산성은 질소, 인, 규소 등의 주요 영양소 농도에 의해 제한된다. CO_2 농도는 깊이에 따라 다른데, 얕은 바다에서는 광합성이 활발하게 일어나며 CO_2의 순소비가 일어난다. 깊은 바다에서는 호흡과 부패 작용에 의해 CO_2의 순생산이 일어난다. 해양 순환은 매우 긴 시간에 걸쳐서 일어나므로, 바다는 인간 활동에 의해 발생되는 CO_2가 대기에 축적되는 속도에 비해서 느린 속도로 CO_2를 흡수한다. 또한 바다에 녹

그림 5-5

탄소의 주요 저장고(단위: 10억 톤)
(출처: Post, W.M., T.H. Peng, W. R. Emanuel, A.W. King, V.H. Dale, and D.L. DeAngelis (1990), "The Global Carbon Cycle," American Scientist vol. 78, p. 310-26.)

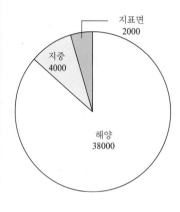

그림 5-6

환경 내 탄소 순환

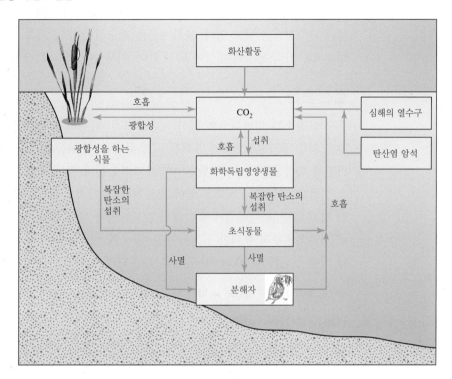

아드는 CO_2의 양이 증가하면서, 더 많은 CO_2를 흡수할 수 있는 화학적 용량이 감소한다. CO_2 흡수 속도는 2개의 주요 순환 작용, 즉 용해도 펌프와 생물학적 펌프에 의해서 결정된다.

용해도 펌프는 알려진 바와 같이 CO_2가 물에 용해되게 하는 주된 원동력이다. 극지방의 바다는 해표면이 심해보다 더 차갑다. 차가운 온도로 인해서 CO_2는 물에 더 잘 녹으며, 이는 CO_2가 대기 중으로부터 바닷물로 용해되게 한다. 이 차가운 물이 아래의 따뜻한 물보다 밀도가 높으므로, 차가운 물은 CO_2와 함께 가라앉게 된다. 해양 순환은 느리기 때문에, CO_2 중 많은 양이 심해로 "유실" 되어 해표면의 CO_2 농도가 낮게 유지되고 대기로부터의 용해를 유도한다.

식물성 플랑크톤, 동물성 플랑크톤, 그리고 이들의 포식자와 세균은 생물학적 펌프의 구성요소이다. 이 생물들에 의해 흡수된 탄소는 순환되는데, 이는 해표수의 탄소와 영양분의 순환에서 큰 부분을 차지한다. 하지만 이 생물들이 죽으면 고정된 CO_2와 함께 바다 깊이 가라앉는다. 또한 죽은 생물들과 이 생물들의 배설물이 가라앉으면서, 고정된 CO_2 중 일부가 바다 깊은 곳으로 가라앉게 되는데, 일부는 물의 흐름에 의해서 보다 깊은 곳으로 전달된다. 따라서 심해는 CO_2의 흡수원이 되며, 주로 물의 "용승", 수온약층*을 통과하는 확산, 그리고 깊은 곳의 물을 표면으로 이동시키는 계절적인 바람에 의한 혼합 등의 작용을 통해서 탄소를 방출한다. 이렇게 심해의 혼합 작용이 영양소와 탄소를 해표면으로 되돌려 보내어 광합성과 호흡의 순환이 계속 이어질 수 있도록 한다.

인류는 화석 연료의 연소, 대규모 목축업, 산림을 불태우는 행위 등을 통해서 탄소 순환에 큰

---

* 5-6절에서 논의한 바대로, 수온약층은 수역에서 깊이에 따라 온도가 급격하게 감소하는 층이다. 수온약층에서는 온도가 깊이 1 m당 1℃ 이상 변한다.

영향을 끼쳐 왔다. 산업혁명(1850년대) 이래로 대기 중의 이산화탄소 농도는 280 ppm에서 2006년 383 ppm으로 증가하였다(부피 기준)(National Oceanic and Atmospheric Administration, 2007). 논란의 여지가 있기는 하지만, 이러한 이산화탄소 농도의 증가는 지구 온도의 상승으로 이어져 왔다고 많은 과학자들은 믿고 있다. 과학자들은 지구의 온도가 계속 상승할 것이라 예상하지만, 그 정도에 대해서는 아직 논쟁의 대상이 되고 있다. 지구 온난화는 12장에서 더 자세히 논의될 것이다.

질소 순환

호수의 질소는 일반적으로 질산 이온(NO_3^-)의 형태로 존재하며, 유입되는 하천이나 지하수 등과 같은 외부 공급원으로부터 흘러든다. 조류와 기타 식물성 플랑크톤에 흡수되면, 질소는 화학적으로 아민계 화합물(NH_2-R)로 환원되어 유기화합물의 일부가 된다. 조류의 사체가 분해되면서, 유기질소가 암모니아(NH_3) 형태로 물에 방출된다. 일반적인 pH값에서 이 암모니아는 암모늄(NH_4^+) 형태를 띠고 있다. 유기물질에서 방출된 암모니아와 산업 폐기물, 농경지 유출수(비료와 분뇨 등) 등 다른 기원으로부터 유래한 암모니아는, 질산화 세균(nitrifying bacteria)이라는 특정 그룹의 미생물들에 의해 질산화(nitrification)라 불리는 두 단계의 과정을 거쳐서 질산 이온(NO_3^-)으로 산화된다.

$$4NH_4^+ + 6O_2 \rightleftharpoons 4NO_2^- + 8H^+ + 4H_2O \qquad (5\text{-}3)$$

$$4NO_2^- + 2O_2 \rightleftharpoons 4NO_3^- \qquad (5\text{-}4)$$

첫 번째 반응은 니트로소모나스(*Nitrosomonas* sp.)라는 생물에 의해, 두 번째 반응은 니트로박터(*Nitrobacter* sp.)에 의해 매개된다.

총괄 반응은 다음과 같다.

$$NH_4^+ + 2O_2 \rightleftharpoons NO_3^- + 2H^+ + H_2O \qquad (5\text{-}5)$$

그림 5-7에 제시되었듯이, 물이 계속 호기성으로 유지되는 한 질소는 질산 이온에서 유기질소로, 암모니아로, 그리고 다시 질산 이온으로 순환한다. 하지만 무산소 조건하에서는, 예를 들면 혐기성 퇴적물에서, 조류의 분해로 인해서 산소가 고갈되면 **탈질화**(denitrification)라 불리는 과정에 의해 질산 이온이 질소 기체(N_2)로 환원되어 계에서 유실된다. 탈질화는 호수 내에 질소가 머무르는 평균 시간을 감소시키며, 아산화질소(N_2O)의 생성을 야기할 수도 있다. 탈질화 반응은 다음과 같다.

$$2NO_3^- + 유기탄소 \rightleftharpoons N_2 + CO_2 + H_2O \qquad (5\text{-}6)$$

광합성을 하는 미생물 중 일부는 대기로부터 질소 기체를 고정하여 유기질소로 변환하기도 하며, 이를 질소고정 미생물이라 부른다. 호수에서 가장 중요한 질소고정 미생물은 시아노세균(*cyanobacteria*)이라 불리는 광합성을 하는 세균이며, 이들은 특유의 색소 때문에 남조류라고도 알려져 있다. 질소를 고정하는 능력 때문에, 시아노세균은 질산염이나 암모니아의 농도가 낮지만 다른 영양소가 충분히 풍부한 경우에 녹조류에 대해 경쟁 우위를 갖고 있다. 질소고정은 토양에서도 일어난다. 수생 양치류 일종인 아졸라(*Azolla*)는 질소를 고정할 수 있는 유일한 양치류 식물이다. 이는 시아노세균(아나베나 아졸레(*Anabaena azollae*))과의 공생 관계 덕분이다. 아졸라는 전 세계적으로 발견되며, 어떤 경우에는 농업에 귀중한 질소원으로 이용되기도 한다. 이와 유사하게, 지의류도 질소고정에 기여할 수 있다. 예를 들어, 미국 북서부 태평양 연안에 흔한 질소고정 지의류인 로바리아 풀모나리아(*Lobaria pulmonaria*)는 시아노세균의 일종인 노스톡(*Nostoc*)과의 공생 관계를 통

그림 5-7

질소 순환 (출처: O'Keefe, et al., 2002.)

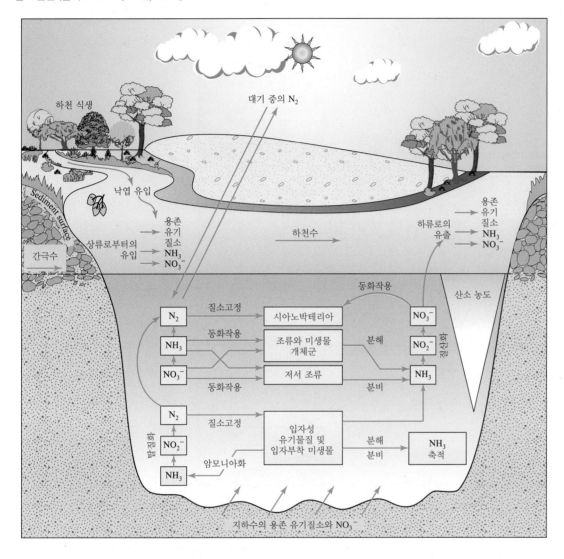

해 질소를 고정한다. 이와 같은 지의류는 원시림의 주요 질소 공급원이다.

토양에서의 질소고정은 거의 모든 콩과 식물에 의해 일어난다. 질소고정은 세균(대두의 경우 브레디라이조비움(*Bradyrhizobium*), 대부분의 다른 콩과 식물의 경우 라이조비움(*Rhizobium*))을 함유한 뿌리 결절에서 일어난다. 콩과 식물(Leguminosae 또는 Fabaceae)에는 완두콩, 자주개자리, 클로버, 일반 콩, 땅콩, 렌즈콩 등 중요한 작물종들이 다수 포함된다. 질소고정을 나타내는 반응식은 다음과 같다.

$$N_2 + 8e^- + 8H^+ + ATP \longrightarrow 2NH_3 + H_2 + ADP + P_I \tag{5-7}$$

여기서 P_I는 무기 인산염이다.

질소 순환에 대한 인간의 영향은 인공비료의 사용, 화석 연료의 연소, 질소고정 작물의 대규모 영농에서 비롯되어 민간 활동의 영향으로 토양과 유기물질로부터 생물학적으로 사용 가능한 질소

그림 5-8

인 순환 (출처: The Michigan Water Research Center, Central Michigan University.)

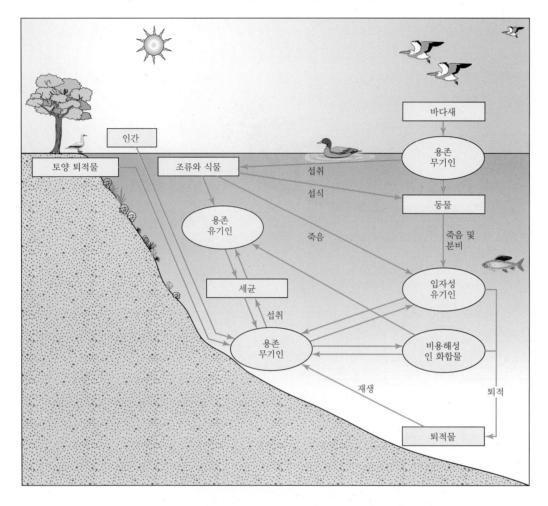

의 방출량이 증가해 왔다. 또한 산업 배출원과 화석 연료 연소에서 방출되는 아산화질소의 양도 증가하고 있다. 질소 방출로 인한 환경적 영향은 상당하며, 산성비와 호수의 산성화에서부터 금속의 부식과 건축 자재의 손상에 이르기까지 넓은 범위에 걸쳐서 나타난다. 질소 순환 교란의 영향에 대해서는 이 책의 뒷부분에서 보다 자세히 다룰 것이다.

인 순환

청정한 수계에서, 인은 먼지가 강우를 통해 침강하거나 암석이 풍화하면서 유입된다. 인은 수역에 매우 소량만 존재하며, 일반적으로 무기성의 오르토인산염(orthophosphate)으로 용해되어 있거나, 유기성 콜로이드로 현탁되어 있거나, 유기성, 무기성 퇴적물에 흡착되어 있거나, 유기질 성분이 많은 물에 함유된 상태로 존재한다. 오염된 수계에서는, 인은 주로 인간 활동으로부터 유입된다. 식물과 조류가 이용할 수 있는 유일한 인의 형태는 가용성 반응성 무기 오르토인산염류(HPO_4^{2-}, PO_4^{3-} 등)로, 섭취 후 유기화합물의 일부로 합성된다. 조류가 분해될 때, 인은 무기물 형태로 돌아간다. 죽은 조류세포로부터 인의 방출은 매우 빠르게 일어나서, 성층 호수의 경우 조류세포가 가라앉을 때 소량만이 이와 함께 호수의 상단(표수층)을 벗어나게 된다. 그러나 인이 조금씩 지속적으로 퇴적물로 전달되면서 일부는 분해되지 않은 유기물질에, 일부는 철, 알루미늄, 칼슘 침전물에, 일부는 점토 입자에 결합된 상태로 퇴적물로 쌓이게 된다. 호수의 상층부에서 인이 퇴적물로 영구적으로 제거되는 정도는 인과 같이 호수로 유입되는 철, 알루미늄, 칼슘, 점토 등의 양에 따라 크게 좌우된다. 인 순환의 전반적인 흐름은 그림 5-8에서 볼 수 있다.

예제 5-4 농부가 7년은 옥수수, 완두콩, 밀을 윤작하고, 4년은 자주개자리(alfalfa)를 경작한다. 퇴비는 옥수수와 밀을 심기 전에, 그리고 자주개자리를 심기 전에 시비한다. 초기 토양 분석 결과, 총 인 함유량은 48 kg P · ha^{-1}였다. 퇴비는 3월 중순에 표면 시비하고, 2일 이내에 혼합할 계획이다. 유기질소의 1/3과 NH_4^+의 50%가 옥수수 작물에 이용된다. 지역 파견 연구원이 농부에게 조언한 바에 따르면 원하는 양의 옥수수를 수확하려면 ha당 100 kg의 질소를 시비해야 한다.

퇴비의 성분 분석 결과는 다음과 같다.

- 총 질소=12 g N · (kg의 퇴비)$^{-1}$
- 유기질소=6 g N · (kg의 퇴비)$^{-1}$
- (NH_4^+)=6 g N · (kg의 퇴비)$^{-1}$
- 총 P_2O_5=5 g P · (kg의 퇴비)$^{-1}$
- 총 K_2O=4 g K · (kg의 퇴비)$^{-1}$

퇴비 kg당 가용 질소량을 계산하고, 옥수수의 질소 소요량을 충족시키려면 ha당 퇴비 몇 kg을 시비해야 하는지 계산하시오.

풀이 이 문제는 물질수지와 관련된 문제이다. 퇴비의 유기질소의 33%, 무기질소(NH_4^+)의 50%가 옥수수에 이용된다. 퇴비 kg당 6 g의 유기질소와 6 g의 무기질소가 있다. 따라서 kg당 가용한 질소의 양이 몇 g인지를 계산하면

$$\text{유기질소} \times 0.33 + NH_4^+ \times 0.5 = 6\ g\ N \cdot kg^{-1} \times 0.33 + 6\ g\ N \cdot kg^{-1} \times 0.5$$
$$= 5\ g\ N \cdot (\text{kg의 퇴비})^{-1}$$

$$\text{시비율} = \frac{\text{작물의 질소 소요량}}{\text{가용질소}(g\ N \cdot (\text{kg의 퇴비})^{-1}) \times (10^{-3}\ g \cdot kg^{-1})}$$

$$= \left[\frac{100\ kg\ N \cdot ha^{-1}}{(5 \times 10^{-3}\ kg\ N \cdot \text{kg의 퇴비})^{-1})} \right]$$

$$= \text{ha당 } 20{,}000\ kg\text{의 퇴비}$$

인간 활동으로 도시하수나 밀집가축 사육시설로부터 인이 방출되게 되었다. 다른 물질 순환 교란에 비해 국지적일 것으로 생각되지만, 인 비료의 사용은 인 순환의 교란을 초래하고, 인 방출은 호수나 하천의 생태계에 심각한 영향을 미칠 수 있다.

그림 5-9

황 순환. 암석권은 지구의 지각이며 암석과 광물을 포함한다.
(출처: VanLoan, and W., Duffy, S.J. Environmental Chemistry: A Global Perspective. Oxford University Press, Oxford UK, 2003, p. 345.)

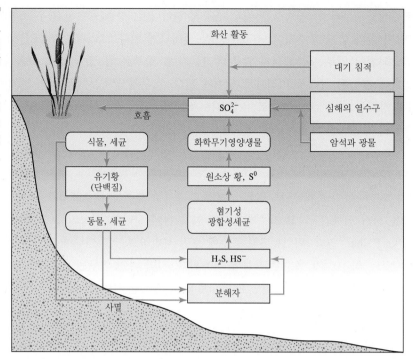

황 순환

산업혁명 이전에 황이 환경에 미치는 영향은 미미하였다. 하지만 산업혁명과 함께 황을 함유한 화합물을 비료로 사용하고, 화석 연료를 태우고, 금속을 제련하는 과정에서 이산화황을 배출하는 정도가 크게 증가하였다. 또한 광산 개발로 인해서 대량의 황이 산성 광산 배수로 방출되게 되었다. 질산 이온과 마찬가지로 황산 이온도 음전하를 띠며, 점토 입자에 흡착되지 않는다. 따라서 용해된 상태의 황산 이온은 강한 강우나 관개로 토양에서 침출될 수 있다. 환경에서 황은 대부분의 황화물(S^{2-}), 황산 이온(SO_4^{2-}), 또는 유기물 상태로 존재한다.

질소 순환과 마찬가지로, 황 순환에 있어서 미생물은 중요한 역할을 한다. 세균은 황철석을 함유한 광물의 산화에 관여하여 다량의 황산 이온이 방출되게 한다. 혐기성 환경에서는 황산 이온 환원 세균($Desulfovibrio$)이 황산 이온을 환원하여 황화수소를 방출한다. 해수에서는 디메틸설파이드(dimethylsulfide)가 생물학적 반응에 의해서 생성될 수 있다. 황 순환의 전반적인 흐름은 그림 5-9에 제시되어 있다.

5-5 개체군 동태

개체군 동태(population dynamics)는 연구 대상 단위 내 개체군의 개체수 및 구성의 변화와 이에 영향을 미치는 요인들에 대한 연구이다. 여기서 개체군은 대장균($E. coli$)일 수도 있고 말코손바닥 사슴, 수달, 인간, 또는 다른 어떤 단위도 될 수 있다. 연구 영역은 생물학적, 지리적, 지정학적 영역일 수도 있고 인공적인 영역일 수도 있다. 만약 미국 동부의 삼림늑대(5~6마리로 무리 지어 이동)를 연구한다면, 이때 조사할 생물학적 단위는 아마도 무리일 것이며, 지리학적 영역은 산맥, 계곡, 또는 섬이 될 수 있다. 또 다른 예로 미시간주의 로얄 섬(Isle Royale)에 있는 늑대 수를 조사한다고 하자. 이 경우에 로얄 섬은 지리학적 영역이다. 지정학적 단위는 1개의 카운티, 하나의 사냥 구역 (hunting district: 법적으로 정해진 사냥이 가능한 구역) 등을 들 수 있을 것이다. 마지막으로, 인공적인 영역으로는 윤충류와 섬모충류 등이 개체군을 이루고 있는 하수 처리장의 폭기조를 들 수 있을 것이다.

환경과학자와 공학자가 개체군 동태를 파악하는 것은 (1) 환경 교란이 개체군에 미치는 영향을 이해하고, (2) 수자원 수요를 파악하기 위해 인구를 예측하고, (3) 공학적인 시스템의 세균 개체수를 예측하고, (4) 개체군들을 환경 질의 지표로 삼는 데 있어서 매우 중요하다. 자원 개발 전문가들과 야생생물학자들도 개체군 동태를 이용한다. 이들의 주된 관심사는 (1) 얼마나 많은 동물들을 포획해도 되는지 예측하고, (2) 어느 종이나 개체군이 위협받거나 멸종위기에 있는지를 예측하고, (3) 한 개체군이 다른 개체군에 (경쟁이나 포식을 통해서) 어떻게 영향을 미치는지 이해하는 데 있다. 따라서 공동체와 생태계의 구조와 기능을 이해하는 데 있어서 개체군 동태에 대한 이해가 반드시 필요하다.

개체군의 변화를 초래하는 요인은 연구 대상이 되는 영역의 생물[*] 수와 관련이 있을 수도, 독립적일 수도 있다. 이에 따라 이 요인들을 밀도 종속과 밀도 독립으로 분류할 수 있다. 밀도는 단위 부피당 생물의 수를 의미한다.

일반적으로 식물이나 고등생물의 수를 측정할 때 ha나 km^2당 개체수로 측정한다. 세균이나 바이러스, 기타 수생생물은 단위 부피당 개체수로 측정한다. 밀도 종속 요인들은, 명칭에서 알 수 있듯이 밀도의 함수이다. 밀도가 특정 임계값을 넘어 증가하면, 개체군의 수는 감소하기 시작한다. 예를 들어 반응기의 세균 밀도가 증가하면, 가용 자원을 소진하고 고농도에서 독성을 띨 수 있는 노폐물을 과도하게 생성하기 시작한다. 가용 식량 및 자원의 감소에 노폐물의 생산이 더해져서 개별 생물들의 건강이 악화되고 **사망률**(mortality)이 증가하는 동시에 복제, 즉 번식속도가 감소하게 된다. 인구의 경우, 인구 밀도 증가는 실업률을 증가시켜 사람들이 일자리를 찾아서 그 지역을 떠나게 만든다. 즉, 밀도가 증가하면 인구는 감소하는 것이 관찰된다. 밀도 독립 요인은 개체군의 크기와는 독립적으로 개체군에 영향을 미치는 요인들이다. 일반적인 밀도 독립적 사망 원인으로는 날씨, 사고, 환경재해(예: 화산폭발, 홍수, 산사태, 화재) 등이 있다.

세균 개체군의 성장

3장에서 논의한 바와 같이, 세균은 이분법으로 번식하기 때문에, 기하급수적 전개를 이용해서 순수 배양체의 세균 성장을 쉽게 모델링할 수 있다. 혼합 배양체 성장 모델링은 다양한 종 간의 상호 작용으로 인해 보다 복잡하다. 세균 개체군의 동태는 하수 처리와 수질에 있어서 중요하므로 환경과학자와 공학자들과도 관련이 있다.

순수 배양체의 성장. 단일종의 세균 1,400개가 합성 액체 배지에 주입된 상황을 가정해 보도록 하자. 처음에는 아무 일도 일어나지 않는 것처럼 보일 것이다. 세균은 새로운 환경에 적응해야 하고 새로운 원형질을 합성해야 한다. 세균의 성장을 시간에 따른 함수로 나타낸 그래프에서(그림 5-10), 이 성장 단계를 **지연기**(lag phase)라 한다.

지연기가 끝나면 세균은 분열하기 시작한다. 모든 개체가 동시에 분열하지는 않기 때문에 개체

---

[*] 세균에서 인간에 이르기까지 모든 생물학적 종을 설명하는 데 있어서 '생물'이라는 용어를 이용하기로 한다.

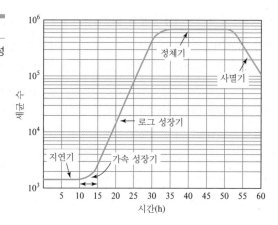

수의 증가는 점진적으로 일어난다. 이 단계는 성장 그래프에 **가속 성장기**(accelerated growth phase)로 표기되어 있다.

가속 성장기가 끝나면, 생물들의 개체군이 충분히 커진 상태이고 세포들 간 생성 시간의 차이가 작아서 일정한 속도로 분열하는 것처럼 보이게 된다. 세포의 번식은 이분법(각 세포가 분열하여 2개의 새로운 세포가 됨)을 통해 일어나므로, 개체수의 증가는 기하급수적이다. 즉, 1 → 2 → 4 → 8 → 16 → 32로 증가가 이어진다. n번째 세대(분열) 이후 세균의 개체수(P)는 다음 식으로 표현된다.

$$P = P_0(2)^n \tag{5-8}$$

여기서 P_0는 가속 성장기의 종료 시점, 즉 초기 개체수이고, n은 세대수이다. 양변의 로그값을 취하면, 다음의 식을 얻을 수 있다.

$$\log P = \log P_0 + n \log 2 \tag{5-9}$$

이는 세균의 개체군의 증가를 로그 그래프로 그리면, 이 성장 단계는 기울기 n을 갖는 직선으로 나타난다는 것을 의미한다. t_0에서의 절편 P_0는 가속 성장기가 끝난 시점의 개체수이다. 따라서 이 성장 단계는 **로그 성장기**(log growth) 또는 **대수 성장기**(exponential growth phase)라 불린다. 이 단계에는 세포가 증식하고 성장하는 데 있어서 사실상 어떤 제약도 없다.

인공적인 환경이나 실험실 환경에서는 기질이 고갈되거나, 독성 부산물이 축적되거나, 질병이 발생하거나, 공간이 부족하게 되면 로그 성장 단계는 서서히 끝나가게 된다. 따라서 어느 시점에 다다르면 세포분열이 정지하거나 죽는 속도와 증식하는 속도가 균형을 이루게 되면서 개체수가 일정해진다. 이는 성장 곡선에서 **정체기**(stationary phase)로 나타난다. 그림 5-10에서 볼 수 있듯이, 정체기는 길 수도 있고 매우 짧을 수도 있다.

정체기가 끝나면 세균은 증식하는 속도보다 빠르게 사멸하기 시작한다. **사멸기**(death phase)는 기본적으로 정체기에 이르게 하는 여러 가지 원인들의 연장선상에 있는 요인들로 인해 나타나게 된다. 이 감소 현상이 발생하는 시점을 **부양능력**(carrying capacity)이라 한다.

예제 5-5 만약 가속 성장기 종료 시점에서 초기 세균 밀도가 리터당 10^4개의 세포라면 25세대가 지난 후의 세균 수는 몇 개인가?

풀이 P_0 값이 10^4로 주어졌다. 25세대가 지난 후 세균의 개체수를 구해야 하므로 n=25이다. 따라서 식 5-8을 이용해서 25세대 후의 개체수를 구할 수 있다.

$$P = P_0(2)^n$$
$$= 10^4(2)^{25}$$

리터당 3.36×10^{11} 또는 3.4×10^{11}개의 세포

혼합 배양체의 성장. 자연에서와 마찬가지로 하수 처리시설에는 미생물의 **순수 배양체**(pure cultures)[*]는 존재하지 않는다. 그 대신에 혼재하는 여러 종들이 환경에 의해 정해진 제약 내에서 서로 경쟁하며 생존한다.

다양한 미생물 개체군의 동태를 결정하는 요인들에는 먹이와 서식처의 제약, 경쟁, 다른 생물들에 의한 피식, 불리한 물리적 환경 등이 있다. 동일한 기질을 놓고 2개의 종이 경쟁할 때, 상대적인 성공은 그 기질을 대사하는 능력에 달려 있다. 기질을 보다 완전하게 대사할 수 있는 종이 보다 성공적인 종일 것이다. 그렇게 함으로써, 합성을 위한 에너지를 보다 많이 얻을 수 있고 결과적으로 보다 큰 생물량을 얻을 수 있을 것이다.

상대적으로 크기가 작고, 이로 인해 단위 부피당 표면적이 커서 기질을 빠르게 흡수할 수 있으므로, 세균의 밀도는 진균류보다 높을 것이다. 같은 이유로 진균류의 밀도는 원생동물보다 높고, 사상균은 원형의 세균(cocci)에 비해 밀도가 높을 것이다.

가용성 유기물 기질의 공급이 고갈되면, 세균 개체군은 성공적으로 증식하지 못해 포식자의

그림 5-11

닫힌 시스템의 개체군 동태

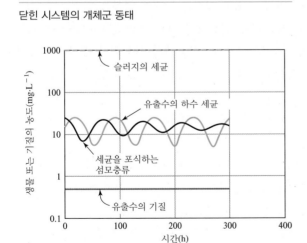

그림 5-12

열린 시스템의 개체군 동태

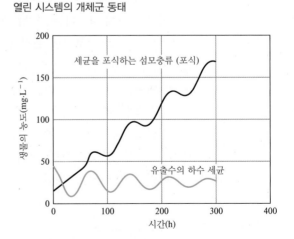

---

[*] 순수 배양체는 1개의 미생물종만으로 이루어진 배양체이다.

개체수가 증가한다. 혼합된 미생물들과 기질을 접종한 닫힌 시스템 내에서는 세균이 고등생물에게 자리를 내주고, 이어서 고등생물들이 먹이 부족으로 사멸하게 되면서 다른 세균 집단에 의해 분해되는 개체군의 순환이 일어난다(그림 5-11). 끊임없이 새로운 기질이 유입되는 하수 처리시설이나 강과 같은 열린 시스템에서는 시설이나 강의 구간에 따라 우세하는 개체군이 변할 것이다(그림 5-12*). 이 상태를 **동적 평형**(dynamic equilibrium)이라 한다. 이는 매우 민감한 상태이므로, 여러 개체군 간의 균형이 유지되려면 유입수의 특성이 철저하게 관리되어야 한다.

동물의 개체군 동태

야생에서 발견되는 특정한 종들의 수가 변화하는 속도에 영향을 미치는 요인에는 먹이의 가용성, 거주나 새끼를 위해 둥지를 짓기 위한 공간, 독성 노폐물의 농도, 질병, 포식자, 기생충 등의 밀도 종속 요인들이 포함된다. 날씨, 온도, 강우량, 강설량 등 밀도에 독립적인 요인들도 개체군 동태에 영향을 미칠 수 있다. 이처럼 개체군 동태에는 개체군 변화와 관련 있는 5개의 기본 구성요소, 즉 출생, 사망, 성비, 연령 구조, 분산이 관련되어 있다.

개체군 동태는 동물들이 번식하는 속도에 분명한 영향을 받는다. 특정 개체군의 출생률에 영향을 미치는 요소로는 (1) 먹이의 양과 질, (2) 최초 출산 연령, (3) 출산 간격, (4) 임신 1회당 평균 신생아 수 등이 있다. 출생률이 2배로 늘면, 개체수의 증가율은 2배 이상 높아질 것이다.

위에서 언급했듯이, 여러 다른 요소들이 개체군 동태에 영향을 미친다. **사망률**(death rate 또는 mortality rate)은 단위 시간당 죽는 동물의 수를 해당 기간의 시작 시점의 동물의 수로 나눈 값으로 정의된다. 성비는 짝짓기 체계에 영향을 미친다. **성비**(gender ratio)는 개체군 내 수컷과 암컷의 비이다. 일반적으로 출생 시 이 비율은 50:50이다. 짝짓기 체계(일부일처제 대 일부다처제)는 개체군 동태에 큰 영향을 미칠 것이다. 일부일처종에서는 성별비가 50:50을 벗어나게 되면 개체수의 감소가 일어날 것이다. 일부다처종에서는 개체군의 성별비가 50:50을 벗어나게 되면 큰 효과가 나타난다. 예를 들어, 모든 암컷이 새끼를 낳는다고 가정하면, 암컷 1마리당 4마리의 수컷이 있는 비율의 개체군은 성별비가 50:50인 개체군에 비해 출산율이 40% 낮게 나타날 것이다. 반대로, 수컷 대 암컷의 성별비가 1:4이고 모든 암컷이 새끼를 낳는다고 가정하면, 성별비가 50:50인 개체군에 비해 출산율이 160% 높게 나타날 것이다. 또한 연령 구조도 개체군 동태에 영향을 미치는데, 이는 연령에 따라 다르게 나타나는 사망률과 임신율 때문이다. 분산은 아마도 언급했던 요인들 중 가장 이해가 부족한 요인일 것이다. **분산**(dispersal)은 동물이 태어난 장소에서 서식하고 번식하기 위해 새로운 지역으로 이동하는 것을 의미한다. 분산은 동물이 성체로 자라기 전에는 일어나지 않는 것이 일반적이며, 보통 수컷이 분산한다.

개체군과 야생동물을 연구하는 생물학자들은 여러 모델들을 이용해서 단위 시간당 개체수의 변화속도를 설명한다. 이 모델들은 세균에 이용했던 것들과 유사하다.

가장 간단한 모델인 지수증가모델에서는 개체수 증가에 필요한 자원이 무한하다고 가정한다. 따라서 개체군은 일정한 지수증가율로 증가하며, 이 증가율은 그 특정 종의 최대 증가율이다.

---

* 그래프를 해석할 때 주의를 요한다. 얼핏 보면 역전된 형태의 생태 피라미드를 나타내는 것처럼 보이나(상위 영양 단계에 보다 많은 생물량이 있는 것처럼 보임), 그렇지 않다. 이는 반응기 내의 상위 생물의 생물량과 유출수의 세균의 생물량을 비교한 것이기 때문이다. 반응기 내의 세균의 실제 생물량은 리터당 수천 밀리그램에 달한다.

$$\frac{dN}{dt} = rN \tag{5-10}$$

여기서 dN/dt = 단위 시간당 특정 개체군 내 동물 수의 변화량

r = 특정 변화율

N = 특정 개체군 내 동물 수

r이 양의 값을 가지면 개체군의 수가 증가하고 있는 것이고, 음의 값을 가지면 감소하고 있는 것이다. 만약 N_o이 시작 시점의 생물 수라면, 특정 시간이 지난 후의 생물 수는 그 특정 구간으로 식 5-10을 적분하여 구할 수 있다.

$$N_t = N_o \exp(rt) \equiv N_o e^{rt} \tag{5-11}$$

기하학적 모델은 식 5-11의 모델과 마찬가지로 자원이 한정되어 있지 않다고 가정한다. 정해진 크기의 땅에 무한한 수의 동물을 부양할 수 있는 무한한 식량과 공간이 있다고 믿는 것은 어리석게 느껴질 것이다. 따라서 이러한 한계를 수학적으로 설명할 수 있는 모델이 필요하다. 하지만 기하학적 모델은 λ로 표현되는 불연속적 성장이 일어난다고 가정한다.

$$\frac{N(t+1)}{N(t)} = \lambda = e^r \tag{5-12}$$

여기서 $N(t+1)$ = $(t+1)$년 후의 개체수

$N(t)$ = t년 후의 개체수

r = 특정 성장률(단위 시간당 생물의 순 증가량)

시간 t의 생물의 개체수는 식 5-12로 구할 수 있다.

예제 5-6 다음의 데이터와 지수증가 모델을 이용해서 2005년에 예상되는 위스콘신주의 회색늑대의 개체수를 구하시오. 이 결과를 기하학적 모델을 이용해서 얻은 결과와 비교하시오.

년도	1975	1980	1990	1995	1996	1997	1998	1999
수	8	22	45	83	99	148	180	200

풀이 지수증가 모델의 r값은 시간 t에 따른 $N(t)/N(0)$의 자연로그값의 변화를 나타낸 그래프를 이용해서 구할 수 있다. 이 경우에 1975를 $t=0$으로 놓은 후 선형 회귀 분석을 통해서 기울기를 구하면 기울기는 0.123이 된다. 이 값을 이용해서 2005년, 즉 데이터의 시작점에서 30년 뒤에 예상되는 개체수를 구하면 된다.

$$N(t) = N(0)e^{0.123(t)} = 8e^{0.123(30)} = 320마리$$

이제 기하학적 모델을 이용하여 2005년의 개체수를 계산해 보자.

기하학적 모델은 구간별로 적용되므로, 시간 구간 전체에 적용될 수 있는 일반식을 구해야 한다. 우선 첫 5년간에 대해 고찰해 보자.

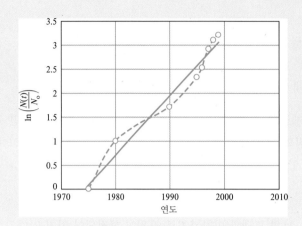

1975년에서 1976년까지 구간은 $8 \times \lambda = a$로 적는다.

1976년에서 1977년까지 구간은 $a \times \lambda = b$로 적는다.

1977년에서 1978년까지 구간은 $b \times \lambda = c$로 적는다.

같은 방식으로 1979년에서 1980년까지 구간인 $t \times \lambda = d$까지 계속한다.

이제 과정을 거슬러 올라가면서, 변수 a, b, c, d를 치환하면 $8 \times \lambda^5 = N(5)$의 식을 구할 수 있다. 여기서 $N(5)$는 5년 후의 개체수이며 22와 같다.

$8 \times \lambda^5 = 22$

λ를 구하면 $\lambda = 1.224$이다.

다음 표의 데이터를 얻기 위해서 적용한 일반식은 다음과 같다.

$$\lambda = \left[\frac{N(t)}{N(0)} \right]^{1/(t-0)}$$

여기서 t는 계산을 적용하는 연도를 나타내며 0은 데이터를 얻은 첫 해이다.

연수	개체수	평균
0	8	
5	22	1.224
15	45	1.122
20	83	1.124
21	99	1.127
22	148	1.142
23	180	1.145
24	200	1.144
	평균	1.147

기하학적 성장식을 이용해서 $N(30)$을 구할 수 있다.

$N(30) = N(24)(1.147^6) = 455$마리

자원이 무한으로 제공되는 경우는 드물다. 이 한계를 설명하기 위해서 밀도 종속 개념을 도입한 것이 로지스틱 성장 모델로, 앞서 설명한 단순한 모델에 비해 보다 유용하다. 이 모델은 부양능력으로 불리는 계수 K를 포함하는데, 이는 단순히 한 지역이 부양할 수 있는 개체수를 의미한다. 개체수가 K에 근접하게 되면, 개체군의 증가율을 감소시키는 메커니즘(사망률 증가, 번식 감소, 분산 증가)이 작용하게 된다. 이러한 개체수의 변화는 다음 모델로 나타낼 수 있다.

$$\frac{dN}{dt} = rN \left[\frac{K - N}{K} \right] \tag{5-13}$$

곡선의 모양은 S자형이 될 것이다. 개체수는 식 5-13을 적분하고 다음 식을 유도하여 구할 수 있다.

$$N(t) = \frac{KN_o}{N_o + (K - N_o)e^{-rt}} \tag{5-14}$$

예제 5-7   과달루페 사막의 큰 길달리기새(great roadrunner)의 개체수는 1999년 초에 ha당 200마리였다고 가정하자. 부양능력 K의 값이 600이고 $r = 0.25 \cdot year^{-1}$이면, 1, 5, 10년 후에 길달리기새의 수는 어떻게 변하겠는가? 또한 길달리기새의 수가 K와 같게 된다면 어떤 일이 발생하겠는가?

풀이   1년 후의 수를 구하기 위해서, 주어진 값들을 식 5-14에 대입해 본다.

$$N(1) = \frac{600 \times 200}{200 + (600 - 200)e^{-0.25 \times 1}} = 234마리$$

같은 방법으로 5년 후와 10년 후의 수를 구하면,

$N(5) = 381마리$

$N(10) = 515마리$

길달리기새의 수가 K와 같은 600마리가 되면, 추가적으로 증가하는 길달리기새는 이 영역에서 유지될 수 없게 되므로, 개체수는 600마리에서 변하지 않을 것이다.

보다 복잡한 모델들도 있다. 단조 감쇠, 진동 감쇠, 제한 주기 또는 혼돈 동역학으로 불리는 현상들이 이에 포함된다. 이러한 모델 중 상당수는 식물의 개체군 동태를 나타내는 데도 사용될 수 있지만, 이러한 모델들에 대한 논의는 이 책에서 다루는 범위 밖이다. 이 모델들에 대한 보다 자세한 정보는 자연의 경제(Ricklef, 2000)에서 얻을 수 있다.

여기까지 설명한 모델들은 단일 생물종을 수학적으로 설명하므로 단일 종 모델로 알려져 있다. 이보다 훨씬 더 복잡한 모델들은 포식자-피식자 관계를 고려한 종들 간의 상호 작용을 나타낼 수 있는데, 두 종 간의 상호 작용이 어떻게 주기적인 성격을 띠게 되는지 보여준다. 이 모델들은 다음 2개의 미분 방정식을 이용하여 포식자의 수 K와 피식자의 수 P를 나타낸다.

그림 5-13 포식자 – 피식자 관계의 주기적인 성격을 나타내는 그래프

진폭이 큰 곡선은 피식자의 수, 즉 여기에서는 토끼의 수를 나타낸다. 포식자는 스라소니다. 여기에서 쓰인 모델은 스라소니와 토끼의 초기 개체수값을 각각 1,250과 50,000으로 입력한 로트카-볼테라(Lotka-Volterra) 모델이다. (출처: Wilensky, U., & Reisman, K. (2006). Thinking like a wolf, a sheep, or a firefly. Learning biology through constructing and testing computational theories. Cognition and Instruction, 24(2), 171-209. (figure 2) and Wilensky, U. (1997). NetLogo Wolf Sheep Predation Model. Evanston, IL: Center for Learning and Computer-Based Modeling, Northwestern University. http://ccl. northwestern.edu/netlogo/models/wolfsheeppredation)

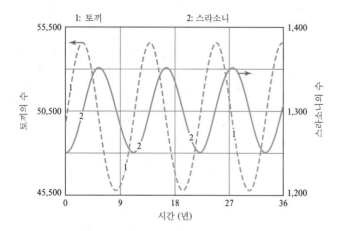

$$\frac{dP}{dt} = aP - bPK \tag{5-15}$$

$$\frac{dK}{dt} = cPK - dK \tag{5-16}$$

여기서 a = 피식자의 성장속도
b = 피식자의 사망계수
c = 포식자의 성장속도
d = 포식자의 사망계수

이 식들은 보통 로트카-볼테라(Lotka-Volterra) 모델로 불린다. 이 관계의 순환적 성질은 그림 5-13에서 볼 수 있다.

인구 동태

인구 동태를 예측하는 것은 환경공학자에게 중요하다. 이는 도시 상하수도 체계와 저수지의 설계용량을 정하는 기준이 되기 때문이다. 인구 예측은 자원 개발과 오염물질 관리 계획에 있어서도 중요하다. 인구를 예측하는 데 여러 모델이 사용되고 있으나, 여기서는 지수 모델에 대해서만 논의할 것이다. 인구 동태도 출생, 사망, 성비, 연령 구조, 분산 등에 의해 결정된다. 예를 들면, 평균 최초 임신 연령이 한 집단에서는 25세, 다른 집단에서는 15세이고, 두 집단에서 평균적으로 갱년기가 시작되는 연령은 45세라면 두 집단의 출생률은 유의한 차이를 보일 것이다. 인간의 집단에서, 분산은 '이민'이라 불린다. 문화적 차이의 영향은 인구 피라미드를 이용해서 쉽게 나타낼 수 있다. 인구 피라미드는 한 시점에서 각 성별의 연령별 인구 데이터를 나타낸다. 그림 5-14는 미국, 베네수엘라, 중앙아프리카공화국, 스페인의 인구 피라미드를 보여준다. 인구 피라미드는 시간에 따른 인구의 변

그림 5-14

미국, 베네수엘라, 중앙아프리카공화국, 스페인의 2017년 인구 피라미드
(출처: U.S. Census Bureau, International Database.)

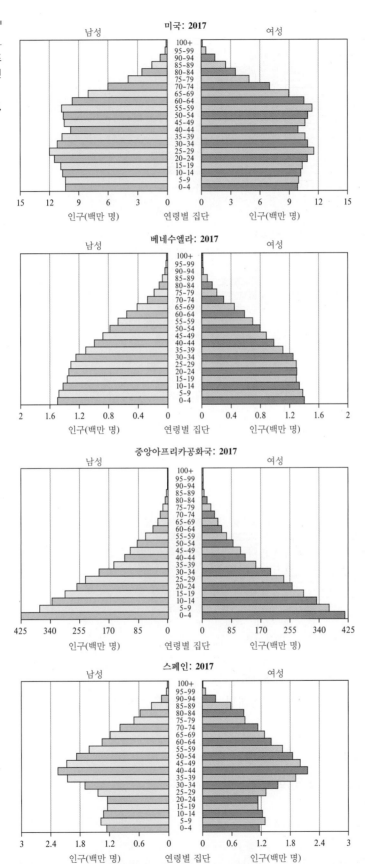

그림 5-15

인구증가와 "미국의 노령화" 현상을 보여주는 1980, 2015, 2050년의 미국의 인구 피라미드
(출처: U.S. Census Bureau, International Database.)

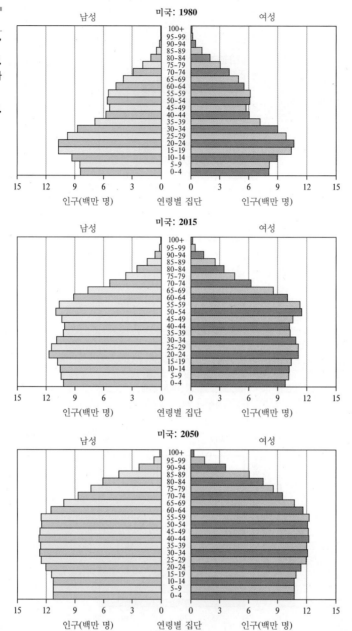

화를 보이는 데 유용하다(그림 5-15).

지수증가율이 일정하다고 가정하면, 인구는 다음 식으로 예측 가능하다.

$$P(t) = P_o e^{rt}$$

(5-17)

여기서 $P(t)$ = 시간 t에서의 인구

P_o = 시작 시점($t=0$)의 인구

r = 성장률

t = 시간

성장률은 출생률(b), 사망률(d), 이입률(i), 이출률(m)의 함수로 산정할 수 있다.

$$r = b - d + i - m \tag{5-18}$$

위 식의 변수들은 모두 단위 시간당 값이다.

예제 5-8 자카크(Szacak)행성 휴런스(Huronth)섬의 인간형 생물의 개체군은 1.0명/(명×년)의 총출생률(b)과 0.9명/(명×년)의 총사망률(d)을 나타낸다. 총이입률과 총이출률은 같다고 가정한다. 이때 인구가 2배로 증가하려면 몇 년이 필요한지 구하시오. 또한 0년차에 섬의 인구가 85명이었다면, 50년 이후의 인구는 몇 명인지 구하시오.

풀이 먼저 r을 계산해야 한다. 총성장률 r은 $b - d$ 또는 $1.0 - 0.9$ 또는 0.1명/(명×년)과 같다. 이를 이용해서 예상되는 배가 시간(doubling time)을 계산할 수 있다.

$$t_{\text{double}} = \frac{\ln 2}{r} = \frac{\ln 2}{0.1} = 6.93년$$

0차 년도의 인구 N_0은 85이다.

$$t = 50년$$

$$r = \frac{0.1명}{명 \times 년}$$

$N_{50} = N_o e^{rt} = 85 \times e^{(0.1)(50)} = 12{,}615$명의 인간형 생물이 있으므로, 휴런스 섬은 이 인구를 유지할 수 있을 정도로 충분히 커야 할 것이다. 지수증가모델은 자원이 무한하다고 가정하기 때문에 부양능력이 반영되어 있지 않다.

세계 인구의 변화 추이를 도시하면 기하급수적 성장에 가까움을 확인할 수 있다. 다만, 증가율은 고점에 수렴하고 있는 것으로 보인다(그림 5-16)(Roser and Ortiz-Ospina, 2018).

그림 5-16

세계 인구의 성장 곡선(좌)과 세계 인구의 증가율(5년 이동 평균)(우) (출처: Roser and Ortiz-Ospina (2018).)

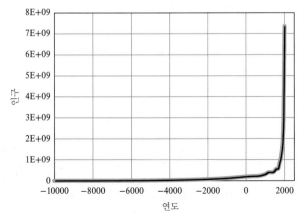
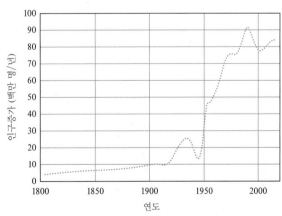

그림 5-17

출산율을 다르게 가정한 세계 인구 예측. 저, 중, 고의 출산율로는 각각 1.5, 2.1, 2.6의 합계출산율을 적용하였다. (출처: Population Division of the Department of Economic and Social Affairs of the United Nations Secretariat (2002). World Population Prospects: The 2000 Revision, vol. III, Analytical Report (United Nations publication, Sales No. E.01.XIII.20)

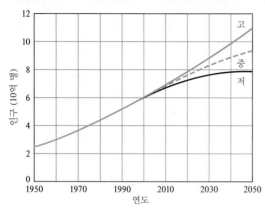

특정 지역의 인구를 예측하는 데 있어서 어려운 점 중 하나는 이입과 이출을 정확하게 예측하는 것이다. 세계 인구를 산정하는 데 있어서 중요하지만, 예측하기 힘든 또 다른 변수로 합계출산율이 있다. **합계출산율**(total fertility rate)은 1명의 여성이 전 생애 동안 가질 아이의 수를 나타내는 수치이다. 전 세계적으로 합계출산율은 1960년대 이래로 감소하고 있으며, 현재는 약 2.33으로 예측되고 있다. 비록 합계출산율 자체는 줄어들고 있지만 오늘날 출산을 하는 여성의 수가 예전보다 많으므로, 인구증가는 계속되고 있다. 그림 5-17에 나와 있듯이, 미래의 인구를 정확하게 예측하는 것은 합계출산율을 정확하게 예측하는 데 달려 있다. 이러한 예측과 실제의 괴리가 정책 결정 과정을 매우 어렵게 한다.

5-6 호수: 생태계의 물질 및 에너지 순환의 예시

호수는 생태계 내의 영양분, 물질, 에너지 순환을 이해하는 데 있어서 아주 좋은 예시를 제공한다. 이 절에서 우리는 호수에서 일어나는 자연적인 작용들, 그리고 인간 활동이 이러한 작용들에 어떻게 영향을 미쳐 왔는지에 대해서 주로 논할 것이다. 그러나 여러 종류의 생태계들 중 어느 것이든지 이러한 작용들의 예시가 될 수 있음을 알고 있도록 하자.

육수학(Limnology)은 내륙 수계의 생태에 대한 학문이다. 'Limnology'라는 단어는 '웅덩이나 늪'을 뜻하는 그리스어 어원 'limne'에서 온 것이다. 육수학자들은 담수의 생물 군체와 관심 수계의 가변적인 물리적, 화학적, 생물학적 특성 간의 관계에 관심을 갖는다. 여기서는 호수에 초점을 맞출 것이지만, 육수학자들은 하천, 연못, 염호, 심지어 빌라봉[*]에 이르기까지 모든 내륙 수계를 연구 대상으로 한다는 것을 알고 있도록 하자.

심호의 성층 현상과 전도 현상

온대 기후[†]에 있는 심호(deep lake) 중 거의 대부분이 기온의 계절적 변화로 인한 수온의 변화로 인

---

[*] 빌라봉(billabong)은 낮은 지역에 고여 있다가 우기에 강우의 강도와 빈도가 증가하면 크기가 커지는 물웅덩이를 의미하는 호주 원주민 언어의 단어이다.

[†] 온대 기후는 극단적인 온도와 강우가 없는 기후를 의미한다. 브리튼 제도와 미국의 기후는 온대 기후이다.

그림 5-18

부영양 호수의 수온 및 산소 분포

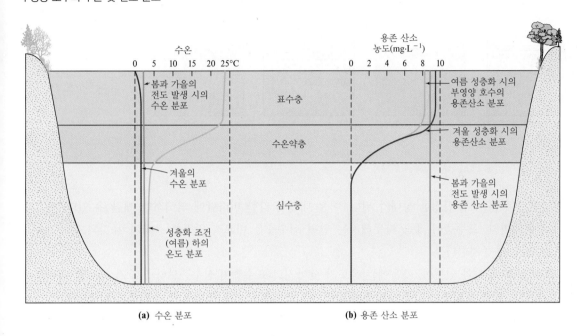

(a) 수온 분포   **(b)** 용존 산소 분포

해서 하절기에는 성층 현상이 일어나고, 가을에는 **역전**(overturn)(**전도**(turnover)) 현상이 일어난다. 또한, 한대 기후의 호수는 겨울에 성층화하고 봄에 역전이 일어나기도 한다. 뒤에 설명할 이러한 물리적 작용들은 호수의 수질에 상관없이 발생한다. 미국 남부의 호수는 대부분 수심이 얕아서 여기서 설명된 성층화 유형을 따르지 않는 경향이 있다. 이러한 호수에서 나타나는 순환 현상도 중요하지만, 이 책에서는 거기까지 논하지는 않도록 하겠다.

여름 동안, 호수의 표층수는 따뜻한 공기와의 접촉으로 인해서 간접적으로, 또는 햇빛에 의해서 직접적으로 가열된다. 따뜻한 물은 차가운 물에 비해서 밀도가 낮으므로 바람, 물결, 선박 등의 힘에 의해 생기는 난류(turbulence)에 의해 수심이 깊은 곳으로 혼합되기 전까지는 표면 부근에 남아 있는다. 이 난류는 물의 표면으로부터 제한적인 거리까지만 닿기 때문에, 그림 5-18에 나와 있듯이 상층부의 잘 혼합된 따뜻한 물(**표수층**(epilimnion))은 잘 혼합되지 않은 차가운 하층부의 물(**심수층**(hypolimnion)) 위에 떠 있게 된다. 표수층은 잘 혼합된 상태이므로 호기성이다. 심수층은 용존 산소 농도가 낮을 것이고 혐기성이나 무산소 상태가 될 수 있다. 표수층과 심수층 사이의 층은 **중간층**(metalimnion)이라 불린다. 이 구간 내에서는 깊이에 따라서 온도와 밀도가 급격하게 변한다. **수온약층**(thermocline)은 깊이에 따른 온도의 변화가 1°C · m^{-1}보다 큰 구간으로 정의될 수 있다. 호수에서 수영할 때 수온약층을 경험해 본 적이 있을 수 있다. 수평적으로만 수영할 때는 물이 따뜻하지만, 물속에서 일어서거나 잠수를 하면 물이 차갑게 변하는데, 이는 수온약층에 진입한 것이다. 표수층의 깊이는 호수의 크기와 관련이 있다. 작은 호수에서는 깊이가 1 m에 불과할 정도로 얕을 수도 있고, 큰 호수에서는 깊이가 20 m 이상이 될 수도 있다. 표수층의 깊이는 성층화가 발달하는 봄의 비바람과도 관련이 있다. 적절한 시기에 닥친 거센 비바람은 따뜻한 물이 상당한 깊이까지 혼합되게 할 것이며, 이에 따라서 일반적인 깊이보다 깊은 표수층이 형성될 것이다. 일단 성층화가 이

그림 5-19

성층화된 호수의 역전 현상
(출처: U.S. Environmental
Protection Agency, 1995.)

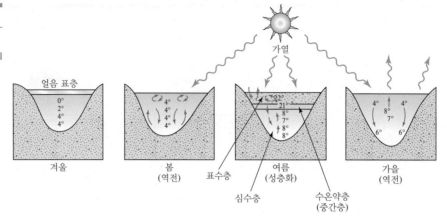

루어지면 호수는 매우 안정한 상태가 된다. 이는 대단히 강한 비바람에 의해서만 깨질 수 있다. 여름이 진행되면서, 표수층이 계속 따뜻해지는 한편 심수층은 비교적 일정한 온도가 유지되므로 안정도는 점차 더 증가한다.

그림 5-19에 나와 있듯이, 가을에는 온도가 낮아지고 표수층이 심수층보다 밀도가 높아질 때까지 냉각된다. 이후 표층수는 가라앉게 되어 역전이 일어난다. 심수층의 물이 표면으로 상승하면 냉각되어 다시 가라앉는다. 따라서 호수는 완전한 혼합상태가 된다. 한랭 기후대에 있는 호수에서는 온도가 4°C에 도달하면 이 현상이 멈추는데, 이는 이 온도에서 물의 밀도가 가장 높기 때문이다. 표면의 물이 이보다 더 차가워지거나 동결되면 그림 5-19에 나와 있듯 겨울철 성층화로 이어진다. 봄에 물이 따뜻해지면 다시 역전이 일어나서 완전한 혼합상태가 된다. 따라서 온대의 호수는 매년 적어도 한 번 또는 두 번의 성층화와 전도의 주기를 거친다.

생물학적 영역

호수에는 주로 빛과 산소의 가용성에 따라 달라지는 생물학적 활동에 의해 구분되는 몇 개의 뚜렷한 영역이 있다. 그림 5-20에 나와 있듯이 가장 중요한 생물학적 영역에는 원수대, 유광대, 연안대, 저서대가 있다.

원수대. **원수대**(limnetic zone)는 개방 수역에서 광합성이 일어날 수 있는 층이다. 원수대의 생물들은 부유생물(플랑크톤)과 능동적으로 헤엄치는 생물들이 대부분을 차지한다. 이 영역에서 생산자는 플랑크톤 조류이다. 1차 소비자는 갑각류나 윤형동물 등의 동물성 플랑크톤이다. 2차(고등) 소비자는 헤엄치는 곤충이나 물고기들이다.

유광대. 햇빛이 투과할 수 있는 상층부의 물을 **유광대**(euphotic zone)라 한다. 유광대의 깊이는 햇빛이 투과하는 정도에 따라서 정해지며, 광량이 표면의 0.5~1%보다 높은 호수의 영역으로 정의된다. 이보다 낮은 광도에서는 조류나 식물들이 자라지 못한다. 대부분의 호수에서, 유광대는 표수층 내에 있다. 하지만 일부 매우 투명한 호수에서 유광대는 심수층 깊은 곳까지 확장될 수 있다. 예를 들어, 슈피리어(Superior) 호수 서부의 표수층 깊이는 10 m 정도에 불과하지만, 여름철의 조류 성장은 25 m 깊이에서도 일어날 수 있다. 이와 유사하게, 타호(Tahoe) 호수에서도 역시 표수층의 깊이는 10 m 정도이지만 여름철의 조류 성장은 100 m 깊이에서도 관측된다.

그림 5-20

온대 기후대의 호수의 생물학적 영역 (출처: WOW. 2004. Water on the Web www.waterontheweb.org—Monitoring Minnesota Lakes on the Internet and Training Water Science Technicians for the Future—A National On-line Curriculum using Advanced Technologies and Real-Time Data. (http://WaterontheWeb.org). University of Minnesota-Duluth, Duluth, MN 55812. Authors: Munson, BH, Axler, RP, Hagley CA, Host GE, Merrick G, Richards C.)

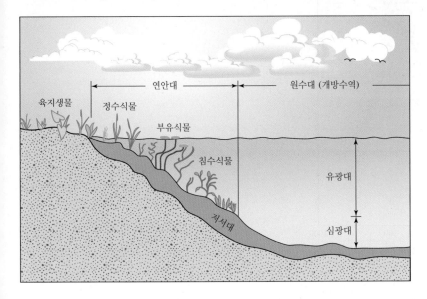

표 5-2	생산성에 따른 호수의 분류			
호수 분류		엽록소 a 농도(µg · L^{-1})	세치 깊이(m)	총인 농도(µg · L^{-1})
빈영양	평균	1.7	9.9	8
	범위	0.3~4.5	5.4~28.3	3.0~17.7
중영양	평균	4.7	4.2	26.7
	범위	3~11	1.5~8.1	10.9~95.6
부영양	평균	14.3	2.5	84.4
	범위	3~78	0.8~7.0	15~386
초부영양		>50	<0.5	대부분>100

참고: 빈영양, 중영양, 부영양 호수의 분류는 Wetzel(1983), 초부영양 호수의 분류는 Kevern, King, and Ring(1996)의 기준임

깊은 물에서는 조류가 가장 중요한 식물인 반면 뿌리식물은 연안 근처의 얕은 물에서 자란다. 유광대에서 식물들의 산소 생산량은 이들이 호흡으로 소모하는 양보다 많다. 유광대 아래에는 **심광대**(profundal zone)가 있다. 두 영역 간의 전환이 일어나는 지점을 **광보상점**(light compensation point)이라 하며, 이는 광합성에 의해 당으로 변환되는 이산화탄소의 양이 호흡에 의해 방출되는 양과 같아지는 깊이와 대략 일치한다.

연안대. 뿌리식물(대형수생식물)이 자랄 수 있는 연안 근처의 얕은 물을 **연안대**(littoral zone)라 한다. 연안대의 범위는 호수 밑바닥의 기울기와 유광대의 깊이에 따라 달라진다. 연안대는 유광대보다 깊은 곳까지 이어질 수 없다.

그림 5-21

143개의 호수에서 측정된 여름의 엽록소 *a*의 농도와 총인 농도 간의 상관관계
(출처: Jones, J.R., Buchmann, R.W., "Prediction of Phosporus and Chlorophyll Levels in Lakes, "Journal of Water Pollution Control Federation, vol. 48, p. 2176, 1976.)

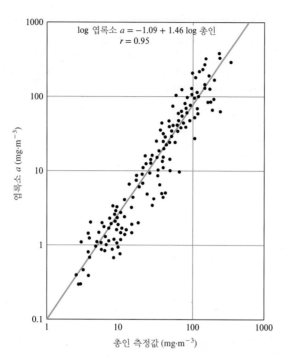

저서대. 호저 퇴적물은 **저서대**(benthic zone)를 이룬다. 상층의 물에 서식하는 생물들은 죽으면서 아래로 가라앉아서 저서대에 서식하는 생물들에 의해 분해된다. 세균과 진균류는 항시 존재하여, 부착조류들도 있을 수 있다. 지렁이, 수생곤충, 연체동물, 갑각류 등 보다 고등한 생물의 존재 여부는 산소의 가용성에 따라 정해진다.

호수의 생산성

호수의 생산성은 수생생물을 부양할 수 있는 능력의 척도로, 일반적으로 가용 영양분에 의해 부양될 수 있는 조류의 성장 정도를 측정함으로써 가늠할 수 있다. 생산성이 높은 호수가 생산성이 낮은 호수에 비해서 생물량이 높다. 높은 생물량은 맛이나 악취 문제, 밤에 특히 문제가 되는 낮은 용존 산소량, 대형 수생식물의 과도한 성장, 작은 물고기와 실지렁이의 과다한 증식, 물의 투명도 감소 등으로 이어지기 때문에 바람직하지 않은 경우가 많다. 생산성은 수질을 결정하는 데 중요한 역할을 하므로 호수를 분류하는 기준이 된다. 표 5-2는 호수들이 생산성에 의해서 어떻게 분류되는지 보여준다.

생산성은 제한요소인 질소나 인의 농도, 광도 중 하나로 제어된다. 이 현상은 **리비히의 최소 법칙**(Liebig's law of the minimum)* 으로 알려져 있다. 대부분의 담수호에서는 인이 제한 영양소인 경우가 일반적인데, 이는 모든 영양소 중 인이 유일하게 대기나 자연적인 물에서 쉽게 구할 수 없기 때문이다. 따라서 인의 양이 조류 성장의 양, 즉 호수의 생산성을 제어하는 경우가 많다. 이는 엽록소 *a*의 농도와 인 농도의 관계를 나타내는 그림 5-21에서 확인할 수 있다. 광합성에 관련된 녹색 색소 중의 하나인 엽록소 *a*는 모든 조류에 있으므로, 물에서 조류 덩어리를 세균 등의 유기물질들과

---

* 1840년에 저스틴 리비히(Justin Liebig)는 식물의 성장이 최소의 양으로 제공되는 영양소의 양에 의해 결정된다는 가설을 법칙으로 발전시켰다.

그림 5-22

호수나 웅덩이의 변이 과정

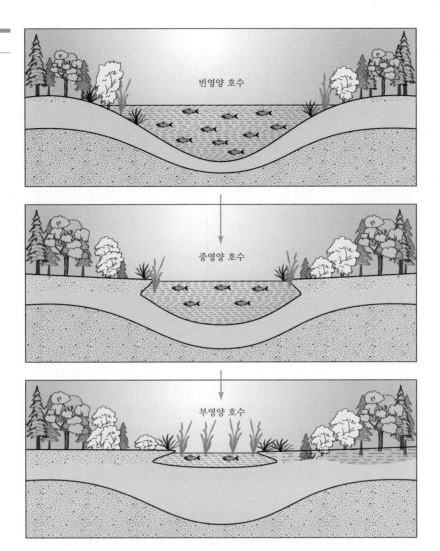

구분하는 데 쓰인다. 조류 대증식이 제한되려면 인의 농도가 0.010~0.015 mg·L^{-1} 미만이어야 한다고 추정된 바 있다(Vollenweider, 1975).

호수는 자연적인 생명주기를 갖고 있으며, 시간이 지남에 따라 변하지만, 그 시간은 수만 년일 수 있다. 여기에는 젊은 호수, 중년의 호수, 노년의 호수가 있다. 호수가 노화함에 따라, 호수의 연안을 땅이 잠식하게 되면서 서서히 크기가 줄어들게 된다. 호수 연안을 따라 자라는 나무를 비롯한 식물들이 유기성 잔해를 호수에 흘려보낸다. 이 유기물질은 호수의 생물들에게 탄소원을 제공한다. 이 유기물이 부식됨에 따라 사초, 풀, 덤불의 새로운 서식지가 될 수 있다. 이는 한때 연잎이 표면에 떠 있던 곳에 뿌리가 있는 종들이 번성할 수 있게 한다. 호수 크기가 줄어들고 생산성이 증가하면 호수는 무산소나 혐기상태가 되어 호수 생태에 큰 변화가 발생한다. 이러한 변이 과정은 호수가 늪으로 변한 후 습지가 되고, 결국에는 숲이나 초지가 되기까지 계속될 수 있다. 이 과정은 그림 5-22에서 볼 수 있다.

빈영양 호수. **빈영양**(oligotrophic) 호수는 조류의 성장을 부양하기에는 영양분 공급이 심각하게 부족하여 생산성이 낮다. 이로 인해, 어느 정도 깊더라도 바닥을 볼 수 있을 정도로 물이 투명하

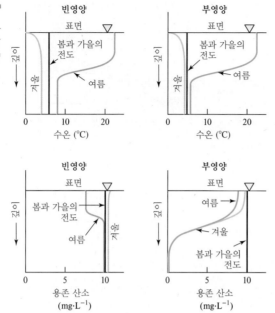

그림 5-23

호수의 계절적인 성층화 현상은 영양 단계에 따라서 다양한 경향을 보인다.

며, 유광대가 호기성인 심수층까지 이어진다. 따라서 빈영양 호수에는 차가운 물에서 자라는 낚시고기들이 서식한다. 미국 캘리포니아주-네바다주의 경계에 있는 타호 호수, 오리건주의 크레이터(Crater) 호수, 슈피리어 호수의 푸른 물은 빈영양 호수의 전형적인 예이다. 하지만 수역에 거주하는 사람들의 수가 증가하고 이에 따라 호수로 유입되는 하수의 양이 증가하면서, 타호 호수의 투명도는 감소하고 있다.

부영양 호수. **부영양**(eutrophic) 호수는 영양분이 풍부하게 공급되므로 높은 생산성을 가진다. 조류로 인해 물의 탁도가 매우 높으므로, 유광대는 표수층의 일부분까지만 이어진다. 조류가 죽으면. 호수 바닥으로 가라앉아서 저서생물들에 의해 분해된다. 그림 5-23에 나와 있듯이 부영양 호수에서는 이러한 분해 반응이 여름의 성층화 기간 동안에 심수층의 산소를 소진시키기에 충분하다. 여름에는 심수층이 혐기성을 띠므로 부영양 호수에는 온수어만 살 수 있다. 냉수어들은 일반적으로 $5 \sim 6 \text{ mg} \cdot \text{L}^{-1}$ 이상의 용존 산소를 필요로 하므로 심수층이 혐기성이 되기 훨씬 전에 호수에서 떠난다. 부영양화 정도가 심한 호수는 부유 조류층이 있을 수 있는데, 이는 물에서 불쾌한 맛과 냄새가 나게 한다. 부영양 호수의 예로 미국 미네소타주의 미네통카(Lake Minnetonka) 호수의 할스테드(Halsted)만과 노스캐롤라이나주의 누스(Neuse)강을 들 수 있다.

중영양 호수. 빈영양과 부영양 중간에 해당되는 영양 수준의 호수를 **중영양**(mesotrophic)호수라 한다. 심수층에서 상당한 정도로 산소 고갈이 발생할 수 있으나, 호기성으로 유지된다. 중영양 호수의 예로 온타리오(Ontario) 호수, 미네소타주의 아이스(Ice) 호수, 미네소타의 그라인드스톤(Grindstone) 호수가 있다. 미시간(Michigan) 호수와 휴런(Huron) 호수는 중빈영양 단계로 분류되는데, 이는 생산성 수준이 빈영양 호수보다는 높으나 중영양 호수 수준에는 미치지 못한다는 것을 의미한다.

영양장애 호수. **영양장애**(dystrophic) 호수는 호수의 외부로부터 다량의 유기물질이 유입되지만 영양 염류의 농도가 낮아서 생산성이 낮다. 이러한 호수는 일반적으로 침엽수림에 둘러싸여 있고 크기가 작다. 떨어진 침엽이 분해되면서 상당한 양의 산이 호수에 유입된다. 호수는 일반적으로 노란 색조의 갈색을 띠고 중간 정도의 투명성을 가지며, 높은 농도의 용존 유기물질과 탄닌을 함유하며 산성이다. 이러한 호수에는 고유의 조류, 곤충과 물고기가 있다. 물이끼가 수면에 두꺼운 층을 이루면서 번식한다. 잉어, 머드 미노우(mud minnow), 잠자리, 물장군 등 낮은 산소 농도에서도 살 수 있는 생물들이 부영양 호수에서 살던 생물들을 대체한다. 특히 호수의 가장자리를 따라 많은 양의 초목이 자라며, 호수의 깊은 바닥에는 산소가 없어서 물고기가 살 수 없다. 영양장애 호수에서 호기성 생물들은 여름에는 얕은 영역에만 존재한다. 영양장애 호수의 예로 노스캐롤라이나의 앨리게이터(신)(Alligator) 호수, 노스캐롤라이나의 스완 크릭(Swan Creek) 호수, 글렌(Glen) 호수, 그리고 미시간주 북부의 습지 호수들이 있다.

초부영양 호수. **초부영양**(hypereutrophic) 호수는 엄청나게 부영양화되어 조류 생산성이 높고, 밀도 높은 조류 과다번식이 일어나는 호수이다. 이들은 유기 퇴적물이 많이 쌓여 있는 비교적 얕은 호수인 경우가 많다. 광범위하고 조밀한 잡초층이 있으며, 사상성 조류가 쌓이게 되는 경우가 많다. 물의 투명도가 낮으며 인산염과 엽록소의 농도가 높다. 때로는 산소 농도가 매우 높았다가, 때로는 매우 낮아져서 고갈되기도 하므로 이러한 호수들의 물고기와 수생동물들은 산소 농도가 급격하게 변동하는 상황에 노출된다. 이러한 호수에서는 산소의 고갈이 물고기와 다른 생물들의 광범위한 죽음으로 이어지는 "겨울 몰살", 심지어는 "여름 몰살" 현상이 일어나는 경우도 많다. 초부영양 호수는 휴양지로 사용될 수 없는 경우가 많다. 초부영양 호수의 예로 뉴욕주의 오논다가(Onondaga) 호수와 오리건주의 어퍼 클라마스(Upper Klamath) 호수가 있다.

노화 호수. 부영양화가 많이 진행된 매우 오래된 얕은 호수를 **노화**(senescent) 호수라 한다. 이러한 호수들에는 수생식물과 죽은 식물물질들이 축적된 유기 퇴적물이 있으며, 뿌리가 있는 수생식물들이 매우 많이 존재한다. 이것은 생산성 높은 호수가 소멸에 이르는 과정에 있는 것으로, 결국에는 늪이 될 것이다.

부영양화

부영양화는 한때 영양염류의 유입과 순환으로 인해 호수가 점차 얕아지고 생산성이 높아지는 불가피한 자연 현상으로 여겨졌다. 그러나 많은 수의 빈영양 호수가 직전 빙하기 이래로 이러한 상태로 유지되어 왔고, 타호 호수 같은 초빈영양 호수는 수백 년간 생산성이 낮은 상태로 유지되어 왔다. 고육수학(paleolimnology) 연구 결과에 따르면, 호수들은 자연적으로 생산성에 변동이 생기는 것으로 추정된다.

호수의 인위적 부영양화(cultural eutrophication)는 높은 농도의 영양염류(보통 질소나 인이지만 일반적으로 인이 더 제한적임)의 유입을 통해서 발생할 수 있다. 이는 잘못된 수역 관리와 인간과 동물들의 노폐물 유입으로 인해 일어난다. 이런 변화(빈영양상태로부터 노화상태에 이르는)는 수십 년의 기간에 걸쳐서 일어날 수 있으며, 영양염류의 유입이 중지되거나 상당히 감소해야만 멈출 것이다. 질소와 인 유입이 제어되면서 이리 호수와 체서피크(Chesapeake)만의 인위적 부영양화 과정은 많이 느려졌다. 인위적 부영양화의 제어에 대한 추가적인 내용은 9장에서 다루도록 하겠다.

그림 5-24

단순화하여 표현한 인 시스템

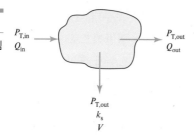

$P_{T,in}$
Q_{in}

$P_{T,out}$
Q_{out}

$P_{T,out}$
k_s
V

부영양화를 가속화시키는 데 있어서 인은 매우 중요하므로 환경과학자와 공학자가 호수의 인 농도를 예측할 수 있는 능력을 함양하는 것은 매우 중요하다. 정상상태, 완전 혼합을 가정하여 호수의 물질수지를 수립하고, 이를 계절·연도별 인 농도 예측치 산정에 이용할 수 있다. 이 예측치는 부영양화 과정을 멈추기 위한 방안을 정하는 데 이용될 수 있다.

인은 표면 유출수를 통해서, 하수 방류관으로부터, 또는 오수 정화조 시스템으로부터 호수로 유입된다. 인은 생물들에게 흡수된 후, (인을 포함하는) 죽은 바이오매스가 가라앉는 과정을 통해서, 그리고 배출되는 물(호수로부터 흘러 나가는 하천)을 통해서 시스템에서 유실된다. 그림 5-24는 총 인 농도 P_T를 계산하는 간단한 모델(Thomann and Mueller, 1987)을 유도하는 방법을 보여준다.

$$\frac{VdP_T}{dt} = P_{T,in}Q_{in} - k_s P_{T,out}V - P_{T,out}Q_{out} \tag{5-19}$$

여기서 V = 가상의 호수의 부피

$P_{T,in}$ = 유입되는 물의 총인 농도(호수로 유입되는 하천, 유출수 등)

Q_{in} = 유입유량

k_s = 인 제거속도(침강속도와 생물에 의한 흡수속도를 합한 값)

$P_{T,out}$ = 호수와 유출되는 물의 총인 농도(완전 혼합상태 하에서)

Q_{out} = 유출유량

정상상태에서 $dP_T/dt = 0$이므로

$$0 = P_{T,in}Q_{in} - k_s P_{T,out}V - Q_{out}P_{T,out} \tag{5-20}$$

$$P_{T,out} = \frac{(P_{T,in}Q_{in})}{(k_s V + Q_{out})} \tag{5-21}$$

만약 제거속도(생물에 의한 흡수를 포함하지 않는 경우에는 침강속도로 불리기도 함)가 단위 시간당 거리(예: $m \cdot s^{-1}$)로 주어진다면, 이 속도는 호수의 부피가 아닌 표면적으로 곱해야 한다.

예제 5-9 그린론(Greenlawn) 호수의 표면적은 2.6×10^6 m^2이며, 평균 수심은 12 m이다. 유량이 1.2 $m^3 \cdot s^{-1}$이고, 인 농도가 0.045 $mg \cdot L^{-1}$인 하천이 이 호수로 유입된다. 호수변을 따라 위치한 주택들에서 연평균 2.6 $g \cdot s^{-1}$의 속도로 인이 유출되어 호수에 더해진다. 호수의 침강속도는 0.36 day^{-1}이다. 호수에서 흘러 나가는 강의 유속은 1.2 $m^3 \cdot s^{-1}$이다. 정상상태를 가정했을 때 호수의 인 농도는 얼마이며, 호수의 영양상태는 어떠한가?

풀이 $0 = P_{T,stream}Q_{stream} + P_{T,runoff} - k_s P_{T,out}V - P_{T,out}Q_{out}$

우선 하천의 인 농도를 세제곱미터당 그램$(g \cdot m^3)$으로 변환한다.

$$P_{stream} = \frac{0.045 \text{ mg} \cdot L^{-1}(1000 \text{ L} \cdot m^{-3})}{1000 \text{ mg} \cdot g^{-1}} = 0.045 \text{ g} \cdot m^{-3}$$

따라서,

$$0 = (0.045 \text{ g} \cdot m^{-3})(1.2 \text{ m}^3 \cdot s^{-1}) + 2.6 \text{ g} \cdot s^{-1}$$
$$- (0.36 \text{ day}^{-1})\left(\frac{1 \text{ day}}{86,400 \text{ s}}\right)(2.6 \times 10^6 \text{ m}^2)(12 \text{ m})(P_{T,out}) - (P_{T,out})(1.2 \text{ m}^3 \cdot s^{-1})$$

각 항의 곱을 확인한다. 단위는 초당 그램$(g \cdot s^{-1})$이어야 한다.

$$0 = 0.054 \text{ g} \cdot s^{-1} + 2.6 \text{ g} \cdot s^{-1} - (130 \text{ m}^3 \cdot s^{-1})(P_{T,out}) - (P_{T,out})(1.2 \text{ m}^3 \cdot s^{-1})$$

$$P_{T,out} = 0.020 \text{ g} \cdot m^{-3} \text{ 또는 } 0.020 \text{ mg} \cdot L^{-1}$$

$$(0.020 \text{ mg} \cdot L^{-1})(1000 \text{ μg} \cdot mg^{-1}) = 20 \text{ μg} \cdot L^{-1}$$

표 5-2를 이용하면, 호수가 부영양상태 경계에 있음을 알 수 있다.

해수의 부영양화는 인 농도가 아닌 질소 농도에 의해 좌우되는 경우가 많다. 최근까지 부영양화가 심각한 문제가 되었던 메사추세츠만의 경우가 이와 같다. 보스턴, 케임브리지, 첼시, 서머빌 등의 도시로부터 합류식 하수관거 월류수(combined sewer overflow)를 통해 우수와 미처리 하수가 혼합된 물이 보스턴 항구와 지류인 찰스(Charles)강으로 유출되었다. 누수된 파이프나 건물들에 불법으로 연결된 하수구로부터 유출된 하수에 오염된 우수 유출수도 강 하구로 흘러 들었다. 또한 길에 쌓인 동물들의 배변이 우수를 오염시켜서 물에 추가적인 영양분이 유입되었다. 보스턴시와 주변 지역을 담당하는 두 군데의 하수 처리장인 디어아일랜드(Deer Island) 하수 처리장(DITP)과 너트아일랜드(Nut Island) 하수 처리장(NITP)은 규모가 작고 노후화되었으며 최소한의 (1차)처리만 제공하였다. 48개의 지역으로부터 하수가 보스턴 항구로 유입되면서 강 하구는 미국에서 가장 오염된 곳 중 하나로 여겨졌다.

그림 5-25a에 나와 있듯이, 높은 엽록소 농도로 나타나는 부영양화 현상은 내항과 하구에서 문제가 되었다(Massachusetts Water Resources Authority, 2002). 내항에서, 해안을 따라서, 그리고 강에서 세균 수도 높게 나타나서 따뜻한 여름 몇 달 동안 해변을 폐쇄하게 되었다. 1998년 7월 이전에는 두 지점의 하수 처리장 방류구 주변 지역의 암모니아 농도가 매우 높아져서 100 μM에 달하게 되었다. 너트아일랜드 하수 처리장이 폐쇄된 후인 2000년 말에 디어아일랜드 하수 처리장이 현대화되었고, 총 15 km인 방류관이 새로 설치되어 운영되면서 암모니아성 질소 농도가 목표치인 5 μM 아래로 감소하였다. 그림 5-25b에 나와 있듯이, 1998년과 2000년 사이에는(하수 처리장 현대화 후, 방류관 운영 전) 식물성 플랑크톤의 감소가 관측되었다. 방류관이 사용되면서 남항(South Harbor)의 엽록소 농도는 더욱 감소하였다. 2000년에서 2005년 사이에 북항(North Harbor)의 엽록

그림 5-25

(a) 1995년 8월~1998년 7월 8일. DITP와 NITP에서 하수가 방류되었던 기간 동안 엽록소는 서쪽에서 동쪽으로 갈수록 농도가 낮게 나타났고, 퀸시만(Quincy Bay)과 네폰싯강(Neponset River) 하구에서 가장 높은 수치가 관측되었다. (b) 1998년 7월 9일~2000년 8월. 남쪽 시스템(South System)의 하수를 DITP로 보내 처리함에 따라서, 엽록소 농도 분포도의 형태가 약간 변해서 남항 부근의 엽록소 농도가 낮아지고 북항 부근의 엽록소의 농도가 국지적으로 약간 증가하게 되었다.

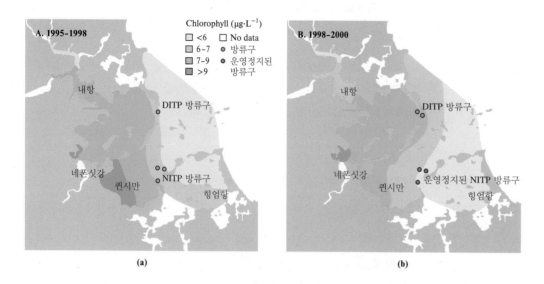

소 농도도 크게 감소하였다. 하지만 2006년의 여름에, 아직 파악되지 않은 이유로 염록소 농도는 방류관이 사용되기 이전에 관찰되던 수준에 거의 근접하는 값으로 증가하였다(Massachusetts Water Resources Authority, 2006). 이 시기의 높은 엽록소 농도는 주로 규조류 닥틸리오솔렌 프라질리시무스(*Dactyliosolen fragilissimus*)의 번식으로 인한 것으로 그럼에도 불구하고 강 하구의 산소 농도는 바람직한 수준이었고, 규조류는 위해를 미치거나 문제가 되지 않았다. 강 하구는, 여전히 청정하다고는 할 수 없지만, 1998년에 관찰되었던 수준에 비해서 수질이 많이 개선되었고 부영양화와 관련된 문제들은 부분적으로 해결되었다.

5-7 생태계를 보호하기 위한 환경법령

1960년대 후반~1970년대 초반부터 많은 국가들이 동식물의 멸종을 막기 위한 법을 제정해 왔다. 1900년 레이시법(Lacey Act)이나 1929년 철새법(Migratory Bird Act)은 20세기 초반에 공포되었지만, 생물종들을 보호하는 데 있어서 기념비적인 법은 1969년에 제정된 멸종 위기종 보존법(Endangered Species Conservation Act)과 1972년에 제정된 해양포유동물 보호법(Marine Mammal Protection Act), 그리고 1973년에 제정된 멸종 위기종법(Endangered Species Act)이다. 멸종 위기종법은 멸종 위기종들이 국가와 국민에게 있어 "미적인, 생태학적인, 교육적인, 역사적인, 오락적인, 과학적인 가치"가 있음을 선언했다는 점에서 중요하다. 이 법은 멸종 위기종 또는 이 종들로 생산한 제품의 수입·수출, 주 간 또는 국가 간 상거래를 전면적으로 불법화하였다. 또한, 멸종 위기종에 포함된 동물들을 포획하거나 이들에게 위해를 가하는 행위 역시 불법이다.

미국에서 생태계와 그 안의 동식물을 보호하는 데 있어서 중요한 의미를 갖는 또 다른 법으로

1969년에 제정된 국가 환경 정책법(National Environmental Policy Act, NEPA)이 있다. NEPA는 미관적, 문화적, 도덕적인 근거로 환경 보호의 정당성을 명문화했다는 점에서 중요성을 띤다.[*] 미의회는 인간 활동이 자연환경에 미치는 지대한 영향과 환경의 질을 복원하고 유지함이 인류의 전반적인 복지와 발전에 있어 갖는 중요성을 모두 인정하였다. 이 법의 제정을 통해서 의회는 "전반적인 인간의 복지와 발전을 추구·증진하고, 인간과 자연이 생산적인 조화 속에 존재할 수 있는 여건을 만들고 보존하며, 현재 그리고 미래 세대의 미국인들이 사회적, 경제적으로 필요로 하는 것들을 충족시켜 주고자" 하였다. 이 법의 일환으로 제정된 규제의 골자 중 하나로, 인간환경에 중요한 영향을 미칠 수 있는 것으로 생각되는 주요 활동들에 대한 환경영향평가서(EIS) 제출 의무화가 있다(40 CFR Part 6; Subpart A). 이 서류는 미국 환경보호청(EPA)에 의해서 검토 받게 되며, 반드시 제안 프로젝트가 지역의 생태계에 미치는 영향을 제시해야 한다.

지정학적 경계(국경)는 인간들을 나누지만, 경계에 있는 생태계를 분할하지는 않는다. 미시간 호수를 제외한 모든 오대호를 가로지르는 캐나다-미국 국경이 이에 해당된다. 미국과 캐나다 간의 분쟁을 예방 및 해결하고, 공동의 환경문제를 풀기 위해 두 국가가 협조할 수 있는 체계를 발전시키기 위해서 1909년에 제정된 경계수역조약(Boundary Waters Treaty) 하에 국제 합동 위원회가 결성되었다. 오대호수질 협정(The Great Lakes Water Quality Agreement)은 1972년에 최초로 조인되어 1978년에 갱신되었고, 미국과 캐나다가 "오대호 유역 생태계의 화학적, 물리적, 생물학적 청결성의 복원 및 보존"에 적극적으로 임하도록 명시하였다(International Joint Commission, 1978). 이 협정에 따르면, 두 국가는 지속적인 독성을 갖는 물질들의 방출을 금지하고, 공공하수 처리시설의 설계에 필요한 재원을 제공하고, 오대호를 보호하기 위한 최선의 관리 방안을 개발하고 적용하기로 합의하였다. 2006년 10월 24일, 국제 합동 위원회는 미국과 캐나다 두 국가가 달성 가능한 목표와 일정, 개선된 오대호의 수질의 관찰 및 보고 관련 규정을 확립하는 보다 행동 지향적인 새로운 합의안을 도출할 것을 건의하였다.

이러한 규정은 환경보호에 있어 지대한 영향을 미쳤다. 환경을 그 자체로 또는 인류의 복지나 안녕을 위해 가치 있게 여긴다면, 이러한 법과 규정들이 유지될 수 있도록, 또한 이를 약화시키려는 어떤 시도도 저지될 수 있도록 노력해야 한다.

---

[*] 이 법은 인간과 환경 간의 생산적이고 즐거운 조화를 추구하고, 환경과 생물권에 대한 피해를 방지하거나 없애고 인간의 건강과 복지를 증진하려는 노력을 추진하며, 국가에 중요성을 갖는 생태계와 자연자원에 대한 이해를 높이고, 환경품질위원회를 설립하는 국가 정책을 선포하였다.

연습문제

5-1 보라색 토끼의 개체군이 줄라톱(Zulatop) 섬에 서식한다. 토끼의 총 성장속도상수는 0.09년$^{-1}$이다. 현재 시점에서 섬에는 176마리의 토끼가 있다. 단순 지수증가식을 이용해서 지금으로부터 5, 10, 20년 후에 예상되는 토끼의 수를 계산하시오.

답: $P(5) = 276$ $P(10) = 433$ $P(20) = 1065$

5-2 점박이 늑대의 개체군이 헤스페리데스(Hesperides) 산에 서식한다. 2054년에 26마리의 늑대가 있었고, 2079년에 54마리의 늑대가 관측되었다. 지수증가를 가정했을 때, 총 성장속도상수는 얼마인가?

답: 0.029 yr^{-1}

5-3 문제 5-2에 제시된 자료와 0.04년$^{-1}$의 총 성장속도, 159마리의 부양능력을 이용해서 계산했을 때, 2102년에 예상되는 늑대의 개체수를 구하시오.

답: 91마리

5-4 세균의 가속 성장기 종료 시점의 밀도가 리터당 15,100개의 세포이다. 28세대가 지난 후에 세균의 밀도(리터당 세포수)는 얼마인가?

답: $4,053 \times 10^{12}$

5-5 안다르타(Andarta) 호수에 있는 프로메테우스(Prometheus) 섬에 1,334그루의 아스포델(Asphodel) 나무 숲이 있다고 하자. 나무들은 $r = 0.21$ 개체수/(개체수×년)의 속도로 자라고 있다. 섬의 부양능력은 3,250그루이다. 로지스틱 성장 모델이 적용된다고 가정할 때, 35년 후의 개체수를 구하시오.

답: 3,247

5-6 표면적이 $8.9 \times 10^5 \text{ m}^2$이고, 평균 수심은 9 m인 아르준(Arjun) 호수의 수질검사를 수행해 오고 있다. 유량이 $1.02 \text{ m}^3 \cdot \text{s}^{-1}$이고, 인 농도가 $0.023 \text{ mg} \cdot \text{L}^{-1}$인 하천이 호수로 유입된다. 또한 호수변을 따라 위치한 주택들에서 연평균 $1.25 \text{ g} \cdot \text{s}^{-1}$의 속도로 인이 유출되어 호수에 더해진다. 호수에서 흘러나가는 강의 유속은 $1.02 \text{ m}^3 \cdot \text{s}^{-1}$이며, 호수의 평균 인 농도는 $13.2 \text{ μg} \cdot \text{L}^{-1}$이다. 증발과 침전은 서로 상쇄된다고 가정할 때, 인의 침강속도를 계산하시오.

답: $1.19 \times 10^{-5} \text{ s}^{-1}$ 또는 376 yr^{-1}

5-7 아도니스 호수(Adonis Pond)에서 펜타클로로페놀(pentachlorophenol)의 농도가 $42.8 \text{ μg} \cdot \text{L}^{-1}$로 측정되었다. 연구를 통해 맛추어(Matsu fish)의 지질 내 농도가 $30,600 \text{ μg} \cdot \text{kg}^{-1}$로 나타났다. 이 물고기의 생물농축계수는 얼마인가?

답: 715

5-8 면화에 사용되며 잘 분해되지 않는 살충제인 톡사펜의 유사물질로 1,2,3,4,7,7-헵타클로로-2-노보르닌이 있다. 어류에서 이 화학물질의 생물농축계수는 $11,200 \text{ L} \cdot \text{kg}^{-1}$로 추정된다. 그린웨이

(Greenway) 호수에서 농도가 1.1 ng · kg⁻¹로 측정되었다면, 예상되는 물고기 체내 농도를 μg · kg⁻¹ 단위로 구하시오.

답: 12.3 μg · L

5-9 농부 타피오 씨는 사슴을 기르고 있다. 이 사슴은 봄철에 대사 가능한 에너지 22 MJ을 매일 섭취한다. 이때, 매일 사슴의 신체 조직으로 변환되는 에너지(MJ)를 계산하시오. 소비되는 먹이의 19%가 소화되지 않고 배설된다고 가정하며, 소화된 81%의 78%는 대사노폐물과 열을 생성하는 데 이용되고, 나머지 22%가 조직으로 합성된다.

답: 3.92 day⁻¹

5-10 예제 5-4에서 언급되었던 농부가 2년차에는 완두콩을 경작하려고 계획하고 있다. 이 경작년에는 퇴비를 시비하지 않을 계획이다. 완두콩은 콩과 식물로 목표하는 수확량을 생산하는 데 필요한 충분한 양의 질소를 대기로부터 고정할 수 있으며, 질소비료를 첨가해도 상당한 수확량 증가로 이어지지 않는다. 지역 파견 연구원의 조언에 따르면, 완두콩은 ha당 50 kg의 질소, 35 kg의 인, 225 kg의 칼륨을 필요로 한다.

(a) 전년도에 시비한 퇴비로 완두콩의 영양분 요구량을 충족시키기에 충분한 인과 칼륨이 제공되었는지 판단하시오.

(b) 옥수수를 수확한 후 남은 인과 칼륨을 계산하시오. 1년차에 수확된 옥수수로 인해 ha당 52 kg의 P_2O_5와 38 kg의 K_2O가 제거되었을 것이다.

답: (a) 질소와 인은 충분하지만, 칼륨은 추가되어야 한다.

    (b) 77.3 kg P · ha⁻¹

      48.53 kg K · ha⁻¹

6

위해 인지, 평가 및 관리

> **🍁 사례 연구**
>
> **부과된 위해와 가정된 위해**
>
> 우리는 거리 건너기, 자전거 타기, 비행기 타기 등 다양한 활동과 결부된 사망 확률을 평가하는데, 이를 가정된 위해(assumed risk)라 한다. 그런가 하면 다른 대안이 없어 어쩔 수 없이 오염된 물이나 공기를 마시는 것은 부과된 위해(imposed risk)라 한다. 사람들은 가정된 위해는 잘 받아들이는 반면 부과된 위해는 꺼려하는 경향이 있다.
>
> 10장에서 다룰 미국 미시간주 플린트시의 수돗물 사태는 부과된 위해의 사례이다. 이 사건에서 위해는 1930~1940년대에 정수장과 주택을 연결하는 납 수도관이 설치될 때 부과되었다. 적정한 수처리가 이루어짐으로써 위해는 최소화될 수 있었다. 그러나 정수장의 작동 문제로 납관 표면의 화학물질 보호층을 형성하는 데 실패하자 납이 수돗물로 스며나오기 시작하였다. 플린트시의 시민들은 떨어져 나온 녹으로 수돗물이 오렌지 빛이 되어서야 위험을 감지할 수 있었다. 시민들의 걱정과 분노는 그칠 줄을 몰랐고, 그건 당연한 것이었다!

6-1 서론

위해와 위험은 서로 밀접하게 연관된 개념이다. **위험**(hazard)이라는 개념은 특정한 상황에서 부정적인 영향이 발생할 가능성을 내포하며, **위해**(risk)[*]는 이러한 가능성의 척도이다. 때때로 이 척도는 주관적인 성격을 갖기도 한다. 학계나 실무에서는 모델을 활용하여 위해도(risk) 예측값을 계산하며, 종종 실제 데이터를 위해도 예측에 사용하기도 한다. 위해도 예측은 환경에서 발생하는 다양한 현상에 활용된다. 이러한 환경 현상의 예로는 토네이도, 허리케인, 홍수, 가뭄, 산사태, 산불이 있다. 그러나 이 책에서의 논의는 환경으로 배출된 화합물로 인한 인체 건강에 관한 것으로 한정하기로 한다.

위해도 예측의 신뢰성을 향상시키기 위해 지난 20년간 많은 이들이 노력을 기울여 왔다. 오늘날 우리는 이 위해도 예측의 과정을 **정량적 위해성 평가**(quantitative risk assessment) 또는 보다 간단하게 **위해성 평가**(risk assessment)라 부른다. 위해성 평가의 결과를 정책 결정에 활용하는 작업은 **위해 관리**(risk management)라 부른다. 이 책의 9~16장에서 논하는 내용은 결국 환경에 존재하는 유해 물질의 양을 줄임으로써 이들이 야기하는 위해를 관리하는 방안에 관한 것이다.

6-2 위해 인지

"인식이 현실을 만든다(perception is reality)"는 오랜 격언은 정치 분야 못지않게 환경문제에도 잘 적용된다. 즉, 인간은 스스로 인지할 수 있는 위험에 반응한다. 따라서 위해 인지에 오류가 발생하면 환경보호를 위한 위해 관리가 올바르지 못한 방향으로 이루어지기 마련이다.

위해 중에는 정량화하기 쉬운 것들이 있다. 일례로, 자동차 사고의 빈도와 피해 정도는 기록으

---

[*] (역주) 영문 용어 "risk"를 개념적인 측면에서 논의할 때는 "위해", 특성의 측면에서 논의할 때는 "위해성", 정량적인 값을 지칭하기 위해 사용할 때는 "위해도"라는 한글 용어를 사용한다.

그림 6-1

30가지 행위 및 기술에 대하여 전문가와 일반인 집단이 인지하는 위해 수준과 실제 연간 사망률 간의 관계. 전문가 집단이 일반인 집단보다 행위 또는 기술의 위해도를 실제 연간 사망률에 가깝게 평가하였음을 확인할 수 있다.

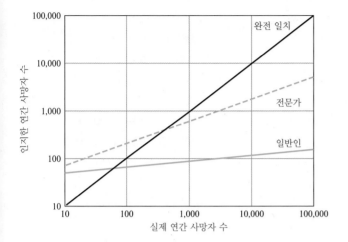

로 잘 정리되어 있다. 반면, 음주나 흡연 등의 위험 행위가 야기하는 위해는 명확하게 규명하기 어려우며, 이와 같은 행위와 연관된 위해를 평가하기 위해서는 매우 복잡한 역학조사가 필요하다.

비전문가들이 위해를 평가할 때에는 통계 자료를 즉각적으로 획득하기 어려우므로 주로 자신의 경험에 근거한 추론에 의지한다. 어떤 사건의 발생 사례를 떠올리기 쉽다면 그 사건은 일어날 개연성 또는 빈도가 높은 것으로 간주될 가능성이 높다. 또한, 어떤 활동에 참여하는 사람의 수가 많을수록 그 활동과 결부된 위해에 대한 수용성도 높아지기 마련이다. 최근에 어떤 사건(예: 태풍, 지진 등)이 일어났는지에 따라 개인이 느끼는 위해도는 크게 달라질 수 있다.

그림 6-1은 각기 다른 인간 집단이 위해를 어떻게 다르게 인지하는지 보여준다. 그림에 표기한 것은 4개의 집단에게 30개의 행위 또는 기술의 사망 유발 가능성에 대해 설문조사를 실시한 결과이다. 조사한 집단 중 3개는 각각 미국 오리건주 유진시의 대학생 30명, 여성 투표인 연합(League of Women Voters, LOWV) 회원 40명, "Active Club"의 산업체 및 전문가 회원 25명이며, 나머지 한 집단은 미국 전역에서 선발한 위해성 평가 전문가 15명이었다. 이들 집단에게 미국의 연간 자동차 사고 사망자 수가 약 5만 명이라는 사실을 알려준 후 각 행위 또는 기술의 연간 평균 사망자 수를 추정하게 하였다. "전문가", "일반인"으로 표기된 선은 결과에 대한 회귀직선이며, 45° 기울기의 직선은 실제와 예측값이 일치하였을 때를 나타낸다. "전문가"에 해당하는 회귀직선이 보다 가파른 것으로부터 전문가 집단이 일반인 집단보다 연간 사망자 수를 현실에 가깝게 예측한 것을 확인할 수 있다.

객관적인 자료를 통해 우리에게 익숙한 원인들에 대해서 사망에 대한 위해도를 계산할 수 있다. 먼저 사람은 언젠가 죽는다는 것을 기억하자. 따라서 평생의 기간에 걸친 사망 위해도는 100% 또는 1.0으로 나타낼 수 있다. 2014년 미국에서 발생한 사망 건수는 260만 건이며, 이 중 591,699건이 암과 관련된 것들이다. 나이에 따른 영향을 배제할 경우, 평생 동안의 암에 의한 사망에 대한 위해도는 다음과 같다.

표 6-1	인간 활동에 따른 연간 사망 위해도		
사망 원인		조사 연도의 사망자 수	개인의 연간 사망 위해도
흑폐증(석탄 채굴)		1,500	1.36×10^{-4} 또는 1/7,350
심장마비		614,348	2.97×10^{-3} 또는 1/337
암		591,699	2.86×10^{-3} 또는 1/350
석탄 채굴 사고		16	1.14×10^{-4} 또는 1/9,000
화재진압		68	2.57×10^{-6} 또는 1/390,000
오토바이 운전		4,668	6.97×10^{-6} 또는 1/144,000
자동차		35,398	1.92×10^{-6} 또는 1/520,000
트럭 운전		725	8.68×10^{-7} 또는 1/1,150,000
추락		27,000	1.30×10^{-4} 또는 1/7,700
미식축구(참여 인구 평균)			또는 1/100,000
가정 내 사고		136,053	6.57×10^{-4} 또는 1/1,500
자전거 타기		726	2.14×10^{-7} 또는 1/4,670,000
비행기 여행(대륙 횡단 여행 연 1회)			2×10^{-6} 또는 1/500,000

출처: CDC, National Center for Health Statistics, 2014; NFPA, June 2016; NHTSA, 2011, 2012.

$$\frac{591,699}{2.6 \times 10^6} = 0.23$$

기대 수명을 78.8세로 하여 이 위해도를 연간으로 환산하면 다음과 같다.

$$\frac{0.23}{78.8} = 0.003$$

이 값을 표 6-1에 정리한 사망 원인별 위해도와 비교해 보자.

　　미국 환경보호청(EPA)(이후 'EPA'라 지칭)은 환경보호기준을 수립함에 있어 수용 가능한 발암 위해도 증분(increment)을 10^{-7}에서 10^{-4} 범위 내에서 택한다.

　　어떤 한 해 동안의 사망 위해도가 증가하면 그 다음 연도에 다른 원인으로 사망할 확률은 줄어들기 마련이다. 사고는 상대적으로 이른 나이에 발생하기 쉬우므로 사고에 의한 사망은 수명을 약 30년 정도 단축한다. 반면, 암과 같은 질병은 나이가 많을 때 발생하는 경우가 많으므로 수명을 평균 15년 정도 단축한다. 따라서 사망 위해도가 10^{-6}인 사고는 수명을 평균 30×10^{-6}년, 즉 15분 단축한다. 어떤 질병의 사망 위해도가 10^{-6}으로 동일하다면 그 질병은 수명을 평균 8분 단축하게 된다. 한 연구에 따르면 담배 한 개비를 태우는 데 평균 10분이 소요되고 이는 수명을 평균 5분 단축시킨다(Wilson, 1979).

6-3 위해성 평가

　　EPA는 1989년에 기초 위해성 평가를 수행하는 표준 절차를 마련하였다(U.S. EPA, 1989). 이 절차는 자료 수집 및 평가(data collection and evaluation), 독성 평가(toxicity assessment), 노출 평가(exposure assessment), 위해도 결정(risk characterization)으로 구성된다. 위해성 평가는 부지 특이적

(site-specific)인 것으로 본다. 위해성 평가를 각 단계별로 살펴보면 다음과 같다.

자료 수집 및 평가

자료 수집 및 평가 단계에서는 위해성 평가에서 주요하게 다루어야 할 물질을 식별하기 위해 인체 건강과 관련된 부지 특이적인 자료를 수집하고 해석한다. 배경 정보와 부지 정보를 수집하고, 시료 채취를 통해 인간과 생태계의 오염물질 노출을 일차적으로 확인하며, 상세조사의 시료 채취 전략을 수립한다.

배경 정보를 수집할 때는 다음을 확인하는 것이 중요하다.

1. 잠재적 오염물질
2. 관련된 주요 오염원 및 환경매체(공기, 토양, 물)의 오염물질 농도, 오염원 특성, 화학물질 유출 개연성과 연관된 정보
3. 오염물질의 거동, 이동, 잔류성에 영향을 미칠 만한 환경적 특성

가용한 부지 정보를 검토하여 바람, 지하수 흐름, 토양 특성 등 기초적인 부지 특성을 결정하게 된다. 이를 통하여 위해도를 결정하는 데 중요한 정보인 잠재적 노출 경로와 노출 지점을 일차적으로 식별한다. 그 다음 배경 자료와 부지 정보를 바탕으로 오염물질 노출 경로와 노출 지점을 도식화한 부지 개념 모델(conceptual site model)을 작성한다. 작성한 부지 개념 모델은 어떠한 상세 자료를 수집할지 결정하는 데 활용한다.

독성 평가

독성 평가(toxicity assessment)는 오염물질의 노출량(exposure)과 생체에 대한 부정적 영향의 발생 (또는 심화) 가능성 간의 관계를 결정하는 단계이다. 여기에서는 인체에 대한 부정적 영향에 초점을 맞추어 기술하겠지만, 유사한 방식으로 동식물에 대한 부정적 영향을 평가하여 생태 위해성 평가에 활용할 수도 있다. 독성 평가는 위험 확인과 용량-반응 평가로 이루어진다. **위험 확인**(hazard identification)은 어떤 오염물질의 노출이 인체에 대한 부정적 영향을 촉발하는지, 만약 그렇다면 얼마나 심각한 영향을 야기하는지 확인하는 과정이다. 용량-반응 평가에서는 오염물질의 용량과 그 오염물질에 노출된 인구의 부정적 반응 발생 빈도 간의 정량적 관계를 활용한다. 이 정량적 관계를 통해 오염물질의 독성값을 결정하며, 위해성 평가의 마지막 위해도 결정 단계에서 이 독성값을 노출량 평가 결과와 결합하여 부정적 건강 영향의 발생 빈도를 산정하게 된다.

어떤 화합물의 용량은 그 화합물이 위험을 끼치는 정도를 결정하는 유일한 인자이다(Loomis, 1978). **용량**(dose)*은 동물 또는 노출 인구의 체내로 들어오는 화학물질의 양으로 정의한다. 주로 체중량(kg)당 화합물질 질량(mg)의 단위를 사용하며, 가끔 $mg \cdot kg^{-1}$ 대신 백만분율(ppm) 단위를 사용하기도 한다. 일정한 시간에 걸쳐 용량이 투입될 경우 $mg \cdot kg^{-1} \cdot day^{-1}$의 단위를 사용할 수도 있다. 이때 용량은 동물이나 개인에게 노출되는 환경매체(공기, 물, 토양 등) 내 오염물질 농도와는 다른 것임에 유의하자.

독성학자들은 화합물이 '위험을 끼치는 정도'를 결정하기 위해 정량화가 가능한 독성 영향을

---

* (역주) 여기서 쓰인 용량(dose, 用量)의 사전적 의미는 '쓰는 분량'이다. 어떤 용기나 저장소 등에 들어갈 수 있는 분량을 뜻하는 용량(capacity, 容量)과 의미가 다름에 유의하자.

관찰해야 한다. 시험 생물의 사망은 가장 궁극적인 독성 영향임이 자명하며, 이보다 훨씬 약하면서 관찰 가능한 독성 영향도 꽤 존재한다. 체중량, 혈액 조성, 효소 분비 저해 혹은 유도 등은 심각성의 수준을 여러 단계로 구분할 수 있는 독성 영향인 반면, 사망, 종양 형성 등은 **양자택일**(quantal), 즉 발생하거나 발생하지 않는 2가지로만 구분되는 독성 영향이다. 충분한 용량이 주어져 생체 메커니즘에 변화가 발생하면 생물에게 부정적 영향이 일어날 수 있다. 어떤 용량 범위에서 용량에 따른 생체 메커니즘 변화를 실험적으로 확인하는 작업이 용량-반응 관계 수립의 기초가 된다.

일반적으로 대상 생물에서 관찰되는 영향과 용량의 통계적 관계를 누적 빈도 분포로 나타내게 되며, 이를 **용량-반응 곡선**(dose-response curve)이라 한다. 그림 6-2에 널리 사용되는 독성 지표인 LD_{50} 값, 즉 50%의 동물이 사망하는 용량(lethal dose for 50% of the animals)을 구하는 방법을 나타냈다. 그림의 용량-반응 곡선은 시험 대상의 반응 특성이 정규분포를 따른다는 가정을 바탕으로 한다. 즉, 그림에 도시한 용량-반응 곡선은 정규분포의 누적분포함수를 따른다.

독성은 상대적인 개념이다. 독성을 결정하는 절대적인 척도는 없으며, 따라서 어떤 물질의 독성을 표현할 때 다른 물질보다 독성이 높다 혹은 낮다는 식으로 표현할 수밖에 없다. 같은 생물이나 생체 메커니즘을 대상으로 같은 정량적 영향인자를 평가해야 화학물질의 독성을 상호 비교하는 것이 의미를 갖는다. 그림 6-2를 통해 독성을 어떻게 정량화하여 상호 비교에 활용하는지 확인할 수 있다. 그림의 두 곡선을 비교해 보면, 화합물 B의 곡선으로부터 구해진 LD_{50} 값이 화합물 A의 곡선이 가리키는 LD_{50} 값보다 큼을 알 수 있다. 따라서 이 그림에 해당하는 동물의 사망이라는 영향에 대하여 화합물 A가 화합물 B보다 독성이 높다고 할 수 있다. 다양한 독성값 간의 상호 관계를 규명하는 데는 상당한 어려움이 따른다. 독성물질에 대한 반응은 종에 따라 상당히 다르게 나타나므로, 같은 독성물질이라 할지라도 쥐에 대한 LD_{50} 값은 인간에 대한 LD_{50}과 큰 차이가 있다. 용량-반응 곡선의 모양(기울기)은 물질에 따라 상당히 다를 수 있기 때문에, LD_{50}이 상대적으로 크면서 "무관찰영향수준(no observed adverse effect level, NOAEL)"이 상대적으로 작은 경우도 또는 그 반대의 경우도 발생한다.

독성 자료를 해석할 때에는 LD_{50}과 같은 독성값들이 통계적 속성을 지님에 유의해야 한다. 어떤 집단의 각 개체에 나타나는 생체 영향을 정해진 용량값과 일대일로 대응시키는 것은 불가능하다. 그림 6-2는 각 시험군의 측정값 평균치를 도시한 것으로 볼 수 있다. 그림 6-3에는 이 평균적인 반응과 양 극단에 해당하는 경우를 같이 도시하였는데, 어떤 집단의 각 개체에서 나타나는 반응이 집단 전체의 평균적인 반응과 크게 다를 수 있음을 보여준다. 따라서 LD_{50}과 같이 용량-반응 곡선의 특정 지점에 근거한 인자만으로 화합물의 독성을 비교하는 것은 오류 발생의 여지가 크며, 집단 평균의 용량-반응 곡선 전체도 여전히 대상 화합물에 과민한 개체를 보호하는 데 충분한 정보를 제공하지는 못한다.

생체 장기에 대한 독성은 주로 급성(acute) 영향과 아급성(subacute) 영향으로 구분하며, 발암, 기형 발생, 생식 독성 등은 만성(chronic) 영향으로 분류한다. 그러나 당연히 생체 장기에는 급성, 아급성, 만성 영향이 모두 발생할 수 있으며, 각 영향 간의 경계는 명확하지 않다. 주요 독성학 용어의 간단한 풀이를 표 6-2에 실었다.

위험 확인, 특히 위험 정량화에 사용되는 거의 모든 자료는 동물 실험으로부터 얻는다. 어떤 한 종으로 실험한 결과를 외삽하여 다른 종에 대한 독성을 평가하는 것의 어려움은 차치하더라도, 동물 실험으로 낮은 용량에서의 반응을 평가하는 것은 그리 쉽지 않은 작업이다. 예제 6-1은 이러한

그림 6-2

두 화합물 A와 B를 단일의 균일 개체 집단에 투여했을 때를 가상한 용량-반응 곡선. NOAEL=무관찰영향수준(no observed adverse effect level)

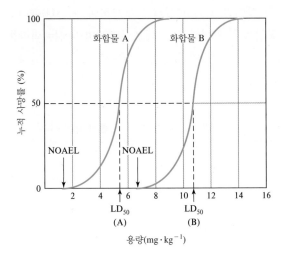

그림 6-3

화합물을 세 부류의 균일 개체 집단에 투여했을 때를 가상한 용량-반응 곡선

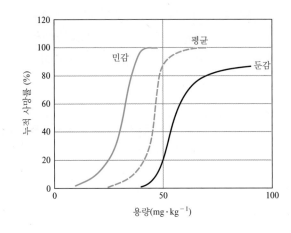

표 6-2	독성학 용어 해설
급성 독성(Acute toxicity)	빠르게 시작되고 지속 기간이 짧으며 분명한 증상을 보이는 부정적 영향
암(Cancer)	세포가 과다 증식 및 전이되는 비정상의 생장 과정
발암물질(Carcinogen)	암을 유발하는 물질
암종(Carcinomas)	상피성 조직에서 생기는 악성 종양
만성 독성(Chronic toxicity)	일반적으로 경과 기간이 길고 초기에 발현되는 증상을 발견하기 어려운 부정적 영향
유전 독성(Genotoxicity)	유전물질(DNA)에 대한 독성
이니시에이터(Initiator)	암에 걸리거나 암으로 발전할 가능성이 있는 상태로 불가역적으로 전환되는 세포 변화를 유발하는 화학 물질
백혈병(Leukemias)	미숙한 백혈구가 종양성으로 증식하는 질환
림프종(Lymphomas)	림프계에 발생하는 악성 종양. 대표적인 예로 호지킨 림프종이 있음
전이(Metastasis)	암세포가 신체 곳곳으로 퍼지는 것
돌연변이 유발(Mutagenesis)	어떤 요인에 의해 세포 내 유전물질에 변이가 생기는 것. 체세포, 생식 세포 모두에서 발생 가능함
신생물(Neoplasm)	새로운 성장. 주로 비정상적으로(병적으로) 빠른 성장을 의미함
종양원성(Oncogenic)	종양을 발생시키는
촉진자(Promoter)	이미 노출이 일어난 발암물질의 영향력을 증가시키는 화학물질
생식 독성(Reproductive toxicity)	생식력 저해나 유산 유발과 관계된 독성 및 신생아의 체중 또는 크기 감소로 귀결되는 태아 또는 배아에 대한 독성
육종(Sarcoma)	지방, 근육 등 중배엽 조직에 발생하는 악성 종양
아급성 독성(Subacute toxicity)	어떤 생물체의 일반적인 생애주기 첫 10% 기간에 매일 오염물질을 투여하고 생애주기 전체에 거쳐 영향을 확인함으로써 평가하는 독성
기형 발생(Teratogenesis)	모 또는 부에게 발생한 노출로 자녀에게 출생 시 결함이 발생하는 것

문제를 잘 보여준다.

예제 6-1 어떤 화합물의 종양 유발 가능성이 5%인지 여부를 확인하기 위한 실험을 구상하여, 각 100마리로 이루어진 실험동물 집단 10개에 동일한 용량의 화합물을 투여하였다. 대조군 100마리에는 화합물을 투여하지 않고 다른 집단과 동일한 환경 조건에서 동일한 기간 동안 노출시켰다. 실험 결과는 다음과 같다.

집단	종양 발생 건수	집단	종양 발생 건수
A	6	F	9
B	4	G	5
C	10	H	1
D	1	I	4
E	2	J	7

대조군의 종양 발생 건수는 0이다(현실에서는 실험군 결과와 이렇게 명확하게 대비되는 대조군 결과가 나오는 경우가 흔치 않음).

풀이 실험으로 확인한 전체 초과 종양 발생 확률은 4.9%로, 종양 유발 가능성 5%를 검증하는 데 성공하였다.

이제 총 1,000마리(100마리씩 10개 집단)가 아닌 100마리로 실험했다고 가정하자. 위 결과를 통해 기대에서 크게 벗어난 결과가 나올 가능성이 충분히 있음을 확인할 수 있다. 즉, 100마리 실험에서 나올 수 있는 종양 발생 확률은 적게는 1%에서 많게는 10%까지 가능하다.

위해도 5%(또는 0.05 확률)는 EPA 환경 내 오염물질로 인한 위해도 기준인 $10^{-7} \sim 10^{-4}$보다 상당히 높은 수치임을 기억하자.

동물 실험은 1% 수준의 위해도까지만 감지 가능하다. 독성학자들은 동물 실험의 결과를 외삽하여 인간에 적용하기 위해 수학적 모델을 사용한다.

독성 평가에서 가장 논란의 여지가 큰 부분은 실험동물에 높은 용량을 투여해 얻은 발암 독성의 용량-반응 곡선을 인간이 환경에서 실제로 겪는 낮은 용량 조건으로 외삽하는 모델을 선정하는 것이다. 가장 최악의 시나리오로 독성을 보수적으로 평가하는 방법은, DNA의 변화를 유도할 수 있는 한 번의 사건이 종양을 발생시킨다고 가정하는 것이다. 이런 방법론을 one-hit 가설이라 한다. 이 가설에서는 일정 값 미만에서 위해도가 0이 되는 용량이 존재하지 않는다고 가정하며, 따라서 발암물질에 대해서는 NOAEL이 존재하지 않고, 그 용량-반응 곡선은 원점을 0보다 큰 각도로 통과한다.

높은 용량에서 실험한 결과를 낮은 용량으로 외삽하는 모델은 상당히 많다. 이 중에서 어떤 모델이 가장 적합하냐는 판단은 일반적으로 과학적 요인보다는 정책적 요인에 의해 이루어지는데,

이는 어떤 모델을 완전히 수용하거나 배제할 만큼 충분한 과학적 근거가 존재하지 않기 때문이다. 발암물질에는 one-hit 모델이 자주 사용된다.

$$P(d) = 1 - \exp(-q_o - q_1 d) \tag{6-1}$$

여기서 $P(d)$ = 평생 동안 암에 걸릴 위해도(확률)

$\qquad d$ = 용량

$\qquad q_0, q_1$ = 주어진 데이터에 맞는 매개변수

앞서 설명한 대로 이는 한 번의 오염물질 노출 사건으로 종양이 발생한다는 가정을 바탕으로 한 가장 단순한 모델이다.

암 발생의 배경 빈도(background rate)는 아래와 같이 지수함수를 전개하여 표현 가능하다.

$$\exp(x) = 1 + x + \frac{x^2}{2!} + \cdots + \frac{x^n}{n!} \tag{6-2}$$

값이 매우 작을 때, 위 전개식은 다음과 같이 근사할 수 있다.

$$\exp(x) \approx 1 + x \tag{6-3}$$

따라서 암 발생 배경 빈도값이 충분히 작다고 가정하면,

$$P(O) = 1 - \exp(-q_o) \approx 1 - [1 + (-q_o)] = q_o \tag{6-4}$$

따라서 암 발생 배경 빈도는 매개변수값 q_0와 일치한다. 결과적으로 낮은 용량 조건에서 one-hit 모델은 다음과 같이 표현 가능하다.

$$P(d) \approx 1 - [1 - (q_o + q_1 d)] = q_o + q_1 d = P(O) + q_1 d \tag{6-5}$$

낮은 용량 조건에서, 그 용량의 독성물질 노출로 인한 배경 빈도로부터의 암 발생 빈도 증분값, 즉 초과 발암 위해도값은

$$A(d) = P(d) - P(O) = [P(O) + q_1 d] - P(O) \tag{6-6}$$

또는

$$A(d) = q_1 d \tag{6-7}$$

로 표현할 수 있다. 따라서 이 모델에서는 독성물질 노출로 인한 평생 동안의 초과 암 발생 확률은 용량과 선형 관계에 있다고 가정한다.

일련의 연속된 생물학적 사건을 통해 종양이 발생한다는 가정에 기반한 모델을 선호하는 전문가들도 있다. 이를 다단식 모델이라고 하며, 다음 식으로 표현한다.

$$P(d) = 1 - \exp[-(q_o + q_1 d + q_2 d^2 + \cdots + q_n d^n)] \tag{6-8}$$

여기서 q_i값은 데이터에 모델을 맞추어 구한다. One-hit 모델은 다단식 모델의 특수 케이스이다.

EPA는 독성 평가에서 다단식 모델을 수정한 **선형화된 다단식 모델**(linearized multistage model)을 채택하고 있다. 이 모델에서는 직선을 사용해서 높은 용량에서의 결과를 낮은 용량에 외삽한다. 따라서 이 모델의 용량-반응 곡선은 어떤 기울기를 가진 직선으로 나타나며, 이 기울기를 **발암계수**(slope factor, SF)라 한다. 발암계수는 용량당 위해도($kg \cdot day \cdot mg^{-1}$)의 단위를 갖는다.

EPA에서는 **IRIS**(the Integrated Risk Information System)라는 독성 데이터베이스를 운영하여 잠재적 발암물질의 기본 정보를 제공한다. 여기에는 각 물질의 발암계수 권장값도 나와 있다. 표 6-3에 몇 가지 대표적인 잠재적 발암물질의 발암계수를 제시하였다.

발암물질과 달리 비발암물질은 어떤 값 미만에서는 부정적 영향이 발생하지 않는다고 가정한다. 즉, 비발암물질은 NOAEL 값이 있다고 본다. EPA는 각 비발암 독성물질이 상당한 위해를 발생시키지 않을 조건을 적용하여 허용 가능한 일일 섭취량(acceptable daily intake), 또는 참고치(reference dose, RfD)를 산정해 놓고 있다. 참고치는 NOAEL 값을 실험동물과 인간의 차이, 민감도, 기타 데이터 생산과 관계된 불확실성을 반영한 안전지수로 나누어 구한다. 표 6-4에는 몇 가지 물질의 참고치가 나와 있다.

동물 실험의 한계. 어떤 동물도 인간에게 일어나는 반응과 동일한 반응을 나타내지는 않는다. 다만, 주요 독성 실험종에게 나타나는 영향 중 특정한 것들은 인간에게도 일반적으로 나타난다. 다시

표 6-3	잠재적 발암물질에 대한 발암계수 및 흡입 단위 위해도(inhalation unit risk)[a]		
화학물질	CPS_o ($kg \cdot day \cdot mg^{-1}$)	CPS_i ($kg \cdot day \cdot mg^{-1}$)	흡입 단위 위해도 ($per \cdot \mu g \cdot m^{-3}$)
Arsenic	1.5	15.1	4.3×10^{-3}
Benzene	0.015	0.029	2.2×10^{-6}
Benzo(a)pyrene	7.3	N/A	N/A
Cadmium	N/A	6.3	1.8×10^{-3}
Carbon tetrachloride	7×10^{-2}	0.0525	6×10^{-6}
Chloroform	0.01	0.08	2.3×10^{-5}
DDT	0.34	0.34	9.7×10^{-5}
Dieldrin	16	16.1	4.6×10^{-3}
Heptachlor	4.5	4.55	1.3×10^{-3}
Hexachloroethane	4×10^{-2}	N/A	
Pentachlorophenol	0.4		
Polychlorinated biphenyls	0.04	N/A	
2,3,7,8–TCDD	1.5×10^{5}	1.16×10^{5}	
Tetrachloroethylene	2.1×10^{-3}	2×10^{-3}	2.6×10^{-7}
Trichloroethylene	4.6×10^{-2}	6×10^{-3}	4.1×10^{-6}
Vinyl chloride	0.72	N/A	4.4×10^{-6}

CPS_o = 경구발암계수(cancer potency slope, oral); CPS_i = 흡입발암계수(cancer potency slope, inhalation); N/A = 해당사항 없음(not applicable)
[a]값이 자주 업데이트되므로 최신 자료는 IRIS 참조.
출처: U.S. Environmental Protection Agency IRIS data base, January, 2017.

표 6-4   **몇몇 화학물질의 만성 비발암 영향에 대한 참고치[a]**

화학물질	경구 RfD $(mg \cdot kg^{-1} \cdot day^{-1})$	화학물질	경구 RfD $(mg \cdot kg^{-1} \cdot day^{-1})$
Acetone	0.9	Pentachlorophenol	5.0×10^{-3}
Barium	0.2	Phenol	0.3
Cadmium	5.0×10^{-4}	PCB	
Chloroform	0.01	Aroclor 1016	7.0×10^{-5}
Chromium VI	3.0×10^{-3}	Aroclor 1254	2.0×10^{-5}
Cyanide	6.3×10^{-4}	Silver	5.0×10^{-3}
Dieldren	5.0×10^{-5}	Tetrachloroethylene	6.0×10^{-3}
1,1-Dichloroethylene	0.05	Toluene	8.0×10^{-2}
Hexachloroethane	7.0×10^{-4}	1,2,4-Trchlorobenzene	0.01
Hydrogen cyanide	6.0×10^{-4}	Xylenes	0.2
Methylene chloride	0.06		

[a]값이 자주 업데이트되므로 최신 자료는 IRIS 참조.
출처: U.S. Environmental Protection Agency IRIS data base, January, 2017.

표 6-5   **잠재적 오염 매체와 매체별 노출 경로**

매체	잠재적 노출 경로
지하수	경구 섭취, 피부 접촉, 샤워 시 흡입
지표수	경구 섭취, 피부 접촉, 샤워 시 흡입
퇴적물	경구 섭취, 피부 접촉
공기	실내외 휘발물질 증기 흡입 실내외 비산 먼지 흡입
토양/분진	경구 섭취, 피부 접촉
식품	경구 섭취

말해서, 사람에게 나타나는 영향이 몇몇 종에서도 나타나기도 한다. 주요한 예외로는 면역 기작에 의해 좌우되는 독성이 있다. 실험동물에게 감작*을 유도하기는 쉽지 않다. 동물 실험의 결과를 사람에게 적용하려면 평가에 적합한 종을 선정하고 상황에 맞는 실험과 관찰, 분석을 해야 한다. 독성 평가에서 동물과 사람의 차이는 정성적이기보다는 정량적으로 나타난다.

    실험동물에게 화학물질을 투여하여 암 유발이 발견될 경우 이 물질은 사람에게도 발암성이 있

---

*   (역주) 感作, sensitization. 생체 내에 이종 항원을 투여하여 항체를 보유하게 하는 일.

는 것으로 간주하는 경우가 많은데, 이는 이러한 결과를 무시하는 데 매우 큰 위험 부담이 따르기 때문이다. 그러나 환경 조건이나 나이 등 여러 보조인자와 관계를 가지고 매우 느리고 점진적으로 발현되는 발암 독성의 특징 때문에 동물 실험의 결과를 사람에게 적용하는 작업은 매우 어렵다. 독성 발현이 민감도가 높은 소집단에 한해서만 이루어질 경우 이 작업은 더욱더 어려워진다.

역학조사의 한계. 인간에 미치는 독성에 대한 역학조사를 할 때에는 크게 4가지 어려움이 있다. 첫째, 낮은 빈도로 발생하는 독성 영향을 감지하기 위해서는 매우 큰 인구 집단이 필요하다. 둘째, 독성물질에 대한 노출과 측정 가능한 악영향 사이에 존재하는 잠복기가 장기간이거나 사람별로 편차가 클 수 있다. 셋째, 발견되는 독성 영향에는 다양한 원인이 존재할 수 있으므로 인과 관계를 명확하게 규명하기 어렵다. 예를 들어 흡연, 음주, 마약 복용, 성별·인종·연령·병력 등의 개인별 특성으로 인한 영향이 환경으로부터의 독성물질 노출로 인한 영향을 가려서 판별하기 어렵게 하기 쉽다. 마지막으로, 역학조사 자료는 행정 구역 경계를 기반으로 해서 수집되는 경우가 많은데, 행정 구역 경계와 지하수원, 주된 바람 방향 등 환경적 요인으로 결정되는 경계는 서로 일치하지 않는 경우가 많다.

노출 평가

노출 평가의 목적은 잠재적 우려 물질로 인한 노출의 정도를 양적으로 평가하는 것이다. 노출량은 화학물질이 체내로 들어오는 양과 화학물질의 노출 경로에 의해 결정된다. 그러나 가장 중요한 노출 경로를 항상 명백히 판정할 수 있는 것은 아니다. 하나 이상의 노출 경로를 임의로 배제하는 것은 과학적이지 못하다. 가장 합리적인 방법은 개인이 접촉할 가능성이 있는 모든 오염 매체와 모든 체내 유입 경로를 고려하는 것이다. 가능한 오염 매체와 노출 경로를 표 6-5에 정리하였다.

모든 주요 경로에 기인한 노출을 평가하는 것을 **총노출 평가**(total exposure assessment)라 한다 (Butler et al., 1993). 가용한 자료를 검토하여 화학물질이 체내로 들어오는 각 경로 중 어떤 경로는 중요하고 어떤 경로는 그렇지 않은지 어느 정도 판별해 낼 수 있다. 어떤 경로를 배제할 수 있는 경우는 다음과 같다.

1. 어떤 경로로 발생하는 노출량이 동일한 매체 및 노출 지점에서 발생하는 다른 경로에 의한 노출량보다 작을 때
2. 어떤 경로로부터의 노출량 절댓값 자체가 작을 때
3. 노출 가능성이 낮고 그 노출로 발생하는 위해가 그리 높지 않을 때

노출을 정량화하는 방법에는 점추정법(point estimate method)과 확률론적 방법(probabilistic method)의 2가지가 있다. EPA에서는 **합리적인 최대 노출**(reasonable maximum exposure, RME)을 평가하는 점추정법을 사용한다. 이 방법은 상당히 보수적인 평가법이기 때문에 일부 연구자들은 확률론적 방법이 보다 현실적이라고 주장한다(Finley and Paustenbach, 1994). 여기에서는 EPA의 점추정법에 대해서만 소개한다.

합리적인 최대 노출, 즉 RME는 합리적인 수준에서 기대할 수 있는 최대 노출값으로 정의하며 가능한 노출량 범위 중 되도록 보수적인 평가치를 내는 것을 목적으로 한다. RME 산정은 두 단계로 이루어지는데, 먼저 물질 이동 모델(예: 대기 확산에 사용되는 가우시안 플룸 모델)로 노출 농도

를 예측하고, 이 노출 농도값을 이용하여 노출 경로별 체내 유입량을 계산한다. 노출 경로별 체내 유입량 계산식의 일반적인 형태는 다음과 같다.

$$CDI = C\left[\frac{(CR)(EFD)}{BW}\right]\left(\frac{1}{AT}\right) \tag{6-9}$$

여기서 CDI* = 만성 일일 섭취량(mg · kg body weight^{-1} · day^{-1})

      C = 노출 기간 동안 접촉하는 매체의 화학물질 농도(단위 예: mg · L^{-1} water)

    EFD = 노출 빈도 및 기간. 노출이 얼마나 오랫동안 지속되며 얼마나 자주 일어나는지를 나타내는 매개변수. 주로 다음 두 매개변수의 곱으로 구함.

      EF = 노출 빈도(days · year^{-1})

      ED = 노출 기간(years)

    BW = 체중량. 노출 기간 동안의 평균 체중(kg)

    AT = 평균 시간. 노출량을 평균하여 나타낼 기간(days)

매체 및 노출 경로에 따라 만성 일일 섭취량(chronic daily intake, CDI)을 계산할 때 추가적인 변수가 사용될 수 있음에 유의하자. 예를 들어, 휘발된 화학물질의 흡입에 따른 만성 일일 섭취량을 계산할 때에는 호흡률과 노출 시간이 필요하다. 각 매체와 노출 경로별 산정식은 표 6-6에 나와 있다. 각 식에 사용되는 매개변수의 표준값은 표 6-7에 제시하였다.†

2016년 4월 6일, EPA는 노출인자 핸드북(Exposure Factors Handbook) 2011년판을 공개하였다. 이 신판 핸드북에 따라 표 6-7의 표준값을 더 이상 사용하지 않게 되었다. 신판 핸드북에서는 표준값을 보다 세부적인 수준에서 제시하고 있어서 이 책에 수록하기에 너무 분량이 많다. 표 6-7에 있는 값은 2004년의 것으로, 독자들이 만성 일일 섭취량 평가 방법을 실제로 익혀볼 수 있도록 하기 위해 수록하였다. 노출인자 핸드북 2011년판은 인터넷에서 찾아볼 수 있다.

표 6-6, 6-7에 나와 있는 내용 외에도 EPA가 노출량 계산에 사용하도록 하는 가정이 몇 가지 있다. 다른 자료가 없으면 거주자(residents)에 대한 노출 빈도(EF)는 휴가로 집을 비울 때를 고려하여 350 days · year^{-1}로 가정한다. 근로자에 대해서는 주 5일 근무, 연간 50주 근무를 가정하여 노출 빈도 표준값을 250 days · year^{-1}로 가정한다.

위해성 평가에서 산정하는 암 발생 확률은 **위해도 증분**(incremental risk)으로 해석하므로, 노출량 계산은 노출에 의한 암 발생 가능성 증가가 평생에 걸쳐 누적된다고 가정하며, 총량이 같다면 단기간에 걸친 높은 용량과 장기간에 걸친 낮은 용량이 동일하다고 본다. 이 가정은 논란의 여지가 있지만, 표준 위해도 계산법에서는 발암 영향에 대해 노출 기간을 평생 동안으로 보아 75년으로 하고, 평균 시간(AT)을 27,375일(365 days · year^{-1}×75 years)로 한다. 비발암 영향에 대해서는 평균 시간이 노출 기간과 동일한 것으로 본다(Nazaroff and Alvarez-Cohen, 2001).

---

* 약어 'CDI'는 한 변수명의 이니셜이지 변수 'C', 'D', 'I'의 곱을 나타내는 것이 아님에 주의하자. CR, EFD, BW 또한 마찬가지이다.

† (역주) 우리나라의 노출 경로별 산정식과 매개변수 표준값은 환경부 고시 「토양오염물질 위해성평가 지침」 및 지침에 수록된 참고문헌에서 확인할 수 있다. 이 지침은 법제처 국가법령정보센터 웹사이트에 게시되어 있다.

| 표 6-6 | 다양한 경로에 대한 거주자 노출량 산정식 |

식수로 인한 경구 섭취

$$CDI = \frac{(CW)(IR)(EF)(ED)}{(BW)(AT)}$$

(6-10)

수영 중 경구 섭취

$$CDI = \frac{(CW)(CR)(ET)(EF)(ED)}{(BW)(AT)}$$

(6-11)

물 피부 접촉

$$AD = \frac{(CW)(SA)(PC)(ET)(EF)(ED)(CF)}{(BW)(AT)}$$

(6-12)

토양 내 화학물질 경구 섭취

$$CDI = \frac{(CS)(IR)(CF)(FI)(EF)(ED)}{(BW)(AT)}$$

(6-13)

토양 피부 접촉

$$AD = \frac{(CS)(CF)(SA)(AF)(ABS)(EF)(ED)}{(BW)(AT)}$$

(6-14)

공기 중 증기상 화학물질 흡입

$$CDI = \frac{(CA)(IR)(ET)(EF)(ED)}{(BW)(AT)}$$

(6-15)

오염된 과일, 채소, 어패류 섭취

$$CDI = \frac{(CF)(IR)(FI)(EF)(ED)}{(BW)(AT)}$$

(6-16)

여기서 ABS = 토양 오염물질에 대한 흡수계수(absorption factor) (unitless)

AD = 흡수 용량(absorbed dose) ($mg \cdot kg^{-1} \cdot day^{-1}$)

AF = 토양-피부 간 흡착계수(soil-to skin adherence factor) ($mg \cdot cm^{-2}$)

AT = 평균 시간(averaging time) (days)

BW = 체중량(body weight) (kg)

CA = 공기의 오염물질 농도($mg \cdot m^{-3}$)

CDI = 만성 일일 섭취량(chronic daily intake) ($mg \cdot kg^{-1} \cdot day^{-1}$)

CF = 물의 단위변환계수 = $1\ L \cdot 1000\ cm^{-3}$

  = 토양의 단위변환계수 = $10^{-6}\ kg \cdot mg^{-1}$

CR = 접촉률(contact rate) ($L \cdot h^{-1}$)

CS = 토양의 화학물질 농도($mg \cdot kg^{-1}$)

CW = 물의 화학물질 농도($mg \cdot L^{-1}$)

ED = 노출 기간(exposure duration) (years)

EF = 노출 빈도(exposure frequency) ($days \cdot year^{-1}$ 또는 $events \cdot year^{-1}$)

ET = 노출 시간(exposure time) ($h \cdot day^{-1}$ 또는 $h \cdot event^{-1}$)

FI = 섭취분율(fraction ingested) (unitless)

IR = 섭취율(ingestion rate) ($L \cdot day^{-1}$ 또는 $mg\ soil \cdot day^{-1}$ 또는 $kg \cdot meal^{-1}$)

  = 호흡률(inhalation rate) ($m^3 \cdot h^{-1}$)

PC = 화학물질별 피부투과계수(dermal permeability constant) ($cm \cdot h^{-1}$)

SA = 접촉 체표면적(skin surface area) (cm^2)

출처: U.S. EPA, 1989.

표 6-7	EPA에서 권장하는 노출 매개변수값	
매개변수		**표준값**
평균 체중량, 성인 여성		65.4 kg
평균 체중량, 성인 남성		78 kg
평균 체중량, 아동		
6-11개월		9 kg
1-5세		16 kg
6-12세		33 kg
일일 물 섭취량, 성인[a]		2.3 L
일일 물 섭취량, 아동[a]		1.5 L
일일 공기흡입량, 성인 여성		11.3 m^3
일일 공기흡입량, 성인 남성		15.2 m^3
일일 공기흡입량, 아동(3-5세)		8.3 m^3
일일 어류 섭취량, 어른		6 g · day^{-1}
수영 시 물 섭취량		50 mL · h^{-1}
피부 표면적, 성인 남성		1.94 m^2
피부 표면적, 성인 여성		1.69 m^2
피부 표면적, 아동		
3-6세(남성 · 여성 평균)		0.720 m^2
6-9세(남성 · 여성 평균)		0.925 m^2
9-12세(남성 · 여성 평균)		1.16 m^2
12-15세(남성 · 여성 평균)		1.49 m^2
15-18세(여성)		1.60 m^2
15-18세(남성)		1.75 m^2
토양 섭취율, 1-6세 아동		100 mg · day^{-1}
토양 섭취율, 6세 이상		50 mg · day^{-1}
토양-피부 간 흡착계수, 정원사		0.07 mg · cm^{-2}
토양-피부 간 흡착계수, 습윤 토양		0.2 mg · cm^{-2}
노출 기간(ED)		
평생		75 years
단일 거주지에서, 상위 90%		30 years
전국 평균		5 years
평균 시간(AT)		(ED)(365 days · year^{-1})
노출 빈도(EF)		
수영		7 days · year^{-1}
어패류 섭취		48 days · year^{-1}
노출 시간		
샤워, 상위 90%		30 min
샤워, 상위 50%		15 min

[a] 상위 90% 값

출처: U.S. EPA, 1989, 1997, 2004.

예제 6-2   미국 수돗물 수질 기준과 동일한 벤젠 농도를 가지는 수돗물에 노출되었을 때 평생 동안의 만성 일일 섭취량을 구하시오. 미국 벤젠 수질 기준(최대오염농도, MCL)은 0.005 mg · L^{-1}이다. 노출된 사람은 성인 남성으로, 성인 섭취율로 이 수돗물에 63년 동안 노출되었으며, 수영을 즐겨 수돗물을 사용하는 현지 수영장에서 30세부터 75세까지 일주일에 3일, 하루에 30분간 수영을 한다고 가정한다. 매일 비교적 길게(30분간) 샤워를 하며, 샤워 동안의 평균 공기 벤젠 농도는 5 μg · m^{-3}인 것으로 가정한다(McKone, 1987). 문헌으로부터 벤젠의 물로부터의 피부투과계수 0.0020 m^3 · m^{-2} · h^{-1}를 얻었다(피부투과계수(PC)는 m · h^{-1} 또는 cm · h^{-1}의 단위로도 표현함). 샤워하는 동안 대부분의 물은 피부에 충분히 오랜 기간 접촉하지 않으므로, 샤워 중 벤젠의 피부 흡수율은 최대 1%이다(Byard, 1989).

풀이   표 6-5로부터 수돗물로부터 화학물질에 노출되는 경로는 다음 5가지임을 알 수 있다: (1) 경구 섭취(음용), (2) 샤워 시 피부 접촉, (3) 수영 시 피부 접촉, (4) 샤워 시 증기 흡입, (5) 수영 시 경구 섭취.

우선, 경구 섭취(음용) 경로의 만성 일일 섭취량(CDI)을 구해 보면,

$$CDI = \frac{(0.005 \text{ mg} \cdot \text{L}^{-1})(2.3 \text{ L} \cdot \text{day}^{-1})(365 \text{ days} \cdot \text{year}^{-1})(63 \text{ years})}{(78 \text{ kg})(75 \text{ years})(365 \text{ days} \cdot \text{year}^{-1})}$$

$$= 1.24 \times 10^{-4} \text{ mg} \cdot \text{kg}^{-1} \cdot \text{day}^{-1}$$

여기서 화학물질 농도(CW)는 벤젠의 최대 오염 농도값이다. 문제와 각주에 나와 있는 바와 같이, 이 남성은 성인 기간 동안 성인의 섭취율로 물을 마신다. 섭취율(IR)과 체중량(BW)은 표 6-7로부터 얻는다. 노출에 대한 평균 시간(AT)은 247쪽에 기술한 EPA 표준값에 따라 75년간, 365 days · year^{-1}로 한다.

샤워 시 피부 접촉의 만성 일일 섭취량은 식 6-12를 이용하여 구할 수 있다.

$$AD = \frac{(0.005 \text{ mg} \cdot \text{L}^{-1})(1.94 \text{ m}^2)(0.0020 \text{ m} \cdot \text{h}^{-1})(0.50 \text{ h} \cdot \text{event}^{-1})}{(78 \text{ kg})(75 \text{ years})}$$

$$\times \frac{(1 \text{ event} \cdot \text{d}^{-1})(365 \text{ days} \cdot \text{year}^{-1})(63 \text{ years})(10^3 \text{ L} \cdot \text{m}^{-3})}{(365 \text{ days} \cdot \text{year}^{-1})}$$

$$= 1.04 \times 10^{-4} \text{ mg} \cdot \text{kg}^{-1} \cdot \text{day}^{-1}$$

앞에서와 같이 CW는 벤젠의 수질 기준값이다. SA는 성인 남자의 피부 표면적이며, PC는 문제에 주어져 있다. 1회 샤워 시간은 표 6-7의 상위 90% 값과 같은 30분이며, 노출 기간(ED)은 음용 경로와 동일하게 63년이다.

피부와의 짧은 접촉 시간으로 인해서 샤워 중 피부에 흡수되는 벤젠은 위에서 계산한 값의 최대 1%에 불과하므로, 피부 접촉으로 인해 실제로 흡수되는 용량은

$$AD = (0.01)(1.04 \times 10^{-4} \text{ mg} \cdot \text{kg}^{-1} \cdot \text{day}^{-1}) = 1.04 \times 10^{-6} \text{ mg} \cdot \text{kg}^{-1} \cdot \text{day}^{-1}$$

---

[*] 표 6-7에 나와 있는 기준 수명 75세에 12세까지의 아동기를 뺀 것이다.

수영 시 피부에 흡수되는 용량을 동일한 방법으로 계산하면

$$AD = \frac{(0.005 \text{ mg} \cdot \text{L}^{-1})(1.94 \text{ m}^2)(0.0020 \text{ m} \cdot \text{h}^{-1})(0.5 \text{ h} \cdot \text{event}^{-1})}{(78 \text{ kg})(75 \text{ years})}$$

$$\times \frac{(3 \text{ events} \cdot \text{week}^{-1})(52 \text{ weeks} \cdot \text{year}^{-1})(45 \text{ years})(10^3 \text{ L} \cdot \text{m}^{-3})}{(365 \text{ days}) \cdot (\text{year}^{-1})}$$

$$= 3.19 \times 10^{-5} \text{ mg} \cdot \text{kg}^{-1} \cdot \text{day}^{-1}$$

이 경우에는 접촉 기간 동안 몸 전체가 물에 잠겨 있고, 피부와 접촉하는 물의 양도 무한하다고 가정하므로 피부 흡수율을 이용하여 용량을 보정하지 않는다. 노출 시간(ET)은 1회 수영 시간 30분 (0.5 h · event^{-1})으로 한다. 노출 빈도(EF)는 주당 수영 횟수와 1년이 총 52주임을 이용하여 계산한다. 노출 기간(ED)은 수명에서 수영을 시작한 나이를 뺀 75세 − 30세 = 45년으로 구한다.

샤워 시 증기 흡입으로 인한 노출량은 식 6-15로 구한다.

$$CDI = \frac{(5 \text{ μg} \cdot \text{m}^{-3})(10^{-3} \text{ mg} \cdot \text{μg}^{-1})(0.633 \text{ m}^3 \cdot \text{h}^{-1})(0.50 \text{ h} \cdot \text{event}^{-1})}{(78 \text{ kg})(75 \text{ years})}$$

$$\times \frac{(1 \text{ event} \cdot \text{day}^{-1})(365 \text{ days} \cdot \text{year}^{-1})(63 \text{ years})}{(365 \text{ days} \cdot \text{year}^{-1})}$$

$$= 1.70 \times 10^{-5} \text{ mg} \cdot \text{kg}^{-1} \cdot \text{day}^{-1}$$

호흡률(IR) 값은 표 6-7에서 찾아(일일 공기흡입량) 시간당 값으로 환산한다. ET와 EF 값은 위에서 이미 설명하였다. 각주에 나와 있듯이 계산에서 가정하는 '성인 기간'은 12세에서 75세까지이다. 수영 중 물 섭취 경로는 식 6-11을 활용한다.

$$CDI = \frac{(0.005 \text{ mg} \cdot \text{L}^{-1})(50 \text{ mL} \cdot \text{h}^{-1})(10^{-3} \text{ L} \cdot \text{mL}^{-1})(0.5 \text{ h} \cdot \text{event}^{-1})}{(78 \text{ kg})(75 \text{ years})}$$

$$\times \frac{(3 \text{ events} \cdot \text{week}^{-1})(52 \text{ weeks} \cdot \text{year}^{-1})(45 \text{ years})}{(365 \text{ days} \cdot \text{year}^{-1})}$$

$$= 4.11 \times 10^{-7} \text{ mg} \cdot \text{kg}^{-1} \cdot \text{day}^{-1}$$

여기서 접촉률(CR)은 표 6-7의 수영 시 물 섭취량을 사용한다. 다른 값들은 수영 시 피부 접촉과 같은 방법으로 얻는다.

이제 총노출량을 다음과 같이 구한다.

$$CDI_T = 1.24 \times 10^{-4} + 1.04 \times 10^{-6} + 3.19 \times 10^{-5} + 1.70 \times 10^{-5} + 4.11 \times 10^{-7}$$

$$= 1.74 \times 10^{-4} \text{ mg} \cdot \text{kg}^{-1} \cdot \text{day}^{-1}$$

위 식으로부터 이 사례의 경우 수돗물 음용이 벤젠 섭취량에서 가장 큰 비중을 차지함을 확인할 수 있다.

위해도 결정

위해도 결정 단계에서는 위해성 평가의 정성·정량적 결론을 내리기 위해 노출 평가와 독성 평가에 사용된 모든 자료를 수집해 검토한다. 각 접촉 매체와 체내 화학물질 유입 경로에 따른 위해도를 계산한다. 또한 2개 이상의 오염물질로 인한 복합적 영향, 모든 유입 경로에 따른 위해도가 결합되어 나타나는 영향 등을 평가한다.

낮은 발암 위해도(0.01 미만) 조건에서 단일 화합물에 대한 단일 경로의 **위해도 증분**(incremental risk) 값은 다음과 같이 계산한다.

$$위해도 = (섭취량)(발암계수) \tag{6-17}$$

여기서 섭취량(intake)은 표 6-6의 산정식 중 하나 또는 유사한 관계식을 이용하여 계산하고, 발암계수(slope factor)는 IRIS로부터 얻는다. 높은 발암 위해도(0.01 초과) 조건에서는 다음의 one-hit 모델을 사용한다.

$$위해도 = 1 - \exp[-(섭취량)(발암계수)] \tag{6-18}$$

EPA에서는 비발암 독성이 발현될 잠재성을 비발암 위험비율(hazard quotient, HQ) 또는 비발암 위험지수(hazard index, HI)로 나타낸다.

$$HI = \frac{섭취량}{RfD} \tag{6-19}$$

이 비율은 통계적 확률의 개념이 아니다. 즉, 이 비율이 0.001인 것이 어떤 영향이 일어날 가능성이 1/1000라는 의미는 아니다. 위험지수값이 1을 초과하면 잠재적 비발암 영향이 발생할 우려가 있다고 해석한다. 그리고 원칙적으로 1을 초과하는 위험지수값이 크면 클수록 보다 우려가 큰 것으로 해석한다.

한 경로로부터 여러 물질에 노출되었을 경우 EPA에서는 각 물질의 위해도를 합산하는 방법을 채택한다.

$$Risk_T = \sum risk_i \tag{6-20}$$

노출 경로가 여러 개일 경우,

$$Total\ exposure\ risk = \sum risk_{ij} \tag{6-21}$$

여기서 i = 화합물, j = 노출 경로이다.

유사한 원리로 여러 물질과 여러 노출 경로의 위험지수값은 다음과 같이 구한다.

$$Hazard\ index_T = \sum HI_{ij} \tag{6-22}$$

EPA 가이드에서는 위험지수를 만성, 아급성, 급성 노출로 구분할 것을 권장한다. 위해도를 합산하는 것이 합리적이라는 연구 결과도 있지만(Silva et al., 2002), 이러한 합산법을 사용하는 데에는 상당한 불확실성이 있다는 점에 유의하자. 예를 들어, 간암을 유발하는 발암물질에 따른 위해도를 위암을 유발하는 물질에 따른 위해도와 합산하는 것이 정확하다 말하기는 어려울 것이다. 다만, 위해도 합산법은 상대적으로 보수적인 결과를 낸다.

예제 6-3 예제 6-2의 결과를 이용하여, 미국 수질 기준과 동일한 벤젠을 함유한 수돗물로부터의 노출에 따른 위해도를 평가하시오.

풀이 식 6-21을 위해도 계산에 사용할 수 있다.

$$\text{Total Exposure Risk} = \sum \text{Risk}_j$$

이 문제에서는 단일 화학물질(벤젠)만 고려하므로 식 6-21에서 i=1이기 때문에 i는 생략하였다. 예제 6-2에서 경구 섭취와 흡입 경로 모두로 노출이 일어남을 확인하였고 표 6-3에 나와 있는 경로별 발암계수가 서로 다르므로, 각 경로별 위해도를 따로 구한 후 합산해야 한다. 피부 접촉 경로의 발암계수는 나와 있지 않으므로 여기에서는 경구 섭취와 동일하다고 가정한다. 이렇게 계산한 총위해도는 다음과 같다.

$$\begin{aligned}
\text{Risk} &= (1.57 \times 10^{-4}\,\text{mg} \cdot \text{kg}^{-1} \cdot \text{day}^{-1})(1.5 \times 10^{-2}\,\text{kg} \cdot \text{d} \cdot \text{mg}^{-1}) \\
&\quad + (1.70 \times 10^{-5}\,\text{mg} \cdot \text{kg}^{-1} \cdot \text{day}^{-1})(2.9 \times 10^{-2}\,\text{kg} \cdot \text{d} \cdot \text{mg}^{-1}) \\
&= 2.85 \times 10^{-6} \ \text{또는} \ 2.9 \times 10^{-6}
\end{aligned}$$

이 값이 수돗물에 미국 수질 기준인 최대오염농도(MCL)로 벤젠이 들어있을 때의 총 평생 위해도 (수명 75세 기준)이다. 이것을 얼마나 많은 사람이 수돗물 내 벤젠으로 인해 암에 걸릴 것인지의 관점에서 해석할 수도 있다. 예를 들어, 인구 200만 명 중,

$$(2 \times 10^6)(2.85 \times 10^{-6}) = 5.7 \ \text{또는 6명이 암에 걸릴 것으로 예상된다.}$$

이 위해도는 EPA 가이드라인인 발암 위해도 10^{-7}에서 10^{-4} 사이에 포함된다. 물론 이것이 사람이 벤젠에 노출되는 모든 오염원과 모든 경로를 다 고려한 결과는 아니다. 그렇지만 일상생활 동안 사람이 노출되는 다른 주요한 위해 요인과 비교했을 때 이 값이 꽤 작은 편에 속함을 할 수 있다.

6-4 위해 관리

누군가는 소망할 지도 모르겠으나, 현실에서 위해도 0을 달성하는 것은 불가능하다. 자동차 운전을 한다든지, EPA 기준과 동일한 농도의 벤젠이 들어 있는 물을 음용수로 사용한다든지 하는 사회적 결정은 위해 발생으로 귀결된다. 과거 폴리염화바이페닐(PCB)의 사례처럼, 어떤 화학물질의 생산을 금지하는 조치가 이루어진다고 해도 환경에 이미 유출된 것까지 제거할 수는 없는 법이다. 위해 관리는 특정한 상황에서 허용 가능한 위해 수준을 결정하기 위해 수행된다. 이것은 평가한 위해도와 위해 저감 조치 비용, 위해 저감에 따른 편익, 대중의 수용성 간에 균형점을 찾는 정책 결정의 과정이다. 위해에서 보다 분명히 멀어지고자 할수록(즉, 목표 위해도가 낮을수록) 오염물질 농도를 더 낮춰야 하며, 위해 관리에 필요한 비용은 일반적으로 증가한다.

위해를 저감하는 방법은 크게 환경매체의 변화(change the environment), 노출 기회의 차단 또는 제한(modify the exposure), 악영향에 대한 보완(compensate for the effects), 이렇게 세 종류로 분류할 수 있다. 많은 경우에 이 세 방법을 조합하여 시행한다. 식 6-9를 음미하면 위해 저감 방법에

는 무엇이 있는지 유추해 볼 수 있다. 정화 기술을 이용하여 화학물질 농도(C)를 저감하는 '환경매체의 변화' 방법을 시도할 수 있고, 경고문이나 음용 제한 등의 조치로 화학물질 섭취(CR)를 줄이거나 오염 부지의 접근을 차단하여 노출 빈도 및 기간(EFD)을 줄이는 '노출 기회의 차단 또는 제한' 방법을 시도할 수도 있다. 9~16장에서는 독성물질 노출로 인한 위해를 저감하는 여러 공학적 대안을 논한다. 위해 관리자는 비용-편익 분석을 통해 대안 중 가장 적절한 것을 선정한다.

위해 관리자가 의사결정에 활용할 수 있는 요령은 매우 제한적이다. 앞서 논의했듯이 사람은 비용과 별개로 스스로 선택한 노출보다 비자발적인 노출에서 오는 위해도에 훨씬 더 민감하다. 사람들이 일반적으로 수용하는 위해도는 질병에 의한 위해도 값인 노출 인구-시간당(per person-hour of exposure) 사망 인구 약 10^{-6}명 내외이다(Starr, 1969).

연습문제

6-1 수용성 6가크롬(Cr VI)의 업무상 노출에 관한 시간 가중 평균 공기 농도 권장값은 $0.05 \text{ mg} \cdot \text{m}^{-3}$이다. 이 농도는 건강한 개인이 노동 연령(18~65세) 동안 하루 8시간, 주 5일, 연간 50주 노출된다는 가정에 따른 것이다. 노동 연령 동안의 체중량이 78 kg, 호흡률이 $15.2 \text{ m}^3 \cdot \text{d}^{-1}$일 때, 평생 동안(75년)의 만성 일일 섭취량(CDI)은 얼마인가?

6-2 이산화황의 미국 대기질 기준(The National Ambient Air Quality Standard)은 $80 \text{ μg} \cdot \text{m}^{-3}$이다. 평균 체중의 성인 남성의 평생 노출($24 \text{ h} \cdot \text{day}^{-1}$, $365 \text{ days} \cdot \text{year}^{-1}$)을 가정하여 이 농도에서 평생 동안의 만성 일일 섭취량(CDI)을 구하시오. 노출 기간과 수명은 동일하다고 가정한다.

6-3 인간은 2,4-D(2,4-dichlorophenoxyacetic acid)와 같은 농약류 물질을 식품 외에 다른 경로로도 섭취한다. 2,4-D $10 \text{ mg} \cdot \text{kg}^{-1}$으로 오염된 토양의 섭취 경로에 따른 만성 일일 섭취량(CDI)을 3세 아동과 어른의 경우에 대해 각각 구하여 비교하시오. 아동과 성인 모두 일주일에 1일, 연간 20주 노출되며, 토양으로 섭취한 2,4-D의 체내 흡수 비율은 0.10, 평균 시간과 노출 기간은 동일하다고 가정한다.

6-4 어떤 도시의 수돗물에 미국 수돗물 수질 기준인 $0.2 \text{ mg} \cdot \text{L}^{-1}$의 1,1,1-트리클로로에탄(trichloroethane)이 들어 있을 때, 이로 인한 1,1,1-트리클로로에탄 만성 일일 섭취량(CDI)을 구하시오. 대상은 5세 여아로, 5년간 아동 섭취량에 해당하는 수돗물을 마시고, 1주일에 30분씩 수영을 하며, 매일 10분간 목욕을 한다고 가정한다. 노출 기간의 평균 연령은 8세로 하고, 목욕 시 공기의 1,1,1-트리클로로에탄 증기 농도는 $0.0060 \text{ μg} \cdot \text{m}^{-3}$로 가정한다. 피부투과계수(PC)는 $0.0060 \text{ m} \cdot \text{h}^{-1}$을 사용하고, 목욕할 때 몸이 물에 완전히 잠겨 있지 않는 것을 감안해 목욕 시 1,1,1-트리클로로에탄의 피부 흡수율은 최고 50%라고 가정한다.

6-5 EPA는 산업용 보일러의 유해 폐기물 소각 지침(56 FR 7233, 1991년 2월 21일 제정)에 발암 위해도 10^{-5}에 해당하는 오염물질 용량을 제시해 놓고 있다. 표 6-7의 성인 남성 표준값을 이용하여 흡입

위해도 10^{-5}에 해당하는 6가크롬 용량을 구하시오. 단, 노출 시간과 평균 시간은 동일하다고 가정한다.

6-6 다음 경우의 물 경구 섭취 경로 만성 노출로 인한 위해도를 각각 계산하시오: 테트라클로로에틸렌 (tetrachloroehylene) 1.34×10^{-4} mg $\cdot$ kg$^{-1} \cdot$ day^{-1}, 비소 1.43×10^{-3} mg $\cdot$ kg$^{-1} \cdot$ day^{-1}, 디클로로메탄(dichloromethane 또는 methylene chloride) 2.34×10^{-4} mg $\cdot$ kg$^{-1} \cdot$ day^{-1}.

6-7 어떤 엔지니어링사에서 시안화 이온을 함유한 오수조에서 산 용액이 들어 있는 드럼통을 회수할 때의 위해도를 평가하는 프로젝트를 수주하였다. 이 프로젝트를 맡은 엔지니어가 맹장염에 걸려 당신이 최종 위해도 계산을 맡게 되었다. 지금까지 수행된 조사로 다음의 자료가 수집되었다.

거주 지역의 공기 부피 $= 1 \times 10^8$ m^3
풍속 = 매우 잔잔함
드럼통 수 = 10
각 드럼통 부피 = 0.20 m^3
드럼통 내용물: 질량 기준 함량 10%의 염산 수용액
예상되는 반응: HCl + NaCN $\rightarrow$ HCN(g) + NaCl
HCN의 참고 농도(reference concentration, RfC) $= 3 \times 10^{-3}$ mg $\cdot$ m^{-3}

드럼통에 든 염산이 모두(100%) 반응하여 HCN을 생성한다고 가정해 위험지수를 구하시오. 드럼통 회수 작업 시에 주민들을 대피시킬 필요가 있겠는가?

6-8 위해도는 확률론적인 지표이다. 표 6-7에 나와 있는 값은 90% 신뢰구간을 바탕으로 한 것이다. 확률 이론에 따르면 두 독립적인 사건이 동시에 또는 연달아 일어날 확률은 각각의 사건이 일어날 확률의 곱과 같다. 이 개념을 활용하여 몸무게 78 kg의 성인 남성이 하루에 물을 2.3 L 마실 확률을 구하시오.

7

수문학

사례 연구

오로빌(Oroville) 댐의 잠재적 붕괴

2017년 1월 중순, 6년간의 가뭄 끝에 새크라멘토강 유역에 비가 내리기 시작하였다. 새크라멘토강 유역은 면적 약 70,000 km²의 거대한 유역으로 동쪽으로는 시에라네바다와 캐스케이드 산맥에서부터 서쪽으로는 코스트 산맥과 클래머스 산맥까지 아우른다. 캘리포니아에서 가장 큰 유역으로, 주의 전체 지표유출수의 31%가 새크라멘토강으로 흐른다. 유역에서의 물은 새크라멘토–샌호와킨 삼각주와 샌프란시스코만을 거쳐 태평양으로 흘러간다.

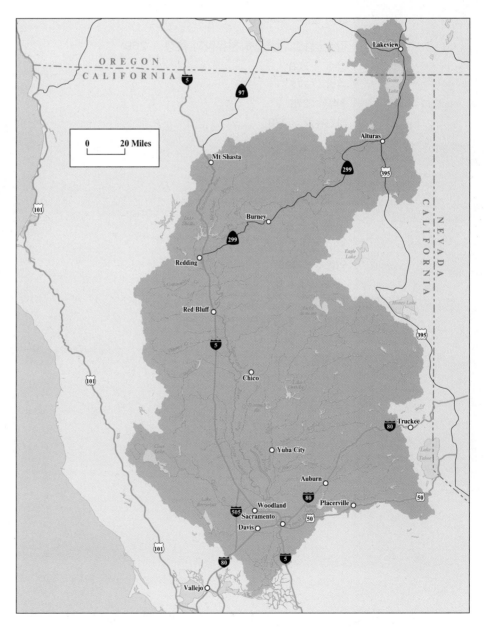

그림 7-1 새크라멘토강 유역 프로그램, Chico, CAReport: 새크라멘토강 유역.
출처: http://www.sacriver.org/files/documents/roadmap/report/SacRiverBasin.pdf

이 유역은 다양한 수생 서식지이자 생물 군락지이다. 강물은 약 150만 ha의 토지의 관개용수로 사용되며, 대부분 목화, 포도, 토마토, 과일, 건초, 쌀 등 물 집약적 작물 재배에 사용되어 연간 140억 달러 이상의 매출에 기여한다. 새크라멘토강은 캘리포니아 북부와 남부의 식수원일 뿐만 아니라 산업활동, 수력발전, 레크리에이션과 낚시에 필요한 물을 제공한다.

2017년 2월 12일 무렵, 이 유역은 연속적으로 "대기의 강" 현상과 4.65인치의 폭우를 겪었다. 오로빌 호수의 수위가 유출로의 정점을 7인치 넘어선 902.59피트에 이르자, 버트(Butt), 서터(Sutter), 유바(Yuba) 카운티 주민 18만 8천 명이 긴급 대피 명령을 받았다. 당국은 비상유출로로 흐르도록 '관리된' 흐름에서 급속한 침식이 일어나 끔찍한 붕괴사고가 발생할 수 있다고 우려하였다. 비상유출로의 일부만 뚫려도 35분 내에 오로빌 마을에서 빠져나오는 길이 범람하여 1만 7천 명이 익사할 것으로 예상되었다.

비상유출로가 제대로 작동하지 않은 원인은 본 연구에서 다루지 않지만, 수문학적 변화는 그렇지 않다. 새크라멘토강 유역은 계절적인 흐름이 있어 겨울에는 유량이 많고, 늦여름에는 유량이 적다. 인위적인 활동의 결과로, 겨울 첨두유량이 더 일찍 발생하고 봄철에 유출이 저감된다. 여름철 흐름은 상류 저수지의 방류로 자연적으로 발생하는 흐름보다는 높다.

기후변화는 유역의 수문학적 특성을 상당히 변화시킬 것으로 예상된다. 강우량의 감소는 기저유량의 감소로 이어질 수 있다. 2017년 2월 오로빌 댐 유출로에서 발생했던 문제와 같이 겨울철 강수량 증가는 홍수, 인프라 장애, 잠재적인 인명 피해를 초래할 수 있다. 기후변화로 인해 스노우팩의 저수량과 봄철 융설 유출수의 감소가 예상된다. 기온 상승은 산소 고갈, 생태계 변화, 치누크 연어의 개체수 감소를 야기할 수 있다. 인류가 지구에 끼친 영향을 완화하기 위해서는 많은 작업이 필요할 것이다.

7-1 수문학의 기초

물의 가용성은 생태계뿐만 아니라 지역 사회, 산업, 농업, 상업 부문을 운영하는 데 중요하다. 충분한 물의 양과 질을 확보하는 것은 생명체의 지속 가능성에 상당한 영향을 미칠 수 있다. 따라서 공학자와 환경과학자는 자연에서의 물 공급과 분배에 대해 심도 있게 이해하여야 한다.

수문학은 특정 시간과 장소에 얼마나 많은 물이 있을 것인지에 대한 문제를 다루는 다학제 학문이다. 이 학문을 적용하여 홍수를 예방할 뿐만 아니라 음용수, 관개수, 산업 용수 등에 적절한 양의 물을 확보할 수 있다. 지표수 수문학은 지표면 또는 그 위에 있는 물의 분포에 초점을 맞춘다. 이는 호수, 하천, 개울, 그리고 토지와 대기 중의 모든 물을 포함한다. 지하수 수문학은 모래, 암석, 자갈과 같은 지표면 아래 지질학적 구성 성분에서의 물의 분포를 다룬다.

물의 순환

물의 순환(hydrological cycle)(그림 7-2)은 지구상의 물의 이동과 보존을 설명한다. 이 순환은 염수와 담수, 지표수와 지하수, 구름에 있는 물과 지표면 아래 바위에 갇힌 물을 포함하여 지구상에 존재하는 모든 물을 포함한다.

물은 (1) 증발과 (2) 증산이라는 2가지 과정을 통해 지구 대기로 전달된다. 세 번째 과정은 이

그림 7-2

물의 순환. 백분율은 각 영역에서의 부피비에 해당한다. (출처: Montgomery C., Environmental Engineering, 6e, 2003, The McGraw-Hill Companies, Inc.)

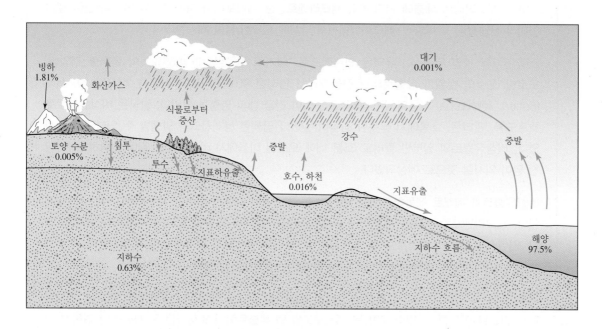

2가지로부터 기인하며, '증발산'이라 일컬어진다. **증발**(evaporation)은 호수, 하천, 그리고 다른 수체의 물이 수증기로 변환되는 과정이다. **증산**(transpiration)은 식물에서 유관속 조직과 연결된 잎 밑면의 작은 구멍인 기공을 통해 물이 배출되는 과정이다. 증산은 광합성 과정에서 이산화탄소와 산소가 통과하도록 기공이 열려 있는 동안 주로 잎에서 발생한다. 증발과 증산을 종종 구별하기 어렵기 때문에 수문학자들은 증발과 증산으로 인한 물의 손실을 설명하고자 **증발산**(evapotranspiration)이라는 용어를 사용한다.

강수(precipitaion)는 대기로부터 물이 방출되는 주요 메커니즘이다. 강수는 여러 가지 형태가 있는데, 온대 기후에서 가장 흔한 것이 강우이다. 또한 물은 우박, 눈, 진눈깨비, 얼음비와 같은 형태로 내릴 수 있다.

물이 지표면으로 낙하하면서 물방울은 지표를 따라 흘러 하천으로 흐르거나(**지표유출**(surface runoff, overland flow) 또는 **직접유출**(direct runoff)로 일컬어짐), 지표면 아래에서 횡방향으로 이동하거나(**지표하유출**(interflow)), 연직 방향으로 토양을 통과하여 지하수를 형성한다(**침투**(infiltraion) 또는 **투수**(percolation)). 그림 7-3과 같이, 하천의 흐름(수문학자들의 용어로는 **하천유량**(streamflow))은 여러 가지 방법으로 생성된다. 하천 흐름의 일부는 지하수, 토양, 샘물에서 발생할 수 있으며(**기저유출**(baseflow)), 이는 가뭄 기간에도 존재한다. 지표하유출은 강수가 토양에 침투하여 지하수면(**포화대**(zone of saturaiton)[*])에 도달하지 않고 얕은 토양 지평선을 따라 수평으로 이동하는 부분이다. 지표유출은 강수 중 토양으로 침투하거나 증발산하지 않는 부분이다. 이러한 물은 경사를 따라 가장 가까운 수로(하천 또는 개울 등)로 흐른다. 수로의 물의 원천에는 마지막으로 **수로의 강수**(channel precipitaion)가 있다. 이는 실제로 하천이나 개울로 떨어지는 강수이다.

---

[*] 7-3절 지하수 수문학의 대수층 참조.

그림 7-3

수로의 흐름 형성

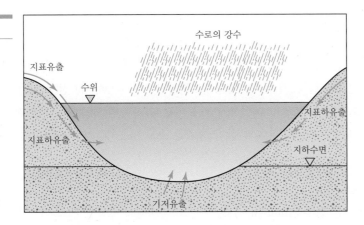

물의 순환의 여러 과정에서 물이 이동하는 것은 굉장히 복잡한데 이는 시공간적으로 불규칙하게 발생하기 때문이다. 여기서는 매우 단순한 접근 방식으로 물수지를 수립해 보고자 한다. 물수지에서 중요한 용어는 증발(E), 증발산(E_T), 강수(P), 침투(G), 지표하유출(F), 지표유출(R)이다.

수문학자들이 사용하는 가장 단순한 물수지는 호수의 상황에서 찾아볼 수 있다. 물이 어떻게 호수로 유입·유출되는지를 살펴보자. 호수로 유입되는 물은 호수로 흘러 들어오는 하천 또는 개울(자연적 또는 인공적인 것을 포함)을 따라서, 호수의 사면을 따라 흘러 들어오는 지표유출을 통해서, 호수에 직접 떨어지는 강수로, 또는 지하수에서 호수의 바닥으로 스며들 수 있다. 호수에서 유출되는 물은 호수에서 흘러 나가는 하천이나 개울을 따라서, 가정·산업·농업 용수의 사용을 위해서, 증발산을 통해서, 호수 바닥으로의 침투를 통해서 빠져나갈 수 있다. 수문학자들은 종종 특정 기간 내에 호수에서 유입 또는 유출되는 순 수량(질량)을 확인하는 것을 목적으로 하는데, 이러한 유형의 문제를 **저장 문제**(storage problem)라고 한다.

저장 문제를 풀기 위해서는 호수에 물질수지식을 적용해야 한다. 이 경우, 성분은 물이고 시스템은 호수이다. 따라서 물질수지식은 다음과 같이 단순하게 표현된다.

질량 축적속도＝질량 유입속도 − 질량 유출속도　　　　　　　　　　　　　　　　　　　　　(7-1)

호수의 경우, 이 식은 다음과 같이 일반화할 수 있다.

질량 축적속도＝$(Q_{in} + P' + R' + I'_{in} - Q_{out} - E' - E'_T - I'_{out})\rho_{water}$　　　　　　　　　(7-2)

여기서 Q_{in}＝호수로 유입되는 하천의 유량(vol · time^{-1})

$\quad\quad P'$＝강수량(vol · time^{-1})

$\quad\quad R'$＝표면유출량(vol · time^{-1})

$\quad\quad I'_{in}$＝호수로의 침투량(vol · time^{-1})

$\quad\quad Q_{out}$＝호수에서 유출되는 하천의 유량(vol · time^{-1})

$\quad\quad E'$＝호수, 하천, 연못과 같은 수체에서의 증발량(vol · time^{-1})

$\quad\quad E'_T$＝증발산량(vol · time^{-1})

$\quad\quad I'_{out}$＝호수에서 나가는 침투량(vol · time^{-1})

$\quad\quad \rho_{water}$＝물의 밀도(mass · vol^{-1})

이러한 문제가 본질적으로 어려운 것은 아니지만 강수, 침투, 증발, 증발산은 종종 단위시간당 길이(예: cm/month 또는 mm/h)로 주어지는데 반해, Q와 R은 시간당 부피 단위(예: m^3/s)로 주어지기 때문에 다소 혼동스러울 수 있다. 따라서 모든 단위가 일치하는지(단위시간당 부피 또는 단위시간당 길이)를 확인해야 한다. 강수, 침투, 증발, 증발산은 모두 호수의 전체 면적에서 발생한다고 가정하기 때문에 호수의 표면적을 단위시간당 길이값에 곱하면 체적률(단위시간당 부피)을 산출할 수 있다. 따라서 매개변수들을 다음과 같이 정의할 수도 있는데, 이는 수문학자들이 일반적으로 사용하는 방법이다.

$P=$ 강수량$(\text{mm} \cdot \text{h}^{-1})$

$I_{in}=$ 호수로 유입되는 침투량$(\text{mm} \cdot \text{h}^{-1})$

$E=$ 증발량$(\text{mm} \cdot \text{h}^{-1})$

$E_T=$ 증발산량$(\text{mm} \cdot \text{h}^{-1})$

$I_{out}=$ 호수에서 유출되는 침투량$(\text{mm} \cdot \text{h}^{-1})$

식 7-2는 다음과 같이 변환된다.

질량 축적속도 $=((Q_{in} + R^1 - Q_{out}) + (P + I_{in} - E - E_T - I_{out}) \times A_s)\rho_{water}$

$$\times \left(\frac{1\ \text{m}}{1000\ \text{mm}^{-1}}\right)\left(\frac{1\ \text{h}}{3600\ \text{s}^{-1}}\right) \tag{7-3}$$

여기서 $A_s=$ 호수의 표면적(m^2)이다. 대부분의 시스템에서 온도와 압력의 변화는 미미하므로 물의 밀도는 일정하다고 가정한다. 따라서 식 7-2 또는 7-3을 물의 밀도로 나누면 체적률의 변화를 나타내는 식으로 변환된다.

예제 7-1 술리스(Sulis) 호수의 표면적은 708,000 m^2이다. 그간의 데이터에 따르면, 6월 한 달 동안 오케모스(Okemos) 하천은 평균 1.5 $m^3 \cdot s^{-1}$의 유량으로 호수로 흘러 들어오고, 타메시스(Tamesis) 강은 평균 1.25 $m^3 \cdot s^{-1}$의 유량으로 호수에서 빠져나간다. 증발량은 19.4 $\text{cm} \cdot \text{month}^{-1}$로 측정되었다. 호수 주위에 수생식물이 거의 없어 증발산은 무시하고, 이 달의 총 강우는 9.1 cm이다. 침투는 무시할 만하며, 밀림과 토지의 완만한 경사로 인해 지표유출 또한 무시할 만하다. 6월 1일 호수의 평균 수위는 19 m였다. 6월 30일의 평균 수위는 얼마인지 구하시오.

풀이 이 문제를 풀어가는 첫 단계는 주어진 정보로부터 알 수 있는 것을 판단하는 것이다. 우선, 호수로 유입되는 부분은 다음과 같이 주어져 있다.

$Q_{in} = 1.5\ m^3 \cdot s^{-1}$

$P = 9.1\ \text{cm} \cdot \text{month}^{-1}$

$I_{in} = 0$ (침투는 미미한 수준임)

$R' = 0$ (유출은 미미한 수준임)

호수로부터 유출되는 부분은 다음과 같이 주어져 있다.

$Q_{out} = 1.25\ m^3 \cdot s^{-1}$

$$E = 19.4 \text{ cm} \cdot \text{month}^{-1}$$

$$E_T = 0$$

또한 호수의 표면적이 708,000 m²이고, 6월 1일 호수의 평균 수위는 19 m이다. 호수를 다음 그림과 같은 시스템으로 나타낼 수 있다.

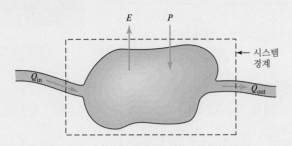

앞서 주어진 평균값들과 물질수지식(7-2)의 일반적인 형태를 사용하여 이 호수에서 물질수지를 다음과 같이 표현할 수 있다.

질량 축적속도 $= Q_{in} - Q_{out} + P - E$

질량 축적속도는 **저장량의 변화**(change in storage)(ΔS)라고도 일컬어진다.

$$\Delta S = Q_{in} - Q_{out} + P - E$$

Q, P, E의 단위가 다르므로 적절한 단위 변환을 적용하여 단위를 맞춰 주어야 한다.

$$\begin{aligned}
\Delta S = &\ (1.5 \text{ m}^3 \cdot \text{s}^{-1})(86,400 \text{ s} \cdot \text{day}^{-1})(30 \text{ days} \cdot \text{month}^{-1}) \\
&- (1.25 \text{ m}^3 \cdot \text{s}^{-1})(86,400 \text{ s} \cdot \text{day}^{-1})(30 \text{ days} \cdot \text{month}^{-1}) \\
&+ (9.1 \text{ cm} \cdot \text{month}^{-1})(\text{m} \cdot (100 \text{ cm})^{-1})(708,000 \text{ m}^2) \\
&- (19.4 \text{ cm} \cdot \text{month}^{-1})(\text{m} \cdot (100 \text{ cm})^{-1})(708,000 \text{ m}^2) \\
= &\ 3,888,000 \text{ m}^3 \cdot \text{month}^{-1} - 3,240,000 \text{ m}^3 \cdot \text{month}^{-1} \\
&+ 64,428 \text{ m}^3 \cdot \text{month}^{-1} - 137,352 \text{ m}^3 \cdot \text{month}^{-1}
\end{aligned}$$

위 식을 풀면 $\Delta S = 575,076 \text{ m}^3 \cdot \text{month}^{-1}$이고, 총 표면적은 708,000 m²이므로 6월 한 달 동안 수위 변화는 다음과 같다.

$$(575,076 \text{ m}^3 \cdot \text{month}^{-1}) / 708,000 \text{ m}^2 = 0.81 \text{ m} \cdot \text{month}^{-1}$$

ΔS가 양의 값이므로 6월에는 호수의 부피가 증가하였음을 알 수 있다. 따라서 수위는 증가하며, 6월 30일의 평균 수위는 19.81 m가 될 것이다. 축적량이 음의 값을 가졌다면 호수의 수위는 낮아졌을 것이다.

보다 복잡한 시스템. 수문학자들은 종종 호수, 하천, 주변 토지, 지하의 지질물질에 존재하는 지하수까지 포함하는 더 넓은 시스템을 살펴보고 싶어 한다. 이러한 시스템을 유역이라고 한다. **유역**(watershed 또는 basin)은 주변 지형에 의해 결정된다(그림 7-4). 유역의 경계(**분수계**(divide)라 함)는 유역을 둘러싼 가장 높은 표고로 나누어진다. 유역 내에 떨어지는 모든 물은 유역 경계 내의 하천

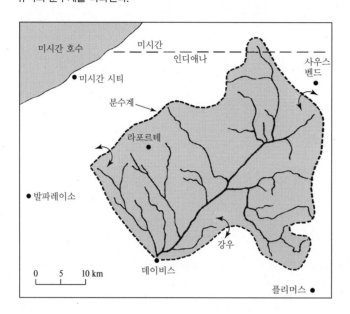

그림 7-4 인디애나 데이비스 위편에 위치한 캔카키(Kankakee) 강 유역

화살표가 가리키는 것은, 점선 안쪽에 내린 강수는 데이비스 유역 내에 있는 반면 점선 바깥쪽에 내린 강수는 그 외의 유역에 있다는 것이다. 점선은 유역의 분수계를 나타낸다.

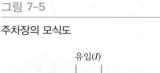

그림 7-5

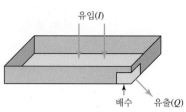

주차장의 모식도

으로 유입될 가능성이 있다. 유역 외에 떨어지는 물은 다른 유역으로 흘러가게 된다.

　유역에서의 물수지를 평가하기 전에, 보다 단순한 시스템인 사방이 막혀 있고 하나의 유출구가 존재하는 불투수 경사면을 생각해 보자. 이러한 시스템은 건물이나 콘크리트 벽으로 둘러싸인 도심지의 소형 주차장에서 볼 수 있다(그림 7-5). 이때 물은 배수구로만 빠져나갈 수 있다.

　이 시스템에서는 강우를 통해 물이 유입된다. 물은 웅덩이의 형태로 주차장에 남거나(수문학자들의 용어로는 **누적저장**(accumulated storage) 또는 **지표저류**(surface detention)) 주차장에서 흘러나갈 수 있다(**저장으로부터 유출**(flow released from storage)). 이 경우, 수문학의 연속 방정식(식 7-1)은 다음과 같이 나타낼 수 있다.

부피 축적률＝유입량－유출량　　　　　　　　　　　　　　　(7-4)

또는

$$\frac{dS}{dt} = I - Q \tag{7-5}$$

여기서도 물의 밀도는 일정하다고 가정한다. 이와 같이 물질수지를 체적 축적률로 표현할 수 있다. 수문학적 표현으로 이 식은 다음과 같이 나타낼 수 있다.

저장량의 변화$(vol \cdot time^{-1})$＝유입량$(vol \cdot time^{-1})$－유출량$(vol \cdot time^{-1})$　　　(7-6)

강우 초기에는 주차장 표면에 빗물이 축적되고 배수로를 통해 유출되는 빗물은 없다. 강우가 계속되면서 주차장 지표면에 저장되는 물(지표저류)의 양이 증가하고, 결국 배수구에서 물이 유출되기

그림 7-6

일정 기간 동안 동일한 유입 (예: 강우)을 갖는 경우의 유출수문곡선

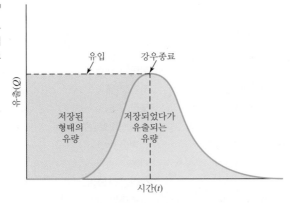

그림 7-7

유역이 유출수문곡선에 미치는 영향. $Q_c > Q_b > Q_a$이고 $t_c < t_b < t_a$.

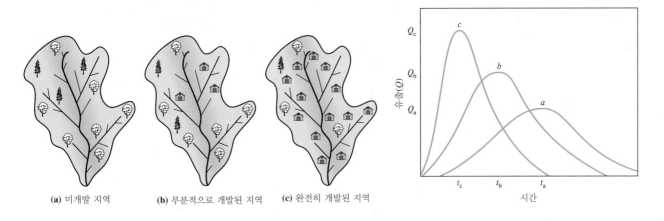

(a) 미개발 지역   (b) 부분적으로 개발된 지역   (c) 완전히 개발된 지역

시작한다. 강우가 종료된 후에도 배수구에서 물이 계속 유출되어 지표저류량을 감소시킬 수 있다. 결국에는 저류된 모든 물이 배수구로 흘러나가게 된다. 이 사례에서 증발 효과는 무시된다. 이와 비슷한 경우로 욕조에서 배수되는 속도보다 빠르게 물이 채워지는 사례를 생각해 볼 수 있다.

주차장의 물의 흐름과 저장은 시간에 따른 유량을 보여주는 그래프인 **유출수문곡선**(hydrograph)으로 설명할 수 있다(그림 7-6). 물이 시스템으로 계속 유입되면 그중 일부는 저장된 형태로 시스템에 남아 있다. 일단 물의 흐름이 멈추면(강우가 종료되면), 저장된 물은 유출구로 배출된다. 물이 증발하거나 침투하지 않은 경우, 시스템으로 유입되는 총 물의 질량은 배수구를 통해 시스템을 빠져나가는 질량과 동일해야 한다.

물이 지하로 침투하고, 지표면을 따라 하천으로 흘러가고, 물웅덩이에 가두어져 지표저류가 일어나는 등으로 인해 시스템이 복잡해지지만 유역에서 일어나는 현상도 기본적으로 이와 동일하다. 그림 7-7의 유역에서 모든 물이 단일 지점인 하천으로 배수되는 것을 볼 수 있다. 유역 내에서 흐르는 물은 분수령에 의해 다른 유역으로부터 분리된다. 물이 하천을 향하거나 지하를 향하여 흘러가는 속도에는 수많은 영향 요인이 있다. 예를 들어, 하천 주위 토지의 경사가 가파를수록 물이 하천으로 유입되는 속도가 빨라진다. 지표 식생의 밀도와 종류 또한 물의 이동속도에 영향을 미친다. 지표 식생이 밀집되어 있을수록 이동속도가 느려진다. 이와 같은 요소들은 하천에 도달하는 물의 양

표 7-1	일반적인 유출계수			
지역 설명 또는 지표면 특성	유출계수		지역 설명 또는 지표면 특성	유출계수
상업지역			철도역 구내	0.20~0.35
도심	0.70~0.95		자연 초원	0.10~0.30
외곽	0.50~0.70		포장지대	
주거지역			아스팔트, 콘크리트	0.70~0.95
단독주택	0.30~0.50		벽돌	0.75~0.85
공동주택, 분리된 형태	0.40~0.60		지붕	0.75~0.95
공동주택, 연결된 형태	0.60~0.75		잔디밭, 사질토	
주거지역, 교외	0.25~0.40		평평한 경사 (<2%)	0.05~0.10
아파트	0.50~0.70		평균적인 경사 (2~7%)	0.10~0.15
산업지역			가파른 경사 (>7%)	0.15~0.20
경공업	0.50~0.80		잔디밭, 중점토	
중공업	0.60~0.90		평평한 경사 (<2%)	0.13~0.17
공원, 공동묘지	0.10~0.25		평균적인 경사 (2~7%)	0.18~0.22
운동장	0.20~0.35		가파른 경사 (>7%)	0.25~0.35

출처: Joint Committee of the American Society of Civil Engineers and the Water Pollution Control Federation, 1969.

에 영향을 미친다. 이는 표 7-1에 나타난 유출계수로 표현된다. 유출계수는 지표면의 유출수량을 강수량으로 나눈 것으로 R/P로 정의된다.

이러한 요인들의 영향은 그림 7-7에 나타난 단위 유량도(unit hydrograph)를 통해 확인할 수 있다. 여기에는 3가지 유역에 대한 유출수문곡선이 나타나 있으며, 개발 수준을 제외하고 모든 조건이 동일하다. 유역(a)는 미개발된, 즉 식생이 밀집되어 있는 지역이다. 유역(b)는 부분적으로 개발된 곳으로, 일부 식생이 남아 있으나 수많은 도로와 주거지역이 존재한다. 이러한 구조물들은 침투를 방지하여, 강우의 상당 부분이 지표면을 따라 하천으로 흐르게 한다. 유역(c)는 상당히 개발된 지역으로, 도심지 환경과 유사하며 물이 침투할 수 있는 토지가 매우 적다. 이 유역에 내리는 강우는 빠르게 하천으로 흘러간다. 유역(c)는 최대 하천유량에 도달하는 시간이 가장 짧다. 이는 개발된 유역에서 물의 흐름을 방해하는 나무나 풀과 같은 식생이 거의 없기 때문이다. 강우가 내리면서 가장 가까운 수역으로 빠르게 이동한다. 또한 물이 침투하거나 고일 수 있는 너른 토지가 거의 없기 때문에 최대 하천유량은 유역(c)에서 가장 크다. 이러한 높은 유량으로 인해 둑 침식, 하상 세굴, 하천 경로 변화까지 초래할 수 있기 때문에 인간과 하천 생태계, 하천의 물리적 특성에 상당한 영향을 미친다.

유출수문곡선의 모양은 계절과 연도에 따라서도 달라진다. 예를 들어, 캘리포니아 모노 카운티(Mono County)에 있는 매머드(Mammoth) 호수 근처 47.2 km² 면적의 유역에 배수하는 컨빅트(Convict) 개울의 연간 하천 흐름의 순환은 그림 7-8a에서 확인할 수 있다. 매년 봄(3~5월) 눈이 녹으면 하천 흐름에 상당한 영향을 미친다. 건기(9월~4월)는 유출수문곡선에서 매우 낮은 유량으로 표시된다. 계절에 맞지 않게 높은 유량(예: 1969년 2월)은 유난히 따뜻한 날씨로 인해 눈이 녹거나 비가 내렸기 때문일 것이다.

그림 7-8b는 더 넓은 유역(1,194 km²)의 사례를 보여준다. 겨울의 강수량이 4월부터 9월까지

그림 7-8a

캘리포니아주 매머드 호수 인근 컨빅트 개울의 10년 유출수문곡선

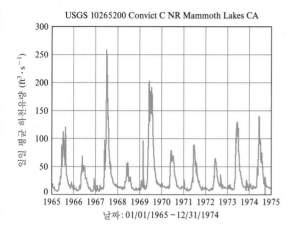

그림 7-8b

미시간주 이스트랜싱의 레드시더강의 유출수문곡선

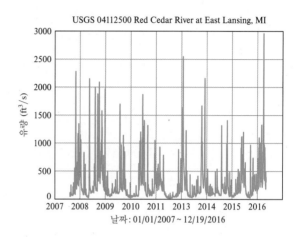

강수량의 50~66%에 그치므로 일반적으로 겨울에는 낮은 유량을 보이지만, 여기서는 변동성이 훨씬 불규칙적이다. 2017년 4월에 유량이 급증한 것은 2001년 이후 가장 큰 폭우가 발생하여 이 지역에 대규모 홍수가 발생했기 때문이다.

유역의 개념을 익혔으므로, 이제 유역에서의 물수지 산출 사례를 살펴볼 필요가 있다.

예제 7-2 1997년에 미시간주 랜싱 인근 어퍼 그랜드(Upper Grand) 유역(면적 4,530 km^2)에서 77.7 cm의 강우량을 기록하였다. 그랜드강에서 측정한, 유역에서 유출되는 평균 유량은 39.6 m$^3 \cdot$ s^{-1}이었다. 침투는 평균 9.2×10^{-7} m $\cdot$ s^{-1}로 발생하고, 증발산은 45 cm $\cdot$ year^{-1}로 추정되었다. 유역에서 저장량의 변화는 어떠한가?

풀이 우선 간단한 그림을 그리고, 주어진 정보와 찾아야 하는 것을 열거하고, 질문을 기호를 가진 수식으로 나타내도록 한다.

유역을 단순히 표현한 그림은 다음과 같다.

다음의 정보가 주어져 있다.

$$면적 = 4,530 \text{ km}^2$$
$$P = 77.7 \text{ cm} \cdot \text{year}^{-1}$$
$$침투 = G = 9.2 \times 10^{-7} \text{ cm} \cdot \text{s}^{-1}$$
$$E_T = 45 \text{ cm} \cdot \text{year}^{-1}$$

하천에서의 모든 유량은 유출로 발생한다고 가정한다. 즉, $R = Q_{out}$이다.

이 시스템에서 물질수지식을 말로 표현하면 다음과 같다.

저장량 변화 = 강수량 − 증발산량 − 침투량 − 하천으로 흘러가는 유량

기호로 표현하면 다음과 같다.

$$\Delta S = P - E_T - G - R$$
$$= 77.7 \text{ cm} \cdot \text{year}^{-1} - 45 \text{ cm} \cdot \text{year}^{-1} - (9.2 \times 10^{-7} \text{ cm} \cdot \text{s}^{-1})(60 \text{ s} \cdot \text{min}^{-1})(60 \text{ min} \cdot \text{h}^{-1})$$
$$\times (24 \text{ h} \cdot \text{day}^{-1})(365 \text{ day} \cdot \text{year}^{-1}) - R$$

R은 m^3/s에서 cm/yr로 변환해야 한다. 이를 위해 유량을 유역의 면적으로 나누고 필요한 단위 환산을 진행해야 한다. 이를 통해 R을 대입하면

$$\Delta S = 77.7 \text{ cm} \cdot \text{year}^{-1} - 45 \text{ cm} \cdot \text{year}^{-1} - 29 \text{ cm} \cdot \text{year}^{-1}$$
$$- \frac{(39.6 \text{ m}^3 \cdot \text{s}^{-1})(86,400 \text{ s} \cdot \text{day}^{-1})(365 \text{ day} \cdot \text{year}^{-1})(100 \text{ cm} \cdot \text{m}^{-1})}{(4,530 \text{ km}^2)(1,000 \text{ m} \cdot \text{km}^{-1})^2}$$

이 방정식을 풀면,

$$\Delta S = 77.7 - 45 - 29 - 27.6 = -23.9 \text{ cm} \cdot \text{year}^{-1}$$

저장량이 음의 값을 가지므로 이 기간 유역에서는 물의 손실이 발생하였다.

이 유역의 유출계수 또한 계산할 수 있다. 유출계수는 R/P와 같다는 사실에 기반하여 다음과 같이 계산한다.

$$\frac{R}{P} = \frac{27.6 \text{ cm}}{77.7 \text{ cm}} = 0.36$$

이 값은 전형적인 교외 지역의 유출계수(표 7-1 참조)이다.

상대적으로 작은 유역(13 km^2 이하)에서의 유출되는 유량은 다음 합리식을 사용하여 간단히 계산할 수 있다.

$$Q = CIA$$

여기서 Q = 첨두유량

C = 유출계수

I = 강우강도

A = 유역 면적. 유출계수는 표 7-1을 참조한다.

예제 7-3 강도가 2.5 cm/h인 강우가 발생한 스파르타나이트(Spartanite) 고등학교 운동장에서의 첨두유량을 계산하시오. 운동장은 다음과 같이 구성되어 있다.

지표면 특성	면적(m²)	유출계수
주차장, 아스팔트	11,200	0.85
건물	10,800	0.75
잔디밭과 운동장	140,000	0.20

풀이 3개의 다른 지표면 특성을 갖고 있으므로 가중치를 고려한 유출계수를 다음과 같이 계산한다.

$$C' = \frac{\sum_1^n C_n A_n}{\sum_1^n A_n}$$

$$C' = \frac{(11,200 \times 0.85) + (10,800 \times 0.75) + 140,000 \times 0.20}{(11,200 + 10,800 + 140,000)}$$

$$= 0.2816$$

$$Q = CIA$$

$$= (11,200 \text{ m}^2 + 10,800 \text{ m}^2 + 140,000 \text{ m}^2) \times \left(\frac{2.5 \text{ cm}}{h}\right)\left(\frac{m}{100 \text{ cm}}\right)\left(\frac{h}{3600 \text{ s}}\right)$$

$$= 0.32 \text{ m}^3 \cdot \text{s}^{-1}$$

이 결과는, 현실적으로 이 곳에서 우수 관거의 용량이 $0.32 \text{ m}^3 \cdot \text{s}^{-1}$을 수용할 수 있을 정도로 충분해야 침수를 방지할 수 있다는 것을 의미한다.

7-2 강수, 증발, 침투, 하천유량의 측정

수문학적 연속방정식의 수립은 확보할 수 있는 데이터의 품질에 달려 있다. 그러한 측면에서, 환경 과학자 및 공학자들이 이러한 매개변수들과 측정 방식에 대해 잘 이해할 필요가 있다.

강수

강수는 물의 순환에 있어서 주요한 유입원이다. 이를 정밀하게 측정하는 것은 수자원 프로젝트, 특히 홍수 제어에 관련된 것들의 성공적인 설계에 필수적이다.

강우강도는 지역적으로 편차가 크다. 예를 들어 그림 7-9와 7-10에 나타난 바와 같이, 강수량의 차이는 불과 몇 백 km 내의 지역 사이에서도 상당하다.

강수는 위도가 올라감에 따라 감소하는데, 이는 온도 하강으로 대기 중 수분이 감소하기 때문이다. 그러나 시애틀과 같은 습한 기후를 가진 곳과 샌디에이고와 같이 건조한 곳 같은 몇몇 예외적인 사례도 있다. 또한 강수는 수체에서 멀어질수록 감소하는데, 이는 해안가를 따라 나타나는 강수량을 통해 입증할 수 있으며(그림 7-9 참조), 오대호의 바람 부는 쪽을 따라서도 어느 정도 확인할 수 있다. 산은 강수에 중요한 인자가 된다. 강한 강수는 산맥의 바람이 불어오는 쪽을 따라 발생

그림 7-9

1981~2010년도의 워싱턴 주 강수량(인치). 격자형 측정에 PRISM 모델을 사용하였으며, 이를 이용하여 지도를 생성하였다. 데이터는 NOAA Cooperative stations와 USDA-NRCS SNOTEL stations에서 취득하였다. (출처: http://www.prism.oregonstate.edu/projects/gallery.php)

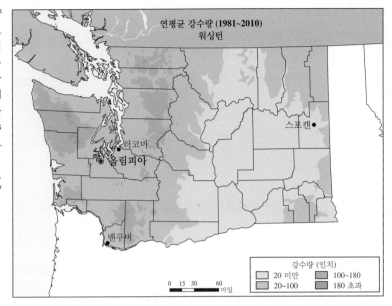

그림 7-10

1981~2010년도의 남캘리포니아 남동부 지역의 연평균 강수량. 등고선 간격=2인치. (출처: www.prism.oregonstate.edu/projects/gallery.php)

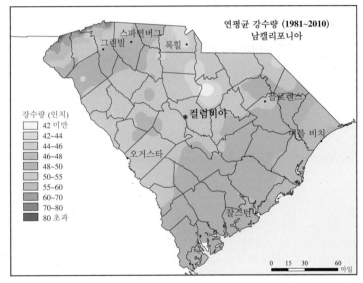

하는 경우가 많으며, 바람이 불어가는 쪽은 주로 비가 적은 지역이 된다. 위도, 연평균 기온, 최대 가능 함수율은 모두 강우강도에 영향을 미친다. 해양의 해류와 전 지구적 기후 패턴 역시 중요한 인자들이다.

강수는 지역적 뿐만 아니라 시간적으로도 변화한다. 이러한 시간적 변화는 공학적 관점에서 더 중요할 수 있다. 계절 및 연간 변동은 수자원 관리와 긴밀하게 관련이 있다. 그림 7-11에 나타난 바와 같이, 위스콘신주 라크로스의 월별 강우강도는 10배 이상 차이가 난다. 이러한 현상은 특이한 것이 아니다. 그림 7-12에 나타난 바와 같이, 연간 변동 역시 상당할 수 있다. 여기서는 강우강도가 많게는 16배까지 차이가 난다. 이러한 연간 변동은 강우가 적은 기간에 적합한 저수지와 강우강도가 높을 때 홍수 제어가 가능한 댐을 설계하는 데 중요하다.

홍수는 가장 빈번하고 손실이 막대한 자연재해이므로, 강우강도의 예측은 매우 중요하다. 그러

그림 7-11

위스콘신 라크로스에서 강수의 계절별 변동, 2006년 데이터 (출처: NOAA)

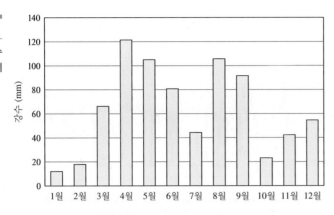

그림 7-12

캘리포니아 모하비에서 강수의 연간 변동 (출처: Western Regional Climate Center, 2007)

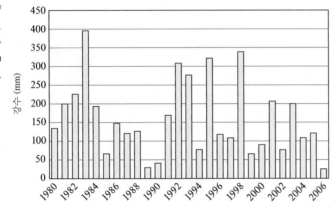

나 강수 변화를 예측하는 것은 매우 어려우며, 어느 정도의 변동은 단순히 무작위로 발생하는 것으로 알려져 있다.

수문학자들은 종종 50년 또는 100년 빈도 폭우에 대해 언급한다. 이러한 용어는 어떤 확률을 담고 있는 의미이므로 명확하지 않을 수 있다. 수문학자들이 100년 빈도 폭우에 대해 언급할 때, 기록에 근거하여 100년 기간에 1회 발생할 가능성이 있는 강도와 지속 기간을 가진 폭우에 대해 말하는 것이다. 폭우와 홍수는 기본적으로 확률적[*]이기 때문에 100년 폭우가 2년 연달아 발생할 수 있거나 한 해에 2번 발생할 수도 있다. 그러나 그간의 축적된 데이터는 기후변화로 인해 쓸모가 없어지고 있다. 그림 7-13a에 나타난 바와 같이, 총 연간 강수량은 미국 본토 내에서 증가해 왔는데, 10년 단위로 0.17인치의 증가율을 보인다. 미국의 어떤 지역은 다른 지역에 비해 강수량의 증가가 높았으나, 다른 지역은 강수량의 감소가 상당했는데, 이는 그림 7-13b에 나타나 있다.

지점 강수 분석. 홍수나 가뭄 예보에 있어서 정확한 강수 데이터가 필수적이므로, 대상 지역에서 강우강도를 결정하는 것은 중요하다. 강수는 한 지점을 측정하는 방식(예: 지름 약 20 cm 미만의 매우 작은 면적 대상)인 측정기를 사용하는 방법과 레이더를 사용하는 방식(일반적으로 약 2.5 km² 이상의 넓은 지역)이 있다. 각각의 방법은 장단점이 있다. 강우 측정기는 매우 작은 면적에서 정확한 데이터를 산출하지만, 이 데이터들은 외삽을 통해 더 넓은 지역에 적용되어야 한다. 작은 지역

---

[*] '확률적'이라는 말은 홍수의 발생을 일정 시간 동안 수집된 홍수 데이터들의 확률 분포를 이용하여 추정할 수 있다는 의미이다.

그림 7-13a

1901~2015년도 기간의 미국에서의 강수 변화 (출처: NOAA, 2016, National Centers for Environmental Information Accessed February 2016, www.ncei.noaa.gov. 더 많은 정보를 살펴보려면 U.S. EPA의 "Climate Change Indicators in the United States"를 방문할 것 www.epa.gov/climate-indicators.)

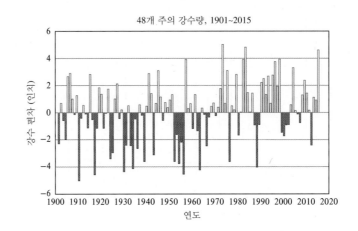

48개 주의 강수량, 1901~2015

그림 7-13b

1901~2015년도 기간의 미국 본토 48개 주에서의 강수 변화 (출처: NOAA, 2016, National Centers for Environmental Information Accessed February 2016, www.ncei.noaa.gov. 더 많은 정보를 살펴보려면 U.S. EPA의 "Climate Change Indicators in the United States"를 방문할 것 www.epa.gov/climate-indicators.)

강수의 변화 백분율

−30 −20 −10 −2 2 10 20 30

*알래스카 데이터는 1925년부터 시작되었음.

을 대상으로 하는 경우, 단일 강우 측정기의 데이터는 충분히 대표성을 가질 수 있다. 이처럼 단일 측정기로 데이터를 분석하는 방식을 **지점 강수 분석**(point precipitation analysis)이라고 한다. 레이더는 폭우의 강도 및 지속 기간이 측정 대상 지역에서 일정하게 유지된다면 강우강도를 합리적으로 추정할 수 있다. 그러나 산이 위치하는 경우 중요한 데이터 수집에 방해가 될 수 있고, 미국 남서부 지역과 같이 매우 좁은 면적에 폭우가 발생하는 경우 레이더가 미처 감지하지 못할 수도 있다.

증발

증발은 물의 순환에서 상당한 부분을 차지하는 요소이며, 특히 건조 및 반건조 기후 지역에서 중요하므로, 정확한 증발률의 추정은 인간 생활에 필요한 수량을 결정하는 데 중요하다. 증발률의 변동은 시간적(그림 7-14) 및 공간적 규모에서 모두 나타난다. 증발률은 팬 증발법, 자유 수면 증발법, 호수 증발법을 이용하여 추정할 수 있다. **팬 증발법**(pan evaporation)은 표준화된 국립기상국 (National Weather Service, NWS) 클래스 A 팬을 사용하여 증발률을 측정한다. 호수에서의 증발량은 호수 및 기류의 열 저장 용량으로 인해 팬 증발법의 측정값과 차이가 있다. 클래스 A 팬 증발량

그림 7-14

조지아주의 애선스 대학에서의 월평균 팬 증발률(1970~1971년)
(출처: South Carolina State Climatology Office, 2007).

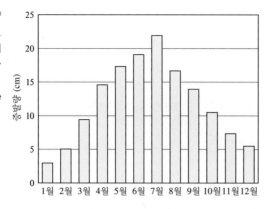

그림 7-14

조지아주의 애선스 대학에서의 월평균 팬 증발률(1970~1971년)
(출처: South Carolina State Climatology Office, 2007).

으로부터 호수 증발량을 추정하는 단순한 방법은 0.7을 곱하는 것이다(Farnsworth, Thompson, and Peck, 1982).

증발률을 추정하는 또 다른 방법은 돌턴(Dalton)식을 이용하는 것이다. 돌턴은 호수 표면 또는 다른 수체에서 물의 손실을 태양 복사, 대기 및 물의 온도, 풍속, 수면과 대기 간의 증기압 차이의 함수로 다음과 같이 나타내었다(Dalton, 1982).

$$E = (e_s - e_a)(a + bu) \tag{7-7}$$

여기서 E = 증발률($mm \cdot day^{-1}$)

$\quad e_s$ = 포화 증기압(kPa)

$\quad e_a$ = 수면 위 대기의 증기압(kPa)

$\quad a, b$ = 경험상수

$\quad u$ = 풍속($m \cdot s^{-1}$)

오클라호마 헤프너(Hefner) 호수에서 수행한 연구에서는 이와 유사한 다음의 경험식을 도출하였다.

$$E = 1.22(e_s - e_a)u \tag{7-8}$$

이와 같은 식에서 알 수 있듯이, 높은 풍속과 낮은 습도(대기의 증기압)의 조건에서 높은 증발률이 나타난다. 식에서 사용된 단위들이 서로 맞지 않는 것은 현장 데이터로부터 도출한 경험식이기 때문이다. 따라서 경험상수들은 단위 환산의 개념을 포함하고 있으며, 이러한 경험식을 적용할 때에는 경험식을 개발한 학자들이 사용한 것과 동일한 단위를 사용하는 것이 중요하다.

예제 7-4 안주만(Anjuman) 호수의 표면적은 70.8 ha이다. 4월을 기준으로 호수의 유입유량은 $1.5 \ m^3 \cdot s^{-1}$이다. 댐에서 조절하는 안주만 호수의 유출유량은 $1.25 \ m^3 \cdot s^{-1}$이다. 이 달에 기록된 강수량이 7.62 cm이고 저장 부피는 650,000 m^3만큼 증가했다면, 증발량은 m^3와 cm 단위로 각각 얼마인가? 안주만 호수 바닥에서 유입 또는 유출되는 유량은 없다고 가정한다.

풀이 물질수지 관계를 그림으로 그리는 것으로 시작한다.

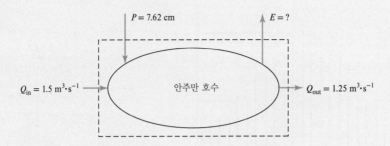

물질수지 방정식은 다음과 같다.

축적＝유입－유출

축적(저장량의 변화)은 650,000 m³이다. 유입은 유입유량과 강수로 구성된다. 강수 깊이와 면적 (70.8 ha)의 곱으로 부피를 산출한다. 유출은 유출유량과 증발로 구성된다. 저장량의 변화는 다음의 식으로 나타낼 수 있다.

$$\Delta S = Q_{in} + P - E - Q_{out}$$

모든 매개변수의 단위가 동일한지 검토한다. 유량은 m³/s로 표현되는 반면, E와 P는 cm로 표현된다. 증발률을 계산해야 하므로 모든 단위를 m³/월 또는 cm/월로 전환해야 한다. 수문학자들은 통상적으로 단위 시간당 길이로 저장량의 변화를 계산하지만, 길이는 질량과 같이 보존되는 값이 아니라는 것을 인지할 필요가 있다. 통상적으로 밀도는 일정하다고 가정하기 때문에 부피 또한 일정한 것으로 가정할 수 있다. 따라서 깊이보다는 부피로 이 문제를 풀도록 한다. 4월은 총 30일이 있으므로 다음과 같이 계산한다.

$$650,000 \text{ m}^3 = (1.5 \text{ m}^3 \cdot \text{s}^{-1})(30 \text{ days})(86,400 \text{ s} \cdot \text{day}^{-1})$$
$$+ (7.62 \text{ cm})(70.8 \text{ ha})(10^4 \text{ m}^2 \cdot \text{ha}^{-1})(\text{m} \cdot (100 \text{ cm})^{-1})$$
$$- (1.25 \text{ m}^2 \cdot \text{s}^{-1})(30 \text{ days})(86,400 \text{ s} \cdot \text{day}^{-1}) - E$$

E는 다음과 같이 계산한다.

$$E = Q_{in} + P - Q_{out} - \Delta S$$
$$= 3.89 \times 10^6 \text{ m}^3 + 5.39 \times 10^4 \text{ m}^3 - 3.24 \times 10^6 \text{ m}^3 - 6.50 \times 10^5 \text{ m}^3$$
$$= 5.39 \times 10^4 \text{ m}^3$$

70.8 ha 면적에 대해 월간 증발률을 길이 단위로 환산하면 다음과 같다.

$$E = \frac{5.39 \times 10^4 \text{ m}^3}{(70.8 \text{ ha})(10^4 \text{ m}^2 \cdot \text{ha}^{-1})} = 0.076 \text{ m} = 7.6 \text{ cm}$$

예제 7-5 4월 동안, 안주만(Anjuman) 호수의 풍속은 4.0 m/s로 추정되었다. 기상 온도는 평균 20°C, 상대습도는 30%를 기록하였다. 수중 온도는 평균 10°C였다. 돌턴식을 이용하여 증발률을 계산하시오.

풀이 표 7-2의 물의 온도와 증기압을 참고하여, 10°C에서 포화 증기압은 $e_s = 1.2290$ kPa로 추정된다. 기상의 증기압은 상대습도와 포화 증기압의 곱으로 계산할 수 있다.

$$e_a = (2.3390 \text{ kPa})(0.30) = 0.7017 \text{ kPa}$$

일일 증발률은 다음과 같이 추정할 수 있다.

$$E = 1.22(1.2290 - 0.7017)(4.0 \text{ m} \cdot \text{s}^{-1}) = 2.57 \text{ mm} \cdot \text{day}^{-1}$$

월간 증발률은 다음과 같이 계산할 수 있다.

$$E = (2.57 \text{ mm} \cdot \text{day}^{-1})(30 \text{ days}) = 77.1 \text{ mm 또는 } 7.7 \text{ cm}$$

표 7-2	다양한 온도에 따른 수증기압		
온도(°C)	증기압(kPa)	온도(°C)	증기압(kPa)
0	0.6104	25	3.1679
5	0.8728	30	4.2433
10	1.2290	35	5.6255
15	1.7065	40	7.3866
20	2.3390	50	12.4046

다음의 식을 이용하여 계산하였다. $e_s \cong 33.8639[(0.00738T + 0.8072)^8 - 0.000019 | 1.8T + 48 | + 0.001316]$, T=온도(°C).
출처: Bosen, J. F. (1960). A Formula for Approximation of the Saturation Vapor Pressure over Water Monthly Weather Review, Aug. 1960: 275-276.

증발산. 증발산은 어떤 지역에서 증산(식물로부터 수증기 배출)과 토양, 눈, 수면에서 수분의 증발로 제거되는 수분의 합을 의미한다. 증발산은 대상 지역의 전체 유출에서 전체 유입을 뺀 값으로 추정할 수 있다. 이러한 계산에서 저장량의 변화도 미미한 수준이 아니라면 포함시켜야 한다.

수분 공급이 원활한 식물의 뿌리 영역(예: 골프장)에서 잠재적인 증발산율(최대 가능 손실)은 넓은 자유 수면에서 발생하는 증발률에 근접할 수 있다. 뿌리 영역의 가용 수분은 실제 증발산율을 제한한다. 즉, 뿌리 영역이 건조해지면 증산율이 감소한다. 증발산율은 토양 종류, 식물 종류, 풍속, 기온의 함수이다. 식물 종류에 따라 증발산율의 차이가 클 수 있다. 예를 들어, 오크나무는 160 $L \cdot \text{day}^{-1}$ 만큼의 증산이 가능한 반면, 옥수수는 1.9 $L \cdot \text{day}^{-1}$ 수준에 그칠 따름이다. 앞서 언급된 요인들에 기반하여 증발산율을 예측하는 경험식들이 제시된 바 있지만, 이러한 모델들은 증발산에 영향을 미치는 복잡한 생물 및 물리학적 요소로 인해 보정 및 검증이 본질적으로 어려운 부분이 있다.

침투

침투는 물이 토양 내부로 이동하는 것을 의미한다. 강우강도가 침투능을 능가하게 되면 물은 토양을 통과하여 이동하는 속도는 점차 감소하여 일정한 값에 수렴하게 된다. 침투능은 강우강도, 토양 종류, 지표면 조건, 표면 식생에 따라 변동한다. 시간에 따른 침투능의 감소는 토양 공극이 물로 채워져서 모세관 현상이 감소하기 때문에 발생한다. 이러한 시간에 따른 침투능의 변화는 그림 7-15

에 나타나 있다.

침투를 예측하기 위한 여러 공식 중 호튼(Horton)식(Horton, 1935)이 유용하게 사용된다. 강우 강도가 침투능을 초과할 때 호튼식을 사용할 수 있다.

$$f = f_c + (f_o - f_c)e^{-kt} \tag{7-9}$$

여기서 f = 침투능(길이 · 시간$^{-1}$)

f_c = 평형, 임계 또는 최종 침투능(길이 · 시간$^{-1}$)

f_o = 초기 침투능(길이 · 시간$^{-1}$)

k = 경험상수(시간$^{-1}$)

t = 시간

이 식은 수문학자들이 사용하는 다른 물질수지 방정식과 마찬가지의 문제를 내포하고 있는데, 시간당 질량이나 시간당 부피 대신 시간당 길이를 단위로 사용한다는 것이다. 부피에 해당하는 값을 얻으려면 식 7-9의 우측에 물이 침투하는 표면적이 곱해져야 한다. 일반적으로 수문학자들이 침투능에 시간당 깊이 단위를 사용해 왔기 때문에, 이 책에서도 그것에 따른다.

앞서 언급한 바와 같이 토양 종류는 침투능에 영향을 미친다. 토양이 사질에 가까울수록 침투능이 높아질 것이다. 토양이 많이 다져졌거나 점토 함량이 높다면 침투능이 낮아질 것이다. 표 7-3에 일반적인 토양 종류에 따른 데이터가 제시되어 있다.

주어진 기간에 침투하는 물의 전체 부피를 계산하기 위해 호튼의 침투식을 적분하여 식 7-10과 같이 나타낼 수 있다.

$$부피 = A_s \int_o^t f\,dt = A_s \int_o^t \left[f_c + (f_o - f_c)e^{-kt} \right] dt = A_s \left[f_c t + \frac{f_o - f_c}{k}(1 - e^{-kt}) \right] \tag{7-10}$$

호튼식은 대부분의 토양에 적용 가능하나, 일부 제약 조건이 있다. 사질 토양의 경우, f_o는 대부분의 강우강도를 초과한다. 따라서 모든 강우가 침투하게 되고, 침투능은 강우강도와 동일하게 된다. 이러한 경우 호튼식은 침투능을 과소평가하게 된다. 앞서 언급한 바와 같이, 침투능(f)은 시간의 흐름에 따라서가 아니라 누적 침투 부피가 증가하면서 공극이 채워짐에 따라 감소한다. 호튼식에서 침투능은 누적 침투 부피가 아닌 시간의 함수로 표현된 것을 인지할 필요가 있다.

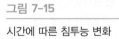

그림 7-15

시간에 따른 침투능 변화

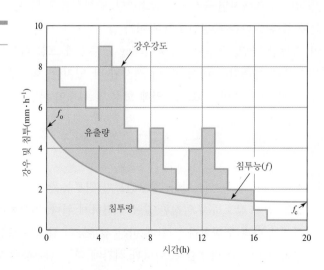

표 7-3	일반적인 토양 종류에 따른 호튼식의 매개변수값			
토양 종류		f_c (cm · h^{-1})	f_o (cm · h^{-1})	k (h^{-1})
알팔파 양질사토(Alphalpha loamy sand)		3.56	48.26	38.29
카네기 사양토(Carnegie sandy loamy)		4.50	35.52	19.64
도탄 양질사토(Dothan loamy sand)		6.68	8.81	1.40
푸카이 자갈양질사토(Fuquay pebbly loamy sand)		6.15	15.85	4.70
리필드 양질사토(Leefield loamy sand)		4.39	28.80	7.70
트룹 모래(Troop sand)		4.57	58.45	32.71

출처: Bedient, Philip; Huber, Wayne C.; Vieux, Baxter E., Hydrology and Floodplain Analysis, 4th Edition, 2008, pg. 67.

예제 7-6 다음과 같은 특성을 지닌 토양이 있다.

$$f_o = 3.81 \text{ cm} \cdot \text{h}^{-1} \qquad f_c = 0.51 \text{ cm} \cdot \text{h}^{-1} \qquad k = 0.35 \text{ h}^{-1}$$

$t = 12$분, 30분, 1시간, 2시간, 6시간에서 f의 값은 얼마인가? 1 m^{2}의 면적을 갖는 곳에서 6시간 동안 발생한 전체 침투량의 부피는 얼마인가?

풀이 주어진 데이터를 이용하여 $i > f$인 경우(즉, 강우강도가 침투능을 초과하는 경우), 호튼식으로 침투능을 계산할 수 있다. 강수 부피 중 침투한 양은 호튼식을 고려 대상 시간 범위로 적분하여 계산한다.

$$부피 = A_s \int_o^t f \, dt = A_s \int_o^t [f_c + (f_o - f_c)e^{-kt}] \, dt = A_s \left[f_c t + \frac{(f_o - f_c)}{-k} e^{-kt} \Big|_o^t \right]$$

호튼식을 이용하여 찾고자 하는 시간 동안의 침투능을 계산할 수 있다.

시간(h)	침투능(cm/h)
0.2	3.58
0.5	3.28
1	2.54
2	2.16
6	0.91

계산한 값들을 이용하여 시간에 따라 침투능이 어떻게 감소하는지 그래프로 나타낼 수 있다.

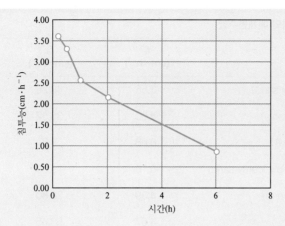

6시간 동안 침투하는 물의 부피는 다음과 같이 계산할 수 있다.

$$부피 = A_s \left[\left\{ (0.51)(6) + \frac{(3.81 - 0.51)}{-0.35} e^{-(0.35)(6)} \right\} \right.$$

$$\left. - \left\{ (0.51)(0) + \frac{(3.81 - 0.51)}{-0.35} e^{-(0.35)(0)} \right\} \right]$$

$$= A_s (11.3 \text{ cm}) = 1 \text{ m}^2 (11.3 \text{ cm})(\text{m} \cdot (100 \text{ cm})^{-1}) = 0.113 \text{ m}^3$$

하천유량

하천에서 실제 유량은 수체의 특정한 단면에서 물의 속도와 깊이(또는 기준점으로부터 물의 높이)를 측정하여 결정한다. 수위 관측값은 하천유량의 관점에서 보정된다. 통상적으로 수위 측정값은 ft 또는 m 단위로 주어진다. **유량**(flow) 또는 유출량, 즉 어떤 시간 동안 하천의 특정 지점을 통과하는 물의 전체 부피는 수문학적 측정에 중요하다. 유출량은 유량의 측정이고 초당 ft^3(cfs), 분당 갤런(gpm), 또는 초당 $\text{m}^3(\text{m}^3 \cdot \text{s}^{-1})$으로 나타낸다. 유량은 수로의 어떤 장소에서 측정되는데 이를 **하천유량 측정소**(stream-gauging station)라고 일컫는다.

수동 측정소에서는 하천에 설치된 눈금이 그려진 막대기(간이수위계)로부터 측정값을 얻는다(그림 7-16). 이러한 방식은 누군가가 방문해서 수위를 기록해야 한다.

자동 측정소에서, 하천 수위는 연속적으로 모니터링되고 기록된다. 이러한 데이터들은 전화선 또는 인공위성 라디오를 통해 미국 지질조사국(United States Geological Service, USGS) 및 미국 국립기상국(National Weather Service, NWS)으로 전송된다. 이 방식은 하천 수위의 원격 모니터링과 홍수 조건 예측을 가능하게 한다.

자동 측정소는 종종 모니터링을 위해 정수정(stilling well)을 사용한다. 정수정(그림 7-17)은 물결의 영향을 최소화하고, 하천에 떠내려오는 통나무 및 다른 이물질들로부터 파이프와 밸브를 보호한다. 작은 하천의 경우, 유량 측정용 둑(그림 7-18)을 설치하기도 한다. 이 시스템은 하천유량의 작은 변화에 대한 수위 변화를 증가시켜 측정의 정밀도와 정확도를 향상시킨다.

평가 곡선(그림 7-19)은 수위 측정을 보정하는 데 필요하다. 이러한 곡선들은 USGS 현장 담당자들이 작성하는데, 이들은 주기적으로 측정소를 방문하여 하천유량을 측정하기 위해 하천의 깊이와 유속을 수로 단면에서 모니터링한다.

그림 7-16

하천유량 측정을 위한 간이수위계 (출처: Stevens Water Monitoring Systems, Inc., http://www.stevenswater.com)

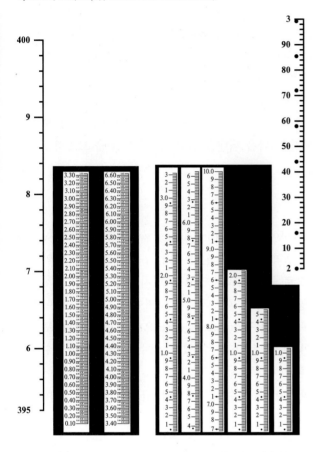

그림 7-17

하천유량 측정소에서 정수정의 모식도

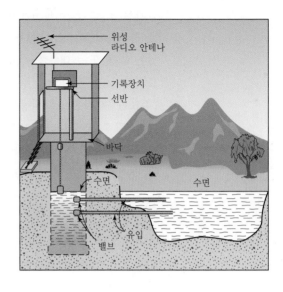

그림 7-18

수위 측정을 위한 관측용 둑 (출처: Stevens Water Monitoring Systems, Inc., http://www.stevenswater.com.)

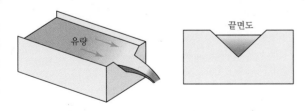

그림 7-19

전형적인 유출 곡선 (출처: Wahl, 1995. U.S. Geological Survey Circular 1123, Reston, VA.)

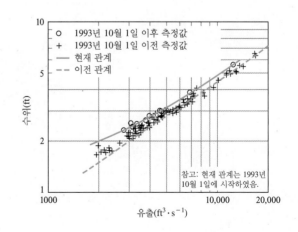

7-3 지하수 수문학

지금까지 우리는 지표수에 대해 논의하였다. 지표수는 중요한 자연자원이지만, 지하수의 중요성도 간과할 수 없다. 전체 수권에서 지하수는 전체 담수의 25.7%를 차지하고 얼지 않은 담수의 98.4%를 차지한다(Mather, 1984). 지하수는 다시 사용할 수 있지만, 다시 채워지는 속도가 물을 함유하고 있는 지층 또는 **대수층**(aquifer)에서 퍼서 사용하는 속도보다 훨씬 느린 경우가 많다. 애리조나, 콜로라도 동부, 캔자스 서부, 텍사스, 오클라호마, 캘리포니아 일부 지역과 같은 곳에서는 지하수가 "주요한" 수자원으로 사용되고 있어서, 채워지는 속도를 능가하는 수준으로 지하수가 사용되고 있다. 그림 7-20에 나타난 바와 같이, 해수 침투 및 화학적 오염, 미생물 오염과 같은 현상은 이 중요한 자연자원의 품질에 영향을 준다. 당연한 얘기이지만, 다음 세대를 위해 지하수 자원을 보호하고 잘 관리하는 것을 배워야 한다.

대수층

물이 토양을 통해 내려가는 동안, 뿌리 구역을 통과하여 **불포화대**(unsaturated zone)(통기대(vadose zone 또는 zone of aeration)라고도 불림)라 일컫는 구역을 지나게 된다. 그림 7-20에 나타난 바와 같이, 불포화대의 지질학적 물질의 공극은 부분적으로 물로 채워져 있고, 나머지 공간은 공기로 채워져 있다. 물은 계속 수직으로 이동하여 모든 토양의 공극이 물로 채워진 구역에 이르게 된다. 이 구역은 **포화대**(zone of saturation, saturated zone) 또는 **침윤 구역**(phreatic zone)으로 알려져 있다. 포화대의 물은 **지하수**(groundwater)라 일컫는다. 물이 수평으로 흐를 수 있고, 양수로 끌어올려질 수 있는 지역을 지질학적으로 **대수층**(aquifer)이라 부른다.

　모래, 사암, 또는 퇴적암은 좋은 대수층의 기반이 된다. 대수층은 석회암, 균열된 현무암, 풍화된 화강암과 같은 다공성의 지질학적 물질에도 존재한다.

그림 7-20

지하수 흐름의 요소

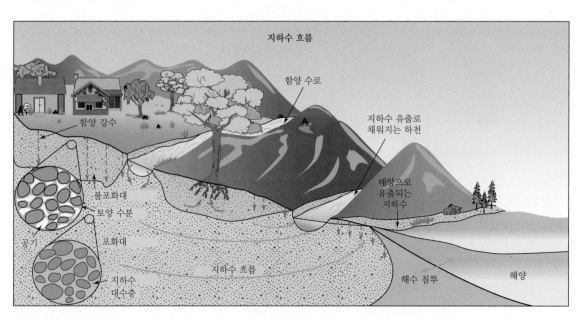

그림 7-21

지하수 대수층의 모식도

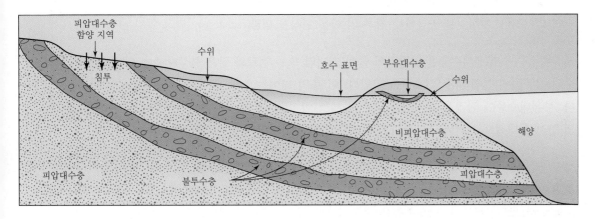

비피압대수층. 불투수층으로 막히지 않은 대수층에서 포화대의 최상단면을 **지하수면**(water table) 이라고 부른다(그림 7-21). 이러한 종류의 대수층을 **수위 대수층**(water table aquifer), **비피압대수층** (phreatic aquifer 또는 unconfined aquifer)이라 부른다.

지하수면 바로 윗부분에서는 지질학적 물질의 공극이 작으면 물과 토양 사이의 상호 작용으로 인해 물을 함유할 수 있다. 이렇게 지하수면 상단으로 토양이 물을 끌어오는 것을 **모세관 현상** (capillary action)이라 한다. 이러한 현상이 일어나는 구역을 **모세관 상승대**(capillary fringe)라 한다. 이 구역은 공극이 물로 포화되어 있어도 공급할 수 있는 수자원으로 고려할 수는 없는데, 이는 중력에 의해 자유 배출이 불가하기 때문이다(그림 7-22).

그림 7-22

불포화대, 포화대, 지하수위 영역을 보여주는 모식도. 불포화대의 토양 입자 표면이 부분적으로 물로 덮여 있는 반면, 포화대의 공극은 완전히 물로 채워져 있다. 또한 양수하지 않으면 관정에서의 수위는 지하수면과 같다. (출처: Montgomery C., Environmental Engineering, 6e, 2003, The McGraw-Hill Companies, Inc.)

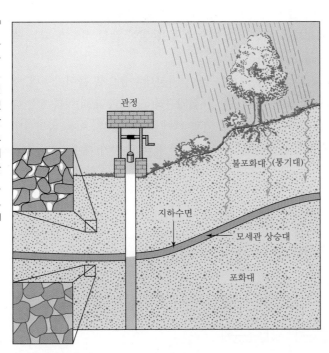

비피압대수층에서 지하수면은 강우와 계절에 따라 상당한 변화가 있다. 예를 들어, 강우량이 높고, 눈과 얼음의 해빙이 상당한 봄과 같은 기후 조건에서 지하수면은 지표면에 근접한다. 반면 낮은 강우 기간 또는 지표면이 결빙되는 경우와 같이 침투능이 낮을 때, 지하수면은 지표면에서 상당히 멀어진다. 지하수를 공급하는 침투 및 이동 현상을 **함양**(recharge)이라고 일컫는다.

부유대수층. 부유대수층은 일정량의 물이 기저암 또는 점토와 같은 불투수층에 의해 주변의 지하수위보다 높게 분리되어 있는 곳을 말한다. 이 층의 넓이는 수백 m^2에서부터 수 km^2에 이를 수 있다. 부유대수층에 관정을 설치하는 것은 문제를 야기할 수 있는데, 이는 이 대수층에 존재하는 물의 양이 상대적으로 적어 단기간의 양수로 관정이 말라버릴 수 있기 때문이다.

피압대수층. 대수층의 위아래로 불투수층이 위치한 경우 **피압대수층**(confined aquifer)이라 한다. 불투수층은 **가압층**(confining layer)이라고도 일컫는다. 가압층은 **난투수층**(aquiclude)과 **반대수층**(aquitard)으로 분류된다. 난투수층은 본질적으로 불투수층이고 반대수층은 대수층보다 낮은 투수 성질을 가지고 있다. 이러한 용어들은 종종 구분없이 사용되기도 한다.

자분대수층. 피압대수층 내 물은 가압층의 불투수성이나 대수층의 높이차로 인해 상당한 압력하에 있을 수 있다. 이러한 시스템은 마노미터와 유사하다. 마노미터에서 제약이 없을 때, 각각의 다리에서 수위는 같은 높이에 이른다. 이는 그림 7-23a에 나타난 바와 같이 비피압대수층에 존재하는 물의 성질과 같다. 왼편 다리에서 수위가 상승하면, 상승한 수압으로 인해 오른편 다리로 물을 밀어내어 양쪽 높이가 같아지게 된다. 그림 7-23b에 나타난 바와 같이, 오른쪽 다리가 클램프로 막혀 있으면, 물이 같은 높이로 상승하지 않을 것이다. 이것은 피압대수층에서 물의 성질과 같다. 클램프가 위치한 곳에서 수압은 증가할 것이다. 이러한 압력은 왼편 다리에서 물의 높이로 인해 발생한다.

그림 7-24에 나타난 바와 같이, 대수층 내 수압이 존재하는 경우 이를 **자분대수층**(artesian aquifer)이라 일컫는다. 자분의 의미를 지닌 'artesian'은 프랑스 지방 아르투아(Artois)에서 온 것으로, 이곳은 로마 시대에 물이 우물로부터 지표면으로 흘렀던 지역이다. 대수층 내 수압이 충분히 높아서 대수층과 불포화대를 지나 지표면으로 물을 밀어 올릴 정도가 되는 경우, 이를 **유동 자분대수층**(flowing artesian aquifer)이라고 한다.

가압층이 지표면과 맞닿는 곳에서는 물이 자분대수층으로 들어가는데, 이는 지반이 융기하는 경우 발생한다. 지표면에 노출된 대수층은 **함양구역**(recharge area)이라 불린다. 자분대수층은 마노미터가 압력하에 있는 것과 같은 원리로 압력 하에 존재하는데, 이는 함양구역이 상단 가압층의 밑면보다 높이 있기 때문이며, 따라서 가압층 위의 물의 높이가 대수층 내 수압을 발생시킨다. 함양

마노미터와 대수층 내 물의 관계. (a)의 마노미터는 비피압대수의 상황과 같다. (b)의 마노미터는 피압대수의 상황과 같다.

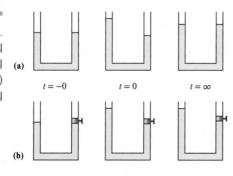

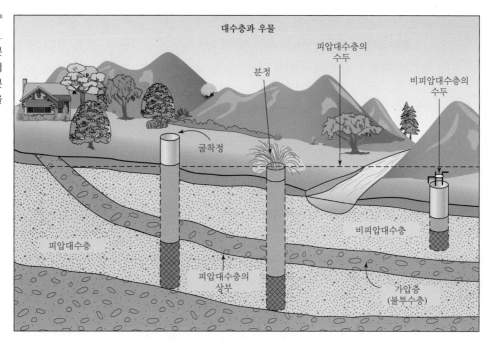

그림 7-24

굴착정(artesian wells)과 분정(flowing artesian wells)의 수두를 나타내는 모식도. 분정의 수두가 지표면에 있음을 명심할 것.

구역과 최상단 가압층의 밑면과의 수직거리가 클수록 물의 높이가 높아져서 더 높은 수압이 발생한다.

샘. 지하 공간의 지질학적 물질과 표층 지형의 불규칙성으로 인해 수위는 종종 지표면 또는 하천, 호수, 해양의 바닥과 맞닿는다. 이렇게 만나는 지점에서 지하수는 대수층으로부터 흘러나가 호수, 하천, 또는 샘을 형성한다. 지하수면이 지표면을 뚫고 나오는 곳은 **중력천**(gravity spring) 또는 **삼출샘**(seepage spring)이라고 불린다. 샘은 피압대수층 또는 비피압대수층을 통해 형성된다.

수문지질학의 복잡성. 앞서 언급된 묘사와 도식들은 자연에서 실제로 일어나는 현상을 상당히 단순화한 것이다. 대수층은 매우 복잡하고 상당히 변동성이 큰 지질학적 구성을 갖고 있다. 지하수 흐름의 변동성은 공간적으로 발생하며, 수직과 수평 방향으로 모두 발생한다. 다양한 지질학적 물질을 보려면 그 구성을 살펴보면 된다. 예를 들어, 퇴적 지질층에서 실트나 점토와 같이 보다 불투수성이 높은 지질물질 안에 모래가 쌓인 영역이 존재하는 것은 드물지 않은 일이다. 대수층은 표층수에서 관찰되는 것과 유사하게 분수계를 갖는다. 분수계에서 지하수 흐름은 여러 방향으로 나누어지며, 이는 대수층이 수자원으로 활용될 수 있는 정도에 영향을 미친다.

압력수면과 수두. 작은 튜브들(피에조미터)을 피압대수층에 수직으로 세우면, 마노미터에서 평형상태에 이르는 지점까지 물이 오르듯 수압으로 인해 물이 튜브 안으로 올라온다. 튜브 내 물의 높이를 **압력수두**(piezometric head)라고 하며, 대수층 내 압력을 측정하는 데 쓰인다. 압력수두는 관정 내 수위를 사용하여 측정한다. 몇몇 피에조미터에서 평형상태에 이르는 지점들을 연결한 선을 **압력수면**(piezometric surface)이라고 부른다. 비피압대수층에서 압력수면은 지하수면과 같다.

 피압대수층의 압력수면이 지표면보다 위에 위치하면, 대수층을 통과한 관정에서 양수 없이 물이 자연스럽게 흘러나올 것이다. 이 경우, 관정이 통과한 대수층은 자분대수층이다. 압력수면이 지표면보다 아래에 위치하면, 관정에서 물이 양수 없이 흘러나올 수 없다.

동수경사(hydraulic gradient)는 두 지점에서의 수두차를 두 지점 간의 거리로 나눈 것으로, 수학적으로 다음과 같이 나타낸다.

$$\frac{\Delta h}{L} = \frac{h_2 - h_1}{L} \tag{7-11}$$

여기서 $\Delta h/L$ = 동수경사

$\quad h_2$ = 지점 2에서의 수두

$\quad h_1$ = 지점 1에서의 수두

$\quad L$ = 지점 1과 2사이의 직선 거리

예제 7-7 비피압대수층의 수두(그림 7-25)가 다음 도식과 같이 4개의 지점에서 관측되었다.

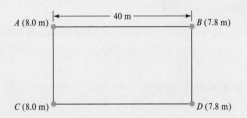

이 정보를 이용하여 동수경사를 계산하시오.

풀이 흐름의 방향은 AC에서 BD이다. 동수경사는 식 7-11을 이용하여 계산할 수 있다.

$$\frac{\Delta h}{L} = \frac{h_2 - h_1}{L} = \frac{8.0 - 7.8 \text{ m}}{40 \text{ m}} = 0.005 \text{ m} \cdot \text{m}^{-1}$$

그림 7-25

비피압대수층에서 압력수면과 기준선을 보여주는 모식도

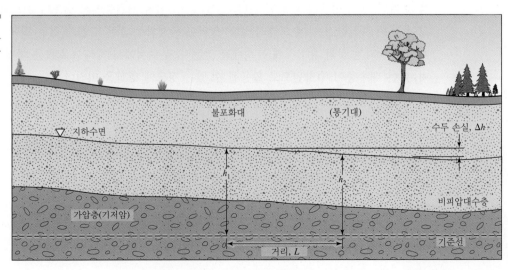

7-4 지하수 흐름

물은 수두가 높은 곳에서 낮은 곳으로 압력수면을 따라 흐른다. 앞서 언급한 바와 같이, 비피압대수층에서 압력수면은 지하수면이다. 압력수면은 미리 정의한 기준선에서 지표면 아래의 물의 깊이를 빼는 것으로 계산한다. 많은 경우, 기준선은 해수면 대비 가압층의 상단 높이 또는 지표면 아래 깊이이다.

예제 7-8 당신은 학교를 건설하는 건설회사에서 일하고 있다. 기초를 건설하던 중 지표면 아래 7 m에서 지하수를 발견하였다. 100 m 떨어진 곳에서, 지표면 아래 7.5 m에서 지하수를 발견하였다. 기준선은 지표면 아래 25 m 지점으로 한다. 각 지점에서 압력수면, 지하수 흐름 방향, 동수경사는 어떻게 되는지 구하시오.

참고: 가압층은 지표면과 평행하다고 가정하는데, 이는 복잡한 문제를 단순화하기 위함이다.

풀이 제일 먼저 해야 할 것은 문제를 설명하는 그림을 그리는 것이다. A점에서 지하수의 높이는 7.0 m이고, B점에서 지하수 높이는 7.5 m이다. 주어진 기준선을 이용하여(지표면 아래 25 m), 각 지점에서 물의 총수두를 구할 수 있다.

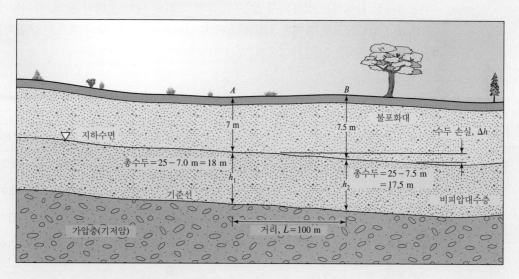

A점: 총수두 $= 25 - 7.0$ m $= 18$ m

B점: 총수두 $= 25 - 7.5$ m $= 17.5$ m

지하수 흐름은 A점에서 B점으로, 즉 압력수면이 높은 곳에서 낮은 곳으로 흐른다. 2개의 압력수면을 이용하여 동수경사를 다음과 같이 계산한다.

$$\frac{\Delta h}{L} = \frac{h_2 - h_1}{L} = \frac{18.0 - 17.5 \text{ m}}{100 \text{ m}} = 0.005 \text{ m} \cdot \text{m}^{-1}$$

지금까지 지하수 흐름의 방향에 대해서만 언급했으나, 지하수 오염물질의 이동을 예측하는 것을 포함한 많은 경우, 지하수 흐름의 속도를 결정할 필요가 있다. 수문학자 앙리 달시(Henri Darcy)는 모래로 채우고 옆면을 기울인 컬럼에서 물의 흐름에 대해 연구하였다. 그는 지하수 흐름의 유속이 동수경사 및 투수계수로 알려진 지질학적 물질의 특성에 달려 있다는 것을 밝혀냈다. **투수계수**(hydraulic conductivity)는 다공성 매체(예: 모래, 자갈 등)를 물이 얼마나 쉽게 이동하느냐의 척도로 볼 수 있다. 예를 들어, 물은 조밀한 점토보다 자갈을 훨씬 잘 통과한다. 물이 자갈을 손쉽게 통과하기 때문에 투수계수가 높다. 그러나 점토는 물이 쉽게 통과해서 흐르지 않기 때문에, 이 경우 투수계수는 낮다. 투수계수는 토양입자 크기와 공극률을 포함한 지질학적 물질의 성질에 달려 있다. 전형적인 지질학적 물질의 투수계수는 표 7-4와 같다.

투수계수는 동수경사가 1.00일 때 대수층(그림 7-26)의 단위 단면을 통과하는 유출량과 같으며, 속도(m/s)의 단위를 갖는다.

달시는 지하수 흐름이 층류(laminar flow)이고 대수층은 전부 포화되어 있을 때 흐름의 속도는 동수경사와 투수계수에 비례함을 찾아냈다(Darcy, 1856).

$$v = K\frac{\Delta h}{L} \tag{7-12}$$

K는 투수계수(거리/시간)이고, $\Delta h/L$는 동수경사(거리/거리)이다. 이 식은 매우 입자가 고운 토양이나 갈라진 암석에는 적용되지 않는다. 그림 7-27에 나타난 바와 같이, 달시는 물의 유량(Q)은 달시(Darcy) 속도라고도 불리는 비류량(specific discharge) v에 물이 흐르는 단면적을 곱한 값과 같다는 것을 밝혀냈다.

표 7-4	대수층 매개변수의 전형적인 값들		
	대수층 구성물질	공극률(%)	일반적인 투수계수(m · s⁻¹)
	점토	55	2.3×10^{-9}
	양질토	35	6.0×10^{-6}
	가는 모래	45	2.9×10^{-5}
	중간 모래	37	1.4×10^{-4}
	굵은 모래	30	5.2×10^{-4}
	모래와 자갈	20	6.0×10^{-4}
	자갈	25	3.1×10^{-3}
	점판암	<5	9.2×10^{-10}
	화강암	<1	1.2×10^{-10}
	사암	15	5.8×10^{-7}
	석회암	15	1.1×10^{-5}
	갈라진 암석	5	$1\times10^{-8}-1\times10^{-4}$

출처: Davis and Cornwall, 1998; Todd, 1980.

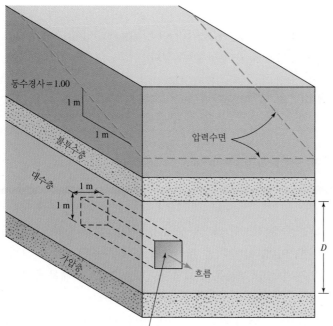

그림 7-26

투수계수(*K*)의 정의를 표현한 삽화 (출처: Geological Survey water supply paper 1662-D, pp. 74.)

동수경사 = 1.00
1 m
1 m
불투수층
압력수면
대수층
1 m
1 m
가압층
흐름
D

K = 단면적 1 m²을 통과하는 유출량

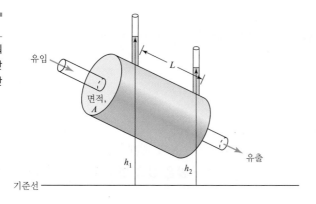

그림 7-27

이 면적은 고체입자들로 채워 져 있다. 그림 7-28에 나타난 바와 같이 물은 공극으로만 흐른다.

유입
면적, *A*
L
h_1
h_2
유출
기준선

$$Q = vA = \left(K\frac{\Delta h}{L} \right)A \tag{7-13}$$

지하수 흐름을 모델링하는 실제 식은 훨씬 더 복잡한데, 이는 투수계수가 수평 및 수직 방향으로 변동하고, 동수경사는 $\partial h / \partial L$이기 때문이다. 그러나 여기서 사용된 단순화된 식을 통해 지하수 흐름의 기초를 이해할 수 있다.

예제 7-9 앞선 예제에서 대수층이 굵은 모래로 구성되어 있으며, 물이 흐르는 방향으로 대수층의 단면적은 925 m²이라고 가정한다. 이 대수층에서 지하수의 달시 속도와 비류량(specific discharge)은 얼마인가?

풀이 표 7-4에 나온 굵은 모래의 투수계수(K)는 6.9×10^{-4} m·s^{-1}이다. 동수경사가 0.005 m·m^{-1}이므로, 지하수의 달시 속도는 다음과 같이 구할 수 있다.

$$v = K\left(\frac{\Delta h}{L}\right) = (6.9 \times 10^{-4} \text{ m·s}^{-1})(0.005 \text{ m·m}^{-1})(86{,}400 \text{ s·day}^{-1})$$

$$= 0.298 \text{ m·day}^{-1}$$

비류량은 vA와 같으며, 계산하면 0.298 m·day^{-1} × 925 m^2 = 275.65 m^3·day^{-1}이다.

실제로, 달시 속도는 측정 가능한 매개변수인 유량(Q)으로부터 계산할 수 있다. 전술한 바와 같이, 비류량은 유량의 개념이며, 이 수치를 계산하기 위해 사용된 면적은 그림 7-27처럼 흐름의 단면적이다. 그러나 단면적의 상당 부분은 고체입자로 채워져 있기 때문에 물은 전체 단면적을 통과하여 흐르지 않는다. 그림 7-28에 나타난 바와 같이, 물은 공극으로만 흐를 수 있다.

따라서 물의 평균 선속도는 달시 속도보다 커야 한다. 평균 선속도는 다음과 같이 구할 수 있다.

$$v'_{water} = \frac{v}{\eta} \tag{7-14}$$

여기서 v'_{water} = 물의 평균 선속도 또는 **침투속도**(seepage velocity)

$\quad\quad v$ = 달시 속도

$\quad\quad \eta$ = 지질학적 물질의 공극률

공극률(porosity)은 대수층의 전체 부피 대비 공극이 차지하는 부피의 비율이다. 이는 대수층을 구성하는 물질의 입자들 사이에 저장될 수 있는 물의 최대량을 측정하는 것과 같다. 그러나 이것이 어떤 지질학적 물질의 특정 부피에서 얼마나 많은 물을 양수하여 사용 가능한지를 알려주지는 않는다.

그림 7-28

물이 흐르는 공극을 보여주는
대수층 구성물질의 단면

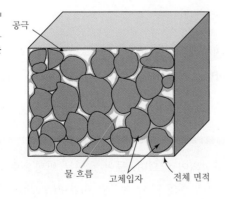

공극

물 흐름   고체입자   전체 면적

예제 7-10 그림 7-27에 나타난 컬럼에 채워진 지질학적 물질은 굵은 모래이다. 압력수면은 $h_1 = 10$ cm와 $h_2 = 8.0$ cm이다. h_1과 h_2가 측정된 두 점 사이의 거리는 10.0 cm이며, 단면적은 10 cm^{2}이다. 이 컬럼을 흐르는 물의 선속도는 얼마인가?

풀이 동수경사는 다음과 같이 계산할 수 있다.

$$\frac{\Delta h}{L} = \frac{h_2 - h_1}{L} = \frac{10.0 - 8.0 \text{ cm}}{10.0 \text{ cm}} = \frac{2 \text{ cm}}{10.0 \text{ cm}} = 0.2 \text{ cm} \cdot \text{cm}^{-1}$$

표 7-4에서 굵은 모래의 동수경사(K)는 6.9×10^{-4} m·s^{-1}이다. 달시 속도는 다음과 같이 계산할 수 있다.

$$v = K \frac{\Delta h}{L} = (6.9 \times 10^{-4} \text{ m} \cdot \text{s}^{-1})(0.2 \text{ cm} \cdot \text{cm}^{-1}) = 1.38 \times 10^{-4} \text{ m} \cdot \text{s}^{-1}$$

공극률을 0.3으로 가정하면(표 7-4에 주어진 바와 같이), 물의 선속도는 다음과 같다.

$$v'_{water} = \frac{v}{\eta} = \frac{1.38 \times 10^{-4} \text{ m} \cdot \text{s}^{-1}}{0.3} = 4.6 \times 10^{-4} \text{ m} \cdot \text{s}^{-1}$$

이 분석을 통해 대수층 내 물의 선속도는 달시 속도보다 상당히 높음을 알 수 있다.

7-5 우물 수리학

용어 정의

이번 7-5절에서 정의된 대수층 매개변수들은 사용 가능한 물의 부피와 이를 지상으로 옮기기에 용이한 정도를 결정하는 것과 연관되어 있다. 보다 일반적인 용어들은 7-3절과 7-4절에 정의되어 있다.

비산출량. 중력에 의해 자유롭게 대수층에서 배수되는 물의 비율을 비산출량(specific yield)이라고 정의한다(그림 7-29). 비산출량은 공극률과 동일하지 않은데, 이는 공극 내에서 작용하는 분자 간 힘과 표면 장력이 어느 정도의 물을 공극에 붙들어 놓기 때문이다. 비산출량은 개발 가능한 지하수량을 나타낸다. 비피압대수층의 비산출량은 0.01~0.35 m^3·m^{-3} 사이에 있다. 표 7-5에 몇몇 평균값이 나와 있다.

저류계수(S). 이 매개변수는 비산출량과 유사하다. 저류계수(storage coefficient)는 단위 수평 단면적에서 단위 압력수면 저감에 의해 얻을 수 있는 물의 부피이다. 피압대수층의 경우 S의 범위는 5×10^{-5}~5×10^{-3}이다.

투과율(T). 투과율(transmissibility)은 폭은 단위 길이이고 높이는 포화대 전체 두께인 대수층 단면에 흐르는 유량이며(그림 7-30), 단위는 m^2·s^{-1}이다. 투과율값의 범위는 1.0×10^{-4}~1.5×10^{-1} m^2·s^{-1}이다.

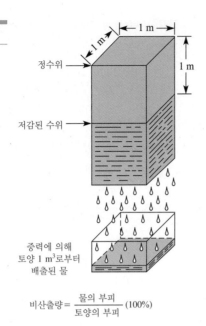

그림 7-29

비산출량

비산출량 = $\dfrac{\text{물의 부피}}{\text{토양의 부피}}$ (100%)

영향추

양수 시, 양수정 근처에서 압력수면의 수위는 낮아진다(그림 7-31).

이러한 저하 현상으로 인해 압력수면은 **영향추**(cone of depression)라는 뒤집어진 원뿔의 형태를 취하게 된다. 양수정에서 수위는 주변의 대수층보다 낮기 때문에 대수층에서 양수정으로 물이 흐른다. 그림 7-32에 나타난 바와 같이, 양수정에서 멀어질수록 수위저하가 감소하여 최종적으로는 원뿔의 사면이 정수위 또는 기존 압력수면과 만나게 된다. 양수정에서 이러한 현상이 나타나는 거리

표 7-5   비산출량의 전형적인 수치

재료	비산출량(%)		
	최고치	최저치	평균치
굵은 자갈	26	12	22
중간 자갈	26	13	23
가는 자갈	35	21	25
자갈질 모래	35	20	25
굵은 모래	35	20	27
중간 모래	32	15	26
가는 모래	28	10	21
실트	19	3	18
사질 점토	12	3	7
점토	5	0	2

출처: Johnson, 1967, as cited by C. W. Fetter, 1994.

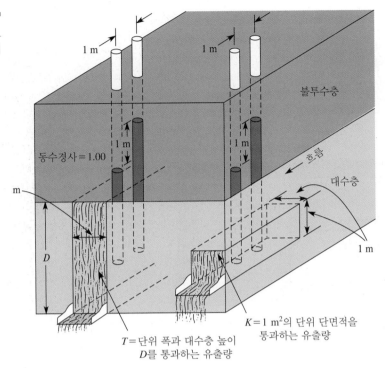

그림 7-30

투수계수(K)와 투과율(T)의 정의를 나타내는 삽화

를 영향 반경이라고 한다. 영향 반경은 일정하지 않지만, 양수를 계속하면 확장되는 경향이 있다.

주어진 시간당 양수량에서 영향추의 모양은 물을 저장하는 지층의 구성 성분에 따라 달라진다. 얕고 넓은 원뿔은 굵은 모래 또는 자갈로 이루어진 대수층에서 나타난다. 그림 7-33에 나타난 바와 같이, 깊고 좁은 원뿔은 가는 모래 또는 사질 점토로 이루어진 대수층에서 나타난다. 시간당 양수량이 증가하면 수위저하도 증가하고, 결과적으로 원뿔의 모양은 가팔라진다.

주변의 영향추가 서로 겹칠 때, 수위는 더 낮아진다(그림 7-34). 이는 여러 양수정이 분포하는 지역에서 물을 얻기 위해서는 더 많은 힘이 필요함을 의미한다. 지하수역에 양수정의 분포를 넓게 하면 양수 비용을 절감하고 더 많은 양의 물을 개발할 수 있다. 한 가지 경험적인 규칙은 물을 함유하고 있는 지층의 두께의 2배만큼의 거리보다 가까운 곳에 두 양수정이 위치하지 않도록 하는 것이

그림 7-31

균질한 대수층에서 이상적인 영향추

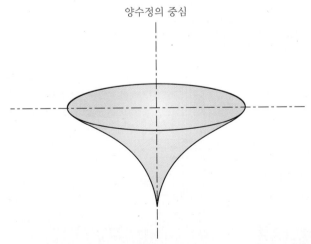

그림 7-32

(a) 비피압대수층 (b) 피압대수층의 경우 이상적인 수위 저하를 보여주는 모식도

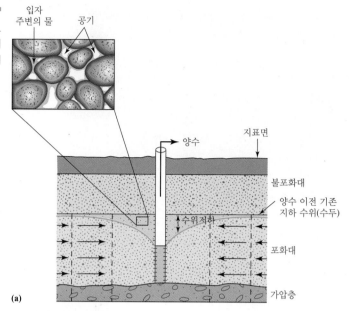

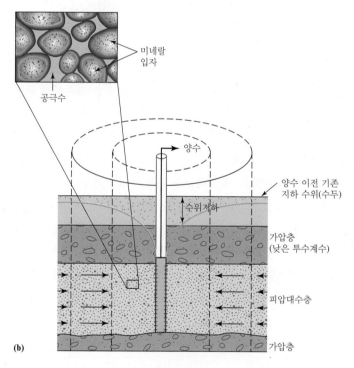

그림 7-33

영향추에서 대수층 구성물질의 영향
(출처: U.S. Environmental Protection Agency, 1973.)

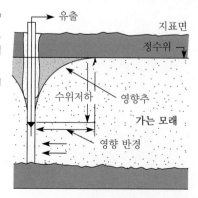

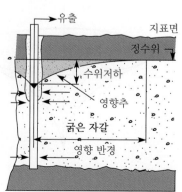

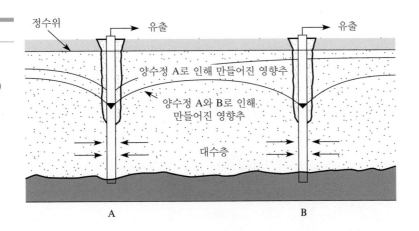

그림 7-34

영향추가 겹칠 때의 영향
(출처: U.S. Environmental
Protection Agency, 1973.)

다. 양수정이 2개보다 많은 경우, 적어도 75 m 이상 떨어져서 위치해야 한다.

양수정으로의 물의 흐름은 달시 법칙으로 설명할 수 있다. 이 식은 정상류와 부정류 모두에 적용되어 왔다. 정상류(steady state flow)는 시간에 따른 변화가 없는 흐름이다. 실제로는 드물게 발생하나 장기간 양수하면 도달할 수 있는 상황이다. 부정류(transient flow)는 시간에 대한 부분을 고려한다. (여기서는 정상류만을 고려한다. 부정류에 대한 논의는 이 책의 영역을 넘어선다.) 정상류 조건에서의 공식들을 유도하기 위해 다음의 사항들을 가정한다.

1. 양수정에서는 일정한 속도로 양수한다.
2. 양수정을 향한 지하수 흐름은 방사형이고 일정하다.
3. 초기에 압력수면은 수평면이다.
4. 양수정은 대수층을 연직으로 관통하며 대수층 전체 높이에서 물을 배출한다.
5. 대수층은 모든 방향으로 균질한 성질(공극률, 전도도 등)을 지니며, 수평으로 무한대로 뻗어나간다.
6. 압력수면이 낮아지면 즉시 대수층에서 물이 빠져나간다.
7. 수위저하의 길이는 전체 대수층의 깊이에 비해 매우 작다.

피압대수층에서 정상흐름. 피압대수층에서의 정상흐름을 나타내는 식은 뒤피(Dupuit, 1863)에 의해 최초로 소개되었고, 이어서 팀(Theim, 1906)이 발전시켰다. 이는 다음과 같이 표현된다.

$$Q = \frac{2\pi T (h_2 - h_1)}{\ln(r_2/r_1)} \tag{7-15}$$

여기서 $T = KD = $ 투과율($\mathrm{m^2 \cdot s^{-1}}$)

$D = $ 피압대수층의 두께(m)

$h_1 = $ 양수정으로부터 r_1만큼 떨어진 곳에서 가압층 상부 압력수면의 높이(m)

$h_2 = $ 양수정으로부터 r_2만큼 떨어진 곳에서 가압층 상부 압력수면의 높이(m)

$r_1, r_2 = $ 양수정의 반경(m)

$\ln = $ 자연로그

피압대수층은 양수하는 동안에도 완전히 포화된 상태를 유지한다.

예제 **7-11** 가압층의 바닥 아래 위치하며 40 m의 압력수면과 10 m 두께를 가진 자분대수층을 완전히 관통하는 관정에서 양수가 진행 중이다. 양수정으로부터 20.0 m와 200.0 m 떨어진 지점에서 관측된 정상상태의 수위저하는 각각 5.00 m와 1.00 m이다. 양수정에서는 0.016 m$^3 \cdot$ s^{-1}의 유량으로 양수하고 있다. 이 대수층의 투수계수를 구하시오.

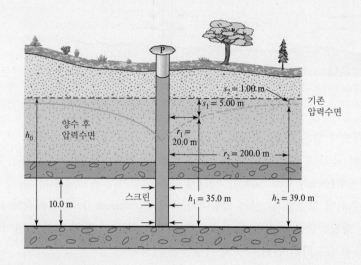

풀이 우선 h_1과 h_2를 계산한다.

$$h_1 = 40.0 \text{ m} - 5.00 \text{ m} = 35.0 \text{ m}$$
$$h_2 = 40.0 \text{ m} - 1.00 \text{ m} = 39.0 \text{ m}$$

$$Q = \frac{2\pi KD(h_2 - h_1)}{\ln(r_2/r_1)}$$

이므로, K를 계산하기 위해 식을 다음과 같이 정리한다.

$$\frac{Q \ln(r_2/r_1)}{2\pi D(h_2 - h_1)} = K$$

따라서,

$$\frac{0.016 \text{ m}^3 \cdot \text{s}^{-1} \ln(200/20)}{2\pi(10 \text{ m})(39.0 \text{ m} - 35.0 \text{ m})} = 1.50 \times 10^{-4} \text{ m} \cdot \text{s}^{-1}$$

비피압대수층에서 정상흐름. 비피압대수층에서는 식 7-15의 D가 대수층의 하위 경계면을 기준으로 한 수위로 대체되어 다음과 같이 나타난다.

$$Q = \frac{\pi K \left(h_2^2 - h_1^2\right)}{\ln(r_2/r_1)} \tag{7-16}$$

예제 7-12 지름 0.50 m의 양수정이 30 m 깊이의 비피압대수층을 완전히 통과한다. 양수정에서 수위저하는 10.0 m이고, 자갈로 구성된 대수층의 투수계수는 6.4×10^{-3} m · s^{-1}이다. 정상류에서 유출유량이 0.014 m^3 · s^{-1}일 때, 양수정으로부터 100.0 m 떨어진 지점에서의 수위저하를 구하시오.

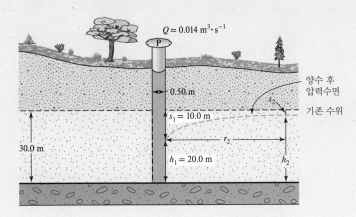

풀이 우선 h_1을 계산한다.

$$h_1 = 30.0 \text{ m} - 10.0 \text{ m} = 20.0 \text{ m}$$

다음으로 식 7-16을 적용하여 h_2를 계산한다. 관정의 지름은 주어져 있으며 r_1은 지름의 절반 또는 0.25 m로 사용한다.

$$0.014 \text{ m}^3 \cdot \text{s}^{-1} = \frac{\pi(6.4 \times 10^{-3} \text{ m} \cdot \text{s}^{-1}) \left[h_2^2 - (20.0 \text{ m})^2 \right]}{\ln(100 \text{ m}/0.25 \text{ m})}$$

$$h_2^2 - 400.0 \text{ m}^2 = \frac{(0.014 \text{ m}^3 \cdot \text{s}^{-1})(5.99)}{\pi(6.4 \times 10^{-3} \text{ m} \cdot \text{s}^{-1})}$$

$$h_2 = (4.17 + 400.0)^{1/2}$$

$$h_2 = 20.10 \text{ m}$$

수위저하는 다음과 같다.

$$s_2 = H - h_2 = 30.0 - 20.10 = 9.90 \text{ m}$$

7-6 물 공급을 위한 지표수와 지하수

지하수와 지표수는 중요한 자연자원이다. 지하수는 눈에 보이지 않지만, 지표수만큼 중요하다. 그림 7-35a에 나타난 바와 같이, 약 67%의 미국 인구가 지표수로부터 식수를 공급받는다. 그러나 지표수를 수원으로 하는 공공의 식수 공급 시스템 수는 전체의 24%에 지나지 않는다(그림 7-35b). 이는 그림 7-35c에 나타난 바와 같이, 대부분의 소형 시스템들이 지하수를 사용하고 있기 때문이며, 소형 시스템의 수는 중대형 시스템의 수를 훨씬 뛰어넘는다. 인구의 58%가 대형 시스템으로부터 식수를 공급받는다는 사실과 함께(그림 7-35d), 지하수 시스템은 전체 식수 시스템의 76%를 차지

그림 7-35 물 공급원으로서 지표수와 지하수(2006 데이터, U.S. EPA)

(a) 식수 시스템 수원에 따른 공급받는 인구 비율, (b) 공급원에 따른 식수 시스템 비율, (c) 크기에 따른 시스템 비율(미국 전체 약 157,400개 시스템), (d) 시스템 크기에 따른 공급받는 인구 비율. (출처: U.S. Environmental Protection Agency, 2010.)

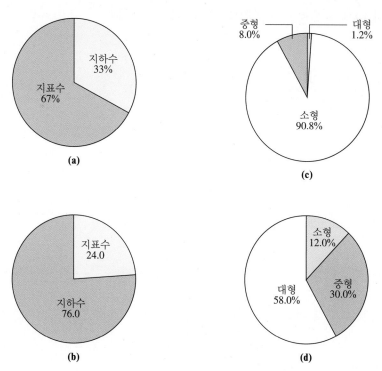

하나, 인구의 33%만을 대상으로 식수를 공급한다.

지하수는 물 공급원으로서 지표수보다 몇 가지 장점이 있다. 첫째, 지하수 시스템은 자연저장에 기반하여 저장탱크, 저수지, 다른 물을 가두는 장치에 따른 비용이 소요되지 않는다. 둘째, 수요지점에서 공급이 가능한 경우가 많기 때문에 이송 비용이 상당히 절감된다. 셋째, 자연 지질물질이 지하수를 걸러주는 역할을 하기 때문에 지하수는 지표수에 비해 맑고 탁도가 낮다. 지하수는 계절적인 변동이 별로 없으며 오염으로부터 보다 안전하다. 그러나 대규모 농업시설, 매립지, 주유소, 유해 폐기물 처리시설과 같은 오염원으로부터 철저히 분리하지 않으면, 지하수 공급은 지표수 공급에서 겪는 것처럼 오염으로 인한 피해가 발생할 것이다.

7-7 지하수와 지표수의 고갈

물 권리

물 고갈에 대한 논의는 물 사용과 물 권리로부터 시작해야 한다. 미국에서 대부분의 물 권리는 강변(연안)수리권과 점용(선점)수리권, 2가지 개념에 기반한다. 그러나 이 밖에도 강변수리권과 점용수리권이 혼합된 형태와 연방정부 보유수리권이 있다.

강변수리권의 원칙은 "자연스러운 흐름"의 원칙에 기반하는데, 이는 물 권리가 자연수계에 인접한 토지소유자로부터 나오며, 토지소유자는 수질과 수량을 손상시키지 않는 범위 내에서 물의 흐름에 대한 권리를 갖는다는 내용이다. 이러한 내용은 영국에서 토지를 소유한 계급을 보호하기 위해서 생겨났다. 토지소유자는 수원으로부터 물을 사용할 권리를 가짐과 동시에 물을 소유하지는 않기 때문에 물을 합리적이고 낭비되지 않는 목적으로 사용해야 한다. 이러한 권리가 설정되면, 토지소유자는 오염되지 않은 물과 물길에 접근할 수 있게 되며 물에서 낚시도 할 수 있다. 토지소유자는 비합리적으로 수체에서 물길을 막거나 방향을 바꾸는 권리를 가지지 않으며, 물은 취득한 수체로 되돌려져야 한다. 이러한 물 권리의 내용은 물이 풍부하고 농경 사회였던 미국의 동부 지역의 식민지 시대에는 합리적으로 작동하였다. 최근에는 "합리적인 사용"이 물의 소비적인 사용으로 확장되었는데, 합리적인 사용이라는 의미는 주별로 천차만별이고 지속적으로 변화하고 있다.

점용수리권은 미국의 서부 지역에서 1800년대 만들어졌는데, 이는 정착민들 사이에 광산 권리에 대한 요구를 진정시키는 데 사용된 법에서 기인하였다. 점용수리권 법의 제정으로 물에 대한 요구사항은 공식적으로 문서화되어 제기되어야 하고, 권리는 연속적으로 사용되어야 하며 그렇지 않으면 소실되었다. 또한 수리권의 선점을 인정하는 원칙(first in time, first in right)이 물 권리에 대한 다툼을 해결하는 데 사용되었다. 수리권은 토지 소유와는 독립적이고, 특정 지역에서 특정한 목적으로 특정한 양의 물을 물리적으로 제어하거나 유익하게 사용하는 것에 기반한다. 이 권리는 판매되거나 양도될 수 없다. 강변수리권과 달리 물길을 바꾸거나 물을 저장할 수 있었는데, 실제로 이런 경우가 많았다. 사용이 유익한지 여부는 통상적으로 주에서 결정하였다. 점용수리권은 부분적으로 낭비를 방지하기 위해 만들어졌지만, 일정 기간 동안 권리를 행사하지 않으면 소실된다는 것 때문에 단순히 권리의 소실을 막기 위해 물을 낭비하는 결과를 낳았다.

세 번째는 강변수리권과 점용수리권이 혼합된 형태인데, 2가지 권리 모두 포함되는 내용이다. 이러한 형태는 강변수리권이 먼저 고려되었다가 제한된 수자원으로 인해 점용수리권으로 옮겨가는 주에서 사용한다. 이러한 경우, 강변수리권에서 취득한 권리를 점용수리권으로 전환하면서 강변수리권을 가진 토지소유자들에게 물 권리를 부여하여 점용수리권 시스템 안에서 권리를 행사할 수 있도록 하였다. 토지소유자는 권리가 전환되는 동안에 유익한 목적으로 물을 사용하지 않아도 되지만, 물이 몇 년간 사용되지 않았거나 물 권리를 주장하지 않으면 토지소유자는 강변수리권을 소실하였다. 캘리포니아는 이러한 방식을 채택한 첫 번째 주이다. 캔자스, 네브라스카, 노스 다코다, 사우스 다코다, 오클라호마, 오레곤, 텍사스, 워싱턴주도 이러한 혼합 형태를 사용한다. 마지막 형태는 연방정부 보유수리권이다. 연방정부 보유수리권은 연방정부 또는 미원주민 부족 및 보호구역에 보장되는 권리이다. 이 권리는 미사용의 이유로 소멸되거나 중단될 수 없다. 연방정부 보유수리권은 1908년 미국 대법원에 의해 윈터스 대 미국 간의 소송 때 정립되었다. 이 기념비적인 판결을 통해, 대법원은 연방정부가 미국 원주인 보호구역을 만들 때 보호구역의 수요를 충족시킬 만큼 충분하게 물 권리를 보장하여야 한다고 공표하였다. 이로써 물 권리는 더 이상 주 정부 고유의 사안이 아닌 것이 되었다.

이러한 시스템들의 실질적인 적용은 주별로 천차만별이다. 물 권리 시스템은 복잡하고 다양한데, 수체가 정치적, 사법권적 경계를 넘을 때 갈등 상황이 종종 발생한다. 미국에서 3가지 기본 접근 방식이 이러한 갈등을 해소하는 데 사용된다: (1) 미대법원 소송, (2) 미의회의 법제정 인가, (3) 주 간의 협정 승인. 예를 들어, 1922년 콜로라도강 협정은 콜로라도, 뉴멕시코, 유타, 와이오밍, 네바다, 애리조나, 캘리포니아주에서 동의하였으며, 이는 콜로라도강과 지류의 물 분배에 관한 논쟁을 해소하기 위한 것이었다. 결과적으로, 콜로라도강 유역은 2개의 유역으로 나뉘었으며 물 권리는 유역의 농업 및 산업 개발을 보호하고, 물을 저장할 수 있도록 하며, 각 주 간의 상업적 교류를 활성화하고, 홍수로부터 생명과 재산을 보호하기 위해 배분되었다. 시간이 지나면서 추가적인 분쟁이 발생하였고, 새로운 법 제정(예: 1968년 콜로라도강 유역 개발법)이나 대법원 결정(예: 1964년 애리조나 대 캘리포니아), 또는 새로운 조약 및 협정(1931년 캘리포니아 7자 협정)의 체결로 이를 해소하였다.

물 사용

완전한 자료를 얻을 수 있는 마지막 연도인 2010년에 미국에서는 하루에 약 13.4억 m^3의 물이 취수되었다. 수력 발전소가 가장 많은 비율을 차지하였으며(45%), 이어서 관개용수(33%), 그리고 공공의 물 공급(12%) 순이었다. 나머지 비율(9%)은 그 외의 5개의 분야(생활용수, 축산용수, 양식용수, 산업용수, 광업용수)가 차지하였다. 담수 사용은 전체 담수 및 염수 사용의 86%를 차지하였다. 수력발전 및 관개용수 취수는 1980년 이후로 안정 또는 감소 추세에 있으며, 공공의 물 사용 및 생활용수는 그 후로 꾸준히 증가 추세에 있다(Maupin et al., 2014).

관개용수 사용은 지금까지 미국에서 하천 또는 대수층의 물을 소비적으로 가장 많이 사용한 분야이다. 관개용수로 사용된 전체 물 부피 중 58%는 지표수에서, 42%는 지하수에서 온 것이다 (Kenny et al., 2009). 관개용수를 위해 끌어온 물은 약 56%가 사용된 반면, 공공의 물 공급을 위해 끌어온 물은 16%만이 사용되었다(Hudson et al., 2004).

그림 7-36a에 나타난 바와 같이, 미 전역의 관개용수 사용(83%) 및 관개 지역(74%)은 대부분 17개 서부 지역 주에 몰려 있다. 그림 7-36b와 c에 나타난 바와 같이 지하수에 더욱 의존하는 오클

그림 7-36

2010년 수원별 및 주별 관개용수 사용 (출처: U.S. Geological Survey, Georgia Water Science Center http://ga.water.usgs.gov/edu/.)

그림 7-36 (계속)

표 7-6	2010년 관개용수를 사용한 상위권 주 순위 (반올림한 % 수치)	
주명	전체 사용량 비율(%)	전체 사용량의 누적 비율(%)
캘리포니아	20	20
아이다호	12	32
콜로라도	8	41
아칸소	8	48
몬타나	6	54

출처: https://water.usgs.gov/watuse/wuir.html.

라호마, 네브라스카, 텍사스, 사우스 다코다를 제외한 건조한 서부 지역의 주요 수자원은 지표수이다. 동부 지역은 연간 경작량 및 면적당 수확량을 증가시키기 위해, 또는 가뭄 기간의 부족한 강수량을 보완하기 위해 관개가 증가하고 있다. 표 7-6은 2010년 관개용수를 사용한 주요 주를 정리하여 나타낸 것이다.

서부 지역에서 물 공급에 대한 요구가 상충하는 일은 흔하게 일어난다. 특히 캘리포니아는 농업에서의 물 수요, 증가하는 도시 인구, 환경 간의 균형을 맞추기 위해 매우 고심해 왔다. 물 권리에 관한 논쟁의 한 사례는 캘리포니아주 새크라멘토 델타에서 양식업과 야생생물을 보호하기 위해 최근에 제안된 조치에서 찾아볼 수 있다. 델타 유역은 주 인구의 2/3에 식수를 공급하며, 주에서 가장 생산적인 농업 지역에 물을 공급한다. 델타(Delta)만 어귀는 미국에서 가장 큰 생태계 중 하나로 물고기와 야생생물의 서식지와 보호구역 역할을 한다. 과거부터 지금까지 인간 활동들(예: 물 개발, 토지 사용, 하폐수 배출, 새로운 종 도입, 수확)은 델타만 어귀의 유익한 사용을 저해해 오고 있는데, 이는 연안의 많은 생물자원의 수가 감소하고 있는 것으로 입증된다. 이러한 감소를 되돌리기 위해 캘리포니아주에서는 일부 물을 삼각주에서 돌려서 삼각주 안으로 흘러가게 할 것을 제안하였다. 이러한 조치는 상당한 논쟁을 불러일으켰는데, 이는 다른 사용자들의 물 권리에 영향을 주기 때문이다.

지반 침하

지표면 높이가 지표면 아래 지지층의 손실로 낮아지는 현상인 **지반 침하**(land subsidence)는 거의 모든 주에서 나타나고 있다. 인간 활동으로 인해 발생하는 지반 침하의 주요 원인은 지하 공간에서 물, 석유, 가스를 빼내는 것이다. 몇몇 심각한 사례들이 캘리포니아 샌 호와킨 밸리(San Joaquin Valley)에서 나타났는데, 이 지역에서는 상당한 양의 지하수를 취수하면서 광범위한 침하가 발생하였다. 그림 7-37에 이것이 잘 나타나 있다. 폿대의 맨 꼭대기 표식은 1925년의 지표면을 나타낸다. 1977년에 촬영된 이 사진에서 지표면은 거의 9 m 가까이 낮아졌다.

지반 침하로 인해 발생하는 많은 문제들은 다음과 같다.

- 교량, 도로, 배수, 관정 케이싱, 건물 및 다른 구조물에 피해
- 홍수와 하천 흐름 패턴 변화
- 지하수 저장 용량의 손실. 캘리포니아에서는 지하수 저장 용량이 지반 침하로 인해 손실되었는데 그 양이 주에서 건설한 지상의 물 저장용 저수지보다 컸다.

그림 7-37
캘리포니아 샌 호와킨 밸리 멘도타에서 남서부로 16 km 떨어진 지점에서의 지반 침하 (©U.S. Geological Survey)

지반 침하로 인한 경제적인 손실은 상당할 수 있다. 예를 들어, 샌 호와킨 밸리에서 지반 침하로 인한 연간 비용은 1.8억 달러를 넘는다.

7-8 우수 관리

7-1절에서 논의된 바와 같이, 우수의 지표유출은 강우 또는 강설로 인해 지표면 또는 불투수 표면에 발생한 물의 흐름을 말하며, 토양으로 침투하지 않는다. 지표유출수가 포장도로, 주차장, 건물 지붕, 비옥한 잔디밭, 기타 표면 위로 흐르면서 먼지, 화학물질, 퇴적물 또는 기타 오염물질을 축적하는데, 이것이 처리되지 않은 채 방류되는 경우 수질을 악화시킬 수 있다. 그림 7-7은 도시화로 우수가 우수관, 하수관거 시스템, 배수로로 빠르게 흘러들어 가게 되면 어떻게 유출수문곡선이 변화하고 홍수가 발생하는지 보여준다. 이러한 물의 빠른 유출은 하천 제방을 침식하는 결과로 이어져 수계의 탁도를 증가시키고, 서식지를 파괴하고, 구조물에 손상을 입히고, 수질을 악화시킨다.

우수 유출은 점 오염원으로 생각할 수 있으며, 전통적으로 관거 네트워크를 통해 수집되어 가능한 빨리 다른 곳으로 이송되는데, 하천으로 직접 방류하거나, 대형 우수 저류지로 이송되거나,

합류식 관거를 통해 하수 처리장으로 이동한다. 우수 저류지는 수계로 방류되기 전에 우수의 흐름을 멈추거나 늦춰 크거나 무거운 물질들이 침전하고 화학물질과 작은 입자들이 여과되도록 한다. 이러한 저류지는 홍수의 가능성을 낮추고 도시화가 수질과 수생 서식지에 미치는 영향을 줄인다. 그러나 이러한 시스템들이 불투수 표면을 감소시키지는 않기 때문에, 침투와 지하수 함양을 향상시키지는 않는다. 이는 또한 야생생물 서식지와 여가를 위한 공간 및 기타 수요를 소모한다.

전통적인 저류지와 연관된 문제를 해결하기 위해 **저영향 개발 기술**(low impact development(LID) techniques)과 강수 대비 그린인프라가 개발되었고, 연방시설의 경우 법에 의해 이 시설들의 설치가 의무화되어 있다. 2007년에 제정된 에너지 독립 및 보호법(The Energy Independence and Security Act) 438조에 따르면, 46.5 m^{3}을 초과하는 연방시설은 개발 전 부지에서 물 흐름의 온도, 속도, 부피, 지속 기간에 관한 수문학적 특성을 최대한 기술적으로 실현 가능한 수준으로 유지 또는 저장하기 위해 부지 계획, 설계, 시공, 유지관리 전략을 시행하여야 한다. LID의 접근 방식에는 전략적인 부지 계획, 지표유출원을 제어하는 방법, 적절한 경관 설계 등이 있다. LID의 목적은 부지 또는 유출원 근방에서 소규모 처리를 통해 자연 유역의 기능을 회복하는 것이다. 부지는 수문학적으로 개발 전과 유사하게 기능하도록 설계되어야 한다. **강수 대비 그린인프라**(wet weather green infrastructure)는 우수의 침투, 증발산, 저장, 재이용을 향상시키기 위한 접근 방식과 기술들을 포함하며, 부지에서의 자연적인 수문 특성을 유지 또는 회복하도록 한다.

저영향 개발

LID의 목적은 지표유출의 부피를 줄이고 우수의 침투와 오염물질 제거를 향상시키는 것이다. 이러한 실행방안에는 식생체류지, 식생수로, 옥상녹화, 빗물통, 유수지, 식생 여과대, 투수성 포장이 포함된다.

식생체류지는 통상적으로 초화완충대, 모래층, 저류구역, 유기물층, 식생토, 식생의 6가지 요소를 포함한다. 초화완충대는 유출속도를 저감하고 물에 있는 입자상 물질을 여과하는 역할을 한다. 모래층은 물에 산소를 공급하고 식생 토양을 배수하는 데 도움이 된다. 또한 토양물질로부터 발생하는 오염물질을 걸러내는 역할을 한다. 저류구역은 침투능을 초과하는 유출, 특히 강우 시 초기 우수를 저장하는 역할을 한다. 또한 입자상 물질을 침전시키고, 물을 증발시키는 역할을 한다. 유기물층은 우수의 유기물을 분해하는 미생물 생장을 위한 배양기 역할을 한다. 이 층은 중금속과 기타 소수성 오염물질의 흡착제 역할도 한다. 식생토에서 자라는 식물들은 영양분을 취하고 물의 증발산을 돕는다. 토양은 추가적인 물을 저류하고, 탄화수소류와 중금속류를 포함한 몇몇 오염물질을 흡착하기도 한다.

옥상녹화는 불투수 표면의 양을 줄이면서 도심 우수 유출을 효과적으로 저감한다. 특히 토지의 불투수 표면 비율이 높은 오래된 도심 지역에 효과적이다. 녹화된 옥상(식생지붕)은 식생층, 배양층, 토목섬유, 배수 시스템의 여러 층으로 구성되어 있다. 옥상녹화는 에너지 비용을 절감하고 우수 유출 제어가 필요한 토지의 가치를 보존함으로써 지붕의 수명을 연장시킨다.

투수성 포장은 유역의 불투수 표면 비율을 줄이는 데 사용된다. 다공성 포장은 주차장과 인도와 같은 교통량이 적은 지역에 가장 적합하다. 이러한 방식은 토양이 모래질이고 경사가 평평한 해안 지역에서 잘 작동한다. 기저 토양층으로의 우수 침투는 오염물질 처리와 지하수 함양 효과가 있다.

식생수로, 빗물통, 유수지, 식생 여과대 등 LID에 사용되는 다른 기술들은 하수와 우수 차집 시스템에 유입되는 흐름을 다른 방향으로 돌리는 역할을 한다. 빗물통과 유수지는 물을 포집하고 초원과 정원 관개 용수 및 화장실 용수로 사용하도록 한다. 최근 미시간 주립 대학 캠퍼스 브로디홀(Brody Hall) 공사 기간에 유수지를 설치한 사례가 있다. 포집된 물은 건물 1층 화장실의 변기 용수로 사용된다. 식생수로와 식생 여과대는 개발 지역의 불투수면을 줄이고, 침투와 지하수 함양을 향상시킨다.

강수 대비 그린인프라

전술한 바와 같이, 강수 대비 그린인프라는 부지의 자연적인 수문 특성을 유지 또는 회복하기 위한 방법이다. 여기에 해당하는 기술은 앞서 언급한 LID의 접근 방식을 포함할 수 있다. 또한 **인공 습지**(contructed wetland)도 강수 대비 그린인프라에 포함될 수 있다. 인공 습지는 자연 습지를 모사하여 설계한 것으로 우수 저류 및 중력 침강, 흡착, 생분해, 식물 흡수에 의한 오염물질 제거를 목적으로 한다. 물이 습지로 유입되면 유속이 느려지는데, 이에 따라 부유물질이 식생에 의해 포획되고 중력에 의해 침강된다. 소수성 유기오염물질과 중금속은 식물 또는 토양유기물에 흡착될 수 있다. 생분해성 오염물질은 식물 또는 미생물에 의해 동화 및 변환될 수 있다. 영양분은 습지 토양에 흡수되며 식물과 미생물이 흡수한다. 예를 들어, 습지에서 발견되는 미생물들은 유기질소를 식물 생장에 필수적인 무기물 형태(즉, NO_3^- 또는 NH_4^+)로 변환시킬 수 있다. (탈질화로 알려진)후속 반응은 질산 이온을 질소로 변환하여 대기 중으로 안전하게 배출한다. 인 성분은 미생물에 의해 동화되고 세포내 생체에 포함될 수 있다.

인공 습지는 비용 효율이 높고 우수를 처리하기에 기술적으로도 적합한 접근 방식이다. 습지는 종종 전통적인 처리시설보다 건설 비용과 유지관리 비용이 저렴하고, 수위의 변동을 조절하기도 보다 용이하다. 또한 심미적 효과가 있고 물 재이용, 야생생물 서식, 여가 용도의 활용을 촉진할 수 있다. 인공 습지는 자연 습지에 미치는 피해를 예방하기 위해 고지대 및 평원 또는 홍수터에 건설되어야 한다. 적절한 수리학적 흐름이 확보되도록 물 제어시설을 설치하여야 한다. 토양의 투수성이 높은 곳에는 불투수성 다짐 점토층을 설치하여 하부에 흐르는 지하수를 보호해야 한다. 점토층 위에 원 토양을 깔 수 있다. 습지 식생은 식재하거나 자연적으로 자라도록 한다.

강우유출수 관리를 위한 인공 습지에도 단점이 있다. 유량의 변동성이 높은 경우, 습지를 통과하는 물을 재순환시켜 낮은 유량과 관련된 문제를 개선할 수는 있지만, 식생을 유지하기 어려울 수 있다. 저류된 물이 열을 흡수하는 역할을 하여 상당히 따뜻한 물이 하류로 배출될 수 있다. 또한 식생이 자라기까지는 동절기의 오염물질 저감 효과가 상당히 낮을 수 있다. 그러나 신중한 설계와 적절한 유지관리를 통해 인공 습지는 비용 효과적으로 수년간 우수에서 오염물질을 제거할 수 있다.

연습문제

7-1 텍사스주 키카푸(Kickapoo) 호수는 길이가 12 km, 너비가 2.5 km이다. 4월의 유입유량은 3.26 $m^3 \cdot s^{-1}$, 유출유량은 2.93 $m^3 \cdot s^{-1}$이다. 월간 강수량은 15.2 cm, 증발량은 10.2 cm이며, 같은 기간 침투량은 2.5 cm로 추정된다. 4월 한 달간 호수 저장량의 변화를 계산하시오.

　　　답: $1.61 \times 10^6 \ m^3$

7-2 도탄(Dothan) 양질사토에 대한 f_0, f_c, k 값을 이용하여 12, 30, 60, 120분에서의 침투능을 구하고, 1 m^2의 면적에 대해 120분 동안 침투량의 총부피를 계산하시오. 강우사상 동안 강우강도는 침투능을 초과한다고 가정한다.

　　　답: 12, 30, 60, 120분에서의 침투능은 각각 83, 77, 72, 68 $mm \cdot h^{-1}$이다. 총부피 = 148 m^3 (1 m^2의 면적에 대한 값)이다.

7-3 하프너(Hafner) 호수에서 도출된 경험식(식 7-8)을 이용하여, 기온 30°C, 수온 15°C, 풍속 9 $m \cdot s^{-1}$, 상대습도 30%인 어느 날 호수에서의 증발량을 구하시오.

　　　답: 4.7 $mm \cdot day^{-1}$

7-4 누수가 발생한 지하 저장탱크 주위에 4개의 관측정이 설치되어 있다. 관측정은 1 ha 면적의 정사각형 네 꼭짓점에 위치하고 있다. 각각의 관측정에서 압력수두는 다음과 같다: 북동방향 30.0 m, 남동방향 30.0 m, 남서방향 30.6 m, 북서방향 30.6 m. 동수경사의 크기와 방향을 구하시오.

　　　답: 동수경사 = $6 \times 10^{-3} \ m \cdot m^{-1}$; 서쪽에서 동쪽으로 향한다.

7-5 투수계수 $6.1 \times 10^{-4} \ m \cdot s^{-1}$, 동수경사 0.00141 $m \cdot m^{-1}$, 공극률 20%를 갖는 자갈질 모래가 있다. 달시 속도와 평균 선속도를 구하시오.

　　　답: 달시 속도 = $8.6 \times 10^{-7} \ m \cdot s^{-1}$; 평균 선속도 = $4.3 \times 10^{-6} \ m \cdot s^{-1}$

7-6 28.0 in 두께의 양수정이 피압대수층을 완전히 관통하고, 이 양수정은 0.00380 $m^3 \cdot s^{-1}$의 유량으로 1,941일 동안 양수 중이다(정상상태를 유지하기 충분한 조건으로 가정). 양수정에서 48.00 m 떨어진 관측정에서 수위저하가 64.05 m로 관측되었다. 68.00 m 떨어진 관측정에서는 수위저하가 얼마나 발생할지 소수점 둘째 자리까지 구하시오. 기존의 압력수면은 가압층 바닥에서부터 94.05 m였고, 대수층 구성물질은 사암이다.

　　　답: $S^2 = 51.08$ m

7-7 다음의 조건을 바탕으로 양수정으로부터 4.81 m의 수위저하가 예상되는 거리를 추정하고자 한다.

양수율 = 0.0280 $m^3 \cdot s^{-1}$

양수 시간 = 1,066 d

관측정에서 수위저하 = 9.52 m

관측정은 양수정에서 10.00 m 떨어져 있음.

대수층 구성물질 = 중간 모래

대수층 두께 = 14.05 m

양수정은 비피압대수층을 완전히 관통하는 것으로 가정한다. 소수점 둘째 자리까지 구하시오.

8 지속 가능성

지속 가능성

사례 연구

새로운 귀금속 – 구리!

현재 북아메리카의 구리 자연 매장량 추정치는 113 Tg[*]에 달한다. 이 중 약 50% 정도만 추출이 가능하다. 물질수지 모델링 연구(그림 8-1)는 지난 세기(1900~1999년) 동안 40 Tg의 구리가 최종 폐기물에서 수집 및 재활용되었고, 56 Tg은 매립지에 축적되거나 비산되어 손실되었고, 29 Tg가 광미, 슬래그 및 폐기물 저장소에 축적되었음을 보여준다. 또한 체류 시간 모델은 폐기물이 소비된 후 폐기물 매립지에 매립되는 속도의 증가가 상당함을 보여준다. 1940년에는 소비된 구리가 연간 270 Gg[**]이 매립되었는데(Gg of Cu · yr^{-1}), 1999년에는 이 수치가 2,790 Gg of Cu · yr^{-1}로 증가하였다. 폐기된 전자 제품을 효율적으로 수집 및 처리할 수 있는 기반시설이 없는 경우 전자 장비 사용의 증가와 그에 따른 전자 장비의 체류 시간 단축으로 인해 매립 비율이 증가할 것으로 예상된다(Spartari et al., 2005).

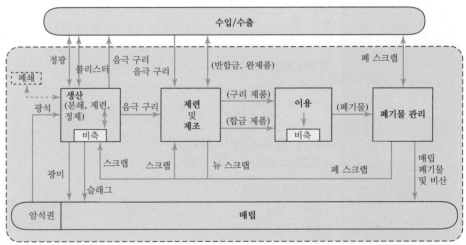

("STAF 북아메리카" 시스템 경계)

그림 8-1 북아메리카의 구리 흐름 분석을 위한 프레임워크

북미의 자연 매장량을 볼 때 미국의 구리 사용률은 지속 가능하지 않다. 구리 가격이 Mg[***] 당 2,000달러에서 1870년대 이후 최고가인 8,000달러 이상으로 상승한 것은 시장이 이미 이 천연 자원의 지속 불가능한 사용에 반응하기 시작했음을 나타낸다(Freemantle, 2006).

---

 [*] Tg＝테라그램(teragram), 1×10^{12} g
 [**] Gg＝기가그램(gigagram), 1×10^9 g
 [***] Mg＝메가그램(megagram), 1×10^6 g

8-1 서론

지속 가능성

가장 간단한 사전적 정의로서 지속 가능성은 자원이 고갈되거나 영구적으로 손상되지 않도록 자원을 채취하거나 사용하는 방법을 의미한다. 이 간단한 정의 외에도 이 주제에 대해 글을 쓰는 저자 수만큼 많은 정의가 있다. 이는 저자가 이 주제에 대해 제시하는 다양한 관점에서 비롯된다. 지속 가능성과 관련한 관점의 예로는 개발도상국, 선진국, 생태학적, 경제적, 사회 정의, 전 세계적, 지역적, 국가적, 국지적 관점 등이 있다.

　　지속 가능성에 대한 논의의 일반적인 출발점은 세계환경개발위원회(World Commission on Environment and Development)[*]에서 발표한 것이다(WCED, 1987). 지속 가능한 개발은 미래 세대가 자신의 필요를 충족할 수 있는 능력을 손상시키지 않으면서 현재의 필요를 충족시키는 개발이다. 우리의 출발점으로서 지속 가능한 경제의 관점에서 지속 가능성을 정의하자. **지속 가능한 경제** (sustainable economy)는 환경을 훼손하지 않으면서 부를 생산하고 많은 인류 세대에게 일자리를 제공하는 것이다. 지속 가능성에 대한 이 정의에는 2가지 기본 원칙이 있다.

- 재생 및 비재생 천연자원의 이용 감축
- 장기적이고 시장 기반의 해결책 제공

　　첫 번째 원칙에서는 사후 처리보다는 천연자원 이용 감축에 중점을 둔다. 지속 가능한 경제에서의 개발은 효율성 증대, 재사용 및 재활용, 비재생 자원의 재생 가능한 자원으로의 대체로 자원 소비를 최소화하는 데 중점을 둔다. **재생 가능 자원**(renewable resources)은 몇 세대 안에 대체될 수 있는 자원이다. 예로는 목재, 지표수, 태양열 및 풍력과 같은 대체 동력원 등이 있다. **비재생 자원** (nonrenewable resources)은 지질학적 시간 규모에서만 대체할 수 있는 자원이다. 지하수, 화석 연료 (석탄, 천연가스, 석유) 및 금속 광석 등이 여기에 해당된다.

　　두 번째 원칙에서, 효과적이고 비용 효율적인 접근법은 사회가 대체 자원 사용을 장려하거나 물, 석탄, 가솔린 및 기타 물질의 사용을 줄이는 것이다. 이러한 인센티브 중 일부는 효율성을 향상시키는 기술 발전의 형태일 수 있고, 일부는 사회 정치적인 변화의 형태일 수 있다.

사람의 문제

지속 가능성의 정의가 내재하고 있는 본질적인 문제는 "사람 문제", 즉 미래 세대가 그들 자신의 욕구를 충족시킬 수 있는 능력이다. "사람 문제"를 이해하기 위해서는 5장에서 논의한 인구증가의 특성을 이해할 필요가 있다. 인구증가를 보는 간단한 방법은 성장이 기하급수적이라고 가정하는 것이다. 편의를 위해 본 논의의 기초가 되는 식 5-17을 반복한다.

$$P_t = P_0 e^{rt} \tag{8-1}$$

여기서 P_t = 시간 t에서의 인구

　　　　P_0 = 시간 $t=0$에서의 인구

　　　　r = 증가율, 개체/개체 · 년

---

[*] 의장의 이름을 따서 브룬트란트 위원회 보고서(Brundtland Commission Report)라고도 한다.

$t =$ 시간

증가율은 조출산율(crude birth rate, b), 조사망률(crude death rate, d), 이입률(immigration rate, i) 및 이출률(emigration rate, m)의 함수이다.

$$r = b - d + i - m \tag{8-2}$$

예제 8-1에서는 인구증가의 대략적인 추정치를 설명한다.

예제 8-1 다음 가정을 이용하여 2014년부터 2050년까지 세계 인구성장률을 추정하시오. 조출산율은 1,000명당 ~23.4명, 조사망률은 1,000명당 ~7.8명, 인구는 ~7,483,000,000 또는 7.483×10^9명이라고 가정한다(WHO, 2014).

풀이 증가율의 추정부터 시작하자.

$$k = \frac{23.4}{1000} - \frac{7.8}{1000} = 0.0234 - 0.0078 = 0.0156$$

시간 간격은 $2050 - 2014 = 36$년이며 2050년의 인구 추정치는 다음과 같다.

$$P_t = 7.483 \times 10^9 \{\exp(0.0156 \times 36)\}$$
$$= 1.31 \times 10^{10} \text{명}$$

이를 인구성장률로 나타내면 다음과 같다.

$$\left(\frac{1.31 \times 10^{10} - 7.483 \times 10^9}{7.483 \times 10^9} \right)(100\%) = 75.1 \text{ 또는 } 75\%$$

설명: 역사적으로 경제적, 사회적 발전은 성장률의 감소를 가져왔다. 예를 들어, 1964년 중국의 성장률은 인구 1,000명당 약 31명이었다. 1990년에는 인구 1,000명당 약 12명이었고, 2015년에는 인구 1,000명당 5.2명 꼴이었다. 참고로, 2000년 중국의 1인당 국민소득은 950달러였다. 현재(2016년) 성장률 전망치는 2015년까지 1인당 국민소득이 8,000달러에 이를 것으로 추정하고 있다.

비교를 위해, 2015년 미국의 성장률은 인구 1,000명당 약 7.5명이었으며, 2015년 영국과 프랑스의 성장률은 인구 1,000명당 4.5명이었다(United Nations Statistics Division, 2016).

식 8-1을 사용한 인구 예측은 매우 대략적이다. 보다 정교한 예측을 위해서는 **합계출산율**(total fertility rate, TFR)을 고려한다. TFR이란 현재의 연령별 출생률이 일정하게 유지된다고 가정할 때 여성의 가임 기간 동안 한 여성으로부터 생존상태로 태어날 평균 출생아 수이다. 각기 다른 TFR에 대한 3가지 세계 인구증가 시나리오가 그림 5-17에 나와 있다(Haupt and Kane, 1985).

최근 연구(Bremner et al., 2010)에 따르면 세계 인구는 전환점에 도달하였고, 20세기 후반의 급속한 증가는 둔화되었다. 다만 사망률의 감소, 예상보다 느린 출산율의 하락 등의 요인들이 인구증가를 지속시키고 있다. 2050년 세계 인구의 현재 예측은 75억에서 106억 사이이다(United Nations, 2012). 이러한 인구증가는 5장의 그림 5-17에서 "중간 출산율" 곡선에 놓이게 된다. 이에 따른 세계 인구증가는 예제 8-1에서 계산한 75%가 아닌 42%이다.

재생 및 비재생 자원이 모두 한정되어 있기 때문에, 기술적 해결책으로는 해결할 수 없는 인구 증가의 장기적(100년 이상) 영향이 있을 것이다(예: 굶주린 사람들을 위한 식량). 이 사실은 이 장의 나머지 논의에 중요하다. 여기서는 현재 이용 가능한 기술 개선에 초점을 맞출 것이다.

살아 있는 공룡은 없다

수천 년 동안 지구의 기후는 변해 왔다. 태양 복사에너지의 변동, 운석 충돌, 화산 폭발과 같은 자연적인 과정들이 기후변화를 일으킨다. 이러한 자연 현상은 생태계의 변화를 가져왔고, 동물 및 식물종은 진화, 적응 또는 멸종되었다. 즉, 살아 있는 공룡은 없다. 변화 속도는 유기체가 성공적으로 적응할 수 있는 능력에 있어 주요한 요소이다.

우리는 기후에 대해 말할 때 보통 대기에 대해 논한다. 그러나 에너지, 물, 이산화탄소의 흐름 측면에서 보면 바다나 대양과의 강한 상호 작용도 있다. 대기는 변화에 저항할 수 있는 완충 능력이 작은 반면, 바다는 열, 물, 이산화탄소 변화에 대한 거대한 완충 능력을 제공한다. 따라서 기후변화의 원인과 그 영향 사이에는 상당한 시차가 있게 된다. 기후의 자연적 변화는 비교적 천천히 일어나기 때문에 그 영향 역시 상대적으로 느리다. 마찬가지로 인간의 영향에 의한 효과는 인간의 시간 척도에서 느껴지기까지 어느 정도 시간이 걸릴 것이다.

현재의 천년기에 우리는 12장에서 논의된 이유로 지질학적으로 짧은 기간 동안 심각한 지구 온난화가 일어날 가능성에 직면해 있다. 12장에서 언급했듯이 북미에서의 지구 온난화의 영향은 "좋은 소식"과 "나쁜 소식"이 섞여 있을 것으로 예측된다. 이러한 영향을 정확히 어떻게 다루어야 하는지는 만만치 않은 과제이다.

취약성(vulnerability)은 일반적으로는 기후변화, 특수하게는 지구 온난화의 영향을 평가하는 데 사용되는 용어이다. 인간-환경 시스템(human‒environmental system)이 지구 온난화로 인한 변화에 취약하다는 것은 그것이 변화에 노출되고, 변화에 민감하며, 변화에 대처할 수 없다는 것을 의미한다(Polsky and Cash, 2005). 반대로, 인간-환경 시스템이 강한 적응력을 갖고 있고 이를 효과적으로 발휘할 수 있다면 **상대적으로 지속 가능**(relatively sustainable)하다. 미국은 풍부한 경작지, 충분한 천연자원, 강건한 경제력이 강한 적응력을 제공하므로 상대적으로 지속 가능한 인간-환경 시스템을 구축할 수 있는 능력을 갖추고 있다. 그러나 이를 효과적으로 사용할 수 있는지 여부는 또 다른 문제이다. 다른 많은 국가들은 이러한 핵심 요소가 없어 강한 적응력을 갖추지 못하며 취약하다.

비재생 자원의 활용에 기반을 둔 20세기 경제 모델은 성장에 한계가 있기 때문에 여기서는 "상대적으로 지속 가능한"이라는 용어를 사용한다. 이 장의 후반부에서 살펴보겠지만, 전 지구적 적응을 위해 우리에게 주어진 시간은 에너지와 광물의 현재 소비 증가율 측면에서 봤을 때 몇 세대 혹은 그 미만이다. 미국을 포함한 일부 국가는 상대적으로 시간 여유가 더 있지만 시간이 무한정 있는 것은 아니다.

녹색으로(Go Green)

녹색공학(Green engineering)은 다음 사항들을 만족하면서 실용적이고 경제적인 공정과 제품을 설계, 상용화 및 사용하는 것이다(U.S. EPA, 2010).

- 오염원의 발생 감소
- 인간의 건강과 환경에 대한 위해 최소화

이는 새로운 개념이다. 1980년대와 1990년대에는 많은 출판물들이 오염 발생 저감 개념에 집중되었다(A&WMA 1988; Freeman, 1990; Freeman, 1995; Higgins, 1989; Nemerow, 1995). 녹색공학의 "새로운" 점은 눈에 띄는 이름을 갖고 있다는 것과 환경공학 이외의 토목공학 분야뿐 아니라 다른 공학 분야 또한 이 표준을 채택했다는 점이다.

녹색공학의 개념은 사실 지속 가능성을 개선하기 위한 적응의 산물이다. 과거 효율성 향상으로 인식되었던 많은 변화들은 지속 가능성을 향상시키는 단계였다. 녹색공학이라는 캐치프레이즈를 활용하여 새로운 것을 시도하려는 움직임도 있다. 그러나 궁극적으로 이 모든 것들은 지속 가능성에 기여한다는 점에서 다르지 않다. 녹색공학은 지속 가능성의 2가지 원칙을 구현한다.

- 사회의 천연자원 이용의 감소
- 시장 기반 해결책 이용

토목 및 환경공학자들이 특히 주목해야 할 점은 BRE Environmental Assessment method(BREEAM이라 불리며 영국에서 사용), Green Globe(캐나다와 미국에서 사용), Leadership in Energy and Environmental Design(LEED라 불리며 미국에서 사용)과 같은 건축물 평가 시스템의 출현이다. 이러한 프로그램들은 지속 가능성의 중요한 측면으로서 녹색 재료나 제품의 선택에 상당한 중점을 둔다.

이러한 새로운 평가 시스템 외에도, 전과정평가(Life Cycle Assessment, LCA)라는 오래된 시스템이 새로운 관점에서 적용되고 있다. 기존의 LCA는 대안을 비교하는 방법으로 시설의 건설, 운영 및 폐쇄 비용에 중점을 둔 반면, 새로운 LCA 접근법은 제품의 전체 수명주기에 걸친 환경 성능을 평가하기 위한 방법론이다(Trusty, 2009).

이 장의 다음 절에서는 재생 가능 자원인 물과 2가지 비재생 자원인 에너지와 광물에 대한 지속 가능성과 관련된 매개변수에 대해 알아볼 것이다. 각 사례에서는 녹색공학의 예를 통해 기술이 지속 가능성에 기여함을 보여줄 것이다. 하지만 이들은 현재의 가능성을 보여주는 예시일 뿐이다.

8-2 수자원

어디에나 있는 물

"물: 너무 많고, 너무 적으며, 너무 더럽다" (Loucks et al., 1981). 이 문장은 지속 가능한 수자원 관리의 문제점을 간결하게 요약하고 있다. 6장과 7장에서 다루는 위해와 수문학은 이 논의의 기초를 이룬다. 이 절의 상당 부분은 물이 "너무 더러워지는 것"을 방지하고 "너무 더러운" 물을 정화하기 위한 환경공학적 조치에 관해 다룬다. 이들은 녹색공학 사례의 맥락에서 논의될 것이다.

확률 분석에 의한 빈도

동전 던지기와 같은 사상의 상대 빈도는 확률이다. 주어진 기간 동안 주어진 강도의 강우가 그러한 **사상**(event)이다. 단일 강우사상(예: E_1)의 확률이란 장기간의 강우사상 기록에서 해당 사상이 발생한 상대적 횟수로 정의된다. 따라서 강우사상 E_1의 확률인 $P(E_1)$는 N이 충분히 큰 경우 N 사건의 기록에서 동일한 사상이 n_1번 발생할 때 n_1/N이다. 발생 횟수인 n_1은 빈도이며, n_1/N은 상대 빈도이다. 보다 학술적으로 표현하자면 단일 사상 E_1의 확률은 일련의 긴 시행에서 발생하는 해당 사건의 상대적 횟수로 정의된다. 각각의 결과는 유한한 확률을 가지고 가능한 모든 결과의 합은 1이며, 결과들은 상호 배타적이다. 한 사상의 상대 빈도는 어떤 활동의 위해도를 설명할 때 사용된다.

$P(E_1) = 0.10$은 매년 강우사상이 발생할 확률이 10%임을 의미한다. 연속 변수에서 단일 특정값의 확률은 0이므로 "발생"이란 강우사상에 도달하거나 초과됨을 의미하기도 한다. 즉, 강우사상 E_1이 초과될 확률은 다음과 같다.

$$P(E_1) = \frac{1}{10}$$

충분히 긴 실행에서 강우사상은 10년에 한 번 평균과 같거나 초과할 것이다. 수문학자나 공학자들은 종종 연평균 확률의 역수를 사용한다. 이 값은 시간적 의미를 가지며, 평균 **재현 주기**(return period) 또는 평균 **재현 기간**(recurrence interval, T)이라 한다.

$$T = \frac{1}{\text{연평균 확률}} \tag{8-3}$$

따라서 강우사상, 홍수, 가뭄 등의 재현 기간은 수문학적 사건의 "위해도"를 대중에게 편리하게 설명하기 위한 방법으로 사용된다. 하지만 때로는 대중과 설계 공학자에게 심각한 오해를 불러 일으키기도 한다. 강조를 위해 다음 사항을 상기해 보자.

- 작년에 발생한 20년 주기의 폭풍(또는 홍수나 가뭄)은 내년에 발생할 수도 있다(또는 발생하지 않을 수도 있음).
- 작년에 발생한 20년 주기의 폭풍(또는 홍수나 가뭄)이 향후 100년 이상 발생하지 않을 수 있다.
- 20년 주기의 폭풍(또는 홍수나 가뭄)은 100년 동안 평균 5번 발생할 수 있다.

E가 사상(폭풍, 홍수, 가뭄)인 경우 T에 대해서 재현 기간의 정의를 사용하면 다음과 같은 일반적인 확률 관계가 있다.

1. 어떤 연도에 E 이상의 사상이 발생할 확률

$$P(E) = \frac{1}{T} \tag{8-4}$$

2. 어떤 연도에 E 이상의 사상이 발생하지 않을 확률

$$P(\bar{E}) = 1 - P(E) = 1 - \frac{1}{T} \tag{8-5}$$

3. 연속된 n년 동안 E 이상의 사상이 발생하지 않을 확률

$$P(\bar{E})^n = \left(1 - \frac{1}{T}\right)^n \tag{8-6}$$

4. 연속된 n년 동안 E 이상의 사상이 한 번 이상 발생하는 것에 대한 위해도(risk, R)

$$R = 1 - \left(1 - \frac{1}{T}\right)^n \tag{8-7}$$

홍수

홍수에는 크게 해안 범람과 내륙 홍수, 2가지 범주가 있다. 범람 홍수(inundation floods)라고도 불리는 내륙 홍수는 범람원의 침수를 초래하는 기상학적 사상들의 조합의 결과이다. 이는 오랜 세월 기록되어 온 나일강의 범람과 인도의 많은 지역을 범람시키는 강력한 몬순과 같이 계절적일 수도 있고, 재현 기간이 길고 매우 불규칙할 수도 있다. 해안 범람을 발생시키는 주요 원인은 사이클론이나 기타 강한 폭풍이다. 대표적인 예로 사이클론의 영향을 받는 벵골만(Bay of Bengal)과 호주 퀸즐랜드 해안, 허리케인이 발생하는 미국 걸프 및 대서양 연안, 태풍의 영향을 받는 중국 및 일본 해안이 있다.

해안 범람 중 특별한 경우는 쓰나미로 발생한다. 지진은 쓰나미의 주요 원인이며, 지각 불안정으로 인해 환태평양 지역에서 가장 자주 발생한다. 파도 높이는 거의 눈에 띄지 않는 것에서 10 m 이상까지이며 5 m 미만에서 500 m 이상까지 내륙으로 침투한다.

홍수 그 자체가 재난은 아니다. 홍수는 문명 탄생 훨씬 이전부터 있었고, 문명이 사라진 뒤에도 홍수는 계속될 것이다. 내륙 홍수는 양분을 가져오고 물고기가 성장하는 서식지를 제공하며, 기존 수변 군집을 파괴하고 새로운 생태계를 위한 새로운 환경을 만드는 하천 수로의 변화에 기여한다. 현장 데이터와 모델 연구는 홍수로 인해 변동하는 수변 환경이 강변이나 연안 생태계의 복잡성과 다양성을 유지시키는 필수 조건임을 보여준다(Power et al., 1995).

어귀와 자연 해안 지역은 모래 해변(sandy beach)에서 염습지(salt marsh), 갯벌(mud flat), 조수 웅덩이(tidal pool)에 이르기까지 매우 다양한 동식물이 서식하는 다양한 종류의 서식지가 있는 것이 특징이다. 내륙 홍수와 유사한 방식으로 해안 범람은 새로운 생태계를 위한 새로운 환경을 만든다.

기원전 3000년경 이집트와 메소포타미아에서 최초의 농업 기반 도시 문명이 나타났고 중앙 아메리카에서 옥수수 경작이 시작되었다. 인구가 증가함에 따라 사람들은 천연자원인 물과 물고기를 얻기 위해 범람원으로 이동하였다. 수천 년 동안 이러한 도시 문명은 성숙하고 성장하여 오늘날 세계 인구의 절반이 도시환경에서 살고 있다. 인구 천만 명 이상의 대도시(종종 메가시티(megacity)라고 함)가 18~25개 있는데, 대부분은 어느 시점에 치명적인 홍수가 발생할 수 있는 수체 인근에 위치하고 있다.

미국 총면적의 약 7%만이 범람원에 위치하고 있지만, 20,800개 이상의 지역 사회가 홍수가 발생하기 쉬운 지역에 있다(Hays, 1981). 1990년대 중반까지 인구의 12%가 주기적인 범람 지역에서 700만 개 이상의 건축물을 소유하였고(Grundfest, 2000), 인구의 약 50%는 해안 근처에 살고 있다(Smith and Ward, 1998).

시카고나 디트로이트 같은 내륙 또는 해안 홍수로부터 상대적으로 고립된 도시가 있는가 하면, 금세기가 끝나기 전에 큰 홍수를 겪을 가능성이 높은 세인트루이스, 로스앤젤레스, 마이애미 같은 도시도 있다. 뉴올리언스(2005년 허리케인 카트리나(Katrina))와 뉴욕(2012년 폭풍 해일 샌디(Sandy))의 홍수는 앞으로 이러한 일이 많이 발생할 것임을 예고하고 있다.

예제 8-2에서 보듯이 그 확률은 작지 않다.

예제 8-2 현재가 2010년일 때, 2100년까지 100년 주기 사상의 위해도를 추정하시오.

풀이 $T = 100$년이고 $n = 2100 - 2010 = 90$임을 이용하여 식 8-6을 계산하면

$$R = 1 - \left(1 - \frac{1}{T}\right)^n$$

$$= 1 - \left(1 - \frac{1}{100}\right)^{90} = 1 - 0.40 = 0.60$$

향후 90년 동안 100년 주기 사상과 동일하거나 초과하는 사상이 발생할 확률은 60%인 것으로 추정된다.

미국에서 내륙 홍수는 반복되는 경향이 있다. 1972~1979년 연방정부는 1,900개 지역 사회를 1회 이상 재난지역으로 지정하였고, 351개 지역은 최소 3회, 46개 지역은 최소 4회, 4개 지역은 최소 5회 범람이 발생하였다. 1900~1980년 사이에 플로리다 해안은 50개의 큰 허리케인을 경험했으며, 심지어 북쪽인 메릴랜드까지 해안에 직접적이거나 주변부 영향을 미치는 허리케인이 연평균 1회 있었다(Smith and Ward, 1998).

홍수와 기후변화. 미국에서 상위 1%의 강수량은 지난 50년 동안 20% 증가하였으며 동부 지역은 60%, 서부 지역은 9% 증가하였다(Karl et al., 2009). 이 기간 동안 집중호우는 북동부와 중서부에서 가장 많이 증가하였다. GCM(Global Circulation Models)의 중간(50%) 값을 사용하여 2080~2099년 기간에 대한 연간 강수량을 예측한 결과를 요약하면 다음과 같다.

- 미국 서부: 0~9% 증가
- 미국 중부: 자연 변동과 구별 가능한 차이 없음
- 미국 동부: 5~10% 증가

이 자료(그림 8-2)와 예측 결과는 미래의 집중호우는 강도가 더 강할 것으로 예상됨을 암시한다. 강우강도가 높을수록 하천 유량이 많아지고 더 많은 홍수가 발생할 가능성이 있다.

지구 온난화 모델은 빙하가 녹은 결과로 2100년까지 해수면이 0.2~0.6 m 상승할 것으로 예측하였다(IPCC, 2007). 해수면 상승의 원인으로는 열팽창, 빙하와 만년설의 융해, 남극 빙상과 그린란드 빙상의 융해 등이 있다. 이로 인해 전 세계 해안 습지의 약 30%가 사리지고 해안 범람이 증가할 것이다.

홍수와 지속 가능성. 홍수 계획의 관점에서 취약도는 홍수 위험으로 인한 피해를 예측, 대처, 저항 및 복구하는 능력의 척도이다(Blaikie et al., 1994). 8-1절에서 언급한 바와 같이, 인간-환경 시스템이 강한 적응력을 가지고 있고 이를 효과적으로 사용할 수만 있다면 상대적으로 지속 가능하다. 미시시피강은 정기적으로 범람하며(예: 1927년, 1937년, 1947년, 1965년, 1993년, 2008년, 2010년), 플로리다는 최소 5차례(1935년, 1960년, 1992년, 2004년 2회)에 걸쳐 2~5 m 범위의 허리케인 홍수해일을 겪었다. 미시시피와 플로리다 주변에 사람이 살고 번영하고 있다는 사실은 사람들의 지속

그림 8-2

1958~2007년 집중호우 시 강수량의 증가
(출처: Karl, T. R., J. m. melillo, and T. C. Peterson (2009) Global Climate Change Impacts in the United States, U.S. Global Climate Change Research Program, Cambridge University Press, Cambridge, U.K.)

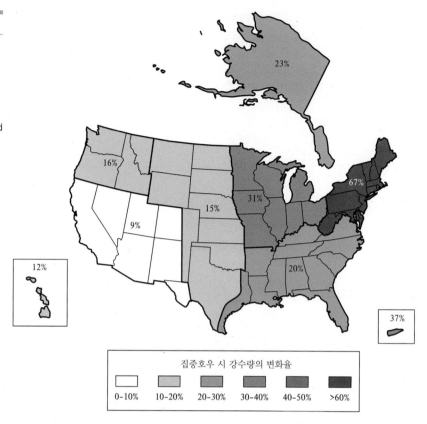

집중호우 시 강수량의 변화율

| 0-10% | 10-20% | 20-30% | 30-40% | 40-50% | >60% |

가능성과 적응력을 보여주지만, 표 8-1과 8-2에서 볼 수 있듯이 이는 사회경제적 비용을 수반한다.

방글라데시와 같은 나라에게 지속 가능성에 대한 문제는 미지수이다. '강의 나라'라 불리는 방글라데시는 국토 면적 144,000 km² 중 66%가 범람원 또는 삼각주이다. 히말라야 산맥 유출수의 약 75%가 7~10월 사이에 이 나라를 통과한다. 연평균 강수량은 서쪽은 1,500 mm, 남동쪽은 3,000 mm 이상이다. 강수량의 75~80%는 6~10월 몬순으로 인해 발생한다. 브라마푸트라(Brahmaputra), 갠지스(Ganges), 메그나(Meghna) 강의 수심이 8월이나 9월에 정점에 이르면 국가의 약 1/3이 범람한다. 침수 지역의 1/3 이상이 수심 최소 1 m 아래에 있다(Whol, 2000).

방글라데시는 내륙 침수 외에도 치명적인 해안 폭풍 해일을 반복적으로 겪고 있다. 큰 조석, 해저 형상, 만의 북쪽 해안에서 300 km 이상 뻗어있는 얕은 수심, 해안선이 직각으로 꺾여 만의 깔때기 모양을 두드러지게 하는 해안의 구조로 인해 해일 효과는 더욱 강화된다. 이로 인해 해안선이 직선일 경우보다 더 높은 최대 폭풍 해일 수위가 발생하게 된다(Smith and Ward, 1998). 몬순으로

표 8-1	1927년과 1993년 미시시피 홍수의 영향		
	매개변수	1927년 홍수	1993년 홍수
	침수면적(백만 에이커)	12.8	20.1
	사망자 수	246	52
	재산 피해(10억 달러ᵃ)	21.6	22.3

ᵃ2012년 달러
출처: Wright, 1996

표 8-2	플로리다의 허리케인에 의한 영향			
	연도	해일고(m)	경제 손실	사망자 수
	1926	4.6	900억 달러	373
	1928	2.8	25백만 달러	1836
	1935	n/a	6백만 달러	408
	1960	4	387백만 달러	50
	1992	5	250억 달러	23
	2004	2	160억 달러	10
	2004	1.8	89억 달러	7
	2004	1.8	69억 달러	3
	2005	n/a	168억 달러	5

출처: NOAA, 2010
n/a=not available

표 8-3	방글라데시의 사이클론에 의한 사망자 수	
	연도	사망자 수
	1822	40,000
	1876	100,000
	1897	175,000
	1963	11,468
	1965	19,279
	1970	300,000
	1985	11,000
	1991	140,000

출처: Smith and Ward, 1998

표 8-4	방글라데시 및 미국의 적응력 척도[a]		
	매개변수	방글라데시	미국
	인구(백만)	164	310
	성장률(%)	1.5	0.6
	순 이주(%)	−1	+3
	TFR(합계출산율)	2.4	2.0
	유아 사망률(명/1000)	45	1.4
	인구 밀도(명/km^2)	1142	32
	GNI[b](달러/인)	1440	46,970

[a]출처: PRB, 2010.
[b]국민총소득(Gross National Income), 2008

인한 인명 피해는 표 8-3에 요약되어 있다.

경제적 피해도 마찬가지다. 1988~1989년에 국가 개발 예산의 거의 절반이 홍수 피해 복구에 사용되었다. 1991년에는 폭풍 해일로 인해 국내총생산(GDP)의 1/10에 달하는 피해를 입었다.

표 8-4의 몇몇 기본 매개변수들을 비교해 보면, 방글라데시에 비해 미국의 적응력은 긍정적인 전망을 갖는다. 방글라데시의 범람은 토양에 필수적인 영양분을 공급하고 물고기와 새우 산란을 위한 연못을 다시 채우지만, 홍수는 이재민을 낳는다. 지금껏 이재민들은 새로운 곳으로 이주해 왔는데, 세계에서 인구 밀도가 가장 높은 이 나라에는 귀한 "새로운" 땅이 거의 없다. 이 순환에는 집단 숙명론(collective fatalism)이 있다. 벵골인들은 그들이 알고 있던 홍수에 놀라울 정도로 잘 대처하지만, 장기적인 관점에서 볼 때 방글라데시는 환경을 훼손하지 않으면서 부를 생산하고 많은 세대에 걸쳐 일자리를 제공할 지속 가능한 경제(sustainable economy)를 구축할 자원이 없는 것으로 보인다. 그들은 외부의 지원이 필요하다. Webster 외(2010)는 USAID의 산발적인 자금을 보충하기 위해 국립과학재단(National Science Foundation)과 조지아텍재단(Georgia Tech Foundation)이 출자한 지원금으로(클린턴에서 부시 행정부로 바뀌면서 우선순위가 변경됨) 사전 경고를 발령하고 비상 대응 계획을 실행할 수 있는 10일 홍수 예보 탐색 프로젝트를 수행할 수 있었다. 예측과 대응은 2009년 홍수기에 성공적이었다. 예측에 따른 절감액은 어업 및 농업 소득에 대해 130~190달러, 동물 한 마리당 500달러, 가구당 270달러로 추산되었다. 농부의 평균 수입이 약 470달러라는 점을 감안할 때 침수 지역의 절감액은 상당하였다. 이러한 성공을 지속하기 위해서는 더 나은 자금 기반과 연방 및 국제 기관 간의 더 많은 협업이 필요하다.

홍수와 녹색공학. 공학 집약적이고, 인구 밀도가 높고, 생물학적으로 빈곤한 하천 수로와 해안 지역을 구축하는 것은 홍수 위험에 지속 가능하게 대응하는 방안이 아니라는 것이 지난 수십 년간의 경험을 통해 명백해졌다. 불행하게도, 대부분의 세계 문화는 자연의 시스템과 과정을 공격적으로 방해하고 변화시키는 전통을 가지고 있다. 여기서는 미국에서 시행된 2가지 대안 사례를 선정하였다. 이를 통해 공학적 구조물은 지속 가능한 홍수 보호에서 미미한 역할을 한다는 것을 알게 될 것이다. "녹색공학"은 전통적인 구조적 해결책들이 실패할 수밖에 없으며, 위험을 최소화하고 많은 인류 세대에 지속 가능한 경제(sustainable economy)를 제공하기 위해서는 다른 해결책이 필요하다는 것을 인식하고 있다.

홍수 경보 시스템. 기술 발전으로 미국 1,000개 이상의 지역 사회에서 경보 시스템을 사용할 수 있게 되었다. 기상 예측의 발전과 함께 이러한 시스템은 생명을 구하는 데 필수적이다. 홍수 및 허리케인 사망자의 감소는 일부 이러한 시스템의 구현과 직접 관련될 수 있다(표 8-1, 8-2 참조). 예를 들어, 방글라데시와 같이 경고 시스템이 없는 경우 필연적으로 큰 인명 손실로 이어진다(표 8-3). 그러나 경보 메시지의 전파 계획과 대피에 대한 이행 계획 없이는 경보 시스템은 무용지물이다. 2005년 뉴올리언스에서 카트리나 허리케인으로 인해 1,835명의 사망자가 발생한 것은 사고 전후나 도중에 빈곤층과 장애인들을 위한 교통수단의 부재와 이들을 수용할 수 있는 안전한 원격 시설이 부족했기 때문일 수 있다.

인구 1,235,650명의 대도시인 뉴올리언스의 인구를 대피시키는 게 어려웠던 점을 감안할 때, 100년 또는 500년 주기 폭풍이나 홍수가 예상될 경우 전 세계 대도시 중 하나라도 성공적으로 인구를 대피시킬 가능성은 희박해 보인다.

물론 경보 시스템이 필요한 근본적인 이유는 잘못된 토지 이용에 있다. 홍수로 인해 물질적 자원과 서식처가 파괴된다는 사실은 부를 생산하고 일자리를 제공하는 지속 가능한 경제의 잠재력을 감소시킨다.

<u>매입 및 이전.</u> 반복되는 홍수에 대한 가장 성공적이고, 지속 가능하며, 장기적인 해결책 중 하나는 범람원 밖으로 사람과 구조물을 이동시키는 것이다. 대략 40년 전 미국 연방정부는 이전을 위한 비용 분담 프로그램을 승인하였는데, 이 기금은 일리노이주 발메이어(Valmeyer) 마을을 미시시피 범람원에서 강 위 120 m, 2마일 떨어진 언덕으로 이전하는 데 요긴하게 쓰였다. 마을은 1910년, 1943년, 1944년, 1947년에 범람했으며, 1947년 홍수 이후 미국 육군 공병단이 제방을 14 m까지 끌어올렸지만 1993년 홍수는 제방을 넘어 건물 90%를 파괴하였다. 이후 거의 즉시 이전과 재건축이 시작되어, 1994년 5월에 첫 번째 사업체가 들어섰고 1995년 4월에 첫 번째 주택이 입주하였다. 1993년 홍수 당시 마을 인구는 900명이었고, 2009년 인구는 1,168명이었다.

대체부지 매입 및 이전을 한 다른 사례로는 켄터키주 홉킨스빌(Hopkinsville), 노스다코타주 비즈마크(Bismarck), 앨라배마주 몽고메리(montgomery), 앨라배마주 버밍엄(Birmingham) 등이 있다. 1993년 미시시피 홍수 이후 36개 주에 있는 약 2만 개의 부동산이 매입되었다(Gruntfest, 2000).

실질적으로는 정기적으로 침수되는 20,800개의 미국 지역 사회 중 적지 않은 수가 이동할 수 없거나 이동 의향이 있을 것 같지 않다. 하지만 마을의 일부만 물에 잠기는 경우가 많고, 이러한 경우에는 지역 사회의 일부 구역만 이주하는 것도 가능하다. 이주가 이루어지면, 홍수터는 하천 생태계를 보충하는 자원으로 활용 가능하다. 지난 수십 년 동안 이러한 형태의 활동은 도심 상권의 활성화 수단이 되어 왔다. 매입 및 이전에 의한 사전 재해 완화에 따른 비용 편익 비율은 1.67에서 2.91이었다(Grimm, 1998). 홍수로 인한 막대한 비용을 감안할 때(표 8-1, 8-2), 이는 훌륭한 시장 기반 접근 방식으로 보인다.

가뭄

가뭄은 기후학자, 농업학자, 수문학자, 공공 상수도 관리 공무원, 야생생물학자에게 각각 다른 의미를 갖는다. 가뭄에 대해 발표된 정의만 해도 150개 이상이다. 21세기의 문헌들이 주로 참고한 윌하이트와 글랜츠(Wilhite and Glantz, 1985)의 분류에서는 가뭄의 과정과 학문적 관점에 따른 일련의 정의(기상, 농업, 수문, 사회경제적/정치적 가뭄)로 가뭄에 대한 다양한 시각을 분류하였다. 브루인스(Bruins, 2000)는 목축적 가뭄(pastoral drought)이라는 또 다른 유용한 유형을 추가하였다.

요약하면 정의들은 다음과 같다.

- **기상학적 가뭄**(meteorological(climatological) drought): 지구 대기의 역학 과정에서 지속적인 대규모 교란으로 인한 장기간의 강수 부족을 의미한다.
- **농업적 가뭄**(agricultural drought): 경작지(arable land)가 충분한 강수량을 얻지 못하는 건조기로, 이러한 가뭄은 작물이 필요한 시기에 비가 오지 않기 때문에 총 연간 강수량이 평균 이상이더라도 발생할 수 있다. 예로는 씨앗이 발아하는 초기 성장 단계가 있다.
- **목축 가뭄**(pastoral drought): 경작할 수는 없지만(nonarable) 방목하기에 적합한 땅은 자연 토착 식물들이 생장하기에 충분한 수분을 공급받지 못할 수도 있다.
- **수문학적 가뭄**(hydrological drought): 이 유형은 하천유량 감소, 저수지 수위저하, 건조한 호

수 바닥 및 우물의 압력수면 하강 등으로 나타난다.

- **사회경제적/정치적 가뭄**(socioeconomical/political drought): 이러한 유형의 가뭄은 정부 또는 민간 부문의 물 수요가 가용 수량보다 클 때 발생한다. 이것은 경작할 수 없는 목초지를 경작에 이용하거나 인구 증가가 물 공급량을 초과할 때 나타날 수 있다.

이러한 다양한 유형의 가뭄, 가뭄의 지속 기간 및 그 결과 발생하는 사회경제적 영향 사이의 관계는 그림 8-3에 도식적으로 나타나 있다.

가뭄 회복의 각 단계는 강수량이 정상으로 돌아오고 기상학적 가뭄 조건이 완화될 때 시작된다. 토양수 저장량이 먼저 보충되고, 이어서 하천유량, 저수지 및 호수 수위가 증가하며, 지하수 회복이 뒤따른다. 토양수에 의존하는 농업 부문에서는 가뭄 영향이 빠르게 감소할 수 있지만, 지표수나 지하수 공급에 의존하는 다른 부문에서는 몇 달 또는 몇 년 동안 지속될 수 있다. 가뭄의 영향을 가장 늦게 받는 지하수 이용자는 가장 늦게 정상 조건으로 돌아갈 수 있다(Viau and Vogt, 2000).

가뭄은 정상 기후의 일부로 볼 수 있으며 가뭄 자체는 재난이 아니다. 재난 여부는 지역 주민과 환경에 미치는 영향에 달려 있다. 이집트에 처음 사람이 정착하기 시작한 때부터 생명의 근원이

그림 8-3

다양한 유형의 가뭄, 가뭄 영향 및 가뭄 지속 기간 간의 관계
(출처: Davis, M.L. and Cornwell, D.A., Introduction to Environmental Engineering, 5e, p.968, 2013. The McGraw-Hill Companies, Inc.)

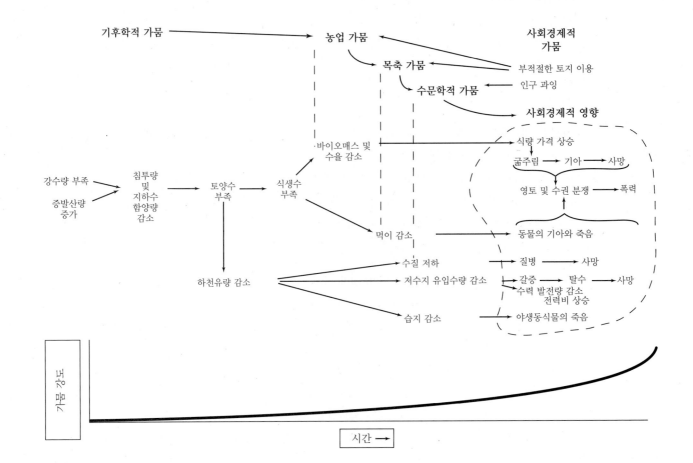

표 8-5

기후 권역	P/ET
극건조(Hyperarid)	<0.03
건조(Arid)	0.03~0.20
반건조(Semiarid)	0.20~0.50
반습윤(Subhumid)	0.50~0.75

생물기후 건조도에 대한 유네스코의 정의

출처: UNESCO, 1979.

었던 나일강은 장기간의 자료로 이러한 사실을 확인시켜 준다. 연간 반복되는 범람은 토양에 수분과 영양분을 보충하였고, 큰 홍수가 발생하지 않으면 농작물을 위한 토양 수분과 영양분이 부족하여 어려움을 겪었다. 나일강의 수문학적 가뭄은 기원전 3000년부터 현대에 이르기까지 기록되어 있다. 초기 왕조와 고왕국 시대(기원전 3000~2125년경)에 11명의 다른 통치자에 의한 63개의 연간 홍수 기록이 있다. 이 기간 동안 평균 유출량은 약 30% 감소하였다(Bell, 1970; Butzer, 1976). 기원전 2250~1950년에 고왕국의 멸망과 제1중간기의 시작을 초래한 일련의 극심한 저홍수(즉, 가뭄)가 있었다고 추정[*]된다(Bell, 1970; Butzer, 1976). 또한 후기 람세스 시대(기원전 1170~1100년경)에는 연간 홍수가 치명적으로 감소했다는 경제적 증거[†]가 있다(Butzer, 1976). 기원전 622~999년에는 102년 동안 홍수 부족이 있었다(Bell, 1975).

미국에서는 보통 가뭄을 건조(arid), 반건조(semiarid), 반습윤(subhumid) 지역과 연관시킨다. 하지만 실제로는 대부분의 국가에서 건조한 지역이나 습한 지역 모두 연 단위로 가뭄이 발생한다. 유네스코(United Nations Educational, Scientific, and Cultural Organization, UNESCO)는 계획 및 관리의 근거로 이용할 수 있도록 연평균 잠재 증발산량(ET) 대비 평균 강수량(P)의 비율을 기반으로 하는 건조도의 수치적 표현 방법을 개발하였는데, 이 분류 체계는 표 8-5에 요약되어 있다.

얼마나 건조해야 건조한 것인가? 가뭄은 다른 자연재해와 차이가 있는데, 바로 서서히 퍼진다는 점이다. 가뭄이 인식되기까지는 수개월, 경우에 따라서는 수년이 걸리기도 한다. 이는 자연적인 건조함과 강수량 부족이 농업 가뭄, 수문학적 가뭄, 사회경제적 가뭄으로 나타나는 데 걸리는 시간 때문이다. 마찬가지로 가뭄이 언제 끝났는지를 결정하는 것도 어렵다. 돌이켜보면 보통 우리는 어떤 현상의 시작과 끝을 보다 잘 이해한다. 가뭄을 평가하는 한 방법은 팔머가뭄지수(Palmer Drought Severity Index, PDSI)이다. PDSI는 강수량, 잠재적 증발산량, 토양 수분, 함양량 및 유출량을 하나의 숫자로 나타낸 것이다(Palmer, 1965). 이 지수는 "농업적 가뭄"의 척도로 볼 수 있다.

많은 저자들은 다양한 이유로 PDSI를 비판하였다. 기본적으로 이를 계산하기 위해서는 가뭄이 끝나야 하기 때문에 운영 도구가 아니며, 지수값을 산출하기 위해서는 상당한 양의 정교한 측정과

---

[*] 고대 이집트에는 강수량에 대한 기상 기록이 없기 때문에(그리고 기록이 있더라도 비가 거의 내리지 않음) 사회경제적/정치적 가뭄의 정의를 사용하여 가뭄을 추론하였다. 즉, 식량 부족은 수문학적 가뭄을 의미하며, 이는 다시 농업적 가뭄을 의미한다. 나일강 홍수는 에티오피아와 우간다의 몬순 강우의 결과이기 때문에 기상학적 가뭄은 이집트가 아닌 그곳에서 발생해야 했다.

[†] 금속 대비 에머밀의 가격은 이전의 표준 가격에서 8~24배로 상승하였으며, 기원전 1070년경에는 가격이 가뭄 이전 수준으로 회복되었다(Butzer, 1976). 이것은 이전의 수문학적 가뭄과 농업적 가뭄을 반영하는 사회경제적 가뭄의 또 하나의 사례이다.

표 8-6	팔머가뭄지수(Palmer Drought Severity Index) 분류

수분 분류	PDSI
극한가뭄(Extreme drought)	≤ −4.00
심한가뭄(Severe drought)	−3.00 ~ −3.99
보통가뭄(Moderate drought)	−2.00 ~ −2.99
약한가뭄(Mild drought)	−1.00 ~ −1.99
시작가뭄(Incipient drought)	−0.50 ~ −0.99
보통상태(Near normal)	+0.49 ~ −0.49
시작습윤(Incipient wet)	+0.50 ~ +0.99
약한습윤(Slightly wet)	+1.00 ~ +1.99
보통습윤(Moderately wet)	+2.00 ~ +2.99
심한습윤(Very wet)	+3.00 ~ +3.99
극한습윤(Extremely wet)	≥ +4.00

출처: Palmer, 1965.

계산이 필요하다. 그럼에도 불구하고 PDSI는 미국의 가뭄을 평가하기 위해 광범위하게 사용되어 왔다. 그러나 여기에서도 팔머(Palmer)는 눈 축적량과 눈 녹는 양이 물 수지의 중요한 구성요소를 이루는 서부 주를 대표하지 못하는 아이오와와 캔자스의 자료를 사용했다는 한계가 있다. 미국에서 PDSI가 전반적으로 사용되고 있고 과거 기록의 연륜 연대학적(dendrochronological)(나이테) 재구성을 위한 비교 데이터에 PDSI가 광범위하게 사용되기 때문에 이를 표 8-6에 요약 형식으로 제시한다. 이 표에서 PDSI가 −0.99보다 작으면 가뭄을 나타낸다.

과거의 지표 가뭄.　간단한 참조를 위해 Fye 외(2003)는 미국의 가뭄을 "더스트볼(dust bowl)과 유사한 가뭄"과 "1950년대와 유사한 가뭄"의 2가지 범주로 분류한다. 1930년대의 가뭄과 공간적 발자국(spatial footprint)이 유사한 것들은 "더스트볼과 유사한 가뭄"의 범주에 들어갔다. 그러나 1930년대의 가뭄은 지역 범위, 강도, 기간 측면에서 지난 500년 동안 단연 최악의 가뭄이었다. 1946년부터 1956년까지 있었던 11년간의 가뭄은 20세기에 미국에 영향을 준 두 번째 최악의 가뭄이었다. Fye 외(2003)는 20세기에 대한 PDSI의 계산과 광범위한 나이테 자료로 재구축한 여름 PDSI 결과에 기초하여, 그림 8-4와 8-5에 재현된 지도를 만들었다. 여기서 주의할 점은 6~14년 동안 지속된 가뭄만이 재현되었고 더 짧은 가뭄 기간은 연구에서 고려되지 않았다는 것이다. 연륜 연대학(dendrochronology)을 사용한 초기 연구는 시에라 네바다(Sierra Nevada)산맥의 동쪽 경사면에서 기원전 1100~900년(200년)과 1350~1200년(150년)에 기간이 더 길었던 심한 가뭄(PDSI < −3.00)이 있었음을 확인하였다(Stine, 1994). Fye 외(2003)는 1950년대와 유사한 10년 지속 가뭄의 재현 주기가 약 45년이라고 추정한다. 특히 남서부 지역의 기간이 짧은 가뭄일수록 재현 주기가 훨씬 짧다.

　　10년 지속 가뭄은 주로 미시시피 서부에서 발생하지만, 연륜 연대 분석에서 습한 지역으로 분류되는 곳에서도 초기 단계 및 약한 가뭄의 사례가 있다(예: 동남부 주와 뉴잉글랜드).

수자원의 지역적 한계.　그림 8-6은 미국의 지역 평균 소모적 물 사용량과 재생 가능한 물 공급량

그림 8-4

더스트볼(dust bowl)과 유사한 가뭄. 1929~1940년의 계측 PDSI (a)와 나이테 자료로 재구축된 유사 PDSI (b). 1527~1865년 기간 동안 재구축, 평균화 및 매핑된 PDSI (c-g). (출처: Fye, F.K., D.W. Stahle, and E.R. Cook (2003) "Paleoclimatic Analogs to Twentieth-Century moisture Regimes Across the United States," Bulletin of the American meteorological Society, vol. 84, no. 7, pp. 901-909.)

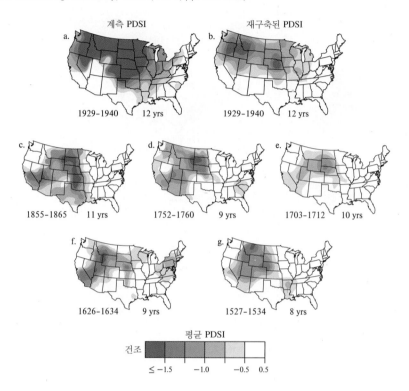

을 비교하여 보여주고 있다. 재생 가능한 공급량(renewable supply)은 강수량과 물 수입량의 합계에서 사용할 수 없는 수량인 자연 증발량과 수출량을 뺀 것이다. 이는 한 지역에서 지속적으로 소비할 수 있는 수량의 단순 상한선이다. 생태, 운항 및 수력 발전을 위해 하천과 강의 최소 유량을 유지해야 하기 때문에 재생 가능한 공급량을 모두 이용하는 것은 불가능하다. 그러나 소모적 사용량(consumptive use)과 재생 가능한 공급량의 비율은 자원 개발의 지표이다(Metcalf & Eddy, Inc., 2007). 몇몇 지역에서의 수자원 문제는 다음 단락에 요약되어 있다. 이러한 논의는 National Water Summary—1983(USGS, 1984) 및 Water 2025(U.S. Department of Interior, 2003)를 기반으로 한다.

서부 지역(The West). 그림 8-6의 지도를 보면 이 지역은 태평양 북서부, 캘리포니아 및 그레이트 베이신(Great Basin)으로 구성되어 있다. 지수에 따르면 소모적 사용량이 재생 가능한 물 공급량의 40% 미만이지만, 이 지역의 상당한 부분들이 이미 정기적으로 발생하는 기상학적 가뭄에 대한 수요를 충족시키기 위해 스트레스를 받고 있다. 이 지역의 문제는 (1) 도시 지역의 폭발적인 인구증가, (2) 환경 및 친수 용도를 위한 물에 대한 새로운 필요성, (3) 서부 농장 및 목장에서 생산되는 식품 및 섬유의 국가적 중요성이다.

　태평양 북서부에서는 강수량의 대부분이 록키 산맥의 서쪽 경사면에 집중되어 있다. 주요 하천으로는 스네이크(Snake)강과 콜롬비아(Columbia)강이 있다. 15개의 대형 댐과 100개 이상의 작은 댐들이 이 강들과 그 지류에 건설되었다. 이 댐들은 이 지역의 잠재 수력 발전량의 90%를 활용하고

그림 8-5

1950년대와 유사한 가뭄. 계측 PDSI (a, c)와 나이테 자료로 재구성한 유사 PDSI (b, d). 1542~1883년 기간 동안 재구축, 평균화 및 매핑된 PDSI (e-o). (출처: Fye, F.K., D.W. Stahle, and E.R. Cook (2003) "Paleoclimatic Analogs to Twentieth-Century moisture Regimes Across the United States," Bulletin of the American Meteorological Society, vol. 84, no. 7, pp. 901-909.)

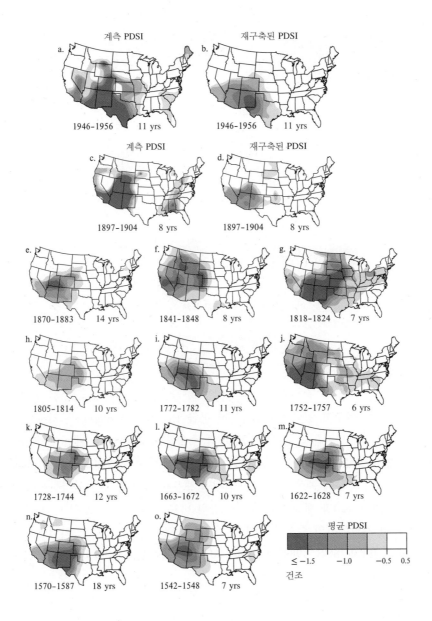

백만 에이커 이상의 면적에 관개수를 공급하며, 유출, 누출, 증발 및 기타 손실로 인해 실제 사용되는 물의 거의 2배에 달하는 물을 공급해야 한다. 경작지의 43%가 소비되는 물의 60%를 차지하는 저가 사료 작물 및 목초지 작물이다. 이 지역에 큰 경제적 이익이 있지만, 연방정부의 지원을 받는 이 프로젝트들은 5백만에서 1천1백만 마리의 연어류 개체수를 감소시켰다(Feldman, 2007).

　　캘리포니아는 미국에서 가장 위태로운 수자원 시스템을 가지고 있다. 인구의 대다수는 주의 반건조 지역에 집중되어 있다. 물 공급의 70%는 북쪽에 있고 수요의 80%는 중부와 남쪽에 있다. 캘리포니아에서 2년 이상 지속되는 가뭄은 지난 세기 동안 8번이나 발생하였으며, 기록적인 가뭄은

그림 8-6

미국의 20개 수자원 지역에서의 평균 소모적 사용량과 재생 가능한 물 공급량의 비교(USGS, 1984에서 각색; 1995년 물 사용량 추정치를 사용하여 갱신됨). 각 수자원 지역의 수치는 각각 10^6 m³/d 단위로 표시된 소모적 사용량/재생 가능한 물 공급량 또는 범례와 같이 재생 가능한 공급량의 백분율로 나타낸 소모적 사용량이다. (출처: Davis, M.L. and Cornwell, D.A., Introduction to Environmental Engineering, 5e, p.973, 2013, McGraw-Hill Companies, Inc.).

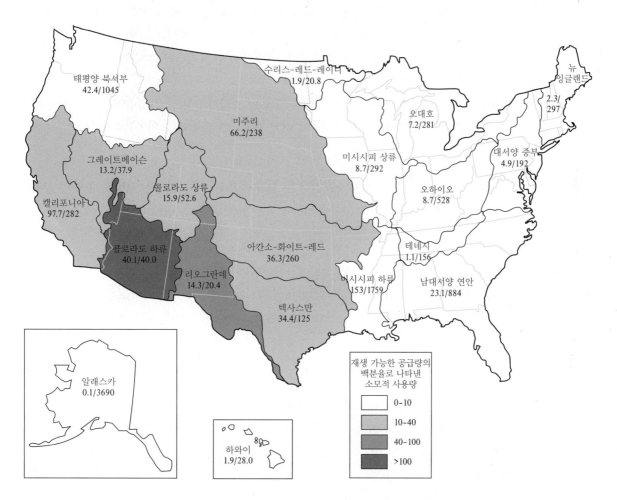

1928~1934년, 1976~1977년, 1987~1992년, 2007~2010년, 2012~2017년에 발생하였다. 가장 최근의 가뭄은 2017년 2월에 북부 캘리포니아에서 이례적인 홍수로 댐이 무너지면서 끝이 났다. 주의 중남부 해안 지역은 지하수 양수로 염수가 유입된다.

<u>콜로라도 유역.</u> 콜로라도강 상류 및 하류 유역은 콜로라도강 협약(Colorado River Compact) 지역들의 수원이다. 이 협약은 7개 주(애리조나, 캘리포니아, 콜로라도, 네바다, 뉴멕시코, 유타, 와이오밍)에 물을 배분한다. 콜로라도 유역은 물 배분을 위해 리스 페리(Lee's Ferry)를 임의의 기준으로 상류와 하류로 구분되었다. 이 모든 주들이 반건조 혹은 건조 기후 지역이지만, 애리조나는 특히 물수지가 위태롭기로 유명하다.* 그림 8-6의 수치에서 알 수 있듯이 이 지역은 재생 가능한 물 공

---

* 이미 캘리포니아의 위급한 상황을 다루었지만, 캘리포니아가 협약에서 합의되고 미국 대법원이 확정한 것보다 50만 에이커-피트 또는 6.2×10^8 m³의 물을 더 사용하고 있다는 점(즉, 총 4.4백만 에이커-피트 또는 5.43×10^9 m³)을 덧붙인다. 2003년 10월 10일, 캘리포니아 4.4 계획(California 4.4 Plan)이라고 하는 7개 주 협정이 서명되어 캘리포니아가 2017년까지 강물 취수량을 기본 할당량으로 줄이도록 하였다(Pulwarty et al., 2005).

급량의 100% 이상을 소비한다. 지표수는 콜로라도(Colorado), 베르데(Verde), 길라(Gila), 리틀 콜로라도(Little Colorado) 강에서 공급되지만 대부분은 콜로라도강에서 나온다. 1895~2003년 리스 페리에서 측정한 추이는 연간 유량이 10년에 약 6.2×10^8 m^{3}씩 지속적으로 감소하였음을 보여준다. 이는 상류 지역의 물 사용 때문이다. 유타주의 나이테 분석 결과 20년 이상 지속된 가뭄이 4건, 15~20년 지속된 가뭄이 9건으로 나타났다(USGS, 2004). 애리조나주 메사 베르데(Mesa Verde)의 자료는 기원전 1299~1276년 23년 동안 지속된 가뭄이 있었음을 보여준다(Haury, 1935). 리스 페리의 유량 자료는 4~11년 동안 지속된 3번의 가뭄이 있었고 2000년에서부터 2003년까지 이어지는 가뭄이 있었음을 보여준다(USGS, 2004).

1970년대 후반까지 애리조나는 공공의 물 수요를 충당하기 위해 거의 전적으로 지하수에 의존하였다. 강수량이 희박하다는 것은 대수층이 거의 함양되지 않았음을 의미한다. 결과적으로 대수층은 말 그대로 채굴되고 있었다.

리오그란데(The Rio Grand). 리오그란데강 접경 지역의 인구 밀도는 1950년대 이후 멕시코에서는 4배, 미국에서는 3배 증가하였다(Mumme, 1995). 한편 하천유량은 과거 수준의 20%로 떨어졌다.

중앙 대평원(The Central Great Plains). 미주리강과 아칸소-화이트-레드강(Arkansas-White-Red river) 유역 및 텍사스만 지역이 이 지역에 속한다. 이 지역에서 일어나는 가장 중요한 유역 간 물 거래로는 로키 산맥을 관통하는 터널로 콜로라도강의 물이 와이오밍에 공급되는 것을 들 수 있다. "서부 지역"에 대한 논의에서 언급했듯이, 콜로라도 상류 유역은 지난 세기 초 합의된 대로 하류의 협약 지역에 대한 공급량을 유지하는 데에 심각한 압박을 받고 있다.

여러 지역 사회에 적지 않은 양의 물을 공급하는 주요 강들이 있기는 하지만 관개 농업이 이 지역의 주요한 최종 용도이다. 네브래스카, 콜로라도, 캔자스, 오클라호마, 뉴멕시코, 텍사스 등 "고원(High Plains)"에 위치한 주의 농부들은 이 지역의 기초가 되는 오갈랄라(Ogallala) 대수층에서 물을 끌어오고 있다. 어떤 경우에는 취수율이 평균 함양률을 초과하기도 한다(그림 8-7, 8-8). 현재의 취수율이 유지되면 향후 50년에서 100년 내에 이 대수층은 담수를 공급할 수 없을 것으로 추정된다(KGS/KDA, 2010).

동부 중서부(The Eastern Midwest). 이 지역은 수리스-레드-레이니강, 미시시피강 상류와 하류, 오하이오 및 테네시강 유역을 포함하며, 이 지역은 물이 풍부하다고 할 수 있다. 일부 지역에서는 계절적 기상학적 가뭄으로 인해 농업 가뭄이 발생한다.

오대호(Great Lakes). 오대호는 미국 담수의 95%를 보유하고 있다. 이 지역은 오대호와 접한 주들에 있는 121개 유역을 포함한다. 주변 주들과 캐나다 주들은 이 지역에서 물의 수출을 금지하는 협정을 비준하였다. 국지적으로 도시 지역의 지하수 고갈 문제가 우려되고 있다.

뉴잉글랜드(New England). 이 지역에는 메인, 뉴햄프셔, 버몬트, 매사추세츠, 코네티컷, 로드 아일랜드주 등 기존 뉴잉글랜드주들이 포함된다. 이 지역의 수자원은 대체로 풍부하다. 그러나 특히 코네티컷주, 뉴햄프셔주와 보스턴 권역의 인구 압박은 식수 공급에 큰 스트레스를 초래하고, 일부 지표수 생태계에 사실상 회복할 수 없는 피해를 주었다. 이 지역에서 발생하는 가뭄은 짧더라도 심

그림 8-7

오갈랄라(Ogallala) 대수층 (출처: USGS(2007) USGS Fact Sheet 2007-3029, U.S. Geological Survey, Washington, DC.)

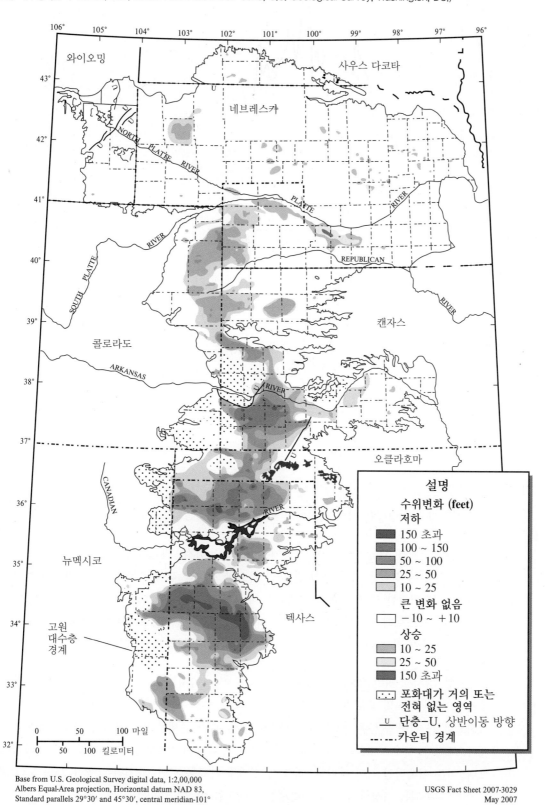

설명

수위변화 (feet)

저하
- 150 초과
- 100 ~ 150
- 50 ~ 100
- 25 ~ 50
- 10 ~ 25

큰 변화 없음
- −10 ~ +10

상승
- 10 ~ 25
- 25 ~ 50
- 150 초과

⋯ 포화대가 거의 또는 전혀 없는 영역

U 단층-U, 상반이동 방향

-·- 카운티 경계

Base from U.S. Geological Survey digital data, 1:2,00,000
Albers Equal-Area projection, Horizontal datum NAD 83,
Standard parallels 29°30′ and 45°30′, central meridian-101°

USGS Fact Sheet 2007-3029
May 2007

그림 8-8

캔자스주 하스켈(Haskell) 카운티의 관개용수 사용량. (a) 취수량, (b) 평균 함양량. (출처: Davis, M.L. and Cornwell, D.A., Introduction to Environmental Engineering, 5e, p. 977 and 982, 2013. The McGraw-Hill Companies, Inc.)

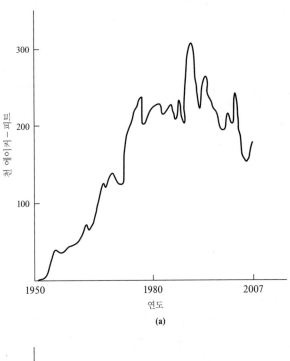

(a)

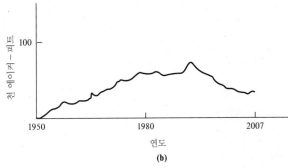

(b)

각한 사회경제적 영향을 미칠 것이다.

대서양 중부(Mid-Atlantic). 이 지역에는 뉴욕, 뉴저지, 펜실베이니아, 델라웨어 및 버지니아주가 포함된다. 이 지역은 지난 수십 년 동안 극심한 가뭄을 겪어 왔는데, 주요 대도시 지역들은 기후변화에 매우 민감한 물 시스템에 의존한다. 뉴잉글랜드 지역과 마찬가지로 인구 압박으로 인해 식수 공급에 큰 스트레스가 발생하고, 일부 지표수 생태계에 사실상 회복할 수 없는 피해를 초래하였다. 이 지역에서 발생하는 가뭄 역시 짧더라도 심각한 사회경제적 영향을 미칠 것이다.

남대서양-멕시코 연안(South Atlantic-Gulf). 이 지역에는 노스캐롤라이나와 사우스캐롤라이나, 조지아, 앨라배마 및 플로리다주가 포함된다. 개발, 인구증가, 해안 지역에 대한 거주 선호도 및 계절적으로 큰 인구 변동은 쉽게 해결하기 힘든 물 관리 문제를 만들어낸다. 최근(2005~2008) 앨라배마, 조지아, 사우스캐롤라이나, 노스캐롤라이나, 테네시주에서 발생한 가뭄으로 취약성이 드러났으며, 이는 이례적인 일이 아니다. 예를 들어 기후 자료를 보면, 조지아는 평균 25년에 한 번 정도 2년 이상 지속되는 기상학적 가뭄이 발생함을 예상할 수 있다(Stooksbury, 2003).

플로리다는 초과 강수량이 많지만 이는 유동 인구가 지역을 떠나 물 사용량이 적은 여름 3~4개월에 집중적으로 발생하며, 겨울철 수요가 많을 때는 강수량이 적다.

남대서양과 멕시코 연안을 따라 해수 침투 문제가 급증하고 있다.

가뭄과 지구 온난화. 홍수와 기후변화에 대한 논의에서 지적했듯이, 지구 순환 모델(GCM)을 이용한 예측 결과에 따르면 기상학적 가뭄이 증가할 것으로 예상되지는 않는다. 그러나 12장에서 언급한 바와 같이 앞으로 예상되는 기온 상승은 다음의 결과를 초래할 것이다.

- 중서부와 대평원의 경작 조건이 더 건조해져 더 많은 관개를 필요로 하게 될 것이다.
- 서부 산지의 온난화로 쌓여 있는 눈의 양이 줄면서 겨울 홍수는 더 잦아지고 여름철 유량은 감소하며, 농업, 수문학적, 사회경제적 가뭄이 증가할 것이다.
- 0.18 m~0.57 m의 해수면 상승은 특히 플로리다와 대서양 연안의 많은 해안 지역에서 해수 침투로 인한 식수 공급의 위협을 증가시킬 것이다.

가뭄과 지속 가능성. 가뭄 영향에 대한 취약성을 결정 짓는 요인으로는 가용 수자원의 안전 채수량(safe yield)과 더불어 인구증가, 정착 패턴, 경제 개발, 보건 인프라, 완화 및 대비, 조기 경보, 긴급 지원 및 복구 지원이 있다. 8-1절에서 언급했듯이, 인간-환경 시스템은 강력한 적응 능력을 보유하고 이를 효과적으로 사용할 수 있는 경우 상대적으로 지속 가능하다.

안전 채수량(safe yield). 안전 채수량은 이론적으로 계절과 해에 따른 하천의 유입량 및 지하수의 함양량 변동에 대응하여 꾸준히 일정 수준의 물 공급을 유지할 수 있는 수원의 능력을 의미한다(Dziegielewski and Crews, 1986). 안전 채수량을 추정하는 데에는 2가지 중요한 가정이 필요하다. (1) 데이터가 정상성을 나타내고, (2) 필요한 물 공급량 수준이 일정하게 유지되어야 한다. **정상성**(stationarity)은 데이터가 추세(trend)나 주기성(periodicity)을 나타내지 않거나 추세가 있더라도 설명 가능하고 미래에 신뢰성 있는 외삽이 가능하다는 것을 의미한다(Smith and Ward, 1998). "지역적 수자원의 한계"에서 논의한 콜로라도강의 유량 감소와 앞으로 예상되는 융설로 인한 캘리포니아의 유출량 감소는 데이터의 정상성이 결여된 두 사례에 불과하다. 인구증가와 해수면 상승으로 인한 해수 침투의 증가는 두 번째 가정을 무효화하는 필요한 물 공급 수준 변화의 예이다. 그렇지만 표 8-7의 안전 채수량 추정치와 "현재" 물 소비량의 비교는 공공의 물 공급에서 참고하기에 편리한 방법을 제공한다.

가뭄 완화의 관점에서 볼 때, 안전 채수량 미만의 평균 수요량을 가진 물 공급 시스템은 안전 채수량을 도출하는 데 사용되는 "설계 가뭄(design drought)"보다 덜 심각한 가뭄 동안에는 물 부족을 겪지 않아야 한다.

사례연구-캘리포니아. 19세기 말부터 오늘날까지 사람들이 이 주에 계속 유입되게끔 수많은 물 관련 프로젝트가 추진되었다. 1900년대 초, 얕은 대수층과 계절적으로 변동하는 강들이 로스앤젤레스를 더 이상 지탱할 수 없게 되자, 시에라네바다 동쪽의 오웬스 밸리(Owens Valley)에 땅을 구매하였다. 로스앤젤레스 수로(Los Angeles Aqueduct)가 완공되면서 오웬스강의 물이 모두 로스앤젤레스로 보내졌다. 10년도 채 되지 않아 호수는 먼지통이 되었고 샌 페르난도 밸리(San Fernando Valley)는 수백만 달러 어치의 나대지가 되었다(Bourne and Burtynsky, 2010).

표 8-7	도시들의 물 사용량과 안전 채수량		
도시	현재 사용량 $(10^6 \ m^3 \cdot d^{-1})$	안전 채수량 $(10^6 \ m^3 \cdot d^{-1})$	물 사용/ 안전 채수량
빙햄턴, 뉴욕	0.0473	0.174	0.27
덴버, 콜로라도	0.749	1.01	0.74
인디애나폴리스, 인디애나	0.386	0.424	0.91
메리필드, 버지니아	0.299	0.204	1.47
뉴욕, 뉴욕	5.80	4.88	1.19
피닉스, 애리조나	1.03	0.973	1.06
남부 캘리포니아	12.6	11.6	1.09

출처: Dziegielewski et al., 1991.

그 사이에 캘리포니아는 북쪽에서 남쪽으로 물을 수송하기 위해 3,218 km가 넘는 운하, 파이프라인, 수로를 건설하였다. 또한 대부분의 물이 융설(snowmelt)에 의존하므로 이를 저장하기 위한 저수지가 157개 이상 건설되었다. 주요 펌프장은 새크라멘토-샌 호아킨 삼각주(Sacramento-San Joaquin Delta)에 위치하는데, 이들은 물을 남쪽으로 수송한다(Bourne and Burtynsky, 2010). 물 수송은 주 전체 에너지 공급량의 약 40%를 차지한다(Feldman, 2007).

이전에는 283,300 ha의 습지였던 새크라멘토-샌 호아킨 삼각주는 배수 이후 섬처럼 제방을 둘러쌓아 수로로 둘러싸인 최상급 농지 및 전용 주거지가 되었다. 오늘날 삼각주는 해수면보다 6 m 아래에 있으며, 더 강력한 폭풍과 결합된 해수면 상승은 제방을 위협하고 있다.

이 삼각주는 미국에서 가장 위험한 지진 지역 중 하나인 헤이워드 단층(Hayward Fault)의 바로 동쪽에 있다. 예측에 따르면 향후 30년 안에 큰 지진이 일어날 확률이 60% 이상이다. 삼각주의 평균적인 지역들은 향후 50년 동안 범람할 확률이 90%이다(Bourne and Burtynsky, 2010).

로스앤젤레스 카운티는 해수 침투를 막기 위해 1947년부터 지하수 대수층에 담수를 펌프로 유입시키고 있는데, 이를 위해 연간 약 $4 \times 10^7 \ m^3$의 하수 처리수가 사용된다.

남부 캘리포니아의 인구는 매년 20만 명 이상의 속도로 증가하고 있다. 2010년 캘리포니아에서는 200억 달러의 재정 적자 가운데서도 110억 달러의 물 프로젝트에 대한 제안이 이루어졌다.

수자원 시스템의 예측을 한층 어렵게 하는 지구 온난화의 영향에도 불구하고, 가용 수자원에 비해 인구가 너무 많고 인구증가율이 너무 높아 장기적인 관점에서 볼 때 캘리포니아는 환경을 훼손하지 않으면서 부를 생산하고 많은 세대에 일자리를 제공할 수 있는 지속 가능한 경제를 개발할 수 있는 수자원을 보유하고 있지 않은 것으로 보인다.

가뭄과 녹색공학. 홍수와 마찬가지로, 토목 구조물들은 지속 가능한 가뭄 방지에 큰 역할을 하지 못한다. 가뭄에 대응하는 "녹색공학"은 기존의 구조적 해결책은 실패할 수밖에 없으며, 위험을 최소화하고 많은 세대에 걸쳐 **지속 가능한 경제**(sustainable economy)를 제공하기 위해서는 다른 해결책이 필요하다는 것을 인식한다. 가뭄에 대한 녹색공학 해결책은 가뭄 대응 계획과 물 절약 계획 및 실행이라는 2가지 광범위한 범주로 나뉜다.

가뭄 대응 계획. 대응 계획의 기본 목표는 관측 및 조기 경보, 영향 평가, 대비, 대응을 강화하여 대응 역량을 개선하는 것이다. 이 분야에 속하는 것들은 다음에 요약되어 있다.

- **조기 경보**(early warning): 가뭄의 시작을 조기에 감지하기 위해 관측해야 하는 매개변수에는 온도, 강수량, 하천유량, 저수지 및 지하수 수위, 적설량, 토양 수분이 포함된다.
- **영향 평가**(impact assessment): 조기 경보 데이터를 통합하여 가뭄의 규모, 기간, 심각도 및 공간적 범위를 설명하려면 몇 가지 유형의 지표가 필요하다. PDSI는 과거의 가뭄을 평가하는 데에는 적합할 수 있지만 "실시간" 평가를 할 수 없다는 비판을 받아 왔다. 이에 표준 강수 지수(Standardized Precipitation Index, SPI), 지표수 공급 지수(Surface Water Supply Index, SWSI), 미국 가뭄 모니터(Drought Monitor, DM) 지도와 같은 다른 도구가 제안되었다. 이 중 DM 지도(http://www.drought.unl.edu/dm)는 가장 최근에 등장한 것이다. 이 자료들은 국립 가뭄 경감 센터(National Drought Mitigation Center, NDMC), 미국 농무부(USDA), 국립 해양대기청(NOAA), 기후 예측 센터(Climate Predition Center, CPC), 국립 기후 데이터 센터 (National Climatic Data Center, NCDC)의 자료로 작성된다.
- **대비**(preparedness): 이를 이행하기 위한 계획과 시설에는 일반적으로 입법 조치가 필요하다. 예를 들면, 물 은행(water banks) 설립 및 활성화 승인, 물 절약 의무화, 가뭄 할증 요금제, 생활용수의 야외 이용 제한, 지방 자치 단체 및 가축에 대한 국지적인 비상 공급이 있다.
- **대응**(response): 사람과 동물은 '계획'을 마실 수 없고, 물고기는 '계획'에서 수영할 수 없다. 기관과 개인에는 계획을 실행하기 위한 **훈련과 시설**(training and facilities)이 있어야 한다.

미국에서 가뭄 대응 계획은 주의 책임이다. 2010년까지 가뭄 대응 계획이 없는 주는 5개 주(알래스카, 아칸소, 루이지애나, 미시시피, 버몬트)뿐이다.

캘리포니아는 가뭄 대응 계획을 지방 자치 단체에 위임하였다. 샌디에이고는 가뭄 단계별로 법으로 집행 가능한 필수 대응을 포함하는 강력한 가뭄 대응 계획을 가지고 있다. 위반자는 과태료를 물거나 잠재적으로 급수 차단 대상이 된다. 몇 가지 예가 표 8-8에 나와 있다. 수요 저감은 공급 부족이 발생할 합리적인 확률과 예상 수요를 충족시키기에 충분한 공급량을 확보하려면 특정한 양만큼 수요를 저감해야 한다는 점에 기초하여 시행한다.

조지아주는 3, 6, 12개월 동안의 SPI 수치에 따라 이행하는 포괄적인 가뭄 대응 계획이 있다. 이 계획에는 도시-산업, 농업, 수질 등 몇 가지 범주의 사용자가 포함되어 있다. 4가지 가뭄 수준 각각에 대해 특정 제한이 적용된다. 예를 들어, 가장 낮은 수준(1등급)에서 도시 용수의 옥외 사용은 계획된 요일에 한해 제한된다. 최고 등급(4등급)에서는 물의 옥외 사용을 금지한다(Georgia EPD, 2003). 이는 심각한 사회경제적 어려움과 물 권리 소송을 예방할 수 있는 사전 예방적 계획이다.

이와는 대조적으로, 테네시의 가뭄 대응 계획은 "물 공급 또는 수질 악화", "사용자 간의 갈등" 및 "매우 제한된 가용 수자원"과 같은 질적 기준을 사용한다. 지역별 조치는 금지 조항 대신 정성적으로 규정되어 있으며, 특정 조치가 필요한 시점은 없다. 예를 들어, "가뭄 경보 수준"에서 공공 물 공급자들은 "수원 및 물 사용을 감시"해야 한다. "의무 제한 수준"에서는 "일부 옥외 용수 사용 금

표 8-8	샌디에이고의 "가뭄 감시 대응 단계"		
단계	기준, 필요 수요 감소량 (%)		제한사항
1	< 10		자발적 제한이 의무화로 변경 과잉 관개 금지 포장면의 세척 금지
2	< 20		조경 관개는 주 3일로 제한 조경 관개는 10분으로 제한
3	< 40		조경 관개는 주 2일로 제한 새로운 식수 서비스는 불가
4	≥ 40		나무와 관목을 제외한 조경 관개 중단

지, 1인당 할당량 및 비거주 사용 비율 감소"를 포함할 수 있다. "긴급 관리 수준"에서 공공 물 공급자는 "생수 제공"을 하고 "물 운반을 개시"해야 한다. 이는 심각한 사회경제적 어려움과 물 권리 소송을 예방할 수 없는 사후 대응책이다. 이 계획은 예방 전략을 시행할 때를 놓칠 수밖에 없는 구조로 되어 있다. 또한 이 계획은 "수문학적" 가뭄에 바탕을 두고 있다. 전형적인 가뭄 순서에서, 수문학적 가뭄은 기상학적 가뭄과 농업적 가뭄 다음 단계의 가뭄이다.

물 절약 계획 및 실행. 미국의 물 절약 계획 현황은 각 주별로 평가되며, 현황은 4가지 범주로 분류된다(Rashid et al., 2010).

1. 종합 프로그램 의무화
2. 물 공급의 일환으로 절약 계획 권고
3. 절약 요령 제공
4. 조항 없음

10개 주를 제외한 모든 주는 처음 3가지 범주 중 하나에 속한다. 처음 3가지 범주에 속한 주들은 그림 8-9에 범주 번호별로 표시되어 있다. 범주 4에 속하는 주는 앨라배마, 알래스카, 아이다호, 켄터키, 미시시피, 노스다코타, 오하이오, 사우스다코타, 웨스트버지니아, 와이오밍이다.

물 절약 계획에 일반적으로 포함되는 요구사항으로는 계층형 요금 구조, 공공 절약 활동, 자발적 절약 계획 및 의무 절약 계획이 있다.

사례연구-애리조나. 애리조나는 아마도 가장 야심차고 먼 미래를 내다보는 절약 계획을 갖고 있는 주일 것이다. 1976~1977년 가뭄 이후, 의회는 1980년 지하수 관리법(Groundwater Management Act, GMA)을 제정했는데, 이는 주 내의 **능동적 관리 영역**(active management area, AMA)에 대해 규정한 법률이다. 이곳은 인구의 대다수가 위치하고 지하수 과다 양수가 발생하는 지역이다(Prescott, Phoenix, Pinal, Tucson and Santa Cruz). 모든 AMA에 대한 관리 목표는 지속 가능한 물 공급을 달성하는 것이다. 주요 대도시 지역의 경우, 이 목표는 안전 채수량으로 정량화한다. AMA에는 애리조나 인구의 80%, 총 물 사용량의 50%, 지하수 과다 양수량의 70% 이상이 포함된다(Pulwarty et al., 2005).

그림 8-9

주별 물 절약 계획 현황. 1: 종합 프로그램 의무화, 2: 물 공급의 일환으로 절약 계획 공고, 3: 절약 요령 제공, 4: 조항 없음
(출처: Davis, M.L. and Cornwell, D.A., Introduction to Environmental Engineering, 5e, p. 977 and 982, 2013. The McGraw-Hill Companies, Inc.)

1969년 미의회의 승인을 받아 미국 간척국이 건설한 센트럴 애리조나 프로젝트 운하(Central Arizona Project, CAP)는 애리조나에서 가장 큰 재생 가능한 물 공급원이다. 수로, 터널, 펌프장 및 관로로 구성된 540 km 길이의 시스템은 애리조나의 콜로라도강에서 할당된 연 140만 에이커-피트 (1.73×10^9 m^3)의 물을 하바수(Havasu) 호수에서 애리조나 중부 및 남부까지 운반하도록 설계되었다. 이 프로젝트에는 40억 달러가 들었고 완료하는 데 22년이 걸렸다. 연방 지침에 따라 지방 자치 단체는 농업보다 CAP 송수에 더 높은 우선순위를 부여받는다. 피닉스(Pheonix)는 1985년에, 투산(Tucson)은 1992년에 물을 받기 시작하였다.

GMA는 물 절약 및 재생 가능한 수원으로의 전환을 통해 모든 부문의 수요를 의무적으로 저감할 것을 명시하고 있다. 핵심 구성요소는 AWS(Assured Water Supply) 프로그램을 통해 콜로라도강 물을 사용하는 것이다. AWS는 AMA의 모든 새로운 구획에 대해서 주로 재생 가능한 물 공급에 기초하여 향후 100년간 물 공급이 보장됨을 입증할 것을 요구한다.

애리조나주의 물 공급 불안정성과 배분된 콜로라도강 수량을 최대한 활용할 필요에 대한 인식하에 1996년 애리조나 물 은행 당국(Arizona Water Banking Authority, AWBA)이 설립되었다. AWBA의 목표는 다음과 같다.

1. 공공용수로 사용하기 위해 회수할 수 있는 물을 지하에 저장한다.
2. AMA의 관리 목표를 지원한다.

3. 아메리카 원주민의 물 권리를 지원한다.

4. 네바다와 캘리포니아의 물 공급을 충족하면서도 애리조나주의 권리를 보호할 수 있도록 이들 주가 공동으로 참여하는 콜로라도강의 물 은행 업무를 지원한다.

AWS 규칙을 구현할 수 있는 이유는 개발자가 구성원이 사용하는 지하수를 향후 보충하기로 약정함으로써 CAGRD(Central Arizona Groundwater Replenishment District)를 통해 AWBA를 이용할 수 있기 때문이다. 농업 및 재함양에 대한 인센티브 가격 책정과 AWS 규칙이 적용됨에 따라 애리조나는 이제 콜로라도강 할당량을 모두 활용하고 있다. 애리조나는 미래의 가뭄으로 인한 물 부족을 미리 상쇄하기 위한 도구로 수자원의 인공 함양에 힘쓰고 있다.

대도시 지역에서의 녹색공학. 미국 남서부 및 서부 도시 지역에서의 물 사용에 대한 조사에 따르면, 1인당 사용하는 물의 대부분은 실외에서 이루어진다(그림 8-10). 따라서 대도시 지역의 물 절약 노력은 먼저 옥외 사용에 중점을 둔다. 몇 가지 물 절약 조치의 예가 아래에 요약되어 있다.

- **점적 관개**(drip irrigation): 식물, 나무 또는 작은 식재 구역에 배출구가 있는 작은 파이프를 사용한다.
- **스마트 관개**(smart irrigation): 기상 및 토양 수분 데이터를 사용하여 관개를 위한 시간과 물의 양을 계획한다. 증발산량(ET는 7장에서 논의됨)을 계산하고 관개를 조절하는 데 실시간 기상 데이터를 사용한다. 토양 수분 센서(soil moisture sensor, SMS) 컨트롤러는 뿌리 영역에서 토양 수분을 측정한다. ET 시스템은 과도한 급수를 줄이는 반면, 물이 부족하게 공급되던 곳에는 급수를 늘릴 수 있다(Green, 2010).
- **빗물 집수**(rainwater harvesting): 빗물을 수집, 보관 및 이용하는 방법이다(Waterfall, 2004).
- **관개 검사원 자격인증**(water irrigation auditor certification): 물 절약 기술에 대해 관개 시스템 설치 및 유지관리 인력을 교육하는 프로그램이다. 지중 스프링클러 시스템이 있는 집은 지중 시스템이 없는 집보다 35% 더 많은 물을 사용한다(Feldman, 2007).
- **물 절약 인센티브**(water conservation incentives): 다양한 절약 활동에 대해 수도요금을 공제하는 프로그램이다. 일부 예로는 낡고 새는 장비의 교체를 통한 관개용수 절약(품목당 25달러), 인증된 관개 검사(100달러), 잔디 제거(m^2당 2.70달러, 주거용의 경우 최대 400달러) 등이 있다. 2006~2010 회계연도 동안 애리조나주 프레스콧은 총 $1.6 \times 10^5 \text{ m}^3$ 이상의 물을 절약한 것으로 추정된다(Prescott, 2010).
- **물 절약 변기**(low flush toilets): 적은 양의 물을 사용하는 변기로, 기존 변기는 한 번 물을 내릴 때 약 15 L를 사용하는 반면 물 절약 변기는 약 6 L를 사용한다. 애리조나주 프레스콧 (2010)은 표준 장치를 절약식 수세식 장치로 교체하여 4년 동안 약 $4 \times 10^4 \text{ m}^3$의 물을 절약하였다.
- **계층형 요금 구조**(tiered rate structures): 다음과 같은 예들이 있다.
  - 균일 요금 + 계절 할증료
  - 누진 요금제(inclining block): 사용량이 증가함에 따라 단가 인상
  - 물 예산 기반 요금제(water budget rate): 개별 소비자별로 조정된 누진 요금제
  - 자세한 내용은 Georgia EPD(2010) 참조

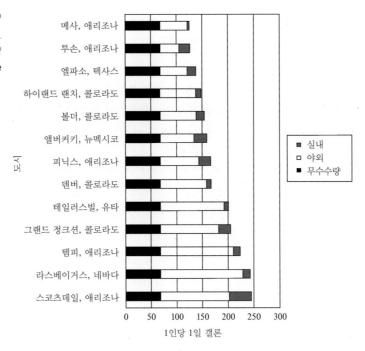

그림 8-10

1인 가구의 1인당 물 사용량
(출처: Western Resource Advocates, 2003.)

- **물 재이용(Water reuse):** 다음과 같은 예들이 있다.
  - 농축된 사람의 배설물이 포함되지 않은 목욕 및 세척 시설에서 나오는 **중수(gray water)**를 관개용으로 사용
  - 처리한 도시하수를 골프장 관개용으로 사용

<u>녹색공학과 상수도.</u>   중소 규모 상수도를 위한 물 절약(Water Conservation for Small- and Medium-Sized Utilities)(Green, 2010)에 제시된 수많은 물 절약 방안 중 누수와 물 재이용, 2가지는 물 절약에 미치는 영향이 크기 때문에 여기에서 강조한다. 무수수량(unaccounted for water, UAW)은 생산되었지만 판매되지 않은 물을 나타내는 용어이다. 여기에는 누수, 무단 소비, 측정 오류 및 데이터 처리 오류가 포함된다. 즉, 효용에 대한 수익을 창출하지 못하는 물이다.

테네시주 레바논은 1997년 감사에서 생산된 물의 45%가 UAW임을 확인하였다(Leauber, 1997). 캘리포니아의 47개 상수도 시설에 대한 물 감사 및 누수 감지 결과 평균 10%의 손실이 발견되었으며 그 범위는 5~45%였다. 캘리포니아에서는 매년 최대 8.6×10^8 m^{3}의 누수가 발생하는 것으로 추정되었다(DWR, 2010). 미국의 지역 상수도 시스템은 누수로 하루에 약 2.3×10^7 m^{3}의 물을 잃는다(Thornton et al., 2008). 전체 가구의 10%가 가구 누수의 58%를 차지하며 수영장이 있는 가구는 다른 가구보다 누수가 55% 더 많다는 사실에 주목해야 한다(Feldman, 2007).

일반적으로 UAW는 생산량의 10%를 넘지 않아야 한다. 이 수준 이상이라면 누수 감지 및 수리 프로그램을 도입하기에 충분한 경제적 이점이 있다. 기술과 전문지식의 발전으로 UAW의 손실을 10% 미만으로 줄일 수 있어야 한다(Georgia EPD, 2007).

누수 감지 및 수리는 물 절약의 측면 외에도 다음과 같은 이점들이 있다.

- 계획된 유지 보수를 통해 누수를 수리하면 예정에 없던 수리에 따른 초과근무 비용을 줄일 수 있다.

- 누수 감지 및 수리를 통해 물 공급에 필요한 에너지 소비와 전력 비용을 절감할 수 있다.
- 누수 감지 및 수리를 통해 고객에게 전달되지 않는 물을 처리하는 데 드는 약품 비용을 절감할 수 있다.
- 누수 감지 및 수리를 통해 도로의 구조적 손상 가능성을 줄일 수 있다.
- UAW 감사와 누수 감지 및 수리 사업의 투자 대비 수익은 매우 준수하다.
- 작은 누수는 연한이 지날수록 커지게 되고 결국 파이프 파손으로 귀결된다.

물 재이용(water reuse), 물 재생(water reclamation) 및 재활용수(recycled water)는 추가 처리를 통해 특정의 직접적인 유익한 용도로 분배되는 공공하수를 의미한다. 추가 처리는 최소 3차 처리(11장 참조)로 이루어지며 종종 고도의 하수처리(예: 10장에서 논의된 역삼투)를 포함한다. 물 재이용은 캘리포니아에서 한 세기 이상 행해져 왔다. 1910년에 적어도 35개의 지역 사회가 하·폐수를 농장 관개용으로 사용하고 있었다. 2001년 말까지, 재생수 사용은 $6.48 \times 10^8 \ m^3 \cdot y^{-1}$ 이상에 이르렀다. 플로리다는 40년 이상 하·폐수를 재생하고 있는데, 2003년에는 약 $8.34 \times 10^8 \ m^3$의 재생 하·

표 8-9	재생수의 적용 예시
분류	**적용**
농업용 관개수	작물 관개
	상업용 묘목장
지하수 함양	지하수 은행
	지하수 보충
	염수 침투 방지
	지반 침하 방지
산업용 재활용/재이용	보일러 급수
	냉각수
	공정수
경관 관개	묘지
	골프장
	그린벨트
	공원
환경 개선	어업
	호수 보강
	습지 개선
	하천유량 개선
	인공설 제조
비음용 도시용수	증발 냉각이 사용되는 에어컨
	화재 방지(스프링클러 시스템)
	놀이시설의 화장실 용수
음용 재이용	급수용 저수지와 혼합
	지하수와 혼합
	물 공급용 파이프로 직접 연결

출처: Metcalf & Eddy, 2007.

폐수가 사용되었다(Metcalf & Eddy, 2007). 또한 2008년 플로리다는 2025년까지 하·폐수의 해양 배출을 단계적으로 금지하는 법안을 통과시켰다. 이 목표를 달성하기 위해 총 $4.16 \times 10^8 \text{ m}^3 \cdot \text{y}^{-1}$이 재생될 것이다(Greiner et al., 2009).

재생수의 일반적인 적용 예시는 표 8-9와 같다.

8-3 에너지 자원

약 300년 전까지만 해도 인간이 필요로 하는 에너지의 대부분은 인간과 동물의 노동력, 수력, 풍력, 목재나 농업 폐기물, 분뇨, 이탄과 같은 가연성 유기물(현재는 바이오매스(biomass)로 통칭)에 의해 공급되었다. 18세기 말과 19세기 초 산업혁명이 도래하면서 수력은 여전히 중요한 역할을 했지만 대규모로 화석 연료(주로 석탄)가 사용되기 시작하였다. 20세기 동안 석유 제품은 우리의 에너지 수요를 공급하는 데 중요한 역할을 하였다.

전 세계에서 미국은 1차 에너지의 주요 생산국이자 소비국이다. 2006년 미국은 전 세계 1차 에너지의 21%를 생산하고 26%를 소비하였다(EIA, 2010a 및 2010b). 우리가 소비하는 에너지의 약 85%는 화석 연료의 형태이며, 37%는 운송에 사용된다. 1인당 에너지 소비는 지난 30년 동안 안정되어 왔지만, 총에너지 소비는 지난 40년 동안 크게 증가하였다(그림 8-11, 8-12).

화석 연료 매장량

석탄 1 kg과 기름 1 L를 어떻게 비교해야 할까? 1 L의 천연가스와 1 L의 석유는 어떤가? 화석 연료 매장량을 제대로 비교하기 위해서는 에너지 기반으로 비교해야 한다. 화석 연료의 경우 순 발열량(net heating value, NHV)은 비교를 위한 공통 분모 역할을 한다. 일부 일반 연료의 NHV값은 표 8-10에 나와 있다.

물론 에너지 가치의 비교는 연료 효용성 비교와 다르다. 예를 들어, 휘발유를 동등한 NHV를 갖는 석탄이나 천연가스로 대체하여 자동차의 가스 탱크에 넣을 수는 없다. 석탄이 휘발유보다 줄(joule)당 가격이 저렴하다는 사실은 자동차 연료를 비교하는 것과 무관하다.

그림 8-11

미국의 1인당 에너지 소비량(GJ/인)

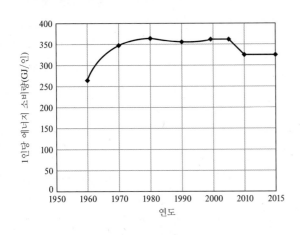

그림 8-12

미국의 에너지 소비량(EJ=exajoule=1×10^{18} J)

표 8-10	일반적인 순 발열량 값	
물질	**순 발열량(MJ · kg⁻¹)**	
숯(charcoal)	26.3	
무연탄(anthracite coal)	25.8	
역청탄(bituminous coal)	28.5	
2번 연료유(가정 난방연료)	45.5	
6번 연료유(벙커 C유)	42.5	
가솔린(일반, 84 옥탄)	48.1	
천연가스[a]	53.0	
이탄	10.4	
목재(참나무)	13.3~19.3	
목재(소나무)	14.9~22.3	

[a]밀도는 0.756 kg · m⁻³

표 8-11	미국 및 전 세계 화석 연료의 상업용 에너지 확인 매장량[a]	
연료	**미국(EJ[b])**	**전 세계(EJ)**
석탄	11,700	24,000
석유	215	12,700
천연가스	370	7,500
총매장량	12,285	44,200

[a]석유 및 천연가스는 2015년, 석탄은 2016년 자료임. 천연가스 자료에는 셰일에서 회수 가능한 천연가스 추정치가 포함되어 있지 않음.
[b]EJ=exajoule=1×10¹⁸ J
출처: EIA, 2016 및 BP Statistical Review, 2016.

질문의 대상이 되는 것은 세계의 에너지가 고갈되고 있느냐 마느냐가 아니라, 우리가 지불할 의사가 있는 금액과 환경에 미치는 영향이다. 먼저 "고갈"에 대한 질문을 살펴보자. 화석 연료 중 추산 당시 경제적으로 회수할 수 있는 것으로 확인된 양을 **상업용 에너지 확인 매장량**(proven commercial energy reserve)이라고 한다. 기술의 변화와 소비자의 지불 의사 변화로 연료의 질량은 변하지 않더라도 매장량은 변할 수 있다. 미국 및 전 세계의 추정 매장량은 표 8-11에 나와 있다. 매장량이 얼마나 오래 갈 것인지에 대해 몇 가지 유형의 추정이 가능하다. 예를 들어, 새로운 발견이나 추출 기술의 변화 없이 현재 소비율(수요)을 가정하여 기간을 추정할 수 있다. 또는 새로운 발견이나 추출 기술의 변화 없이 수요가 어느 정도 증가한다고 가정할 수도 있다. 수요가 일정할 때 현재 매장량이 지속되는 기간은 다음과 같이 표현된다.

$$T_s = \frac{F}{A} \tag{8-8}$$

여기서 T_s = 고갈될 때까지의 기간(년)

F = 에너지 매장량(EJ[*])

A = 연간 수요량(EJ·년$^{-1}$)

수요 증가와 함께 현재 매장량이 지속되는 기간은 다음과 같이 표현된다.

$$F = A\left[\frac{(1+i)^n - 1}{i}\right]$$ (8-9)

여기서 i = 연간 수요 증가분

n = 매장량을 소비하는 년수

예제 8-3은 이러한 2가지 추정치의 계산 방법을 보여준다.

예제 8-3 2015년 에너지용 석탄의 국제 소비량은 160 EJ이었다(British Petroleum, 2016). 수요가 일정하게 유지된다면 세계 매장량은 얼마나 지속될 것인가? 석탄 기반 에너지의 세계 평균 소비 추정치는 2015년 0.6% 증가에서 1.8% 감소까지 다양하였다(EIA, 2015; British Petroleum, 2016). 0.6%의 증가율을 이용하여, 세계의 석탄 매장량이 얼마나 지속될지 추정하시오.

풀이 수요가 일정하게 유지된다면(식 8-8), 세계 석탄 매장량의 지속 기간은 다음과 같다.

$$\frac{24{,}000 \text{ EJ}}{160 \text{ EJ/년}} = 150년$$

수요가 매년 0.6%씩 증가할 경우, 세계 석탄 매장량의 추정치는 식 8-9를 사용하여 확인할 수 있다.

$$24{,}000 \text{ EJ} = 160 \text{ EJ/년}\left[\frac{(1+0.006)^n - 1}{0.006}\right]$$

n에 대해서 풀면,

$$(150)(0.006) = (1.006)^n - 1$$
$$0.9 + 1 = (1.006)^n$$

양변에 log를 씌우면,

$$\log(1.9) = \log[(1.006)^n] = n\log(1.006)$$
$$2.788 \times 10^{-1} = n(2.598 \times 10^{-3})$$
$$n = 107년$$

자원별 총 1차 에너지 공급에 대한 장기 예측은 그림 8-13에 나와 있다. 이 분석에 따르면 주요 에너지원으로서 화석 연료의 피크가 곧 발생할 것으로 보인다. 석유와 천연가스는 금세기 말에 연

---

[*] EJ = exajoule = 1×10^{18} J

료 공급원으로서 사실상 무용지물이 되고, 석탄은 크게 줄어들긴 하지만 여전히 역할이 남아 있을 것이다.

11개 주에 540만 명의 고객을 보유하고 있는 아메리칸 일렉트릭 파워(American Electric Power)는 수년간 석탄에 대한 의존에서 벗어나고자 하였다. 회사의 석탄 발전 용량은 2005년 71%에서 2017년 약 47%로 떨어졌다. 한편 가스 발전 용량은 20%에서 27%로, 재생 에너지는 3%에서 13%로 늘었다. 이러한 전환은 미국 전역에서 훨씬 더 빠르게 진행되고 있다. 미국 에너지 정보국(U.S. Energy Information Agency)은 평균적으로 미국에서 생산되는 전력의 34%를 가스가 제공하고, 석탄은 30%를 제공할 것으로 추정한다(Loveless, 2016).

표 8-11과 그림 8-13의 자료는 최근에 개발된 2가지 주요 석유 및 천연가스 공급원인 **"타르 샌드(tar sand)"**와 **"셰일가스(shale gas)"**를 반영하지 않고 있다.

타르 샌드. 석유는 액체가 아닌 상태로 존재할 수 있다. **타르 샌드** 또는 **오일 샌드**(oil sand)는 이름에서 알 수 있듯이 석유를 함유한 모래이다. 타르 샌드가 얇은 깊이에 있는 경우 표면 채굴 기술로 채굴하기에 충분한 석유 함량을 가지고 있다. 캐나다 앨버타의 애서배스카 지역은 77,000 km^2 이상의 면적이 두꺼운 타르 샌드 퇴적물로 덮여 있다(Coates, 1981). 3.7×10^{11} m^3로 추정되는 원유 중 약 2.8×10^{10} m^3가 가용 기술로 회수 가능하다. 앨버타에서는 퇴적물의 약 20%가 지표면에서 100 m 이내에 분포한다. 이는 노천 채굴을 통해 채굴될 수 있으며, 나머지는 추출정에서 회수해야 한다. 타르 샌드는 추출정에서 가열되어 펌핑된다. 1 m^3의 기름을 제거하려면 약 4 m^3의 물이 필요하다(Ritter, 2011).

셰일가스. 2008~2010년 미국 셰일층의 천연가스 에너지 추정치는 400 EJ에서 4,000 EJ로 증가하였다(LaCount and Barcella, 2010). 이 새로운 자원의 발견과 개발은 2005년경에 오래된 기술인 **수압파쇄술**(hydraulic fracking, hydrofracking 또는 fracking이라고도 함)과 수평시추술(horizontal drilling)의 개발로 시작되었다. 2009년까지 셰일가스는 미국 천연가스 공급의 5%에서 약 20%로 증가하였다.

그림 8-13

전 세계 화석 연료 공급의 피크 (출처: Davis, M.L. and Cornwell, D.A., Introduction to Environmental Engineering, 5e, p. 987 and 990, 2013. The McGraw-Hill Companies, Inc.)

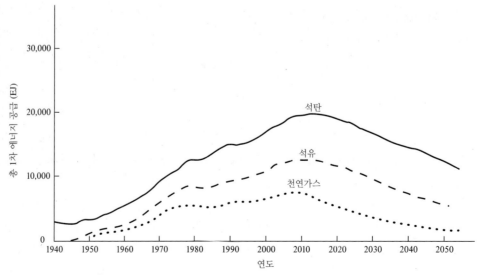

표 8-12	수압파쇄 유체 첨가제		
	첨가제 종류	기능	예시 제품
	살생물제	미생물 제거	글루타르알데하이드 탄산 이온
	브레이커	유체 점도 저감	산, 산화제
	완충제	pH 조절	탄산 수소 나트륨
	점토 안정제	점토 팽창 방지	염화칼륨
	유체 손실 첨가제	유체 효율 향상	디젤 연료, 고운 모래
	마찰 감소제	마찰 감소	음이온성 고분자
	겔 안정제	열분해 감소	티오황산나트륨
	철 조절제	철을 용해상태로 유지	아세트산 및 구연산
	계면활성제	표면 장력 저감	플루오르카본

출처: U.S. Department of Energy, 2004

파쇄 공정은 약 1,800 m 깊이까지 케이싱 유정을 천공하고 시추공을 수평으로 뚫어 유정의 전체 길이를 3,000 m까지 연장하는 것으로 시작한다. 표 8-12에 나타난 것과 같은 특수 제조된 유체는 지층에 균열을 만들어 낼 만큼 충분한 속도와 압력으로 시추공으로 펌핑된다. 펌핑은 지층의 균열을 계속 확장시킨다. 균열을 열린 상태로 유지시키기 위해 모래 또는 기타 입자상 물질로 구성된 고체 **프로판트**(proppant)가 균열 유체에 추가된다. 가스(또는 오일)가 지층에서 방출되면 물이 첨가제와 함께 "역류수(flow-back)"로서 지표로 나오게 된다. 여기서 가스는 역류수로부터 분리된다.

추출정은 20~40년에 이르는 기간 동안 역류수를 방출한다. 초기에는 역류수를 폐수 처리장으로 보내 처리하였다. 곧 많은 함유물들이 공공하수 처리에 사용되는 일반적인 생물학적 처리 공정에 적합하지 않다는 것이 확인되었다. 2012년까지 합의된 처리 방법(유량의 약 90%)은 대부분의 셰일가스가 발견되는 바켄(Bakken) 또는 마셀러스(Marcellus) 지층 아래의 지질 시스템으로 역류수를 주입하는 것이었다(Arnaud, 2015; Ritter, 2014; Vengosh, 2015).

텍사스, 오클라호마, 오하이오에서는 10,000~20,000 m^{3}의 역류수를 주입하면서 이전에 지진을 경험하지 못한 지역에서 지진이 발생하였다. 이러한 지역 현장에서는 다른 관리 기술을 평가할 수 있을 때까지 파쇄 공정이 단축되었다. 예를 들어, 2016년 오클라호마주 포니는 규모 5.8의 지진을 경험하였다. 오클라호마 지질조사국(Oklahoma Geological Survey)은 예방적 대응으로 37개의 처리정을 폐쇄하였다. 미국 지진 추세는 증가하고 있는 것으로 보인다. 미국 지질조사국(U.S. Geologic Survey)에 따르면 2005년 규모 2.5 이상의 지진은 단 3건에 불과하였는데, 2015년에는 그 수가 2,700건 이상으로 급증하였다(Frohlich, 2016).

원자력 에너지 자원

핵분열과 핵융합은 핵 에너지를 생성하는 데 사용할 수 있는 2가지 잠재적인 반응이다. 핵분열 과정에서 중성자는 핵분열이 가능한 원자핵(우라늄이나 플루토늄의 방사성 동위원소)을 뚫고 들어가 2개의 생성물로 분리하는 동시에 에너지를 방출한다. 핵융합은 수소와 같은 가벼운 원소의 핵종이 융합되어 헬륨과 같은 무거운 원소를 형성하는 것으로, 이 과정에서 에너지가 방출된다. 상업적으로 운영되는 모든 원자로는 핵분열 반응을 기반으로 한다.

우라늄의 2가지 주요 동위원소는 ^{235}U와 ^{238}U이다. 이 중 자연적으로 발생하는 우라늄의 약 99.3%는 비핵분열성인 ^{238}U이다. 지속적인 핵분열 반응을 유도하기 위해 한 핵분열 반응의 과잉 중성자가 다른 핵분열성 원자를 분열시킬 확률을 증가시키는데, 이는 핵분열성 물질의 농도를 증가시키거나 중성자를 느리게 하여 ^{238}U보다 ^{235}U에 포획될 가능성을 높임으로써 달성한다.

20세기 중반에 원자력은 화석 연료에 대한 현실적인 대안으로 떠올라 많은 국가들이 원자로를 건설하기 시작하였다. 현재 약 440개의 발전소가 전 세계 전력의 16%를 생산하며, 일부 국가에서는 원자력을 주요 전력 공급원으로 삼았다. 일례로 프랑스는 전기의 78%를 핵분열에서 얻는다(Parfit and Leen, 2005).

물론 장단점이 있다. 핵분열은 풍부한 전력을 제공하고 지구 온난화를 일으키는 CO_2 배출이 없으며 경관에 미치는 영향을 최소화한다. 그러나 미국 스리마일섬(Three Mile Island), 우크라이나 체르노빌(Chernobyl) 원전, 일본 후쿠시마 다이치(Daiichi) 원전 사고 등 국민을 회의적으로 만들었던 사고 외에도 원자력 발전소에 대한 자본 투자는 화석 연료를 이용하는 화력 발전소에 비해 크며, 방사성 폐기물은 1987년 핵폐기물 정책법(Nuclear Waste Policy Act)의 통과에도 불구하고 20년 이상 해결되지 않은 문제로 남아 있다. 재생 가능한 핵 에너지를 개발하기 위한 기술이 현존하지만, 현재 미국의 정책하에서 쉽게 구할 수 있는 우라늄 연료는 약 50년 밖에 지속되지 않을 것이다(Parfit and Leen, 2005).

^{238}U는 핵분열이 불가능하지만 중성자를 포획하는 ^{238}U 원자는 핵분열이 가능한 플루토늄(^{239}Pu)으로 변환된다. 이것이 "증식 원자로(breeder reactor)"의 기본개념이다. 미국 국립과학원(The National Academy of Science)은 풍부한 ^{238}U를 ^{239}Pu로 변화시키면 10만 년 이상 미국의 전력 수요를 충족시킬 수 있을 것으로 추정하였다(McKinney and Schoch, 1998). 그러나 현재 미국에서 가동 중인 증식로는 없다. 환경적 우려와 핵무기 확산 가능성이 미국의 이러한 에너지원 개발을 제한해 왔기 때문이다. 최근 유명한 환경 옹호자들은 원자력 사고와 방사성 폐기물의 매우 실제적인 위험이 돌이킬 수 없는 기후 파괴 위험보다 덜 위협적이라고 주장하였다. 그들은 이제 재생 가능한 원자력 에너지는 지속 가능한 반면 화석 연료의 연소는 그렇지 않기 때문에 원자력 에너지의 경제성, 안전, 폐기물 저장 및 확산 문제를 개선하는 데 힘을 기울여야 한다고 주장한다(Hileman, 2006).

환경적 영향

자원 추출 폐기물. 미국에서 채굴되는 석탄의 약 52%는 노천 채굴에서 나오며, 나머지는 지하 탄광에서 채굴된다. 지하 탄광은 상대적으로 암석 폐기물을 적게 발생시키는 반면, **노천 채굴**(strip mining)은 표피토(overburden) 형태로 많은 양의 폐기물을 발생시킨다. 경우에 따라 석탄에 접근하기 위해 최대 30 m의 표피토를 제거해야 할 수도 있다.

깊은 광산에서 표피토나 **광미**(tailings)의 제거로 쌓이는 **폐석장**(spoil banks)은 먼지, 과침식, 화재로 인한 대기오염과 산성 광산 배수로 인한 수질오염의 원인이 된다. 기복이 큰 지형에서 과도한 침식이 일어나면 산림의 경우 10 Mg · km^{-2}의 비교적 적은 양의 침전물이 발생되던 것이 굴착 현장에서는 11,000 Mg · km^{-2} 이상으로 증가할 수 있다. 폐광과 폐석장에 잔류되어 있는 저급 석탄은 자연 발화, 번개 또는 인간 활동으로 화재를 일으키는데 이러한 화재는 진화가 어려우며, 열악한 연소 조건으로 많은 양의 미립자와 황산화물이 생성된다. **산성 광산 배수**(acid mine drainage)라고 일컫는 지하수 및 지표수 오염은 폐광, 폐석장 및 광미를 통해 침출되는 빗물로 인해 발생한다.

오직 석탄만 관련이 있는 것은 아니지만, 황철석(FeS_2)과 같은 황화물 미네랄이 석탄층에 존재하는 경우가 많다. 황철석(pyrite)은 대기와 세균 활동에 노출되면 아래 식과 같이 산화되어 황산이 된다.

$$4FeS_2 + 15O_2 + 2H_2O \longrightarrow 2Fe_2(SO_4)_3 + 2H_2SO_4$$

이 용액은 하천으로 침출되어 철 침전물에 의해 빨간색 또는 노란색을 띠게 된다. 용액의 강한 산성은 수생생물에게 극도로 치명적이다.

특히 미국 서부의 물이 부족한 지역에서의 석탄 채굴은 지하수 공급에 부정적인 영향을 미칠 수 있다. 몬태나주 데커(Decker) 주변의 지하수면은 채광 작업으로 인해 15 m 낮아졌다(Coates, 1981). 채광 작업은 대수층의 함양 지역이 그 역할을 못하게 할 수도 있다.

다른 형태의 자원 추출과 비교하여 석유 및 천연가스 시추는 환경 악화를 최소화하였다. 그러나 고갈된 공급을 채우기 위해 석유와 천연가스 탐사가 늘어나면서 환경적으로 민감한 지역들이 탐사되고 있다. 도로 건설 및 기타 탐사 활동으로 인한 피해는 실제 시추 작업에 의한 피해를 능가한다.

기름 유출과 송유관으로부터의 누출은 악명 높은 수질오염의 원인이다. 많은 양의 가솔린 및 기타 석유 제품이 대기 중으로 증발하여 오존 형성에 기여한다. 광물 채광과 마찬가지로 우라늄 채광은 암석 폐기물을 발생시키지만 우라늄 광미는 종종 방사능을 띤다는 점에서 차이가 있다.

에너지 생산 폐기물. 화석 및 핵연료의 회수보다 환경을 더 오염시키는 것은 에너지 생산에서 만들어지는 폐기물일 것이다. 화석 연료의 연소는 황산화물, 질소 산화물 및 미립자와 같은 대기오염물질을 방출한다. 연료에 함유되어 있는 황 함량은 방출되는 이산화황의 질량에 직접적인 영향을 미친다. 황 농도가 가장 높은 석탄이 SO_2 배출량에 가장 많이 기여한다. 연료유는 황 함량이 낮아 SO_2 배출을 줄이기 위해 석탄 대체재로 자주 선택된다. 천연가스에는 황이 거의 없으므로 SO_2 배출이 없다. 석탄은 **회분**(ash, 불연 광물) 함량이 높기 때문에 미세먼지의 주요 원인이기도 하다. 연료유는 회분이 적고 배출량이 적으며, 천연가스는 회분과 배출물이 없다. 화학 반응이 연료의 질소 함유량에 의존하지 않기 때문에 3가지 모두 질소 산화물을 방출한다. 화석 연료의 또 다른 오염물질로는 석탄에서 미량으로 발생하는 수은과 같은 독성 금속이 있다.

비록 원자력 에너지 생산은 대기오염물질을 배출하지는 않지만, 사용 후 연료는 높은 방사능을 가지고 있으며 해결되지 않은 고형 폐기물 처리 문제로 남아 있다. 석탄재의 큰 부피도 고형 폐기물 처리의 주요 문제 중 하나이다. 석탄재의 약 30%기 발전소 연소로에 **바닥재**(bottom ash)로 가라앉고, 나머지 **비산재**(fly ash)는 대기오염 제어 장비에 의해 포집되어야 한다. 다음 예제는 대형 석탄 화력 발전소에서 이 재가 차지하는 부피가 얼마나 큰지를 보여준다.

예제 8-4 한 석탄 화력 발전소는 석탄 에너지의 약 33%를 전기 에너지로 변환한다. 무연탄의 NHV가 31.5 $MJ \cdot kg^{-1}$이고, 회분(재) 함량이 6.9%이며, 회분의 겉보기 밀도는 약 700 $kg \cdot m^{-3}$인 경우 800 MW의 대규모 전력을 생산할 때 연간 생성되는 재의 양을 추정하시오. 재의 99.5%가 대기오염 제어 장비에 의해 포획되거나 연소실 바닥에 쌓인다고 가정한다.

풀이 이 문제에 대한 풀이를 위해 에너지수지 분석부터 시작한다. 에너지수지 흐름도는 다음에 나와 있다. 출력은 전력(단위 시간당 일)으로 표시되기 때문에 에너지수지 방정식은 전력을 기준으로 작성된다. 정상상태에서의 에너지수지 방정식은 다음과 같다.

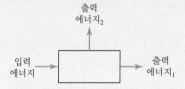

입력 에너지 = 출력 에너지$_1$ + 출력 에너지$_2$

여기서 출력 에너지$_1$은 배전 시스템에 전달되는 전력이고 출력 에너지$_2$는 폐열이다. 효율의 정의는 다음과 같다(4장 참조).

$$\eta = \frac{출력\ 에너지}{입력\ 에너지}$$

발전소의 입력 에너지는 다음과 같이 계산된다.

$$입력\ 에너지 = \frac{출력\ 에너지}{\eta} = \frac{800\ MW_e}{0.33} = 2424\ MW_t$$

여기서 MW_e는 메가와트 전력을 나타내고 MW_t는 메가와트 화력이다. 초당 메가줄 단위로 변환하면 다음을 얻는다.

$$(2424\ MW_t)\left(\frac{1\ MJ \cdot s^{-1}}{MW}\right) = 2424\ MJ \cdot s^{-1}$$

재의 양은 석탄의 물질수지로 결정된다. 물질수지 흐름도와 정상상태에서의 물질수지 방정식은 다음과 같다.

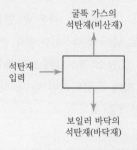

석탄재 입력 = 굴뚝 가스의 석탄재 + 보일러 바닥의 석탄재

보일러에 들어가는 석탄재는 연소율과 석탄의 회분 함량으로부터 구할 수 있다. 무연탄 NHV인 $31.5\ MJ \cdot kg^{-1}$를 사용하면, 필요한 석탄의 양은 다음과 같다.

$$\frac{2424\ MJ \cdot s^{-1}}{31.5\ MJ \cdot kg^{-1}} = 76.95\ kg \cdot s^{-1}\ 의\ 석탄$$

그렇다면 재의 입력량은 다음과 같다.

$$(76.95 \text{ kg} \cdot \text{s}^{-1}\text{의 석탄})(0.069) = 5.31 \text{ kg} \cdot \text{s}^{-1}$$

99.5%의 포집 효율로 처분할 재의 질량은 다음과 같다.

$$(0.995)(5.31 \text{ kg} \cdot \text{s}^{-1}) = 5.28 \text{ kg} \cdot \text{s}^{-1}$$

1년 동안 발생되는 양은 다음과 같다.

$$(5.28 \text{ kg} \cdot \text{s}^{-1})(86{,}400 \text{ s} \cdot \text{day}^{-1})(365 \text{ days} \cdot \text{year}^{-1}) = 1.67 \times 10^8 \text{ kg} \cdot \text{year}^{-1}$$

따라서 부피는 다음과 같다.

$$\frac{1.67 \times 10^8 \text{ kg} \cdot \text{year}^{-1}}{700 \text{ kg} \cdot \text{m}^{-3}} = 2.4 \times 10^5 \text{ m}^3 \cdot \text{year}^{-1}$$

이는 매우 큰 부피이다.

연료를 일로 전환할 때의 비효율성은 폐열을 발생시킨다. 자동차나 기타 분산된 에너지 소비 장치들(예: 전구, 냉장고 및 전기 모터)의 경우 환경적 영향이 거의 없을 정도로 충분히 분산되어 있다. 그러나 전력 생산은 폐열을 다량 발생시키므로 환경적 영향이 심각할 수 있다. 하천의 열 오염은 화력 발전소에만 국한된 것이 아니고 원자력 발전소도 포함된다. 예제 8-5는 폐열이 하천에 어떻게 영향을 미치는지를 보여준다.

예제 8-5 예제 8-4의 발전소에서 폐열의 15%는 굴뚝으로 올라가고 85%는 냉각수로 제거되어야 한다고 가정하고 냉각수의 온도 변화가 10°C로 제한될 때 냉각수의 유량을 추정하시오. 또한 하천의 유량이 63 m³ · s⁻¹이고 발전소로 유입되는 지점 상류의 온도가 18°C이면 냉각수와 하천수가 혼합된 후의 온도는 얼마인가?

풀이 에너지수지 흐름도는 다음과 같다.

정상상태에서 에너지수지 방정식은 다음과 같다.

입력 에너지 = 출력 에너지₁ + 출력 에너지₂

예제 8-4로부터 입력 에너지 = 2424 MWt이고, 출력 에너지₁ = 800 MWe이다. 따라서

출력 에너지₂ = 2424 MW − 800 MW = 1624 MWt이다.

이 중 굴뚝으로 손실되는 열은 다음과 같다.

$(0.15)(1624\ \mathrm{MW_t}) = 243.6\ \mathrm{MW_t}$

그리고 하천수는 다음의 열을 저장해야 한다.

$(0.85)(1624\ \mathrm{MW_t}) = 1380.4\ \mathrm{MW_t}$

식 4-44를 이용하면 다음을 얻을 수 있다.

$$\frac{dH}{dt} = c_p \Delta T \frac{dM}{dt}$$

여기서 $dH/dt = 1380.4\ \mathrm{MW_t}$, $c_p =$ 표 4-3의 비열인 4.186, $\Delta T =$ 허용 상승 온도인 10℃이다. 우선 단위 환산을 하면 다음과 같다.

$$(1380.4\ \mathrm{MW_t})\left(\frac{1\ \mathrm{MJ \cdot s^{-1}}}{\mathrm{MW}}\right) = 1380.4\ \mathrm{MJ \cdot s^{-1}}$$

그런 다음 $\Delta T = 10℃ = 10\ \mathrm{K}$를 감안하여 dM/dt에 대해 식 4-44를 푼다.

$$\frac{dM}{dt} = \frac{1380.4\ \mathrm{MJ \cdot s^{-1}}}{(4.186\ \mathrm{MJ \cdot Mg^{-1} \cdot K^{-1}})(10\ \mathrm{K})} = 32.98\ \mathrm{Mg \cdot s^{-1}}$$

물의 밀도가 $1000\ \mathrm{kg \cdot m^{-3}}$(또는 $1\ \mathrm{Mg \cdot m^{-3}}$)일 때 필요한 부피유량은 다음과 같다.

$$\frac{32.98\ \mathrm{Mg \cdot s^{-1}}}{1\ \mathrm{Mg \cdot m^{-3}}} = 32.98\ \text{또는}\ 33\ \mathrm{m^3 \cdot s^{-1}}$$

하천 온도가 얼마나 증가하는지를 알아내기 위해 ΔT에 대해 식 4-44를 푼다.

$$\Delta T = \frac{1380.4\ \mathrm{MJ \cdot s^{-1}}}{(4.186\ \mathrm{MJ \cdot Mg^{-1} \cdot K^{-1}})(63\ \mathrm{m^3 \cdot s^{-1}})(1\ \mathrm{Mg \cdot m^{-3}})} = 5.23\ \mathrm{K}\ \text{또는}\ 5.23℃$$

상류 온도가 18℃였기 때문에 하류의 온도는 다음과 같다.

$18℃ + 5.23℃ = 23.23\ \text{또는}\ 23℃$

이는 하천의 수중생물에 극도로 안 좋은 영향을 끼치게 될 것이다.

에너지 생산에서의 물 이용. 에너지 생산에는 많은 양의 물이 필요하다. 미국에서 화석 연료와 원자력 에너지로 전기를 생산하려면 $7.2 \times 10^8\ \mathrm{m^3 \cdot d^{-1}}$의 물이 필요하다(Torcellini et al., 2003). 이는 미국 전체 담수 취수량의 약 39%에 해당한다. 표 8-13에는 다양한 에너지원에 대한 담수 사용량이 요약되어 있다.

지형 효과. 석탄 채굴은 지형에 매우 심각한 영향을 미친다. 미국에서는 매년 약 26,000 ha의 노천 채굴이 이루어지는데, 1998년까지 총 40만 ha 이상이 노천 채굴된 것으로 추정되었다(McKinney and Schoch, 1998). 지하 광산은 지반 침하로 악명이 높은데, 갱도의 갑작스러운 붕괴로 인한 집,

표 8-13	에너지원별 담수 이용량	
에너지원	**물 소비 추정량($m^3 \cdot MW^{-1} \cdot h^{-1}$)**	
바이오매스	1.14~1.51	
석탄	1.14~1.51	
지열	~5.3	
수력	5.4	
천연가스	0.38~0.68	
원자력	1.51~2.72	
태양열	2.88~3.48	

출처: Torcellini et al., 2003; Desai and Klanecky, 2011; Department of Energy, 2006.

도로 및 공공시설의 파괴를 야기할 수 있다. 미국의 80만 ha 이상의 땅이 지하 채굴로 인해 이미 침하되었다(Coates, 1981).

미해결 환경문제. 에너지 생산에 따른 다양한 환경문제 중, (1) 타르 샌드에서 석유를 추출하는 데 사용되는 물을 정화하고 땅을 매립하는 문제와 (2) 수압파쇄로 인한 지하수 오염 가능성 문제, 2가지가 현재 해결되지 않은 중요한 문제이다.

타르 샌드 오일 공정은 채굴된 모래에서 약 90%의 역청을 회수하고 추출정에서 약 55%를 회수한다. 추출된 타르 샌드에서 오일을 회수한 후 물, 역청으로 오염된 점토 및 모래 슬러리는 고형물을 침전시키는 광미 연못으로 이송된다. 오염된 점토와 물의 혼합물은 요구르트 같은 농도를 갖고 있어 처리하지 않으면 이 혼합물이 분리되는 데 40~100년이 걸린다. 전용 화학물질을 추가하면 이 시간이 약 10년으로 단축된다. 지금까지 채굴된 앨버타(Alberta)의 650 km^2 중 약 1 km^2만이 복원 인증을 받았고 다른 73 km^2가 복원되었지만 아직 인증되지는 않았다(Ritter, 2011). 이 문제는 땅을 복원해야 하는 석유 회사의 매우 늦은 대응으로 아직 해결되지 않은 채로 남아 있다.

수압파쇄는 콜로라도, 오하이오, 뉴욕 및 펜실베이니아에서의 식수오염과 관련이 있다(Easley, 2011). 오염물질에는 메테인이 포함되는데, 가스 제거정의 물에 있는 메테인 함량은 연소가 일어나기에 충분하다. 메테인을 수압파쇄정의 표면으로 가져오는 역류수는 보통 이 폐수를 지하 지층으로 다시 주입함으로써 처리한다. 폐수에는 표 8-12에 열거된 수압파쇄 유체첨가제 중 하나 이상이 포함되어 있는데, 여기서 우려되는 점은 이러한 오염물질이 식수용 지하수로 들어갈 가능성이 있다는 것이다. 이 문제는 현재 지하수 오염과 수압파쇄정의 연관성을 검증할 데이터가 충분하지 않기 때문에 해결되지 않은 채로 남아 있다.

지속 가능한 에너지원

흔히 **재생 에너지**(renewables energy)라고 불리는 지속 가능한 에너지원으로는 수력 발전, 바이오매스 또는 바이오 연료, 지열, 파동 및 태양 에너지 등이 있다. 태양광, 풍력 에너지 및 바이오 연료는 현재 전 세계 에너지의 6%만을 제공하고 있지만 연간 17~29%의 속도로 성장하고 있다(Hileman, 2006). 전체적으로 2005년 미국 순 발전량의 9%를 재생 가능한 전기로 공급하였다(EIA, 2004,

2005b으로 계산). 이러한 몇 가지 대체 에너지원을 재생 가능한 수소와 함께 다음 단락에서 알아본다. 사실상 모든 에너지 전문가의 공통된 의견은 "묘책"은 없다는 것이다. 즉, 장기적인 에너지 수요를 해결할 수 있는 단일 대안은 없다. 사회는 가능한 모든 대안으로부터 얻을 수 있는 모든 에너지를 필요로 할 것이다.

수력 발전. 수력 발전은 저장된 물의 위치 에너지를 떨어지는 물의 운동 에너지로 변환하는 가장 기본적인 물리학 원리를 이용한다. 떨어지는 물은 발전기를 구동하는 터빈을 통과한다. 화석 연료와 달리 수력 발전은 수문 순환을 통해 물이 재생되기 때문에 재생 가능한 자원이다. 자연 폭포도 수력 발전에 이용되지만, 댐은 물을 저장하고 위치 에너지를 얻기 위해 고도를 높이는 주요한 방법이다. 위치 에너지의 정의에 따라, 가용 에너지량은 물의 질량과 물을 댐으로 막음으로써 만들어지는 고도 차이의 함수이다.

$$E_p = mg(\Delta Z) \tag{8-10}$$

여기서 E_p = 위치 에너지(J)

$\quad m$ = 질량(kg)

$\quad g$ = 중력가속도 = 9.81 m · s^{-2}

$\quad \Delta Z$ = 수두, 댐 상부의 수면과 터빈 사이의 표고차(m)

마찰로 인한 에너지 손실을 무시하면 떨어지는 물의 운동 에너지는 위치 에너지와 같다. 이를 통해 떨어지는 물의 속도를 추정할 수 있다. 운동 에너지(E_k)의 정의는 다음과 같다.

$$E_k = \frac{1}{2}mv^2 \tag{8-11}$$

여기서 v = 물의 속도(m · s^{-1})

두 식을 같다고 하면 속도를 계산할 수 있다.

$$v = [(2g)(\Delta Z)]^{0.5} \tag{8-12}$$

가용 전력은 떨어지는 물이 시간당 하는 일의 양으로부터 추정할 수 있다. 이는 수두와 같은 거리를 이동하는 물의 질량유량(mass flow rate)이다.

$$\text{Power} = g(\Delta Z)\frac{dM}{dt} \tag{8-13}$$

여기서 dM/dt = 질량유량(kg · s^{-1})

$\quad\quad = \rho Q$

$\quad\quad \rho$ = 물의 밀도(kg · m^{-3})

$\quad\quad Q$ = 물의 유량(m^3 · s^{-1})

예제 8-6은 위치 에너지와 전력을 추정하는 방법을 보여준다.

예제 8-6 애리조나-네바다주 경계에 위치하고 있는 콜로라도강에 있는 후버 댐은 미국에서 가장 높은 댐이다. 이 댐의 최대 높이는 223 m이고 저장 용량은 약 3.7×10^{10} m^{3}이다. 후버 댐과 저수지의 위치 에너지는 얼마인가? 최대 방류량이 950 m$^3 \cdot$ s^{-1}이면 발전소의 전기 용량은 얼마인가?

풀이 물의 밀도가 1000 kg $\cdot$ m^{-3}라고 가정하고 위치 에너지식을 적용하면 다음과 같다.

$$E_p = (3.7 \times 10^{10} \text{ m}^3)(1000 \text{ kg} \cdot \text{m}^{-3})(9.81 \text{ m} \cdot \text{s}^{-2})(111.5 \text{ m})$$
$$= 4.05 \times 10^{16} \text{ J, or 40.5 PJ}$$

최종 단위는 다음과 같다.

$$\left(\frac{\text{kg} \cdot \text{m}}{\text{s}^2}\right)(\text{m}) = \text{N} \cdot \text{m} = \text{J}$$

이때 계산에 평균 수두(223 m/2 = 111.5 m)가 이용되었음에 주의한다.

물론 이 에너지를 모두 회수할 수는 없다. 추정치는 모든 물이 평균 수두에 있고 저수지가 최대 용량까지 채워져 있다고 가정하였다. 또한 최대 수두는 실제로는 저수지의 최대 수위와 터빈 사이의 거리이지만, 최대 높이는 최대 수두와 같다고 가정하였다. 터빈과 발전기를 돌리기 위해 흐르는 물을 기계 에너지로 변환하는 효율은 100% 미만이다.

950 m$^3 \cdot$ s^{-1}의 유량에서 전기 용량은 다음과 같다.

$$\text{Power} = (9.81 \text{ m} \cdot \text{s}^{-2})(223 \text{ m})(1000 \text{ kg} \cdot \text{m}^{-3})(950 \text{ m}^3 \cdot \text{s}^{-1}) = 2.08 \times 10^9 \text{ J} \cdot \text{s}^{-1}$$
$$= 2.08 \times 10^9 \text{ W} = 2080 \text{ MW}$$

후버 댐의 실제 정격은 2000 MW이다. 물의 평균 유량은 최대 방출량보다 적기 때문에 공급되는 평균 전력은 이보다 훨씬 작을 수 있다.

2007년 미국의 수력 발전 용량은 약 100 GW(기가와트)였다. 이는 국가 전력 용량의 약 6%를 차지한다(EIA, 2006). 이 중 대부분은 애리조나주의 후버(Hoover) 댐과 글렌 캐니언(Glen Canyon) 댐과 같은 대형 댐에서 발전된다. 그러나 미국에서 추가로 대규모 수력 발전소가 건설될 가능성은 희박하다.

대규모 프로젝트가 추가로 실행되기 어려운 것은 대형 댐을 건설할 수 있는 지형이 많이 남아 있지 않고 댐 건설이 부정적인 환경영향을 미치기 때문이다. 댐과 이로 인해 조성되는 저수지는 넓은 면적을 범람시킨다. 예를 들어, 후버 댐 뒤에 있는 미드 호수(Lake Mead)의 면적은 640 km^{2}이다. 이러한 프로젝트에 의해 다양한 생물군의 자연 서식지가 파괴되었고 마을, 집, 농장 및 기타 천연 자원도 손실되었다. 저수지는 물의 용존 산소, 온도, 미네랄 구성을 변화시키고 퇴적물과 영양분이 하류 생태계에 공급되는 것을 막는다.

수력 발전의 대안 에너지원은 이미 미국에 존재하는 70,000개의 작은 댐들이다. 이것은 소위 "저수두(low-head)" 수력 발전을 개발할 기회를 제공한다. 유속이 낮고 고도차가 작기 때문에 이러한 프로젝트의 경제성은 미미한 경우가 많다.

바이오매스를 이용한 바이오 연료. 바이오매스 에너지에는 폐기물, 상설림, 에너지 작물이 포함된다. 미국에서 "폐기물"에는 나무 찌꺼기, 펄프, 종이 찌꺼기, 그리고 고형 생활폐기물이 포함된다. 개발도상국에서는 가축 분뇨도 포함될 수 있다. 개발도상국에서는 에너지의 최대 90%가 바이오매스에 의해 공급되기도 한다. 바이오매스 연소는 미국 전기 용량의 약 2.5%를 공급하며 이는 재생 에너지 중 수력 발전에 이어 두 번째에 해당한다(EIA, 2010b, 2010c에서 계산). 이 역시 환경적으로 긍정적, 부정적 영향이 모두 있다. 매립되었을 폐기물로부터 연료 가치를 회수하는 것은 확실히 바이오매스 연소의 긍정적인 측면이다. 하지만 바이오매스 연소를 위해 지속 불가능한 방식으로 산림을 벌채하게 되면 황무지를 만드는 결과를 낳는다. 토양 침식과 보충되어야 할 영양물질의 부족은 회복할 수 없는 장기적인 결과를 가져오게 된다.

바이오 연료는 에탄올로 많이 알려져 있다. 현재 상업적으로 사용되고 있는 다른 바이오 연료로는 알킬 에스테르(alkyl esters)와 1-부탄올(1-butanol)이 있다. 미국에서 에탄올 생산의 주요 원료는 옥수수이며, 발효는 연료로 사용할 에탄올을 생산하는 주요 공정이다. 원료의 전분은 포도당(glucose)으로 가수분해된다. 연료의 일반적인 가수분해 방법은 묽은 황산 및 곰팡이 아밀라아제 효소를 사용하는 것이다. 특정 효모종(예: 출아형효모(*Saccharomyces cerevisiae*))은 혐기성 대사를 통해 포도당에서 에탄올과 이산화탄소를 생성한다.

$$C_6H_{12}O_6 \rightarrow 2CH_3CH_2OH + 2CO_2$$

에탄올은 가솔린과 혼합된다. 최근 "Flex-Fuel" 엔진 설계가 도입되면서 에탄올 허용 함량이 약 15%에서 85%(소위 E85)로 상향되었다. 그러나 2006년 미국 전체 차량의 2% 미만이 E85로 운행할 수 있었으며 E85 주유소는 전국적으로 약 600개에 불과하였다(Hess, 2006a).

대두유(soybean oil)는 미국에서 알킬 에스테르의 주요 원료로 사용된다. 전 세계적으로는 카놀라유가 원료의 84%를 공급한다. 알킬 에스테르는 보통 **바이오디젤**(biodiesel)이라고 불리는 디젤 혼합물 또는 대체물로 사용된다. 최신 디젤 엔진에서는 B1(바이오디젤 1%와 석유디젤 99%)에서 B99까지 모든 비율로 혼합할 수 있지만, 의회 보조금 때문에 B20이 가장 인기 있다(Pahl, 2005).

바이오부탄올(biobutanol)(1-butanol)은 에탄올의 경쟁 제품으로 시장에 출시되었다. 이 제품은 에탄올에 비해 몇 가지 장점이 있다. 에탄올은 물을 끌어당기는 성질 때문에 일반 송유관을 부식시키는 경향이 있다. 따라서 가솔린과 혼합되는 터미널까지 트럭, 철도 또는 바지선으로 운송해야만 한다. 부탄올은 자동차 엔진을 개조하지 않고도 에탄올보다 고농도로 혼합할 수 있다. 또한 가솔린-에탄올 혼합물보다 연비가 더 좋을 것으로 예상되지만(Hess, 2006b), 2017년 현재, 아직 상업화되지는 못하였다.

오래되었지만 많이 알려지지는 않는 바이오 연료의 원료는 폐기물의 혐기성 분해에서 생성되는 메테인이다. 예를 들어, 미시간주 랜싱에서는 공공 고형 폐기물 매립지에서 회수된 메테인을 사용하여 매년 4,500가구 분량 이상의 전력을 생산한다.

석유 연료를 대체하기 위해 바이오 연료를 사용하는 데에는 에너지수지, 환경영향, 토지 가용성 등 3가지 문제가 있다. 비판가들은 옥수수-에탄올이 음의 에너지 가치를 갖는다고 주장하면서 에너지를 위해 에탄올을 장려하는 정책의 근거에 의문을 제기하였다(Pimentel, 1991). 그들의 추산에 따르면 옥수수 재배 및 에탄올 전환에 필요한 재생 불가능한 에너지는 에탄올 연료의 에너지값보다 크다. 최근 연구에서는 기술의 변화와 옥수수 및 대두의 수확량 증가가 순 에너지 이익을 가져온다고 결론지었다(Farrell et al., 2006; Hammerschlag, 2006; Hill et al., 2006; Shapouri et al., 2002). 이 연구들은 옥수수 에탄올의 에너지 출력 대 투입 비율이 1.25~1.34임을 보여주었다. 대두 바이오디젤의 비율은 1.93~3.67로 훨씬 더 높았다.

예를 들어, 옥수수는 CO_2를 흡수하기 때문에 에탄올을 사용할 경우 CO_2 배출량을 줄이는 것으로 추정된다. E15는 경량 차량(미국의 모든 자동차 및 소형 트럭)의 CO_2 배출량을 39%까지 줄일 수 있다. E85로의 전면 전환은 배출량을 180% 정도 감소시킬 것이다(Morrow, Griffin, and Matthews, 2006). 반면, 5가지 주요 대기오염물질(일산화탄소, 미세입자상 물질, 휘발성 유기화합물, 황산화물 및 질소산화물)의 전 주기 배출량은 E85에서 더 높다. 낮은 혼합 비율의 바이오디젤은 지구 온난화를 유발하는 온실가스 배출을 줄이는 동시에 이러한 오염물질의 배출도 줄인다(Hill et al., 2006).

바이오 연료의 진짜 문제는 농업 생산량의 한계이다. Hill 외(2006)는 "미국의 모든 옥수수와 대두 생산을 바이오 연료에 할당한다고 해도 휘발유 수요의 12%와 디젤 수요의 6%만 충족할 것"이라고 말하였다. 바이오 연료의 핵심은 불모지에서도 생산할 수 있는 비식량 작물을 찾아내는 것이다. 스위치글래스(Switchgrass; *Panicum virgatum*)는 현재 이 요구사항을 충족한다. 이는 미국 중서부와 대평원에 자생하는 다년생 난지형(warm-season) 목초로, 기존 줄뿌림 작물 생장에 적합하지 않은 불모지 목초지 또는 건초 작물로 수십 년 동안 재배되어 왔다. 습한 조건과 건조한 조건 모두에 내성이 있으며, 옥수수나 대두보다 비료와 살충제가 덜 필요하고, 농업 폐기물이 적게 나온다. 다만 식물 구성물질이 셀룰로오스이기 때문에 현재(2016)의 기술로는 경제적으로 에탄올이나 부탄올로 전환할 수 없다는 것이 걸림돌이다.

풍력. 허리케인과 토네이도만 보아도 바람에 힘이 있음을 알 수 있다. 돛과 풍차는 수세기 동안 약한 바람의 에너지를 이용하기 위해 사용되어 왔다.

평판에 수직으로 작용하는 바람의 힘은 다음과 같이 표현된다.

$$F = \frac{1}{2} A \rho v^2 \tag{8-14}$$

여기서 F = 힘(N)

A = 평판의 면적(m^2)

ρ = 공기의 밀도($kg \cdot m^{-3}$)

v = 풍속($m \cdot s^{-1}$)

힘이 판을 일정 거리만큼 움직이면 일을 한 것이다. (거리)(A)(ρ) = 질량으로, 이는 운동 에너지의 정의이다(식 8-11). 식 8-14의 2가지 특징은 풍력 발전에 중요하다. 첫 번째는, 선원들이 "더 많은 돛을 다는 것"에서 잘 알 수 있듯이 면적이 넓을수록 더 많은 힘을 포획한다. 두 번째는 덜 직관적인데, 힘은 속도의 제곱에 비례하고 전력(kW)은 속도의 세제곱(힘×속도)에 비례한다. 바람은 지상에서 멀어질수록 속도가 증가하는 특징이 있다. 따라서 풍차는 낮은 곳보다 높은 곳에 설치하면 더 효과적이다.

전력을 생산하는 현대식 풍력 터빈은 "풍력 단지" 내에 높이가 30~200 m인 타워에 설치된다. 개별 터빈의 발전 용량은 750 kW에서 8 MW 사이이다. 이는 지난 10년 동안 거의 10배나 증가한 것이다.

풍력은 환경적으로 무해하지만 완전히 신뢰할 수 있는 것은 아니다. 또한 대부분의 사람들은 50개 이상의 프로펠러가 내는 윙윙거리는 소리를 듣고 싶어하지 않는다. 그럼에도 불구하고, 향후 20년 동안 세계 전력 수요의 최대 12%가 풍력으로 제공될 것으로 예측된다. 유럽은 약 35 GW 용량으로 풍력 발전 분야에서 세계를 선도하고 있으며, 덴마크는 전력 수요의 약 20%를 풍력에서 공급한다(Parfit and Leen, 2005). 미국에서는 10 GW에 가까운 용량이 설치되었다. 지난 10년 동안 풍력 발전 비용은 kWh당 18~20센트에서 4~7센트로 떨어졌다.

태양. 20일간 지구가 태양으로부터 받는 에너지량은 화석 연료로 저장된 모든 에너지와 동일하다. 이 자원은 온실과 같이 직접 포집할 수도 있고, 태양 복사를 흡수하기 위한 열 질량(thermal mass)처럼 수동적으로 포집할 수 있으며, 온수기, 태양광 전지 또는 포물면 거울(parabolic mirror)을 통해 능동적으로 포집할 수도 있다.

태양 에너지를 포집하는 장소는 경제성을 위해 일조량이 많은 장소로 제한된다. 그런 면에서 미시간주는 이상적인 환경이 아니다. 게다가 직접 및 수동 시스템은 기존 구조에 대한 개조가 필요하기 때문에 구현이 어려우며, 이 시스템은 함께 설계되어야 한다. 또한 능동형 태양열 집열 시스템은 넓은 면적의 땅이 필요하고 설치 비용이 매우 비싸다.

전기 생산을 위한 태양광 발전(photovoltaic, PV) 시스템은 약 40년 동안 시판되어 왔다. 높은 비용과 태양광이 비치지 않을 때의 예비 전력, 또는 많은 배터리의 필요성이 이 기술이 널리 보급되는 것을 방해하였다. 일본은 지난 20년 동안 이를 개선하는데 앞장서서, 설치 비용을 와트당 40~50달러에서 5~6달러로 줄였다. 그 결과 전력 비용이 kWh당 11~12센트로 감소하였다. 이는 kWh당 21센트의 일본 공공 발전 전력과 비교할 때 매우 저렴한 요금이다. 미국은 공공 생산 전력 비용이 kWh당 약 8.5센트이므로 PV 시스템은 보조금 없이는 경쟁력이 없다. 캘리포니아와 뉴저지는 보조금 지급에 앞장서고 있다. 여기에는 설치 비용의 세금 환급뿐만 아니라 PV 사용자가 생산한 전기를 모두 사용할 수 없을 때 공공 전력회사가 이들로부터 남는 전력을 구매하도록 하는 규제 프로그램이 포함된다(Johnson, 2004).

2016년 전 세계 PV 시스템 용량은 305,000 MW로 증가한 것으로 추정된다.

수소. 저렴하고 튼튼한 연료 전지(fuel cell)는 수소를 연료로 사용하는 데 있어 중요한 열쇠이다. 막 전극 접합체(membrane electrode assembly)는 연료 전지의 핵심이다(그림 8-14). 양성자 교환막(proton exchange membrane)은 수소에 대해서는 장벽이지만 양성자는 아니다. 이 막은 수소가 산소와 반응하여 물을 생성하기 전에 전자를 촉매가 떼어내서 전기 모터를 돌릴 수 있게 한다. 수소의 궁극적인 공급원은 물이다. 이상적으로, 수소는 전력을 생산하기 위해 광전지와 같은 자연 시스템을 사용하여 물에서 분리되어야 한다.

자동차 산업은 수소를 석유의 대체 연료로 사용하는 것에 대해 많은 연구를 해 왔다. 연료 전지와 수소 연료는 오늘날 상용화가 되어 있지만, 자동차에 적용하기 위해서는 다음과 같이 극복해야 할 주요 장애물들이 있다.

- 막 비용은 현재 가격인 m^2당 150달러에서 절반 미만으로, 가급적이면 m^2당 35달러로 낮춰져야 한다.
- 막의 수명은 1000시간에서 2000시간으로 2배 늘려야 한다.

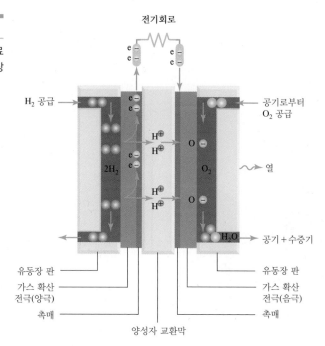

그림 8-14

일반적인 막 전극 구조. 연료 전지의 핵심인 2개의 유동장 판을 볼 수 있다.

- 작동 온도 범위는 80°C에서 100°C로, 상대 습도 범위는 25%에서 80%로 증가해야 한다.
- 적절한 차량 내 수소 저장 시스템을 고안해야 한다.
- 석유기반시설에 버금가는 수소기반시설을 개발해야 한다.

이것들은 극복할 수 없는 장애물은 아니지만 수소 자동차가 가솔린 엔진을 대체하기까지는 시간이 다소 걸릴 것으로 예상된다.

녹색공학과 에너지 절약

에너지 절약 방법에 관한 예는 많지만, 모든 것이 실용적인 것은 아니며 일부는 영향을 미치는 정도가 작아 가치가 제한적이다. 그림 8-15는 주요 에너지 흐름과 절약 노력이 가장 큰 이익을 가져다 줄 수 있는 영역을 보여준다. 여기서는 토목 및 환경공학과 관련이 있는 몇 가지 예에 대해 논의한다.

거시적인 절약 방법. 전기 모터는 미국에서 사용되는 전기의 약 절반을 차지한다(Masters and Ela, 2008). 대형 모터와 정속 모터 모두 비효율적인 전기 사용에 기여한다. 전기 모터로 구동되는 펌프는 보통 모터 자체의 속도 대신 밸브를 조정하여 조절되며, 과잉 전기 에너지는 열로 낭비된다.

오래된 발전소는 35% 이상의 효율성을 거의 달성하지 못한다. 일부 폐열이 다른 곳에서 사용되지 않고 인근 하천이나 다른 수역으로 보내지기 때문에 이러한 현상이 발생한다. **열병합**(cogeneration) 발전소는 폐열을 건물 난방에 사용하므로 연료를 훨씬 효율적으로 사용할 수 있다.

그림 8-15에서 볼 수 있듯이 운송은 미국 전체 에너지 사용량의 27%를 차지한다. 자동차 및 기타 경량 차량은 운송에 소비되는 에너지의 약 80%를 사용한다. 효율성의 증가로 자동차의 연비는 1970년대 중반 7.7 km · L^{-1}에서 1992년 11.8 km · L^{-1}로 증가하였다. 그러나 이러한 효율성의 증가에 비해 차량주행거리의 증가가 훨씬 크다. 전 세계적으로 7억 대 이상의 차량이 도로를 달리고

그림 8-15

에너지 흐름, 2005.

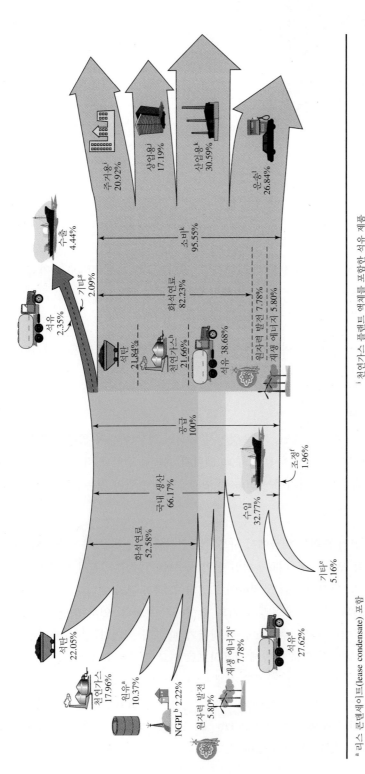

a 리스 콘덴세이트(lease condensate) 포함

b 천연가스 플랜트 액체

c 수력 발전, 목재, 폐기물, 자동차 가솔린에 혼합하는 에탄올, 지열, 태양열 및 풍력

d 원유 및 석유 제품, 전략적 비축유로의 수입량 포함

e 천연가스, 석탄, 석탄 코크스 및 전기

f 비축량 변화, 손실, 이익, 기타 혼합 요소, 및 설명되지 않은 공급

g 천연가스, 석탄, 석탄 코크스 및 전기

h 추가 기체 연료를 포함

i 천연가스 플랜트 액체를 포함한 석유 제품

j 40조 Btu의 석탄 코크스 순 수입량 포함

k 화석 연료와 재생 에너지 모두에 들어가지만 총 소비량에는 한 번만 계산되는 자동차 가솔린에 혼합된 340조 Btu 에탄올 포함. 또한 80조 Btu 에탄올 포함.

l 1차 소비, 전기 소매 판매 및 전기 시스템이 에너지 순손실은 총 전기 소매 판매에서 각 부문의 몫에 비례하여 최종 사용 부문에 할당됨

비고: 데이터는 예비 자료임. 값은 최종 개서를 반올림하기 위해 전인 원 자료에서 가져옴. 각 값에 대해 독립적으로 반올림하여 합계가 각 요소의 합계와 같지 않을 수 있음.

출처: EIA, 2005a, 표 1.1, 1.2, 1.3, 1.4, 2.1a.

있으며 연간 성장률은 약 3,500만 대이다.

전용차로제나 주차 인센티브로 카풀을 장려하는 것도 에너지 절약의 한 방법이다. 모든 통근 차량이 평균 1인을 더 태운다면, 매일 70만 배럴의 석유(약 4.3 PJ의 에너지)가 절약될 것으로 추정된다. 대중교통은 이를 훨씬 더 개선할 수 있다. 그러나 세계적으로 볼 때, 이러한 방법들은 석유 고갈을 줄이는 데 있어 미미할 뿐이다. 자전거로의 전환과 같은 혁명적인 교통 수단의 변화만이 유의미한 효과를 이끌어 내겠지만, 이는 매우 오랜 시간이 걸릴 것이다.

녹색공학과 건축. 미국에서 건물은 에너지 소비의 42%, 총전력 소비의 68%를 차지한다(Janes, 2010). 이 중 약 80%는 주거용 난방, 냉방 및 조명 시스템에 사용된다. 일반 가전 제품의 전력 소비량의 예는 표 8-14에 나와 있다.

표 8-14	일반 가전 제품의 에너지 수요		
제품	**평균 수요(W)**		**비고**
에어컨			
중앙식	2000~5000		집 크기 냉방
방(창문)	750~1200		방 크기 냉방
의류 건조기(전기)	4400~5000		
세탁기	500~1150		
컴퓨터	200~750		
식기 세척기	1200~3600		온수 및 건조 사이클 기능(1200W)
냉동고	335~500		
보일러 팬	350~875		집 크기 냉방
조명			
백열등 등가	소형 형광등		소형 형광등은 유해한 수은 성분 함유
40 W	11		
60 W	16		
75 W	20		
100 W	30		
전자레인지	1500		
레인지			
오븐	2000~3500		온도에 따라 다름
소형 버너	1200		
대형 버너	2300		
냉장고/냉동고			
성에제거장치 있음	400		
성에제거장치 없음	300		
양문형	780		
텔레비전			
CRT 27인치	170		
CRT 32인치	200		
LCD 32인치	125		
플라스마 42인치	280		
비디오 게임	100		
온수기(전기)	4000~4500		

건축 설계자들은 신축 설계와 기존 건축물의 개보수 설계 모두에 녹색공학을 도입해야 할 필요성을 점점 더 인식하게 되었다. 토목 및 환경공학자들이 특히 주목할 만한 점은 LEED(Leadership in Energy and Environmental Design) 및 그린글로브(Green Globe)와 같은 건축물 평가 시스템의 등장이다. 이것들은 건설을 위해 선택된 제품의 환경적 성능을 평가하는 방법론을 제공한다. 환경적 성능은 광범위한 잠재적 영향 측면에서 측정된다. 예를 들면, 인체 건강에 대한 호흡기 영향, 화석 연료 고갈, 지구 온난화 가능성, 오존 고갈이 있다. 그린글로브와 LEED 모두 제품의 제조, 운송, 사용 및 폐기와 관련된 효과 측면에서 사전 조사로 순위가 매겨진 건축 재료를 선택하면 그에 해당하는 평가점수를 할당하는 전주기평가(Life Cycle Assessment, LCA) 방식을 채택하였다. 재료 선정 과정에서 제품의 LCA는 제품의 세척 및 유지 보수에 필요한 기타 제품의 사용도 포함한다. 설계 프로세스에 대한 중간지원용으로 대안을 평가하기 위한 컴퓨터 프로그램(Athena EcoCalculator, www.athenasmi.org에서 사용 가능)이 개발되었다. 궁극적으로 EcoCalculator는 전체 건축물 LCA를 위한 별도의 계산 시스템의 입력값을 결정하는 기초 역할을 할 것이다(Trusty, 2009). EcoCalculator를 사용하는 첫 번째 단계는 다음 구분 중 하나에서 어셈블리 시트를 선택하는 것이다.

- 기둥 및 보
- 외벽
- 기초 및 발판
- 내벽
- 중간층
- 지붕
- 창문

각 범주의 어셈블리 수는 레이어와 재료의 조합에 따라 크게 달라진다. 예를 들어, 외벽 범주에는 기본 유형 9가지, 피복 유형 7가지, 덮개 유형 3가지, 단열 유형 4가지 및 내부 마감 유형 2가지가 포함된다(Athena Institute, 2010).

에너지 절약은 건축물 설계에서 중요한 요소이다. 예를 들어, 건축물 단열을 개선하면 에너지 소비가 크게 줄어든다. 식 4-50에서 단열재의 효율성은 열전도율과 두께의 함수라는 것을 알 수 있다. 난방 및 공조 시장에서는 열전도율보다 단열재의 저항(R)을 참조하는 것이 더 일반적이다. 저항은 열전도율의 역수이다.

$$R = \frac{1}{h_{tc}} \tag{8-15}$$

여기서 h_{tc} = 열전도율

R 값이 클수록 절연 특성이 우수하다는 것을 의미한다. 서로 다른 재료의 여러 층이 사용되는 경우 결합된 저항은 다음과 같이 추정될 수 있다.

$$R_T = R_1 + R_2 + \cdots + R_i \tag{8-16}$$

식 4-50의 저항은 다음과 같다.

$$\frac{dH}{dt} = \frac{1}{R_T}(A)(\Delta T) \tag{8-17}$$

여기서 $A=$ 표면적(m^2)

$\Delta T=$ 온도차(K)

$R_T=$ 저항($m^2 \cdot K \cdot W^{-1}$)

예제 8-7은 추가적인 지붕 단열재의 가치를 보여준다.

예제 8-7 1950년대의 전형적인 주거용 건축물은 도면에 나타난 층들로 구성되어 있다. 실외 온도는 0℃이고 실내 온도를 20℃로 유지할 때, 기존 절연 방식 및 20 cm의 유기 접합 유리 섬유 절연을 추가할 경우의 열 손실을 추정하시오.

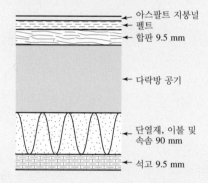

아스팔트 지붕널
펠트
합판 9.5 mm

다락방 공기

단열재, 이불 및
속솜 90 mm
석고 9.5 mm

풀이 저항값은 표 8-15에서 구한다. 표면적을 1 m^2로 가정하면, 기존 구조에 대한 $m^2 \cdot K \cdot W^{-1}$ 단위의 총저항은 다음과 같이 계산된다.

$R=$ 아스팔트 + 펠트 + 합판 + 공기 + 단열재 + 석고

$$= 0.077 + 0.21 + 0.10 + \frac{1000 \text{ mm}}{90 \text{ mm}}(0.4) + 2.29 + 0.056 = 7.18 \, m^2 \cdot K \cdot W^{-1}$$

여기서 비율 1000 / 90은 다락방의 1 m 공기 중 90 mm 공기 공간의 수이다.

식 8-17로부터 다음을 구할 수 있다.

$$\frac{dH}{dt} = \frac{1}{7.18 \, m^2 \cdot K \cdot W^{-1}}(1 \, m^2)(20-0)$$

$$= 2.79 \, W$$

추가 단열재는 저항을 높인다. 단위를 일치시키려면 단열재의 두께를 곱해야 한다.

$$R = (27.7 \, m \cdot K \cdot W^{-1})(0.20 \, m) = 5.54 \, m^2 \cdot K \cdot W^{-1}$$

새로운 저항값은 다음과 같다.

$$R_T = 7.18 + 5.54 = 12.72$$

열 손실은 다음과 같다.

$$\frac{dH}{dt} = \frac{1}{12.72 \text{ m}^2 \cdot \text{K} \cdot \text{W}^{-1}} (1 \text{ m}^2)(20 - 0)$$

$$= 1.57 \text{ W}$$

이는 기존 열 손실의 약 56%이다.

표 8-15	**일반 건축자재의 저항값**		
	건축자재	$R(\text{m} \cdot \text{K} \cdot \text{W}^{-1})$	해당 두께에 대한 $R(\text{m}^2 \cdot \text{K} \cdot \text{W}^{-1})$
	건축 보드		
	석고, 9.5 mm		0.056
	파티클 보드	7.35	
	건축 멤브레인(펠트)		
	2겹, 0.73 kg · m^{-2} 펠트		0.21
	유리		
	단창, 3 mm		0.16
	이중창, 6 mm 공기 공간		0.32
	삼중창, 6 mm 공기 공간		0.47
	단열재		
	이불과 속솜		
	유리로 만든 미네랄 섬유		
	≈ 90 mm		2.29
	≈ 150 mm		3.32
	≈ 230 mm		5.34
	≈ 275 mm		6.77
	유리 섬유, 유기 접합	27.7	
	공기 충진식 밀링 페이퍼	23	
	분사형 폴리우레탄 폼	40	
	지붕재료		
	아스팔트 지붕널		0.077
	빌트업, 10 mm		0.058
	석조재료		
	벽돌	1.15	
	콘크리트	0.6	
	외장재		
	하드보드, 11 mm		0.12
	합판, 9.5 mm		0.10
	알루미늄 또는 강철, 외장		
	홀로백		0.11
	뒷면 절연 보드, 9.5 mm		0.32
	뒷면 절연 보드, 9.5 mm, 호일		0.52
	흙	0.44	
	스틸 에어, 90 mm		0.4

출처: ASHRAE, Handbook of Fundamentals, American Society of Heating and Air Conditioning Engineers(1993)의 자료 사용

녹색공학과 건물 운영. 우리는 건물을 비활성 구조로 생각하는 경향이 있지만 실제로는 운영되고 있다. 예를 들어, 주거용 건물에는 집에 사람이 있든 없든 작동하는 보일러나 에어컨, 냉장고가 있다. 상업 및 기관용 건물에는 냉난방 및 환기 시스템(HVAC), 구역 조명 및 컴퓨터가 설치되어 있으며 영업 여부와 관계없이 24시간, 7일 내내 가동된다.

주거용 건물은 에너지 효율적인 기기를 사용하고 거주자가 없을 때는 작동 시간을 줄일 수 있도록 프로그램 가능한 온도 조절 장치로 냉난방 시스템을 조절함으로써 에너지 소비를 줄이도록 설계할 수 있다. 조명, 컴퓨터, TV를 사용하지 않을 때 끄는 것도 도움이 된다.

상업 및 기관용 "스마트 빌딩"은 컴퓨터 제어 시스템으로 건물의 사용 여부를 기반으로 지역 조명 및 HVAC 시스템을 조절한다. HVAC 시스템의 정기적인 예방 정비는 에너지 절약을 위해 필수적이다. 전기 모터는 미국에서 사용되는 전기의 약 1/2을 차지한다. 대형 모터와 정속 모터는 모두 비효율적인 전기 사용의 원인이 된다. 균형이 맞지 않는 팬은 HVAC 시스템의 효율성을 감소시킨다. 개인용 컴퓨터는 근무가 끝나면 꺼야 한다. 참고로, 컴퓨터는 "절전모드"일 때 활성상태만큼 많은 전력을 소비한다.

주거 및 상업용 건물에 "스마트" 계량 시스템을 설치하면 소유자가 전기 및 천연가스 사용에 대한 실시간 데이터를 얻을 수 있게 된다(McNichol, 2011). 이러한 데이터는 건물 기반의 에너지 절약 계획을 수립하고 구현하는 데 사용될 수 있다.

녹색공학과 운송. 미국에서는 운송이 에너지 사용의 28%를 차지한다(EIA, 2010e). 기업평균연비(Corporate Average Fuel Economy, CAFE) 표준은 1975년에 처음 제정되었다. 이 표준의 목적은 자동차 연비를 향상시키는 것이다. 연비를 늘리기 위해 정기적으로 표준이 갱신되어 왔다. 자동차와 경트럭의 경우 2016년 모델에서 평균 연비 표준인 $15.09 \text{ km} \cdot \text{L}^{-1}$을 달성한 것으로 추정된다. CAFE 표준의 달성은 에너지 절약과 더불어 온실가스 배출을 감소시킬 것이다. 그러나 이러한 효율의 증가를 차량주행거리의 증가가 훨씬 앞설 수 있다.

아스팔트 및 콘크리트 포장재의 재활용은 원자재를 절약할 뿐만 아니라 에너지 절약 효과도 있다. 재활용 아스팔트가 새로운 포장과 함께 이용되면 기존 포장의 아스팔트 시멘트가 다시 활성화된다. 재활용은 아스팔트 포장 재건의 또 다른 에너지 절약 단계이다. 중고 타이어의 고무, 유리 및 아스팔트 지붕을 비롯한 기타 재료도 아스팔트 포장으로 재활용될 수 있다(NAPA, 2010).

콘크리트 포장도 재활용이 가능하다. 또한 포틀랜드 시멘트를 대체하거나 첨가제로 콘크리트 혼화재(supplementary cementitious material, SCM)를 사용할 수 있다. 일반적인 SCM으로는 비산재(12장 참조), 고로 시멘트(slag cement), 분쇄 고로 슬래그, 실리카 퓸(silica fume) 등이 있다(ACPA, 2007).

녹색공학과 물 및 폐수 공급. 일부 지역에서는 식수 공급을 위한 총운영비의 30~50%가 에너지에 사용된다. 하·폐수 처리장에서 에너지는 운영비의 25~40%를 차지한다(Feldman, 2007). 상하수도 시설 에너지 절약(Energy Conservation in Water and Wastewater Facilities)(Schroedel and Cavagnaro, 2010)에는 에너지를 절약하기 위한 다양한 기술이 나와 있다. 이들 중 몇 가지를 다음 단락에서 소개한다.

에너지 비용의 상당 부분은 양수 비용이다. 전기 모터에 의해 구동되는 펌프는 보통 모터 자체의 속도가 아닌 밸브를 조정함으로써 조절되고, 과잉 전기 에너지는 열로 버려진다. 가변 주파수

드라이브(variable frequency drive, vfd)는 전류의 주파수를 조정하여 속도와 이에 따른 양수 속도를 조정하는데, 이는 에너지 사용과 비용을 줄이는 주요 방법이다. 대형 모터 및 대형 펌프 임펠러의 교체는 에너지 비효율성을 줄이는 또 다른 방법이다. 하·폐수 처리장에서 전기 모터로 구동되는 송풍기 역시 에너지를 소비하는 주요 기기이다. 조대기포 폭기를 미세기포 폭기로 변경하면 산소 전달 효율이 향상되고 모터 크기를 줄이거나 vfd 시스템을 구현할 수 있다(Herbert, 2010). 또한 컴퓨터 제어 시스템을 사용하여 폐수 흐름과 강도에 비례하여 공기 흐름을 조절하면 에너지 소비를 줄일 수 있다(Rogers, 2010).

화학 약품 투입량의 제어는 에너지 소비를 줄이는 또 다른 방법이다(Truax, 2010). 예를 들어 연수화를 위한 석회 용량을 조절하여(10장 참조) 최종 경도를 $CaCO_3$ 80 mg·L^{-1} 대신 130 mg·L^{-1}로 조정하면 광물 자원 소비, 생산 및 운송 에너지, 슬러지 처리를 위한 에너지 및 비용을 줄일 수 있다.

8-4 광물 자원

매장량

세 종류의 금속과 인에 대한 미국 및 전 세계 추정 매장량이 표 8-16에 나와 있다. 매장량이 얼마나 오래 지속될 것인지는 예제 8-8과 비슷한 방법으로 추정할 수 있다.

예제 8-8   2002년 철의 국제 생산량은 1080 Tg이었다. 2002년 수요가 일정하게 유지된다면 전 세계 매장량은 얼마나 지속될 것인지 구하시오. 또한 국제 생산량은 2001~2002년 2.85% 증가하였다. 그 증가율이 일정하게 유지된다면, 전 세계 매장량은 얼마나 지속될 것인지 구하시오.

풀이   수요가 일정하게 유지된다면(식 8-8, F는 광물 매장량), 전 세계 매장량의 지속 기간은 다음과 같다.

$$\frac{79{,}000 \text{ Tg}}{1080 \text{ Tg} \cdot \text{year}^{-1}} = 73.15 \text{ 또는 } 73년$$

수요가 2.85%의 비율로 증가하는 경우 다음과 같은 식을 사용할 수 있다.

$$79{,}000 \text{ Tg} = 1080 \text{ Tg} \cdot \text{year}^{-1} \left[\frac{(1 + 0.0285)^n - 1}{0.0285} \right]$$

n에 대하여 풀면

$$(73.15)(0.0285) = (1.0285)^n - 1$$
$$3.085 = (1.0285)^n$$

양변에 로그를 취하면

$$\log(3.085) = \log[(1.0285)^n] = n \log[1.0285]$$
$$0.4892 = n(0.0122)$$
$$n = 40.08 \text{ 또는 } 40년$$

표 8-16	일부 일반 금속 및 인의 미국 및 전 세계 매장량[a]	
광물	미국(Tg[b])	전 세계(Tg[b])
알루미늄	20	28,000
구리	680	940
철	790	82,000
인	1,100	69,000

[a] 2016년 자료
[b] Tg = teragram = 10^{12} g
출처: USGS, 2016

그림 8-16

1905년 이래로 미국에서 채굴된 구리 광석의 품질은 2.5%에서 약 0.5%로 떨어졌다. (출처: U.S. Bureau of Mines 1990.)

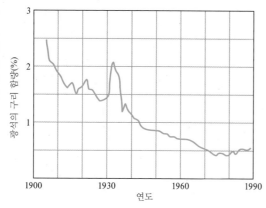

이 예제는 광물 자원의 유한한 특성을 보여준다. 그러나 두 경우 모두 현실적이지 않은 여러 가정을 포함하고 있다. 즉, 기술의 변화가 없고 새로운 광석의 발견도 없으며, 광석의 등급이 현재와 같아야 경제적으로 채굴할 수 있다는 것을 가정하고 있다. 일반적으로는 그림 8-16과 같이 기술이 발전함에 따라 등급이 낮은 광석을 추출할 수 있게 된다. 한계 등급의 광석을 사용하더라도 현재의 성장속도로는 알루미늄, 구리, 철의 최대 매장 용량이 각각 160년, 33년, 78년 후에 고갈될 것으로 추정되었다(Ophuls and Boyan, 1992). 또한 이러한 광석을 추출하는 데 드는 비용은 엄청날 수 있다.

인. 인은 DNA의 구성요소로서 모든 생명체에 필수적인 요소이다. 21세기가 시작되면서 이 필수 요소의 잠재적인 부족에 대한 인식이 높아졌다. 지난 세기에 미국은 전 세계 인 생산량의 1/3을 생산하였다. 그중 17%는 인광석으로 수출되었고 나머지는 비료로 전환되었다. 중국, 모로코 및 서부 사하라, 요르단, 남아프리카 공화국, 미국의 5개국이 전 세계 매장량의 89%를 통제하고 있으며 연간 생산량의 70%를 차지하고 있다. 미국은 2004년에 인광석 수출을 중단하였고, 중국은 130%의 수출 관세를 부과함으로써 수출을 제한하기 시작하였다. 현재 생산속도에서 미국의 매장 수명 추정치는 약 40년이다. 에너지 및 기타 광물 매장량 추정치와 마찬가지로 표 8-16의 추정치는 미발견 매장층 및 추출 기술의 개선은 고려되지 않았다(Vaccari, 2011).

비료에 포함된 인의 약 17%가 인간의 식단에 들어간다(Cordell and White, 2008). 손실은 주로 농업 침식, 가축 분뇨의 미활용 또는 부적절한 활용으로 발생한다. 이 중 가축 분뇨로 인한 손실을 회수하는 것이 경제적으로나 기술적으로 가장 실현 가능하다. 미국에서는 집약적 가축사육 과정에서 발생하는 폐기물 부피의 약 절반이 단순히 쌓아두거나 토양이 동화할 수 있는 양 이상으로 과도하게 뿌려져 손실된다. 비료 사용으로 인한 인의 손실과 환경적 영향은 5장에서 다루었다.

인간이 섭취하는 인의 약 86%는 배설된다. 이 중 40%는 매립지로 가고 나머지는 지표수로 방류되어 부영양화에 기여한다.

환경적 영향

에너지. 우리는 보통 비용을 화폐로 생각하는 경향이 있지만, 광물 채굴을 위한 비용의 보다 현실적인 척도는 광물을 채굴하고 가공하는 데 필요한 에너지이다. 표 8-17은 일반 금속 광석을 채광하고 농축하는 과정에 소요되는 에너지 지출에 대한 몇 가지 예를 보여준다. 이 지출에는 음료수 캔이나 자동차 범퍼와 같은 금속 제품을 제조하기 위한 에너지는 포함되지 않는다.

매년 전 세계 에너지 자원의 약 1%가 알루미늄 생산에 사용되고 있으며, 전 세계 에너지의 5% 이상이 철강 생산에 사용되는 것으로 추정된다(McKinney and Schoch, 1998).

표 8-17 일부 일반 금속 광석의 채광 및 농축에서의 에너지 소비

광석	등급(%)	에너지(MJ · kg^{-1} 금속)
알루미늄	25	235
구리	0.7	74
철	30	3.0

출처: Atkins, Hitter, and Wiloughby, 1991; Hayes, 1976.

폐기물. 광물이 채굴되는 암석에는 적은 양의 광물만 포함되어 있기 때문에 상당한 양의 암석 폐기물이 채굴로 발생한다. 미국에서 연간 생산되는 비연료성 광물 채광 폐기물은 1.0~1.3페타그램(Pg)으로 추정된다(McKinney and Schoch, 1998). 이는 미국 도시에서 발생하는 고형 생활폐기물량의 약 7배이다. 다음 예제는 광석 채광과 농축에 관한 단순한 물질수지를 통해 어떻게 그렇게 많은 폐석이 발생되는지를 보여준다.

예제 8-9 0.5% 구리를 함유한 광석에서 구리 100 kg을 생산할 때 생성되는 폐석의 양을 추정하시오.

풀이 물질수지 흐름도는 아래와 같다.

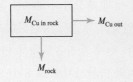

물질수지식은

$$축적량 = M_{Cu\ in\ rock} - M_{Cu\ out}$$

정상상태에서 축적량＝0

0.5% 함량에서 광석 내 구리량은

$M_{Cu\ in\ rock} = (0.005)(M_{rock})$

이는 생산되는 구리량($M_{Cu\ out}$)과도 같다. 따라서,

$M_{Cu\ out} = (0.005)(M_{rock})$

$M_{Cu\ out}$은 100 kg이므로

$$(M_{rock}) = \frac{100\ kg}{0.005} = 200,000\ kg$$

이 폐석량에는 광석을 노출시키기 위해 제거된 표토량은 포함하고 있지 않다.

광물 생산 과정에서 발생하는 폐기물은 폐석뿐만 아니라 제련 작업에서 발생하는 폐수와 대기 오염물질을 포함한다. 광석에 황화물이 포함되어 있으면 폐석 더미(**광미**(tailings))를 통해 침출되는 빗물이 산성화된다. 폐석 더미의 침식은 인근 개울과 강의 부유물질 부하를 증가시킨다. 부유물질은 침전되어 알의 부화와 물고기의 아가미를 막는다. 광미 침출수에 의해 약 16,000 km의 하천이 손상된 것으로 추정된다.

제련 작업은 종종 이산화황과 휘발성 중금속(예: 납 및 비소)을 대기로 방출한다. 전 세계 황 배출량의 8%가 제련 작업에 의해 발생하는 것으로 추정된다(McKinney and Schoch, 1998).

지형 효과. 광업과 직접적으로 관련 있는 땅은 작아 보일지 모르지만 결코 무시할 수 없다. 미국에서는 130만 ha(코네티컷주 크기와 비슷한 면적)가 넘는 면적이 지표 채굴로 인해 피해를 입었다(Coates, 1981). 이 교란된 토지는 보기 흉할 뿐만 아니라 복원하지 않을 경우 재생 가능한 자원을 위한 지원 시스템으로 더 이상 역할을 하지 못한다. 채광된 토지 일부는 광산 위에 건설된 도시와 도로의 지표 함몰 및 침하의 위험을 갖고 있으며, 일부 지표 광산에서는 산사태 위험이 도사리고 있다.

자원 절약

모든 자원 절약 방법이 같지는 않다. 어떤 것은 다른 것보다 더 많거나 장기적인 이점을 제공한다. 자원 절약에는 순위가 있는데, 선호되는 순서는 소비 감소, 재료 대체, 재활용의 순이다.

소비 감소. 1970년대 이후 미국과 유럽에서의 원료 사용은 일정 수준으로 유지되거나 약간 감소하였다. 이러한 추세는 서구 선진국들이 탄탄한 기반시설을 갖추고 있고 주요 공공 건설사업이 과거에 비해 덜 시행되었다는 사실로 일부 설명된다. 또한 선진국의 경제는 원자재를 덜 사용하는 첨단 기술 상품과 소비자 서비스로 방향을 바꾸고 있다. 물론 이러한 추세는 광물에 대한 수요가 높은 개발도상국들에는 해당되지 않는다.

보다 능동적인 기타 소비 감소 수단으로는 제품 설계, 공정 관리 및 비물질화가 있다. 빨리 마

모되지 않고, 효용성이 끝날 때 재료를 회수할 수 있도록 분해하기 쉬운 제품은 모두 소비 감소에 기여한다. 독일은 자동차 제조업체들에게 오래된 자동차를 회수하고 재활용하도록 하는 요구조건을 부과하였다. BMW와 폭스바겐과 같은 회사들은 부품을 회수하기 위해 분해할 수 있도록 자동차를 재설계하였다.

공정 관리 개선은 효율성을 향상시키고 폐기물 발생량을 감소시킨다. 이는 생산 경제성 및 원자재 소비 감소에 기여한다.

비물질화(dematerialization)라고 불리는 또 다른 전략은 의도한 기능을 수행하면서 제품 크기를 줄이는 것이다. 예를 들어, 더 작고 가벼운 자동차는 여전히 운송 기능을 갖지만 더 적은 양의 광물 자원을 사용한다. 전자 산업의 소형화는 재료 절약의 전형적인 예이다.

비물질화는 신중하게 고려해야 한다. 경우에 따라 더 작고 가벼운 제품은 내구성이 떨어질 수 있으며, 시간이 지남에 따라 더 무겁고 내구성 있는 제품보다 더 많은 재료를 사용하게 될 수도 있다.

재료 대체. 광물 자원에 대한 수요를 줄이는 간단한 방법은 내구성이 높은 상품을 더 많이 생산하는 것이다. 흔히 이것은 내구성이 낮은 재료를 높은 재료로 대체하는 것을 의미한다. 전형적인 예로는 자동차의 강철을 플라스틱 부품으로 대체하는 것이 있다. 플라스틱은 부식되지 않아 차체의 수명을 연장한다.

또는 동일한 기능을 보다 효율적으로 수행하는 재료로 대체할 수도 있다. 구리 전화선 대신 광섬유 케이블을 사용하면 점차 사라지는 광물 자원의 사용을 줄일 수 있을 뿐만 아니라 더 나은 통신 서비스를 제공할 수 있다.

재활용. 질량 보존 법칙은 우리가 채굴한 광물이 사라지지 않는다는 것을 알려준다. 광물은 상품으로서 가치가 사라진 이후에도 미네랄 함량이 여전히 남아 있다. 자원 제약 문제에 대한 보다 분명한 해결책 중 하나는 재활용이다. 1993년에 15.6 Tg의 금속이 고형 생활폐기물 시스템에 폐기되었다. 여기에서 질량 기준으로 철은 76%, 알루미늄은 17%를 차지한다. 1970년대 초반부터 재활용을 위한 노력이 크게 증가하였다. 예를 들어, 1999~2000년에 재활용 알루미늄은 완성된 금속 생산량의 36%를, 재활용 구리는 44%를 차지하였다(Plunkert, 2001 및 Zeltner et al., 1999). 폐기된 알루미늄의 35%만이 회수되었다는 사실은 이러한 노력에 성장의 여지가 있음을 의미한다.

재활용을 하면 에너지 소비를 감소시킬 수 있다. 예를 들어, 재활용 금속으로 알루미늄 원료를 생산하는 데 필요한 에너지는 $5.1 \ \text{MJ} \cdot \text{kg}^{-1}$인데 반해 광석에서 알루미늄 원료를 생산하는 데 필요한 에너지는 $235 \ \text{MJ} \cdot \text{kg}^{-1}$이다.

그러나 재활용은 실질적인 한계가 있다. 열역학 제2법칙은 위배될 수 없다. 물질은 사용할 때마다 변형을 통해 약간의 열화 또는 손실이 발생한다. 일상적인 마모로 인해 일부 금속이 손실된다. 일부 손실은 부식의 형태로, 일부는 미세한 연마 손실의 형태로, 일부는 소산 손실(예: 염료, 페인트, 잉크, 화장품 및 살충제)의 형태로 발생한다. 또한 회수 과정에서 파쇄, 분쇄 및 재용해로 인해 일부 추가 손실이 발생한다.

각 재활용 주기가 끝날 때 사용 가능한 금속의 양은 1차 분해 모델로 근사할 수 있다.

$$\frac{dM}{dn} = -kM \tag{8-18}$$

여기서 dM/dn = 재활용 주기당 금속 질량의 변화$(kg \cdot cycle^{-1})$

$\quad k$ = 감쇠상수$(cycle^{-1})$

$\quad M$ = 이전 주기에서 회수된 질량(kg)

이 식의 해는 다음과 같다.

$$M = M_o e^{-kn} \tag{8-19}$$

여기서 M = 회수된 질량(kg)

$\quad M_o$ = 원질량(kg)

$\quad k$ = 감쇠상수$(cycle^{-1})$

$\quad n$ = 주기 횟수

예제 8-10 여러 재활용 주기를 거치는 단일 알루미늄 음료 캔(질량 16 g)을 추적할 수 있고 각 재활용 주기에서 10%의 "손실"이 발생했다고 가정한다. 세 번째 재활용 종료 시 손실량을 채우기 위해 새 알루미늄을 얼마나 공급해야 하는가?

풀이 감쇠상수(k)는 알려져 있지 않지만 가정하여 계산할 수 있다. 첫 번째 주기의 경우 회수되는 질량은 원래 질량의 90%(100 − 10% 손실)이다. 따라서

$$\frac{M}{M_o} = 0.90 = e^{-kn}$$

여기서 $n = 1$

양변에 자연로그를 취한 후 k에 대해 풀면, 다음과 같다.

$$\ln(0.90) = \ln[e^{-k(1)}]$$
$$-0.1054 = -k(1)$$
$$k = 0.1054\ cycle^{-1}$$

세 번째 주기 후 남아 있는 질량은

$$M = M_o e^{-kn} = (16\ g)\ \exp[(-0.1054)(3)]$$
$$= (16\ g)(0.7290) = 11.664\ g$$

세 번째 재활용이 끝날 때 손실을 채우기 위해 공급되어야 하는 새 알루미늄의 질량은 다음과 같다.

$$16\ g - 11.654 = 4.336\ 또는\ 4.3\ g$$

재활용의 한계를 표현하는 또 다른 방법은 무한한 횟수로 재활용될 때 금속의 등가 질량을 추정하는 것이다. 또는 주어진 횟수만큼 재활용되는 경우의 등가 질량을 추정하는 것이다. 첫 번째 경우, 이것은 급수의 합에 의해 결정될 수 있다.

$$\sum_{k=0}^{\infty} M_k = M_o + M_o f + M_o f^2 + \cdots + M_o f^n = \frac{M_o}{1-f} \tag{8-20}$$

여기서 M_o = 원질량(kg)

f = 회수율

n = 주기 횟수

그리고 $0 < f < 1$이고 $n = \infty$.

두 번째 경우에 이것은 다음 급수의 합에 의해 결정될 수 있다.

$$\sum_{k=0}^{n} M_k = M_o + M_o f + M_o f^2 + \cdots + M_o f^{n-1} = \frac{M_o(f^n - 1)}{f - 1} \tag{8-21}$$

여기서 f는 1이 아니고 $n < \infty$.

예제 8-11 예제 8-10의 음료 캔을 무한대로 재활용할 경우, 절약되는 알루미늄의 등가 질량은 얼마인가?

풀이 예제 8-10의 자료와 식 8-20을 사용하여 다음을 얻는다.

$$\sum M_k = \frac{16 \text{ g}}{1 - 0.90} = 160 \text{ g}$$

8-5 토양 자원

에너지 저장

토양은 에너지 저장소이며, 에너지의 주요 원천은 태양이다. 식물의 광합성이 이 에너지를 포획하여 낙엽, 식물 뿌리, 동물, 미생물에 의한 일부 미네랄의 산화에 의해 토양으로 전달한다. 토양으로 투입된 에너지는 먹이 사슬과 토양 생물에 의한 토양 구성요소 변형과 관련된 반응을 일으키는 데 사용된다.

식물 생산

토양과 토양의 쓰임이 다양하기 때문에 광물이나 에너지 매장량을 추정할 때와 같은 단일 측정법을 토양에 사용할 수 없다. 그러나 식물과 토양 사이의 관계가 긴밀하고 식물에 우리는 크게 의존하고 있으므로 토양 자원의 척도로서 임야와 농업 생산 잠재력을 자주 사용한다. 이때 산림 잠재력, 생태계 서식지 등 토양 자원을 평가하기 위한 다양한 다른 근거를 무시하게 된다.

전 세계 육지 중 삼림으로 덮인 면적은 약 $40 \times 10^6 \text{ km}^2$이다. 이 중 북미, 남미 및 러시아의 삼림 면적은 각각 약 $8 \times 10^6 \text{ km}^2$이다. 1996년에 이는 1인당 약 0.7 ha의 삼림에 해당한다(WCMC, 1998). 미국에서는 매년 벌목되는 나무보다 더 많은 나무가 자라나기 때문에 삼림 면적이 1920년 수준으로 안정화되었다(U.S. Forest Service, 1999). 반면, 전 세계 산림 자원은 2025년까지 1인당 0.46 ha로 감소할 것으로 추정된다(WCMC, 1998). 불행하게도, 임야의 주요 손실은 임야가 가장 적은 지

| 표 8-18 | 대륙별 인구 및 경작지 |

| | 2001[a]년 인구 (백만명) | 면적(10⁶ ha) | | | 경작지 (ha/인) |
대륙		총면적[b]	잠재 경작지[b]	경작지[c]	
아프리카	823	2,966	733	183	0.22
아시아	3,277[d]	2,679	627	455	0.14
호주, 뉴질랜드와 오세아니아	31	843	154	48	1.55
유럽	729	473	174	140	0.19
북미	486	2,139	465	274	0.56
남미	351	1,753	680	139	0.40
러시아 및 발트해 국가	460	2,234	356	232	0.50
총계	6,157	13,087	3,189	1,471	0.24

[a] Bureau of Census, U.S. Dept. of Commerce로부터 2002년 추정
[b] 1967년 세계 식량 공급에 관한 대통령 과학 자문 위원회 패널에서 발췌
[c] World Resources, A report of the International Institute for Environment and Development and World Resources Institute, Washington, D.C., 1987.
[d] 아시아는 러시아와 발트해 국가들을 포함하지 않음

역에서 발생한다.

경작 가능한(arable) 토지는 작물 재배를 하고 있거나 가능한 토지이다. 농업적으로 생산적인 토지는 경작지와 경작지는 아니지만 방목에 적합한 토지로 구성된다. 전 세계 육지 면적은 약 13×10^9 ha이다(표 8-18). 이 땅의 절반 가량은 경작할 수 없다. 사막, 늪지대, 또는 산악 지대가 이러한 땅에 해당된다. 땅의 약 25%가 동물 방목에 충분한 식생을 제공하지만 경작에는 적합하지 않다.

토양 자원의 용량을 어떻게 평가할 수 있을까? 1인당 경작지의 측면에서(표 8-18 참조), 잠재적으로 경작할 수 있는 총토지는 현재 경작되고 있는 토지의 2배 이상이다. '소비' 측면에서 보면 세계 인구는 2배 증가한 반면 1인당 수확 면적은 1950년 0.23 ha에서 1998년 0.13 ha로 감소하였다. 이것은 광물 비료, 특수 품종, 살충제 및 제초제 사용을 포함한 현대 농업의 도입 결과이다. 최악의 경우, 수확량(작물의 질량 · ha^{-1})을 개선하는 데 더 이상의 진전이 없고 인구증가가 현재 속도로 지속된다고 가정하면 2050년까지 모든 경작지가 생산에 투입되어야 한다(Meadows, Meadows and Randers, 1992).

토양 자원 용량을 평가하기 더 어렵게 만드는 것은 지속 가능성의 문제이다. 어떻게 하면 자원을 파괴하지 않고 현대 농업 관행을 계속 유지할 수 있을까?

8-6 토양 지속 가능성의 변수

식물 성장에 영향을 미치는 주요한 토양인자는 영양분 공급, 토양 산성도, 토양 염도(특히 건조 및 반건조 토지와 관련하여), 조직 및 구조, 뿌리를 내릴 수 있는 깊이이다. 우리는 이를 다음 절에서 지속 가능성의 맥락에서 논의한다.

영양소 순환

녹색 식물 생장의 16가지 필수요소는 다음과 같다: C, H, O, N, P, S, Ca, Mg, K, Cl, Fe, Mn, Zn, Cu, B, Mo. 앞의 10가지를 **다량 영양소**(macronutrient)라고 하고 뒤의 6가지를 **미량 영양소**(micronutrient)라고 한다. 탄소, 수소 및 산소는 대기와 수권에 풍부하기 때문에 지속 가능성에 대한 우려가 없다. 식물 성장의 주요 제한요소는 질소, 인, 칼륨 및 황인데, 이 중에서 보통 질소가 가장 중요하다.

영양분은 토양(무기 저장), 토양의 살아 있는 생물(바이오매스 저장), 생물의 잔류물과 배설물(유기 저장) 사이에서 연속적으로 흐른다. 질소는 토양과 뿌리혹 세균에 의해 대기로부터 고정되거나 암모늄 형태로 빗물에 용해될 수 있는데, 이는 질소의 유일한 외부 공급원이다. 나머지는 죽은 식물과 동물의 배설물이 분해되어 재활용된 형태로 공급된다. 이 순환 과정은 그림 8-17에 나와 있다. 작물이 재배되고 잎, 줄기, 뿌리 및 과일이 제거되면 지속 가능한 식물 성장을 위해 질소를 비료로 재공급해야 한다. 개간된 땅에 심은 작물은 2~3년 후에 생산성이 급격히 감소한다(Courtney and Trudgill, 1984). 효율적인 뿌리망이 없는 경우 질소는 빠르게 침출되는데, 이는 질소 비료의 적용을 비효율적이고 매우 비싸게 만든다. 이 문제의 전형적인 예는 남아메리카, 중앙 아프리카 및 동남아시아의 열대 우림이다. 여기서 영세 농민들은 작물 재배를 위해 나무를 자르고 태워 땅을 개간한다. 재는 몇 년 동안 작물을 유지하는 데 필요한 일부 영양소를 제공하지만 얇은 토양층, 낮은 양이온 교환능 및 폭우로 인해 다량 영양소뿐만 아니라 미량 영양소도 제거된다. 그러나 농업의 영세함으로 인해 토양을 보충하기 위한 광물 비료를 사용하기는 어렵다.

인의 순환 과정도 분명하다(그림 8-18). 인은 유기물의 부패와 토양 광물 모두에서 유래된다. 침출이 심한 토양에서는 순환이 유일한 인 공급원일 수 있다. 인은 알칼리성 토양에서는 인산칼슘, 산성 토양에서는 인산알루미늄 또는 인산철의 형태로 존재한다. 인 화합물의 가용성은 pH에 따라 달라지며, 중성 pH 범위에서 가용성이 높다. 칼륨은 광물 풍화 작용으로도 얻을 수 있다. 침출된 토양에서 가용 칼륨은 유기물 순환에 묶여 있다.

황과 질소 순환 사이에는 몇 가지 분명한 유사점이 있다(그림 8-19). 이들은 주로 토양유기물에 저장되며 미생물에 의해 변환된다.

토양 산성도

효율적인 순환은 무엇보다도 토양 동물 활동과 세균 및 균류에 의한 유기물의 분해에 토양 pH가 유리한가에 달려 있다. 불리한 pH 값에서 유기물은 저장된 영양소를 방출하지 않고 축적된다. 낙엽의 산도는 토양 pH에 상당한 영향을 미칠 수 있다.

작물마다 pH 내성이 다르다. 예를 들어, 알팔파, 사탕무, 일부 클로버, 상추, 완두콩, 당근 등은 알칼리성 토양(pH 7~8)에서 가장 잘 자라고, 보리, 밀, 옥수수, 호밀, 귀리는 중성 토양(pH 6.5~7.5)

그림 8-17

토양 생태계의 질소 순환

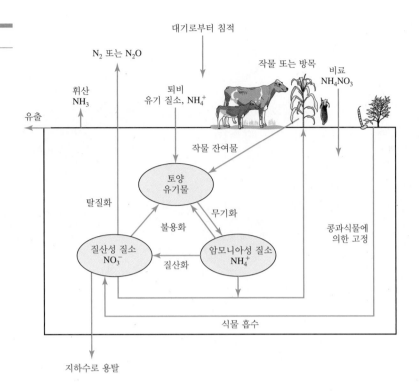

그림 8-18

토양 생태계의 인 순환

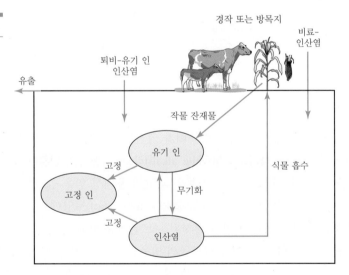

에서 번성하고, 감자는 산성 토양(pH 5)에서 잘 자란다(Courtney and Trudgill, 1984). 많은 식물의 경우 다양한 토양 산도에 적응하는 능력이 잘 알려져 있지 않지만 알루미늄 독성에 대한 내성은 산성 토양에서 중요한 것으로 보이며, 철을 흡수하는 능력은 알칼리성 토양에서 중요한 것으로 보인다.

토양 염도

삼투(osmosis)는 용질의 통과는 방해하지만 용매의 흐름을 허용하는 식물 세포벽과 같이 이상적인 반투막을 통해 저농도 용액에서 고농도 용액으로 용매가 자발적으로 이동하는 것으로 정의된다. 대부분의 토양에서 이러한 현상은 저농도의 토양 용액에서 고농도의 세포 내용물로의 물의 흐름을

그림 8-19

황 순환

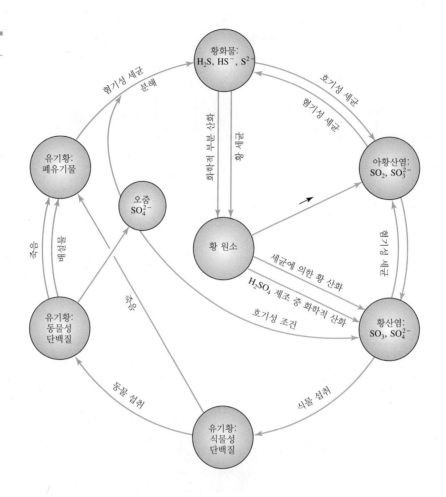

돕는다.

염류토에서는 토양 용액의 농도가 높아 구배가 역전되어 식물은 수분 흡수를 못하고 시들어 버린다. 표면이 밝은 색을 띠어 **백색알칼리**(white alkali)라고도 불리는 **염류**(saline)토는 대부분 나트륨, 칼슘, 마그네슘 등의 염화물 또는 황산화물인 과량의 용해성 염을 함유하고 있다. 이 염들은 농도가 낮은 물로 쉽게 침출될 수 있다. **염류-나트륨성**(saline-sodic) 토양에는 대부분의 식물에 심각한 영향을 미치기에 충분한 양의 용해성 염과 흡착된 나트륨이 포함되어 있다. 염류토와 달리 염류-나트륨성 토양의 침출은 토양 pH를 높이고 나트륨의 방출은 미네랄 콜로이드를 분산시켜 결과적으로 불투수성 토양을 만든다. 염류-나트륨성 토양의 침출은 **나트륨성**(sodic) 토양을 만드는데, 이것에는 염이 많이 포함되어 있지 않다. 해로운 영향은 식물 독성과 토양에 구조적인 변화를 일으키는 나트륨의 방출에서 비롯된다.

염이 식물에 미치는 영향은 식물에 따라 다르다. 보리, 사탕무, 목화, 사탕수수는 염분 토양에 내성이 높다. 호밀, 밀, 귀리 및 쌀은 중간 정도의 내성을 가지고 있다. 오렌지, 자몽, 콩 및 일부 클로버는 내성이 낮다(Courtney and Trudgill, 1984).

증발량이 강수량을 초과하는 건조 및 반건조 지역에서는 식물 성장을 위한 토양 수분 공급이 충분치 않다. 관개는 이러한 결핍을 극복하기 위한 기술이다. 증발량이 높으면 물이 증발함에 따라 물 속의 염분이 뒤에 남아 있게 된다. 따라서 증발량이 많은 지역에서의 관개는 토양의 염도를 높일 수 있다. 강에서 끌어온 관개수가 토양을 통해 다시 강으로 스며들고, 이는 하류에서 다시 반복적으로 사용되면서 결국 하류에서 관개에 이용되는 물의 염도를 증가시키고 토양의 염분화로 이어진다.

전 세계적으로 관개지의 약 50%가 염도에 의한 영향을 받아 농작물 생산이 제한된다. 미국에서는 이 문제가 관개지의 약 30%에 영향을 미친다. 이러한 땅에서는 농작물 생산의 지속 가능성이 우려된다.

조직과 구성

점토, 실트 및 모래 입자들의 집합체가 모여 토양 구조(종종 ped라고 함)를 형성한다. 토양 구조가 없으면 토양에는 공기나 물, 식물 뿌리가 침투할 수 있는 구멍이 거의 없을 것이다. 구조 형성에서 중요한 과정은 점토 응집이다. 분산된 점토 입자는 개별 양이온 층(보통 나트륨)으로 서로 분리되어 있다. 응집된 점토 입자들은 다른 양이온, 특히 칼슘에 의해 함께 연결되어 있다. 분산된 점토 토양은 입자들이 서로 가깝게 밀집되어 있기 때문에 밀도가 매우 높다. 이것이 나트륨이 풍부한 토양에서 작물 재배가 어려운 이유이다.

8-7 토양 보존

토양 관리

작물을 지속적으로 생산할 수 있는 토양의 능력은 토양 관리에 달려 있다. 이것은 단순히 비료를 사용하는 것 이상을 뜻한다. 구조, 배수 및 유기물 함량과 같은 기타 토양 특성도 관리되어야 한다.

토양 비옥도　**리비히의 최소 법칙**(Liebig's law of the minimum)에 따르면 식물의 성장은 최소한의 양으로 제공된 식량원의 양에 달려 있다. 예를 들어, 질소가 풍부한 토양은 이용 가능한 물이 충분하지 않으면 생산적이지 않다. 앞에서 언급했듯이 식물은 다량 영양소와 미량 영양소가 모두 충분히 있어야 한다. 이러한 영양소 각각에 대한 최적 수준이 있다. 결핍은 성장을 방해하고 과잉은 독이 될 것이다. 자연계에서는 토양에서 추출한 영양소가 낙엽으로 되돌아온다. 작물이 제거되면 영양분 보충이 되지 않아 토양의 영양분 저장량이 고갈된다. 토양 비옥도를 유지하기 위해서는 영양분을 다른 방법으로 대체해야 한다.

수세기 동안 동물의 분뇨를 비료로 사용하는 것은 성공적이고 안정적인 농업을 의미하였다. 분뇨는 유기물질과 식물의 영양소를 토양으로 되돌려줄 뿐만 아니라 식물이 포획한 높은 비율의 태양 에너지의 상당 부분을 되돌려준다(그림 8-20). 질소, 인, 칼륨을 함유한 광물 비료가 주요 다량 영양소를 공급하지만 그것만으로는 충분하지 않을 수 있다. 유기물의 반환은 토양 구조의 유지를 돕는다.

윤작과 휴경 역시 지속적인 농업 생산을 위한 기술로 인정받고 있다. 질소를 고정하는 미생물과 공생하는 콩과식물의 윤작은 질소 공급을 보충한다. 휴경지에 풀이 자라고 밭갈기를 할 토양과 섞이면 유기물질이 자연적으로 보충된다.

비옥도를 유지하기 위해 토양 석회질도 필요할 수 있다. 질산염 비료를 반복적으로 사용하면 토양의 산성도가 높아지게 되며, 일부 분해 과정도 산성화를 초래한다. 석회는 pH 조정 외에도 산성 미량 원소의 독성을 감소시키고 토양 구조를 개선하며 토양 생물과 식물의 영양소로서 칼슘의

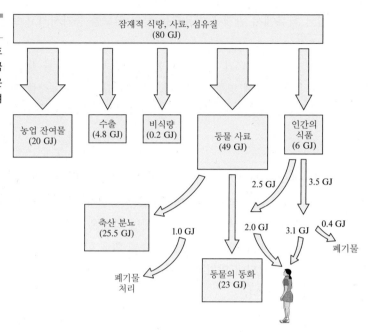

미국 먹이 사슬의 에너지 흐름의 개략도(십억 줄)는 궁극적으로 동물의 분뇨에 높은 비율의 에너지가 있음을 보여준다.

가용성을 높인다.

구조 형태와 안정성. 토양의 형태는 통기 및 수분 보유를 위한 토양의 입자 집적도 및 공극을 결정하며, 안정성은 땅을 갈 때 토양 구조의 거동을 결정한다.

유기물, 탄산칼슘, 알루미늄 및 수산화철, 규소는 모두 토양 입자들을 시멘트처럼 결속시켜 구조를 더 튼튼하게 만드는 역할을 한다. 토양이 젖으면 "시멘트"가 녹아 구조가 불안정해진다. 실트 토양은 입자가 충분한 응집력이 없고 압축을 방지할 만큼 거칠지 않기 때문에 구조적 약화에 특히 취약하다.

분뇨와 석회를 추가하면 보다 안정적인 토양 구조를 형성하는 데 도움이 될 수 있다. 실트나 점토와 같은 경우에는 배수가 안정성을 향상시킬 수 있다. 가장 중요한 요소는 경작의 시기적절성이다. 즉, 토양의 균질성과 구조가 파괴되지 않고 토양에 가한 조작을 견딜 수 있도록 잉여수가 배수된 후 경작하여야 한다. 경운을 제한하는 것은 농기구에 의한 다짐을 줄이는 데도 효과가 있다. 유기물 함량이 높은 모래 토양과 양토(loam soil)의 구조는 조작에 더 강하기 때문에 큰 우려가 없다.

토양 침식

침식(erosion)은 물과 바람에 의해 토양이 운반되는 것이다. 지질학적 침식은 퇴적물이 형성되는 메커니즘이지만 인위적 활동으로 인한 단기 침식은 토양 자원에 해를 끼치게 된다. 침식은 주로 영양분이 풍부한 표토를 제거하기 때문에 토양 비옥도에 해를 끼친다. "전 세계적으로 토양 침식보다 더 파괴적인 토양 현상은 없다"(Brady, 1990).

목초지와 방목지의 과도한 방목으로 인한 토양 침식과 농경지 토양 손실은 미국에서 여전히 주요한 문제이다. 1997년에 미국의 경작지와 보전 유보 프로그램(Conservation Reserve Program, CRP)[*] 토지에서 약 1.7 Pg의 토양이 손실되었다. 이는 매년 270억 달러 이상의 농장의 경제적 손실

---

[*] CRP는 토양 침식 감소, 잉여 상품의 생산 감소, 농부들에게 소득 지원 제공, 환경의 질 개선, 야생 동물 서식지의 향상을

그림 8-21

이 점 지도는 경작지 및 CRP 토지에서 바람과 물에 의한 침식을 보여준다. 각 회색 점은 물에 의한 연평균 침식량 181 Gg(20만 톤)을 나타내며, 각 파란색 점은 바람에 의한 연평균 침식량 181 Gg(20만 톤)을 나타낸다.

에 해당하며, 이 중 200억 달러는 영양분 대체에, 70억 달러는 손실된 물과 토양의 대체에 사용된다.

침식은 농부들에게 끼치는 경제적 영향 외에도 다음을 포함한 심각한 환경적 영향도 끼칠 수 있다.

- 토양과 함께 씻겨 내려가는 영양분(특히 인)과 농약에 의한 호수와 하천의 오염
- 배수구 및 수로의 실트 축적으로 인한 홍수
- 습지에 쌓이는 퇴적물로 인한 심각한 환경문제 발생 및 서식지 손실
- 저수지의 퇴적물로 인한 저수 용량 감소
- 항구와 수로의 퇴적. 미국의 항구와 수로 준설 비용은 연간 10억 달러로 추산

농경지에서의 연평균 토양 손실량은 16.4 Mg · ha^{-1}이다. 토양 생산성을 유지하고자 하는 경우 최대 허용 수준은 약 11 Mg · ha^{-1}이다(Brady, 1990).

물과 바람 모두 농경지 토양을 침식시킬 수 있다. 물에 의한 침식은 흐르는 물에 의해 토양 물질이 제거되면서 비롯된다. 빗방울이 흙 표면에 떨어지면, 그것은 흙 덩어리를 부서뜨릴 수 있다. 경사면에서는 물이 분리된 흙 알갱이를 가지고 아래로 흐르기 시작한다.

바람에 의한 침식은 강수량이 적은 지역에서 발생하여, 특히 가뭄 기간 동안 광범위하게 발생할 수 있다. 물에 의한 침식과 달리 바람에 의한 침식은 보통 경사면의 기울기와 관련이 없다.

그림 8-21에서 볼 수 있듯이, 물에 의한 침식은 주로 옥수수 지대(Corn Belt)와 남부 평야 지역에서 나타난다. 바람에 의한 침식은 주로 서부, 북부 평야 및 남부 평야에서 나타난다. 물과 바람의 침식 모두 농경지에서 큰 토양 손실을 초래한다. 1997년 농경지 및 CRP 토지에서 물에 의한 침식은 1.0 Pg · year^{-1} 육박했고, 바람 침식으로 인해 약 0.75 Pg · year^{-1}의 토양이 손실되었다.

그림 8-22에서 볼 수 있듯이, 지난 20년 동안의 보존 사업은 농경지의 토양 침식을 상당히 감

목표로 경작지를 따로 유보하기 위한 연방 프로그램이다.

그림 8-22

1982~1997년 경작지 및 CRP 토지의 바람과 물에 의한 침식 (출처: 미국 농무부 국가자원보존국)

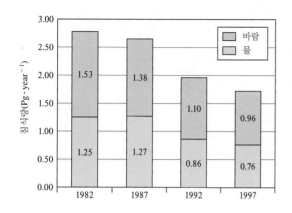

그림 8-23

강우강도에 따른 강우의 운동 에너지 (출처: 미국 농무부 국가자원보존국)

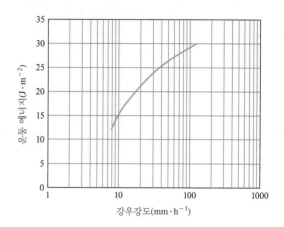

소시켰다. 보존 경작이 광범위하게 실행된 것은 이러한 개선을 이끈 주요 원인 중 하나이다. 기존 경작은 이전에 심은 작물의 잔여물을 부수고 묻어 침식에 취약한 노출된 토양 표면을 만든다. 반면, 보존 경작은 토양 표면을 보호하기 위해 토양 표면에 작물 잔여물의 일부 또는 전부를 남겨두는 것이다. 이 잔여물은 침식으로부터 토양을 보호하는 것 외에도 토양의 물을 보존하는 환경을 조성한다. 다만 단점은 잡초 방제를 위해 제초제에 대한 의존도가 높아진다는 것이다. 계단식, 등고선 경작, 윤작과 같은 농법들도 물에 의한 침식을 줄이는 데 도움이 된다. 또한 밭이나 기타 침식에 민감한 지역으로부터 물을 우회시킴으로써 토양 손실을 줄일 수 있다.

농경지의 바람 침식을 억제하기 위해 사용되는 방법으로는 보존 경작, 방풍림 심기, 주 풍향에 직각으로 경작하기 등이 있으며, 풍향에 직각으로 경작하면 고랑은 날아오는 흙을 포획하는 작은 바람막이 역할을 한다. 목초지와 방목지의 침식은 여러 가지 방법으로 줄일 수 있으며, 그중 가장 중요한 것은 가축 수를 조절하는 것이다. 가축이 풀을 뜯음에 따라 곧 재생이 가능하도록 가축 수를 조절해야 한다. 지속적인 생산을 위해 식생은 재생하기에 충분한 기간을 부여받아야 한다. 평소에는 해가 되지 않을 방목 밀도가 가뭄 시기에는 식생에 해를 입힐 수 있으므로 이 시기에는 특히 가축 수를 엄격하게 조절하여야 한다. 가축을 공간적으로 적절하게 분포시키는 것도 중요한 방목 관리 방법인데, 이때 울타리를 사용하여 목초지를 구분할 수 있다. 개방된 방목지에서 가장 효과적인 방법 중 하나는 적절하게 분배된 물 시설을 설치하는 것이다. 또한 가축들을 유인하기 위해 광범위한 위치에 소금과 미네랄 보충제를 배치하는 것도 가축 분포를 개선한다.

물 침식. 토양이 침식되려면 토양 응집을 방해하고 토양 입자를 이동시키는 일이 수행되어야 한다. 에너지는 떨어지는 빗방울과 흐르는 물의 운동 에너지에 의해 공급된다. 떨어지는 빗방울의 에너지는 흐르는 물의 에너지의 최소 200배이다(White, 1979). 빗방울의 에너지는 빗방울의 질량과 종속의 제곱에 따라 증가하며, 두 특성 모두 강우강도의 함수이다(그림 8-23).

가속 침식에 영향을 미치는 주요 요인은 **범용 토양 손실 공식**(universal soil loss equation, USLE)

그림 8-24

미국의 연평균 강우침식도. 일반적으로 동부에서 값이 높고 서부에서 값이 낮다. (출처: Wischmeier and Smith, 1978.)

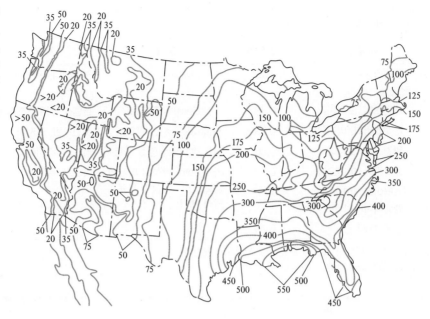

에 포함되어 있다.

$$A = (R)(K)(LS)(C)(P) \tag{8-22}$$

여기서 A＝토양 손실 예측량($Mg \cdot ha^{-1}$)

    R＝강우침식도

    K＝토양 침식성 인자

   LS＝지형인자, 다음의 함수

    L＝길이(m)

    S＝경사도(%)

    C＝경작인자

    P＝토양보전 대책인자

강우침식도는 강우강도 및 총강우량의 함수이다. 미국의 연평균값은 그림 8-24에 나와 있다.

토양 침식성은 물이 쉽게 침투하는 토양에서 낮은 값을 갖는다. 몇몇 K의 값은 표 8-19에 나와 있다.

지형인자는 경사와 길이가 유속에 미치는 영향을 반영한다. 이론적으로 유속이 2배 증가하면 물은 64배 더 큰 입자를 이동시키고 현탁액 상태로 32배 더 큰 질량을 운반할 수 있으며 침식력은 4배 더 커진다. 길이와 경사의 몇몇 조합에 따른 지형인자값은 표 8-20에 나와 있다.

C값은 경작 시스템이 토양 손실에 미치는 영향을 나타내며 작물의 종류, 작물 성장 단계, 경작 및 기타 관리 요소에 따라 달라진다. 표 8-21은 C값의 예를 보여준다.

토양보존 대책인자는 등고선 재배, 대상(帶狀) 재배 및 기타 유사한 보존 방법의 이점을 반영한다(다음 절 참조). 표 8-22에 P 인자에 대한 예가 나와 있다.

표 8-19 | 침식 연구 스테이션의 토양 종류에 따른 K 산출값

토양	자료 출처	계산된 K	토양	자료 출처	계산된 K
덩케르크(Dunkirk) 미사질 양토	제네바, 뉴욕	0.69[a]	멕시코(Mexico) 미사질 양토	맥크레디, 몬태나	0.28
킨(Keene) 미사질 양토	제인즈빌, 오하이오	0.48	세실(Cecil) 사질 양토	클렘슨, 사우스캐롤라이나	0.28[a]
로디(Lodi) 양토	블랙스버그, 버지니아	0.39	세실(Cecil) 사질 양토	왓킨스빌, 조지아	0.23
세실(Cecil) 사질 미사질 양토	왓킨스빌, 조지아	0.36	티프턴(Tifton) 양질 사토	티프턴, 조지아	0.10
마샬(Marshall) 미사질 양토	클라린다, 아이오와	0.33	바스(Bath) 판석질 미사질 양토(5 cm 이상의 지표 암석 제거)	아노트, 뉴욕	0.05[a]
해거스타운(Hagerstown) 미사질 식양토	스테이트 칼리지, 펜실베이니아	0.31[a]			
오스틴(Austin) 미사질 양토	템플, 텍사	0.29			

[a] 연속 휴경상태에서 평가함. 이 외는 줄 뿌림 작물 자료에서 계산됨.
출처: Wischmeier and Smith, 1978.

표 8-20 | 경사 길이와 경사도의 조합에 따른 지형인자(LS)[a]

경사(%)	경사면 길이(m)				
	15.35	30.5	45.75	61.0	91.5
2	0.163	0.201	0.227	0.248	0.280
4	0.303	0.400	0.471	0.528	0.621
6	0.476	0.673	0.824	0.952	1.17
8	0.701	0.992	1.21	1.41	1.72
10	0.968	1.37	1.68	1.94	2.37
12	1.280	1.80	2.21	2.55	3.13

[a] 인자는 기울기 및 경사면 길이 모두에 따라 증가함.
출처: Wischmeier and Smith, 1978.

표 8-21 | 북부 일리노이에서의 경작 순서에 따른 경작인자 또는 C값[a]

경작순서[b]	전통적 경운[c]		최소 경운		무경운	
	잔여물 잔류	잔여물 제거	잔여물 양(kg)		잔여물 양(kg)	
			458~907	908~1816	458~907	908~1816
대두 연속(Sb)	0.49	–	0.33	–	0.29	–
옥수수 연속(C)	0.37	0.47	0.31	0.07	0.29	0.06
C–Sb	0.43	0.49	0.32	0.12	0.29	0.06
C–C–Sb	0.40	0.47	0.31	0.12	0.29	0.06
C–C–Sb–G–M	0.20	0.24	0.18	0.09	0.14	0.05
C–Sb–G–M	0.16	0.18	0.15	0.09	0.11	0.05
C–C–G–M	0.12	0.16	0.13	0.08	0.09	0.04

[a] 경작 시스템과 토양 피복의 유지 관리가 얼마나 중요한지에 주목할 것. 다른 지역의 수치는 약간 달라질 수 있지만 원리는 그대로 적용됨.
[b] 작물별 약어: C=옥수수; Sb=대두; G=작은 곡물(밀 또는 귀리); M=목초지
[c] 봄에 경작; 높은 수확량을 가정.
출처: Walker, 1980의 자료에서 일부 가져옴.

표 8-22	등고선 재배를 하는 계단식 논에서의 경사도에 따른 P값		
경사	등고선 인자	대상 재배 인자	
1~2	0.60	0.30	
3~8	0.50	0.25	
9~12	0.60	0.30	
13~16	0.70	0.35	
17~20	0.80	0.40	
21~25	0.90	0.45	

출처: Wischmeier and Smith, 1978.

예제 8-12 USLE를 이용하여 경사가 2%이고 평균 경사 길이가 91.5 m인 마샬 미사질 양토가 있는 중부 인디애나의 농장에 대한 연간 토양 손실을 결정하시오. 토지는 계속해서 옥수수를 경작하고 있으며, 농부는 경사면을 오르내리는 재래식 경작을 하고 잔여물은 남겨둔다.

풀이 그림 8-24에서 강우침식도 175를 선택한다. K값은 표 8-19에서 0.33이다. LS값은 표 8-20에서 0.280이고, C값은 표 8-21에서 0.37이다. 농부가 언덕을 오르내리기 때문에 P값은 1.0이다. 연간 토양 손실은 다음과 같다.

$$A = (R)(K)(LS)(C)(P)$$
$$= (175)(0.33)(0.280)(0.37)(1.0) = 5.98 \text{ 또는 } 6 \text{ Mg} \cdot \text{ha}^{-1}$$

바람에 의한 침식. 바람의 거친 소용돌이는 토양 입자의 가장자리를 들어 올린다. 토양 입자의 유효 직경이 0.06 mm 미만인 경우 입자는 공기 중에 떠 있게 되고 오랫동안 부유상태를 유지한다. 직경이 0.06~0.2 mm인 입자는 "점프"로 들어 올려지면 수평에 매우 가까운 궤적을 그리며 날아가다가, 지면에 부딪치면 다시 튀어오르거나 위로 튕길 수 있는 다른 입자에 운동 에너지를 전달한 후 정지한다. 이 과정을 **도약**(saltation)이라고 한다. 0.2~1 mm 사이의 입자는 자주 움직이거나 구른다. 도약에 의한 이동은 바람에 의한 침식의 50% 이상을 차지한다(White, 1979). 지표에서 1 mm보다 큰 입자는 그 보다 작은 입자를 침식으로부터 보호한다. 따라서 장기간에 걸쳐 작은 입자가 지표로부터 날아가 그 아래에 있던 큰 입자를 노출시키면 정상적인 바람에 의한 침식량은 감소한다. 이것은 식생 피복이 없는 사막환경에서 특히 중요하다. 오프로드 차량이 사막 토양에 특히 해로운 이유이기도 하다. 오프로드 차량은 큰 입자의 보호층을 제거하여 자연 균형을 파괴한다.

보존 방법. USLE를 보면 물에 의한 토양 침식을 줄이는 몇 가지 방법을 확인할 수 있다. 사면 경작보다는 (고도가 같은 선을 따라) 등고선 경작을 하여 경작하는 사면의 경사도와 물의 유출 길이를 줄이거나, 옥수수와 같이 땅을 갈아 심는 작물과 건초 및 곡물과 같이 땅을 갈지 않고 심는 작물을 교대로 기르는 대상 재배를 한다. 또는 경운을 최소한으로 하거나 하지 않음으로써 C값을 감소시킨다.

바람에 의한 침식은 제어하기가 더 어렵다. 바람막이는 바람의 속도를 늦추고 취송거리[*]를 줄이는 데 도움이 되지만 가장 효과적인 방법은 습한 토양에 건강한 식생 피복을 하는 것이다.

연습문제

8-1   2016년 소비율을 이용하면 전 세계 석유 매장량은 37.5년 동안 지속될 것으로 추정되었다. 2016년의 전 세계 소비율을 추정하시오.

답: 339 EJ · year^{-1}

8-2   인터넷을 사용하여 펜실베이니아주 맨스필드에 있는 티오가르(Tiogar)강의 pH를 결정하시오. 이 강은 산성 광산 배수로 고통받고 있는가? (힌트: http://waterdata.usgs.gov/nwis. "실시간(Real Time)" 데이터에서 검색하시오.)

8-3   예제 8-5에서 일과형 냉각수(once-through cooling water)를 대체하기 위해 증발식 냉각탑이 제안되었다. 냉각탑에서 손실된 물을 보충하기 위해 하천의 물을 어느 정도의 유량으로 공급하여야 하는가?

8-4   25 W 소형 형광전구(CFL)는 100 W 백열전구에 해당하는 빛을 만든다. 북아메리카의 인구는 약 3억 5백만 명으로 추산된다. 1인당 100 W 백열전구 1개를 1년 동안 켜는 데 필요한 석탄의 양과 각 백열전구를 CFL로 교체할 경우 절약할 수 있는 석탄의 양을 추정하시오. 석탄의 NHV는 28.5 MJ · kg^{-1}이고 발전소의 효율이 33%라고 가정한다.

8-5   한 연구자는 전 세계 생산량이 일정하게 유지된다면 알루미늄이 고갈될 때까지 걸리는 시간은 156년이라고 추정하였다. 이 추정치에 의하면 연간 수요는 얼마인가?

답: 160 Tg · year^{-1}

8-6   2004년에 미국은 철 함유율이 63.0%인 광석에서 54.9 Tg의 철을 생산하였다. 미국의 매장량이 고갈될 때까지 생산량이 일정하게 유지된다면, 이 광석을 채광할 때 생성되는 폐석의 양을 추정하시오.

답: 3330 Tg 또는 3.33 Pg

8-7   어떤 금속의 회수에 대한 감쇠상수가 0.0202 cycle^{-1}인 경우 각 사이클당 회수율은 얼마인가?

답: 98%

8-8   식 8-19는 주기가 끝날 때 회수된 질량을 추정하는 데 사용할 수 있다. 식 8-21은 주어진 주기의 횟수 후의 등가 질량을 추정하는 데 사용할 수 있다. 식 8-19를 사용하여 알루미늄 음료 캔(예제 8-10)의 처음 세 주기 후에 회수된 질량을 계산하고 식 8-21의 답과 비교하시오.

답: 세 번째 주기에 대한 M_{Total} = 39.0 g; M_K = 43.3 g

---

[*]   바람이 지형이나 식생의 영향을 받지 않고 이동하는 거리.

8-9 2016년의 연 1.8 Tg의 수요가 일정하게 유지되는 경우 구리의 고갈 시간을 2배로 늘리려면 재활용 시 몇 퍼센트나 회수되어야 하는가?

8-10 남아 있는 구리를 무한대로 50% 재활용하면 전 세계 구리 매장량이 소진될 때까지 걸리는 시간은 얼마인가? 수요는 2016년 값인 연 19.4 Tg로 일정하게 유지된다고 가정한다.

9

수질관리

사례 연구

딥워터 호라이즌 – 미국 역사상 최대의 유류유출 사고

2010년 4월 20일, 초심층 해양 시추시설인 딥워터 호라이즌(Deepwater Horizon)이 폭발하여 승무원들이 날아가고 파편이 사방으로 튀었으며, 40마일 밖에서도 보이는 큰 불덩이가 만들어졌다. 이 폭발로 승무원 11명이 사망하였으며, 미국 역사상 최악의 환경재해 중 하나가 시작되었다.

폭발방지기, 블라인드 전단 램 등으로 시추공을 막고자 하는 시도는 모두 실패하였다. 시추시설이 가라앉고 이틀이 지나서부터 7일간 원유 약 4백만 배럴(6.36억 리터)과 추정 불가능한 양의 메테인이 시추공에서 분출되어 그림 9-1과 같이 바다 약 1,550 km^{2}를 기름으로 덮고 약 176,000 km^{2}에 이르는 영역에 영향을 미쳤다. 그림 9-2에서 보는 바와 같이 기름제거선, 오일펜스 설치, 기름띠 연소, 유화제 살포 등 해변, 습지, 연안을 보호하기 위한 전방위적인 조치가 취해졌다. 루이지애나주 해안선을 띠처럼 두르고 있는 섬들에 기름이 다다랐을 때는 루이지애나주의 상징인 브라운 펠리컨의 산란·육아기가 정점인 시기였다. 어미 새들이 먹이 사냥에서 돌아왔을 때 알들은 기름에 덮여 있었고, 잠수하여 먹이를 찾는 새들과 맹그로브 나무 뿌리도 기름에 잔뜩 덮여 있었다. 또한 유류물질, 기름확산 및 추가피해 방지에 사용된 화학물질에 노출되어 건강에 이상 증세를 보이는 사람들이 생겨나기 시작하였다.

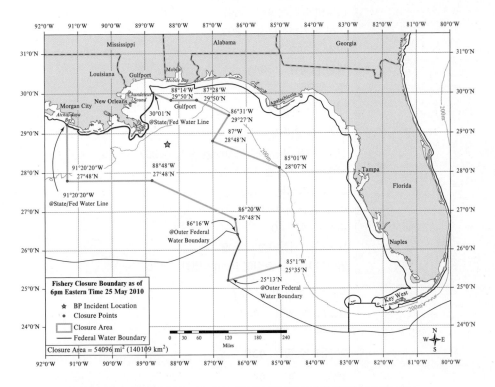

그림 9-1 딥워터 호라이즌 유류유출로 2010년 5월 어업 활동이 금지된 영역을 표기한 지도
출처: https://upload.wikimedia.org/wikipedia/commons/8/81/Deepwater_Horizon_Oil_Spill_Fishing_Closure_2010-05-25.png.

그림 9-2 딥워터 호라이즌 유류유출 기간에 루이지애나주 뉴하버(New Harbor) 섬을 보호하기 위해 설치한 오일펜스 (©Eric Gay/AP Photo)

이후 몇 년 동안 플로리다, 앨라배마, 미시시피, 루이지애나주에 걸쳐 있는 790 km가 넘는 해안이 영향을 받았으며, 수많은 인력이 투입되어 걸프(Gulf) 해변에서 유류로 오염된 물질 수천 톤을 걷어냈다. 그러나 2015년에도 여전히 루이지애나 근해 섬에 있는 해변에서는 타르 덩어리를 발견할 수 있고, 사고 발생 7년 후에도 물살이 셀 때면 바다에 가라앉아 있던 기름이 표면까지 올라왔다. 뿌리가 기름에 덮힌 맹그로브 나무는 말라 죽었고, 해변을 보호하던 나무가 죽자 모래가 침식되면서 섬이 소멸하기도 하였다(Elliott, 2015).

딥워터 호라이즌 폭발 이후 몇 년간 수많은 연구와 소송이 진행되었다. 이 사건은 정부의 철저한 환경 감시와 관련 주체들(석유회사, 석유회사의 하청업체, 미국 해안경비대 등) 간의 긴밀한 의사소통이 얼마나 중요한지 명백히 알려주었다. 단기 수익과 산업규제 완화를 중시하는 분위기 속에서 이러한 교훈은 더욱 더 중요한 의미를 갖는다. 우리가 사는 지구는 하나이며, 그것을 보호하느냐 파괴하느냐 하는 것은 우리의 선택에 달렸다.

9-1 서론

우리가 강, 호수, 연못, 개울에 있는 물을 어떻게 이용하느냐 하는 것은 그 수질에 크게 좌우된다. 낚시, 수영, 배타기, 하·폐수 배출 등의 활동은 각각 다른 수질 수준을 요구하며, 식수 공급에는 매우 높은 수질이 필요하다. 세계 곳곳에서 인간 활동에 의한 오염물질 유입으로 인한 심각한 수질 악화가 발생하고 있다. 송어가 헤엄치는 깨끗한 하천이 악취로 가득차고 생물이 거의 살지 않는 하수구나 마찬가지인 수로로 바뀌는 경우도 있다.

　수질관리 책임자들의 주요 관심사는 물이 그 쓰이는 목적에 적합한 상태를 유지하도록 인간 활동으로부터 발생하는 오염을 제어하는 것이다. 수질관리는 특정한 수체(water body; 하천, 호소 등)에서 수용 불가능한 오염물질 양이 얼마인지 과학적으로 판단하는 작업이다. 어떤 수체가 얼마나 많은 하·폐수를 수용 가능한지(전문 용어로는 **동화 용량**(assimilative capacity)이라 함) 알기 위해서는 배출된 오염물질 종류와 그 오염물질이 수질에 미치는 영향을 파악하여야 한다. 또한 유역의 광물학적 특성, 지형, 기후 등 자연적인 요인이 수질에 어떤 영향을 미치는지 알고 있어야 한다. 산에 있는 구불구불한 계곡과 저지대에서 천천히 흐르는 강의 동화 용량은 매우 다르며, 호수의 동화 용량은 흐르는 물과 다르기 마련이다.

당초 수질관리의 목적은 수계를 본래의 용도로 그대로 사용할 수 있게 하는 동시에 동화 용량을 초과하지 않는 범위 내에서 하·폐수를 방류하는 경제적인 방법으로도 이용할 수 있게 하는 것이었다. 1972년 미의회는 연방 수질오염방지법 수정안(the Federal Water Pollution Control Act Amendments of 1972)을 제정하면서, "국가 수계의 화학적, 물리학적, 생물학적 온전성을 회복하고 유지하는 것"을 국가적 관심사로 규정하였다. 안전하게 마실 수 있는 물을 만드는 것과 함께, 미의회는 "어패류 및 야생동물을 보호하고 사람의 여가활동 공간을 제공할 수 있는 수질"을 확보한다는 목표를 설정하였다. 환경공학자는 오염물질이 수질에 미치는 영향을 이해하여 오염물질을 수용 가능한 수준까지 제거할 처리시설을 설계하거나, 환경에 유해한 영향을 미치지 않기 위해 특정 공정에서 사용해야 할 화학물질을 선정한다. 그동안 환경공학자는 전자, 즉 사후처리기술(end-of-pipe treatment)에 집중해 왔으나, 최근에는 환경공학자들이 고려 대상 공정이나 산업 전체를 들여다보고, 환경 피해를 야기하지 않는 화학물질을 선정하거나 배출 현장에서 화학물질을 재활용하는 등 오염 발생을 최소화하기 위해 필요한 조치를 선제적으로 취할 것을 요구하는 추세이다.

이 장에서는 먼저 주요 수질오염물질과 그 오염원을 살펴보고, 그 다음에는 생활하수에서 발견되는 오염물질군을 중심으로 하천과 호소의 수질관리에 대해 논한다. 하천과 호소 수질에 영향을 미치는 자연적 요인에 대해 학습함으로써 인간 활동이 수질에 미치는 영향을 이해하는 기초를 다진다.

9-2 수질오염물질과 그 오염원

지표수로 유입되는 오염물질의 종류는 매우 다양한데, 크게 몇 가지 종류로 분류할 수 있다.

점오염원

생활하수(domestic sewage)와 산업폐수(industrial wastewater)는 관거 시스템이나 수로를 이용해 수집되어 단일 방류구를 통해 수계로 방류되기 때문에 **점오염원**(point source)으로 작용한다. 생활하수는 가정, 학교, 사무용 건물, 상점에서 발생하는 오수로 이루어진다. **공공하수**(municipal sewage)는 생활하수와 더불어 허가를 받고 오수관거(sanitary sewer)로 배출되는 산업폐수를 포함하여 일컫는 용어이다. 일반적으로 점오염원에 의한 오염은 오염물질 발생량 감소와 방류 전 적정한 하·폐수 처리로 저감하거나 방지할 수 있다.

비점오염원

도시나 농경지의 지표유출(runoff)은 다수의 방류 지점을 통해 수계로 흘러들어 가기 때문에 **비점오**

염원(nonpoint source)이라 불린다. 지표유출수의 수계 유입은 주로 오염수가 지표면 또는 자연 배수로를 따라 가까운 수체로 흘러들어 가는 형태를 띤다. 도시 또는 농경지 지표유출수가 인공 관거나 수로를 통해 수집되는 경우에도 수집된 물은 가장 가까운 거리에 있는 수체로 운반되어 방류된다. 이 방류지점 각각에 처리시설을 설치해 운영하는 것에는 상당한 경제적 부담이 따른다. 또한 비점오염의 상당 부분이 강우나 봄철 해빙(snowmelt)에 따라 발생하고, 유량이 매우 크다는 사실도 처리를 어렵게 하는 요인이다. 농경지의 비점오염을 방지하는 데에는 부지 이용방식 변경, 교육·홍보 등이 필요하다. 도시 강우유출수(도로, 주차장, 골프장, 잔디밭 등)에 포함된 오염물질은 비료에서 기인한 질소와 인, 잔디밭이나 골프장에 뿌린 제초제, 유류물질, 윤활유, 에틸렌글리콜(ethylene glycol; 자동차 부동액에 사용), 낙엽 및 기타 유기 잔해가 있다.

도시 우수(storm water), 특히 우수와 생활하수를 한데 모아 운반하는 **합류식 관거**(combined sewer)로 수집한 우수에서 기인한 비점오염은 공학적 해결책을 요하는 경우가 많다. 합류식 관거의 기본적인 설계 원리는 우수와 생활하수를 혼합하여 한 관거로 이송한 물이 하수 처리장의 처리용량을 초과하면 그 초과량만큼을 가까운 하천으로 바로 방류하는 것이다. 이 **합류식 관거 월류수**(combined sewer overflow) 문제의 대책으로는 우수관과 오수관을 별도로 두는 분류식 관거(separate sewer)를 건설하여 합류식 관거를 대체하고, 우수저류조 설치나 처리시설 확장으로 우수를 처리하여 내보내는 것 등이 있다. 합류식 관거는 역사가 오래되고 지역에서 가장 집중적인 개발이 이루어진 곳에 설치된 경우가 많고, 이 경우 관거 교체는 차량 통행, 공공설비, 상업 활동 등을 방해하므로 매우 복잡하고 비용이 많이 들기 때문에 미국에서는 이제 합류식 관거 설치가 금지되어 있다.

산소요구물질

물에서 산화되어 용존산소를 소모하는 물질을 **산소요구물질**(oxygen-demanding material)이라 한다. 산소요구물질은 주로 생물학적으로 분해 가능한 유기물질이나, 일부 특정 무기화합물도 이에 포함된다. **용존산소**(dissolved oxygen, DO) 소모는 산소가 있어야만 살아갈 수 있는 어류 같은 고등 수생생물에게 큰 위협이 된다. 생물종마다 생존에 필요한 용존산소값은 크게 차이가 있는데, 민물송어는 7.5 mg·L^{-1} 수준의 용존산소가 필요한 반면, 잉어는 3 mg·L^{-1}에서도 생존할 수 있다. 대체로 상업적으로나 낚싯감으로 가치가 높은 어류는 높은 수준의 용존산소를 필요로 한다. 생활하수의 산소요구물질은 주로 인간의 배설물과 음식물 찌꺼기에서 발생한다. 산소요구물질 배출량이 많은 산업 유형에는 식품가공 및 제지산업 등이 있다. 동물 배설물, 낙엽 등 자연적으로 발생하는 거의 모든 유기물은 용존산소를 고갈시키는 물질이다.

영양분

영양분(nutrients) 중에서 수질관리의 주요 대상물질은 질소와 인이며, 이 원소가 필요 이상으로 많이 존재하면 오염물질로 간주한다. 질소와 인은 모든 생물의 생장에 필요한 원소이므로 자연계의 먹이 사슬을 유지하기 위해 하천과 호소에는 질소와 인이 있어야만 한다. 문제는 이들 영양분 농도가 과다하게 높아 먹이 사슬에 강한 교란이 일어나고, 어떤 생물이 크게 증식하면서 다른 생물에 악영향을 미칠 때 발생한다. 이 장의 후반부에서 논하겠지만, 영양분 과잉은 조류의 과다 생장을 야기시키고, 이 조류가 죽어서 아래로 가라앉으면 산소요구물질이 된다. 영양분의 주요 배출원은 인 기반(phosphorus-based) 세제, 비료, 식품가공공정 폐기물, 가축과 인간의 배설물 등이다. 여기서는 영양분의 주요 배출원 중 하나인 농업으로 인한 영양분의 자연수계 유입에 대해 소개한다.

농업 활동에서의 영양분 유출은 농업 지역에서의 지표유출 및 침투, 가축분뇨 저장조의 훼손 및 누수, 사고로 인한 비료 유출 등으로 발생한다. 특히, 농업 지역에서의 지표유출 및 침투는 가장 주요한 영양분 유출 경로이다.

질소, 인, 칼륨 등 영양분의 적절한 공급과 적정한 토양 pH 유지는 작물 생장에 매우 중요한 요소이다. 비료는 작물 생산량 증가를 위해 오래 전부터 사용되어 왔다. 하천 홍수터에 쌓인 실트질 퇴적물이 토양 생산량(지력)을 유지하는 데 유용하다는 내용은 5천여 년 전 나일강 주변에 거주했던 고대 이집트인들의 기록에서 찾아볼 수 있다. 중국인들은 3천여 년 전부터 배설물로 만든 거름을 농경에 활용해 왔다. 오늘날에는 화학비료와 거름이 작물 생산량을 증가시키기 위해 사용된다. 미국과 같이 집약적인 농경을 하는 지역에서는 작물 생산량 유지를 위해 화학비료를 주로 사용한다. 화학비료에 가장 널리 사용되는 성분은 석회(적정한 토양 pH 유지 목적), 질소(N), 인(P), 칼륨(K)이다. 석회나 칼륨 비료는 환경문제를 별로 일으키지 않는 반면, 질소와 인 비료로 인한 환경문제는 전 지구적으로 만연해 있다. 비료로 인한 환경문제로 가장 대표적인 것은 하천이나 호소, 해안의 부영양화와 질산염(nitrate)에 의한 지하수 오염이다.

식물 생장을 위해 질소는 주로 거름이나 화학비료의 형태로 토양에 살포된다. 거름의 질소 성분은 주로 유기성 질소와 암모니아성 질소이다. 생분뇨에 있는 질소의 60~80%가 유기성 질소이나, 저장 중에 상당 부분은 암모니아성 질소로 변환된다. 화학비료의 주된 질소 형태는 질산 암모니아(ammonium nitrate)와 무수 암모니아(anhydrous ammonia)이다.

질산염으로 인한 지하수 오염은 매우 빈번하게 일어난다. 조사 결과에 따르면 미국 내 지하수 관정 중 41.4%는 인간 활동의 영향을 받았다고 판단되는 수준인 질산성 질소(nirate nitrogen) 농도 $1 \text{ mg-N} \cdot \text{L}^{-1}$를 초과하였다. 또한, 조사 관정의 4.4%는 음용수 수질 기준(maximum contaminant level, MCL)인 $10 \text{ mg-N} \cdot \text{L}^{-1}$를 초과하였다. 미국 남서부와 캘리포니아주의 분지산맥 및 센트럴밸리 대수층, 중서부 북쪽에 있는 빙하 대수층, 애팔래치아 지역 중부에 있는 북대서양 해안 평야 대수층, 피드몬트 수평암 대수층 등 일부 대수층의 경우 조사 관정의 10% 이상이 수질 기준을 초과하였다(DeSimone, 2009). 토양 투수성이 높고 시비량이 많으며 관개가 이루어질 경우, 질산염이 많이 유입되거나 생성되고, 지하수면에 질산성 질소가 도달할 가능성이 높아지게 된다.

비료와 거름에 포함된 인산염(phosphate)은 수용해도가 높고, 식물이 쉽게 이용 가능한 형태이다. 대부분의 인 비료는 인산염 광물을 가공하여 생산한다. 거름에는 용해성 인산염, 유기성 인산염, 무기성 인산염 화합물이 있으며, 모두 비교적 식물 이용성이 높다. 비료나 거름에 있는 인산염이 토양과 접촉하게 되면 다양한 반응이 발생하여 인산의 용해성과 생이용성이 감소하게 된다. 이 반응의 속도와 반응 생성물은 pH, 수분함량, 온도, 미네랄 성분 등 토양 특성에 따라 달라진다.

5장에 기술한 바와 같이 호소와 같은 담수 수계에서는 주로 인이 생장제한 영양분이 된다. 반면에 연안의 바다 쪽에서는 일반적으로 질소가 주된 생장제한 영양분이다. 질소 농도가 높고 N:P 비율이 16:1을 초과하면 연안에서도 인이 생장제한 영양분으로 작용한다. 이런 경우에는 인 과잉이 부영양화를 야기할 수 있다.

체서피크만의 사례는 농업이 어떻게 지표수계에 영향을 미치는지 잘 보여준다. 이 지역은 북아메리카에서 강과 바다가 가장 넓게 맞닿아 있는 곳이며, 유역은 델라웨어, 메릴랜드, 뉴욕, 펠실베

그림 9-3

체서피크만의 질소 및 인 오
염원
(출처: USGS.)

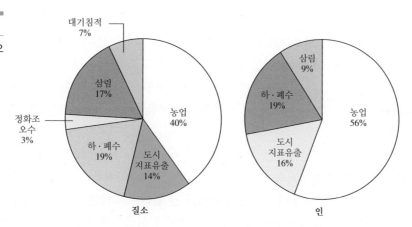

이니아, 버지니아, 웨스트 버지니아주 및 워싱턴 D.C.에 걸친 166,000 km²의 영역에 이른다. 과다한 양의 영양분이 유입됨에 따라 부영양화가 발생하고 저산소기(hypoxia period, 용존산소 농도가 1.0 mg · L⁻¹ 미만으로 떨어지는 시기)가 생겨 만 곳곳의 생물자원에 큰 피해를 입히고 있다. 영양분 과다 유입 및 퇴적물 유입으로 인한 조류 증식으로 물의 탁도가 증가하고, 침수식물(submerged plant)이 줄어들었다. 침수식물은 생태계의 가장 중요한 요소 중 하나로, 어패류에 주요 서식처를, 물새에게 먹이를 제공한다. 체서피크만의 높은 영양분 농도는 어류의 병변 발생과 사망을 유발하는 단세포 동물인 피스테리아 피스시시다(*Pfiesteria piscicida*)의 증식 원인으로 알려져 있다.

체서피크만 유역의 주요 영양분 오염원은 농업 지역에서의 지표유출로, 만에 유입되는 질소 총량의 40%, 인 총량의 56%를 차지한다. 질소의 주요 오염원은 미국에서 가장 생산성이 높은 농업 지역을 유역으로 하는 서스케하나강이다. 농업 지역의 영양분 오염은 주로 비료와 가축 분뇨에 기인한다. 2010년에 체서피크만으로 유입된 인의 총량은 8.7 Gg에 이른다. 이 유역의 가장 두드러지는 문제 중 하나는 많은 지역에서 매우 집약적인 가축 사육이 이루어지는 반면 작물 생산은 그에 미치지 못한다는 것이다. 좁은 지역에 분뇨 거름의 시비가 과다하게 이루어지면서 농경지에 인이 과다하게 축적되었다. 일례로, 가축 농장이 밀집되어 있는 델라웨어주 서식스 카운티의 조사 결과에 따르면 87%의 농경지에서 인 함량이 과다한 것으로 나왔다. 반면, 가축 농장 밀집도가 낮은 같은 주의 뉴캐슬 카운티는 인 함량이 과다한 농경지가 전체의 10% 미만에 불과하였다. 인은 토양 입자에 결합된 채로 강우에 씻겨 들어가 지표유출수에 높은 농도로 존재할 수 있다.

체서피크만의 영양분 오염을 완화하기 위해 다양한 오염 저감 전략이 수립되었다. 여기에는 인 함유 세제의 사용 금지, 도시, 농경지, 목초지로부터 나오는 지표유출 제어, 하수 처리 개선, 영양분 흐름의 완충 역할을 하는 삼림과 습지 보존 등이 있다. 농업 및 도시 지역 토양 침식 방지 조치도 인 유입량 저감에 일조하였다. 이를 통해 서스케하나강, 포토맥스강 등 체서피크만으로 유입되는 주요 하천의 인 농도는 감소하였지만, 질소 농도는 오히려 증가하고 있다. 질소 농도의 증가 원인으로는 질소 비료의 지속적인 사용, 가축 생산량 증가, 산업시설 및 자동차에서 배출하는 대기오염물질로 인한 질소의 대기 침적량 증가 등이 꼽힌다.

병원성 생물

하 · 폐수에서 발견되는 병원성 미생물에는 질병에 걸린 사람 및 동물로부터 분비되는 세균, 바이러스, 원생동물 등이 있다. 이들 미생물이 배출되면 지표수는 마시기에 적합하지 않은 물이 된다. 병원균 농도가 높아지면 지표수는 수영이나 낚시에도 부적합해진다. 몇몇 조개류는 생체조직 내에 병원성 생물(pathogenic organisms)을 축적하는 특성을 갖고 있어, 그것이 서식하는 물보다 훨씬 높은 독성을 나타내기도 한다. 원생동물에 속하는 병원균인 크립토스포리듐(*Cryptosporidium*)과 지아르디아(*Giardia*)의 위험성과 이로 인해 대대적으로 위장염이 발병한 수질사고 사례는 10장에 자세히 기술하였다.

최근 환경 분야 전문가들은 항생제 내성균(antibiotic-resistance bacteria, ARB)에 많은 관심을 기울이고 있다. 병원에서의 항생제 내성균 발견은 오래 전부터 보고되어 왔으나, 지표수에서는 1990년대 말 이전까지 항생제 내성균의 존재가 잘 알려지지 않았다. Ash 교수 연구진(1999)은 미국 내 15개 강에서 시료를 채취하여 합성 페니실린인 암피실린에 내성이 있는 세균을 분석하였다. 분석 결과, 농촌과 도시 지역 모두에서 항생제 내성균이 검출되었지만 뚜렷한 경향성은 발견되지 않았다. 또한 리오그란데강에서 반코마이신(vancomycin)이라는 항생제에 대한 내성이 있는 세균을 분석한 사례도 있다(Sternes, 1999). 항생제 내성균은 엘패소시 하류에서 주로 발견되었는데, 이 구역에서 채취한 시료에서는 세균의 항생제 내성 보유 비율이 최대 30%까지 나왔다. 이와 유사한 사례는 아이오와주의 더뷰크라는 농촌 지역에서도 발견되었는데, 이 지역 하천에서 분리한 세균의 30~40%가 테트라사이클린(tetracycline)이라는 항생제에 내성을 가지고 있었고, 1%는 면역성이 있었다.

근래에 이루어진 연구에서는 이보다 더 심각한 사례도 발견되고 있다. Pruden 외(2006)는 콜로라도주 북부에 있는 관개용 배수로, 하천 퇴적물, 정수된 물에서 테트라사이클린(tetracycline)과 설폰아미드(sulfonamide) 내성 유전자가 검출되었다고 보고하였다. 항생제 내성 유전자(antibiotic-resistant genes, ARGs)는 세균의 DNA 중 항생제 내성을 갖게 하는 부분을 일컫는다. 항생제 내성 유전자는 여러 방법으로 전파 가능하다. 예를 들어, 세균 개체는 서로 항생제 내성 유전자를 교환할 수 있다. 또한 항생제 내성 유전자를 보유한 세균세포가 파괴되더라도, 세포 밖으로 나온 유전자가 환경 내에 머무르다가 다른 세균으로 들어가 그 세균이 항생제 내성을 발현하도록 할 수 있다. 항생제 내성균과 항생제 내성 유전자 검출 사례로부터, 현재 우리는 항생제에 크게 의존하고 있으며, 미래에는 항생제의 치료 효과가 지금 우리가 겪는 것과 많이 달라질 수도 있음을 유추할 수 있다(Raloff, 1999). 최근 연구에서는(LaPara et al., 2011) 생활하수를 고도처리하여 내보내는 경우에도 처리수 방류가 지표수의 항생제 내성 유전자 함량을 통계적으로 유의하게 증가시키는 것으로 나타났다. 이를 통해 고도처리를 포함한 현재의 생활하수 처리 기술로는 항생제 내성 유전자를 효과적으로 제거하지 못한다는 것을 알 수 있다.

부유 고형물

하·폐수를 통해 운반되어 수계로 배출되는 유·무기성 입자상 물질을 **부유 고형물** 또는 **부유물질**(suspended solids, SS)이라 부른다. 물이 웅덩이나 호소로 들어가 유속이 감소하면 이런 입자상 물질의 상당 부분이 바닥에 가라앉아 퇴적된다. 통상적으로 **퇴적물**(sediment)이라는 용어는 지표의 토양 입자가 물에 쓸려 수계로 유입된 것을 뜻하며, 수체 바닥에 가라앉은 것뿐만 아니라 아직 가라앉지 않은 것도 포함한다. 침전성이 낮은 콜로이드 입자는 지표수의 탁도를 야기한다. 유기성 부유 고형물은 산소요구물질로 작용할 수 있다. 무기성 부유 고형물은 특정 산업 공정에서 배출되기도

하지만 대부분은 토양 침식으로부터 만들어지며, 벌목, 노천 채굴, 토목 및 건축공사 등이 이루어지는 곳에서는 토양 침식량이 상당할 수 있다. 호수나 저수지에 부유물질이 과다하게 유입되면 탁도가 증가하고 빛의 투과도가 감소하며, 세균 농도가 증가할 수 있고 수체 바닥에 고형물이 퇴적되어 저서생물의 서식지를 파괴한다. 유속이 빠른 계곡이나 고지대 소하천에서도 채광이나 벌목 작업으로 인해 과다하게 유입된 퇴적물이 수중생물의 서식처를 파괴하는 경우가 종종 있다. 일례로, 연어알은 자갈이 듬성듬성 쌓여 있는 하천 바닥에서만 부화할 수 있는데, 자갈 사이의 공극이 퇴적물로 막히게 되면 질식으로 연어알이 발달 및 부화에 실패하고 연어 개체수가 감소한다.

염

염분이 있는 물이라고 하면 대부분의 사람들이 바다를 떠올리겠지만, 사실 모든 물은 어느 정도의 염(salt)을 함유하고 있다. 물속에 있는 염의 양을 측정하는 대표적인 방법은 여과지로 거른 물을 증발시켜 잔류하는 물질의 무게를 재는 것이다. 물과 함께 증발하지 않는 염이나 기타 물질을 **총용존고형물**(total dissolved solids, TDS)이라 한다.

미국 서부 지역에서 얻을 수 있는 물은 대부분 염분 농도가 높다. 강우가 땅속으로 침투하여 토양이나 암반을 지나면서 염을 용해시킴에 따라 자연적으로 염분 농도가 높아진다. 그러나 건조 또는 반건조 지역에 관개를 하는 일이 늘어나면서 고염분 문제가 더욱 심각해지고 있다. 물이 수표면이 개방된 저수지와 수로를 흐르거나 식물에게 뿌려지는 동안 증발이 발생하여 염분 농도가 증가한다. 또한, 식물이 증산 작용을 통해 염을 제외한 물만 수증기로 내뿜으면서 토양의 염분 농도가 증가한다. 고염분 문제는 염분이 높고 지하수면이 얕은 대수층이 있을 때에도 발생할 수 있는데, 이는 관개로 지하수면이 지속적으로 상승하여 지하수가 뿌리층까지 도달할 수 있기 때문이다. 농경지 토양에 염이 축적되면 작물 생산량이 감소할 수 있으며, 옥수수, 콩, 쌀, 양상추, 호박, 양파, 파프리카 등 고염분에 민감한 작물일수록 피해가 크다. 이때 많은 물을 뿌려 염을 씻어냄으로써 고염분 토양을 복원하는 경우도 있지만, 용출된 염은 지하수로 유입되어 지하수 수질을 악화시킬 수 있다.

지표수에서도 염분 농도 증가는 심각한 문제를 야기할 수 있다. 관개에 사용된 물은 토양 공극을 흘러 하천에 도달하여 하천수에 염을 공급한다. 상류에서 하류로 가면서 물이 관개 용수로 사용되고 다시 강으로 유입되는 과정이 반복해서 일어나, 염분 농도가 계속 증가한다.

미국 캘리포니아주에 위치한 솔턴 호는 이러한 문제를 잘 보여준다. 솔턴 호는 미국 록키 산맥 서부에서 가장 넓은 호수이다. 이 호수는 1905년에 큰 홍수로 콜로라도강의 관개용 수로전환공이 파괴되어 강물이 18개월 동안 솔턴 유역에 그대로 유입되면서 형성되었다. 그 이후로 호수의 수위는 주변에 위치한 농경지대인 임페리얼 밸리, 코첼라 밸리, 맥시칼리 밸리에서 유입되는 물로 일정하게 유지되었다. 이 호수는 아메리카 대륙 서안을 남북으로 종단하는 많은 철새들의 주요 중간 기착지가 되었다. 솔턴 호 국가지정 야생동물 보호구역(National Wildlife Refuge)에서 발견되는 조류는 400종이 넘으며, 이는 미국 최다 규모이다. 또한 솔턴 호는 사막 펍피쉬(desert pupfish), 유마 클래퍼뜸부기(Yuma clapper rail), 브라운 펠리컨(brown pelican) 등 멸종 위기종의 주요 서식 장소이며 낚시 장소로도 인기가 매우 높다.

이러한 솔턴 호가 수질문제로 몸살을 앓고 있다. 이 호수를 배수시키는 하천이 없어 호수로 유입된 염, 영양분 및 기타 오염물질은 호소수와 퇴적물에 그대로 축적되는데, 염분 농도 증가는 이

중에서도 가장 심각한 환경문제이다. 이 호수의 염분 농도는 지속적으로 증가하여 해수보다 30% 가량 높은 44 ppt(parts per thousand)에 이르렀고, 토종 담수어류의 상당수는 자취를 감췄다. 1950년대부터 미국 캘리포니아주 피쉬앤게임(fish and game) 국에서는 주황입 굴비(orange-mouthed corvina), 백색참돔(sargo), 걸프 조기(gulf croaker), 틸라피아(tilapia) 등의 해수어류를 호수에 들여오기 시작하였다. 그러나 염분 농도의 지속적인 증가는 해수어류의 생존마저도 위협할 것으로 우려되며, 가장 인기 있는 낚시 어종인 주황입 굴비의 개체수가 감소한 원인 중 하나로 지적되고 있다.

농약류

농약류(pesticides)는 농업, 가정, 산업 공정에서 다양한 해충이나 잡초를 제거하기 위해 사용하는 화학물질이다. 대표적인 것으로는 제초제(herbicide), 살충제(insecticide), 살진균제(fungicide) 등이 있다. 제초제는 잡초 등 같은 원하지 않는 식물을 죽이는 데 사용하며, 살충제는 작물, 정원, 구조물 등에 해가 되는 곤충을 죽이는 데 쓴다. 살진균제는 식물 질병의 원인이 되는 균류의 증식을 방지하는 데 사용한다. 농약으로 사용하는 화학물질은 그 종류가 매우 많으며, 이 중 미국에서 가장 널리 사용되는 것들을 표 9-1에 제시하였다.

　농약류는 미국 내 지표수와 지하수에서 매우 빈번히 검출된다. 미국 지질조사국(U.S. Geological Survey, USGS) 국가 수질평가 프로그램(National Water Quality Assessment Program, NAWQA)에서 수행한 전국적인 조사에 따르면, 개발이 이루어진 유역에 있는 하천에서 채취한 물 및 어류 시료의 90% 이상에서 한 종 이상(상당수는 여러 종)의 농약류 물질이 검출되었다(그림 9-4). 물에서 자주 검출되는 농약류는 주로 현재 사용되는 것들인 반면, 어류와 퇴적물에서는 수십 년 전에 대량으로 사용되었던 DDT 같은 유기염소계 살충제가 자주 검출되었다. 또한 50% 이상의 지하수 관정에서 하나 이상의 농약류 물질이 검출되었는데, 농업 또는 도시 지역 천층 지하수에서 검출 빈도가 가장 높았고, 심층 지하수에서 검출 빈도가 가장 낮았다(USGS, 2007).

　미국 지질조사국에서 수행한 미시간 호 서부의 배수 유역(위시콘신주, 미시간주에 위치) 조사 결과에 따르면, 지표수에서 33종, 지하수에서 15종의 농약류 물질이 검출되었다(Peters et al., 1998). 가장 많이 검출된 농약류는 옥수수, 콩, 소립종, 건초 등에 사용하는 제초제였다. 조사 지역의 옥수수 경작에 가장 많이 사용된 제초제인 아트라진(atrazine)은 모든 지표수 시료와 50% 이상의 지하수 시료에서 검출되었다. 시마진(simazine), 메톨라클로르(metolachlor), 프로메톤(prometon), 알라클로르(alachlor) 등의 제초제는 하천 시료의 50% 이상에서 검출되었다. 지표수 시

표 9-1　2012년 미국 농약류 사용량

구분	주요 사용물질	총사용량(백만 kg)	전체 사용량 대비 비율
제초제	Glyphosate, atrazine, metolachlor	308	57
살충제	Chloropyrifos, aldicarb, acephate	29.1	5
살진균제	Chlorothalonil, copper hydroxide, mancozeb	47.7	9
기타[*]	Metam sodium, dichloropropene, methyl bromide	198	37

[*] 살선충제(nematicide), 훈증제(fumigant), 기타 다양한 일반 농약류, 농약류와 동일한 용도로 사용되는 황, 석유, 황산 등

출처: U.S. EPA (2017) Pesticide Industry Sales and Usage Reports
https://www.epa.gov/sites/production/files/2017-01/documents/pesticides-industry-sales-usage-2016_0.pdf

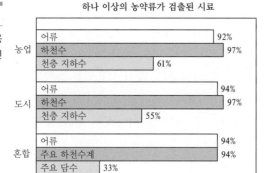

그림 9-4

NAWQA 조사 단위 중 토지용 도분류가 농업, 도시, 혼합인 지역의 농약류 검출 빈도 (출처: USGS.)

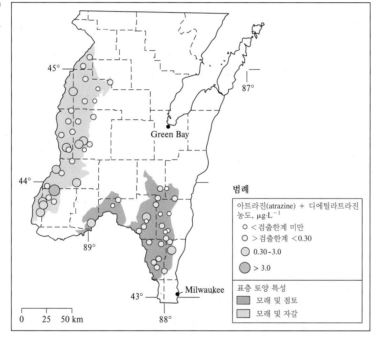

그림 9-5

위스콘신주 동부의 대수층의 아트라진 조사 결과 (출처: Peters et al., 1998.)

료의 11%만이 미국 환경보호청(EPA)(이하 'EPA'라 지칭) 음용수 수질 기준(maximum contaminant level, MCL)을 초과하였으나, 이 수질 기준은 연구에서 분석한 농약류 물질 88종 중 약 20%, EPA 가 인체 건강 보호를 위한 권고치를 설정해 놓은 농약류 물질 394종 중 약 5%에 불과하다. 또한 이 연구에서는 농업 집약도가 높은 지역의 농약류 농도가 비농업 지역 및 농업 집약도가 낮은 지역보다 약 100배가량 높다는 것을 밝혀냈다.[*] 농약류 농도가 가장 높을 때는 농약 살포 후 내린 첫(지표 유출이 발생하는 강도의) 강우 시점과 일치하는 경우가 많았다. 아트라진은 삼림 지역의 하천에서 도 검출되었는데, 이는 이 물질의 대기 침적에 의한 것으로 보인다.

그림 9-5에 나타난 바와 같이, 이 연구에서는 농업 집약도가 높은 지역의 천층 대수층 중에서 도 표층 토양의 투수성이 높은 구역이 오염에 취약하다는 것도 밝혀냈다. 다행히도, 이 구역의 천

---

[*] 여기서 집약도가 높은 농업은 옥수수, 콩, 밀·보리·귀리·호밀 등 줄뿌림 작물(row crop)을 경작하는 농업을 의미하며, 집약도가 낮은 농업은 목초지 운영, 건초 생산 및 제초제가 많이 필요하지 않는 작물을 경작하는 농업을 의미한다.

층 지하수가 음용수로 이용되는 사례는 아주 드물다. 음용수로 이용되는 대수층 중 7곳에서 농약류가 검출되었는데, 지하수 오염이 주로 발견된 것은 상부가 투수성이 낮은 층으로 덮여 있지 않은 대수층에 설치된 관정에서 채취한 시료였다. 종합하면, 미국 지질조사국의 위 두 조사 사례는 환경 내에 농약류 물질이 널리 존재한다는 것을 알려준다. 많이 사용되는 농약류 물질(예: 글리포세이트, 빙정석, 황, 구리 등의 무기성 농약류) 중 일부는 분석이 까다로워 두 조사에 포함되지 않아 실제 농약류로 인한 오염은 조사에서 다소 과소평가되었을 가능성이 높다. 수천 개에 이르는 농약류 물질의 분해 부산물 또한 두 조사 모두 분석 대상에 포함되지 않았다.

의약품 및 생활화학제품

의약품 및 생활화학제품(pharmaceuticals and personal care products, PPCPs)은 사람, 애완동물, 기타 가축의 피부와 닿거나 이들이 복용하는 화합물군을 가리킨다. 이러한 물질은 사용기간이 지났다든지, 필요하지 않다든지, 과잉 처방이 이루어졌다든지 하는 등의 이유로 개인, 약국, 의료기관 등에서 하수 시스템으로 유입된다. 의약품 및 생활화학제품이 환경에 유입되는 또 다른 경로는 체내 대사를 통한 분비로, 복용한 화합물 원형 혹은 대사 산물이 소변이나 대변에 섞여 몸 밖으로 배출된다. 데오도런트, 자외선 차단제 등은 목욕, 세안, 수영 등을 통해 수계로 유입된다. 의약품 및 생활화학제품 중에는 병해충이나 유해동물 퇴치에 사용되는 물질들도 있다. 예를 들어, 다발성 경화증 치료제로 시범 사용되고 있는 4-아미노피리딘(aminopyridine)은 조류 퇴치용으로 쓰이고, 혈액 응고 억제제인 와파린(warfarin)은 쥐약으로도 사용된다. 또한 설계·관리에 실패한 매립지나 묘지 등도 의약품 및 생활화학제품이 환경으로 유입되는 경로로 작용한다(U.S. EPA, 2006; Daughton, 2003).

대부분의 의약품 및 생활화학제품은 극성을 띠는 화학물질로, 물길을 따라 이동하고 토양 및 퇴적물에 잘 흡착되지 않는다. 공공하수와 지표수에서는 수많은 종의 의약품 및 생활화학제품이 발견된다(Blair et al., 2013; Hummel et al., 2006; Buser et al., 1999; Buser, Muller, and Theobald, 1998a, Buser, Poiger, and Muller, 1998b). 일반적인 공공하수 처리시설은 의약품 및 생활화학제품 제거를 목적으로 설계되지 않았으므로, 이들 화학물질 중 상당수가 화학적 변화 없이 처리시설을 통과해 방류될 수 있다. 다만, 대부분의 진통제를 포함한 일부 의약품 및 생활화학제품은 하수 처리 과정에서 쉽게 제거된다(Wand and Wang, 2016; Sedlak, Gray, and Pinkston, 2000). 수돗물에서의 의약품 및 생활화학제품 검출 빈도는 생활하수에 비해 낮고, 그 농도도 낮은 편이다(Daughton, 2003). 필요한 경우, 하수 재이용수에서 의약품 및 생활화학제품을 제거하기 위해 역삼투(reverse osmosis) 공정이 사용되기도 한다(Lin and Lee, 2014; Sedlak et al., 2000).

의약품 및 생활화학제품의 환경영향은 명확히 알려져 있지 않다. Fong and Ford(2014)는 항우울제가 조개의 산란 및 유생 방사에 영향을 미치고 달팽이의 운동성 및 생식능력을 저해했다고 보고하였다. 항우울제는 민물 단각류의 활동 패턴, 해수 단각류의 주광성과 주지성[*], 민물가재 집단 형성, 물벼룩 생식 및 발달 등에 변화를 일으켜 갑각류에 영향을 주는 것으로도 알려져 있다. Vasquez 외(2014)는 여러 생물계에 의약품류 화합물이 미치는 영향을 연구한 문헌을 종합한 총설

---

[*] (역주) 주광성은 빛의 자극에 따른 주성, 주지성은 중력의 자극에 따른 주성이다. 주성이란 외부 자극에 따라 동물이 몸 전체를 일정한 방향으로 이동하는 성질을 말한다(3-7절 참조).

표 9-2	내분비계 장애물질			
1그룹 유기염소 화합물	2그룹 산업물질	3그룹 분자량 1000 이하의 중합체	4그룹 TSCA로 관리 하는 물질	5그룹 농약류
2,4,5-Trichlorophenol (S)	Hydrazine (P)	Fluoropolyol	PAHs (K)	Malathion (S)
PCB (K)	Bisphenol A (P)	Methoxypolysiloxane (P)	Triazine	1,2-Dibromo-2-chloropropane
2,3,7,8-TCDD (K)	Transplatin (S)	Polyethylene oxide (S)	Lead (K)	Dicamba (S)
Pentachlorophenol (K)	Benzoflumethiazide	Poly(isobutylene)	Mercury (K)	Aldicarb (P)
Hexachlorobenzene (K)	Propanthelinebromide (S)	Polyurethane (S)	Endosulfans	Aldicarb, nitrofen (S)
	p-Nitrotoluene		Kepone (S)	Aldrin (K)
	Obidoxime chloride (S)		Tributyl tin (K)	DDT와 그 대사산물인 DDE, DDD (K)
	Phthalates esters (K)			Carbaryl (K)
	Alkylphenols (K)			

P=내분비계 장애물질임이 유력한 물질(probable EDC); S=내분비계 장애물질로 의심되는 물질(suspected EDC); K=내분비계 장애물질로 밝혀진 물질(known EDC); PCB=폴리염화바이페닐(polychlorinated biphenyl); 2,3,7,8-TCDD=다이옥신(2,3,7,8-tetrachlorodibenzo-p-dioxin); PAH=다환방향족탄화수소(polycyclic aromatic hydrocarbons); DDT=dichlorodiphenyltrichloroethane; DDE=dichlorodiphenyldichloroethylene; DDD=dichlorodiphenyldichloroethane.
출처: O. A. Sadik and D. M. Witt, 1999; Acerini and Hughes, 2006.

논문을 발표한 바 있다. 이 논문은 의약품류의 환경영향에 대한 지금까지의 연구에서 부족했던 부분과 앞으로의 연구 방향에 대해서도 논하고 있다.

내분비계 장애물질

내분비계 장애물질(endocrine-disrupting chemicals, EDCs)은 연구계, 관계, 그리고 일반 대중의 관심도가 높은 화합물군이다. 내분비계 장애물질의 예로는 폴리염화바이페닐(polychlorinated biphenyls), 트리아진(triazine) 계열 물질(예: 아트라진)을 포함한 농약류, 프탈레이트류(phthalates)가 있다(표 9-2 참조). 내분비계 장애물질은 에스트로겐, 안드로겐, 갑상선 호르몬, 또는 이러한 호르몬의 반대 작용을 하는 길항자(antagonist)와 유사한 작용을 한다. 그럼에도 불구하고, 내분비계 장애물질은 그들이 교란 작용을 일으키는 자연 호르몬과 거의 구조적 유사성이 없는 경우도 많다(그림 9-6 참조). 내분비계 장애물질은 포유류, 조류, 파충류, 어류의 생식 및 발달 조절 기능에 장애를 발생시킬 수 있다(Sadik and Witt, 1999; Harries et al., 2000). 또한 이들 물질은 내분비계의 정상적인 생리학적 기능을 방해하고 생체 내 호르몬 분비에 영향을 미칠 수 있으며, 분비된 호르몬에 의해 작동하는 조직 자체에 작용하기도 한다.

　많은 연구에서 내분비계 장애물질이 야생생물에 미치는 잠재적 영향에 대해 보고한 바 있지만(Acerini and Hughes, 2006), 환경에서 일반적으로 발견되는 낮은 용량(dose)의 조건에서 이들 물질이 인체에 영향을 미치는지 여부는 아직 논란의 여지가 있다. 그러나 최근에 이러한 조건에서 내분비계 장애물질이 인체에 악영향을 줄 수 있음을 암시하는 연구 결과들이 보고되면서 우려를 더하고 있다. 예를 들어, 선진국에서 고환암 발병률이 증가하고(Moller, 1998), 정자 수와 활동성이 감소하며(Andersen et al., 2000), 불강하 고환, 요도 기형 등의 발생이 증가한다(Paulozzi, Erickson, and Jackson, 1997)는 보고가 잇따르고 있다. 또한 지난 40년 동안 남성 불임 비율이 꾸준히 증가한 것으로 알려져 있다. 일부 내분비계 장애물질이 아동의 조숙증을 일으킬 수 있음을 시사하는 근거도

그림 9-6

에스트로겐 활성이 있어 내분비계 장애물질로 의심되는 화학물질(xenoestrogens)의 구조 예시(청색 박스 안의 자연 호르몬 물질 17β-Estradiol과 비교).

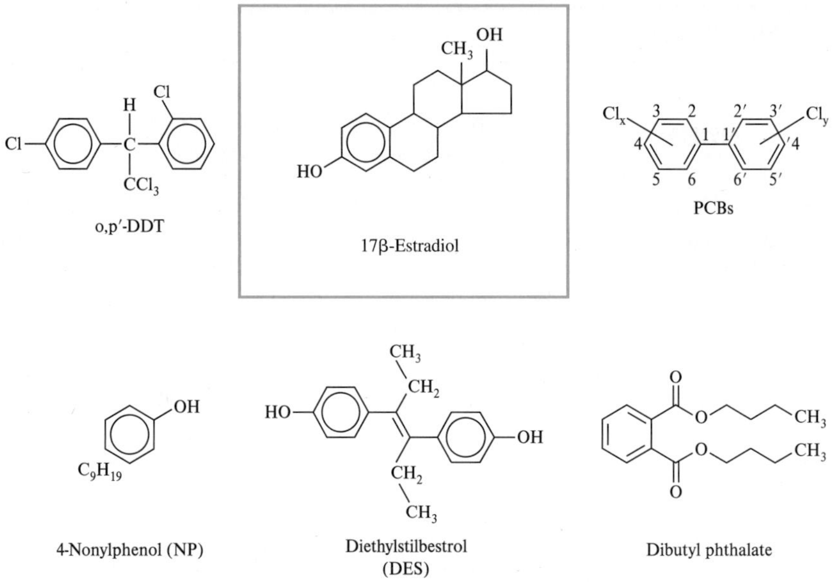
Cl
H
C
Cl
CCl_3
o,p′-DDT
CH_3
OH
HO
17β-Estradiol
Cl_x
Cl_y
PCBs
OH
C_9H_{19}
4-Nonylphenol (NP)
HO
OH
CH_3
CH_2
Diethylstilbestrol
(DES)
O
CH_3
Dibutyl phthalate

제기되어 왔다(Parent et al., 2003). 반면, PCB에 노출된 아동은 2차 성징이 늦어질 수 있다는 보고가 있다(Den Hond et al., 2002). 내분비계 장애물질과 연관된 인체 건강 위해를 보다 명확히 규명하고 모니터링하기 위해서는 여전히 많은 연구가 필요하다.

기타 유기화학물질

앞서 논의한 것들 외에도 환경에 유출되어 문제를 일으킬 수 있는 유기화학물질은 다양하다. 이러한 유기화학물질에는 연소 공정과 유류유출로 유입되는 탄화수소류, 드라이클리닝이나 금속 세정에 이용되는 용매류 등이 있다. 연소 시 발생하는 탄화수소물질에는 메테인, 벤젠, 그리고 다환방향족탄화수소(polycyclic aromatic hydrocarbons, PAHs)라 불리는 화합물군이 있다. 다환방향족탄화수소는 2개 이상의 벤젠 고리가 결합된 구조를 갖고 있다(그림 2-8 참조). 다환방향족탄화수소 중 일부는 인간에 대한 발암성이 밝혀진 물질이다(known human carcinogen). 이 물질들은 친유성(親油性; lipophilicity)이 높기 때문에 생물축적이 잘 일어난다. 다환방향족탄화수소는 유류물질 유출로도 환경에 유입될 수 있다. 드라이클리닝, 금속 세정에 사용되는 용매류로는 트리클로로에탄(trichloroethane), 테트라클로로에탄(tetrachloroethane), 트리클로로에틸렌(trichloroethylene), 테트라클로로에틸렌(tetrachloroethylene) 등이 있다(그림 2-4 참조). 이들 휘발성 용매는 대표적인 지하수 오염물질로, 저장탱크로부터의 누출, 불법 매립 등으로 지하수에 유입된다. 트리클로로에틸렌, 테트라클로로에틸렌이 혐기성 조건에서 분해되면 인간에 대한 발암성이 밝혀진 물질인 염화비닐(vinyl chloride)로 변환될 수 있다. 이러한 용매류 물질은 소수성(hydrophobic)을 띠기 때문에 호수, 하천 등으로 유출되면 입자상 물질에 달라붙어 궁극적으로 바닥에 가라앉아 퇴적물에 축적된다. 수층으로부터 가라앉아 퇴적물에 축적된 오염물질은 교란으로 입자 재부유가 일어나면 다시 수층으로 유입될 수 있다.

비소

비소(arsenic)는 환경에 자연적으로 존재하는 원소이다. 비소는 주로 풍화된 암석이나 토양에 있는

그림 9-7

미국 지하수 내 비소 농도
(출처: https://water.usgs.
gov/nawqa/trace/arsenic/)

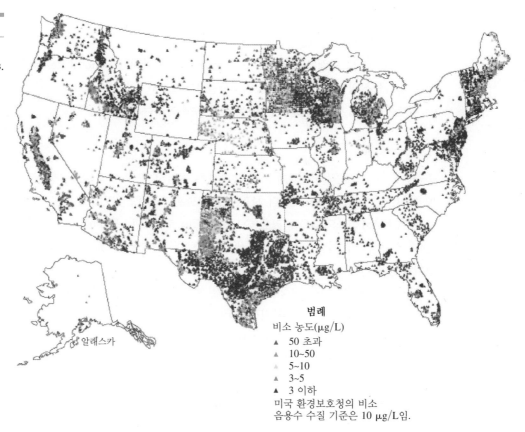

범례
비소 농도(μg/L)
▲ 50 초과
▲ 10~50
▲ 5~10
▲ 3~5
▲ 3 이하
미국 환경보호청의 비소
음용수 수질 기준은 10 μg/L임.

알래스카

광물이 용해되어 지하수에 유입된다. 미국에서는 메인, 미시간, 미네소타, 사우스다코타, 오클라호마, 위시콘신주의 지하수에서 비소가 높은 농도로 검출된 바 있다. 이들 주 곳곳에 있는 지하수에서 $10 \ mg \cdot L^{-1}$를 초과하는 비소 농도가 검출되었다. 그림 9-7에는 미국 내에서 지하수 비소 오염 문제가 있는 지역이 나타나 있다. 지하수의 비소 오염은 인도, 대만, 방글라데시 등 세계 여러 지역의 주요 환경 현안 중 하나이다. 세계보건기구(World Health Organization)에 따르면, 방글라데시 1억 2500만 인구 중 3300만~7700만 명이 지하수로 인한 비소 중독 위험에 노출되어 있다.

지하수로 인한 비소 중독은 순환계 장애, 위장 장애, 당뇨, 말초신경 질환, 피부 병변 등 여러 가지 질병을 유발한다(Chen et al., 1992). 세계 각국(대만, 일본, 영국, 헝가리, 멕시코, 칠레, 아르헨티나 등)의 역학조사에서 비소로 오염된 물의 음용과 피부암 간의 상관관계가 밝혀졌다. 비소 오염수의 음용은 간암, 방광암, 신장암, 폐암 등 내장기관에 발생하는 암을 유발하여 사망률을 증가시키는 것으로도 알려져 있다(Chen et al., 1992).

EPA는 2001년 1월 22일에 비소에 대한 새로운 음용수 수질 기준을 수립하였다. 이에 따라 2006년 1월 23일에 발효된 최대오염농도(maximum contaminant level, MCL)는 $10 \ \mu g \cdot L^{-1}$이다. 기존 최대오염농도인 $50 \ \mu g \cdot L^{-1}$는 모든 종류의 암에 따른 평생 동안의 위해도가 1/100 수준인 값이다. EPA는 국가연구위원회(National Research Council)가 발표한 보고서 음용수 내 비소(Arsenic in Drinking Water, 1999)에 의거하여, 당초 비소의 최대오염농도를 $5 \ \mu g \cdot L^{-1}$, 최대오염목표기준(maximum contaminant level goal, MCLG)을 0으로 제안하였다. 최대오염농도를 최대오염목표기준에 최대한 근접하게 설정하고자 했던 EPA의 정책에도 불구하고, 기술적인 한계와 비용 효과성(cost effectiveness)을 고려하여 최대오염농도는 최종적으로 5 $\mu g \cdot L^{-1}$가 아닌 10 $\mu g \cdot L^{-1}$로 결정되었다. 비소 농도 10 $\mu g \cdot L^{-1}$는 폐암과 방광암, 두 질병으로 인한 평생 동안의 초과 위해도가 여성 10,000명당 30건, 남성 10,000명당 37건에 해당하는 값이다(National Research Council, 2001). 다른 많은 발암물질의 최대오염농도의 위해도를 1:100,000 또는 1:1,000,000 기준으로 설정한다는 사실에 비추어 볼 때, 이 위해도 값은 매우 높은 수준이라는 것을 알 수 있다.

독성 금속류

중금속은 산업 폐기물, 산업폐수 및 생활하수 처리시설, 우수의 지표유출, 광업 활동, 대기오염물질 배출, 기타 비점오염원으로부터 물환경에 배출된다. 가장 빈번하게 수질오염을 일으키는 중금속류로는 비소(As)*, 카드뮴(Cd), 크롬(Cr), 구리(Cu), 니켈(Ni), 납(Pb), 수은(Hg)이 있다. 중금속류는 환경 내 잔류성이 높아 토양, 퇴적물, 생체에 축적되는 경향이 있고, 생물축적(bioaccumulation) 및 생물확대(biomagnification)가 일어날 수 있다.

광업은 수질에 매우 심각한 영향을 일으킬 수 있다. 산성광산배수(acid mine drainage)는 물이 석탄이나 폐석 등에 포함된 황철석(pyrite)에 접했을 때 일어나는 일련의 지화학적, 생물학적 반응에 의해 발생한다. 산성광산배수는 pH가 낮고 구리, 납, 수은 등이 높은 농도로 용해되어 있다. 산성광산배수는 식수를 오염시키고 생태계를 파괴하며 교량 등 건설 구조물을 부식시킨다. 산성광산배수로 심각하게 오염된 강물과 접촉할 경우 피부 자극을 일으킬 수 있다. 산성광산배수로 오염된 물은 색깔이 진하고 하천의 구조물을 붉게 물들일 수 있으며, 하천 바닥은 점액질의 노란색 또는 오렌지색 침전물(수산화철(III))로 코팅되는데, 이를 "yellow boy"라 칭하기도 한다.

일본 미나마타에서 일어난 사건은 수질오염과 금속의 생물축적으로 인한 중금속 독성 발현 피해 사례로 잘 알려져 있다. 1956년 5월에 야쓰시로 해안에 있는 미나마타만에 거주하는 주민들이 어떤 신경계 질환에 시달리고 있다는 사실이 보고되었다. 피해 주민은 팔다리와 입술 마비, 발음 장애, 시력 저하 등의 증상을 보였다. 의식을 잃거나 불수의운동(의사와 관계없이 나타나는 이상운동)을 보이는 사례도 나타났다. 또한 고양이들이 미친 듯 발작하다 부두에서 바다로 뛰어내리거나 새들이 추락하는 일이 발생하였다. 1956년 말까지 52명이 심각한 증상을 나타낸 것으로 집계되었으며, 이 중 17명이 사망하였다. 차후에 이는 메틸수은 노출로 인한 것으로 밝혀졌다. 수년간 칫소(Chisso)라는 회사가 미나마타만으로 수은을 배출하였고, 혐기성 퇴적물 조건에서 배출된 수은의 메틸화가 일어났다. 게, 새우, 조개 등 해저에서 서식하는 생물들이 메틸수은을 섭취하고, 이들 생물에 축적된 메틸수은이 먹이 사슬을 타고 육식 어류 및 조류, 다음에는 고양이와 인간에게까지 전달되었다. 1965년에 일어난 두 번째 미나마타병 발병 사건은 아가노강 유역에서 발생하였다. 이 사건으로 실제 피해를 입은 사람의 수는 아직 명확히 밝혀지지 않았으나, 수천 명에 이를 것으로 추정된다.

19세기 중반 캘리포니아 골드러쉬는 새크라멘토강 유역에 오랜 영향을 미쳐 총 100개의 호수 및 하천이 수은 오염으로 인해 수질보호법(Clean Water Act) 303(d)의 분류에 따른 손상된 수체(impaired water body) 목록에 올라 있었다. 이 지역 수은의 주요 출처 중 하나는 코스트 산맥에서 채광했던 진사(cinnabar) 광석이다. 수은은 시에라네바다 산맥으로 운반되어 금 추출에 사용되었다.

---

* (역주) 엄밀히 말해 비소는 준금속(metalloid)으로 분류되나, 환경관리 현장뿐만 아니라 심지어 환경과학·공학 연구계에서도 중금속류에 포함하여 논의하는 경우가 많다.

캘리포니아 골드러쉬 시기 수백 kg의 수은이 환경으로 배출되었다. 특히 매우 강력한 신경 독성물질인 메틸수은에 대한 우려가 큰데, 혐기성 환경에서 무기수은은 메틸수은으로 변환될 수 있다. 물에 존재하는 메틸수은은 쉽게 수생태계에 유입되어 먹이 사슬을 따라 생물확대될 수 있다. 이러한 이유로 미국 캘리포니아주 보건 담당 부서는 임산부 등 수은 독성에 민감한 사람들을 위한 생선 섭취 권고지침을 수립해 놓고 있다. 그러나 이 유역의 수은 오염을 개선하기 위한 노력은 그리 활발히 이루어지지 못하고 있다.

금속 독성으로 발생하는 질환의 또 다른 대표적 예로 이타이이타이병이 있다. 이타이이타이병은 카드뮴에 의한 만성 노출로 발생하며, 신장기능 저해, 나아가 골연화증을 발생시킨다. 이 병의 이름은 "아프다 아프다"라는 의미의 일본어에서 유래한 것으로, 골연화증으로 인한 허리 및 관절의 만성 통증이 매우 심함을 나타낸다. 이 질병이 널리 알려지게 된 사건은 카드뮴으로 오염된 일본의 진즈 강이 벼농사 관개에 이용되면서 발생하였다. 벼는 카드뮴을 포함한 중금속을 흡수했고, 사람들은 주로 쌀밥을 통해 카드뮴에 노출되었다.

이러한 오염 사건들을 통해 우리는 많은 교훈을 얻었고 이를 계기로 여러 환경 규제가 만들어졌다. 이에 따라 공장 등 점오염원에서의 독성 금속 배출량은 상당 부분 줄어들었다. 최근 미국의 독성 금속 수질오염 규제는 주로 도시 지표유출수와 같은 비점오염원에 의한 부하량을 줄이는 데 초점을 맞추고 있다.

열

열(heat)은 일반적으로 오염물질로 관리되지 않지만, 폐열 방출은 발전 산업에 종사하는 이들에게 잘 알려져 있는 문제이다. 발전소 냉각수 외에도 산업 공정에서 배출되는 물의 온도는 방류수역의 온도보다 현저히 높은 경우가 많다. 수온 증가가 도움이 되는 경우도 있다. 예를 들어, 어떤 지역에서는 물이 따뜻해져 조개와 굴 생산량이 늘어나기도 한다. 반면 수온 증가로 피해를 입는 경우도 있다. 연어, 송어 등 시장성이 높고 낚싯감으로 인기가 많은 어종은 차가운 물에서만 살 수 있는데, 발전소에서 배출되는 뜨거운 냉각수로 연어가 산란을 위한 회귀를 못하는 경우도 있다. 또한 미국 워싱턴주 핸포드시 주변의 컬럼비아강에서 수컷 연어의 암컷화(feminization) 현상이 발견된 이유 중 하나로 수온 증가가 꼽히고 있다. 실제로 연어의 알이 과도하게 높은 수온이나 비정상적인 수온 변화에 노출될 경우 수컷의 유전자를 보유한 배아에서 암컷의 생식기가 발달할 수 있다고 알려져 있다(Nagler et al., 2001). 산소요구물질이 존재하는 지역에서 수온 증가는 산소고갈속도를 높이고 산소 용해도를 감소시킨다. 수온 증가가 용존산소에 미치는 이러한 영향은 수질을 크게 악화시킬 수 있다.

수온 증가는 이산화탄소의 용해도를 감소시킨다. 바닷물은 이산화탄소의 주요 저장고이므로 이산화탄소 용해도 감소는 대기 중 이산화탄소 농도에 큰 영향을 줄 수 있다. 또한 해수 수온 증가는 산호의 백화(산호의 조직 내에 사는 황색공생조류라는 생물이 빠져나가 산호가 하얀색으로 변하는 현상)를 야기한다. 정확한 기작은 아직 알려지지 않았으나, 강한 햇빛, 낮은 염도, 오염물질 존재 등은 수온 증가에 의한 산호 백화 현상을 보다 악화시키는 것으로 알려져 있다. 산호와 황색공생조류는 공생 관계에 있으므로, 높은 수온으로 인한 스트레스가 긴 기간 이어질 경우 산호가 완전히 백화되어 결국 죽게 된다. 지속적인 해수 수온 증가로 1980년도에 대대적인 산호 백화 현상이 발견되기 시작했으며, 현재 전 세계 많은 지역의 산호초가 위험에 직면해 있다. 지금과 같은 산호 백화 속도가 지속될 경우, 2050년까지 호주에 있는 산호초가 전부 또는 대부분 사라질 것으로 예측하는 연구자들도 있다.

나노입자

나노입자(nanoparticles)는 크기 100 nm 미만의 입자상 물질을 일컫는다. 이 물질군에는 자연적으로 존재하는 휴믹 물질(humic material; 식물 또는 동물로부터 유래); 진통 크림에 사용되는 이산화티타늄(titania, TiO_2) 입자; 타이어, 테니스 라켓, 비디오 스크린 등에 사용되는 풀러렌 나노튜브 합성물(fullerene nanotube composites); 화장품에 사용되는 풀러렌; 비누, 샴푸, 세제 생산에 사용되는 단백질 기반 나노물질 등이 있다(Wiesner et al., 2006). 풀러렌(fullerene)은 탄소로 이루어진 신소재로 가운데가 빈 공 모양, 타원체, 튜브 모양 등이 있다. 풀러렌은 높은 강도, 전기전도도, 전자친화도 등 특유의 성질을 지녀 짧은 시간에 기하급수적으로 상업적 이용이 증가하였다.

나노입자를 책임감 있게 활용하기 위해서는 이 물질이 자연계에서 어떻게 거동하며 인간과 동식물에 어떤 영향을 미치는지 알아야 한다. 나노입자의 크기, 화학적 조성, 표면 구조 및 화학적 특성, 용해도, 모양 등이 나노입자와 생물 간의 상호 작용에 영향을 주며, 소수성, 친유성 물질은 생체 조직 내에 축적될 가능성이 높다. 입자 크기가 작고 비표면적이 큰 특성으로 인해 나노입자는 독성 오염물질을 흡착하여 멀리 운반시킬 수 있으며, 독성물질이 흡착된 나노입자를 흡입할 경우 포유류에 폐 육아종 등 다양한 폐질환을 유발할 수 있다(Guzman et al., 2006). 금속 산화물 나노입자는 설치류와 인간에게 폐렴을 유발하는 것으로 밝혀졌다(Wiesner et al., 2006). 흡입된 나노입자는 가스상 물질처럼 거동하며 체내에서 이동할 수 있는데, 혈관을 따라 자유롭게 흐르다가 간이나 뇌 등의 기관에 도달할 수 있다. 나노물질이 미치는 환경상의 위해와 영향을 보다 정확하게 평가하여 나노기술이 지속 가능하고 책임감 있는 방향으로 발전하기 위해서는 많은 연구가 이루어져야 한다.

9-3 하천 수질관리

수질관리의 목적은 오염물질 방류를 제어하여 수질이 자연상태보다 수용 불가능할 정도로 나빠지지 않도록 하는 것이다. 이렇게 수질관리 자체의 목적은 정성적인 반면, 오염물질 방류량 제어는 정량적인 목표를 기반으로 이루어져야 한다. 물에 있는 오염물질을 정량하고 오염물질이 수질에 미치는 영향을 예측할 수 있어야 하며, 인간 활동의 영향이 없을 경우를 가상한 자연상태의 수질을 설정하고, 대상 수계를 활용하고자 하는 목적에 맞는 수질 기준을 결정해야 한다.

많은 이들은 수질이 좋은 물을 얘기할 때 고산 지대의 굽이지는 계곡을 흐르는 티 없이 맑고 차가운 물을 떠올리고, 이러한 물은 마시기에 안전하다고 생각한다.* 이런 맑은 물은 선물과도 같지만, 미시시피강을 놓고 이런 수질을 기대할 수는 없다. 미시시피강의 수질이 고산 지대의 계곡물과 같았던 때는 예전에도 없었고 앞으로도 없을 것이다. 그러나 이 두 곳의 물 모두 우리가 사용할 수 있도록 하기 위해서는 적절한 관리가 필요하다. 많은 어류의 산란처를 제공하는 계곡은 열 배출, 미세입자 퇴적, 화학물질 오염 등으로부터 보호되어야 한다. 미시시피강의 물은 수백 km를 흐르는

---

* 실제로 이러한 물은 안전한 물일 수도, 아닐 수도 있다. 크립토스포리듐 파붐이나 람블편모충과 같이 야생동물의 분변에서 유래한 병원균이 포함된 지표유출수는 질병을 일으킬 수 있다. 따라서 음용 등 일상 생활에 사용하는 모든 지표수는 소독 후 공급할 필요가 있다.

동안 태양빛을 받고, 수천 km^2에 이르는 유역에서 흘러들어온 퇴적물을 이송하지만, 미시시피강 역시 유기물이나 독성 화학물질의 유입에 큰 영향을 받을 수 있다. 미시시피강에 사는 어류가 존재하고, 또 수백만 인구가 그 강물을 원수로 하는 수돗물을 사용하기 때문이다.

오염이 하천에 미치는 영향은 오염물질의 특성과 하천[*] 각각의 고유한 특성에 의해 좌우된다. 중요한 하천 특성으로는 유량과 유속, 수심, 바닥면의 특성, 주변 식생 등이 있다. 또한 해당 지역의 기후, 유역의 광물학적 특성 및 부지 이용 특성, 하천에 서식하는 수생생물의 종류 등도 중요한 자연적 특성이다. 하천 수질관리는 이러한 요인을 모두 고려하여 이루어져야 한다. 어떤 하천은 퇴적물, 염, 열 등의 유입에 매우 취약한 반면, 어떤 하천은 이러한 오염인자가 상당 수준 유입될 때까지 큰 변화를 나타내지 않을 수 있다.

특히 산소요구물질, 영양분 등으로 인한 오염은 빈번하게 발생하고, 관리에 실패할 경우 거의 모든 하천에 심각한 영향을 미칠 수 있어 주의가 필요하다. 물론 이 물질들이 모든 하천에서 가장 중요한 오염물질로 작용하는 것은 아니지만, 전 세계 하천에 미치는 전반적인 영향을 고려했을 때 이들은 단연 가장 중요한 오염물질이다. 따라서 이 절의 이어지는 부분에서는 산소요구물질과 영양분이 어떻게 하천 수질에 영향을 미치는지 중점적으로 살펴보기로 한다.

산소요구물질이 하천에 미치는 영향

유·무기성 산소요구물질은 하천에 유입되어 용존산소를 소모한다. 용존산소 농도가 일정 수준 미만으로 떨어지면 어류 등 고등 수생생물에게 큰 위협으로 작용한다. 산소 고갈이 얼마나 발생할지 예측하기 위해서는 얼마나 많은 산소요구물질이 유입되며, 이 물질을 분해하는 데 얼마나 많은 산소가 필요한지 알아야 한다. 하천의 산소는 대기로부터의 확산과 조류 및 수생식물의 광합성에 의해 지속적으로 공급되기도 하고, 수생생물에 의해 소모되기도 한다. 따라서 하천의 용존산소 농도는 산소를 소모하는 프로세스와 산소를 공급하는 프로세스의 상대적인 속도에 의해 결정된다. 유기성 산소요구물질은 주로 자연수계의 분해 반응을 모사한 조건에서 물질 분해에 따라 산소가 얼마나 소모되는지 확인하는 방법으로 측정한다. 이 단락에서는 우선 유기물질 분해에 따른 산소 소모에 영향을 미치는 요인을 고찰하고, 다음으로 무기질소의 산화에 대해 살펴본 후, 마지막으로 유기물질 분해에 따른 하천의 용존산소 농도 변화를 예측하는 공식을 도출하고 분석한다.

생화학적 산소 요구량

어떤 물질의 화학적 조성을 알고 있을 경우, 이 물질이 산화되어 이산화탄소와 물을 생성하는 데 필요한 산소량은 화학량론을 이용해 계산할 수 있다. 이렇게 하여 계산한 산소량은 **이론적 산소 요구량**(theoretical oxygen demand, ThOD)이라 한다.

---

[*] 이 절에서 하천은 크기, 형태와 관계없이 민물이 흐르는 모든 형태의 물길을 지칭한다.

예제 9-1 글루코스($C_6H_{12}O_6$)의 108.75 mg · L^{-1} 용액의 ThOD를 계산하시오.

풀이 먼저 이 반응의 반응식을 완성한다.

$$C_6H_{12}O_6 + 6O_2 \rightarrow 6CO_2 + 6H_2O$$

다음으로 부록 B의 표를 이용하여 반응물의 분자량을 계산한다.

글루코스	산소
6C=72	(6)(2)O=192 g · mol^{-1}
12H=12	
6O=96	
180 g · mol^{-1}	

따라서, 180 g의 글루코스를 산화시켜 CO_2와 H_2O로 만드는 데 산소 192 g이 필요하다.
글루코스 108.75 mg · L^{-1} 용액의 ThOD는

$$(108.75 \text{ mg} \cdot \text{L}^{-1} \text{ of glucose})\left(\frac{192 \text{ g} \cdot \text{mol}^{-1} \text{ O}_2}{180 \text{ g} \cdot \text{mol}^{-1} \text{ glucose}}\right) = 116 \text{ mg} \cdot \text{L}^{-1} \text{ O}_2$$

ThOD와는 달리 **화학적 산소 요구량**(chemical oxygen demand, COD)은 측정하여 얻는 지표로 물에 존재하는 물질의 화학적 조성에 대한 정보에 의존하지 않는다. COD 측정을 위해 크롬산과 같은 강한 화학적 산화제를 물 시료와 혼합하고 환류(reflux)를 실시한다. 시험 전후의 산화제 양의 변화를 이용하여 COD를 계산한다.

유기물질을 먹이로 사용하는 미생물을 이용하여 유기물질을 산화시키는 경우 산화에 따른 산소 소모량을 **생화학적 산소 요구량**(biochemical oxygen demand, BOD)이라 한다. BOD 시험은 자연수와 유사한 조건에서 미생물을 이용하여, 생분해가 가능한 유기물질의 양을 간접적으로 측정하는 **생물검정**(bioassay) 시험이다. 실제 BOD 값은 거의 언제나 ThOD보다 낮게 측정되는데, 이는 유기물질에 존재하는 탄소 중 일부가 세균의 세포 증식에 사용되기 때문이다. 따라서 용해된 유기탄소 중 일부는 입자상으로(즉, 바이오매스로) 변환되지만 이 양은 BOD 실험에서 측정되지 않는다.

BOD 측정을 위해 우선 생분해성 유기물질을 이용해 생명 활동에 필요한 에너지를 얻는 세균을 물 시료에 식종한다. 미생물이 산소를 이용하여 유기물질을 소모하는 이 과정을 **호기성 분해**(aerobic decomposition)라 한다. 이 과정에서 산소가 소모되는 양은 쉽게 측정 가능하다. 유기물질 양이 많을수록 산소 소모량도 많다. 우리는 BOD 시험을 통해 실제로 미생물이 유기물질을 분해함에 따라 일어나는 용존산소 농도 변화를 측정하게 되기 때문에 이 시험은 물속에 있는 유기물질 양을 간접적으로 측정하는 방법이다. 모든 유기물질이 생물학적으로 분해 가능하지 않고, 실제 시험의 정밀도도 그리 높지 않지만 BOD 시험은 여전히 물 시료의 유기물질 총량을 측정하는 방법으로 가장 널리 사용된다. 이는 개념적으로 BOD가 방류수역의 산소 소모량과 직접적인 관련이 있기 때문이다.

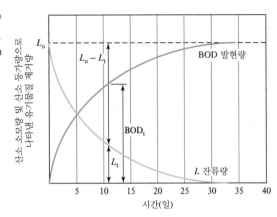

그림 9-8

BOD와 산소 등가량(oxygen equivalent)의 관계

ThOD와 COD가 일치하는 경우는 매우 드물다. 물에 존재하는 모든 물질의 화학적 조성을 알고 그 물질이 전량 화학적으로 산화된다면 이 두 산소 요구량이 동일할 것이다. 예를 들면 폐수에 단순한 구조의 당류만 존재할 경우, 두 산소 요구량이 동일할 수 있다. BOD 값은 ThOD나 COD와 일치할 수 없는데, 이것은 앞에 언급한 바와 같이 유기탄소의 일부가 바이오매스로 변환되고 이렇게 소모된 용존유기물은 측정되지 않기 때문이다.

밀폐된 용기에 생분해성 유기물이 포함된 물 시료를 넣고 미생물을 식종했을 때 산소 소모 패턴은 일반적으로 그림 9-8과 같은 형태를 따른다. 초기의 유기물질 농도가 높기 때문에 처음 며칠 동안의 산소 소모속도는 빠르게 나타난다. 그러나 시간이 지나 유기물질 농도가 줄어들면서 산소 소모속도도 느려진다. BOD 곡선의 후반부에 나타나는 산소 소모는 주로 초기에 생장한 세균 바이오매스의 분해에 따른 것이다. 일반적으로 시간에 따른 산소 소모속도는 분해가능 유기물 농도에 정비례한다고 가정한다. 따라서 그림 9-8에 나타낸 BOD 곡선은 1차 반응으로 표현 가능하다. 4장에서 논한 반응속도 및 반응차수의 정의에 따라 이는 다음과 같이 나타낼 수 있다.

$$\frac{dL}{dt} = -r_A \tag{9-1}$$

여기서 L=잔류 유기물질의 산소 등가량(mg · L^{-1})

$-r_A = -kL$

k=반응속도상수(day^{-1})

식 9-1을 이항하고 적분하면

$$\frac{dL}{L} = -kdt \tag{9-2}$$

$$\int_{L_o}^{L_t} \frac{dL}{L} = -k \int_o^t dt \tag{9-3}$$

$$\ln \frac{L_t}{L_o} = -kt \tag{9-4}$$

또는

$$L_t = L_o e^{-kt} \tag{9-5}$$

여기서 L_o = 시간 $t=0$일 때 유기물질 산소 등가량

L_t = 어떤 시간 t에서 잔류하는 유기물질 산소 등가량(mg · L^{-1})

우리가 실제로 관심 있는 것은 L_t가 아니라 유기물질 소모에 사용된 산소의 양(BOD$_t$)이다. 그림 9-8을 통해 BOD$_t$는 L_o와 L_t의 차와 같다는 것을 알 수 있다. 따라서,

$$BOD_t = L_o - L_t$$
$$= L_o - L_o e^{-kt}$$
$$= L_o(1 - e^{-kt}) \tag{9-6}$$

L_o을 **최종**(ultimate) **BOD**라 부르는데, 이는 L_o값이 유기물질이 완전히 분해되었을 때의 최대 산소 소모량을 가리키기 때문이다. 식 9-6을 BOD 분해속도식이라 부른다. 소문자 k는 밑을 e로 하는 분해속도상수를 가리킨다.

예제 9-2 어떤 폐수의 3일 BOD 값(BOD$_3$)이 75 mg · L^{-1}이고 BOD 속도상수 k가 0.345 day^{-1}일 때, 최종 BOD 값은 얼마인가?

풀이 식 9-6에 주어진 값을 넣고 최종 BOD L_o에 대해 풀면,

$$75 = L_o\,(1 - e^{-(0.345\ days^{-1})(3\ days)}) = 0.645 L_o$$

또는

$$L_o = \frac{75}{0.645} = 116\ mg \cdot L^{-1}$$

최종 BOD(L_o)는 물 시료 내에 존재하는 물질에 의해 발현되는 BOD의 최댓값을 의미하며, 그림 9-8에 점선으로 표기되어 있다. BOD$_t$은 L_o에 점근적으로 접근하므로 최종 BOD에 도달하는 시간을 정확히 지정하기는 어렵다. 수학적인 관점에서 보면, 식 9-1을 통해 시간이 무한대가 되어야 최종 BOD에 도달함을 알 수 있다. 그러나 현실적인 관점에서는 BOD 곡선이 수평에 가까워지면 최종 BOD에 도달한 것으로 본다. 그림 9-8에서 이 시점은 약 35일에 해당한다. 수학적 계산에 있어서는 BOD$_t$와 L_o가 유효숫자 세 자리까지 일치하면 최종 BOD가 발현되기에 충분한 시간이 소요된 것으로 보기로 한다. BOD 시험 결과의 불확실성을 감안한다면 유효숫자 두 자리에서 반올림하는 것이 보다 현실적일 때도 많다.

최종 BOD는 분해가능 유기물질의 농도를 나타낼 때 유용하지만 그것 자체로 오염수가 유입되는 방류수역에서 산소가 얼마나 빨리 소모될지 알 수는 없다. 산소 소모에는 최종 BOD와 BOD 속도상수(k), 두 인자가 관여한다. 최종 BOD는 분해 가능 유기물질 농도에 정비례하는 반면, BOD 속도상수는 다음에 따라 달라진다.

1. 시료에 포함된 물질의 특성

2. 미생물의 물질 분해능력

표 9-3	시료 유형에 따른 일반적인 BOD 속도상수 범위

시료	k (20℃) (day^{-1})
생하수	0.35~0.70
하수 처리수	0.12~0.23
오염된 하천수	0.12~0.23

3. 온도

시료에 포함된 물질의 특성. 자연적으로 존재하는 유기화합물은 수없이 많으며, 이들은 동일한 속도로 분해되지 않는다. 단순 구조의 당류 물질이나 녹말은 빨리 분해되므로 BOD 속도상수가 매우 크다. 셀룰로오스(예: 화장지)는 훨씬 느리게 분해되며, 고분자 다환방족탄화수소, DDT 등 여러 염소 원자를 포함하는 유기화합물, 클로르피리포스(chlorpyriphos), 폴리염화바이페닐, 카페인, 피임약으로 사용되는 에스트로겐계 화합물 상당수는 BOD 시험 및 일반적인 하수 처리 과정에서 거의 분해되지 않는다. 페놀류 물질 같은 경우에는 물질 자체가 미생물에 독성을 지니므로, BOD 시험 시 식종된 미생물을 사멸시켜 분해가 거의 일어나지 않기도 한다. 복잡한 조성의 폐수의 경우 BOD 속도상수는 각 물질의 상대적 조성에 따라 크게 달라진다. 표 9-3에 대표적인 시료 유형의 일반적인 BOD 속도상수를 제시하였다. 하수 처리수의 BOD 속도상수가 생하수(처리 전 하수)보다 작은 것은, 하수 처리 과정에서 분해속도가 빠른 물질은 거의 다 제거되는 반면 분해속도가 느린 물질은 처리수에 잔류하기 때문이다.

미생물의 물질 분해능력. 모든 미생물의 유기물질 분해능력은 한계가 있다. 따라서 어떤 유기물질에 분해능을 띠는 미생물군은 매우 제한적인 경우가 많다. 유기오염물질이 지속적으로 유입되는 자연환경의 경우 유입되는 유기물질을 가장 효율적으로 이용하는 미생물이 우점하게 된다. 그러나 BOD 시험에서 시료에 투입하는 식종액은 시료에 들어 있는 유기물질을 분해하는 미생물을 아주 조금만 포함하고 있을 수도 있다. 특히 산업폐수를 분석할 때 이런 일이 자주 발생한다. 이 경우, 실험실 시험으로 측정한 BOD 속도상수가 자연수계에서의 속도상수보다 낮게 나타나는 결과를 가져온다. 이러한 BOD 시험의 문제를 극복하고 실험실 시험으로 구한 속도상수가 자연수계에서의 속도상수를 잘 반영하게 하기 위해서는 해당 폐수에 순응된(acclimated)* 미생물을 이용해 BOD 시험을 실시해야 한다.

온도. 생물학적 프로세스는 대부분 온도가 높아지면 빨라지고 온도가 낮아지면 느려진다. 산소 소모는 미생물의 대사작용에 의해 발생하는 것이므로 온도가 산소 소모속도에 미치는 영향은 온도가 미생물 대사작용에 미치는 영향과 유사하게 나타난다. 가장 이상적인 것은 대상 방류수역과 동일한 온도에서 BOD 속도상수를 실험적으로 구하여 이를 적용하는 것이다. 그러나 여기에는 2가지 문제가 있다. 특정 방류수역의 수온은 대부분 계절에 따라 변하기 때문에 필요한 모든 온도 조건에

---

* 'acclimated'라는 용어는 미생물이 주어진 물질에 맞게 그 대사과정(metabolism)을 적응시켰거나 어떤 배양액 내에서 주어진 물질을 분해할 수 있는 미생물이 우점하게 된 상태를 지칭하는 데 쓰인다.

서 BOD 속도상수를 얻으려면 매우 많은 실험이 필요하다. 또한 지역마다 실험하는 온도 조건이 다르면 서로 다른 지역에서 얻은 시료의 결과와 비교하는 데 큰 제약이 따른다. 따라서 BOD 실험실 실험은 표준온도 20°C에서 수행하며, 주어진 수역에서의 온도로 보정할 때에는 다음 관계를 이용한다.

$$k_T = k_{20}(\theta)^{T-20} \tag{9-7}$$

여기서 T = BOD 속도상수를 얻고자 하는 온도(°C)

$\quad\quad k_T$ = 온도 T에서의 BOD 속도상수(day^{-1})

$\quad\quad k_{20}$ = 20°C에서의 BOD 속도상수(day^{-1})

$\quad\quad \theta$ = 온도보정계수. 일반적인 생활하수에서 이 값은 4~20°C에서 1.135, 20~30°C에서 1.056

$\quad\quad$ 이다(Schroepfer, Robins, and Susag, 1964).

예제 9-3 수온 10°C인 어떤 하천으로 폐수가 방류되고 있다. 표준조건에서 구한 BOD 속도상수 k가 0.115 day^{-1}라 할 때, 4일간 소모되는 산소의 양과 최종 산소 소모량의 비는 얼마인가?

풀이 식 9-7을 이용하여 하천 수온에서의 BOD 속도상수 k를 구한다.

$$k_{10°C} = 0.115(1.135)^{10-20}$$
$$= 0.032 \text{ day}^{-1}$$

이 k값을 식 9-6에 대입하여 최종 산소 소모량 대비 4일간 소모되는 산소의 양을 구한다.

$$\frac{BOD_4}{L_o} = [1 - e^{-(0.032 \text{ days}^{-1})(4 \text{ days})}]$$
$$= 0.12$$

BOD 측정실험

BOD 측정의 일관성을 유지하기 위해서는 시험 절차를 표준화하는 것이 중요하다. 이어지는 단락에서는 구체적인 요령보다는 각 단계를 수행하는 이유를 중심으로 BOD 표준측정법을 간략히 살펴본다. BOD 표준측정법의 구체적인 절차는 상·하수 측정 표준시험법(Standard Methods for the Examination of Water and Wastewater)(Eaton et al., 2005)에 나와 있는데, 이 책은 수질오염 방지분야 시험절차에 관한 권위 있는 참고서이다.

1단계. BOD 측정을 위해 설계된 300 mL BOD병(그림 9-9)에 적절한 희석과 미생물 식종이 이루어진 물 시료를 완전히 채우고, 기포가 들어가지 않게 하여 뚜껑을 닫는다. 희석을 하는 이유는 미생물이 사용하는 산소가 용존산소이기 때문이다. 물에 녹을 수 있는 산소의 최대 농도는 약 9 mg·L^{-1}이므로, 희석된 시료의 BOD 값은 2~6 mg·L^{-1}이어야 한다. 원 시료의 희석에 사용하는 희석수는 세균 대사작용에 필요한 모든 미량원소를 공급할 수 있도록 고안된 것을 사용하여 미생

그림 9-9 BOD병

마개 끝은 병에 공기가 갇히지 않도록 한다. 중앙에 있는 병은 마개가 있는 상태로, 물이 병 주둥이와 마개로 형성된 작은 컵에 고인다. 이는 공기를 추가로 차단하는 밀봉(수봉) 역할을 한다. 오른쪽에 있는 병은 마개 위에 랩으로 감쌌는데, 이는 수분의 증발을 방지하기 위한 것이다.

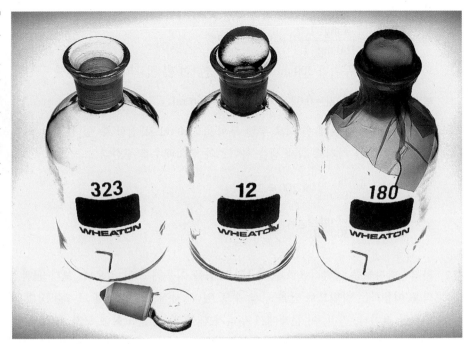

물 생장 저해로 유기물질 분해가 원활하게 이루어지지 못하는 것을 방지한다. 또한 미생물을 식종하고 균질하게 잘 혼합한 것을 희석수로 사용하여 각 실험 시료들에는 미생물 종류와 수가 모두 거의 동일하게 들어 있도록 한다.

원 시료와 희석된 시료의 부피비를 **샘플 사이즈**(sample size)라 하며 일반적으로 %로 표기한다. 이와 유사하게 **희석배수**(dilution factor)라는 개념을 사용하기도 한다. 이들을 수학적으로 표현하면 다음과 같다.

$$샘플\ 사이즈(\%) = \frac{희석\ 전\ 시료의\ 부피}{희석된\ 시료의\ 부피} \times 100 \tag{9-8}$$

$$희석배수 = P = \frac{원\ 시료의\ 부피}{원\ 시료 + 희석수의\ 부피} \times 100 \tag{9-9}$$

분석할 시료의 BOD 추정값을 $4\ \text{mg} \cdot \text{L}^{-1}$ (희석된 시료의 권장 BOD 범위의 중간값)으로 나누어 적정 샘플 사이즈를 구한 다음, 편의를 고려하여 이 샘플 사이즈를 근사할 수 있는 적절한 원 시료 투입 부피를 구한다. 샘플 사이즈가 적을 경우 미생물 식종액/희석수가 BOD에 상당한 영향을 미칠 수 있다. 이 경우의 대응 방안은 아래에 설명되어 있다.

예제 9-4 어떤 하수 시료의 BOD 값이 약 $180\ \text{mg} \cdot \text{L}^{-1}$로 추정된다. 이 시료의 실제 BOD 값을 측정하기 위해 300 mL BOD병에 넣어야 할 원 시료의 부피는 얼마이며, 이 조건에서 샘플 사이즈와 희석배수는 얼마인가? BOD병에 들어갈 시료의 BOD 추정값이 약 $4\ \text{mg} \cdot \text{L}^{-1}$가 되게 하시오.

풀이 1 필요한 샘플 사이즈를 구한다.

$$\text{샘플 사이즈} = \frac{4\ mg \cdot L^{-1}}{180\ mg \cdot L^{-1}} \times 100 = 2.22\%$$

희석된 시료의 부피가 300 mL인 것을 이용하여 원 시료의 투입 부피를 구한다.

$$\text{희석 전 시료의 부피} = 0.0222 \times 300\ mL = 6.66\ mL$$

편의를 고려하여 실제 원 시료 투입 부피를 7.00 mL로 정할 수 있다.

이 투입 부피를 가지고 실제 샘플 사이즈와 희석배수를 구한다.

$$\text{샘플 사이즈} = \frac{7.00\ mL}{300\ mL} \times 100 = 2.33\%$$

$$\text{희석배수} = P = \frac{7\ mL}{300\ mL} = 0.0233$$

풀이 2 환경공학자들은 일반적으로 풀이 1의 방법을 이용해 오고 있으나, 보다 근본적인 방법인 물질수지 식을 이용하는 방법으로 답을 구할 수도 있다. 사실 풀이 1에서 보여준 방법 역시 물질수지를 통해 도출한 것이다. 먼저, 이 문제에서 우리가 해야 할 것을 고찰해 보자. BOD병에 하수와 희석수를 넣는데, 하수의 BOD 값은 180 mg · L^{-1}이고, 희석수의 BOD 값은 0이다.

BOD병에 들어가는 총 시료 부피는 $\Psi_{ww} + \Psi_{dw}$, 즉 하수와 희석수 부피의 합이며, BOD병에 들어가는 총 BOD 양은 다음과 같이 구할 수 있다.

$$BOD_{ww} \times \Psi_{ww} + BOD_{dw} \times \Psi_{ww} = (180\ mg \cdot L^{-1})(\Psi_{ww}) + (0\ mg \cdot L^{-1})(\Psi_{dw})$$

또한, BOD병의 부피가 300 mL인 것으로부터

$$\Psi_{dw} + \Psi_{ww} = 300\ mL = 0.300\ L$$

문제에 따라 BOD병의 BOD 농도가 4 mg · L^{-1}가 되게 하고자 한다. 이때 BOD병에 들어가야 할 총 BOD 양은

$$(4\ mg \cdot L^{-1})(0.300\ L) = 1.2\ mg$$

이 값은 위에서 도출한 총 BOD에 대한 수식과 동일해야 하므로

$$BOD_{ww} \times \Psi_{ww} + BOD_{dw} \times \Psi_{ww} = (180\ mg \cdot L^{-1})(\Psi_{ww}) + (0\ mg \cdot L^{-1})(\Psi_{dw}) = 1.2\ mg$$

이를 V_{ww}에 대해 풀어 1.2 mg/180 mg · L^{-1} = 0.00667 L를 얻는다. 단위변환을 위해 1000을 곱해주면 풀이 1과 동일한 6.67 mL를 얻는다. 앞서 설명했듯이, 실제 BOD 실험에서는 7.00 mL 등 6.67 mL에 근사하지만 보다 측정이 편리한 부피를 사용할 수 있다.

2단계. 미생물이 식종된 희석수만을 BOD병에 담고 뚜껑을 닫아 바탕시료를 준비한다. 바탕시료는 미생물 식종에 의한 산소 소모량을 파악하는 데 필요하다.

3단계. 희석된 시료(실험군)와 바탕시료(대조군)가 들어 있는, 뚜껑이 잘 닫힌 BOD병은 20℃, 암실 조건에서 필요한 시간만큼 배양한다. 대부분의 경우 표준 시간으로 5일을 사용한다. 최종 BOD와 BOD 속도상수를 구하는 것이 목적일 때에는 배양시간을 다양하게 하여 시험한다. 시료를 암실에서 배양하는 이유는 광합성에 의해 생성된 산소로 산소 소모량 측정결과에 오류가 발생할 수 있기 때문이다. 앞서 언급한 바와 같이, BOD 시험은 표준온도 20℃에서 실시하여 온도가 BOD 속도상수에 주는 영향을 배제하고 여러 실험실에서 생산한 결과를 상호 비교할 수 있게 한다.

4단계. 정해진 시간이 지난 후에 실험군과 대조군을 모두 배양기에서 회수하여 용존산소 농도를 측정한다. 원 시료의 BOD 값은 다음 공식으로 계산한다.

$$BOD_t = \frac{(DO_{b,t} - DO_{s,t})}{P} \qquad (9\text{--}10)$$

여기서 $DO_{b,t}$ = t일 이후 바탕시료(대조군)의 용존산소 농도(mg · L^{-1})

$DO_{s,t}$ = t일 이후 희석된 시료(실험군)의 용존산소 농도(mg · L^{-1})

P = 희석배수

위 식은 미생물 식종액과 희석수의 BOD 값이 모두 무시할 만할 때 성립한다. 미생물 식종액과 희석수의 BOD가 유의한 정도로 높다면 다음 식을 이용하여야 한다.

$$BOD_t = \frac{(DO_{s,i} - DO_{s,t}) - (DO_{b,i} - DO_{b,t})f}{P} \qquad (9\text{--}10a)$$

여기서 $DO_{b,t}$, $DO_{s,t}$는 앞서 정의한 바와 같으며

$DO_{s,i}$ = 희석된 시료(실험군)의 초기 용존산소 농도

$DO_{b,i}$ = 바탕시료(대조군)의 초기 용존산소 농도

f = (희석된 시료의 미생물 식종액 부피 %) / (바탕시료의 미생물 식종액 부피 %)

= (희석된 시료의 미생물 식종액 부피) / (바탕시료의 미생물 식종액 부피)

예제 9-5 예제 9-4에서, 바탕시료와 희석된 시료의 배양 5일 후 DO 값이 각각 8.7 mg · L^{-1}, 4.2 mg · L^{-1}였다면, 원 시료의 BOD$_5$ 값은 얼마인가?

풀이 식 9-10에 해당되는 값을 대입하면,

$$BOD_5 = \frac{8.7 - 4.2}{0.0233} = 204.5 \text{ 또는 } 205 \text{ mg} \cdot \text{L}^{-1}$$

참고로 여기서는 시료에 미생물 식종액을 투입하지 않았으므로 $f=1$이 된다.

BOD 관련 추가사항

대부분의 하·폐수 분석 및 수질규제에 5일 BOD가 표준값으로 사용되고 있지만, 실제로는 최종 BOD가 물의 오염도를 보다 잘 나타내는 지표이다. BOD 속도상수가 동일한 시료 유형이라면 최종 BOD와 BOD$_5$의 비는 일정하므로, BOD 값은 상대적인 오염도를 나타낸다. 동일한 BOD$_5$ 값을 갖는 서로 다른 유형의 시료의 최종 BOD 값은 우연히 그 두 유형의 BOD 속도상수가 동일하지 않는 한 서로 다르다. 그림 9-10에 $k=0.345$ day^{-1}인 생활하수와 $k=0.115$ day^{-1}인 산업폐수의 예를 도시하였다. 두 오염수 모두 BOD$_5$ 값이 200 mg · L^{-1}로 동일하나, 산업폐수의 최종 BOD 값이 훨씬 높기 때문에 산업폐수가 하천의 용존산소 농도에 더 큰 영향을 미칠 것으로 예상된다. 산업폐수의 경우 일반적으로 속도상수가 작으므로 BOD의 아주 일부만이 5일 동안에 발현된다.

BOD$_5$ 값을 바르게 해석하는 방법은 다음의 사례를 통해서도 알 수 있다. 표준시험법을 이용한 오염된 강물 시료의 실험 결과가 BOD$_5=50$ mg · L^{-1}, $k=0.2615$ day^{-1}로 나왔다고 하자. 식 9-6을 통해 계산한 최종 BOD는 68 mg · L^{-1}이다. 그러나 강물의 온도는 10℃이고, 이때의 k 값은 0.0737 day^{-1}이다(식 9-7 이용). 그림 9-11에 도시하였듯이 실험실에서 측정한 BOD$_5$ 값은 실제 하천의 5

그림 9-10

BOD$_5$ 값이 동일한 두 오염수의 최종 BOD에 대한 속도상수 k의 영향

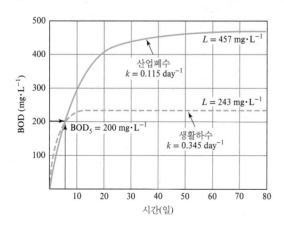

그림 9-11

최종 BOD 값이 동일한 두 오염수의 BOD$_5$에 대한 속도상수 k의 영향

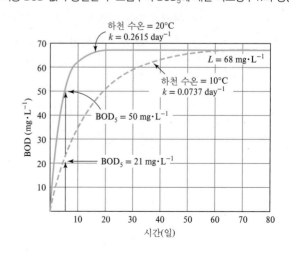

일간 산소 소모량을 과대평가하고 있음을 알 수 있다. 이는 BOD 속도상수가 낮으면 최종 BOD의 아주 일부만이 5일 동안에 발현되기 때문이다.

대부분의 목적으로 5일 BOD를 사용하게 된 계기는 다음과 같다. BOD 시험은 영국의 위생공학자들이 최초로 고안했는데, 영국 템스강이 바다에 도달할 때까지의 유하시간이 5일 미만이기 때문에 이보다 오랜 기간 동안의 산소 요구량은 고려할 필요가 없었다. BOD 시험에 있어 다른 배양기간이 5일보다 합리적이라는 근거가 존재하지 않기 때문에, 시간이 지나면서 5일이 표준 기간으로 완전히 자리잡았다.

질소 산화

지금까지의 논의에는 유기물질에 있는 탄소만이 산화된다는 가정이 전제되었다. 그러나 단백질 등 많은 유기물질은 분자상 산소를 소모하면서 산화될 수 있는 질소를 포함하고 있다. 질소 산화의 기작과 속도는 탄소와 분명한 차이를 보이기 때문에 질소와 탄소의 산화과정은 별도로 다루어야 한다. 이론적으로 탄소 산화에 따른 산소 소모량을 **탄소 BOD**(carbonaceous BOD, CBOD), 질소 산화에 따른 산소 소모량을 **질소 BOD**(nitrogenous BOD, NBOD)라 한다.

유기물질의 탄소를 산화하여 에너지를 얻는 생물은 유기물질의 질소를 산화하는 능력이 없다. 유기물질이 분해됨에 따라 질소는 물에 암모니아(ammonia, NH_3)의 형태로 배출된다. 보통의 pH 범위에서 암모니아는 실제로 양이온 형태인 암모늄(ammonium, NH_4^+)으로 존재한다. 이렇게 유기물질로부터 배출된 암모니아와 산업폐수, 농경지 지표유출수(비료) 등으로부터 유래하는 암모니아는 하·폐수처리장, 자연수계 등에서 산화되어 질산 이온(nitrate, NO_3^-)이 된다. 이 반응을 **질산화**(nitrification)라 부르며, 암모니아를 에너지원으로 하는 특정한 부류의 미생물인 질산화 세균에 의해 이루어진다. 암모니아 산화(질산화)의 전체 반응은 다음과 같다.

$$NH_4^+ + 2O_2 \xrightarrow{\text{미생물}} NO_3^- + H_2O + 2H^+ \qquad (9\text{–}11)$$

이 반응으로부터 NBOD의 이론값은 다음과 같이 계산된다.

$$NBOD = \frac{\text{사용된 산소의 질량(g)}}{\text{산화된 질소의 질량(g)}} = \frac{(2 \text{ moles})(32 \text{ g } O_2 \cdot mol^{-1})}{(1 \text{ mole})(14 \text{ g N} \cdot mol^{-1})}$$

$$= 4.57 \text{ g } O_2 \cdot g^{-1} \text{ N} \qquad (9\text{–}12)$$

질산화 미생물이 사용하는 질소의 일부는 새로운 세포를 만드는 데 사용되므로 실제 질소 BOD는 이 값보다 약간 작으나, 그 차이는 몇 퍼센트에 불과하다.

질소는 매우 다양한 형태(NH_3, NH_4^+, NO_3^-, NO_2^-, 유기질소 등)로 존재 가능하기 때문에 이러한 물질의 농도를 질소 기준 $mg \cdot L^{-1}$ 값으로 나타내는 것이 편리하다. 예를 들어, 환경공학에서는 편의상 암모니아 농도를 "암모니아성 질소", 즉 NH_3-N 단위로 나타내는 경우가 많다.

예제 9-6 (a) 암모니아성 질소 30 mg · L^{-1}를 함유한 폐수의 이론적 NBOD 값을 구하시오.

(b) 암모니아 농도가 암모니아(NH$_3$) 기준 30 mg · L^{-1}라면 이론적 NBOD 값은 얼마인가?

풀이 첫 번째 문항에서 암모니아 농도는 NH$_3$-N으로 제시되었고, 이때는 식 9-12의 계수를 이용할 수 있다.

이론적 NBOD = (30 mg NH$_3$–N · L^{-1})(4.57 mg O$_2$ · mg^{-1} N) = 137 mg O$_2$ · L^{-1}

문항 (b)의 경우에는 질소의 원자량과 암모니아 분자량의 비를 이용하여 암모니아 기준 mg · L^{-1} 값을 NH$_3$-N 기준으로 변환하면 된다.

$$(30 \text{ mg NH}_3 \cdot \text{L}^{-1})\left(\frac{14 \text{ g N} \cdot \text{mol}^{-1}}{17 \text{ g NH}_3 \cdot \text{mol}^{-1}}\right) = 24.7 \text{ mg N} \cdot \text{L}^{-1}$$

여기에 식 9-11의 계수를 적용하면

$$\text{이론적 NBOD} = (24.7 \text{ mg N} \cdot \text{L}^{-1})\left(\frac{4.57 \text{ mg O}_2}{\text{mg N}}\right) = 113 \text{ mg O}_2 \cdot \text{L}^{-1}$$

NBOD의 발현속도는 시료에 존재하는 질산화 미생물 수에 의해 크게 달라진다. 처리 전 하수에는 질산화 미생물이 거의 없으나, 하수 처리가 원활하게 이뤄질 경우 처리수에는 높은 농도로 존재한다. 처리 전 하수와 하수 처리수를 이용해 BOD 시험을 할 경우 시간에 따른 산소 소모량은 그림 9-12와 같은 경향을 보인다. 처리 전 하수의 경우, CBOD가 상당 부분 발현된 이후에야 NBOD가 발현되기 시작한다. NBOD 발현에 이러한 지체 시간이 존재하는 것은 CBOD 대비 NBOD의 발현량이 유의할 만한 수준에 도달하려면 질산화 미생물 개체수가 어느 수준에 도달해야 하고, 여기에 시간이 소요되기 때문이다. 하수 처리수의 경우에는 시료에 질산화 미생물이 비교적 충분히 존

그림 9-12

CBOD, NBOD를 모두 나타낸 BOD 곡선

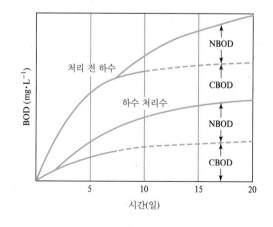

그림 9-13

일반적인 용존산소 처짐곡선

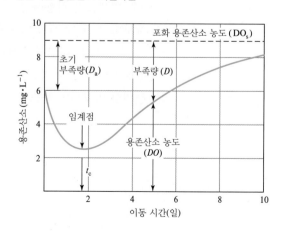

재하므로 이 지체 시간이 짧아진다. NBOD가 유의한 수준으로 발현되기 시작한 시점부터는 NBOD 발현도 식 9-6을 따르며, 이때의 속도상수 또한 하수 처리수의 CBOD 속도상수와 비슷한 값을 가진다($k = 0.80 \sim 0.20 \ day^{-1}$). 질소 BOD가 발현되기까지 걸리는 지체 시간은 시료 유형별로 큰 편차를 보이기 때문에, BOD_5 값을 해석하는 데 어려움이 있을 수 있다. 탄소 BOD만을 측정하고자 할 때에는 질산화를 방지하기 위한 억제제를 투여한다. 질산화의 속도상수 또한 온도에 따라 달라지며, 식 9-7을 이용하여 온도보정을 실시한다.

용존산소 처짐곡선

용존산소 농도는 하천의 건강성을 대변하는 지표이다. 모든 하천은 어느 정도 자정 능력이 있다. 하천으로의 산소요구물질 유입량이 자정 능력 한계보다 충분히 작을 경우 하천의 용존산소값은 높게 유지되며, 낚시용 어종을 포함하여 다양한 수생생물이 살 수 있다. 유입되는 산소요구물질의 양이 점점 늘어나면 자정 능력을 초과할 수 있고, 이는 수생태계에 치명적인 변화를 일으킨다. 하천은 자정 능력을 상실하고 용존산소 농도가 떨어지게 된다. 용존산소 농도가 $4 \sim 5 \ mg \cdot L^{-1}$ 미만으로 떨어지면 낚시용 어종은 대부분 사라진다. 용존산소가 완전히 고갈되면 매우 유독한 환경이 조성된다. 하천수는 검게 변하고 하수나 폐수처럼 나쁜 냄새가 나며, 산소가 없는 혐기성 조건에서 동물 사체가 부패하게 된다.

하천 수질관리의 주요 방법 중 하나는 하천이 오염물질 부하량을 얼마나 수용 가능한지 평가하는 것이다. 이 평가를 위해 오염수의 유입 지점부터 하류로 진행함에 따른 용존산소 농도의 변화 양상을 평가한다. 이 변화 양상을 표현한 것을 용존산소 처짐곡선(DO sag curve)*이라 한다(그림 9-13). 오염수 방류지점 이후 처음에는 산소요구물질의 산화로 용존산소 농도가 줄어들었다가 더 하류로 진행하면 대기로부터의 산소 확산과 광합성으로 산소가 공급되어 용존산소 농도가 다시 상승하기에 '용존산소 처짐곡선'이라는 용어를 사용한다. 그림 9-14에 나타난 바와 같이, 하천의 생물상은 용존산소 농도를 반영하는 경우가 많다.

용존산소 처짐곡선을 수학적으로 표현하기 위해서는 하천에 산소를 공급하는 기작과 산소를 소모하는 기작을 특정하고 정량화해야 한다. 하천 산소의 주요 공급원은 대기로부터의 확산, 즉 재포기(reaeration)와 수생생물의 광합성 2가지이다. 산소 고갈은 보다 다양한 인자에 의해 발생하는데, 가장 중요한 것은 오염수 유입으로 인한 BOD(탄소 및 질소 BOD)와 오염수 유입 이전에 하천이 이미 보유하고 있는 BOD이다. 다른 중요 고려사항은 오염수의 용존산소 농도가 하천의 용존산소 농도보다 일반적으로 낮다는 것이다. 따라서 오염수가 유입되면 하천의 용존산소 농도는 즉각적으로(BOD가 발현되기 이전에) 감소한다. 용존산소 고갈에 영향을 미치는 다른 요소로는 비점오염, 퇴적물에 서식하는 생물의 호흡량(benthic demand), 수생식물의 호흡 등이 있다. 고전적인 방법에서는 초기의 DO 저감량, 최종 BOD, 대기로부터의 재포기만을 고려하여 용존산소 처짐곡선을 도출한다.

---

* (역주) 'sag'는 "축 처지다", "축 늘어지다"는 뜻이며, 'DO sag curve'는 용존산소 수하(水下)곡선, 감소곡선, 하락곡선 등 다양한 용어로 번역된다. 여기서는 원문의 의미를 살려 용존산소 처짐곡선이라는 용어를 사용한다.

그림 9-14

유기물질 유입에 따른 용존산소 농도 저감 양상

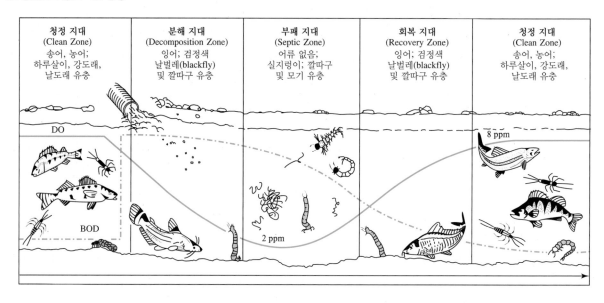

물질수지. 용존산소 처짐곡선 문제를 이해하고 푸는 데에는 물질수지를 단순화하여 고찰하는 접근법이 유용하다. 하천과 오염수의 초기 혼합은 물질 보존(즉, 반응이 없음)을 전제로 한 3개의 물질수지를 통해 표현할 수 있다. 하천수와 오염수의 혼합에 따라 DO, 최종 BOD, 수온이 모두 변화한다. 이 세 인자의 혼합을 모두 반영한 이후의 용존산소 처짐곡선은 물질이 보존되지 않는, 즉 반응이 존재하는 상태에서의 물질수지로 볼 수 있다. 하천수와 오염수의 혼합과 하천을 따르는 혼합물의 이동이 그림 9-15에 나타나 있다.

방류구를 통해 오염수가 하천으로 유입된다. 유입 지점에 있는, 하천 흐름방향에 직각인 사각형 판은 우리가 물질수지식을 세울 검사체적(control volume)이 된다. 방류구에서 나온 오염물질은 이 검사체적 내에 존재하며 검사체적 전체가 한 덩어리가 되어 하류로 이동한다고 가정한다. 시간 $t=0$일 때 검사체적은 방류구에 위치한다. 그림 9-15에 $t>0$인 두 시점의 검사체적의 위치를 도시하였다. 이 문제에는 입력변수 2개와 출력변수 1개가 존재한다. 혼합만이 발생할 경우 산소의 물질수지를 그림 9-16에 도시하였다. 유량과 DO 농도를 곱하면 산소의 단위시간당 질량 흐름(질량 플럭스(mass flux))을 구할 수 있다.

그림 9-15

오염수가 유입되는 하천의 혼합에 대한 개요도

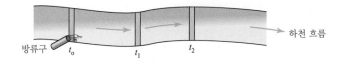

그림 9-16

BOD 및 DO 혼합의 물질수지 흐름도

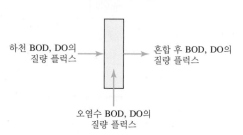

오염수의 DO 질량 플럭스 $= Q_w DO_w$ **(9–13)**

하천의 DO 질량 플럭스 $= Q_r DO_r$ **(9–14)**

여기서 $Q_w =$ 오염수 유량($\text{m}^3 \cdot \text{s}^{-1}$)

$\qquad Q_r =$ 하천유량($\text{m}^3 \cdot \text{s}^{-1}$)

$\qquad DO_w =$ 오염수 DO 농도($\text{g} \cdot \text{m}^{-3}$)

$\qquad DO_r =$ 하천 DO 농도($\text{g} \cdot \text{m}^{-3}$)

이 두 질량 플럭스의 합은 혼합 후 DO 질량 플럭스와 같다.

혼합 후 DO 질량 플럭스 $= Q_w DO_w + Q_r DO_r$ **(9–15)**

동일한 요령을 최종 BOD에 적용하면,

혼합 후 BOD 질량 플럭스 $= Q_w L_w + Q_r L_r$ **(9–16)**

여기서 $L_w =$ 오염수 최종 BOD 농도($\text{mg} \cdot \text{m}^{-1}$)

$\qquad L_r =$ 하천 최종 BOD 농도($\text{mg} \cdot \text{m}^{-1}$)

혼합 후 DO 및 BOD 농도는 각각의 시간당 질량 흐름(즉, 질량 플럭스)을 총 유량(혼합 전 하천과 오염수의 유량의 합)으로 나눈 값이다.

$$DO_a = \frac{Q_w DO_w + Q_r DO_r}{Q_w + Q_r} = \text{혼합 후 DO 농도}(\text{g} \cdot \text{m}^{-3})$$ **(9–17)**

$$L_a = \frac{Q_w L_w + Q_r L_r}{Q_w + Q_r} = \text{혼합 후 최종 BOD 농도}(\text{g} \cdot \text{m}^{-3})$$ **(9–18)**

예제 9-7 아베타(Aveta)시에서 테프넷(Tefnet)천으로 하수 처리수 17,360 $\text{m}^3 \cdot \text{day}^{-1}$를 방류하고 있다. 20℃에서 하수 처리수의 BOD_5 값은 12 $\text{mg} \cdot \text{L}^{-1}$, BOD 속도상수 k는 0.12 day^{-1}이다. 테프넷천의 유량은 0.43 $\text{m}^3 \cdot \text{s}^{-1}$이고, 최종 BOD L_o는 5.0 $\text{mg} \cdot \text{L}^{-1}$이다. 이 하천의 DO 농도는 6.5 $\text{mg} \cdot \text{L}^{-1}$, 오염수의 DO 농도는 1.0 $\text{mg} \cdot \text{L}^{-1}$이다. 이때, 혼합 후 DO 농도 DO_a와 최종 BOD 농도 L_a를 구하시오.

풀이 혼합 후 DO 농도는 식 9-17로 구할 수 있다. 이 식을 이용하기 위해, 하수 처리수 유량의 단위를 하천유량의 단위와 동일하게 $\text{m}^3 \cdot \text{s}^{-1}$로 맞춰준다.

$$Q_w = \frac{(17,360 \text{ m}^3 \cdot \text{day}^{-1})}{(86,400 \text{ s} \cdot \text{day}^{-1})} = 0.20 \text{ m}^3 \cdot \text{s}^{-1}$$

이제 혼합 후 DO 농도를 구하면,

$$DO_a = \frac{(0.20 \text{ m}^3 \cdot \text{s}^{-1})(1.0 \text{ mg} \cdot \text{L}^{-1}) + (0.43 \text{ m}^3 \cdot \text{s}^{-1})(6.5 \text{ mg} \cdot \text{L}^{-1})}{0.20 \text{ m}^3 \cdot \text{s}^{-1} + 0.43 \text{ m}^3 \cdot \text{s}^{-1}} = 4.75 \text{ mg} \cdot \text{L}^{-1}$$

혼합 후 최종 BOD 농도를 구하기 위해서는 먼저 하수 처리수의 최종 BOD 농도를 구해야 한다. 식

9-6을 최종 BOD 농도 L_o에 대해서 나타내면,

$$L_o = \frac{BOD_5}{(1 - e^{-kt})} = \frac{12 \text{ mg} \cdot \text{L}^{-1}}{(1 - e^{-(0.12 \text{ day}^{-1})(5 \text{ days})})} = \frac{12 \text{ mg} \cdot \text{L}^{-1}}{(1 - 0.55)} = 26.6 \text{ mg} \cdot \text{L}^{-1}$$

이제 $L_w = L_o$로 하고, 식 9-18을 이용하여 혼합 후 최종 BOD 농도 L_a를 구하면,

$$L_a = \frac{(0.20 \text{ m}^3 \cdot \text{s}^{-1})(26.6 \text{ mg} \cdot \text{L}^{-1}) + (0.43 \text{ m}^3 \cdot \text{s}^{-1})(5.0 \text{ mg} \cdot \text{L}^{-1})}{0.20 \text{ m}^3 \cdot \text{s}^{-1} + 0.43 \text{ m}^3 \cdot \text{s}^{-1}} = 11.86 \text{ 또는 } 12 \text{ mg} \cdot \text{L}^{-1}$$

온도에 대해서는 물질수지 대신에 열수지를 고려한다. 열역학의 기본 원리에 따라,

뜨거운 물체의 열 손실량 = 찬 물체의 열 획득량 (9-19)

균질한 어떤 물체의 **엔탈피 변화**(change in enthalpy) 또는 열 함량(heat content)은 다음 식으로 정의할 수 있다.

$$H = mC_p\Delta T \quad (9\text{-}20)$$

여기서 H = 엔탈피 변화량(J)

m = 물체의 질량(g)

C_p = 정압 비열(J $\cdot$ g^{-1} $\cdot$ K^{-1})

ΔT = 온도 변화량(K)

물의 비열은 온도에 따라 조금 변화하나, 자연환경의 일반적인 온도 범위에서는 이 값을 4.19로 근사함이 타당하다. 열 손실량 = 열 획득량이라는 기본 원리를 적용하면,

$$(m_w)(4.19)\Delta T_w = (m_r)(4.19)\Delta T_r \quad (9\text{-}21)$$

위 식에서 m_w는 오염수의 질량, ΔT_w는 혼합 후 수온과 오염수 수온의 차, m_r은 하천의 질량, ΔT_r은 혼합 후 수온과 하천 수온의 차인 것을 이용하면, 혼합 후 수온 T_a를 다음 식으로 나타낼 수 있다.

$$T_a = \frac{Q_w T_w + Q_r T_r}{Q_w + Q_r} \quad (9\text{-}22)$$

산소 부족량. 용존산소 처짐곡선은 DO 농도가 아닌 산소 부족량(oxygen deficit)을 매개변수로 하여 도출되었는데, 이는 물질수지를 수학적으로 나타내어 얻어지는 적분식을 보다 쉽게 풀기 위함이다. 산소 부족량은 주어진 수온에서의 포화 DO 농도와 실제 DO 농도 간의 차를 의미한다.

$$D = DO_s - DO \quad (9\text{-}23)$$

여기서 D = 산소 부족량(mg $\cdot$ L^{-1})

DO_s = 포화 DO 농도(mg $\cdot$ L^{-1})

DO = 실제 DO 농도(mg $\cdot$ L^{-1})

포화 DO 농도는 수온에 따라 크게 달라지며, 수온이 증가하면 감소한다. 담수에서의 DO_s 값은 부록 A의 표 A-2에 나와 있다.

초기 부족량. 용존산소 처짐곡선은 유입된 오염수가 하천수와 혼합되는 시점부터 시작된다. 포화 DO 농도와 혼합 후 DO 농도(식 9-17)의 차를 초기 부족량(initial deficit)이라 한다.

$$D_a = DO_s - \frac{Q_w DO_w + Q_r DO_r}{Q_{mix}} \tag{9-24}$$

여기서 D_a = 하천수와 오염수의 혼합 후 초기 부족량($mg \cdot L^{-1}$)

DO_s = 혼합 후 수온에서의 포화 DO 농도($mg \cdot L^{-1}$)

예제 9-8 예제 9-7의 자료를 이용하여 아베타시에서 방류된 하수 처리수가 테프넷천과 혼합된 이후의 초기 부족량을 구하시오. 하천과 하수 처리수의 수온은 10°C로 동일하다.

풀이 하천 수온 조건에서의 포화 DO 농도(DO_s)는 부록 A에서 찾을 수 있다. 10°C에서의 DO_s 값은 11.33 $mg \cdot L^{-1}$이다. 혼합 후 DO 농도는 예제 9-7에서 4.75 $mg \cdot L^{-1}$로 구했으므로, 혼합 후 초기 부족량은

$$D_a = DO_s - DO_{mix} = 11.33 \ mg \cdot L^{-1} - 4.75 \ mg \cdot L^{-1} = 6.58 \ mg \cdot L^{-1}$$

하수, 폐수 등의 오염수는 일반적으로 하천수보다 수온이 높으며, 특히 겨울철에 그러하다. 따라서 방류구 하류의 수온은 상류보다 높은 경우가 많다. 이때 중요한 것은 방류구 하류의 상황이기 때문에 포화 DO 농도를 구할 때에는 하류의 수온을 이용하여야 한다.

용존산소 처짐공식(DO sag equation). 하·폐수 방류구로부터의 거리 또는 시간에 따른 하천의 BOD 변화를 나타내기 위해 많은 모델이 개발되었으며, 그 복잡도는 모델에 따라 크게 다르다. 고전적인 모델인 스트리터-펠프스(Streeter-Phelps) 모델(Streeter and Phelps, 1925)은 가장 단순하면서도 다른 모든 모델의 바탕이 되는 모델로, 이 모델의 가정은 다음과 같다.

1. 하천은 횡방향과 깊이 방향으로 완전히 균일하게 혼합된다.
2. 그림 9-17과 같이 오염물질이 하류로 이동할 때 분산이 일어나지 않는다.

첫 번째 가정은 그림 9-17의 박스 A와 같은 3차원의 박편에서 물질(예: DO, BOD)은 완전히 혼합되며, 박스 내 모든 지점에서의 물질 농도가 동일하다는 것을 의미한다. 분산이 일어나지 않는다는 두 번째 가정은 각 직사각형 모양 박편은 하나의 덩어리로 이동한다는 것을 의미한다. 이 박편의 모양은 거리에 따라 변하지 않는다.

스트리터-펠프스 모델에는 본질적으로 두 반응항이 있는데, 이는 재포기(reaeration)와 탈산소(deoxygenation)이다. 재포기는 산소가 공급되는 속도를 나타내며 하천 특성의 함수이다. 쉽게 짐작

그림 9-17

하천 흐름 단면. 각 직사각형 박편은 하류를 따라 이동함에 따른 검사체적의 위치를 가리킨다.

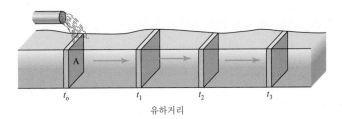

t_0 t_1 t_2 t_3

유하거리

할 수 있듯이 난류(turbulence)가 강할수록, 흐름이 빠를수록 재포기 속도가 빠르다. 또한 재포기 속도는 산소 부족량의 함수이다. 산소 부족량이 클수록 재포기 속도는 빨라진다. 대기에서 하천으로 산소가 들어오는 속도는 DO 부족량, 즉 주어진 온도에서의 포화 DO 농도와 하천 DO 농도의 차에 정비례한다. 산소 용해의 속도와 모델링은 2장의 반응 속도론에서 다룬 바 있다. 결론적으로,

$$재포기\ 속도 = k_r(DO_s - DO) = k_r D \tag{9-25}$$

여기서 k_r = 재포기 계수(time^{-1})

DO_s = 포화 DO 농도(mass · volume^{-1})

D = DO 부족량 = $(DO_s - DO)$

재포기 계수는 하천의 물리학적 특성에 크게 좌우된다. 하천 유속이 빠를수록 재포기 계수가 크다. O'Connor and Dobbins(1958)은 재포기 계수와 유속 및 수심의 관계가 다음 식과 같음을 밝혀냈다.

$$k_r = \frac{3.9u^{1/2}}{h^{3/2}} \tag{9-26}$$

여기서 k_r = 20℃에서의 재포기 계수(day^{-1})

u = 하천의 평균 유속(m · s^{-1})

h = 하천의 평균 수심(m)

단위보정을 위해 계수 3.9가 필요하다는 것을 기억하자. 이 식에서 속도의 단위는 m · s^{-1}, 수심은 m여야만 한다. 재포기 계수는 0.1(작은 연못)부터 1.15 이상(급류, 폭포)에 이른다. 온도에 따른 재포기 계수 보정에는 다음 식을 사용한다.

$$k_r = k_{r,20}\theta^{(T-20)} \tag{9-27}$$

여기서 $k_{r,20}$ = 20℃에서의 재포기 계수

θ = 온도보정계수(1.024)

T = 수온(℃)

예제 9-9 BOD가 0인 하천(실제로 이러한 조건은 거의 발생하지 않음)의 DO 농도가 $5.00 \ mg \cdot L^{-1}$, 유량이 $8.70 \ m^3 \cdot s^{-1}$이다. 하천의 수온은 18℃이며, 평균 유속은 $0.174 \ m \cdot s^{-1}$, 평균 수심은 5 m이다. 재포기 계수와 재포기 속도를 구하시오.

풀이 먼저 식 9-26을 이용하여 20℃에서의 재포기 계수를 구한다.

$$k_r = \frac{3.9u^{1/2}}{h^{3/2}} = \frac{3.9(0.174 \ m \cdot s^{-1})^{1/2}}{(5.00 \ m)^{1.5}}$$

$$= \frac{3.9(0.417)}{11.18} = 0.146 \ day^{-1}$$

실제 하천 수온이 20℃가 아닌 18℃임을 고려해야 한다. 식 9-27을 이용하면

$$k_r = k_{r,20}\theta^{(T-20)} = (0.146)(1.024)^{(18-20)} = 0.139 \ day^{-1}$$

산소 부족량은 포화 DO 농도($9.54 \ mg \cdot L^{-1}$ (부록 A-2 참조))와 실제 DO 농도의 차로 구한다.

$$D = 9.54 - 5.0 = 4.54 \ mg \cdot L^{-1}$$

따라서, 식 9-25에 따라 재포기 속도는

$$(0.139 \ day^{-1})(4.54 \ mg \cdot L^{-1}) = 0.632 \ mg \cdot L^{-1} \cdot day^{-1}$$

이제 미생물 활동으로 하천의 용존산소가 고갈되는 속도를 살펴보자. 이 속도는 **탈산소 속도** (rate of deoxygenation)라 부른다. 하천의 모든 지점에서 탈산소 속도는 그 지점에 잔류하는 BOD에 비례한다고 가정한다. 따라서,

$$\text{탈산소 속도} = k_d L_t \tag{9-28}$$

여기서 k_d = 탈산소 계수($time^{-1}$)

L_t = 오염수 유입 후 시간 t가 지난 시점에 잔류하는 BOD 농도($mass \cdot time^{-1}$)

대부분의 모델에서 k_d가 BOD 시험으로부터 얻은 속도상수 k와 동일하다고 가정한다. 따라서 식 9-5를 이용하여 식 9-28을 최종 BOD에 대한 식으로 나타낼 수 있다.

$$\text{탈산소 속도} = k_d L_o e^{-k_d t} \tag{9-29}$$

탈산소 속도는 온도에 따라 달라지므로 k의 온도보정을 통해 주어진 온도에 맞는 k_d를 사용해야 한다. 수심이 깊고 유속이 비교적 느린 하천에서는 $k = k_d$라는 가정이 유효하지만, 난류도가 높고 얕으며 유속이 빠른 하천에서는 큰 오차를 발생시킬 수 있다. 이런 조건에서는

$$k_d = k + \frac{u}{h}\eta \tag{9-30}$$

여기서 k = 20℃에서의 BOD 속도상수

u = 하천의 평균 유속(length $\cdot$ time^{-1})

h = 하천의 평균 수심(length)

η = 바닥면 활성계수(0.1(수심이 깊고 잔잔한 조건)에서 0.6(유속이 매우 빠른 조건) 사이의 값을 지님)

식 9-30으로 도출된 탈산소 계수의 온도보정에는 식 9-7과 BOD 속도상수에 사용하는 온도보정계수를 그대로 사용할 수 있다.

예제 9-10 예제 9-7, 9-8에서 다룬 테프넷천의 하수 처리수 방류구 직하류에서의 탈산소 계수를 구하시오. 평균 유속 0.03 m $\cdot$ s^{-1}, 수심 5.0 m, 바닥면 활성계수 0.35를 사용하시오. 또한, 탈산소 속도를 mg $\cdot$ L^{-1} $\cdot$ day^{-1} 단위로 구하시오.

풀이 예제 9-7로부터 BOD 속도상수 k는 0.12 day^{-1}임을 알 수 있다. 식 9-30을 이용하여 20°C에서의 탈산소 계수를 구하면,

$$k_d = 0.12 \text{ day}^{-1} + \frac{0.03 \text{ m} \cdot \text{s}^{-1}}{5.0 \text{ m}}(0.35) = 0.1221 \text{ 또는 } 0.12 \text{ day}^{-1}$$

이때 양변의 단위가 일치하지 않음에 유의한다. 식 9-26, 9-30과 같은 경험식에는 단위변환 계수가 포함될 수 있다. 경험식을 활용할 때에는 식에서 주어진 단위를 그대로 사용해야 한다.

탈산소 계수 0.1221 day^{-1}는 20°C에서의 값임에도 유의해야 한다. 예제 9-8의 하천 수온이 10°C이므로, 식 9-7을 이용하여 k_d의 온도보정을 실시해야 한다.

10°C에서의 $k_d = (0.1221 \text{ day}^{-1})(1.135)^{10-20} = (0.1221)(0.2819)$

$\qquad\qquad\qquad = 0.03442 \text{ 또는 } 0.034 \text{ day}^{-1}$

예제 9-7로부터 혼합 직후의 최종 BOD 값 L_t는 12 mg $\cdot$ L^{-1}임을 알 수 있다.

이제 식 9-28을 이용하면,

탈산소 속도 = $k_d L_t$

$\qquad\qquad = 0.034 \text{ day}^{-1} \times 12 \text{ mg} \cdot \text{L}^{-1}$

$\qquad\qquad = 0.408 \text{ mg} \cdot \text{L}^{-1} \cdot \text{day}^{-1}$

용존산소 처짐곡선(스트리터-펠프스 모델)은 물질수지를 이용하여 하천 하류의 DO 농도를 계산한 것이다. 4장에서 소개한 물질수지 수립 방법을 사용하여 물속에 들어 있는 물질에 대한 일차원 연속 방정식(continuity equation)을 세우고 이를 통해 용존산소 처짐곡선을 구한다. 여기서 대상으로 하는 물질은 산소이며 연속 방정식은 다음과 같다.

$$\frac{\partial C}{\partial t} = \bar{D}_x \frac{\partial^2 C}{\partial x^2} - \bar{v}_x \frac{\partial C}{\partial x} + \sum (\text{반응항}) \qquad\qquad\qquad (9\text{-}31)$$

여기서 $\bar{v}_x = x$ 방향 유속

$\bar{D}_x = x$ 방향 확산계수

여기서는 확산항을 무시하고 정상상태를 적용한다. 따라서 식 9-31에서 첫 두 항을 제거하고 상미분방정식을 얻는다.

$$\bar{v}_x \frac{dC}{dx} = \sum (\text{반응항}) \tag{9-32}$$

산소 부족량은 미생물의 산소 이용과 대기로부터의 재포기 간 경쟁의 함수이다. 따라서 식 9-25와 9-28을 결합하여 반응항을 표현할 수 있다. 이전 표기와 동일하게 산소 부족량을 D로 나타내어 다음 식을 얻는다.

$$\bar{v}_x \frac{dD}{dx} = k_d L - k_r D \tag{9-33}$$

여기서 $\dfrac{dD}{dx}$ = 거리에 따른 산소 부족량(D) 변화($\text{mg} \cdot \text{L}^{-1} \cdot \text{day}$)

k_d = 탈산소 계수(day^{-1})

L = 하천수의 최종 BOD($\text{mg} \cdot \text{L}^{-1}$)

k_r = 재포기 계수(day^{-1})

D = 하천수의 산소 부족량($\text{mg} \cdot \text{L}^{-1}$)

위 식을 유하시간의 함수로 나타내는 것이 유용할 때도 있다. 이때 다음의 관계를 활용한다.

$$\text{유하시간} = \frac{x}{\bar{v}_x} \tag{9-34}$$

따라서 식 9-33을 다음과 같이 쓸 수 있다.

$$\frac{dD}{dt} = k_d L - k_r D \tag{9-35}$$

식 9-35를 적분하고 경계조건($t=0$에서 $D=D_a$, $L=L_a$; $t=t$에서 $D=D_t$, $L=L_t$)을 적용하면, 다음의 용존산소 처짐공식을 얻을 수 있다.

$$D_t = \frac{k_d L_a}{k_r - k_d} (e^{-k_d t} - e^{-k_r t}) + D_a (e^{-k_r t}) \tag{9-36}$$

여기서 D_t = 시간 t에서의 DO 부족량($\text{mg} \cdot \text{L}^{-1}$)

L_a = 하천수와 오염수 혼합 후 초기 최종 BOD(식 9-18)($\text{mg} \cdot \text{L}^{-1}$)

k_d = 탈산소 계수(day^{-1})

k_r = 재포기 계수(day^{-1})

t = 오염수 유입 후 유하시간(days)

D_a = 하천수와 오염수 혼합 후 초기 DO 부족량(식 9-24)($\text{mg} \cdot \text{L}^{-1}$)

$k_r = k_d$인 경우, 식 9-36은 다음과 같이 표현된다.

$$D_t = (k_d t L_a + D_a)(e^{-k_d t}) \tag{9-37}$$

예제 9-11 인구가 200,000명인 어떤 도시에서 최종 BOD(BOD$_u$) 28.0 mg · L^{-1}, DO 1.8 mg · L^{-1}인 하수 처리수를 강으로 배출하고 있다. 처리수 방류구 상류의 강 유량은 7.08 m^3 · s^{-1}, 유속은 0.37 m · s^{-1}이며, BOD$_u$는 3.6 mg · L^{-1}, DO는 7.6 mg · L^{-1}이다. 강의 수온 조건에서 포화 DO는 8.5 mg · L^{-1}이며, 탈산소 계수 k_d는 0.61 day^{-1}, 재포기 계수 k_r은 0.76 day^{-1}이다. 완전 혼합이 일어나며, 방류구 상하류의 강 유속은 동일하다고 가정한다.

1. 방류구 직하류(혼합이 일어난 직후, 반응이 일어나기 이전)에서의 산소 부족량과 BOD$_u$를 구하시오.
2. 방류구에서 하류 16 km 지점의 DO를 구하시오.

풀이 1. 식 9-17을 이용하여 혼합 후 DO를 구한다.

$$DO_{mix} = \frac{(1.8 \text{ mg} \cdot \text{L}^{-1})(1.05 \text{ m}^3 \cdot \text{s}^{-1}) + (7.08 \text{ m}^3 \cdot \text{s}^{-1})(7.6 \text{ mg} \cdot \text{L}^{-1})}{1.05 \text{ m}^3 \cdot \text{s}^{-1} + 7.08 \text{ m}^3 \cdot \text{s}^{-1}} = 6.85 \text{ mg} \cdot \text{L}^{-1}$$

초기 부족량 $= D_a = 8.5 - 6.85 = 1.6 \text{ mg} \cdot \text{L}^{-1}$

식 9-18을 이용하여 혼합 후 BOD$_u$를 구한다.

$$L_{a,mix} = \frac{(28 \text{ mg} \cdot \text{L}^{-1})(1.05 \text{ m}^3 \cdot \text{s}^{-1}) + (3.6 \text{ mg} \cdot \text{L}^{-1})(7.08 \text{ m}^3 \cdot \text{s}^{-1})}{8.13 \text{ m}^3 \cdot \text{s}^{-1}} = 6.75 \text{ mg} \cdot \text{L}^{-1}$$

2. 하류 16 km 지점의 DO

$$t = \frac{(16 \text{ km})(1000 \text{ m} \cdot \text{km}^{-1})}{(0.37 \text{ m} \cdot \text{s}^{-1})(3600 \text{ s} \cdot \text{h}^{-1})(24 \text{ h} \cdot \text{day}^{-1})} = 0.50 \text{ days}$$

식 9-36를 이용하여,

$$D_t = \frac{(0.61)(6.75)}{(0.76 - 0.61)}[\exp(-(0.61)(0.50)) - \exp(-(0.76)(0.50))]$$
$$+ 1.6 \exp(-(0.76)(0.50))$$
$$= 2.56 \text{ mg} \cdot \text{L}^{-1}$$

따라서, DO $= 8.5 \text{ mg} \cdot \text{L}^{-1} - 2.56 \text{ mg} \cdot \text{L}^{-1} = 5.9 \text{ mg} \cdot \text{L}^{-1}$

물리적 거리와 유하시간을 연결 짓기 위해서는 하천의 평균 유속을 알아야 한다. 어떤 지점에서의 D값을 구하고 나면 식 9-36을 이용하여 DO를 구할 수 있는데, 물리적으로 DO는 0 미만이 될 수 없음에 유의한다. 식 9-36으로 구한 산소 부족량이 포화 DO보다 크다는 것은 그 이전에 산소가 완전히 고갈되었고, DO가 0이라는 것을 의미한다. 따라서 계산 결과 DO가 음수가 나오면 최종적으로 DO는 0이라고 쓴다.

용존산소 처짐곡선에서 DO가 가장 낮은 지점을 **임계점**(critical point)이라고 부른다. 용존산소 기준으로 하천에서 가장 상태가 불량한 지점이라는 점에서 임계점은 중요한 의미가 있다. 임계점까지의 유하시간 t_c는 식 9-36의 미분값을 0으로 하는 t를 구해서 얻을 수 있다.

$$t_c = \frac{1}{k_r - k_d} \ln\left[\frac{k_r}{k_d}\left(1 - D_a \frac{k_r - k_d}{k_d L_a}\right)\right] \tag{9-38}$$

$k_r = k_d$인 경우,

$$t_c = \frac{1}{k_d}\left(1 - \frac{D_a}{L_a}\right) \tag{9-39}$$

임계 부족량 D_c는 식 9-36에 이 임계시간 t_c를 대입하여 구한다.

$$D_c = \frac{k_d L_a}{k_r - k_a}(e^{-k_d t_c} - e^{-k_r t_c}) + D_a(e^{-k_r t_c}) \tag{9-40}$$

오염수 유입 지점 하류에서 용존산소의 처짐이 발생하지 않을 수도 있다. 즉, 용존산소 처짐공식에서 DO의 최솟값이 혼합 지점($t=0$)에서 나타날 수도 있다. 이 경우에는 식 9-38이 물리적으로 유의한 값을 내지 못한다.

예제 9-12 예제 9-11의 자료를 이용하여 다음을 구하시오.

    1. 임계시간과 임계거리(critical distance)

    2. DO의 최솟값

풀이   1. 식 9-38을 이용해서 임계시간 t_c를 구하면,

$$t_c = \frac{1}{0.76 - 0.61} \ln\left\{\frac{0.76}{0.61}\left[1 - \frac{1.6(0.76 - 0.61)}{(0.61)(6.75)}\right]\right\}$$

$$= 1.07 \text{ days}$$

유속 $= 0.37 \text{ m} \cdot \text{s}^{-1}$

임계거리 $= (1.07 \text{ days})(0.37 \text{ m} \cdot \text{s}^{-1})(3600 \text{ s} \cdot \text{h}^{-1})(24 \text{ h} \cdot \text{day}^{-1})(10^{-3} \text{ m} \cdot \text{km}^{-1})$

$$= 34.2 \text{ km}$$

2. 식 9-36을 이용하여 임계 부족량을 구한다.

$$D = \frac{(0.61)(6.75)}{(0.76 - 0.61)}\{\exp[-(0.61)(1.07)] - \exp[-(0.76)(1.07)]\}$$

$$+ 1.6 \exp[-(0.76)(1.07)]$$

$$= 2.8 \text{ mg} \cdot \text{L}^{-1}$$

따라서, DO의 최솟값은 $8.5 \text{ mg} \cdot \text{L}^{-1} - 2.8 \text{ mg} \cdot \text{L}^{-1} = 5.7 \text{ mg} \cdot \text{L}^{-1}$이다.

예제 9-13 테프넷천 예시에 대하여(예제 9-7, 9-8, 9-10), 아베타시 방류구에서 하류 5 km 지점의 DO를 구하고, 임계 DO와 임계거리를 구하시오.

풀이 예제 9-7, 9-8, 9-10으로부터 식 9-36과 9-38에 대입해야 할 변수 대부분을 구했으며, 추가적으로 유하시간 t와 재포기 계수 k_r을 구해야 한다. 먼저 k_r을 구하면,

$$20°C에서의\ k_r = \frac{(3.9)(0.03\ m \cdot s^{-1})^{0.5}}{(5.0\ m)^{1.5}} = 0.0604\ day^{-1}$$

여기서 구한 k_r은 수온 20°C에 해당하고 실제 수온은 10°C이므로, 식 9-7을 이용해 온도보정을 한다.

$$10°C에서의\ k_r = (0.0604\ day^{-1})(1.024)^{10-20} = (0.0604)(0.7889) = 0.04766\ day^{-1}$$

유하시간 t는 거리와 유속을 이용해 구한다.

$$t = \frac{(5\ km)(1000\ m \cdot km^{-1})}{(0.03\ m \cdot s^{-1})(86,400\ s \cdot day^{-1})} = 1.929\ day$$

반올림이 계산 결과에 큰 영향을 미치는 것을 방지하기 위해 유하시간을 유효숫자 네 자리로 표현하였다.

식 9-36을 이용해 산소 부족량을 구하면,

$$D_t = \frac{(0.03442)(11.86)}{0.04766 - 0.03442} \left[e^{-(0.03442)(1.929)} - e^{-(0.04766)(1.929)} \right] + 6.58 \left[e^{-(0.04766)(1.929)} \right]$$

$$= (30.83)(0.9358 - 0.9122) + 6.58(0.9122)$$

$$= 6.7299\ 또는\ 6.73\ mg \cdot L^{-1}$$

따라서 DO는

$$DO = 11.33 - 6.73 = 4.60\ mg \cdot L^{-1}$$

식 9-38을 이용해 임계시간을 구하면,

$$t_c = \frac{1}{0.04766 - 0.03442} \ln \left\{ \left(\frac{0.04766}{0.03442} \right) \left[1 - 6.58 \times \frac{(0.04766 - 0.03442)}{(0.03442)(11.86)} \right] \right\}$$

$$= 6.45\ days$$

식 9-40을 이용해 임계 부족량을 구하면,

$$D_c = \frac{(0.03442)(11.86)}{0.04766 - 0.03442} \left[e^{-(0.03442)(6.45)} - e^{-(0.04766)(6.45)} \right] + 6.58 \left[e^{-(0.04766)(6.45)} \right]$$

$$= 6.85\ mg \cdot L^{-1}$$

따라서 임계 DO는

$$DO_c = 11.33 - 6.85 = 4.48\ mg \cdot L^{-1}$$

유속이 0.03 m · s^{-1}임을 이용하면, 이 임계값이 방류구에서 하류로

$$(6.45 \text{ days})(86{,}400 \text{ s} \cdot \text{day}^{-1})(0.03 \text{ m} \cdot \text{s}^{-1})\left(\frac{1 \text{ km}}{1000 \text{ m}}\right) = 16.7 \text{ km}$$

떨어진 지점에서 나타남을 알 수 있다.

관리 전략. 수질관리의 시작점은 용존산소 처짐곡선을 이용하여 하천의 수생태계를 보호할 수 있는 최소한의 DO 농도를 정하는 것이다. **용존산소 기준**(DO standard)라 불리는 이 값은 특정 하천에 현재 존재하거나 오염이 없으면 존재할 법한 가장 민감한 생물종을 보호할 수 있는 수준으로 설정한다. 오염수 유입량과 하천 특성에 대한 정보를 이용하여 용존산소 처짐공식을 풀어 임계점에서의 DO를 구한다. 이 값이 기준보다 높다는 것은 하천이 오염수를 적절히 동화(assimilation)할 수 있다는 것을 의미한다. 임계점의 DO가 기준치에 미달할 경우에는 오염수의 추가 처리가 필요하다. 대부분의 경우 공학적으로 해결 가능한 매개변수는 L_a와 D_a의 2가지이다. 현존하는 처리공정의 효율을 향상시키거나 추가적인 처리과정을 도입함으로써 배출수의 최종 BOD 값을 낮추고, 결과적으로 L_a를 낮춘다. 처리수에 산소를 불어넣어 방류 전에 DO를 포화 농도에 가깝게 높임으로써 D_a를 줄이는 것이 상대적으로 경제적인 하천 수질 향상 방법일 때도 많다. 개선을 통해 달성할 수 있을 것으로 예상되는 L_a와 D_a 값을 이용하여, 임계점에서 용존산소 기준이 달성 가능한지 확인함으로써 제안된 개선사항의 적절성을 평가한다. 최후의 수단으로 하천의 기계적 재포기로 k_r을 인공적으로 늘려 D_a를 감소시킬 수 있다. 그러나 이 방법은 설치와 운영 모두 비용이 많이 든다.

용존산소 처짐곡선으로 하·폐수 처리의 적절성을 평가할 때에는 DO 농도가 최소가 되는 하천 조건을 사용하는 것이 중요하다. 이 조건은 하천유량이 작고 수온이 높을 때 발생한다. 일반적으로 많이 이용되는 조건은 7일간 평균 유량의 10년 빈도 최저치이다. 유량이 작으면 하천에 유입되는 오염수의 희석이 덜 일어나므로 L_a와 D_a 값이 크다. 유량이 작으면 유속도 느리므로 k_r 값은 작아진다. 수온 증가는 k_r보다 k_d 증가에 더 크게 작용하고, 포화 DO를 낮추는 효과가 있으므로 수온이 높아지면 임계점에서의 DO 농도는 낮아진다.

예제 9-14 플린스사에서 벨레스(Veles)강 또는 페룬(Perun)강에 공장 2개를 건설하려고 한다. 공장의 방류수가 각 강에 미치는 영향과 어떤 강이 덜 영향을 받을지 검토하고자 한다. 아래와 같이 운영 중인 공장 A와 B의 유출수 자료가 앞으로 건설할 공장에도 적용 가능하다고 한다. 또한, 최저 유량 조건에서 각 강의 관측값이 아래와 같이 존재한다.

유출수 특성	공장 A	공장 B
유량($m^3 \cdot s^{-1}$)	0.0500	0.0500
최종BOD($kg \cdot day^{-1}$)	129.60	129.60
DO($mg \cdot L^{-1}$)	0.900	0.900
수온(°C)	25.0	25.0
20°C에서 k(day^{-1})	0.110	0.0693

강 특성	벨레스강	페룬강
유량(m³ · s⁻¹)	0.500	0.500
최종BOD(mg · L⁻¹)	19.00	19.00
DO(mg · L⁻¹)	5.85	5.85
수온(℃)	25.0	25.0
유속(m · s⁻¹)	0.100	0.200
평균 수심(m)	4.00	4.00
바닥면 활성계수	0.200	0.200

다음의 네 조합에 대해 평가한다:

벨레스강, 공장 A 유출수	벨레스강, 공장 B 유출수
페룬강, 공장 A 유출수	페룬강, 공장 B 유출수

풀이 우선, 계산 요령을 보다 분명하게 설명할 목적으로 표에 제시된 값들의 유효숫자 개수를 실제 측정 가능한 수준보다 많게 설정했음을 알려 둔다. 4가지 조합은 탈산소 계수와 재포기 계수에서만 차이가 나고, 나머지 조건은 동일하다. 따라서 모든 조합에서 L_a와 D_a 값은 동일하다.

우선 질량 플럭스(kg · day⁻¹)로 표현된 최종 BOD를 농도(mg · L⁻¹)로 변환해야 한다. 농도로부터 질량 플럭스를 구하는 요령을 되짚어 보면, 질량 플럭스를 물질을 운반하는 유체의 유량(Q_w, Q_r, 또는 $Q_w + Q_r$)으로 나누면 농도가 나온다는 것을 알 수 있다.

$$\frac{\text{유출되는 BOD}_u\text{의 질량 플럭스(kg · day}^{-1}\text{)}}{\text{BOD}_u\text{를 운반하는 물의 유량(m}^3 \cdot \text{s}^{-1}\text{)}}$$

질량 플럭스의 단위를 mg · day⁻¹로, 유량의 단위를 L · day⁻¹로 변환하여 시간 단위를 소거한다.

$$\frac{(\text{kg · day}^{-1} \text{ 단위 질량 플럭스}) \times (1 \times 10^6 \text{ mg · kg}^{-1})}{(\text{m}^3 \cdot \text{s}^{-1} \text{ 단위 유량}) \times (86{,}400 \text{ s · day}^{-1})(1 \times 10^3 \text{ L · m}^{-3})}$$

공장 A, B 모두에 대하여,

$$L_w = \frac{(129.60 \text{ kg · day}^{-1})(1 \times 10^6 \text{ mg · kg}^{-1})}{(0.0500 \text{ m}^3 \cdot \text{s}^{-1})(86{,}400 \text{ s · day}^{-1})(1 \times 10^3 \text{ L · m}^{-3})}$$

$$= \frac{129.60 \times 10^6 \text{ mg}}{4.320 \times 10^6 \text{ L}}$$

$$= 30.00 \text{ mg · L}^{-1}$$

식 9-18을 이용해 혼합 후 최종 BOD를 구하면,

$$L_a = \frac{(0.0500)(30.00) + (0.500)(19.00)}{0.0500 + 0.500}$$

$$= 20.0 \text{ mg · L}^{-1}$$

부록 A의 표 A-2로부터 25℃에서 포화 DO는 8.38 mg · L⁻¹임을 알 수 있다. 이 값을 식 9-24에 대입하여 초기 부족량을 구한다.

$$D_a = 8.38 - \frac{(0.0500)(0.900) + (0.500)(5.85)}{0.0500 + 0.500}$$

$$= 8.38 - 5.4$$

$$= 2.98 \ \text{mg} \cdot \text{L}^{-1}$$

벨레스강-공장 A의 조합에서 재포기 계수와 탈산소 계수는 각각 식 9-26, 9-30으로 구한다.

$$k_d = 0.110 + \frac{0.100 \times 0.200}{4.00}$$

$$= 0.0115 \ \text{day}^{-1}(20°C)$$

그리고

$$k_r = \frac{3.9(0.100)^{0.5}}{(4.00)^{1.5}}$$

$$= 0.154 \ \text{day}^{-1}(20°C)$$

강과 방류수의 수온이 25°C로 동일하므로 혼합 후 수온을 별도로 계산할 필요는 없다. 그러나 k_d와 k_r 값은 25°C 조건으로 변환해 주어야 한다. k_d는 식 9-7에 θ값 1.056을 대입하여 구한다.

$$k_d = 0.115(1.056)^{25-20}$$

$$= 0.151 \ \text{day}^{-1}$$

k_r은 식 9-27에 θ값 1.024를 대입하여 구한다.

$$k_r = 0.154(1.024)^{25-20}$$

$$= 0.173 \ \text{day}^{-1}$$

사용된 식의 계수를 놓고 봤을 때 재포기 계수와 탈산소 계수의 유효숫자를 세 자리로 하는 것이 수학적으로 완전히 타당하지는 않지만, 유하시간을 소수점 두 자리까지 구할 필요가 있으므로 유효숫자를 세 자리로 하여 계산하였다.

이제 임계시간을 계산한다. 식 9-38을 이용하면,

$$t_c = \frac{1}{0.173 - 0.151} \ln \left\{ \frac{0.173}{0.151} \left[1 - 2.98 \left(\frac{0.173 - 0.151}{0.151 \times 20.0} \right) \right] \right\}$$

$$= 45.45 \ln\{1.146[1 - 2.98(0.02185)]\}$$

$$= 5.18 \ \text{days}$$

식 9-36을 이용하여 임계점에서의 산소 부족량을 구한다.

$$D_c = \frac{(0.151)(20.0)}{0.173 - 0.151} \left[e^{-(0.151)(5.18)} - e^{-(0.173)(5.18)} \right] + 2.98 \left[e^{-(0.173)(5.18)} \right]$$

$$= 137.3[(0.0493)] + 2.98[1.224]$$

$$= 6.763 + 1.242$$

$$= 7.99 \ \text{mg} \cdot \text{L}^{-1}$$

이 D_c 값과 앞서 표 A-2에서 얻은 해당 수온에서의 포화 DO를 이용하여 임계점에서의 DO를 구할 수 있다.

$$DO_c = DO_s - D_c$$
$$= 8.38 - 7.99 = 0.39 \text{ mg} \cdot \text{L}^{-1}$$

따라서, 벨레스강-공장 A 조합의 DO 최솟값은 $0.39 \text{ mg} \cdot \text{L}^{-1}$이며, 이는 공장 A 방류구로부터 유하시간 5.18일이 지난 시점에 나타난다. 벨레스강의 유속이 $0.100 \text{ m} \cdot \text{s}^{-1}$이므로, 이 지점은 방류구로부터 하류로

$$\frac{(0.100 \text{ m} \cdot \text{s}^{-1})(5.18 \text{ days})(86,400 \text{ s} \cdot \text{day}^{-1})}{1000 \text{ m} \cdot \text{km}^{-1}} = 44.8 \text{ km}$$

떨어져 있다.

모든 조합에 대한 계산 결과를 아래 표에 나타내었다.

	공장 A		공장 B	
	벨레스강	페룬강	벨레스강	페룬강
k_d	0.151	0.151	0.104	0.104
k_r	0.173	0.245	0.173	0.245
t_c	5.18	4.11	5.86	4.47
D_c	7.98	6.62	6.51	5.32
DO_c	0.40	1.76	1.87	3.06

네 조합 중 임계점에서의 산소 부족량이 가장 적고 DO는 가장 높은 페룬강-공장 B가 최적의 조합이다.

스프레드시트로 작성한 프로그램을 통해 각 조합에서의 시간에 따른 DO 값을 계산하여 그림 9-18에 도시하였다. 이를 통해 다음과 같은 사실을 알 수 있다.

1. 다른 조건들은 모두 동일한 상태에서 재포기 속도가 빨라지면 임계시간이 짧아지고 그때의 산소 부족량도 줄어든다.
2. 다른 조건들은 모두 동일한 상태에서 재포기 속도가 느려지면 임계시간이 길어지고 그때의 산소 부족량도 늘어난다.
3. 다른 조건들은 모두 동일한 상태에서 탈산소 속도가 빨라지면 임계시간이 짧아지고 그때의 산소 부족량은 늘어난다.
4. 다른 조건들은 모두 동일한 상태에서 탈산소 속도가 느려지면 임계시간이 길어지고 그때의 산소 부족량은 줄어든다.

그림 9-18

용존산소 처짐곡선에 대한 k_d와 k_r의 영향. 페룬(Perun)강의 유속은 벨레스(Veles)강의 2배임에 유의한다.

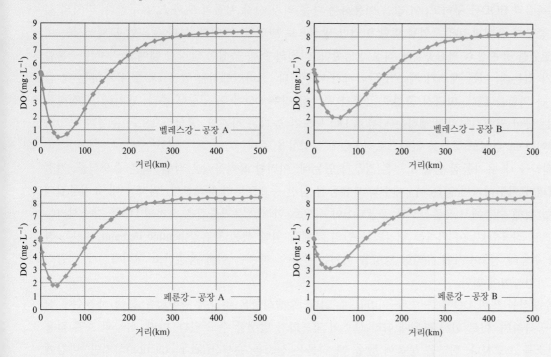

질소 BOD. 지금까지의 용존산소 처짐곡선 논의에 있어 우리는 탄소 BOD만 고려해 왔다. 그러나 많은 경우 질소 BOD도 탄소 BOD 못지 않게 하천의 용존산소에 큰 영향을 미친다. 현대적인 하·폐수종말처리장이 방류하는 처리수의 $CBOD_5$ 값은 30 $mg \cdot L^{-1}$ 미만이다. 일반적인 방류수의 질소 농도는 약 30 $mg \cdot L^{-1}$인데, 질소의 전량이 암모니아라고 가정하면 이는 NBOD 137 $mg \cdot L^{-1}$에 해당한다(예제 9-6 참조). 식 9-36에 항을 하나 추가함으로써 용존산소 처짐곡선에 질소 BOD를 반영할 수 있다.

$$D = \frac{k_d L_a}{k_r - k_d}(e^{-k_d t} - e^{-k_r t}) + D_a(e^{-k_r t}) + \frac{k_n L_n}{k_r - k_n}(e^{-k_n t} - e^{-k_r t}) \qquad \text{(9-41)}$$

여기서 k_n = 질소 탈산소 계수

$\quad\quad L_n$ = 하천수와 오염수 혼합 후 최종 NBOD

다른 변수는 앞서 정의한 바와 같다.

NBOD 항이 추가됨에 따라 식 9-38로 임계시간을 구할 수 없게 된다. NBOD 항이 있을 때의 임계시간은 식 9-41을 이용한 시행착오법(trial-and-error)으로 구한다.

하천 DO 농도에 영향을 미치는 추가 인자. 우리가 고찰한 고전적인 용존산소 처짐곡선에서는 하천에 유입되는 오염원이 점오염원 하나라고 가정하지만, 실제로 이러한 일은 거의 벌어지지 않는다. 점오염원이 여러 개 있을 경우 하천을 여러 개의 구간으로 나누고 각 구간의 최상류에 점오염원을 1개씩 배치하여 해석할 수 있다. 공학적인 목적으로 하천 모양, 바닥 환경, 경사 등 살펴보고자 하는 요인이 균질하도록 나눈 하천의 구간을 **리치**(reach)라고 한다. 어떤 리치 하류 끝 지점의 산소 부족량과 BOD를 구하고, 이 값을 이용하여 다음 리치 시작 지점의 D_a와 L_a를 구한다. 리치의 길이를 충분히 줄이면 비점오염원 또한 이러한 방식으로 반영할 수 있다. 보다 정교한 모델에서는 비점오염원을 용존산소 처짐공식에 직접 반영한다. 하천의 흐름 특성이 달라질 때에도 리치를 구분할 필요가 있는데, 이는 재포기 계수가 달라지기 때문이다. 소하천에서는 높은 DO를 유지하는 데 급류가 큰 역할을 한다. 따라서 준설로 급류가 사라질 경우 DO에 큰 영향을 준다. 댐이나 보 직하류에서는 물이 떨어지면서 발생하는 난류로 DO 농도가 높기는 하지만, 궁극적으로는 준설과 동일하게 댐이나 보 건설도 급류를 없앰으로써 DO에 악영향을 준다.

　퇴적물 내 유기물질 함량이 높은 경우가 있는데, 이러한 유기물질은 낙엽, 죽은 수생식물, 적절한 처리가 이루어지지 않은 하·폐수의 부유물질 침전 등으로부터 유래한다. 퇴적물 내 유기물질의 분해를 위해 수층에서 용존산소가 공급되어야 하므로 이러한 유기물질은 하천의 DO를 감소시키는 요인으로 작용한다. 이 퇴적물 내 유기물질의 분해를 위한 생물 호흡량(benthic demand, 409쪽 참조)이 수층의 산소수지에 유의한 영향을 미치는 수준일 때에는 이를 용존산소 처짐곡선에 정량적으로 반영하여야 한다.

　수생식물 또한 DO에 큰 영향을 미칠 수 있다. 수생식물은 주간에 광합성을 통해 하천수에 산소를 공급하며, 이로 인해 경우에 따라 산소의 과포화가 발생할 수도 있다. 한편, 식물의 호흡 작용은 산소를 소모한다. 밤낮을 통틀어 봤을 때 식물은 산소를 순생산(net production)하지만, 야간에는 호흡만이 이루어지므로 DO 농도가 크게 떨어질 수 있다. 일반적으로 식물 생장은 기온이 높은 여름철에 가장 활발하며, 미국 대부분의 하천유량은 이때 가장 낮다. 다시 말해서, 여름철 야간에 식물 호흡에 의한 산소 소모량이 크고, 이때의 유량 및 수온 조건 또한 DO 유지에 불리하다. 또한 수생식물이 죽어 바닥에 가라앉으면 퇴적물 내 유기물질의 분해를 위한 생물 호흡량을 증가시킨다. 따라서 일반적으로 수생식물이 많이 자라면 높은 DO 농도를 꾸준히 유지하기 어려운 조건이 된다.

영양분이 하천 수질에 미치는 영향

하천에 미치는 전반적인 영향 측면에서 가장 주요한 오염물질은 산소요구물질임이 분명하지만, 영양분 또한 식물의 과다 생장으로 하천 수질에 큰 영향을 미칠 수 있다. 영양분은 식물 생장에 필요한 원소를 의미하며, 탄소, 질소, 인, 그리고 다양한 미량원소가 있다(식물 조직에 존재하는 양 순). 모든 영양분이 충분히 존재하면 식물 생장이 이루어지지만, 이 영양분 중 한 원소라도 모자라면 식물 생장이 저해된다.

　생산자(식물)는 먹이 사슬의 기저를 이룸으로써 소비자(동물)를 떠받치므로 어느 정도의 식물 생장은 필요하다. 그러나 식물 생장이 과다하게 촉진되면 바위에 두꺼운 슬라임(이끼)층이 형성되거나 수생 잡초가 **빽빽하게** 자라는 등 다양한 문제를 일으킨다.

　수생식물 생장에 영향을 주는 것은 영양분뿐만이 아니다. 침식된 토양입자, 세균, 기타 물질로 인한 탁도 증가는 태양빛이 수심 깊이 도달하는 것을 방지하여 깊은 물에서의 식물 생장을 저해한다. 이러한 이유로 바위에 생장하는 이끼는 얕은 물에서만 자란다. 물살이 세면 뿌리를 내리고 자라는 식물이 버티기 어려우므로 이러한 식물은 물살이 잔잔하고 태양빛이 충분히 투과할 수 있는 얕은 물에서 자란다.

질소의 영향. 질소는 다음과 같은 4가지 이유로 방류수역에 영향을 미친다.

1. 분자상 암모니아가 높은 농도로 존재하면 어류에 독성을 미친다.
2. 암모니아성 질소(NH_3)(독성 영향이 심각하지 않은 분자상 암모니아 농도 범위)와 질산성 질소(NO_3^-)는 조류 과다 증식을 야기하는 영양분으로 작용한다.
3. 암모늄(NH_4^+)이 질산염(NO_3^-)으로 산화될 때 용존산소를 다량 소모한다.
4. 하·폐수 소독에 널리 이용되는 염소 소독 과정에서 분자상 염소(Cl_2) 또는 차아염소산/차아염소산 이온($HOCl/OCl^-$)이 수중의 암모니아와 반응해 클로라민을 생성할 수 있다. 클로라민은 방류 전 탈염소 공정에서 제거되지 않으며, 분자상 염소 및 차아염소산/차아염소산 이온보다 독성이 높다.

인의 영향. 인이 미치는 가장 심각한 영향은 조류 생장의 필수 영양분으로 작용하는 것이다. 조류 증식에 충분한 인이 공급되면 조류의 과다 생장이 일어나고, 조류가 죽으면 세균에 의해 분해되어 산소요구물질로 작용한다. 이로 인해 발생하는 산소 소모속도는 산소 공급속도를 초과하는 경우가 많으며, 이는 어류 폐사를 야기한다.

관리 전략. 영양분 과다로 인한 수질 문제를 관리하는 전략은 각 영양분의 오염원에 따라 달라진다. 매우 특수한 경우를 제외하고 식물 생장에 필요한 탄소는 충분히 공급된다. 식물은 탄소를 이산화탄소로부터 얻는데, 이는 물에 존재하는 중탄산 이온(HCO_3^-)이나 세균의 유기물질 분해를 통해 공급된다. 물에서 소모되는 이산화탄소는 대기로부터 공급된다. 일반적으로 미량원소의 주요 공급원은 암석 광물의 자연 풍화로, 이것에 대한 관리는 환경공학의 범주가 아닌 경우가 많다. 다만, 대기오염으로 인한 산성비 발생은 풍화 작용을 가속화시키므로, 대기오염 방지가 미량원소 공급량을 저감하는 역할을 할 수는 있다. 하·폐수에서 미량원소를 제거하기가 쉽지 않고, 식물 생장에 필요한 미량원소의 양은 그리 많지 않으므로, 대부분의 경우 질소와 인이 생장제한 영양분으로 작용한다. 따라서 하·폐수의 질소나 인을 제거하고 방류하는 것이 영양분에 의한 수질 문제를 해결하는 현실적인 방법이다.

9-4 호소 수질관리

호소의 인 제어

5장에서는 부영양화 문제와 그 생태계 영향에 대해 다루었다. 담수 호소에서는 주로 인이 생장제한 영양분이 되므로, 인위적 부영양화를 방지하기 위해서는 호수로 유입되는 인의 양을 줄여야 한다. 인 유입량이 줄어들면 호소수에 존재하는 인이 퇴적물에 묻히거나 물길을 따라 빠져나가면서 호소의 인 농도가 점차 줄어들게 된다. 부영양화를 방지하는 다른 방법으로는 알루미늄(알럼)을 첨가하여 인을 침전시키거나 인 농도가 높은 퇴적물을 준설로 제거하는 방법 등이 있다. 그러나 인의 유입량 감소가 동반되지 않는다면 부영양화는 계속 진행되기 때문에, 준설이나 침전만으로 얻을 수 있는 효과는 단기적이다. 준설, 침전 등의 조치가 인 유입량 감소와 함께 이루어진다면 호소 시스템에 존재하는 인의 제거를 가속화할 수 있다. 그러나 이러한 조치는 발생한 슬러지의 퇴적으로 담수와 해수가 만나는 지역의 범람 우려를 키우거나 퇴적물을 교란시켜 퇴적물 내에 존재하는 화학물질을 용출시킬 수도 있다. 따라서 인 제거 조치에 따른 이득과 손해를 면밀히 평가해야 한다.

인 유입량을 줄이기 위해서는 인의 유입원 종류와 유입원 각각의 유입량 저감 가능성을 파악해야 한다. 인의 자연적 유입원은 암석의 풍화이다. 암석으로부터 용출된 인은 수체로 바로 유입될수도 있지만, 식물이 섭취한 후 식물 사체의 형태로 유입되는 게 일반적이다. 이러한 자연적 유입을 저감하는 것은 매우 어려우며, 인의 자연적 유입량이 많은 호소는 자연적으로 부영양성이다. 호소의 주요 인 유입원은 인간 활동과 연관된 경우가 많다. 가장 중요한 유입원은 생활하수와 산업폐수, 정화조 누출, 인 비료를 포함한 농경지 지표유출수의 유입 등이다. 다양한 인 유입원의 상대적기여도에 대한 예시가 아래 예제에 나와 있다.

예제 9-15 표면적이 9.34×10^7 m², 수심이 10 m인 가상의 핑가(Pinga) 호수가 있다고 하자. 이 호소의 연평균 강수량은 107 cm이고, 다음의 유입원으로부터 인이 유입된다.

1. 아스트리드(Astrid)시의 하수종말처리장 방류수가 호수로 유입된다. 이 도시 시민의 평균 물사용량은 350 L · capita^{-1} · day^{-1}이며, 총인구수는 54,000명이다. 처리장 유입수의 총인 농도는 10 mg · L^{-1}(연평균값)이다. 처리장에서의 인 제거효율은 90%이다.

2. 아스트리드시는 최근에 차집관거 개선사업을 실시하여 오수관과 우수관이 분리된 분류식 하수도 시스템을 구축하였다. 우수는 모래 여과지에서 처리하여 인 농도를 50% 저감한 후 호수로 방류된다. 우수관거는 9.5 km²에 이르는 영역을 배수하며, 이 영역의 유출계수(runoff coefficient)는 0.40이다. 처리 전 우수의 총인 농도는 0.75 mg · L^{-1}이다.

3. 호수에 유입되는 하천은 오염의 영향을 받지 않은 것으로, 연간 평균 유량은 0.65 m³ · s^{-1}, 총인 농도는 0.05 mg · L^{-1}이다.

4. 호수 동쪽에 농업 지대가 있으며, 그 배수 영역은 150 km²이다. 파종 이전인 초봄에 가축분뇨를 시비한다. 이때 투여되는 인의 양은 0.42 kg · km^{-2} · year^{-1}이며, 농경지에 생장하는 작물은 이 중 60%를 제거한다. 이 영역의 유출계수는 0.30이며, 농경지 지표유출로 인한 인 유입량은 연중 일정하게 발생하는 것으로 가정한다.

5. 호수의 인 침전속도는 2.8×10^{-8} s^{-1}이다.

호수의 총인 농도를 계산하고, 이 호수는 어떤 영양상태에 있는지 구하시오. 증발량과 침투량의 합은 강수량과 동일하다고 가정한다.

풀이 이 호수의 흐름도를 그려 보자.

우선 그림에 나오는 모든 **유량값**을 구한다.
유입 하천의 유량 Q_r은 0.65 m³ · s^{-1}으로 주어졌다.
하수종말처리장으로부터의 유입유량은

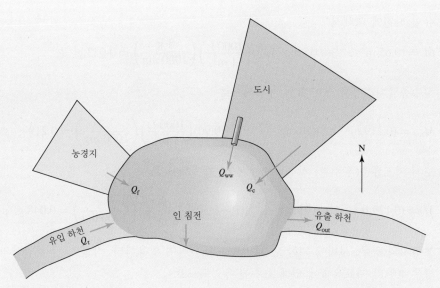

$$Q_{ww} = (350 \text{ L} \cdot \text{capita}^{-1} \cdot \text{day}^{-1})(54{,}000 \text{ people})\left(\frac{1 \text{ m}^3}{1000 \text{ L}}\right)\left(\frac{1 \text{ day}}{86{,}400 \text{ s}}\right) = 0.219 \text{ m}^3 \cdot \text{s}^{-1}$$

도시로부터의 지표유출유량은 강수량과 배수구역 넓이를 이용해 계산한다. 강수량은 107 cm · year^{-1}, 배수구역은 9.5 km^{2}이며, 유출계수는 0.40이다.

$$Q_c = (107 \text{ cm} \cdot \text{year}^{-1})\left(\frac{1 \text{ m}}{100 \text{ cm}}\right)\left(\frac{1 \text{ year}}{(365 \text{ days} \cdot \text{year}^{-1})(86{,}400 \text{ s} \cdot \text{day}^{-1})}\right)$$
$$\times (9.5 \text{ km}^2)\left(\frac{1000 \text{ m}}{1 \text{ km}}\right)(0.40)$$
$$= 0.129 \text{ m}^3 \cdot \text{s}^{-1}$$

동일한 방법으로 농경지에서의 지표유출유량을 구한다. 이 경우 배수구역은 15 km^2, 유출계수는 0.30이다.

$$Q_f = (107 \text{ cm} \cdot \text{year}^{-1})\left(\frac{1 \text{ m}}{100 \text{ cm}}\right)\left(\frac{1 \text{ year}}{(365 \text{ days} \cdot \text{year}^{-1})(86{,}400 \text{ s} \cdot \text{day}^{-1})}\right)$$
$$\times (150 \text{ km}^2)\left(\frac{1000 \text{ m}}{1 \text{ km}}\right)^2(0.3)$$
$$= 1.53 \text{ m}^3 \cdot \text{s}^{-1}$$

따라서 호수로 유입되는 총 유량은 다음과 같다.

$$Q_r + Q_{ww} + Q_c + Q_f = (0.65 + 0.219 + 0.129 + 1.53) \text{ m}^3 \cdot \text{s}^{-1} = 2.53 \text{ m}^3 \cdot \text{s}^{-1}$$

강수량은 증발량+침투량과 같으므로, 호수의 물수지를 유지하기 위한 유출 하천유량은 다음과 같다.

$$Q_{out} = 2.53 \text{ m}^3 \cdot \text{s}^{-1}$$

이제 **인 부하량**(유입량)을 계산한다.

유량(Q)과 농도(C)가 주어지면 시간당 질량은 Q×C로 구할 수 있다. 이 관계를 농경지를 제외한 모든 유입원에 적용한다.

유입 하천에 대해서

$$M_r = (0.65 \text{ m}^3 \cdot \text{s}^{-1})(0.05 \text{ mg} \cdot \text{L}^{-1})\left(\frac{1000 \text{ L}}{1 \text{ m}^3}\right)\left(\frac{1 \text{ g}}{1000 \text{ mg}}\right) = 0.033 \text{ g} \cdot \text{s}^{-1}$$

하수종말처리장은 인이 90% 제거되므로

$$M_{ww} = (0.219 \text{ m}^3 \cdot \text{s}^{-1})(10 \text{ mg} \cdot \text{L}^{-1})(1 - 0.90)\left(\frac{1000 \text{ L}}{1 \text{ m}^3}\right)\left(\frac{1 \text{ g}}{1000 \text{ mg}}\right) = 0.219 \text{ g} \cdot \text{s}^{-1}$$

도시 지표유출(우수관) 경로는 인이 50% 제거되므로

$$M_c = (0.129 \text{ m}^3 \cdot \text{s}^{-1})(0.75 \text{ mg} \cdot \text{L}^{-1})(1 - 0.50)\left(\frac{1000 \text{ L}}{1 \text{ m}^3}\right)\left(\frac{1 \text{ g}}{1000 \text{ mg}}\right) = 0.048 \text{ g} \cdot \text{s}^{-1}$$

농경지의 경우, 시비에 의한 인 투입량을 계산하여 활용한다. 작물이 인 투입량의 60%를 활용하고, 남은 40%가 지표유출에 의해 호수에 유입되므로

$$M_f = (0.42 \text{ kg} \cdot \text{km}^{-2} \cdot \text{year}^{-1})(150 \text{ km}^2)(0.40)\left(\frac{1000 \text{ g}}{1 \text{ kg}}\right)\left(\frac{1 \text{ year}}{365 \text{ days}}\right)\left(\frac{1 \text{ day}}{86,400 \text{ s}}\right)$$
$$= 7.99 \times 10^{-4} \text{ g} \cdot \text{s}^{-1}$$

따라서, 호수에 유입되는 인의 총질량은

$$M_{in} = M_r + M_{ww} + M_c + M_f = (0.033 + 0.219 + 0.048 + 7.99 \times 10^{-4}) \text{ g} \cdot \text{s}^{-1} = 0.301 \text{ g} \cdot \text{s}^{-1}$$

이제 **인 유출량**을 시간당 질량 단위로 구한다. 이를 위해 정상상태 및 완전 혼합을 가정한다. 인이 호소수로부터 유실되는 경로는 침전과 유출 하천이다.

2장에서 학습한 것을 활용하면, 분해 또는 제거로 농도가 줄어드는 것을 $d(C)/dt = -kC_{lake}V$로 나타낼 수 있다. 여기서 k는 속도상수, C_{lake}는 호소수의 농도, V는 호소수의 부피이다. 유출 하천을 통해 유실되는 인의 시간당 질량은 $C_{lake}Q_{out}$으로 표현 가능하다.

이제 호소수의 인 **물질수지식**을 완성한다.

$$\frac{d(\text{Mass})}{dt} = 인 \text{ 유입량} - 인 \text{ 유출량}$$

이를 풀어 쓰면 다음과 같다.

$$\frac{d(\text{Mass})}{dt} = 하수종말처리장으로부터의 유입량 + 유입 하천으로부터의 유입량 + 농경지로부터의 유입량$$
$$+ 도시 우수관거로부터의 유입량 - 침전에 따른 유실량 - 유출 하천에 의한 유실량$$

2장에서 연습했던 것을 활용하여 이를 다음과 같이 수학적으로 표현할 수 있다.

$$\frac{d(\text{Mass})}{dt} = C_rQ_r + C_{ww}Q_{ww} + C_cQ_c + C_fQ_f - k_sC_{lake}V - C_{lake}Q_{out}$$

여기서 k_s = 인의 침전상수

V = 호소수 부피

호소로 유입되는 인의 양은 이미 계산한 바 있다.

$$M_{in} = C_r Q_r + C_{ww} Q_{ww} + C_c Q_c + C_f Q_f = 0.301 \text{ g} \cdot \text{s}^{-1}$$

따라서,

$$\frac{d(\text{Mass})}{dt} = M_{in} - k_s C_{lake} V - C_{lake} Q_{out}$$

$$= 0.301 \text{ g} \cdot \text{s}^{-1} - (2.8 \times 10^{-8} \text{ s}^{-1}) C_{lake} (9.34 \times 10^7 \text{ m}^2)(10 \text{ m}) - C_{lake}(2.53 \text{ m}^3 \cdot \text{s}^{-1})$$

정상상태를 가정하므로, $d(\text{Mass})/dt = 0$으로 하여 위 식을 C_{lake}에 대하여 풀면

$$0.301 \text{ g} \cdot \text{s}^{-1} - (26.15 \text{ m}^3 \cdot \text{s}^{-1}) C_{lake} - (2.53 \text{ m}^3 \cdot \text{s}^{-1}) C_{lake}$$

$$= \frac{0.301 \text{ g} \cdot \text{s}^{-1}}{28.68 \text{ m}^3 \cdot \text{s}^{-1}} = C_{lake}$$

$$C_{lake} = 0.0105 \text{ g} \cdot \text{m}^{-3}$$

부영양화도 판별을 위해 단위를 변환한다.

$$C_{lake} = (0.0105 \text{ g} \cdot \text{m}^{-3}) \left(\frac{1000 \text{ mg}}{\text{g}} \right) \left(\frac{1000 \text{ μg}}{\text{mg}} \right) \left(\frac{\text{m}^3}{1000 \text{ L}} \right) = 10.5 \text{ μg} \cdot \text{L}^{-1}$$

이 결과를 표 5-2의 값과 비교하여 이 호소가 중간 영양상태임을 알 수 있다. 이미 호소의 인 유입량을 저감하기 위한 조치가 상당히 많이 이루어진 것으로 문제의 조건에 나와 있지만, 수질 향상을 위해서는 여전히 추가 조치가 필요하다.

생활하수와 산업폐수. 생활하수에는 인간 배설물에서 유래한 인이 포함되어 있다. 산업폐수에도 인 농도가 높은 경우가 많다. 이러한 경우에는 11장에서 논의할 고도처리 공정을 통해 인 농도를 저감하는 것이 유일한 방안이다. 1980년대 말 이전까지는 인산 이온 여러 개(주로 3개)가 연결된 이온인 폴리인산 이온을 포함하는 세제가 널리 쓰였는데, 폴리인산 이온은 물속의 미네랄과 결합하여 세정력을 높인다. 따라서 생활하수에 이 물질이 상당히 많이 존재하였다. 1970년대까지는 세제에서 유래한 인의 부하량이 인간 배설물에 의한 것보다 2배가량 높았다. 물론 고도처리로 세제에서 유래한 인을 제거할 수도 있지만, 세제에서 인을 제거함으로써 애초에 하수로 세제가 들어가지 않도록 하는 방법도 있다. 오늘날 사용되는 세제는 제조사에서 인산 계열 물질을 다른 물질로 대체하였기 때문에 인산을 함유하고 있지 않다. 오염 발생 자체를 최소화하는 관리 철학의 직접적인 사례로, 1980년대 말까지 미국 체서피크만을 둘러싼 모든 주에서 인산 계열 세제를 금지하는 법을 통과시킴으로써 호소로의 인 유입량을 신속하게 저감하고자 하였다.

정화조 누출. 미국에 있는 호소 주변에는 주택이나 여름 별장이 많은데, 이들은 개별적으로 정화조와 타일 필드(tile field)*를 보유하고 있다. 오수가 토양 공극을 흘러 호소로 유입되는 도중에 인

---

* (역주) 정화조 오수를 넓은 영역에 걸쳐 토양에 침투시켜 여과 등으로 자연적으로 정화한 후 호소 또는 지하수로 유입되게 하는 것.

은 토양 입자, 특히 점토에 흡착된다. 따라서 타일 필드의 초기 운영기간에는 매우 소량의 인만이 호소로 유입된다. 그러나 시간이 흐름에 따라 토양의 인 흡착 용량이 한계에 도달하면, 용량을 초과한 인은 공극을 그대로 통과한 후, 호소에 도달하여 부영양화를 일으키는 원인이 된다. 상당량의 인이 호소에 유입되는 데 걸리는 시간, 즉 인의 파과 시간은 토양의 종류, 호소까지의 거리, 오수의 발생량, 오수 내 인 농도 등에 좌우된다. 인이 호소에 도달하는 것을 방지하기 위해서는 되도록 호소에서 멀리 떨어진 곳에 타일 필드를 설치하여 토양의 흡착 용량이 초과되지 않도록 해야 한다. 이것이 불가능할 경우에는 정화조와 타일 필드로 오수를 처리하는 대신 관거를 설치하여 오수를 차집하고 처리시설로 이송하여 처리하여야 한다.

농경지 지표유출. 인은 식물 생장에 필요한 필수 영양분으로, 비료의 주요 성분이기도 하다. 빗물이 비료가 뿌려진 농경지를 따라 흐르면서 비료에 있던 인의 일부는 하천으로 유입되어 호소에 들어가게 된다. 작물에 흡수되지 않은 인의 대부분은 토양 입자에 결합된 상태로 존재한다. 토양에 결합된 인은 토양 침식에 의해 하천 및 호소에 유입된다. 따라서 농경지 지표유출에 의해 발생하는 호소의 인 부하량에 대해서 오염 발생 자체를 최소화하기 위한 전략은, 농업인들이 되도록 적은 양을 자주 시비하는 방식을 택하도록 유도하거나 토양 침식 방지를 위한 대책을 마련하는 것이다.

호소의 산성화

2장에서 보인 바와 같이 순수한 빗물은 약산성이다. CO_2는 물에 녹아 탄산(H_2CO_3)을 생성하며, H_2CO_3의 평형농도 조건에서 빗물의 pH는 약 5.6이다. 따라서 산성비는 일반적으로 pH 5.6 미만의 강우를 일컫는다. 오늘날 산성비라고 불리는 현상은 1968년 스웨덴의 학자 스반테 오덴(Svante Oden)의 연구에 의해 처음 알려졌다. 이 연구에서는 스칸디나비아 반도 국가들의 강수 pH 값이 저점 떨어지고 있음을 보였다(그림 9-19). 이후 이러한 빗물 산성화가 왜, 그리고 얼마나 광범위하게 발생하는지 밝혀내기 위한 연구와 조사가 전세계에 걸쳐 이루어졌다. 산성비 발생의 심각성은 그림 9-20a에 잘 나타나 있다. 1985년에 미국 북동부 상당 지역에는 pH 4.4의 비가 내렸고, 심각한 지역의 pH는 4.1 미만이었다.

그림 9-19

빗물의 pH 변화(산성화)를 확인한 최초의 연구 결과. 도시한 자료는 스반테 오덴(Svante Oden)의 연구가 가장 중점적으로 이루어진 노르웨이 오슬로(Oslo)의 강우 pH 값이다. (출처: Svante Oden.)

그림 9-20

미국 일리노이주 어바나-샴페인에 위치한 중앙분석실(Central Analytical Laboratory)에서 측정한 빗물의 pH값. (a) 1985년, (b) 2000년, (c) 2015년.
(출처: National Atmospheric Deposition Program/National Trends Network, http://nadp.isws.illinois.edu.)

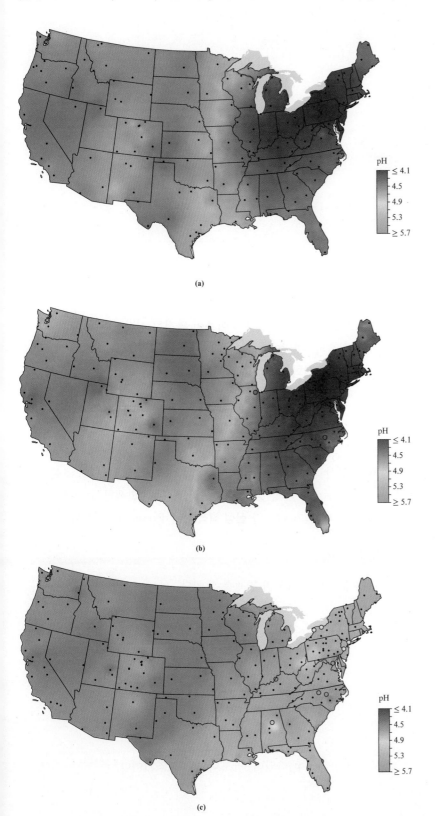

(a)

(b)

(c)

그림 9-21

산성비 발생
(출처: U.S. EPA, 2006.)

미국의 대표적인 산성비 피해 사례는 다음과 같다.

- 애디론댁 산맥에 위치한 수백 개의 호소에서 송어 등 일부 어종이 완전히 사라짐
- 미국 동부 연안 산악 지대의 1,350개가 넘는 하천이 산성화
- 미국 동부 연안 평야의 약 580개 하천이 산성화
- 뉴저지주 파인배런스의 하천 중 90% 이상이 산성화

많은 연구로 산성비 발생의 주요 원인이 화석 연료 연소에 따른 황 산화물 및 질소 산화물의 대기 중 배출이라는 것이 밝혀졌다. 그림 9-21에 보인 바와 같이 황 산화물과 질소 산화물은 대기 중에 배출되어 질산과 황산을 형성한다. 형성된 질산과 황산은 강우, 안개, 강설 등을 통해 식물, 구조물, 호소 등에 떨어지게(침적되게) 된다. 이 침적 현상은 건성 침적과 습식 침적 모두 발생할 수 있으므로, 이 현상을 나타내는 보다 정확한 용어는 산성비가 아니라 **산성 침적**(acid deposition)일 것이다.

예제 9-16   툴레(Thule)시에 떨어진 빗물의 화학 조성 분석으로 다음의 결과를 얻었다.

$$1.38 \ mg \cdot L^{-1} \ HNO_3$$
$$3.21 \ mg \cdot L^{-1} \ H_2SO_4$$
$$0.354 \ mg \cdot L^{-1} \ HCl$$
$$0.361 \ mg \cdot L^{-1} \ NH_3$$

이 빗물의 pH를 구하시오.

풀이   질산, 황산, 염산은 모두 강산이므로 물에서 완전히 해리되며, 암모니아는 약염기이다.

모든 물은 전기적으로 중성이어야 한다. 즉, 양이온의 이온가 합과 음이온의 이온가 합은 동일해야 한다. 이 빗물 시료에서 전기적 중성이 성립해야 함을 식으로 표현하면

$$[H^+] + [NH_4^+] = [NO_3^-] + 2[SO_4^{2-}] + [Cl^-] + [OH^-]$$

농도는 모두 몰농도를 사용한다.

참고: 문제에 수산화 이온(OH^-)은 언급되어 있지 않지만 모든 물에는 수산화 이온이 존재하므로 이 빗물에도 당연히 존재한다.

문제에서 주어진 농도값을 분자량으로 나누고 단위변환 계수를 곱하여 몰농도 단위로 바꾼다. 예를 들어, 질산의 분자량은

$$(1.008) + (14.01) + 3(16.0) = 63.02 \text{ g} \cdot \text{mol}^{-1}$$

이므로,

$$\frac{(1.38 \text{ mg HNO}_3 \cdot \text{L}^{-1})\left(\frac{1\,\text{g}}{1000\,\text{mg}}\right)}{63.02 \text{ g} \cdot \text{mol}^{-1}} = 2.19 \times 10^{-5} \text{ M}$$

나머지 계산은 아래 표를 참고한다.

화학종	농도 (mg · L⁻¹)	분자량 (g · mol⁻¹)	농도 (M)
HNO_3	1.38	63.018	2.1899×10^{-5}
H_2SO_4	3.21	98.076	3.2730×10^{-5}
HCl	0.354	36.458	9.7098×10^{-6}
NH_3	0.361	17.034	2.1193×10^{-5}

$$\sum(\text{음이온}) = [NO_3^-] + 2[SO_4^{2-}] + [Cl^-] + [OH^-]$$

문제를 풀기 위해서 아래와 같은 가정을 세운다.

$$[NO_3^-] + 2[SO_4^{2-}] + [Cl^-] \gg [OH^-]$$

따라서, $[OH^-]$를 무시하면

$$\sum(\text{음이온}) = 2.19 \times 10^{-5} + (2)(3.28 \times 10^{-5}) + 9.71 \times 10^{-6} \text{ M} = 9.70 \times 10^{-5} \text{ M}$$

암모늄 이온은 해리되어 암모니아를 생성하며, 이 반응의 평형상수는 $10^{-9.3}$이다. 따라서 산성의 pH 조건에서 암모니아성 질소는 모두 암모늄 이온, 즉 NH_4^+의 형태로 존재한다.

따라서,

$$[H^+] + [NH_4^+] = \sum(\text{음이온}) = 9.70 \times 10^{-5}$$
$$[H^+] = \sum(\text{음이온}) - [NH_4^+]$$
$$= 9.70 \times 10^{-5} - 2.12 \times 10^{-5} = 7.58 \times 10^{-5} \text{ M}$$
$$pH = -\log(7.58 \times 10^{-5}) = 4.12$$

pH가 산성으로 나왔기 때문에 우리가 세운 가정은 모두 유효하다.

$$[OH^-] = 10^{-(14-4.12)} \, M = 10^{-9.88} \, M = 1.32 \times 10^{-10} \, M$$

이 농도값은 다른 음이온에 비해 매우 작다.

어류, 그중에서도 송어와 대서양 연어는 낮은 pH 조건에 매우 민감하다. pH가 5.5 미만으로 떨어지면 대부분의 개체가 크게 스트레스를 받고, 5.0 미만이 되면 거의 살아남지 못한다. pH가 4.0 미만일 때 귀뚜라미 울음 청개구리(cricket frog)와 고성청개구리(spring peeper)의 치사율은 85%에 이른다. 라이언(Ryan)과 하비(Harvey)(1980)는 심각한 산성화가 진행된 캐나다 온타리오주의 패튼(Patten) 호수에서 생후 2~5년 된 물고기가 아예 발견되지 않았다고 보고하였다(그림 9-22).

산성비로 인한 어류 폐사의 주요 원인 중 하나는 알루미늄 농도 증가이다. 알루미늄은 토양에 매우 풍부한 원소이지만 보통 토양 미네랄의 형태로 결합되어 있다. 따라서 알루미늄은 보통의 pH 조건에서 거의 용출되지 않으나, 물이 산성화되면 매우 독성이 높은 Al^{3+} 이온이 물로 용출된다. 그림 9-23에는 스웨덴의 호수에서 관측한 pH와 알루미늄 농도 간 관계가 나타나 있다(Dickson, 1980). 그래프를 통해 pH가 낮아질수록 알루미늄 농도가 높아진다는 것을 알 수 있다. 따라서 pH가 낮아지면 수생물은 낮은 pH 자체뿐만 아니라 높은 알루미늄 농도에 의해서도 스트레스를 받는다.

산성 침적이 주는 스트레스로 수생물에게 다음과 같은 악영향이 발생할 수 있다.

- 생식 장애
- 아가미 손상으로 인한 호흡 장애
- 알의 부화율 감소
- 연체동물의 칼슘 흡수 장애

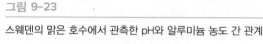

그림 9-22

패튼(Patten) 호수 물고기의 나이 분포

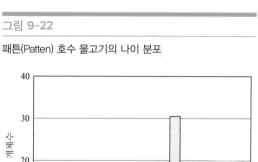
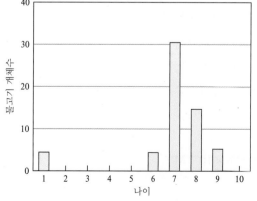

그림 9-23

스웨덴의 맑은 호수에서 관측한 pH와 알루미늄 농도 간 관계

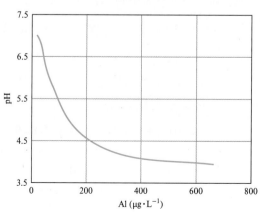

호소수에서 pH 완충 역할을 하는 것은 대부분 탄산염 완충 시스템이다(2장 참조). 이 완충 능력을 넘어서지 않는다면 호소의 pH는 산성비에 의해 그다지 큰 영향을 받지 않을 것이다. 산성비에 의해 소모된 중탄산염을 벌충해 줄 수 있는 공급원이 존재한다면 이 완충 능력은 상당히 클 수 있다. 석회질 토양에는 탄산칼슘($CaCO_3$)이 다량 포함되어 있다. 탄산칼슘이 물에 용해되면 탄산 이온을 방출하고, 이는 수소 이온과 결합하여 중탄산 이온을 생성한다. 따라서 석회질 토양에 형성된 호소는 산성화에 저항하는 능력이 크다.

예제 9-17 매우 흔한 암석 광물인 돌로마이트(dolomite)로 이루어진 지대에 산성비가 침투하고 있다. 1940년의 지하수 평균 pH는 6.6이었고, 1995년 연평균 지하수 pH는 5.6으로 관측되었다. 돌로마이트 지대를 통과하는 지하수가 침전-용해 반응 평형에 도달했다고 가정하고, 두 pH 값에서의 칼슘과 마그네슘 농도를 계산하시오. 온도는 25℃이고, 빗물의 칼슘, 마그네슘, 탄산 이온의 농도는 무시할 만하다고 가정한다.

풀이 돌로마이트의 화학식은 $CaMg(CO_3)_2$이며 pK_s 값은 17.09이다. 내리는 빗물에는 칼슘, 마그네슘이 존재하지 않는다고 가정한다. 대기 중 이산화탄소와 평형을 이루는 빗물의 탄산 농도는 10^{-5} M이다(2장 참조: 대기 중 이산화탄소 분압은 $10^{-3.5}$ atm으로 가정한다).

돌로마이트의 용해 반응은 다음 반응식으로 표현된다.

$$CaMg(CO_3)_2 \rightleftharpoons Ca^{2+} + Mg^{2+} + 2CO_3^{2-}$$

이 반응의 평형상수는 다음과 같이 표현된다.

$$[Ca^{2+}][Mg^{2+}]\left[CO_3^{2-}\right]^2 = 10^{-17.09}$$

내리는 빗물의 칼슘, 마그네슘 농도는 0이고, 침투하는 물에 돌로마이트가 녹으면서 칼슘과 마그네슘 이온이 동일한 몰비로 공급된다. 따라서 지하수에 존재하는 칼슘과 마그네슘 이온 농도는 s로 동일하다고 가정할 수 있다. 돌로마이트가 녹으면서 공급되는 탄산 이온으로부터 탄산, 중탄산이 형성될 수 있으므로,

$$C_T = [H_2CO_3^*] + [HCO_3^-] + [CO_3^{2-}] = 2s$$

2장으로부터 탄산의 해리 반응으로 탄산 이온이 생성되는 반응의 평형상수를 다음과 같이 구한다.

$$H_2CO_3^* \rightleftharpoons 2H^+ + CO_3^{2-} \qquad K = 10^{-6.3} \times 10^{-10.3} = 10^{-16.6}$$

또한, 중탄산 이온의 해리 반응으로 탄산 이온이 생성되는 반응은 다음과 같다.

$$HCO_3^- \rightleftharpoons H^+ + CO_3^{2-} \qquad pK = 10.3$$

pH 6.6에서

$$\frac{\left[CO_3^{2-}\right][H^+]^2}{[H_2CO_3^*]} = 10^{-16.6} = \frac{\left[CO_3^{2-}\right]10^{-13.2}}{[H_2CO_3^*]}$$

따라서, $[H_2CO_3^*] = 10^{3.4} [CO_3^{2-}]$

$$\frac{[CO_3^{2-}][H^+]}{[HCO_3^-]} = 10^{-10.3} \frac{[CO_3^{2-}]10^{-6.6}}{[HCO_3^-]}$$

따라서, $[HCO_3^-] = 10^{3.7} [CO_3^{2-}]$

$$C_T = [H_2CO_3^*] + [HCO_3^-] + [CO_3^{2-}] = 10^{3.4} [CO_3^{2-}] + 10^{3.7} [CO_3^{2-}] + [CO_3^{2-}]$$
$$= 7.52 \times 10^3 [CO_3^{2-}] = 2s$$

그러므로,

$$[CO_3^{2-}] = \frac{2s}{7.52 \times 10^3}$$

돌로마이트 용해 반응의 평형상수식으로부터

$$(s)(s)\left(\frac{2s}{7.52 \times 10^3}\right)^2 = 10^{-17.09}$$

이 식을 s에 대해서 풀면 pH 6.6에서

$$s = 0.00327 \text{ M} = [Ca^{2+}] = [Mg^{2+}]$$

pH 5.6에서 동일한 방법으로 계산하면, $s = 0.0207 \text{ M} = [Ca^{2+}] = [Mg^{2+}]$
확인한 바와 같이 pH가 6.6에서 5.6으로 감소함에 따라 지하수의 칼슘과 마그네슘 농도는 약 6배 증가한다.

산성화에 대한 호소의 저항성에 영향을 미치는 다른 요인으로는 토양의 투수율과 깊이, 기반암의 조성, 유역의 경사와 면적, 식생 특성 등이 있다. 토양의 깊이가 얕고 투수성이 나쁘면 강우가 토양과 접촉할 시간이 줄어들고, 따라서 토양이 산성 강우에 완충 능력을 발휘할 기회가 줄어든다. 유사한 이유로, 유역 면적이 좁고 경사가 가파르면 완충 능력을 발휘할 시간이 상대적으로 짧아진다. 침엽수림에서 발생한 지표유출수의 pH는 강우 자체보다 낮은 경우가 많다. 화강암으로 이루어진 기반암은 산성비를 완충하는 능력이 거의 없다. 갤러웨이(Galloway)와 카울링(Cowling)(1978)은 기반암의 지질학적 특성을 바탕으로 산성비에 취약한 호소가 있는 지역을 예측한 바 있다(그림 9-24). 그림을 통해 강수의 pH가 비교적 낮은 지역이 산성비에 대한 민감도도 높은 것으로 예측되었음을 알 수 있다.

산성 침적으로 발생하는 문제에 대한 보고가 꾸준히 늘어나면서 미의회는 1990년 청정대기 개정법(1990 amendment of the Clean Air Act)을 통해 산성 대기오염물질 배출을 저감하기 위한 특별 조항을 신설하였다. 개정법에서는 2000년 이산화황 배출량을 1980년의 40% 수준으로 낮추는 것을 목표로 이산화황 배출 거래제도를 도입하였다. 1995년 발효된 제1차 산성비 저감 프로그램으로 이산화황의 주요 배출시설(중서부, 아팔래치아 산맥, 남동부, 북동부 21개주 발전소 10개소)에 배출량 저감을 위한 대기오염 방지장치를 설치하도록 하였다. 2000년에는 제2차 산성비 저감 프로그램이 발효되어 대형 석탄 화력 발전소와 다른 소규모 배출시설의 이산화황 배출량을 줄이도록 하였

그림 9-24 북미에서 산성 강수에 의한 산성화에 취약한 호수가 포함된 지역

음영으로 표시된 지역은 화성암 또는 변성암 지대이며, 음영이 없는 지역은 석회석 또는 퇴적암 지대이다. 알칼리도가 낮은 호수가 있는 지역과 화성암/변성암 지대는 서로 일치한다.

다. 그림 9-20b에 나타난 바와 같이 2000년의 강우 pH 값은 1985년에 비해 상당히 높아졌다. 2015년까지 북동부 대부분 지역의 강수 pH가 자연 pH보다 아주 약간 낮은 수준으로 회복된 것으로 보아 환경 규제 강화가 성공하였음을 알 수 있다.

황 산화물과 질소 산화물의 대기 배출 관리에 대해서는 12장에서 상세히 논의하기로 한다.

9-5 어귀의 수질

어귀(estuary; 또는 하구(河口))[*]는 해안선을 따라 형성된 하천의 담수가 바다로 흘러들어 가는 영역을 가리킨다. 이 곳은 염분이 낮은 담수와 염분이 높은 해수가 섞이는 천이(transition) 영역이다. 이 영역의 물은 부분적으로 정체되어 있고 조석간만의 영향을 받는다. 한편으로는 암초, 해안의 섬, 반도 등 바다 쪽 지형의 방어 작용이 파랑, 바람, 강수 등의 영향을 다소 완화시켜 주기도 한다(National Estuarine Research Reserve System, 2007; U.S. EPA, 2007).

어귀의 모양과 크기는 매우 다양하다. 이 영역은 'bay', 'lagoon', 'harbor', 'inlet', 'sound' 등 다양한 이름으로 불리는데, 반대로 이렇게 불리는 영역을 모두 어귀라 부를 수 있는 것은 아니다. 어귀를 정의하는 핵심적인 특성은 담수와 염수의 혼합이 일어나는 것이다. 샌프란시스코만, 퓨젓사운드, 체서피크만, 보스턴 하버, 탬파만 등이 어귀의 대표적인 예이다.

어귀에는 물이 들어왔다 나가고 그에 따라 수생생물이 잠겼다 노출되기를 반복하면서 복잡하고 특수한 생태계가 형성된다. 즉, 어귀의 생물 분포와 서식 특성을 결정하는 것은 물의 흐름 특성

---

[*] (역주) 우리나라 전문가들은 기수역(汽水域)이라는 용어도 자주 사용한다.

이다. 하천과 바닷물은 생물에 필수적인 영양분을 풍부하게 공급하므로, 동일한 면적의 농경지, 삼림, 초원보다 생물 밀도가 높은 생태계가 형성된다. 어귀에는 얕은 물로 덮인 구역, 담수 및 염수 습지, 모래사장, 갯벌, 암석이 드러난 해변, 굴 껍질로 뒤덮인 암초 지대, 맹그로브 삼림, 삼각주, 조수 웅덩이, 해초 밀집지대, 나무가 우거진 늪지대 등 매우 다양한 유형의 생태 서식지가 존재한다. 또한 조류, 어류, 갑각류, 바다 포유류, 조개류, 갯지렁이, 파충류 등 열거할 수 없을 정도로 수많은 생물군이 어귀 또는 그 주변에 서식한다.

어귀에는 많은 조류, 어류 등이 안전하게 둥지를 마련하고 알을 낳을 수 있는 공간이 존재한다. 또한 철새들이 긴 거리를 이동할 때 휴식을 취할 수 있는 최적의 장소를 제공한다.

많은 야생동물의 생명의 터전이자 안식처가 되는 것 외에도 어귀는 다양한 기능을 한다. 육지에서 퇴적물과 오염물질을 싣고 온 물은 담수 및 염수 습지의 여과 작용으로 퇴적물과 오염물질이 제거되어 깨끗하고 맑아진다. 습지 식물과 토양은 해수의 범람을 흡수하고 폭풍우로 인한 파랑을 약화시키는 등 바다가 해변에 가하는 힘을 완충시키는 역할을 한다. 이는 폭풍우와 범람으로부터 바닷가에 서식하는 생물과 시설물을 보호하는 중요한 기능이다. 소택지에 서식하는 얕은 식물 같은 여러 어귀 식물은 침식을 방지하여 해안선이 유지되는 데 도움을 준다.

영양분 과잉, 병원균 오염, 독성 화학물질, 하천 유속 및 유량 변화, 서식지 파괴, 외래종 침입 등으로 어귀는 큰 위협을 받고 있다. 지난 30여 년간 어류 및 야생동물 개체수 감소, 외래종 번식, 수질 악화, 생태계 건강성의 전반적 악화 등의 피해가 어귀에서 발생하였다.

5장을 통해 우리는 질소, 인 등의 영양분이 동식물 생장과 건강한 수생태계 유지에 필수적인 역할을 한다는 것을 배웠다. 그러나 영양분 과잉이 일어나면 어류에 질병을 야기하며, 적조 현상, 갈조 현상 등의 조류 과다 생장 문제를 일으키고, 용존산소를 고갈시킨다. 조류 증식은 햇빛의 투과를 방해하여 물속 해초의 생장을 저해한다. 이로 인해 해초를 먹이 또는 서식처로 이용하는 동물은 다른 지역으로 옮겨가거나 죽게 된다. 산소 고갈은 어패류 폐사를 야기한다. 조류의 과다 생장으로 적조나 갈조 현상이 일어나면 어류, 매너티(어귀에 서식하는 포유류의 일종; 바다소), 가리비 등이 죽거나 피해를 입는 것으로 알려져 있다. 조류 개체수가 늘어나면 악취가 심해지고 미적 가치도 떨어진다. 하수 처리장 방류수, 도시 및 농업 지역 지표유출, 정화조 누출, 지표유출수에 포함된 퇴적물, 가축 분뇨, 발전소와 자동차 배출가스의 대기 침적, 지하수 유입 등 다양한 점오염원/비점오염원이 영양분 과다를 일으키는 요인이 된다.

수영, 서핑, 다이빙 등 바다에서 여가 활동을 즐기거나 해산물을 섭취하는 이들에게 병원균은 건강상의 위협을 초래한다. 어류나 가리비, 게 등의 여과 섭식(filter feeding) 생물은 조직 내에 병원균이 농축되어 있을 수 있으므로 이러한 수산물을 섭취하면 질병에 걸릴 수 있다. 병원균 오염에 대한 우려가 높아지면 조개류 수확이나 해수욕이 금지될 수 있다. 병원균의 오염원으로는 도시 및 농업 지역의 지표유출, 보트·요트의 정박지(marina)에서 발생하는 오염수와 폐기물, 정화조 시스템의 결함 및 누출, 하수 처리장 방류수, 합류식 관거 월류수(combined sewer overflow), 하수의 불법 방류, 반려동물 및 야생동물의 분변 등이 있다.

중금속, 다환방향족탄화수소, 폴리염화바이페닐, 농약류 등의 독성 화학물질은 차집된 우수의 방류, 산업폐수 방류, 도시 및 농경지 지표유출, 하수 처리장, 대기 침적 등을 통해 수계에 유입된다. 퇴적물에 축적된 독성물질 또한 준설, 선박 운항 등으로 퇴적물 교란이 발생하면 수층으로 재부유될 수 있다. 이러한 독성물질로 인한 문제가 발생하면 어로 활동이 통제되고 수산물 섭취가 제한될 수 있다.

교통 시스템이 지구촌 곳곳을 연결하게 되면서 토착종이 아닌 외래 생물이 생태계에 유입되었다. 선박의 평형수나 선체 등에 실려오는 생물은 철저한 검역 과정을 쉽게 통과한다. 일부 외래종은 토착 동식물의 절멸이나 개체수의 심각한 감소를 야기하는 등 생태계 먹이 사슬을 완전히 바꿔놓기도 한다. 초식동물이 습지에 과다 증식하여 식생이 크게 줄어들면 습지의 건강성이 악화되거나 습지가 소멸되기도 한다. 외래종 유입의 다른 영향으로는 (1) 영양소 순환과 토양 비옥도의 변화, (2) 토양 침식 증가, (3) 항해, 관개, 낚시, 여가용 선박 운항, 해변 이용과 같은 인간 활동 방해가 있다.

체서피크만의 생태계 보호를 목적으로 체서피크만 협약(Chesapeake Bay Agreement)과 국립 어귀 프로그램(National Estuary Program(NEP))이 만들어졌다. 체서피크만은 이러한 조치로 미국에서 처음으로 복원 및 보호사업이 이루어진 어귀이다. 1983년에 메릴랜드, 버지니아, 펜실베이니아주의 주지사와 워싱턴 D.C. 시장은 체서피크만 협약에 서명하였다. 이 서명으로 체서피크만 수질을 개선하기 위해 수립된 계획이 하나씩 수행되기 시작하였다. 국립 어귀 프로그램은 1987년 미국 수질보호법(Clean Water Act) 개정안에 따라 실시되었다. 이 프로그램은 미국에서 국가적으로 중요한 가치를 지니는 어귀를 판별하고 회복, 보호하는 것을 목적으로 하며, 단순한 수질 개선에 그치지 않고 그 지역 생태계 전체의 건강성과 경제적, 오락적, 미적 가치를 유지하는 것에 초점을 맞춘다.

9-6 해양의 수질

해양은 지구 표면의 71%를 차지한다. 해양은 전 지구적 탄소 순환에 중요한 역할을 하고, 질소와 인 순환을 조절한다. 또한 해양은 식품, 생화학물질, 미네랄, 여가활동 공간 등을 제공하는 필수자원이기도 하다.

산호초는 독특하고 활기차면서도 훼손되기 쉬운 생태계이다. 각각의 산호초는 저마다 다른 종류의 미생물, 조류, 동식물의 보금자리가 된다. 산호초가 제공하는 관광, 레크리에이션, 낚시 자원은 수천 개의 일자리와 연간 수십억 달러의 수입 원천이 된다. 산호초는 신약과 생화학물질 원료를 공급하고 해안 침식을 방지하며, 폭풍우로부터 해안 주민의 생명을 보호한다.

이러한 산호초의 고유하고 소중한 가치에도 불구하고, 세계 각지의 산호초는 해양 오염, 해수 수온 증가, 퇴적물 침적, 지속 가능하지 않은 어획 활동으로 큰 위험에 빠져 있다. 비료는 산호 안에 서식하는 조류를 죽일 수 있다. 반면에 내륙에서 방류하는 하수와 농업 지역의 지표유출수 유입, 폐기물 해양투기 등으로 영양분 농도가 증가하면 조류의 과다증식이 발생한다. 조류는 산소를 소모하여 산호초를 질식시키고 성게, 가시 해조류관(crown-of-thorn seastar) 등 천적을 끌어들여 산호를 죽게 한다. 바다의 온도 상승은 산호의 세포조직 내에 생장하면서 산호가 영롱한 빛을 내게 하는 특정 조류를 죽게 함으로써 산호초 전체가 하얗게 변하는 산호 백화 현상이 발생하는 주요 원인인 것으로 알려져 있다. 유류오염은 산호 표면을 덮어 산소 섭취를 방해함으로써 산호를 죽게 할 수 있으며, 유류에 존재하는 화학물질은 산호에 독성 영향을 줄 수 있다.

다시마숲 또한 매우 특이한 해양 생태계이다. 다시마숲은 암석으로 이루어진 해안을 따라 6~30 m 깊이에 위치한다. 갈조류의 일종인 다시마로 이루어진 숲에는 물고기, 성게, 해삼, 불가사리 등 다양한 생물이 다량 존재한다. 이 생태계 역시 인간 활동의 영향에 취약하여 생활하수, 가축 농장에

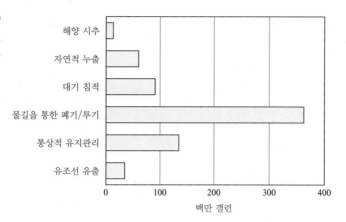

그림 9-25

해양환경에 유류오염을 일으키는 요인
(출처: Ocean Planet,
Smithsonian Institution, 1995.)

서 나온 분뇨 등의 해양투기로 인해 심각하게 훼손될 수 있다. 이러한 해양투기로 성게의 개체수가 크게 증가하면 다시마에 달라붙었다 떨어진 성게가 바닥을 뒤덮으면서 숲이 광범위하게 파괴되는 일이 발생한다.

이렇게 우리는 오염이 해양 생태계에 어떻게 치명적인 영향을 미치는지 알아보았다. 이제 오염의 원인을 살펴보고, 우리 사회가 해양 보전을 위해 어떤 일을 할 수 있는지 알아보자.

대형 유류유출 사고는 헤드라인을 장식하지만, 그림 9-25에서 볼 수 있듯이 실제 유류오염의 전체 발생량은 유조선 유출이라는 단일 요인에 의한 것보다 훨씬 많다는 것을 알 수 있다. 도로 등 지표에 유출된 엔진오일은 물길로 쓸려 내려가 바다에 도달한다. 선박 밑바닥에 고인 물과 기름의 혼합물(빌지(bilge)라 불림)을 청소하는 등 선박 항해와 관련된 활동 중에 발생하는 소량의 기름 유출 횟수는 셀 수 없이 많아 총량으로 봤을 때 엄청난 양의 기름을 항로에 유출한다. 자동차, 발전소, 산업시설 등에서 대기 중으로 배출된 탄화수소는 강우나 건성 침적(dry deposition) 등에 의해 해양으로 흘러들어 가는 물길에 떨어지거나 해양에 직접 떨어진다. 해저 바닥에서 발생하는 누출과 퇴적암 침식으로도 기름이 해수에 유입될 수 있다. 해양 유류오염의 오직 5%만이 주요 유조선 사고에 의해 발생하지만 이로 인한 유류유출은 넓은 영역의 해양과 해안 생태계에 악영향을 줄 수 있다.

화학물질, 하수 슬러지, 고형 폐기물 등의 해양투기는 최근까지도 빈번하게 이루어져 왔다. 미국에서는 해양 보호·연구 및 보전구역에 관한 법률(Marine Protection, Research, and Sanctuaries Act, MPRSA) 타이틀 I에 따라 해양투기를 제한하였다. 1988년에 해양투기방지법(Ocean Dumping Ban Act)이 MPRSA를 대체할 때까지는 하수 슬러지와 산업 폐기물을 공해상에 버리는 것이 허용되었다. 이후 국제법에 의해 해양투기가 대부분 금지되었으나, 미국은 여전히 퇴적물이나 항만, 마리나, 어귀, 만 등으로부터 준설된 물질의 해양투기를 허용하고 있다. 이 물질의 상당수는 독성물질을 포함하고 있다. "해저 광미 투기(submarine tailings disposal)"라 불리는 광산 폐기물의 해양투기 행위는 동남아시아, 태평양 등에서 광범위하게 이루어지고 있다.

해양투기와 물길을 통한 유입, 대기로부터의 침적 등으로 독성물질은 지구상의 모든 해양에서 발견된다. 해안 지역의 오염이 보다 심각하기는 하지만 이러한 독성물질은 먼 바다의 생태계에도 악영향을 미친다. 우리는 이미 산호초에 화학물질이 주는 악영향에 대해 알아본 바 있다. 해저에 서식하는 물고기 또한 유류유출로 인한 독성물질 노출에 취약하다. 독성물질 노출은 물고기에 간 병변을 일으키거나 생식과 생장을 저해한다. FDA는 최근 뉴스 기사를 통해 임산부나 임신을 원하는 여성은 상어, 황새치, 왕고등어, 옥돔 등의 어류 섭취를 피할 것을 경고하였다. 이들과 참치 등의 어

구분	발견된 횟수	구분	발견된 횟수
부표	179	플라스틱 파이프 조각	29
상자(빵, 병 운반용)	14	끈 조각	44
플라스틱병(음료, 세면용품)	71	형광등, 전구	12
유리병(15개국에서 유래)	171	에어로졸 캔	7
광구병	18	음식/음료 캔	7
부서진 플라스틱 조각	268	기타	34
병뚜껑	74		

표 9-4 남태평양의 산호섬 두시아톨(Ducie Atoll)에서 발견된 쓰레기 목록

종에는 수은이 축적되어 있을 수 있기 때문에, 임신 중 수은을 섭취하면 태아의 중추신경계에 손상을 발생시켜 유아의 인지 발달을 지연시킬 수 있다(Neegaard, 2001). 영양분 과다로 인한 조류의 과다 증식(algal bloom) 시 배출되는 독성물질은 바다사자의 죽음을 야기하며, 혹등고래, 흰긴수염고래 등 멸종 위기종에게 피해를 입히는 것으로 알려져 있다. 도모산(domoic acid)이라는 독소는 멸치, 정어리, 크릴새우 등 고래로 연결되는 먹이 사슬에 있는 생물들에서 검출된 바 있다(Associated Press, 2001).

고형 폐기물의 부적절한 투기는 해양 야생생물에 심각한 영향을 미칠 수 있다. 동물은 유실된 낚시용품에 얽혀 가라앉거나 움직이지 못하게 되거나, 플라스틱을 먹고 죽을 수도 있다. 남태평양 핏케언 제도의 두시아톨(Ducie Atoll)이라는 섬은 가장 가까운 유인도에서부터 300마일 가까이, 가장 가까운 대륙에서 3,000마일 넘게 떨어져 있는 세계에서 가장 외딴 섬 중 하나이다. 그럼에도 불구하고, 바다새의 중요한 번식 장소인 이곳의 산호초에는 유럽의 해변 못지 않게 쓰레기가 많이 발견된다. 벤턴(Benton, 1991)은 1991년에 이곳에 방문하여 해변 2.4 km 구간에서 무려 950개가 넘는 쓰레기를 발견하였으며, 이 쓰레기 목록은 표 9-4에 나와 있다.

1972년 제정된 수질보호법(Clean Water Act)은 미국 연방정부법 중 배가 다닐 수 있는 물길과 이를 잇는 해안을 보호하는 가장 핵심적인 법률이다. 수질보호법은 오염을 방지하고 오염에 대응하는 조치가 갖춰야 할 사항을 상세하게 제시한 타 규정의 기초가 된다. 수질보호법 제311조는 유류 및 유해물질 유출로 인한 오염을 다룬다. 이 조항에 따라 EPA와 연안경비대는 배가 다니는 물길에서 발생하는 유류유출 사고의 방지·준비·대응 프로그램을 수립할 권한을 갖는다. EPA는 이 수질보호법 조항에 따라 국가긴급방제계획(National Contingency Plan), 유류오염방지지침(Oil Pollution Prevention regulation) 등 다양한 규정을 마련해 놓고 있다.

1969년 미국 캘리포니아주 산타바바라 해안 근처 바다에서 심각한 유류유출 사고가 발생해 해변이 기름띠로 뒤덮이고 수많은 해양동물이 죽는 일이 일어났다. 해양과 해안 보호를 위해 미의회는 1972년에 연안지역관리법(Coastal Zone Management Act, CZMA)과 해양보호·연구 및 보전구역에 관한 법률(Marine Protection, Research, and Sanctuaries Act, MPRSA)을 통과시켰다. 이 두 법률에 따라 미국의 해양과 해안 환경을 보전하기 위한 다음의 프로그램이 생겨났다: (1) 해안구역 관리 프로그램(Coastal Zone Management Program), (2) 국가 어귀 연구보호 시스템(National Estuarine Research Reserve System), (3) 국가 해양 보호구역 프로그램(National Marine Sanctuaries Program).

CZMA는 해안 및 해양자원 보호, 지정구역 보전, 경제적·환경적·문화적 활동의 균형, 과학에 근거한 자원관리 의사결정을 위한 범국가적 체계를 구축하였다. MPRSA는 현재 해양투기방지법(Ocean Dumping Ban Act)으로 대체되었으며, 미국이 관할하는 해양에서 이루어지는 모든 물질의 투기를 규제한다.

국가 어귀 연구보호 시스템과 국가 해양 보호구역 프로그램은 상호 보완적인 관계에 있는데, 전자는 연안에, 후자는 공해상에 초점을 맞추고 있다. 두 프로그램 모두 CZMA에 따라 수립되었다. 이 두 프로그램의 주요 목적은 해양 생태계 연구와 생물종 및 서식처 보호를 위한 방안 도출, 생물 서식처 복원, 오염방지이다. 국가 해양 보호구역 프로그램은 북대서양에서 남태평양까지 46,500 km^2에 이르는 대양과 연근해를 관리한다. 미의회는 2000년에 어귀 및 수질보호법(Estuaries and Clean Waters Act)을 통과시켜 과학기술 기반 어귀 생물 서식처 보호 프로그램의 시행을 촉진하고 새로운 프로그램을 수립하도록 하였다. 또한 클린턴 대통령은 2000년 수질보호법의 하위 행정규칙에 해안·해양 수질 향상을 위한 조항을 마련하여 해변, 해안, 해양을 오염으로부터 보다 안전하게 보호할 수 있도록 하라는 행정명령을 EPA에 내렸다.

2002년 1월 14일 조지 부시 행정부는 습지 및 하천의 환경기준을 강화하는 흐름에 역행하는 정책을 발표하였다. 새롭게 도입된 허가제도는 습지가 사라지고 하천 수질이 악화되는 데 일조할 것으로 우려된다. 2002년 9월 19일에는 상원의 상업과학교통위원회에서 해변 및 어귀 토지보호법(Coastal and Estuarine Land Protection Act)을 통과시켰다. 이 법률은 CZMA를 대체하는 것으로, 미국 내 국가 어귀 연구보호 지국에서 연방정부 지원으로 환경적으로 취약하거나 위기에 빠져 있는 해안 지역을 매입할 수 있도록 하고 있다. 이 조항은 추가 개발로부터 해안 지역을 보호하는 데 도움을 줄 것으로 기대되는데, 현재 이 법안은 아직 공포되지 않았다. 보다 강한 규제로 오염물질의 무분별한 투기가 발생시키는 심각한 오염으로부터 우리의 해양환경을 보호할 수 있기를 기대해 본다.

9-7 지하수 수질

지하수 내 오염물질 이동

화학물질 또는 미생물로 인한 대수층 오염은 지하수 수질을 크게 악화시킬 수 있다(지하수 흐름과 대수층에 대한 세부사항은 7장 참조). 지하수 오염은 다음과 같이 다양한 요인에 의해 발생할 수 있다.

- 부적절하게 운영되거나 위치하는 정화조로부터의 유출
- 지하 저장탱크의 누출
- 유해 폐기물 및 기타 화학 폐기물의 부적절한 투기 및 매립
- 파이프라인 또는 교통사고를 통한 유출
- 오염된 지표수 유입
- 쓰레기 폐기장 또는 매립장의 누출
- 저류지 또는 오수 저장조의 누출

대수층 오염을 유발할 수 있는 오염물질 또한 매우 다양한데, 주요 오염물질은 다음과 같다.

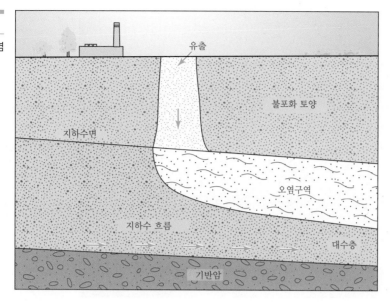

그림 9-26

물에 용해된 오염물질의 오염 분포

- 휘발유 유출에서 유래하는 벤젠(benzene), 톨루엔(toluene), 크실렌(xylene), 에틸벤젠(ethylbenzene)
- 드라이클리닝, 탈지(degreasing) 등의 공정에서 사용되는 테트라클로로에틸렌(tetrachloroethylene), 트리클로로에틸렌(trichloroethylene), 트리클로로에탄(trichloroethane)
- 무기 제조, 연구시설, 병원 등에서 사용되는 방사성 핵종
- 디젤, 원유, 기타 석유제품 유출에서 유래하는 다환방향족탄화수소(polycyclic aromatic hydrocarbons)
- 다양한 화학공정에서 유래하는 염(salt)
- 농업 활동 또는 그 생산 공정에서 유래하는 비료 및 농약류
- 농업 활동에서 유래하는 질산염(nitrate)
- 정화조 시스템에서 유래하는 병원균

　토양 및 대수층에서의 오염물질 이동은 물질 자체의 특성과 토양/대수층의 매질 특성에 따라 크게 달라진다. 수용해도가 높을수록 그림 9-26과 같이 오염물질이 토양을 연직 방향으로 통과하여 대수층에 도달하고 지하수를 따라 이동할 가능성은 더 높아진다. 예를 들어, 질산 이온이나 메틸 3차 부틸 케톤(MTBE, 휘발유 첨가제), 메타미도포스(methamidophos; 농약류) 같은 물질은 물에 매우 잘 녹고 토양이나 대수층 매질에 잘 흡착되지 않는다. 따라서 이러한 물질은 토양층을 통과하여 하부의 대수층에 도달할 가능성이 높다.

　화학물질 중에는 수용해도가 매우 낮은 것들이 많다. 이들은 물에 용해된 상이 아닌, 별도의 상으로 지하수에 유입될 때가 많다. 이러한 상의 화학물질을 비수용상액체(nonaqueous phase liquids, NAPLs)라 부른다. NAPLs는 물과의 상대적인 밀도 차에 따라 두 종류로 나뉜다. Light NAPLs(LNAPLs)는 물보다 밀도가 낮아 그림 9-27에서 보는 바와 같이 지하수면 위에 뜨게 된다. LNAPLs에 존재하는 물질 중 일부는 지하수에 점차 용해되며, 휘발성이 높은 화합물의 경우 일부는 불포화대의 토양 공극으로 휘발되어 가스상으로 토양 내에서 이동한다. LNAPLs의 예로는 휘발

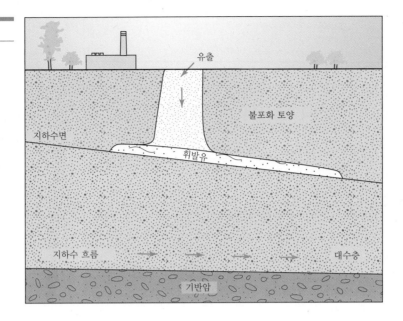

그림 9-27

LNAPLs 존재양상

유, 항공 연료, 그리고 이러한 물질이 함유하는 벤젠, 톨루엔, 크실렌과 같은 화합물이 있다. Dense NAPLs(DNAPLs)는 반대로 물보다 밀도가 높아 대수층에서 가라앉아 기반암과 같은 불투수층에 도달한다. 기반암 위에 고인 DNAPLs는 서서히 지하수로 오염물질을 공급한다. DNAPLs의 이동 양상은 그림 9-28에 나타나 있다.

크리센(Chrysene; 디젤의 한 성분), PCB와 같은 오염물질은 수용해도가 극히 낮아서 토양 내에서 멀리 이동하지 못하는 경우가 많고, 따라서 대수층을 오염시킬 확률이 낮다. 오염물질 이동을 예측하기 위해 달시(Darcy)의 공식을 다시 한 번 고찰해 보자.

물보다 빠른 속도로 이동하는 오염물질도 있긴 하지만, 대부분은 물보다 동일하거나 느린 속도로 이동한다. 물과 오염물질의 상대적인 속도는 오염물질과 물의 특성에 따라 결정된다. 예를 들어, 수용해도가 높은 유기오염물질은 수용해도가 낮은 물질보다 토양 또는 대수층 매질에 의한 이

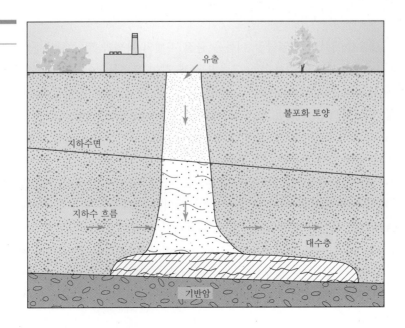

그림 9-28

DNAPLs 존재양상

동 **지연**(retardation)이 덜 발생한다. 물의 pH 또한 이동 지연의 정도에 영향을 미친다. 예를 들어, pH가 낮은 무산소 조건에서는 철이 대부분 Fe(II)의 형태로 존재한다. 이러한 존재 형태는 수용해도가 높아 물을 따라 잘 이동한다. 반면, pH가 높고(>6) 산소가 존재하는 조건에서는 철이 Fe(III)의 형태로 존재하며, 이 존재 형태는 수용해도가 매우 낮다. 따라서 Fe(III)는 침전물을 형성하고 지하수 흐름에 따라 이동하지 않는다. 지하수에 존재하는 물질의 이동이 지연되는 정도는 **지연계수**(retardation coefficient) R로 나타내며, R은 다음과 같이 정의한다.

$$R = \frac{v'_{water}}{v'_{cont}} \tag{9-42}$$

여기서 v'_{water} = 지하수의 선속도

v'_{cont} = 오염물질의 선속도

지연계수는 오염물질의 소수성(hydrophobicity)과 매질 특성의 함수이다. 비이온성 · 소수성 유기오염물질의 경우

$$R = 1 + \left(\frac{\rho_b}{\eta}\right) K_{oc} f_{oc} \tag{9-43}$$

여기서 ρ_b = 매질의 전용적밀도(bulk density)

η = 매질의 공극률(분율 단위)

K_{oc} = 매질 내 유기탄소의 오염물질 분배계수

f_{oc} = 매질 내 유기탄소 함량

몇몇 지하수 오염물질의 지연계수를 표 9-5에 제시하였다.

표 9-5	대표적 지하수 오염물질의 지연계수[a,b]		
화합물명	토양유형 I ρ_b = 1.4 η = 40% f_{oc} = 0.002	토양유형 II ρ_b = 1.6 η = 30% f_{oc} = 0.005	토양유형 I ρ_b = 1.75 η = 55% f_{oc} = 0.05
Benzene	1.2	1.7	5.3
Toluene	1.7	3.6	17.0
Aniline	1.1	1.2	2.2
Di-n-propyl phthalate	5.6	19.0	110.0
Fluorene	23.0	86.0	500.0
n-Pentane	7.0	24.0	140.0

[a] K_{oc} 값 계산에 사용된 공식은 Schwarzenbach, Gschwend, and Imboden, 1993을 참고함.

[b] 계산에 사용된 자료는 Schwarzenbach, et al., 1993을 참고함.

ρ_b=전용적밀도(bulk density), g · cm^{-3}; η=공극률, %; f_{oc}=토양의 유기탄소 분율

예제 **9-18** 두 주택이 서로 가까이 위치해 있다. 주택 A는 주택 B에서 사용하는 식수용 지하수 관정으로부터 흐름 상류방향 60 m에 위치한 곳에 정화조 시스템을 가지고 있다. 주택 A의 주인이 농약을 배수구에 버려 정화조 오수가 배출되는 영역이 농약으로 오염되었다. 해당 대수층은 비피압대수층으로, 지하수 선속도는 4.7×10^{-6} m · s^{-1}이다.

농약이 토양에서 분해되지 않고 지연계수는 2.4라고 했을 때, 농약이 주택 B의 관정에 도달하는 데 걸리는 시간은 며칠인가?

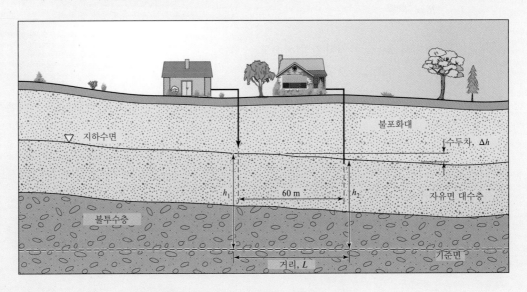

풀이　지연계수의 정의를 이용하면

$$R = \frac{v'_{water}}{v'_{cont}}$$

$$v'_{cont} = \frac{v'_{water}}{R} = \frac{4.7 \times 10^{-6} \text{ m} \cdot \text{s}^{-1}}{2.4} = 1.96 \times 10^{-6} \text{ m} \cdot \text{s}^{-1}$$

정화조에서 관정까지의 거리는 60 m이므로, 이동 시간은

$$\frac{거리}{v'} = \left(\frac{60 \text{ m}}{1.96 \times 10^{-6} \text{ m} \cdot \text{s}^{-1}} \right) \left(\frac{\text{days}}{86,400 \text{ s}} \right) = 354일$$

따라서 농약이 식수용 관정까지 이동하는 데 354일이 걸린다. 이 문제에는 농도에 대한 언급이 없지만, 실제로 농도는 유출된 오염물질의 양과 이 물질을 희석하는 역할을 하는 지하수의 부피에 따라 결정될 것이다.

이 예제에서는 문제를 매우 단순화하여 살펴보았다. 실제 오염물질의 지하수 내 이동 문제는 이보다 훨씬 복잡하며, 다양한 인자를 고려한 지하수 모델링을 필요로 한다.

미국에서는 다른 물환경과 마찬가지로 지하수 자원 보호를 위해서도 많은 법률이 제정되었다. 예를 들어, 식수안전법(Safe Drinking Water Act)은 어떤 지역의 유일한 식수원이 되는 대수층을 보호하는 법률이다. 자원 보전 및 회수법(Resource Conservation and Recovery Act, RCRA)은 유해화학물질의 투기와 매립을 규제하여 지하수를 보호하는 법률이다. 종합환경대응보상책임법 (Comprehensive Environmental Response, Compensation and Liability Act, CERCLA)은 사용 후 버려진 유해 폐기물 오염지역의 정화를 의무화하고 정화비용을 마련하여 지하수 자원을 보호하는 데 기여한다. 지하수는 소중한 자연자원으로 인간 활동에 의해 오염되도록 내버려 두어서는 안 된다. 정부와 산업계의 적극적인 재정 및 기술 지원으로 앞으로 다가올 세대에는 우리의 지하수를 보다 잘 보호할 수 있기를 기대해 본다.

9-8 상수원 보호

식수안전법(Safe Drinking Water Act, SDWA)의 1996년 갱신안에서는 미국의 각 주가 상수원 평가 및 보호(Source Water Assessment and Protection, SWAP) 프로그램을 수립하여 공공 물 공급 시스템의 상수원이 오염에 얼마나 취약한지 평가하도록 하고 있다. 이 프로그램의 목표는 공공 물 공급 시스템에 오염물질이 유입될 가능성을 평가하고 국민의 건강을 보호하는 것이다. 상수원에 대한 평가는 수돗물 공급과 연관된 잠재적 위해를 파악하는 데 중요한 정보를 제공한다. 이러한 정보에는 상수원 보호구역의 구체적인 범위, 지하수 관정 및 취수지점의 위치, 잠재적 오염원의 목록과 위치, 수문학적 자료 등이 있다. 상수원 보호구역은 오염물질이 유출되어 원수를 오염시킬 수 있는 유역 또는 지하수대를 말한다. 지표수가 수원일 경우 이 프로그램에서 지정하는 상수원 보호구역은 취수 지점 상류의 유역 전체 중 주 경계 내부에 있는 영역이 된다. 지하수가 수원으로 활용될 때는 지하수 보호에 관련된 사항이 SWAP 프로그램에 반드시 포함되어야 한다.

지하수를 상수원으로 사용하는 주에서는 관정 보호 프로그램(Wellhead Protection Program, WHPP)이 SWAP 프로그램의 근간이 된다. WHPP 프로그램은 다음을 목적으로 한다.

- 지역에 위치한 공공 상수도 관정의 보호 업무를 수행할 팀 구성
- 공공 상수도 관정에서 양수되는 지하수가 존재하는 지역의 범위 결정
- 현존하는 오염원과 잠재적 오염원 식별
- 잠재적 오염원 관리로 상수원에 미치는 위협을 최소화
- 갑작스러운 관정 폐쇄에 대비하여 긴급 상황 대응책 마련
- 미래 물 수요에 대응한 계획 수립

지하수가 지표수에 직접적인 영향을 받는다(the ground water is under the direct influence of surface water, GWUDI)고 판단되는 경우도 있다. 이러한 판단은 해당 지역에서 수행된 수질조사 결과나 설치된 관정의 특징과 관련된 정보, 해당 지역의 지질학적 특성 등을 바탕으로 내려진다. 지하수 수원이 GWUDI인 경우에는 지표수와 지하수 모두를 보호하여야 한다.

상수원 평가(Source Water Assessment, SWA)의 첫 단계는 수원에 영향을 미치는 지역의 경계를 명확히 정하는 것이다. 두 번째 단계는 오염원 목록을 작성하여 우려대상 오염물질과 주요 잠재 오염원을 식별하는 것이다. 우려대상 오염물질에는 SWDA상 최대오염농도(MCL)가 존재하는 모든 오염물질, 지표수 처리규칙상에서 관리되는 물질, 그리고 크립토스포리듐(Cryptos-poridium)이 포함된다. 또한 각 주에서는 주민 건강에 위협이 될 수 있다고 판단되는 오염물질을 재량에 따라 추

가할 수 있다. 작성한 목록에는 현존하는 오염원과 잠재적 미래 오염원에 대한 설명과 위치가 반드시 포함되어야 한다.

SWA의 세 번째 단계는 취약성 평가로, 오염원 목록, 유역의 수문학적·수리지질학적 특성, 오염물질과 오염원의 특성, 그리고 관정의 관리 상태 등 기타 요인에 따른 원수 오염 가능성을 평가한다. 이렇게 하여 수행된 SWA의 결과는 상수원 보호구역을 보호하기 위한 관리계획을 수립하는 데 사용된다.

SWAP 프로그램의 마지막 단계는 일반인에게 수립한 계획을 전파하는 것이다. 일반인에게 공개하는 보고서는 상수원 보호구역과 오염원 목록에 등재된 주요 오염원이 표기된 지도를 포함하여 상세하게 작성하고, 누구나 쉽게 열람할 수 있도록 해야 한다. EPA는 2,000개가 넘는 유역의 상수원 보호사업과 현황, 취약성 등에 대한 데이터베이스를 마련하여 "Surf Your Watershed", "Watershed Index Online" 웹사이트에 공개하고 있다.

상수원을 보호하는 것은 여러 이점이 있다. 원수가 덜 오염될수록 수돗물 생산을 위한 처리가 더 간단해지므로 처리비용이 절약된다. EPA에 따르면, 지하수 오염에 대응하는 데 필요한 비용은 오염 방지에 드는 비용의 30~40배에 달하며, 어떤 경우에는 심지어 200배를 넘어선다고 한다. 또한 오염 방지를 통해 국민을 질병과 사망으로부터 보호하고, 오염된 물에 노출됨으로써 건강과 관련된 비용이 발생하는 것을 사전에 차단할 수 있다. 건강 관련 비용에는 임금 및 노동능력 손실, 의료비, 사망 등이 포함된다. 또한 상수원 보호를 통해 부동산 가치를 유지하고 지역의 관광 수익을 확보하는 등 경제적 편익을 얻을 수도 있다. 마지막으로, SWAP 프로그램은 미래 세대를 위해 우리의 제한된 수자원을 보호하고, 물 공급 시스템에 대한 국민의 신뢰를 확보하며, 건강한 생태계를 유지하는 데 도움을 줄 수 있다. 이러한 면에서 SWAP 프로그램은 시간과 비용을 들여 수립하고 이행할 가치가 충분히 있다.

연습문제

9-1 글루탐산($C_5H_9O_4N$)은 BOD 실험의 정확성을 측정하는 데 사용되는 표준시약 중 하나이다. 다음 반응식을 이용하여 글루탐산 150 mg·L^{-1}의 이론적 산소 요구량을 구하시오.

$$C_5H_9O_4N + 4.5O_2 \longrightarrow 5CO_2 + 3H_2O + NH_3$$

$$NH_3 + 2O_2 \longrightarrow NO_3^- + H^+ + H_2O$$

답: 212 mg·L^{-1}

9-2 어떤 회사에서 7.0 mg·L^{-1} 벤즈알데하이드가 포함된 폐수를 방류하고자 한다. 이 물질은 다음 반응식에 의해 분해된다.

$$C_7H_6O + 8O_2 \longrightarrow 7CO_2 + 3H_2O$$

이때 이 폐수의 이론적 산소 요구량을 구하시오.

답: 16.906 mg·L^{-1}

9-3 어떤 폐수의 BOD_5 값이 220.0 $mg \cdot L^{-1}$이고 최종 BOD 값이 320.0 $mg \cdot L^{-1}$일 때, BOD 속도상수는 얼마인가?

답: $k = 0.233$ day^{-1}

9-4 어떤 생활하수의 BOD 속도상수가 0.233 day^{-1}이다. 이 생활하수의 BOD_5 값을 측정하여 250 $mg \cdot L^{-1}$가 나왔다면, 최종 BOD 값은 얼마인가?

답: 363 $mg \cdot L^{-1}$

9-5 문제 9-3의 자료가 20℃ 조건에서 얻은 것이라고 가정할 때, 15℃에서의 BOD 속도상수는 얼마인가?

답: $k = 0.124$ day^{-1}

9-6 어떤 생활하수 시료를 부피비 1%로 희석한 후 BOD_5 실험을 실시하였다. 5일 배양 후의 산소 소모량 값이 2.00 $mg \cdot L^{-1}$라고 할 때, 이 생활하수 시료의 BOD_5는 얼마인가?

답: $BOD_5 = 200$ $mg \cdot L^{-1}$

9-7 BOD 속도상수 k가 각각 0.3800 day^{-1}, 0.220 day^{-1}인 두 시료의 최종 BOD가 280.0 $mg \cdot L^{-1}$로 동일할 때, 각각의 BOD_5는 얼마인가?

답: $k = 0.38$ day^{-1}는 $BOD_5 = 238$ $mg \cdot L^{-1}$; $k = 0.22$ day^{-1}는 $BOD_5 = 187$ $mg \cdot L^{-1}$

9-8 문제 9-1의 자료를 이용하여 글루탐산의 NBOD를 구하시오. 글루탐산 농도는 0.1 mM로 가정한다.

답: $CBOD = 14.4$ mg $O_2 \cdot L^{-1}$, $NBOD = 6.4$ mg $O_2 \cdot L^{-1}$

9-9 다음 주어진 자료를 이용하여 폐수 시료의 BOD를 구하시오.

식종된 폐수:

초기 $DO = 8.6$ $mg \cdot L^{-1}$

최종 DO(5일 후) = 2.1 $mg \cdot L^{-1}$

폐수 부피 = 2.5 mL

BOD 병의 총부피 = 300.0 mL

식종된 희석수:

초기 $DO = 8.6$ $mg \cdot L^{-1}$

최종 DO(5일 후) = 7.3 $mg \cdot L^{-1}$

식종된 희석수 부피 = 300.0 mL

$T = 20℃$

답: 625 $mg \cdot L^{-1}$

9-10 와라무룬군디(Waramurungundi) 가죽공장에서 BOD_5 590 $mg \cdot L^{-1}$, 유량 0.011 $m^3 \cdot s^{-1}$인 폐수를 장가울(Djanggawul)천으로 흘려보내고 있다. 이 하천의 10년 빈도 7일 최저 평균 유량은 1.7 $m^3 \cdot s^{-1}$이며, 가죽공장 상류의 BOD_5는 0.6 $mg \cdot L^{-1}$이다. BOD 속도상수(k)는 가죽공장 폐수에서

0.115 day^{-1}, 하천(상류)에서 3.7 day^{-1}이다. 혼합 직후의 최종 BOD를 구하시오.

답: 9.27 mg · L^{-1}

9-11 아래 주어진 자료를 이용하여 혼합 직후의 DO 농도를 구하시오.

	오즈 폐수 처리장 방류수	실개천(방류구 상류)
유량, m^3 · s^{-1}	0.36	4.8
최종 BOD, mg · L^{-1}	27	1.35
DO, mg · L^{-1}	0.9	8.5

답: 7.97 mg · L^{-1}

9-12 아래 폐수 및 하천 조건에 따른 탈산소 계수 및 재포기 계수(밑은 e)를 구하시오.

구분	k (day^{-1})	온도 (℃)	H (m)	유속 (m · s^{-1})	η
폐수	0.20	20			
하천		20	3.0	0.5	0.4

답: $k_d = 0.27$ day^{-1}; $k_r = 0.53$ day^{-1}

9-13 베르겔미르(Bergelmir)강의 폐수 혼합 직후 최종 BOD는 12.0 mg · L^{-1}이고, DO는 포화 농도와 같다. 수온은 10℃이며 이 조건에서의 탈산소 계수(k_d)는 0.30 day^{-1}, 재포기 계수(k_r)는 0.40 day^{-1}이다. 임계시간(t_c)과 임계 DO를 구하시오.

답: $t_c = 2.88$ days, 임계 DO $= 7.53$ mg · L^{-1}

9-14 르누텟(Renenutet) 사탕수수 공장에서 배출하는 폐수로 임계점에서의 DO가 4.0 mg · L^{-1}로 떨어졌다. 메스케넷(Meskhenet)강의 BOD 값은 무시할 수 있을 정도로 적으며, 강물과 폐수가 혼합된 이후의 초기 부족량은 0이다. 폐수의 최종 BOD 농도(L_w)가 50% 감소된다면 임계 DO는 어떻게 되겠는가? 유량은 동일하고 포화 DO 값은 동일하게 10.83 mg · L^{-1}이라 가정한다.

답: 7.4 mg · L^{-1}

9-15 에딘키라(Edinkira)군이 주 자연자원국에 쿼터(Quamta)시의 미처리 생활하수 방류로 움벨린캉이(Umvelinqangi)강의 이용에 제약을 받고 있다는 진정을 제출하였다. 주 자연자원국이 정한 움벨린캉이강 수질 기준은 DO 5.00 mg · L^{-1}이다. 에딘키라군은 쿼터시에서 하류로 15.55 km 떨어져 있다. 에딘키라군의 DO 값은 얼마인가? 또한, 임계 DO는 쿼터시 하류 몇 km 지점에서 나타나며 그 값은 얼마인가? 움벨린캉이강의 동화 용량은 초과되었는가? 다음 7년 빈도 10일 최저 유량 데이터를 사용하시오.

항목	하수	움벨린캉이강
유량($m^3 \cdot s^{-1}$)	0.1507	1.08
BOD_5(16℃, $mg \cdot L^{-1}$)	128.00	해당없음
BOD_u(16℃, $mg \cdot L^{-1}$)	해당없음	11.40
DO($mg \cdot L^{-1}$)	1.00	7.95
k(20℃)	0.4375	해당없음
유속($m \cdot s^{-1}$)	해당없음	0.390
수심(m)	해당없음	2.80
수온(℃)	28	28
바닥면 활성계수	해당없음	0.200

9-16 EPA는 수질보호법에 의거하여 생활하수의 2차 처리를 모든 지방자치단체에 의무화하고 있다. 이에 따른 방류수 수질 기준은 30 $mg \cdot L^{-1}$이며, 문제 9-15에서 쿼터시가 방류하는 하수는 이 기준을 크게 초과함을 알 수 있다. 쿼터시가 생활하수 2차 처리시설을 구축하여 방류수 BOD_5를 30.00 $mg \cdot L^{-1}$로 낮추었다고 가정하여 문제 9-15의 물음에 다시 답하시오. 쿼터시의 인구가 연 5% 증가하고, 이와 같은 비율로 물 사용량도 증가하며, 방류수 BOD_5는 30.00 $mg \cdot L^{-1}$로 일정하다고 가정한다. 앞으로 몇 년 후에 움벨린캉이강의 동화 용량이 초과되겠는가?

　　답: 임계 DO가 5.0 $mg \cdot L^{-1}$를 초과하지 않는 기간은 앞으로 1.73년

9-17 강 표면이 얼어붙으면 재포기는 매우 제한적으로 일어난다. 그러나 수온이 낮아지기 때문에 생물학적 활성도 줄어들어 탈산소 속도는 느려지며, 포화 용존산소 농도는 높아진다. 재포기 속도는 무시할 만하고(0의 값) 수온은 2℃인 겨울 조건에서 문제 9-15의 물음에 다시 답하시오.

9-18 망코 카팍(Manco Capac)강에 하수를 방류하는 방류구 상류에서 최종 BOD(L_r)는 0이며, 혼합 후 산소 부족량(D_a) 또한 0이다. 방류구 하류 8.05 km 지점의 DO가 4.00 $mg \cdot L^{-1}$가 되게 하는 최종 BOD 부하량($kg \cdot day^{-1}$)을 구하시오. 강의 수온은 12℃이며, 이 온도 조건에서 탈산소 계수(k_d)는 1.80 day^{-1}, 재포기 계수(k_r)는 2.20 day^{-1}이다. 강의 유량은 5.95 $m^3 \cdot s^{-1}$, 유속은 0.300 $m \cdot s^{-1}$이고, 방류수 유량은 0.0130 $m^3 \cdot s^{-1}$이다.

　　답: 최종 BOD 질량 플럭스 = 1.14×10^4 $kg \cdot day^{-1}$

9-19 문제 9-18의 하수가 암모니아성 질소 3.0 $mg \cdot L^{-1}$를 포함하고 있으며, NBOD에 따른 탈산소 계수는 12℃에서 0.900 day^{-1}이라 가정한다. 방류구 하류 8.05 km 지점의 DO가 4.00 $mg \cdot L^{-1}$가 되게 하는 최종 탄소 BOD 부하량($kg \cdot day^{-1}$)은 얼마인가? 질산화 과정에서 소모되는 산소의 양은 이론 값과 동일하다고 가정한다.

　　답: 질량 플럭스 = 6.2×10^3 $kg \cdot day^{-1}$

9-20 어떤 화학물질이 대수층을 오염시키고 있다. 대수층의 지하수 선속도는 2.650×10^{-7} $m \cdot s^{-1}$이다. 대수층 공극률은 48.0%이고, 이 화학물질의 지연계수는 2.65이다. 이때 이 물질의 평균 선속도를

구하시오.

답: $1.00 \times 10^{-7} \ \text{m} \cdot \text{s}^{-1}$

9-21 블루(Blue) 호수의 길이는 3,500 m, 폭은 2,800 m, 깊이는 20 m이다. 이 호수에 유입되는 하천은 유량이 6.9 $\text{m}^3 \cdot \text{s}^{-1}$이다. 농업 지대를 흐르는 이 하천은 킬-올(Kill-all)이라는 제초제를 33.1 $\mu\text{g} \cdot \text{L}^{-1}$ 함유하고 있다. 킬-올 제초제는 1차 분해속도상수 0.18 day^{-1}에 따라 분해된다. 이 호수가 정상상 태에 있고 완전 혼합된다고 가정하여 호소수의 킬-올 농도를 구하시오.

10

수처리

사례 연구

미국 플린트(Flint)시 물 사태

미시간주 플린트시는 미국의 러스트벨트(rustbelt) 지대에 있는 다른 도시들과 마찬가지로 꽤 오랫동안 쇠퇴하였다. 1960년 도시 번영이 최고조에 달했을 때 인구는 거의 200,000명에 육박했으며, 그곳은 제너럴 모터스(GM)가 인구의 많은 부분을 고용하는 산업 도시였다. 몇 년 동안 플린트시는 수많은 제조 공장 폐쇄, 인구 감소, 탈산업화 및 도시 쇠퇴를 경험하였다. 실업률과 빈곤율이 치솟았고 2002년까지 플린트시의 부채는 3천만 달러였다. 이후에도 플린트시의 문제는 계속되었고, 2011년 릭 스나이더(Rick Snyder) 주지사가 취임한 직후 공화당이 통제하는 입법부는 비상 관리자법으로 알려진 공공법을 통과시켰다. 이 법안의 결과로 2011년 말 미시간주가 시재정을 장악하고 시장과 시의회의 권한을 무효화하였다(Masten et al., 2016).

1967년 플린트강이 더 이상 성장하는 이 산업 도시의 수요를 충족할 수 없게 되자 플린트시는 디트로이트 상하수도국(DWSD)에서 물을 구매하기 시작하였다. 1952년에 완공된 처리장은 시운전 동안 완전한 처리가 이루어지지 않았음에도 불구하고 비상용 상수도로 유지되고, 매회 며칠씩, 1년에 3~4회 운영되었지만 폐쇄되었다. 그러나 DWSD와의 계약에 따라 처리된 물은 배수 시스템이 아닌 플린트강으로 다시 방류되었다. 초기 30년 계약이 만료되고, 플린트시는 2014년 마지막 계약이 만료될 때까지 단기 계약으로 DWSD에서 물을 계속 구매하였다.

비상관리자가 있는 상태에서, 주는 부분적으로 DWSD와의 계약을 갱신하지 않고 1952년식 공장으로 플린트강에서 물을 공급하여 시의 부채를 줄이려 하였다. 1967년 공장이 폐쇄된 이후 일부 보수했지만 엔지니어링 전문가들은 약 5천만 달러에 달하는 개선이 필요하고 공장을 사용할 수 있도록 준비하는 데 52~60개월이 걸릴 것으로 추정하였다. 하지만 시는 그만한 자금이 없었고, 비상관리자는 계약 만료일까지 시간이 없었다. 2014년 4월, 미시간 환경 품질부(MDEQ) 전문 엔지니어와 플랜트 운영자의 권고와 경고에도 불구하고, 휴런(Huron) 호수에서 처리수를 구매하는 것에서 플린트강의 물을 처리하여 공급하는 것으로 전환되었다.

전환 후 3주도 안되어서, 미국 환경보호청(EPA)(이하 'EPA'라 지칭) 지역 5는 처리된 물이 발진을 유발한다는 불만을 접수하였다. 2014년 6월에도 플린트 주민들은 물의 색(빨간색, 파란색, 노란색)과 냄새(하수구 냄새)에 대해 불평하였다. 2014년 8월 14일, 처리수에서 대장균 양성 반응이 나와, 이틀 후 끓는 물 주의보가 내려졌다. 그 이후에도 3주 동안 물을 끓여 먹어야 하는 주의보가 2회 더 발효되었다. 그해 여름에는 29건의 레지오넬라병(Legionnaire's disease)이 발생했지만, 지역 사회는 2년 넘게 이를 알지 못하였다. 그리고 2014년 10월, GM 엔진 공장은 처리된 플린트 강물이 엔진 부품을 부식시키기 때문에 WSD에서 공급하는 물로 다시 전환할 것이라고 발표하였다. 12월에는 MDEQ가 시에게 총트리할로메테인(TTHM) 농도 초과로 소독/소독 부산물(D/DBP) 규칙을 위반했음을 알렸다.

시와 주에서는 2015년 1월, 플린트 사무실에 있는 직원들에게 생수를 공급하면서도 물은 마시기 안전하다고 주장하였다. 2015년 2월, 쌍둥이의 어머니이자 플린트 주민인 리앤 월터스(LeeAnn Walters)는 수질과 아이들의 건강이 염려되어 시에서 납이 있는지 검사해 줄 것을 요청하였다. 그 결과 채취한 두 샘플의 납 농도는 104와 397 ppb로 최대 오염 수준 목표(MCLG) 0과 처리 기술 기반 조치 수준인 15 ppb를 훨씬 초과한 것으로 나타났다. 시에서 결과가 잘못된 것이라고 일축하자, 그녀는 EPA 지역 5의 수석 전문가인 미구엘 델 토랄(Migual del Toral)에게 연락하여 결과를 알렸다. 6월 말 시는 D/DBP 규칙에 대한 두 번째 위반 통지를 받았고, 7월 말에는 필터를 재건하여 소독 전에 유기물을 제거하여 TTHM 수준을 제어하는 입상 활성탄지를 설치하였다. 재건 비용은 160만 달러였으며 TTHM 문제를 효과적으로 해결한 것으로 보였다. 그러나 주민들은 수질에 대해 여전히 우려했으며, 2015년 8월 버지니아 공대의 마크 에드워즈(Mark Edwards) 교수는 처리된 플린트 강물이 "높은 부식성"이 있고 "가정에 납 오염을 유발한다"고 설명하였다. 그는 채취한 120개의 샘플 중 40.1%가 5 ppb를 초과하는 농도로 납을 함유하고 있다고 보고하였다. 그 다음 달에는 미시간 주립 대학교 교수이자 소아과 의사인 모나 한나-아티샤(Mona Hanna-Attisha)가 플린트 강물로 전환한 이후 혈중 납 수치가 높은 플린트 영유아의 수가 상당히 증가했음을 보여주는 연구를 발표하였다. 대중의 우려를 더 이상 무시할 수 없어진 플린트시는 결국 전환 후 18개월이 지난 2015년 10월 16일에 다시 DWSD에서 물을 구매하기 시작하였다. 우려가 커지고 이 이야기가 국제적인 뉴스가 되자 플린트시는 DWSD에서 공급하는 농도를 1 mg/L에서 2.5 mg/L로 높이기 위해 인산염을 추가하기 시작하였다. 물이 DWSD로 다시 전환된 지 20개월이 넘었지만 주민과 정부 관계자 사이의 신뢰는 여전히 회복되지 않았다. 급수 지역의 납 수준은 공간적으로나 시간적으로 계속해서 크게 달라지며, 플린트 주택 샘플 중 약 5~10%가 특정한 주에 5 ppb를 초과한다.

플린트시에서 일어난 일은 언론에 보도된 단순한 "부식 방지제가 없다"는 이야기보다 훨씬 더 복잡하다. 이는 규제된 매개변수의 처리 및 모니터링 실패를 의미한다. 지역 사회가 그들의 물이 안전한지 확인하기 위해 신뢰하였던 정부 관리들은 주민들을 조롱했으며 분석 결과와 주민들의 우려를 무시하거나 경시하였다. 상황이 위급해질 때까지 보수에 필요한 자금을 사용할 수 없었다. 또한 중요한 데이터는 주민들과 다른 정부 관리들에게 공개되지 않았다. 정부와 시 공무원이 기소됐으며, 엔지니어링 회사는 고소당하였다. 이 소송은 법원에 남아 수십 년 동안 계속될 수 있다.

플린트시의 상황은 우리 모두에게 다음을 분명하게 상기시켜 준다. ASCE 윤리강령의 규범 1은 대중의 안전과 복지가 가장 중요하다고 명시한다. 이 글을 읽는 모든 사람들이 이 사실을 기억하기를 바란다.

10-1 서론

고대부터 사람들은 항해, 음주, 여가 및 종교 의식에 쓰일 물의 중요성을 알고 있었지만, 그 주요 관심은 질보다는 양에 있었다. 질에 대해 고려할 때, 이러한 논의는 주로 물의 미적 특성에 관한 것이다. 물맛이 좋은가? 투명하고 무색인가? 기원전 4000년 그리스와 남동부 인도인들은 맛과 냄새를 조절하기 위한 수처리의 중요성을 인식하였다. 숯을 통한 물의 여과, 햇빛 조사(쬐임), 끓이기 등의 방법은 고대 그리스와 산스크리트 문서에 언급되어 있다. 기원전 1500년 고대 이집트인들은 알럼(alum)을 사용하여 물을 정화하였다(U.S. EPA, 2000). 1685년 이탈리아 의사 루카스 안토니우스 포르티우스(Lucas Antonius Portius)는 세 쌍의 모래 여과기를 사용하는 다중 모래 여과 방법을 개발하였다. 물은 우선 천공된 판을 통해 걸러지고, 그 이후 침전지로 유입되었다. 일단 큰 입자가 가라앉게 되면, 물은 직렬로 연결된 필터를 통해 흐른다. 이때 양질의 물을 생산하기 위해 모래와 자갈을 섞어 사용하였다. 1703년경 프랑스 과학자 라 하이어(La Hire)는 모든 가정에 빗물을 처리하기 위한 모래 여과기가 있어야 한다고 프랑스 과학 아카데미(French Academy of Sciences)에 제안하였다(Jesperson, 2007).

1800년대 초반 유럽인들은 도시 수처리를 위해 완속 모래 여과(slow sand filtration)를 사용하기 시작하였다(U.S. EPA, 2000). 3장에서 논의한 바와 같이, 수질과 질병 사이의 연관성은 존 스노우(John Snow)가 콜레라와 하수로 오염된 우물 사이의 연관성을 제시한 1854년까지 이루어지지 않았다. 1800년대 후반에 이르러서 서구 과학자들은 특정 질병과 특정 세균을 연결해서 생각하였다.

코흐(Koch)의 질병 전파 발견(3-11절 참조)과 함께 19세기 후반과 20세기 초반에 과학자와 공학자들은 탁도와 공공 상수도의 미생물 존재와 관련된 수질 우려를 제기하였고, 결과적으로 대부분의 음용수 처리 시스템에서 장티푸스, 이질 및 콜레라를 유발하는 미생물을 제거하고 탁도를 줄이기 위해 완속 모래 여과를 사용하였다.

여과는 탁도를 낮추고 세균을 제거하는 데 상당히 효과적이지만, 수인성 질병 발생 건수를 감소시킨 가장 주요한 원인은 수돗물의 소독이었다. 1893년 네덜란드의 우드슘(Oudshoom)에서 오존이 살균제로 처음 사용되었고, 1897년 영국에서 장티푸스가 발생한 후 염소는 수도관을 소독하는 데 사용되었다(Cooperative Research Centre for Water Quality and Treatment, 2007). 미국에서는 1908년 염소가 미국 저지시티(Jersey City), 뉴저지(New Jersey)에서 식수를 소독하기 위해 처음

그림 10-1

미국 필라델피아에서 장티푸스로 인한 사망자 수
(출처: City of Philadelphia water dept. 2007년 5월 22일.)

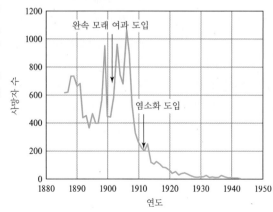

으로 사용되었다(U.S. EPA, 2000). 그림 10-1에서 볼 수 있듯이 필라델피아의 식수 처리는 장티푸스로 인한 사망자 수를 크게 줄였다. 1902년까지 미국 필라델피아는 물을 여과하지 않다가, 1912년에 들어서야 물을 염소 소독하기 시작하였다. 소독의 결과로 미국에서는 장티푸스와 파라티푸스로 인한 사망률이 10만 명당 31.3명(1900년)에서 7.6명(1920년)으로 감소한 것으로 추정된다. 1953년까지 더 많은 공공 상수도 공급 시스템에서 물을 소독하기 시작하면서 그 비율은 10만 명당 0.05명 미만으로 떨어졌고, 그 이후로 일정하게 유지되었다(Peterson and Calderon, 2003).

오늘날 공공 식수 시스템은 미국 거주자의 약 95%에게 식수를 제공한다. 미국에서는 153,000개 이상의 수도 시스템이 **공공 시스템**(public system)으로 분류된다. 이 중 약 53,000개의 지역 사회 수도 시스템이 3억 1,700만 명의 사람들에게 서비스를 제공한다. 미국에서 공공 시스템은 1년 중 60일 이상 동안 하루에 최소 25명에게 서비스를 제공하는 시스템으로 정의된다. **지역사회 수도 시스템**(community water system)은 일년 내내 동일한 인구에게 물을 공급하며, 이는 도시, 타운십(township), 구획(subdivision) 및 트레일러 공원을 포함한다. **비일시적 비지역사회 시스템**(nontransient noncommunity system)은 동일한 사람들 중 최소 25명에게 연간 최소 6개월 이상(일년 내내가 아닌) 정기적으로 물을 공급하며, 이는 자체 급수시설이 있는 학교, 공장, 사무실 건물 및 병원을 포함한다. **일시적 비지역사회 시스템**(transient noncommunity system)은 식당, 모텔, 야영장, 주유소와 같이 사람들이 오랫동안 머물지 않는 위치에 물을 제공한다. 미국 인구의 약 2%는 비일시적 비지역사회 시스템에 의해 물을 공급받고, 인구의 약 4.2%는 일시적 비지역사회 시스템에 의해 공급받는다(U.S. EPA, 2009).

미국과 대부분의 선진국 주민들은 수질이 좋지 않아도 건강이 위협받지는 않을 것이라고 믿는다. 실제로 1971~1996년 미국에서 수인성 질병 발생 횟수는 매년 55건 미만이었다(Levy et al., 1998). 그러나 많은 개발도상국에서 깨끗한 물은 일반적이라기보다 예외에 가깝다. 전 EPA 행정관 러셀 F. 트레인(Russel F. Train)은 다음과 같이 말하였다.

인류의 40% 정도는 안전한 물에 대한 접근이 불가능하며, 수인성 질병으로 매일 25,000명 이상이 사망하는 것으로 추산된다. 한 추정에 따르면 실명의 가장 큰 원인인 주혈흡충증과 사상충증은 70개국 이상에서 약 4억 5천만 명의 사람들에게 영향을 미친다. 경제학자 바바라 와드(Barbara Ward)는 개발도상국에는 태어난 아이들의 60%가 5세가 되기 전에 영아 위염으로 사망하는 도시도 있다고 말했다(Train, 1976).

안타깝게도 지난 30년은 많은 개발도상국 사람들에게 호의적이지 않았다. 많은 선진국과 이들 국가의 조직은 안전하고 적절한 식수에 대한 접근성을 확보하기 위해 기술 및 재정 자원을 투입했지만, 여전히 세계 인구의 거의 1/5인 10억 명 이상은 안전한 식수에 대한 접근이 불가능하다. 우리는 변화를 만들어 모두가 안전한 물을 마실 수 있도록 해야 한다.

수질

소비자로서 우리는 물을 즐겁고 안전하게 마실 수 있기를 기대한다. 냄새가 나지 않아 마시기 좋은 물을 **맛 좋은 물**(palatable water)이라고 하며, 화학물질, 미생물 및 기타 오염물질이 없어 마실 수 있는 안전한 물을 **음용수**(potable water)라고 한다.

자연적으로 발생하는 모든 물 공급은 강수로 재충전된다. 일반적으로 순수한 물로 간주되는 빗물에는 불순물이 포함될 수 있는데, 이러한 불순물은 지표에 이미 도달한 물에서 발견되는 것보다 농도가 훨씬 낮다. 지표수에는 무기물, 유기물, 미생물 및 기타 오염물질이 유입될 수 있는 경로가 많다.[*] 물이 지표면 위로 또는 지표면을 통과할 때 토양입자를 들어올릴 수 있고, 이것은 물이 흐린 정도인 탁도(turbidity)[†]로 눈에 띄게 나타난다. 물은 유기물 및 세균 입자도 들어올린다. 지표수가 토양 아래로 스며들고, 지중에 있는 물질을 통해 지하수면으로 스며들 때 대부분의 부유입자가 걸러진다. 이러한 자연 여과는 세균 및 기타 미립자 물질을 제거하는 데 일부 효과적일 수 있다. 그러나 물의 화학적 특성은 광물 침전물과 접촉할 때 크게 변할 수 있다. 지표수는 지하수면으로 스며들면서 토양과 암석에 포함된 일부 무기물을 용해시킨다. 따라서 지하수는 종종 지표수보다 용해된 무기물을 더 많이 포함하고 있다.

음용수의 품질을 설명하는 데 다음 4가지 범주가 사용된다.

1. 물리적 특성: 물리적 특성은 가정용 수질과 관련이 있으며 일반적으로 물의 외관, 색상 또는 탁도, 온도, 특히 맛이나 냄새와 관련이 있다.
2. 화학적 특성: 음용수의 화학적 특성에는 구성요소 및 농도의 식별이 포함된다.
3. 미생물 특성: 미생물은 공중보건과 밀접한 연관이 있으며 물의 물리적 및 화학적 특성을 변화시키는 데에도 중요할 수 있다.
4. 방사능 특성: 물이 방사능 물질과 접촉했을 수도 있는 지역에서는 방사능 요인을 고려해야 한다. 이는 공중보건과 밀접한 연관이 있다.

결과적으로 상수도 시스템 개발에 있어 상수원의 의도된 사용에 부정적인 영향을 미칠 수 있는 모든 요소를 주의 깊게 검토할 필요가 있다.

물리적 특성

앞서 언급했듯이 수도를 공급하는 주체는 탁도, 색상, 맛과 냄새, 온도와 같은 물리적 특성을 모니터링한다. 탁도는 점토, 미사, 잘게 쪼개진 유기물질, 플랑크톤 및 기타 미립자와 같은 부유물질이 물에 존재하기 때문에 발생한다. 탁도 자체는 건강에 해로운 영향을 미치지 않을 수 있지만, 이러한 입자에는 인체 건강에 해롭거나 소독제의 효과를 감소시키는 미생물 오염물질이 포함될 수 있다.

썩어가는 식생으로부터 유래한 용존 유기물과 특정 무기물은 물이 색을 띠게 할 수 있고, 조류의 과도한 증식이나 수생 미생물의 성장도 색을 입힐 수 있다. 또한 색상은 철이나 망간과 같은 무기 금속이나 잎과 기타 유기물 찌꺼기가 분해되어 형성되는 부식물질(humic substances)에 의해서도 나타날 수 있다. 색상 자체가 일반적으로 건강적인 측면에서 바람직하지 않고, 미학적으로도 불쾌하여 물에 적절한 처리가 필요함을 시사한다.

유기물, 무기염류, 용존가스 등의 이물질은 물에 맛과 냄새를 유발할 수 있다. 특정 유형의 조

---

[*] 여기에서 사용된 오염은 건강에 해를 끼치거나 물의 유용성을 손상시킬 정도로 수질을 저하시키는 경향이 있는 이물질 (유기, 무기, 방사성 또는 생물학적 물질)이 물에 존재함을 의미한다.

[†] 투광도 감소의 척도인 탁도는 상대적인 기준이다. 시료는 다양한 표준과 비교될 수 있다. 사용된 다른 표준은 유사하지만 정확히 동일하지는 않다. 여기서는 탁도 단위(TU)로 탁도를 정량한다. 주어진 입자 크기에 대해 탁도가 높을수록 콜로이드 입자 농도가 높아진다.

류, 특히 청록색 조류(blue-green algae)도 불쾌한 맛과 냄새를 유발할 수 있다.

가장 바람직한 음용수는 항상 시원하고 온도 변동이 몇 °C를 넘지 않는데, 산악 지역의 지하수와 지표수는 보통 이러한 기준을 충족한다. 일반적으로 온도 10~15°C의 물이 가장 맛있게 느껴진다.

화학적 특성

미국, 캐나다 및 대부분 유럽 연합의 수처리시설은 염화물, 불화물, 나트륨, 황산염, 질산염 및 120가지 이상의 유기화학물질을 포함한 다양한 무기 및 유기 성분을 모니터링한다. 이러한 화학물질 중 일부는 보건 목적으로, 또 다른 일부는 심미적인 목적으로 모니터링한다. 예를 들어, 철과 망간은 건강에 거의 위협이 되지 않는 반면, 질산염의 존재는 유아에게 메트헤모글로빈혈증(methemoglobinemia, blue baby syndrome)을 유발할 수 있다. 또한 질산염은 대부분 농업용 비료를 사용하여 생성되는 반면 철과 망간은 자연적으로 생성된다. 그러나 3가지 화학종 모두 수질에 미치는 영향 때문에 오염물질로 간주된다.

미생물 특성

식수 및 조리용 물은 바이러스, 세균, 원생동물 및 기생충과 같은 질병을 일으키는 생물(**병원균**(pathogens))이 없어야 한다. 미국 내에서 수인성 질병의 가장 흔한 원인인자는 기생성 원생동물인 람블편모충(*Giardia lamblia*)(질병통제센터, 1990)이며, 그 다음은 세균인 레지오넬라(*Legionella*)이다. 인간에게 질병을 일으키는 일부 생물은 감염된 사람의 배설물에서 유래하며, 또 다른 병원균은 동물의 배설물에서 유래한다.

안타깝게도, 물에 존재하며 특정 질병을 일으키는 생물은 쉽게 식별되지 않는다. 종합적인 세균학적 검사를 위한 기술은 복잡하고 시간이 많이 걸리기 때문에 쉽게 정의할 수 있는 양으로 상대적인 오염 정도를 나타내는 시험법을 개발할 필요가 있었다.

가장 널리 사용되는 세균학적 분석법은 대장균군의 미생물 수를 추정하는 것이다. 이 그룹에는 2가지 속(대장균 및 에어로박터 양기성균)이 포함되는데, 이 이름은 결장(colon)이라는 단어에서 파생되었다. 대장균(*E. coli*)은 포유류의 장에 서식하는 그람 음성(gram negative) 세균이다. 에어로박터 양기성균(*Aerobacter aerogenes*)은 일반적으로 토양, 잎 및 곡물에서 발견되며, 요로감염을 일으킨다. **총대장균군시험**(total coliform test)이라고 하는 이러한 미생물에 대한 시험은 다음과 같은 이유로 선택되었다.

1. 위에서 언급했듯이 대장균(*E. coli*)은 일반적으로 인간과 다른 포유류의 장에 서식한다. 따라서 대장균군의 존재는 물의 배설물 오염을 나타낸다.
2. 중환자의 대변으로 배설되는 대장균의 수는 질병을 일으키는 생물보다 몇 배나 많다. 대장균(*E. coli*)의 많은 개체수 덕분에 병원성 생물보다 배양하기 쉽다.
3. 대장균군은 자연수에서 비교적 오랜 기간 동안 생존하지만 효과적으로 번식하지는 않는다. 따라서 물에 대장균군이 존재한다는 것은 생물 성장보다는 대변 오염을 의미한다. 또한 이 생물은 대부분의 세균 병원체보다 물에서 더 잘 생존하는데, 이는 대장균군이 없다는 것이 병원체가 존재하지 않는다는 것을 나타내는 안전한 지표임을 가리킨다.
4. 대장균군은 비교적 배양하기 쉬우므로 실험자가 값비싼 장비 없이 테스트를 수행할 수 있다.

현재 연구에 따르면 대장균을 이용한 시험은 특히 신뢰성이 높다. 일부 기관에서는 생물학적 오염의 더 나은 지표로 총대장균군보다 대장균 검사를 고려한다. 대장균의 한 균주(0157)는 세포 손상을 일으키는 강력한 독소(베로 독소)를 생성하여 혈변을 유발한다. 또한 이 독소는 간과 신장 손상을 일으킬 수 있어, 많은 연구가 대장균 균주의 신속한 분리 기술을 개발하고 있다.

병원체에 대한 분자생물학적 검사는 현재 식수 산업에서 상업적으로 이용할 수 없지만, 향후에 이용할 수 있도록 많은 연구가 수행되고 있다. 이러한 기술은 유전자 DNA 분석을 사용하여 생물의 특정 종을 식별한다. 이 방법을 사용하면 알려진 서열의 수십만 개의 상보적 DNA(cDNA[*]) 가닥이 표준 유리 현미경 슬라이드에 배열된다. RNA는 물 시료에서 분리된 세균에서 추출한 다음 형광 염료로 표지되고 슬라이드의 DNA에 결합된다. 여기에서 "반점"의 형광 신호는 유기체를 식별하는 데 사용된다.

방사능 특성

방사성 핵종은 자연적으로 발생하거나 인위적인 요인을 통해 물에 들어갈 수 있기 때문에 빗물, 지표유출수, 물을 함유한 암석 및 토양에서 발견될 수 있다. 미국 뉴저지주 서부의 고지대, 펜실베이니아주의 리딩 프롱(Reading Prong), 뉴욕주의 허드슨(Hudson) 고지와 같은 일부 지역에서는 지하수에 자연적으로 높은 농도의 방사성 핵종, 특히 우라늄이 있다. 핵 실험, 방사성 물질의 채광 및 처리, 발전소 운영, 의학 및 과학 연구에서 방사성 핵종이 사용되므로 식수의 방사성 핵종 모니터링 및 분석이 필요하다.

방사성 물질에서 방출되는 에너지는 세포를 손상시키거나 죽일 수 있기 때문에 방사능은 건강에 위험하다. 방사성 물질에 노출되면 신장 손상의 형태로 급성 영향을 받을 수 있다. 장기간 낮은 수준의 우라늄 노출로 인한 만성 효과도 신장 손상을 일으킬 수 있다. 우라늄은 단백질의 재흡수를 방해하지만 이 효과는 가역적인 것으로 보인다. EPA는 모든 방사성 핵종을 인체 발암물질로 분류했으며, 음용수 규정은 이 전제를 기반으로 한다.

미국 수질 기준

1974년 이전에는 미국 전역에 일관된 식수 규정이 없었는데, 그해 의회는 식수안전법(Safe Drinking Water Act, SDWA)을 제정하여 EPA가 전국적으로 균일한 음용수 기준을 설정할 것을 요구하였다. 주 공중보건 부서는 연방 규정 또는 더 엄격한 주 규정(존재하는 경우)이 충족되도록 할 책임이 있다.

법의 공포와 함께 EPA는 음용수 기준, 즉 **최대오염농도**(maximum contaminant levels, MCL)를 발표하였다. 이 표준은 처리된 물에 존재할 수 있는 각 물질의 양을 제한하며, 현재 100개가 넘는 물질에 대한 MCL이 있다.[†] MCL은 식수에 포함된 화학물질에 노출될 경우 발암 또는 비발암 위해도를 평가하여 결정된다. 발암성 화합물에 대한 MCL을 설정할 때 EPA는 개인이 해당 오염물질에 노출되어 추가되는 암 위험을 평생 1:10,000에서 1,000,000 사이로 제한하도록 수준을 설정한다. 람블편모충(*Giardia lamblia*)과 같은 미생물학적 오염물질과 즉각적인 위협이 되는 화학적 오염물

---

[*] 특정 RNA로부터 역전사효소의 작용에 의해 역전사되는 합성 DNA

[†] 1차 및 2차 식수 오염물질과 관련 MCL 또는 SMCL의 전체 목록은 아래 EPA 웹사이트에서 찾을 수 있다: http://www.epa.gov/safewater/contaminants/index.html

표 10-1	식수에 대한 주요 미국 환경보호청 규정 요약	
규정	목적	표적 오염물질
Revised Total Coliform Rule(RTCR) (78 FR 10269, February 13, 2013)	대장균군을 제어하여 분변 병원균의 수를 최소 수준으로 감소	총 및 분원성 대장균군, 대장균(*E. coli*)
Surface Water Treatment Rule(SWTR) (40 CFR 141.70–141.75)	미생물 오염 통제	바이러스, 람블편모충, 여과된 폐수의 탁도
Long-term I Enhanced SWTR (67 FR 1812, January 14, 2002, Vol. 67, No. 9)	크립토스포리듐(*Cryptosporidium*) 통제	크립토스포리듐
Long-term 2 Enhanced SWTR (71 FR 654, January 5, 2006, Vol. 71, No. 3)	높은 수준의 크립토스포리듐으로 인해 위해도가 높은 시스템에서 공중보건 보호	크립토스포리듐, 대장균, 원수의 탁도
Stage 1 Disinfection and Disinfection By-products Rule(D/DBP1) (63 FR 69390-69476, December 16, 1998, Vol. 63, No. 241)	소독 부산물에 대한 노출 감소	총트리할로메테인, 할로아세트산 5종 브롬산 이온, 아염소산 이온, 염소, 클로라민, 이산화염소
Stage 2 Disinfection and Disinfection By-products Rule(D/DBP2) (71 FR388, January 4, 2006, Vol. 71, No. 2)	소독 부산물에 대한 노출 추가 감소	총트리할로메테인, 할로아세트산 5종
Lead and Copper Rule(LCR) (56 FR 26460-26564, June 7, 1991, latest revision: Oct. 2007)	식수에서 납 및 구리 노출로 인한 공중보건 위험 최소화	물의 부식성, 납, 구리
Radionuclides Rule (66 FR 76708, December 7, 2000, Vol. 65, No. 236)	식수에서 방사성 핵종에 대한 노출을 줄이기 위해	라듐-226과 라듐-228, 총 알파입자, 베타입자, 광활성, 우라늄
Groundwater Rule(GWR) (40 CFR 9, 141, 142, November 8, 2006, Vol. 71, No. 216)	지하수 공급원을 사용하는 공공 상수도 시스템에서 미생물 병원체로부터 보호	대장균, 바이러스
Information Collection Rule(ICR) (40 CFR 141.142 and 141.143, May 14, 1996)	식수원(호수, 저수지 등) 내 병원균 존재 여부, 처리된 식수 내 소독제 양 및 소독 부산물의 존재 여부, 특정 처리 기술의 효율성에 대한 데이터 수집	총대장균군, 분원성 대장균군, 대장균, 소독제 농도, 총트리할로메테인, 할로아세트산 5종 브롬산 이온, 아염소산 이온, 염소, 클로라민, 이산화염소
Arsenic and Clarifications to Compliance and New Source Monitoring Rule (66 FR 6976, January 22, 2001)	음용수 내 비소의 허용 농도를 줄임으로써 인간의 건강을 보호하고 음용수의 많은 무기 및 유기오염물질에 대한 규정 준수가 어떻게 입증되는지 명확히 하기 위해	비소, 무기오염물질, 휘발성 유기오염물질, 합성 유기오염물질
Unregulated Contaminant Monitoring Rule (UCMR/4) (81 FR92666, Dec. 20, 2016)	식수원 내 30가지 오염물질 존재에 대한 데이터 수집	시아노톡신 10종, 금속 2종, 농약류 8종, 농약제조산물 1종, 브롬화 할로아세트산 3종, 알코올류 3종, 기타 반휘발성물질 3종, 총유기탄소량, 브롬 이온
Aircraft Drinking Water Rule (74 FR53590, Oct . 19, 2009)	승무원과 승객에게 안전하고 신뢰할 수 있는 식수 보장	대장균군

질에 대해서는 인간의 건강을 보호할 수 있도록 기준을 설정하고 있다.

이 법으로 EPA는 2가지 유형의 음용수 기준을 공포하였다. 앞서 설명한 1차 기준은 인간의 건강을 보호하도록 설계되고, 이는 MCL이 존재하는 기본 표준이다. 보조 유형 또는 2차 식수 기준은 심미적으로 만족스러운 물을 제공하는 데 기반을 두고 있다. 이 보조 MCLs(secondary MCLs, SMCLs)은 권장사항으로, 필수사항은 아니다.

1996년에 클린턴 대통령은 식수안전법 수정안에 서명하였다. 이러한 수정사항은 수도시설이 고객에게 수질과 관련된 보다 완전한 정보를 제공할 것을 요구한다. 각 개인의 식수 출처, 모니터링 결과, SDWA 위반과 관련된 건강 문제에 관한 정보 제공을 문서화한 소비자 신뢰 보고서가 필요하다. 또한 수정안은 원수 오염이 발생하기 전에 식별하는 데 더 집중하여 더 많은 대중의 참여를 장려하고 원수 보호를 강조한다. 이에 따라 연방법은 이제 처리시설 운영자의 인증도 요구한다.

가장 최근에 공포된 미국 규정 중 하나는 2006년 11월 8일 EPA에서 발표한 지하수 규정이다. 이 규정의 목적은 공공의 물 공급을 미생물 병원체, 특히 분변으로 인한 병원균으로 오염되는 것으로부터 보호하는 것이다. 지하수가 관망에 직접 추가되고 처리 없이 소비자에게 제공되는 경우, 이 규칙은 지표수와 지하수를 혼합하는 모든 시스템에도 적용된다. 식수에 대한 가장 중요한 EPA 규정 목록은 표 10-1에 나와 있다.

일부 오염물질의 경우 EPA는 MCL을 정의하지 않고, 대신 특정 처리 기술을 지정한다. 이러한 오염물질의 경우 MCL 대신 TT(treatment technique; 처리 기술)라는 표기가 사용된다. 처리 기술은 물을 처리하는 데 사용되는 특정 공정이다. 이러한 예로 응집 및 여과, 석회 연수화 및 이온 교환 등이 포함된다. 이러한 공정에 대해서는 다음 절에서 설명한다. EPA는 몇몇 오염물질에 대해서는 아예 검출되지 않을 것을 권장하는데, 이 범주에 속하는 오염물질에는 납, 벤젠, 사염화탄소, 다이옥신, 트리클로로에틸렌 및 염화비닐이 있다. 소독과 관련된 기준은 10-6절에서 자세히 설명한다.

식수안전법에 따라 EPA는 국가적인 규제가 필요할 수도 있는 미규제 오염물질을 식별하고 나열해야 한다. 미규제 오염물질 목록(오염물질 후보 목록(Contaminant Candidate List, CCL))은 EPA에서 주기적으로 게시한다. 그런 다음 목록에 있는 최소 5개 이상의 오염물질을 규제할지 여부를 결정(규제 결정(Regulatory Determinations)) 해야 한다. 규제 결정은 (1) 오염물질의 독성, (2) 공중보건 문제를 일으킬 가능성이 있는 수준으로 공공 수역에서 발견되었거나 검출될 가능성이 있는 장소의 수를 기반으로 한다. 미규제 오염물질에 대한 정보를 수집하기 위해 EPA는 미규제 오염물질 모니터링 규칙(Unregulated Contaminant Monitoring Rule, UCMR)을 발표하였다. 네 번째 UCMR(UCMR4)은 2016년 12월 20일 연방관보에 게재되었다. 2013~2015년 동안 30개 오염물질에 대한 모니터링이 필요했는데, 이러한 모니터링은 공중보건을 보호하기 위한 향후 규제 조치의 기초를 제공한다.

기타 기준. EPA는 식수에서 가능한 오염물질의 최대 수준을 설정했지만 개별 주에서는 보다 엄격한 규정 준수를 요구할 수 있다. 또한 미국수도협회(American Water Works Association)나 세계보건 기구(World Health Organization)와 같은 기관에는 자체 권장사항 또는 목표가 있으며(WHO, 2006), 유럽에서는 유럽 연합이 표준을 설정한다(European Union, 1998).

수처리 시스템의 설계는 일반적으로 "10개 주 표준"에 명시된 기준을 따른다. 1950년에 오대호-미시시피강 상류 위원회(Great Lakes-Upper Mississippi River Board of State)와 지방 공중보건 및 환경관리국(Provincial Public Health and Environmental Managers)은 각 주에서 한 명씩 대표자가 이사회에 참여하는 물 공급 위원회를 만들었다. 이 보고서는 1953년에 처음 출간되어 이후 수정본이 발행되었으며, 최신 버전은 2012년에 발행되었다. 이 보고서에는 수처리 시스템의 설계 및 운영과 물 공급 시설 보호에 관한 정책 설명이 포함되어 있다. 여기에는 새로운 처리 공정에 대한 임시 표준과 그러한 시설 설계의 지침 역할을 하도록 하는 권장 표준이 모두 포함된다.

물 분류 및 처리 시스템

수원별 물 분류. 염수가 식수 공급원으로 가끔 사용되기는 하지만(예: 페르시아만을 따라 이어진 사막 지역, 남부 플로리다, 캘리포니아를 포함하는 물 부족 지역), 담수가 선호되는 공급원이다. 따라서 나머지 논의는 담수 공급에만 초점을 맞출 것이다. 음용수의 가장 편리한 분류법은 그 원천에 따라 지하수나 지표수로 분류하는 것이다. 지하수는 대수층에 뚫린 우물에서 공급된다. 7장과 9장에서 언급했듯이, 이용 가능한 물의 양과 질은 대수층을 형성하는 지질학적 물질의 유형과 오염물질 자체의 특성에 따라 다르다. 음용수 우물은 얕거나(15 m 미만) 깊을 수 있다(15 m 초과). 일반적으로 우물이 깊을수록 오염에 대한 보호 수준이 높아지지만, 깊은 우물은 표면 오염을 방지할 수 있도록 우물을 적절하게 설계하고 운영할 때만 보호된다. 지표수에는 강, 호수 및 저수지가 포함되며, 일반적으로 지표수와 지하수는 표 10-2와 같이 특성화할 수 있다.

수처리 시스템. 선진국의 수처리시설에는 일반적으로 (1) 응집시설, (2) 연수화시설, (3) 간단한 처리시설이 있다. 응집시설(그림 10-2)은 지표수를 처리하고 색, 탁도, 맛과 냄새, 세균을 제거하는 데 사용된다. 대부분의 시설은 혼화, 플록화, 침전, 여과 및 소독을 사용한다. 그러나 더 높은 수질(낮은 탁도 및 색상)의 지표수는 직접 여과를 사용하여 처리할 수 있으며, 이 경우 그림 10-3에서와 같이 침전이 생략된다. 연수화시설(그림 10-4)은 일반적으로 경도가 높은 지하수(주로 칼슘 및 마그네슘 이온)를 처리하는 데 사용된다. 이것은 종종 화학물질의 첨가 및 반응, 침전, pH를 낮추기 위한 **재탄산화**(recarbonation), 그리고 여과 및 소독을 포함한다. 간단한 처리시설은 일반적으로 지표수의 영향을 받지 않는 지하수와 같은 고품질 수원을 가지고 있어, 간단한 처리만으로도 충분할

표 10-2	지하수 및 지표수의 일반적인 특성	
	지하수	**지표수**
	일정한 구성분	다양한 구성분
	높은 미네랄 함량	낮은 미네랄 함량
	낮은 탁도	높은 탁도
	무색	유색
	세균으로부터 비교적 안전	미생물 오염 가능성
	용존산소 없음	용존산소 있음
	높은 경도	낮은 경도
	황화수소, 철, 망간	맛과 악취
	화학적 위험성 존재	화학적 위험성 존재

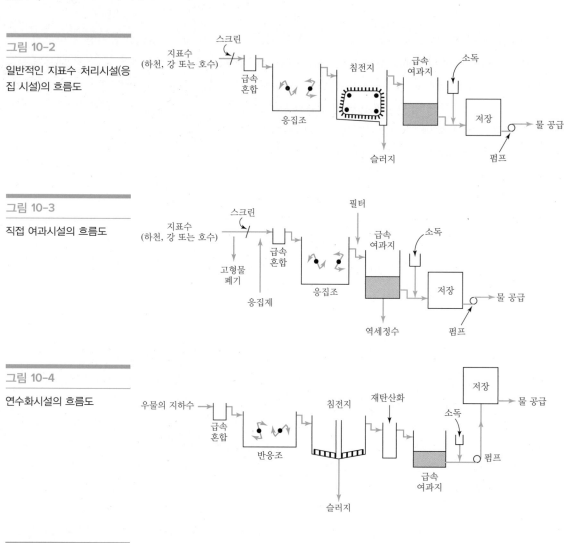

그림 10-2

일반적인 지표수 처리시설(응집 시설)의 흐름도

그림 10-3

직접 여과시설의 흐름도

그림 10-4

연수화시설의 흐름도

그림 10-5

정밀여과를 사용하는 막 여과 시설의 흐름도

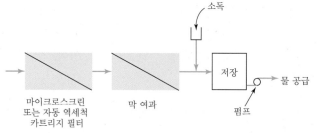

경우 사용된다. 예를 들어, 미시간 주립 대학교의 처리장은 지하수를 사용하며 처리는 양수, 소독 및 부식 제어로만 구성된다.

그림 10-2에서 볼 수 있는 것처럼, 지표수 원수는 저양력 펌프를 사용하여 개울, 강, 호수 또는 저수지에서 응집시설로 끌어올린다. 물은 먼저 나뭇가지, 식물 재료 및 물고기를 포함한 큰 물질을 제거하기 위해 스크린을 통과한다. 급속 혼합 중에 **응집제**(coagulant)라는 화학물질이 첨가되어 물을 통해 빠르게 분산된다. **플록 형성지**(flocculation basin)에서 화학물질은 물의 콜로이드 입자와 반응하여 더 큰 입자를 형성한다. 입자가 침전하기에 충분한 크기가 되면 **침전지**(sedimentaion basin)에서 중력에 의해 제거된다. 침전 후, 정화된 물은 잔류 탁도를 제거하기 위해 급속 모래 여과지로

전달된다. 다음 단계인 **소독**(disinfection)은 질병을 일으키지 않는 수준으로 병원성 생물의 수를 줄이는 데 사용된다. 이는 일반적으로 화학물질(염소, 클로라민 또는 오존)을 추가하거나 UV를 조사하여 달성된다. 특히 어린이의 치아 법랑질을 강화하고 충치 수를 줄이기 위해 불소를 첨가하는 **불소화**(fluoridation)도 처리 과정의 일부가 될 수 있으며, **부식 제어**(corrosion control)도 마찬가지로 분배 시스템의 파이프 부식 방지를 위해 적용될 수 있다.

침전지에서 함께 침전·제거된 입자와 화학물질은 탱크 바닥에 축적되는 슬러지에 존재한다. 약 94~98%의 수분을 포함하는 이 슬러지는 추가 처리한 다음 적절하게 폐기해야 한다. 여과지의 역세척수에는 침전된 화학물질과 함께 입자상 물질과 세균이 포함되어 있으므로, 이 역시 처리하고 폐기해야 한다.

일부 물은 추가 처리가 필요할 수 있다. 과도한 농도의 황화수소, 철 및 망간을 포함하는 많은 지하수가 그 예이다. 이러한 경우 전처리를 통해 환원상태의 철과 망간을 산화시키고 황화수소를 제거할 수 있다. 철 및 망간의 화학적 산화와 함께 황화수소 제거를 달성하기 위한 산소 공급에 트레이(tray) 또는 충전탑(packed tower)을 사용할 수 있다. 물의 경도가 높으면 산소 공급 후에 화학적 연수화를 실시한다.

지난 10년 동안 막 여과는 미국에서 널리 보급되었다. 그림 10-5는 지표수를 처리하는 데 사용되는 정밀여과 설비를 보여준다. 스크린은 양수하기 전에 큰 물질을 제거하는 데 사용되며, 그 다음에는 정밀여과가 이어진다. 이러한 처리시설은 탁도가 매우 낮고 람블편모충(*Giardia*), 크립토스포리듐(*Cryptosporidium*) 및 바이러스를 제거할 수 있는 잠재력이 있다. 어떤 경우에는 막 여과 전에 응집·침전이 사용된다.

다음 두 절에서 우리는 각각 응집과 연수화 화학에 대해 논의하고, 이후에는 수처리에 사용되는 기타 공정에 대해 설명한다.

10-2 급속 혼합, 플록화 및 응집

응집은 음용수에서 탁도, 색상, 세균을 제거하는 데 사용된다. 응집의 목적은 입자의 표면 전하를 변화시켜서 입자가 서로 달라붙어 중력에 의해 침전되는 더 큰 입자를 형성할 수 있도록 하는 것이다. 화학자들은 표면 전하의 변화와 후속 접착 과정을 설명하기 위해 '응집(coagulation)'이라는 용어를 사용하는 경향이 있지만, 환경공학자는 중력 침전 또는 석출에 의해 더 큰 입자와 용해된 이온이 제거되는 전체 과정을 설명하기 위해 이 용어를 사용한다. 이 장에서 우리는 입자상 물질의 제거를 설명하기 위해 '플록화'라는 용어를 사용하고, 용해된 경도 이온(주로 칼슘과 마그네슘) 제거를 설명하기 위해 '연수화'라는 용어를 사용할 것이다.

콜로이드 안정성 및 불안정화

자연수에서 콜로이드는 입자의 표면이 같은 전하를 띠고 서로 반발하기 때문에 안정적이다. 지표수에서 대부분의 콜로이드 입자는 점토에서 파생되며 순 음전하를 띠고 있다. 즉, 입자는 자석처럼 작용한다고 생각할 수 있다. 동일한 극(예: 북쪽)이 서로를 가리키면 자석이 반발한다. 응집의 목표는 입자가 서로 접촉하고 "함께 달라붙어" **플록**(floc)이라는 침전 가능한 입자를 형성하도록 하는 것이다.

그림 10-6

물에 있는 입자의 표면 전하

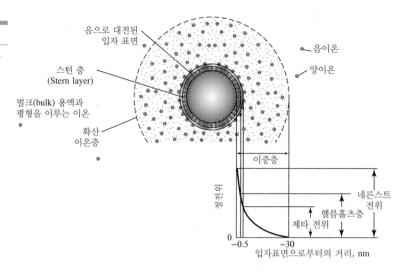

응집의 물리학

천연 물 현탁액에서 콜로이드 입자의 불안정화를 일으키는 4가지 메커니즘은 다음과 같다.

- 흡착 및 전하 중성화
- 전기 이중층의 압축
- 흡착 및 입자 간 가교
- 침전물에 갇힘

대전된 콜로이드 입자는 입자의 전하 균형을 맞추기 위해 충분한 반대 이온(반대 전하의 이온)을 끌어당긴다. 그림 10-6에서 볼 수 있듯이 음전하를 띤 입자는 표면에 강하게 흡착된 양이온층을 끌어당기는데, 이 층을 스턴(Stern) 층이라고 한다. 스턴 층 너머에는 느슨하게 결합된 양이온층이 있는데, 이 층을 고우이-채프만(Gouy-Chapman) 또는 확산층이라고 한다. 이중층(스턴 및 고우이-채프만 층)은 주변 환경에 비해 순 양전하를 가진다. 물속의 콜로이드 입자가 서로 충분히 가까이 접근할 수 있다면 서로 달라붙게 하는 단거리 인력(반데르발스 힘)이 있다. 그러나 2개의 하전 입자가 접근함에 따라 그들 사이에 반발력이 생기고, 이중층에 있는 이온의 상호 작용으로 인해 서로 달라붙는 것을 방지할 수 있다. 입자가 서로 달라붙게 하는 한 가지 방법은 입자의 전하를 줄이는 것이다. 자연수에서 대부분의 입자는 음전하를 띠므로 물에 양이온을 추가하여 전하 중성화를 유도함으로써 응집을 향상시킬 수 있다. 3가 양이온은 음전하를 띤 입자에 강하게 흡착하므로, 그림 10-7a에서 볼 수 있듯이 2가 또는 1가 이온보다 훨씬 더 효과적인 응집제이다. 첨가된 양이온의 농도가 높을수록 표면 전하가 중성화되는 정도는 커지고 탁도는 낮아진다.

용액의 이온 강도가 증가함에 따라 이중층의 두께가 감소하므로, 이온 강도가 높은 용액에서는 이중층의 두께가 충분히 얇아서 반데르발스 힘에 의해 입자가 서로 달라붙을 수 있을 정도로 가까워질 수 있게 된다.

수화된 금속염, 사전 수화된 금속염 및 양이온성 중합체는 양전하를 띠고 있다. 그들은 전하 중성화를 통해 입자를 불안정하게 만든다.

그림 10-7b에 표시된 도데실 암모늄과 같은 중합체는 중합체 사슬을 따라 하나 이상의 위치에서 입자 표면에 달라붙는다. 흡착은 쿨롱, 전하-전하 상호 작용, 쌍극자 상호 작용, 수소 결합 또는

그림 10-7

여러 다른 응집제에 대한 도식적 응집 곡선

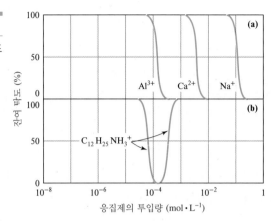

반데르발스 힘의 결과이다. 중합체 사슬의 다른 부위는 용액 쪽으로 향하며 다른 입자의 표면에 흡착되어 입자 사이에 "다리"를 만든다. 이러한 더 큰 입자는 이후 침전에 의해 제거될 수 있다. 그림 10-7b에서 볼 수 있듯이, +1의 전하를 띠는 도데실 암모늄 이온의 추가는 나트륨 이온의 추가보다 탁도에 훨씬 큰 영향을 미친다. 이는 입자에 부착된 C_{12} 그룹의 긴사슬이 입자를 소수성으로 만들어 소수성 영역을 가진 다른 입자와 상호 작용할 가능성이 더 높기 때문이다. 그러나 도데실 암모늄을 너무 많이 첨가하면 탁도가 증가하는데, 이는 순 양전하로 표면에 과잉 이온이 흡착되어 콜로이드가 다시 반발하기 때문이다. 이 과정을 **재안정화**(restabilization)라고 한다.

응집제가 용해도를 초과하면 염이 불용성 침전물을 형성한다. 염이 침전되면서 플록 내에 콜로이드 입자를 "포획"한다. 이러한 유형의 침전물을 스윕 플록(sweep floc)이라고 한다. 탁도가 낮은 물을 처리할 때는 스윕 플록 형성에 의한 응집이 필요하다.

응집제

앞서 언급했듯이 응집제는 입자를 응집시키기 위해 물에 첨가되는 화학물질이다. 응집제에는 3가지 주요 속성이 있다.

1. **3가 양이온.** 이전에 논의된 바와 같이, 자연발생 콜로이드는 일반적으로 음전하를 띠기 때문에 전하 중성화를 달성하기 위해 양이온이 필요하다. 그림 10-7a에서 볼 수 있듯이, 3가 양이온은 나트륨 및 칼슘과 같은 1가 또는 2가 단순 양이온보다 훨씬 더 효과적이다.
2. **무독성.** 음용수 생산을 위해서는 응집제가 무독성이어야 한다.
3. **중성 pH 범위에서 불용성.** 처리수의 응집제 농도가 높은 것은 바람직하지 않다. 따라서 응집제는 일반적으로 원하는 pH 값에서 비교적 불용성이다.

가장 일반적으로 사용되는 2가지 금속 플록화제는 알루미늄(Al^{3+})과 철(Fe^{3+})이다. 둘 다 위의 3가지 요구사항을 충족하며, 반응은 다음에 요약되어 있다.

황산알루미늄. 황산알루미늄은 건조 또는 액체 알럼(명반; $Al_2(SO_4)_3 \cdot 14H_2O$)으로 구입할 수 있다. 상업용 알럼은 평균 분자량이 594이고, 약 14개의 수화수가 있다.

알럼은 다음 반응에 따라 알칼리도와 반응한다.

$$Al_2(SO_4)_3 \cdot 14H_2O + 6HCO_3^- \rightleftharpoons 2Al(OH)_3(s) + 6CO_2 + 14H_2O + 3SO_4^{2-} \qquad \text{(10-1)}$$

첨가된 알럼 1몰은 6몰의 알칼리도를 사용하고 6몰의 이산화탄소를 생성한다. 이 반응은 탄산염 평형을 이동시키고 pH를 감소시킨다. 그러나 충분한 알칼리도가 존재하고 $CO_2(g)$가 방출되는 한 pH가 급격히 감소하지 않는다. 황산 생성을 중화하기에 충분한 알칼리도가 존재하지 않는 경우, 황산의 형성으로 인해 pH가 현저히 낮아질 수 있다.

$$Al_2(SO_4)_3 \cdot 14H_2O \rightleftharpoons 2Al(OH)_3(s) + 3H_2SO_4 + 8H_2O \qquad \text{(10-2)}$$

pH 조절이 문제라면 석회나 탄산나트륨을 첨가하여 산을 중화시켜 pH를 안정화시킬 수 있다.

응집제 첨가의 2가지 중요한 요소는 pH와 투여량이다. 최적 투여량과 pH는 실험을 통해 결정되어야 한다. 알럼의 최적 pH 범위는 약 5.5~6.5이며, 일부 조건에서는 pH 5~8 사이에서 적절한 응집이 가능하다.

예제 10-1 $Q = 0.044 \ \text{m}^3 \cdot \text{s}^{-1}$의 평균 유량을 갖는 수처리 설비는 $25 \ \text{mg} \cdot \text{L}^{-1}$의 용량에서 알럼($Al_2(SO_4)_3 \cdot 14H_2O$)으로 물을 처리한다. 알럼 응집은 식 10-1에 따라 입자상 물질을 제거하고 유기물의 농도를 낮추며, 물의 알칼리도를 낮추는 데 사용된다. 유기물 농도가 $8 \ \text{mg} \cdot \text{L}^{-1}$에서 $3 \ \text{mg} \cdot \text{L}^{-1}$로 감소된다고 가정할 때, 소모된 알칼리도의 총질량과 하루에 제거된 건조 고형물의 총량을 구하시오.

풀이 먼저 소모된 알칼리도의 총량을 구한다. 식 10-1에 따라 추가된 알럼 1몰에 대해 6몰의 알칼리도(중탄산염 형태)가 제거된다는 점에 유의하여 이를 수행한다. 이제 알럼 용량을 분자량($594.35 \ \text{g} \cdot \text{mol}^{-1}$)을 사용하여 몰 단위로 변환한다.

$$\frac{(25 \ \text{mg} \cdot \text{L}^{-1})(10^{-3} \ \text{g} \cdot \text{mg}^{-1})}{594.35 \ \text{g} \cdot \text{mol}^{-1}} = 4.206 \times 10^{-5} \ \text{mol} \cdot \text{L}^{-1} \text{ of alum}$$

따라서 $4.206 \times 10^{-5} \ \text{mol} \cdot \text{L}^{-1}$의 알럼을 추가하면 제거되는 HCO_3^-의 양은 단순히 6배가 된다.

$$(6)(4.206 \times 10^{-5}) = 0.000252 \ \text{mol} \cdot \text{L}^{-1} \text{ of } HCO_3^- \text{ 또는 } 2.52 \times 10^{-4} \ \text{eq} \cdot \text{L}^{-1}\text{의 알칼리도}$$

하루에 제거된 총알칼리도를 구하려면 앞의 숫자에 설비의 평균 유량을 곱하면 된다.

$$(0.000252 \ \text{eq} \cdot \text{L}^{-1})(0.044 \ \text{m}^3 \cdot \text{s}^{-1})(1000 \ \text{L} \cdot \text{m}^{-3})(86{,}400 \ \text{s} \cdot \text{day}^{-1}) = 959.4 \ \text{eq} \cdot \text{day}^{-1}$$

중탄산 이온의 당량을 사용하여 질량 기준으로 환산하면 $61 \ \text{g} \cdot \text{mol}^{-1}$이 된다.

$$959.4 \ \text{eq} \cdot \text{day}^{-1} \times 61 \ \text{g} \cdot \text{eq}^{-1} = 58{,}526 \ \text{g} \cdot \text{day}^{-1} \text{ 또는 } 58.5 \ \text{kg} \cdot \text{day}^{-1}$$

문제의 두 번째 부분에서 알럼 1몰이 추가될 때마다 2몰의 고체 침전물이 발생한다는 점에 주목한다. 따라서 고형물의 양은

$$\left(\frac{2 \ \text{mol Al(OH)}_3}{\text{mol alum}}\right)(4.206 \times 10^{-5} \ \text{mol} \cdot \text{L}^{-1} \text{ of alum}) = 8.41 \times 10^{-5} \ \text{mol} \cdot \text{L}^{-1} \text{ of Al(OH)}_3$$

이 숫자를 하루 기준으로 환산하면,

$$(8.41 \times 10^{-5} \ \text{mol} \cdot \text{L}^{-1})(0.044 \ \text{m}^3 \cdot \text{s}^{-1})(1000 \ \text{L} \cdot \text{m}^{-3})(86{,}400 \ \text{s} \cdot \text{day}^{-1}) = 319.8 \ \text{mol} \cdot \text{day}^{-1}$$

질량 기준으로 환산하면 수산화알루미늄의 분자량(78 g · mol^{-1})을 사용하여

$$319.8 \text{ mol} \cdot \text{day}^{-1} \times 132 \text{ g} \cdot \text{mol}^{-1} = 42,214 \text{ g} \cdot \text{day}^{-1} \text{ 또는 } 42.2 \text{ kg} \cdot \text{day}^{-1}$$

제거된 총고형물에는 침전된 유기물질도 포함된다. 우리는 유입수 및 유출수 수준인, 각각 8 mg · L^{-1} 및 3 mg · L^{-1}을 통해 제거된 총유기물질이 단순히 5 mg · L^{-1}라는 것을 알고 있다. (유기물질 리터당 밀리그램은 매우 간단한 근사치이며, 이러한 측정하기 어려운 물질은 일반적으로 탁도로 측정한다. 이 숫자에 유량을 곱하여 하루에 침전하는 유기물을 구한다.

$$5 \text{ mg} \cdot \text{L}^{-1} \times 0.044 \text{ m}^3 \cdot \text{s}^{-1} \times 1000 \text{ L} \cdot \text{m}^{-3} \times 86,400 \text{ s} \cdot \text{day}^{-1} = 19,008,000 \text{ mg} \cdot \text{day}^{-1}$$

또는

$$19.0 \text{ kg} \cdot \text{day}^{-1}$$

수산화알루미늄의 질량 플럭스와 침전된 유기물 슬러지를 더하여 하루에 제거된 건조 고형물의 총량을 계산한다.

$$42.2 \text{ kg} \cdot \text{day}^{-1} + 19.0 \text{ kg} \cdot \text{day}^{-1} = 61.2 \text{ kg} \cdot \text{day}^{-1}$$

철. 철 양이온은 황산 제2철($Fe_2(SO_4)_3 \cdot 7H_2O$) 또는 염화 제2철($FeCl_3 \cdot 7H_2O$)로 투여할 수 있다. 응집 효율, 투여량 및 pH 곡선과 관련된 철의 특성은 알럼의 특성과 유사하다. 알칼리도가 있는 상태에서 $FeCl_3$의 반응의 예는 다음과 같다.

$$FeCl_3 \cdot 7H_2O + 3HCO_3^- \rightleftharpoons Fe(OH)_3(s) + 3CO_2 + 3Cl^- + 7H_2O \tag{10-3}$$

알칼리도가 없는 상태에서의 반응은 다음과 같다.

$$FeCl_3 + 3H_2O \rightleftharpoons Fe(OH)_3(s) + 3H^+ + Cl^- \tag{10-4}$$

알칼리도가 충분하지 않은 경우 염화철을 추가하면 염화철 1몰이 추가될 때마다 3몰의 양성자(H^+)가 방출되며, 양성자의 방출은 pH를 낮춘다. 철염은 일반적으로 알루미늄보다 효과적인 응집을 위한 pH 범위가 4~9로 더 넓다.

응집 보조제. 응집 보조제의 3가지 기본 유형은 활성 실리카, 점토, 중합체이다.

활성 실리카는 황산, 알럼, 이산화탄소 또는 염소로 활성화된 규산나트륨이다. 활성 실리카를 물에 첨가하면 음의 표면 전하를 갖는 안정한 졸(액체에 분산된 고체 콜로이드 입자)이 생성된다. 활성화된 실리카는 양전하를 띤 금속 수산화물 플록과 반응하여 더 크고 밀도가 높은 플록을 생성함으로써 더 빠르게 침전하고 얽힘을 향상시킨다. 활성 실리카의 첨가는 플록의 밀도를 증가시키기 때문에 색이 진하고 탁도가 낮은 물을 처리하는 데 특히 유용하다. 그러나 실리카의 활성화에 적절한 장비와 긴밀한 운영 제어가 필요하기 때문에 많은 처리장에서 사용을 주저하고 있다.

점토는 약간의 음전하를 띠고 플록의 밀도를 증가시켜 플록의 침전을 증가시킬 수 있다는 점에서 활성 실리카와 매우 유사하게 작용할 수 있다. 또한 점토는 유색의 탁도가 낮은 물을 처리하는 데 유용하다.

응집 보조제로 수처리에 사용되는 가장 효과적인 중합체는 음이온성 및 비이온성 중합체이다. 중합체는 활성 부위가 많은 긴사슬의 고분자 탄소 화합물이다. 도데실 암모늄(dodecyl ammonium) (그림 10-7b 참조)은 양이온성 고분자로, 활성 부위가 플록에 달라붙어 플록을 서로 결합시키고 더 잘 침전되는 크고 단단한 플록을 생성한다. 중합체의 유형, 투여량 및 첨가 지점은 수질에 따라 결정되어야 하며, 이러한 사항은 한 처리장 내에서도 계절에 따라, 혹은 매일 바뀔 수도 있다.

혼합 및 플록화

물을 응집시키고 연수화시키는 화학 반응이 일어나려면 화학물질을 물과 혼합해야 한다. 이 절에서 우리는 화학적 응집 및 연수화를 생성하는 데 필요한 물리적 방법을 살펴볼 것이다.

혼합 또는 **급속 혼합**(rapid mixing)은 화학물질이 물에 빠르고 균일하게 분산되는 과정이다. 이상적으로는 화학물질이 물 전체에 순간적으로 분산된다. 응집 및 연수화 공정에서 급속 혼합 시 화학 반응이 발생하여 침전물이 형성된다. 응집 중에는 수산화알루미늄 또는 수산화철이 형성되는 반면, 연수화 공정에서는 탄산칼슘 및 수산화마그네슘이 형성된다. 이러한 과정에서 생성된 침전물은 플록을 형성할 수 있도록 서로 접촉해야 한다. 이 접촉 과정을 **플록화**(flocculation)라고 하며, 이는 느리고 부드러운 혼합으로 이루어진다.

급속 혼합. 급속 혼합은 응집제 투여 효율에 영향을 미치는 가장 중요한 물리적 작업으로, 응집의 화학 반응은 0.1초 내로 완료된다. 따라서 혼합은 가능한 한 즉각적이고 완전해야 한다. 급속 혼합은 수직 샤프트 믹서가 있는 탱크 내에서 또는 특수 혼합 시스템을 사용하는 파이프 내에서 수행할 수 있다. 이 외에도 파샬(Parshall) 수로, 유압 점프, 배플 채널, 공기 혼합과 같은 방법을 사용할 수 있다. 일반적인 탱크 또는 인라인 혼합장치가 그림 10-8에 나와 있다.

연수화를 위한 CaO/Ca(OH)₂ 혼합물의 용해에는 5~10분 정도의 체류 시간이 필요할 수 있으며, 인라인 믹서는 연수화제를 혼합하는 데 사용되지 않는다.

급속 혼합탱크의 부피는 다음 방정식을 사용하여 계산된다.

그림 10-8

급속 혼합장치들

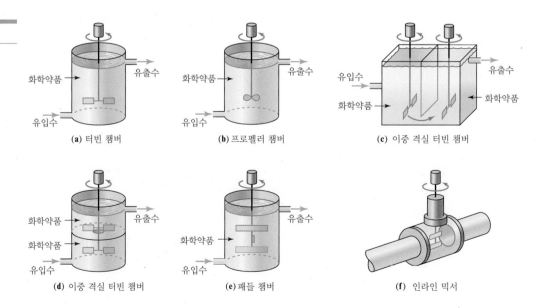

(a) 터빈 챔버 (b) 프로펠러 챔버 (c) 이중 격실 터빈 챔버

(d) 이중 격실 터빈 챔버 (e) 패들 챔버 (f) 인라인 믹서

$$\mathbf{V} = Qt_d \qquad (10\text{-}5)$$

여기서 $\mathbf{V}$ = 반응기의 부피

Q = 유속

t_d = 체류 시간

축류

프로펠러

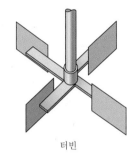

터빈

그림 10-9

기본적인 임펠러 형태

혼합장치 및 기하학적 제약으로 인해 부피가 8 m³를 초과하는 경우는 거의 없다. 혼합장치는 그림 10-9와 같이 전기 모터, 기어형 감속기, 터빈 또는 축류 임펠러로 구성된다. 터빈 임펠러는 더 많은 난류를 발생시키며 급속 혼합에 선호된다.

경험 법칙(예: Reynolds, 1982 참조)은 종종 급속 혼합탱크를 설계하는 데 사용된다. 설계 액체 깊이는 탱크 직경 또는 너비의 0.5~1.1배여야 한다. 임펠러 직경은 탱크 직경 또는 너비의 0.30~0.50배여야 하며, 수직 배플은 탱크로 탱크 너비 또는 직경의 약 10% 확장되어야 한다.

플록화. 급속 혼합은 물과 응집제를 성공적으로 혼합시키는 반면, 플록화는 침전이 성공적으로 일어나도록 입자 성장에 필요한 최적의 조건을 제공한다. 플록화의 목적은 입자가 충돌하고 서로 달라붙어 쉽게 가라앉을 수 있는 크기로 자라도록 하는 것이다. 혼합 강도는 충돌이 발생할 때 입자가 서로 붙을 수 있는 충분한 에너지를 갖기에 충분해야 한다. 그러나 너무 세게 혼합하면 입자가 전단될 수 있으며(분리됨), 그 결과 입자가 너무 작아 침전이 효과적으로 발생하지 않는다. 플록화에 사용되는 주요 설계 매개변수는 속도 구배 G이다. 이 매개변수는 혼합의 정도를 설명한다. G값이 높을수록 혼합이 더 강한 것이다. 정수장 및 하·폐수 처리장 설계에서 G값의 적용에 대한 자세한 논의는 이 책의 범위를 벗어난다.

플록화는 일반적으로 축류 임펠러(그림 10-9), 패들 플록화 장치(그림 10-10), 또는 배플 챔버(그림 10-11)를 사용하여 수행된다. 축류 임펠러는 그림 10-9에 나타난 다른 유형의 플록화 장치보다 성능이 우수한 것으로 알려져 있다(Hudson, 1981).

상향류 고형물 접촉. 혼합, 플록화 및 침전은 그림 10-12에 나타난 것과 같이 단일탱크에서 수행할 수 있다. 유입되는 원수와 화학약품이 혼합되어 중앙 원뿔형 구조를 만들고, 고체는 원뿔 아래

그림 10-10

패들 플록화 장치

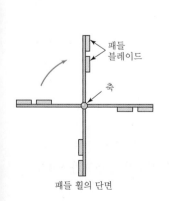

패들 블레이드

축

패들 휠의 단면

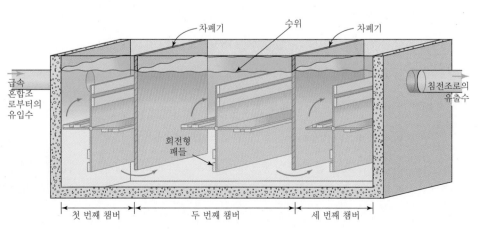

차폐기   수위   차폐기

급속 혼합조로부터의 유입수

회전형 패들

침전조로의 유출수

첫 번째 챔버   두 번째 챔버   세 번째 챔버

그림 10-11

유압 응집기

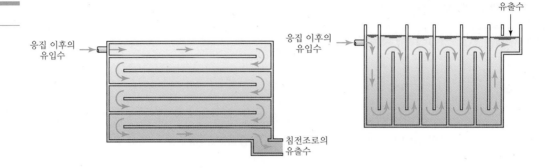

그림 10-11

유압 응집기

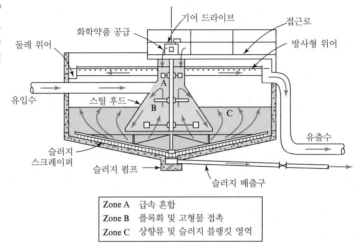

그림 10-12

일반적인 상향류 고형물 접촉 장치 (출처: 수처리 플랜트 설계. 미국수도협회, 1969.)

로 흐른다(때로는 "스커트"라고도 함).

물이 위로 흐르면 고형물이 침전되어 슬러지 블랭킷(blanket)을 형성한다. 이 형태를 상향류 고체 접촉장치라고 한다. 이 장치는 크기가 작은 것이 가장 큰 장점이며, 비교적 일정한 품질의 유입수를 처리하는 데 가장 적합하다. 지하수의 특성이 비교적 일정하고, 슬러지 블랭킷이 침전 반응이 발생할 기회를 추가로 제공하기 때문에 연수화에 선호되는 경우가 많다.

예제 10-2 버려진 카테킬(Catequil)가 정수장은 $0.044 \ m^3 \cdot s^{-1}$을 처리하는 연구시설로 전환된다. 다음과 같은 설계 매개변수 조건에서 낮은 탁도의 철 응집 설비의 설치를 고려하고 있다.

급속 혼합 $t_0 = 10$초   물 온도 $= 18℃$

급속 혼합탱크의 크기를 구하시오.

풀이 식 10-5에 의한 급속 혼합탱크의 부피는

$$Ɐ = (Q)(t_o) = (0.044 \ m^3 \cdot s^{-1})(10 \ s) = 0.44 \ m^3$$

이 부피는 급속 혼합탱크의 최대 부피인 $8 \ m^3$보다 적기 때문에 사용 가능하다. 주요 장비 고장 시에도 물을 꾸준히 생산하려면 수처리 시스템에 여유분을 두어야 하며, 따라서 2개의 탱크가 필요

하다. 탱크의 부피가 매우 작기 때문에 0.44 m³ 탱크 2개를 번갈아 사용한다.
0.75의 깊이 대 지름(또는 너비) 비율을 사용하여 다음을 얻는다.

깊이 = 0.75 × 지름

원통의 부피가 다음과 같다는 것을 사용한다.

$$부피 = \frac{\pi d^2}{4} × 깊이$$

여기서 $d =$ 지름
따라서,

$$부피 = \left(\frac{\pi d^2}{4}\right)(0.75d) = 0.44 \text{ m}^3$$

즉, $d = 0.907$ m이다.

그러므로 탱크의 표면적(부피를 0.44 m³에 가깝게 유지하기 위해)은 다음과 같다.

$$표면적 = \frac{\pi d^2}{4} = \frac{\pi(0.907 \text{ m})^2}{4} = 0.646 \text{ m}^2 \text{ 또는 } 0.65 \text{ m}^2$$

깊이는 다음과 같다.

$$깊이 = \frac{부피}{표면적} = \frac{0.44 \text{ m}^3}{0.65 \text{ m}^2} = 0.68 \text{ m}$$

이러한 계산 결과에는 현실적인 문제가 있다. 즉, 이러한 탱크는 거의 찾을 수 없으므로, 직경이 1 m이고 깊이가 0.75 m인 탱크를 선택한다. 이제 이 선택이 설계 품질에 부정적인 영향을 미치지 않는지 확인해야 한다. 다시 말해, 계산한 부피인 탱크가 0.44 m³를 담을 수 있을 만큼 충분히 큰지 확인해야 한다. 설계된 탱크 부피는,

$$부피 = \frac{\pi d^2}{4} × 깊이 = \frac{\pi(1)^2}{4} × 0.75 = 0.59 \text{ m}^3$$

이 부피는 조건을 만족한다. 체류 시간은 다음과 같다.

$$\frac{0.59 \text{ m}^3}{0.044 \text{ m}^3 \cdot \text{s}^{-1}} = 13.4분$$

체류 시간도 권장 지침 내의 범위에 있다.

10-3 연수화

경도

경도라는 용어는 거품이 잘 나지 않는 물을 특징짓는 데 사용된다. 이는 욕조에 찌꺼기를 발생시키고, 커피 포트나 차 주전자 및 온수기에 흰색의 딱딱한 침전물(스케일)을 남긴다. 거품이 잘 나지 않고 욕조에 찌꺼기가 생기는 것은 칼슘과 마그네슘이 비누와 반응하기 때문이다. 예를 들어, 욕조의 찌꺼기는 다음 반응에 따라 형성된다.

$$Ca^{2+} + 2(Soap)^- \rightleftharpoons Ca(Soap)_2(s) \tag{10-6}$$

이러한 착화 반응의 결과로 비누는 의복의 때와 상호 작용할 수 없고, 칼슘-비누 복합물 자체는 원하지 않은 침전물을 형성한다. 또한 경도 광물은 밸브에 탄산칼슘 결정을 형성하고 파이프에 스케일을 형성하여 밸브가 고착된다.

경도(hardness)는 모든 다가 양이온의 합(일관된 단위 사용)으로 정의된다. 총경도(total hardness, TH)는 다음과 같이 정의된다.

$$TH = (Ca^{2+}) + (Mg^{2+}) + (Fe^{3+}) + (Fe^{2+}) + (Ba^{2+}) + (Be^{2+}) + \cdots = \sum_{1}^{i} (X^{n+})_i \tag{10-7a}$$

여기서 $n \geq 2$이고, 각 이온의 농도는 mg/L as $CaCO_3$ 또는 $mEq \cdot L^{-1}$로 나타낸다. 경도를 설명하는 데 사용되는 정성적 용어는 표 10-3에 나열되어 있다. 많은 사람들이 150 $mg \cdot L^{-1}$ as $CaCO_3$ 이상의 경도를 포함하는 물을 꺼려하기 때문에 상수도 사업자는 물을 부드럽게 만드는 것, 즉 경도를 일부 제거하는 것이 좋다고 생각한다. 일반적인 수처리 목표는 60~120 $mg \cdot L^{-1}$ as $CaCO_3$ 범위의 경도를 가진 물을 제공하는 것이다.

모든 다가 양이온이 경도에 기여하지만 주된 기여 물질은 칼슘과 마그네슘이다. 따라서 이 논의의 나머지 부분에서 우리는 이 2가지 광물에 초점을 맞출 것이다.

물의 경도가 증가하는 자연적인 과정은 그림 10-13에 개략적으로 나와 있다. 빗물이 표토에 들어갈 때 미생물의 호흡은 물의 CO_2 함량을 증가시킨다. 식 2-19에서 볼 수 있듯이 CO_2는 물과 반응하여 H_2CO_3를 형성한다. 고체 $CaCO_3$와 $MgCO_3$로 구성된 석회석은 탄산과 반응하여 탄산수소칼슘[$Ca(HCO_3)_2$]과 중탄산마그네슘[$Mg(HCO_3)_2$]을 형성한다. $CaCO_3$와 $MgCO_3$는 둘 다 물에 녹지 않지만 중탄산염은 잘 녹는다. 또한 석고($CaSO_4$) 및 $MgSO_4$도 경도를 높인다.

칼슘과 마그네슘이 일반적으로 우세하기 때문에 이러한 유형의 물에 대해 연수화를 위한 계산

표 10-3	미국수질협회에 따른 경도 분류	
용어	**농도 범위** (mg · L⁻¹ as CaCO₃)	
초연수	<17.1	
연수	17.1~60	
중경수	60~120	
경수	120~180	
초경수	>180	

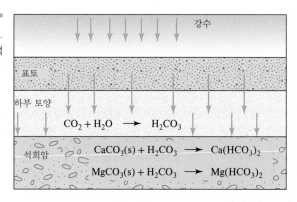

그림 10-13

물의 경도가 증가하는 자연적인 과정

을 실시할 때 물의 총경도(TH)를 해당 원소의 합으로 근사하는 것이 편리한 경우가 많다.

$$TH \cong Ca^{2+} + Mg^{2+} \tag{10-7b}$$

여기서 각 원소의 농도는 일관된 단위(mg · L^{-1} as CaCO$_3$ 또는 mEq · L^{-1})로 나타낸다. 총경도는 종종 2가지 구성 요소로 나뉘는데, (1) HCO$_3$$^-$ 음이온과 관련된 것(탄산염 경도)과 (2) 다른 음이온과 관련된 것(비탄산염 경도)이다.[*] 따라서 총경도는 다음과 같이 정의될 수 있다.

$$TH = CH + NCH \tag{10-8}$$

탄산염 경도(carbonate hardness, CH)는 총경도나 총알칼리도 중 작은 것과 동일한 경도로 정의된다. 탄산염 경도는 물을 가열하여 제거할 수 있는데, 이는 칼슘, 마그네슘의 중탄산 이온과 탄산 이온[CaCO$_3$, MgCO$_3$, Ca(HCO$_3$)$_2$, Mg(HCO$_3$)$_2$]의 용해도는 온도가 증가함에 따라 감소하기 때문이다. 이처럼 탄산염 경도는 물을 가열하면 제거되기 때문에 흔히 **일시적 경도**(temporary hardness)라고 한다.

비탄산염 경도(noncarbonate hardness, NCH)는 알칼리도를 초과하는 총경도로 정의된다.[†] 알칼리도가 총경도 이상인 경우 비탄산염 경도가 없다. 비탄산염 경도는 황산 이온, 질산 이온, 염소 이온 등 중탄산 이온 및 탄산 이온 이외의 이온과 연계된 칼슘 및 마그네슘(및 기타 다가 이온)에 해

그림 10-14

총경도, 탄산염 경도, 비탄산염 경도의 관계. 물의 pH는 6.5∼8.3.

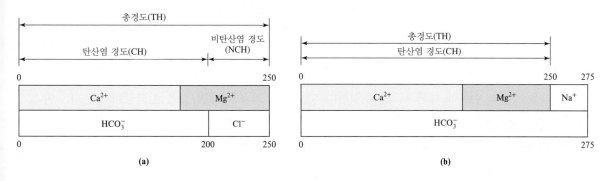

(a)

(b)

---

[*] 이것은 화합물이 용액에 화합물 형태로 존재한다는 것을 의미하지 않는다. 이들은 분리된 이온으로 존재한다.

[†] pH가 6.5~8.3일 때, HCO$_3$$^-$는 알칼리도의 지배적인 형태이며, 총알칼리도는 HCO$_3$$^-$의 농도로 근사될 수 있다.

당한다. 비탄산염 경도는 물을 가열해도 제거되지 않기 때문에 **영구 경도**(permanent hardness)라고
한다.

    총경도, 탄산염 경도 및 비탄산염 경도 사이의 관계는 그림 10-14에 나와 있다. 그림 10-14a
에서 총경도는 $CaCO_3$로 250 mg · L^{-1}이고, 탄산염 경도는 알칼리도와 동일하며(HCO_3^-
= 200 mg · L^{-1} as $CaCO_3$), 비탄산염 경도는 총경도와 탄산염 경도의 차이(NCH = TH −
CH = 250 − 200 = 50 mg · L^{-1} as $CaCO_3$)와 같다. 그림 10-14b에서 총경도는 똑같이 250 mg · L^{-1}
as $CaCO_3$이다. 그러나 알칼리도(HCO_3^-)가 총경도보다 크고, 탄산염 경도가 총경도보다 클 수 없
기 때문에(식 10-8 참조), 탄산염 경도는 250 mg · L^{-1} as $CaCO_3$로 총경도와 동일하다. 탄산염 경도
가 총경도와 같으면, 모든 경도는 탄산염 경도이고 비탄산염 경도는 없다. 또한 두 경우 모두 pH가
6.5~8.3이라고 가정하였는데, 이때 HCO_3^-가 존재하는 유일한 알칼리도 형태이다.

예제 10-3 pH가 7.2인 시료의 이온 농도는 다음과 같다.

이 시료의 총경도, 탄산염 경도, 알칼리도 및 총용존 고형물을 계산하시오.

이온	농도(이온 기준)	이온	농도(이온 기준)
Ca^{2+}	40 mg · L^{-1}	HCO_3^-	110 mg · L^{-1}
Mg^{2+}	10 mg · L^{-1}	SO_4^{2-}	67.2 mg · L^{-1}
Na^+	11.8 mg · L^{-1}	Cl^-	11 mg · L^{-1}
K^+	7.0 mg · L^{-1}		

이온	농도 (mg · L^{-1})	M.W. (mg · mmol^{-1})	[n]	Eq.Wt. (mg · mEq^{-1})	농도 (mEq · L^{-1})	농도 (mg · L^{-1} as $CaCO_3$)
Ca^{2+}	40.0	40.1				
Mg^{2+}	10.0	24.3				
Na^+	11.8	23.0				
K^+	7.0	39.1				
HCO_3^-	110.0	61.0				
SO_4^{2-}	67.2	96.1				
Cl^-	11.0	35.5				

풀이 먼저 위와 같은 표를 준비한다.

    다음으로 각 이온에 대한 n값을 결정한다. 대부분의 경우 아래와 같은 산화상태가 된다.[*] 이
제 분자량을 몰당 등가 n으로 나누어 각 이온의 당량을 결정한다. 예를 들어, 칼슘의 분자량은 40.1
mg · mmol^{-1}로 나타낼 수 있고, 몰당 등가는 2 mEq · mmol^{-1}이다.

---

[*] 등가량 결정에 대해서는 2장(화학)의 2-4절에 나와 있다.

이온	농도 (mg · L^{-1})	M.W. (mg · mmol^{-1})	[n]	Eq.Wt. (mg · mEq^{-1})	농도 (mEq · L^{-1})	농도 (mq · L^{-1} as CaCO$_3$)
Ca^{2+}	40.0	40.1	2	20.05		
Mg^{2+}	10.0	24.3	2	12.15		
Na$^+$	11.8	23.0	1	23.0		
K$^+$	7.0	39.1	1	39.1		
HCO$_3^-$	110.0	61.0	1	61.0		
SO$_4^{2-}$	67.2	96.1	2	48.05		
Cl$^-$	11.0	35.5	1	35.5		

mEq · L^{-1}으로 주어진 각 이온의 농도는 mg · L^{-1}으로 주어진 농도를 당량으로 나누어 계산할 수 있다. 예를 들어, 칼슘의 경우

$$[Ca^{2+}] = \frac{40.0 \text{ mg} \cdot L^{-1}}{20.05 \text{ mg} \cdot mEq^{-1}} = 1.995 \text{ mEq} \cdot L^{-1}$$

따라서 표를 다음과 같이 수정할 수 있다.

이온	농도 (mg · L^{-1})	M.W. (mg · mmol^{-1})	[n]	Eq.Wt. (mg · mEq^{-1})	농도 (mEq · L^{-1})	농도 (mq · L^{-1} as CaCO$_3$)
Ca^{2+}	40.0	40.1	2	20.05	1.995	
Mg^{2+}	10.0	24.3	2	12.15	0.823	
Na$^+$	11.8	23.0	1	23.0	0.513	
K$^+$	7.0	39.1	1	39.1	0.179	
HCO$_3^-$	110.0	61.0	1	61.0	1.80	
SO$_4^{2-}$	67.2	96.1	2	48.05	1.40	
Cl$^-$	11.0	35.5	1	35.5	0.31	

마지막으로, 각 이온의 농도는 mEq · L^{-1}의 농도에 CaCO$_3$의 당량(50.0 mg · mEq^{-1})을 곱하여 mg · L^{-1} as CaCO$_3$ 단위의 값을 얻을 수 있다. 예를 들어, mg · L^{-1} as CaCO$_3$ 단위의 칼슘 농도는

$$(1.995 \text{ mEq} \cdot L^{-1}) \times (50 \text{ mg} \cdot mEq^{-1}) = 99.8 \text{ mg} \cdot L^{-1} \text{ as CaCO}_3$$

이온	농도 (mg · L^{-1})	M.W. (mg · mmol^{-1})	[n]	Eq.Wt. (mg · mEq^{-1})	농도 (mEq · L^{-1})	농도 (mq · L^{-1} as CaCO$_3$)
Ca^{2+}	40.0	40.1	2	20.05	1.995	99.8
Mg^{2+}	10.0	24.3	2	12.15	0.823	41.2
Na$^+$	11.8	23.0	1	23.0	0.513	25.7
K$^+$	7.0	39.1	1	39.1	0.179	8.95
HCO$_3^-$	110.0	61.0	1	61.0	1.80	90.0
SO$_4^{2-}$	67.2	96.1	2	48.05	1.40	70.0
Cl$^-$	11.0	35.5	1	35.5	0.31	15.5

이렇게 해서 표가 완성되었다.

이 문제를 완전히 해결하기 위해서는 계산 검토뿐만 아니라 시료 채취와 분석이 완전하고 정확한지 확인해야 한다. 양이온과 이온 농도의 합은 ±10% 이내여야 한다. 이 경우,

$$\sum(\text{cations}) = \sum(\text{anions})$$

$$175.6 \text{ mg} \cdot \text{L}^{-1} \text{ as } CaCO_3 = 175.6 \text{ mg} \cdot \text{L}^{-1} \text{ as } CaCO_3$$

정확한 총경도는 다가 양이온의 합이다.

$$[Ca^{2+}] + [Mg^{2+}] = 99.8 + 41.2 = 141 \text{ mg} \cdot \text{L}^{-1} \text{ as } CaCO_3$$

탄산염 경도(CH)는 탄산 이온 및 중탄산 이온과 관련된 경도의 해당 부분, 즉 아래의 알칼리도와 같다.

$$(HCO_3^-) + (CO_3^{2-}) + (OH^-) - (H^+)$$

pH가 6.5~8.3이기 때문에 탄산 이온의 농도는 무시할 수 있고, 수산화물(OH^-)과 수소 이온(H^+)의 농도는 본질적으로 서로를 상쇄한다. 그러므로,

$$\text{알칼리도} = (HCO_3^-) + (\cancel{CO_3^{2-}}) + (\cancel{OH^-}) - (\cancel{H^+}) \approx (HCO_3^-)$$
$$= 90.0 \text{ mg} \cdot \text{L}^{-1} \text{ as } CaCO_3$$

총경도는 141 mg·L^{-1} as $CaCO_3$이고 탄산염 경도는 탄산 이온 및 중탄산 이온과 관련된 경도 부분으로 정의되므로 탄산염 경도의 농도는 알칼리도와 동일하다.

$$CH = 90.0 \text{ mg} \cdot \text{L}^{-1} \text{ as } CaCO_3$$

비탄산염 경도(NCH)는 다음과 같다.

$$\text{총경도} - CH = 141 - 90.0 = 51.0 \text{ mg} \cdot \text{L}^{-1} \text{ as } CaCO_3$$

마지막으로, 총용존 고형물(TDS)은 mg·L^{-1}의 이온 농도를 사용하여 모든 양이온과 음이온의 값을 합한 것과 같다. 농도를 mg·L^{-1} 이온으로 사용할 수 있는 이유는 TDS가 모든 물을 증발시키고 잔류하는 이온의 질량을 측정하여 구하기 때문이다.

$$TDS = 40.0 + 10.0 + 11.8 + 7.0 + 110.0 + 67.2 + 11.0 = 257 \text{ mg} \cdot \text{L}^{-1}$$

물 조성 막대 차트(bar charts of water composition)는 연수화 과정을 이해하는 데 유용하다. 일반적으로 막대 차트는 위쪽 막대에 양이온, 아래쪽 막대에 음이온을 배치한다. 위쪽 막대에는 칼슘 농도가 일반적으로 마그네슘 농도보다 높기 때문에 칼슘이 첫 번째로 배치되고 마그네슘이 두 번째로 배치되며, 다른 양이온은 지정된 순서 없이 뒤를 따른다. 또한 대부분의 물에서 중탄산염이 우세한 음이온이기 때문에 하단 막대는 중탄산염으로 구성되며, 다른 음이온은 지정된 순서 없이 뒤를 따른다. 막대 차트의 작성 방법은 예제 10-4에 나와 있다.

예제 10-4 지하수(pH = 7.6)에 대한 다음 분석을 이용하여 mg·L⁻¹ as $CaCO_3$ 단위를 사용하여 성분의 막대 차트를 작성하시오.

이온	이온 농도 (mg·L⁻¹)	분자량 (g·mol⁻¹)	몰당 등가 (Eq·mol⁻¹)	농도 (Eq·L⁻¹)	농도 (mg·L⁻¹ as $CaCO_3$)
Ca^{2+}	150.3	40.08	2	7.5	375
Fe^{3+}	1.19	55.85	3	0.064	3.2
Mg^{2+}	14.6	24.31	2	1.20	60
Na^+	100	22.99	1	4.35	217.5
Cl^-	201.4	35.45	1	5.68	284.0
HCO_3^-	450.3	61.02	1	7.38	369.0

풀이 이온 농도는 $CaCO_3$ 등가량으로 변환되었으며, 결과는 그림 10-15에 나타나 있다.

양이온 농도의 합은 655.7 mg·L⁻¹ as $CaCO_3$이다. (정확한) 총경도는 438.2 mg·L⁻¹ as $CaCO_3$이다. 음이온은 총 653.0 mg·L⁻¹ as $CaCO_3$이다. 탄산염 경도는 369.0 mg·L⁻¹ as $CaCO_3$이고, 비탄산염 경도는 69.2 mg·L⁻¹ as $CaCO_3$이다. 양이온과 음이온의 농도 차이는 측정되지 않은 다른 이온으로 인해 발생한다. 존재하는 모든 이온에 대해 완전한 분석이 수행되고 분석 오류가 발생하지 않는다면, 양이온 등가는 정확히 음이온 등가와 같다. 일반적으로 완전한 분석이 이루어졌을 때 분석 오류로 인해 ±10% 내의 오차가 발생한다.

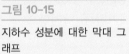
그림 10-15
지하수 성분에 대한 막대 그래프

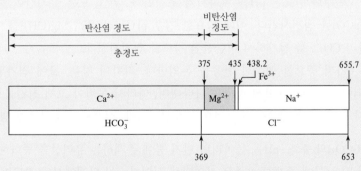

연수화는 석회-소다 공정 또는 이온 교환으로 달성될 수 있는데, 2가지 방법 모두 다음 단락에서 설명한다.

석회-소다 연수화

석회-소다 연수화에서 경도를 제거하는 데 필요한 화학물질의 양을 계산할 수 있다. 경도 침전은 다음 2가지 침전-용해 반응을 기반으로 한다.

$$Ca^{2+} + CO_3^{2-} \rightleftharpoons CaCO_3(s) \tag{10-9}$$

$$Mg^{2+} + 2OH^- \rightleftharpoons Mg(OH)_2(s) \tag{10-10}$$

이 반응의 목적은 칼슘을 $CaCO_3$로 침전시키고 마그네슘을 $Mg(OH)_2$로 침전시키는 것이다. 칼슘을 침전시키려면 물의 pH를 약 10.3으로 올려야 하고, 마그네슘을 침전시키려면 pH를 약 11로 높여야 한다. 자연적으로 발생하는 중탄산염 알칼리도(HCO_3^-)가 $CaCO_3$ 침전물을 형성하기에 불충분한 경우(즉, 비탄산염 경도가 있는 경우), CO_3^{2-}를 추가(Na_2CO_3 형태)해야 한다. 마그네슘은 칼슘보다 제거하는 데 비용이 더 많이 들기 때문에 가능한 한 많은 Mg^{2+}를 물에 남긴다. 또한, CO_3^{2-}를 보충하기 위해 다른 화학물질을 추가해야 하기 때문에 탄산염 경도보다 비탄산염 경도를 제거하는 것이 더 비용이 많이 든다. 따라서 처리장에서는 물에 가능한 한 많은 비탄산염 경도를 남긴다.

연수화 화학. 물을 연수화하는 데 사용되는 화학 공정은 질량 작용 법칙을 직접 적용한다. 화학물질을 추가하여 CO_3^{2-}나 OH^- (또는 둘 다)의 농도를 높이고, 식 10-9 및 10-10에 주어진 반응을 오른쪽으로 유도한다. 가능한 한 자연적으로 발생하는 중탄산염 알칼리도(HCO_3^-)를 탄산염으로 변환한다. 수산기 이온은 탄산염 완충 시스템(식 2-75)이 오른쪽으로 이동하도록 하여 침전 반응을 위한 탄산 이온을 제공한다(식 10-9).

수산기 이온의 일반적인 공급원은 수산화칼슘($Ca(OH)_2$)이지만, 많은 수처리시설에서는 소석회($Ca(OH)_2$)보다 석회라고 주로 부르는 **생석회**(quicklime; CaO)를 구입하는 것이 더 경제적이다. 생석회는 수처리시설에서 CaO와 물을 혼합하여 $Ca(OH)_2$의 슬러리를 만들 때 소석회로 전환되어 연수화를 위해 물에 투입한다. 이 과정을 **슬레이킹**(slaking)이라고 한다. 탄산 이온을 공급해야 하는 경우 가장 일반적인 화학물질은 탄산나트륨(Na_2CO_3)이다. 탄산나트륨은 일반적으로 **소다회**(soda ash) 또는 소다라고 한다.

연수화 반응. 연수화 반응은 pH를 변화시켜 조절한다. 우선, 모든 유리산이 중화된다. 그런 다음 pH를 높여 $CaCO_3$를 침전시킨다. 이때 필요한 경우 pH를 더 올려 $Mg(OH)_2$를 제거한다. 마지막으로, 필요에 따라 CO_3^{2-}를 첨가하여 비탄산염 경도를 침전시킨다.

여기서는 6가지 중요한 연수화 반응을 논의한다. 각각의 경우, 물에 첨가된 화학물질은 굵은 글씨로 표기되어 있다. (s)는 고체 형태를 나타내며, 따라서 물질이 고체 침전물로 물에서 제거되었음을 나타낸다. 또한 다음 반응은 순차적으로 제시되지만, 실제로는 동시에 발생한다.

1. **탄산(H_2CO_3)의 중화.** pH를 높이려면 먼저 물에 존재하는 유리산을 중화해야 한다. 탄산은 오염되지 않은 물에 존재하는 주요 자연발생 산이다.[*] 이 단계에서는 경도가 제거되지 않는다.

$$H_2CO_3 + \textbf{Ca(OH)}_2 \rightleftharpoons CaCO_3(s) + 2H_2O \tag{10-11}$$

2. **칼슘으로 인한 탄산염 경도의 침전.** 앞서 언급했듯이 탄산칼슘을 침전시키려면 pH를 약 10.3으로 올려야 한다. 이 pH를 달성하려면 모든 중탄산 이온을 탄산 이온으로 전환해야 한다. 이후 탄산 이온은 침전 반응을 위한 공통 이온으로 작용한다.

$$Ca^{2+} + 2HCO_3^- + \textbf{Ca(OH)}_2 \rightleftharpoons 2CaCO_3(s) + 2H_2O \tag{10-12}$$

3. **마그네슘으로 인한 탄산염 경도의 침전.** 마그네슘의 존재로 인한 탄산염 경도를 제거해야 하는 경우, 약 11의 pH를 달성하기 위해 석회를 더 추가해야 한다. 반응은 두 단계로 나타낼

---

[*] 물속의 CO_2와 H_2CO_3는 본질적으로 동일하다: $CO_2 + H_2O \rightleftharpoons H_2CO_3$. 따라서 CO_2의 몰당 등가(n)는 2이다.

수 있다. 첫 번째는 앞선 2단계에서 수행한 것처럼 모든 중탄산 이온을 탄산 이온으로 전환할 때 발생한다.

$$Mg^{2+} + 2HCO_3^- + Ca(OH)_2 \rightleftharpoons MgCO_3 + CaCO_3(s) + 2H_2O \tag{10-13}$$

$MgCO_3$는 가용성이기 때문에 물의 경도는 변하지 않는다. 마그네슘으로 인한 경도를 제거하려면 석회를 더 추가해야 한다.

$$Mg^{2+} + CO_3^{2-} + Ca(OH)_2 \rightleftharpoons Mg(OH)_2(s) + CaCO_3(s) \tag{10-14}$$

4. 칼슘으로 인한 비탄산염 경도 제거. 칼슘으로 인한 비탄산염 경도를 제거해야 하는 경우 더 이상의 pH 증가가 필요하지 않다. 대신에 소다회 형태로 탄산 이온을 추가로 제공해야 한다.

$$Ca^{2+} + Na_2CO_3 \rightleftharpoons CaCO_3(s) + 2Na^+ \tag{10-15}$$

5. 마그네슘으로 인한 비탄산염 경도 제거. 마그네슘으로 인한 비탄산염 경도를 제거해야 하는 경우, 석회와 소다를 모두 추가해야 한다. 석회는 마그네슘의 침전을 위해 수산화 이온을 제공한다.

$$Mg^{2+} + Ca(OH)_2 \rightleftharpoons Mg(OH)_2(s) + Ca^{2+} \tag{10-16}$$

마그네슘이 제거되더라도 칼슘은 여전히 용액에 있기 때문에 경도의 변화는 일어나지 않는다. 칼슘을 제거하려면 소다회를 추가해야 한다.

$$Ca^{2+} + Na_2CO_3 \rightleftharpoons CaCO_3(s) + 2Na^+ \tag{10-17}$$

이는 칼슘으로 인한 비탄산염 경도를 제거하는 반응과 동일하다.

예제 10-5 가상의 아펙스(Apex) 대수층의 지하수에는 2.3×10^{-5} M CO_2가 포함되어 있다. 자니두(Zanidu) 마을 주민들에게 서비스를 제공하기 위해 지하수가 200 L·s^{-1}의 속도로 양수되고 있다. 물의 pH는 7.6이고, 물 분석은 예제 10-4에 나와 있다.

(a) 물에 존재하는 이산화탄소를 중화하기 위해 매일 추가해야 하는 소석회의 질량(kg)을 계산하시오.

(b) 칼슘과 마그네슘으로 인한 탄산염 경도를 침전시키기 위해 매일 첨가해야 하는 소석회의 질량(kg)을 계산하시오.

(c) 칼슘과 마그네슘으로 인한 비탄산염 경도를 침전시키기 위해 매일 추가해야 하는 소석회와 소다회의 질량(kg)을 계산하시오.

(d) 매일 추가해야 하는 소석회와 소다회의 총질량을 계산하시오.

풀이 (a) 식 10-11은 물에 존재하는 CO_2 1몰당 소석회 1몰이 필요함을 보여준다. 따라서 2.3×10^{-5} M의 소석회가 필요하다. 필요한 질량을 계산하면,

$(2.3 \times 10^{-5}$ M$)(200$ L·sec$^{-1})(86,400$ sec·day$^{-1})(74.096$ g Ca[OH]$_2$·mol$^{-1}) \times$

$(1$ kg·$(1000$ g$)^{-1}) = 29.4$ kg·day^{-1}

(b) 식 10-12는 칼슘 1몰이 제거될 때마다 소석회 1몰이 필요함을 보여준다. 식 10-13 및 10-14를

사용하면, 제거된 마그네슘 1몰마다 소석회 2몰이 필요하다는 것은 분명하다.

예제 10-4에 주어진 이온 분석 결과로부터 Ca^{2+}가 150.3 mg $\cdot$ L^{-1}이고 Mg^{2+}가 14.6 mg $\cdot$ L^{-1}임을 알 수 있다. 이 예제에서 제시된 계산에서 우리는 알칼리도보다 칼슘이 더 많이 존재한다는 것을 알 수 있으므로, 탄산염 경도는 7.38 mEq $\cdot$ L^{-1}의 알칼리도와 같다. 또한 막대 그래프에서 중탄산염이 칼슘과 연계되어 있다고 가정할 수 있음을 알 수 있다. 따라서 탄산염 경도 7.38 mEq $\cdot$ L^{-1}는 모두 칼슘과 연관되어 있다고 가정한다. 나머지 칼슘은 비탄산염 경도여야 하고, 마그네슘도 모두 비탄산염 경도여야 한다.

탄산염 경도와 연관된 Ca^{2+}의 농도는 몰 단위로 다음과 같다.

$$(7.38 \text{ mEq} \cdot \text{L}^{-1})(\text{mM} \cdot (2 \text{ mEq})^{-1}) = 3.69 \text{ mM}$$

따라서 칼슘으로 인한 탄산염 경도를 제거하려면 3.69 mM의 소석회가 필요하다. 필요한 질량을 계산하면,

$$(3.69 \text{ mM})(200 \text{ L} \cdot \text{sec}^{-1})(86{,}400 \text{ sec} \cdot \text{day}^{-1})(74.096 \text{ g Ca(OH)}_2 \cdot \text{mol}^{-1})(1 \text{ kg} \cdot (10^6 \text{ mg})^{-1}) =$$
$$4{,}725 \text{ kg} \cdot \text{day}^{-1}$$

(c) 나머지 칼슘은 비탄산염 경도와 연관되어야 한다. 제시된 분석에 따르면, 비탄산염 경도와 연관된 칼슘 농도는 총농도에서 탄산염 경도와 연관된 농도를 뺀 값과 같다.

$$7.5 \text{ mEq} \cdot \text{L}^{-1} - 7.38 \text{ mEq} \cdot \text{L}^{-1} = 0.12 \text{ mEq} \cdot \text{L}^{-1}$$

몰 단위에서 탄산염 경도와 연관된 Ca^{2+}의 농도는 다음과 같다.

$$(0.12 \text{ mEq} \cdot \text{L}^{-1})(\text{mM} \cdot (2 \text{ mEq})^{-1}) = 0.06 \text{ mM}$$

칼슘으로 인한 비탄산염 경도 1몰을 제거하려면 식 10-15와 같이 소다회 1몰을 추가해야 한다. 따라서 필요한 소다회 질량은,

$$(0.06 \text{ mM})(200 \text{ L} \cdot \text{sec}^{-1})(86{,}400 \text{ sec} \cdot \text{day}^{-1})(105.99 \text{ g Na}_2\text{CO}_3 \cdot \text{mol}^{-1})(1 \text{ kg} \cdot (10^6 \text{ mg})^{-1}) =$$
$$109.9 \text{ kg} \cdot \text{day}^{-1}$$

모든 마그네슘이 비탄산염 경도와 연관되어 있다고 가정할 수 있으므로, 식 10-16과 10-17만 고려하면 된다. 마그네슘 1몰마다 소석회 1몰과 소다회 1몰을 추가해야 한다.

비탄산염 경도와 연관된 Mg^{2+}의 농도는 몰 단위로 다음과 같다.

$$(1.20 \text{ mEq} \cdot \text{L}^{-1})(\text{mM} \cdot (2 \text{ mEq})^{-1}) = 0.60 \text{ mM}$$

따라서 필요한 소석회의 질량은 다음과 같다.

$$(0.60 \text{ mM})(200 \text{ L} \cdot \text{sec}^{-1})(86{,}400 \text{ sec} \cdot \text{day}^{-1})(74.096 \text{ g Ca(OH)}_2 \cdot \text{mol}^{-1})(1 \text{ kg} \cdot (10^6 \text{ mg})^{-1}) =$$
$$76.8 \text{ kg} \cdot \text{day}^{-1}$$

필요한 소다회 질량은,

$(0.06 \text{ mM})(200 \text{ L} \cdot \text{sec}^{-1})(86{,}400 \text{ sec} \cdot \text{day}^{-1})(105.99 \text{ g Na}_2\text{CO}_3 \cdot \text{mol}^{-1})(1 \text{ kg} \cdot (10^6 \text{ mg})^{-1}) =$

$109.9 \text{ kg} \cdot \text{day}^{-1}$

(d) 따라서 매일 추가해야 하는 소석회의 총질량은 다음과 같다.

$29.4 + 4{,}725 + 76.8 = 4{,}831 \text{ kg} \cdot \text{day}^{-1}$

매일 추가해야 하는 소다회의 총질량은 다음과 같다.

$109.9 + 109.9 = 220 \text{ kg} \cdot \text{day}^{-1}$

공정의 한계 및 경험적 고려사항. 석회-소다 연수화는 $CaCO_3$와 $Mg(OH)_2$의 용해도, 혼합 및 접촉의 물리적 한계, 반응이 완료되기까지 충분한 시간 부족으로 인해 경도가 아예 없는 물을 만들 수 없다. 따라서 달성할 수 있는 최소 칼슘 경도는 약 30 mg · L^{-1} as $CaCO_3$이고, 최소 마그네슘 경도는 약 10 mg · L^{-1} as $CaCO_3$이다. 너무 경도가 낮은 물과 함께 비누를 사용할 때 생기는 끈적끈적함 때문에, 일반적으로 75~120 mg · L^{-1} as $CaCO_3$ 정도의 최종 총경도가 우리에게 적당하다.

현실적인 시간 내에 경도를 적절히 제거하기 위해 일반적으로 화학량론적 양보다 많은 $Ca(OH)_2$를 투입한다. 경험에 따르면 $Ca(OH)_2$의 최소 초과량은 20 mg · L^{-1} as $CaCO_3$이어야 한다.

약 40 mg · L^{-1} as $CaCO_3$을 초과하는 마그네슘은 온수 히터의 열교환 장치에 이물질을 형성한다. 마그네슘 제거 비용이 상대적으로 높기 때문에, 일반적으로 40 mg · L^{-1} as $CaCO_3$을 초과하는 마그네슘만 제거한다. 20 mg · L^{-1} as $CaCO_3$ 미만의 마그네슘 제거의 경우, 앞서 언급한 기본 과량의 석회만으로도 좋은 결과를 보장하기에 충분하다. 20~40 mg · L^{-1} as $CaCO_3$ 사이의 마그네슘 제거를 위해서는 제거할 마그네슘과 동일한 양의 석회를 과량으로 추가해야 한다. 40 mg · L^{-1} as $CaCO_3$보다 큰 마그네슘 제거의 경우, 추가해야 하는 과잉 석회는 40 mg · L^{-1} as $CaCO_3$이다. 40 mg · L^{-1} as $CaCO_3$보다 많은 양의 석회를 과량으로 첨가해도 반응속도가 크게 향상되지 않는다.

예제 10-6 예제 10-5에서 언급한 지하수에는 2.3×10^{-5} M CO_2가 포함되어 있다. 또한 칼슘에 의한 탄산염 경도 300 mg · L^{-1} as $CaCO_3$, 마그네슘에 의한 탄산염 경도 50 mg · L^{-1} as $CaCO_3$을 함유하고 있다. 이는 예제 10-5에서 언급한 것과 동일한 비율로 처리된다. 칼슘으로 인한 탄산염 경도를 모두 제거해야 하지만 마그네슘 이온을 제거할 필요는 없다. 20 mg · L^{-1} as $CaCO_3$을 제외한 모든 칼슘 이온을 제거한다고 가정한다. 하루에 생성되는 탄산칼슘 슬러지의 질량은 얼마인가?

풀이 식 10-12를 사용하여 제거된 모든 칼슘에 대해 1몰의 소석회가 필요하고 2몰의 탄산칼슘 슬러지가 생성된다는 것을 알 수 있다. 우리는 칼슘 이온의 20 mg · L^{-1} as $CaCO_3$을 제외하고 모두 제거하기 때문에 280 mg · L^{-1} as $CaCO_3$을 제거해야 하며, 이를 몰 기준으로 변환해야 한다.

$$\frac{(280\ \text{mg} \cdot \text{L}^{-1}\ \text{as CaCO}_3)}{(100.09\ \text{mg} \cdot \text{mmol}^{-1}\ \text{CaCO}_3)} = 2.80\ \text{mmol} \cdot \text{L}^{-1}\ \text{as Ca}^{2+}\ \text{또는}\ 2.80 \times 10^{-3}\ \text{mol} \cdot \text{L}^{-1}$$

따라서 식 9-12에 주어진 화학량론에 따라 $5.60 \times 10^{-3}\ \text{mg} \cdot \text{L}^{-1}$의 $CaCO_3$ 슬러지를 생성한다. 슬러지 질량은 다음과 같다.

$$(5.6 \times 10^{-3}\ \text{M})(200\ \text{L} \cdot \text{s}^{-1})(86{,}400\ \text{s} \cdot \text{day}^{-1})(100.09\ \text{g CaCO}_3 \cdot \text{mol}^{-1})(10^{-3}\ \text{kg} \cdot \text{g}^{-1}) =$$
$$9{,}690\ \text{kg} \cdot \text{day}^{-1}\ \text{as CaCO}_3$$

우리는 또한 식 10-11에 따라 이산화탄소를 중화하는 과정에서 $39.8\ \text{kg} \cdot \text{day}^{-1}$ as $CaCO_3$ 슬러지를 생성하였다. 따라서 매일 생성되는 슬러지 총질량은 9,730 kg이다.

이온 교환 연수화

이온 교환(ion exchange)은 고체상의 이온과 수용액상의 유사한 전하를 가진 이온의 가역적 교환으로 정의할 수 있다. 이온 교환 반응의 가장 일반적인 형태는

$$n\text{R}-\text{X}^+ + \text{Y}^{n+} \rightleftharpoons \text{R}_n-\text{Y}^{n+} + n\text{X}^+ \tag{10-18}$$

이 반응에서 동일한 수의 이온이 교환된다는 점에 유의해야 한다. 수처리에서 이온 교환은 금속 제거에 가장 자주 사용되며, 간결함으로 인해 이온 교환은 가정 내 연수화 시스템에 가장 일반

그림 10-16

고정층 흡착기의 이상적인 파과곡선

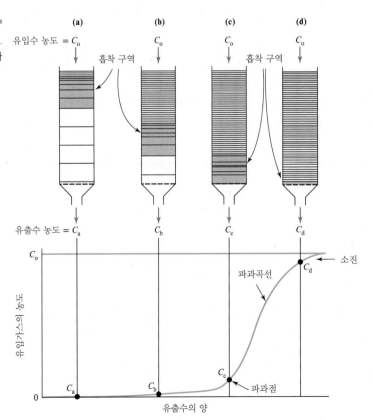

적으로 사용된다. 여기서 반응은 다음과 같이 나타낼 수 있다.

$$Ca^{2+} + 2NaR \rightleftharpoons R_2Ca + 2Na^+ \tag{10-19}$$

여기서 R은 고체 이온 교환 물질을 나타낸다. 이 반응에 의해 물에서 칼슘이 제거되고 등가량의 나트륨, 즉 각 칼슘 이온에 대해 2개의 나트륨 이온으로 대체된다. 이 반응에서 음이온 반응이나 교환이 없기 때문에 알칼리도는 변하지 않는다. 이 반응은 그림 10-16과 같이 이온 교환 물질의 교환 용량에 도달할 때까지 물에서 경도를 거의 100% 제거한다. 이온 교환 물질이 포화되면 경도가 제거되지 않는데, 이즈음 경도 이온이 이온 교환 흡착기를 통과하기 때문에 '파과(breakthrough)'가 발생했다는 표현을 사용한다. 실제로는 유출수 경도 농도가 일정 수준을 초과하면 파과가 발생했다고 하며, 이때 이온 교환기의 사용을 중지하고 이온 교환 물질을 재생한다. 즉, 고농축 Na$^+$ 용액을 함유한 물을 이온 교환기에 통과시켜 이온 교환 물질의 경도를 제거한다. 고농도 Na$^+$의 질량 작용으로 인해 나트륨 이온이 경도 이온과 우선적으로 교환된다.

$$R_2Ca + 2Na^+ + 2Cl^- \rightleftharpoons 2NaR + Ca^{2+} + 2Cl^- \tag{10-20}$$

이제 이온 교환 물질을 사용하여 다시 경도를 제거할 수 있다. CaCl$_2$는 처분해야 할 폐기물이다.

일부 대형 수처리시설은 이온 교환 연수기를 사용하지만 가장 일반적인 이온 교환의 용도는 주거용 연수기이다. 이온 교환 물질은 제올라이트(zeolite)라고 하는 자연 점토물질 또는 여러 제조업체에서 생산한 합성 수지이다. 합성 수지 또는 제올라이트의 특성은 수지 재료의 부피당 제거되는 경도의 양과 수지를 재생하는 데 필요한 염의 양으로 나타낸다. 인공적으로 합성된 수지는 훨씬 더 높은 교환 용량을 가지며 재생을 위해 더 적은 염을 필요로 한다.

이온 교환 수지를 활용한 경도 제거.   수지가 경도를 거의 100% 제거하기 때문에 물의 일부를 우회시킨 다음, 원하는 최종 경도를 얻기 위해 혼합해야 한다.

예제 10-7 가정용 연수기에는 교환 용량이 62 kg · m^{-3}인 0.1 m^{3}의 이온 교환 수지가 있다. 4명의 거주자 각각은 400 L · day^{-1}의 비율로 물을 사용한다. 그들이 사용하고 있는 지하수는 경도가 340.0 mg · L^{-1} as CaCO$_3$이다. 총경도 100 mg · L^{-1} as CaCO$_3$이 되도록 연수화하는 것이 바람직할 때, 우회수 유량은 얼마여야 하는지 구하시오.

풀이 항상 그렇듯이 우선 흐름도를 그려야 한다. 사용된 시스템은 점선이 있는 상자로 표시되어 있다.

$$Q_{total} = Q_{bypass} + Q_{IX}$$

표시된 시스템의 경우,

$$Q_{IX}C_{IX} + Q_{bypass}C_{bypass} = Q_{total}C_{desired}$$

이온 교환 처리 후의 경도는 0이라고 가정할 수 있다. 우회수의 농도는 C_o와 동일하게 $340\ mg \cdot L^{-1}$ as $CaCO_3$이다. 총 유량은 $(400\ L \cdot capita^{-1} \cdot day^{-1}) \times 4 = 1600\ L \cdot day^{-1}$이다.

$$(Q_{IX})(0) + Q_{bypass}(340\ mg \cdot L^{-1}) = (1600\ L \cdot day^{-1})(100\ mg \cdot L^{-1})$$

$$Q_{bypass} = \frac{(1600\ L \cdot day^{-1})(100\ mg \cdot L^{-1})}{340\ mg \cdot L^{-1}} = 470.6\ 또는\ 471\ L \cdot day^{-1}$$

10-4 침전

개요

탁도가 높은 지표수는 후속 처리 전에 침전이 필요할 수 있다. 침전지(침전조; sedimentation basin, clarifier, settling tank)의 체류 시간은 일반적으로 2~4시간이므로 이 시간 동안 침전될 수 있는 입자만 제거된다. 침전지(그림 10-17)는 일반적으로 직사각형 또는 원형이고, 흐름 패턴은 방사형 혹은 상향이다. 침전지 바닥에서 빼낸 슬러지는 경우에 따라 강으로 다시 배출될 수 있다.

침전지는 물이 플록 입자를 남겨두고 침전지에서 빠져나가도록 설계된다. 이상적인 침전지에서 유체의 평균 속도는 유속을 유체가 흐르는 면적으로 나눈 값과 같다.

$$v = \frac{Q}{A_c} \tag{10-21}$$

여기서 $v = $ 물의 속도$(m \cdot s^{-1}) = $ 월류율

그림 10-17

침전지: (a) 비어 있음 (b) 가득 차 있음 (©Central Coastal Water Authority)

(a)   (b)

$$Q = 유량(m^3 \cdot s^{-1})$$

$$A_c = 단면적(m^2)$$

침전지를 떠날 때 빨라지는 물살에 의해 발생하는 난류를 줄이기 위해 위어(weir)라고 하는 일련의 홈통을 배치하여 물이 통과할 수 있는 넓은 공간을 제공하고 배출구 영역 근처의 유속을 최소화한다. 그런 다음 위어는 침전 처리된 물을 수송하는 중앙 수로나 파이프로 물을 보낸다. 그림 10-18은 다양한 위어 배열을 보여준다. 필요한 위어의 길이는 고형물 유형의 함수이다. 고형물이 무거울수록 재부유가 잘 일어나지 않으므로 허용 배출 속도가 높아진다. 따라서 무거운 입자는 가벼운 입자보다 요구되는 위어 길이가 더 짧다. 위어 월류율(weir overflow rate)의 단위는 $m^3 \cdot day^{-1} \cdot m^{-1}$이며, 이는 위어의 단위 길이(m)당 물의 흐름($m^3 \cdot day^{-1}$)이다.

예제 10-8 탁도가 낮은 원수를 사용하는 파일럿 규모의 수처리시설에 $175~m^3 \cdot day^{-1} \cdot m^{-1}$의 부하율로 위어를 설치하고자 한다. 유량이 $0.044~m^3 \cdot s^{-1}$인 경우 위어의 길이는 몇 미터인가?

풀이

$$\frac{(0.044~m^3 \cdot s^{-1} \times 86,400~s \cdot d^{-1})}{175~m^3 \cdot day^{-1} \cdot m^{-1}} = 21.7~또는~22~m$$

침전속도(v_s)의 결정

이상적인 침전지를 설계할 때 제거할 입자의 침전속도(v_s)를 먼저 결정한 다음 월류율(v_o)(식 10-21을 사용하여 결정)을 v_s보다 작거나 같은 값으로 설정해야 한다.

입자 침강속도의 결정은 입자 유형에 따라 다르다. 입자의 침강 특성은 다음 3가지 유형 중 하나로 분류된다.

유형 I 침전. 유형 I 침전은 입자가 일정한 속도로 단독으로 침강하는 것이 특징이다. 입자들은 각각 개별적으로 침전하며 침전 중에 플록화되거나 다른 입자에 달라붙지 않는다. 이러한 입자의 예로는 모래와 그릿(grit)이 있다. 유형 I 침전이 적용되는 곳은 모래 제거를 위한 전처리 침전, 정수장에서 응집 전, 급속 모래 여과지 세척 중 모래 입자 침전, 침사지(grit chamber)(11-6절 참조)가 있다.

유형 II 침전. 유형 II 침전은 침전하는 동안 입자가 플록화하는 것이 특징이다. 입자는 플록화로 크기가 끊임없이 변하여 정착속도도 변화한다. 일반적으로 침전속도는 플록화의 깊이와 정도에 따라 증가한다. 이러한 유형의 입자는 알럼 또는 철 응집, 하수 처리시설의 1차 침전지(11-7절 참조) 및 살수 여상의 침전지(11-8절 참조)에서 발생한다.

유형 III, 또는 구역 침전. 구역 침전(zone sedimentation)에서는 입자 농도가 높아(1000 $mg \cdot L^{-1}$ 이상) 입자들이 하나의 집단으로 함께 침전하며, 맑은 투명 구역과 슬러지 구역이 뚜렷하게 나뉘어 존재한다. 구역 침전은 석회 연수화 침전, 활성 슬러지 침전(11-8절 참조) 및 슬러지 농축기(11-12절 참조)에서 발생한다.

그림 10-18

위어 배열: (a) 직사각형 (b) 원형 (©Walker Process Equipment)

(a)

(b)

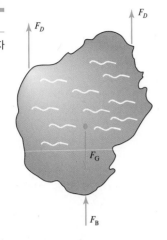

그림 10-19

유체에서 자유 낙하하는 입자에 작용하는 힘
F_D = 항력
F_G = 중력
F_B = 부력

월류율(v_o)의 결정

효과적인 입자 침강속도를 결정하여 월류율을 결정하는 몇 가지 방법이 있지만, 여기서 논의할 방법은 유형 I 침전에 사용되는 계산이다.

　유형 I 침전의 경우 입자 침강속도를 계산할 수 있으며 특정 크기의 입자를 제거하도록 침전지를 설계할 수 있다. 1687년에 아이작 뉴턴(Isaac Newton)경은 정지한 유체에 떨어지는 입자는 입자에 작용하는 마찰 저항 또는 항력이 입자의 중력과 같아질 때까지 가속된다는 것을 보여주었다(그림 10-19). 약 200년 후 조지 가브리엘 스토크스(George Gabriel Stokes)경(1845)은 정지상태에서 떨어지는 구체의 최종침강속도가 다음 방정식으로 설명될 수 있음을 발견하였다.

$$v_s = \frac{g(\rho_s - \rho)d^2}{18\mu} \tag{10-22}$$

여기서 ρ_s = 입자의 밀도$(kg \cdot m^{-3})$

　　　　ρ = 액체의 밀도$(kg \cdot m^{-3})$

　　　　g = 중력가속도$(m \cdot s^{-2})$

　　　　d = 구형 입자의 지름(m)

　　　　μ = 동적 점도(Pa-s)

　　　　18 = 상수

　식 10-22를 스토크스 법칙(Stokes' law)이라고 하며, 층류(laminar flow) 조건에서만 유효하다. 즉, 여기서 레이놀즈 수 R은 1보다 작다. **역학점도**(dynamic viscosity; 절대 점도)는 수온의 함수이다. 역학점도표(표 A-1)는 부록 A에 나와 있다.

예제 10-9　어떤 침전지의 설계 유량과 월류율은 각각 $0.044 \text{ m}^3 \cdot s^{-1}$ 및 $20 \text{ m} \cdot \text{day}^{-1}$이다. 이 침전지의 표면적을 구하고, 길이 대 너비 비율에 대한 일반적인 통념을 사용하여 침전지의 길이를 결정하시오. 또한, 2시간의 체류 시간을 가정하여 침전지 깊이를 결정하시오.

풀이 **1.** 표면적을 찾는다.

먼저 유량을 호환 가능한 단위로 변경한다.

$$(0.044 \ m^3 \cdot s^{-1})(86,400 \ s \cdot day^{-1}) = 3801.6 \ m^3 \cdot day^{-1}$$

식 9-21과 20 $m^3 \cdot day^{-1}$의 월류율을 사용하면, 표면적은 다음과 같다.

$$A_s = \frac{3801.6 \ m^3 \cdot day^{-1}}{20 \ m \cdot day^{-1}} = 190.08 \ m^2 \ \text{또는} \ 190 \ m^2$$

침전을 위한 일반적인 길이 대 너비 비율은 2:1에서 5:1 사이이며, 길이는 100 m를 초과하지 않는다. 또한 침전지는 항상 2개 이상 배치한다.

설계를 계속해 보자. 각각 너비가 12 m이고, 총표면적이 190 m^2인 침전지(탱크) 2개를 사용할 수 있다고 가정하면, 탱크 길이는

길이 = 190 m^2/(2 tanks)(12 m wide) = 7.9 m 또는 8 m

이것은 2:1에서 5:1까지의 길이 대 너비 비율을 충족하지 않는다. 따라서 다음 단계는 더 작은 너비를 선택하는 것이다. 6 m를 시도해 보면,

길이 = 190 m^2/(2 tanks)(6 m wide) = 15.8 m 또는 16 m

이것은 길이 대 너비 비율 요구사항을 충족한다.

2. 침전지 깊이를 찾는다.

먼저 체류 시간이 2~4시간이어야 한다는 경험 법칙에 따라 120분(가정)의 체류 시간을 사용하여 식 10-5로 총 탱크 부피를 찾는다.

$$\mathbf{V} = (0.044 \ m^3 \cdot s^{-1})(120 \ min)(60 \ s \cdot min^{-1}) = 316.8 \ m^3 \ \text{또는} \ 320 \ m^3$$

이것은 앞서 언급한 것처럼 2개의 탱크로 나뉜다. 깊이는 총 탱크 부피를 총표면적으로 나눈 값이다.

$$\text{깊이} = \frac{320 \ m^3}{190 \ m^2} = 1.684 \ m \ \text{또는} \ 1.7 \ m$$

이 깊이에는 슬러지 저장 구역이 포함되지 않는다.

최종 설계 결과는 탱크 2개를 놓고, 각 탱크는 너비 6 m×길이 16 m×깊이 1.7 m에 슬러지 저장 깊이를 더한 크기로 한다.

10-5 여과

위어를 지나 침전지를 빠져나간 물에는 침전하기에 너무 작거나 흐름 패턴으로 인해 제거되지 못한 입자가 여전히 포함되어 있다. 따라서 침전지 유출수의 탁도 범위는 1~10 TU이며 보통 3 TU 내외이다. 이 탁도를 0.3 TU로 줄이기 위해 일반적으로 여과 공정이 사용된다. 또한 식수안전법(SDWA)에 따른 지표수 처리 규칙(SWTR)을 준수하기 위해 지표수의 영향을 받는 모든 지표수 및

지하수는 여과를 사용하여 처리해야 한다.

여과는 물이 모래, 무연탄 또는 석류석과 같은 입상 여재의 층을 통해 천천히 흐르는 과정이다. 물이 여재를 통과할 때 입자는 차단(interception), 플록화(flocculation), 거름(straining), 침전(sedimentation)과 같은 여러 메커니즘으로 인해 걸리게 된다. 가장 큰 입자는 스파게티 면을 건질 때 체를 쓰는 것처럼 걸러진다. 이러한 입자는 여재의 공극을 통과하기에 너무 커서 여과지 상부에 걸리게 된다. 충분히 낮은 속도로 흐르는 입자는 차단되고 약한 정전기력으로 여재에 부착된다. 여과 전에 물을 화학적으로 처리하면 추가 플록화가 발생하여 입자 크기가 커질 수 있으므로 이러한 더 큰 입자가 다른 메커니즘에 의해 제거될 수 있다. 무거운 입자는 여재 위에 침전된다.

여재 내의 공극이 입자로 채워지면 물의 속도가 증가하여 일부 입자가 여재에서 떨어져 나가게 된다. 그런 다음 이러한 입자는 흘러 내려가 여과지 더 깊숙한 곳에 걸러진다. 공극이 주어진 용량까지 채워지면 탁도 수준이 임계값을 초과하므로 여과지를 역세척해야 한다. 또한 공극이 입자로 채워지는 정도가 증가함에 따라 여과지의 수두 손실이 계속 증가하고, 물을 통과시키는 것이 점점 더 어려워진다.

여과지는 완속 또는 급속 모래 여과지로 운전할 수 있다. 최초의 완속 모래 여과지는 1829년 영국 런던에 설치되었다(Spitzer, 1993). 1872년에 미국에 최초의 완속 모래 여과지가 설치되었지만 완속 모래 여과는 미국에서 널리 받아들여지지 않았고, 대신 급속 모래 또는 기계적 여과가 선택되었다.

완속 모래 여과지는 일반적으로 모래(자갈 지지층 포함)만을 사용하지만 급속 모래 여과지는 다양한 여재를 사용한다. 단층여과는 모래만 사용하지만 이층여과는 모래와 무연탄을 사용하고, 다층여과는 무연탄, 모래 및 석류석을 사용한다.

지아르디아(*Giardia*) 포낭 및 크립토스포리듐(*Cryptosporidium*) 난포낭 제거에 대한 보다 엄격한 규정이 공포되면서 미국에서는 여과가 더욱 널리 사용되고 있다. 완속 모래 여과지는 급속 모래 여과지보다 생물학적 입자를 제거하는 데 더 효과적이다. 이는 모래 여과지의 표면에 형성되는 슈무츠데케층(schmutzdecke layer)이 급속 모래 여과지에 사용되는 여재보다 공극이 작아 보다 효과적인 여과가 가능하기 때문이다. 또한 슈무츠데케층은 생물학적으로 활성화되어서 관거 시스템에서 문제를 일으키는 자연발생 유기물의 일부를 생분해한다.

여과지의 크기를 정하는 데 가장 중요한 설계 매개변수는 부하율이다. 이는 여과지 단위 면적당 유입되는 물의 유량, 즉 여과지 표면에 접근하는 물의 속도이다.

$$v_a = \frac{Q}{A_s} \tag{10-23}$$

여기서 v_a = 표면속도(m · day^{-1}) = 부하율(m^3 · day^{-1} · m^{-2})

Q = 여과지 표면으로 유입되는 유량(m^3 · day^{-1})

A_s = 여과지의 표면적(m^2)

완속 모래 여과지를 사용하면 모래에 2.9~7.6 m^3 · day^{-1} · m^{-2}의 부하율로 물을 가한다. 앞서 언급했듯이 여과지는 제거되는 입자로 공극이 채워지기 시작하면서 자연스럽게 막히는데, 이런 일이 발생하면 여과지를 세척해야 한다. 완속 모래 여과지를 사용한 경우, 부유물질을 제거하고 수위가 모래 표면 아래 4~5 cm가 될 때까지 물을 배수한 다음, 상단 6~12 mm의 모래를 긁어내면 된다. 청소 주기는 한 달에서 몇 달이 될 수 있다. 완속 모래 여과지는 인구수가 적은 지역에 적합하다. 또한 넓은 토지가 필요하지만 신뢰성이 높고 급속 모래 여과기보다 작업 시간이 덜 필요하며 기술적 운영요구가 낮다(Spitzer, 1993).

급속 모래 여과지는 내부에 층으로 쌓인 모래를 가지고 있다. 모래입자 크기 분포는 입자상 물질의 통과를 최소화하면서 물의 통과를 최적화하도록 선택된다. 급속 모래 여과지는 모래와 무연탄이 있는 이층여과지로도 구성할 수 있다. 모래보다 가볍고 공극이 큰 무연탄은 여과지 상부에서 비교적 큰 입자를 효과적으로 거른다.

급속 모래 여과지는 모래를 통해 위쪽으로 물을 밀어 넣어 제자리에서 세척한다. 이 작업을 **역세척**(backwashing)이라고 한다. 세척수 유량은 모래층이 팽창하고 여과된 입자가 여과지에서 제거되는 수준이 되어야 한다. 역세척 후 모래는 제자리에 다시 가라앉는다. 가장 큰 입자가 먼저 침전되므로 맨 위에는 가는 모래층이 있고 맨 아래에는 굵은 모래층이 생긴다. 역세척수는 처리를 위해 오수관으로 직접 양수되거나 침전 처리된다. 침전지의 상징액은 원수와 혼합하거나 오수관으로 방류되고 슬러지는 매립된다.

전통적으로 급속 모래 여과지는 부하율 120 $m^3 \cdot day^{-1} \cdot m^{-2}$로 운영되도록 설계되어 왔다. 시카고 정수장에서 수행된 실험에서는 235 $m^3 \cdot day^{-1} \cdot m^{-2}$의 높은 부하율로도 만족스러운 수질을 얻을 수 있음을 확인하였다(American Water Works Association, 1971). 이층여과지는 300 $m^3 \cdot day^{-1} \cdot m^{-2}$의 부하율까지 작동된다. 일반적으로 여유분을 두기 위해 최소 2개의 여과지를 둔다. 대형 정수장(>0.5 $m^3 \cdot s^{-1}$)의 경우 최소 4개의 여과지를 둘 것을 권장한다(Montgomery, 1985). 여과 탱크의 표면적은 일반적으로 크기가 100 m^2 이하로 제한된다.

1980년대 중반에 심층 단층여과지가 사용되기 시작하였다. 이 여과지는 유출수의 탁도를 낮추면서 더 높은 부하량을 달성하도록 고안되었다. 심층 단층여과지는 일반적으로 약 1.5~2.5 m 깊이의 1.0~1.5 mm 직경의 무연탄층으로 이루어지며, 최대 800 $m^3 \cdot day^{-1} \cdot m^{-2}$의 부하율로 운전된다.

예제 10-10 노벨라(Novella) 박사는 새로운 연구용 처리장에 침전 이후 급속 모래 여과를 사용할 계획이다. 노벨라 박사는 2개의 모래 여과지 뱅크를 사용하려 하는데, 각 여과지의 표면적은 3 m×2 m이다. 각 뱅크에 대한 설계 유량은 0.044 $m^3 \cdot s^{-1}$이고, 설계 부하량은 150 $m^3 \cdot day^{-1} \cdot m^{-2}$이다.

각 여과지 뱅크의 여과지 수를 결정하고, 하나의 여과지가 작동하지 않을 때 부하량을 결정하시오.

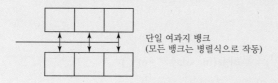

단일 여과지 뱅크
(모든 뱅크는 병렬식으로 작동)

풀이 필요한 표면적은 유량을 부하량으로 나눈 값이다.

$$v_a = \frac{Q}{A_s} = \frac{(0.044 \ m^3 \cdot s^{-1})(86{,}400 \ s \cdot day^{-1})}{150 \ m^3 \cdot day^{-1} \cdot m^{-2}} = 25.34 \ m^2$$

한 여과지의 최대 표면적이 6 m^2인 경우 필요한 여과지 수는 다음과 같다.

$$\text{여과지 수} = \frac{25.34}{6} = 4.22$$

0.22개의 여과지를 만들 수 없으므로 정수로 반올림해야 하는데, 일반적으로 시공을 쉽게 하고 비용을 줄이기 위해 짝수로 여과지를 만든다. 따라서 4개의 여과지를 구축하고 부하량이 가이드라인 값을 초과하지 않는지 확인한다. 4개의 여과지를 사용하면 부하량이

$$v_a = \frac{Q}{A_s} = \frac{(0.044 \text{ m}^3 \cdot \text{s}^{-1})(86,400 \text{ s} \cdot \text{day}^{-1})}{(4 \text{ filters})(6 \text{ m}^2 \cdot \text{filter}^{-1})} = 158.4 \text{ m} \cdot \text{day}^{-1}$$

이는 권장 최대 부하량인 235 m · day^{-1}보다 낮고, 미국의 많은 주에서 전체 용량이 여과지 1개를 사용하지 않을 때 설계 유량을 처리하기에 충분해야 한다고 규정하고 있다는 점을 제외하고는 기준을 만족한다. 이것을 검토하기 위해 3개의 지를 사용할 때의 부하를 확인한다.

$$v_a = \frac{Q}{A_s} = \frac{(0.044 \text{ m}^3 \cdot \text{s}^{-1})(86,400 \text{ s} \cdot \text{day}^{-1})}{(3 \text{ filters})(6 \text{ m}^2 \cdot \text{filter}^{-1})} = 211.4 \text{ m} \cdot \text{day}^{-1}$$

이는 235 m · day^{-1} 권장 최대 부하량보다 낮으므로 기준을 만족한다. 따라서 우리는 4개의 여과지로 이루어진 하나의 뱅크를 만들 것이다.

그림 10-20

급속 모래 여과지의 단면
(출처: Water Treatment Plant Design, 1969, American Water Works Association.)

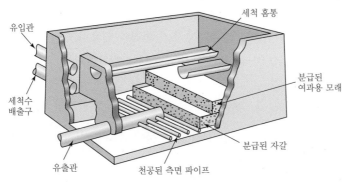

그림 10-20은 급속 모래 여과지의 단면을 보여준다. 여과지의 바닥은 지지 매질과 집수 시스템으로 구성된다. 지지 매질은 여과된 물과 함께 모래가 쓸려나가는 것을 방지하여 여과지에 있는 모래가 잘 유지되도록 한다. 주로 분급된 자갈층(하단이 크고 상단이 작음)이 지지 매질로 사용된다. 천공된 파이프는 여과수를 수집하는 하나의 방법이며, 지지 매질의 상단에는 분급된 모래층이 있다. 세척 홈통은 여과지를 세척하는 데 사용된 역세척수를 수집하는데, 모래가 역세척수와 함께 쓸려나가지 않도록 모래층보다 충분히 높이 배치한다.

10-6 소독

소독은 수처리에서, 섭취하면 경증에서 치명적인 질병까지 유발할 수 있는 물에 존재하는 병원체(질병 유발 미생물)를 죽이는 데 사용된다. 소독은 살균과 동일하지 않다. 살균은 모든 살아 있는 유기체의 파괴를 의미한다. 식수는 무균일 필요는 없지만 질병을 유발할 수 있는 수준의 병원균이 없어야 한다.

식수에서 주로 우려되는 네 종류의 인간 장내 병원균은 세균, 바이러스, 원생동물, 아메바 낭종이다. 효과적인 소독은 이 4가지를 모두 파괴할 수 있어야 한다. 지난 10년 동안 크립토스포리듐(*Cryptosporidium*)과 같은 특정 미생물 병원체가 전통적인 소독제에 매우 내성이 높다는 것이 분명해졌다. 1993년에 처리된 물에 크립토스포리듐 파븀(*Cryptosporidium parvum*) 난포낭이 존재하여 밀워키(Milwaukee)에서 400,000명의 사람들이 장 질환을 앓았다. 그 결과로 4,000명 이상이 입원했고, 최소 50명 이상이 이 질병으로 사망하였다. 크립토스포리듐증은 지난 몇 년 동안 다른 여러 주에서도 발생하였다. 일반 대중을 수인성 질병으로부터 보호하기 위해, EPA는 바이러스, 세균 및 원생동물(예: 람블편모충 및 크립토스포리듐 파븀)에 대한 최대 오염 목표 기준(MCLG)을 설정하였다. 이 규정에는 이러한 미생물 병원체를 소독하거나 제거하도록 설계된 여과 및 비여과 시스템에 대한 기술적 요구사항도 포함된다.

2006년 1월 5일에 공포된, 강화된 장기 지표수 처리규칙(LT2규칙)에 따라, 수도 사업자(지표수의 직접적인 영향을 받는 지표수 및 지하수 공급)는 원수 크립토스포리듐을 모니터링하고, 위해 기반의 크립토스포리듐 처리를 실시하며, 물 저장시설이 개방형일 경우 밀폐형으로 바꾸거나 적절한 처리를 실시해야 한다. 모니터링 결과에 따라 정수 시스템은 4가지 처리 범주 중 하나로 분류되는데, 대부분의 시스템은 저위험으로 분류되어 추가 처리가 필요하지 않다. 가장 우려가 높은 수역은 최소 99% 또는 99.9%(2 또는 3 로그)의 크립토스포리듐 비활성화를 필요로 하며 추가 처리가 필요할 수 있다.

현장 사용을 위해 이러한 물 소독제는 다음과 같은 특성을 가져야 한다.

1. 예상되는 수온 범위에서 적정한 시간 내에 물에 존재할 수 있는 종류와 수의 병원체에 충분한 파괴 효과가 있어야 한다.
2. 처리할 물의 다양한 조성, 농도 및 조건에서 효과적이어야 한다.
3. 필요한 농도에서 인간과 가축에게 독성이 있거나 맛이 없거나 불쾌감을 유발하지 않아야 한다.
4. 비용이 합리적이고, 안전하고 쉽게 보관, 운송, 취급 및 적용할 수 있어야 한다.
5. 처리된 물에서의 강도 또는 농도를 쉽고 빠르게, 이상적으로는 자동으로 파악할 수 있어야 한다.
6. 물이 사용되기 이전에 재오염될 가능성으로부터 보호하기에 충분한 농도로 소독된 물에서 잔류하여야 한다.
7. 물에서 자연 발생 물질과의 반응으로 독성 부산물을 형성하지 않아야 한다.

소독 반응의 속도

이상적인 조건에서 어떤 미생물군의 사멸률은, 시간당 파괴되는 개체수는 현재의 개체수에 비례한다는 칙의 법칙(Chick, 1908)으로 설명할 수 있다.

$$\frac{dN}{dt} = -kN \tag{10-24}$$

여기서 N = 미생물 개체수

k = 1차 반응상수

식 10-24를 적분하면 다음과 같다.

$$\ln\left(\frac{N}{N_o}\right) = -kt \tag{10-25}$$

여기서 N_o = 시작 시점의 단위 부피당 미생물 개체수이다.

칙의 법칙(Chick's Law)은 소독제의 농도를 고려하지 않는다. 이에 왓슨(Watson, 1908)은 이 식을 변형하여 다음의 칙-왓슨(Chick-Watson) 법칙을 제안하였다.

$$\ln\left(\frac{N}{N_o}\right) = -k'C^n t \tag{10-26}$$

여기서 $k = k'C^n$

C = 소독제 농도

n = 희석계수

칙-왓슨 법칙은 소독제 농도가 일정하게 유지된다고 가정한다.

실제 상황에서 치사율은 칙의 법칙에서 크게 벗어날 수 있다. 살균제가 미생물을 손상시키고 비활성화 시키는 데 필요한 시간 때문에 (시간에 따라) 사멸률이 증가할 수 있고, 소독제의 농도 감소 또는 미생물 및 소독제의 분포 불량으로 인해 사멸률이 감소할 수도 있다. 이러한 편차를 설명하기 위해 칙의 법칙에 대한 수많은 수정식이 제안되었다.

미국에서는 CT 개념(C = 소독제의 농도, T = 소독제의 체류 시간)을 사용하여 소독제의 필수 투여량을 결정한다. 이 개념은 특정 pH 및 온도에 대한 특정 수준의 처리를 달성하는 데 필요한 화학 물질의 요구량을 나타내는 칙의 법칙 및 데이터를 기반으로 한다. 이 접근 방식에 사용된 시간을 t_{10} 값이라고 하는데, 이는 유입수에 일시에 투여된 염료의 10%가 반응조에서 흘러나오는 데 걸리는 시간이다. CT값 표는 EPA에서 만들었으며 소독 시스템을 설계하고 운영하는 데 사용된다.

예제 10-11 정수장에서 $0.1\ \mathrm{m^3 \cdot s^{-1}}$의 물을 처리하고자 하며, 소독제로는 염소를 사용하고자 한다. 원수의 온도와 pH에서 $200\ \mathrm{mg \cdot min \cdot L^{-1}}$의 CT가 필요하다. 접촉조의 t_{10}은 100분이고, $t_{10} : t_0$의 비율은 0.7이다. 필요한 접촉조의 부피와 평균 염소 농도를 구하시오.

1. 필요한 수리학적 체류 시간을 계산한다. 접촉조의 흐름이 이상적이지 않기 때문에 수리학적 체류 시간과 t_{10}이 동일하지 않다. 예를 들어, 접촉조의 유입구와 유출구에서 단락이 발생하여 이론상의 수리학적 체류 시간보다 짧은 실제 체류 시간이 발생할 수 있다.

$$\frac{t_{10}}{t_o} = 0.7$$

$$\frac{100 \text{ min}}{t_o} = 0.7$$

$t_0 = 142분$ 또는 약 145분

2. 수리학적 체류 시간의 정의를 통해 반응기의 부피를 계산할 수 있다.

$$t_o = \frac{V}{Q}$$

$$V = (t_o)(Q) = (145 \text{ min})(0.1 \text{ m}^3/\text{s})(60 \text{ s/min})$$

$$= 870 \text{ m}^3$$

3. 평균 염소 농도는 CT를 통해 계산할 수 있다.

$$CT = 200 \text{ mg} \cdot \text{min} \cdot \text{L}^{-1}$$

$$C = \frac{200 \text{ mg} \cdot \text{min} \cdot \text{L}^{-1}}{100 \text{ min}} = 2.0 \text{ mg/L}$$

소독제 및 소독 부산물

소독 부산물(disinfection by-product, DBP)은 정수장에서 사용되는 소독제가 원수에 존재하는 브롬화물이나 자연 발생 유기물과 반응하여 생성된다. 소독제에 따라 다른 유형 또는 양의 소독 부산물을 생성한다. EPA 음용수 규정이 설정된 소독 부산물에는 트리할로메테인(THM), 할로아세트산(HAA), 브롬산염 및 아염소산염이 있다.

트리할로메테인(trihalomethane, THM)은 염소 기반 소독제가 물에 있는 자연 발생 유기물과 반응하여 생성되는 4가지 화학물질 그룹이다. THM은 클로로포름, 브로모디클로로메테인, 디브로모클로로메테인 및 브로모포름이다.

할로아세트산(haloacetic acid, HAA)은 특정 소독제가 물에 있는 자연 발생 유기 및 무기물질과 반응하여 생성되는 화학물질 그룹이다. HAA5로 알려진 규제 대상 할로아세트산은 모노클로로아세트산, 디클로로아세트산, 트리클로로아세트산, 모노브로모아세트산 및 디브로모아세트산이다.

브롬산염은 오존이 원수에 있는 자연 발생 브롬화물과 반응하여 생성된다.

아염소산염은 이산화염소 생성 중에 형성될 수 있다.

브롬산염(bromate, BrO_3^-)은 무미, 무색의 무기 음이온으로 물에 쉽게 용해되고 안정적으로 존재한다. 대부분의 자연수에서는 발견되지 않지만, 오존이 원수에 있는 자연 발생 브롬화물과 반응할 때 생성되며, 생성된 브롬산염의 농도는 투여량과 소독 위치에 따라 다르다. 오존의 투여량을 줄이거나, 여러 번이더라도 낮은 용량으로 투여되도록 오존 처리에 몇 단계로 나누어 실시하거나, pH를 낮추거나, 암모니아나 과산화수소를 추가하면 브롬산염 형성을 감소시킬 수 있다. 브롬산염에 대한 단기간 노출은 건강에 해로운 영향을 미치지 않지만 장기간 노출되면 발암 확률이 증가할수 있다. 캐나다 보건부는 브롬산염을 인간에게 발암 가능성이 있는 물질로 분류하였다(probably carcinogenic to humans; 동물에 대한 충분한 증거는 있으나 인간에 대한 데이터는 없음). 세계보건기구(WHO)는 브롬산염에 $10 \text{ μg} \cdot \text{L}^{-1}$의 잠정 지침을 설정하였다.

브롬산염과 마찬가지로 **아염소산염**(chlorite, ClO_2^-)은 무미, 무색 무기 음이온으로 물에 쉽게 용해된다. 이 물질은 유리 염소와 같은 다른 반응성 화학물질이 없는 경우에만 물에 안정하게 존재한다. 아염소산염은 자연적으로 발견되지 않지만 이산화염소(ClO_2) 생성 중에 형성되며, 제지 공장에서 목재 펄프를 표백하고 생활하수를 소독하는 동안에도 형성된다. 아염소산염 형성은 이산화염소 생성과 관련된 반응을 주의 깊게 제어하고, 산화제 요구량을 줄이며, 물이 자외선과 햇빛에 노출되는 것을 줄임으로써 최소화할 수 있다. 아염소산염 노출은 영유아의 신경계와 임산부의 태아에 영향을 줄 수 있으며, 빈혈을 유발할 수 있다.

EPA는 1979년에 처음으로 총트리할로메테인(TTHM)을 규제하였다. 이 규정은 1998년에 수정되었는데, 이때 1996년 식수안전법에 대한 수정안에 따라 EPA에서 1단계 소독제 및 소독 부산물 규칙(Disinfectants and Disinfection Byproducts Rule, DBPR)을 발표하였다. 1단계 DBPR은 TTHM 및 HAA5에 대한 최대오염농도(MCL)를 각각 80 ppb, 60 ppb로 설정하였다. 브롬산염과 아염소산염에 대한 MCL도 각각 오존과 이산화염소를 사용하여 처리하는 시스템에 대해 설정되었다. 2003년 8월에 제안되어 2005년 12월 15일에 공포된 2단계 DBPR은 처리시설에서 DBP 농도가 높은 분배 시스템 내 위치를 식별하기를 요구한다. 규정 준수 여부에 대한 모니터링은 이 위치에서 실시한다. 1단계 규칙과 달리 이 규칙은 TTHM 및 HAA5 농도를 이러한 각 모니터링 위치에서의 위치별 연간 이동 평균값(Locational Running Annual Average, LRAA)으로 계산하도록 한다. 1단계 요구사항에서 규정 준수 여부는 시스템의 모든 모니터링 위치에서 채취한 시료의 연간 평균을 계산하여 결정되었는데, 이 새로운 방법은 기준을 더욱 강화한다. 2단계 DBPR의 소독 부산물에 대한 규정은 표 10-4에 요약되어 있다.

1974년 식수에서 염소 소독 부산물이 최초로 발견된 이후로 수많은 독성 및 역학 연구가 수행되었다. 연구를 통해 여러 소독 부산물이 실험 동물에게 암이나 생식 또는 발달 장애를 일으키는 것으로 밝혀졌다. 그러나 이러한 실험실 및 역학 연구에는 일부 불확실성이 존재하므로 이러한 결과들이 얼마나 의미있는 것인지 과학계에서 광범위한 토론이 진행 중이다. 보수적인 접근 방식을

표 10-4	소독 부산물에 대한 규제 제한 및 지침		
소독부산물	EPA 2단계 D/DBP 규칙에 의거한 최대오염농도	캐나다 보건부	WHO 권고
TTHM	80 ppb, 위치별 연간 이동 평균	100 ppb	클로로포름: 200 ppb 브로모디클로로메테인: 60 ppb 디브로모클로로메테인: 100 ppb 브로모포름: 100 ppb
HAA5	60 ppb, 위치별 연간 이동 평균	준비중	디클로로아세트산: 50 ppb 트라클로로아세트산: 100 ppb (임시)
브롬산염	10 ppb, 연간 평균	10 ppb	10 ppb (임시)
아염소산염	1 ppm, 월간 평균	1 ppm. 2006년 3월에 제안	0.7 ppm (임시)

출처: Williams, LeBel, and Benoit, 1995; WHO, 2004.

취하는 EPA는, 염소 처리된 음용수에 대해 현재까지 수행된 역학 연구와 개별 소독 부산물에 대한 독성 연구가 제시하는 증거가 잠재적인 위험에 대해 우려하고 규제를 실시하기에 충분하다고 본다. 소독 부산물 노출로 인한 잠재적 위험을 더 잘 이해하기 위하여 광범위한 연구가 현재 진행 중이다.

물에서의 염소 반응

미국에서는 염소가 가장 일반적으로 사용되는 소독제이다. 적절하게 사용하면 염소는 효과적이고 실용적이며, 다른 소독제에 비해 몇 가지 장점이 있다. 우선 염소는 오래 지속되므로 분배 시스템에 잔류한다. 염소는 먼저 세포벽을 관통한 다음 세포질 내의 효소를 파괴함으로써 병원체를 죽인다. 또한 염소는 소독제로 기능할 뿐만 아니라 점액과 조류를 제어하는 데에도, 불쾌한 맛과 냄새 유발 화합물을 파괴하는 데에도, 철, 망간 및 황화수소를 산화시키는 데에도 사용된다. 그러나 염소는 자연 발생 유기물과의 반응으로 염소화 부산물을 형성시키고, 크립토스포리듐 난포낭에 대한 비활성화 효과가 부족하다.

염소의 효과는 다음을 포함한 여러 요인에 따라 달라진다.

- **투여량**(즉, 농도). 염소가 효과적이려면 병원체를 비활성화할 수 있을 만큼 충분히 높은 농도로 존재해야 한다. 자연수에는 염소 및 기타 소독제와 반응하는 무기 및 유기 오염물질이 존재한다. 여기에는 환원된 금속과 암모니아가 포함된다. Fe(II) 및 Mn(II)은 염소와 반응하여 각각 Fe(III) 및 Mn(IV)를 형성한다. 암모니아는 염소와 반응하여 클로라민을 생성한다. 식물과 동물의 물질이 분해되어 생성되는 자연 발생 유기물 역시 염소와 반응한다. 염소가 효과적이려면 이러한 화학종이 소모하는 수준을 초과하는 농도로 첨가되어야 한다.
- **접촉 시간**. 염소는 비활성화를 달성하기에 충분한 시간 동안 병원체와 물리적으로 접촉해야 한다.
- **탁도**. 입자(탁도)는 소독제로부터 병원체를 보호한다.
- **다른 반응성 화학종**. 암모니아와 같은 반응성 화학종은 소독제를 소모시킬 수 있다. 앞서 논의한 바와 같이 이러한 반응은 독성 화학물질을 생성하고 병원체 비활성화에 사용 가능한 농도를 감소시킬 수 있다.
- **pH**. 염소는 7.5 미만의 pH 값에서 가장 효과적이다.
- **수온**. 온도가 증가함에 따라 소독속도가 증가한다. 그러나 염소의 안정성은 감소한다.

염소는 기체(Cl_2), 차아염소산나트륨($NaOCl$) 또는 차아염소산칼슘[$Ca(OCl)_2$]으로 첨가할 수 있다. 물에서 염소가스는 매우 빠르게 가수분해되어 $HOCl$과 염산(HCl)을 생성한다.

$$Cl_2(g) + H_2O \rightleftharpoons HOCl + H^+ + Cl^- \tag{10-27}$$

이 반응은 pH 의존적이다. 대부분의 수처리 시스템에서 볼 수 있는 조건에서 이 반응은 본질적으로 끝까지 진행되어 용해된 염소가스가 존재하지 않는다. 차아염소산은 약산이기 때문에 다음 반응에 따라 해리되어 OCl^-를 형성한다.

$$HOCl \rightleftharpoons H^+ + OCl^- \tag{10-28}$$

이 반응의 pK_a는 25°C에서 7.54이므로, 이보다 높은 pH 값에서는 거의 모든 염소가 OCl^-로 존재하는 반면 pH 7.54 미만에서는 차아염소산이 우세하다. 차아염소산이 차아염소산염보다 훨씬 효과적인 소독제이기 때문에 이 반응은 중요하다.

클로라민

클로라민은 다음과 같이 차아염소산과 암모니아의 반응에 의해 생성된다.

$$NH_3 + HOCl \rightleftharpoons NH_2Cl + H_2O \qquad (10\text{--}29)$$
모노클로라민

$$NH_2Cl + HOCl \rightleftharpoons NHCl_2 + H_2O \qquad (10\text{--}30)$$
디클로라민

$$NH_2Cl_2 + HOCl \rightleftharpoons NCl_3 + H_2O \qquad (10\text{--}31)$$
트리클로라민

반응 생성물의 분포는 pH, 온도, 반응 시간 및 초기 $HOCl:NH_3$ 농도에 따라 달라지는 모노클로라민과 디클로라민의 생성속도에 의해 결정된다. 높은 $HOCl:NH_3$ 비율, 낮은 온도 및 낮은 pH는 디클로라민의 생성에 유리한 조건이다. 클로라민을 총칭하여 **결합염소**(combined chlorine)라고 하며 유리염소와 결합염소 농도의 합은 **총염소**(total chlorine)라 한다. 클로라민은 소독제로서 효과적이지만 염소나 차아염소산만큼 강력한 산화제는 아니다. 따라서 클로라민은 일반적으로 수처리 시스템의 1차 소독제로 사용되지 않는다.

그림 10-21에서 볼 수 있듯이, 낮은 염소 투여량에서 염소는 환원된 화학종과 자연 유기물(natural organic matter, NOM)에 의해 소비된다. 염소 투여량이 증가함에 따라 염소화 유기화합물과 함께 클로라민이 생성된다. 염소화 유기화합물은 염소와 유기질소 화합물(단백질, 아미노산 등)의 반응으로 생성된다. 이러한 반응의 결과로, 클로라민(결합염소) 농도가 높아져 잔류염소가 증가한다. 더 높은 농도에서는 염소화 유기화합물과 클로라민이 산화되어 잔류염소가 감소한다. 결국 이러한 화합물이 산화되면서 잔류염소는 최솟값에 도달하고 이후에 다시 증가하기 시작하는데, 이 증가는 유리염소의 생성으로 인한 것이다. 염소 수준이 최솟값에 도달하는 지점을 파과점이라고 하며, 이 과정을 **파과점 염소주입**(breakpoint chlorination)이라고 한다.

그림 10-21

자연발생 유기물 및 암모니아가 포함된 물의 잔류 염소에 대한 염소 투여량의 영향을 보여주는 그래프

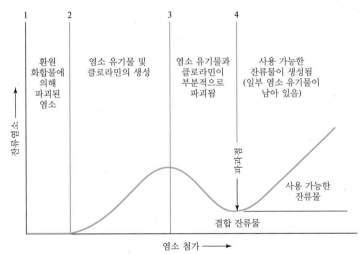

이산화염소

이산화염소는 또 다른 매우 강력한 산화제이다. 이산화염소(ClO_2)는 염소와 아염소산나트륨을 결합하여 현장에서 생성해야 한다. 이산화염소는 1차 소독제로 사용되어 세균과 포낭을 비활성화한다. 이산화염소는 잔류물을 물 공급 시스템 소독제로 사용할 만큼 충분히 오래 물속에 존재하지 못하기 때문에, 클로라민이 물 공급 시스템에 잔류물을 공급하기 위한 2차 소독제로 사용된다. 염소와 비교할 때 이산화염소의 장점은 자연 발생 유기물과 반응하여 THM을 생성하지 않는다는 것이다. 그러나 이산화염소 소독은 잠재적인 인체 발암물질인 아염소산염과 염소산염을 생성시킬 가능성이 있다.

오존 처리

오존은 달콤한 냄새가 나는 불안정한 가스이다. 이것은 3개의 산소 원자가 결합하여 분자 O_3를 형성하는 산소의 한 형태이다. 오존은 불안정성으로 인해 사용 지점에서 생성되는데, 공기 또는 산소로부터 만들어지며 발생 장비에서 나오는 공기는 산소에 최대 13%의 오존을 포함할 수 있다.

오존은 유럽에서 수처리에 주로 사용되며 미국에서도 점점 더 많이 쓰이고 있다. 오존은 차아염소산보다도 더 강력한 산화제이다. 표 10-5는 람블편모충 포낭의 3-로그 비활성화(99.9% 제거)에 대한 오존, 이산화염소 및 클로라민의 CT값을 보여주며, 이는 소독제로서 오존의 성능을 잘 보여준다.

오존은 강력한 산화제일 뿐만 아니라 THM이나 염소화된 소독부산물을 형성하지 않는다는 장점이 있다. 그러나 오존은 염소계 소독제와 반응하여 염소화 알데하이드 및 케톤을 생성할 수 있는 일부 저분자량 화합물을 형성한다. 또한 오존과 자연 발생 유기물의 반응으로 생성된 저분자량 화합물을 제거하지 않으면 관거에서 세균의 재성장이 문제가 될 수 있다. 이산화염소와 마찬가지로 오존은 물에 남아 있지 않고 몇 분 안에 다시 산소로 변환된다. 따라서 일반적인 공정 구성에서는 1차 소독을 위해 원수 또는 침전지와 여과지 사이에 오존을 추가한 다음, 물 공급 시스템 소독제로 여과한 다음에 클로라민을 추가한다.

자외선(UV) 조사

UV를 조사하면 병원체를 비활성화할 수 있으므로 소독에 사용할 수 있다. UV 조사에 의한 미생물의 비활성화는 핵산 및 기타 중요한 세포 화학물질과의 광화학 반응의 결과로, 이는 노출된 유기체에 상해나 사멸을 초래한다.

표 10-5	pH 6.0~9.0에서 99.9% 람블편모충 포낭 비활성화에 대한 CT값(mg-min · L⁻¹)					
온도	**1℃**	**5℃**	**10℃**	**15℃**	**20℃**	**25℃**
이산화탄소	81	54	40	27	21	14
염소	273	192	144	96	72	48
오존	2.9	1.9	1.43	0.95	0.72	0.48
클로라민	3,800	2,200	1,850	1,500	1,100	750

출처: U.S. EPA (1999).
참고: 염소 1℃는 실제로 0.5℃, 염소의 농도는 1.6 mg · L⁻¹, 기타 농도는 지정되지 않음; 염소의 pH는 7.5, 기타 산화제의 pH는 6~9 범위.

자외선은 200~315 nm 범위의 파장을 가지고 있으며, 진공 UV(100~200 nm), UV-C(200~280 nm), UV-B(280~315 nm), UV-A(315~400 nm)로 분류된다. UV 광선은 일반적으로 수은 램프에 의해 생성되며, 소독을 위한 최적의 UV 범위는 245~285 nm이다. UV 소독은 253.7 nm의 파장에서 최대 에너지를 방출하는 저압 램프, 180~1370 nm의 파장에서 에너지를 방출하는 중압 램프, 또는 고강도 "펄스" 방식으로 다른 파장에서 방출하는 램프를 사용한다.

UV 방사선에 의한 미생물의 비활성화는 UV 선량과 직접적인 관련이 있다. 람블편모충이나 크립토스포리듐의 포낭 또는 난포낭을 비활성화하는 데 필요한 UV 선량은 세균이나 바이러스에 필요한 것보다 몇 배 더 많다(U.S. EPA, 1996). 평균 UV 선량은 다음과 같이 계산된다.

$$D = IT \tag{10-32}$$

여기서 D = UV 조사량

$\quad\quad I$ = 평균 강도$(mW \cdot s \cdot cm^{-2})$

$\quad\quad T$ = 노출 시간(s)

효과적인 비활성화에 필요한 UV 선량은 수질 및 요구되는 제거 효율과 관련된 현장별 데이터에 의해 결정된다. 강도는 투여량에 직접적인 영향을 미치므로 살균 효능은 UV 광선이 물을 통과하여 표적 유기체에 도달하는 능력에 달려 있다. 따라서 램프에는 슬라임과 침전물이 없고, 물은 탁도와 색상이 없어서 물 전체에 UV 광선이 잘 투과될 수 있어야 한다.

UV 조사에 의한 미생물의 비활성화 속도는 빛의 파장의 영향을 포함하는 수정된 형태의 칙-왓슨 법칙으로 설명할 수 있다(Linden and Darby, 1997; MWH, 2005).

$$\left(\frac{dN}{dt}\right)_\lambda = I_\lambda N \tag{10-33}$$

여기서 I_λ = 파장 λ에 대한 유효살균강도, λ, $mW \cdot cm^{-2}$이다.

다중 파장의 경우 강도는 전체 방사 스펙트럼에 걸쳐 적분되어야 한다.

대부분의 기존 UV 반응기는 밀폐형 또는 개방 수로이며, 수돗물 소독에는 밀폐형 반응기가 더 일반적으로 사용된다. 밀폐형 반응기는 설치 면적이 작아 정수장 인력의 UV 노출을 최소화하고, 공기 중 오염물질의 방출을 방지하며, 모듈식으로 이루어져 있다(U.S. EPA, 1996). UV 조사의 단점은 물 공급 시스템에 재오염 방지를 위한 잔류물을 남기지 않고 일반적으로 기존 소독제보다 비싸다는 것이다.

10-7 식수의 기타 처리 공정

막 공정

막은 선택적인 반투과성 장벽으로, 일부 물질은 가로막고 일부는 통과시킨다. 막을 가로지르는 물질의 통과에는 추진력(즉, 막 양면의 포텐셜 차이)이 필요한데, 음용수 처리에 사용되는 대부분의 막 공정에서 압력이 추진력이 된다. 그림 10-22와 같이 막 여과는 막에 의해 제거되는 입자나 이온의 크기를 기준으로 분류할 수 있다. 정밀여과(microfiltration, MF) 및 한외여과(ultrafiltration, UF)는 낮은 압력(20~275 kPa)에서 체질 효과(크기에 따른 배제)로 작동한다. 정밀여과(MF)는 50 nm

그림 10-22

분자량 컷오프 및 막 공극 크기에 따른 막 공정 분류
(출처: U.S. Environmental Protection Agency, 2001.)

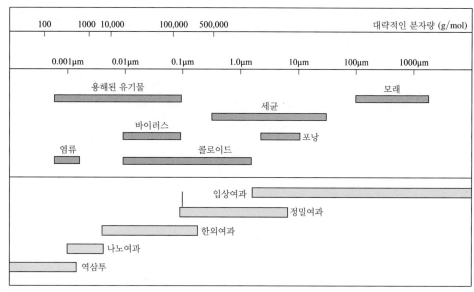

그림 10-22

분자량 컷오프 및 막 공극 크기에 따른 막 공정 분류
(출처: U.S. Environmental Protection Agency, 2001.)

입자를 제거하는 데 사용할 수 있으며 세균에 대해 몇 로그 단위의 제거 효율을 달성할 수 있지만, 바이러스에 대해서는 2~3 로그 단위의 제거 효율만 얻을 수 있다(U.S. EPA, 2001). 한외여과(UF)는 2 nm보다 큰 입자를 제거하고 4 로그 단위 이상의 바이러스 제거를 달성할 수 있다(U.S. EPA, 2001).

막 공정은 크립토스포리듐 난포낭 및 람블편모충 포낭을 포함한 작은 입자를 제거하는 능력 때문에 수처리에서 점점 더 널리 사용된다. 기존의 처리 방법에 비해 막 공정은 높은 품질의 물을 생산하고, 소독제 요구량을 최소화하며, 크기가 더 작고, 운영 제어가 쉽고 유지 보수가 적으며, 슬러지 생성이 적다.

한외여과 및 정밀여과의 성능은 물 플럭스량과 다양한 물질(입자상 물질, 세균, 바이러스 등)의 배제 능력에 기반하여 평가한다. 깨끗한 막을 가로지르는 순수한 물 플럭스는 막간차압(transmembrane pressure, TMP)에 정비례한다. 이것은 물의 점도에 반비례하므로 물의 온도에 정비례하고 막 저항계수에 반비례한다. 막 저항계수는 막 재료 또는 막 표면에 침착된 물질에 의해 물의 흐름이 방해받는 정도를 나타낸다. 따라서 체적 플럭스 J는 다음과 같이 표현된다.

$$J = \frac{Q_F}{A} = \frac{\Delta P}{\mu R_m} \tag{10-34}$$

여기서 J = 막 투과 체적 플럭스, $m^3 \cdot m^{-2} \cdot h^{-1}$

$\quad Q_F$ = 순수한 물의 체적 유량, $m^3 \cdot h^{-1}$

$\quad A$ = 깨끗한 막의 표면적, m^2

$\quad \Delta P$ = 막간차압, kPa

$\quad \mu$ = 역학 점도, $Pa \cdot s$

$\quad R_m$ = 막 저항계수, m^{-1}

배제율(rejection)은 원수에 있는 물질이 반투막을 통과하지 못하는 정도를 나타낸 것으로, 다음 식으로 정의된다.

$$R = 1 - \left(\frac{C_{permeate}}{C_{feed}} \right) \tag{10-35}$$

여기서 $R =$ 배제율, 단위 없음

        $C_{permeate} =$ 여과수에서의 농도, $g \cdot m^{-3}$

        $C_{feed} =$ 원수에서의 농도, $g \cdot m^{-3}$

예제 10-12   레드불(Red Bull) 지역을 위한 막 공정을 설계하고자 한다. 설계 유량은 0.100 $m^3 \cdot s^{-1}$이며, 수온은 겨울에 5°C, 여름에 22°C이다. 선택한 막의 최대 막간차압은 200 kPa이고 저항계수는 4.2×10^{12} m^{-1}이다. 파일럿 시험에 따르면 운전 막간차압은 최대 막간차압의 80%를 넘지 않아야 한다. 필요한 막 면적을 결정하시오.

풀이   플럭스는 수온에 정비례하므로, 점도가 가장 높고 플럭스가 가장 낮은 겨울철 온도에 맞게 막 공정을 설계해야 한다.

$$J = \frac{Q_F}{A} = \frac{\Delta P}{\mu R_m}$$

$$A = \frac{(0.100 \ m^3 \cdot s^{-1})(1.519 \times 10^{-3} \ Pa \cdot s)(4.2 \times 10^{12} \ m^{-1})}{(0.80)(200 \ kPa)(1000 \ Pa/kPa)} = 3{,}987 \ m^2 \equiv 4{,}000 \ m^2$$

나노여과(nanofiltration, NF) 및 역삼투(reverse osmosis, RO)는 염 및 저분자량 용존 유기물질의 제거에 사용할 수 있다. 이러한 시스템에서 물이 농축된 고염도 용액을 남겨두고 막을 통과할 수 있도록 작동 압력이 처리되는 물의 삼투압보다 커야 한다. NF는 1가 이온을 통과시키는 반면 다가 이온 및 2가 양이온을 높은 비율로 배제할 수 있으며, RO는 직경 1~15Å의 작은 이온성 물질까지도 제거할 수 있다.

막 시스템에서 염과 입자상 물질의 거동은 단순한 물질수지 접근법을 사용하여 나타낼 수 있다. 물의 물질수지는 다음 식으로 표현된다.

$$Q_F = Q_p + Q_c \tag{10-36}$$

여기서 $Q_c =$ 배제된 농축수의 유량, $m^3 \cdot h^{-1}$

     $Q_p =$ 여과수의 유량, $m^3 \cdot h^{-1}$

염 및 용해된 물질은 보존적이므로 물질수지는 다음과 같이 쓸 수 있다.

$$Q_F C_F = Q_p C_p + Q_c C_c \tag{10-37}$$

여기서 $C_F =$ 원수에서의 염분 혹은 용해된 물질의 농도, $g \cdot m^{-3}$

     $C_c =$ 농축수에서의 염분 혹은 용해된 물질의 농도, $g \cdot m^{-3}$

     $C_p =$ 원수에서의 염분 혹은 용해된 물질의 농도, $g \cdot m^{-3}$

역삼투의 경우, 물 플럭스는 막간차압 ΔP와 원수와 여과수의 삼투압 차 $\Delta \pi$의 차이에 비례한다. 이는 다음과 같은 식으로 표현된다.

$$J = k_w \left(\Delta P - \Delta \pi \right) \tag{10-38}$$

여기서 k_w=물 플럭스에 대한 물질전달계수, $m^3 \cdot d^{-1} \cdot m^{-1} \cdot kPa$

$\quad \Delta \pi$=원수와 여과수의 삼투압 차, kPa

삼투압은 다음 식을 사용하여 결정된다.

$$\pi = i\varphi \, CRT$$

여기서 i=용질이 해리되는 동안 생성되는 몰당 이온 수

$\quad \varphi$=삼투압계수, 단위 없음

$\quad C$=모든 용질의 농도, $mol \cdot L^{-1}$

$\quad R$=기체상수, $8.314 \; kPa \cdot m^3 \cdot kg^{-1} \cdot mol^{-1} \cdot K^{-1}$

$\quad T$=온도, K

몰당 이온 수 i는 NaCl의 경우 2이며, 삼투압계수 φ는 염의 성질과 농도에 따라 달라진다. 예를 들어, NaCl의 경우 $10 \sim 120 \; g \cdot L^{-1}$의 염 농도 범위에 대해 삼투압계수는 $0.93 \sim 1.03$이다. 해수의 삼투압계수는 0.85에서 0.95까지 다양하다.

막을 통과하는 용질 이동의 원동력은 농도 구배이다. 용질 플럭스는

$$J_s = k_s (\Delta C) \tag{10-39}$$

여기서 J_s=용질의 질량 플럭스, $kg \cdot d^{-1} \cdot m^{-2}$

$\quad k_s$=용질 플럭스에 대한 물질전달계수, $m^3 \cdot d^{-1} \cdot m^{-2}$

$\quad \Delta C$=막간 농도 구배, $kg \cdot m^{-3}$

역삼투에서 배제는 위에서 언급한 미세여과 및 한외여과와 동일한 방식으로 정의된다. 회수율은 여과수 유량 대 원수 유량의 비이다.

$$r = \frac{Q_p}{Q_F} \tag{10-40}$$

여기서 Q_p=여과수의 유량, $m^3 \cdot h^{-1}$이다. 예를 들어, 회수율이 80%이면 원수 유량의 80%가 여과수로 생성되고 20%가 배제(농축수) 유량이다. 식 10-37에 표현된 물질수지를 사용하면 염분 배제율이 100%인 경우 농축수(배제 흐름)의 염 농도가 원수의 농도보다 5배 높다는 것이 분명하다. 이러한 이유로 농축수(고염수)의 처리가 까다롭다.

예제 10-13 담수화 플랜트는 염 농도 $30{,}000 \; mg \cdot L^{-1}$인 해수 유량 $1.5 \; m^3 \cdot s^{-1}$를 처리한다. 회수율은 70%이며, 염분 배제율은 99.5%이다. 농축수의 염 농도를 계산하시오.

풀이 $Q_F = 1.5 \; m^3 \cdot s^{-1}$

70%가 회수된다면,

$Q_p = (0.70)(1.5 \; m^3 \cdot s^{-1}) = 1.05 \; m^3 \cdot s^{-1}$

$Q_C = 1.5 \text{ m}^3 \cdot \text{s}^{-1} - 1.05 \text{ m}^3 \cdot \text{s}^{-1} = 0.45 \text{ m}^3 \cdot \text{s}^{-1}$

염분 배제율이 99.5%이므로 여과수의 염 농도는 다음과 같다.

$C_p = (1 - 0.995)(30{,}000 \text{ mg} \cdot \text{L}^{-1}) = 150 \text{ mg} \cdot \text{L}^{-1}$

식 10-37을 사용하면,

$Q_F C_F = Q_P C_p + Q_c C_c$

$(1.5 \text{ m}^3 \cdot \text{s}^{-1})(30{,}000 \text{ mg} \cdot \text{L}^{-1}) = (1.05 \text{ m}^3 \cdot \text{s}^{-1})(150 \text{ mg} \cdot \text{L}^{-1}) + (0.45 \text{ m}^3 \cdot \text{s}^{-1})(C_c)$

$C_c = 99{,}650 \text{ mg} \cdot \text{L}^{-1}$ 또는 원수 내 염분 농도의 3.3배

음용수 처리에 사용되는 상용 막은 대부분 중합체이다. 일반적으로 쓰이는 중합체에는 폴리프로필렌, 폴리비닐 디플루오라이드 및 셀룰로오스 아세테이트가 있다. 각각의 막 재료는 pH와 산화제에 대한 저항성이 다르고 표면 전하와 소수성이 다르다. 따라서 각 막은 제거되는 입자 또는 이온의 크기와 유형이 서로 다르다.

막 여과 공정에서의 주요 문제는 막 오염으로 인해 투과 플럭스가 감소하여 작동에 필요한 에너지(및 그에 따른 비용)가 늘어나는 것이다. 막 오염은 생산되는 처리수의 양을 줄이고, 막 수명을 단축하며, 막 세척 빈도를 증가시켜 막 시스템의 경제적 효율성을 낮춘다. 음용수 처리 시스템의 막 오염은 주로 자연 유기물에 기인한다. 오염률은 존재하는 미립자와 용질의 농도와 성질, 수리동역학적 요인, 막의 공극 크기, 막의 표면 특성에 영향을 받는다. 막 오염 문제에 대한 해결책을 찾기 위해 광범위한 연구가 여전히 수행되고 있다.

막 시스템의 성능을 향상시켜 경제성을 확보하는 것이 중요하다. 막 오염을 줄이거나 공극이 큰 막을 사용하면 비용을 줄일 수 있다. 막의 공극이 커지면 투과성이 높아져 막을 통과하는 물 플럭스가 증가하지만, 미생물 제거 효과는 떨어진다. 따라서 원하는 수중의 미생물 제거 효과를 얻을 수 있는 다른 공정이 있거나 미생물 제거효율을 높이기 위해 막이 개질된 경우에만 공극이 큰 막을 사용해야 한다.

고도산화공정

고도산화공정(advanced oxidation processes, AOP)은 수산화 라디칼(OH)을 생성하도록 설계된 공정이다. 수산화 라디칼은 많은 유기화합물을 분해할 수 있는 반응성이 높은 비선택적 산화제이다. 대표적인 2가지 고도산화공정은 각각 오존과 과산화수소, 오존과 자외선을 조합한 것이다. 고도산화공정은 다른 방법으로 제거할 수 없는 화학물질의 산화에 사용된다.

활성탄 흡착

활성탄 흡착은 입자에 화합물이 부착된다는 점에서 2-5절에서 설명한 것과 본질적으로 동일하다. 수처리에서 흡착제(고체)는 활성탄으로 입상(granular activated carbon, GAC) 또는 분말(powdered activated carbon, PAC)이다. 활성탄은 주로 맛과 냄새를 유발하는 화합물과 일부 합성 유기화합물을 제거하는 데 사용된다. 활성탄의 단점은 문제가 되는 화합물이 파괴되지 않고 단순히 한 매질인

물에서 다른 매질인 탄소 표면으로 이동한다는 것이다. 또한 비극성 화합물 제거에 사용할 경우 입상활성탄 여과지는 일반적으로 흡착 용량을 소진하기 전에 90~120일 동안 지속되는데, 수명이 짧기 때문에 입상활성탄을 재생해야 한다. 재생은 활성탄을 약 900℃로 가열하여 흡착된 유기화합물질을 제거함으로써 달성할 수 있다. 연소되지 않은 유기화합물의 방출을 방지하기 위해 대기오염 제어장치가 필요하다. 이것은 분명히 비용이 많이 드는 방법이다. 입상활성탄은 THM 제거에 사용될 수 있지만 그 흡착 용량은 매우 낮고, 최대 30일 동안만 지속될 수 있다.

폭기

폭기는 주로 철의 산화 및 휘발성 유기화학물질의 제거를 위해 음용수 처리에 사용된다. 가용성 철은 다음 반응으로 제거할 수 있다.

$$4Fe(HCO_3)_2 + O_2 + 2H_2O \rightleftharpoons 4Fe(OH)_3 + 8CO_2 \tag{10-41}$$

Fe(II)의 산화속도는 속도 법칙으로 표현할 수 있다(Stumm and Morgan, 1996).

$$\frac{-d[Fe(II)]}{dt} = \frac{k[O_2(aq)]}{[H^+]^2}[Fe(II)] \tag{10-42}$$

여기서 20℃일 때 $k = 3 \times 10^{-12} \ min^{-1} \cdot mol^{-1}$이다. pH 값이 7보다 크면 철의 산화속도가 빨라진다 (10분 이내로 90% 이상 제거).

그림 10-23

일반적인 탈기장치
(사진 ©Raschig-USA, Inc.;
출처: Remtech Engineers.)

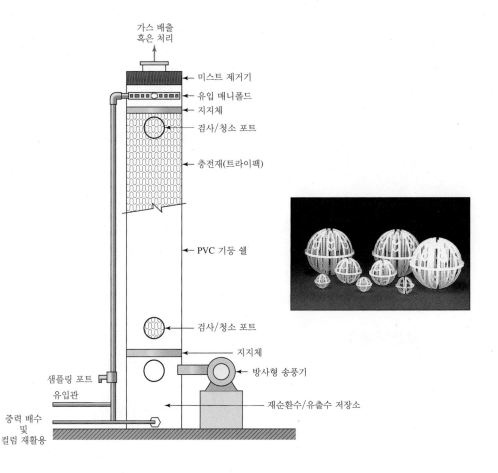

가스 배출
혹은 처리

미스트 제거기
유입 매니폴드
지지체
검사/청소 포트

충전재(트라이팩)

PVC 기둥 셸

검사/청소 포트

지지체
방사형 송풍기

샘플링 포트
유입관

재순환수/유출수 저장소

중력 배수
및
컬럼 재활용

망간은 제1철보다 훨씬 느리게 산화된다. 통상적인 온도에서 Mn(II)의 산화는 촉매 산화가 사용되지 않는 한 9 미만의 pH 값에서 활발하게 일어나지 않는다.

폭기는 트리클로로에틸렌 및 테트라클로로에탄과 같은 휘발성 유기화학물질의 제거에도 사용할 수 있다. 이러한 목적으로 폭기가 사용되는 경우 이러한 화학물질이 대기로 방출되는 것을 방지하기 위해 배출가스 처리가 필요하다. 제거 효율을 극대화하기 위해 탈기가스와 물이 반대 방향으로 흐르는 대향류(countercurrent) 방식을 종종 사용한다.

일반적인 탈기장치는 그림 10-23에 나와 있다.

10-8 수처리 잔류물 관리

수처리시설에서는 5가지 일반적인 범주로 나눌 수 있는 많은 폐기물(잔류물)을 생성한다.

1. 알럼 또는 철염을 이용한 탁도 제거 시 생성된 침전 슬러지
2. 여과지 역세척수와 이에 포함된 고형물
3. 연수화 공정 슬러지
4. 이온 교환 물질 재생으로부터 나오는 폐수, 역삼투 공정 농축수, 또는 사용된 활성탄
5. 폭기 공정에서 발생하는 오염 공기

물을 마시기에 안전하고 맛이 좋게 하기 위해 침전된 화학물질이나 물에서 제거된 기타 물질을 **슬러지**(sludge)라고 한다. 수처리시설 슬러지를 적절히 처리 및 처분하는 것은 시설에서 가장 복잡하고 비용이 많이 드는 단일 작업인 경우가 많다.

응집 및 연수화 시설에서 배출되는 슬러지는 대부분이 물로 이루어져 있다(98% 정도). 예를 들어, 20 kg의 고체 화학 침전물에는 980 kg의 물이 수반된다. 침전물과 물의 밀도가 같다고 가정하면(물론 잘못된 가정) 물에 추가되는 화학물질 20 kg당 약 1 m^{3}의 슬러지가 생성된다. 예를 들어, 작은 수처리장(예: 0.05 m$^3 \cdot$ s^{-1})의 경우에도 최대 800 m$^3 \cdot$ year^{-1}의 슬러지가 생성된다.

합리적인 슬러지 관리를 위해서 다음의 전략이 필요하다.

1. 슬러지 발생 최소화
2. 침전물의 화학적 회수
3. 슬러지 처리를 통한 부피 감소
4. 환경적으로 안전한 방식으로 최종 폐기

물질수지 분석

침전지의 슬러지 발생량은 물질수지 분석으로 추정할 수 있다. 반응이 일어나지 않기 때문에 물질수지식(4-2)은 다음과 같이 단순화된다.

축적 = 유입 − 유출   (10-43)

예제 10-14 유량이 $0.044 \ m^3 \cdot s^{-1}$인 응집 처리시설에서 알럼을 $33.0 \ mg \cdot L^{-1}$로 투여하고 있다. 다른 화학물질은 추가되지 않는다. 원수의 부유물질 농도는 $47.0 \ mg \cdot L^{-1}$이며, 유출수의 부유물질 농도는 $10.0 \ mg \cdot L^{-1}$로 측정되었다. 슬러지의 고형물 함량은 1.05%이고, 슬러지 고형물의 비중은 2.61이다. 매일 처리해야 하는 슬러지의 양은 얼마인가?

풀이 침전지의 물질수지 흐름도는 다음과 같이 나타낸다.

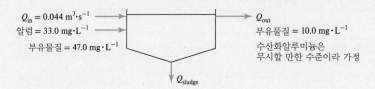

먼저 부유물질에 대한 물질수지를 수립해 보자.

$C_{in} = 47.0 \ mg \cdot L^{-1}$

$C_{out} = 10.0 \ mg \cdot L^{-1}$

따라서 처리수 1 L당 (47.0 − 10.0) 또는 $37.0 \ mg \cdot L^{-1}$의 부유물질이 매일 슬러지로 제거된다. 슬러지의 부유물질 양은 다음과 같이 계산할 수 있다.

$$Q_{in}C_{removed} = (0.044 \ m^3 \cdot s^{-1})(37.0 \ mg \cdot L^{-1})(1000 \ L \cdot m^{-3})(86{,}400 \ s \cdot day^{-1})$$
$$\times (10^{-6} \ kg \cdot mg^{-1})$$
$$= 140.66 \ kg \cdot day^{-1}$$

이제 알럼을 첨가하여 발생하는 슬러지의 양을 살펴보자. 식 10-1을 사용하여 추가된 알럼 1몰에 대해 2몰의 수산화알루미늄($Al(OH)_3$)이 생성됨을 알 수 있다. 알럼의 분자량은 $594.35 \ g \cdot mol^{-1}$이며, 수산화알루미늄의 분자량은 $78.00 \ g \cdot mol^{-1}$이다. 따라서 기본 화학량론적 관계를 사용하여 알럼 투여량을 리터당 몰 단위로 얻는다.

$$\left(\frac{33.0 \ mg \cdot L^{-1}}{594.35 \ g \cdot mol^{-1}}\right)\left(\frac{g}{1000 \ mg}\right) = 5.55 \times 10^{-5} \ mol \cdot L^{-1}$$

그리고 침전된 수산화알루미늄의 농도

$$= \left(\frac{2 \ mol \ Al(OH)_3}{mole \ alum}\right)(5.55 \times 10^{-5} \ mol \cdot L^{-1}) = 1.11 \times 10^{-4} \ mol \cdot L^{-1}$$

수산화알루미늄의 농도를 $mg \cdot L^{-1}$ 단위로 변환하여 다음을 얻는다.

$$(1.11 \times 10^{-4} \ mol \cdot L^{-1})(132 \ g \cdot mol^{-1})(1000 \ mg \cdot g^{-1}) = 14.5 \ mg \cdot L^{-1}$$

따라서 매일 발생하는 슬러지 내 수산화알루미늄 건조 질량은

$$(0.044 \ m^3 \cdot s^{-1})(14.5 \ mg \cdot L^{-1})(1000 \ L \cdot m^{-3})(86{,}400 \ s \cdot day^{-1})(10^{-6} \ kg \cdot mg^{-1})$$
$$= 55.2 \ kg \cdot day^{-1}$$

따라서 총슬러지 발생량은

$$140.66 + 55.2 = 195.9 \text{ kg} \cdot \text{day}^{-1}$$

이것은 건조 질량이고 슬러지의 고형분은 1.05%에 불과하기 때문에 매일 처리할 양을 추정할 때는 물의 양을 고려해야 한다. 고형물 함량은 다음과 같이 정의된다.

$$\text{고형물 함량(\%)} = \frac{\text{질량(고형물)}}{\text{질량(고형물)} + \text{질량(물)}} \times 100$$

$$1.05 = \frac{195.9}{195.9 + \text{질량(물)}} \times 100$$

$$\text{질량(물)} = 19{,}380 \text{ kg} \cdot \text{day}^{-1}$$

이제 밀도의 정의(단위 부피당 질량)를 사용하여 슬러지와 물의 부피를 구한다. 고체의 비중은 2.65이고, 물의 밀도는 $1000 \text{ kg} \cdot \text{m}^{-3}$이다.

$$\text{부피} = \frac{\text{질량}}{\text{밀도}}$$

$$V_T = \text{고형물 부피} + \text{물의 부피}$$

$$= \frac{195.9 \text{ kg} \cdot \text{day}^{-1}}{2.65 \times 1000 \text{ kg} \cdot \text{m}^{-3}} + \frac{19{,}380 \text{ kg} \cdot \text{day}^{-1}}{1000 \text{ kg} \cdot \text{m}^{-3}}$$

$$= 0.074 + 19.4$$

$$= 19.5 \text{ m}^3 \cdot \text{day}^{-1}$$

결론적으로, 고형물은 전체 부피의 작은 부분만을 차지한다. 이는 슬러지 탈수가 수처리 공정에서 얼마나 중요한지 보여준다.

슬러지 처리

정해진 처분(폐기) 방법에 필요한 만큼 고체 성분에서 물을 분리하는 것은 수처리 공정에서 생성된 고체/액체 폐기물의 처리에서 중요하다. 따라서 요구되는 처리 정도는 최종 처분 방법에 따라 결정된다.

현장에 사용되는 슬러지 처리 방법에는 여러 가지가 있다. 그림 10-24는 농축, 탈수 및 폐기의 일반적인 범주별로 나열된 일반적인 슬러지 처리 대안을 나타낸다. 처리 공정 조합을 구성할 때는 사용 가능한 처분 방법과 그에 따른 최종 탈수 슬러지(sludge cake)의 고형물 농도에 대한 요구사항을 먼저 확인하는 것이 좋다. 대부분의 매립지는 "취급 가능한" 슬러지의 반입만을 허용하며, 이로 인해 사용 가능한 탈수장치의 유형은 한정적일 수 있다. 운송 방법과 비용은 건조 정도를 결정하는 데 영향을 미칠 수 있다. 기준은 단순히 특정한 고형물 농도에 도달하는 것이 아니라 사용 가능한

그림 10-24

일반적인 슬러지 처리 옵션

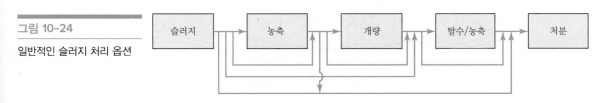

표 10-6	달성 가능한 탈수 슬러지 농도 범위		
		석회 슬러지(%)	응집 슬러지(%)
중력식 농축		15~30	3~4
바스킷 원심분리		10~15	
스크롤 원심분리		55~65	10~20
벨트 필터 프레스		10~15	
진공 필터		45~65	n/a
압력 필터		55~70	30~45
모래 건조 베드		50	20~25
저장 라군		50~60	7~15

n/a=not available

취급, 운송 및 처분 방법에 따라 요구되는 고형물 농도에 도달하는 것이어야 한다.

표 10-6에는 다양한 탈수장치로 얻을 수 있는 일반적인 최종 탈수 슬러지 농도 범위가 석회 및 응집 슬러지에 대해 제시되어 있다.

이해를 돕기 위해 이러한 탈수 슬러지 농도에 대해 비유하자면, 고형분이 35%인 탈수 슬러지의 농도는 버터와 유사한 반면 15%의 슬러지는 타르와 유사하다.

침전지에서 슬러지를 제거한 후 첫 번째 처리 단계는 농축이다. 농축은 후속 처리의 수행을 돕고 많은 물을 빠르게 제거하며 후속 처리장치로의 흐름을 일정하게 하는 데 도움을 준다. 농축을 통한 슬러지 부피 감소량을 결정하기 위한 근사식은 다음과 같다.

$$\frac{V_2}{V_1} = \frac{P_1}{P_2} \tag{10-44}$$

여기서 V_1=농축 이전의 슬러지 부피(m^3)

V_2=농축 이후의 슬러지 부피(m^3)

P_1=농축 이전 슬러지의 고형물 농도

P_2=농축 이후 슬러지의 고형물 농도

농축은 일반적으로 침전지와 유사한 형태의 원형 침전장치를 사용하여 수행된다(그림 10-25). 농축 설비는 파일럿 시험 결과를 기반으로 하거나 유사한 처리시설에서 얻은 데이터를 사용하여

그림 10-25

연속 흐름 중력식 농축기

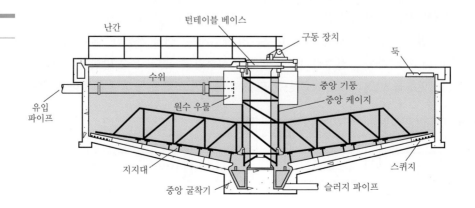

설계한다. 석회 슬러지의 일반적인 부하율은 $100 \sim 200 \ kg \cdot day^{-1} \cdot m^{-2}$이며, 응집 슬러지는 약 15 $\sim 25 \ kg \cdot day^{-1} \cdot m^{-2}$이다.

슬러지가 농축된 후 탈수는 기계적 또는 비기계적 수단으로 수행될 수 있다. 비기계식 장치에서는 슬러지가 퍼져 자유수가 배출되고 나머지 물은 증발하는데, 자연적으로 동결-해동이 반복되면 배수할 수 있는 자유수의 양이 증가한다. 기계적 탈수에서 일부 유형의 장치는 슬러지에서 물을 밀어내는 데 사용된다.

우리는 우선 비기계적 방법에 대해 논의하고 뒤이어 기계적 방법을 다룬다.

라군. **라군**(lagoon)은 본질적으로 슬러지를 저장하기 위해 파낸 큰 연못이다. 라군에는 저장 라군과 탈수 라군이 있다. **저장 라군**(storage lagoon)은 미리 결정된 시간 동안 농축된 슬러지를 저장하였다가 회수하도록 설계되었다. 일반적으로 상징액을 배수하는 기능은 있지만 바닥 배수 시스템은 없다. 저장 라군은 지하수를 보호하기 위해 바닥이 차수되어 있어야 한다. 저장 라군이 가득 차거나 유출수가 더 이상 배출 제한 조건을 충족할 수 없으면 사용을 종료하거나 청소해야 한다. 건조를 용이하게 하기 위해 젖은 슬러지를 남기고 고인 물을 펌프로 제거할 수 있다. 응집 슬러지는 저장 라군에서 고형물 농도 7~10%까지만 탈수된다. 남은 고형물은 젖은 상태로 청소하거나 놓아 두어 물을 증발시켜야 한다. 쌓인 슬러지의 깊이에 따라 증발하는 데 몇 년이 걸릴 수도 있다. 맨 위층은 껍질을 형성하여 슬러지 맨 아래층의 증발을 막을 수 있다.

탈수 라군과 저장 라군의 주요 차이점은 **탈수 라군**(dewatering lagoon)에는 바닥에 건조 베드와 유사한 모래층과 배수장치가 있다는 것이다. 탈수 라군은 탈수 슬러지를 얻는 데 사용될 수 있다. 건조 베드와 비교할 때 탈수 라군의 장점은 저장 용량이 커서 슬러지 발생량이 고점에 다다랐을 때나 강우 시 슬러지를 취급하기에 유리하다는 것이다. 그러나 슬러지가 계속 반입되면 바닥 모래층의 공극이 막혀 탈수에 필요한 표면적을 증가시키는 단점이 있다. 이때 중합체 제제 처리로 막힘을 방지할 수 있다.

모래 건조 베드. 모래 건조 베드는 슬러지를 펴서 건조시키는 간단한 원리로 작동한다. 상징액 또는 바닥 배수로 가능한 한 많은 물을 제거하고, 나머지 물은 원하는 최종 고형물 농도에 도달할 때까지 증발로 제거한다. 모래 건조 베드는 먼저 바닥을 정리하고, 슬러지를 편 뒤, 자연히 건조되기를 기다리는 간단한 과정이다. 이 대신에 정교하게 설계된 자동 건조 시스템을 선택할 수도 있다.

모래 바닥에서 슬러지의 탈수는 배수와 증발의 2가지 주요 방법으로 수행된다. 배수로 슬러지에서 물을 제거되는 것은 2단계로 이루어진다. 물은 슬러지에서 모래로, 그리고 바닥 배수관을 지나 밖으로 배출된다. 이 과정은 모래가 미세 입자로 막힐 때까지 또는 모든 자유수가 배수될 때까지 며칠 동안 지속될 수 있다. 형성된 상징액 층도 배수시킨다(베드에 상징액 제거장치가 설치된 경우). 균열이 발생하지 않는 슬러지의 경우에 빗물 배제가 특히 중요할 수 있다.

배수되지 않는 물은 증발시켜야 하는데, 이때 연간 강수량이 중요하다. 따라서 피닉스는 시애틀보다 모래 베드에 더 효율적인 지역이 될 것이다.

모래 건조층의 여과액은 품질에 따라 재활용되거나, 처리되거나, 수계로 배출될 수 있다. 이에 대한 결정을 내리기 전에 여과액에 대한 실험실 시험을 모래 건조 베드 파일럿 시험과 함께 수행해야 한다.

동결 처리. 위와 같은 2가지 비기계적 탈수의 효율은 동결 및 해동 주기의 반복, 즉 물리적 조절법으로 향상시킬 수 있다. 동결-해동 공정은 입자와 결합한 물을 동결시켜 슬러지 입자의 수분을 제거한다. 이 과정은 두 단계로 진행된다. 첫 번째 단계에서 물 분자는 선택적으로 동결되어 고체 입자로부터 빠져나간다. 이때 슬러지 부피도 감소한다. 두 번째 단계에서는 슬러지가 해동되고 고체 덩어리가 조립질 입자를 형성한다. 입자가 굵어진 물질은 쉽게 침전하고 그 크기와 모양을 유지한다. 이 잔류 슬러지는 빠르게 탈수되어 매립에 적합한 물질이 된다.

이 공정의 상징액을 따라내고 고형물을 자연 배수 및 증발로 탈수시킬 수 있다. 파일럿 규모 시스템을 사용하여 이 방법의 효율성을 평가하고 설계 매개변수를 결정할 수 있다. 지붕을 설치하여 비와 눈이 내리는 것을 막으면 효율이 상당히 향상된다.

원심분리. 원심분리기는 원심력을 사용하여 액체에서 슬러지 입자의 분리속도를 높인다. 일반적인 장치(그림 10-26)에서 슬러지는 800~2000 rpm으로 회전하는 수평 원통형 용기로 펌핑된다. 슬러지 개량을 위한 중합체 제제도 원심분리기에 주입된다. 회전에 따라 고형물은 장치 벽면에 달라붙게 되며, 스크류 컨베이어로 긁어내며 액체(농축액)는 처리장으로 반송된다. 원심분리기의 성능은 슬러지 농도 또는 조성의 변화와 적용된 중합체의 양에 따라 크게 달라진다.

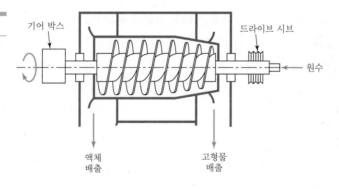

그림 10-26

일반적인 원심분리기

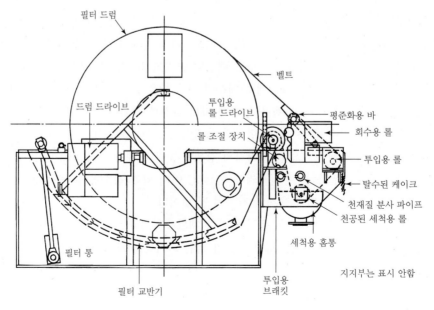

그림 10-27

진공 필터
(출처: Komline-Sanderson
Engineering Corporation.)

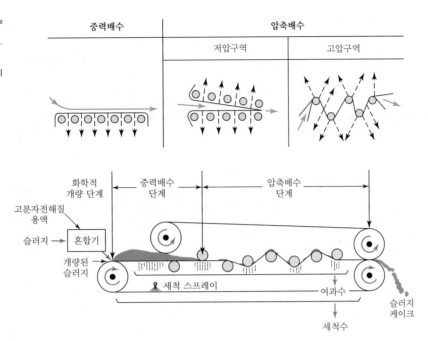

그림 10-28

연속식 벨트 필터 프레스
(출처: U.S. Environmental
Protection Agency, 1979.)

진공 필터. 진공 필터는 개량된 슬러지가 담긴 통에 필터 재료 또는 섬유로 덮힌 원통형 드럼을 부분적으로 잠기게 해 놓고 회전시키는 장치이다(그림 10-27). 드럼 내부에 진공을 가해 물을 추출하고 필터 매체에 슬러지 케이크를 남긴다. 드럼 회전주기가 끝나면 블레이드가 필터에서 케이크를 긁어내고 주기를 다시 시작한다.

연속식 벨트 필터 프레스. 연속식 벨트 필터 프레스는 롤 주위의 두 필터 벨트 사이로 슬러지 케이크가 투입되면 케이크에 전단력과 압축력이 가해져 물이 빠져나가 케이크의 수분을 줄이는 원리로 작동한다. 이 장치는 하나 이상의 탈수 단계가 있는 벨트 2개를 두어 슬러지를 연속적으로 탈수한다(그림 10-28).

플레이트 압력 필터. 플레이트 압력 필터의 기본 구성요소는 일련의 오목한 수직 플레이트이다.

그림 10-29

플레이트 압력 필터의 개략적
인 단면도
(출처: U.S. Environmental
Protection Agency, 1979.)

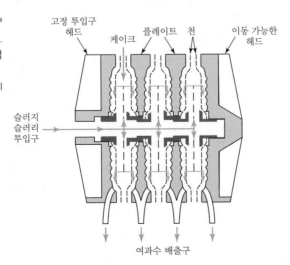

각 판은 슬러지 케이크를 지지하고 담는 천으로 덮여 있다. 플레이트는 2개의 수평 평행 막대로 연결된 2개의 구슬형 지지체로 이루어진 프레임에 장착된다. 그림 10-29에는 개략적인 단면이 나와 있다. 개량된 슬러지가 압력 필터로 투입되면 투입구를 따라 오목한 필터 플레이트로 만들어진 공간에 들어간다. 슬러지 케이크가 이 공간에 축적됨에 따라 압력은 추가 슬러지 주입이 역효과를 낼 수 있는 시점까지 점진적으로 증가하는데, 이때 주입이 중단된다.

최종 처분

가능한 모든 슬러지 처리가 완료된 후에도 잔류 슬러지는 남아 있으며, 이것은 최종 처분을 위해 운반된다. 최종 처분의 많은 이론적 대안 중에서 실제로 널리 적용되는 것은 2가지이다.

1. 매립
2. 땅에 뿌리기

미국에서 수처리 잔류물을 땅에 뿌리는 것은 자원 보전 및 회수법(Resource Conservation and Recovery Act)과 주 및 지역의 기관에서 규제한다. 석회 연수화 슬러지는 가장 일반적으로 토지에 적용되는 잔류물 중 하나이다. 이러한 슬러지는 질소 비료로 인해 pH가 낮아진 토양에 특히 유용하다. 석회 연수화 슬러지를 사용하면 pH가 증가하고 칼슘 가용성이 높아진다.

수처리 슬러지는 공공하수 처리시설의 바이오 고형물과 함께 처리될 수 있다. 이 방법은 음용수를 생산함과 동시에 하수를 처리하는 시설에 유용하다. 이 두 종류의 슬러지는 단일 고형 폐기물로 허가를 받고 모니터링될 수 있다.

이 외에도 수처리 슬러지는 잔디, 시멘트 및 벽돌 제조, 매립지 덮개 및 도로 노반에 활용될 수 있다. 수처리 슬러지는 표토 및 유기물과 혼합될 수 있으며, 혼합된 물질은 영양가와 수분 보유력이 높다.

13장에서 논의한 바와 같이, 고형 생활폐기물은 다른 선택사항이 없는 경우 매립지에 처분할 수 있다. 매립지는 계획에 따라 위치하고, 설계·운영·모니터링되며, 필요에 따라 폐쇄·복원되고, 인간의 건강과 환경을 보호하기 위해 공포된 연방 규정에 따라 자금을 조달하는 등 관리가 잘 이루어지는 시설이다. 새로운 매립지는 잠재적으로 유해한 매립가스를 수집하고 처리하여 환경에 배출되지 않도록 설계된다. 매립가스는 에너지 생산에 사용될 수 있고, 유기성 슬러지는 소각한 뒤에 땅에 살포할 수 있다.

슬러지는 토양 개량제로 사용할 수도 있지만, 병원성 유기체의 방출과 독성 화학물질의 존재와 같은 환경문제가 발생할 수 있다. 하·폐수 슬러지와 달리 수처리 슬러지는 유기물 함량이 상대적으로 낮아 부패하기 쉬운 유기화합물이 문제가 되지 않는다.

과거에는 슬러지의 해양 처분이 일반적이었으나, 해양 환경 악화에 대한 우려로 더이상 허용되지 않는다. 해양 투기는 9장에 설명된 대로 1988년 미국 해양 투기 금지법에 따라 금지되었다.

연습문제

10-1 일리노이주 맥헨리 근처 이스트우드 매너(Eastwood Manor) 구역의 1번 관정에서 채취한 물 시료에 대해 다음의 분석 결과가 보고되었다(Woller and Sanderson, 1976a).

1971년 11월 9일, 1번 관정, 실험실 번호 02694

(참고: 달리 명시되지 않는 한 모든 이온은 $mg \cdot L^{-1}$로 보고되었다.)

물질	농도	물질	농도
철	0.2	실리카	20.0
망간	0.0	플루오르화물	0.35
암모늄	0.5	보론	0.1
나트륨	4.7	질산염	0.0
칼륨	0.9	염염화물	4.5
칼슘	67.2	황산화물	29.0
마그네슘	40.0	알칼리도	284.0 as CaCO₃
바륨	0.5	pH (기록값)	7.6

10-3절에 제시된 주요 다가 양이온의 정의를 사용하여 총경도와 탄산염 및 비탄산염 경도($mg \cdot L^{-1}$ as CaCO₃)를 결정하시오.

답: $TH = 332.8 \ mg \cdot L^{-1}$ as CaCO₃

$CH = 284.0 \ mg \cdot L^{-1}$ as CaCO₃

$NCH = 48.8 \ mg \cdot L^{-1}$ as CaCO₃

10-2 일리노이주 매그놀리아에 있는 1번 관정에서 채취한 물 시료에 대해 다음의 분석 결과가 보고되었다(Woller and Sanderson, 1976b). 경도의 주요 다가 양이온 정의를 사용하여 총경도와 탄산염 및 비탄산염 경도($mg \cdot L^{-1}$ as CaCO₃)를 결정하시오.

1973년 4월 23일, 1번 관정, 실험실 번호 B109535

(참고: 달리 명시되지 않는 한 모든 이온은 $mg \cdot L^{-1}$로 보고되었다.)

물질	농도	물질	농도
철	0.42	아연	0.01
망간	0.04	실리카	20.0
암모늄	11.0	플루오르화물	0.3
나트륨	78.0	보론	0.3
칼륨	2.6	질산염	0.0
칼슘	78.0	염염화물	9.0
마그네슘	32.0	황산화물	0.0
바륨	0.5	알칼리도	494.035 as CaCO₃
구리	0.01	pH (기록값)	7.7

답: $TH = 327.19 \ mg \cdot L^{-1}$ as CaCO₃, $CH = 327.19 \ mg \cdot L^{-1}$ as CaCO₃, $NCH = 0$

10-3 아래는 런던 템스(Thames)강의 수질 분석 결과이다. 60.00 mg · L^{-1}의 알럼으로 물의 탁도를 제거하면 알칼리도는 얼마나 남는지 구하시오. 이때 인과의 부반응을 무시하고 모든 알칼리도가 HCO_3^-라고 가정한다.

템스강, 런던

성분	표기 기준	mg · L^{-1}
총경도	CaCO$_3$	260.0
칼슘 경도	CaCO$_3$	235.0
마그네슘 경도	CaCO$_3$	25.0
총철	Fe	1.8
구리	Cu	0.05
크롬	Cr	0.01
총알칼리도	CaCO$_3$	130.0
염화물	Cl	52.0
인산화물	PO$_4$	1.0
실리카	SiO$_2$	14.0
부유 고형물		43.0
총고형물		495.0
pH[a]		7.4

[a] mg · L^{-1} 단위 아님.

답: 남아 있는 알칼리도＝99.69 또는 100 mg · L^{-1} as CaCO$_3$

10-4 아래는 오리건주 마자마산에 있는 크레이터(Crater) 호수의 수질 분석 결과이다. 탁도 제거를 위해 알럼 40.00 mg · L^{-1}로 물을 처리하면 알칼리도가 얼마나 남는지 구하시오. 모든 알칼리도가 HCO_3^-라고 가정한다.

크레이터 호수

성분	표기 기준	mg · L^{-1}
총경도	CaCO$_3$	28.0
칼슘 경도	CaCO$_3$	19.0
마그네슘 경도	CaCO$_3$	9.0
총철	Fe	0.02
나트륨	Na	11.0
총알칼리도	CaCO$_3$	29.5
염화물	Cl	12.0
황산염	SO$_4$	12.0
실리카	SiO$_2$	18.0
총용존 고형물		83.0
pH[a]		7.2

[a] mg · L^{-1} 단위 아님.

답: 9.30 mg · L^{-1} as CaCO$_3$

10-5 문제 10-2에 제시된 물의 조성 막대 차트를 작성하시오. 모든 성분이 분석되지 않았기 때문에 이온 균형이 이루어지지 않는다.

10-6 아래 제시된 미시간 호수 물 분석 결과를 이용해 조성 막대 차트를 작성하시오. 모든 성분이 분석되지 않았기 때문에 이온 균형이 이루어지지 않는다. CO_2 농도를 추정할 때 탄산 이온에 의한 알칼리도는 무시한다.

미시간 호수

성분	표기 기준	mg · L^{-1}
총경도	CaCO$_3$	143.0
칼슘 경도	Ca	38.4
마그네슘 경도	Mg	11.4
총철	Fe	0.10
나트륨	Na	5.8
총알칼리도	CaCO$_3$	119
중탄산염 알칼리도	CaCO$_3$	115
염화물	Cl	14.0
황산염	SO$_4$	26.0
실리카	SiO$_2$	1.2
총용존 고형물		180.0
탁도[a]	NTU	3.70
pH[a]		8.4

[a] mg · L^{-1} 단위 아님.

10-7 다음 물을 80.0 mg · L^{-1} as CaCO$_3$의 최종 경도로 연수화하기 위한 석회 및 소다회 투여량을 mg · L^{-1} as CaCO$_3$ 단위로 결정하시오. 아래에 보고된 이온 농도는 모두 mg · L^{-1} as CaCO$_3$ 단위이다.

$$Ca^{2+} = 120.0$$
$$Mg^{2+} = 30.0$$
$$HCO_3^- = 70.0$$
$$CO_2 = 10.0$$

답: 총 석회 투여량 = 100 mg · L^{-1} as CaCO$_3$

총 소다회 투여량 = 40 mg · L^{-1} as CaCO$_3$

10-8 체류 시간이 60초라면, 0.05 m^3 · s^{-1}의 물을 처리하는 급속 혼합탱크의 필요 부피는 얼마인가?

답: 3 m^3

10-9 어떤 연수기가 총경도가 420 mg · L^{-1}인 우물물을 처리하는 데 사용된다. 설계 유량은 3.0 m^3 · s^{-1}이고, 총경도는 100 mg · L^{-1}이다. 제조사에 따르면 연수기에 사용되는 이온 교환 수지는 누출이 1%(연수기에서 나오는 유출 농도가 유입 농도의 1%라는 뜻)라고 한다. 원하는 경도를 얻기 위해 필요한 연수기 통과 유량은 얼마인가?

답: 2.3 m^3 · s^{-1}

10-10 밀도가 2,540 kg · m^{-3}이고 온도가 10℃인 물에서 직경이 10 mm인 입자의 최종침강속도를 결정하시오.

   답: 64.2 m · s^{-1}

10-11 1.0 m^3 · s^{-1} 유량의 수처리 설비가 15 m^3 · day^{-1} · m^{-2}의 월류율을 갖는 10개의 침전지를 사용한다면, 각 탱크의 표면적(m^2)은 얼마가 되어야 하는지 구하시오.

   답: 576.0 m^2

10-12 알럼 또는 철 플록에 대해 월류율을 20 m^3 · day^{-1} · m^{-2}으로 하여 문제 10-11을 다시 푸시오.

   답: 432 m^2

10-13 유량이 0.8 m^3 · s^{-1}, 부하율이 110 m^3 · day^{-1} · m^{-2}일 때 10 m×10 m 크기의 급속 모래 여과지가 몇 개 필요한가?

10-14 문제 10-13의 표준 여과지 대신 부하율이 300 m^3 · day^{-1} · m^{-2}인 이층여과지가 구축된 경우, 몇 개의 여과지가 필요한가?

   답: 4개(다음으로 큰 짝수로 올림)

10-15 칙의 법칙을 사용하여 대장균의 소독 속도상수를 결정하시오. 초기 개체수는 100 mL당 200개이고, 10분 후의 숫자는 100 mL당 15개이다. 소독제의 농도는 일정하다고 가정한다.

   답: 0.26 m^{-1}

10-16 한 수처리시설에서 0.1 m^3 · s^{-1}의 물을 처리하며, 클로라민이 1차 소독제로 사용된다. 원수의 온도와 pH에서 람블편모충 포낭의 2.5 로그 비활성화를 달성하려면 1,250 mg · min · L^{-1}의 CT가 필요하다. 접촉조의 t_{10}은 20분이고, t_{10}/t_0의 비율은 0.7이다. 필요한 접촉조 부피와 평균 클로라민 농도를 결정하시오.

   답: 부피＝180 m^3

   농도＝62.5 mg · L^{-1}

10-17 당신은 라스트나잇(Lastnight) 지역을 위한 정밀여과 막 시스템을 설계해야 한다. 설계 유량은 0.960 m^3 · s^{-1}이며, 물의 온도는 일년 내내 10℃로 일정하다. 선택한 막의 최대 막간차압은 230 kPa이고, 저항계수는 3.5×10^{12} m^{-1}이다. 파일럿 시험에 따르면, 운전 막간차압은 최대 막간차압의 75%를 넘지 않아야 한다. 이때 필요한 막의 면적을 결정하시오.

   답: 25,500 m^2

10-18 어떤 물이 이산화탄소를 50.40 mg · L^{-1} as CaCO$_3$, Ca^{2+}를 190.00 mg · L^{-1} as CaCO$_3$, Mg^{2+}를 55.00 mg · L^{-1} as CaCO$_3$ 함유하고 있다. 모든 경도는 탄산염 경도이다. 석회 소다회 연수화 반응식의 화학량론을 사용하여, 정수장에서 2.935 m^3 · s^{-1}의 비율로 이 물을 처리하는 경우 일일 슬러지 생산량(건조 중량, kg · day^{-1})은 얼마인지 구하시오. 방류수에는 이산화탄소가 포함되어 있지 않고 Ca^{2+}는 30.0 mg · L^{-1} as CaCO$_3$, Mg^{2+}는 10.0 mg · L^{-1} as CaCO$_3$가 포함되어 있다고 가정한다. 또한, 매일 생성되는 CaCO$_3$ 및 Mg(OH)$_2$ 슬러지의 질량을 계산하시오.

   답: 123,409 kg · day^{-1}

10-19 수처리시설이 42.5 L · s^{-1}의 유량으로 설계되었다. 물은 병렬로 작동하는 2개의 1차 침전지로 유입되며, 체류 시간은 2.5시간이 효과적인 것으로 결정되었다. 2:1의 길이 대 너비 비율과 3.5 m의 유효 깊이를 사용하여 침전지의 길이(m)를 계산하시오.

    답: 10.5 m

11

하·폐수 처리

사례 연구

테나플라이(Tenafly) 하수 처리장 – 시대를 앞서간 시설

때는 1946년 말, 제2차 세계대전이 막바지에 이르렀다. 1931년 조지 워싱턴 다리가 완공되면서 뉴저지주 베르겐 카운티의 인구가 크게 증가하였다. 그 당시 카운티에 있는 대부분의 마을에는 하수 처리시설이 없었지만, 인구가 약 7,500명에 달하는 작은 마을 테나플라이(Tenafly)는 그 시대보다 수십 년 앞서 있었다.

대부분의 대도시가 하수를 침전(1차 처리)으로만 처리하고 연방 하수 처리 규정이 없었던 시기에 건설된 175만 갤런/일(MGD) 규모의 처리장은 오늘날 최첨단 기술로 불리는 방법을 사용하였다. 또한 대부분의 처리장이 1차 침전지를 사용했지만 이 공장은 미세 스크린을 사용하였다. 미세 스크린에서 하수는 판형 산기관을 통해 공급된 공기와 함께 활성 슬러지 반응조로 유입되었다. 2차 침전지의 유출수는 모래 여과로 추가 처리되었으며, 방류 전에 염소 처리되었다. 염소 처리된 방류수의 일부는 염소 처리기에 사용하기 위해 재활용되어 물 소비와 비용을 최대 75%까지 줄였다. 나머지 하수 방류수는 테나플라이 및 주변 지역의 식수 공급처인 오라델(Oradell) 저수지로 방류되기 전에 3.5마일을 흘러 테나킬(Tenakill) 개울로 배출되었다.

잉여 활성 슬러지는 염화 제2철로 개량된 후, 진공 여과를 사용하여 탈수되었다. 이를 다시 급속 건조하여 비료로 판매하였다. "Tenafly Soil Food"라 이름 붙인 이 슬러지는 질소와 인 함량이 각각 5%, 3%였고, 연간 약 4,000달러의 순이익을 가져왔다(Adams, 1948).

1948년 연방수질오염방지법(Federal Water Pollution Control Act)이 공포되기 2년 전이자 미국 최초의 주요 수질오염법인 수질보호법(Clean Water Act)이 제정되기 26년 전에 테나플라이 처리장은 국가의 모범 사례가 되었다. 이 처리장은 혁신적인 기술과 장비를 사용하고 3차 처리 및 간접적인 음용 재이용을 실시하였다. 또한 영양분을 공급하고 토양유기물을 보충하기 위해 토양에 적용되는 슬러지(즉, 바이오 고형물)를 생산하였다.

11-1 서론

하·폐수 처리 개관

과거 하수와 폐수는 가장 값싸면서도 불쾌감을 일으키지 않는 방식으로 버려야 하는 성가신 것으로 여겨져 왔다. 이는 재래식 화장실과 같은 현장 처분 시스템을 사용하거나 호수와 시내로 직접 방류하는 것을 의미하였다. 지난 세기 동안 이러한 방식이 환경에 나쁜 영향을 미친다는 사실이 인식되면서, 이 장의 초점인 오늘날 공공 처리 시스템을 특징짓는 다양한 처리 기술로 이어졌다. 앞으로 우리는 경제적 효율성뿐만 아니라 지속 가능성의 관점에서도 하·폐수를 보존해야 할 자원으로 보아야 한다. 깨끗한 물은 희소한 상품이므로 보존하고 재이용해야 한다. 하·폐수의 성분은 종종 오염물질로 여겨지는데, 인이나 질소와 같은 영양분은 일부 처리 기술에 의해 회수되어 작물 성장에 사용될 수 있다(11-11절에서 논의됨). 지속 가능한 미래를 달성하기 위해 이는 더 활성화되어야 한다. 또한 하·폐수 속 유기화합물은 에너지원이다. 현재 우리는 이 에너지의 일부를 회수하기 위해 11-13절에 설명된 공정을 사용한다. 하·폐수에 존재하는 에너지를 보다 효율적으로 사용하기 위한 노력이 앞으로 계속될 것이다.

11-2 생활하수의 특성

물리적 특성

막 발생한 호기성 생활하수는 등유 또는 갓 뒤집은 흙과 비슷한 냄새가 나는 것으로 알려져 있다.

시간이 지나 부패한 하수는 냄새가 훨씬 불쾌하다. 또한 막 발생한 하수는 일반적으로 회색이며, 부패한 하수는 검은색이다. 이 색상은 황화철의 침전으로 인한 것이다.

하수의 온도는 일반적으로 10~20℃인데, 가정에서 온수가 배출되고 구조물의 배관 시스템에 의해 가열이 이루어지기 때문에 급수 온도보다 높다.

하수 1 m³의 무게는 약 1,000,000 g이고, 약 500 g의 고형물을 포함한다. 고형물의 절반은 칼슘, 나트륨 및 가용성 유기화합물과 같은 용해된 고형물이고, 나머지 절반은 불용성이다. 불용성 물질 중 약 125 g은 하수를 정지시킨 상태에서 30분 이내에 액상으로부터 침전된다(**침전성 고형물**(settleable solid)). 나머지 125 g은 매우 오랫동안 부유상태로 남아 있어(**부유 고형물**(suspended solid), 하수를 매우 탁하게 만든다.

화학적 특성

하수에 존재하는 화합물의 수는 거의 무한하기 때문에 일반적으로 고려대상을 몇 가지 물질군으로 제한한다. 이러한 물질군 중에는 거기에 속하는 물질보다는 측정에 사용된 시험법 이름으로 알려져 있는 것들이 많은데, 9장에서 논의한 생화학적 산소 요구량(BOD_5) 시험과 화학적 산소 요구량(COD) 시험이 그 예이다.

COD 시험은 산성 조건에서 강력한 화학적 산화제(중크롬산칼륨)로 산화될 수 있는 유기물의 산소 등가량을 결정하는 데 사용된다. 일반적으로 오염물의 COD는 생물학적으로 산화될 수 있는 것보다 화학적으로 더 많은 화합물이 산화될 수 있기 때문에 BOD_5보다 클 것이다. BOD_5는 일반적으로 최종 BOD보다 낮으며, 최종 BOD는 완전히 생분해되는 오염물을 제외하고 COD보다 작다.

COD 시험은 약 1시간 내로 수행할 수 있으며, BOD_5와 상관관계가 있을 경우 하·폐수 처리장(wastewater treatment plant, WWTP)의 운영 및 제어에 도움이 될 수 있다.

표 11-1	미처리 생활하수의 일반적인 조성		
성분	약	중	강
		(mg·L^{-1}, 침전 가능한 고형물 제외)	
알칼리도(as $CaCO_3$)[a]	50	100	200
BOD_5(as O_2)	100	200	300
염화물	30	50	100
COD(as O_2)	250	500	1,000
부유 고형물	100	200	350
침전성 고형물(mL·L^{-1})	5	10	20
총용존 고형물	200	500	1,000
총킬달질소(as N)	20	40	80
총유기탄소(as C)	75	50	300
총인(as P)	5	10	20

[a] 이 알칼리도는 오염물로부터의 기여도이다. 즉, 공급되는 물에 존재하는 자연발생 알칼리도에 추가되는 양이다. 염화물은 연수기 역세척의 기여분을 제외한 값이다.

총킬달[*]질소(total Kjeldahl nitrogen, TKN)는 하·폐수 내 총 유기 및 암모니아 질소를 측정한 것이다. TKN은 세포를 만드는 데 필요한 질소의 가용성과 충족시켜 주어야 하는 잠재적인 질소 산소 요구량을 나타내는 지표이다.

인은 하·폐수에 다양한 형태로 나타날 수 있는데, 대표적인 것으로 오르토인산염, 폴리인산염 및 유기인산염이 있다. 우리는 "총인(total phosphorus, P)"이라는 용어로 이 모든 것을 함께 묶을 것이다.

표 11-1은 미처리 생활하수의 3가지 전형적인 조성을 요약한 것이다. 이러한 모든 폐기물의 pH는 6.5~8.5이며 대부분은 7.0의 알칼리성 측면에 있다.

산업폐수의 특성

산업 공정은 다양한 폐수 오염물질을 생성한다. 오염물질의 특성과 함량은 산업별로 크게 다르다. 미국 환경보호청(EPA)(이하 'EPA'라 지칭)은 오염물질을 일반(conventional) 오염물질, 특수(nonconventional) 오염물질 및 우선관리대상(priority) 오염물질의 3가지 범주로 분류하였다. 일반 및 특수 오염물질은 표 11-2에 나열되어 있으며, 우선관리대상 오염물질은 표 11-3에 나열되어 있다.

표 11-2	EPA의 일반 및 특수 오염물질 범주	
	일반 오염물질	특수 오염물질
	생화학적 산소 요구량	암모니아
	총부유물질	크롬(VI)
	오일 및 그리스	COD/BOD_7
	오일(동물성, 식물성)	불화물
	오일(광물성)	망간
	pH	질산
		유기질소
		살충제 활성 성분
		총페놀
		총인
		총유기탄소

출처: Code of Federal Regulations, 2006, 40 CFR parts 413.02, 464.02, 467.02, and 469.12.

---

[*] 1883년에 본 기술을 개발한 J. Kjeldahl의 이름처럼 "킬달"이라고 발음함.

표 11-3   EPA의 우선관리대상 오염물질 목록

1. Antimony	27. Dichlorobromomethane	54. Phenol
2. Arsenic	28. 1,1-Dichloroethane	55. 2,4,6-Trichlorophenol
3. Beryllium	29. 1,2-Dichloroethane	56. Acenaphthene
4. Cadmium	30. 1,1-Dichloroethylene	57. Acenaphthylene
5a. Chromium (III)	31. 1,2-Dichloropropane	58. Anthracene
5b. Chromium (VI)	32. 1,1-Dichloropropylene	59. Benzidine
6. Copper	33. Ethylbenzene	60. Benzo(*a*)anthracene
7. Lead	34. Methyl bromide	61. Benzo(*a*)pyrene
8. Mercury	35. Methyl chloride	62. Benzo(*a*)fluoranthene
9. Nickel	36. Methylene chloride	63. Benzo(*ghi*)perylene
10. Selenium	37. 1,2,2,2-Tetrachloroethane	64. Benzo(*k*)fluoranthene
11. Silver	38. Tetrachloroethylene	65. Bis(2-chloroethoxy)methane
12. Thallium	39. Toluene	66. Bis(2-chloroethyl) Ether
13. Zinc	40. 1,2-*trans*-Dichloroethylene	67. Bis(2-chloroisopropyl) Ether
14. Cyanide	41. 1,1,1-Trichloroethane	68. Bis(2-ethylhexyl) Phthalate
15. Asbestos	42. 2,4 Dichlorophenol	69. 4-Bromophenyl phenyl ether
16. 2,3,7,8-TCDD (dioxin)	43. Trichloroethylene	70. Butylbenzyl phthalate
17. Acrolein	44. Vinyl chloride	71. 2-Chloronaphthalene
18. Acrylonitrile	45. 2-Chlorophenol	72. 4-Chlorophenyl phenyl ether
19. Benzene	46. 2,4-Dichlorophenol	73. Chrysene
20. Bromoform	47. 2,4-Dimethylphenol	74. Dibenzo(*a,h*)anthracene
21. Carbon tetrachloride	48. 2-Methyl-4-chlorophenol	75. 1,2-Dichlorobenzene
22. Chlorobenzene	49. 2,4-Dinitrophenol	76. 1,3-Dichlorobenzene
23. Chlorodibromomethane	50. 2-Nitrophenol	77. 1,4-Dichlorobenzene
24. Chloroethane	51. 4-Nitrophenol	78. 3,3-Dichlorobenzidine
25. 2-Chloroethylvinyl ether	52. 3-Methyl-4-chlorophenol	79. Diethyl phthalate
26. Chloroform	53. Pentachlorophenol	80. Dimethyl phthalate
81. Di-*n*-butyl phthalate	97. *N*-Nitrosodi-*n*-propylamine	113. β Endosulfan
82. 2,4-Dinitrotoluene	98. *N*-Nitrosodiphenylamine	114. Endosulfan sulfate
83. 2,6-Dinitrotoluene	99. Phenanthrene	115. Endrin
84. Di-*n*-octyl phthalate	100. Pyrene	116. Endrin aldehyde
85. 1,2-Diphenylhydrazine	101. 1,2,4-Trichlorobenzene	117. Heptachlor
86. Fluoranthene	102. Aldrin	118. Heptachlor epoxide
87. Fluorene	103. α-BHC	119. PCB-1242
88. Hexachlorobenzene	104. β-BHC	120. PCB-1254
89. Hexachlorobutadiene	105. γ-BHC	121. PCB-1221
90. Hexachlorocyclopentadiene	106. δ-BHC	122. PCB-1232
91. Hexachloroethane	107. Chlordane	123. PCB-1248
92. Indeno(1,2,3-cd)pyrene	108. 4,4'-DDT	124. PCB-1260
93. Isophorone	109. 4,4'-DDE	125. PCB-1016
94. Naphthalene	110. 4,4'-DDD	126. Toxaphene
95. Nitrobenzene	111. Dieldrin	
96. *N*-Nitrosodimethylamine	112. α Endosulfan	

출처: 40 CFR 131.36, July 1, 1993.

표 11-4	BOD₅ 및 부유물질에 대한 산업폐수 농도의 예		
산업		BOD_5 (mg · L⁻¹)	부유물질 (mg · L⁻¹)
탄약		50~300	70~1,700
발효		4,500	10,000
도살장(소)		400~2,500	400~1,000
펄프 및 종이(크래프트)		100~350	75~300
무두질		700~7,000	4,000~20,000

표 11-5	산업폐수에서의 특수 오염물질 농도의 예	
산업	오염물질	농축물 (mg · L⁻¹)
음료수 부산물	암모니아(as N)	200
금속도금	유기질소(as N)	100
나일론 고분자	페놀	2,000
합판 공장 접착제 폐기물	크롬(VI)	3~550
	화학적 산소 요구량	23,000
	총유기탄소	8,800
	화학적 산소 요구량	2,000
	페놀	200~2,000
	인(PO_4)	9~15

산업의 종류와 오염물질의 함량이 매우 다양하므로, 여기에서는 산업폐수 특성의 극히 일부만 살펴본다. 2가지 일반 오염물질에 대한 예시가 몇 가지 산업에 대해서 표 11-4에 나와 있으며, 특수 오염물질에 대한 예시는 표 11-5에 나와 있다.

11-3 하·폐수 처리기준

미의회는 공법(Public Law) 92-500에서 지방자치단체와 산업체가 하·폐수를 자연수계로 배출하기 전에 **2차 처리**(secondary treatment)를 하도록 요구하였다. EPA는 3가지 폐수 특성인 BOD_5, 부유 고형물 및 수소 이온 농도(pH)를 기반으로 2차 처리의 정의를 수립하였다. 정의는 표 11-6에 요약되어 있다.

공법 92-500은 또한 EPA가 국가 오염물질 배출 제거 시스템(National Pollutant Discharge Elimination System, NPDES)을 구축하도록 지시하였다. NPDES 프로그램에 따라 점오염원에서 미국 내 수계로 오염물질을 배출하는 모든 시설은 NPDES 허가를 받아야 한다. 일부 주에서는 EPA가 허가 시스템을 관리하지만 대부분의 주에서는 자체 프로그램으로 관리한다. 관리 기관은 허가를 내기 전에 배출에 의한 방류수계의 영향을 모델링하여 부정적인 영향이 발생하는지 살핀다(모델링의 예는 9장 참조). 수계의 수질을 유지하기 위해 허가를 낼 때 표 11-6에 명시된 것보다 낮은 농도

표 11-6	EPA의 2차 하·폐수 처리 공정에 대한 정의		
방류 특성	단위	월간 평균 농도[a]	주간 평균 농도[a]
BOD$_5$	mg · L^{-1}	30[b]	45
부유 고형물	mg · L^{-1}	30[b]	45
수소 이온 농도	pH 단위	항상 6.0~9.0 범위 내[c]	
CBOD$_5$[d]	mg · L^{-1}	25	40

참고: 현행 지침에 따르면 안정화 지와 살수 여상은 방류수계의 수질이 유지되는 한 더 높은 BOD와 부유 고형물 30일 평균 농도(45 mg · L^{-1} 및 7일 평균 농도(65 mg · L^{-1}))기준이 허용되며, 다른 예외도 허용된다. 예외에 대한 자세한 내용은 CFR 및 NPDES 허가서 작성자 매뉴얼(US EPA, 1996)을 참조한다.

[a] 초과할 수 없음.

[b] 평균 제거율은 85% 이상이어야 함.

[c] 산업폐수 또는 공장 내 화학물질 첨가로 인한 경우에만 시행.

[d] 허가 당국의 선택에 따라 BOD$_5$로 대체될 수 있음.

출처: CFR, 2005.

로 하·폐수를 방류할 것을 요구할 수 있다.

주에서는 NPDES 허가에 추가 조건을 부여할 수 있다. 예를 들어, 미시간에서는 높은 영양분 농도로 인한 문제가 심각하지 않은 지표수계에 방류할 경우에는 인 농도가 1 mg · L^{-1} 이하로, 영양분에 매우 민감한 지표수계로 방류되는 경우에는 더 엄격한 기준으로 제한된다.

유의한 양의 산소요구물질을 배출할 가능성이 있는 모든 시설에 대해 탄소 BOD(CBOD$_5$) 제한이 NPDES 허가서에 명시되어 있다. 암모니아성 질소의 질소성 산소 요구량은 공공하수에서 일반적으로 우려되는 산소 요구량이다(9장 참조). 질소성 산소 요구량은 CBOD$_5$와 별도로 계산된 다음 함께 결합되어 배출 한계 설정에 사용된다. 또한 암모니아가 하천 생물군에 미치는 잠재적 독성이 평가된다.

세균 배출 한도도 NPDES 허가서에 포함될 수 있다. 예를 들어, 미시간의 공공하수 처리장은 월평균 물 100 mL당 200개의 분변 대장균군(fecal coliform bacteria, FC) 제한을 준수하고, 7일 평균 100 mL당 400FC를 준수해야 한다. 여가 활동에 사용되는 물을 보호해야 할 때에는 더 엄격한 요구사항이 적용된다. 전신 접촉 여가 활동용 물은 30일 평균 물 100 mL당 130FC 제한을 충족하고, 언제든지 100 mL당 300FC 제한을 충족해야 한다. 물 100 mL당 1000FC 미만인 경우 신체 부분 접촉 여가 활동이 허용된다.

냉각수와 같은 열 방출의 경우 온도 제한이 허가서에 포함될 수 있다. 미시간 규칙에 따르면, 오대호와 연결 수계 및 내륙 호수는 혼합 후 수온을 기존 자연 수온보다 1.7℃ 이상 증가시키는 열 부하를 받지 않아야 한다. 강, 개울 및 저수지의 온도 제한은 냉수 어업의 경우 1℃이고 온수 어업의 경우 2.8℃이다. (에너지수지에 대한 논의는 4-4절을 참조하고, 열 방출 분석의 일반적인 사례는 연습문제 4-21을 참조한다.)

NPDES 제한의 예는 표 11-7에 나와 있다. 여기에는 농도 제한 외에 부하량 제한도 설정되어 있다.

표 11-7	아이다호주 헤일리의 NPDES 제한량			
지표	월평균 제한	주평균 제한	순간 최대 제한
BOD$_5$	30 mg · L^{-1}	45 mg · L^{-1}	N/A[a]
	43 kg · day^{-1}	64 kg · day^{-1}	
부유물질	30 mg · L^{-1}	45 mg · L^{-1}	N/A
	43 kg · day^{-1}	64 kg · day^{-1}	
대장균	126/100 mL	N/A	406/100 mL
분변 대장균	N/A	200 colonies/100 mL	N/A
총암모니아(as N)	1.9 mg · L^{-1}	2.9 mg · L^{-1}	3.3 mg · L^{-1}
총인	4.1 kg · day^{-1}	6.4 kg · day^{-1}	7.1 kg · day^{-1}
	6.8 kg · day^{-1}	10.4 kg · day^{-1}	N/A
총킬달인	25 kg · day^{-1}	35 kg · day^{-1}	N/A

참고: 2001년 2월 7일 갱신 발표. 이 표에는 양적 제한만 요약되어 있으며, 전체 허가서는 22페이지 분량이다.

[a] N/A = 해당 없음

출처: U.S. EPA, 2005.

산업폐수 전처리

산업폐수는 공공하수 수집 및 처리 시스템이 이를 운반하거나 처리하도록 설계되지 않았기 때문에 공공하수 시스템에 심각한 위험을 초래할 수 있다. 산업폐수는 하수도를 손상시키고 처리장 운영에 악영향을 끼칠 수 있으며, 처리되지 않은 채로 하수 처리장을 통과하거나 슬러지에 농축되어 유해 폐기물이 될 수 있다.

수질보호법(Clean Water Act)은 EPA에 산업폐수를 공공하수 시스템으로 배출하기 위한 전처리 기준을 수립하고 시행할 수 있는 권한을 부여한다. 전처리 프로그램의 구체적인 목표는 다음과 같다.

- 공공하수 처리장의 운영(처리장 가동, 슬러지 처분 등)에 악영향을 끼치는 오염물질이 처리장에 유입되는 것을 방지한다.
- 공공하수 처리로 처리되지 않거나 다른 이유로 처리에 적합하지 않은 오염물질이 공공하수 처리장에 유입되는 것을 방지한다.
- 공공하수와 산업폐수 및 슬러지의 재이용과 재생을 보다 원활하게 한다.

EPA는 공공하수 처리장에 대한 모든 비생활계 배출에 적용되는 "배출 금지 기준"(40 CFR 403.5)과 특정 산업에 적용되는 "범주별 전처리 기준"(40 CFR 405-471)을 수립하였다. 의회는 이러한 기준을 시행하는 1차적 책임을 지역 공공하수 처리장에 할당하였다.

11-4 현장 처분 시스템

땅 크기가 크고 각 주택이 넓게 떨어져 있어 인구 밀도가 낮은 지역에서는, 인간의 분뇨를 하수관으로 수집하여 집중형 시설에서 처리하는 것보다 방생 현장에서 처리하는 것이 더 경제적일 수 있다. 현장 시스템은 일반적으로 소규모이며 개별 주택, 소규모 주택가(클러스터) 또는 소규모 호텔이나 레스토랑과 같은 격리된 상업시설에 적용될 수 있다. 미국에서는 인구의 약 25%가 현장 하수 처리 시스템을 사용하며, 일부 주에서는 인구의 50%가 농촌 및 교외 지역에서 현장 시스템을 사용한다(U.S. EPA, 1997). 많은 사람들이 농촌 및 교외 지역으로 이동하면서 이러한 분산형 시스템의 수가 증가하고 있다. 새로 건설되는 주택의 40%가 하수도가 설치되지 않은 지역에 입지하는 것으로 추산된다.

11-5 공공하수 처리 시스템

그림 11-1

하수 처리의 수준

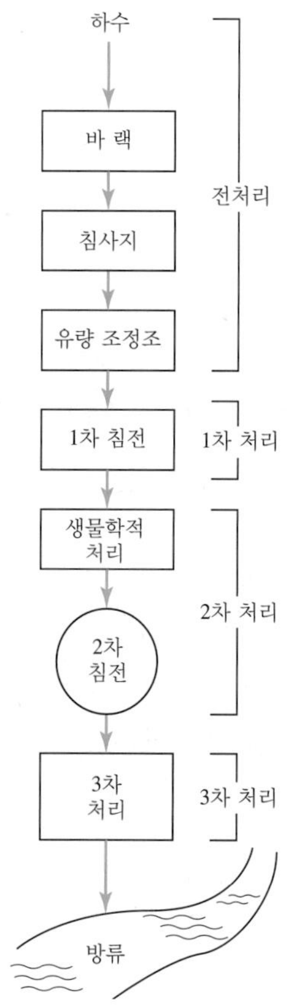

공공하수 처리 방법은 3단계(그림 11-1)로 나눌 수 있다: (1) 1차 처리, (2) 2차 처리, (3) 3차 처리. 일반적으로 그림 11-1에 표시된 각 처리 수준에는 이전 단계가 포함되어 있다고 가정한다. 예를 들어, 1차 처리는 전처리 공정인 바 랙, 침사지 및 유량 조정조를 포함한다고 가정하며, 2차 처리는 1차 처리의 모든 공정(바 랙, 침사지, 유량 조정조, 1차 침전지)을 포함한다고 가정한다.

전처리의 목적은 다음에 이어지는 장비를 보호하는 것이다. 일부 공공하수 처리장에서는 유량 조정 단계가 포함되지 않을 수 있다.

1차 처리의 주요 목표는 침전되거나 부유되는 오염물질을 하수에서 제거하는 것이다. 1차 처리는 일반적으로 하수에 있는 부유 고형물 약 60%와 BOD_5 약 35%를 제거하며, 용존 오염물질은 제거되지 않는다. 한때 이것은 많은 도시에서 사용하는 유일한 처리방법이었으나, 오늘날 연방법은 지방자치단체가 2차 처리를 실시할 것을 요구한다. 1차 처리는 단독으로 사용할 수 없지만 여전히 2차 처리의 전 단계로 주로 사용된다. 2차 처리의 주요 목표는 1차 공정을 통과하는 용존 BOD_5를 제거하고 부유 고형물을 추가로 제거하는 것이다. 2차 처리는 일반적으로 생물학적 공정을 사용하여 실시하는데, 방류수계가 하수를 동화할 수 있는 충분한 능력이 있을 경우 거기에서 발생했을 것과 동일한 생물학적 반응이 일어난다. 2차 처리 공정은 분해성 유기오염물질의 분해가 비교적 짧은 시간에 달성될 수 있도록, 이러한 자연 공정의 속도를 높이도록 설계된다. 2차 처리로 BOD_5와 부유물질을 85% 이상 제거할 수 있지만, 질소나 인 또는 중금속은 충분히 제거하지 못하며 병원성 세균과 바이러스도 완전히 제거하지 못한다.

2차 처리의 수준이 부족한 경우 2차 처리 유출수에 추가 처리 공정이 적용된다. 이러한 3차 처리 공정에는 화학적 처리 및 여과가 포함될 수 있다. 이는 2차 처리 공정의 후미에 일반적인 수처리 시설을 추가하는 것과 유사하다. 잘 설계된 관개 시스템을 갖는 토지에 2차 처리된 하수를 흘려보내 토양-작물 시스템으로 오염물질이 제거되도록 하는 것도 3차 처리의 일종이다. 이러한 공정 중 성능이 뛰어난 것은 BOD_5, 인, 부유 고형물 및 세균의 99%, 질소의 95%를 제거하여, 탁도가 매우 낮은 무색 무취의 방류수를 생산할 수 있다. 이러한 공정 및 토지 처리 시스템은 2차 처리수의 3차 처리뿐만 아니라 간혹 기존의 2차 처리 공정 대신으로 사용되기도 한다.

하수에서 제거된 대부분의 불순물은 단순히 사라지는 것이 아니다. 일부 유기화합물은 무해한 이산화탄소와 물로 분해되지만, 대부분의 불순물은 하수에서 고형물, 즉 슬러지의 형태로 제거된다. 하수에서 제거된 대부분의 불순물은 슬러지에 존재하기 때문에 완전한 오염 관리를 위해서는 슬러지 취급 및 처리에 신중을 기해야 한다.

11-6 전처리의 단위 공정

하수 처리장의 장비를 보호하기 위해 1차 처리 이전에 여러 장치와 구조물이 배치된다. 이러한 장치와 구조물은 BOD$_5$ 저감 효과가 거의 없기 때문에 전처리로 분류된다. 용존 화합물만 존재하는 산업폐수 처리장에는 바 랙과 침사지가 필요하지 않을 수 있는 반면, 유량 조정조는 산업폐수 처리장에 필요한 경우가 많다.

바 랙

일반적으로 하수가 처리장으로 유입되어 거치는 첫 번째 장치는 **바 랙**(bar rack)이며, 이것의 목적은 펌프, 밸브 및 기타 기계 장비를 손상시키거나 오염시킬 수 있는 큰 물체를 제거하는 것이다. 하수구로 들어가는 걸레, 나뭇가지 등의 물체는 바 랙에 걸려 하수에서 제거된다. 현대식 하수 처리장에서 바 랙은 기계적으로 청소되며, 수거한 물질은 호퍼에 저장되었다가 정기적으로 위생 매립지로 운송된다.

    바 랙(바 스크린)에는 트래시 랙(trash rack), 수동으로 청소되는 랙, 기계적으로 청소되는 랙이 있다. 트래시 랙의 통과 크기는 40~150 mm로 통나무 같은 매우 큰 물체가 처리장에 들어가는 것을 방지하도록 설계되고, 더 작은 구멍이 있는 랙이 그 뒤에 이어진다. 수동으로 청소되는 랙은 크기 25~50 mm 이하의 물체를 통과시킨다. 앞서 언급했듯이 수동으로 청소되는 랙은 자주 사용되지 않고, 다만 자주 사용되지 않는 우회 수로에 활용된다. 기계적으로 청소되는 랙의 통과 크기는 5~40 mm이며, 최대 접근 속도 범위는 0.6~1.2 m · s^{-1}이다. 랙 유형에 관계없이 랙이 있는 수로는 2개 이상을 두어 청소 및 수리를 위해 1개를 사용 중단할 수 있도록 한다.

침사지(그릿 챔버)

모래, 깨진 유리, 미사 및 자갈 같은 조밀한 비활성 물질을 **그릿**(grit)이라고 한다. 이러한 물질을 하수에서 제거하지 않으면 펌프나 기타 기계장치를 마모시켜 심한 손상을 유발한다. 또한 모서리와 굴곡에 정착하기 때문에 이것들이 쌓이면 흐름 용량이 줄어들고, 결국 파이프와 수로가 막힌다.

    3가지 기본 유형의 그릿 제거장치를 사용할 수 있다: 속도 제어형(수평 흐름 그릿 챔버(grit chamber)), 폭기형, 소용돌이 챔버. 이 중 첫 번째만 개별 비응집 입자에 대한 고전적인 침전 법칙을 통해 해석할 수 있다(유형 I 침전). 스토크스(Stokes) 법칙(10장 참조)은 물의 수평 흐름 속도가 약 0.3 m · s^{-1}로 유지되는 경우 수평 흐름 그릿 챔버의 해석 및 설계에 사용할 수 있다. 흐름 속도는 수로 끝에 특수한 위어를 배치하여 제어한다. 처리장 전체가 아닌 한 수로만을 중단할 수 있도록 최소 2개의 수로를 설치해야 하며, 청소는 기계나 손으로 할 수 있다. 기계적 세척은 평균 유량이 0.04 m^3 · s^{-1} 이상인 처리장에 선호된다. 이론적 체류 시간은 평균 설계 유량에 대해 약 1분으로 설정된다. 그릿에서 유기물질을 제거하기 위해 세척장치를 설치한다.

예제 11-1   평균 유입유량이 0.15 m^3 · s^{-1}, 폭은 0.56 m, 수평속도는 0.25 m · s^{-1}라고 할 때, 반경이 0.04 mm이고 비중이 2.65인 그릿 입자가 길이 13.5 m인 수평 흐름 그릿 챔버에 수집되겠는가? 이때 폐수 온도는 22°C이다.

풀이 입자의 최종침강속도를 계산하기 전에 부록 A의 표 A-1에서 몇 가지 정보를 수집해야 한다. 22℃의 폐수 온도에서 물 밀도는 997.774 $kg \cdot m^{-3}$임을 알 수 있다. 우리는 가까운 근사값으로 1,000 $kg \cdot m^{-3}$을 사용할 것이다. 입자 반경은 하나의 유효숫자만 주어졌기 때문에 이 근사법은 합리적이다. 같은 표에서 역학 점도가 0.955 $mPa \cdot s$임을 알 수 있다. 표 A-1의 각주에서 언급한 바와 같이, 파스칼 초($Pa \cdot s$) 단위의 점도를 얻으려면 여기에 10^{-3}을 곱해야 한다. 0.08×10^{-3} m의 입자 직경과 스토크스 법칙을 사용하여 최종침강속도를 계산할 수 있다(식 10-22).

$$v_s = \frac{(9.8 \ m \cdot s^{-2})(2,650 \ kg \cdot m^{-3} - 1,000 \ kg \cdot m^{-3})(0.08 \times 10^{-3})^2}{18(9.55 \times 10^{-4} \ Pa \cdot s)}$$

$$= 6.02 \times 10^{-3} \ m \cdot s^{-1} \ 또는 \ \approx 6.0 \ mm \cdot s^{-1}$$

입자의 비중(2.65)과 물 밀도의 곱이 입자의 밀도(ρ)라는 점에 유의한다.

$0.15 \ m^3 \cdot s^{-1}$의 유량과 $0.25 \ m \cdot s^{-1}$의 수평속도에서 흐름의 단면적은 다음과 같이 추정할 수 있다.

$$A_c = \frac{0.15 \ m^3 \cdot s^{-1}}{0.25 \ m \cdot s^{-1}} = 0.60 \ m^2$$

흐름의 깊이는 단면적을 수로의 너비로 나누어 예측할 수 있다.

$$h = \frac{0.60 \ m^2}{0.56 \ m} = 1.07 \ m$$

문제의 그릿 입자가 물의 표면에 떠 있는 채로 그릿 챔버에 들어가면 바닥에 도달하는 데에는 h/v 초 걸린다.

$$t = \frac{1.07 \ m}{6.02 \times 10^{-3} \ m \cdot s^{-1}} = 178초$$

챔버의 길이는 13.5 m이고, 수평속도는 $0.25 \ m \cdot s^{-1}$일 때, 물이 챔버에 체류하는 시간은 다음과 같다.

$$t = \frac{13.5 \ m}{0.25 \ m \cdot s^{-1}} = 54초$$

따라서 입자는 그릿 챔버에 수집되지 않는다.

폭기형 그릿 챔버. 폭기형 그릿 챔버에서 물은 나선형으로 흐르며, 이는 그릿을 산기관 장치 아래에 있는 호퍼로 이동시킨다(그림 11-2). 기포의 전단 작용은 불활성 그릿 입자의 표면에 부착된 유기물질의 상당량을 제거한다.

폭기형 그릿 챔버의 성능은 나선형 흐름의 속도와 체류 시간의 함수이다. 나선형 흐름의 속도는 공기 공급속도를 이용하여 조절된다. 일반적인 공기 주입 속도의 범위는 0.2~0.5 $m^3 \cdot min^{-1} \cdot m^{-1}$이다. 물의 체류 시간은 최대 유량 시 약 3분으로 설정된다. 길이 대 너비 비율은 3:1에서 5:1이며 깊이는 2~5 m 정도이다.

하수도 시스템이 합류식인지 분류식인지, 또는 침사지의 효율성에 따라 침사지 내 그릿 축적이 크게 달라진다. 합류식 시스템에서는 그릿 함량이 90 $m^3/10^6 \ m^3$에 달하는 경우가 흔한 반면, 분류식 시스템에서는 일반적으로 40 $m^3/10^6 \ m^3$ 미만이다. 일반적으로 그릿은 위생 매립지에 매립한다.

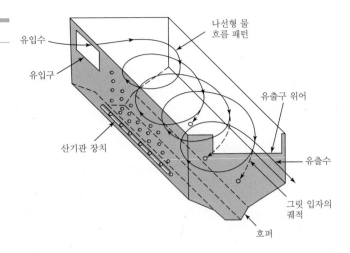

그림 11-2

폭기된 그릿 챔버

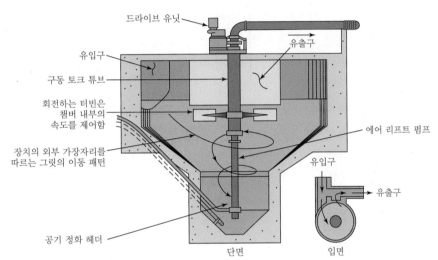

그림 11-3

소용돌이 그릿 챔버
(출처: Orenco Systems®, Inc.)

소용돌이 그릿 챔버.　하수는 챔버에 접선 방향으로 유입된다(그림 11-3). 원추형 바닥과 조정 가능한 피치 블레이드가 있는 회전 터빈은 챔버 중앙에 도넛형 흐름 패턴을 생성한다. 이 패턴은 가벼운 유기 입자를 들어 올리고 그릿을 그릿 저장통에 모이게 한다. 유출구의 폭은 유입구의 2배이다. 그 결과 유입속도보다 유출속도가 낮아져 그릿이 유출 흐름으로 들어가는 것을 방지한다. 유속이 느리므로 원심 가속도는 입자를 제거하는 데 중요한 역할을 하지 않는다.

분쇄기

절단 바를 회전시켜 폐수 고형물(헝겊, 종이, 플라스틱 및 기타 재료)을 절단하는 장치를 **분쇄기**(macerator)라고 한다. 이는 다운스트림 바 랙의 대체품으로 사용되지만, 고장을 대비하여 수동으로 청소되는 랙과 병렬로 설치해야 한다.

유량 조정

유량 조정(flow equalization)은 그 자체가 처리 공정인 것은 아니며, 2차 및 3차 하수 처리 공정의 효율을 개선하는 데 사용할 수 있는 기술이다. 하수는 일정한 속도로 공공하수 처리장으로 흘러들어오지 않는다. 유량은 시간에 따라 달라지며 서비스를 제공하는 지역의 생활 방식을 반영한다. 대부분의 도시에서 일상 활동 방식은 하수유량과 강도의 패턴을 결정하는데, 아침의 하수유량과 강도는 평균 이상이다. 이처럼 처리되어야 할 하수의 양과 강도가 끊임없이 변화하여 효율적인 공정 운영을 어렵게 만든다. 처리장치의 상당수가 최대 유량 조건에 맞춰 설계되므로, 평균 조건에 비해 크기가 너무 커진다. 하수 처리 공정을 설계할 때 유량 조정조를 포함하도록 하는 다른 요인은 다음과 같다.

- 강우 시 유량이 매우 커지는 합류식 하수도
- 상당한 양의 우수가 수집 시스템으로 유입되도록 하는 누수 하수관
- 최대 유량과 평균 유량의 비가 매우 큰 소규모 처리장
- 순환유량이 크거나 공정의 오작동 시 다량의 폐수 또는 고강도 폐수를 배출할 가능성이 있는 산업폐수 처리시설

유량 조정의 목적은 이러한 변화를 줄여 하·폐수가 거의 일정한 유량으로 처리될 수 있도록 하는 것이다. 유량 조정은 기존 처리장의 성능을 크게 개선하고 용량을 증가시킬 수 있으며, 새롭게 건설되는 처리장에서는 처리장치의 크기와 비용을 줄일 수 있다(Metcalf & Eddy, 2003).

유량 조정은 유입되는 하수나 폐수를 수집 및 저장하고 일정한 속도로 처리장으로 양수하는 대형 수조를 이용하여 이루어진다. 이러한 수조는 일반적으로 처리 라인의 앞쪽, 즉 바 랙, 분쇄기 및 침사지와 같은 전처리시설의 다음에 위치한다(그림 11-4). 이때 냄새와 고형물의 침전을 방지하기 위해 적절한 통기와 혼합이 이루어져야 한다. 인라인 유량 조정조에 필요한 부피는 처리장의 설계 평균 유량과 처리장으로 유입되는 유량의 물질수지로 추정할 수 있다. 4장의 식 4-4부터 시작하면,

$$\frac{dM}{dt} = \frac{d(\text{in})}{dt} - \frac{d(\text{out})}{dt}$$

이를 물의 질량을 기준으로 표현하면,

$$\frac{d(\rho \forall)}{dt} = \frac{d(\rho \forall)_{\text{in}}}{dt} - \frac{d(\rho \forall)_{\text{out}}}{dt} \tag{11-1}$$

여기서 ρ＝물의 밀도이다.

물의 밀도가 일정하다고 가정하면 다음과 같다.

$$\frac{d(\forall)}{dt} = \frac{d(\forall)_{\text{in}}}{dt} - \frac{d(\forall)_{\text{out}}}{dt} \tag{11-2}$$

좌변은 유량 조정조의 물 저장량 변화이다. $d(\forall)_{\text{in}}/dt$ 항은 Q_{in}으로 표기되는 수조로의 흐름이고, $d(\forall)_{\text{out}}/dt$는 Q_{out}으로 표기되는 수조의 유출이다.

따라서 일반적인 표기법에 따라 다음과 같이 쓴다.

$$\frac{d(\forall)}{dt} = Q_{in} - Q_{out} \tag{11-3}$$

짧은 시간 간격에 필요한 저장 공간을 결정하기 위해, 식 11-3을 다음과 같이 변형한다.

$$d(\forall) = Q_{in}(dt) - Q_{out}(dt) \tag{11-4}$$

그림 11-4

유량 조정을 포함하는 일반적인 하수 처리장 흐름도. (a) 인라인 유량 조정조, (b) 오프라인 유량 조정조. 유량 조정은 그릿 제거 후, 1차 침전 후, 고도 처리가 사용되는 시설의 2차 처리 후 적용할 수 있다.

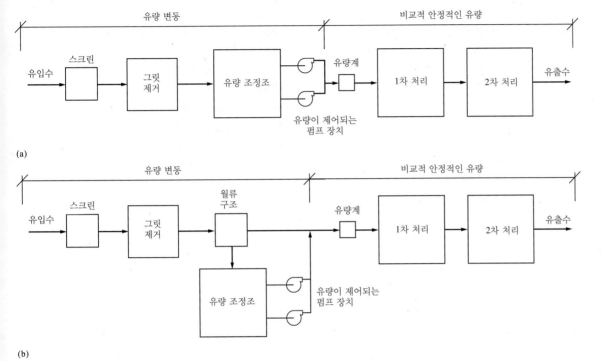

(a)

(b)

유한한 시간 간격의 경우

$$\Delta V = Q_{in}(\Delta t) - Q_{out}(\Delta t) \tag{11-5}$$

이것은 $Q(\Delta t)$가 부피이기 때문에 유량 조정조로 들어오고 나가는 하·폐수의 부피에 대한 식으로 쓸 수 있다.

$$\Delta V = V_{in} - V_{out} \tag{11-6}$$

필요한 최대 부피를 결정하기 위해 평형 수조를 채우고 비우는 하나의 주기에서 ΔV의 합을 구한다. 변수 Q_{out}은 주기의 평균 유량을 사용한다. ΔV의 최댓값이 필요한 부피가 된다.

예제 11-2 다음의 주기적 흐름 패턴을 이용하여 유량 조정조를 설계하고, BOD$_5$의 질량 부하에 대한 유량 조정의 효과를 평가하시오. 장비나 예상치 못한 유량 변동 및 고형물 축적에 대비해 25% 여유 용량을 계산에 포함하시오.

시간 (h)	유량 ($m^3 \cdot s^{-1}$)	BOD_5 ($mg \cdot L^{-1}$)	시간 (h)	유량 ($m^3 \cdot s^{-1}$)	BOD_5 ($mg \cdot L^{-1}$)
0000	0.0481	110	1200	0.0718	160
0100	0.0359	81	1300	0.0744	150
0200	0.0226	53	1400	0.0750	140
0300	0.0187	35	1500	0.0781	135
0400	0.0187	32	1600	0.0806	130
0500	0.0198	40	1700	0.0843	120
0600	0.0226	66	1800	0.0854	125
0700	0.0359	92	1900	0.0806	150
0800	0.0509	125	2000	0.0781	200
0900	0.0631	140	2100	0.0670	215
1000	0.0670	150	2200	0.0583	170
1100	0.0682	155	2300	0.0526	130

풀이 반복적이고 표 형식의 계산 특성 때문에 이 문제를 풀 때는 컴퓨터 스프레드시트가 이상적이다. 초깃값을 잘 선택하여 계산하면 스프레드시트 풀이를 검증하기가 편리하다. 초깃값이 야간의 저유량 기간 이후 평균보다 큰 첫 번째 유량이면 계산의 마지막 행은 저장값이 0이 되어야 한다.

첫 번째 단계는 평균 유량을 계산하는 것인데, 이 경우 $0.05657 \ m^3 \cdot s^{-1}$이다. 다음으로 평균을 가장 먼저 초과하는 시간과 유량부터 순서대로 유량을 정렬한다. 이 경우 0900시에 $0.0631 \ m^3 \cdot s^{-1}$이 시작점이 된다. 표 배열은 다음 표에 나와 있으며, 각 열의 계산에 대한 설명은 다음과 같다.

시간	유량 ($m^3 \cdot s^{-1}$)	V_{in} (m^3)	V_{out} (m^3)	dS (m^3)	ΣdS (m^3)	BOD_5 ($mg \cdot L^{-1}$)	M_{BOD-in} (kg)	S ($mg \cdot L^{-1}$)	$M_{BOD-out}$ (kg)
0900	0.0631	227.16	203.65	23.51	23.51	140	31.80	140.00	28.51
1000	0.067	241.2	203.65	37.55	61.06	150	36.18	149.11	30.37
1100	0.0682	245.52	203.65	41.87	102.93	155	38.06	153.83	31.33
1200	0.0718	258.48	203.65	54.83	157.76	160	41.36	158.24	32.23
1300	0.0744	267.84	203.65	64.19	221.95	150	40.18	153.06	31.17
1400	0.075	270	203.65	66.35	288.3	140	37.80	145.89	29.71
1500	0.0781	281.16	203.65	77.51	365.81	135	37.96	140.51	28.62
1600	0.0806	290.16	203.65	86.51	452.32	130	37.72	135.86	27.67
1700	0.0843	303.48	203.65	99.83	552.15	120	36.42	129.49	26.37
1800	0.0854	307.44	203.65	103.79	655.94	125	38.43	127.89	26.04
1900	0.0806	290.16	203.65	86.51	742.45	150	43.52	134.67	27.43
2000	0.0781	281.16	203.65	77.51	819.96	200	56.23	152.61	31.08
2100	0.067	241.2	203.65	37.55	857.51	215	51.86	166.79	33.97
2200	0.0583	209.88	203.65	6.23	863.74	170	35.68	167.42	34.10
2300	0.0526	189.36	203.65	−14.29	849.45	130	24.62	160.69	32.73
0000	0.0481	173.16	203.65	−30.49	818.96	110	19.05	152.11	30.98

(계속)

시간	유량 (m³·s⁻¹)	$\forall_{in}$ (m³)	$\forall_{out}$ (m³)	dS (m³)	ΣdS (m³)	BOD₅ (mg·L⁻¹)	M_{BOD-in} (kg)	S (mg·L⁻¹)	$M_{BOD-out}$ (kg)
0100	0.0359	129.24	203.65	−74.41	744.55	81	10.47	142.42	29.00
0200	0.0226	81.36	203.65	−122.29	622.26	53	4.31	133.61	27.21
0300	0.0187	67.32	203.65	−136.33	485.93	35	2.36	123.98	25.25
0400	0.0187	67.32	203.65	−136.33	349.6	32	2.15	112.79	22.97
0500	0.0198	71.28	203.65	−132.37	217.23	40	2.85	100.46	20.46
0600	0.0226	81.36	203.65	−122.29	94.94	66	5.37	91.07	18.55
0700	0.0359	129.24	203.65	−74.41	20.53	92	11.89	91.61	18.66
0800	0.0509	183.24	203.65	−20.41	0.12	125	22.91	121.64	24.77

세 번째 열은 유량 측정 사이의 시간 간격(1시간)을 사용하여 유량을 부피로 변환한 것이다.

$$\forall = (0.0631 \text{ m}^3 \cdot \text{s}^{-1})(1 \text{ h})(3600 \text{ s} \cdot \text{h}^{-1}) = 227.16 \text{ m}^3$$

네 번째 열은 평형 수조를 떠나는 평균 부피이다.

$$\forall = (0.05657 \text{ m}^3 \cdot \text{s}^{-1})(1 \text{ h})(3600 \text{ s} \cdot \text{h}^{-1}) = 203.65 \text{ m}^3$$

다섯 번째 열은 유입량과 유출량의 차이이다.

$$\Delta\forall = \forall_{in} - \forall_{out} = 227.16 \text{ m}^3 - 203.65 \text{ m}^3 = 23.51 \text{ m}^3$$

여섯 번째 열은 유입과 유출의 차이의 누적값이다. 두 번째 시간 간격의 경우,

$$\text{저장량} = \Sigma dS = 37.55 \text{ m}^3 + 23.51 \text{ m}^3 = 61.06 \text{ m}^3$$

누적 저장량의 마지막 값은 0.12 m³으로, 계산에서 정확히 0이 아닌 것은 반올림 때문이다. 이때 유량 조정조는 비어 있고 다음 날 주기를 시작할 준비가 되어 있다.

유량 조정조에 필요한 부피는 최대 누적 저장량이다. 25% 여유분에 대한 요구사항을 반영하면 부피는 다음과 같다.

$$\text{저장 부피} = (863.74 \text{ m}^3)(1.25) = 1079.68 \text{ 또는 } 1080 \text{ m}^3$$

유량 조정조로 유입되는 BOD₅의 질량은 유입량(Q), BOD₅ 농도(S_o) 및 적분 시간(Δt)의 곱이다.

$$M_{BOD-in} = (Q)(S_o)(\Delta t)$$

유량 조정조에서 유출되는 BOD₅의 질량은 평균 유출량(Q_{avg}), 조정조의 평균 농도(S_{avg}) 및 적분 시간(Δt)의 곱이다.

$$M_{BOD-out} = (Q_{avg})(S_{avg})(\Delta t)$$

평균 농도는 다음과 같이 결정된다.

$$S_{avg} = \frac{(\forall_i)(S_o) + (\forall_s)(S_{prev})}{\forall_i + \forall_s}$$

여기서 $\forall_i$ = 시간 Δt 동안의 유입수 부피(m³)

$$S_0 = \text{시간 } \Delta t \text{ 동안의 평균 BOD}_5(\text{g} \cdot \text{m}^{-3})$$

$$\mathbf{V}_s = \text{이전 시간 간격 종료 시 조정조의 하수 부피}(\text{m}^3)$$

$$S_{prev} = \text{이전 시간 간격 종료 시 조정조의 BOD}_5 \text{ 농도}(\text{g} \cdot \text{m}^{-3})$$

$$= S_{avg} \ (\text{g} \cdot \text{m}^{-3})$$

$1 \text{ mg} \cdot \text{L}^{-1} = 1 \text{ g} \cdot \text{m}^{-3}$이므로, 첫 번째 행(0900시) 계산은 다음과 같다.

$$M_{BOD\text{-}in} = (0.0631 \text{ m}^3 \cdot \text{s}^{-1})(140 \text{ g} \cdot \text{m}^{-3})(1 \text{ h})(3600 \text{ s} \cdot \text{h}^{-1})(10^{-3} \text{ kg} \cdot \text{g}^{-1}) = 31.8 \text{ kg}$$

$$S_{avg} = \frac{(227.16 \text{ m}^3)(140 \text{ g} \cdot \text{m}^{-3}) + 0}{227.16 \text{ m}^3 + 0} = 140 \text{ mg} \cdot \text{L}^{-1}$$

$$M_{BOD\text{-}out} = (0.05657 \text{ m}^3 \cdot \text{s}^{-1})(140 \text{ g} \cdot \text{m}^{-3})(1 \text{ h})(3600 \text{ s} \cdot \text{h}^{-1})(10^{-3} \text{ kg} \cdot \text{g}^{-1}) = 28.5 \text{ kg}$$

S_{avg} 계산의 0값은 수조가 비어 있는 시작 시에만 유효하다. 이 경우 $M_{BOD\text{-}in}$와 $M_{BOD\text{-}out}$의 차이는 오직 유량 때문에 발생한다. 두 번째 행(1000시)의 경우 계산은 다음과 같다.

$$M_{BOD\text{-}in} = (0.0670 \text{ m}^3 \cdot \text{s}^{-1})(150 \text{ g} \cdot \text{m}^{-3})(1 \text{ h})(3600 \text{ s} \cdot \text{h}^{-1})(10^{-3} \text{ kg} \cdot \text{g}^{-1}) = 36.2 \text{ kg}$$

$$S_{avg} = \frac{(241.20 \text{ m}^3)(150 \text{ g} \cdot \text{m}^{-3}) + (23.51 \text{ m}^3)(140 \text{ g} \cdot \text{m}^{-3})}{241.20 \text{ m}^3 + 23.51 \text{ m}^3} = 149.11 \text{ mg} \cdot \text{L}^{-1}$$

$$M_{BOD\text{-}out} = (0.05657 \text{ m}^3 \cdot \text{s}^{-1})(149.11 \text{ g} \cdot \text{m}^{-3})(1 \text{ h})(3600 \text{ s} \cdot \text{h}^{-1})(10^{-3} \text{ kg} \cdot \text{g}^{-1})$$

$$= 30.37 \text{ mg} \cdot \text{L}^{-1}$$

$\mathbf{V}_s$는 이전 시간 간격 종료 시 조정조의 하수 부피이므로, 누적 dS와 같다. BOD$_5$의 농도(S_{prev})는 이전 간격(S_o)의 유입수 농도가 아니라 이전 간격 종료 시 평균 농도(S_{avg})이다.

세 번째 행(1100시)의 경우 BOD$_5$의 농도는 다음과 같다.

$$S_{avg} = \frac{(245.52 \text{ m}^3)(155 \text{ g} \cdot \text{m}^{-3}) + (61.06 \text{ m}^3)(149.11 \text{ g} \cdot \text{m}^{-3})}{245.52 \text{ m}^3 + 61.06 \text{ m}^3} = 153.83 \text{ mg} \cdot \text{L}^{-1}$$

11-7 1차 처리

바 랙으로 스크리닝이 완료되고 침사지로 그릿이 제거된 후에도 하·폐수에는 여전히 가벼운 유기 부유물질이 포함되어 있다. 그중 일부는 침전지에서 중력에 의해 제거될 수 있는데, 침전지는 원형 또는 직사각형일 수 있다. 침전된 고형물 덩어리를 **생 슬러지**(raw sludge)라고 한다. 슬러지는 기계적 수거장치와 펌프에 의해 침전지에서 제거된다(그림 11-5). 그리스 및 오일과 같은 부유물질은 침전지의 표면으로 부상하여 표면 수거 시스템에 의해 수집되고 추가 처리를 위해 침전지에서 제거된다.

1차 침전지는 유형 II 응집 침전이 특징이다. 응집 입자의 크기, 모양, 그리고 물이 플록에 갇히면서 비중이 지속적으로 변하기 때문에 스토크스(Stokes) 식은 사용할 수 없다. 유형 II 침전을 설명하기에 적절한 수학적 표현은 존재하지 않으므로, 침전 컬럼을 사용한 실험실 시험이 설계 데이터를 마련하는 데 사용된다.

그림 11-5

1차 침전지
(출처: Davis, M.L. and Cornwell, D.A., Introduction to Environmenta Engineering, 3e, p. 360, 1998, The McGraw-Hill Companies, Inc.)

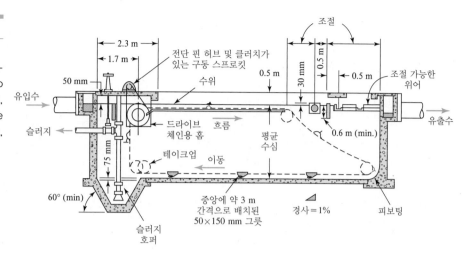

벽 구조의 직사각형 탱크는 공간 제약이 있는 현장에 유리하기 때문에 자주 쓰인다. 일반적으로 이러한 탱크의 길이는 15~100 m, 너비는 3~24 m이다. 원형 탱크의 직경은 3~90 m이다.

10장에서 논의한 수처리 침전지 설계와 같이 월류율은 1차 침전지 설계를 위한 제어 매개변수이다. 평균 유량에서 월류율은 일반적으로 25~60 $m^3 \cdot m^{-2} \cdot day^{-1}$(또는 25~60 $m \cdot day^{-1}$) 범위이다. 잉여 활성 슬러지를 1차 침전지에 투입하는 경우 더 낮은 범위의 월류율을 사용한다(25~35 $m \cdot day^{-1}$). 최대 유량 조건에서 월류율은 80~120 $m \cdot day^{-1}$ 범위이다.

침전지의 수리학적 체류 시간(정의는 식 4-27 참조)은 평균 유량 조건에서 1.5~2.5시간이며, 2.0시간이 일반적이다.

오대호-미시시피강 상류 위생 공학자 위원회(Great Lakes-Upper Mississippi River Board of State Sanitary Engineers, GLUMRB)는 평균 유량이 0.04 $m^3 \cdot s^{-1}$ 미만인 처리장의 경우 최대 시간당 위어 월류율이 위어 길이 1 m당 250 $m^3 \cdot day^{-1}$를 넘지 않도록 권장한다. 평균 유량이 더 큰 시설의 경우 권장 위어 월류율은 375 $m^3 \cdot day^{-1} \cdot m^{-1}$이며(GLUMRB, 2004), 측면 수심이 3.5 m를 초과하는 경우 위어 월류율은 성능에 거의 영향을 미치지 않는다.

앞서 언급한 바와 같이 1차 침전지에서 하수 부유물질의 약 50~60%와 BOD$_5$의 30~35%가 제거될 수 있다.

예제 11-3 체류 시간, 월류율 및 위어 월류율을 고려하여 다음의 1차 침전지 설계를 평가하시오.

설계 데이터

유량 = 0.150 $m^3 \cdot s^{-1}$	길이 = 40.0 m
유입 부유 고형물 = 280 $mg \cdot L^{-1}$	너비 = 10.0 m
슬러지 농도 = 6.0%	수심 = 2.0 m
효율 = 60%	위어 길이 = 75.0 m

풀이 체류 시간은 단순히 침전지의 부피를 유량으로 나눈 값이다.

$$t_o = \frac{V}{Q} = \frac{40.0\ m \times 10.0\ m \times 2.0\ m}{0.150\ m^3 \cdot s^{-1}} = 5333.22초\ 또는\ 1.6시간$$

이는 합리적인 체류 시간이다.

월류율은 유량을 표면적으로 나눈 값이다.

$$v_o = \frac{0.150 \text{ m}^3 \cdot \text{s}^{-1}}{40.0 \text{ m} \times 10.0 \text{ m}} \times 86,400 \text{ s} \cdot \text{day}^{-1} = 32 \text{ m} \cdot \text{day}^{-1}$$

이 역시 허용 가능한 월류율이다.

위어 월류율(WL)도 유사한 방식으로 계산한다.

$$\text{WL} = \frac{0.150 \text{ m}^3 \cdot \text{s}^{-1}}{75.0 \text{ m}} \times 86,400 \text{ s} \cdot \text{day}^{-1} = 172.8 \text{ 또는 } 173 \text{ m}^3 \cdot \text{day}^{-1} \cdot \text{m}^{-1}$$

이는 허용 가능한 값이다.

11-8 2차 처리의 단위 공정

개요

일반적인 호기성 2차 생물학적 처리에 필요한 기본 조건은 많은 미생물의 이용성, 이들 유기체와 유기물질 사이의 양호한 접촉, 산소 가용성 및 기타 유리한 환경 조건(예: 유리한 온도 및 미생물이 활동하기에 충분한 시간 유지)이다. 이러한 기본 조건을 충족시키기 위해 다양한 접근 방식이 사용되어 왔는데, 공공하수 처리시설에서 가장 널리 사용되는 방식은 살수 여상과 활성 슬러지 공정이다. 라군은 하수 유량이 크지 않고 부지 면적에 여유가 있을 때 사용된다.

미생물의 역할

유기물의 안정화는 콜로이드성 및 용존 탄소질 유기물을 기체와 세포의 원형질로 변환시키는 다양한 미생물을 사용하여 생물학적으로 달성된다. 원형질은 물보다 비중이 약간 크므로 중력 침전에 의해 처리수에서 제거할 수 있다.

유기물로부터 생성된 원형질을 용액에서 제거하지 않으면, 원형질이 하·폐수에서 BOD로 측정되기 때문에 완전한 처리가 달성되지 않는다는 점을 유의한다. 이것은 원형질 자체도 유기물이기 때문이다. 원형질이 제거되지 않으면 원래 존재했던 유기물의 일부만이 세균에 의해 기체상의 최종 생성물로 변환될 뿐이다(Metcalf & Eddy, 2003).

미생물 개체수 동태

미생물 생태계. 이어지는 세균 배양체 거동에 대한 논의의 기본적인 가정은 초기에 성장을 위한 모든 요구조건을 만족한다는 것이다. 미생물 생태계의 성장과 동태에 대한 필요조건은 5장에서 다루었다. 하·폐수 처리에서는 자연과 마찬가지로 미생물의 순수 배양체가 존재하지 않는다. 그 대신, 섞여 있는 여러 미생물 종이 환경에 의해 설정된 한계 내에서 경쟁하고 생존한다. **개체수 동태** (population dynamic)는 경쟁에 놓인 다양한 종의 시간에 따른 성공을 설명하는 데 사용되는 용어로, 미생물의 상대적 질량을 매개변수로 하여 정량적으로 표현된다.

다양한 미생물 집단의 동태를 지배하는 주요 요인은 먹이를 둘러싼 경쟁이고, 그 다음은 포식자-피식자 관계이다.

같은 기질(먹이)을 놓고 경쟁하는 두 종의 상대적인 성공은 기질을 대사하는 능력에 달려 있다. 즉, 더 성공적인 종은 기질을 더 완전하게 대사하는 종이다. 이러한 종은 세포 합성을 위한 에너지를 더 많이 얻어, 결과적으로 더 큰 양적 증가를 달성할 것이다.

모노드 식. 오염물 처리 시스템에서 발견되는 개체수가 많은 혼합 미생물 배양체의 경우 유기체의 수보다 바이오매스를 측정하는 것이 편리하다. 이는 주로 부유물질 또는 **휘발성 부유물질**(volatile suspended solids)(550 ± 50℃에서 타는 것)을 측정하여 수행한다. 하·폐수에 용존 유기물질만 포함되어 있는 경우 휘발성 부유 고형물 시험은 바이오매스를 잘 대변한다. 그러나 입자상 유기물의 존재(공공하수에서 흔히 발생)는 문제를 상당히 어렵게 한다. 대수 성장기(5장 참조)에서 세균 세포의 성장속도는 다음과 같이 정의할 수 있다.

$$r_g = \mu X \tag{11-7}$$

여기서 r_g = 미생물의 성장률$(mg \cdot L^{-1} \cdot t^{-1})$
$\quad\quad \mu$ = 비성장률계수(t^{-1})
$\quad\quad X$ = 미생물의 농도$(mg \cdot L^{-1} \cdot t^{-1})$

회분식 반응조의 경우 $dX/dt = r_g$이기 때문에(식 4-12 및 4-26 참조), 바이오매스 증가율을 다음과 같이 쓸 수 있다.

$$\frac{dX}{dt} = \mu X \tag{11-8}$$

혼합 배양체에서 μ를 직접 측정하는 것이 어렵기 때문에 모노드(Monod)는 기질의 소모속도, 즉 바이오매스 생산속도는 수요 대비 공급이 가장 모자란 기질과 관련된 효소 반응속도에 의해 제한된다고 가정하는 모델 식을 개발하였다(Monod, 1949).

$$\mu = \frac{\mu_m S}{K_s + S} \tag{11-9}$$

여기서 μ_m = 최대 비성장률계수(t^{-1})
$\quad\quad S$ = 용액 내 제한 기질의 농도$(mg \cdot L^{-1})$

그림 11-6

제한 기질 농도의 함수로 표현되는 모노드(Monod) 성장률계수

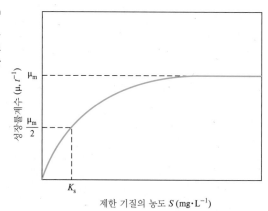

$$K_s = 반포화상수 \ (\mathrm{L}^{-1})$$

$$= \mu = 0.5\mu_m 일 \ 때제한 \ 기질의 \ 농도$$

성장률계수와 제한 기질 농도(S) 사이의 관계는 그림 11-6의 형태를 따른다.

식 11-9를 하·폐수 처리 시스템에 적용할 때 2가지 극단이 존재한다. 제한 기질이 풍부하게 있는 경우 $S \gg K$이고, 성장률계수 μ는 μ_m에 근접한다. 이때 식 11-8은 기질 S에 대한 0차식이 된다. 즉, 기질의 농도와 무관하다. 다른 극단에서 $S \ll K_s$일 때, 시스템은 기질이 부족한 상태이며 성장속도는 기질에 대한 1차식이 된다.

식 11-9는 미생물의 성장만 가정하고 자연적인 소멸은 고려하지 않는다. 일반적으로 미생물 바이오매스의 사멸 또는 감소는 바이오매스에 대한 1차식이라고 가정하므로 식 11-7, 11-9는 다음과 같이 확장된다.

$$r_g = \frac{\mu_m S X}{K_s + S} - k_d X \tag{11-10}$$

여기서 k_d = 내인성 사멸계수 (t^{-1})

시스템의 모든 기질이 바이오매스로 전환되면 기질 소모속도 r_{su}는 바이오매스 생산속도와 같을 것이다. 그러나 전환 과정의 낮은 효율성으로 기질 소모속도가 바이오매스 생산속도보다 클 것이므로

$$r_{su} = \frac{1}{Y}(r_g) \tag{11-11}$$

여기서 Y = 기질이 바이오매스로 전환되는 비율

$$= 수율계수, \ \frac{\mathrm{mg \cdot L}^{-1}{}_{바이오매스}}{\mathrm{mg \cdot L}^{-1}{}_{소모된 \ 기질}}$$

식 11-7, 11-9, 11-11을 결합하면 다음 식을 얻는다.

$$r_{su} = \frac{1}{Y} \frac{\mu_m S X}{(K_s + S)} \tag{11-12}$$

식 11-10과 11-12는 하·폐수 처리 공정의 설계식을 개발하는 기초가 된다.

활성 슬러지

활성 슬러지 공정(그림 11-7)은 하수와 생물학적 고형물(미생물)의 혼합물을 교반하고 폭기하는 생물학적 하수 처리 기술이다. 생물학적 고형물은 이후에 침전에 의해 처리된 하수에서 분리되고, 일

그림 11-7

전형적인 활성 슬러지 공정

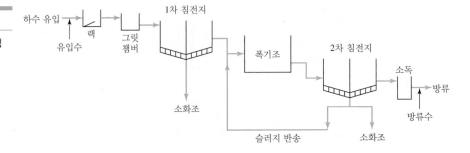

부는 필요에 따라 폭기조로 반송된다. 폭기조에 이어지는 침전지를 1차 침전에 사용되는 침전지와 구별하기 위해 **2차 침전지**(secondary clarifier) 또는 **최종 침전지**(final clarifier)라고 한다.

활성 슬러지 공정은 공기가 하수에 지속적으로 주입될 때 형성되는 생물학적 덩어리에서 그 이름이 파생되었다. 이 과정에서 미생물은 하수 내 유기물과 잘 혼합되어 유기물을 기질로 사용하며 성장할 수 있게 된다. 미생물이 성장하고 공기의 교반에 의해 혼합됨에 따라 미생물 개체들이 서로 엉겨붙어(플록화) **활성 슬러지**(activated sludge)라고 불리는 활성 미생물 덩어리(생물 플록)를 형성한다.

실제 처리장에서 하수는 공기를 주입하여 활성 슬러지를 하수와 혼합하고 미생물이 유기물을 분해하는 데 필요한 산소를 공급하는 폭기조로 지속적으로 유입된다. 이때 폭기조에서 활성 슬러지와 하수를 혼합한 것을 **혼합액**(mixed liquor)이라고 한다. 폭기조의 혼합액은 활성 슬러지가 침전되는 2차 침전지로 흐른다. 침전된 슬러지의 대부분은 빠르게 유기물을 분해하는 미생물 개체군의 개체수를 높이 유지하기 위해 폭기조로 반송된다(**반송 슬러지**(return sludge)). 공정에서 필요한 것보다 더 많은 활성 슬러지가 생성되기 때문에 일부 반송 슬러지는 처리 및 처분을 위해 슬러지 처리 시스템으로 이송된다. 재래식 활성 슬러지 시스템에서 하수는 일반적으로 긴 직사각형 폭기조에서 6~8시간 동안 폭기된다. 처리된 하수 1 m^3당 약 8 m^3의 공기가 공급되는데, 이는 슬러지를 부유상태로 유지하기에 충분하다(그림 11-8). 공기는 구멍이 뚫린 파이프 또는 **산기관**(diffuser)이라고 불리는 돌덩이 모양의 다공성 장치를 통해 폭기조 바닥 근처에서 주입된다. 폭기조로 반송되는 슬러지의 양은 일반적으로 하수 유량의 20~30%이다.

활성 슬러지 공정은 미생물의 적정량을 유지하여 BOD5를 효율적으로 분해하기 위해 매일 일정량의 미생물을 "폐기"하여 제어한다. 여기서 **폐기**(wasting)란 미생물의 일부가 공정에서 버려지는 것을 의미한다. 폐기된 미생물의 처리 및 처분은 11-13절에서 논의된다. 이때 폐기되는 미생물을 **잉여 슬러지**(waste activated sludge, WAS)라고 한다. 성장하는 미생물 양과 폐기되는 미생물 양 사이에는 균형이 필요하다. 폐기되는 슬러지 양이 너무 많으면 혼합액의 미생물 농도가 낮아 효과적인 처리가 불가능한 반면에, 폐기되는 슬러지 양이 너무 적으면 다량의 미생물이 축적되어 궁극

그림 11-8

폭기되는 활성 슬러지 수조

그림 11-9

고형물이 반송되는 완전 혼합
생물 반응기

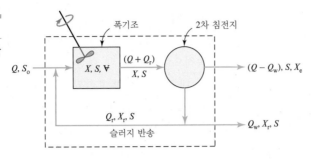

적으로 2차 침전지를 넘쳐 흐른다.

고형물 체류 시간(solids retention time, SRT) 또는 **슬러지 수명**(sludge age)이라고도 하는 **평균 미
생물 체류 시간**(mean cell residence time; θ_c)은 미생물이 시스템에 유지되는 평균 시간으로 정의된
다. 이는 하수가 시스템에 있는 평균 시간인 **수리학적 체류 시간**(hydraulic detention time; t_0)과 다르
다.

특정한 처리 문제를 해결하기 위해 재래식 활성 슬러지 공정은 많은 변형과 개발이 이루어졌
다. 이 책에서는 여러 대안 중 완전 혼합형(completely mixed) 흐름 공정을 선택해 추가 논의를 진
행한다.

완전 혼합형 활성 슬러지 공정. 완전 혼합형 활성 슬러지 공정의 설계식은 미생물 성장 동태를 나
타내는 데 사용되는 식을 물질수지에 대입해 얻는다. 완전 혼합형 시스템(CMFR)에 대한 물질수지
흐름도는 그림 11-9에 나와 있다. 물질수지식은 점선으로 표시된 시스템 경계에 대해 작성되며, 시
스템을 설계하려면 2가지 물질수지가 필요하다. 하나는 바이오매스용이고, 다른 하나는 기질용(용
존 BOD₅)이다.

정상상태 조건에서 바이오매스의 물질수지는 다음과 같이 쓸 수 있다.

유입수의 바이오매스 + 순 바이오매스 성장 = 유출수의 바이오매스 + 폐기된 바이오매스   **(11-13)**

유입수의 바이오매스는 유입수의 미생물 농도(X_o)와 하수유량(Q)의 곱이다. 유입수의 미생물
농도는 부유 고형물(mg · L^{-1})로 측정된다. 폭기조에서 순 성장하는 바이오매스는 탱크의 부피(∀)
와 미생물 덩어리의 성장에 대한 모노드 식의 곱이다(식 11-10).

$$(\forall)\left(\frac{\mu_m S X}{K_s + S} - k_d X\right)$$ **(11-14)**

유출수 내 바이오매스는 처리장에서 배출되는 처리된 하수의 유량($Q - Q_w$)과 2차 침전지에서
침전되지 않은 미생물 농도(X_e)의 곱이다. 일부 미생물이 폐기되어야 하기 때문에 처리장을 떠나는
하수의 유량은 처리장으로 들어오는 유량과 동일하지 않다. 즉, 처리장을 떠나는 유량은 잉여 슬러
지의 유량(Q_w)만큼 적다.

폐기되는 바이오매스는 잉여 슬러지 농도(X_r)와 유량(Q_w)의 곱이다. 물질수지식은 다음과 같이
다시 쓸 수 있다.

$$(Q)(X_o) + (\forall)\left(\frac{\mu_m S X}{K_s + S} - k_d X\right) = (Q - Q_w)(X_e) + (Q_w)(X_r)$$ **(11-15)**

여기서 Q = 폭기조로 유입되는 하수유량(m^3 · L^{-1})

X_o = 폭기조로 유입되는 미생물 농도(휘발성 부유 고형물 또는 VSS[*])(mg·L^{-1})

$\mathbf{V}$ = 폭기조의 부피(m^3)

μ_m = 최대 성장률계수(day^{-1})

S = 폭기조 및 하수 내 용존 BOD$_5$(mg·L^{-1})

X = 폭기조의 미생물 농도(혼합액 휘발성 부유 고형물 또는 MLVSS[†])(mg·L^{-1})

K_s = 반포화상수

     = 최대 성장률의 1/2에서 용존 BOD$_5$ 농도(mg·L^{-1})

k_d = 미생물의 사멸계수(day^{-1})

Q_w = 폐기될 미생물을 함유한 액체의 유량(m^3·day^{-1})

X_e = 2차 침전지의 유출수 내 미생물 농도(VSS)(mg·L^{-1})

X_r = 잉여 슬러지 내 미생물 농도(VSS)(mg·L^{-1})

정상상태에서 기질(용존 BOD$_5$)에 대한 물질수지식은 다음과 같이 쓸 수 있다.

유입수의 기질 + 소모된 기질 = 유출수의 기질 + 잉여 슬러지의 기질   **(11–16)**

유입수 내 기질은 유입수 내 용존 BOD$_5$ 농도(S_o)와 하수유량(Q)의 곱이다. 폭기조에서 소모되는 기질은 폭기조의 부피($\mathbf{V}$)와 기질 소모속도에 대한 표현(식 11-12)의 곱이다.

$$(\mathbf{V})\left(\frac{\mu_m SX}{Y(K_s + S)}\right) \qquad\qquad \text{(11–17)}$$

유출수의 기질은 처리장에서 배출되는 처리된 하수의 유량($Q - Q_w$)과 유출수 내 용존 BOD$_5$ 농도(S)의 곱이다. 폭기조가 완전히 혼합되어 있다고 가정하였기 때문에 유출수(S)의 용존 BOD$_5$ 농도(S)는 폭기조의 농도와 동일하다. 또한 BOD$_5$는 용해되어 있기 때문에 2차 침전지에서 그 농도가 변하지 않는다. 따라서 2차 침전지의 유출수 농도는 유입수 농도와 동일하다.

잉여 슬러지 흐름의 기질은 유입수(S)의 용존 BOD$_5$ 농도와 잉여 슬러지 유량(Q_w)의 곱이다. 정상상태 조건에 대한 물질수지식은 다음과 같이 다시 쓸 수 있다.

$$(Q)(S_o) - (\mathbf{V})\left(\frac{\mu_m SX}{Y(K_s + S)}\right) = (Q - Q_w)S + (Q_w)(S) \qquad\qquad \text{(11–18)}$$

여기서 Y = 수율계수(yield coefficient)이다(식 11-11 참조).

설계식을 도출하기 위해 다음과 같은 가정을 한다.

1. 유입수 및 유출수 바이오매스 농도는 폭기조의 농도에 비해 무시할 수 있다.

2. 유입 기질(S_o)은 CMFR의 정의에 따라 폭기조 농도로 즉시 희석된다.

3. 모든 반응은 폭기조에서 발생한다.

---

[*] 부유 고형물은 NaCl과 같은 용존 고형물과 달리 걸렀을 때 물질이 필터에 남아 있음을 의미한다. 500±50°C에서 휘발하는 부유 고형물의 양(volatile suspended solids, VSS)은 활성 바이오매스 농도의 지표로 사용된다. 유입 하수에 무생물 입자상 유기물이 존재하면 바이오매스의 지표로 휘발성 부유 고형물을 사용할 때 약간의 오차(보통 작음)가 발생한다.

[†] 혼합액 휘발성 부유 고형물(mixed liquor VSS, MLVSS)은 폭기조의 활성 바이오매스의 지표이다. 혼합액이라는 용어는 활성 슬러지와 하수의 혼합물을 지칭한다.

첫 번째 가정으로부터 식 11-15에서 QX_0와 $(Q-Q_w)X_e$항을 제거할 수 있다. 이는 X_0와 X_e는 X와 비교하면 무시할 만한 값이기 때문이다. 따라서 식 11-15는 다음과 같이 간소화 될 수 있다.

$$(\forall)\left(\frac{\mu_m S X}{K_s + S} - k_d X\right) = (Q_w)(X_r) \tag{11-19}$$

편의를 위해 식 11-19를 재정렬하여 모노드 식에 대해 쓸 수 있다.

$$\left(\frac{\mu_m S}{K_s + S}\right) = \frac{(Q_w)(X_r)}{(\forall)(X)} + k_d \tag{11-20}$$

또한 식 11-18도 모노드 식에 대해 쓸 수 있다.

$$\left(\frac{\mu_m S}{K_s + S}\right) = \frac{Q}{\forall}\frac{Y}{X}(S_o - S) \tag{11-21}$$

식 11-20과 11-21의 좌변이 동일하므로, 두 식의 우변을 동일하게 설정하면 다음과 같다.

$$\frac{(Q_w)(X_r)}{(\forall)(X)} = \frac{Q}{\forall}\frac{Y}{X}(S_o - S) - k_d \tag{11-22}$$

이 식의 두 부분은 완전 혼합형 활성 슬러지 공정의 설계에서 물리적 중요성을 갖는다. $Q/\forall$의 역수는 반응조의 수리학적 체류 시간(t_o)이다.

$$t_o = \frac{\forall}{Q} \tag{11-23}$$

식 11-22의 좌변의 역수는 평균 미생물 체류 시간(θ_c)의 정의가 된다.

$$\theta_c = \frac{\forall X}{Q_w X_r} \tag{11-24}$$

유출수 바이오매스 농도를 무시할 수 없는 경우, 식 11-24에 제시된 평균 미생물 체류 시간을 수정해야 한다. 식 11-25는 θ_c를 계산할 때 바이오매스의 유출 손실을 반영한 것이다.

$$\theta_c = \frac{(\forall)X}{Q_W X_r + (Q - Q_w)(X_e)} \tag{11-25}$$

식 11-20으로부터 θ_c가 선택되면 유출수의 용존 BOD_5 농도(S)가 고정됨을 알 수 있다.

$$S = \frac{K_s(1 + k_d \theta_c)}{\theta_c(\mu_m - k_d) - 1} \tag{11-26}$$

미생물 성장률계수의 일반적인 값은 표 11-8에 나와 있다. 시스템을 떠나는 용해성 BOD_5의 농도(S)는 평균 미생물 체류 시간에만 영향을 받으며, 폭기조에 유입되는 BOD_5의 양이나 수리학적 체류 시간에는 영향을 받지 않는다. 이때 S는 총 BOD_5가 아니라 용존 BOD_5라는 점을 유의한다. 2차 침전지에서 침전되지 않는 부유 고형물의 일부도 방류수계의 BOD_5 부하에 기여한다. 원하는 방류수 수질을 얻으려면 BOD_5의 용존 및 입자상 분획을 모두 고려해야 한다. 따라서 식 11-26을 사용하여 θ_c를 풀어서 원하는 유출수 수질(S)을 얻으려면 먼저 부유물질의 BOD_5를 추정해야 한다. 그런 다음 이 값을 유출수의 허용 총 BOD_5에서 빼서 허용 S를 찾는다.

$$S = \text{허용 총 } BOD_5 - \text{부유물질의 } BOD_5 \tag{11-27}$$

표 11-8 생활하수에서의 미생물 성장률계수값

지표	단위	값[a]	
		범위	일반적인 값
K_s	mg·L^{-1} BOD$_5$	25~100	60
k_d	day^{-1}	0~0.30	0.10
μ_m	day^{-1}	1~8	3
Y	mg Vss·mg^{-1} BOD$_5$	0.4~0.8	0.6

[a] 20°C에서의 값.
출처: Metcalf and Eddy, Inc., 2003, and Shahriari, Eskicioglu, and Droste, 2006.

식 11-22를 통해 폭기조의 미생물 농도는 평균 미생물 체류 시간, 수리학적 체류 시간, 유입수와 유출수 농도의 차이의 함수라는 것을 알 수 있다.

$$X = \frac{\theta_c(Y)(S_o - S)}{t_o(1 + k_d\theta_c)}$$

(11-28)

예제 11-4 게이츠빌(Gatesville)시는 1차 처리 하수 처리장을 BOD$_5$ 30.0 mg·L^{-1} 및 부유 고형물 30.0 mg·L^{-1}의 배출기준을 충족할 수 있는 2차 처리 설비로 보수하도록 지시받아, 완전 혼합형 활성 슬러지 공정을 선택하였다.

부유 고형물의 BOD$_5$가 부유 고형물 농도의 63%로 추정될 수 있다고 가정하여 필요한 폭기조 부피를 계산하시오. 기존 1차 처리시설의 자료는 다음과 같다.

기존 처리장 방류수 특성:
유량 = 0.150 m^3·s^{-1}
BOD$_5$ = 84.0 mg·L^{-1}

성장률계수에 대해 다음 값을 가정한다.
K_s = 100 mg·L^{-1} BOD$_5$; μ_m = 2.5 day^{-1}
k_d = 0.050 day^{-1}; Y = 0.50 mg VSS·mg^{-1} 제거된 BOD$_5$

풀이 2차 침전지 유출수의 부유 고형물 농도가 30.0 mg·L^{-1}라고 가정하면, 63% 가정과 식 11-27을 사용하여 유출수에서 허용 가능한 용존 BOD$_5$를 추정할 수 있다.

S = 허용 BOD$_5$ − 부유 고형물의 BOD$_5$
= 30.0 − (0.630)(30.0) = 11.1 mg·L^{-1}

평균 미생물 체류 시간은 식 11-26과 성장률계수에 대해 가정된 값으로 계산할 수 있다.

$$11.1 = \frac{(100.0 \text{ mg·L}^{-1}\text{BOD}_5)[1 + (0.050 \text{ day}^{-1})(\theta_c)]}{\theta_c(2.5 \text{ day}^{-1} - 0.050 \text{ day}^{-1}) - 1}$$

θ_c에 대해 풀면,

$$(11.1)(2.45\theta_c - 1) = 100.0 + 5.00\theta_c$$

$$27.20\theta_c - 11.1 = 100.0 + 5.00\theta_c$$

$$\theta_c = \frac{111.1}{22.2} = 500 \text{ 또는 } 5.0일$$

MLVSS를 2,000 mg · L^{-1}로 가정한다면, 식 11-28을 사용해 t_0를 구할 수 있다.

$$2000 = \frac{5.00 \text{ days}(0.50 \text{ mg VSS} \cdot \text{mg}^{-1} \text{ BOD}_5)(8.40 \text{ mg} \cdot \text{L}^{-1} - 11.1 \text{ mg} \cdot \text{L}^{-1})}{t_o[1 + (0.050 \text{ day}^{-1})(5.00 \text{ days})]}$$

$$t_o = \frac{2.50(72.9)}{2000(1.25)} = 0.073일 \text{ 또는 } 1.8시간$$

폭기조의 부피는 식 11-23을 사용하여 계산한다.

$$1.8 \text{ h} = \frac{\mathbb{V}}{(0.150 \text{ m}^3 \cdot \text{s}^{-1})(3600 \text{ s} \cdot \text{h}^{-1})}$$

$$\mathbb{V} = 972 \text{ m}^3 \text{ 또는 } 970 \text{ m}^3$$

먹이(food, 즉 기질) 대 미생물(microorganism) 비율(F/M 비)은 활성 슬러지 공정의 성능을 조절하는 데 일반적으로 사용되는 매개변수로, 다음과 같이 정의된다.

$$\frac{F}{M} = \frac{QS_o}{VX} \tag{11-29}$$

F/M 비의 단위는 다음과 같다.

$$\frac{\text{mg BOD}_5 \cdot \text{day}^{-1}}{\text{mg MLVSS}} = \frac{\text{mg}}{\text{mg} \cdot \text{day}}$$

F/M 비는 미생물 폐기량을 통해 조절한다. 미생물 폐기량이 증가하면 MLVSS가 감소하며 F/M 비는 높아진다. F/M 비가 높다는 것은 미생물 대비 기질이 포화상태라는 것을 의미하며, 이때 처리 효율은 떨어진다. 미생물 폐기량이 낮으면 F/M 비도 낮아져 미생물이 보다 굶주린 상태가 된다. 이때 유기물은 보다 완전하게 분해된다.

그러나 긴 θ_c(낮은 F/M 비)가 항상 유리한 것은 아니며, 절충점이 존재한다. θ_c가 길수록 산소 요구량이 높아져 전력 비용이 높아지고, θ_c가 너무 길면 2차 침전지에서 슬러지 침전성이 나빠진다. 반면, 낮은 F/M에서 유기물은 최종 분해 산물로 보다 완전하게 분해되고, 미생물 세포로 더 적게 전환되기 때문에 처리할 슬러지가 더 적다.

F/M 비와 체류 시간은 모두 미생물 폐기에 의해 제어되기 때문에 서로 연관이 있다. 높은 F/M 비는 짧은 θ_c에 해당하고, 낮은 F/M 비는 긴 θ_c에 해당한다. F/M 비는 일반적으로 활성 슬러지 공정의 다양한 변법에 대해 0.1~1.0 mg · mg^{-1} · day^{-1} 범위이다.

예제 11-5 2개의 "채움 및 배출(fill and draw)" 회분식 슬러지 탱크가 아래와 같은 "극단적인" 조건에서 작동되고 있다. 작동 매개변수에 미치는 영향은 무엇인가?

A탱크는 하루에 한 번 침전되며, 바닥에 침전된 슬러지가 교란되지 않도록 주의하여 액체의 절반을 제거한다. 이 액체는 1차 침전된 새 하수로 대체된다. 시간 대 MLVSS 농도 관계는 다음 그림과 같은 형태를 취한다.

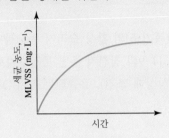

B탱크는 침전 과정이 없다. 하루에 한 번 탱크가 강하게 교반되는 중에 혼합액의 절반이 제거되며, 액체는 1차 침전된 새 하수로 대체된다. 시간 대 MLVSS 농도 관계는 다음 그림에 나와 있다.

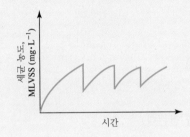

두 시스템의 작동 특성을 다음 표에 비교하였다.

지표	A탱크	B탱크
F/M 비	낮음	높음
θ_c	긺	짧음
생산된 슬러지량	없음	많음
산소 필요량	높음	낮음
에너지 소비량	높음	낮음

최적의 선택은 이러한 양 극단 사이에 있다. 슬러지 처리 비용과 산소(공기) 공급을 위한 전력 비용 간에 균형을 맞춰야 한다.

예제 11-6 게이츠빌(Gatesville)에 있는 새로운 활성 슬러지 처리장(예제 11-4)에 대한 F/M 비를 계산하시오.

풀이 예제 11-4 및 식 11-29의 자료를 사용하여 다음을 얻는다.

$$\frac{F}{M} = \frac{(0.150 \text{ m}^3 \cdot \text{s}^{-1})(84.0 \text{ mg} \cdot \text{L}^{-1})(86,400 \text{ s} \cdot \text{day}^{-1})}{(970 \text{ m}^3)(2000 \text{ mg} \cdot \text{L}^{-1})}$$

$$= 0.56 \text{ mg} \cdot \text{mg}^{-1} \cdot \text{day}^{-1}$$

이것은 F/M 비의 일반적인 범위 내에 있다.

슬러지 반송. 슬러지 반송의 목적은 반응조(폭기조)의 활성 슬러지 농도를 충분한 수준으로 유지하는 것이다. 반송 슬러지의 펌핑속도는 그림 11-9의 침전지 주변 물질수지로 결정할 수 있다. 2차 침전지의 슬러지 양이 일정하게 유지되고(정상상태 조건), 유출되는 부유 고형물(X_e)이 무시할 수 있다고 가정하면 물질수지는 다음과 같다.

축적 = 유입 − 유출   **(11–30)**

$$0 = (Q + Q_r)(X') - (Q_r X_r' + Q_w X_r') \tag{11-31}$$

여기서 Q = 하수유량($\text{m}^3 \cdot \text{day}^{-1}$)

      Q_r = 반송 슬러지 유량($\text{m}^3 \cdot \text{day}^{-1}$)

      X' = 혼합액 부유 고형물($\text{g} \cdot \text{m}^{-3}$)

      X_r' = 최대 반송 슬러지 농도($\text{g} \cdot \text{m}^{-3}$)

      Q_w = 잉여 슬러지 유량($\text{m}^3 \cdot \text{day}^{-1}$)

식을 반송 슬러지 유량에 대해 풀면 다음을 얻는다.

$$Q_r = \frac{QX' - Q_w X_r'}{X_r' - X'} \tag{11-32}$$

유출되는 부유 고형물을 무시할 수 있다는 가정이 유효하지 않은 경우가 종종 있다. 유출된 부유 고형물을 포함한 물질수지는 다음과 같다.

$$0 = (Q + Q_r)(X') - (Q_r X_r' + Q_w X_r' + (Q - Q_w) X_e) \tag{11-33}$$

반송 슬러지 유량에 대해 풀면 다음과 같다.

$$Q_r = \frac{QX' - Q_w X_r' - (Q - Q_w) X_e}{X_r' - X'} \tag{11-34}$$

X_r' 및 X'에는 휘발성 및 비휘발성 분획이 모두 포함된다. 따라서 이것들은 X_r 및 X와 다르며, X_r'과 X_r, X'과 X의 비율은 일정하다고 본다. 폭기조의 부피와 평균 미생물 체류 시간, 최대 반송 슬러지 농도(X_r')가 결정되면 식 11-24로 잉여 슬러지 유량을 결정할 수 있다.

예제 11-7 앞선 게이츠빌(Gatesville) 시설에 대한 논의를 계속 발전시켜 이번에는 반송 슬러지 펌핑속도를 추정하고자 한다. 폭기조 설계(예제 11-4)와 신뢰할 만한 출처로부터 얻은 다음 자료가 있다.

설계 데이터

유량 $= 0.150 \ \mathrm{m^3 \cdot s^{-1}}$

$\mathrm{MLVSS}(X) = 2{,}000 \ \mathrm{mg \cdot L^{-1}}$

$\mathrm{MLSS}(X') = 1.43(\mathrm{MLVSS})$

반송 슬러지 농도$(X_r') = 10{,}000 \ \mathrm{mg \cdot L^{-1}}$

유출수의 부유 고형물(X_e)은 무시할 수 있다고 가정한다.

풀이 반송 슬러지 유량은 식 11-32로 계산할 수 있다. 이 식을 사용하려면 먼저 잉여 슬러지 유량(Q_w)을 추정해야 한다. Q_w에 대한 식 11-24를 풀면 다음을 얻는다.

$$Q_w = \frac{\forall X}{\theta_c X_r}$$

X_r은 잉여 슬러지의 미생물 농도(MLVSS)이다. 앞서 언급한 바와 같이 X_r은 X_r'과 다르며, 둘 사이에 일정한 비율이 존재한다. 문제에서 MLSS/MLVSS 비가 주어졌으므로 X_r을 다음과 같이 추정할 수 있다.

$$X_r = \frac{X_r'}{1.43} = \frac{10{,}000 \ \mathrm{mg \cdot L^{-1}}}{1.43} = 6{,}993 \ \mathrm{mg \cdot L^{-1}}$$

이제 예제 11-4의 자료를 사용하여 Q_w를 계산할 수 있다.

$$Q_w = \frac{(970 \ \mathrm{m^3})(2{,}000 \ \mathrm{mg \cdot L^{-1}})}{(5 \ \mathrm{days})(6{,}993 \ \mathrm{mg \cdot L^{-1}})} = 55.48 \ \mathrm{m^3 \cdot day^{-1}}$$

반송 슬러지 유량을 계산하기 위해 하수유량을 $\mathrm{m^3 \cdot day^{-1}}$ 단위로 변환하고, MLSS/MLVSS 비를 사용하여 MLSS의 예상 농도를 구한다.

$$Q = (0.150 \ \mathrm{m^3 \cdot s^{-1}})(86{,}400 \ \mathrm{s \cdot day^{-1}}) = 12{,}960 \ \mathrm{m^3 \cdot day^{-1}}$$

그리고

$$\mathrm{MLSS} = 1.43(2{,}000 \ \mathrm{mg \cdot L^{-1}}) = 2{,}860 \ \mathrm{mg \cdot L^{-1}}$$

$1 \ \mathrm{mg \cdot L^{-1}} = 1 \ \mathrm{g \cdot m^{-3}}$, 반송 슬러지 농도는 $10{,}000 \ \mathrm{mg \cdot L^{-1}}$이고, 유출되는 부유 고형물을 무시하면 반송 슬러지 유량은 다음과 같다.

$$Q_r = \frac{(12{,}960 \ \mathrm{g \cdot day^{-1}})(2{,}860 \ \mathrm{g \cdot m^{-3}}) - (55.48 \ \mathrm{m^3 \cdot day^{-1}})(10{,}000 \ \mathrm{g \cdot m^{-3}})}{10{,}000 \ \mathrm{g \cdot m^{-3}} - 2{,}860 \ \mathrm{g \cdot m^{-3}}}$$

$$= 5{,}113 \ 또는 \ 5{,}000 \ \mathrm{m^3 \cdot day^{-1}}$$

슬러지 발생. 활성 슬러지 공정에서 기질 제거는 기질이 새로운 세포물질로 변환되고 기질을 분해하면서 에너지가 생성되는 반응을 통해 달성된다. 생성된 세포물질은 궁극적으로 슬러지가 되어 폐기해야 한다. 연구자들은 신뢰할 만한 설계 기반을 만들기 위해 슬러지 생산에 대한 기본 정보를 개발하려 시도하였다. 헤이켈레키안(Heukelekian)과 소여(Sawyer)는 완전히 용해된 유기 기질에 대한 기대 순 수율(net yield)은 0.5 kg MLVSS $\cdot$ kg^{-1} 제거된 BOD$_5$라고 보고하였다(Heukeleian,

Orford, and Maganelli, 1951; Sawyer, 1956). 또한 대부분의 연구자들은 평균 미생물 체류 시간(또는 고형물 체류 시간, SRT)과 시스템 내 불활성 고형물 비율에 따라 달라지는 이 순 수율이 일반적으로 $0.40 \sim 0.60$ kg MLVSS $\cdot$ kg^{-1} 제거된 BOD$_5$ 범위에 있다는 데 동의한다.

매일 폐기되어야 하는 슬러지의 양은 슬러지 질량의 증가량과 유출수를 통해 빠져나가는 부유 고형물(SS)의 차이이다.

폐기되는 질량 = MLSS의 증가량 − 유출수 SS의 양   **(11-35)**

매일 발생하는 순 활성 슬러지는 다음과 같다.

$$Y_{obs} = \frac{Y}{1 + k_d \theta_c} \qquad \text{(11-36)}$$

그리고

$$P_x = Y_{obs} Q (S_o - S)(10^{-3} \text{ kg} \cdot \text{g}^{-1}) \qquad \text{(11-37)}$$

여기서 P_x = VSS 기준으로 매일 발생한 순 잉여 슬러지양(kg $\cdot$ day^{-1})

        Y_{obs} = 관측된 수율(kg MLVSS $\cdot$ kg^{-1} 제거된 BOD$_5$)

다른 용어는 이전에 정의된 대로이다.

MLSS의 증가는 VSS가 MLSS의 일부라고 가정하여 추정할 수 있다. 일반적으로 VSS는 MLVSS의 $60 \sim 80\%$라고 가정한다. 따라서 식 11-37에서 MLSS의 증가는 P_x를 $0.6 \sim 0.8$의 인수로 나누어(또는 $1.25 \sim 1.667$을 곱하여) 추정할 수 있다. 유출수로 나가는 부유 고형물의 양은 유속($Q - Q_w$)과 부유물질 농도(X_e)의 곱이다.

예제 11-8 게이츠빌(Gatesville)의 새로운 활성 슬러지 처리장에서 매일 폐기되는 슬러지의 질량을 추정하시오 (예제 11-4 및 11-7).

풀이 예제 11-4의 데이터를 사용하여 Y_{obs}를 계산한다.

$$Y_{obs} = \frac{0.50 \text{ kg VSS} \cdot \text{kg}^{-1} \text{ 제거된 BOD}_5}{1 + [(0.050 \text{ day}^{-1})(5 \text{ days})]} = 0.40 \text{ kg VSS} \cdot \text{kg}^{-1} \text{ 제거된 BOD}_5$$

매일 발생하는 순 잉여 슬러지는

$$P_x = (0.40)(0.150 \text{ m}^3 \cdot \text{s}^{-1})(84.0 \text{ g} \cdot \text{m}^{-3} - 11.1 \text{ g} \cdot \text{m}^{-3})(86,400 \text{ s} \cdot \text{day}^{-1})(10^{-3} \text{ kg} \cdot \text{g}^{-1})$$

$$= 377.9 \text{ kg} \cdot \text{day}^{-1} \text{ of VSS}$$

발생한 총질량에는 불활성 물질이 포함된다. 예제 11-7의 MLSS와 MLVSS 간 관계를 사용하여 다음을 얻는다.

MLSS 증가 = $(1.43)(377.9$ kg $\cdot$ day$^{-1}) = 540.4$ kg $\cdot$ day^{-1}

하수에서 손실된 고형물(휘발성 및 불활성 모두)의 질량은 다음과 같다.

$$(Q - Q_w)(X_e) = (0.150 \text{ m}^3 \cdot \text{s}^{-1} - 0.000642 \text{ m}^3 \cdot \text{s}^{-1})(30 \text{ g} \cdot \text{m}^{-3})(86,400 \text{ s} \cdot \text{day}^{-1})$$

$$\times (10^{-3} \text{ kg} \cdot \text{g}^{-1})$$

$$= 387.13 \text{ 또는 } 390 \text{ kg} \cdot \text{day}^{-1}$$

폐기되는 질량은 다음과 같다.

폐기되는 질량 $= 540.4 - 387.13 = 153.27$ 또는 $150 \, \text{kg} \cdot \text{day}^{-1}$

이 질량은 건조 고형물의 값이다. 슬러지의 대부분은 물이기 때문에 실제 질량은 훨씬 더 클 것이다.

산소 요구량. 산소는 세포 합성과 호흡에 필요한 에너지를 생산하기 위해 기질을 분해하는 데 필요한 반응에 사용된다. SRT가 긴 시스템의 경우 세포 유지에 필요한 산소량은 기질 대사량과 유사한 수준일 수 있다. 산소 결핍이 기질 제거속도를 제한하는 것을 방지하기 위해 반응조의 DO(용존산소)는 일반적으로 최소 $0.5 \sim 2 \, \text{mg} \cdot \text{L}^{-1}$로 유지된다.

산소 요구량은 유기물의 BOD_5와 매일 폐기되는 잉여 슬러지의 양으로부터 추정할 수 있다. 모든 BOD_5가 최종 대사산물로 변환된다고 가정하면 BOD_5를 최종 $BOD(BOD_L)$로 변환하여 총산소 요구량을 계산할 수 있다. 유기물의 일부는 폐기되는 새로운 세포로 전환되기 때문에 폐기된 세포의 BOD_L은 총산소 요구량에서 빼야 한다. 폐기된 세포의 산소 요구량은 세포 산화를 다음 반응으로 나타낼 수 있다고 가정하여 추정한다.

$$C_5H_7NO_2 + 5O_2 \rightleftharpoons 5CO_2 + 2H_2O + NH_3 + \text{세포를 위한 에너지} \tag{11-38}$$

질량비는 다음과 같다.

$$\frac{\text{산소}}{\text{세포}} = \frac{5(32)}{113} = 1.42 \tag{11-39}$$

따라서 잉여 슬러지의 산소 요구량은 $1.42(P_x)$로 추정할 수 있다.

필요한 산소의 질량은 다음과 같이 추정할 수 있다.

$$M_{O_2} = \frac{Q(S_o - S)(10^{-3} \, \text{kg} \cdot \text{g}^{-1})}{f} - 1.42(P_x) \tag{11-40}$$

여기서 $Q =$ 폭기조로 유입되는 하수유량$(\text{m}^3 \cdot \text{day}^{-1})$

$\quad S_o =$ 유입수의 용존 $BOD_5(\text{mg} \cdot \text{L}^{-1})$

$\quad S =$ 유출수의 용존 $BOD_5(\text{mg} \cdot \text{L}^{-1})$

$\quad f = BOD_5$를 최종 BOD_L로 변환하기 위한 계수

$\quad P_x =$ 발생한 잉여 슬러지양(식 11-37 참조)

공급되는 공기의 양은 공기 중 산소의 비율과 하수로 산소가 용해되는 전달 효율을 고려해야 한다.

예제 11-9 게이츠빌(Gatesville)의 새로운 활성 슬러지 처리장에 공급되어야 하는 공기의 양$(\text{m}^3 \cdot \text{day}^{-1})$을 추정하시오(예제 11-4 및 11-8). BOD_5는 최종 BOD의 68%이고, 산소 전달 효율은 8%라고 가정한다.

풀이 예제 11-4 및 11-8의 자료를 사용하여 다음을 알 수 있다.

$$Mo_2 = \frac{(0.150 \text{ m}^3 \cdot \text{s}^{-1})(84.0 \text{ g} \cdot \text{m}^{-3} - 11.1 \text{ g} \cdot \text{m}^{-3})(86,400 \text{ s} \cdot \text{day}^{-1})(10^{-3} \text{ kg} \cdot \text{g}^{-1})}{0.68}$$

$$- 1.42(377.9 \text{ kg} \cdot \text{day}^{-1} \text{ of VSS})$$

$$1,389.4 - 536.6 = 852.8 \text{ kg} \cdot \text{day}^{-1} \text{의 산소}$$

부록 A의 표 A-4에서 공기의 밀도는 표준 조건에서 $1.185 \text{ kg} \cdot \text{m}^{-3}$이다. 질량 기준으로 공기에는 약 23.2%의 산소가 포함되어 있다. 전달 효율이 100%일 때 필요한 공기의 양은

$$\frac{852.8 \text{ kg} \cdot \text{day}^{-1}}{(1.185 \text{ kg} \cdot \text{m}^{-3})(0.232)} = 3,101.99 \text{ 또는 } 3,100 \text{ m}^3 \cdot \text{day}^{-1}$$

전달 효율이 8%일 때 필요한 공기의 양은 다음과 같다.

$$\frac{3,101.99 \text{ m}^3 \cdot \text{day}^{-1}}{0.08} = 38,774.9 \text{ 또는 } 38,000 \text{ m}^3 \cdot \text{day}^{-1}$$

공정 설계 고려사항. 설계를 위해 선택하는 평균 미생물 체류 시간은 필요한 처리 수준의 함수이다. SRT(또는 슬러지 수명)가 길면 시스템에 존재하는 고형물의 양이 증가하고 처리 효율이 높아지며, 폐기물 슬러지를 적게 생성한다.

산업폐수가 공공하수 처리 시스템으로 배출되는 경우 몇 가지 추가적인 문제를 해결해야 한다. 공공하수에는 일반적으로 미생물 성장을 뒷받침하기에 충분한 질소와 인이 포함되어 있지만, 이러한 영양소 중 하나가 결핍된 산업폐수가 대량으로 유입되면 제거 효율이 저하되어 질소 또는 인의 추가가 필요할 수 있다. 질소와 BOD_5의 비율은 1:32이어야 하고, 인과 BOD_5의 비율은 1:150이어야 한다.

독성 금속 및 유기 성분의 농도는 상대적으로 낮으므로 처리장 운영을 방해하지는 않지만, 전처리 과정에서 제거되지 않으면 2가지 유해한 영향을 미칠 수 있다. 하수의 휘발성 유기화합물은 폭기조에서 대기 중으로 빠져나갈 수 있으므로 하수 처리장이 대기오염 유발시설이 될 수 있다. 또한 독성 금속이 폐기되는 슬러지에 침전되어 슬러지의 유해성을 높일 수 있다.

1차 처리를 통과한 오일과 그리스는 폭기조 표면에 그리스 볼을 형성한다. 미생물은 이 물질과 물리적으로 접촉할 수 없기 때문에 이 물질을 분해할 수 없다. 그리스 볼을 제거하기 위해 2차 침전지의 표면 수거 장비를 잘 설계해야 한다.

살수 여상

살수 여상(trickling filter)은 돌, 슬랫(slat) 또는 플라스틱 같은 입상 재료층(**여재**(media))으로 이루어지며 그 위에 하수가 살포된다. 살수 여상은 널리 사용되는 생물학적 처리 공정이다. 오랜 기간 가장 널리 사용된 방식은 하수가 통과하는 간단한 1~3 m 깊이의 돌층이다. 하수는 일반적으로 회전식 분사기에 의해 여재 표면에 분사된다(그림 11-10).

하수가 여재층을 통해 흘러내리면서 여재 표면에 자리 잡은 필름 형태로 미생물 성장이 이루어진다. 하수가 이 고정된 미생물 군집을 통과하면서 미생물과 하수의 유기화합물 사이에 접촉이 일

그림 11-10

살수 여상이 확대되어 표시된
살수 여상 시스템

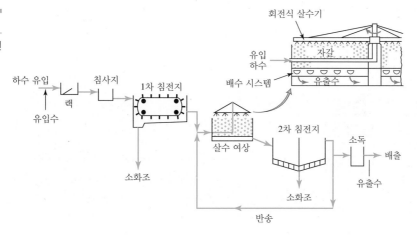

어난다.

살수 여상의 주요 기능은 여과 또는 거름이 아니다. 암석이 여재로 사용될 경우 직경은 25~100 mm으로 고형물을 걸러내기에는 공극이 너무 크다. 여재는 미생물이 유기물을 먹으며 자랄 수 있는 넓은 표면을 제공하는 역할을 하며, 미생물은 이 표면에 달라붙어 슬라임층을 형성한다.

잉여 성장한 미생물은 여재에서 씻겨 나가는데, 이것이 제거되지 않으면 부유 고형물 농도가 매우 높은 유출수가 처리장으로부터 방류된다. 따라서 살수 여상의 유출수는 침전지를 통과시켜 이러한 고형물이 침전되도록 한다.

오랜 동안 암석 살수 여상은 잘 작동해 왔지만 몇 가지 한계점이 있다. 유기물 부하가 높은 경우 점액질 미생물이 과도하게 성장해 암석 사이의 빈 공간을 막기 때문에 물이 넘쳐흘러 가동이 중지될 수 있다. 또한 암석 여재 안의 공극 부피가 한정적이고, 이는 공기의 순환과 미생물이 이용 가능한 산소량을 제한한다. 이러한 제한 요인은 결과적으로 처리 가능한 하수의 양을 제한한다.

이러한 한계를 극복하기 위해 살수 여상을 채우는 데 다른 여재가 사용되었다. 굴곡진 플라스틱 시트나 플라스틱 링 모듈이 그 예이다. 이러한 여재는 슬라임 성장을 위한 표면적을 더 많이 제공하고(전용적 1 m^3당 90 m^2, 75 mm 암석은 40~60 $m^2 \cdot m^{-3}$), 공극률을 크게 증가시켜 공기 흐름을 개선한다. 또한 여재가 암석보다 훨씬 가볍기 때문에 구조상 문제에 대한 우려 없이 살수 여상의 높이를 훨씬 더 높일 수 있다. 암석 살수 여상은 일반적으로 깊이가 3 m 이하이지만 합성 여재의 경우 12 m까지도 가능하므로 처리장에서 살수 여상이 차지하는 공간의 비중을 줄일 수 있다.

살수 여상은 적용되는 수리학적 부하 및 유기물 부하에 따라 분류된다. 수리학적 부하는 반응조 표면적 1 m^2당 하루에 적용되는 하수의 m^3 단위 부피($m^3 \cdot day^{-1} \cdot m^{-2}$) 또는 단위 시간당 적용되는 물의 깊이(mm $\cdot s^{-1}$ 또는 m $\cdot day^{-1}$)로 나타낸다. 유기물 부하는 반응조 부피 1 m^3당 일일 BOD_5의 kg 단위 질량(kg $\cdot day^{-1} \cdot m^{-3}$)으로 나타낸다. 일반적인 수리학적 부하의 범위는 1~170 m $\cdot day^{-1}$이고 유기물 부하의 범위는 0.07~1.8 kg $BOD_5 \cdot day^{-1} \cdot m^{-2}$이다(WEF, 1998).

살수 여상의 설계에서 중요한 요소는 유출수의 일부를 되돌려 여상을 다시 통과하게 하는 것으로, 이것을 **재순환**(recirculation)이라 부른다. 유입수 유량에 대한 재순환 유량의 비를 **재순환 비율**(recirculation ratio)이라 한다. 재순환은 다음과 같은 이유로 암석 여상에서 실행된다.

1. 유기물을 활성 생물학적 물질과 두 번 이상 접촉시켜 접촉 효율을 높인다.

그림 11-11

2단계 살수 여상

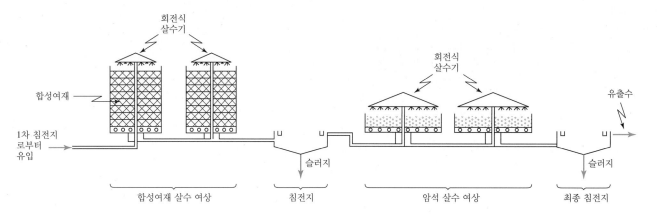

2. 24시간 간격의 부하 변동을 완화한다. 재순환 흐름의 오염물 농도는 유입되는 하수의 농도 보다 낮다. 따라서 재순환은 농도가 높은 유입수를 희석하고 약한 유입수를 보충한다.

3. 유입수의 DO를 높일 수 있다.

4. 표면 분포를 보다 고르게 하여 공극 막힘과 벌레 발생을 완화한다.

5. 유량이 너무 낮아 여재를 젖은 상태로 유지하기 어려울 수 있는 야간에 미생물 슬라임이 마르고 죽는 것을 방지한다.

재순환은 처리 효율을 개선할 수도 있고 그렇지 않을 수도 있다. 유입되는 하수의 오염물 농도가 낮을수록 재순환이 효율을 향상시킬 가능성이 낮아진다.

플라스틱 여재에서는 습윤상태를 계속 유지하며 미생물이 살아 있도록 하는 데 필요한 유량을 확보하기 위해 재순환이 실행된다. 일반적으로 습윤상태를 유지하기 위한 최소 유량 이상으로 수리학적 부하를 증가시키면 BOD_5 제거가 증가하지 않는다. 이 수리학적 부하 최솟값은 일반적으로 $25{\sim}60 \text{ m} \cdot \text{day}^{-1}$이다.

2단계 살수 여상(그림 11-11)을 사용하면 처리 효율을 향상시킬 수 있다. 두 번째 단계는 유기물과 미생물 사이에 추가적인 접촉 시간을 제공하여 첫 번째 단계 유출수의 수질을 보다 향상시킨다. 그림 11-11과 같이 2단계 살수 여상에서는 동일한 여재를 사용하거나 각 단계에 다른 여재를 사용할 수 있다. 설계자는 원하는 처리 효율과 각 대안의 경제성 분석을 기반으로 여재 유형과 배열을 선택한다.

2차 침전지 설계 고려사항. 2차 침전지는 살수 여상과 활성 슬러지 공정 모두에 필수적인 부분이지만, 환경공학자는 활성 슬러지 공정 후에 사용되는 2차 침전지에 특히 주의를 기울여 왔다. 2차 침전지는 활성 슬러지 미생물 플록의 높은 고형물 부하와 솜털 같은 특성 때문에 중요하다. 또한 반송 슬러지의 고형물 농도가 높은 것이 훨씬 바람직하다. 활성 슬러지 공정의 2차 침전지에서 일반적으로 유형 III 침전이 이루어지는 것이 특징이지만, 일부는 유형 I 및 II도 발생한다고 주장한다.

2차 침전지 설계 시 어려움은 일반적인 설계 및 작동 매개변수의 함수로 유출 부유 고형물 농도를 정확하게 예측하는 것이다. 이를 위한 이론적 작업이 거의 수행되지 않았고, 경험적 상관관계는 정확성이 떨어진다. 컴퓨터 기반 계산 방법인 **전산 유체 역학**(computational fluid dynamic)을 활용하는 것이 침전지의 수리 성능을 최적화하는 데 유용할 것으로 기대된다.

산화지

수처리 연못은 특히 소규모 지역 사회의 하수 처리 시스템으로 오랜 기간 사용되어 왔다(Benefield and Randall, 1980). 하수 처리에 사용되는 다양한 유형의 연못 시스템을 설명하기 위해 많은 용어가 사용되어 왔다. 예를 들어, 최근에는 이러한 연못을 총칭하는 용어로 산화지가 널리 사용되고 있다. 본래 **산화지**(oxidation pond)는 부분적으로 처리된 하수를 받는 연못인 반면, 미처리 하수를 받는 연못을 하수 라군으로 불렀다. **안정화지**(waste stabilization pond)는 생물학적 및 물리적 프로세스에 의해 유기성 하·폐수를 처리하는 데 사용되는 연못 또는 라군을 지칭하는 포괄적인 용어로 사용되어 왔다. 이러한 과정이 하천에서 발생하는 경우에는 자정 작용이라고 한다. 혼동을 피하기 위해 이 책에서는 다음 분류를 사용한다(Caldwell, Parker, and Uhte, 1973).

1. **호기성 연못**(aerobic pond): 깊이 1 m 미만의 얕은 연못으로, 주로 광합성 작용에 의해 전체 깊이에 걸쳐 DO가 유지된다.
2. **혐기성 연못**(anaerobic pond): 전체 깊이에 걸쳐 혐기성 조건이 우세하도록 높은 유기물 부하를 받는 깊은 연못.
3. **통성 연못**(facultative pond): 혐기성 하부 구역, 통성 중간 구역 및 광합성 및 표면 재폭기에 의해 유지되는 호기성 상부 구역이 있는 깊이 1~2.5 m의 연못.
4. **숙성 또는 3차 연못**(maturation pond, tertiary pond): 다른 생물학적 공정의 유출수를 추가 처리하는 데 사용되는 연못. 용존산소는 광합성과 표면 재폭기를 통해 공급된다. 이 유형의 연못은 **후처리 연못**(polishing pond)으로도 알려져 있다.
5. **공기주입 라군**(aerated lagoon): 표면 또는 산기관 폭기를 통해 산소가 공급되는 연못.

호기성 연못. 호기성 연못은 빛이 바닥으로 침투하여 전체 시스템에 걸쳐 활발한 조류 광합성을 유지하는 얕은 연못이다. 낮 시간 동안 광합성에 의해 많은 양의 산소가 공급된다. 어두울 때에도 얕은 물이 바람에 의해 혼합되면서 상당한 표면 재폭기가 일어난다. 호기성 연못에 유입되는 유기물질의 안정화는 주로 호기성 세균의 작용으로 이루어진다.

혐기성 연못. 유기물 부하량과 DO의 가용성은 처리 연못의 생물학적 활동이 호기성 조건에서 발생하는지 아니면 혐기성 조건에서 발생하는지를 판가름한다. 광합성으로 인한 산소 생산을 초과하는 BOD_5 부하를 적용하면 연못을 혐기성 조건으로 유지할 수 있다. 또한 표면적을 줄이고 깊이를 늘리면 광합성이 줄어든다. 혐기성 연못은 환원된 금속 황화물에 의해 탁해지는데, 이는 조류 성장을 무시할 수 있을 정도로 빛의 침투를 제한한다. 복잡한 유기물의 혐기성 처리는 2가지 단계를 포함한다. 첫 번째 단계(**산 발효**(acid fermentation))에서 복잡한 유기물질은 주로 짧은사슬의 유기산과 알코올로 분해된다. 두 번째 단계(**메테인 발효**(methane fermentation))에서 이러한 물질은 주로 메테인과 이산화탄소 가스로 분해된다. 잘 설계된 혐기성 연못에는 메테인 발효에 유리한 환경 조건이 조성된다. 혐기성 연못은 주로 전처리 공정으로 사용되며 특히 고온, 고농도 폐수 처리에 적합하다. 그러나 공공하수를 처리하는 데 성공적으로 사용된 사례도 있다.

그림 11-12

통성 연못의 개요도

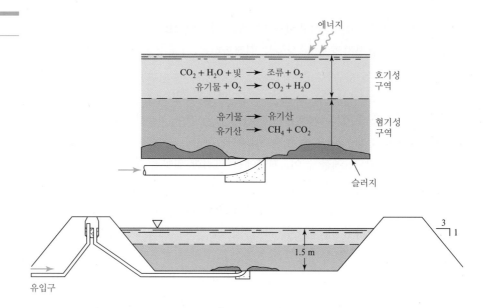

통성 연못. 라군과 연못의 5가지 일반 등급 중에서 통성 연못은 소규모 지역 사회의 하수 처리 시스템으로 선택되는 가장 일반적인 유형이다. 미국의 도시하수 처리장의 약 25%가 연못이고 이 연못의 약 90%는 인구 5,000명 이하의 지역 사회에 있다. 통성 연못은 체류 시간이 길어 유출수 수질에 큰 영향을 미치지 않으면서 유입 하수 유량과 농도의 큰 변동 대처를 용이하게 하기 때문에 소규모 지역 사회의 처리시설에 적용성이 높다. 또한 자본, 운영 및 유지관리 비용이 비슷한 수준으로 처리되는 다른 생물학적 시스템보다 적다.

통성 연못 작업의 개요도는 그림 11-12에 나와 있다. 연못 중앙으로 원수가 유입되고, 하수에 포함된 부유 고형물은 혐기성 층이 발달하는 연못 바닥으로 가라앉는다. 이 구역을 차지하는 미생물은 에너지 대사에서 전자 수용체로 산소 분자를 필요로 하지 않고 다른 화학종을 사용한다. 산 발효와 메테인 발효는 모두 바닥 슬러지 퇴적물에서 발생한다.

통성 구역은 혐기성 구역 바로 위에 존재하는데, 이는 산소 분자가 그 구역에서 항상 이용 가능하지 않다는 것을 의미한다. 일반적으로 이 구역은 주간에는 호기성, 야간에는 혐기성이다.

통성 구역 위에는 항상 산소 분자가 존재하는 호기성 구역이 존재한다. 산소는 2가지 요인으로 공급된다. 연못 수면을 통한 확산으로 일부 공급되고, 대부분은 조류 광합성 작용을 통해 공급된다.

미시간주에서 통성 라군의 설계를 평가할 때 사용되는 2가지 경험 법칙은 다음과 같다.

1. BOD_5 부하량이 가장 작은 라군 셀에서 $22 \ kg \cdot ha^{-1} \cdot day^{-1}$을 초과해서는 안 된다.

2. 라군에서의 체류 시간(모든 셀의 총부피를 고려하지만 계산에서 바닥 0.6 m는 제외)은 6개월이어야 한다.

첫 번째 기준은 연못이 혐기성이 되는 것을 방지한다. 두 번째 기준은 하천의 유량이 너무 적어 소량의 BOD도 수용하지 못할 수 있는 여름철 또는 하천이 얼어붙을 수 있는 겨울철에 하수를 보유하기에 충분한 저장 공간을 확보하기 위한 것이다.

회전원판법

회전원판법(rotating biological contactor, RBC)은 수평 샤프트에 장착된 간격이 촘촘한 일련의 디스크(직경 3~3.5 m)로 구성되며, 표면적의 약 절반이 하수에 잠긴 채로 회전한다(그림 11-13). 디스크는 일반적으로 경량 플라스틱 재질이며, 디스크의 회전속도는 조정할 수 있다.

공정이 가동되면 하수의 미생물이 회전하는 표면에 부착되기 시작하여 디스크의 전체 표면적이 1~3 mm의 생물 점액층으로 덮일 때까지 성장한다. 디스크가 회전하면서 하수 필름을 공기 중으로 운반한다. 이 하수는 디스크 표면을 따라 흘러내리며 산소를 흡수한다. 이 하수 필름이 있는 디스크 표면이 물속으로 들어가면 필름의 물은 수조의 하수와 혼합되어, 수조에 산소를 공급하고 처리된 하수와 부분적으로 처리된 하수를 서로 혼합시킨다. 부착된 미생물이 수조의 물을 통과할 때 분해를 위해 다른 유기화합물을 흡수한다. 잉여 성장 미생물은 수조의 물을 통과할 때 전단력에 의해 디스크로부터 떨어져 나간다. 이 제거된 미생물은 디스크의 움직임에 의해 부유상태로 유지된다. 정리하면, 디스크는 다음의 여러 가지 기능을 한다.

1. 부착된 미생물 성장을 위한 매체가 된다.
2. 성장하는 미생물을 하수와 접촉시킨다.
3. 수조에 있는 하수와 부유 미생물에 산소를 공급한다.

그림 11-13

회전원판법과 공정 구성도

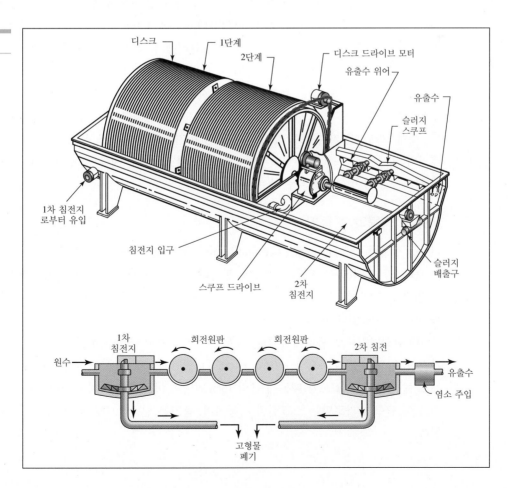

회전원판법의 미생물 부착 성장 방식은 하수가 미생물을 통과하는 것이 아니라 미생물이 하수를 통과한다는 점을 제외하고는 살수 여상과 개념이 유사하다. 회전원판법은 살수 여상과 활성 슬러지 공정의 장점의 일부를 갖고 있다.

처리된 하수가 디스크 아래 수조에서 흐르면서, 부유된 미생물을 유출구 쪽으로 밀어내어 부유 고형물을 제거하는 침전지로 이동시킨다. 이 작용으로 일반적인 2차 처리수 또는 그 이상의 품질을 달성할 수 있다. 여러 세트의 디스크를 직렬로 배치하면 암모니아에서 질산염으로의 생물학적 변환을 포함한 훨씬 높은 수준의 처리를 달성할 수 있다.

회전원판법이 현장에 도입되는 과정은 순탄하지 않았다. 열악한 기계적 설계와 생물학적 공정에 대한 이해 부족으로 샤프트, 디스크 등의 구조적 고장이 발생하였다. 그러나 현재는 초기 설치의 많은 문제가 해결되어 회전원판법이 원활하게 설치·운영되고 있다.

회전원판법 공정은 작동이 간단하고 에너지 사용량이 상대적으로 적으며, 작은 지역 사회에 적용될 수 있다.

통합 고정막 활성 슬러지

통합 고정막 활성 슬러지(integrated fixed−film activated sludge, IFAS)에는 부유 성장 반응기에 고정 필름 매체를 통합하는 모든 활성 슬러지 시스템이 포함된다. 고정 필름 매체의 목적은 반응조의 바이오매스 농도를 증가시키는 것이다. 이를 통해 반응조 크기를 줄이거나 기존 반응조를 개조한 경우 반응조의 처리 용량을 늘릴 수 있다. 다양한 유형의 부유 성장 시스템이 사용되었으며, 여기에는 기존의 수정된 루자크-에팅거(modified Ludzack-Ettinger) 및 단계적 탈질화가 포함된다. 이러한 공정은 슬러지 반송을 사용한다는 점에서 아래에 설명된 이동층 생물막 반응기와 다르다.

로프(더 이상 사용하지 않음), 스펀지, 플라스틱 캐리어, BioWeb™이라고 하는 벌집형 폴리에스터 직물을 포함하여 많은 유형의 매체가 사용되어 왔다. 매체를 프레임에 고정시키는 방식이 부속품이 덜 필요하고 자유 부동 매체가 일으키는 수압 문제를 피할 수 있기 때문에 선호된다.

매체 프레임은 재래식 활성 슬러지 공정 폭기조의 미세기포 산기관 그리드 위에 배치된다. 프레임의 크기는 폭기조 치수에 맞추어 다양하게 할 수 있다. 예를 들어, 3.8 m×3.8 m에 높이 4 m인 두 장치를 흐름 방향으로 나란히 배치할 수 있다.

이동층 생물막 반응기

이동층 생물막 반응기(moving bed biofilm reactor)는 반응기에서 생물막의 성장을 지원하기 위해 작은 플라스틱 조각(유효 직경 7~22 mm 정도)을 사용한다. 이 하이브리드형 시스템의 부유 성장 부분은 완전 혼합형 반응조로 설계되며, 일반적으로 폭기에 의해 혼합이 이루어지지만 기계식 혼합장치를 사용할 수도 있다. 이 공정은 슬러지 반송을 사용하지 않는다.

매체(일반적으로 폴리에틸렌)는 높은 표면적($250~515 \ m^2 \cdot m^{-3}$)을 제공하는 기하학적 구조를 가지며, 밀도는 물에 가깝다($\approx 0.96 \ g \cdot cm^{-3}$). 일반적으로 반응조 전체 부피의 1/3에서 2/3까지 매체로 채워지는데, 그 모양 때문에 물의 15% 미만이 이동한다. 매체가 폭기조를 떠나는 것을 방지하기 위해 출구를 가로막는 스크린이 사용되며, 폭기는 일반적으로 조대 기포 산기관에 의해 이루어진다.

11-9 소독

2차 처리시설의 마지막 처리 단계는 처리된 하수에 소독제를 첨가하는 것이다. 미국에서는 염소가스 또는 다른 형태의 염소를 첨가하는 것이 일반적이다. 10장에서 논의된 염소 반응 및 부산물의 화학적 성질은 하수 소독에도 적용된다. 염소는 자동화된 공급 시스템으로 하수에 주입되고, 하수는 반응조로 유입되어 염소가 병원체와 반응할 수 있도록 약 15분 동안 머무른다.

하수 소독은 득보다 실이 많을 수 있다는 우려가 있다. 하수 100 mL당 200개의 분원성 대장균의 소독을 달성토록 요구하던 초기 EPA 규정은 사람들이 오염된 물과 접촉할 수 있는 여름철에만 소독을 요구하도록 수정되었다. 이러한 변화에는 3가지 이유가 있다. 첫 번째는 염소와 오존을 사용하면 발암성 유기화합물이 형성될 수도 있다. 두 번째는 소독 과정이 병원체 자체를 죽이는 것보다 포낭과 바이러스의 포식자를 죽이는 데 더 효과적이어서, 포식자 감소로 자연환경에서 이러한 병원체의 생존 기간을 연장시키는 역효과를 가져올 수 있는 점이다. 세 번째로 염소, 특히 암모니아와 반응하여 생성되는 클로라민은 물고기에게 매우 유독하다.

탈염소 공정은 염소를 소독제로 사용할 때의 우려사항을 줄일 수 있다. 또한 염소 대신에 자외선과 같은 다른 공정을 사용할 수도 있다.

11-10 3차 처리

2차 처리 이상의 하수 처리 필요성은 다음 중 하나 이상에 대한 인지를 기반으로 한다.

1. 인구 증가가 계속되면 강, 시내, 호수로 유입되는 유기물 및 부유 고형물의 부하가 증가한다.
2. 보다 효율적인 소독을 위해 부유 고형물을 더 완벽히 제거할 필요가 있다.
3. 민감한 수역의 부영양화를 제한하기 위해 영양분을 제거할 필요가 있다.
4. 물 재이용을 방해하거나 억제하는 성분을 제거할 필요가 있다.

1970년대 초반에는 이러한 공정이 2차 처리 방식보다 고도로 발전된 기술을 사용했기 때문에 "고도 하수 처리"라고 불렸다. 그러나 지난 30년 동안 이러한 기술 중 많은 부분이 영양분 제거와 같은 2차 공정에 통합되었거나 엄격한 배출 기준을 충족하는 데 내재됨으로써 통상적인 기술이 되었다. 이러한 공정에는 화학적 침전, 입상여과, 막 여과 및 활성탄 흡착이 포함되며, 이들은 통상적인 처리기술이므로 고도 처리 공정보다는 3차 처리 공정으로 부르는 것이 더 적절하다. 현재는 탈기(air stripping), 이온 교환, 나노여과(NF), 역삼투(RO) 처리 또는 기타 유사한 공정을 사용하여 수질 요구사항을 충족하는 것을 고도 하수 처리라고 한다. 고도 하수 처리 기술은 기본적으로 재이용을 위해 물을 처리하는 데 사용되는 기술이다.

이 책에서는 입상여과, 막 여과, 활성탄 흡착, 화학적 인 제거, 생물학적 인 제거 및 질소 제어와 같은 3차 처리 공정을 중점적으로 논의한다.

여과

활성 슬러지 공정과 같은 2차 처리 공정은 생분해성 콜로이드 및 용존 유기물 제거에 매우 효과적이다. 그러나 일반적인 2차 처리 유출수에는 이론에서 예상되는 것보다 훨씬 더 높은 BOD_5가 포함되어 있다. 일반적인 BOD는 약 20~50 mg · L^{-1}인데, 이는 주로 2차 침전지가 생물학적 처리 과정에서 유래한 미생물을 침전시키는 데 완벽하게 효율적이지 않기 때문이다. 죽은 세포의 생물학적 분해가 야기하는 산소 요구량으로 인해 이 미생물은 부유 고형물과 BOD_5에 모두 기여한다.

입상여과. 정수장에서 사용하는 것과 유사한 여과 공정을 이용하여 침전되지 않은 미생물을 비롯한 잔류 부유물질을 제거할 수 있는데, 미생물을 제거하면 잔류 BOD_5도 감소한다. 이때 수처리에 사용되는 것과 동일한 재래식 모래 여과지를 사용할 수 있지만 빠르게 막히는 경우가 많아 역세척이 자주 필요하다. 여과기 가동 시간을 연장하고 역세척을 줄이려면 여과지 상단의 여재 크기가 상대적으로 커야 한다. 이러한 배열을 통해 미생물 플록의 더 큰 입자 중 일부가 여재의 공극을 막지 않으면서 표면에 갇힐 수 있다. 다층여과는 큰 입자 크기에는 저밀도 석탄을, 중간 크기에는 중간 밀도 모래를, 가장 작은 입자 크기에는 고밀도 석류석을 사용한다. 역세척을 하는 동안 큰 밀도의 효과가 작은 크기의 효과를 상쇄하여 석탄이 가장 위에, 모래는 가운데에, 석류석은 가장 아래에 남는다.

일반적으로 단순 여과지는 활성 슬러지 유출 부유 고형물을 25 mg · L^{-1}에서 10 mg · L^{-1}로 줄일 수 있다. 살수 여상의 유출수에는 미생물이 보다 분산되어 존재하므로 단순 여과지가 그리 효과적이지 않다. 그러나 응집 및 침전을 적용하고 나서 여과를 실시하면 부유 고형물 농도를 거의 0으로 만들 수 있다. 일반적으로 여과는 활성 슬러지 유출수의 경우 80% 감소, 살수 여상 유출수의 경우 70% 감소를 달성할 수 있다.

막여과. 막 공정에 대해서는 10장에서 논의되었으며, 5가지 공정 중 3차 처리에 가장 일반적으로 사용되는 공정은 정밀여과(MF)이다. 이는 입상여과의 대체용으로 또는 그 후속 처리 단계로 사용될 수 있다. MF 공정은 75~90%의 BOD 제거 및 95~98%의 총부유 고형물 제거를 달성할 수 있다. 성능은 현장별로 다르고, 막 오염이 특히 우려되기 때문에 현장 파일럿 시험을 실시하는 것이 좋다 (Metcalf & Eddy, 2003).

활성탄 흡착

2차 처리, 응집, 침전 및 여과 후에도 생물학적 분해에 대한 저항성이 높은 용해성 유기물질이 하수에 잔류할 수 있다. 이러한 잔류성 물질을 **난분해성 유기화합물**(refractory organic compound)이라고 한다. 난분해성 유기화합물은 용존 COD로 유출수에서 검출될 수 있다. 2차 처리수의 COD 값은 30~60 mg · L^{-1} 수준인 경우가 많다.

난분해성 유기화합물을 제거하는 가장 실용적인 방법은 활성탄에 흡착시키는 것이다(U.S. EPA, 1979). 흡착은 계면에 물질이 축적되는 것으로, 하수-활성탄 시스템의 경우 계면은 액체-고체 경계층이다. 분자가 고체 표면에 물리적으로 결합함으로써 유기물질이 계면에 축적된다. 탄소의 활성화는 산소가 없는 상태에서 가열하여 이루어지며 활성화 과정에서 각 탄소 입자 내에 많은 공극이 형성된다. 흡착은 표면에서 일어나는 현상이기 때문에 탄소의 표면적이 클수록 유기물질을 잡아두는 능력이 커진다. 이 공극 내 벽의 넓은 영역은 활성탄 전체 표면적의 대부분을 차지하므로 유기화합물을 제거하는 데 매우 효과적이다.

활성탄의 흡착 용량이 소진된 후에는 흡착된 유기물질을 제거할 수 있는 높은 온도의 노 (furnace)에서 활성탄을 가열하여 재생할 수 있다. 노에서 산소를 매우 낮은 수준으로 유지하면 탄소가 타는 것을 방지할 수 있다. 유기화합물은 대기오염을 방지하기 위해 후속 연소기(afterburner)를 통과한다. 현장 재생로의 비용을 감당할 수 없는 소규모 처리장에서는 사용된 활성탄을 중앙 재생시설로 운송하여 처리한다.

화학적 인 제거

모든 폴리인산염(분자적으로 탈수된 폴리인산염)은 수용액에서 점차적으로 가수분해되어 이들의 기원 물질인 오르토(ortho) 형태(PO_4^{3-})로 되돌아간다. 예를 들어 피로인산사나트륨($Na_4P_2O_7$)은 수용액에서 가수분해되어 하수에서 일반적으로 발견되는 일수소인산염(HPO_4^{2-})을 형성한다.

$$Na_4P_2O_7 + H_2O \rightleftharpoons 2Na_2HPO_4 \tag{11-41}$$

부영양화를 방지하거나 줄이기 위한 인의 제거는 일반적으로 3가지 화합물 중 하나를 사용하는 화학적 침전에 의해 수행된다. 각각에 대한 침전 반응은 다음과 같다.

염화철 사용:

$$FeCl_3 + HPO_4^{2-} \rightleftharpoons FePO_4 \, (s) + H^+ + 3Cl^- \tag{11-42}$$

알럼 사용:

$$Al_2(SO_4)_3 + 2HPO_4^{2-} \rightleftharpoons 2AlPO_4 \, (s) + 2H^+ + 3SO_4^{2-} \tag{11-43}$$

석회 사용:

$$5Ca(OH)_2 + 3HPO_4^{2-} \rightleftharpoons Ca_5(PO_4)_3OH \, (s) + 3H_2O + 6OH^- \tag{11-44}$$

염화철과 알럼은 pH를 낮추는 반면, 석회는 pH를 높인다는 점에 유의한다. 알럼과 염화철의 효과적인 pH 범위는 5.5~7.0이다. 완충 작용으로 시스템의 pH를 이 범위로 유지할 만큼 자연적으로 발생하는 알칼리도가 충분하지 않은 경우 생성된 H^+를 상쇄하기 위해 석회를 추가해야 한다.

화학적 인 제거에는 침전물을 제거하기 위해 반응조와 침전조가 필요하다. 염화제2철과 알럼을 사용하는 경우 화학물질을 활성 슬러지 시스템의 폭기조에 직접 추가할 수 있으며, 이때 폭기조는 반응조 역할을 한다. 그런 다음 침전물은 2차 침전지에서 제거된다. 그러나 석회의 경우 침전물을 형성하는 데 필요한 높은 pH가 활성 슬러지 미생물에 해롭기 때문에 활성 슬러지 공정에 직접 추가할 수 없다. 일부 하수 처리장에서는 하수가 1차 침전지에 들어가기 전에 $FeCl_3$(또는 알럼)를 첨가하는데, 이는 1차 침전지의 효율을 향상시키지만 후속 생물학적 공정의 영양분 부족을 야기할 수 있다.

예제 11-10 폐수에 용해성 오르토인산염 농도가 $4.00 \, mg \cdot L^{-1}$ as P인 경우 이를 완전히 제거하는 데 필요한 염화철의 이론적인 양은 얼마인지 구하시오.

풀이 식 11-42에서, 제거할 인 1몰에 염화철 1몰이 필요함을 알 수 있다. 각 물질의 분자량은 다음과 같다.

$FeCl_3 = 162.21 \, g$

$P = 30.97 \, g$

$4.00 \text{ mg} \cdot \text{L}^{-1}$의 $PO_4 - P$에서 염화철의 이론적인 양은 다음과 같다.

$$4.00 \times \frac{162.21}{30.97} = 20.95 \text{ 또는 } 21.0 \text{ mg} \cdot \text{L}^{-1}$$

부반응, 용해도 곱의 한계, 일별 변화 등의 오차 요인이 있으므로 실제 첨가되는 화학물질의 양은 하수에 대한 교반 시험(jar test)을 통해 결정해야 한다. 실제 염화제2철 투여량은 이론적으로 계산된 양의 1.5~3배가 될 것으로 예상할 수 있다. 마찬가지로 실제 알럼 투여량은 이론적으로 계산된 양의 1.25~2.5배가 된다.

생물학적 인 제거

생물학적 인 제거(biological phosphorus removal, BPR 또는 Bio-P)나 개선된 생물학적 인 제거(enhanced BPR, EBPR)에서 하수의 인은 세포 합성 및 유지에 필요한 수준을 초과하는 하수의 인이 세포 내에 축적되는데, 이는 바이오매스를 혐기성 환경에서 호기성 환경으로 이동함으로써 달성된다. 바이오매스에 함유된 인은 미생물 슬러지의 형태로 공정에서 제거된다.

미생물 작용. 생물학적 인 제거에 대한 초기 연구에서 아시네토박터(*Acinetobacter*)가 여기에 관여하는 속으로 확인되었다. 후속 연구를 통해 아르트로박터(*Arthrobacter*), 아에로모나스(*Aeromonas*), 노카르디아(*Nocardia*) 및 슈드모나스(*Pseudomonas*)와 같은 속에서도 Bio-P 세균을 확인하였다. 이 속의 Bio-P 생물을 인 축적 생물(phosphorus accumulating organism, PAO)이라고 한다.

코모(Comeau) 등(1986)의 연구를 기반으로, 웬첼(Wentzel) 등(1986)은 생물학적 인 제거를 설명하는 데 사용되는 기계론적 모델을 개발하였는데, 이 모델은 다음을 제안한다(Stephens and Stensel, 1998).

화학적 산소 요구량(COD)은 혐기성 조건에서 통성 세균에 의해 아세테이트(acetate)로 변환된다. 세균은 혐기성 구역에서 아세테이트를 동화시키고 이를 폴리하이드록시부티레이트(polyhydroxybutyrate, PHB)로 전환한다. 세포에 저장된 폴리인산염은 분해되어 PHB 형성에 필요한 ATP(adenosine triphosphate)를 제공하고, 폴리인산염의 분해는 오르토인산염(orthophosphorus)과 마그네슘, 칼륨, 칼슘의 방출로 이루어진다. 호기성 조건에서 PHB는 산화되어 새로운 세포를 합성하고 ATP 형성에 필요한 환원력을 제공하며, 인산염과 무기 양이온이 흡수되어 폴리인산염 입자를 형성한다. 호기성 조건에서 흡수된 인산염의 양은 혐기성 조건에서 방출된 인을 초과하여 하수로부터의 인의 순 제거가 달성된다.

화학량론. 활성 슬러지의 일반적인 종속영양세균은 0.01~0.02 g P/g 바이오매스의 인 함량을 갖는다. PAO는 인을 인산염 형태로 저장할 수 있으며, PAO에서 인 함량은 0.2~0.3 g P/g 바이오매스에 달할 수 있다.

아세테이트(즉, 아세트산; CH_3COOH) 흡수는 PAO의 양과 이 경로에 의해 제거될 수 있는 인의 양을 결정하는 데 중요하다. 상당한 양의 DO 또는 질산염이 혐기성 구역에 들어가면 아세테이트는 PAO에 의해 흡수되기 전에 고갈된다. 생물학적 인 제거는, 질산화는 발생하지만 탈질이 이루어지지 않는 시스템에서는 사용되지 않는다.

인 제거량은 하수 유입수의 용존 COD의 양으로 추정할 수 있다. 생물학적 인 제거의 화학량론을 평가하기 위해 다음 가정이 사용된다: (1) COD가 휘발성 지방산으로 발효될 때 1.06 g 아세테이트/g COD 생성, (2) 미생물 수율은 0.3 g VSS/g 아세테이트, (3) 세포 인 함량은 0.3 g의 P/g VSS. 이러한 가정으로 계산하면 1 g의 인을 제거하기 위해서는 10 g의 COD가 필요하다(Metcalf & Eddy, 2003). 생물학적 인 제거 공정에 대한 설계 원칙과 운영은 수처리 및 하·폐수처리 공학(Water and Wastewater Engineering)(Davis, 2010)에 나와 있다.

질소 제어

수용성 질소 형태(NH_3, NH_4^+, NO^-, NO_3^-)는 영양소이지만 방류수계에서 조류 성장을 제어하기 위해 하수에서 제거해야 할 수 있다. 또한 암모니아 형태의 질소는 산소 요구량에 기여하며 물고기에게 유독할 수 있다. 질소 제거는 생물학적 또는 화학적으로 수행할 수 있다. 생물학적 과정을 **질산화-탈질화**(nitrification-denitrification)라고 하며, 화학 공정을 **암모니아 탈기**(ammonia stripping)라고 한다.

질산화-탈질화. 자연 질산화 과정은 온난한 기후에서 15일, 추운 기후에서 20일 이상의 세포 체류 시간(θ_c)을 유지함으로써 활성 슬러지 시스템에서 발생하도록 할 수 있다. 질산화 단계는 다음과 같이 화학적으로 표현된다.

$$NH_4^+ + 2O_2 \underset{}{\overset{세균}{\rightleftharpoons}} NO_3^- + H_2O + 2H^+ \tag{11-45}$$

물론 반응이 일어나려면 세균이 존재해야 한다. 이 단계는 암모늄 이온의 산소 요구량을 충족시킨다. 질소 수준이 방류수계에 문제가 되지 않는 경우 하수는 2차 침전 후 방류될 수 있다. 질소가 우려되는 경우에는 질산화 단계 다음에 세균에 의한 무산소 탈질화가 이루어져야 한다.

$$2NO_3^- + 유기물 \underset{}{\overset{세균}{\rightleftharpoons}} N_2 + CO_2 + H_2O \tag{11-46}$$

화학 반응에서 알 수 있듯이 탈질에는 유기물이 필요하다. 유기물은 세균의 에너지원 역할을 하며, 세포 내부 또는 외부에서 얻을 수 있다. 다단계 질소 제거 시스템에서 탈질 공정 유입수의 BOD_5 농도는 일반적으로 상당히 낮기 때문에 신속한 탈질을 위해 추가 유기 탄소원이 필요하다. (하수가 이전에 탄소 BOD 제거 및 질산화 공정을 거쳤기 때문에 BOD_5 농도가 낮다.) 유기물은 미처리, 침전된 하수이거나 메탄올(CH_3OH)과 같은 합성물질일 수 있다. 처리 및 침전되지 않은 하수는 BOD_5 및 암모니아 함량을 증가시켜 유출수 품질에 부정적인 영향을 미칠 수 있다. 생물학적 질소 제거 공정에 대한 설계 원칙은 수처리 및 하·폐수처리 공학(Water and Wastewater Engineering)(Davis, 2010)에 나와 있다.

암모니아 탈기. 암모니아 형태의 질소는 pH를 높여 암모늄 이온을 암모니아로 전환하여 물에서 화학적으로 제거하고, 그 다음 물에 많은 양의 공기를 통과시켜 물에서 빼낼 수 있다. 이 공정은 질산염 제거 효과가 없으므로 활성 슬러지 공정은 질산화를 방지하기 위해 짧은 세포 체류 시간으로 운영되어야 한다. 암모니아 탈기 반응은 다음과 같다.

$$NH_4^+ + OH^- \rightleftharpoons NH_3 + H_2O \tag{11-47}$$

수산화 이온은 일반적으로 석회를 첨가하여 공급된다. 석회는 공기 및 물의 CO_2와 반응하여 탄산 칼슘 스케일을 형성하므로, 이는 주기적으로 제거되어야 한다. 낮은 온도는 결빙 문제를 일으키고 암모니아의 용해도 증가로 탈기 능력을 감소시킨다.

11-11 지속 가능성을 위한 토지 처리

매우 고품질의 유출수를 생산하기 위해, 앞서 논의한 고도 하수 처리 공정의 대안으로 '토지 처리(land treatment)'라는 접근 방식이 있다. 토지 처리는 일반적으로 2차 처리된 물을 몇 가지 재래식 관개 방법 중 하나로 토지에 뿌리는 것이다. 이 방식은 하수와 하수에 포함된 영양분을 버려야 할 물질로 여기지 않고 자원으로 사용한다. 처리는 하수가 토양과 식물이 제공하는 천연 필터를 통과할 때 자연적인 과정에 의해 이루어진다. 하수의 일부는 증발산에 의해 손실되고, 나머지는 육상 흐름 또는 지하수계를 통해 자연적인 수문 순환의 일부가 된다. 대부분의 지하수는 직간접적으로 지표수 시스템으로 되돌아간다.

하수의 토지 처리는 작물 성장에 필요한 수분과 영양분을 제공할 수 있다. 반건조 지역에서는 작물 성장을 위한 수분이 충분하지 않고 물 공급이 제한되기 때문에, 이 물이 특히 가치가 있다. 1차 영양소(질소, 인, 칼륨)는 기존 2차 처리 공정에서 약간만 줄어들어 대부분은 2차 처리수에 여전히 존재한다. 매년 작물 수확과 토양 침식으로 인한 손실로 인해 소모되는 토양 영양소를 하수가 보충해 줄 수 있다. 토지 처리는 오물의 처리 및 처분에 가장 오랫동안 사용되어 온 방법으로, 도시에서는 400년 이상 이 방법이 사용되어 왔다. 베를린, 멜버른, 파리를 비롯한 여러 주요 도시에서는 오물의 처리 및 처분을 위해 최소 60년 동안 "하수 농장"을 사용해 왔다. 또한 미국의 약 600개 지역 사회는 지표 관개에 공공하수 처리장 처리수를 재이용한다.

토지 처리 시스템은 3가지 기본 접근 방식 중 하나를 사용한다(Pound, Crites, and Griffes, 1976).

1. 저속(slow rate)
2. 지표 흐름(overland flow)
3. 고속 침투(rapid infiltration)

그림 11-14에 개략적으로 표시된 각 방법은 다양한 품질의 재생수를 생산할 수 있고, 다양한 현장 조건에 적용할 수 있으며, 다양한 최종 목표를 달성할 수 있다.

저속

오늘날 사용되는 주요 토지 시용 방법인 관개는 하수를 처리하면서 식물의 성장 요구를 충족시키기 위해 토지에 하수 처리수를 적용하는 것을 일컫는다. 적용된 하수는 토양으로 스며들 때 물리적, 화학적, 생물학적 기작으로 처리된다. 하수는 다음과 같은 목적으로 스프링클러나 기타 표면 살수 기술로 작물 또는 식생(삼림 포함)에 적용할 수 있다.

1. 영양소의 지표유출 방지

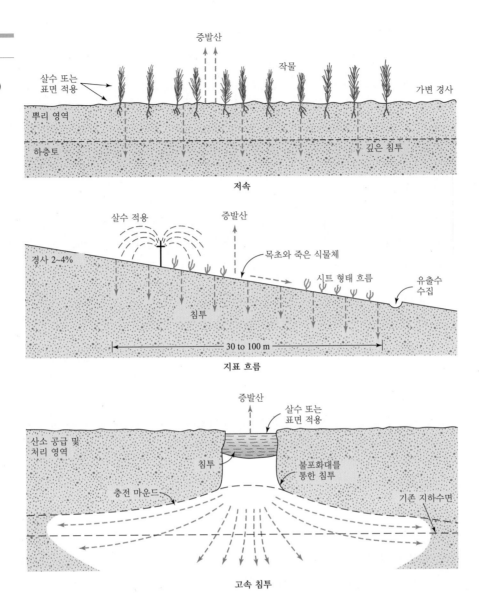

그림 11-14

토지 처리 방법
(출처: Pound et al., 1976.)

2. 물과 영양분을 사용하여 시장성이 있는 작물을 생산함으로써 경제적 이익 창출

3. 잔디, 공원 또는 골프장의 관개수를 대체하여 물 절약

4. 녹지나 열린 공간의 보전 및 확충

관개용 물이 가치 있는 곳에서 작물은 사용률에 맞추어 관개될 수 있다(3.5~10 mm · day^{-1}, 작물에 따라 다름). 작물 판매로 인한 경제적 수익은 토지 및 처리수 공급 시스템에 소요되는 비용을 상쇄할 수 있다. 반면에 관개용 물의 가치가 거의 없는 곳에서는 수리학적 부하를 최대화하여(처리수의 수질이 기준을 충족하는 한) 시스템 비용을 최소화할 수 있다. 고속 관개(10~15 mm · day^{-1})에서는 영양분 흡수율이 높은 내습성 목초를 선택한다.

지표 흐름

지표 흐름은 하수가 경사진 지형의 상부에 적용되고 식생 표면을 가로질러 유출수 수집 도랑으로

흐르도록 하는 생물학적 처리 과정이다. 하수가 상대적으로 불투수성인 경사면을 따라 얇은 시트와 같은 형태로 흐르면서 물리적, 화학적, 생물학적 기작으로 처리가 이루어진다.

지표 흐름은 BOD가 낮은 질산화된 유출수의 방류가 허용되는 지역에서 2차 처리 공정으로 사용하거나 고도 하수 처리 공정으로 사용할 수 있다. 후자가 목적일 경우 요구되는 고도 하수 처리의 목표 수준에 따라 높은 적용 비율($18 \, mm \cdot day^{-1}$ 이상)이 가능할 수 있다. 지표 방류가 금지된 곳에서는 유출수를 순환하거나 관개 또는 침투 시스템으로 토지에 적용할 수 있다.

고속 침투

침투 시스템에서 유출수는 저류지에 살포하거나 뿌리는 방식으로 토양에 높은 비율로 적용된다. 처리는 물이 토양층을 통과하면서 이루어지며 적용 목표는 다음과 같다.

1. 지하수 함양
2. 자연 처리 후 양수나 바닥 배수로 처리수 회수
3. 물이 수직·수평으로 이동하면서 자연 처리된 후 지표수 함양

지하수의 수질이 염분 침입으로 인해 저하되는 경우 지하수 재충전은 동수경사를 역전시키고 기존 지하수를 보호할 수 있다. 기존 지하수의 수질이 예상되는 처리수 수질과 맞지 않거나 물 권리로 인해 방류 위치에 제한이 있는 경우, 양수, 바닥 배수 또는 자연 배수를 사용하여 처리수를 지표수계로 방류시킬 수 있다. 예를 들어, 애리조나주 피닉스에서는 기존 지하수의 수질이 좋지 않으므로, 처리수를 양수하여 관개용 수로로 배출한다.

잠재적인 부작용

토지 처리는 잠재적으로 환경에 부정적 영향을 미칠 수 있다. 토지 처리장 근처의 얕은 지하수 관정은 병원균이나 질산염과 같은 화학물질로 오염될 수 있으며, 염분 농도가 높아 물맛이 좋지 않거나 음용이 불가능할 수 있다. 또한 지표수 방류는 방류수계의 염도를 허용할 수 없는 수준으로 높일 수 있다. 이러한 이유로 토지 처리는 신중한 수문 분석을 바탕으로 설계되어야 하며, 수질 감시용 관정을 설치하여야 한다.

11-12 슬러지 처리

하수를 정화하는 과정에서 또 다른 문제인 슬러지가 발생한다. 하수 처리의 수준이 높아질수록 처리해야 하는 슬러지의 양은 많아진다. 추가 처리가 슬러지를 발생시키지 않는 경우는 토지 처리나 후처리 라군 정도이다. 슬러지의 처리 및 처분은 공공 처리 시스템에서 가장 복잡하고 비용이 많이 드는 단위 작업일 수 있다(U.S. EPA, 1979). 슬러지는 원수에서 침전된 물질과 하수 처리 과정에서 발생하는 고형물로 만들어진다.

발생하는 슬러지의 양은 상당하다. 1차 처리의 경우 처리된 폐수 부피의 0.25~0.35%에 해당한다. 처리장을 활성 슬러지로 업그레이드하면, 그 양은 처리수 부피의 1.5~2.0%로 증가한다. 인 제거를 위해 화학물질을 사용하면 1.0%가 추가 발생한다. 처리 공정에서 배출된 슬러지의 97%는 물이기 때문에 슬러지 처리 공정에서 중요한 것은 고형 잔류물에서 최대한 많은 물을 분리하는 것이

다. 분리된 물은 하수 처리장으로 되돌아가 처리된다.

각종 슬러지의 발생원 및 특성

다양한 처리 과정에 대한 논의를 시작하기 전에 처리해야 하는 슬러지의 발생원과 특성을 요약한다.

그릿. 침사지에 모인 모래, 깨진 유리, 너트, 볼트 및 기타 조밀한 물질은 유체가 아니라는 점에서 진정한 슬러지는 아니지만 폐기가 필요하다. 그릿은 쉽게 배수시킬 수 있고 생물학적으로 비교적 안정적이기 때문에(생분해성이 아님) 일반적으로 추가 처리 없이 매립지로 직접 운송된다.

1차 또는 생슬러지. 1차 침전지 바닥의 슬러지 약 70%가 유기물인 3~8%의 고형물(1% 고형물 = 1 g 고형물 · 100 mL^{-1} 슬러지 부피)을 포함한다. 이 슬러지는 빠르게 혐기성으로 변하고 심한 악취가 난다.

2차 슬러지. 이 슬러지는 2차 처리 과정에서 버려지는 미생물과 불활성 물질로 구성되어 있어, 고형물의 약 90%가 유기물이다. 공기를 공급하지 않으면 이 슬러지도 혐기성이 되므로 처분 전에 미리 처리해야 한다. 고체 함량은 발생지에 따라 다르다. 잉여 슬러지는 일반적으로 0.5~2%의 고형물을 포함하는 반면, 살수 여상 슬러지는 2~5%의 고형물을 포함한다. 폭기조가 화학물질을 첨가하여 인을 제거하는 반응조로 사용될 때에는 2차 슬러지에 다량의 화학 침전물이 포함된다.

3차 슬러지. 고도 하수 처리 공정에서 발생하는 슬러지의 특성은 공정의 특성에 따라 다르다. 예를 들어, 인 제거 공정은 처리 및 처분이 어려운 화학적 슬러지를 생성한다. 활성 슬러지 공정에서 인 제거를 실시하면 화학적 슬러지가 생물학적 슬러지와 결합되어 처리하기가 더 어려워진다. 탈질에 의한 질소 제거는 잉여 슬러지와 매우 유사한 특성을 갖는 생물학적 슬러지를 생성한다.

고형물 계산

대부분의 하수 처리장 슬러지의 주요 구성 성분은 물이기 때문에 슬러지의 부피는 수분 함량의 함수이다. 따라서 고형물의 함량과 비중을 알면 슬러지의 부피를 추정할 수 있다. 하수 슬러지의 고형물은 비휘발성(무기) 고형물과 휘발성(유기) 고형물로 구성된다. 고체의 총부피는 다음과 같이 나타낼 수 있다.

$$\forall_{solids} = \frac{M_s}{S_s \rho} \tag{11-48}$$

여기서 M_s = 고형물 질량(kg)

$\quad S_s$ = 고형물의 비중

$\quad \rho$ = 물의 밀도 = 1000 kg · m^{-3}

총고형물은 비휘발성 분획과 휘발성 분획으로 구성되어 있기 때문에 식 11-48은 다음과 같이 다시 쓸 수 있다.

$$\frac{M_s}{S_s \rho} = \frac{M_f}{S_f \rho} + \frac{M_v}{S_v \rho} \tag{11-49}$$

여기서 $M_f=$ 비휘발성 고형물의 질량(kg)

$M_v=$ 휘발성 고형물의 질량(kg)

$S_f=$ 비휘발성 고형물의 비중

$S_v=$ 휘발성 고형물의 비중

고형물 비중은 S_s에 대한 식 11-49를 풀어서 비휘발성 분획과 휘발성 분획의 비중으로 나타낼 수 있다.

$$S_s = M_s \left(\frac{S_f S_v}{M_f S_v + M_v S_f} \right) \tag{11-50}$$

슬러지 비중(S_{sl})은 고형물의 각 분획에 대해 적용한 것과 유사한 방식으로 슬러지가 고형물과 물로 구성되어 있음을 이용하여 추정할 수 있다.

$$\frac{M_{sl}}{S_{sl}\rho} = \frac{M_s}{S_s\rho} + \frac{M_w}{S_w\rho} \tag{11-51}$$

여기서 $M_{sl}=$ 슬러지의 질량(kg)

$M_w=$ 물의 질량(kg)

$S_{sl}=$ 슬러지의 비중

$S_w=$ 물의 비중

고형물 농도를 고형물 백분율로 보고하는 것이 일반적이며, 여기서 고형물의 분율(P_s)은 다음과 같이 계산된다.

$$P_s = \frac{M_s}{M_s + M_w} \tag{11-52}$$

물의 분율(P_w)은 다음과 같이 계산된다.

$$P_w = \frac{M_w}{M_s + M_w} \tag{11-53}$$

따라서 식 11-48을 고형물 백분율의 함수로 표현하는 것이 더 편리하다. 식 11-51의 각 항을 (M_s+M_w)로 나누고, $M_{sl}=M_s+M_w$임을 이용하면, 식 11-51은 다음과 같이 표현될 수 있다.

$$\frac{1}{S_{sl}\rho} = \frac{P_s}{S_s\rho} + \frac{P_w}{S_w\rho} \tag{11-54}$$

오차가 크지 않으므로 물의 비중은 1.000으로 한다. 그런 다음 S_{sl}에 대해 풀면

$$S_{sl} = \frac{S_s}{P_s + (S_s)(P_w)} \tag{11-55}$$

슬러지 부피($\mathbf{V}_{sl}$)는 다음 식으로 계산할 수 있다.

$$\mathbf{V}_{sl} = \frac{M_s}{(\rho)(S_{sl})(P_s)} \tag{11-56}$$

예제 11-11 다음 1차 침전지 자료를 사용하여 일일 슬러지 발생량을 결정하시오.

운영 데이터

유량 $= 0.150 \text{ m}^3 \cdot \text{s}^{-1}$

유입 부유 고형물 $= 280.0 \text{ mg} \cdot \text{L}^{-1} = 280.0 \text{ g} \cdot \text{m}^{-3}$

제거 효율 $= 59.0\%$

슬러지 농도 $= 5.00\%$

휘발성 고형물 $= 60.0\%$

휘발성 고형물의 비중 $= 0.990$

비휘발성 고형물 $= 40.0\%$

비휘발성 고형물의 비중 $= 2.65$

풀이 S_s를 계산하는 것으로 시작한다. M_s, M_f, M_v가 백분율 구성에 비례하므로 그 값을 직접 구하지 않아도 계산이 가능하다.

$$M_s = M_f + M_v$$
$$= 0.400 + 0.600 = 1.00$$

식 11-50을 사용하여 고형물의 비중을 계산한다.

$$S_s = \frac{(2.65)(0.990)}{[(0.990)(0.400)] + [(2.65)(0.600)]}$$

$$= 1.321 \text{ 또는 } 1.32$$

슬러지의 비중을 식 11-55로 계산한다.

$$S_{sl} = \frac{1.321}{0.05 + [(1.321)(0.950)]}$$

$$= 1.012 \text{ 또는 } 1.01$$

슬러지 질량은 유입되는 부유 고형물 농도와 1차 침전지의 제거 효율로부터 추정된다.

$$M_s = 0.59 \times 280.0 \text{ mg} \cdot \text{L}^{-1} \times 0.15 \text{ m}^3 \cdot \text{s}^{-1} \times 86,400 \text{ s} \cdot \text{day}^{-1} \times 10^{-3} \text{ kg} \cdot \text{g}^{-1}$$

$$= 2.14 \times 10^3 \text{ kg} \cdot \text{day}^{-1}$$

슬러지 부피는 식 11-56으로 계산한다.

$$V_{sl} = \frac{2.14 \times 10^3 \text{ kg} \cdot \text{day}^{-1}}{1000 \text{ kg} \cdot \text{m}^{-3} \times 1.012 \times 0.05}$$

$$= 42.29 \text{ 또는 } 42.3 \text{ m}^3 \cdot \text{day}^{-1}$$

슬러지 처리 공정

슬러지 처리의 기본 공정은 다음과 같다.

1. **농축**: 중력 또는 부상(flotation)에 의해 가능한 한 많은 물을 분리한다.
2. **안정화**: 유기 고형물을 "소화"라고 하는 과정을 통해 불쾌감이나 건강 위험을 일으키지 않는 토양 조절제로 사용할 수 있도록 난분해성(불활성)이 높은 형태로 변환한다. (생화학적 산화 과정)
3. **개량**: 물이 쉽게 분리될 수 있도록 슬러지를 화학약품이나 열로 처리한다.
4. **탈수**: 슬러지에 진공이나 압력을 가하거나 건조시켜 물을 분리한다.
5. **감량화**: 습식 산화 또는 소각하여 고체를 안정한 형태로 변환한다. (이것은 본질적으로 화학적 산화 과정이지만 슬러지의 부피를 감소시키므로 '감량화'라는 용어를 쓴다.)

슬러지를 처리하기 위해 많은 수의 장비 및 공정 조합이 사용되지만 기본 대안은 상당히 제한적이다. 슬러지에 포함된 물질의 최종 수용 장소는 육지, 공기 또는 물이어야 한다. 그러나 현재 정책적으로 슬러지의 해양 투기는 권장하지 않는다. 또한 대기오염을 방지하기 위해, 슬러지 소각 공정에는 대기오염 제어시설이 필요하다.

농축. 농축은 일반적으로 2가지 방법 중 하나로 수행된다. 고체는 액체의 상단으로 뜨거나(**부상 (flotation)**) 바닥으로 가라앉게 된다(**중력식 농축(gravity thickening)**). 목표는 슬러지의 최종 탈수 또는 소화 전에 가능한 한 많은 물을 제거하는 것이다. 농축 공정에서는 적은 비용으로 슬러지 부피를 2배 이상으로 줄인다. 일반적으로 후속 슬러지 처리의 장비와 운영 비용을 절감하는 이득이 농축 비용을 넘어선다.

부상 농축 과정(그림 11-15)에서는 공기를 가압(275~550 kPa)하여 슬러지에 주입한다. 이 압력으로 많은 양의 공기가 슬러지에 용해될 수 있다. 그런 다음 슬러지는 개방형 탱크로 이동하여 대기압 조건에 놓여지는데, 이때 많은 공기가 미세한 기포로 슬러지에 생성된다. 기포는 슬러지 고체입자에 달라붙어 입자가 표면으로 떠오르게 한다. 슬러지는 탱크 상단에 층을 형성하며, 이 층은 추가 처리를 위해 표면을 긁어 떠내는 방식으로 제거된다. 이 공정은 일반적으로 활성 슬러지의 고형물 함량을 0.5~1%에서 3~6%로 증가시킨다. 부상은 중력에 의해 농축되기 어려운 활성 슬러지에 특히 효과적이다.

그림 11-15

공기 부상 농축조

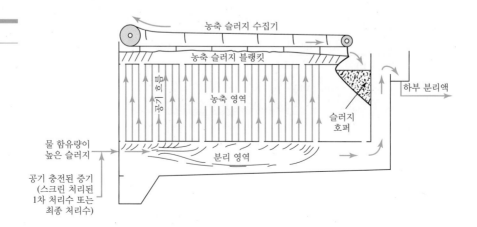

중력 농축은 간단하고 저렴하여 1차 슬러지에 오랜 기간 널리 사용되어 왔다. 이는 모든 침전지에서 발생하는 침전 과정과 유사하다. 슬러지는 1차 및 2차 침전에 사용되는 원형 침전지 외관과 매우 닮은 탱크로 흘러 들어간다. 고형물은 바닥에 가라앉아 강한 힘으로 침전물을 긁어내는 장치에 의해 호퍼에 모이며, 모인 고형물은 추가 처리장치로 이동된다. 농축되는 슬러지의 유형은 성능에 큰 영향을 미치는데, 순수한 1차 슬러지의 농축 효과가 가장 좋다. 활성 슬러지의 비율이 증가할수록 침전된 슬러지 고형물의 농도는 감소한다. 순수한 1차 슬러지는 1~3%에서 10%까지 농축될 수 있다. 현재 대부분의 시설은 1차 슬러지에 중력 농축을 사용하고 활성 슬러지에 부유 농축을 사용한 다음, 추가 처리를 위해 농축된 슬러지를 혼합한다.

예제 11-12 고형물 함량 4.0%인 100.0 m³의 혼합 슬러지를 고형물 함량 8.0%로 농축해야 한다. 비중이 물의 비중과 유의하게 다르지 않고 농축 중에도 변하지 않는다고 가정할 때, 농축 후 슬러지의 대략적인 부피는 얼마인가?

풀이 4.0% 슬러지는 4.0%의 고형물과 96.0%의 물을 포함한다. 농축조의 물질수지를 기반으로 부피와 고형물 함량 사이의 관계를 근사할 수 있다. 물질수지 흐름도는 다음과 같이 나타낸다.

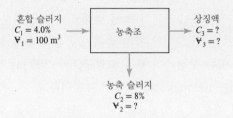

물질수지식은 다음과 같다.

$$C_1 V_1 - C_2 V_2 - C_3 V_3 = 0$$

상징액 농도(C_3)가 유입수 및 유출수 농도(C_1 및 C_2)보다 훨씬 낮다고 가정하면 $C_3 = 0$이라고 가정할 수 있다. 따라서,

$$C_1 V_1 = C_2 V_2$$

그리고

$$V_2 = \frac{C_1 V_1}{C_2}$$

이 경우, 농축 후 슬러지의 부피는

$$V_2 = \frac{(0.040)(100.0 \text{ m}^3)}{0.080} = 50.0 \text{ m}^3$$

슬러지를 고형분 함량 4%에서 8%로 농축하면 처리해야 하는 부피가 크게 감소하는 것을 볼 수 있다.

안정화. 슬러지 안정화의 주요 목적은 유기 고형물을 생화학적으로 분해하여 더 안정하게 하고(냄새가 덜하고 부패가 잘 일어나지 않도록), 탈수성을 높이고, 슬러지 질량을 줄이는 것이다(Benefield and Randall, 1980). 슬러지를 탈수하여 소각하는 경우에는 안정화를 사용하지 않는다. 안정화에는 기본적으로 2가지 프로세스가 있다. 하나는 산소가 없는 밀폐된 탱크에서 수행되며 **혐기성 소화**(anaerobic digestion)라고 한다. 다른 하나는 **호기성 소화**(aerobic digestion)로, 이를 위해 슬러지에 공기를 주입한다.

미생물 슬러지의 호기성 소화는 활성 슬러지 공정의 연장선이라 볼 수 있다. 호기성 종속영양생물의 배양체를 유기물 공급원이 존재하는 환경에 두었을 때, 미생물은 이 물질의 대부분을 제거하고 사용한다. 제거된 유기물질의 일부는 새로운 바이오매스 합성에 사용되며, 나머지 물질은 에너지 대사에 이용되어 이산화탄소, 물 및 수용성 불활성 물질로 산화되면서 세포합성 및 유지(생명 유지)를 위한 에너지를 제공한다. 그러나 외부 유기물질 공급원이 고갈되면 미생물은 **내인성 호흡**(endogenous respiration)에 들어가 유지 에너지(즉, 생명 유지에 필요한 에너지)를 충족시키기 위해 세포물질이 산화된다. 이 상태가 장기간 지속되면 바이오매스의 총량이 상당히 감소한다. 또한 남은 부분은 생물학적으로 안정하고 환경에 처분할 수 있는 낮은 에너지 상태로 존재한다. 이것이 호기성 소화의 기본 원리이다.

호기성 소화는 활성 슬러지 폭기조와 유사한 개방형 탱크에서 유기성 슬러지를 폭기함으로써 수행된다. 활성 슬러지 폭기조와 마찬가지로, 슬러지가 액체 형태로 육지에 처분되지 않는 한 호기성 소화조 다음에는 침전조가 뒤따라야 한다. 그러나 활성 슬러지 공정과 달리 침전지의 유출수(상징액)는 처리장의 전단으로 반송된다. 이는 상징액이 부유 고형물($100 \sim 300 \ \mathrm{mg \cdot L^{-1}}$), BOD_5($\sim 500 \ \mathrm{mg \cdot L^{-1}}$), TKN($\sim 200 \ \mathrm{mg \cdot L^{-1}}$), 총인($\sim 100 \ \mathrm{mg}$) 함량이 높기 때문이다.

휘발성 물질의 백분율이 감소하기 때문에 소화된 슬러지의 고형물 비중은 소화 전보다 높아진다. 따라서 침전된 슬러지의 고형물 함량이 높아져 3%에 가까운 수준이 된다.

복합 유기물의 혐기성 처리는 그림 11-16 및 11-17에서와 같이 3단계로 일어난다(Speece, 1983; Holland et al., 1987). 첫 번째 단계에서 지방, 단백질 및 다당류를 포함한 복잡한 유기물 분자는 이들을 구성하는 소단위로 가수분해된다. 이는 여러 종의 통성 및 혐기성 세균 집단이 수행한다. 그런 다음 세균은 가수분해 산물(트리글리세리드, 지방산, 아미노산 및 당)을 발효 및 기타 대사 과정에 사용하는 **산 생성**(acidogenesis) 또는 **초산 생성**(acetogenesis)이라는 과정을 통해 간단한 유기화합물과 수소를 생성한다. 생성되는 유기화합물은 주로 짧은사슬(휘발성) 산과 알코올이다. 처음 두 단계에서는 BOD 또는 COD의 안정화가 거의 이루어지지 않는다. 세 번째 단계에서, 두 번째 단계의 최종 생성물은 여러 종류의 절대 혐기성 세균에 의해 가스(주로 메테인과 이산화탄소)로 변환된다. 여기서 유기물질의 안정화가 발생하며, 이는 일반적으로 **메테인 발효**(methane fermentation)라고 불리는 단계이다. 혐기성 과정은 순차적으로 일어나는 것으로 설명하지만 실제로 모든 단계는 동시에 일어나며 서로 시너지 효과를 발휘한다.

산 발효(생성)를 담당하는 세균은 pH와 온도의 변화에 상대적으로 내성이 있으며 메테인 발효를 담당하는 세균보다 훨씬 더 높은 성장률을 보인다. 따라서 메테인 발효가 혐기성 유기물 처리 공정의 속도 결정 단계인 경우가 많다.

혐기성 유기물 처리를 위한 최적 온도인 35℃의 조건에서 로렌스(Lawrence)와 밀네스(Milnes)는 20~35℃ 범위에서 긴사슬 및 짧은사슬 지방산의 메테인 발효 속도가 혐기성 처리의 전체 속도

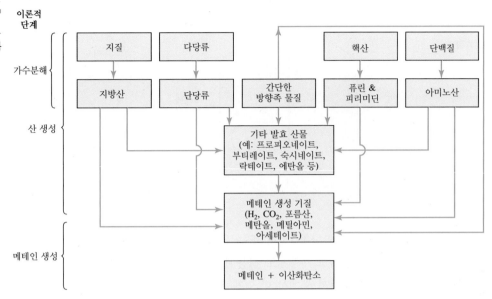

그림 11-16

혐기성 소화에서 탄소 흐름 패턴의 개략도

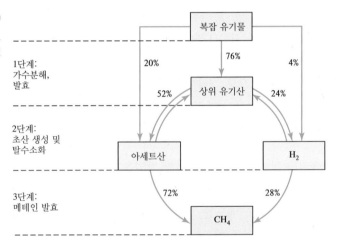

그림 11-17

에너지 흐름을 나타낸 혐기성 소화 과정 단계

를 적절하게 대변할 것이라고 주장하였다(Lawrence and Milnes, 1971). 따라서 완전 혼합형 활성 슬러지 공정을 설명하기 위해 제시한 반응 속도식은 혐기성 공정에도 동일하게 적용할 수 있다.

오늘날 가장 일반적인 혐기성 소화 운영 방식은 단일 단계의 고속 소화조인데(그림 11-18), 가열, 보조 혼합, 균일한 슬러지 투입 및 투입 슬러지의 농축이 특징이다. 슬러지의 균일한 투입은 소화조 운전에 매우 중요하다. 경제적인 혐기성 소화를 위해서는 투입 슬러지의 총고형분 농도를 4% 이상으로 하는 것이 바람직하다(Shimp et al., 1995). 또한 소화조에는 고정되거나 떠 있는 덮개가 있을 수 있다. 가스는 떠 있는 덮개 아래나 별도의 구조물에 저장될 수 있다. 여기서는 상징액 분리를 실시하지 않는다.

소화가 끝날 때 남아 있는 BOD는 여전히 높다. 마찬가지로, 부유 고형물은 12,000 mg · L^{-1}만큼 높을 수 있고 TKN은 1000 mg · L^{-1} 정도일 수 있다. 따라서 2차 소화조(고속 공정의 경우)의 상징액은 하수 처리장 전단으로 반송된다. 침전된 슬러지는 처분을 위해 개량되고 탈수된다.

슬러지 개량. 고액분리를 촉진하기 위해 슬러지를 개량하는 몇 가지 방법이 있다. 가장 일반적으

그림 11-18

고속 혐기성 소화조의 개략도

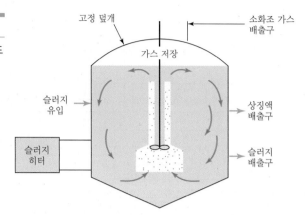

로 사용되는 것은 염화철, 석회 또는 유기 중합체와 같은 응집제를 첨가하는 것이다. 또한 소각된 슬러지에서 나온 재도 개량제로 사용된다. 응집제가 탁한 물에 첨가될 때와 같이, 화학적 응집제는 고형물을 함께 뭉쳐서 물에서 더 쉽게 분리되도록 한다. 최근 몇 년 동안, 유기 중합체는 슬러지 개량에 점점 더 많이 사용되고 있다. 중합체는 다루기 쉽고 저장 공간이 거의 필요하지 않으며 개량 효과가 우수하다. 개량 약품은 탈수 공정 직전에 슬러지에 주입되어 슬러지와 혼합된다.

또 다른 개량 방식은 슬러지를 고온(175~230℃) 및 고압(1000~2000 kPa)에서 가열하는 것이다. 이러한 조건은 압력솥과 유사하며, 고형물에 결합되어 있던 수분이 빠져나가 슬러지의 탈수 특성을 향상시킨다. 열처리는 화학적으로 개량된 슬러지보다 더 탈수성이 우수한 슬러지를 생성한다. 그러나 이 공정은 운전과 유지관리가 상대적으로 복잡하며, 분리된 액체의 오염 농도가 매우 높아 처리장으로 반송될 경우 상당한 처리 부담을 유발한다.

슬러지 탈수. 과거 슬러지 탈수의 가장 보편적인 방법은 슬러지 건조 베드를 사용하는 것이었다. 이 베드는 운전 및 유지 보수가 간단하기 때문에 소규모 처리장에서 특히 자주 사용된다. 1977년에는 미국 하수 처리장의 2/3가 건조 베드를 사용하였고, 미국에서 생산된 전체 공공하수 슬러지의 절반이 이 방법으로 탈수되었다. 건조 베드는 따뜻하고 햇볕이 잘 드는 지역에서 사용하기에 보다 알맞지만, 북부 기후의 여러 대규모 시설에서도 사용된다.

모든 유형의 건조 베드에 해당하는 공통적인 운전 절차는 다음과 같다.

1. 0.20~0.30 m의 안정화된 액체 슬러지를 건조 베드 표면에 가한다.
2. 개량제를 사용하는 경우 베드 위로 펌핑되는 슬러지에 주입하는 방법으로 화학적 개량제를 지속적으로 추가한다.
3. 베드가 원하는 수준으로 채워지면 슬러지가 원하는 최종 고형물 농도로 건조되도록 한다. (이 농도는 슬러지 유형, 필요한 처리속도, 회수에 필요한 건조 정도를 포함한 여러 요인에 따라 18~60%까지 다양할 수 있다. 일반적으로 건조 시간은 유리한 조건에서 10~15일, 매우 불리한 조건에서 30~60일까지 다양하다.)
4. 기계적으로 또는 수동으로 탈수된 슬러지를 회수한다.
5. 위의 주기를 반복한다.

그림 11-19

연속식 벨트 프레스
(©Komline-Sanderson Engi-
neering Corporation)

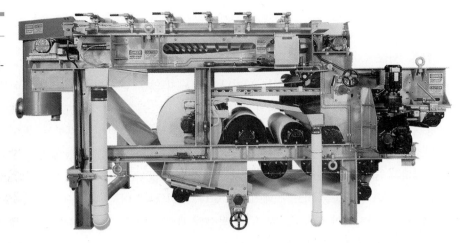

그림 11-19

연속식 벨트 프레스
(©Komline-Sanderson Engi-
neering Corporation)

모래 건조 베드는 가장 오래되고 가장 일반적으로 사용되는 유형이다. 배수 배관의 배치, 자갈과 모래층의 두께와 유형, 건축 자재 등을 달리한 다양한 설계가 가능하다. 하수 슬러지 모래 건조 베드는 정수장 슬러지 건조 베드와 동일한 방식으로 건설된다. 모래 건조 베드는 기계식 슬러지 제거 설비나 지붕이 있을 수도, 없을 수도 있다. 인건비 부담이 커지면 수동식 제거를 기계식으로 대체하기 위해 건조 베드를 새로 건설하기도 한다.

공간이 제한적이거나 기후 조건으로 모래 건조 베드의 비용이 지나치게 높을 경우 진공 필터를 사용할 수 있다. 진공 필터는 여과물질 또는 직물로 덮인 원통형 드럼으로 구성되며, 이 드럼은 개량된 슬러지 통에 부분적으로 잠겨 회전한다. 물을 추출하기 위해 드럼 내부에 진공이 가해져 여재에 고형물 또는 **필터 케이크**(filter cake)가 남는다. 드럼이 회전 주기를 완료하면 블레이드로 필터에서 필터 케이크를 긁어내고 주기가 다시 시작된다. 일부 시스템에서는 필터 직물을 드럼에서 떼어내어 작은 롤러를 통과시키는 방법으로 케이크를 제거한다. 필터 직물은 데이크론(Dacron)에서 스테인리스 스틸 코일에 이르기까지 매우 다양하며 각각의 장점이 있다. 진공 필터를 소화된 슬러지에 적용하면 취급하기 좋고 매립지에 매립하거나 상대적으로 건조한 비료로 토지에 적용하기에 충분한 고형분 함량(15~30%)의 슬러지 케이크를 생성한다. 슬러지를 소각하는 경우에는 안정화시키지 않으므로 원슬러지에 진공 필터를 적용하여 탈수하고, 슬러지 케이크를 소각로에 투입한다.

하수 슬러지를 처리하는 데 사용되는 연속 벨트 필터 프레스(continuous belt filter press, CBFP) 장비는(그림 11-19) 수처리시설 슬러지에 사용되는 장비와 동일하다. CBFP는 많은 일반 혼합 슬러지에 잘 적용된다. 초기 투입 고형물 함량이 5%인 소화된 혼합 슬러지를 CBFP로 탈수하면 일반적으로 $32.8 \; kg \cdot h^{-1} \cdot m^{-2}$ 속도로 고형물 함량 19%의 탈수 케이크를 생성한다. 이러한 장치를 사용한 결과는 대개 회전식 진공 필터로 얻은 결과와 거의 유사하다. CBFP는 회전식 진공 필터에서 가끔 발생하는 슬러지 픽업 문제가 없으며 에너지 소비가 적다.

감량화. 슬러지를 토양 개량제로 사용하는 것이 실용적이지 않거나 탈수된 슬러지를 매립할 부지가 없는 경우 슬러지 감량화 대안인 소각을 사용할 수 있다. 소각은 슬러지의 수분을 완전히 증발시키고 유기 고형물을 연소시켜 무균의 재로 만든다. 사용되는 연료의 양을 최소화하기 위해 슬러지는 소각하기 전에 가능한 한 완전히 탈수되어야 하며, 소각로에서 배출되는 배기가스는 대기오염을 방지하기 위해 신중하게 처리해야 한다.

11-13 슬러지 처분

최종 처분

하·폐수처리 공정의 잔류물(처리되거나 처리되지 않은 남은 슬러지)은 설계 및 운영 인력의 골칫거리이다. 잔여물에 대한 5가지의 가능한 처분 장소 중 2가지가 실행 가능하고, 그중 하나만이 실용적이다. 즉, 대기, 바다, 우주, 육지, 시장에서 잔류물을 최종 처분하는 것을 고찰해 볼 수 있다. 연소에 의한 대기 중 처분은 사실상 최종 처분이 아니라 잔류물이 땅에 떨어질 때까지 일시적으로 저장하는 것일 뿐이다. 소각은 슬러지 처리장치로 많이 활용되고 있지만, 대기오염 제어장치에서 나오는 재와 잔류물은 반드시 폐기해야 한다. 또한 현재 미국에서는 바지선을 통한 하수 슬러지 해양 처분이 금지되어 있으며, "우주"는 적절한 폐기 장소가 아니다. 따라서 땅에 처분하고 슬러지를 제품 생산에 사용하는 대안만이 현실적이다.

편의상 토지 처분을 토지 살포, 매립, 전용 토지 처분의 3가지 범주로 나누고, 제품 생산과 관련된 모든 활용 아이디어를 하나의 범주로 분류하였다.

토지 살포

영양분, 물을 회수하거나 폐 노천 광산과 같은 훼손된 토지를 재생하기 위해 하·폐수처리 잔류물을 적용하는 것을 **토지 살포**(land spreading)라고 한다. 다른 토지 처분 기술과 달리 토지 살포는 토지 사용 집약적이다. 면적당 적용량은 토양의 특성과 작물이나 숲의 능력에 따라 결정된다. 적용량은 토양을 오염시키는 중금속(예: 크롬, 납 및 수은)의 양에 의해 제한될 수 있다(아래 슬러지 처리 규정 참조).

매립

슬러지 매립은 처리된 슬러지, 스크리닝(바 랙(또는 바 스크린)에 수거된 고형물), 그릿 및 재를 포함한 하·폐수 고형물을 지정된 장소에 계획적으로 매립하는 것으로 정의할 수 있다. 고형물은 준비된 장소 또는 굴착된 도랑에 놓고 토양층으로 덮는다. 토양 덮개는 쟁기가 닿는 깊이(약 0.20~0.25 m)보다 깊어야 한다. 스크리닝, 그릿 및 재의 매립은 슬러지 매립에 사용되는 것과 유사한 방법으로 수행된다.

전용 토지 처분

전용 토지 처분(dedicated land disposal)은 대중의 접근이 제한되고, 하·폐수 슬러지 처리를 위해 따로 분리된 토지에 슬러지를 집중적으로 처분하는 것이다. 슬러지가 전용 처분된 토지는 그대로 활용되지 않으며, 작물을 재배하지 않는다. 또한 전용 토지는 일반적으로 액체 슬러지를 수용한다. 탈수된 슬러지의 적용이 가능하지만 그러한 경우는 드물다. 탈수된 슬러지는 매립지에서 처리하는 것이 일반적으로 더 비용 효율적이다.

활용

하·폐수 고형물은 토양 영양소가 아닌 다른 방법으로 유익하게 사용될 수도 있다. 몇 가지 방법 중에서 퇴비화 및 생활폐기물과 혼합 소각의 2가지 방법은 지난 몇 년 동안 점점 더 많은 관심을 받고 있다. 석회의 회수와 슬러지를 이용한 활성탄 생산도 상대적으로 빈도는 적지만 현장에서 시도되고 있다.

슬러지 처분 규정

하수 슬러지의 사용 또는 처분을 규제하는 규정은 40 CFR Part 503으로 성문화되어 있어 "503 규정"으로 알려지게 되었다. 이 규정은 생활하수 처리 과정에서 발생하는 하수 슬러지가 토지 살포되거나, 지표 매립시설에 매립되거나, 하수 슬러지만을 수용하는 소각로에서 소각되는 경우에 적용된다. 산업시설에서 산업 공정 폐수를 처리하여 생성된 슬러지, 유해 하수 슬러지, 농도 50 mg · L^{-1} 이상의 PCB가 포함된 하수 슬러지, 정수장 슬러지에는 이 규정이 적용되지 않는다.

11-14 직접 음용 재이용

소개

인간이 최초로 거주할 때부터 하수는 인근 개울과 강으로 방류되었는데, 오늘날까지도 지역 사회에서 그 비위생적인 관행이 계속되고 있다. 물론 선진국에서는 하·폐수 정화를 위한 기술을 개발하여 이러한 관행을 개선하였다. 오늘날 미국과 다른 선진국에서는 지표수를 사용하여 음용수를 공급할 수 있도록 처리하고 있다. 이러한 지표수의 사용자는 의도치 않게 물의 간접 음용 재이용(indirect potable reuse)을 한다. 미국과 다른 선진국에서 주요 강을 따라 강의 상류에서 바다와 닿는 지점 사이에서 간접 음용 재이용이 실행된다.

가장 엄격한 음용수 품질 기준을 충족하도록 처리된 하수를 음용수 공급 시스템 또는 정수장 바로 상류의 원수 공급장치에 직접 유입하는 것을 직접 음용 재이용(direct potable reuse, DPR)이라고 한다. DPR은 주로 극단적인 상황에서 적용된다. 그 예로 1956년 켄자스주 채누트(Chanute)의 경우가 있다(Asano et al., 2007). 네오쇼(Neosho) 강은 채누트 상류에 있는 7개 지역 사회의 상수원 및 하수 처리장 역할을 하였다. 1956년 여름, 강물이 말라버리자, 채누트에 물을 제공하기 위해 강의 하수 처리장 하류를 댐으로 막았다. 처리된 하수 방류수는 정수장에 공급하는 취수량을 보충하는 데 사용되었다. 저수지의 하수 처리수 체류 시간은 약 17일이었다. 5개월 동안 시에서는 처리된 하수를 사용하여 8~15회 물을 공급하였다. 다중점 염소 주입을 포함한 우수한 처리 덕분에 처리된 물은 일반적인 공중보건 기준을 충족했지만, 처리된 물은 점차 옅은 노란색을 띠고 퀴퀴한 맛과 냄새가 났다. 또한 교반하면 거품이 발생하는 경향이 있었고 용존 미네랄과 유기물질이 풍부해지면서, 생수 판매가 급증하였다. 폭우가 하수 방류구 하류의 임시 댐을 무너뜨리자 채누트는 상류의 지역 사회에서 방류된 하수 처리수를 포함한 수돗물을 공급하는 체계로 돌아갔다. 사람들은 채누트가 공공하수를 재이용했다는 사실에 대해 많은 관심을 쏟았지만, 애초 채누트에 공급되어 왔던 원수에도 항상 약간의 하수 처리수가 있었다는 사실에 대해서는 거의 관심을 기울이지 않는다.

대중의 인식

지난 10~20년 동안, 수자원이 제한적이고 인구가 증가하는 도시에서는 충분한 음용수를 확보할 수 있도록 하수 처리 및 포집을 포함하여 다양한 조치를 검토하였다. 현재까지 거의 모든 음용 재이용 사업은 물 분배 시스템에 들어가기 전에 재생된 물을 추가로 처리, 모니터링 및 저장하기 위해 대수층 또는 저수지에 저장하는 간접 음용 재이용을 적용한다(Pecson et al., 2015). 캘리포니아 오렌지 카운티, 로스앤젤레스, 샌디에고, 플로리다 마이애미-데이드의 간접 음용 재이용 사업은 적절한 교육과 공공 지원을 통해 대중의 지지를 얻을 수 있음을 보여주었다(Chalmers et al. al., 2010; Quicho et al., 2012)

직접 음용 재이용은 재생된 물을 정수장으로 직접 송수함으로써 환경 장벽(즉, 대수층 또는 저수지)을 없앤다. 하지만 이 방법은 지역 사회가 수용하기 가장 어려운 선택지이다. 공중보건 보호는 모든 식수 공급 시스템의 필수 요건이다. 미국의 공공 수도 시스템은 세계 최고 수준이며, 사람들은 수돗물을 마실 수 있을 뿐만 아니라 맛도 좋다고 생각한다. 간접 음용 재이용 사업을 시행하면서 얻은 경험으로 우리는 건강 문제에 대한 인식과 위협을 처리하는 기술적 능력을 포함하는 잘 설계된 계획이 중요함을 알게 되었다.

건강 문제

음용 재이용의 2가지 주요 건강 문제는 병원체와 화학물질이다. 만성 건강 문제를 일으키는 오염물질의 경우, 짧은 노출은 노출량이 낮은 기간 동안 완충될 수 있기 때문에 단기 변동은 평생 동안의 평균 노출보다 덜 중요하다. 이는 대다수의 잠재적 화학 오염물질에 해당되지만, 모든 잠재적인 화학 오염물질에 적용되는 것은 아니다. 병원체에는 한 번만 노출되어도 심각한 건강 영향이 발생할 수 있다. 따라서 병원체는 직접 음용 재이용의 주요 공중보건 문제이다.

직접 음용 재이용 사업의 설계 및 시행의 목표는 고객에게 안전한 물을 제공하는 것이다. 벨츠(C. J. Velz, 1970)는 신뢰할 수 있는 공중보건 보호를 제공하기 위해 다중 장벽 수처리 시스템을 초기에 주창한 이 중 한 명이다. 펙손(Pecson) 등(2015)은 직접 음용 재이용 사업에서 이 개념을 구현하기 위한 프레임워크를 다음으로 요약하였다.

1. 신뢰성＝지속적이고 일관된 공중보건 보호
2. 가외성＝치료 목표가 안정적으로 충족되도록 하기 위한 최소 요구사항 이상의 조치
3. 견고성＝다양한 오염물질을 처리하고 치명적인 오작동에 대응 가능한 시스템의 사용
4. 탄력성＝처리 기술 구성요소의 오작동 문제를 해소하기 위해 운영자가 적절히 변경할 수 있는 처리 시스템의 사용

기술적 능력

적절한 공급이 가능한 음용수의 부족으로 장기 성장이 저해될 수 있음을 인식한 콜로라도주 덴버는 1968년에 대체 수자원을 평가하기 시작하였다. 1970년에 실험실 규모($19 L \cdot min^{-1}$)의 고도 하수 처리 공정이 가동되어 1979년까지 운영되었다. 파일럿 시설의 경험을 바탕으로 $3.8 \times 10^3 \ m^3 \cdot d^{-1}$ 직접 음용 재이용 실증 시설이 가동되어 13년 동안 운영되었다. 2년 동안 전방위적인 동물 건강 연구가 수행되었다. 결과에 대한 엄격한 검토 결과, 운영된 기간 동안 현재 EPA 음용수 기준을 모두 충족하는 음용수를 생산하는 것이 가능하다는 것을 확인하였다.

연습문제

11-1 반지름이 0.0170 cm이고, 밀도가 1.95 g·cm^{-3}인 입자를 온도가 4°C인 정지해 있는 물에 떨어뜨리는 경우, 최종침강속도를 구하시오. 물의 밀도는 1000 kg·m^{-3}이고, 스토크스 법칙이 적용된다고 가정한다.

> **답:** 3.82×10^{-1} m·s^{-1}

11-2 사이누소이드 시티(Cynusoidal City)를 위해 설계되는 처리장은 흐름과 BOD 변동을 균일하게 하기 위해 유량 조정조가 필요하다. 평균 일일 유량은 0.400 m^3·s^{-1}이며, 평균적인 일일 유량과 BOD$_5$ 변동은 다음과 같다. 평균 일일 유량과 동일하게 균일한 유출 유량이 되려면, 얼마 만큼의 조정조 (m^3)가 필요한가? 유량은 시간당 평균값이라고 가정한다.

시간	유량 (m^3·s^{-1})	BOD$_5$ (mg·L^{-1})	시간	유량 (m^3·s^{-1})	BOD$_5$ (mg·L^{-1})
0000	0.340	123	1200	0.508	268
0100	0.254	118	1300	0.526	282
0200	0.160	95	1400	0.530	280
0300	0.132	80	1500	0.552	268
0400	0.132	85	1600	0.570	250
0500	0.140	95	1700	0.596	205
0600	0.160	100	1800	0.604	168
0700	0.254	118	1900	0.570	140
0800	0.360	136	2000	0.552	130
0900	0.446	170	2100	0.474	146
1000	0.474	220	2200	0.412	158
1100	0.482	250	2300	0.372	154

> **답:** V = 6110 m^3

11-3 엑셀(Excel) 마을을 위해 설계된 처리장은 유출 및 BOD 변동을 균일하게 하기 위해 유량 조정조가 필요하다. 하루 동안의 일반적인 유량과 BOD$_5$ 변동은 다음과 같다. 평균 일일 유량과 같은 균일한 유량을 유출하는 데 필요한 조정조의 크기(m^3)는 얼마인가?

시간	유량 (m^3·s^{-1})	BOD$_5$ (mg·L^{-1})	시간	유량 (m^3·s^{-1})	BOD$_5$ (mg·L^{-1})
0000	0.0012	50	1200	0.0041	290
0100	0.0011	34	1300	0.0041	290
0200	0.0009	30	1400	0.0042	275
0300	0.0009	30	1500	0.0038	225
0400	0.0009	33	1600	0.0033	170
0500	0.0013	55	1700	0.0039	180
0600	0.0018	73	1800	0.0046	190
0700	0.0026	110	1900	0.0046	190
0800	0.0033	150	2000	0.0044	190
0900	0.0039	195	2100	0.0034	160
1000	0.0047	235	2200	0.0031	125
1100	0.0044	265	2300	0.0020	80

11-4 문제 11-2의 데이터를 사용하여 유량 조정조가 있을 때와 없을 때 시간에 따른 BOD 질량 부하를 계산하여 도시하시오. 계산값과 그래프를 이용하여 BOD 질량 부하의 최댓값과 평균값의 비(peak to average ratio, P/A), 최솟값과 평균값의 비(minimum to average ratio, M/A), 최댓값과 최솟값의 비(peak to minimum ratio, P/M)를 각각 계산하시오.

답:

	유량 조정조 없음	유량 조정조 있음
P/A	1.97	1.47
M/A	0.14	0.63
P/M	14.05	2.34

11-5 $26.0 \ m \cdot day^{-1}$의 월류율과 2.0시간의 체류 시간을 사용하여 사이누소이드 시티의 평균 유량에 대한 1차 침전지의 크기를 결정하시오(문제 11-2). 또한 유량 조정을 하지 않았을 때의 최대 유량에 대한 월류율은 얼마인지 구하시오. 길이 대 너비 비율이 4.7인 15개의 침전지를 가정한다.

답: 깊이 2.17 m×4.34 m×20.4 m

최대 월류율 = $39.3 \ m \cdot day^{-1}$

11-6 $60.0 \ m \cdot day^{-1}$의 월류율에서 $0.570 \ m^3 \cdot s^{-1}$의 최대 유량을 처리할 수 있는 크기의 1차 침전지의 표면적을 구하시오. 유효 탱크 깊이가 3.0 m인 경우 이론적인 유효 체류 시간은 얼마인가?

답: 표면적 = 820.80 또는 $821 \ m^2$, t_0 = 1.2 h

11-7 문제 11-6에서 1차 침전지 앞에 유량 조정조를 설치하면 침전지에 유입되는 유량은 $0.400 \ m^3 \cdot s^{-1}$로 감소한다. 이 조건에서 월류율과 체류 시간은 얼마인가?

11-8 예제 11-4에 주어진 가정, 미생물 성장률계수값, 유입수 BOD_5가 1차 침전지에서 32.0% 감소한다는 추가 가정을 사용하여, 문제 11-2에 제시된 하수를 처리하는 데 필요한 폭기조의 액체 부피를 구하시오. MLVSS는 $2,000 \ mg \cdot L^{-1}$로 가정하시오.

답: V = 4,032 또는 $4,000 \ m^3$

11-9 문제 11-3의 하수를 사용하여 문제 11-8을 다시 푸시오.

11-10 스프레드시트 프로그램을 작성하여 예제 11-4에서 사용된 $2,000 \ mg \cdot L^{-1}$ 대신 다음 MLVSS 농도를 사용하여 예제 11-4를 다시 푸시오: $1,000 \ mg \cdot L^{-1}$; $1,500 \ mg \cdot L^{-1}$; $2,500 mg \cdot L^{-1}$; $3,000 \ mg \cdot L^{-1}$.

11-11 작성한 스프레드시트 프로그램과 예제 11-4의 자료를 사용하여 유출수 용존 $BOD_5(S)$에 대한 MLVSS 농도의 영향을 설명하시오. 폭기조 부피는 $970 \ m^3$로 일정하다고 가정하고, 문제 11-10에서 사용한 것과 동일한 MLVSS 값을 사용하시오.

11-12 인디애나주 터키 런(Turkey Run)에 있는 2개의 활성 슬러지 폭기조가 직렬로 운영되고 있다. 각 폭기조의 치수는 폭 7.0 m×길이 30.0 m×유효 액체 깊이 4.3 m이다. 활성 슬러지 운영 매개변수는 다음과 같다.

유량 $= 0.0796 \ \mathrm{m^3 \cdot s^{-1}}$ 　　　　　　MLVSS $= 500 \ \mathrm{mg \cdot L^{-1}}$

1차 침전 이후의 용존 BOD$_5$ $= 130 \ \mathrm{mg \cdot L^{-1}}$　　MLSS $= 1.40$(MLVSS)

폭기 시간과 F/M 비를 구하시오.

　　답: 폭기 시간 $= 6.3$ h; $F/M = 0.33 \ \mathrm{mg \cdot mg^{-1} \cdot d^{-1}}$

11-13 500개 병상을 갖춘 로타 하트(Lotta Hart) 병원에는 폐수를 처리하기 위한 작은 활성 슬러지 시설이 있다. 1일 평균 폐수 배출량은 병상당 $1{,}200 \ \mathrm{L \cdot day^{-1}}$이고, 1차 침전 후 평균 용존 BOD$_5$는 $500 \ \mathrm{mg \cdot L^{-1}}$이며, 폭기조의 치수는 폭 10.0 m, 길이 10.0 m, 유효 액체 깊이 4.5 m이다. 활성 슬러지 운영 매개변수는 다음과 같다.

MLVSS $= 2{,}000 \ \mathrm{mg \cdot L^{-1}}$

MLSS $= 1.20$(MLVSS)

반송 슬러지 농도 $= 12{,}000 \ \mathrm{mg \cdot L^{-1}}$

폭기 시간 및 F/M 비를 구하시오.

11-14 잠발라야(Jambalaya) 새우 가공 공장은 매일 $0.012 \ \mathrm{m^3 \cdot s^{-1}}$의 폐수를 생성하며, 폐수는 활성 슬러지 시설에서 처리된다. 1차 침전 전 원폐수의 평균 BOD$_5$는 $1{,}400 \ \mathrm{mg \cdot L^{-1}}$이다. 폭기조의 치수는 폭 8.0 m × 길이 8.0 m × 유효 액체 깊이 5.0 m이다. 활성 슬러지 운영 매개변수는 다음과 같다.

1차침전 이후의 용존 BOD$_5$ $= 966 \ \mathrm{mg \cdot L^{-1}}$

MLVSS $= 200 \ \mathrm{mg \cdot L^{-1}}$

MLSS $= 1.25$(MLVSS)

30분 동안 침전되는 슬러지 부피 $= 225.0 \ \mathrm{mL \cdot L^{-1}}$

폭기조의 수온 $= 15\degree\mathrm{C}$

폭기 시간과 F/M 비를 구하시오.

11-15 다음 가정을 사용하여 로타 하트(Lotta Hart) 병원 폐수 처리장(문제 11-13)의 고형물 체류 시간과 바이오매스 폐기유량을 구하시오.

폐수 내 부유 고형물 $= 30.0 \ \mathrm{mg \cdot L^{-1}}$　　　세균 사멸률 $= 0.600 \ \mathrm{day^{-1}}$

폐기물은 반송 슬러지 라인으로부터 발생　　부유 고형물 내 불활성 비율 $= 66.67\%$

수율계수 $= 0.40$　　　　　　　　　　　유출수 허용 BOD $= 30.0 \ \mathrm{mg \cdot L^{-1}}$

11-16 다음 운영 특성을 갖는 하수 처리장의 일일 및 연간 1차 슬러지 생산량을 계산하시오.

운영 데이터:

유량 $= 0.0500 \ \mathrm{m^3 \cdot s^{-1}}$　　　　휘발성 고형물의 비중 $= 0.970$

유입수 부유 고형물 $= 155.0 \ \mathrm{mg \cdot L^{-1}}$　비휘발성 고형물 $= 30.0\%$

제거율 $= 53.0\%$　　　　　　　　비휘발성 고형물의 비중 $= 2.50$

휘발성 고형물 $= 70.0\%$　　　　　슬러지 농도 $= 4.50\%$

　　답: $V_{sl} = 7.83 \ \mathrm{m^3 \cdot day^{-1}}$ 또는 $2{,}860 \ \mathrm{m^3 \cdot y^{-1}}$

11-17 컴퓨터 스프레드시트를 작성하고 다음의 운영 데이터를 사용하여 40%, 45%, 50%, 55%, 60%, 65%의 제거율에서 일일 및 연간 슬러지 생산량을 계산하시오. 제거율에 따른 연간 슬러지 생산량을 그래프로 그리시오.

운영데이터:

유량 $= 2.00 \ \text{m}^3 \cdot \text{s}^{-1}$

유입수 부유 고형물 $= 179.0 \ \text{mg} \cdot \text{L}^{-1}$

슬러지 농도 $= 5.20\%$

휘발성 고형물 $= 68.0\%$

휘발성 고형물의 비중 $= 0.999$

비휘발성 고형물 $= 32.0\%$

비휘발성 고형물의 비중 $= 2.50$

11-18 오타와(Ottawa)의 혐기성 소화조는 7.8%의 부유 고형물 농도를 가진 $13 \ \text{m}^3 \cdot \text{day}^{-1}$의 슬러지를 생성한다. 모래 건조 베드에서 탈수된 슬러지의 고형물 농도가 35%인 경우, 매년 처리해야 하는 슬러지의 양은 얼마인가?

12

대기오염

사례 연구

살인 스모그가 도시를 뒤덮다

1951년 11월의 어느 날, 오전 4시 30분경 멕시코 베라크루즈(Veracruze) 지역의 포자 데 이달고(Poza de Hidalgo)에서 짙은 안개가 계곡 분지를 뒤덮고, 가벼운 바람이 카조네(Cazones)강을 가로질러 불었다. 스페인어로 풍부한 우물을 의미하는 '포자 리카(poza rica)'는 정유공장과 천연가스 처리공장에 의해 연료를 공급받으며 빠르게 발전하는 도시로, 인구 2만 2천 명 정도의 작은 신도시였다.

오전 4시 50분에서 5시 10분 사이, 고유황 원유 처리시설에서 불꽃이 튀었다. 일부 미완성된 채로 가동 중이던 탈황장치에는 경보기와 안전 장비가 설치되어 있지 않았다. 불꽃이 꺼지면서, 약 16%의 황화수소와 81%의 이산화탄소를 함유한 고밀도 가스가 굴뚝에서 분출되었다. 약 20분 뒤, 정유 작업자들은 굴뚝에서 가스를 막았지만, 바람은 분출된 가스를 공장 근처에 있는 주거 지역으로 실어 보냈다.

사람들이 그 지역을 벗어나려고 했을 때, 그들은 이미 매연에 휩싸였고, 그날 정오까지 17명이 목숨을 잃었다. 결국 이 사건으로 13세 미만 어린이 9명을 포함하여 총 22명(2~50세)이 사망하였고 320명이 입원하였다. 그들은 후각상실, 메스꺼움, 극심한 두통, 호흡곤란, 의식불명의 증상을 보였다. 또한 반려동물, 새, 소를 포함하여 가스에 노출된 모든 동물의 약 절반이 죽었고, 특히 그 지역의 모든 카나리아가 죽었다.

그 당시 황화수소에 대한 측정은 이루어지지 않았지만, 그 농도는 최대 1000~2000 ppm에 달한 것으로 추정되는데, 보통 100 ppm을 초과하면 즉시 생명이나 건강에 위험한 것으로 알려져있다. 이 사건은 공중보건과 복지를 보호하는 엄격한 환경적, 직업적 규제의 필요성을 보여준다.

12-1 서론

대기오염 개관

대기오염은 미규모, 중규모, 대규모(micro-, meso-, and macroscale)의 공중보건 문제를 포함한다. 실내 대기오염은 건축자재나 불충분한 환기, 자연발생 방사성 물질을 노출시키는 지구 물리학적 요인에 의해 발생된다. 산업이나 차량 오염원은 중규모 대기오염에 영향을 주고, 이는 우리를 감싸고 있는 외부 공기를 오염시킨다. 대기오염물질의 장거리 이동은 대규모(또는 전지구적) 영향을 준다. 산성비와 오존오염이 그 예이다. 대기오염의 전지구적 영향은 잠재적으로 상층대기를 변화시킬 수 있는 오염원으로부터 야기되며, 그 예로는 오존층 감소, 지구 온난화가 있다. 미규모와 대규모 대기오염도 중대한 문제이지만 이번 장에서는 중규모 대기오염 위주로 논의한다.

12-2 기초

측정 단위와 압력의 영향

대기오염을 다룰 때 필요한 압력과 측정 단위의 관계에 대해서는 이미 2장에서 다루었다. 대기오염에서 주로 사용하는 측정 단위는 **세제곱 미터당 마이크로그램**($\mu g \cdot m^{-3}$), **백만분율**(parts per million, ppm), **마이크로미터**(μm)이다. $\mu g \cdot m^{-3}$과 ppm은 농도 측정 단위이고, 가스상 오염물질의 농도를 나타낼 때 사용한다. 이 단위들 사이의 환산 역시 2장에서 다루었다. 미세먼지 같은 입자상 오염물질은 $\mu g \cdot m^{-3}$으로만 나타내며, μm는 입자의 크기를 나타낼 때 사용한다.

    주로 사용되는 ppm 단위의 장점은 부피 대 부피비(volume-to-volume ratio)라는 것이다. (대기오염에서 사용하는 ppm은 수질에서 질량 대 질량비(mass-to-mass ratio)를 나타내기 위해서 사용하는 ppm과는 다르다는 것에 주의해야 한다.) 온도와 압력의 변화는 가스상 오염물질의 부피와 그것을 포함하고 있는 공기의 부피 간 비율을 바꾸지 않는다. 따라서 미국 덴버와 워싱턴 DC에서 측정된 ppm 농도를 비교할 수 있을 뿐만 아니라 큰 온도 편차가 존재하는 지역에서 낮과 밤의 농도도 추가 환산 없이 비교할 수 있다.

상대성

구체적인 논의에 들어가기 전에, ppm과 μm 단위가 각각 어느 정도 수준인지 일상생활을 통해 살펴보자. 4개의 소금 결정이 1컵 분량의 설탕 속에 들어 있다고 하면, 이는 부피 대 부피 기준으로 대략 1 ppm과 같다고 할 수 있다. 그림 12-1은 μm의 크기를 시각적으로 파악하는 데 도움을 준다. 참고로 머리카락 한 올의 평균 굵기는 대략 80 μm이다.

단열팽창과 단열압축

대기오염에 영향을 미치는 기상 조건의 변화는 대기의 열역학적 프로세스의 산물이다. 그중 대표적인 것으로 단열팽창과 단열압축이 있다. **단열과정**(adiabatic process)은 열의 유입이나 손실이 없으면서, 가스가 늘 평형상태에 있다고 간주할 수 있는 충분히 느린 상황에서 일어난다.

    예를 들어, 그림 12-2의 피스톤과 실린더를 생각해 보자. 실린더와 피스톤 표면은 완벽하게 단열이 된다고 가정한다. 가스는 압력 P와 힘 F를 받으며, 평형을 유지하기 위해 동일한 힘과 압력이

그림 12-1

입자의 상대적 크기

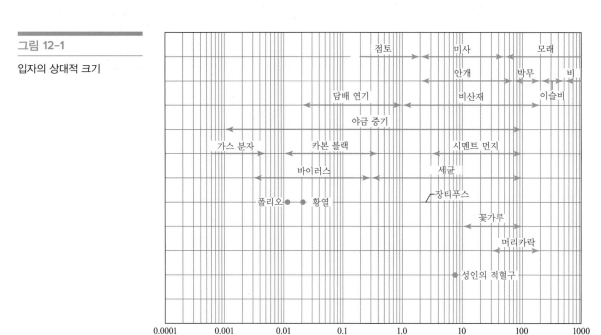

그림 12-2

가스에 가해지는 일

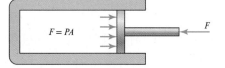

피스톤에 가해진다. 힘 F=압력 P×피스톤과 가스가 닿는 면적 A이다. 만약 힘이 증가하고 부피가 수축한다면 압력은 증가할 것이고, 피스톤은 가스에 일(work)을 가한다. 가스에서 열의 유입이나 손실이 없기 때문에, 일은 열역학 제1법칙(first law of thermodynamics)에 의해 가스의 열에너지를 증가시킬 것이다(식 4-41). 즉,

(가스에 더해진 열)=(증가된 열에너지)+(가스가 수행하거나 가스에 가해진 일)

위 식에서 좌항은 0과 같기 때문에(단열과정), 열에너지의 증가는 가스에 가해진 일과 같다. 열에너지의 증가는 가스의 온도 증가로 나타난다. 반대로 가스가 단열적으로 팽창한다면, 가스의 온도는 감소할 것이다.

12-3 대기오염 기준

1970년 청정대기법(Clean Air Act, CAA)은 미국 환경보호청(EPA)(이하 'EPA'라 지칭)에 고정 또는 이동 오염원에서 발생하는 대기오염물질이 인간의 건강과 환경에 미치는 영향을 조사하고 기술하도록 하였다. EPA는 이 조사를 통해 국가대기질기준(National Ambient Air Quality Standards, NAAQS)을 마련하였는데, 이 기준은 우리 주변에 존재하는 실외 대기에 대한 것이다. EPA는 건강에 기반해서 표 12-1에 나열된 오염물질에 대한 기준을 개발하고, **기준오염물질**(criteria pollutant)로 불렀다. **1차 기준**(primary standard)은 적절한 안전 여유분을 두고 인간의 건강을 보호할 수 있도록 설정되었고, **2차 기준**(secondary standard)은 환경과 재산의 손상을 막기 위해 설정되었다. 1987년

표 12-1 국가 대기질 기준(NAAQS)

기준 오염물질	표준형	농도 (μg · m^{-3})	농도 (ppm)	평균 기간 또는 방법	허용 초과[a]
일산화탄소(CO)	일차적	10,000	9	8시간 평균	1년에 한번
	일차적	40,000	35	1시간 평균	1년에 한번
납	일차적/이차적	0.15	N/A	분기별 측정된 최대 산술 평균	[f]
이산화질소	일차적/이차적	100	0.053	연간 산술 평균	
이산화질소	일차적	189	0.100	1시간 평균	[e]
오존	일차적/이차적	235	0.12	최대 시간당 평균[b]	1년에 한번
오존	일차적/이차적	137	0.070	8시간 평균	[c]
입자상 물질(PM$_{10}$)[d]	일차적/이차적	150	N/A	24시간 평균	1년에 한번
입자상 물질(PM$_{2.5}$)	일차적	12.0	N/A	연간 평균	[f]
입자상 물질(PM$_{2.5}$)	이차적	15.0	N/A	연간 평균	[f]
(PM$_{2.5}$)	일차적/이차적	35	N/A	24시간 평균	[e]
		15	N/A	연간 산술 평균	[f]
이산화황	일차적	80	0.03	연간 산술 평균	
	일차적	365	0.14	최대 24시간 농도	1년에 한번
이산화황	일차적	1,950	0.75	최대 1시간 농도	[g]
이산화황	이차적	1,300	0.5	최대 3시간 농도	[h]

[a] 허용되는 초과는 실제로 다년간의 평균값일 수 있다.
[b] 1시간 NAAQS는 8시간 오존 NAAQS에 대한 해당 지역의 지정 발효일로부터 1년 후부터는 그 지역에 더 이상 적용되지 않는다. 대부분의 지역의 지정 발효일은 2004년 6월 15일이다.
[c] 연도별 네 번째로 높은 농도의 3년 평균이다.
[d] 입자상 물질 기준은 공기동역학적 직경이 10 μm 이하인 입자에 적용된다.
[e] 연도별 24시간 농도 98번째 백분위수의 3년 평균.
[f] 연도별 가중 평균의 3년 평균.
[g] 연도별 일일 최대 1시간 평균의 99번째 백분위수의 3년 평균.
[h] 1년에 한 번 이상 초과할 수 없다.
출처: Public Law 101-549, Now. 15, 1990.

EPA는 NAAQS를 수정하였는데, 탄화수소에 대한 기준이 삭제되었고, 총부유입자(total suspended particulates, TSP)는 공기동역학적 지름이 10 μm 이하인 입자상 물질(particulate matter)의 질량에 기반한 기준으로 대체되었다. 이 기준은 PM$_{10}$ 기준이라고 불리며, 1997년 PM$_{2.5}$ 기준이 새롭게 추가되었다.

미국은 대기질제어구역(air quality control region, AQR)으로 구분되었다. 대기질제어구역 중 대기질이 1차 기준보다 좋거나 같은 경우에는 **달성지역**(attainment area), 1차 기준을 만족하지 못하는 경우에는 **미달성지역**(nonattainment area)이라 부른다.

1970년 청정대기법에 의하여, EPA는 위해도(risk)에 기반한 방법으로 **유해대기오염물질**(hazardous air pollutant, HAP)에 대한 규제를 만들었는데, 이것이 대기오염물질에 대한 국가배출기준(national emission standards for hazardous air pollutants, NESHAP)이다. 법에 의해서 요구되는 충분한 안전 여유분(an ample margin of safty)을 정의하기 어려웠기 때문에, 1970년~1990년에는 7개의 물질(석면, 비소, 벤젠, 베릴륨, 수은, 염화비닐, 방사성 핵종)만 규제되었다. 1990년에 청정대기법 개정안에 따라 EPA는 189개의 화학물질(표 12-2)에 대한 유해대기오염물질 배출제어 프로그램을 만들었다. 또한 **최대 달성 가능한 제어 기술**(maximum achievable control technology, MACT)을 기반으로, 연간 9.08 Mg의 단일 유해대기오염물질을 배출하거나 22.7 Mg의 복합 유해대기오염물질을 배출할 수 있는 174종의 산업 오염원에 대한 배출허용량을 설정하였다. MACT는 공정 변경, 물질 대체, 대기오염물질 제어 장비를 포함한다.

배출 기준은 오염원에서 배출되는 오염물질의 양과 농도를 제한한다. 1971년 EPA는 고정 오염원 중 몇 가지에 대한 최종 기준을 최초로 발표하였다. 새로운 오염원 성능 기준(New Source Performance Standards, NSPS)에 의하여, 전기 스팀 발생기, 포틀랜드 시멘트 공장, 소각로, 질산공

표 12-2　　　　　　유해대기오염물질(HAP)

Acetaldehyde	Chloroprene	Ethylene dibromide (Dibromoethane)
Acetamide	Cresols/Cresylic acid	Ethylene dichloride (1,2-Dichloroethane)
Acetonitrile	(isomers and mixture)	Ethylene glycol
Acetophenone	o-Cresol	Ethylene imine (Aziridine)
2-Acetylaminofluorene	m-Cresol	Ethylene oxide
Acrolein	p-Cresol	Ethylene thiourea
Acrylamide	Cumene	Ethylidene dichloride
Acrylic acid	2,4-D, salts and esters	(1,1-Dichloroethane)
Acrylonitrile	DDE	Formaldehyde
Allyl chloride	Diazomethane	Heptachlor
4-Aminobiphenyl	Dibenzofurans	Hexachlorobenzene
Aniline	1,2-Dibromo-3-chloropropane	Hexachlorobutadiene
o-Anisidine	Dibutylphthalate	Hexachlorocyclopentadiene
Asbestos	1,4-Dichlorobenzene(p)	Hexachloroethane
Benzene (including benzene	3,3-Dichlorobenzidene	Hexamethylene-1,6-diisocyanate
from gasoline)	Dichloroethyl ether	Hexamethylphosphoramide
Benzidine	[Bis(2-chloroethyl)ether]	Hexane
Benzotrichloride	1,3-Dichloropropene	Hydrazine
Benzyl chloride	Dichlorvos	Hydrochloric acid
Biphenyl	Diethanolamine	Hydrogen fluoride (Hydrofluoric acid)
Bis(2-ethylhexyl)phthalate (DEHP)	N,N-Diethyl aniline (N,N-Dimethylaniline)	Hydroquinone
Bis(chloromethyl)ether	Diethyl sulfate	Isophorone
Bromoform	3,3-Dimethoxybenzidine	Lindane (all isomers)
1,3-Butadiene	Dimethyl aminoazobenzene	Maleic anhydride
Calcium cyanamide	3,3′-Dimethyl benzidine	Methanol
Caprolactam	Dimethyl carbamoyl chloride	Methoxychlor
Captan	Dimethyl formamide	Methyl bromide (Bromomethane)
Carbaryl	1,1-Dimethyl hydrazine	Methyl chloride (Chloromethane)
Carbon disulfide	Dimethyl phthalate	Methyl chloroform
Carbon tetrachloride	Dimethyl sulfate	(1,1,1-Trichloroethane)

표 12-2 (계속)

Carbonyl sulfide
Catechol
Chloramben
Chlordane
Chlorine
Chloroacetic acid
2-Chloroacetophenone
Chlorobenzene
Chlorobenzilate
Chloroform
Chloromethyl methyl ether

Naphthalene
Nitrobenzene
4-Nitrobiphenyl
4-Nitrophenol
2-Nitropropane
N-Nitroso-N-methylurea
N-Nitrosodimethylamine
N-Nitrosomorpholine
Parathion
Pentachloronitrobenzene
(Quintobenzene)
Pentachlorophenol
Phenol
p-Phenylenediamine
Phosgene
Phosphine
Phosphorus
Phthalic anhydride
Polychlorinated biphenyls (Aroclors)
1,3-Propane sultone
beta-Propiolactone
Propionaldehyde
Propoxur (Baygon)
Propylene dichloride
(1,2-Dichloropropane)
Propylene oxide

4,6-Dinitro-o-cresol, and salts
2,4-Dinitrophenol
2,4-Dinitrotoluene
1,4-Dioxane (1,4-Diethyleneoxide)
1,2-Diphenylhydrazine
Epichlorohydrin
(1-chloro-2,3-epoxypropane)
1,2-Epoxybutane
Ethyl acrylate
Ethyl benzene
Ethyl carbamate (Urethane)
Ethyl chloride (Chloroethane)

1,2-Propylenimine (2-Methyl aziridine)
Quinoline
Quinone
Styrene
Styrene oxide
2,3,7,8-Tetrachlorodibenzo-p-dioxin
1,1,2,2-Tetrachloroethane
Tetrachloroethylene
(Perchloroethylene)
Titanium tetrachloride
Toluene
2,4-Toluene diamine
2,4-Toluene diisocyanate
o-Toluidine
Toxaphene (chlorinated camphene)
1,2,4-Trichlorobenzene
1,1,2-Trichloroethane
Trichloroethylene
2,4,5-Trichlorophenol
2,4,6-Trichlorophenol
Triethylamine
Trifluralin
2,2,4-Trimethylpentane
Vinyl acetate
Vinyl bromide
Vinyl chloride

Methyl ethyl ketone (2-Butanone)
Methyl hydrazine
Methyl iodide (Iodomethane)
Methyl isobutyl ketone (Hexone)
Methyl isocyanate
Methyl methacrylate
Methyl tert butyl ether
4,4-Methylene bis(2-chloroaniline)
Methylene chloride (Dichloromethane)
Methylene diphenyl diisocyanate (MDI)
4,4´-Methylenedianiline

Vinylidene chloride
(1,1-Dichloroethylene)
Xylenes (isomers and mixture)
o-Xylenes
m-Xylenes
p-Xylenes
Antimony compounds
Arsenic compounds
(inorganic, including arsine)
Beryllium compounds
Cadmium compounds
Chromium compounds
Cobalt compounds
Coke oven emissions
Cyanide compounds[a]
Glycol ethers[b]
Lead compounds
Manganese compounds
Mercury compounds
Fine mineral fibers[c]
Nickel compounds
Polycylic organic matter[d]
Radionuclides (including radon)[e]
Selenium compounds

[a] X′CN(X = H′ 또는 형식적 분리가 일어날 수 있는 다른 기). 예를 들어, KCN 또는 Ca(CN)$_2$.
[b] 에틸렌 글리콜, 디에틸렌 글리콜 및 트리에틸렌 글리콜 유도체 R–(OCH$_2$CH$_2$)$_n$–OR′의 모노 및 디에테르를 포함. 여기서
  n = 1, 2 또는 3
  R = 알킬 또는 아릴 기
  R′= R, H, 또는 제거될 때 구조가 R–(OCH$_2$CH)$_n$–OH인 글리콜 에테르를 생성하는 기. 폴리머는 글리콜 범주에서 제외.
[c] 평균 직경이 1 μm 이하인 유리, 암석 또는 슬래그 섬유(또는 기타 광물 유래 섬유)를 제조 또는 가공하는 시설에서 발생하는 광물 섬유 배출을 포함.
[d] 1개 이상의 벤젠 고리를 갖고 끓는점이 100℃ 이상인 유기화합물을 포함.
[e] 자발적으로 방사성 붕괴가 일어나는 핵종.
참고: "compounds"라는 단어를 포함하는 모든 물질군과 글리콜에테르에 대해 다음이 적용된다. 달리 명시되지 않는 한 이러한 물질군은 명명된 화학물질(즉, 안티몬, 비소 등)을 구조의 일부로 포함하는 고유한 물질들을 총칭하는 것으로 정의된다.
출처: Public Law 101-549, Nov. 15, 1990.

장, 황산공장 산업이 규제를 받았다. 예시로 대형 전기 스팀 발생기에 대한 NSPS를 표 12-3에 정리하였다.

자동차에 대한 연방정부의 기준은 1마일 운전당 발생하는 오염물질의 그램 수치로 표현되며, 이 기준은 2개의 등급(tier)으로 나눠진다. 등급1은 1994~1997연도 모델에 대한 것이며, 등급2는 2004~2009연도 모델에 대한 것이다. 배출 기준은 소형 차량이나 소형 트럭 및 중형 차량에 적용 가능하다. 등급2는 세부적으로 빈(bin)으로 구분되며, 제조사는 어느 빈의 기준을 만족하는지에 따라 차량을 분류한다. 2008년 11개이던 빈의 수는 표 12-4와 같이 8개로 간소화되었다. 등급2의 5번 빈은 배출량이 평균에 가까운 차량에 해당된다. 배출량은 운전상태에 따라서 변하므로, 차량이 기준에 부합하는지 평가하기 위한 표준 운전 사이클이 만들어졌다. 연방정부 시험 절차(Federal Test Procedure)라고 불리는 최초의 운전 사이클은 1996년에 연방정부 시험 절차 보충안(Supplemental Federal Test Procedure)으로 수정되었는데, 이 보충안은 좀 더 공격적인 운전 행태와 에어컨의 영향, 엔진이 꺼진 후의 배출을 고려하였다.

승용차의 온실가스 대기오염물질 배출 기준은 다음과 같다(40 CFR 86.1818-12).

표 12-3	73 MW 이상의 석탄 전기 스팀 발생기에 대한 새로운 오염원 성능 기준 – 요약*

SO₂

배출 제한: 잠재적 SO_2 배출의 90% 감소 및 516 g · 10^{-6} kJ(1.2 lb$_m$/백만 Btu 열 투입)로 배출 제한

입자상 물질 기준

배출 제한: 13 g · 10^{-6} kJ(0.03 lb$_m$/백만 Btu 열 투입)

NO$_x$ 표준

아역청탄 배출 제한: 210 g · 10^{-6} kJ(0.50 lb$_m$/백만 Btu 열 투입)

무연탄 배출 제한: 260 g · 10^{-6} kJ(0.60 lb$_m$/백만 Btu 열 투입)

*Federal Register, 45, February 1980, pp. 8210–8215.

표 12-4	연방 자동차 배기가스 배출 표준(g/mile)[a]				
Bin	**NO$_x$**	**NMOG[b]**	**CO**	**HCHO[c]**	**PM[d]**
8	0.20	0.125	4.2	0.018	0.02
7	0.15	0.090	4.2	0.018	0.02
6	0.10	0.090	4.2	0.018	0.01
5	0.07	0.090	4.2	0.018	0.01
4	0.04	0.070	2.1	0.011	0.01
3	0.03	0.055	2.1	0.011	0.01
2	0.02	0.010	2.1	0.004	0.01
1	0.00	0.000	0.0	0.000	0.00

[a] 2004~2009 모델 연도의 경우; 전체 유용한 수명
[b] NMOG = 비메테인 유기물(nonmethane organic matter)
[c] H_2CH_2O = 포름알데하이드
[d] PM = 입자상 물질(particulate matter)
출처: Code of Federal Regulations, 40 CFR 86.1811–04, 2 NOV 2010.

- 아산화질소 ≤ 0.010 g/mile
- 메테인 ≤ 0.030 g/mile

이산화탄소의 배출 기준은 차량 발자국(footprint) 기반으로 정의되어 있는데, 차량 발자국이란 축간거리(wheel base)×윤거(track width)이다. 예를 들어, 발자국이 41 ft² 이하인 승용차는 연식에 따라 아래와 같은 목표치를 가진다.

- 2018 → 202 g/mile
- 2019 → 191 g/mile
- 2020 → 182 g/mile
- 2021 → 172 g/mile
- 2022 → 164 g/mile

2017년 3월 트럼프 행정부는 2022~2025년 연방 연비 기준을 최종 제정한 EPA의 2017년 1월 결정을 뒤집었다. 해당 기준은 자동차 업계가 연비 개선을 통해 2025년 생산되는 승용차와 경량 트럭이 휘발유 1갤런당 평균 54.5마일(54.5 mpg)을 주행하도록 요구하는데, 현재 유보상태에 있다. 그러나 미국 자동차 업계는 승용차와 경량 트럭이 기준을 만족할 수 있을 것으로 보고 있고, 다만 대형 픽업트럭은 어려울 것으로 보인다.

이러한 자동차 업계의 추론은 경제적인 이유에서 나온 것이다. 자동차 산업 경쟁이 치열한 선진국들은 2025년 연비를 54.5 mpg로 맞출 것을 의무화하였다. 따라서 세계 자동차 시장에서 경쟁하기 위해서는 미국 승용차와 경량 트럭이 54.5 mpg 기준을 반드시 충족해야 하며, 주행거리면에서만 차별화된 자동차를 만드는 것으로는 충분하지 않다.

미국 밖에서 대형 픽업트럭의 수요는 주행거리 개선을 의무화할 만큼 많지 않고, 원유는 풍부하고 휘발유도 상대적으로 싸다. 따라서 미국 자동차 업계는 2022년 모델 이후로 대형 픽업트럭의 주행거리를 개선하는 시간과 노력을 들이지 않을 것으로 예측된다.

의회는 배출 기준과 함께 기업평균연비(Corporate Average Fuel Economy, CAFE) 기준을 제정하여 자동차 연비를 개선하고자 하였다. 해당 기준은 미국의 원유 수입 의존도를 낮추기 위한 국가안보 조치로 법제화되었다. CO, NMOG, NO$_x$ 배출은 연비와 직접적인 연관 관계는 없으나 이산화탄소는 관련이 있다. 본 장의 후반부에서 논의될 것이지만, 이산화탄소는 지구의 기온에 영향을 미치는 복사 평형(radiative balance)에도 큰 영향을 미친다.

12-4 대기오염의 영향

물질에 미치는 영향

노후화의 기제. 대기오염에 의해 물질의 노후화(deterioration)가 심화되는 기제에는 마모, 퇴적과 제거, 직접적인 화학적 침식, 간접적인 화학적 침식, 전기화학적인 부식 5가지가 있다(Yocom and McCaldin, 1968).

빠른 속도로 떠다니는 커다란 고체입자는 마모에 의해 노후화가 촉진된다. 모래 폭풍의 고체입자를 제외하고 대부분의 대기오염 입자는 물질을 마모시키기에는 너무 작거나 속도가 느리다.

노출된 표면에 안착된 작은 유체 혹은 고체입자는 미관상의 노후화만을 유발한다. 이러한 미관상 노후화는 백악관 같은 특정 건축물이나 기념물에 허용되지 않는다. 그러나 대부분의 표면 재질은 청소 자체로 손상을 입는데, 건물 샌드블라스팅(sandblasting)이 대표적인 예이다. 이와 마찬가지로 옷을 자주 세탁하면 섬유를 약화시키며, 페인트칠 된 표면을 자주 씻어내면 마감을 약하게 만든다.

용해와 산화-환원 반응은 직접적인 화학적 침식의 대표적인 예로, 이러한 반응이 발생하기 위한 매개체로서 종종 물이 필요하다. 물이 있는 환경에서 SO_2와 SO_3는 석회암($CaCO_3$)과 반응하여 황산칼슘($CaSO_4$)과 석고($CaSO_4 \cdot 2H_2O$)를 만든다. $CaSO_4$와 $CaSO_4 \cdot 2H_2O$는 $CaCO_3$보다 물에 잘 녹으며, 모두 비에 의해 침출된다. H_2S에 의한 은의 변색은 산화-환원 반응의 예이다.

간접적인 화학적 침식은 흡수된 오염물질이 제품의 특정 요소와 반응하여 파괴적인 화합물을 형성할 때 일어난다. 이 화합물은 산화제, 환원제, 용해제 역할을 하며, 격자 구조에서 활성 결합을 제거하기 때문에 파괴적일 수 있다. 예를 들어 가죽에 SO_2가 흡수되면, 가죽 속에 존재하는 소량의 철분으로 인해 SO_2는 황산을 형성하고 가죽을 깨지기 쉽게(brittle) 만든다. 여기서 철분은 황산을 만드는 촉매제 역할을 한다.

산화-환원 반응은 금속 표면에 부분적으로 화학적, 물리적 차이를 일으키고, 이러한 차이는 결과적으로 미세한 음극과 양극을 형성한다. 전기화학적인 부식은 이러한 미세한 극의 형성으로 발생한다.

노후화에 영향을 미치는 요소. 수분, 온도, 햇빛, 노출된 물질의 위치는 노후화율에 영향을 미치는 주요 요인이다.

습기 형태의 수분은 대부분의 노후화 기제에서 필수적이다. 금속 부식은 상대습도가 60%를 넘기 전까지는 높은 SO_2 수준에서도 잘 발생하지 않는다. 그러나 70~90% 이상의 습도는 대기오염 없이도 부식을 촉진시킨다. 비는 오염물질을 희석하거나 씻어내어 오염물질로 유발되는 부식을 줄일 수 있다.

일반적으로 높은 기온에서 반응 속도가 빠르지만, 낮은 기온으로 수분이 응결되는 지점까지 표면이 냉각되면 반응속도가 빨라지는 경우도 있다.

자외선에 의한 산화 효과 외에도 햇빛은 오염물질의 형성 및 순환 개질(cyclic reformation)에 필요한 에너지를 제공함으로써 대기오염에 의한 피해를 촉진시킨다. 고무의 균열이나 염료의 퇴색은 이러한 광화학 반응에 의해 생성된 오존에 기인한다.

노출 표면의 위치는 노후화 속도에 2가지 방식으로 영향을 미친다. 첫 번째, 표면이 수직, 수평혹은 특정 각도일 때 노후화와 부식율(washoff rate)이 높아진다. 두 번째, 표면의 높이에 따라 손상률이 달라진다. 습도가 높으면, 낮은 쪽 표면은 비가 효과적으로 오염물질을 제거하지 못하므로 더 빠르게 노후화된다.

식물에 미치는 영향

세포와 잎의 구조. 잎은 대기오염이 식물에 미치는 영향을 보여주는 주요 지표이므로, 잎의 기능을 알아보고 관련 용어를 정의하도록 하자. 일반적인 식물의 세포는 세포벽, 원형질체(protoplast), 내포물(inclusion)로 이루어져 있다. 사람의 피부처럼 세포벽은 어린 식물에서는 얇으며 연생이 오래될수록 점점 두꺼워진다. 원형질체는 어떤 한 세포의 원형질을 가리키는 용어로, 주로 물로 구성되어 있지만 단백질, 지방 및 탄수화물도 포함한다. 세포핵에는 세포의 작동을 제어하는 유전물질(DNA)이 들어 있다. 핵 외부의 원형질은 세포질(cytoplasm)이라고 한다. 세포질 내에는 작은 색소체(plastid)가 있는데, 그 예로는 엽록체(chloroplast), 백혈구(leucoplast), 유색체(chromoplast), 미토콘드리아가 있다. 엽록체에는 광합성을 통해 식물의 양분을 생산하는 엽록소(chlorophyll)가 있다. 백혈구는 녹말을 녹말 입자로 변환하고, 유색체는 과일과 꽃이 빨간색, 노란색, 주황색을 띠게 한다.

전형적인 성숙한 잎의 단면(그림 12-3)을 보면, 표피(epidermis), 잎살(mesophyll), 관다발로 이루어져 있다. 엽록체는 보통 표피세포에는 존재하지 않는다. 잎 아래쪽의 구멍은 기공(stoma)이라 부른다. 잎살은 울타리 조직(palisade parenchyma)과 해면 조직(spongy parenchyma)으로 구성되며, 엽록체를 함유하고, 영양분을 생산한다. 관다발은 물, 미네랄, 영양소를 잎 전체와 식물의 주요 줄기로 운반한다.

공변세포(guard cell)는 잎 안팎으로 가스와 수증기가 통과하는 것을 조절한다. 덥고 햇빛이 강하며 바람이 부는 날씨에는 광합성과 호흡 작용이 활발하게 일어난다. 이때 뿌리에서부터 물과 미네랄의 수송이 증가되며, 공변세포가 열려 수증기 배출이 증가한다.

오염물질에 의한 손상. 오존은 울타리 조직을 손상시킨다(Hindawi, 1970). 엽록체가 응집되어 결국 세포벽이 붕괴된다. 그 결과로 적갈색 점이 형성되며, 이는 며칠 뒤에 흰색으로 변하게 되는데, 이 하얀 점을 **반점**(fleck)이라 부른다. 오존 손상은 화창한 대낮에 가장 많이 발생하며, 이러한 때에 공변세포는 주로 열려 있어 오염물질이 잎으로 침투되도록 한다.

0.5 ppm의 NO_2에 지속적으로 노출되면 식물의 성장이 멈출 수 있다. 2.5 ppm 이상의 NO_2에 4시간 이상 노출되면 원형질 분리(plasmolysis) 혹은 원형질 손실(loss of protoplasm)로 표면 반점이 생기는 **괴사**(necrosis)가 일어난다.

그림 12-3

잎의 단면
(출처: U.S. Dept. of Health Education and Welfare, Raleigh, N.C., 1970.)

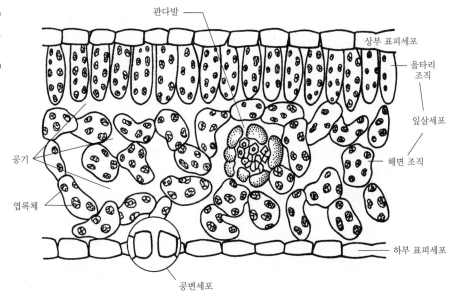

이산화황에 의한 손상은 훨씬 더 낮은 농도인 0.3 ppm에 8시간 노출로도 충분하며(O'Gara, 1922), 더 낮은 농도에서 더 긴 시간 동안 노출이 되면, 백화 현상(diffuse chlorosis; 표백)이 나타난다.

대기오염물질로 인한 손상은 잎의 피상적인 손상에 그치지 않는다. 표면적이 감소하면 성장이 줄어들고 열매가 작아진다. 상업용 작물의 경우 이는 농부의 소득을 직접적으로 감소시키며, 다른 식물의 경우 조기 고사로 이어질 가능성이 높다.

식물에 대한 불소 침착은 식물에 손상을 줄 뿐만 아니라 2차적인 악영향을 입힐 수 있다. 방목하는 동물은 과도한 불소를 축적하여 이빨이 더러워지고 심할 경우 이빨이 빠진다.

진단의 문제.　여러 요인으로 대기오염에 의한 실질적 피해를 진단하는 것은 어렵다. 가뭄, 해충, 질병, 제초제 남용, 영양 부족은 대기오염 피해와 유사한 손상을 일으킨다. 또한 단독으로는 손상을 끼치지 않는 오염물질 여러 개가 결합되면 큰 손상을 끼칠 수 있다(Hindawi, 1970). 이를 **공동 작용**(synergism)이라 부른다.

건강에 미치는 영향

취약 계층.　대기오염이 인간의 건강에 미치는 영향을 정확히 평가하는 것은 어렵다. 흡연은 주변 대기 수준보다 훨씬 높은 농도의 대기오염물질에 노출되는 것과 같은 효과를 나타낸다. 직업적인 노출 역시 실외보다 더 높은 수준의 노출량을 야기할 수 있다. 또한 설치류나 다른 포유류를 이용한 실험은 해석하기 어렵고, 인간의 몸에 적용하기도 어렵다. 인간을 대상으로 한 실험은 실험 대상이 제한되며 환경윤리 문제에도 직면하게 된다. 허용농도(기준)가 설치류 실험 결과값을 바탕으로 한다면, 그 기준값은 높게 설정될 것이다. 그러나 만약 허용농도가 심폐질환을 기저질환으로 가진 사람들을 보호해야 한다면, 설치류를 이용한 실험에서의 결과값보다 기준값을 낮게 잡아야 한다.

우리는 앞서 대기질을 평가하는 기준이 "적절한 안전 여유분"으로 대중의 안전을 보호하기 위해 만들어졌다는 것을 배웠다. EPA 관리자에 따르면, 이 기준은 가장 민감하게 반응하는 사람을 보호할 수 있어야 한다. 따라서 다음 단락에서 알수 있듯이, 해당 기준은 영향이 나타나는 가장 낮은 수준으로 설정되어 있다. 일부 학자는 이러한 결정을 비판하였는데, 이들은 기준을 높이고 병원을 더 짓는 것이 경제적으로 옳다고 주장하였다(Connolly, 1972). 그러나 이 논리는 고속도로의 자동차 제한속도를 높이고 더 많은 병원과 폐차장, 묘지를 짓자는 것과 같다.

호흡기관의 구조.　호흡기관은 대기오염이 사람에게 어떻게 영향을 미치는지를 보여주는 주요 지표이다. 호흡기관의 주요 장기로는 코, 인두, 후두, 기도, 기관지, 폐가 있다(그림 12-4). 이들을 통틀어 상부 호흡기관(upper respiratory tract, URT)이라 부른다. 상부 호흡기관에 대기오염이 미치는 주요 영향은 후각 악화와 점액과 포획된 입자를 제거해 주는 섬모(cilia)의 동작을 방해하는 것이다. 하부 호흡기관(lower respiratory tract, LRT)은 줄기 구조의 기관지와 포도 모양의 폐포(alveoli)로 이루어진 폐로 구성되어 있다. 폐포는 약 300 µg의 직경을 가지고 있으며, 폐포의 벽에는 모세혈관이 늘어서 있다. 이산화탄소는 모세혈관 벽을 따라 폐포로 퍼지며 산소는 폐포의 밖으로 퍼져 혈액 세포로 들어간다. 각 기체는 분압차에 의해 높은 압력에서 낮은 압력으로 이동한다.

그림 12-4

호흡기의 구조

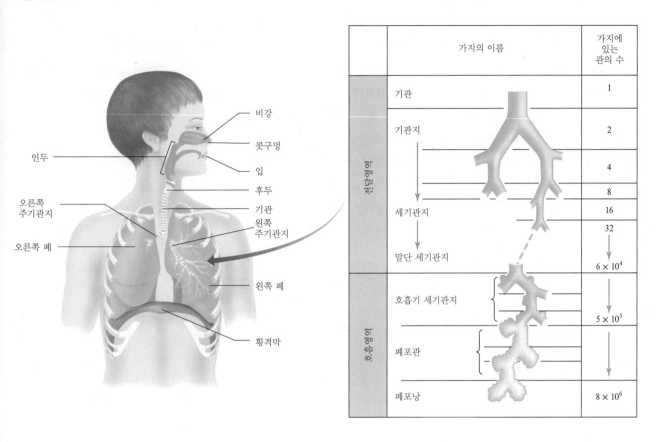

	가지의 이름	가지에 있는 관의 수
전달영역	기관	1
	기관지	2
		4
		8
	세기관지	16
		32
	말단 세기관지	6×10^4
호흡영역	호흡기 세기관지	5×10^5
	폐포관	
	폐포낭	8×10^6

입자의 흡입과 체류. 하부 호흡기관으로 입자가 침투하는 정도는 호흡속도와 입자 크기의 함수이다. 5~10 μm보다 큰 입자는 코털에서 걸러지며, 재채기도 여과 과정에 도움이 된다. 1~2 μm 정도 크기의 입자는 폐포에 침투할 수 있다. 그러나 이 크기의 입자는 상부 호흡기관의 여과와 침적작용을 통과하기에는 충분히 작지만, 가장 크게 손상을 입힐 수 있는 곳에 침적될 수 있는 최종침강속도(terminal settling velocity)를 갖기에는 크기가 크다. 직경이 0.5 μm보다 작은 입자는 폐포 세포벽으로 확산될 수 있으나 효율적으로 제거될 수 있을 만큼 최종침강속도가 크지는 않다. 더 작은 입자는 폐포 벽에 확산된다. 그림 12-1을 참고하여 주요 입자 크기 범위에 들어가는 대기오염물질을 확인해 보자.

만성 호흡기 질환. 호흡기의 여러 장기 질병은 대기오염에 의해 유발되거나 혹은 악화된다. 기도저항(airway resistance)은 자극물질로 기도가 좁아지는 것으로, 호흡을 어렵게 한다. **기관지 천식**(bronchial asthma)은 알레르기에 의한 기도저항의 일종이다. 천식 발작은 점막이 붓고 분비물이 두꺼워지면서 세기관지가 좁아져 발생하는 현상이다. 세기관지는 발작 후 정상으로 돌아간다. **만성 기관지염**(chronic bronchitis)은 세기관지에 과도한 점액이 형성되어 폐 감염, 종양 또는 심장 질환 없이 2년 연속으로, 1년에 3개월 이상 기침을 하는 증상으로 정의한다. 이때 **폐기종**(pulmonary emphysema)은 폐포의 붕괴가 특징이다. 작은 포도 모양의 집합체가 탄력이 없는 풍선 같은 구조가

되어, 기체 교환의 표면적이 급격히 감소한다. **기관지암**(cancer of the bronchus; 폐암)은 기관지 점막(mucous membrane)에서 새로운 세포가 비정상적으로 무질서하게 자라는 것이 특징이다. 결국 세포의 과도한 성장으로 기관지 폐색, 그리고 사망으로 이어진다.

일산화탄소(CO).   이 무색무취의 기체는 5,000 ppm이 넘을 경우 인간을 몇 분 만에 사망에 이르게 할 수 있다. CO는 인체의 헤모글로빈과 결합해 일산화탄소 헤모글로빈(COHb)을 생성한다. 헤모글로빈은 산소보다 CO와 더 잘 결합하는 성질이 있으므로 COHb가 생성되면 인체 내 산소를 빠르게 앗아간다. COHb가 5~10%일 경우, 시각적 지각, 손으로 하는 일, 학습 능력이 손상되는데, CO를 50 ppm 농도에서 8시간 이상 노출할 경우 COHb가 7.5%에 이른다. COHb가 2.5~3%일 경우, 심장질환이 있는 사람들은 특정 동작을 하지 못하게 되는데, CO를 20 ppm 농도에서 8시간 이상 노출할 경우 COHb가 2.8%에 이른다(Ferris, 1978). (참고로 흡연 시 CO의 평균 농도는 200~400 ppm이다.) 민감 계층은 심장질환 혹은 심혈관질환, 폐질환을 가지고 있거나 임산부 등 감염질환으로 열이 나는 등 산소를 더 많이 필요로 하는 사람들이다.

유해대기오염물질.   인체의 건강에 영향을 미치는 유해대기오염물질(hazardous air pollutant, HAP)(공기 독성물질이라고도 함)의 직접적인 효과에 관한 정보는 대부분 산업 노동자 연구에서 온 것이다. 공기 독성물질에 노출되는 정도는 보통 일반 상황보다 작업장에서 더 높다. 그러나 우리 주위의 대기에서 발견되는 낮은 농도의 HAP가 가지는 영향에 대해서는 알려진 바가 적다.

NESHAP 프로그램에 따라 규제되는 HAP는 다양한 질병의 원인인자로 알려져 있다. 예를 들면, 석면, 비소, 벤젠, 코크스오븐 배출물(coke oven emissions), 방사능원소 등은 암을 유발한다. 베릴륨은 주로 폐질환을 일으키지만 간, 비장, 신장, 림프관에도 손상을 입힌다. 수은은 뇌, 신장, 장을 공격한다. HAP의 다른 잠재적 영향에는 선천적 결손증, 신경계와 면역계 손상이 있다(Kao, 1994).

수은은 환경에 널리 퍼져있는 몇 안 되는 HAP 중 하나로, 석탄 연소 과정에서 방출되기 때문에 주요 규제 대상이 되었다. 출산 전 메틸수은에 노출된 어린이는 집중력, 섬세 동작 기능, 언어능력, 시공각적 능력, 언어적 기억력 등 신경행동적 업무를 수행하는 데 어려움을 겪을 가능성이 크다(U.S. EPA, 1997, 2004).

납(Pb).   다른 주요 대기오염물질과 달리, 납은 축적되는 성질이 있는 독성 물질이다. 또한 호흡할 때뿐만 아니라 음식과 물을 통해서도 섭취되며, 섭취한 양의 5~10%, 흡입한 양의 20~50%가 인체에 흡수된다. 흡수되지 못한 부분은 대변이나 소변으로 배출되므로 납 중독을 진단할 때는 소변과 피에 있는 납의 양을 측정한다.

급성 납중독의 초기 징후는 가벼운 빈혈(적혈구 결핍)이다. 혈류 속 납이 60~120 µg/100 g 수준이면 피로, 짜증, 두통, 창백함 같은 다른 빈혈 유발 요인과 구별되지 않는 증상들이 나타난다. 혈류 속 수치가 80 µg/100 g을 넘어설 경우 변비와 복부경련을 일으키게 된다. 급성 노출로 수치가 120 µg/100 g을 초과하게 되면 급성 뇌 손상(뇌병변)이 일어날 가능성이 있다(Goyer and Chilsolm, 1972). 이러한 급성 노출은 경기, 코마, 심폐 기능 중지, 사망을 일으킨다. 여기서 급성 노출이란 1~3주 기간에 걸쳐 노출되는 것을 의미한다.

캔필드(Canfield) 등(2003)에 따르면, 일생 동안의 혈류 납 농도가 데시리터당 10 µg이면 IQ가

7.4점 감소한다. 일생 동안의 혈류 납 농도가 데시리터당 10~30 μg인 경우 IQ는 2.5 정도로 완만하게 감소한다.

대기 중 납은 0.16~0.43 μm 정도의 크기의 입자상 물질로 존재한다. 자동차 연료에 납을 규제하기 전에는 필라델피아 교외의 비흡연자 주민은 약 1 μg/m³의 공기 중 농도에 노출되어 있었으며, 혈류 내 1.1 μg/100 g의 납을 가지고 있었다. 시내의 비흡연자 주민은 2.5 μg/m³에 노출되어 있었으며, 혈류 내 평균 20 μg/100 g의 납을 가지고 있었다(U.S. PHS, 1965). 1990년대 초 1~5세 미국 어린이 중 4.4%가 높은 납 농도를 가지고 있었는데, 이 수치는 2002년까지 1.6%로 떨어졌다. 미국 질병예방관리청은 휘발유에서 납을 제거되고 어린이가 납에 노출되는 것을 감시하고 관리하려는 노력 덕분에 수치가 떨어졌다고 본다(U.S. CDC, 2005).

이산화질소(NO_2).   질소 산화물을 통칭하여 NO_x로 표현하는데, 15분 동안 5 ppm 이상의 NO_2에 노출되면 기침과 호흡계 염증이 발생한다. 지속적 노출은 폐에 비정상적인 유체 축적을 일으킨다(폐부종). 이산화질소 기체는 농축되면 적갈색을 띠며 저농도에서는 갈황색을 띤다. 5 ppm 농도에서는 자극적인 단 냄새를 가지는데, 담배 연기의 NO_2 평균 농도가 약 5 ppm이다. 가벼운 호흡기 질환이나 폐 기능의 저하는 NO_2 농도 약 0.10 ppm에서도 나타난다(Ferris, 1978). 이러한 농도는 표 12-1에 나오는 NAAQS 수치에 비해서 매우 높다.

광화학 산화제.   광화학 산화제(photochemical oxidant)는 퍼옥시아세틸 니트레이트(peroxyacyl nitrate), 아크롤레인(acrolein), 퍼옥시벤조일 니트레이트(peroxybenzoyl nitrate), 알데하이드(aldehyde), 질소산화물을 포함하나, 가장 주된 물질은 오존(O_3)이다. 오존은 산화제 총량을 측정하는 데 사용되는 주요 지표이다. 산화제 농도가 0.1 ppm을 넘으면 안구 자극을 일으키며, 0.3 ppm에서는 기침이나 흉통의 가능성이 커진다. 만성 심폐질환으로 고통받는 환자들이 특히 취약하다.

$PM_{2.5}$.   앞서 언급한 대로, 큰 입자는 폐에 깊이 흡입되지 않는다. 이것이 바로 EPA가 TSP 기반의 대기질 평가 방식을 공기동역학적 직경이 10 μm 보다 작은 입자($PM_{2.5}$)를 기반으로 한 방식으로 바꾼 이유이다. 미국, 브라질, 독일에서 진행된 연구에서는 미립자가 많을수록 더 높은 심폐, 심혈관, 암 관련 사망률과 폐렴, 폐기능 손상, 천식, 입원 가능성을 높인다고 밝혔다(Reichhardt, 1995).

공기동역학적 직경이 2.5 μm인 입자는 대기오염이 심한 도시에서 사망률 증가의 주요 원인으로 작용한다(Pope et al., 1995). $PM_{2.5}$이 건강상 악영향을 미치는 생물학적 기제에 대한 한 가지 가설은 오염으로 인한 폐 손상이 폐 기능 저하, 호흡 곤란, 저산소증으로 연결될 수 있는 심혈관 질환을 일으킨다는 것이다(Pope et al., 1999).

황산화물(SO_x)과 총부유입자(TSP).   황산화물은 이산화황(SO_2)과 삼산화황(SO_3), 두 물질이 형성하는 산, 그 산의 짝염기로 이루어진 염을 포함한다. SO_2와 SO_3는 보통 함께 처리된다. 미립자가 흡수된 SO_2를 하부 호흡기관으로 운반하므로 둘 사이에 확실한 시너지 효과가 있는 것으로 보인다. 미립자가 없을 때에는 SO_2가 상부 호흡기관의 점막에 흡수된다.

만성 기관지염에 시달리는 환자들은 TSP가 350 μg/m³을 넘고 SO_2가 0.095 ppm을 넘으면 호흡기 증상이 악화된다. 네덜란드에서 실시된 연구에서는 3년 간격으로 SO_2와 TSP 수준이 각각 0.10 ppm, 230 μg/m³에서 0.03 ppm, 80 μg/m³으로 줄었을 때 폐 기능이 개선되었다는 것을 보여주었다.

표 12-5	대기오염의 3가지 주요 사례		
	뫼즈(Meuse)계곡, 벨기에, 1930년(12월 1일)	도노라(Donora), 펜실베이니아, 1948년(10월 26~31일)	런던, 1952년(12월 5~9일)
인구	데이터 없음	12,300	8,000,000
날씨	고기압, 역전(inversion), 안개	고기압, 역전, 안개	고기압, 역전, 안개
지형	강 계곡	강 계곡	강 평지
예상 오염원	산업(철강, 아연 공장)	산업(철강, 아연 공장)	가정 석탄 연소
질병의 성질	노출 점막 표면에 화학적 자극	노출 점막 표면에 화학적 자극	노출 점막 표면에 화학적 자극
사망자 수	63	17	4,000
사망 시간	사례 발생 이튿날부터	사례 발생 이튿날부터	사례 발생 첫날부터
자극 유발 원인	황산화물 미립자	황산화물 미립자	황산화물 미립자

출처: World Health Organization, Air Pollution, 1961, p. 180.

대기오염 사건. '사건'이라는 단어는 대기오염 재앙의 완곡한 표현이다. 대기오염물질을 통제하기 위한 법을 제정하도록 만든 이러한 재앙은 매우 큰 충격이었다. 표 12-5에 3가지 주요 사건이 있으며, 표를 자세히 살펴보면 3가지 사건에 공통점이 있음을 알 수 있다. 사망자와 환자 수가 현저히 적은 다른 상황을 비교해 보면, 이러한 사건으로 분류되기 위해서는 4가지 요소가 필요하다는 것을 알 수 있다. 이는 (1) 다수의 오염원, (2) 제한된 공기 부피, (3) 정부의 인지 실패, (4) 적절한 크기의 물방울의 존재이다(Goldsmith, 1968). 이 중에서 한 요소가 빠지면, 사망자와 환자 수가 줄어든다.

오염물질의 양이 많다는 것 자체로도 죽음에 이르게 할 수 있으나, 이러한 사건에서 관찰되는 결과에 이르려면 복합적인 작용이 필요하다. 개별 오염물질의 대기 농도는 폭발이나 교통사고 없이는 사망에 이르게 하기 어렵다. 그러나 2개 혹은 그 이상의 오염물질이 혼합되면 낮은 수준에서도 의외로 심각한 증상을 유발할 수 있다. 황산화물과 미립자는 위 3가지 사건의 가장 유력한 용의자이다.

기후 측면에서는, 대기 움직임이 거의 없어 오염물질이 희석되지 않는 상황이어야 한다. 골짜기는 정체 효과의 가장 큰 원인이지만, 런던의 사고는 골짜기가 없이도 발생하였다. 또한 정체 조건은 최소 3일 이상 지속되어야 한다.

이렇게 위험한 대기오염 조건은 시 공무원이 이상한 점을 알아차리지 못했기 때문에 더욱 치명적인 결과를 낳았다. 오염 수준에 대한 측정이나 병원 및 영안실의 보고 없이는 시 당국에서 대중에게 경고 메시지를 제공하거나 공장을 폐쇄하거나 교통을 제한할 이유가 없다.

마지막 가장 중요한 요소는 안개[*]이다. 안개 방울은 적절한 크기, 즉 1~2 μm의 직경을 가지고 있거나 0.5 μm 이하여야 한다. 앞서 말한대로, 이러한 크기의 입자는 하부 호흡기관으로 침

---

[*] 스모그라는 단어는 제1차 세계대전 이전에 런던 사람들이 런던 날씨를 지배했던 연기(smoke)와 안개(fog)의 조합을 설명하기 위해 만든 용어이다. 로스앤젤레스 스모그는 연기가 거의 없고 안개도 없기 때문에 잘못된 이름이다. 사실, 나중에 보게 되겠지만, 로스앤젤레스 스모그는 다량의 햇빛 없이는 발생할 수 없다. 따라서 "광화학 스모그"가 로스앤젤레스 연무를 설명하는 올바른 용어이다.

투될 가능성이 가장 높다. 안개 입자에 용해된 오염물질은 입자를 따라 폐 깊숙한 곳으로 옮겨져 침착된다.

12-5 대기오염물질의 기원과 거동

일산화탄소

일산화탄소(CO)는 탄소의 불완전한 산화로 생성된다. 토양 미생물에 의한 유기물의 자연적인 혐기성 분해는 매년 대략 160 Tg[*]의 메테인(CH_4)을 방출하는데(IPCC, 1995), 메테인 산화의 중간 과정에서 CO가 자연적으로 발생한다. 수산화 라디칼(hydroxyl radical, OH·)는 초기 산화의 매개체로 기능하며, CH_4와 결합 시 알킬 라디칼을 형성한다(Wofsy et al., 1972).

$$CH_4 + OH \rightleftharpoons CH_3 \cdot + H_2O \tag{12-1}$$

이 반응에 이어지는 39번의 복잡한 일련의 반응을 아래와 같이 단순화하여 나타낼 수 있다.

$$CH_3 \cdot + O_2 + 2(hv) \rightleftharpoons CO + H_2 + OH \cdot \tag{12-2}$$

빛 에너지 광자(hv)는 이 반응에서 CH_3와 O_2 분자 각각의 원자 간 결합을 깨뜨린다. 여기에서 v는 빛의 주파수이고, h는 플랑크 상수(6.626×10^{-34} J · Hz^{-1})이다.

인위적 발생원(anthropogenic source)(인간의 활동과 관련된 발생원)에는 자동차, 전기와 열 생산을 위한 화석 연료 연소, 산업 공정, 고형 폐기물 처리, 낙엽, 잡목 등 다양한 물질의 연소가 있다. 대략 600~1,250 Tg의 CO는 이러한 발생원에서 유기탄소가 불완전 연소되어 생기는 것으로, 자동차가 배출량의 약 60%를 차지한다.

전 세계 대기의 CO 수준은 지난 20년간 큰 변화가 없었으나, 인위적 발생원의 기여도는 2배로 늘었다. 이 현상을 설명하기 위해 여러 CO 제거 메커니즘(**흡입원**(sink))이 제기되었는데, 가장 주된 흡입원은 CO와 반응하여 이산화탄소를 발생시키는 수산화 라디칼이다. 또한 토양 미생물에 의한 제거와 성층권으로의 확산도 CO 제거에 소폭 기여한다. 이러한 흡입원은 생산되는 CO의 양보다 같거나 더 많은 양을 매년 소비하는 것으로 추측된다(Seinfield and Pandis, 1998).

유해대기오염물질

EPA는 표 12-2와 같이 유해대기오염물질(HAP)에 대해 166개 유형의 주요 오염원과 8개 유형의 지역 오염원을 규정하였다(57 FR 31576, 1992). 이 분류체계는 연료 연소, 금속 처리, 원유 및 천연가스 생산과 정제에서부터 표면코팅 처리, 폐기물 분류와 처리, 농업 화학물 생산, 폴리머와 수지 생산에 이르는 넓은 산업 범위를 포괄한다. 기타 분류에는 드라이클리닝, 전기도금 등이 있다.

공기 중의 독성물질은 이러한 직접적인 배출 외에도 대기 중의 화학적 생성 반응으로 발생할 수 있다. 이러한 반응에는 대기에 배출된 물질 중 HAP에 등재되어 있지 않고 그 자체로는 독성이 없으나 대기 중에서 변환이 일어나 HAP를 생성할 수 있는 화학물질이 관여한다. 기체상으로 존재하는 유기 화합물의 주요 변환 과정에는 광분해와 오존, 수산화 라디칼, 질산 라디칼이 일으키는 화학적 반응이 있다(Kao, 1994). **광분해**(photolysis)는 화학물질이 적절한 파장의 전자기파를 흡수하

---

[*] 1 테라그램(Tg) $= 1 \times 10^{12}$ g

여 결합이 깨지거나 재배치되는 것이다. 광분해는 낮 시간 동안 태양의 방사 스펙트럼 내에 존재하는 파장의 빛을 강하게 흡수하는 화학물질에만 중요하고 다른 물질의 변환에는 OH·나 O_3와의 반응이 지배적으로 작용한다. 포름알데하이드와 아세트알데하이드는 대기 중에서 생성된 HAP의 대표적인 예이다.

HAP의 가장 주된 제거 메커니즘은 OH의 가감이다. 반응 생성물은 궁극적으로 CO와 CO_2를 발생시킨다. HAP 189종 중 89종은 대기 중 수명이 하루 미만이다.

납

화산 활동과 공기 중에 떠다니는 토양 입자는 대기 중 납의 자연적인 발생원이다. 제련과 정제 과정, 납 함유 물질의 연소는 인위적인 발생원이다. 과거에는 휘발유에 납을 첨가하였는데, 이 중 약 70~80%는 대기로 배출되었다.

수백 nm 크기의 납 입자는 휘발과 응축으로 형성되며, 대기에서 없어지기 전에 더 큰 입자에 흡착되거나 핵을 형성한다. 납 입자가 μm 크기에 달하면, 비에 씻겨 내려가거나 가라앉는다.

이산화질소

토양 세균의 작용은 아산화질소(N_2O)를 대기로 방출한다. 대류권 상층부와 성층권에서 산소 원자가 아산화질소와 반응해 NO를 생성한다.

$$N_2O + O \rightleftharpoons 2NO \tag{12-3}$$

산소 원자는 오존의 분해로 만들어진다. NO는 나아가 오존과 반응하여 NO_2를 생성한다.

$$NO + O_3 \rightleftharpoons NO_2 + O_2 \tag{12-4}$$

이러한 과정으로 생성되는 NO_2는 전 지구적으로 연간 약 12 Tg으로 추정된다(Seinfeld and Pandis, 1998).

연소 과정은 질소산화물의 인위적 발생의 74%를 차지한다. 질소와 산소는 반응 없이 대기에 공존하지만, 높은 온도와 압력에서는 상호작용을 일으키는데, 1600 K가 넘는 온도에서 서로 반응한다.

$$N_2 + O_2 \overset{\Delta}{\rightleftharpoons} 2NO \tag{12-5}$$

연소된 기체가 반응 후 급격히 냉각되어 모두 대기로 배출되면, 반응이 종료되고 NO라는 부산물이 생기게 된다. NO는 오존 혹은 산소와 결합해 NO_2를 생성한다. 1995년 NO_x 배출에 기여하는 인간 활동은 전 세계적으로 32 Tg에 달하였다(IPCC, 1995). 미국 NO_x 배출량 중 40~45%는 교통수단에서, 30~35%는 발전소에서, 20%는 산업에서 발생한다(Seinfield and Pandis, 1998).

EPA 배출인자는 전기 생산용 석탄 보일러의 배출량을 예측에 활용할 수 있다. 역청탄과 아역청탄을 사용한 미분탄, 건식 바닥, 벽 연소 보일러의 NO_x 배출인자는 다음과 같다.

- NSPS 이전 배출 기준에 의한 인자 — 11 kg/Mg (NO_x 22 lb_m/역청탄 1 ton)
- NSPS 이전 배출 기준에 의한 인자 — 6 kg/Mg (NO_x 12 lb_m/아역청탄 1 ton)
- NSPS 이후 배출 기준에 의한 인자 — 6 kg/Mg (NO_x 12 lb_m/역청탄 1 ton)

• NSPS 이후 배출 기준에 의한 인자 — 3.7 kg/Mg (NO_x 7.4 lb_m/아역청탄 1 ton)

여기서 "ton"(미국톤)은 2000 lb_m이다.

최종적으로 NO_2는 NO_2^- 혹은 NO^- 미립자 형태로 전환되며, 그 후 미립자는 빗물에 씻겨 침적된다. 질소의 용해는 HNO_3을 형성하므로 산업화 지역의 바람이 부는 방향을 따라 산성비가 발생하는 데 기여한다.

광화학 산화제

다른 오염물질과 달리 광화학 산화제는 대기 중 반응으로만 생성되며 사람이나 자연으로부터 직접 배출되지 않기 때문에 **2차 오염물질**(secondary pollutant)이라 불린다. 이들은 원자, 분자, 자유 라디칼, 혹은 이온이 광자를 흡수하면서 시작되는 일련의 반응으로 생성된다. 오존은 가장 주요한 광화학 산화제로, 주로 NO_2의 광분해 순환으로 생성된다. 탄화수소는 산소 원자와 결합하여 자유 라디칼(반응성이 매우 높은 유기물질)을 형성한다. 탄화수소, NO_2, 오존의 반응과 상호작용은 더 많은 NO_2와 오존을 만들어 낸다. 이 순환 과정은 그림 12-5에 요약되어 있다. 전체 반응의 순서는 햇빛이 충분한지에 따라 달라지며, 반응의 결과로 로스엔젤레스의 유명한 광화학 "스모그"를 발생시킨다.

황산화물

황산화물은 1차 오염물질이 될 수도, 2차 오염물질이 될 수도 있다. 발전소, 산업, 화산, 바다는 1차 오염물질로서 SO_2, SO_3, SO_4^{2-}를 발생시킨다. 생물학적인 부패 과정과 일부 산업 오염원은 H_2S를 배출하는데, 이 물질은 산화되어 2차 오염물질로서 SO_2를 생성한다. 매년 약 10 Tg의 황이 자연적 발생원에 의해 배출되며, 약 75 Tg은 인위적으로 배출된다(Seinfeld and Pandis, 1998).

H_2S 산화 반응 중 아래에 나타낸 오존과의 반응이 가장 중요하다.

$$H_2S + O_3 \rightleftharpoons H_2O + SO_2 \tag{12-6}$$

그림 12-5

탄화수소와 대기 질소 산화물 광분해 순환의 상호 작용 (출처: U.S. Dept. of Health, Education and Welfare, Air Quality Criteria for Photochemical Oxidants, National Air Pollution Control Administration Publication No. AP-63; U.S. Government Printing Office, Washington, DC, 1970).

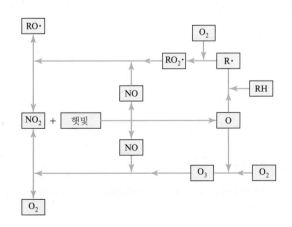

황을 함유한 화석 연료의 연소는 황 함유량에 비례하는 양의 이산화황을 배출한다.

$$S + O_2 \rightleftharpoons SO_2 \tag{12-7}$$

이 반응은 황 1 g당 이산화황 2 g이 대기 중으로 배출된다는 것을 보여준다. 연소 과정이 100% 효율적이지 않기 때문에, 우리는 통상적으로 5%의 황이 연소 후 재에 남아 있다고 가정한다. 이를 통해 연료의 함유된 황 1 g당 이산화황 1.90 g이 배출된다는 것을 알 수 있다.

예제 12-1 일리노이 석탄이 $1.00 \text{ kg} \cdot \text{s}^{-1}$의 속도로 연소된다. 석탄의 황 함량이 3%라고 할 때, SO_2의 연간 배출량은 얼마인가?

풀이 우선 아래와 같은 물질수지 흐름도를 그린다.

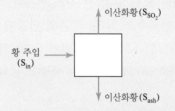

정상상태에서의 물질수지식은 아래와 같이 나타낼 수 있다.

$$S_{in} = S_{ash} + S_{so_2}$$

연소에 사용되는 황의 질량은 다음과 같다.

$$S_{in} = 1.00 \text{ kg} \cdot \text{s}^{-1} \times 0.030 = 0.030 \text{ kg} \cdot \text{s}^{-1}$$

연간으로는,

$$S_{in} = 0.030 \text{ kg} \cdot \text{s}^{-1} \times 86{,}400 \text{ s} \cdot \text{day}^{-1} \times 365 \text{ day} \cdot \text{year}^{-1} = 9.46 \times 10^5 \text{ kg} \cdot \text{year}^{-1}$$

재에 함유된 황의 질량은 전체의 5%이다.

$$S_{ash} = (0.05)(9.46 \times 10^5 \text{ kg} \cdot \text{year}^{-1}) = 4.73 \times 10^4 \text{ kg} \cdot \text{year}^{-1}$$

SO_2로 변환되는 데 사용된 황의 질량은 다음과 같다.

$$S_{so_2} = S_{in} - S_{ash} = 9.46 \times 10^5 - 4.73 \times 10^4 = 8.99 \times 10^5 \text{ kg} \cdot \text{year}^{-1}$$

SO_2 생성량은 산화반응식(식 12-7)에서의 질량 비율에 의해서 결정된다.

$$S + O_2 \rightleftharpoons SO_2$$
$$MW = 32 + 32 = 64$$

따라서, 생성되는 SO_2의 질량은 변환에 참여하는 황의 질량의 64/32배이다.

$$S_{so_2} = \frac{64}{32} \times 8.99 \times 10^5 \text{ kg} \cdot \text{year}^{-1} = 1.80 \times 10^6 \text{ kg} \cdot \text{year}^{-1}$$

EPA는 전기 생산용 석탄 보일러의 배출량을 예측하기 위해 배출인자를 사용한다. 역청탄과 아역청탄을 사용한 미분탄, 건식 바닥, 벽 연소 보일러에 대한 SO_2 배출인자는 다음과 같다.

- NSPS 이전 배출 기준에 의한 역청탄의 SO_2 배출인자 = 38S
- NSPS 이전 배출 기준에 의한 아역청탄의 SO_2 배출인자 = 35S
- NSPS 이후 배출 기준에 의한 역청탄의 SO_2 배출인자 = 38S
- NSPS 이후 배출 기준에 의한 아역청탄의 SO_2 배출인자 = 35S

"S"는 석탄의 황 함유량을 무게 백분율로 나타낸 수치이다. 예를 들어 연료가 1.2%의 황을 포함하고 있다면, S = 1.2이며 역청탄 배출인자는 (38)(1.2) = 45.6 lb_m/ton이 된다. 여기서 "ton"(미국톤)은 2000 lb_m와 같다.

대기 중 SO_2 대부분은 최종적으로 황산염으로 전환되고, 퇴적되거나 강우로 씻겨 내려 제거된다. 전환 과정은 촉매 산화와 광화학적 산화 2가지 경로 중 하나를 따른다. 촉매산화는 Fe^{3+}, Mn^{2+}, 또는 NH_3을 함유한 수증기 입자가 있을 때 가장 효과적이다.

$$2SO_2 + 2H_2O + O_2 \rightleftharpoons 2H_2SO_4 \tag{12-8}$$

상대습도가 낮은 경우에는 광화학적 산화가 주요 전환 경로이며, 그 첫 번째 단계는 SO_2의 광여기(photoexcitation)[*]이다.

$$SO_2 + hv \rightleftharpoons \overset{*}{S}O_2 \tag{12-9}$$

여기된 분자는 O_2와 쉽게 반응하여 SO_3을 생성한다.

$$\overset{*}{S}O_2 + O_2 \rightleftharpoons SO_3 + O \tag{12-10}$$

삼산화황은 흡습성이 높아(쉽게 습기를 흡수함) 빠르게 황산으로 전환된다.

$$SO_3 + H_2O \rightleftharpoons H_2SO_4 \tag{12-11}$$

이 반응 과정은 산업화 지역에서 발생하는 산성비(pH 농도가 5.6 미만인 강수)의 주요한 원인으로 작용한다. 탄산염 완충 시스템으로 인해 일반 강수의 pH는 5.6 부근이다.

입자상 물질

해염(sea salt), 토양 분진, 화산 입자, 산불로 인한 연기는 연간 2.9 Pg의 입자상 물질을 배출한다. 화석 연료 연소나 산업 활동을 통한 인간의 배출량은 연간 약 110 Tg을 차지한다(Kiehl and Rodhe, 1995). 미분탄, 건식 바닥, 벽 연소 보일러에 대한 배출인자는 10A이며, 여기서 "A"는 석탄 내 회분의 백분율을 나타낸다. 예를 들어, 연료가 8%의 회분을 가지고 있다면 A는 8이며 역청탄 혹은 아역청탄의 배출인자는 (10)(8) = 80 lb_m/ton이 된다. 여기서 "ton"(미국톤)은 2000 lb_m와 같다.

2차 오염물질로서 입자상 물질 생성 과정은 H_2S, SO_2, NO_x, NH_3, 탄화수소의 변환을 포함한다. H_2S와 SO_2는 황산염으로 변환되며, NO_x와 NH_3는 질산염으로 변환된다. 탄화수소의 반응 생성물은 상온에서 응축되어 입자를 형성한다. 자연적으로 생성되는 2차 오염물질은 연간 약 240 Tg에 달하며 인간은 연간 약 340 Tg의 2차 오염물질을 생성한다(Kiehl and Rodhe, 1995).

---

[*] 광여기는 전자가 한 껍질에서 다른 껍질로 이동하여 분자에 에너지를 저장하는 것이다. 별(*)로 표시된다.

바람에 의해 장거리를 이동하는 분진 입자는 0.5~50 μm의 직경을 가진다. 해염의 핵은 0.05~0.5 μm 크기를 가지고 있다. 광화학 반응으로 형성된 입자상 물질은 매우 작은 직경(<0.4 μm)을 가지고 있다. 연기와 비산회 입자는 0.05~200 μm 혹은 그 이상의 광범위한 크기를 가지고 있다. 도시 대기에 존재하는 입자의 크기 분포는 일반적으로 2개의 최댓값을 가지고 있다. 첫 번째는 직경이 0.1~1 μm 사이에 존재하고, 두 번째는 1~30 μm 사이에 존재한다. 또한 첫 번째는 응축의 결과로 생성된 입자들이고, 두 번째는 비산회와 기계적 마모로 생성된 분진이다. 작은 입자는 수증기 입자에 달라붙은 후 대기로부터 제거되는데, 강우로 떨어질 때까지 크기가 커진다. 크기가 더 큰 입자는 떨어지는 빗방울에 의해 바로 씻겨 내려간다.

예제 12-2 61 MW 발전소에서 역청탄을 사용하는 미분탄, 건식 바닥, 벽 연소 보일러가 SO_2, 입자상 물질, NO_x에 대한 NSPS 기준을 만족하는지 판단하시오. 발전소에서 사용하는 역청탄은 황 함량이 1.8%이며, 회분 함량은 6.2%이다. 석탄의 발열량은 14,000 Btu/lb이고, 보일러의 효율은 35%이다. SO_2 제거장치의 효율은 85%이고, 미립자 제거장치의 효율은 99%이다. 배출량 예측에 EPA 배출인자를 활용하시오.

풀이 35%의 효율을 내는 61 MW 보일러의 석탄 연소율을 계산하면 다음과 같다.

$$\frac{61 \text{ MW}}{0.35} = 174.3 \text{ MW 또는 } 174.3 \times 10^6 \text{ W}$$

시간당 발생하는 열량을 변환계수 3.4144 Btu/W·h를 사용하여 W·h에서 Btu 단위로 변환한다.

$$(174.3 \times 10^6 \text{ W})(1 \text{ h})(3.4144 \text{ Btu/W·h}) = 5.95 \times 10^8 \text{ Btu}$$

시간당 연소되는 석탄의 질량은 아래와 같다.

$$\left(\frac{5.95 \times 10^8 \text{ Btu}}{14,000 \text{ Btu/lb}_m}\right)\left(\frac{1 \text{ ton}}{2000 \text{ lb}_m}\right) = 21.25 \text{ tons}$$

1. SO_2 배출량을 확인한다.

   역청탄에 대한 황의 배출인자 38S를 사용하면,

   제거장치 통과 전 SO_2 배출량은 (38)(1.8) = 68.4 lb_m/ton of coal

   85% 효율로 제거된 후의 SO_2 배출량은

   $$(68.4 \text{ lb}_m/\text{ton of coal})(21.25 \text{ tons})(1 - 0.85) = 218.03 \text{ lb}_m$$

   Btu당 SO_2 배출량은

   $$\frac{218.03 \text{ lb}_m}{5.95 \times 10^8 \text{ Btu}} = 3.66 \times 10^{-7} \text{ lb}_m/\text{Btu}$$

   또는 백만 Btu 기준으로

   $$(3.66 \times 10^{-7} \text{ lb}_m/\text{Btu})(10^6) = 0.37 \text{ lb}_m/\text{백만 Btu}$$

   이는 1.2 lb_m/백만 Btu 기준에는 만족하나 90% 감축 요건은 만족하지 못한다.

2. 입자상 물질 배출량을 확인한다.

미분탄, 건식 바닥, 벽 연소 보일러에 대한 배출인자 10A를 사용하면,

제거장치 통과 전 입자상 물질 배출량 $= (10)(6.2) = 62.0$ lb_m/ton of coal

99%의 효율로 제거 후의 입자상 물질 배출량은

$(62.0$ lb_m/ton of coal$)(21.25$ tons$)(1 - 0.99) = 13.2$ lb_m

Btu당 발생하는 입자상 물질 배출량은

$$\frac{13.2 \ lb_m}{5.95 \times 10^8 \ Btu} = 2.23 \times 10^{-8} \ lb_m/Btu$$

백만 Btu 기준으로

$(2.23 \times 10^{-8} \ lb_m/Btu)(10^6) = 0.022$ lb_m/백만 Btu

이는 0.03 lb_m/백만 Btu 기준을 만족한다.

3. NO_x 배출량을 확인한다.

배출인자 22 lb_m/ton을 사용하여 배출량을 예측하면,

$(22 \ lb_m/ton)(21.25 \ tons) = 467.5 \ lb_m$

Btu당 NO_x 배출량은

$$\frac{467.5 \ lb_m}{5.95 \times 10^8 \ Btu} = 7.86 \times 10^{-7} \ lb_m/Btu$$

백만 Btu 기준으로

$(7.86 \times 10^{-7} \ lb_m/Btu)(10^6) = 0.79$ lb_m/백만 Btu

역청탄에 대한 기준은 0.60 lb_m/백만 Btu이므로, 이 발전소는 NO_x에 대한 기준을 만족하지 못한다.

해설

1. 역청탄을 아역청탄 또는 갈탄으로 대체하는 것은 기준을 달성하기 위한 한 가지 대안으로, 일반적으로 아역청탄과 갈탄은 황 함량은 낮고 재의 함량은 비슷하거나 낮다. 이 일반적인 가정을 확인하려면 석탄의 함량 분석이 필요하다.
2. NO_x 기준을 충족하려면 연소장치를 개조해야 한다.

12-6 미규모와 대규모 대기오염

대기오염 문제는 미규모, 중규모, 대규모의 3가지 규모로 발생할 수 있다. 미규모 대기오염은 cm 미만에서부터 가정집 또는 그보다 약간 큰 규모까지에 해당한다. 중규모 대기오염은 수 ha에서 미국의 시, 카운티 크기에 해당하고, 대규모는 주, 국가, 가장 넓게는 전 지구적 범위로 확장된다. 이 절에서는 최근에 주목받고 있는 미규모와 대규모 대기오염 문제를 알아보도록 한다. 이 장의 나머지 부분은 주로 중규모 대기오염에 할애한다.

실내 대기오염

한대 기후에 사는 주민들은 90% 이상의 시간을 실내에서 보낸다. 지난 30년간 연구자들은 일반적인 가정의 대기오염물질 발생원, 농도, 영향 등을 밝혀왔는데, 놀라운 점은 몇몇 상황에서 실내 대기오염 정도가 실외보다 심하다는 것이다.

부적절한 보일러 사용으로 일산화탄소 문제가 매우 심각한데, 보일러를 잘못 사용하여 사망한 경우가 많다. 최근에는 만성적인 저농도 CO 오염이 주목을 받고 있다. 가스레인지, 오븐, 파일럿 불, 가스/등유 난방기, 담배 연기는 모두 CO를 발생시킨다(표 12-6). 가스레인지나 오븐으로부터 발생되는 위험을 줄이거나 제거하려는 노력은 없지만, 이제 대중은 흡연자가 다른 사람들이 호흡하는 공기의 질을 저해하지 않아야 한다는 점을 강하게 인식하고 있다. 한 사무실에서 흡연을 금지한 결과가 표 12-7에 나와 있다. 흡연자는 오직 지정된 흡연구역에서만 담배를 필 수 있다. 기간1은 새 정책을 시행하기 전으로, 새 정책이 흡연구역 밖에서 긍정적인 영향을 준 것은 분명하다. 한편,

표 12-6	오염원과 배출률 시험 결과				
	배출률 범위[a] (mg/MJ)				
오염원	NO	NO_2	$NO_x(NO_2)$	CO	SO_2
레인지 버너[b]	15~17	9~12	32~37	40~244	[c]
오븐[d]	14~29	7~13	34~53	12~19	[c]
파일럿 불[e]	4~17	8~12	[f]	40~67	[c]
가스 난방기[g]	0~15	1~15	1~37	14~64	[c]
가스 건조기[h]	8	8	20	69	[c]
등유 난방기[i]	1~13	3~10	5~31	35~64	11~12
담배 연기[j]	2.78	0.73	[f]	88.43	[c]

[a] 메가줄당 밀리그램(mg/MJ) 단위의 최저 및 최고 평균 배출률.
[b] 3가지의 세기 범위에서 평가됨. 보고된 값은 청색 화염 조건(blue flame condition)에 대한 것임.
[c] 오염원이 해당 오염물질을 발생시키지 않음.
[d] 3가지의 세기 범위에서 평가됨. 오븐은 여러 다른 설정(굽기, 직화구이, 자가 청소 등)으로 작동되었음.
[e] 1가지의 세기 범위에서 평가됨. 2개의 상단 파일럿 불 및 1개의 하단 파일럿 불이 평가됨.
[f] 배출률 보고 누락.
[g] 전도, 복사 및 촉매 방식의 세 가지 난방기가 평가됨.
[h] 1개의 가스 건조기가 평가됨.
[i] 대류 및 복사 방식의 2가지 등유 난방기가 평가됨.
[j] 담배 한 종류가 평가됨. 보고된 배출량 단위는 담배(800 mg)당 밀리그램임.
출처: Moschandreas, Zabpansky 및 Pelta, 1985.

표 12-7	시험장에서 측정한 평균 호흡성 입자(respirable particulates, RSP)와 일산화탄소 수준	
	RSP ($\mu g \cdot m^{-3}$)	CO ($\mu g \cdot m^{-3}$)
기간 1	26	1908
기간 2	18	1245

출처: Lee et al., 1985.

표 12-8	직접 흡연과 간접 흡연의 화학물질 배출	
화학물질	직접 흡연 ($\mu g \cdot cigarette^{-1}$)	간접 흡연 ($\mu g \cdot cigarette^{-1}$)
입자상		
아닐린	0.36	16.8
벤조(a)피렌	20~40	68~136
메틸 나프탈렌	2.2	60
나프탈렌	2.8	4.0
니코틴	100~2,500	2,700~6,750
니트로소노니코틴	0.1~0.55	0.5~2.5
파이렌	50~200	180~420
총페놀	228	603
총부유입자	36,200	25,800
가스와 증기상		
아세트알데하이드	18~1,400	40~3,100
아세톤	100~600	250~1,500
아크롤레인	25~140	55~130
암모니아	10~150	980~150,000
이산화탄소	20,000~60,000	160,000~480,000
일산화탄소	1,000~20,000	25,000~50,000
디메틸니트로사민	10~65	520~3,300
포름알데하이드	20~90	1,300
시안화수소	430	110
염화메틸	650	1,300
산화질소	10~570	2,300
이산화질소	0.5~30	625
니트로소피롤리딘	10~35	270~945
피리딘	9~93	90~930

출처: HEW, 1979; Hoegg, 1972; and Wakeham, 1972.

흡입 가능한 입자상 물질(particulate matter)은 1명의 흡연자가 있을 때 증가했으며, 2명의 흡연자가 있을 때는 56~63% 증가하였다.

담배 연기의 발암 특성 때문에 실내 흡연은 주요 관심사이다. 직접 흡연(담배를 빨아들이는 것)이 흡연자에게 많은 양의 독성물질을 노출시키는 동안, 재떨이에 있는 그을려진 담배(간접 흡연)는 실내 환경에 상당한 부담을 더한다. 표 12-8은 직접 흡연과 간접 흡연의 배출률을 나타내었다.

질소 산화물의 발생 요인은 표 12-6에 정리되어 있다. NO_2는 에어컨과 전기레인지를 동시에 사용하는 집에서는 70 $\mu g \cdot m^{-3}$수준이고, 에어컨을 켜지 않고 가스레인지를 사용하는 집에서는 182 $\mu g \cdot m^{-3}$ 수준까지 나타난다(Hosein et., 1985). 182 $\mu g \cdot m^{-3}$은 국가 대기질 기준과 비교했을 때 높은 편이다. SO_2 수치는 모든 집에서 낮게 나타났다.

세균, 바이러스, 곰팡이, 진드기, 꽃가루는 묶어서 **바이오에어로졸**(bioaerosol)이라 부른다. 바이오에어로졸은 저장소, 증폭기(재생산용), 확산 수단이 필요하다. 실내 대기 중에 존재하는 세균과 바이러스의 대부분은 인간과 반려동물로부터 발생하며, 다른 미생물과 꽃가루는 자연 환기나 건물의 공기 순환 시스템을 통해 외부 공기로부터 실내로 유입된다. 가습기나 에어컨 시스템, 물이 고이는 곳은 바이오에어로졸의 서식지가 될 수 있다.

라돈은 대기오염물질로 규제되지는 않지만 주거 내에서 매우 높은 농도를 보인다. 우리는 라돈 문제를 16장에서 자세히 다룰 것이다. 라돈은 방사성 기체로 자연적인 지질물질이나 건축 자재에서 방출된다. 단, 라돈은 앞서 언급한 다른 오염물질과 달리 가정 활동에서는 발생되지 않는다.

실내 공기에서는 800종이 넘는 휘발성 유기화합물(volatile organic compound, VOC)이 발견되었는데(Hines et., 1993), 알데하이드, 알케인, 알켄, 에테르, 케톤, 다환방향족탄화수소가 그 예이

표 12-9	주요 VOC와 발생원	
	VOC	**주요 실내 오염원**
	아세트알데하이드	페인트(수용성), 간접 흡연
	알코올(에탄올, 이소프로판올)	증류주, 세제
	방향족화합물(에틸벤젠, 톨루엔, 크실렌, 트리메틸벤젠)	페인트, 접착제, 휘발유, 연소 기기
	지방족 탄화수소(옥테인, 데케인, 운데케인)	페인트, 접착제, 휘발유, 연소 기기
	벤젠	간접 흡연
	부틸화 하이드록시톨루엔	우레탄 카펫 쿠션
	클로로포름	샤워, 빨래, 설거지
	p-디클로로벤젠	방 탈취제, 나방 제거제
	에틸렌 글리콜	페인트
	포름알데하이드	간접 흡연, 압축 목재 제품, 프린트기
	메틸렌 염화물	페인트 제거, 용매 사용
	페놀	비닐 바닥
	스티렌	흡연, 복사기
	터핀	방향제, 윤활제, 유연제
	테트라클로로에틸렌	드라이클리닝한 옷의 착용 혹은 보관
	테트라히드로푸란	비닐 바닥 밀폐제
	톨루엔	복사기, 간접 흡연, 인조 카펫 섬유
	1,1,1-트리클로로에탄	에어로졸 스프레이, 용매

출처: Tucker, 2001,and Wallace, 2001.

다. 이들 물질 모두가 실내 공기에 동시에 존재하지는 않지만, 종종 여러 물질이 동시에 존재하기도 한다. 이러한 화합물의 주요 발생원은 표 12-9에 소개되어 있다.

1979~1987년, EPA는 일반 대중의 VOC 노출 정도를 조사하였다. 총노출 평가 방법론(Total Exposure Assessment Methodology)이라는 제목의 이 연구에서는 조사된 19개 VOC 중 거의 모두 개인 노출이 실외 공기의 중위 농도를 2~5배 초과한 것으로 나타났다. 대부분의 VOC에 대하여 전통적인 오염원(자동차, 산업, 석유화학 공장)의 기여도는 20~25%에 불과하였다(Wallace, 2001).

포름알데하이드(CH_2O)는 가장 널리 퍼져있고, 가장 독성이 강한 화합물 중 하나이다(Hines et al., 1993). 포름알데하이드는 일반 가정 활동으로 직접적으로 생산될 가능성이 낮고, 압축 목재 제품이나 단열재(트레일러에 사용되는 우레아-포름알데하이드 발포 단열재가 가장 의심됨), 섬유, 연소 기기 등 다양한 건축 자재 혹은 소비재로부터 배출된다. 한 연구에서는 CH_2O 농도가 0.0455 ~0.19 ppm의 범위를 보였으며(Dumont, 1985), 위스콘신의 이동식 주택은 0.65 ppm의 높은 수치를 보이기도 하였다. (미국공조냉동공학회(American Society of Heating, Refrigeration and Air Conditioning Engineers, ASHRAE, 1981)에서는 포름알데하이드의 농도 기준을 0.1 ppm으로 설정했다.)

인간의 활동이 있는 한(혹은 라돈처럼 지질학적 시간 동안) 계속 방출되는 다른 대기오염물질과 달리, CH_2O는 새로운 물질을 집에 들여오지 않는 이상 재생산되지 않는다. 또한 집을 계속 환기시키면 농도는 떨어진다.

실내 중금속 오염의 주요 요인은 실외 공기, 토양, 분진이 여과 없이 실내에 따라 들어오는 것이다. 비소, 카드뮴, 크롬, 수은, 납, 니켈이 실내 공기에서 검출된다. 납과 수은은 페인트 같은 실내 요인으로도 발생된다. 오래된 납 페인트는 마모나 제거 과정에서 납 미립자를 배출한다. 수은 증기는 곰팡이 성장을 막기 위한 디페닐 수은 도데세닐 숙시네이트를 함유한 라텍스 기반 페인트로부터 배출된다.

이러한 오염물질 배출을 규제하는 데에는 많은 시간이 걸릴 것이다. 주택이나 아파트 주민이 이 실내 대기오염에 대응하는 방안은 가스 장비를 교체하거나 포름알데하이드 오염원을 제거하고, 실내 흡연을 금지하는 것 정도이다.

산성비

오염되지 않은 비는 대기의 CO_2가 충분히 용해되어 탄산을 형성하므로 본래 산성을 띤다(2장 참조). 순수 빗물의 평형 pH는 약 5.6이다. 북미와 유럽에서의 측정값은 이보다 조금 낮은데, 개별 측정값이 3.0까지 낮은 경우도 있었다. 1994년~2005년 미국의 평균 빗물 pH는 그림 9-20에 나와 있다.

대기의 화학적 반응으로 SO_2, NO_x, VOC는 산성 화합물과 산화제로 전환된다(그림 12-6). 미국 동부에서 발생하는 SO_2의 화학적 변환은 주로 구름에서 과산화수소(H_2O_2)와의 수용액상 반응에 의해 발생된다. 질산은 NO_2가 OH 라디칼과 광화학적으로 반응하여 발생되며, 오존은 NO_x와 VOC를 포함한 일련의 반응에 의해 생성되고 유지된다.

9장에서 논의한 것처럼, 산성비에 관한 문제는 산도(acidity)가 수생생물에 미치는 영향, 농작물과 숲의 파괴, 건축물의 파괴와 관련이 있다. 낮은 pH값은 물고기의 생식주기에 영향을 주거나, 독성이 있는 알루미늄이 물에 용해되게 함으로써 물고기에 직접적인 영향을 준다. 중부 유럽에서는

그림 12-6

산성비 전구물질 및 반응 생성물

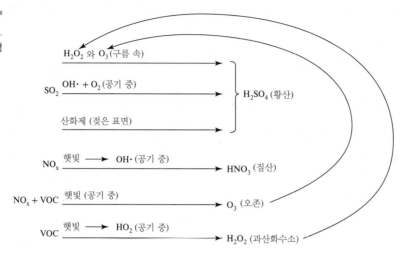

대대적인 나무 고사가 일어나기도 하였다. 가설에 의하면, 산성비는 땅에 있는 칼슘과 마그네슘을 침출시키고(그림 10-13), 이는 칼슘과 알루미늄 사이의 몰비(molar ratio)를 낮추어, 그 결과 뿌리가 알루미늄을 더 잘 흡수하여 병들게 만든다.

1980년 미의회는 산성 침적(acidic deposition)의 원인과 영향을 평가하기 위한 10년간의 연구 프로그램을 승인하였다. 이 연구의 제목은 국가 산성비 평가 프로그램(National Acid Precipitatioin Assessment Program, NAPAP)이다. 1987년 9월, NAPAP는 산성비가 농작물, 나무, 인체 건강에 미치는 측정 가능하고 지속적인 영향은 확인하지 못했으며, 미국 전역에 있는 호수 중 pH가 5.0보다 낮은 것은 소수에 불과하다는 중간보고를 발표하였다(Lefohn and Krupa, 1988). 한편, 산화제(oxidant)에 의한 피해는 측정 가능한 수준이었다.

미국 SO_2 배출량의 약 70%를 차지하는 것은 전기시설이다. SO_2 배출량을 줄이기 위하여 미의회는 1990년 청정대기법 개정안 타이틀 IV에서 2단계 규제 프로그램을 제시하였다. 첫 번째 단계에서는 미국의 동부에서 배출량이 큰 110개의 시설에 대해 배출 허용량을 정한다. 두 번째 단계에서는 더 작은 시설까지 포함하며, 각 시설들은 허용량을 구매하거나 판매할 수 있다. 각 시설에 대한 허용량은 모두 SO_2 1 Mg으로 동일하다. 만약 특정 회사가 자신의 최대 허용량을 넘기지 않았다면, 이를 다른 회사에 판매할 수 있다. 이러한 **시장 기반 시스템**(market-based system)의 결과로 시설의 배출량은 9 Tg 감소하였다.

2005년 EPA는 1990년 청정대기법 개정안이 지표수의 화학적 특성에 미친 장기 영향에 대해 발표하였다(U.S. EPA, 2003a). 이 보고서에는 1980년대 초부터 미국의 북동 지역과 중서부 상부 지역에 위치한 81개의 장소에서 산도를 관측한 결과가 수록되어 있는데, 산성 지표수 숫자와 비율이 어떻게 변화하였는지는 표 12-10에 정리하였다. 뉴잉글랜드 호수와 블루 리지의 강에서는 10년간 산도가 낮아지지 않는데, 황산염 농도는 크게 감소한 반면, 질산염 농도는 눈에 보이는 차이가 없었다. 황산염 농도 감소는 1980년부터 시작된 이산화황 배출량 감소와 시기를 같이한다. EPA는 이 결과로부터 지표수는 황산염 침적의 감소에 빠르게 반응하며, 황산염 침적이 더 많이 감소될수록 황산염 농도도 계속 감소할 것이라고 결론지었다.

이 보고서에서 EPA는 만성적으로 산성이 아닌 장소에서도 봄철 해빙기나 많은 비가 내리는 경우 단기적으로 산성을 띤다고 보고하였다(업데이트된 자료는 http://fivethirtyeight.com/features/

표 12-10	미국 북부와 동부의 산성에 민감한 지역의 산성 지표수 수와 비율 변화				
지역	규모	과거 조사에서의 산성 숫자[a]	현재 산성으로 추정되는 수	% 변화
뉴잉글랜드	6,834개의 호수	386	374	−3
애디론댁	1,830개의 호수	238	149	−38
애팔래치아 산맥	42,426 km	5,014	3,600	−28
블루 리지	32,687 km	1,634	1,634	0
중서부 북부	8,574개의 호수	800	251	−68

[a] 조사 날짜는 중서부 북부의 1984년부터 북부 애팔래치아 산맥의 1993~94년에 이르기까지 다양하다.

출처: Adapted from U.S. EPA, 2003a.

acid-rains-dirty-legacy 참조).

오존층 파괴

만약 오존이 없다면 지구 표면의 모든 생물은 타버릴 것이다. (한편, 앞서 공부했듯이 오존은 치명적일 수도 있다.) 대기 상층부(20~40 km 상공)에 존재하는 오존은 자외선(UV)으로부터의 보호막을 제공한다. 소량의 자외선으로는 선탠을 할 수 있지만, 자외선을 과도하게 쬐면 피부암을 유발한다. 산소도 자외선으로부터 우리를 보호하는 역할을 조금 하지만, 0.2 μm의 파장을 중심으로 하는 좁은 범위를 흡수할 뿐이다. 이러한 반응의 광화학 작용은 그림 12-7에 나와 있다. 여기서 M은 제3의 화학물질을 가리킨다(보통 N_2).

1974년 몰리나(Molina)와 로랜드(Rowland)는 오존 보호막에 대기오염이 잠재적 위협을 가한다고 밝혔다. 그들은 이 연구로 폴 크루첸(Paul Crutzen)과 함께 공동으로 노벨 화학상을 수상하였다. 두 사람은 에어로졸 추진제와 냉매로 사용되는 염화불화탄소(CF_2Cl_2, $CFCl_3$; chlorofluorocarbon, CFC)가 오존과 반응할 것이라는 가설을 세웠다(그림 12-8). 이러한 일련의 반응에서 주목할 점은 염소 원자가 계속해서 재생되어 더 많은 오존을 산소로 전환시킨다는 것이다. 오존이 5% 줄어들면 피부암에 걸릴 확률이 10% 상승한다고 추정된다(ICAS, 1975). 따라서 낮은 대기에 있는 비활성 화

그림 12-7

오존의 광반응

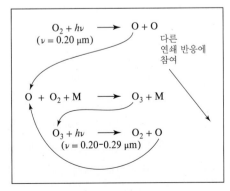

그림 12-8

클로로플루오로메테인에 의한 오존 파괴

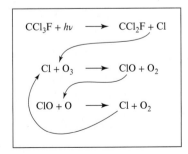

합물인 CFC는 높은 고도에서 심각한 대기오염 문제를 발생시킨다.

1987년에 이르러 CFC가 매년 봄 남극 대륙 위의 성층권에서 오존을 파괴한다는 증거는 이제 반박하기 어렵게 되었다. 1987년의 오존 구멍은 그 어느 때보다 컸는데, 전체 오존층의 절반 이상이 쓸려 나가 성층권의 일부 지역에서는 모든 오존이 사라지기도 하였다.

연구에 따르면 오존층은 전 세계적으로 1976~1986년 사이 2.5% 줄었다(Zurer, 1988). 초기에는 이 현상이 남극의 특수한 지형이나 기후 때문이며, 비교적 따뜻한 북반구는 대규모 오존 손실로 이어지는 과정이 발생하지 않는다고 생각하였다. 그러나 1989년 겨울 북극 성층권에 대한 연구는 이것이 사실이 아님을 밝혀내었다(Zurer, 1988).

1987년 9월, 오존층 파괴물질에 대한 몬트리올 의정서가 체결되었다. 36개 국가에서 비준되어 1989년 1월에 발효된 이 의정서는 CFC의 생산을 1998년까지 50% 줄일 것을 권고하였다. 그러나 의정서 발효 기간에도 완전히 할로겐화된 CFC 물질은 대기에서 장시간 남아 있기 때문에 대기 내 염소 성분이 계속 증가한다. 예를 들어, CF_2Cl_2의 대기 중 수명은 110년이다(Reisch and Zurer, 1988).

1988년 봄, 80개 국가가 새로운 정보를 평가하기 위해 핀란드 헬싱키에서 만났다. 대표단은 다음 5개 사항의 "헬싱키 선언"에 만장일치로 동의하였다.

1. 1985년 오존층 보호를 위한 비엔나 협약과 후속 몬트리올 의정서에 모두 참여할 것
2. 늦어도 2000년까지 오존층 파괴 CFC의 생산과 소비를 단계적으로 중단할 것
3. 오존층 파괴에 기여하는 할론과 사염화탄소, 메틸 클로로포름과 같은 화학물질의 생산과 소비를 최대한 빠른 시일 내에 단계적으로 중단할 것
4. 환경적으로 수용 가능한 대체 화학물질 및 기술 개발을 촉진할 것
5. 개도국에 과학 정보, 연구 결과 및 교육을 제공할 것(Sullivan, 1989)

몬트리올 의정서는 1990, 1992, 1997, 1999년에 강화되었으며, 할론가스의 생산 금지는 1995년 1월에 발효되었다(Zurer, 1994). 의정서는 1996년 1월부터 CFC, 사염화탄소, 메틸 클로로포름의 생산을 완전히 금지하였다(Zurer, 1994). 이후 2002년 9월까지 183개국이 의정서를 비준하였다(UNDP, 2005).

완전히 염소화되어 있어 파괴적인 특성을 나타내는 CFC를 대체할 다른 대안들이 개발되었다. 주요한 CFC 대체 화합물은 수소불화탄소(hydrofluorocarbon, HFC)와 수소염화불화탄소(hydrochlorofluorocarbon, HCFC)이다. CFC와 달리 HFC와 HCFC는 하나 이상의 C—H 결합을 가지고 있어 낮은 대기권에서 OH 라디칼 공격에 취약하다. HFC는 염소를 포함하고 있지 않아 염소 순환과 관련된 오존 파괴의 가능성이 없다. HCFC는 염소를 포함하고 있으나, 이 염소는 대류권에서 OH에 의해 효율적으로 제거되기 때문에 성층권으로 이동하지 못한다.

몬트리올 의정서의 발효는 꽤 효과적이었다. CFC의 사용은 1990년보다 1/10로 줄었으며(UN, 2005), 2000년 클로로카본에서 유래한 총대류권 염소의 양은 1992~1994년 최고치를 기록한 때보다 약 5% 줄었다. 2000년의 감소율은 연간 약 −22 ppt였다. 1998년에 소폭 증가한 것 외에 총 CFC 유래 염소는 더 이상 늘어나고 있지 않다. 할론가스에서 발생하는 대류권 브롬은 매년 3% 정도씩 증가하였으며, 이는 1996년 증가율의 2/3에 불과하다(UNEP/WHO, 2002).

오존 파괴와 기후변화는 상호 연관되어 있다. CFC가 대기에서 감소하면서 이 물질이 지구 온

난화에 기여하는 정도는 감소한 반면, HFC와 HCFC의 CFC 대체재 사용은 지구 온난화에 기여할 것으로 보인다. 오존층 파괴는 지구의 기후 시스템을 차가운 쪽으로 변화시키는 요인이므로, 오존층 회복은 지구 온도를 높인다(UNEP/WHO, 2002).

지구 온난화

과학적 근거.　지구 온난화에 대한 주장은 지난 35년간 매우 강력해졌다. 그림 12-9와 같이, 지구 표면온도의 2017년 12개월 평균은 1880~1920년 평균보다 1.17°C 높았다(Hansen, 2018). 만(Mann)과 존스(Jones)(2003)는 퇴적물, 빙하 코어, 나이테를 이용해 지난 2000년 동안의 기온을 재구성하였다. 연구 결과는 지구의 평균 표면온도가 지난 100년간 상승해 왔으며, 지난 2000년 중 어느 때보다 2016년에 가장 높았다는 것을 보여준다(그림 12-10).

지구 온난화의 물리학을 이해하기 위하여 우리는 가장 간단한 에너지수지 모델을 사용할 것이다. 지구상의 위치, 시간, 강수량, 바람, 해류, 토양 수분 등의 기타 변수는 고려하지 않는다. 이 모델은 4장에서 설명된 원리에 기초한 단순 복사평형 모델이다. 이 모델은 태양으로부터 지구가 흡수한 태양 에너지와 지구에서부터 우주로 다시 복사되는 에너지를 일치시킨다.

태양상수(solar constant)의 정의에서부터 시작해 보자. 태양상수란 지구와 동일한 지름을 가지면

그림 12-9

지구표면온도(기준기간 1880~1920년)

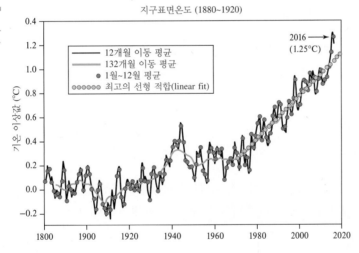

그림 12-10

재구성된 지구 평균 표면온도. 기온 이상값은 1961~1990년 평균치(점선)와의 격차를 의미한다.
(출처: Hansen, J. and M. Sato Global Surface Temperatures 1880-1920 Base Period http://Columbia.edu/2mhs119/Temperature.)

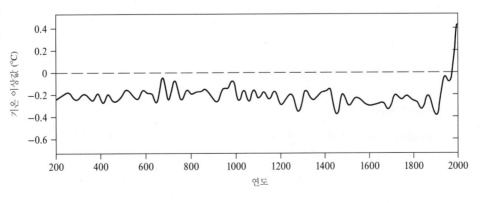

그림 12-11

지구 대기 외부의 태양으로부터 입사되는 복사선을 가로막는 구의 단면적. 지구의 반지름은 r.

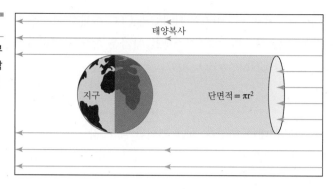

서 수직으로 놓인 단면적에 전달되는 연평균 태양광의 세기를 말한다(그림 12-11). 태양상수는 수년간 평가되어 왔으며, 1400 $W \cdot m^{-2}$ 정도로 볼 수 있다(여러 출처로부터 1379~1396 $W \cdot m^{-2}$ 사이의 값이 보고됨). 태양 에너지가 지구에 전달되는 양은 에너지 플럭스(flux)($W \cdot m^{-2}$)와 단면적의 곱이다.

$$E = S\pi r^2 \tag{12-12}$$

여기서 E = 지구에 도달한 에너지(W)

$\qquad S$ = 태양상수($W \cdot m^{-2}$)

$\qquad r$ = 지구의 반지름(m)

지구에 도달하는 복사선의 일부는 다시 우주로 반사된다. 이때 물체에 의해 반사된 복사량과 물체에 의해 흡수된 복사량의 비를 **알베도**(albedo)라 부른다. 지구 알베도는 0.3으로 간주되며, 지구가 흡수하는 에너지는 다음과 같다.

$$E_{abs} = (1 - \alpha)S\pi r^2 \tag{12-13}$$

여기서 α = 알베도

우리는 지구가 온도 T를 가지는 흑체(blackbody)라고 가정한다(4장 참조). 단위 시간과 단위 면적에서 방출된 에너지는 식 4-55에 나와 있다. 지구 표면의 총에너지 방출량은 다음과 같다.

$$E_{emit} = \sigma T_e^4 4\pi r^2 \tag{12-14}$$

여기서 α = 스테판-볼츠만(Stefan-Boltzman) 상수 = $5.67 \times 10^{-8} \ W \cdot m^{-2} \cdot K^{-4}$

$\qquad T_e$ = 지구의 흑체 온도(K)

$\qquad 4\pi r^2$ = 구의 표면적

수천년 동안 지구의 온도가 거의 변하지 않는 정상상태(steady state)를 가정한다면 다음과 같다.

$$E_{abs} = E_{emit} \tag{12-15}$$

따라서 지구의 흑체 온도를 다음과 같이 구할 수 있다.

$$T_e \approx \left[\frac{(1 - \alpha)S}{4\sigma} \right]^{1/4} \tag{12-16}$$

$$\approx \left[\frac{(1 - 0.3)(1,400 \text{ W} \cdot \text{m}^{-2})}{4(5.67 \times 10^{-8} \text{ W} \cdot \text{m}^{-2} \cdot \text{K}^{-4})} \right]^{1/4}$$

$$\approx 256.3 \text{ 또는 } 256 \text{ K 또는 } -16.6 \text{ 또는 } -17\text{℃}$$

이 결과는 지구의 평균 표면 온도인 288 K(+15℃)에서 크게 벗어난다. 실제 온도는 **온실효과**(greenhouse effect)로 인해 흑체 온도와 다르다. 온실효과를 이해하려면 우리는 먼저 물체에서 방출되는 파장 스펙트럼과 물체의 온도 사이의 관계를 검토해야 한다. 주어진 온도의 흑체에서 방출되는 에너지 파장은 빈(Wien)의 변위 법칙에 의해 추정될 수 있다.

$$\lambda_{max} = \frac{2,897.8 \text{ μm K}}{T} \tag{12-17}$$

여기서 T=물체의 절대 온도(K)

태양은 온도가 6,000 K이고, 0.5 μm 파장의 빛이 가장 강한 흑체로 가정한다. 지구는 온도가 288 K이고, 10 μm 파장의 빛이 가장 강한 흑체로 가정한다. 태양과 지구의 방출 스펙트럼은 그림 12-12a에 제시되어 있다. 태양의 스펙트럼은 들어오는 "단파" 복사를 보여주고, 지구의 스펙트럼은 나가는 "장파" 복사를 보여준다. 가로축은 로그 스케일로 표현되어 있다.

복사 에너지가 우리의 대기에 들어서면 에어로졸이나 기체의 영향을 받는다. 이러한 대기 구성성분의 일부는 반사 작용으로 복사선을 산란시키고, 일부는 흡수 작용으로 에너지를 차단하며, 일부는 복사선을 그대로 통과시킨다. 온실효과를 유발하는 주요 요인은 복사 에너지를 흡수하는 기체의 능력이다. 기체의 원자가 진동하고 회전하는 과정에서 특정 파장의 에너지를 흡수하고 방출한다. 분자 진동의 주파수가 통과하는 복사 에너지의 주파수와 가까워지면 분자가 그 에너지를 흡수할 수 있게 된다. 이때 흡수는 제한된 주파수 범위에서 발생하며, 분자에 따라서 흡수율도 다르게 나타난다. 태양 복사 에너지의 파장별 흡수율을 도식화한 것을 흡수 스펙트럼(그림 12-12b)이라 부른다. 지표면에서 기체 흡수량의 합이 그림 12-12b의 아래 그래프에 제시되어 있다. 음영 처리된 영역은 흡수되는 복사선을 의미하며, 음영 처리되지 않은 영역은 투과되는 복사선을 의미한다. 이 부분을 보통 복사선 "창(window)"이라 부른다.

그림 12-12b에서, 실질적으로 자외선 파장(0.3 μm 미만)으로 유입되는 모든 태양복사가 산소와 오존에 의해 흡수된다는 것을 알 수 있다. 흡수는 성층권에서 일어나므로, 성층권은 해로운 자외선으로부터 우리를 보호한다.

스펙트럼의 다른 쪽 끝인 4 μm 이상의 파장을 가지는 복사선을 흡수하는 기체를 **온실가스**(greenhouse gas, GHG)라 부른다. 이 흡수 과정은 대기를 가열하여 에너지를 지구와 우주로 다시 방출한다. GHG는 온실의 유리와 매우 유사하게 작용한다(여기서 온실가스라는 이름이 유래됨). GHG는 지표면의 온도를 높이는 단파장(자외선) 복사를 통과시키지만, 지표면의 복사에 의한 열 손실을 제한한다. GHG가 대기에 더 많을수록 장파장(적외선) 복사열의 유출을 더욱 제한하게 된다. 온실가스는 지구 온도가 복사열 균형식에서 계산된 256 K보다 더 높아지게 하는 담요 역할을 한다.

그림 **12-12**

(a) 태양(6000 K)과 지구(288 K)에 대한 흑체복사 곡선. (b) 다양한 기체에 대한 흡수 곡선. 아래에서 두 번째 그래프는 대기의 전체 흡수를 나타낸 것이고, 맨 아래 그래프는 흑체복사에 전체 흡수를 중첩한 것이다. 음영 처리된 부분은 흡수를 나타내며, 음영 처리되지 않은 영역은 투과를 나타낸다. (출처: Anthes, R.A., et al. 1981. The Atmosphere, Charles E. Merrill Publishing Co., Columbus, OH, p. 89.)

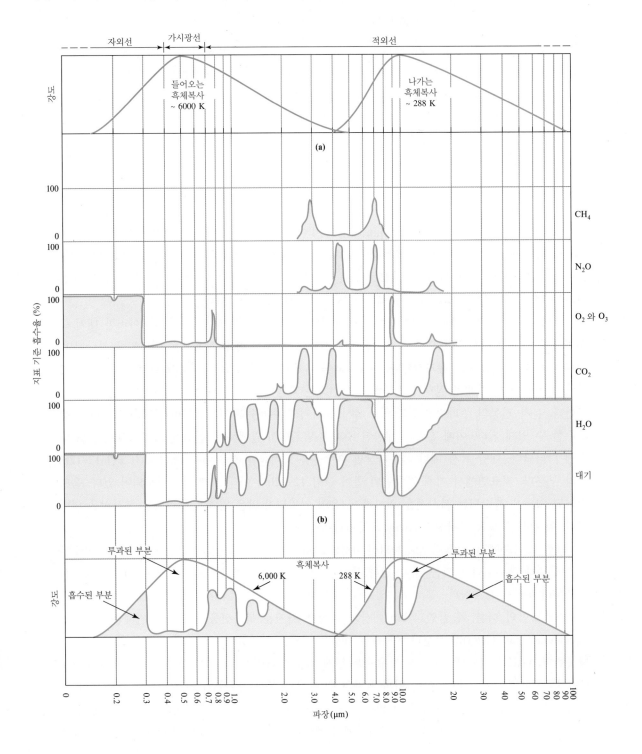

그림 12-13

연간 전지구 평균 에너지 균형. 단위는 W·m⁻². 들어오는 태양복사의 49%(168 W·m⁻²)가 표면에 흡수된다. 그 열은 현열, 증발산(잠열) 및 열적외선 복사로 대기로 반환된다. 대부분은 대기에 의해 흡수되고, 대기는 위아래로 복사선을 방출한다. 우주로 손실된 복사는 지표면보다 훨씬 차가운 구름 꼭대기와 대기 영역에서 발생한다. 이는 온실효과를 일으킨다.

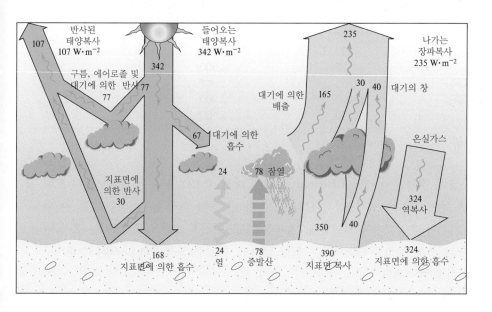

복사열 균형을 더 자세히 설명하려면, 우리는 구름과 에어로졸에 의한 반사, 증발산(evapotranspiration), 잠열 방출, 대류열 전달을 고려해야 한다. 그림 12-13에 나타난 전 세계 평균 에너지 수지는 주요 에너지 흐름을 간략하게 요약해서 보여준다.

온실가스의 증가는 지구 온난화로 이어진다. 오존과 달리 온실가스는 단파장 자외선 태양빛을 통과시키는 반면, 지구와 대기가 주로 방출하는 장파장 복사선은 흡수하고 방출한다. CO_2는 지구가 방출하는 복사 에너지 영역에 강한 흡수 스펙트럼을 가지고 있고 대기에 풍부하게 존재하기 때문에 주요 온실가스로 지목된다.

CO_2 이외의 기체도 온실가스 역할을 한다. 이러한 기체가 지구 온난화에 미치는 영향을 비교하기 위하여 우리는 지구 온난화 지수(Global Warming Potential, GWP)라는 가중치를 사용할 것이다. GWP는 아래 3가지 요인을 고려한다.

- 각 온실가스의 단위 질량 추가로 인해 발생하는 복사 강제력
- 주입된 단위 질량이 시간이 지남에 따라 감소하는 비율의 추정치
- 단위 질량 추가로 인해 발생하는 시간에 따른 누적 복사 강제력 추정치

선별된 화학종의 GWP를 표 12-11에 정리하였다.

1958년 하와이의 마우나 로아(Mauna Loa)에서 처음으로 체계적인 측정이 이루어진 이후, CO_2는 316 ppm에서 406 ppm으로 상승하였다(Keeling and Whorf, 2005; Pittman, 2011; NOAA, 2017). 최근의 CO_2 측정값은 그림 12-14에 나와 있다. 그린란드와 남극 대륙의 빙하 코어에 갇힌 공기의 분석을 통해 산업화 이전의 CO_2 수준이 280 ppm임을 알 수 있다. 빙하 코어 기록은 지난 16만 년 동안 CO_2 변동폭이 70 ppm을 벗어나지 않았으며(Hileman, 1989), 현재의 농도가 지난 65만 년간

표 12-11

20년 기준 이산화탄소 대비 지구 온난화 지수(GWP)

화학물질	수명, y	지구 온난화 지수, CO_2 kg/가스 kg
이산화탄소(CO_2)	30~200	1
메테인(CH_4)	12	62
아산화질소(N_2O)	114	275
CFC-12(CF_2Cl_2)	100	10,200
HCFC-22(CHF_3Cl)	12	4,800
HFO-1234yf($CF_3CF=CH_2$)	0.03	<1
테트라플루오로메테인(CF_4)	50,000	3,900
육불화황(SF_6)	3,200	15,100

출처: IPCC, 2000; Ritter, S.K., C&EN, 2013.

기록된 수준 중 가장 높은 것임을 나타낸다(Hileman, 2005). 대기 중 CO_2 농도는 1750년보다 30% 늘었고, 지난 42만 년 동안 가장 높으며, 심지어 지난 2천만 년 동안 가장 높은 것으로 추정된다 (IPCC, 2001a). 여러 기체가 온실효과에 기여한다. 메테인(CH_4), 아산화질소(N_2O), CFC는 복사 거동이 CO_2와 유사하다. 이들의 농도는 CO_2보다는 훨씬 낮지만, 이들은 도합 CO_2의 60% 수준으로 장파장 복사선을 가둔다고 예측된다.

화학 산업은 GWP가 보다 낮은 대체 냉매 기체를 개발 중이다. 이 중, HFO-1234yf는 1 미만의 GWP를 가지고 있는 것으로 밝혀졌다. 이것은 GWP 감축을 위한 의미 있는 발전이지만, 냉매에 쓰이는 탄화수소량은 CO_2 배출량과 쓰레기 매립과 시추 작업에서 발생되는 메테인량에 비하면 매우 작다.

2007년 유엔(UN)의 기후변화에 관한 정부간 패널(Intergovernmental Panel on Climate Change, IPCC[*])은 "20세기 중반부터 관찰된 세계 평균 온도의 상승 대부분은 온실가스 농도의 증가에 기인한 것으로 보인다… 가시적인 인간의 영향은 해양 온난화, 대륙의 평균 기온, 극한 기온, 바람 패턴 등 기후의 다른 측면에까지 영향을 미치고 있다"고 선언하였다(IPCC, 2007a).

그림 12-14

마우나 로아의 월평균 이산화탄소 관측 기록
(출처: NOAA March, 2017.)

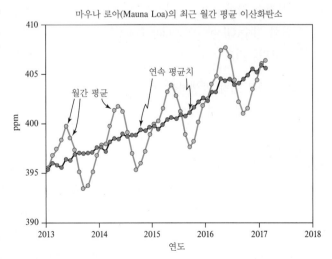

마우나 로아(Mauna Loa)의 최근 월간 평균 이산화탄소

[*] IPCC는 전 세계에서 673명 이상의 과학자와 420명의 전문 검토자로 구성된다.

지난 20년간 인위적으로 대기에 배출된 CO_2 배출량의 3/4는 화석 연료의 연소에 의한 것이다 (IPCC, 2001a). 또한 1980년대에 대규모 벌목도 기여 가능성이 있는 것으로 확인됐으며 목재 연소와 세균의 분해 활동에 의한 탄소 배출도 기여 요인이다. 더 중요한 것은 벌목으로 인해 대기의 CO_2 제거 메커니즘이 사라진다는 것이다(CO_2 제거 메커니즘을 총칭하여 싱크(sink)라고 함). 일반 호흡 과정에서 녹색 식물은 CO_2를 탄소원으로 사용하는데, CO_2는 광합성 과정에서 바이오매스에 고정된다. 급격히 성장하는 열대우림은 m^2당 연간 1~2 kg 탄소를 제거할 수 있는 반면, 경작지는 m^2당 연간 0.2~0.4 kg만 제거할 수 있으며, 이조차 생물소비(bioconsumption)에 의해 CO_2로 전환된다.

대기 중 온실가스가 현재 수준에서 일정하게 유지된다고 해도 지구는 온실가스의 긴 대기 중 반감기로 인하여 앞으로 수십 년간 10년에 0.1℃씩 따뜻해질 전망이다. 또한 CO_2가 제거되는 데 긴 시간이 필요하므로, CO_2는 앞으로 천 년 동안 해수면 상승과 온난화에 기여할 것이다(IPCC, 2007a).

영향. 지구 온난화의 영향을 이해하려는 시도는 대기와 해양의 전 지구적 순환에 대한 수학적 모델을 기반으로 한다. IPCC는 지구 평균 표면온도가 2100년까지 1.8~4℃ 상승할 것으로 추정한다 (IPCC, 2007a). 이 모델은 "좋은 소식과 나쁜 소식"을 알려준다. 지구 기온이 1.4~5.8℃ 상승할 경우, 북미에는 아래와 같은 일이 발생할 것이다(IPCC, 2007b).

1. 난방비 감소(냉방비 증가로 일부 상쇄)
2. 적당한 온난화는 캐나다 지역의 식량 생산 증가 및 산림 생산 증가 유발, 심각한 온난화는 작물 순생산량 감소 유발
3. 북극해 항해 난이도 감소
4. 중서부 및 대평원의 건조화로 더 많은 관개 필요
5. 서부 산악 지대의 온난화는 적설량 감소, 겨울 홍수 증가, 여름 유량 감소로 수자원에 대한 경쟁 심화
6. 해충, 질병, 불이 숲에 미치는 영향 증대
7. 알래스카와 캐나다 북부 지역 빙하가 녹아 동식물과 건축 기술에 악영향 유발
8. 0.18~0.57 m에 달하는 해수면 상승과 그로 인한 홍수, 해안 지역의 피해, 습지대의 파괴, 플로리다와 대서양 해안가 등 해안 지역의 식수에 염수 침투의 심각성 증가[*]

표 12-12에 나타난 것처럼, 이러한 영향은 전 세계적으로 심각한 수준에서 재앙 수준까지 다양하게 나타난다.

교토 의정서. 의정서의 체계에 대한 협약은 1992년에 서명되었으며, 1997년에는 GHG를 줄이기 위한 선진국의 목표가 확정되었다. 법적 구속력을 가지기 위해서는 아래 2가지 조건이 충족되어야 한다.

- 55개국의 비준
- 38개 선진국과 벨로루시, 터키, 카자흐스탄의 배출량의 최소 55%를 차지하는 국가의 비준

---

[*] 복사강제력이 현재보다 1.8℃ 높은 기온에서 안정되더라도 그린란드 빙상의 수축은 2100년 이후 해수면 상승에 기여할 것으로 전망된다. 그린란드 빙상은 사실상 사라질 것이며 결과적으로 해수면 상승에 대한 기여는 약 7 m가 될 것이다.

표 12-12   지구 평균 기온의 증가에 따른 주요 영향

1980~1999년 대비 전 세계 평균 연간 기온변화 (℃)

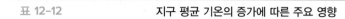

	0	1	2	3	4	5℃

물	습한 열대 지방과 고위도 지역의 물 가용성 증가
	중위도 및 반건조 저위도 지역의 물 가용성 감소 및 가뭄 증가
	수억 명의 사람들의 물 부족 문제 심화

생태계	종의 최대 30%가 멸종위기에 처함 / 전 지구적으로 심각한† 멸종
	산호 표백 증가 / 대부분의 산호가 표백됨 / 광범위한 산호 사멸
	육지 생물권이 탄소 순 배출원이 됨 ~15% / ~40%의 생태계가 영향 받음
	종의 분포 변화 및 산불 위험 증가
	자오선 역전 순환(meridional overturning circulation) 약화에 의한 생태계 변화

식량	소작농, 자급자족 농부 및 어부에 대한 복잡하고 국지적인 악영향
	저위도 지역의 곡물 생산량 감소 경향 / 저위도 지역의 모든 곡물 생산량 감소
	중위도 및 고위도 지역의 일부 곡물 생산량 증가 경향 / 일부 지역의 곡물 생산량 감소

해안	홍수 및 폭풍 피해 증가
	약 30%의 해안 습지 소멸†
	수백만 명의 사람들이 매년 해안 홍수 경험

건강	영양실조, 설사, 심폐질환, 전염병의 증가
	폭염, 홍수, 가뭄에 의한 이환율과 사망률 증가
	질병 매개체 분포의 변화
	건강 서비스에 심각한 부담을 줌

† 여기서 심각함의 기준은 40%를 넘는 것임.
‡ 2000년부터 2080년 사이의 평균 해수면 증가량인 4.2 mm · year^{-1}에 기반함.
참고: 검정색 실선은 영향을 서로 연결짓고, 점선 화살표는 온도 증가에 의해 지속되는 영향을 의미함. 글씨의 왼쪽 끝이 해당 영향의 시작 위치를 나타내도록 배치됨. 기후변화에 대한 적응은 이 예측에서 고려되지 않았음. 모든 영향은 Assessment라는 제목의 장에서 제시된 문헌 결과로부터 얻었으며 모든 사항에 대한 신뢰도는 높음(출처: IPCC, 2007b).
출처: IPCC, 2007b.

첫 번째 조건은 2002년에 충족되었다. 두 번째 조건은 미국과 호주가 비준하지 않기로 결정하여, 러시아의 결정이 조건 충족 여부의 핵심이 되었다. 러시아는 2004년 11월 18일 교토 의정서를 비준하였으며, 이는 90일 후인 2005년 2월 16일에 발효되었다. 당시 배출량 감축 목표는 의정서를 비준한 국가에 대해 구속력이 있었는데, 이 협정은 1990년 배출량보다 5% 감축하도록 목표가 설정되었다. 2005년 12월 157개국이 의정서에 비준했지만, 미국은 온실가스 배출 감소에 대한 어떠한 약속도 하지 않을 것이라는 기조를 유지 중이다(AP, 2005a).

미국은 의정서를 비준하지 않았지만, 3천만 명 이상의 인구를 대표하는 136명의 미국 시장이 의정서 목표치를 달성하겠다는 협약에 서명하였다(AP, 2005b). 2005년 12월 20일 북동부 7개 주(코네티컷, 델라웨어, 메인, 뉴햄프셔, 뉴저지, 뉴욕, 버몬트)는 전력 회사에 대하여 CO_2 배출량 상한제를 시행하는 협약에 서명하였다. 또한 아메리칸 일렉트릭 파워(American Electric Power)(오하이오주 콜럼버스)와 테코 에너지(TECO Energy)(플로리다주 템파)를 포함한 50개 이상의 조직이 지역 사회 탄소 교환(Community Carbon Exchange, CCX)에 서명하였다. 몇몇 주는 배출권 프로그램을 시행하기 위해 노력할 것이라고 밝혔지만, CCX나 주 차원의 배출권 프로그램이 정부 차원의 강제력을 가질지는 분명하지 않다.

2005년 메사추세츠주는 자동차에서 배출되는 CO_2를 규제하도록 EPA에 청원하였다. 그러나 EPA는 청정대기법(Clean Air Act)이 세계 기후변화에 대응하기 위한 의무 규정을 제정할 수 있는 권한을 EPA에 부여하지 않았으며, 권한이 있더라도 GHG와 지구 온난화의 관계가 명백히 밝혀지지 않았고, 자동차 배출량 규제는 단편적인 접근 방식이며, 대통령이 시행하고 있는 기술 혁신과 비규제 프로그램을 통한 포괄적인 접근 방식과 자동차 배출량 규제가 충돌할 수 있다는 점을 들어 청원을 반려하였다. 2007년 4월 2일 미대법원은 기후변화로 인한 피해가 널리 알려져 있고, 자동차의 배출량 규제가 온난화를 되돌리지는 못하겠지만, 이것이 배출량을 줄이거나 늦추는 조치를 취할 의무가 EPA에 있는지 여부를 법원이 결정할 수 없는 이유는 될 수 없다고 판시하였다. 미대법원은 온실가스가 청정대기법의 대기오염물질에 대한 넓은 정의에 부합하므로 EPA는 새로 생산되는 자동차에서 발생하는 가스 배출을 규제할 합법적 권한이 있다고 판결하였다. 법원은 청정대기법의 명확한 조항에 따라서, EPA는 온실가스가 기후변화에 기여하지 않는다고 판단될 경우에만 규제를 공표하지 않을 수 있다고 밝혔다(미대법원, 2007).

행동의 근거. 지구 온난화의 잠재력에 대하여 여전히 상충되는 의견이 많지만, 온난화 추세를 무시하였을 경우 치명적인 결과로 이어질 수 있으므로 앞으로 몇십 년간 집중적인 연구가 계속되어야 한다. 또한 기후변화 위험을 차치하더라도 온실가스 배출을 줄이기 위한 에너지 효율 개선은 경제성과 지속 가능성이라는 2가지 관점에서 충분한 정당성을 지닌다. 에너지 효율의 개선은 전기와 운송 비용을 낮춰 경제 효용을 높이며 유한한 에너지 자원의 가용성을 높여 지속 가능성에 기여한다. 기후변화로 인해 예상되는 피해는 이러한 노력을 적극적으로 추진하기 위한 추가적인 동력이 된다.

12-7 대기오염 기후학

대기 엔진

대기는 엔진과 유사하다. 대기는 끊임없이 가스를 팽창 및 압축하고, 열을 교환하며, 점진적으로 무질서도를 증가시킨다. 다루기 힘든 이 기계의 동력은 태양에서 온다. 적도와 극 사이의 열 유입량 차이는 지구 대기의 초기 순환을 일으킨다. 지구의 자전 및 공전과 해양과 육지의 열전도성 차이는 날씨를 만든다.

고기압과 저기압. 공기는 질량을 가지고 있으므로 아래에 있는 물체에 압력을 가하게 된다. 깊은 수심에서 더 큰 압력이 작용하는 것처럼, 대기 역시 높은 고도보다 지표면에 더 큰 압력을 가한다.

그림 12-15

고기압 및 저기압 시스템

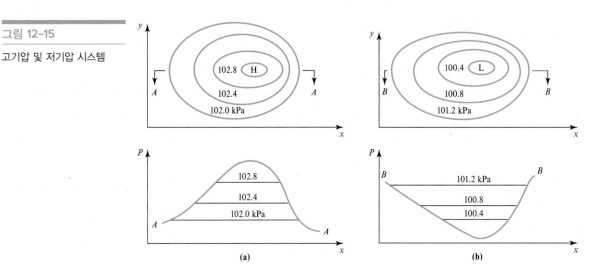

바로 상 지도에서 고기압과 저기압으로 표시된 부분은 기압이 크고 작은 위치를 표시한 것이다. 상세 기상 지도에 있는 타원형의 선은 압력이 같은 지점을 이은 선, 즉 **등압선**(isobar)이다. 그림 12-15는 고기압, 저기압 시스템의 압력과 거리를 2차원 평면에 도시한 것이다. 그림 12-15a는 중앙의 압력이 가장 높은(102.8 kPa) 고기압 시스템의 평면도를 x/y 좌표로 표현하였다. 그림 12-15a의 아래 그림은 선 AA를 따라서 평면 거리(x)에 따른 압력을 나타낸 단면도이다. 이 단면도는 언덕 모양이며, 여기서 압력이 가장 높은 지점은 평면도에서 압력이 가장 높은 H 지점에 해당한다. 이와 유사한 저기압 그림은 그림 12-15b에 그려져 있다. 선 BB를 따라서 압력을 그린 단면도는 골짜기 모양이며, 압력이 가장 낮은 지점은 평면도에서 압력이 가장 낮은 L 지점에 해당한다.

바람은 고기압 지역에서 저기압 지역으로 분다. 회전하지 않는 행성에서는 바람의 방향이 등압선에 수직이다(그림 12-16a). 그러나 지구는 자전하기 때문에 이 운동에 각추력(angular thrust)인 코리올리 효과(Coriolis effect)가 추가된다. 그 결과로 생긴 북반구의 바람 방향은 그림 12-16b에 나타나 있다. 이 시스템에 붙여진 기술적인 이름은 고기압은 **안티사이클론**(anticyclone)이고, 저기압은 **사이클론**(cyclone)이다. 안티사이클론은 좋은 날씨와 관련이 있고, 사이클론은 악천후와 관련이 있다. 토네이도와 허리케인은 사이클론에서 나타나는 최악의 현상이다.

풍속은 부분적으로 기압면 기울기의 함수이다. 등압선이 서로 가까우면 압력 **경사도**(gradient)가 가파르며 풍속이 높다. 등압선 간 거리가 멀 때에는 바람이 없거나 약하다.

그림 12-16

기압 차이로 인한 바람의 흐름

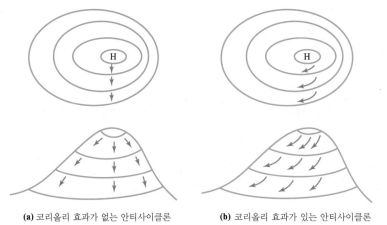

(a) 코리올리 효과가 없는 안티사이클론   **(b)** 코리올리 효과가 있는 안티사이클론

난기류

기계적 난기류. 난기류(turbulence)를 간단히 말하면, 전체 평균 풍속에 무작위한 풍속과 풍향의 변동이 더해진 것이라고 할 수 있다. 이러한 변동성의 원인 중 하나는 대기의 전단(shearing) 현상이다. 전단 현상은 지표면에서 바람 속도가 0이고 지표면에서 멀어질수록 압력 경사도에 의해 생긴 속도에 점차 가까워지면서 생기는 현상이다. 전단으로 지표면 바로 위의 공기가 지표면에서 천천히 움직이는 공기 위로 떨어지면서 회전하고 찢어지는 움직임이 생기는데, 이 움직임을 **소용돌이**(eddy)라 부른다. 이러한 작은 소용돌이는 더 큰 소용돌이를 발생시키며, 쉽게 예상할 수 있듯이, 평균 풍속이 클수록 기계적 난기류도 커진다. 기계적 난기류가 클수록 대기오염물질이 더 잘 퍼지고 확산된다.

열적 난기류. 자연의 모든 것이 그러하듯이, 다소 복잡한 상호 작용에 의해서 생성되는 기계적 난기류는 제3의 요소에 의해 더욱 복잡해진다. 물로 채워진 비커의 바닥을 가열할 때 난류가 발생하는 것처럼 지표면의 가열은 난기류를 생성한다. 물의 온도가 끓는점 아래 어느 지점에 도달하면, 바닥에서부터 상승하는 밀도 높은 물의 흐름을 발견할 수 있다. 마찬가지로, 지면이 강하게 가열되면 그 위의 공기가 가열되고, 열적 난기류가 형성된다. 실제로 글라이더나 열기구 조종사가 찾는 상승기류는 평온한 날에 이러한 열적 상승 흐름에 의해서 만들어진다.

반대 상황은 땅이 차가운 밤하늘로 열을 방출하는 맑은 밤에 발생할 수 있다. 차가운 땅은 차례로 그 위의 공기를 식혀 하강하는 밀도류를 발생시킨다.

안정성

대기가 수직인 움직임에 저항하거나 강화하려는 경향을 **안정성**(stability)이라는 용어로 표현한다. 이는 바람의 속도와 고도에 따른 기온의 변화인 **기온 감률**(lapse rate)에 영향을 받는다. 따라서 우리는 기온 감률을 대기의 안정성을 나타내는 지표로 사용할 것이다.

안정성에는 3가지 종류가 있다. 대기가 **불안정**(unstable)한 경우, 기계적 난기류는 열적 구조에 의해 강화된다. **중립적**(neutral) 상태의 대기에서는 열적 구조가 기계적 난기류를 강화하거나 약화시키지 않는다. 열적 구조가 기계적 난기류의 생성을 방해한다면, 대기는 **안정하다**(stable)라고 말한다. 사이클론은 불안정 대기와 관련이 있으며, 안티사이클론은 안정 대기와 관련이 있다.

중립적 안정성. 중립적 상태의 대기의 기온 감률(lapse rate)은 **단열적으로**(adiabatically; 열의 추가나 손실 없이) 팽창 혹은 수축하는 공기 덩어리의 온도 증감률로 정의된다. 이 온도 감소율($-dT/dz$)을 **건조 단열 감률**(dry adiabatic lapse rate)이라 부르며, 그리스 문자 감마(Γ)로 표시한다. 이 값은 약 $-1.00°C/100$ m[*]이다(이는 dy/dx와 같은 일반적인 의미의 기울기가 아님에 유의). 그림 12-17a에서 공기 덩어리의 건조 단열 감률은 점선으로 나타나 있으며, 대기 온도(주변 감률)는 실선으로 나타나 있다. 주변 감률이 Γ와 동일하기 때문에 중립적 안정성을 가진다고 할 수 있다.

불안정 대기. 대기 온도가 Γ보다 크게 떨어지면, 이를 **초단열**(superadiabatic)이라고 부르며, 대기

---

[*] 건조 공기에 대한 Γ의 값은 $9.76°C \cdot km^{-1}$이다. 일반적으로 이것을 $10°C \cdot km^{-1}$로 반올림하여 쓴다. 건조 단열 감률은 대기 거동을 파악하는 데 사용되는 이론적인 인자이다. 미국 표준 대기(U.S. Standard Atmosphere)는 실제의 고도에 따른 평균 온도 프로파일을 나타낸다. 표준 대기에 대해서는 2장에서 논의하였다.

그림 12-17

기온 감률과 이동하는 공기
덩어리의 거동
(출처: U.S. Atomic Energy
Commission, 1955.)

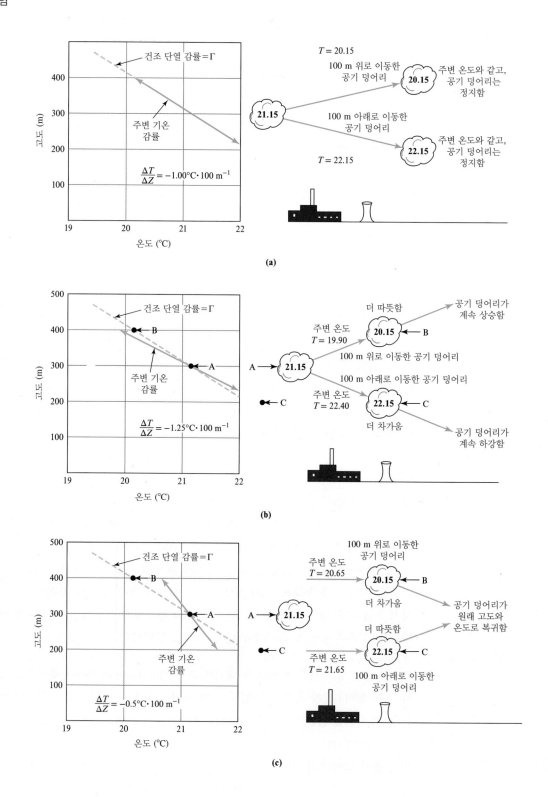

는 불안정하다. 이는 그림 12-17b를 통해 확인할 수 있다. 실제 감률은 실선으로 그려져 있다. 만약
오염된 공기로 가득찬 풍선을 고도 A에서 고도 B로 단열적으로 100 m 수직이동시키면, 풍선 내부
의 기온은 21.15°C에서 20.15°C로 하락할 것이다. 기온 감률이 −1.25°C/100 m이면 풍선 외부의 기
온은 21.15°C에서 19.90°C로 하락한다. 풍선 내부의 공기는 외부의 공기보다 따뜻한데, 이 온도 차

이로 인해 풍선에 부력이 가해진다. 이때 풍선은 뜨거운 가스처럼 더 이상의 기계적인 노력이 없어도 계속 상승한다. 즉, 기계적 난기류가 강화되며 대기가 불안정해진다. 만약 단열적으로 풍선을 고도 C로 내려보내면, 풍선 내부의 기온은 21.15℃에서 22.15℃로, 외부의 기온은 초단열적 감률에 의해 22.4℃로 올라간다. 이때 풍선 내부 공기가 외부 공기보다 차가우므로 풍선은 가라앉게 된다. 이때도 기계적 난기류는 강화된다.

안정 대기.   대기 온도가 Γ보다 덜 떨어지면, 이를 **아단열**(subadiabatic)이라 부르며, 대기는 안정하다. 만약 다시 고도 A에서 오염된 공기로 채운 풍선을(그림 12-17c) 고도 B까지 단열적으로 옮기면, 오염된 공기의 온도는 건조 단열 감률과 같은 비율로 감소한다. 따라서 100 m를 움직일 때 온도는 이전과 같이 21.15℃에서 20.15℃로 감소한다. 그러나 주변 감률이 −0.50℃/100 m이므로 풍선 외부의 기온은 20.65℃로만 하락한다. 이때 풍선 내부의 기온이 외부보다 낮으므로 풍선은 가라앉는다. 즉, 기계적 난기류는 방해된다.

반면, 풍선을 단열적으로 고도 C까지 옮기면, 내부 기온은 22.15℃로, 외부 기온은 21.65℃로 올라갈 것이다. 이 경우 내부 기온이 외부 기온보다 따뜻하므로 풍선이 떠오른다. 즉, 기계적 이동이 억제된다.

아단열 감률(subadiabatic lapse rate)에는 2가지 특별한 경우가 존재한다. 높이에 따라 온도가 변화하지 않는 경우의 감소율은 **등온**(isothermal)이라고 부르며, 높이에 따라 온도가 증가할 경우의 감소율은 **역전**(inversion)이라고 부른다. 역전은 안정적인 온도 프로필의 가장 심한 형태이다. 역전은 갇힌 공기층에 의한 대기오염 사례를 일으키는 원인이 된다. 그림 12-18은 극단적인 역전의 모습을 보여주고 있다.

그림 12-18

Four Corners 발전소에서 발생한 역전 현상. 사진은 발전소 가동 초기 대기오염 제어 장비가 작동되기 전에 찍은 것임.
(출처: U. S. National Park Service)

예제 12-3 다음과 같이 온도 및 고도 데이터가 주어졌을 때, 대기의 안정성을 결정하시오.

고도 (m)	온도 (℃)
2.00	14.35
324.00	11.13

풀이 기온 감률을 결정하는 것으로 시작한다.

$$\frac{\Delta T}{\Delta Z} = \frac{T_2 - T_1}{Z_2 - Z_1}$$

$$= \frac{11.13 - 14.35}{324.00 - 2.00} = \frac{-3.22}{322.00} = -0.0100℃ \cdot m^{-1} = -1.00℃ \cdot 100\ m^{-1}$$

이 값은 건조 단열 감률(Γ)과 같으므로, 대기 안정성은 중립이다.

해설: 기온은 일반적으로 소수점 이하 두 자리까지 측정되지 않는다.

지형 효과

열섬. 열섬(heat island)은 자연적 혹은 인위적으로 생성된 매우 많은 물질이 열을 흡수하고 주변보다 빠른 속도로 열을 재방사하면서 생기는 현상이다. 이 경우에 열섬 위로 중간 세기 혹은 강한 세기의 수직 대류 흐름이 발생한다. 이 현상은 기상 조건에 중첩되어 나타나며, 강한 바람에 의해서 무효화된다. 큰 산업 단지나 크고 작은 도시들은 열섬 현상을 보여주는 장소의 예이다.

열섬 효과(heat island effect)로 인해 대기 안정성은 교외 시골보다 도시에서 더 낮다. 오염원의 위치에 따라 좋은 점과 나쁜 점이 있는데, 좋은 점은 자동차와 같은 지표 오염원에 있어서 불안정 공기의 형성은 오염원의 희석을 위한 공기 부피를 늘린다는 것이다. 나쁜 점은 안정 대기상태에서는 높은 굴뚝에서 나오는 연기가 지면 오염물질의 농도를 높이지 않으면서 교외 위로 이동한다는 것이다. 열섬 현상에 의해 대기가 불안정하면 굴뚝 연기가 지표면 공기와 혼합되어 버린다.

해륙풍. 정체된 안티사이클론 하에서 해안선을 가로지르는 강한 국지적 순환 흐름이 발생한다. 밤에는 육지가 물보다 빨리 냉각되는데, 육지의 공기가 더 차가우므로 공기는 물쪽으로 이동한다(육지풍, 그림 12-19). 아침에는 육지가 물보다 더 빠르게 가열되어, 육지 위 공기가 더 따뜻하므로 상승하기 시작한다. 상승한 공기는 물 위의 공기로 대체된다(해풍 혹은 호수 바람, 그림 12-20).

호수 바람이 안정성에 미치는 영향은 온도 분포의 역전을 일으킨다는 것이다. 공기가 물에서 따뜻한 지면으로 이동하면서 아래에서부터 따뜻해지기 시작하여, 해안 근처에서는 안정된 대기의 감률을 가지면서 굴뚝에서 발생한 연기가 굴뚝 근처에서 흩어지지 않도록 만든다. 공기가 내륙으로 이동하면서 기온 감률상태는 굴뚝 높이까지 발달한다. 내륙의 어느 지점부터는 불안정 대기상태가 되며 굴뚝 연기는 "훈증(fumigation)" 효과를 일으키면서 빠르게 지면으로 내려온다.

골짜기. 일반적인 순환이 보통 세기부터 강한 세기의 바람을 발생시킬 때, 풍향과 예각으로 배치

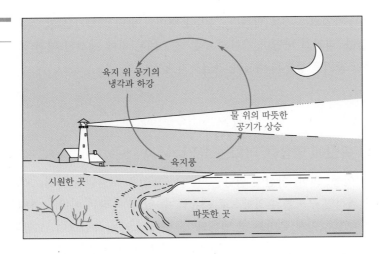

그림 12-19

밤 동안의 육지풍

그림 12-20

낮 동안의 호수 바람

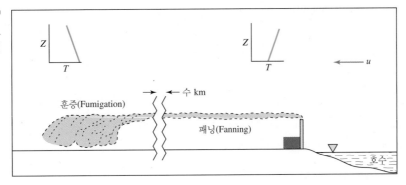

그림 12-21

호수 바람이 연기 확산에 미치는 영향

되어 있는 골짜기는 바람의 통로가 된다. 골짜기는 효과적으로 바람의 일부를 깎아 골짜기 바닥의 방향을 따르도록 한다.

정체된 안티사이클론 하에서 골짜기는 자체적인 순환을 일으킨다. 골짜기 벽의 가열은 골짜기 내 공기를 가열시키고, 가열된 공기는 부력이 커져서 골짜기를 타고 올라간다. 밤의 냉각 과정은 바람이 다시 골짜기로 내려오게 한다.

남북으로 뻗은 골짜기는 평탄한 지형보다 역전이 더 많이 발생한다. 골짜기의 벽면은 태양복사

열에 의해 바닥이 가열되는 것을 막는다. 그러나 벽면과 바닥은 차가운 밤 하늘에 자유롭게 복사열을 방사할 수 있다. 따라서 바람이 약하게 부는 경우에는 밤에 생성된 역전 현상을 소멸시킬 만큼 지표면이 낮 동안 공기를 충분히 빠르게 가열하지 못한다.

12-8 대기확산

대기오염물질 확산에 영향을 미치는 요인

대기오염물질의 이동, 희석, 확산에 영향을 미치는 요인은 오염원의 특징, 오염물질의 성질, 기후 조건, 지형과 인위적인 구조물의 영향으로 분류될 수 있다. 우리는 이미 오염원의 특징을 제외하고 모든 요인을 다루었다. 이제 우리는 첫 번째와 세 번째 요인을 통합하여, 오염물질 농도 계산의 정성적 측면을 설명하고자 한다. 이를 위하여 점오염원에 대한 단순한 정량적 모델을 사용할 것이다. (거친 지형 혹은 산업 환경 내에 있거나 장기적으로 작용하는)점오염원, 지역오염원, 이동오염원에 대한 더 복잡한 모델은 다른 심화 교재에서 다루는 것으로 남겨 놓는다.

오염원의 특징. 대부분의 산업 배출가스는 굴뚝이나 덕트를 따라 수직방향으로 대기로 배출된다. 오염된 기체는 배출 지점을 떠나면서 주변 공기와 혼합되고 퍼진다. 수평적인 바람은 배출된 연기의 흐름을 바람 방향으로 바꾸는데, 배출된 연기는 바람 방향으로 300~3,000 m 사이의 지점에서 완전한 수평 방향이 된다. 오염된 연기가 상승하고, 방향을 바꾸고, 수평으로 움직이는 동안 연기의 오염물질은 주변 공기에 의해서 희석된다. 오염물질이 점점 희석되면서 결국에는 지표면에 도달한다.

굴뚝 연기의 상승은 배출된 기체의 수직 관성과 부력에 영향을 받는다. 수직 관성은 배출가스의 속도 및 질량과 관련이 있다. 굴뚝 연기의 부력은 주변 공기 질량과 배출가스 질량의 차이와 관련이 있다. 배출속도를 높이면 연기의 상승 높이도 증가하는데, 굴뚝 연기의 상승 높이를 **유효 굴뚝 높이**(effective stack height)라 부른다.

굴뚝 높이에서 연기가 얼마나 추가적으로 상승하는지는 지표면 오염물질 농도를 결정하는 요인이 된다. 초기에 더 높이 올라갈수록 더 긴 거리에 걸쳐 오염된 기체가 희석된 후 지표면에 도달한다.

정해진 배출 높이와 연기 희석 조건하에서 지표면 농도는 주어진 기간 동안 굴뚝에서 배출된 오염물질의 양에 비례한다. 따라서 다른 모든 조건이 동일하다면 굴뚝 오염물질의 배출량이 많을수록 지표면 오염물질의 농도가 높아진다.

바람 방향 거리. 배출 지점과 지표면 수용체 사이의 거리가 멀수록 수용체에 도달하기 전에 더 많은 공기에 의해 오염물질이 희석된다.

풍속과 풍향. 풍향은 오염된 기체의 흐름 방향을 결정한다. 풍속은 굴뚝에서 배출된 연기의 상승과 혼합 및 희석 속도에 영향을 미친다. 풍속이 증가하면 연기를 더 빠르게 구부리면서 연기 상승 정도를 감소시킨다. 연기 상승 정도가 감소하면 오염물질의 지표면 농도가 높아지는 경향이 있다. 반면, 빠른 풍속은 배출 연기의 희석률을 증가시켜 지면 농도를 낮추는 경향이 있다. 조건에 따라 풍속의 2가지 영향 중 하나가 지배적 효과를 발생시키고, 풍속의 효과는 오염원으로부터 최대 지표면 농도가 발생하는 위치까지의 거리에 영향을 미친다.

안정성. 대기의 난기류는 다른 어떤 요인보다도 강한 희석력을 가진다. 대기가 불안정할수록 희석력은 강해진다. 굴뚝 출구보다 높은 위치에서 발생하는 기온 역전현상은 수직 희석을 제한하는 덮개 역할을 한다.

확산 모델링

일반적인 고려사항과 모델의 활용. 확산 모델은 기상학적 이동과 확산 과정을 오염원과 기상학적 변수를 통해 정량화하여 수학적으로 나타낸 것이다. 수학적인 계산의 결과로 특정 시간과 위치에서 특정 오염물질 농도의 예측값을 구할 수 있다.

이러한 모델의 결과를 검증하기 위해서는 특정 대기오염물질의 실측 농도를 확보하고 통계적 기법을 사용하여 예측된 농도와 비교해야 한다. 모델에 필요한 기상학적 변수로는 풍향, 풍속, 대기 안정성이 있다. 일부 모델에서는 감률이나 수직 혼합 높이를 포함하기도 한다. 또한 대부분의 모델에서는 물리적 굴뚝 높이, 배출 굴뚝의 직경, 배출 기체 온도와 속도, 오염물질의 배출량에 관한 데이터를 필요로 한다.

모델은 일반적으로 단기 모델과 기후학적 모델로 구분된다. 단기 모델은 보통 다음의 환경에서 사용된다: (1) 강이나 호수 위 혹은 지면으로부터 높이 떨어져 있는 곳과 같이 농도 측정을 진행할 수 없는 경우를 예측해야 할 때, (2) 정체된 대기에서 오염 사례가 발생한 긴급 상황에서 오염원 배출 감소 필요량을 예측해야 할 때, (3) 대기 측정 장비를 놓을 위치를 선정하기 위하여 높은 지면 농도를 가질 가능성이 큰 위치를 예측해야 할 때.

기후학적 모델은 장기간의 평균 농도를 예측하거나, 장기간 동안 하루 중 특정 시간대의 평균 농도를 예측하기 위하여 사용된다. 장기 모델은 긴 거리의 대기 이동을 이해하는 데 도움을 준다. 여기서는 가장 단순한 단기 모델에 대해서만 논할 것이다.

단순 점오염원에 대한 가우스 확산 모델. 가우스 확산 방정식은 대기 안정성이 오염된 기체가 이동하는 층 전체에서 일정하다고 가정한다. 이 모델은 난기류 확산이 무작위적인 움직임이기 때문에 오염된 기체의 희석은 수직, 수평 방향 모두 가우시안 분포(정규분포)로 표현 가능하다고 가정한다. 또한, 가우스 확산 모델은 오염 기체가 굴뚝의 물리적 높이에 연기의 상승 높이(ΔH)를 더한 위치에서 대기로 방출되며, 오염 기체의 희석 정도는 풍속(u)과 반비례한다고 가정한다. 또한 지표면에 도달하는 오염물질이 마치 거울에서 반사되는 빛처럼 대기에 완전히 다시 반사된다고 가정한다. 수학적으로, 이러한 지표면 반사는 진짜 오염원과 동일한 강도로 오염물질을 배출하면서 지면에서 $-H$의 높이에 있는 가상의 오염원으로 표현한다. 수직 혹은 수평 혼합을 제한하는 조건에 있어서도 위와 같은 아이디어를 적용하여 경계층 조건을 구하는 데 사용될 수 있다.

확산 모델. 여기서는 터너(D. B. Turner, 1967)가 제시한 형태의 모델식을 선택하였다. 해당 수식은 유효 굴뚝 높이(H)의 굴뚝에서 오염물질이 배출되었을 때, x와 y의 좌표를 가지는 지점에서의 지면 오염물질 농도(χ)를 제공한다(그림 12-22). 수직, 수평 방향으로 연기의 표준편차는 각각 s_y와 s_x로 나타낸다. 이 표준편차는 오염원으로부터의 거리와 대기 안정성의 함수이다. 확산 모델식은 다음과 같다.

그림 12-22

연기 분산 좌표계
(출처: Turner, D.B. (1967)
Workbook of Atmospheric
Dispersion Estimates, U.S.
Department of Health,
Education, and Welfare,
U.S. Public Health Service
Publication No. 999-AP-
28.)

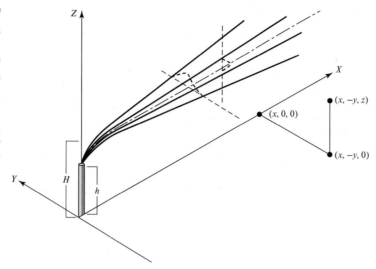

$$\chi\,(x,\,y,\,0,\,H) = \left[\frac{E}{\pi s_y s_z u}\right]\left[\exp\left[-\frac{1}{2}\left(\frac{y}{s_y}\right)^2\right]\right]\left[\exp\left[-\frac{1}{2}\left(\frac{H}{s_z}\right)^2\right]\right]$$ (12-18)

여기서 $\chi\,(x,\,y,\,0,\,H)$＝지표면에서의 농도$(\mathrm{g}\cdot\mathrm{m}^{-3})$

E＝오염물질의 배출률$(\mathrm{g}\cdot\mathrm{s}^{-1})$

$s_y,\,s_x$＝연기의 표준편차(m)

u＝풍속$(\mathrm{m}\cdot\mathrm{s}^{-1})$

$x,\,y,\,z,\,H$＝거리(m)

exp＝지수함수, 괄호 바로 뒤에 따라오는 항은 e의 지수를 의미한다. 즉, $e^{[\ ]}$이다.
여기서 $e=$ 2.7182.

유효 굴뚝 높이는 물리적인 굴뚝 높이(h)와 오염 기체의 상승폭 ΔH의 합이다.

$H = h + \Delta H$ (12-19)

모델은 평평한 지형, 즉 $z=0$인 것을 가정하고 있다.

ΔH는 아래와 같이 홀랜드(Holland) 공식을 이용하여 구할 수 있다(Holland, 1953).

$$\Delta H = \frac{v_s d}{\mathrm{u}}\left[1.5 + \left(2.68\times10^{-2}(\mathrm{P})\left(\frac{T_s - T_a}{T_s}\right)\mathrm{d}\right)\right]$$ (12-20)

여기서 v_s＝굴뚝 속도$(\mathrm{m}\cdot\mathrm{s}^{-1})$

d＝굴뚝 직경$(\mathrm{m}\cdot\mathrm{s}^{-1})$

u＝풍속(m)

P＝압력(kPa)

T_s＝굴뚝 온도(K)

T_a＝기온(K)

s_y와 s_z는 난기류의 구조와 대기 안정성에 의해 좌우된다. 그림 12-23과 그림 12-24는 km 단위인 거리 x와 m 단위인 s_y, s_z 사이의 관계를 보여준다. 그림의 선들은 A부터 F까지 명명되어 있으며, A선은 매우 불안정한 대기상태, B선은 불안정한 대기상태, C선은 조금 불안정한 대기상태, D선은 중립적인 대기상태, E선은 안정한 대기상태, F선은 매우 안정한 대기상태를 나타낸다. 각각의 안정성 지표는 약 3~15분의 평균 시간(averaging time)을 대표한다.

그 외의 평균 시간에 대해서는 x에 실험 상수를 곱함으로써 근사할 수 있다(예: 24시간은 0.36). 터너는 풍속과 태양복사 조건에 따라 안정성을 예측할 수 있도록 하는 표(표 12-13)와 관련된 고찰 결과를 발표하였다.

컴퓨터를 이용한 확산 모델을 위하여 그림 12-23과 그림 12-24에 있는 안정성 선을 표현할 수 있는 알고리즘이 필요했는데, 마틴(D. O. Martin)은 아래의 근사식을 개발하였다(Martin, 1976).

$$s_y = ax^{0.894} \tag{12-21}$$

$$s_z = cx^d + f \tag{12-22}$$

여기서 a, c, d, f 상수는 표 12-14에 정의되어 있다. 이 수식은 km 단위인 거리 x에 따른 m 단위인 s_y, s_x를 구하기 위하여 개발되었다.

앞서 언급했듯이, 풍속은 높이에 따라서 다르다. 연기의 유효 높이(H)에서 풍속이 주어진 것이

그림 12-23

수평 분산 계수
(출처: Turner, 1967.)

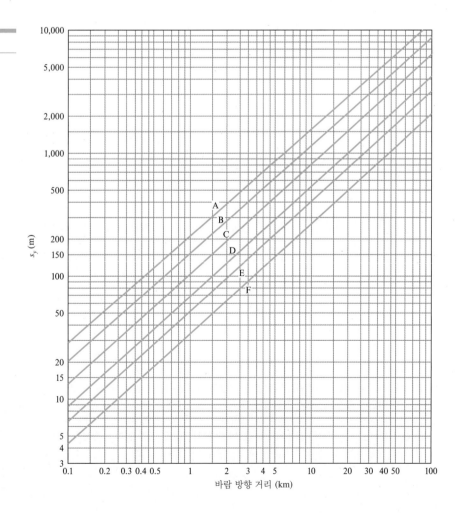

그림 12-24

수직 분산 계수
(출처: Turner, 1967.)

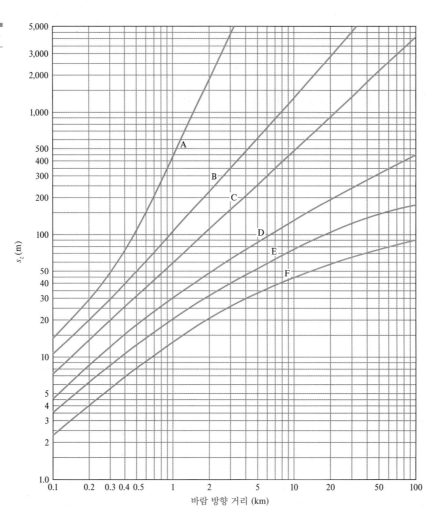

세로축: s_z (m)

가로축: 바람 방향 거리 (km)

표 12-13   안정성 등급의 주요사항

표면 풍속 (10 m 고도에서) (m·s⁻¹)	주간[a] 들어오는 태양복사			야간[a]	
	강	보통	약	약간 흐림 또는 4/8 이상의 낮은 구름	3/8 보다 적은 구름
<2	A	A–B	B		
2–3	A–B	B	C	E	F
3–5	B	B–C	C	D	E
5–6	C	C–D	D	D	D
>6	C	D	D	D	D

[a] 주간 또는 야간의 흐린 조건에 대해서는 중립 등급 D로 가정한다. "엷게 흐림"은 "흐림"과 동일하지 않다.

참고: 등급 A는 가장 불안정한 등급이고 등급 F는 여기에서 고려되는 가장 안정적인 등급이다. 야간은 일몰 1시간 전부터 일출 후 1시간까지의 기간을 말한다. 중립 등급 D는 풍속과 상관없이 주간이나 야간에 흐린 조건에서 가정할 수 있다. 들어오는 태양복사 조건 중 "강"은 맑은 하늘에서 60° 이상의 태양 고도에 해당하며, "약"은 맑은 하늘에서 15°에서 35° 사이의 태양 고도에 해당한다. 스미스소니언 기상상용표(Smithsonian Meteorological Tables)의 표 170, 태양 고도 및 방위각은 태양복사를 결정하는 데 사용할 수 있다. 맑은 하늘에서의 강한 태양복사 조건은 중간 높이의 완전히 덮이지 않은(5/8~7/8) 구름이 있으면 보통으로, 낮은 높이의 완전히 덮이지 않은 구름이 있으면 약으로 감소할 것으로 예상할 수 있다.

출처: Turner, 1967.

표 12-14	s_y 및 s_z 계산을 위한 a, c, d 및 f값						
	x<1 km				x≥1 km		
안정도 등급	a	c	d	f	c	d	f
A	213	440.8	1,941	9.27	459.7	2,094	−9.6
B	156	100.6	1.149	3.3	108.2	1.098	2
C	104	61	0.911	0	61	0.911	0
D	68	33.2	0.725	−1.7	44.5	0.516	−13
E	50.5	22.8	0.678	1.3	55.4	0.305	−34
F	34	14.35	0.74	−0.35	62.6	0.18	−48.6

출처: Martin, 1976.

표 12-15	시골 및 도시 지역에 대한 지수 p값				
안정도 등급	시골	도시	안정도 등급	시골	도시
A	0.07	0.15	D	0.15	0.25
B	0.07	0.15	E	0.35	0.30
C	0.10	0.20	F	0.55	0.30

출처: User's Guide for ISC3 Dispersion Models, Vol. II, EPA–454/B–95–003b, U.S. Environmental Protection Agency, September, 1995.

아니라면, 높이에 따른 풍속의 변화를 고려하여 풍속이 보정되어야 한다. 몇 백미터 높이 내에서는 아래와 같은 지수 법칙을 사용하여 측정 높이와 다른 높이에서의 풍속을 예상할 수 있다.

$$u_2 = u_1 \left(\frac{z_2}{z_1} \right)^p \tag{12-23}$$

여기서 $u_2 = z_2$ 높이에서의 풍속

$u_1 = z_1$ 높이에서의 풍속

$p = $ 지형의 거칠기와 안정성의 함수

표 12-15는 p에 대한 EPA의 추천값을 보여준다.

예제 12-4 석탄 화력 발전소의 SO_2 배출량이 1,656.2 $g \cdot s^{-1}$로 추정된다. 굴뚝 상단(120.0 m)의 풍속이 4.50 $m \cdot s^{-1}$인 경우, 흐린 여름 오후에 바람이 부는 방향으로 3 km 떨어진 곳에서 SO_2의 중심선 농도는 얼마인가? (참고로 "중심선"은 $y=0$을 의미한다.)

굴뚝 매개변수:

높이 = 120.0 m

직경 = 1.20 m

출구 속도 = 10.0 $m \cdot s^{-1}$

온도 = 315℃

대기 조건:

압력 = 95.0 kPa

온도 = 25.0℃

풀이 유효 굴뚝 높이(H)를 결정하는 것으로 시작한다.

$$\Delta H = \frac{(10.0 \text{ m} \cdot \text{s}^{-1})(1.20 \text{ m})}{4.50 \text{ m} \cdot \text{s}^{-1}} \left\{ 1.5 + \left[2.68 \times 10^{-2}(95.0) \left(\frac{588 \text{ K} - 298 \text{ K}}{588 \text{ K}} \right) (1.20 \text{ m}) \right] \right\}$$

$$= 8.0 \text{ m}$$

$$H = 120.0 + 8.0 = 128.0 \text{ m}$$

다음으로 대기 안정성 등급을 결정해야 한다. 표 12-13의 각주를 통해 흐린 조건에서 D 등급을 사용해야 한다는 것을 알 수 있다.

　　풍속 측정은 굴뚝의 상단에서 이루어졌으며, 유효 굴뚝 높이(H)는 실제 굴뚝 높이와 크게 다르지 않으므로 지수 법칙에 의한 풍속의 보정은 무시하기로 한다.

　　식 12-21과 12-22에 의하여 D 안정성 조건하에서 바람 방향으로 3 km 거리의 연기 표준편차는 다음과 같다.

$$s_y = 68(3)^{0.894} = 181.6 \text{ m}$$
$$s_z = 44.5(3)^{0.516} - 13 = 65.4 \text{ m}$$

따라서,

$$\chi = \left[\frac{1656.2}{\pi(181.6)(65.4)(4.50)} \right] \left\{ \exp \left[-\frac{1}{2} \left(\frac{0}{181.6} \right)^2 \right] \right\} \left\{ \exp \left[-\frac{1}{2} \left(\frac{128.0}{65.4} \right)^2 \right] \right\}$$

$$= 1.45 \times 10^{-3} \text{ g} \cdot \text{m}^{-3} \text{ 또는 } 1.5 \times 10^{-3} \text{ g} \cdot \text{m}^{-3} \text{ of SO}_2$$

해설

1. 그림 12-22와 12-23에 표시된 연기 표준편차는 샘플링 시간이 10분인 현장 측정을 기반으로 하며, 현장 측정은 비교적 넓게 트인 지역에서 이루어진다. 방정식을 다른 설정에 적용하는 것은 권장되지 않는다.

2. 이 농도는 약 0.56 ppm이다. 몇몇 학자들은 식 12-18에 얻은 결과값과 농도 규제기준 사이의 평균 시간(averaging time) 차이를 교정하는 경험 법칙을 제안하였다. 평균 시간이 1시간일 경우, 보정값은 0.33~0.63 사이이다. 이 규칙을 사용하면 최대 1시간 평균 농도는 0.19~0.35 ppm 사이로 추정되는데, 이 추정값은 NAAQS의 1시간 기준을 초과하지 않는다. 바람이 몇 분 이상 "방향"을 유지하는 경우가 거의 없기 때문에, 이보다 더 긴 평균 시간에 대한 경험 법칙의 외삽은 적용하기 어렵다.

3. 이 예제에 사용된 굴뚝 온도는 석탄 화력 발전소 치고 약간 높다. 벽돌 굴뚝의 경우, 높이에 따른 온도 강하는 약 $0.9°C \cdot \text{m}^{-1}(0.5°F/\text{ft})$이다. 굴뚝에 들어가는 가스의 온도는 320°C 정도이며 (Fryling, 1967), 따라서 보다 현실적인 온도는 약 210°C였을 것이다.

역전 상층부.　역전이 존재할 경우, 연기가 역전층에 도달하고 나면 더 이상 수직으로 확산될 수 없다는 점을 고려하여 기본 확산식을 수정해야 한다. 연기가 역전층에 도달하고 나면, 아래 방향으로 섞이는 하강혼합(downward mixing)이 발생한다(그림 12-25). 하강혼합은 굴뚝으로부터의 거리

그림 12-25

상층의 역전이 분산에 미치는 영향

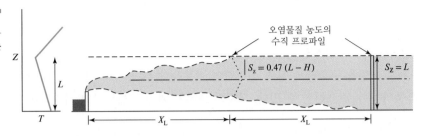

가 X_L인 지점에서부터 발생한다. X_L은 역전층 아래 영역의 대기 안정성에 의한 함수이며, X_L 거리에서 연기의 수직 표준편차는 아래의 경험식으로 계산할 수 있다.

$$s_z = 0.47(L - H) \tag{12-24}$$

여기서 L = 지면에서 역전층의 하부까지의 높이(m)

H = 유효 굴뚝 높이(m)

연기가 역전층 하부에 처음 접촉한 거리의 2배로 먼 거리에 도달하면, 연기는 역전층 아래 영역에서 완전히 혼합되었다고 말할 수 있다. $2X_L$ 거리를 넘어서면, 오염물질의 중앙선 농도는 아래 식을 통해 예측할 수 있다.

$$\chi = \frac{E}{(2\pi)^{1/2} s_y uL} \tag{12-25}$$

s_y는 역전층 아래 영역의 안정성과 수용체까지의 거리에 의해 결정되며, 그림 12-24 혹은 식 12-21을 사용하여 구할 수 있다. 우리는 이를 "역전" 혹은 "약식" 확산 모델이라 부른다.

예제 12-5 다음 기상학적 상황을 고려할 때, 굴뚝으로부터 얼마의 거리에서 역전 확산 모델로 전환해야 하는가?

유효 굴뚝 높이: 50 m   운량: 없음

역전층 하단 높이: 350 m   시간: 1130 h

풍속: 유효 굴뚝 높이에서 7.3 m·s⁻¹   계절: 여름

풀이 표 12-13을 사용하여 안정성 등급을 결정한다. 햇빛이 강하고, 풍속이 6 m·s⁻¹ 이상이므로 안정성은 C 등급이다. 따라서 s_z의 값은 다음과 같다.

$$s_z = 0.47(350 - 50 \text{ m}) = 141 \text{ m}$$

그림 12-24를 사용하여 X_L을 찾는다. $s_z = 141$인 위치에 수평선을 그리고, 수평선과 안정성 C 등급의 선이 만나는 점에서 x축까지 수직선을 그리면, $X_L = 2.5$ km임을 알 수 있다.

따라서 풍향으로 5 km($2X_L$) 이상의 거리에서 역전 형태의 방정식을 이용한다(식 12-25).

거리가 5 km 미만인 경우에는 식 12-18을 사용하며, s_z는 관심 지점까지의 거리와 안정성에 의해 결정된다. 따라서 어떤 경우에도 식 12-24로부터 계산된 s_z를 사용하여 χ를 계산하지 않는다.

12-9 실내 공기질 모델

집, 방, 혹은 어느 밀폐된 공간을 단순한 형태의 상자처럼 생각해 보자(그림 12-26). 우리는 단순한 물질수지 모델을 구축해서 실내 공기질의 거동을 외부 공기의 침투, 실내 오염원과 흡입원, 외부로의 유출의 함수로 표현할 수 있다. 상자의 내부가 완전 혼합된다고 가정하면,

상자의 오염물질 증가 속도 = 오염물질이 외부에서 상자 안으로 들어가는 속도
       + 실내 오염원에서 배출되는 속도
       − 외부로 유출되어 상자에서 빠져나가는 속도
       − 감쇠 작용으로 상자에서 제거되는 속도   **(12-26)**

또는

$$\forall \frac{dC}{dt} = QC_a + E - QC - kC\forall \tag{12-27}$$

여기서 $\forall$ = 상자의 부피(m^3)
   C = 오염물질 농도$(g \cdot m^{-3})$
   Q = 상자로 공기가 유·출입되는 속도$(m^3 \cdot s^{-1})$
   C_a = 외부 공기의 오염물질 농도$(g \cdot m^{-3})$
   E = 내부 오염원으로부터 상자에 배출되는 속도$(g \cdot s^{-1})$
   k = 오염물질 반응계수(s^{-1})

선별된 실내 오염물질에 대한 배출속도는 표 12-16에 나와 있다.
선별된 오염물질의 반응계수는 표 12-17에 나와 있다. 식 12-27에 대한 일반적인 해는 아래와 같다.

$$C_t = \frac{(E/\forall) + C_a(Q/\forall)}{(Q/\forall) + k}\left\{1 - \exp\left[-\left(\frac{Q}{\forall} + k\right)t\right]\right\} + C_0 \exp\left[-\left(\frac{Q}{\forall} + k\right)t\right] \tag{12-28}$$

$dC/dt = 0$이 되는 C에 관하여 풀면 아래와 같은 정상상태의 해를 얻을 수 있다.

$$C_\infty = \frac{QC_a + E}{Q + k\forall} \tag{12-29}$$

그림 12-26

실내 공기 오염물질에 대한 물질수지 모델

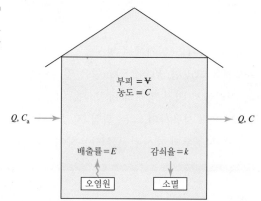

표 12-16		선택된 실내 공기 오염원 및 오염물질에 대한 배출계수			
	사용하기 시작한 시간에 따른 배출계수, $\mu g \cdot h^{-1} \cdot m^{-2}$				
오염물질	1시간	하루	일주일	한달	1년
바닥 재질: 카펫, 합성섬유					
포름알데하이드	15	10	5	2	1
스티렌	50	20	6	3	2
톨루엔	300	40	20	10	1
TVOC	600	80	20	10	5
페인트 및 코팅: 용제 기반 페인트					
데케인	200,000	2,000	0	0	0
노네인	100,000	100	0	0	0
펜틸사이클로헥세인	10,000	3,000	0	0	0
운데케인	100,000	10,000	0	0	0
m,p 자일렌	50,000	5	0	0	0
TVOC	3×10^6	200,000	0	0	0
페인트 및 코팅: 수성 페인트					
아세트알데하이드	100	10	2	1	0
에틸렌글리콜	20,000	20,000	15,000	4,000	0
포름알데하이드	40	100	2	1	0
TVOC	50,000	40,000	20,000	200	20

복사기: 건식, 기계당 $\mu g \cdot h^{-1}$

	대기 모드의 기기	복사 중인 기계
에틸벤젠	10	30,000
스티렌	500	7,000
m,p 자일렌	200	20,000

포름알데하이드 배출계수, $\mu g \cdot d^{-1} \cdot m^{-2}$	
중밀도 섬유판	17,600~50,000
파티클보드	2,000~25,000
종이 제품	260~280
유리섬유 제품	400~470
의류	35~570

[a] TVOC = 총휘발성 유기화합물

출처: Godish, 2001, and Tucker, 2001.

표 12-17		선택된 오염물질에 대한 반응계수		
오염물질	k (s^{-1})		오염물질	k (s^{-1})
CO	0.0		입자상 물질 (<0.5 μm)	1.33×10^{-4}
HCHO	1.11×10^{-4}		라돈	2.11×10^{-5}
NO	0.0		SO_2	6.39×10^{-5}
NO_x (as N)	4.17×10^{-5}			

출처: Traynor, Allen, and Apte, 1982.

오염물질이 시간이 지나도 소멸하지 않는다면, $k = 0$이 된다. 오염물질이 소멸하지 않고 외부 농도가 무시 가능하며, 초기 실내 농도가 0인 특별한 경우에는 식 12-27이 아래와 같이 단순화된다.

$$C_t = \frac{E}{Q}\left\{1 - \exp\left[-\left(\frac{Q}{V}\right)t\right]\right\}$$

(12-30)

예제 12-6 등유 히터가 200 m^3 부피의 아파트에서 1시간 동안 작동되고 있다. 히터는 50 $\mu g \cdot s^{-1}$의 속도로 SO_2를 배출한다. 외부 공기의 SO_2 농도(C_a)와 초기 내부 공기의 SO_2 농도(C_o)는 100 $\mu g \cdot m^{-3}$이다. 환기 속도가 50 $L \cdot s^{-1}$이며, 아파트 내부의 공기는 잘 섞인다고 가정한다. 1시간이 지난 후 SO_2의 농도는 얼마인가?

풀이 농도는 실내 공기질 모델의 일반적인 해(식 12-28)를 사용하여 구할 수 있다. 표 12-14에서 SO_2의 반응계수는 6.39×10^{-5} s^{-1}이고, 50 $L \cdot s^{-1}$은 0.050 $m^3 \cdot s^{-1}$와 같다.

$$C_t = \frac{(50\ \mu g \cdot s^{-1}/200\ m^3) + 100\ \mu g \cdot m^{-3}(0.050\ m^3 \cdot s^{-1}/200\ m^3)}{(0.050\ m^3 \cdot s^{-1}/200\ m^3) + 6.39 \times 10^{-5}\ s^{-1}}$$

$$\times \left\{1 - \exp\left[-\left(\frac{0.050\ m^3 \cdot s^{-1}}{200\ m^3} + 6.39 \times 10^{-5}\ s^{-1}\right)(3600\ s)\right]\right\}$$

$$+ (100\ \mu g \cdot m^{-3}) \exp\left[-\left(\frac{0.050\ m^3 \cdot s^{-1}}{200\ m^3} + 6.39 \times 10^{-5}\ s^{-1}\right)(3600\ s^{-1})\right]$$

$$= 876.08[1 - \exp(-1.13)] + 100\exp(-1.13)$$

$$= 876.08(1 - 0.323) + 100(0.323)$$

$$= 593.09 + 32.3 = 625.39\ \text{또는}\ 630\ \mu g \cdot m^{-3}$$

12-10 고정된 배출원의 대기오염 제어

가스상 오염물질

흡수. 흡수 원리에 기반한 제어 장비들은 오염물질을 기체에서 액체로 전환시키려 하는데, 이를 기체가 액체에 용해되는 **물질전달**(mass transfer) 과정이라고 한다. 이때 용해는 액체 성분과의 반응을 동반하거나 동반하지 않을 수 있다. 물질전달은 오염가스가 고농도에서 저농도 영역으로 이동하는 확산 과정이다. 오염가스를 제거하는 것은 아래의 3단계를 따른다.

1. 액체 표면으로의 오염 기체의 확산
2. 기체-액체 계면을 통한 전달(용해)
3. 계면에서 용해된 기체의 액체 내부로의 확산

스프레이 챔버(chamber)(그림 12-27) 및 타워(tower) 또는 칼럼(column)(그림 12-28)과 같은 구

그림 12-27

스프레이 챔버

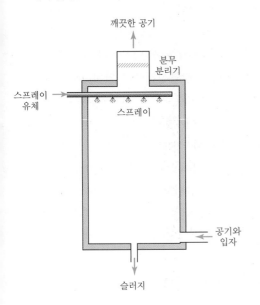

그림 12-28

흡수 시스템

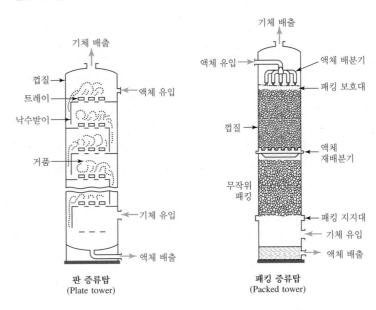

판 증류탑
(Plate tower)

패킹 증류탑
(Packed tower)

조는 오염 기체를 흡수하기 위해 사용되는 장치이다. 스프레이 챔버 중 하나인 스크러버(scrubber)에서는 가스를 흡수하기 위해 액체 방울이 사용되며, 타워에서는 액체의 얇은 막이 흡수의 매개체로 사용된다. 장치의 종류와 상관없이 오염물질의 액체 용해성은 상대적으로 높아야 한다. 물이 용매라면, 일반적인 적용성은 NH_3, CI_2, SO_2 같은 소수의 무기가스로 제한된다. 스크러버는 비교적 효율적이지 못한 흡수장치이지만 입자상 물질을 동시에 제거할 수 있다는 장점이 있다. 타워형은 효율적인 흡수장치이지만 입자상 물질로 인해 막힐 수 있다.

비반응성 용액에서 발생하는 흡수량은 오염물질의 분압에 의해 결정된다. 오염 제어 시스템은 묽은 용액 조건이며, 이때 분압과 용액의 가스 농도 사이의 관계는 헨리의 법칙(Henry's law)으로 나타낼 수 있다.

$$P_g = K_H C_{equil} \tag{12-31}$$

여기서 P_g = 액체와 평형을 이루는 오염가스의 분압(kPa)

K_H = 헨리의 법칙($kPa \cdot m^3 \cdot g^{-1}$)

C_{equil} = 액상의 오염가스 농도($g \cdot m^{-3}$)

식 12-31은 액체가 더 많은 오염물질을 축적하면 오염가스의 분압이 상승하거나 오염가스가 용액으로부터 기상으로 빠져나온다는 것을 보여준다. 액체는 기체상태의 오염물질을 제거하기 때문에 기체가 정화됨에 따라 분압이 감소한다. 이것은 우리가 원하는 결과와 반대된다. 이 문제를 해결하기 위한 가장 쉬운 방법은 기체와 액체를 정반대 방향으로 흐르게 하는 것으로, 이를 **역류**(countercurrent flow)라고 부른다. 이 방식으로 고농도 오염가스는 높은 오염물질 농도로 액체에 흡수되며, 저농도의 오염가스는 내부에 오염물질이 없는 액체에 의해 흡수된다.

흡착. 흡착은 기체가 고체에 결합되는 물질전달 과정이며 표면 현상이다. 기체(흡착질(adsorbrate))는 고체(흡착제(adsorbent))의 공극에 침투하지만 격자(lattice) 자체에는 침투하지 못한다. 결합은 물리적이거나 화학적이다. 물리적 결합이 중요할 때에는 정전기적인 인력이 작용한다. 화학적 결합은 표면과의 반응에 의한 것이다. 고정 베드가 있는 압력 용기(pressure vessel)는 흡착제를 담는 데 사용된다(그림 12-29). 활성탄소(활성탄), 분자체(molecular sieve), 실리카겔 및 활성 알루미나가 가장 일반적인 흡착제. 활성탄은 견과류의 껍질(코코넛이 좋음)이나 석탄을 감압상태에서 열처리하여 제조한다. 분자체는 탈수된 제올라이트(알칼리-금속 규산염)이다. 실리카겔은 규산나트륨을 황산과 반응시켜 만든다. 활성 알루미나는 다공성의 수화된 산화 알루미늄이다. 이러한 흡착제의 일반적인 특성은 처리 후 단위 부피에 비해 큰 "활성" 표면을 가지고 있다는 것이다. 이 특성은 탄화수소 오염물질을 처리하는 데 매우 효과적이며, H_2S와 SO_2도 처리할 수 있다. 분자체의 한 가지 특별한 형태는 NO_2도 포집할 수 있다. 그러나 활성탄을 제외한 흡착제는 오염물질보다 물에 대한 선택성이 높으므로, 처리 전 기체에서 수분을 제거해야 한다. 모든 흡착제는 적당히 높은 온도(활성탄의 경우 150°C, 분자체의 경우 600°C, 실리카겔의 경우 400°C, 활성 알루미나의 경우 500°C)에서 파괴될 위험이 있다. 즉, 이러한 높은 온도에서는 매우 비효율적이다. 그러나 이들의 활성은 이 온도에서 재생된다.

흡착된 오염물질 양과 일정한 온도에서 평형 압력 간 관계를 **흡착등온선**(adsorption isotherm)이라고 한다. 기체에 대해 이러한 관계를 가장 잘 설명할 수 있는 식은 랑뮈어(Langmuir, 1918)가 도출한 식이다.

$$W = \frac{aC_g^*}{1 + bC_g^*}$$

(12-32)

여기서 W＝흡착제의 단위 질량당 기체의 양

a, b ＝실험에 의해 결정되는 상수

C_g^*＝기체 오염물질의 평형 농도

실험 데이터 분석 시 식 12-32는 다음과 같이 다시 쓸 수 있다.

그림 12-29

흡착 시스템

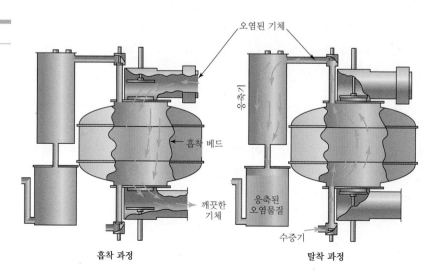

흡착 과정 　　　　　　　　　 탈착 과정

$$\frac{C_g^*}{W} = \frac{1}{a} + \frac{b}{a} C_g^* \qquad\qquad\qquad\qquad (12\text{-}33)$$

따라서 C_g^*와 (C_g^*/W)의 관계를 도시하면 기울기가 (b/a)이고 절편이 $(1/a)$인 직선을 얻을 수 있다.

　　포집된 오염물질이 흐르는 액체에 의해 지속적으로 제거되는 흡수탑과 달리 포집된 오염물질은 흡착층(베드, bed)에 남아 있다. 흡착층의 용량이 충분하면 오염물질은 배출되지 않지만 어느 시점에서 흡착층은 오염물질에 대해 포화상태가 된다. 포화상태에 도달하면 오염물질은 흡착층에서 유출되기 시작하는데, 이를 **파과**(breakthrough)라고 부른다. 흡착층의 용량이 모두 소멸되면 유입 농도와 유출 농도가 같아진다. 일반적인 파과 곡선은 그림 12-30에 나와 있다. 연속 작동이 가능하도록 하기 위해 흡착층은 2개를 설치하며, 하나가 오염물질을 제거하는 동안 다른 하나는 재생된다. 재생 중에 방생한 농축가스는 일반적으로 회수 산물로 공정에 반송된다.

연소.　가스 흐름의 오염물질이 불활성 가스로 산화될 수 있는 경우 연소는 적용 가능한 처리 대안이다. 일반적으로 CO와 탄화수소가 이 범주에 속한다. 재연소 장치에 의한 직접 화염 연소(그림 12-31) 및 촉매 연소 모두 상업용으로 사용된다.

　　직접 화염 연소는 2가지 조건이 충족될 때 선택하는 방법이다. 첫째, 가스 흐름은 $3.7\ \mathrm{MJ \cdot m^{-3}}$ 보다 큰 에너지 농도를 가져야 한다. 이 에너지 농도에서 가스 화염은 점화 후 자체적으로 유지되며,

---

그림 12-30

흡착의 진행과 파과곡선

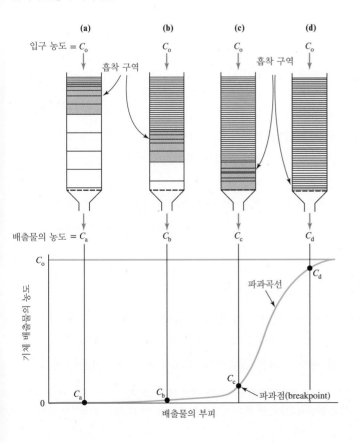

그림 12-31

직접 화염 소각로

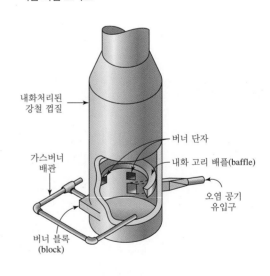

이 기준 미만에서는 보충 연료가 필요하다. 둘째, 연소의 부산물은 독성이 없어야 한다. 어떤 경우에는 연소 부산물이 원래의 오염가스보다 더 유독할 수 있다. 직접 화염 연소는 니스 제조, 고기 훈제실 및 페인트 오븐 배출가스에 성공적으로 적용된다.

일부 촉매물질은 에너지 함량이 $3.7 \, MJ \cdot m^{-3}$ 미만인 가스에서 유해가스를 산화시킬 수 있으며, 촉매는 흡착베드와 유사한 베드에 배치된다. 활성 촉매로는 백금 혹은 팔라듐 화합물이 많이 쓰이며, 지지 격자(lattice)는 일반적으로 세라믹이다. 촉매 사용의 단점은 비용이 많이 들고 미량의 황 및 납 화합물에 의해 손상될 수 있다는 것이다. 촉매 연소는 인쇄기, 니스 제조 및 아스팔트 산화 배출가스에 성공적으로 적용된다.

연도가스 탈황

연도가스 탈황(flue gas desulfurization, FGD) 시스템은 비재생 및 재생의 2가지 광범위한 범주로 나뉜다. **비재생**(nonregenerative) 시스템에서는 가스 흐름에서 황산화물을 제거하는 데 사용되는 시약을 사용하고 폐기한다. **재생**(regenerative) 시스템에서는 시약이 회수되어 재사용된다. 설치된 시스템의 수와 크기 측면에서 비재생 시스템이 더 우세하다.

비재생 시스템.　상업적으로 사용되는 비재생 시스템은 9가지가 있다(Hance, 1991). 이들은 모두 CaO, NaOH, Na_2CO_3, NH_3에 기반한 화학적 반응기작을 가지고 있다.

석회/석회석 기반 FGD 시스템에서 제거된 SO_2는 아황산염으로 전환된다. 전반적인 반응은 일반적으로 석회석과 석회를 각각 사용할 때 칼손(Karlsson)과 로젠버그(Rosenberg)(1980) 이론에 의해 표현된다.

$$SO_2 + CaCO_3 \rightleftharpoons CaSO_3 + CO_2 \tag{12-34}$$

$$SO_2 + Ca(OH)_2 \rightleftharpoons CaSO_3 + H_2O \tag{12-35}$$

아황산염의 일부는 연도가스에 함유된 산소에 의해 산화되어 황산염을 형성한다.

$$CaSO_3 + \frac{1}{2}O_2 \rightleftharpoons CaSO_4 \tag{12-36}$$

전체 반응 과정은 단순하지만 화학적으로는 상당히 복잡하고 정의하기 어렵다. 석회와 석회석 사이의 선택, 석회석의 유형, 하소(calcining) 및 소결(slaking) 방법은 흡수기에서 일어나는 기체-액체-고체 반응에 영향을 미칠 수 있다.

습식 스크러버 시스템에 사용되는 주요 흡수장치 유형은 벤츄리 스크러버-흡수기, 정적 패킹(static packed) 스크러버, 이동층(moving-bed) 흡수기, 트레이 타워(tray tower) 및 분무 타워(spray tower)가 있다(Black and Veatch, 1983).

분무 건조기 기반의 FGD 시스템은 하나 이상의 분무 건조기와 입자상 물질 수집기[*]로 이루어져 있다. 시약물질은 일반적으로 소석회 슬러리 혹은 석회와 재활용 물질의 슬러리이다. 석회가 가장 일반적인 시약이지만, 소다회(soda ash) 역시 사용된다. 시약은 분무 건조기의 연도가스에 액체 방울 형태로 주입되며, 이 시약 방울은 건조되는 동안 SO_2를 흡수한다. 이상적인 조건에서 슬러리 또는 시약 방울은 건조기 용기의 벽면에 닿기 전에 완전히 건조된다. 연도가스는 시약 방울의 증발

---

[*] 과거 물질전달의 관점에서 분무 건조는 분무된 분무에서 용매의 증발을 의미한다. 증발 액적으로 기체 종의 동시 확산은 진정한 분무 건조가 아니다. 그럼에도 불구하고 많은 학자들은 "분무 건조"라는 용어를 건식 스크러빙과 동의어로 채택하였다.

과정에서 습기가 늘어나지만 수증기로 포화되지는 않는다. 이는 분무 건조기 FGD와 습식 세정기 FGD의 가장 큰 차이점이다. 가습된 가스 흐름과 입자상 물질의 상당 부분(비산회, FGD 반응 생성물 및 미반응 시약)은 연도가스에 의해 분무 건조기 용기의 하부에 위치한 입자 수집기로 이동한다 (Cannel and Meadows, 1985). 일반적으로, 고유황탄을 연소하는 대형 장치는 습식 FGD를 사용하고, 더 작은 장치는 분무 건조기를 사용한다.

질소산화물 제어 기술

거의 모든 대기 질소산화물(NO_x) 오염은 연소 과정에서 발생한다. 이들은 연료에 결합된 질소의 산화, 1,600 K 이상의 온도에서 연소 공기의 산소분자와 질소의 반응(식 12-5), 연소 공기의 질소와 탄화수소의 반응에서 생성된다. NO_x에 대한 제어 기술은 연소 과정에서 NO_x의 형성을 예방하는 기술과 연소 과정에서 발생한 NO를 질소와 산소로 전환시키는 기술의 2가지 범주로 분류된다 (Prasad, 1995).

예방. 이 범주의 공정은 연소 구역의 최대 화염 온도의 감소가 NO_x 형성을 감소시킨다는 사실에 기반한다. 화염 온도를 낮추기 위하여 9가지 대안이 개발되었다.

1. 작동 온도 최소화
2. 연료 전환
3. 과잉 공기 저감
4. 연도가스 재순환
5. 희박 연소(Lean combustion)
6. 단계적 연소
7. 저농도 NO_x 버너(low NO_x burner)
8. 2차 연소
9. 물-증기 주입

정기적으로 연소기를 조정하고 연소 구역 온도를 최솟값으로 설정하여 작동하면 연료 소비와 NO_x 생성을 줄일 수 있다. 질소 함량이 더 낮은 연료로 전환하거나 더 낮은 온도에서 연소하는 연료로 전환하면 NO_x 생성이 감소한다. 예를 들어, 석유 코크스는 질소 함량이 낮고 석탄에 비해 화염 온도가 낮은 반면, 천연가스는 질소가 전혀 함유되어 있지 않으나 비교적 높은 화염 온도에서 연소하기 때문에 석탄보다 많은 NO_x를 발생시킨다.

과잉 공기 저감 및 연도가스 재순환은 산소 농도 감소가 최대 화염 온도를 낮추는 원리에 따라 작동한다. 반면에, 희박 연소에서는 화염 온도를 낮추기 위해 추가 공기가 주입된다.

단계적 연소 및 저농도 NO_x 버너에서 초기 연소는 연료가 풍부한 곳에서 발생하고, 그 다음 1차 연소 구역의 하류에 공기가 주입된다. 하류(다운스트림) 연소는 낮은 온도의 연료 부족 조건에서 완료된다.

단계적 연소에서는 연료의 일부와 모든 연소 공기를 1차 연소 구역으로 분사한다. 과잉 공기 조건에 따른 낮은 화염 온도는 열적 NO_x 생성을 제한한다.

물-증기 주입은 화염 온도를 낮추어 열적 NO_x 생성을 줄인다.

후처리.　NO_x를 질소가스로 전환하기 위해 선택적 촉매환원법(selective catalytic reduction, SCR), 선택적 비촉매환원법(selective noncatalytic reduction, SNCR), 비선택적 촉매환원법(nonselective catalytic reduction, NSCR)의 3가지 공정이 사용될 수 있다.

SCR 공정은 촉매층(보통 바나듐-티타늄 또는 백금 기반 및 제올라이트)과 무수암모니아(NH_3)를 사용한다. 연소 과정 후 암모니아는 촉매층의 상부에 주입된다. NO_x는 촉매층에서 암모니아와 반응하여 N_2와 물을 생성한다.

SNCR 공정에서 암모니아 또는 요소(urea)는 적정 온도(870~1,090℃)에서 연도가스에 주입된다. 요소는 암모니아로 변환된 후 NO_x와 반응하여 N_2와 물로 환원시킨다.

NSCR은 자동차에 사용되는 것과 유사한 3원 촉매를 사용한다. 이 공정은 NO_x 제어 외에도 탄화수소와 일산화탄소는 CO_2와 물로 변환시키는 기능이 있다. 이 시스템에는 CO 및 탄화수소와 유사한 환원제가 촉매 접촉 이전에 투입되어야 한다. 후연소 NO_x 제어장치가 있는 대규모 보일러에는 일반적으로 SCR이 설치된다.

NO_x 기술의 일반적인 저감 능력은 "예방" 방법의 경우 30~60%, SNCR에서는 30~50%, SCR에서는 70~90%이다(Srivastava, Staudt, and Josewicz, 2005).

입자상 오염물질

사이클론.　직경이 약 10 μm보다 큰 입자 크기의 경우, 집진기로 사이클론이 사용된다(그림 12-32). 사이클론은 움직이는 부분이 없는 관성 집진기이다. 입자가 포함된 가스는 나선형 운동을 통해 가속되어 입자에 원심력을 부여한다. 입자는 회전하는 가스에서 튕겨져 나와 사이클론의 실린더 벽면에 충돌한 후, 원뿔 아래쪽으로 미끄러져 이동한다. 여기에서 입자는 밀폐 밸브 시스템을 통하여 제거된다.

사이클론의 직경이 감소할수록 집진 효율이 증가하지만, 압력 강하 역시 커져 집진기로 가스를 유입시키는 데 필요한 전력을 증가시킨다. 여러 개의 사이클론을 병렬(**다중 사이클론**(multiclone))로 사용하여 전력 소모를 늘리지 않고도 효율을 높일 수 있다.

사이클론은 10 μm보다 큰 입자에 매우 효과적인 반면, 1 μm 이하의 입자에는 그다지 효과적이지 않기 때문에 크기가 큰 분진에만 사용된다. 응용 분야에는 목재 분진, 종이 섬유 및 버프가공(buffing) 섬유의 배출 제어 등이 있다.

필터.　필터는 5 μm 미만의 입자를 효율적으로 제어하고자 하는 경우 선택할 수 있는데, (1) 심층 필터와 (2) 여과집진기(baghouse)의 2가지 유형이 사용된다(그림 12-33). 심층 필터(deep bed filter)는 보일러(furnace) 필터와 유사하며, 겹겹이 쌓인 섬유는 기체 흐름에서 입자를 차단하는 데 사용된다. 에어컨과 같이 비교적 깨끗하고 양이 적은 기체에는 이것이 매우 효과적이다. 그러나 부피가 크고 더러운 산업용 가스의 경우에는 여과집진기가 바람직하다.

필터에 의한 입자 포집의 기본 메커니즘은 입자가 섬유 사이의 구멍보다 커서 걸러지는 스크리닝(screening) 혹은 체질(sieving), 섬유 자체에 의한 차단(interception), 입자와 섬유의 정전하 차이로 인해 생기는 정전기적 인력이 있다. 분진 덩어리가 섬유에 형성되기 시작하면 체질이 지배적인 메커니즘이 되는 경우가 많다.

여과포(bag)는 천연 혹은 합성섬유로 만들어진다. 합성섬유는 가격이 저렴하고, 내열성 및 내약품성이 우수하며, 섬유 직경이 작기 때문에 여과포로 널리 사용된다. 여과포의 수명은 1~5년이고, 보

그림 12-32

역류 사이클론

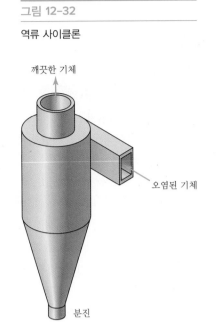

그림 12-33

여과집진기

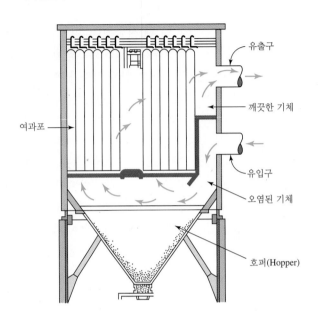

통은 2년으로 본다. 여과포의 직경은 0.1~0.35 m, 길이는 2~10 m로 다양하다. 여과포는 닫힌 끝부분이 매달려 있으며, 열린 끝부분은 줄(collar)로 고정된다. 이들은 별도의 구획에 그룹으로 배열된다.

역류 여과집진기는 더러운 가스를 여과포 내부로 향하게 하여 작동한다. 입자상 물질은 진공 청소기 백과 마찬가지로 여과포 내부에 포집된다. 여과포는 구획을 격리하고 가스 흐름을 반대로 하여 청소한다. 역방향 공기 흐름과 여과포가 안쪽으로 구부러지는 것으로 인해 포집된 분진 덩어리는 아래 호퍼(hopper)로 떨어진다.

펄스 제트(pulse-jet) 여과집진기는 여과포를 지지하는 '케이지(cage)'라 불리는 프레임 구조로 설계되어 있는데, 입자상 물질은 여과포 외부에 포집된다. 분진 덩어리는 압축 공기의 펄스 제트를 여과포 안쪽으로 쏴서 제거한다. 이 과정에서 여과포가 갑자기 팽창되며, 최대 팽창에 도달함에 따라 관성에 의해 분진이 제거된다.

여과집진기는 다양한 응용 분야, 예를 들면 카본 블랙 산업, 시멘트 분쇄, 사료 및 곡물 처리, 석고 및 석회석 분쇄 및 연마 기계 등에 사용된다. 또한 보일러 연도가스에 여과집진기를 적용하는 것도 현재는 널리 받아들여지고 있는데, 이는 여과포 소재의 열적 특성이 향상되었기 때문이다. 예를 들면, 면 및 양모 섬유 여과포는 90~100°C 이상의 지속적인 온도에서는 사용할 수 없다. 그러나 유리 섬유로 된 여과포는 최대 260°C의 온도에서 사용할 수 있다. 모든 입자상 물질 제어장치 중 여과 방법만이 기체상 오염물질의 동시 제거를 위해 흡착 매질을 추가할 수 있다. 여과집진기의 크기는 필터 면적에 대한 가스 유량의 비율을 기반으로 설계한다(섬유 면적의 $m^3 \cdot s^{-1} \cdot m^{-2}$). 이 공기 대 섬유의 비율은 속도의 단위를 갖는다($m \cdot s^{-1}$). 일반적인 직물 여과집진기의 평균값은 0.01 $m^3 \cdot s^{-1} \cdot m^{-2}$이다.

액체 스크러버. 포집할 입자상 물질이 젖거나 부식성이 있거나 매우 뜨거운 경우, 섬유 필터가 잘 작동하지 않을 수 있는데, 이 경우 액체 세정이 사용 가능하다. 일반적인 스크러버의 적용 분야에는 활석 분진, 인산 분진, 주조 용선로 분진 및 개방형 철강 용광로의 연기 배출 제어가 포함된다.

　　액체 스크러버는 복잡도에 따라 다양한 종류가 있다. 단순 스프레이 챔버는 입자 크기가 비교적 클 때 사용된다. 미세입자의 고효율 제거를 위해서는 벤츄리 스크러버와 사이클론의 조합이 선택된다(그림 12-34). 액체 스크러버의 기본 작동 원리는 액체 방울(액적)과 입자상 물질 사이의 속도 차이로 인해 입자가 액적에 충돌하는 것이다. 액적-입자 결합체는 여전히 가스 흐름에 부유하기 때문에 이를 포집하기 위해 관성 집진 장치를 후단에 배치한다. 액적은 입자의 크기를 증가시키므로 관성 장치의 집진 효율은 액적이 없는 원래 입자에 대한 것보다 높다.

전기집진기.　고온 가스 흐름에서 입자의 고효율 건식 포집은 입자의 정전기적 집진을 통해 얻을 수 있다. 전기집진(electrostatic precipitation, ESP)은 일반적으로 교차로 배치된 판과 전선으로 구성된다(그림 12-35). 큰 직류 전위(30~75 kV)가 판과 전선 사이에 가해져 전선과 판 사이에 이온장이 생성된다(그림 12-36a). 입자가 포함된 가스 흐름이 전선과 판 사이를 통과하면 이온이 입자에 부착되어 입자가 순 음전하를 띠게 된다(그림 12-36b). 그 다음 입자는 양전하를 띤 판쪽으로 이동하여 부착된다(그림 12-36c). 일정한 시간 간격으로 판을 자주 두드림으로써 시트 형태의 입자 덩어리가 호퍼로 떨어지게 된다.

　　여과집진기와 달리 판 사이의 가스 흐름이 청소 중에 멈추지 않는다. 전기집진기를 통과하는 가스속도는 입자 이동을 위해 낮게 유지한다(1.5 m · s^{-3} 미만). 따라서 입자 시트의 최종침강속도는 시트가 집진기를 나가기 전에 호퍼로 떨어지기에 충분하다.

　　전기집진기에는 한 가지 작동 문제가 있다. **비산회**(fly ash)는 화석 연료를 연소하는 화로에서 나오는 배출가스에 포함된 입자상 물질을 가리키는 용어이다. 전기집진기는 종종 비산회를 포집하는 데 사용된다. 비산회를 수집판에 고정시키는 가장 강한 힘은 정전기이며, 이는 비산회를 통과하는 전류로 발생한다. 비산회는 저항기처럼 작용하므로 전류의 흐름에 저항한다. 전류 흐름에 대한 이러한 저항을 "**비산회 저항**(resistivity of the fly ash)"이라 하며, 이는 cm당 Ω(ohm) 단위로 측정된다. 저항이 너무 작으면(10^4 Ω · cm^{-1} 미만) 강한 힘을 발생시키기에 충분한 전하가 유지되지 않아 입자가 판에 붙지 않게 된다. 반대로, 저항이 너무 크면(10^{10} Ω · cm^{-1} 이상) 절연 효과를 나타내는 경우가 많다. 비산회층이 국부적으로 붕괴되고, 일반적인 조건에서는 수동적인 포집 전극에서 국부적인 전류 방전(**백 코로나**)이 발생한다. 이 방전은 불꽃방전전압(sparkover voltage)을 낮추고 양이온을 생성하여 입자 대전을 감소시키며, 따라서 포집 효율이 감소한다.

그림 12-34

벤츄리 스크러버

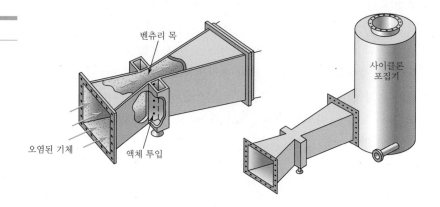

벤츄리 목

사이클론 포집기

오염된 기체　　　액체 투입

그림 12-35

전기집진기 (a) 튜브 속 전선, (b) 판과 전선. (출처: NCAPC Cincinnati.)

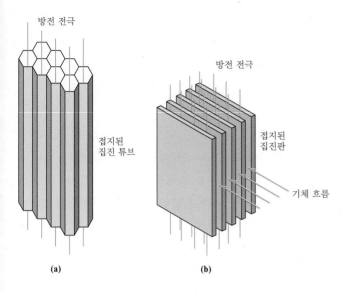

(a)　　　　　　　(b)

그림 12-36

전기집진기 속 입자의 대전과 집진 (출처: NCAPC Cincinnati.)

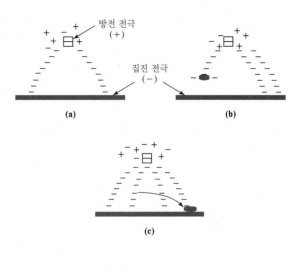

가스 흐름에 SO_2가 존재하면 비산재의 저항이 감소하여, 입자 포집이 비교적 쉬워진다. 그러나 SO_2 배출을 제거해야 하는 의무는 연료를 저유황 석탄으로 전환함으로써 충족되는 경우가 많고, 그 결과 입자상 물질의 배출이 증가한다. 이 문제는 저항을 줄이기 위해 SO_3이나 NH_3 같은 개량제를 추가하거나 더 큰 집진기를 구축함으로써 해결할 수 있다.

전기집진기는 전력발전소, 포틀랜드 시멘트 가마, 고로(blast furnace) 가스, 야금 공정용 가마나 로스터에서 발생하는 대기오염물질 및 산 생산 시설의 분무를 제어하는 데 사용되고 있다.

수은 제어 기술

연소 중에 석탄의 수은은 휘발되어 수은 증기로 변환된다. 연도가스가 냉각됨에 따라 일련의 복잡한 반응이 Hg를 Hg^{2+} 및 입자상 Hg 화합물(Hg_p)로 변환한다. 염소의 존재는 염화수은의 형성을 촉진한다. 일반적으로 역청탄 연소 보일러의 수은 기체 대부분은 Hg^{2+}이며, 아역청 및 갈탄 연소 보일러의 수은 기체 대부분은 $Hg°$이다.

기존 보일러 제어 장비는 수은 화합물의 제거에 일정 부분 효과가 있다. Hg_p는 입자상 제어 장비에서 포집되며, 가용성 Hg^{2+} 화합물은 연도가스 탈황 시스템에서 포집된다. 입자상 물질 제어 장비는 0~90% 범위의 수은 배출 저감을 달성하였는데, 이 장치 중 섬유 필터가 가장 높은 수준의 제거 효과를 보인다. 건식 스크러버는 0~98% 범위의 평균 총수은(입자 및 화합물)을 제거하며, 습식 연도가스 탈황 스크러버의 효과도 유사하다. 또한 아역청탄과 갈탄을 사용하는 보일러보다 역청탄을 사용하는 보일러에서 더 제거 효율이 높다. EPA는 현존하는 제어 방법이 미국 석탄 화력 보일러에서 석탄과 함께 투입되는 75 Mg의 수은 중 약 36%를 제거한다고 추정한다(Srivastava et al., 2005).

수은 배출을 제어하기 위해 개발 중인 2가지 광범위한 접근 방식이 있는데, 이는 분말활성탄 주입과 기존 제어장치의 개선이다. 효율이 가장 우수한(90% 초과) 후보에는 분말활성탄과 펄스 제트 섬유 필터를 사용하는 것과 연도가스 탈황(습식 혹은 건식)과 섬유 필터를 사용하는 것이 있다 (U.S. EPA, 2003b). 2013년에 브롬은 석탄 발전소의 수은 배출 제어 전략의 주요 구성요소로 등장하였다. 분말활성탄을 브롬으로 처리하면 수은 포집이 향상되어 섬유 필터로 90% 이상 제거된다 (Reisch, 2015).

12-11 자동차의 대기오염 제어

엔진의 기초

일반적인 가솔린 자동차 엔진의 오염에 대한 몇 가지 해결책을 알아보기 전에, 3가지 일반적인 유형의 엔진인 가솔린, 디젤 및 제트 엔진을 비교해 보자.

가솔린 엔진. 대기오염 제어장치가 없는 일반적인 자동차 엔진에서는 연료와 공기의 혼합물이 실린더에 공급되고 압축된 후 점화 플러그의 불꽃에 의해 점화된다. 연소 혼합물의 폭발 에너지는 피스톤을 움직이며, 이러한 피스톤의 움직임은 자동차를 구동하는 크랭크축으로 전달된다. 연소되고 소모된 혼합물은 배기통을 통해 엔진 밖으로 배출된다.

공기 대 연료의 비율은 4행정 내연기관의 배기가스를 결정하는 가장 중요한 단일 요소이다. 연료를 연소하는 데에 필요한 이론적인 공기 질량 추정치는 우리가 가솔린이라고 부르는 탄화수소 혼합물을 나타내는 C_7H_{13}을 사용하여 만들 수 있다. 순수한 산소에서 C_7H_{13}의 완전 연소는 다음 화학량론적 식으로 표현될 수 있다.

$$C_7H_{13} + 10.25O_2 \rightarrow 7CO_2 + 6.5H_2O \tag{12-37}$$

순수한 산소가 아닌 공기를 사용하기 때문에 공기에 대한 질소의 몰비, 즉 O_2 1몰당 N_2 3.76몰을 사용한다. 따라서 식 12-37은 다음과 같이 다시 쓸 수 있다.

$$C_7H_{13} + 10.25O_2 + 38.54N_2 \rightarrow 7CO_2 + 6.5H_2O + 38.54N_2 \tag{12-38}$$

이 반응에서 질소가 질소산화물로 산화되는 것은 고려되지 않는다. 이 반응에 대한 화학량론적 공기-연료비 계산은 예제 12-7에 설명되어 있다.

예제 12-7 C_7H_{13}에 대한 화학량론적인 공기-연료비를 구하시오. 공기 중 산소와 질소 이외의 성분은 무시하고, 질소가 질소산화물로 산화되는 것은 무시한다.

풀이 식 12-38로부터, 10.25몰의 산소와 38.54몰의 질소가 C_7H_{13}의 1몰과 반응한다. 다음과 같이 각 성분의 몰 질량을 계산한다.

1 mole of C_7H_{13} = (7 moles × 12 g/mole) + (13 moles × 1 g/mole) = 97 g

10.25 moles of O_2 = 10.25 × 2 moles × 16 g/mole = 328 g

38.54 moles of N_2 = 38.54 × 2 moles × 14 g/mole = 1,079 g

화학량론적 공기-연료비는 다음과 같다.

$$\frac{공기}{연료} = \frac{(328 \text{ g} + 1079 \text{ g})}{97 \text{ g}} = 14.5$$

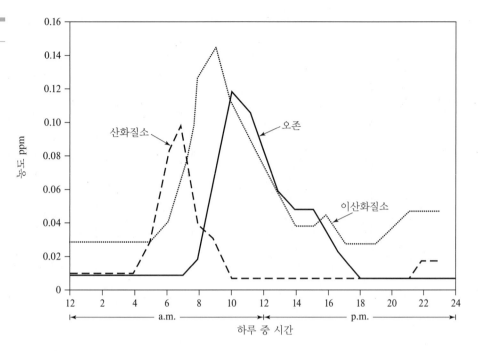

그림 12-37

1965년 7월 19일 로스앤젤레스의 NO, NO$_2$, O$_3$ 농도의 하루 중 변화
(출처: NAPCA, 1970.)

최대 출력을 위해서는 공기 대 연료 비율이 낮아야 한다. 대부분의 자동차 주행은 15 : 1 미만의 공기-연료비에서 이루어지며, 불완전 연소가 발생하고 이산화탄소와 물을 제외한 상당량의 물질이 배기통을 통해 배출된다. 부적절한 공기 공급의 결과 중 하나는 이산화탄소 대신 일산화탄소를 배출하는 것이다. 다른 부산물은 연소가 되지 않은 가솔린과 탄화수소이다.

실린더에 존재하는 높은 온도와 압력 때문에 상당한 양의 NO$_x$가 생성된다(식 12-5 참조).

오존 형성에 있어 자동차 배기가스의 역할은 그림 12-37에 설명되어 있다. 평일에 자동차가 도로로 이동함에 따라 NO 농도가 증가한다. NO가 NO$_2$로 산화되면서 NO 농도는 감소하고 NO$_2$의 농도는 증가한다. 햇빛에 의한 광분해는 NO$_2$를 NO와 O로 분해한다. 원자 산소는 이원자 산소와 결합하여 대기 중에서 오존을 생성한다. 오존은 NO를 NO$_2$로 다시 전환할 수 있다. 이러한 반응은 다음 식으로 요약할 수 있다.

연소 중: $N_2 + O_2 \rightarrow 2NO$ (12-39)

대기 중 NO의 산화: $2NO + O_2 \rightarrow 2NO_2$ (12-40)

광분해: $NO_2 + h\nu \rightarrow NO + O$ (12-41)

오존 생성: $O + O_2 + M \rightarrow O_3 + M$ (12-42)

NO$_2$로의 전환: $O_3 + NO \rightarrow NO_2 + O_2$ (12-43)

여기서 $h\nu$는 광자를 나타내고, M은 질소와 같은 다른 분자를 나타낸다. 위 반응의 생성물들은 탄화수소와 오존의 반응 생성물과 함께 광화학 스모그의 주요 구성 성분이 된다.

디젤 엔진. 디젤 엔진은 4행정 가솔린 엔진과 2가지 점에서 다르다. 첫째, 공기 공급이 조절되지 않는다. 즉, 엔진으로의 공기 흐름이 제한되지 않는다. 따라서 디젤은 일반적으로 가솔린 엔진보다 높은 공기-연료비로 작동한다. 둘째, 불꽃 점화 시스템이 없고, 공기는 압축에 의해 가열된다. 즉, 엔진 실린더의 공기는 공기 온도를 약 540℃까지 올릴 만큼의 높은 압력을 가할 때까지 압축되며,

그림 12-38

공기-연료비(A/F비)가 (a) 배출량과 (b) 전력 및 경제성에 미치는 영향 (출처: John Wiley & Sons, Inc.)

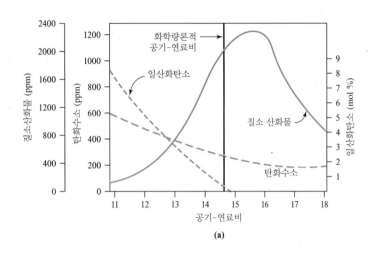

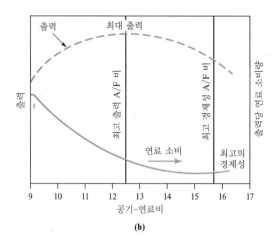

이는 실린더에 분사되는 연료유를 점화하기에 충분하다.

잘 설계되고 유지되면서 적절하게 조정된 디젤 엔진은 디젤의 높은 공기-연료비로 인해 4행정 엔진보다 CO와 탄화수소를 적게 배출한다. 그러나 작동 온도가 높으므로 NO_x의 배출량이 훨씬 많다.

제트 엔진. 추진을 위해 압축가스의 추진력을 사용하는 대형 상업용 항공기는 상당한 양의 입자상 물질과 NO_x의 대기 중 배출에 기여한다.

추진력은 엔진 전면으로 흡입된 공기를 압축한 다음 연료를 연소시켜 가열할 때 얻는다. 팽창하는 가스는 압축기를 구동하는 터빈 블레이드를 통과한다. 그 후 가스는 배기 노즐을 통해 엔진을 빠져나오게 된다.

설계 및 운영 변수가 배출량에 미치는 영향. 내연(자동차)의 대기오염물질 배출에 영향을 미치는 변수는 다음과 같다(Patterson and Henein, 1972).

1. 공기-연료비
2. 부하 또는 출력 수준
3. 속도
4. 점화 타이밍
5. 배기 배압
6. 밸브 오버랩
7. 흡기 매니폴드 압력

8. 연소실 침전물 축적
9. 표면 온도
10. 표면 대 부피 비율
11. 연소실 설계
12. 스트로크-보어 비율
13. 실린더당 변위
14. 압축비

이 모든 항목에 대한 논의는 이 책의 범위를 벗어난다. 따라서 여기에서는 내연기관의 오염배출을 설계하려고 할 때 당면하는 문제를 설명하는 데에 도움이 되는 몇 가지 변수로 논의 범위를 한정한다.

공기-연료비(A/F비)는 조절하기가 상당히 쉬우며, 앞서 언급했듯이 직접적인 3가지 배출에 모두 영향을 미친다. 또한 그림 12-38a에서 볼 수 있듯이, A/F비 14.6는 완전 연소를 위한 **화학량론적**(stoichiometric) 혼합비이다. 낮은 비율에서는 CO와 탄화수소 배출이 증가하며,[*] 약 15.5 정도의 높은 비율에서는 NO_x 배출량이 증가한다. 매우 희박한 혼합물(높은 A/F비)에서는 NO_x 배출량이 감소하기 시작한다.

연소실 설계는 지난 30년 동안 급격히 변화하였다. 예를 들어, 초희박 연소 엔진(extra-lean-burn engine) 실린더의 A/F비는 점화 플러그에서 더 풍부하고 다른 곳에서는 더 희박하다. 이러한 엔진에서 A/F비는 25로 높아서, CO 및 휘발성 유기화합물과 같은 물질의 배출이 매우 적다. 더 높은 구동비율과 함께 이 엔진은 가솔린 효율성도 향상시킨다. 다만 모든 희박 연소 엔진과 마찬가지로 이것은 NO_x 생성량이 더 높다는 단점이 있다(Cooper and Alley, 2002).

피스톤의 스트로크에 대한 점화 타이밍을 늦추면 연소되지 않은 연료의 양을 줄임으로써 탄화수소 배출이 감소하며, NO_x 배출량도 감소한다. CO 배출에 대해서는 변화가 거의 없거나 전혀 발생하지 않는다.

하이브리드 자동차. 하이브리드는 가솔린과 전기를 모두 에너지로 사용하여 차량을 구동한다. 제동 및 주행 중 발생하는 소량의 전기를 이용하여 저속에서 차량에 동력을 공급하는 배터리를 재충전함으로써 연비가 향상된다. 현재 시판 중인 하이브리드 자동차는 기존 표준 내연기관의 연비인 6~10 km·L^{-1}보다 훨씬 높은 연비인 25 km·L^{-1}를 달성 가능하다. 더 강력하거나 더 많은 배터리를 사용하는 연구용 차량 및 가정용 하이브리드 차량은 최대 100 km·L^{-1}를 주행할 수 있는 것으로 입증되었다. 이러한 플러그인 하이브리드 버전은 표준 전원에서 충전되어야 한다. 플러그인 버전은 아직 비용면에서 효율적이지 않으나 표준 하이브리드 자동차의 향상된 연비는 자동차 배기가스를 60%까지 줄인다.

자동차 배기가스 제어

블로바이. 움직이는 차량에서 공기의 흐름은 크랭크케이스를 통과하면서 피스톤을 지나가는 모든 가스-공기 혼합물, 증발된 윤활유 및 배출된 배기 부산물을 쓸어간다. 공기는 통풍구를 통해 흡입되고, 자동차의 속도에 따라 달라지는 속도로 크랭크케이스에서 이어지는 튜브를 통해 배출된다. 자동차의 총탄화수소 배출량의 약 20~40%가 크랭크케이스에서 대기로 배출된다. 이러한 배출을 크랭크케이스 블로바이(blowby)라 부른다. 1963년 이후 제조된 모든 차량에는 블로바이 배출을 제거하기 위해 포지티브 크랭크케이스 환기밸브가 있어야 한다.

연료탱크 증발 손실. 연료탱크에서 휘발성 유기화합물의 증발은 두 시스템 중 하나에 의해 제어된다. 가장 간단한 시스템은 탱크 배기 라인에 활성탄 흡착기를 배치하는 것이다. 따뜻한 날씨에서 휘발유가 팽창하고, 증기를 배기구 밖으로 밀어내면 휘발성 유기화합물은 활성탄에 포집된다.

다른 방법은 탱크를 크랭크케이스로 환기시키는 것이지만, 이 방법은 활성탄 시스템보다 100% 제어하기가 더 어렵다.

---

[*] 화학량론적이란 분자량에 따라 정확히 맞는 비율로 결합됨을 의미한다.

기화기 증발 손실. 엔진 작동 중에 기화기(carburetor)에서 생성된 탄화수소 증기는 내부적으로 엔진 흡기 시스템으로 유입된다. 엔진이 꺼진 후 부자 용기(float bowl)의 가솔린은 엔진실의 높은 온도로 인해 계속 증발하는데, 이 현상을 **핫소크**(hot soak)라고 한다. 이러한 손실은 활성탄 흡착 시스템(**캐니스터**(canister))을 사용하거나 증기를 크랭크케이스로 배출하여 제어할 수 있다. 최신 연료 분사 시스템에는 기화기가 없으므로 증발 손실을 방지할 수 있다.

엔진 배기가스. 엔진 배기가스 배출을 줄이기 위한 기술의 수는 배출 생성에 기여하는 엔진 관련 변수의 수를 훨씬 넘어선다. 일반적으로 제어 전략은 엔진 조절, 연료 시스템 조절 및 배기처리 장치의 3가지 범주로 분류할 수 있다. 이 3가지 기술은 모두 어느 정도 사용되고 있지만, 청정대기법(Clean Air Act)의 엄격한 요구사항으로 인해 촉매 변환기 배기처리 시스템이 일반적으로 사용된다.

삼원촉매(three-way catalyst)는 배출량을 줄이기 위해 현재 적용되고 있는 가장 효과적인 방법이다. 이 방법은 탄화수소와 CO를 동시에 산화하고 NO_x를 감소시킨다. 촉매제는 불활성 지지 매질에 증착된 귀금속이나 금속이다.

촉매의 단점은 납, 인, 황에 오염되기 쉽고, 열적 변화(thermal cycling)에 약한 마모 특성을 가지고 있다는 것이다. 오염 문제는 연료에서 납, 인, 황을 제거함으로써 해결 가능하다.

또 다른 방법은 연료의 변경이다. 연료에 납을 사용하는 것은 1996년 1월로 완전히 금지되었으며, 연료의 황 함유량을 낮추고 20% 적은 VOC를 배출하도록 디젤연료 정제 기술이 변경되었다. 가솔린 증기압(**레이드**(Reid) **증기압**으로도 불림)을 낮추면 탄화수소 배출이 줄어든다. **순 산소연료**(oxyfuel)는 또 다른 대안이다. 순 산소연료는 산소를 더 많이 공급하여 연료가 더 효과적으로 발화하도록 하는 기술이다. 이 밖에 다른 대안으로는 알코올, 액화 석유가스, 천연가스 등이 있다.

점검-보수 프로그램. 자동차 제조회사에 의해 설치된 장치는 배기가스와 증발하는 연료에 의한 오염을 최소화하는 데 매우 성공적이다. 그러나 자동차 운행의 다른 측면과 마찬가지로, 이 장치는 낡고 고장난다. 이 장치는 자동차의 운행 기능과는 관련이 없기 때문에 차주가 이 장치를 수리할 가능성이 낮다. NAAQS 기준을 넘는 지역에서는 제어장치가 잘 동작하는지 확인하기 위하여 점검-보수 프로그램(inspection-maintenance program)을 시행하고 있다. 이 프로그램은 배기가스에 대해 주기적으로 점검하며, 일부는 증발 제어부에 대한 점검도 한다. 자동차 점검에서 통과하지 못하면 차주는 보수를 한 후 재점검을 받아야 한다. 점검을 끝내 통과하지 못하면 번호판 배부가 거부될 수 있다.

12-12 지속 가능성을 위한 배출량 최소화

모든 대기오염 제어 전략의 최선이자 첫 번째 단계는 오염물질 생성을 최소화하는 것이다. 대기오염물질의 많은 부분이 화석 연료의 연소에서부터 발생하기 때문에, 에너지 소비를 줄이는 것은 배출량을 줄이는 확실한 방법이다. 최신 기술로 연료 효율을 효과적으로 개선하는 연소장치를 만들 수도 있지만, 사용하지 않는 방의 전등 소등하기, 밤이나 주말 혹은 휴일에 공장의 온도 낮추기 등과 같은 간단한 조치만으로도 큰 효과를 얻을 수 있다. 또한 수도 공급에 많은 에너지가 사용되므로 물 절약도 대기오염을 감소시킨다. 마찬가지로, 자동차를 작고 가볍게 만드는 것은 연료 사용량

그림 12-39

(출처: U.S. Department of Energy; Worland, 2017.)

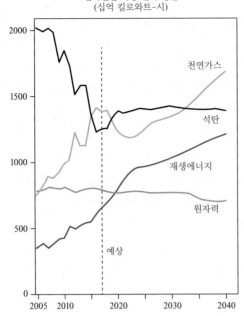

전력원별 예상 전력 생산
(십억 킬로와트-시)

천연가스
석탄
재생에너지
원자력
예상

을 줄임으로써 대기오염을 줄일 수 있으며, 대중교통, 걷기, 자전거 타기 등도 연료 소비를 크게 줄일 수 있다. 하이브리드 자동차의 도입은 연료 소비를 개선하는 데 주요한 발전이다. 태양, 바람, 원자력을 이용한 대체 에너지도 대기오염을 줄일 수 있다. (물론, 원자력 발전은 대기오염 감소의 이득을 넘어설지 모르는 다른 오염 발생의 문제가 있다.)

염화불화탄소(chlorofluorocabron, CFC)에 의한 오존층 파괴는 오직 배출량 감소로만 해결할 수 있다. 냉각 시스템으로부터 CFC가 빠져나가는 것을 방지하고, 스프레이 추진제로 다른 물질을 사용해야 한다. 배출량 최소화는 사실 몬트리올 의정서(Montreal Protocol)에 규정된 제어 방법이다. 또한 낮은 대기 영역에서의 오존 생성은 탄화수소나 NO_x와 같은 전구물질의 생성을 줄여야지만 감소시킬 수 있다. 유성 페인트를 수성 페인트로 대체하는 것은 탄화수소 배출량을 저감하는 방법의 예이다.

지구 온난화를 최소화하는 가장 근본적인 방법은 GHG의 배출량을 줄이는 것이다. 앞서 언급했듯이, 에너지의 효율적인 사용은 GHG를 감소시키는 주요한 방법이다. 효율적인 에너지 사용은 경제적으로도 좋은 방법이다. 효율적인 에너지 사용은 대기오염물질과 GHG의 배출을 줄이고 지속 가능성을 높이기 때문에, 배출량 최소화의 가장 이상적인 방법이라고 할 수 있다.

EPA는 2015년에 미국 특정 지역을 SO_2 NAAQS에 대한 미달성(unattainment) 지역으로 지정하기 위한 일정을 규정한 동의서를 제출하였다. 2013년에는 29개의 SO_2 미달성 지역이 설정되었고, 이들 중 대부분은 석탄 발전소를 가지고 있었다.[*] EPA는 동의서에 2015개의 지역에서 68개의 발전소를 확인하였다.

2015년 8월 3일, 오바마 대통령은 청정 에너지 계획(Clean Power Plan)을 발표하였다. 청정 에

---

[*] 아칸소, 콜로라도, 조지아, 하와이, 아이오와, 일리노이, 인디애나, 캔자스, 켄터키, 루이지애나, 메릴랜드, 미시간, 미주리, 미시시피, 노스캐롤라이나, 노스다코타, 네브래스카, 뉴욕, 오하이오, 오클라호마, 사우스다코타, 테네시, 텍사스, 위스콘신, 와이오밍.

너지 계획은 천연가스, 태양, 풍력 발전으로 전환함으로써 CO_2에 의한 지구 온난화를 제한하도록 설계되었다. 천연가스는 석탄 발전이 배출하는 CO_2의 절반만 배출하고 SO_2는 배출하지 않는다. 태양 및 풍력 에너지는 장비 생산 및 시설 건설 시 발생하는 것을 제외하면 사실상 온실가스를 배출하지 않는다.

2017년 3월 28일, 트럼프 대통령은 청정 에너지 계획과 석탄 발전소의 규제를 철회하는 행정 명령에 서명하였다. 여기에는 석탄 발전소의 폐쇄를 막고 석탄 산업에서 창출하는 일자리를 되살리려는 의도가 있다.

그러나 석탄은 발전 산업에서의 지위를 상실하였으며, 더 이상 미국 전기 생산에서 각광받는 연료가 아니다. 2006년에 석탄은 미국 전기의 49%를 생산하였지만, 2016년에는 30%로 줄었다. 미국 에너지 관리청(Energy Information Agency)은 2040년까지 천연가스와 대체 에너지(태양, 풍력)가 58%를 차지할 것으로 예측하였다(그림 12-39). 향후 50년을 바라보면, 발전 산업은 대체 에너지를 키우고 동시에 깨끗하고 저렴한 천연가스에 의존하는 계획을 세우고 있다(Davenport, 2017; Loveless, 2016; Worland and U.S. Department of Energy, 2017).

트럼프 대통령의 행정 명령은 석탄 산업에 지속 가능한 일자리를 제공할 수 없다. 태양과 풍력 에너지가 지속 가능하며 미국의 미래 에너지원이 될 것이다.

연습문제

12-1 그림 12-15를 참고하여, (1) 대기의 상단과 (2) 지표면에서 균형을 이루고 있는 들어오는 에너지 ($W \cdot m^2$)와 나가는 에너지($W \cdot m^2$)를 계산하시오.

12-2 아래와 같이 주어진 온도 분포에서 대기 안정도(불안정, 안정, 중립)를 결정하고, 각각의 풀이과정을 쓰시오.

(a) Z (m)	T (°C)	(b) Z (m)	T (°C)	(c) Z (m)	T (°C)
2	−3.05	10	6.00	18	14.03
318	−6.21	202	3.09	286	16.71

답: (a) 중립; (b) 불안정; (c) 안정(역전)

12-3 아래와 같이 주어진 온도 분포에서 대기 안정도를 결정하고, 각각의 풀이과정을 쓰시오.

(a) Z (m)	T (°C)	(b) Z (m)	T (°C)	(c) Z (m)	T (°C)
2.00	5.00	2.00	5.00	2.00	−21.01
50.00	4.52	50.00	5.00	50.00	−25.17

12-4 다음과 같은 관측에서 대기 안정도를 결정하시오.

(a) 맑은 여름의 오후 1:00; 풍속 $5.6 \ m \cdot s^{-1}$

(b) 맑은 여름의 저녁 1:30; 풍속 $2.1 \ m \cdot s^{-1}$

(c) 흐린 겨울 오후 2:30; 풍속 $6.6 \ m \cdot s^{-1}$

(d) 여름 오후 1:00; 낮은 구름, 풍속 $5.2 \ m \cdot s^{-1}$

12-5 춥고 맑은 겨울 아침 8시, 바람이 불고 있는 대학가의 발전소에서 석탄을 태우고 있다. 이때 30 m 고도에서 측정된 풍속은 $2.6 \text{ m} \cdot \text{s}^{-1}$이고 697 m 높이에서 시작되는 역전층이 있으며, 유효 굴뚝 높이는 30 m이다. 배출된 연기가 역전층에 도달하여 아래로 섞이기 시작하는 거리 X_L을 계산하시오.

    답: 5.8 km

12-6 예제 12-4와 동일한 발전소 및 조건에서 바람이 부는 방향으로 4 km, 연기 기둥 중심선에서 수직으로 0.2 km 지점($y = 0.2$ km)의 SO_2 농도를 구하시오. 역전층은 328 m에서 시작한다고 가정한다.

    답: $1.16 \times 10^{-3} \text{ g} \cdot \text{m}^{-3}$

12-7 100 m의 고도에서 측정된 풍속이 $3.20 \text{ m} \cdot \text{s}^{-1}$인 맑은 여름 오후에 총입자상 물질 농도는 바람이 부는 방향으로 2 km, 연기 기둥 중심선에서 수직으로 0.5 km 지점에서 $1{,}520 \text{ μg} \cdot \text{m}^{-3}$인 것으로 밝혀졌다. 아래와 같이 주어진 변수와 조건에서 석탄 화력 발전소의 총입자상 물질 배출률을 구하시오.

기둥 변수:

높이 = 75.0 m

지름 = 1.50 m

배출속도 = $12.0 \text{ m} \cdot \text{s}^{-1}$

온도 = 322°C

대기 조건:

압력 = 100.0 kPa

온도 = 28.0°C

12-8 주택 구매예정자가 구매 전에 검사를 요청한 결과, 조사관이 라돈 방출의 "핫스팟"으로 알려진 지질이 집 아래에 위치해 있는 것을 밝혀내었다. 조사에 따르면, 그 집은 $2.0 \text{ pCi} \cdot \text{m}^{-2} \cdot \text{s}^{-1}$의 라돈가스를 방출하는 핫스팟에 있는 것으로 밝혀졌다. 외부의 주변 농도는 무시할 수 있고, 집 지하실과 1층은 각각 56 m^2의 바닥 공간을 가지고 있으며, 지하실과 1층의 높이는 2.3 m이다. 이러한 조건일 때, 라돈의 농도가 허용기준인 $4 \text{ pCi} \cdot \text{L}^{-1}$를 초과하는지 평가하시오.

12-9 다음 식은 고속도로나 산불 같은 선형 대기오염원에서 바람이 부는 방향으로 향하는 오염물질의 농도를 추정한 식이다. 이는 오염원을 바람에 수직인 무한 직선으로 근사하여 도출한 것이다.

$$X(x) = \frac{2E}{(2\pi)^{0.5} s_z u}$$

대형 트럭의 NO_x에 대한 연방 배출 기준은 2.5 g/mi 또는 1.6 g/km이다. 위의 식을 이용하여, 초당 20대의 차량 속도로 관심 지점을 통과하는 고속도로에서 200 m 떨어진 곳의 NO_x 지면 농도를 추정하시오. 풍속은 $2 \text{ m} \cdot \text{s}^{-1}$이고 안정성 등급은 D이다. 또한, 추정된 농도가 NAAQS의 1시간 NO_x 배출 기준을 초과하는지 판단하시오.

12-10 예제 12-4에서 역전층의 하단을 310 m로 변경하여 문제를 다시 풀어 보시오.

13

고형 폐기물 공학

사례 연구

너무 많은 폐기물, 너무 적은 공간

폐기물 처리는 오래된 사회 문제이다. 선사 시대 사람들은 뼈, 도구, 옷을 포함한 폐기물을 두엄 더미(middens)라고 불리는 쓰레기 더미에 버렸다. 고대 문명에서는 정복한 도시와 약탈한 건물의 재료를 재활용하기도 하였다. 그러나 도시가 성장하고 인구가 증가함에 따라 고형 폐기물 처리와 관련된 문제가 증가하였다. 매립지 공간은 제한적인 반면, 삶이 풍요로워지면서 1인당 폐기물 발생량은 증가하였다. 여기에는 분명히 어떤 조치가 필요하다.

지역 사회는 고형 폐기물과 관련된 문제를 해결하기 위해 다양한 접근 방식을 취하고 있다. 덴마크의 경우, 1980년대에 1인당 고형 폐기물 발생량이 유럽 대부분 지역의 발생량을 초과했으며 매립지 공간이 빠르게 고갈되어 갔다. 덴마크 사람들은 소각으로 인한 대기오염 때문에 폐기물 소각을 폐기물 처리 방식으로 사용하지 않았다. 덴마크는 처리 비용의 2배 이상의 폐기물세를 부과하는 등 엄격한 폐기물 관리 프로그램을 채택함으로써 문제에 대응하였다. 폐기물 관리에 대한 엄격한 규정을 공포하면서 재활용이 의무화되고 더 편리해졌다. 세금은 폐기물 발생을 줄이고 가정, 산업 및 건축 분야에서 발생하는 물질들을 재활용 또는 재사용할 수 있는 프로그램을 개발하는 데 사용되었다. 1987~1997년 동안 폐기물 수거량은 거의 26% 감소하였고, 재활용 및 재사용된 물질의 양은 크게 증가하였다. 1991~1995년 동안 건축 자재의 재활용 및 재사용은 100% 이상 증가하였다. 유기성 생활 폐기물의 퇴비화는 1990~1994년 동안 약 580% 증가하였다. 1986~1995년 동안 종이와 판지의 재활용은 77% 이상 증가하였다. 국세를 활용하는 방법은 버려지는 폐기물의 양을 줄이고 폐기물의 재사용 및 재활용을 늘리는 데 효과적임을 알 수 있다(Andersen, 1998).

독일은 포장을 규제하여 고형 폐기물 최소화에 대한 책임의 상당 부분을 제조업체에게 맡기는 방식으로 고형 폐기물 관리 문제를 해결해 왔다. 제조업체는 상품의 포장을 다시 회수해야 하며, 이것은 재사용 또는 재활용되어야 한다. 기업이 규제된 할당량을 만족하는 데 도움을 주기 위해 DSD(Duales System Deutschland)가 설립되었다. 기업들은 회원이 되기 위해 비용을 지불하고 DSD는 기업의 포장에 녹색점(Green Dot) 표지를 붙이는데, 이는 포장재의 수거 후 재활용을 보장한다. "녹색점" 포장재의 수거지(drop off) 및 도로변(curbside) 수거는 재활용을 쉽고 편리하게 한다. DSD는 유리 포장의 경우 75%, 종이 및 강철 포장의 경우 70%, 알루미늄, 플라스틱 및 종이팩 포장의 경우 60%라는 정부의 재활용 목표를 꾸준히 상회한다(Cartledge, 2004; US EPA, 1998).

반대로 온타리오주의 해밀턴시는 자발적인 프로그램을 통해 고형 폐기물 문제에 대응하였다. 해밀턴시는 2005년과 2008년까지 각각 42% 및 65%의 폐기물 감축 목표를 설정하였다. 고형 폐기물 재활용은 학교의 다양한 교육 프로그램과 지역 미디어를 통해 권장된다. 매주 플라스틱, 종이, 판지 및 유리의 도로변 수거는 재활용을 쉽고 편리하게 한다. 주민들은 재활용 가능한 품목을 2개의 파란색 통에 분류하기만 하면 된다. 하나는 마른 종이 제품을 위한 것이고, 다른 하나는 플라스틱, 유리, 금속, 알루미늄 용기 및 기타 재활용 가능한 품목을 위한 것이다. 낙엽과 정원 폐기물도 가을과 봄에 여러 번 수거된다. 2006년 해밀턴시는 녹색 카트를 이용해 유기성 폐기물을 분리배출하여 도로변 수거를 하는 전 도시적 발생원 분리 유기성 폐기물 프로그램(source separated organics program)을 시작하였다. 이러한 유기성 폐기물은 녹색 카트를 들어 올려 비울 수 있는

그림 13-1 온타리오주의 해밀턴시에서 사용된 이중 구획 트럭. 일반 쓰레기는 구획 1에 수거되고, 유기성 폐기물은 구획 2에 수거된다(©City of Hamilton, 2007).

장비가 있는 특수 "구획 분할형" 트럭으로 수거된다(그림 13-1 참조). 이 트럭은 녹색 카트와 일반 쓰레기를 동시에 수거한다. 트럭 내부의 벽은 유기성 폐기물을 쓰레기와 분리하여 보관하고 트럭의 각 측면은 내용물 분리를 위해 다른 장소에서 비울 수 있다. 낙엽과 정원 폐기물 수거 프로그램에서 나온 퇴비는 최종적으로 도시 공원에 쓰이거나 해밀턴시 주민들에게 돌려준다. 녹색 카트 프로그램의 퇴비는 시설 운영자가 판매한다. 녹색 카트 프로그램을 시작하기 전 2005년 말에 해밀턴시의 폐기물 전환율은 30%였던 것에 비해, 2006년 말에는 총 40%로 꾸준히 증가하고 있다.

이 3가지 사례 연구는 고형 폐기물 관리 문제를 다루는 3가지 접근 방식을 보여준다. 어느 하나가 정답은 아니며 어떤 접근 방식을 취하든 특정 사회의 사회문화적 규범과 기대수준을 고려해야 한다. 그러나 우리가 사용할 수 있는 제한된 매립지 공간에 버려지는 폐기물의 양을 최소화하기 위한 성공적인 전략을 개발해야 하는 것만은 분명하다.

13-1 서론

고형 폐기물(solid waste)은 우리가 버리는 것들을 가리키는 데 사용되는 포괄적인 용어이다. 이는 일반인들이 'garbage,' 'refuse', 'trash'라고 부르는 것들을 포함한다. 미국 환경보호청(EPA)(이하 'EPA'라 지칭)이 정하는 정의는 범위가 더 넓다. 여기에는 폐기되는 모든 품목, 즉 재사용, 재활용 또는 개량(reclamation)을 위한 물체나 물질, 슬러지, 유해 폐기물이 포함된다. 그러나 방사성 폐기물과 현장 광산 폐기물은 제외한다.

이번 장에서는 주거 및 상업 발생원에서 발생하는 고형 폐기물로 논의를 제한한다. 슬러지는 10장과 11장에서 논의하였다. 유해 폐기물은 14장에서, 방사성 폐기물은 16장에서 논의할 것이다.

문제의 중요성

고형 폐기물 처리는 주로 인구 밀도가 높은 지역에서 문제를 일으킨다. 대개 인구 밀도가 높을수록 문제가 커지지만 인구 밀도가 높은 일부 지역에서는 문제를 최소화하기 위해 창의적인 방법을 개발하였다. 1인당 하루에 발생 및 수거되는 고형 폐기물의 양에 대한 다양한 추정이 이루어졌다. 1960년 EPA가 데이터를 보고하기 시작한 이후로 연간 발생하는 고형 생활폐기물(municipal solid waste, MSW)의 총질량은 79.9 $Tg \cdot yr^{-1}$에서 2014년에 225.9 $Tg \cdot yr^{-1}$로 증가하였다. 폐기물 발생량은 2005년에 229.2 $Tg \cdot yr^{-1}$로 최고치를 기록하였다. 1인당 MSW 발생률은 2000년에 2.14 $kg \cdot person^{-1} \cdot day^{-1}$로 최고치를 기록하였다. 자료를 얻을 수 있는 마지막 년도인 2014년의 경우, 발생률은 2.03 $kg \cdot person^{-1} \cdot day^{-1}$이었다. EPA의 국가적 목표는 2005년까지 MSW의 35%를 재활용하는 것이었다. 미국은 아직 그 목표에 미치지 못하고 있는데, 2014년에는 MSW의 34.1%가 재활용되거나 퇴비화되었다(U.S. EPA, 2011).

사회적 관습은 폐기물 발생량에 상당한 변화를 가져온다. 예를 들어, 수거 횟수가 많을수록 수거되는 쓰레기의 총량이 증가한다. 가정용 쓰레기 처리장치의 사용 증가는 생활폐기물로 폐기되는 음식물 쓰레기의 양을 감소시킨다. 포장 및 조리된 식품의 사용이 증가함에 따라 포장재 폐기물의 양은 증가하는 반면 폐기되는 원재료 음식물 쓰레기의 양은 감소한다. 저소득 지역에서는 총폐기물의 양은 적지만 음식물 쓰레기의 비율은 높다.

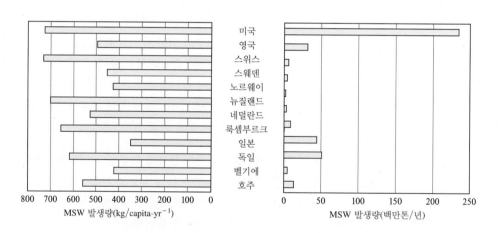

그림 13-2

주요 국가에서 발생하는 고형 생활폐기물(MSW) 양의 변동성

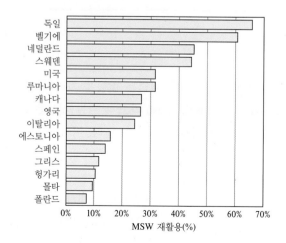

그림 13-3

주요 국가별 고형 생활폐기물(MSW) 재활용률의 다양성

주거 지역(다가구 주택 포함)은 전체 MSW의 약 55~65%를 발생시킨다. 평균 MSW 발생량은 여러 지역 요인에 따라 달라진다. 연구에 따르면 기후, 생활 수준, 연중 시기, 교육, 위치, 수거 및 처분 방법의 차이로 인해 지방 자치 단체에서 수거한 폐기물의 양에 차이가 발생한다.

그림 13-2에서 볼 수 있듯이 미국은 연간 총발생량과 1인당 발생량 모두에서 고형 폐기물을 다른 어떤 선진국보다 더 많이 발생시킨다. 이 차이는 그림 13-3과 같이 미국이 생활폐기물 재활용의 선두 주자가 아니라면 훨씬 더 커질 것이다. 이러한 데이터는 생활폐기물 매립지의 크기를 결정하고 생활폐기물을 수거하는 데 필요한 트럭 수를 결정하는 데 사용할 수 있다(예제 13-1).

13-2 고형 폐기물의 특성

쓰레기와 고형 폐기물이라는 용어는 거의 동의어로 사용되지만, 후자가 더 적절하다. 고형 폐기물은 여러 가지 방법으로 분류될 수 있는데, 발생원이 중요한 경우에는 표 13-1과 같이 가정, 기관, 상업, 산업, 가로, 철거 또는 건설로 분류하는 것이 유용할 수 있다. 폐기물의 성질이 중요한 경우에는 유기성, 무기성, 가연성, 불연성, 부패성, 비부패성 부분으로 분류할 수 있다. 이러한 고형 폐기물 분류는 처리, 수거, 재활용 및 처분 방법을 선택하는 데 사용된다.

부패성 폐기물(putrescuble waste)은 음식의 손질, 준비, 요리, 서빙으로 발생하는 동물과 채소 폐

표 13-1	지역 사회 내 고형 폐기물 발생원	
발생 원인	**폐기물이 발생하는 일반적인 시설, 활동, 또는 위치**	**고형 폐기물 유형**
주거	단일 및 다가구 단독 주택, 저층, 중층 및 고층 아파트 등	음식물 쓰레기, 종이, 판지, 플라스틱, 직물, 가죽, 정원 폐기물, 목재, 유리, 양철통, 알루미늄, 기타 금속, 재, 가로수 잎, 특수 폐기물(대형 품목, 가전 제품, 백색 가전, 별도 수거된 정원 폐기물, 배터리, 오일 및 타이어 포함), 가정 유해 폐기물
상업	상점, 식당, 시장, 사무실 건물, 호텔, 모텔, 인쇄소, 주유소, 자동차 수리점 등	종이, 판지, 플라스틱, 목재, 음식물 쓰레기, 유리, 금속, 특수 폐기물(위 참조), 유해 폐기물 등
기관	학교, 병원, 교도소, 정부 기관	상업용과 동일
건설 및 철거	신규 건설 현장, 도로 수리/개조 현장, 건물 철거, 포장 지역 파손	목재, 강철, 콘크리트, 흙 등
도시 서비스(처리시설 제외)	가로 청소, 조경, 배수지 청소, 공원 및 해변, 기타 레크리에이션 지역	특수 폐기물, 잡쓰레기, 거리 청소, 조경 및 나무 트리밍, 배수지 찌꺼기, 공원, 해변 및 레크리에이션 지역에서 나오는 일반 폐기물
수처리장, 공공 소각시설	정수, 하·폐수 처리 및 산업 처리 공정 등	주로 잔류 슬러지로 구성된 처리장 폐기물
고형 생활폐기물[a]	위의 모든 항목	위의 모든 항목
산업	건설, 제조, 경량 및 중량 제조, 정유 공장, 화학 공장, 발전소, 철거 등	산업 공정 폐기물, 고철 재료 등. 음식물 쓰레기, 쓰레기 재, 철거 및 건설 폐기물, 특수 폐기물, 유해 폐기물을 포함한 비산업 폐기물
농업	밭, 과수원, 포도원, 낙농장, 사육장, 농장 등	상한 음식물 쓰레기, 농업 폐기물, 잡쓰레기, 유해 폐기물

[a] 고형 생활폐기물(MSW)이라는 용어는 보통 산업 공정 폐기물과 농업 폐기물을 제외하고 지역 사회에서 발생하는 모든 폐기물을 포함하는 것으로 간주한다.
출처: Tchobanoglous, Theisen and Vigil, 1993.

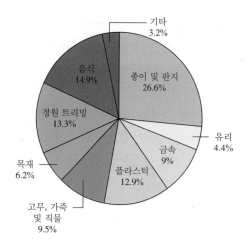

기물이다. 이는 주로 분해 가능한 유기물과 수분으로 구성되어 있으며, 소량의 자유수(free liquids)를 포함한다. 부패성 폐기물은 주로 가정 부엌, 상점, 시장, 식당, 그리고 음식을 저장, 준비, 제공하는 기타 장소에서 발생한다. 이러한 유형의 폐기물은 특히 따뜻한 날씨에 빠르게 분해되며 불쾌한 냄새를 발생시킨다. 부패성 폐기물은 동물성 식품과 상업용 사료로써 상업적 가치가 있지만, 건강상의 이유로 사용이 제한될 수 있다.

일반 대중에게 쓰레기라 불리는 **고형 생활폐기물**(municipal solid waste, MSW)은 고형 폐기물의 하위 집합이며 주거용, 상업용 및 산업 비공정 발생원에서의 내구재 용기 및 포장재, 음식물 쓰레

그림 13-5

전 세계 MSW의 다양한 구성 (출처: OECD Environmental Data Compendium: 2002 http://www.oecd.org/env/indicators-modelling-outlooks/oecdenvironmentaldatacompendium.htm.)

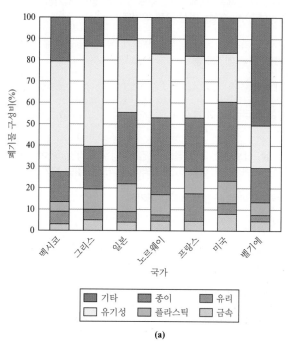

(a)

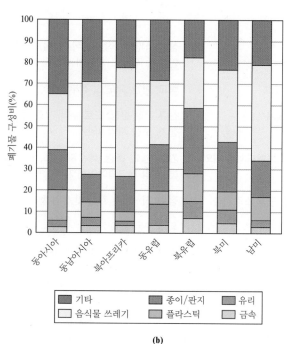

(b)

기, 정원 폐기물, 기타 유기성 폐기물로 정의된다.

2014년 미국의 평균 MSW 구성은 그림 13-4와 같다.

그림 13-5에서 볼 수 있듯이 MSW의 구성은 전 세계적으로 다양하다. MSW의 구성은 기후, 수거 빈도, 가정용 쓰레기 처리장치의 사용 패턴, 사회적 관습, 1인당 소득, 식품 및 기타 제품 포장재의 사용 및 밀도, 재활용 패턴(예: 재활용 쓰레기의 도로변 수거여부)을 포함한 여러 요인에 따라 달라진다.

고형 폐기물 밀도는 단위 부피당 고형 폐기물의 질량이다. 압축하지 않은 가연성 쓰레기의 밀도는 약 $115 \text{ kg} \cdot \text{m}^{-3}$이며, 수거된 고형 폐기물의 밀도는 $180 \sim 450 \text{ kg} \cdot \text{m}^{-3}$이다. 매립지 내 압축된 고형 폐기물의 밀도는 $350 \sim 500 \text{ kg} \cdot \text{m}^{-3}$이고, 잘 압축된 고형 폐기물의 밀도는 $600 \sim 750 \text{ kg} \cdot \text{m}^{-3}$이다. 매립지 내에서 밀도는 폐기물의 압축과 깊이, 폐기물의 연식, 폐기물의 조성 및 수분 함량에 따라 달라진다. 그러나 밀도가 보고되는 경우에도 주어진 밀도값의 의미를 제대로 해석하기 위한 정보를 제공하는 경우는 거의 없다.

예제 13-1 독일에 있는 인구 20,000명 도시의 MSW 발생량은 $0.95 \text{ kg} \cdot (\text{capita})^{-1} \cdot \text{day}^{-1}$이다. 미국에 있는 같은 크기의 도시의 MSW 발생량은 $1.9 \text{ kg} \cdot (\text{capita})^{-1} \cdot \text{day}^{-1}$이다.

1. 각 도시에서 얼마나 많은 MSW가 발생하는가?
2. 일주일에 2회 쓰레기를 수거하려면 몇 대의 트럭이 필요한가? 각 트럭의 용량은 4.5 t이며 매주 5일 운행한다. 또한 트럭은 용량의 75%로 하루 평균 2회 운행한다고 가정한다.
3. 각 도시가 그림 13-4에 제시된 백분율로 폐기물을 재활용하는 경우, 매립지에 유입되는 MSW의 질량을 구하시오. 폐기물의 밀도가 $280 \text{ kg} \cdot \text{m}^{-3}$라면 MSW의 부피는 얼마인가?

풀이 1. MSW 발생량은 단순히 인구수에 1인당 MSW 발생률을 곱한 것이다.

독일 도시의 경우:

$$20,000\text{명} \times 0.95 \text{ kg} \cdot (\text{person})^{-1} \cdot \text{day}^{-1} = 19,000 \text{ kg} \cdot \text{day}^{-1}$$

미국 도시의 경우:

$$20,000\text{명} \times 1.9 \text{ kg} \cdot (\text{person})^{-1} \cdot \text{day}^{-1} = 38,000 \text{ kg} \cdot \text{day}^{-1}$$

2. 각 도시에서 필요로 하는 수거 트럭의 수를 결정하기 위해 먼저 각 도시에서 매주 발생하는 총량을 계산한다.

독일 도시의 경우:

$$19,000 \text{ kg} \cdot \text{day}^{-1} \times 7 \text{ day} = 133,000 \text{ kg} \cdot \text{week}^{-1}$$

미국 도시의 경우:

$$38,000 \text{ kg} \cdot \text{day}^{-1} \times 7 \text{ day} = 266,000 \text{ kg} \cdot \text{week}^{-1}$$

다음으로, 각 트럭의 용량을 결정한다.

$$2\text{회} \cdot \text{day}^{-1} (0.75 \times 4.5 \text{ t} \cdot \text{truck}^{-1})(1,000 \text{ kg} \cdot \text{t}^{-1}) = 6,750 \text{ kg} \cdot \text{day}^{-1} \cdot \text{truck}^{-1}$$

다음으로, 트럭이 수거해야 하는 총수거 수요량을 결정한다. 주 5일 근무 기간 동안 각 주거지에서 2회 수거한다(수요를 반으로 나눔).

독일 도시의 경우:

앞서 계산한 MSW 발생률을 이용하면, 매주 독일 도시는 133,000 kg의 MSW를 발생시킨다. 폐기물이 일주일에 2회 수거되기 때문에 각 트럭은 다음을 수거해야 한다.

2.5일마다 66,500 kg (주 5일 근무 기간 동안)

미국 도시의 경우, 각 트럭은 다음을 수거해야 한다.

2.5일마다 133,000 kg (주 5일 근무 기간 동안)

마지막으로, 총수거 수요량을 각 트럭의 용량으로 나누어 위의 수요를 만족하기 위해 몇 대의 트럭이 필요한지 계산한다.

독일 도시의 경우:

$$\frac{(66,500 \text{ kg})}{(2.5 \text{ days})(6,750 \text{ kg} \cdot \text{day}^{-1} \cdot \text{truck}^{-1})} = 3.94 \text{ 또는 4대}$$

미국 도시의 경우:

$$\frac{(133,000 \text{ kg})}{(2.5 \text{ days})(6,750 \text{ kg} \cdot \text{day}^{-1} \cdot \text{truck}^{-1})} = 7.88 \text{ 또는 8대}$$

3. 매립지에 유입되는 폐기물의 질량은 총 MSW 발생량에서 재활용량을 뺀 것이다. 그런 다음 질량을 밀도로 나누어 부피를 계산한다.

독일 도시의 경우:

$$19,000 \text{ kg} \cdot \text{day}^{-1} - (0.16 \times 19,000 \text{ kg} \cdot \text{day}^{-1}) = 15,960 \text{ kg} \cdot \text{day}^{-1}$$

$$\frac{(15,960 \text{ kg} \cdot \text{day}^{-1})}{(280 \text{ kg} \cdot \text{m}^{-3})} = 57 \text{ m}^3 \cdot \text{day}^{-1}$$

미국 도시의 경우:

$$38,000 \text{ kg} \cdot \text{day}^{-1} - (0.23 \times 38,000 \text{ kg} \cdot \text{day}^{-1}) = 29,260 \text{ kg} \cdot \text{day}^{-1}$$

$$\frac{(29,260 \text{ kg} \cdot \text{day}^{-1})}{(280 \text{ kg} \cdot \text{m}^{-3})} = 104.5 \text{ m}^3 \cdot \text{day}^{-1}$$

13-3 고형 폐기물 관리

고형 폐기물 관리에 대해 논의할 때, 우리는 폐기물의 발생 시점부터 최종 처분 시점까지 고려해야 한다. 그림 13-6과 같이 고형 폐기물 관리는 여러 단계를 수반하는 복잡한 과정이다.

고형 폐기물 관리의 첫 번째 단계는 폐기물의 발생이다. 물질이 더 이상 소유자에게 가치가 없으면 폐기물로 간주된다. 이 장의 앞부분에서 논의한 바와 같이, 폐기물의 발생은 국가, 사회경제적 수준, 그리고 다양한 관행의 결과로 인해 달라진다.

발생원에서 폐기물이 발생하면 어떤 방식으로든 처리되어야 한다. 이러한 처리에는 폐기물의 일부를 재활용하기 위한 세척, 분리 및 저장이 포함될 수 있다. 공공법과 교육은 이 단계에 상당한 영향을 미친다. 예를 들어, 일부 지역 사회에서는 일반 쓰레기 수거에 잔디 깎은 것이나 기타 유사한 바이오매스를 폐기하는 것이 불법이다. 이러한 물질은 분리하여 수거해야 한다. 재활용의 중요성에 대해 대중을 교육하는 것은 이 단계에 영향을 미칠 것이다.

폐기물 수거는 폐기물 관리 과정의 다음 단계이다. 수거는 고형 폐기물의 수거 및 운반에 적합한 차량으로 용기를 비우는 작업을 포함한다. 이 단계에서는 재활용 가능한 물질도 수거한다. 다음 절에서 논의될 것처럼, 폐기물의 수거 및 운반은 폐기물 관리 총비용의 상당한 부분을 차지한다.

수거된 폐기물은 중앙저장시설 또는 처리시설로 운반된다. 이 단계에서는 폐기물의 질량과 부피를 저감하고 재사용할 수 있는 다양한 구성요소로 분리하기도 한다. 이때 분리된 폐기물은 상품성이 있어, 사실상 더 이상 폐기물이 아니다. 폐기물의 유기성 부분은 화학적인 방법(보통 소각)을 통해 열로 변환되거나, 연료가스, 퇴비로 변환될 수 있다(생물학적 매개 반응에 의해).

마지막 단계는 운반과 처분이다. 최종 처분의 가장 일반적인 방법은 매립이다.

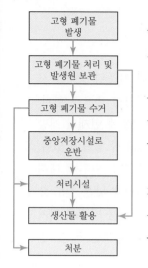

그림 13-6

고형 폐기물 관리 시스템의 구성요소

13-4 고형 폐기물 수거

도시의 고형 폐기물 수거 정책은 (1) 공공인력(지자체 수거), (2) 지자체와 계약한 민간기업(민간 위탁 수거), (3) 개별 주민과 계약한 민간기업(민간 수거)의 방법 중 선출된 대표가 수거 방법을 결정하는 것으로 시작한다.

선출직 공무원은 고형 폐기물의 종류와 수거 대상자도 결정할 수 있다. 일부 자치 단체에서는 광범위한 고형 폐기물(예: 정원 폐기물)을 일반 수거에서 수거하지 않기도 하며, 특정 물질(예: 타이어, 가구 또는 죽은 동물)을 제외하기도 한다. 유해 폐기물은 정기 수거에서 제외된다. 서비스의 성격은 처분시설의 제한사항 또는 어떤 서비스를 실시해야 하는지에 대한 입법 기관의 의견에 따라 좌우될 수 있다. 거의 모든 공공 시스템은 가정 폐기물을 수거하지만, 약 1/3만이 산업 폐기물을 수거한다.

마지막으로, 선출직 공무원은 수거 빈도를 결정한다. 가장 만족스럽고 경제적인 서비스를 위한 적절한 수거 빈도는 수집해야 하는 고형 폐기물의 양과 기후, 비용 및 시민의 요구에 의해 결정된다. 부패성 폐기물을 포함하는 고형 폐기물 수거의 경우 최대 주기가 아래보다 커서는 안 된다.

1. 적당한 크기의 용기에 담아둘 수 있는 양의 정상적인 축적 시간
2. 평균 보관 상태에서 신선한 부패성 폐기물이 썩어서 악취가 나기까지 걸리는 시간
3. 무더운 여름철 파리의 번식 주기(7일 미만)

지난 30년 동안 수거 빈도가 주 2회에서 주 1회로 바뀌었다. 주 1회 서비스 이용이 늘어난 것은 2가지 요인 때문이다. 첫째, 주 2회에서 주 1회로 빈도를 줄이면 단가가 줄어든다. 둘째, 종이류 비율 증가와 부패성 폐기물의 부피 감소로 보다 장기간 보관이 가능해졌다.

정책이 수립되면 실제 수거 방법은 엔지니어 또는 관리자가 결정하는데, 고형 폐기물 수거 방

법, 수거 인력 관리 방법, 트럭 경로 지정 방법 등이 주요 고려사항이다. 수거 방법, 평가 및 수거 경로 선정에 대한 보다 자세한 논의는 이 책의 범위를 벗어난다.

13-5 자원으로서의 폐기물

배경 및 관점

지구의 주요 광물 매장량은 제한되어 있기 때문에, 고품위 광석이 고갈됨에 따라 저품위 광석을 사용해야 한다. 저품위 광석은 추출에 비례적으로 더 많은 양의 에너지와 자본 투자를 필요로 한다. 알루미늄, 구리, 철 및 석유와 같이 고갈될 수 있고 재생 불가능한 천연자원의 사용에 현재의 개발 비용만을 적용하는 시장의 평가 시스템이 과연 장기적인 관점에서 합리적인지 재고할 필요가 있다. 원자재의 채취량이 커지면 고형 폐기물 발생량도 커진다. 미국에서 광물에 대한 고갈 자원에 대해 세액을 공제하는 것("depletion allowance"), 광석에 대해 광물 스크랩보다 불합리하게 낮은 철도 요금을 부과하는 것 등 노골적으로 잘못된 가격 책정은 광산 개발과 대량의 고형 폐기물 발생에 적지 않은 책임이 있다. 또한 낭비가 많고 재활용은 하지 않는 생활 방식은 본질적으로 풍부한 천연자원을 낭비한다.

재생 가능한 자원인 목재도 계속 시달리기는 마찬가지다. 숲에 대한 관리 부족과 과대 포장된 물품에 대한 선호는 자연의 성장과 재생 능력을 약화시키는데, 실제로 유럽, 인도, 일본은 오랫동안 목재 부족에 직면해 왔다. 미국은 그들의 곤경에서 경각심을 느껴야 한다.

폐기물 발생 방지(자원 보존)와 폐기물 재료의 생산적 사용(자원 회수)은 고형 폐기물 관리의 문제를 일부 완화한다. 역사상 한때 자원 회수는 우리의 산업 생산에서 중요한 역할을 하였다. 20세기 중반까지, 가정용 폐기물을 재처리하여 원료를 회수하는 것(현재 재활용이라 부르는 행위)은 중요한 재료 공급원이었다. 1939년 이전 5년 동안, 재활용 구리, 납, 알루미늄, 종이는 각각 총 원료의 44, 39, 28, 30%를 미국 내 제조업체에 공급하였다(National Center for Resource Recovery, 1974). 그러나 종국에 가서는 회수된 재료를 사용하는 것보다 원생 재료를 처리하는 것의 경제성이 더 높아졌다.

이론적으로, 처리 가능한 MSW는 미국의 유리와 종이 수요를 각각 95%, 73%를 충당할 수 있다. 그러나 복합재료, 플라스틱, 목재의 범주에서는 국가 연간 수요의 극히 일부만이 MSW로부터 회수될 수 있다. 재활용은 물질을 원재료 형태로 되돌리는 것을 수반하는 반면, 재사용은 이보다 에너지 효율적인 경우가 많다. 잠재적으로 재활용될 수 있는 금속의 비율은 매우 다양하며, 재활용과 원재료의 비용, 재활용의 용이성, 그리고 재활용된 재료와 원제품 시장의 상황에 따라 달라진다. 구리, 황동 및 알루미늄의 재활용 비용은 거의 동일하지만, 구리 및 알루미늄의 약 85%는 잠재적으로 재활용될 수 있는 반면, 합금인 황동의 잠재적 재활용률은 약 45%에 불과하다. 높은 비용에도 불구하고, 복합재료는 대부분 열경화성 수지, 즉 가열해도 녹지 않는 플라스틱을 기반으로 하기 때문에 재활용이 어렵다. 도자기는 거의 재활용되지 않는다. 에너지 생산 측면에서 미국의 모든 MSW가 에너지로 전환되면 국가 에너지 수요의 3~5%를 공급하게 된다. 이는 모든 주거 및 상업용 조명 수요를 충분히 충당할 수 있다(Vence and Power, 1980). 일부 지역 사회는 수요보다 7~10% 또는 그 이상을 생산할 수 있지만, 국가 전체의 실제 잠재력은 아마도 0.3% 수준일 것이다.

이러한 사실에 비추어 보면, 국가 비상 사태나 지역 위생 매립지가 폐기물을 반입시키지 못하는 경우를 제외하고는 '회수를 위한 회수'나 '에너지 보존을 위한 에너지 회수'가 어째서 거의 관심을 받지 못하는지 쉽게 알 수 있다. 현재의 시장 평가 시스템하에서, 지역적으로 특수한 상황을 제외하고 자원 보존과 자원 회수가 매립보다 비용이 더 많이 든다는 사실은 천연자원 보존 의욕을 꺾는다. 그렇다면, 왜 중앙과 지방 정부는 자원 보존과 자원 회수를 고려해야 하는가? 그 대답은 간단히 말해서 "우리의 환경을 보호하기 위해서"이다. 우리가 대기오염과 수질오염을 제어하려고 시도했던 것과 같은 맥락에서, 우리는 우리의 낭비하는 습관으로 축적된 쓰레기보다 더 나은 것을 후손에게 남겨야 할 의무가 있다. 어느 정도 예상 비용이 있겠지만, 그 비용은 최소화해야 한다. EPA는 2005년까지 모든 고형 폐기물의 35%를 재활용한다는 국가적 목표를 세웠다. 재활용률이 가장 높은 곳은 서해안 주(EPA 지역 9와 10)인 반면, 가장 낮은 곳은 서부 주(EPA 지역 8)와 남서부 주(EPA 지역 6)이다.

개별 주들은 구매 선호도에서 포괄적인 재활용 목표에 이르기까지 재활용에 관한 500개 이상의 법을 제정하였다. 재사용개발기구(Reuse Development Organization)에 따르면, 전국 6,000개 이상의 재사용 센터가 학교 내 건축 자재나 불필요한 자재를 위한 전문화된 프로그램부터 굿윌(Goodwill), 구세군(Salvation Army) 등의 지역 프로그램에 이르기까지 다양한 프로그램을 통해 재활용을 실시하고 있다. 2016년에는 10개 주에 병 보증금 규정이 있었고, 24개 주에서는 정원 쓰레기 배출 금지를 시행하였다(Miller, 2006). 50개 주와 콜롬비아 자치구에는 3,780개 이상의 정원 쓰레기 퇴비화 프로그램과 9,500개 이상의 도로변 재활용 프로그램이 있었다. EPA는 표 13-2와 같이 재활용품에 대한 회수율이 증가 추세에 있다고 평가하였다. 1960년 6.4%에서 1990년 16.2%로, 1997년 28%에서 2011년 34.1%로 회수가 전반적으로 증가한 것으로 추정된다(U.S. EPA, 2011). 재

표 13-2	일부 MSW 구성요소의 재활용률					
물질	1990 재활용률 (%)[a]	1995 재활용률 (%)[b]	2000 재활용률 (%)[b]	2005 재활용률 (%)[c]	2010 재활용률 (%)[d]	2014 재활용률 (%)[e]
종이 및 판지	27.8	40.0	45.4	50	62.5	64.7
유리	20.0	24.5	23.0	21.6	27.1	26.0
총금속	26.1	38.9	35.4	36.8	35.1	34.0
알루미늄	35.9	34.6	27.4	21.5	19.9	19.8
플라스틱	2.2	5.3	5.4	5.7	8.2	9.5
정원 쓰레기	12.0	30.3	56.9	61.9	57.5	61.1
고무 및 가죽	6.4	8.8	12.2	14.3	15.0	17.5
나무	3.3	9.6	3.8	9.4	14.5	15.9
의류 및 기타 직물	11.5	12.2	13.5	15.3	15.0	16.2

[a] U.S. EPA, 1997.
[b] U.S. EPA, 2002.
[c] U.S. EPA, 2006.
[d] U.S. EPA, 2011.
[e] U.S. EPA, 2014.

활용되거나 퇴비화된 7.7 Tg의 MSW는 CO_2 등가량 기준으로 연간 189 Tg 이상의 탄소 저감 효과가 있으며, 이는 자가용 3,600만 대 분량에 해당한다.

녹색 화학 및 녹색 공학

"녹색 화학(green chemistry)"과 "녹색 공학(green engineering)"은 엔지니어가 기존과 다르게 설계하고 제작하도록 한다. 공학적인 결정이 환경과 지구상의 생명에 어떤 영향을 미치는지에 대한 큰 그림을 인지하기 시작하면서, 우리는 마침내 환경문제가 발생하기 전에 이를 해결하려고 노력하기 시작하였다. 엔지니어들은 말단(end-of-pipe)에서 처리 기술을 사용하는 대신, 환경에 미치는 영향을 최소화하는 것을 목표로 재료를 선택하고, 제조 공정을 설계하며, 에너지를 절약하고자 하고 있다. MSW 관리에 대해 이러한 결정이 미치는 영향은 다음 절에서 논의된다.

재활용

재활용에는 폐쇄 루프(closed-loop) 방식과 개방 루프(open-loop) 방식이 있다. **폐쇄 루프** 또는 **1차 재활용**(primary recycle)은 같은 또는 유사한 제품을 만들기 위해 재활용된 제품을 사용하는 것이다. 1차 재활용의 예로는 다른 종류의 유리병을 만들기 위한 유리병, 새로운 알루미늄 캔을 만들기 위한 알루미늄 캔 사용을 들 수 있다. **2차 재활용**(secondary recycling)은 재활용된 재료를 사용해 원제품과 다른 특성을 가진 새로운 제품을 만드는 것이다. 예를 들어, 고밀도 폴리에틸렌(HDPE)으로 만들어진 우유병을 장난감이나 배수 파이프로 재활용할 수 있다. **3차 재활용**(tertiary recycling)은 소비 후 폐기물로부터 화학물질이나 에너지를 회수하는 것이다. 예를 들어, 많은 전자 회사는 제조 공정에서 사용된 용제를 회수하여 재사용할 수 있도록 증류한다.

가장 낮은 단계이자 가장 적절한 기술적 단계의 재활용은 재활용 재료를 발생원에서 사용자가 분리하는 것이다(**발생원 분리**). 이것이 가장 적절한 이유는 최소한의 에너지를 사용하기 때문이다. 재활용에 대한 엄격한 목표에 따라 각 지방 자치 단체들은 상세한 재활용 방법을 모색하고 있다.

재활용 가능 폐기물의 수거 방법. 일반적으로 지자체에서 이용할 수 있는 가정용 폐기물 수거 방법에는 도로변 수거와 수거 센터가 있다. 재활용된 폐기물은 지역 내에서 수거되어 폐기물 처리시설 또는 폐기물 적환장으로 운반될 수 있으며, 여기서 폐기물은 기계적 방법으로 분류되고 분리된다.

오늘날 미국에서 건식 재활용품을 수거하는 주된 방법은 도로변 수거이다. 이는 재활용 센터로 차를 몰고 가는 것보다 주민이 더 쉽게 이용할 수 있다는 장점이 있다. 재활용을 위한 도로변 수거에는 2가지 기본 유형이 있다. 첫 번째로, 집주인에게 여러 개의 쓰레기통이나 쓰레기봉투를 준다. 집주인은 쓰레기를 분리해 해당하는 쓰레기통에 넣고, 수거일에 쓰레기통을 도로변에 놓는다. 다만 가정용 쓰레기통을 제공하는 데 소요되는 높은 비용이 단점이다. 두 번째는, 집주인에게 모든 재활용 가능한 쓰레기를 넣는 1개의 쓰레기통만을 제공한다. 이후 도로변 수거 인력이 쓰레기를 수거하면서 분리하여 수거차량의 별도의 칸에 넣는다.

두 번째 수거 방법은 수거 센터이다. 재활용은 지역 사회 자체에서 운영되기 때문에, 지역과 관련된 조건을 고려하여 수거 센터를 설계해야 한다. 가장 적절한 수거 센터 시스템을 평가하고 선택하려면 위치, 취급 폐기물, 인구, 센터 수, 운영 및 공공 정보 등을 중요한 요소로 고려해야 한다.

도로변 수거 프로그램을 보완하기 위해 수거 센터를 사용할 경우, 도로변 수거 프로그램이 구현되지 않을 때 필요한 것보다 더 적은 수, 작은 규모의 수거 센터가 필요할 수 있다. 수거 센터가 지역 사회의 유일한 또는 주된 재활용 시스템인 경우, 시스템의 용량은 보다 커야 한다. 부지 선정은 폐기물 보관 및 수거뿐 아니라 교통 흐름도 고려하여 신중하게 계획해야 한다.

수거 센터의 편의는 시민 참여에 직접적인 영향을 미칠 것이다. 잘 보이는 교통량이 많은 지역에 수거 센터를 전략적으로 배치하면, 더 많은 참여를 유도할 수 있다. 인구가 널리 흩어져 있는 시골 지역에도 적절한 수거 센터 장소를 제공할 수 있는데, 시골의 주택 소유주들은 정기적으로 식료품점, 교회 또는 우체국과 같은 소수 장소로만 이동하는 공통 패턴을 가지고 있기 때문이다.

재료 재활용. 흔히 유리, 금속(알루미늄, 철, 구리, 강철), 종이, 플라스틱을 포함한 여러 종류의 재료가 재활용된다. 종이(특히 신문과 판지)는 쉽게 재활용되며, 종이를 재활용하는 것은 잉크, 접착제, 코팅의 제거를 포함한다. 그 다음 종이는 새로운 종이로 압착될 수 있는 펄프로 다시 변환된다. 이 과정에서 일부 종이 섬유가 분해되고 종이의 강도가 감소하기 때문에 재활용된 종이에 새로운 펄프 재료를 추가해야 한다. 2014년까지 미국에서 생산된 종이와 판지의 64.7%가 재활용되었다. 오래된 골판지 상자는 재활용 종이의 61% 이상을 차지한다(U.S. EPA, 2016).

1990년에 미국에서 약 250억 kg의 플라스틱 재료가 생산되었다. 생산되고 재활용될 수 있는 다양한 형태의 플라스틱 중에서 고밀도 폴리에틸렌(HDPE)이 가장 흔하다. 플라스틱산업학회(Society of Plastic Industry) 코드 #2-HDPE로 알려진 유형은 우유병, 세제병, 비닐봉지와 같은 필름 제품을 생산하는 데 사용된다. 또한 재활용된 HDPE는 보호 랩, 식료품 봉지, 장난감과 원통 용기와 같이 틀로 찍어낸 제품의 생산에 사용된다. 폴리에틸렌 테레프탈레이트(#1-PETE)는 탄산음료병 생산에 가장 많이 사용되는데, 일부 주는 탄산음료병에 대한 보증금을 요구하는 "병 조례(Bottle Bills)"를 만들어 많은 양이 재활용되도록 하였다. 이 조례는 탄산음료 용기의 재활용에는 성공했지만, 병 조례 규정이 모든 병에 적용되는 것은 아니기 때문에, 생수 소비 증가로 물병을 생활폐기물로 처분하는 양은 오히려 늘었다.

유리는 재활용하기 가장 쉬운 재료 중 하나이다. 재활용되는 거의 모든 유리는 새로운 유리 용기와 병으로 만들어진다. 소량은 유리 모직, 유리섬유 단열재, 포장재, 건축 제품과 같은 다른 제품을 만드는 데 사용된다. 그럼에도 불구하고, 미국에서는 2014년에 생산된 유리의 26%만이 재활용되었다. 그림 13-7에서 맥주, 탄산음료, 와인 등의 액체가 든 병을 재활용하는 데 상당한 진전이 있었음을 볼 수 있지만, 음식과 다른 용기 및 병이 재활용되도록 하기 위해서는 여전히 많은 노력이 필요하다는 것이 명백하다. 음료 용기 예치금 법령(bottle laws)은 유리 재활용에 중대한 영향을 미칠 수 있다. 예를 들어, 모든 맥주와 탄산음료의 보증금이 10센트인 미시간주에서는 환수율이 95%나 된다.

시멘트 생산에서 시멘트를 부분적으로 대체하기 위해 폐유리를 사용하는 것에 대한 연구가 진행 중이다. 이는 유리 재활용 측면에서도 유리할 뿐만 아니라, 시멘트 1 t당 이산화탄소(CO_2) 1 t을 대기로 배출하기 때문에 이산화탄소 배출을 줄일 수 있는 잠재력을 갖고 있다. 게다가 시멘트 생산은 매우 에너지 집약적이다. 시멘트의 1 t 생산은 550만 kJ에 가까운 에너지를 소비한다. 미시간 주립 대학교의 연구진은 시멘트의 입자 크기에 맞춰 가공된 폐유리의 화학 성분과 반응성이 콘크리트 생산 시 시멘트 보충제로 적합하다는 것을 발견하였다. 이후, 미시간 주립 대학교는 캠퍼스 내

그림 13-7

MSW 내 유리 제품

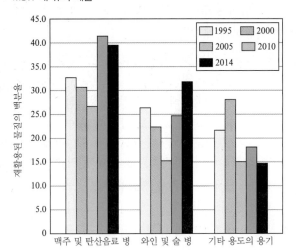

U.S. EPA, 1997.
U.S. EPA, 2002.
U.S. EPA, 2006.
U.S. EPA, 2011.
U.S. EPA, 2014

그림 13-8

알루미늄 음료 캔의 재활용률

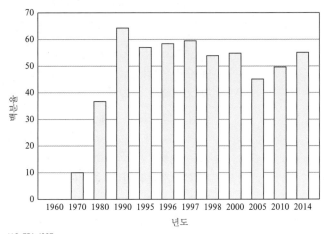

U.S. EPA, 1997.
U.S. EPA, 2002.
U.S. EPA, 2006.
U.S. EPA, 2011.
U.S. EPA, 2014

건설 프로젝트에 재활용 유리 콘크리트의 대규모 도입을 시도하였다.

가장 일반적으로 재활용되는 금속은 철과 강철이다. 재활용 전 MSW에는 약 7%의 금속 폐기물이 들어 있다. "주석" 캔은 거의 100% 강철로 만들어져 있다. 실제로 "주석" 캔 1 t의 주석 함유량은 1.9 kg에 불과하다. 또한 모든 금속 식품 용기의 약 97%가 강철로 만들어져 있다. 상대적으로 수거나 처리가 용이하기 때문에 2014년에 생산된 모든 강철 캔의 70.7%가 재활용되었다(U.S. EPA, 2014). 캔 재활용의 가장 큰 장애물은 높은 운송비이다. 이 재료의 재활용이 경제적이기 위해서는 수거, 운송 및 처리 비용이 새 강철을 생산하는 비용보다 적어야 한다.

재활용될 수 있는 다른 금속에는 알루미늄, 구리, 납, 니켈, 주석, 아연이 있다. 모든 비철 금속은 분류가 가능하고 외부 물질을 함유하고 있지 않다는 전제하에 재활용될 수 있다. 이 전제 조건은 알루미늄 캔을 제외한 많은 비철 금속의 재활용을 막는다. 오늘날, 모든 탄산음료와 맥주 캔은 알루미늄으로 만들어지고 알루미늄 음료 캔은 평균적으로 재활용 알루미늄을 약 51% 함유하고 있다. 그림 13-8에서 볼 수 있듯이, 매년 재활용되는 알루미늄 캔의 비율은 1994년까지 꾸준히 증가하였다. 그러나 재활용된 캔의 비율은 64%의 최댓값에 도달한 후 최근 몇 년 동안 감소하였다. 이 중요한 자원의 재활용률을 증가시키기 위해 아직 더 많은 노력이 필요하다.

재활용품 시장 개선.   지난 10년 동안 재활용 재료의 시장과 가격은 크게 요동쳤다. 시장과 가격에 영향을 미치는 요인은 다음과 같다.

- 경제 상황
- 전체 수요
- 회수된 재료가 일부 또는 전체적으로 사용되어 제작된 제품에 대한 수요

- 회수된 재료의 품질(오염 문제)
- 공정에서 회수된 재료를 사용할 수 있는 용량
- 원자재를 생산하는 잉여 용량
- 운송비
- 수출 시장
- 공급과 수요의 차이
- 법제화

재활용 종이 제품 시장은 매우 변화가 크고, 경제 상황에 민감하다. 불황기에는 신문, 서적, 기타 종이 제품의 수요가 크게 감소하여 모든 종이의 수요가 감소하므로 회수된 종이의 공급이 수요를 초과할 것이다. 이에 따라 수출 시장도 크게 변한다. 예를 들어, 유럽과 아시아의 종이 회수가 증가함에 따라서 미국의 재활용 종이에 대한 수요는 감소한다. 수출 수요가 줄면 회수된 재료 가격도 낮아져 공급이 수요를 초과하게 될 것이다. 반대로 수출 수요가 늘어나면 회수된 재료의 가격도 증가하고 수요가 공급을 초과하게 될 것이다. 회수된 재료의 품질은 제지 산업에 대한 재료의 호감도를 결정하는 데 중요한 요소이다. 이는 종이를 유형별로 분류하고 플라스틱이나 유리 같은 다른 재료로부터 더 잘 분리함으로써 향상시킬 수 있다. 또한 종이의 비용도 종이 회수에 직접적인 영향을 미친다. 입법부의 강력한 재활용 규제는 종이 회수를 향상시킨다. 종합하면, 회수 종이 시장은 다음에 의해 향상될 수 있다.

- 견실한 경제
- 수출 수요
- 다른 재료에서 종이의 분리
- 원자재의 높은 비용
- 강력한 규제

대부분의 회수 유리는 유리 용기 제조업체에서 사용한다. 일부 회수 유리는 유리섬유 제조업체와 유리 골재 및 연마재를 만드는 데 사용된다. 종이와 마찬가지로 오염도를 낮추기 위해 유리를 다른 재료에서 분리함으로써 유리의 회수율을 높일 수 있다. 회수 유리 시장은 생산 공정에서 색유리에 의한 오염의 허용 정도에 따라 달라진다. 예를 들어, 녹색 유리 생산은 최대 50%의 다른 색유리를 수용할 수 있는 반면, 플린트(무색) 유리 생산에서는 색유리로 인한 오염이 5% 미만이어야 한다. 또한 시장까지의 거리, 즉 운송비는 재활용에 중요한 역할을 한다. 이러한 비용은 시장으로 운송하는 재료의 밀도를 높임으로써 줄일 수 있다.

알루미늄 용기는 폐기된 알루미늄을 새 재료로 변환하는 비용이 새로 채굴하여 가공한 보크사이트(bauxite)로 알루미늄 용기를 생산하는 것에 비해 상당히 저렴하기 때문에 수요가 많은 회수 재료이다. 알루미늄 시장은 회수된 재료의 수용 용량이 크기 때문에, 알루미늄 회수율 증가는 재활용률 증가로 이어질 수 있다. 따라서 알루미늄 회수는 다음을 통해 향상될 수 있다.

- 알루미늄을 다른 금속과 분리하여 오염 감소
- 강력한 음료 용기 예치금 법령
- 사용한 음료 용기의 높은 시중가격

MSW에서의 주거용 철강 회수는 철강업계의 재활용품 사용 의지에 크게 좌우된다. 2012년에는 미국에서 처리된 철강의 약 66%가 회수되었다. 또한 철강업계가 철강 회수와 재활용에 적극 나서므로 시장은 긍정적으로 보인다.

MSW에서 회수된 플라스틱의 약 80%(질량 기준)는 HDPE와 PETE 소재이며 회수된 플라스틱 시장은 플라스틱 유형에 따라 크게 다르다. 신규 생산된 HDPE의 공급이 지금과 같은 낮은 수준을 유지하면 회수된 HDPE의 가격은 적절한 수준을 유지할 것이다. 반면 신규 생산된 PETE 소재는 과잉 공급되어 회수된 PETE의 가격과 수요를 낮게 유지시켜 왔다. 플라스틱 재료의 재활용에 대한 규제는 약화되고 있다. 종합하면, 회수 플라스틱 시장은 다음을 통해 향상될 수 있다.

- 재활용 규제 강화
- 신규 생산 PETE의 생산량 감소

다음 단락에서 자세히 설명할 퇴비화는 정원 폐기물, 음식물 쓰레기, 더러워진 종이 등 MSW의 구성요소로부터 생산될 수 있다. 이들 제품은 가축 분뇨, 산업용 음식물 쓰레기, 하수 슬러지 등 MSW가 아닌 공급 원료와 혼합할 수 있다. 퇴비 재료 시장은 다음을 통해 향상될 수 있다.

- 일반적인 고객 수용성을 갖춘 고품질의 일관된 재료 생산
- 개별 고객의 필요와 요구에 따라 영양소 함량을 맞춘 제품의 생산
- 퇴비 사용의 장점에 대한 소비자 교육
- 정원 폐기물의 폐기에 대한 강력한 규제

퇴비화

퇴비화(composting)는 잎, 풀, 음식물 찌꺼기 등 유기물질을 통제된 상태에서 미생물로 분해하는 것이다. 이 분해 과정의 산물은 퇴비로, 이는 푸석푸석하고 흙 냄새가 나는 토양 유사 물질이다. 미국의 MSW는 정원 폐기물과 음식물 찌꺼기를 최대 25%까지 함유하고 있기 때문에, 이 재료들의 퇴비화는 매립지나 소각로로 가는 폐기물의 양을 크게 줄일 수 있다.

퇴비화하는 재료는 탄소원과 질소원을 모두 포함한다. 잎, 짚, 그리고 나무 재료는 주요한 탄소원이며, 풀과 음식물 찌꺼기는 상당한 질소를 함유한다. 최적의 미생물 성장과 에너지 생산을 위해서는 탄소 30과 질소 1의 비율이 필요하다. 탄소 대 질소 비율이 30:1이 아니면 악취와 다른 문제들이 발생할 수 있다.

퇴비화에서 유기물질의 분해는 물리적인 과정과 화학적인 과정을 모두 포함한다. 유기물질은 진드기, 노래기, 딱정벌레, 개똥벌레, 집게벌레, 지렁이, 민달팽이, 달팽이 등 퇴비화 물질에 존재하는 다양한 무척추동물의 대사활동을 통해 분해된다. 이 생물들은 유기물질을 효율적으로 분해하기 위해 충분한 수분과 산소를 필요로 한다.

퇴비 더미(pile) 속 미생물은 상당한 열을 발생시키고 본질적으로 퇴비를 "찐"다. 적절히 유지된 대규모 퇴비 더미의 온도는 25~55°C 범위인데, 가정집 뒷마당의 퇴비 더미는 이러한 수준에 도달하지 못할 수도 있다. 고온은 빠른 퇴비화뿐 아니라 잡초 씨앗, 곤충 유충, 잠재적으로 해로운 세균을 파괴하는 데 필요하다. 완성된 퇴비 더미는 전체적으로 푸석푸석한 질감을 가진다.

미국에서 생성된 MSW의 68% 이상을 퇴비로 만들 수 있다. MSW를 퇴비화할 때 퇴비화 전에

유리나 알루미늄 같은 재활용품과 퇴비화되지 않는 재료를 제거해야 한다. 주로 유기성인 나머지 재료는 퇴비화할 수 있다. 이때 가장 일반적인 방법은 통기식 퇴비단(aerated windrow)이며, 온도 및 습기 조절실에서 밀폐된 상태로 물질을 분해시키는 기계식 퇴비화(in-vessel composting)도 사용할 수 있다. 일부 유럽 국가에서는 호기성 소화조를 이용한 MSW의 퇴비화가 사용되고 있다. MSW는 소화에 앞서 가축 분뇨나 음식물 처리 폐기물과 혼합할 수 있다. 완성된 퇴비는 판매하거나 무료로 공급하기도 하고, 기업이나 지방 자치 단체가 지역 조경이나 농업 프로젝트에 사용할 수도 있다.

발생원 저감

우리의 생활 수준이 지속 가능하려면 우리가 만든 재료를 더 잘 재사용할 수 있는 방법을 찾아야 한다. 계속해서 1인당 하루에 2 kg의 쓰레기를 버릴 수 없으므로, 우선 "발생원 저감", 즉 폐기물 발생을 방지하는 데 주력할 필요가 있다. 발생하는 폐기물의 양과 독성을 최소화하는 방법으로 재료를 설계, 제조, 구매 및 사용해야 한다. 발생량을 줄이면 폐기물의 재활용, 퇴비화, 매립 또는 소각과 관련된 비용과 문제를 줄일 수 있다. 또한 귀중한 천연자원을 보존하고 오염을 줄일 수 있다. 발생원 저감은 다음과 같이 다양한 방법으로 달성할 수 있다.

폐기물 저감 및 공정 수정. 재활용하거나 재사용할 준비가 되기 전에 생성되는 물질의 양을 줄임으로써 발생량을 저감시킬 수 있다. 이는 사용되는 재료의 양을 줄이기 위한 제품 또는 포장의 재설계를 포함한다. 예를 들어, 1977년에 2 L 탄산음료병의 질량은 68 g이었는데, 오늘날 같은 크기의 병의 질량은 51 g에 불과하다. 각 병에 사용된 플라스틱의 양이 미미해 보이지만, 실제로 이러한 변화는 연간 115,000,000 kg의 플라스틱 폐기물을 감소시켰다. 기업은 또한 손상되거나 파손되는 포장의 양을 줄임으로써 궁극적으로 폐기해야 하는 포장재의 양을 줄일 수 있다.

무독성 물질은 유독성 물질을 대체할 수 있다. 예를 들어, 콩 기반 또는 물 기반 잉크를 사용할 수 있다. 와인병의 납 호일은 쉽게 재활용할 수 있는 알루미늄으로 대체할 수 있다. 프레온은 오존을 파괴하지 않는 화학물질로 대체할 수 있다. 고온 탄화수소와 실리콘 오일은 변압기 및 기타 전기 장비의 폴리염화바이페닐(PCB)을 대체하였다. 변압기는 또한 PCB 이외의 윤활제와 절연체를 사용할 수 있도록 재설계되고 개조되었다.

제조사가 수명이 길고 수리가 용이한 제품을 설계하면 폐자재 질량을 줄일 수 있다. 내구성이 좋아진 만큼 가격도 비싸진다고 보면, 소비자들은 손상된 장비를 기꺼이 수리하려 할 것이다.

기업과 개인은 폐기물을 줄이기 위해 그들의 관행을 고칠 수 있다. 예를 들어, 우편물 대신 전자우편을 사용해 메시지를 전달하고 보고서는 양면에 복사한다. 또한 우편물이 잘못 전송되지 않도록 정기적으로 우편물 목록을 업데이트한다. 개인은 원하지 않거나 폐기되는 우편의 양을 줄이기 위해 우편물 목록에서 본인을 제외해 달라고 요청한다. 폐기물을 줄이기 위해 대용량 제품을 구입한다.

제품 재사용. 또 다른 발생원 저감 방법은 장기 사용 제품(예: 가전제품, 가구, 컴퓨터)이 파손될 경우 수리하여 사용하고, 연식이 오래된 경우 이를 개조하며, 자선 단체 및 지역 사회 단체에 기부하거나, 사용하려는 다른 사람들에게 직접 판매하여 재사용하는 것이다. 즉, 제품을 두 번 이상 사용하는 것이 바람직하다. 재사용이 가능한 경우에는 재사용이 재활용보다 더 좋은 방법인데, 이는 제품을 다시 사용하기 전에 재처리할 필요가 없기 때문이다. 제품을 재사용할 수 있는 몇 가지 방법은 아래와 같다.

- 일회용 컵 대신 내구성이 뛰어난 머그컵 사용
- 종이 냅킨이나 수건이 아닌 천 냅킨 또는 수건 사용
- 일회용 물병 구매가 아닌 수도꼭지에서 물병 리필
- 오래된 잡지 또는 잉여 장비를 자선 단체에 기부
- 박스를 다른 용도로 재사용
- 보관에 일회용 봉지 대신 플라스틱 용기 사용
- 빈 병을 남은 음식이나 다른 물품을 담는 용도로 사용
- 리필 가능한 펜 및 연필 구입
- 페인트 수집 및 재사용 프로그램 참여

교육과 법제화. 발생원 저감은, 그로부터 얻는 혜택에 대한 교육이나 수수료나 보증금 등의 조치로 촉진할 수 있다. 반환 가능한 음료 용기와 반환 불가능한 음료 용기의 환급금 또는 보증금 의무화 규정은 계속해서 음료 및 음료 용기 업계의 뜨거운 논쟁거리가 될 것이다. 의무적인 환급금 또는 보증금 법령을 제정한 주(예: 캘리포니아, 코네티컷, 하와이, 아이오와, 메인, 매사추세츠, 미시간, 뉴욕, 오리건, 버몬트)에서는 반대자들이 주장하는 실직 및 폐업에 대한 우려가 근거 없거나 다른 부문의 일자리 및 사업 증가로 상쇄된다는 강력한 증거가 있다.

이 프로그램들은 큰 성공을 거두어 일반적으로 음료 용기의 70~85%가 반환되고 있다. 오리건 주에서는 법 시행 2년차 이후 전체 도로변 쓰레기의 품목 수 기준 39%, 물량 기준 47%가 감소했다고 보고되었다. 또한 유리 용기의 경우, 유리병이 10회 재사용되면 일회용 용기의 1/3 미만의 에너지를 소비한다는 점에서 상당한 에너지 절약 효과가 있다. 평균 재사용 횟수는 용기당 10~20회에 달한다.

그 밖에 잔재, 소각 시 발생하는 고형물 등을 원료로 사용할 수 있다. 예를 들어, 발전소에서 나오는 비산재로 구성된 산업 폐기물은 건축 자재를 제조하는 원료로 사용되어 왔다. 오일 셰일과 석탄 비산재로 콘크리트와 유사한 블록을 생산하고 있다. 비산재는 도로 건설에도 사용된다. 닭 분뇨는 소각된 후 인의 생산 원료, 비료 생산의 첨가 및 기본 재료, 도로 건설의 기초 재료를 생산하는 데 사용된다.

13-6 고형 폐기물 저감

연소 공정

연소의 기본 사항. 연소는 산소가 과잉으로 존재하는 상태에서 연료의 원소가 산화되는 화학 반응이다. 고형 폐기물 연료에서 산화되는 주요 원소는 탄소와 수소이며, 이보다 소량의 황과 질소도 존재한다. 완전 산화가 일어나면 탄소는 이산화탄소로, 수소는 물로, 황은 이산화황으로 산화된다. 질소의 일부는 질소산화물로 산화될 수 있다.

연소 반응은 산소, 시간, 온도 및 난류의 함수이다. 짧은 시간 내에 완전한 반응을 유도하려면 충분한 양의 산소를 사용할 수 있어야 한다. 그림 13-9와 같이, 산소는 연소실로 공기를 유입시킴

으로써 공급된다. 공기가 100% 이상 과잉 공급되어야 완전한 반응이 가능하다. 또한 연소 반응이 완료되기 위해서는 충분한 시간이 제공되어야 한다. 연소 시간은 연소실 내 연소 온도 및 난류의 함수이다. 연소 반응(즉, 폐기물 발화)을 일으키려면 최소 온도를 넘겨야 한다. 온도가 높을수록 질소산화물 배출량도 많아지기 때문에 고형 폐기물을 저감하는 것과 대기오염물질을 형성하는 것 사이에 상충되는 관계가 있다. 연소공기와 연소가스의 혼합은 반응을 완료하기 위해 필수적이다.

고형 폐기물이 연소실로 유입되고 온도가 상승하면 휘발성 물질이 가스로 방출된다. 온도가 상승하면 유기 성분이 열적으로 "균열(crack)"되어 가스를 형성한다. 휘발성 화합물이 배출되면 고정 탄소가 남게 된다. 온도가 700°C가 되면 탄소에 불이 붙는데, 모든 가연성 물질을 파괴하려면(**완전 연소**) 폐기물과 재 전체에 걸쳐 700°C가 되어야 한다(Pfeffer, 1992).

화염 구역(flame zone)에서 고온의 휘발성 가스는 산소와 혼합된다. 이 반응은 매우 빨라, 공기와 난류가 충분하면 1~2초 이내에 완료된다.

고형 폐기물 연소는 유독성 화합물을 파괴하고 폐기물을 에너지원으로 사용하여 수증기를 생산하기 위해 점점 고온에서 수행하는 방향으로 진화하였다.

폐기물의 발열량. 폐기물의 발열량은 킬로그램당 킬로줄($kJ \cdot kg^{-1}$)로 측정되며, 봄베 열량계를 사용하여 실험적으로 결정된다. 건조한 시료를 연소실에 넣고, 25°C의 일정한 온도에서 방출되는 열을 열수지로부터 계산한다. 연소실이 25°C로 유지되기 때문에 산화 반응에서 발생하는 연소수는 액체상태로 유지된다. 이 조건에서 최대 열 방출이 일어나는데, 이를 **고위 발열량**(higher heating value, HHV)이라 한다.

실제 연소 과정에서는 가스가 대기 중으로 배출될 때까지 연소가스의 온도가 100°C 이상으로 유지된다. 따라서 연소 과정에서 나오는 물은 항상 증기상태에 있으며, 이때의 발열량을 **저위 발열량**(lower heating value, LHV)이라 한다. 다음 식은 HHV와 LHV 사이의 관계를 나타낸다.

$$LHV = HHV - [(\Delta H_v)(9H)] \tag{13-1}$$

여기서 ΔH_v = 물의 기화열 $2,420\ kJ \cdot kg^{-1}$

H = 연소된 물질의 수소 함량

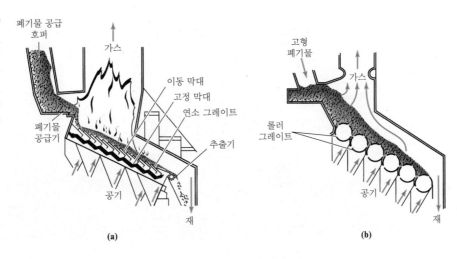

그림 13-9

전량소각로(mass-fired incinerator)의 연소실. (a) 마틴 그레이트, (b) 뒤셀도르프 그레이트. (출처: (a) Ogden Martin Systems, Inc.; (b) American Ref-Fuel, Inc.)

1 g · mol의 수소가 9 g · mol의 물을 생산하기 때문에 9라는 계수가 등장한다(즉, 18/2). 이때 이 물은 단지 연소 반응에 의한 것이라는 점에 유의한다. 폐기물이 젖어 있는 경우에는 자유수도 증발시켜야 한다. 이 물을 증발시키는 데 필요한 에너지는 상당할 수 있으며, 에너지 회수 관점에서 볼 때 연소 과정이 매우 비효율적일 수 있다. 또한 재 함량이 높으면 연료 kg당 건조 유기물질의 비율이 낮아지고, 소각로에서 나오는 재는 약간의 열을 보유하기 때문에 에너지 생산량이 감소한다.

소각로 종류

재래식(전량) 소각. 전량 소각로는 MSW 소각의 가장 일반적인 형태이다. 재래식 소각로의 기본 배치는 그림 13-10과 같다. 이 시스템은 가스레인지나 매트리스와 같이 크기가 매우 큰 물품을 제거하는 것 외에 전처리를 거의 하지 않은 쓰레기를 처리할 수 있다. 그러나 환경 훼손을 방지하기 위해서는 살충제 및 기타 가정용 유해 화학물질과 같은 잠재적으로 유해한 화학물질의 제거를 위한 지역 기반의 프로그램이 필요하다. 쓰레기를 전처리하지 않기 때문에, 발열량이 어느 정도 있더라도 대개 수분이 상당히 많아서 건조되기까지는 **자가 연소**(스스로 연소 유지)가 일어나지 않는다. 이 때문에 초기 건조 단계에 보조 연료가 공급된다. 또한 연소 과정에서 많은 양의 입자상 물질이 발생하므로 어떤 형태로든 대기오염 제어장치가 필요한데, 일반적으로 전기 집진기(12장에서 설명)가 선택된다. 소각로에서의 용적 감소는 약 90%이다. 따라서 물질의 약 10%는 여전히 매립지로 운반해야 한다.

폐기물 가공 연료 설비. **폐기물 가공 연료**(refuse-derived fuel, RDF)는 분쇄, 선별 및 공기 분류와 같은 공정을 통해 비가연성 부분으로부터 분리된 고체 폐기물의 가연성 부분이다(Vence and Powers, 1980). MSW 처리를 통해 수거된 폐기물의 55~85%에서 발열량 12~16 MJ · kg^{-1}의 폐기물 가공 연료를 생산할 수 있다. 이 시스템은 일반적으로 가연성 부분이 기존 보일러의 석탄 또는 기타 고체 연료에 대한 보충 연료로 외부 사용자(설비 또는 산업)에게 판매되기 때문에 **보조 연료**

그림 13-10

재래식 전량 소각로의 단면도 (©Covanta Energy Corp., Inc.)

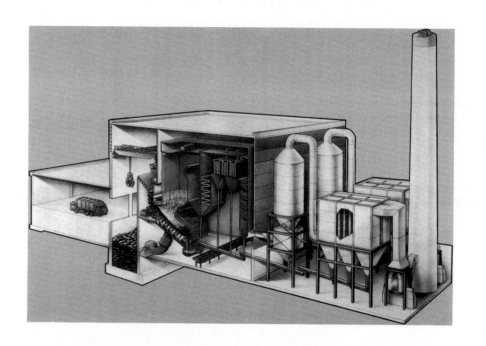

시스템(supplemental fuel system)이라고도 불린다.

일반적인 시스템에서 MSW는 유리와 먼지를 제거하기 위해 트롬멜(trommel) 또는 회전 스크린에 공급되고, 나머지 부분은 크기 감소를 위해 분쇄기로 이동한다. 그런 다음 분쇄된 폐기물은 공기 분류기를 통과하여 가벼운 부분(플라스틱, 종이, 목재, 섬유, 음식물 폐기물 및 소량의 경금속)과 무거운 부분(금속, 알루미늄 및 소량의 유리 및 세라믹)으로 분리한다.

가벼운 부분은 자기적 시스템을 통해 철 금속을 제거하고 난 후 연료로 사용할 수 있다. 무거운 부분은 철 금속의 회수를 위해 다른 자기적 제거 시스템으로 전달되며, 이때 알루미늄도 회수할 수 있다. 나머지 유리, 도자기, 그리고 무거운 부분의 비자성 물질들은 매립지로 보내진다.

RDF를 생산하는 최초의 실규모 시설은 1975년부터 아이오와주 에임즈에서 가동되고 있다. 그 후, 유사한 기술을 사용하는 다른 시설들이 설계되고 건설되었다. 그림 13-11은 남동 버지니아 공공 서비스공단의 RDF 시설의 공정 흐름도를 보여준다.

모듈식 소각로. **모듈식 소각로**(modular incinerators)는 일반적으로 하루 4.5~107 t의 고형 폐기물을 처리하는 조립식 장치로, 대부분 유일한 에너지 생산물로서 증기를 생산한다. 또한 대부분의 모듈식 소각로는 2개의 연소실을 두는 시스템을 사용한다. 첫 번째 연소실에서 생성된 가스는 두 번째 연소실로 흘러가 더 완전하게 연소된다. 두 번째 연소실은 종종 유일한 대기오염 제어장치로 기

그림 13-11

남동 버지니아 공공 서비스공단의 RDF 시설

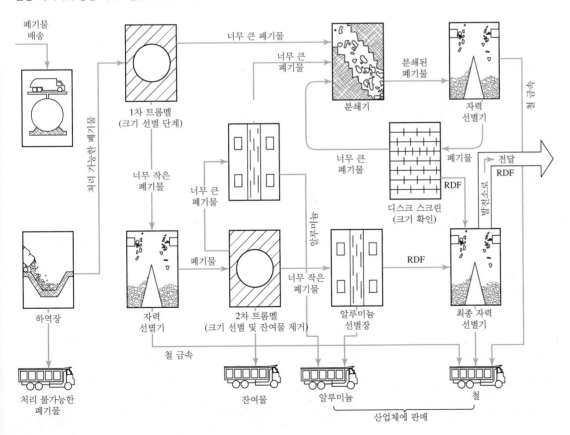

능한다. 추가적인 대기오염 제어 장비가 설치된 모듈식 장치는 전량 연소시설만큼 효과적으로 배출을 제어할 수 있다. 많은 모듈식 장치들이 보다 엄격한 기준을 만족하기 위해 기존 제어장치를 개선할 계획이지만, 일부는 장치 업그레이드와 관련된 비용 때문에 폐쇄될 것이다. 모듈형 소각로에 대한 관심은 감소하는 추세이다.

유동층 소각로. 유동층 소각로는 일본에서 광범위하게 사용되어 왔는데, 세계 다른 곳에서도 점점 더 흔해지고 있다. **유동층 소각로**(fluidized bed incinerator)에서 모래는 기름이나 가스에 의해 약 800°C로 가열된다. 소각로에서 모래는 바닥에서 위로 공기를 보내는 통풍기에 의해 이리저리 날린다(즉, "유동화"된다). 슬러지가 소각로 바닥으로 들어가면 가열되어 유동화된 모래가 슬러지와 부딪히면서 슬러지가 부서지고 연소된다.

이러한 유형의 소각로는 전단에서 폐기물의 전처리가 필요하다. 소각을 위해 폐기물에서 유리와 금속을 제거해야 한다. 그러나 유동층 소각로는 종이나 나무와 같이 다양한 수분 함량과 열 함량의 폐기물을 성공적으로 연소시킬 수 있다. 유동층 소각로에서의 연소 및 열 회수는 매우 효율적이며 오염물질 배출 수준이 낮다.

유동층 소각로는 전량 소각로보다 운영에 있어 일관성이 더 높은 것으로 보이며, 효과적으로 운영될 경우 배기가스 배출을 제어하고 잔류 회분 발생을 감소시키며 높은 에너지 전환 효율을 달성시킬 수 있다. 유동층 소각로는 연료를 공동 연소할 수 있는데, 이는 도시 폐기물을 석탄이나 프로판과 함께 태울 수 있다는 것을 의미한다. 이러한 유형의 소각로는 소형 전량 소각로보다 더 효과적인 것으로 보인다.

공중보건 및 환경문제

MSW의 연소는 입자상 물질, 산성 가스(SO_x, HCI, HF), NO_x (주로 NO 및 NO_2), 일산화탄소, 유기물질 및 중금속을 배출할 수 있다. 이때 이산화탄소 배출은 중요하지 않다. 모든 MSW가 소각된다고 가정했을 때 CO_2 배출량은 미국에서 매년 발생하는 배출량의 2% 미만이다.

중금속은 바닥재, 비산재, 가스로 배출되는 입자상 물질에 분포한다. 납과 카드뮴은 바닥재[*]와 비산재 모두에서, 다른 많은 금속들은 비산재[†]에서 발견된다. 1998년까지 이러한 재는 유해 폐기물 규정에 포함되지 않는다는 EPA의 해석에 따라 Subtitle C 매립장에 폐기될 수 있었다. 그러나 1998년 미대법원은 MSW 소각로에서 발생한 재가 연방독성검사를 통과하지 못하면 유해 폐기물로 취급해야 한다고 판결하였다.

MSW 소각로의 배출가스에는 고온에서 연소 시 공기와의 반응에 의해 생성되는 NO_x가 존재하는 경우가 많다. NO_x는 호흡 기능을 약화시키며 산성비에 기여하는 것으로 알려져 있다. HCI와 SO_2도 배출가스에서 발견된다. 입자상 물질은 12장(대기오염)에 설명된 대로 공중보건 및 환경에 악영향을 미친다. 폐기물에 포함된 모든 수은은 배기가스로 휘발된다. MSW 소각장은 다이옥신, 퓨란, 다이옥신 유사 PCB[‡]의 최대 단일 발생원이다(U.S. EPA, 2000). EPA는 1995년의 이들 화

---

[*] **바닥재**는 소각로의 그레이트(grate)를 통해 떨어지는 고형 잔류물이다. 비산재보다 크기가 상당히 크다.

[†] **비산재**는 연기 흐름 내에 있는 미세한 입자이다. 집진기, 필터 및 스크러버에 의해 포집된다.

[‡] 다이옥신은 75가지의 다른 폴리염화 디벤조-p-다이옥신의 총칭이다. 135가지의 폴리염화 디벤조퓨란은 135종이 있다. 이러한 화합물은 일부 동물종에 극도로 유독하다. 가장 유독한 물질은 2,3,7,8-테트라클로로디벤조-p-다이옥신(2,3,7,8-

학물질 배출량을 1,100 g TEq · year^{-1}로 추정하였다. 신규 및 기존 대형(220 t · day^{-1} 이상) 생활 폐기물 연소(municipal waste combustion, MWC) 시설에 대한 배출 표준 및 지침이 공포되어 있으며 소규모 MWC 시설(31~220 t · day^{-1})에 대해서도 규제안이 수정되어 있다. EPA는 MWC 규정을 완전히 준수할 경우 MSW 소각로에서 발생하는 연간 배출량이 약 24 g TEq · year^{-1}로 크게 감소할 것으로 추정한다. 2000년도 국가연구위원회 보고서는 최대 달성 가능한 제어 기술(maximum achievable control technology, MACT) 표준이 여전히 수은 및 납과 함께 다이옥신 배출을 적절하게 통제하지 못할 것임을 시사한다. 다이옥신과 다이옥신 유사 화합물은 환경에서 잔류하며, 수생 환경에 유입되면 먹이 그물을 따라 어류, 야생 동물, 그리고 궁극적으로는 인간에게 축적된다.

플라스틱 소각 중에 배출되는 다른 유기화학물질로는 다환방향족탄화수소(PAH)가 있다. 폴리스티렌은 가장 높은 농도로 PAH를 배출한다. PAH에 속하는 많은 화합물이 알려진 또는 잠재적인 발암물질이기 때문에 문제가 된다. 또한 PAH는 소수성이기 때문에, 생물축적하여 먹이 그물을 따라 상위 포식자로 이동하는 것으로 알려져 있다.

인체 건강 영향. MSW 소각로가 인체 건강에 미치는 영향에 대한 역학 연구는 거의 수행되지 않았다. 프랑스에서 수행된 연구(Zmirou, Parent, and Potelon, 1984)에서는 호흡기 약품 구입률이 폐기물 소각로에서 멀어질수록 감소했지만, 인과 관계는 발견되지 않았다. MSW 매립지가 인간에게 미치는 급성 호흡기 영향에 대한 3년간의 연구는 MSW 소각로 인근 지역 주민과 비교 지역 주민들 사이에서 호흡기 증상의 발생률에 아무런 차이가 없다는 것을 발견하였다(Shy et al., 1995). 반면, 소각로 인근에 사는 주민들이 소각로에서 멀리 떨어진 지역에 사는 주민보다 호흡기 질환 발생률이 높다는 연구 결과도 여러 차례 나왔다. 영국에서 실시한 MSW 소각장 인근에 거주하는 1,400만 명의 암 발병률에 대한 포괄적인 연구는 인과 관계를 발견하지 못하였다(Elliott et al., 1996). MSW 소각로에 근접하면서 발생률이 증가하기는 했지만, 높은 발암률은 높은 실업률, 과밀집 및 낮은 사회경제적 계층 등의 요인에 의해서도 나타날 수 있다.

MSW 소각로 근로자에 대한 연구는 오염물질에 대한 노출이 MSW 소각로 근처에 거주하는 주민보다 크기 때문에 건강상 악영향의 위험이 더 크다는 것을 보여준다. 근로자에게 가장 높은 위해를 끼치는 물질은 납, 카드뮴 및 수은인 것으로 나타났다. 국가연구위원회의 보고서인 '폐기물 소각 및 공중보건'은 MACT 사용에 대해 최근에 공포되거나 발의된 규정이 소각로 근로자의 건강에 거의 영향을 미치지 않을 것임을 시사한다(National Research Council, 2000).

TCDD)이며, 다이옥신 분자의 2, 3, 7, 8 위치에 염소 원자가 존재한다. 이 다이옥신은 일부 실험동물에게 매우 유독하기 때문에 가장 일반적으로 연구되고 있으나, 매우 낮은 농도와 노출에서 인체 건강에 미치는 영향에 대해서는 논란이 있어 왔다. 2,3,7,8-TCDD는 베트남에서 고엽제로 사용되던 에이전트 오렌지(Agent Orange)에 존재하는 다이옥신이었으며, 또한 1976년 이탈리아 세베조(Seveso) 참사의 주요 독성 화학물질이었다. 1976년 7월 10일 소독제(2,4,5-트리클로로페놀)를 생산하는 공장에서 약 20 km^{2}의 면적에 20분 동안 TCDD 등가량 기준 2 kg으로 추정되는 다이옥신을 방출하였다. 며칠 후 야생동물 및 가축(닭, 새, 토끼 및 일부 개)이 죽었고, 당시 야외에서 놀고 있던 어린이들은 염소여드름(chloracne)으로 알려진 피부 화상을 입었다. 700여 명이 가장 오염이 심한 지역에서 대피하였다. Journal of Epidemiology에 발표된 1993년 연구에 따르면 세베조의 주민은 연구 당시 발암 확률이 증가하기 시작하였다(Bertazzi et al., 1993). 그러나 더 최근의 연구들은 다이옥신이 인간 발암물질이 아님을 시사하기도 한다(Cole et al., 2003).

기타 열처리 공정

MSW는 소각 외에도 열분해 또는 가스화에 의해 처리될 수 있다. **열분해**(pyrolysis)는 산소가 없는 조건에서의 물질의 열처리 과정이다. **가스화**(gasification)는 연료가 화학량론적인 산소 미만의 조건에서 연소되는 부분 연소이다. 이는 폐기물의 부피를 줄이고 에너지를 회수하는 에너지 효율적인 기법이다. 두 공정 모두 고형 폐기물을 기체, 액체 및 고체 연료로 변환한다. 두 시스템은 열분해는 내열 반응을 유도하기 위해 외부 열원을 사용하고 가스화 반응은 자발착화적이라는 점에서 차이가 있다.

13-7 위생 매립지 처분

발생원 감소, 재사용, 재활용, 퇴비화가 MSW의 많은 부분에서 매립지 처리를 대신할 수 있지만, 일부 폐기물은 여전히 매립되어야 한다. 1979년 이전에 MSW는 많은 경우 개방형의 큰 적치장에서 폐기될 수 있었으나, 이는 몇 가지 문제를 야기하였다. 쓰레기가 부패하면서 보기 흉하고 악취가 나 곤충, 갈매기, 쥐 및 다른 설치류들을 끌어들였다. 이러한 동물 "매개체(vector)"들은 질병을 옮길 수 있어 인체 건강에 문제가 되었다. 방화든 자연 발화든 통제되지 않은 화재는 쓰레기 더미를 태웠고, 비가 쓰레기로 스며들면서 해로운 세균과 유해한 화학물질을 지하수와 근처의 호수나 하천으로 운반하였다. 이러한 문제들로 1979년 EPA는 개방형 적치장 폐기를 금지하고 위생 매립지로 대체하였다.

오늘날, 발생한 MSW의 약 55%가 위생 매립지에서 처리되고 있다. **위생 매립지**(sanitary landfill)는 고형 폐기물을 최소의 부피로 펼치고 매일매일 복토재를 가하여 다짐함으로써 환경적 위해를 최소화하는 방식으로 땅 위에 처리하는 공학적 방법을 적용한 육상 처리장이다. EPA에 따르면, 현대식 매립지는 부지 선정, 설계, 운영, 모니터링, 사용 종료, 종료 후 관리, 필요한 경우 정화를 포함하는 잘 설계된 시설이며, 연방 규정 준수를 위해 자금 지원을 받는다. 그러나 어떤 이들은 이러한 관점이 안전성에 대한 오해를 불러 일으킨다고 주장한다. 그들은 매립지에 의한 지하수 오염이 불가피하며, 매립지는 영구적으로 정기적인 유지 보수가 필요하고, 위생 매립지는 MSW의 처분과 관련된 경제적·공중보건적 부담을 미래 세대로 이전하는 수단일 뿐이라고 생각한다(Lee and Sheehan, 1996).

MSW 처리에 관한 연방 규정, 즉 1991년 자원 보전 및 회수법(Resource Conservation and Recovery Act, RCRA)의 Subtitle D(Federal Register, 1991)가 인체 건강과 환경을 보호하기 위해 제정되었다. 이 규정에 따라 Subtitle D 매립지[*]는 잠재적으로 유해한 매립지 배출가스를 수집하고 에너지로 전환할 수 있다.

1988년 이후, 매립지의 수는 약 8,000개에서 1998년 2,314개로 줄어들었지만 매립지의 평균 크기는 증가하였다. 몇 년 전만 해도 미국의 기존 매립지의 수용량이 이미 초과되었을 것이라는 우려가 컸지만, 오늘날에는 그렇지 않은 것으로 보인다. MSW 처리에 남은 기간은 지역에 따라 크게 다르다. 그림 13-12에 표시된 것처럼 대부분의 주는 10년 이상의 매립 용량을 보유하고 있는 것으로 추정된다. 그러나 매립 용량에서 이와 큰 차이를 보이는 주들도 있다. 북동부 지역의 매립지는 실질

---

[*] 공공 매립지는 RCRA의 Subtitle D에 따라 규제되기 때문에 흔히 "Subtitle D 매립지"라고 한다.

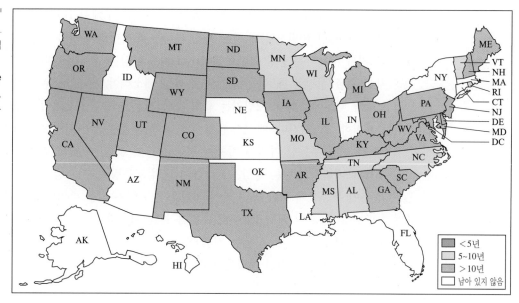

그림 13-12

주별로 남아 있는 미국 매립지 수용량
(출처: Glenn, J. 1999 "State of Garbage in the U.S., 1998" Biocycle 40(4): 60-71.)

적으로 남은 시간이 없는 반면, 서부 산악 지대의 매립지는 약 50년이 남아 있다. 나머지 지역의 매립지는 7~11년이 남아 있다(Scarlett, 1995).

부지 선정

부지의 위치는 아마도 위생 매립지 개발에서 극복해야 할 가장 어려운 장애물일 것이다. 많은 잠재적 부지가 지역 주민들의 반대로 사용 불가능해진다. 매립지 위치를 선택할 때 다음 변수를 고려해야 한다.

- 습지, 범람원, 지진 영향 지역 등 입지 제한 지역
- 주민의 반대
- 주요 도로의 접근성
- 도로 및 교량의 하중 제한
- 지하 교통로로 인한 제한
- 교통 패턴 및 혼잡도
- 지하수면 및 유일한 수원인 대수층의 위치
- 토양 조건 및 지형
- 복토재의 가용성
- 기후(예: 홍수, 산사태, 눈)
- 지목·도시구역 요건
- 부지 주변의 완충 지역(예: 키 큰 수목으로 둘러싸인 부지)
- 역사적 건축물, 멸종 위기종 및 이와 유사한 환경 요인의 위치

1991년 10월, EPA는 RCRA의 Subtitle D에 따라 매립지에 대한 새로운 연방 규정을 공포하였다. 여기에는 공항, 범람원, 단층 지역과의 거리 제한과 습지, 지진 및 산사태 영향 지역, 싱크홀과 같은 불안정한 지질학적 지역의 건설 제한사항이 포함된 부지 선정 기준이 규정되어 있다. 이 밖에

도 다른 제한사항이 적용될 수 있다. 예를 들어, 식수 취수구에서 1마일 미만인 매립장은 40 CFR 258.51-258.55(1994년 10월 9일)에 따른 특정 지하수 모니터링 규정을 준수해야 한다. 또한 매립지는 터보제트기가 사용하는 공항 활주로에서 10,000 ft 이상 떨어져야 한다.

매립지 부지를 선정할 때 인근 주민의 우려를 해소해야 한다. MSW 매립지의 특성과 수반되는 트럭 교통량 때문에, MSW 매립지는 좋지 못한 시선을 받고 시설을 둘러싼 수 km 거리의 부동산 가치를 현저히 감소시킨다. 매립지 운영 지역과 인접 부동산 사이에 적절한 토지 완충지를 도입하면 매립지가 인접 부동산 가치에 미치는 영향을 크게 줄일 수 있다. 그럼에도 불구하고, 이러한 완충지는 MSW 매립지의 다른 영향, 예를 들어 트럭 교통량, 대기오염, 경관 손상 등을 피할 수 없다. 많은 경우에 부동산에 대한 공정 가치 이상을 제공해야 인근 주민의 설득이 가능하다. 이 비용은 쓰레기 매립장 운영 및 폐기물로부터 수익을 보는 이들과 폐기물을 생성하는 사람(자신의 뒷마당에 폐기물 버리는 것을 원하지 않는 사람)에게 부과할 수 있다. 긍정적인 현장에서, 매립지는 일자리와 세금 측면에서 경제적인 이익을 가져온다.

매립지와 관련된 주요한 사회문제 중 하나는 환경 정의 문제이다. 많은 사람들이 매립지와 재활용 시설 같은 고형 폐기물 처리시설이 사회경제적으로 하층인 지역과 주로 유색인종들이 거주하는 지역 사회에 위치한다고 믿는다. 시카고 광역 위생구가 120 ha의 습지를 매립지로 전환해 260 ha의 매립지를 확대하자고 제안한 시카고 제10구의 경우를 생각해 보자. 해럴드 워싱턴(Harold Washington) 당시 시장 후보와의 대규모 공개 회의, 시위, 정치적 만남을 포함한 조직적 노력을 통해 지역 행동 단체가 매립지 사업을 막는 데 성공하였다(Buntin, 1995).

운영

위생 매립지에서 가장 일반적으로 사용되는 운영 방법은 **면적법**(area method)이다(그림 13-13). 면적법은 폐기물을 펼치고, 다짐하고, 흙으로 복토하는 3단계 공정을 사용한다.

면적법에서는 고형 폐기물을 표면에 쌓고 다짐한 후 하루 작업이 끝날 때 **일일 복토**(daily cover)라고 하는 다짐 토양층으로 덮는다. 면적법은 지형에 의해 거의 제한되지 않아, 평평하거나 험한 지형, 협곡 및 기타 유형의 움푹한 지형에서 모두 사용 가능하다.

전형적인 매립지의 측면도는 그림 13-14와 같다. 한 번의 작업 기간 동안 매립지에 놓인 폐기물과 일일 복토는 하나의 **셀**(cell)을 형성하는데, 운영 기간은 보통 하루이다. 폐기물은 수거 및 운

그림 13-13

면적법

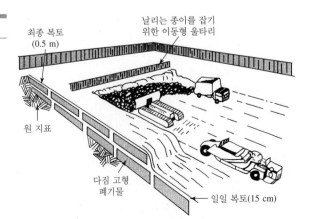

그림 13-14

위생 매립지의 측면도

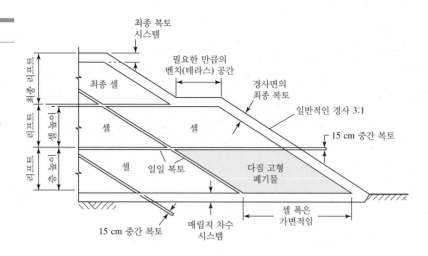

표 13-3	권장되는 복토층 깊이		
복토 유형		**최소 깊이(m)**	**노출 시간(일)**
일일		0.15	<7
중간		0.30	7~365
최종		0.60	>365

송 차량에 의해 작업 **면**(face)에 놓인 후, 0.4~0.6 m 층으로 펼쳐지고 다짐된다. 하루 작업이 끝날 때 **복토**(cover)재를 셀 위에 깐다. 이때 복토재는 자연 토양 또는 기타 승인된 재료일 수 있다. 표 13-3에 다양한 노출 기간에 대해 권장되는 복토 깊이가 제시되어 있다. 셀의 치수는 폐기물의 양과 작업 기간에 따라 결정된다. **리프트**(lift)는 폐기물층의 배치 또는 매립지의 수평 활성 구역의 완료를 가리킨다. 그림 13-14에서 리프트는 매립지의 활성 구역의 완료로 표시되어 있다. 첫 번째 리프트는 2 m의 폐기물이 적치될 때까지 폐기물이 다짐되지 않기 때문에 푹신한 리프트(fluffy lift)라고 불린다. 첫 번째 리프트를 바로 다짐하지 않는 것은 중압 장비로 인한 차수층 손상을 방지하기 위함이다. 리프트가 장시간 노출될 것으로 예상되면 중간 복토층을 추가로 덮을 수 있다. 활성 구역은 길이와 폭이 최대 300 m일 수 있다. 트렌치 길이는 30~300 m, 폭은 5~15 m, 깊이는 3~9 m가 일반적이다(Tchobanoglous et al., 1993).

　　벤치(bench)는 매립지의 높이가 15~20 m를 초과하는 곳에 사용된다. 이는 매립지의 경사 안정성을 유지하고, 지표수 배수로를 설치하며, 매립가스 포집관을 설치하기 위해 사용된다.

　　매립지 전체에 대한 **최종 복토**(final cover)는 모든 매립 작업이 완료된 후 실시한다. 오늘날 최종 복토는 특정한 기능을 수행하기 위한 여러 층의 재료를 포함할 수 있다.

　　매립지 운영에 있어 추가적인 고려사항은 1991년 EPA가 공포한 Subtitle D 규정의 요구사항이다. 여기에는 유해 폐기물의 배제, 복토재의 사용, 질병 매개체 제어, 폭발성 가스 제어, 공기질 측정, 접근 제어, 유출수 및 유입수 제어, 지표수와 액체 제한, 지하수 모니터링 및 기록 보관 등이 있다(Federal Register, 1991).

예제 13-2 폐기물 발생률이 $2.02 \, kg \cdot (capita)^{-1} \cdot day^{-1}$인 인구 250,000명에 대해 예상 수명이 30년인 새로운 매립지에 필요한 면적을 결정하시오. 다짐 폐기물의 밀도는 $470 \, kg \cdot m^{-3}$이며, 매립지의 높이는 15 m를 넘을 수 없다.

풀이 이 문제는 물질수지 문제이다. 매립지로 들어가 다짐 폐기물이 영원히 매립지에 남는다고 가정할 때(실제로 음식이 매립지에 매립된 지 약 25~30년 후에도 온전한 상태로 발견되었다는 점을 고려할 때 특별히 잘못된 가정은 아님), 필요한 매립지 부피는 다음과 같이 계산할 수 있다.

$$\frac{(250,000 \text{ people})[2.02 \, kg \cdot (capita^{-1}) \cdot day^{-1}]}{(470 \, kg \cdot m^{-3})} = 1,074 \, m^3 \cdot day^{-1}$$

따라서 30년 동안 요구되는 부피는

$$(1,074 \, m^3 \cdot day^{-1})(365 \, days \cdot year^{-1})(30 \, years) = 11,760,300 \, m^3$$

높이가 15 m로 제한된다면, 필요한 면적은

$$\frac{11,760,300 \, m^3}{15 \, m} = 784,020 \, m^2 \text{ 또는 } 78.4 \text{ ha}$$

단순하게 하기 위해 풀이에는 일일 복토의 부피가 포함되지 않았고, 분해와 압밀로 인한 폐기물의 침하도 고려되지 않았다. 이러한 문제는 고형 폐기물 관리 심화 수업에서 다룰 수 있다.

환경적 고려사항

질병 매개체(질병을 운반하는 생물이나 물질)와 수질 및 대기오염은 적절하게 운영되고 유지되고 있는 매립지에서 문제되지 않아야 한다. 폐기물의 적절한 다짐, 적정하게 다짐된 일일 복토 및 좋은 시설 관리는 파리나 설치류 및 화재를 제어하는 데 필수적이다.

대기오염을 유발할 수 있는 화재는 위생 매립지에서 절대 허용되지 않는다. 만약 우발적인 화재가 발생한다면, 토양, 물, 또는 화학물질을 사용하여 즉시 진화해야 한다.

악취, 먼지, 바람에 날리는 쓰레기는 폐기물을 신속하면서도 주의 깊게 복토하고 복토층에 발생하는 균열을 메꾸어 제어할 수 있다. 먼지는 토양 굴착 시 물이나 생분해성 기름을 뿌리는 것과 같은 일반적인 분진 발생 방지 기법을 사용하여 제어할 수 있다.

침출수

매립지를 통과하는 액체인 **침출수**(leachate)는 용존물질과 부유물질을 폐기물에서 추출한다. 이 액체는 강우, 지표 배수, 지하수와 같은 외부 유입원과 폐기물 내의 액체, 폐기물 분해 중 생성되는 액체로 인해 발생한다.

위생 매립지에서 고형 폐기물은 여러 가지 생물학적, 화학적, 물리적 변화를 겪을 수 있다. 유기물질의 호기성 및 혐기성 분해는 가스상 및 액체상의 최종 생성물을 모두 발생시킨다. 일부는 화학적으로 산화되며, 일부 고형물은 채움을 통과해 스며든 물에 용해된다. 표 13-4에는 침출수 조성의 범위가 나와 있다. 분해 반응으로 매립가스 내에 생성된 휘발성 유기화합물은 매립지를 통과하

표 13-4 신규 및 오래된 매립지의 일반적인 침출수 조성

성분	값 (mg · L⁻¹)		
	신규 매립지 (<2년)		오래된 매립지 (>10년)
	범위	대푯값	
BOD₅(5일 생화학적 산소 요구량)	2,000~30,000	10,000	100~200
TOC(총유기탄소)	1,500~20,000	6,000	80~160
COD(화학적 산소 요구량)	3,000~60,000	18,000	100~500
총부유물질	200~2,000	500	100~400
유기질소	10~800	200	80~120
암모니아 질소	10~800	200	20~40
질산 이온	5~40	25	5~10
총인	5~100	30	5~10
오르토 인	4~80	20	4~8
알칼리도(as CaCO₃)	1,000~10,000	3,000	200~1,000
pH(단위 없음)	4.5~7.5	6	6.6~7.5
총경도(as CaCO₃)	300~10,000	3,500	200~500
칼슘	200~3,000	1000	100~400
마그네슘	50~1,500	250	50~200
칼륨	200~1,000	300	50~400
나트륨	200~2,500	500	100~200
염화 이온	200~3,000	500	100~400
황산 이온	50~1,000	300	20~50
총철	50~1,200	60	20~200

출처: Tchobanoglous et al., 1993.

면서 침출수에 용해되어 종종 지하수를 오염시킨다.

침출수 양.　매립지 부지에서 발생하는 침출수의 양은 매립지에 대한 수문학적 물질수지를 사용하여 추정할 수 있다. 전 지구적 물 순환(7장 참조) 중 일반적으로 매립지 부지에 적용되는 것에는 강수, 지표 유출, 증발, 증산(매립지 복토가 완료되었을 때), 침투 및 저장이 있다. 7장에서 제시한 물질수지식과 유사하게 다음과 같이 쓸 수 있다.

$$\Delta S = P - E - R + G' - F \tag{13-2}$$

여기서 ΔS = 저장량 변화

P = 강수

E = 증발

R = 지표 유출

G' = 지하수로부터의 침투

F = 매립지에서 침출수로 유입

강수는 기후학적 기록을 통해 전통적인 방식으로 추정할 수 있다. 유입되는 지표 유출은 이 책의 범위를 벗어난 다양한 공학적 기법을 사용하여 추정할 수 있다. 증발과 증산은 종종 증발산으로 합쳐지는데, 증발률은 미국 지질 조사소(2000)가 제공하는 지역 데이터로 추정할 수 있다. 증산율은 식물 과학 교과서 및 기타 자료(Robbins, Weir, and Stocking, 1959; Kozlowski, 1943), 직접 측정(Nobel, 1983; Salisbury and Ross, 1992) 및 모델링(Kaufmann, 1985)을 통해 얻을 수 있다. 침투(및 유출)는 달시의 법칙(식 7-12)을 사용하여 추정할 수 있다. 매립지가 포화상태가 될 때까지 침투하는 물의 일부는 복토재와 폐기물에 저장된다. 중력에 대항하여 지탱할 수 있는 물의 양을 **보수력**(field capacity)이라고 한다. 이론적으로는 매립지가 보수력에 도달하면, 침출수가 흐르기 시작할 것이다. 따라서 잠재적 침출수 양은 매립지 내 보수력을 초과하는 수분의 양이다. 그러나 실제로는 보수력을 초과할 필요가 없으며, 폐기물을 통과하는 물길이 생기면서 침출수가 거의 바로 흐르기 시작할 것이다.

침출수가 차수층을 통과하는 데 걸리는 시간은 다음과 같이 계산할 수 있다.

$$t = \frac{d^2\eta}{K(d+h)} \tag{13-3}$$

여기서 t＝파과 시간

d＝두께(m)

K＝투수계수(m/y)

η＝공극률

h＝수두(m)

보수력은 자주 사용되는 지표이지만 사용에 한계가 있다. 침출수가 막 흐르기 시작하는 시점을 결정하는 기준은 정하기 어렵고, 시료 채취 빈도 및 수분 함량의 측정 정확도에 따라 달라진다.

앞서 언급한 바와 같이, 매립지에서 배출되는 침출수의 양은 달시의 법칙을 사용하여 결정할 수 있다. 침출수 시스템은 10^{-9} m · s^{-1} 정도의 투수계수를 갖도록 설계된다. 다짐 점토층을 사용할 경우 두께는 약 1 m여야 한다.

예제 13-3 매립지 면적이 15 ha이고 차수층 두께가 1 m인 경우, 다짐 점토층을 통해 흐르는 침출수의 부피 유량을 계산하시오. 투수계수는 7.5×10^{-10} m · s^{-1}이고, 수두가 0.6 m라고 가정한다.

풀이 먼저 식 7-12를 사용하여 점토층을 통과하는 침출수의 달시 속도를 결정한다.

$$v = K\left(\frac{\Delta h}{L}\right) = (7.5 \times 10^{-10} \text{ m} \cdot \text{s}^{-1})(0.6 \text{ m/1 m}) = 4.5 \times 10^{-10} \text{ m} \cdot \text{s}^{-1}$$

유량을 제한하기 위해 연속 방정식을 적용한다($Q = vA$).

$$Q = (4.5 \times 10^{-10} \text{ m} \cdot \text{s}^{-1})(15 \text{ ha})(10^4 \text{ m}^2 \cdot \text{ha}^{-1}) = 6.75 \times 10^{-5} \text{ m}^3 \cdot \text{s}^{-1}$$

이 풀이는 침출수 수집 시스템이 없다고 가정한다. 실제로는 매립지에 수집 시스템을 설치해 수두를 감소시키기 때문에 차수층을 침투해 지하수까지 도달하는 침출수가 최소화된다.

EPA와 미 육군(공학 연구 및 개발 센터(구 수로 시험 연구소))은 매립지 성능의 수문학적 평가(Hydrologic Evaluation of Landfill Performance, HELP)라는 물수지를 위한 컴퓨터 모델을 개발하였다(Schroeder et al., 1984). 이 프로그램에는 다양한 토양 유형의 특성, 강수 패턴, 증발산-온도 관계에 대한 광범위한 데이터와 매립지를 통과하는 수분 흐름의 경로 예측을 수행하는 알고리즘이 수록되어 있다. HELP 모델은 사용이 간단하지만 침출수 발생을 2~3배까지 과대평가한다. 이는 침출수 수집 및 처리 시스템의 상당한 과잉 설계를 초래하여 불필요한 비용을 야기할 수 있다.

침출수 제어. 매립지에서 침출수가 새어나오는 것을 방지하여 지하수 오염을 막기 위해서는 엄격한 침출수 관리 조치가 필요하다. EPA가 공포한 1991년 Subtitle D 규정(40 CFR 258)에 따라, 신규 매립지는 특정한 방법으로 차수층을 설치하거나 매립지 경계에서 지하수에 대한 최대오염농도를 충족해야 한다. 지정된 차수 시스템은 최소 0.6 m 두께의 다짐 토양층에 의해 지지되는 최소 0.76 mm 두께의 **합성차수막**(지오멤브레인, geomembrane)을 포함한다. 토양 차수층의 투수계수는 1×10^{-7} cm · s^{-1} 이하여야 한다. HDPE 재질의 유연성 합성차수막의 경우 두께는 최소 1.52 mm여야 한다(Federal Register, 1991). EPA 지정 차수 시스템의 개략도는 그림 13-15에 나와 있다.

폴리염화비닐(polyvinyl chloride, PVC), HDPE, 염화 폴리에틸렌(chlorinated polyethylene, CPE), 에틸렌 프로필렌 다이엔 모노머(ethylene propylene diene monomer, EPDM) 등 여러 합성 차수막 소재를 사용할 수 있는데, 설계자들은 PVC와 특히 HDPE를 선호한다. 최근에는 합성 점토층도 바닥 차수층과 최종 복토로 사용되고 있다. 이는 다짐 점토 차수층처럼 두껍지 않지만 설치가 빠르고 쉬우며 투수계수가 낮다. 벤토나이트 점토를 사용하면 손상된 차수층이 자체 밀봉될 수 있다.

합성차수막은 불투수성이 높지만(투수계수는 일반적으로 1×10^{-12} cm · s^{-1} 미만) 쉽게 손상되거나 부적절하게 설치될 수 있다. 건설 중 건설 장비에 의한 손상, 하중으로 인한 인장 응력에 의한 손상, 지지 토양의 차등 침하에 의한 찢김, 폐기물 내 날카로운 물체로 인한 구멍 발생, 지지 토양의 굵은 입자에 의한 구멍 발생, 운영 중 매립 장비에 의한 찢김 등이 발생할 수 있다. 설치 결합은 주로 2개의 합성차수막을 연결해야 하거나 파이프가 차수층을 통과해야 할 때 발생한다. 적절한 품질 관리를 통해 설치된 합성차수막은 ha당 3~5개 미만의 결함을 가져야 한다.

합성차수막 아래 토양층은 합성차수막의 기초 역할과 지하수로의 침출수 유입을 차단하는 보조 역할을 한다. 다짐 점토층은 일반적으로 1×10^{-7} cm · s^{-1} 미만의 투수계수를 가진다. 추가적으로, 지름 1 cm 이상의 날카로운 물체가 없어야 하고, 입자 크기가 고르게 구성되어 토양층에 빈 공

그림 13-15

복합 차수층과 침출수 수집 시스템

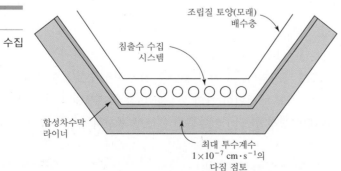

간이나 굴곡이 없어야 하며, 차등 침하가 발생하지 않도록 다짐되어 있고 균열이 없어야 한다.

침출수 수집. 1991년 Subtitle D 규정(Federal Register, 1991)에 따르면, 침출수 수집 시스템은 차수층 위의 침출수 깊이가 0.3 m를 초과하지 않도록 설계되어야 한다. 침출수 수집 시스템은 매립지의 바닥이 합성차수막 위의 배수관^{*} 그리드를 향해 경사지게 설계된다. 높은 투수계수(권장 기준 1×10^{-2} cm·s^{-1} 이상)를 가진 0.3 m 깊이의 조립질 재료(예: 모래) 층을 합성차수막 위에 배치하여 배수관으로 침출수를 전달한다. 이 층은 침출수를 운반할 뿐만 아니라 장비 및 고형 폐기물로 인한 기계적 손상으로부터 합성 막을 보호한다. 어떤 경우에는 모래를 막기 위한 **지오패브릭**(geofabric)(올을 성기게 짠 천) 보호층을 가진 **지오넷**(geonet)(소형 철책선을 닮은 합성망)이 모래층과 합성차수막 사이에 설치되어 배관 시스템으로의 침출수 흐름을 증가시킨다.

침출수 처리. 매립지 침출수의 조성은 매우 가변적이지만 일반적으로 고농도의 암모니아, 화학적 산소 요구량(COD) 및 생물학적 산소 요구량(BOD)으로 측정되는 유기오염물질, 할로겐화 탄화수소 및 중금속으로 오염되어 있다. 또한 침출수에는 염화나트륨, 탄산염 및 황산염이 고농도로 함유되어 있다. 따라서 침출수는 수집 후 처리하여 방류해야 한다. 예를 들어, 생활폐기물이 많이 매장된 비교적 연식이 짧은 매립지에서 나오는 침출수는 매우 높은 농도의 암모니아와 유기화학물질을 함유하는 경우가 많다. 반면에 오래된 매립지의 침출수는 높은 염분 농도와 현저히 낮은 암모니아, 중금속, 유기물질 농도를 가질 것이다. 따라서 새롭게 설치되는 침출수 처리장은 시간이 지남에 따라 변화하는 침출수 특성에 대처할 수 있는 다단계 장치로 설계되어야 한다.

매립지 침출수 처리 방법은 매우 다양하다. 수집된 침출수는 전처리 없이 공공하수 처리장으로 보내져 공공하수와 함께 처리되는 경우도 있고, 수집된 침출수를 화학적 응집, 침전 및 여과 처리하여 공공하수 처리장으로 보내기도 한다. 어떤 경우에는 현장에서 침출수를 따로 처리한 후 방류할 필요가 있다. 이를 위해 사용 가능한 처리 시스템 중 하나는 암모니아, COD 및 BOD 제거를 위해 2단계 활성 슬러지 공정(즉, 질산화–탈질화)을 사용하는 것이다. 이 공정의 처리 효율은 충분하지 않을 수 있으며, 따라서 잔류 COD를 제거하기 위해 추가 처리가 필요할 수 있다. 이때 활성탄과 오존을 포함한 몇 가지 방법이 있다. 그러나 이러한 처리 과정 중 어떤 것도 높은 염분 함량은 제거하지 못한다. 염분을 제거해야 하는 경우에는 역삼투(RO)를 사용할 수 있다. 일반적인 처리 공정 조합은 침출수의 생물학적 전처리와 RO 단계이다. 침출수를 매립지로 다시 흘러보내 미생물이 침출수 내 생분해성 물질을 분해할 수 있는 추가적인 기회를 주는 것으로 침출수를 현장 처리할 수도 있다.

메테인 및 기타 가스 발생

매립지에서 배출되는 주요 기체 생성물(메테인과 이산화탄소)은 미생물 분해의 산물이다. 매립가스의 일반적인 농도와 특성은 표 13-5에 요약되어 있다. 매립지의 초기에 주요 가스는 이산화탄소로, 쓰레기의 호기성 분해를 통해 생산된다. 이 기간 동안은 질소(N_2) 가스 농도도 높다. 매립지가 성숙해짐에 따라 가스는 이산화탄소와 메테인이 거의 동등한 비율로 구성된다. 메테인 생성 단계에서는 질소 농도가 감소하며, 메테인 생성 반응이 완료되면 메테인 생성이 중단된다.

---

^{*} 여기서 **배수관**은 침출수를 수집하도록 설계된 유공관이다.

표 13-5	MSW 매립가스의 일반적인 조성		
성분	백분율(건조 부피 기준)	특성	값
메테인	45~60	온도(℃)	35~50
이산화탄소	40~60	비중	1.02~1.05
질소	2~5	수분 함량	포화상태
산소	0.1~1.0	고위 발열량 (단위 kJ·m^{-3})	16,000~20,000
황화물, 이황화물, 메르캅탄 등	0~1.0		
암모니아	0.1~1.0		
수소	0~0.2		
일산화탄소	0~0.2		
미량 성분	0.01~0.06		

출처: Tchobanoglous et al., 1993.

메테인 농도가 40% 이상이면 산소가 존재할 때 폭발성을 가진다. 메테인은 온실가스이면서 매립지 근처 농작물에 피해를 줄 우려도 있다. 따라서 메테인 이동은 차단되어야 한다. 매립가스 혼합물의 열 함량은 16,000~20,000 kJ·m^{-3}이다. 메테인(37,750 kJ·m^{-3})만큼은 아니지만, 매립가스 혼합물은 많은 매립지가 메테인을 사용하여 에너지를 생산하기 위해 수집시설을 갖출 정도로 경제적 가치가 충분하다.

일반적으로 매립가스는 이산화탄소, 메테인, 암모니아 외에도 많은 다른 화합물들을 포함하고 있다. 매립지에서 배출되는 미량가스에는 독성이 있기 때문에 주의가 필요하다. 150개 이상의 화합물이 다양한 매립지에서 검출되었다. 이러한 비메테인 유기화학물질(nonmethane organic chemicals, NMOC)의 대부분은 유해 대기오염물질(HAP) 또는 휘발성 유기화합물(VOC)로 분류될 수 있다. 매립가스에서 상당량의 VOC가 검출되는 매립지는 이전에 VOC를 포함하는 산업 폐기물 및 상업 폐기물을 수용했던 오래된 곳인 경우가 많다. 여러 캘리포니아 매립지 현장의 매립가스에서 측정된 13개 화합물의 농도는 표 13-6에 나와 있다. 이 외에도 질소산화물(NO$_x$), 아황산가스, 염화수소(HCl), 입자상 물질이 배출될 수 있다.

배출률은 가스 생성 및 이동 속도에 따라 결정된다. 가스 생성은 휘발과 생물학적 및 화학적 분해에 의해 달라지며, 가스 이동은 가스 확산, 이류 및 대류 속도에 의해 결정된다.

매립가스(landfill gas, LFG) 수집 시스템은 능동식 또는 수동식일 수 있다. **능동식 시스템**(active system)은 압력 구배를 형성하여 셀에서 가스를 강제로 내보내는데, 이때 기계적 통풍기 또는 컴프레서가 사용된다. **수동식 시스템**(passive system)은 자연적으로 형성되는 압력 구배를 이용하여 가스를 셀에서 수집장치로 이동시킨다.

매립가스는 에너지원으로 사용할 수 있는 가스를 생산하기 위해 정제될 수 있다. 또한 개방형 직접 연소를 통해 매립가스를 연소시킬 수도 있다. 열 소각장치는 충분히 높은 온도에서 작동하여 매립가스 내 VOC를 이산화탄소와 물로 산화시킨다. 정제 기술로는 흡착, 흡수 또는 막을 사용할 수 있다. 그러나 매립가스 수집 시스템의 효율이 100%가 될 수는 없기 때문에, 메테인과 기타 매립가스가 공기 중으로 배출될 수 있다.

표 13-6	매립가스에서 측정된 특정 대기오염물질 농도(ppb)						
화합물	**매립지 부지**						
	Yolo 카운티	새크라멘토시	Yuba 카운티	El Dorado 카운티	LA-태평양 (Ukiah)	클로비스시	윌리츠시
염화비닐	6,900	1,850	4,690	2,200	<2	66,000	75
벤젠	1,860	289	963	328	<2	895	<18
이브롬화 에틸렌	1,270	<10	<50	<1	<1	<1	<0.5
이염화 에틸렌	nr	nr	nr	<20	0.2	<20	4
염화메틸렌	1,400	54	4,500	12,900	<1	41,000	<1
과염화 에틸렌	5,150	92	140	233	<0.2	2,850	8.1
사염화탄소	13	<5	<7	<5	<0.2	<5	<0.2
1,1,1-TCA[a]	1,180	6.8	<60	3,270	0.52	113	0.8
TCE[b]	1,200	470	65	900	<0.6	895	8
클로로포름	350	<10	<5	120	<0.8	1,200	<0.8
메테인	nr	nr	nr	nr	0.11%	17%	0.14%
이산화탄소	nr	nr	nr	nr	0.12%	24%	<0.1%
산소	nr	nr	nr	nr	nr	10%	21%

nr: 운영자에 의해 보고되지 않음.
[a] 1,1,1-TCA: 1,1,1-트리클로로에탄, 메틸 클로로포름.
[b] TCE: 트리클로로에텐, 트리클로로에틸렌.
출처: California Air Resources Board, 1988.

예제 13-4 가스 수집 시스템을 갖춘 매립지가 20만 명의 인구에게 서비스를 제공하고 있다. MSW는 $1.95 \text{ kg} \cdot (\text{capita})^{-1} \cdot \text{day}^{-1}$의 비율로 발생한다. 가스는 연간 $6.2 \text{ L} \cdot \text{kg}^{-1}$의 비율로 발생한다. 가스는 55%의 메테인을 함유하고 있고, 발생한 가스의 15%를 회수한다. 매립가스의 열 함유량은 약 $17,000 \text{ kJ} \cdot \text{m}^{-3}$ (회수 시 메테인과 공기의 희석으로 인해 이론적인 값보다 낮음)이다. 매립 회사와 개발자는 매립지 근처에 주거구역을 건설하고 그 구역 내 가정에 난방용으로 사용할 메테인을 보내자고 제안하였다. 각 가구는 매년 평균 $110 \times 10^6 \text{ kJ}$의 열에너지를 사용하는 것으로 추정되며, 겨울철 최대 사용량은 평균 사용량의 1.5배이다. 건설하고자 하는 구역에 몇 가구의 집을 지을 수 있는가?

풀이 이것은 본질적으로 매립지로 매립되는 고형 폐기물에 대한 물질 및 에너지 수지 문제이다. 폐기물이 분해되는 동안 메테인이 생성되며, 메테인은 가정에서 난방을 위해 사용된다. 따라서 매립지에서 발생하는 에너지는 전체 가정에서 소비하는 에너지와 같아야 한다.

메테인의 발생량은 다음과 같다.

(매년 1인당 매립한 폐기물 양)
　×(매립지 이용 인원)
　×(고형 폐기물 질량당 가스 생산속도)

$\times$ (가스 내 메테인 비율)

$= [1.95 \text{ kg} \cdot (\text{capita})^{-1} \cdot \text{day}^{-1}](365 \text{ day} \cdot \text{year}^{-1})(200,000\text{명})(6.2 \text{ L gas} \cdot \text{kg}^{-1})(0.55)$

$= 4.85 \times 10^8 \text{ L methane} \cdot \text{year}^{-1}$

이 중 단 15%만 회수된다.

$(4.85 \times 10^8 \text{ L methane} \cdot \text{year}^{-1})(0.15) = 7.28 \times 10^7 \text{ L methane} \cdot \text{year}^{-1}$

회수된 메테인의 열 함유량은

$(17,000 \text{ kJ} \cdot \text{m}^{-3})(7.28 \times 10^7 \text{ L} \cdot \text{year}^{-1})(10^{-3} \text{ m}^3 \cdot \text{L}^{-1}) = 1.24 \times 10^9 \text{ kJ} \cdot \text{year}^{-1}$

최대 수요 기간 동안(즉, 겨울) 난방용으로 제공되어야 하는 에너지는,

최대 수요 $=$ 평균 사용량 $\times 1.5$

$= (110 \times 10^6 \text{ kJ} \cdot \text{year}^{-1})(1.5) = 1.65 \times 10^8 \text{ kJ} \cdot \text{home}^{-1} \cdot \text{year}^{-1}$

난방 가능한 가구 수 $= \dfrac{\text{발생된 에너지}}{\text{가구당 필요한 에너지}}$

$= \dfrac{1.24 \times 10^9 \text{ kJ} \cdot \text{year}^{-1}}{1.65 \times 10^8 \text{ kJ} \cdot \text{home}^{-1} \cdot \text{year}^{-1}} = 7.5\text{가구}$

집의 일부만 난방할 수는 없기 때문에, 총 7개의 집을 지을 수 있다.

침출수 모니터링. EPA 규정에 따르면, 모든 매립지 운영자는 매립지에서 배출될 가능성이 있는 기체상 및 액체상 오염물질을 모두 모니터링해야 한다. 지하수 모니터링의 목표는 대수층 특성, 지하수 흐름 방향 및 모니터링하는 지하수의 화학적 및 물리적 특성에 대한 신뢰할 수 있고 대표성 있는 정보를 확보하는 것이다. 지표수 모니터링의 목표는 침출수 유출, 오염된 지하수 누출 또는 오염된 지표유출수에 의해 영향을 받을 수 있는 지표수의 특성을 평가하는 것이다. 지표수 및 지하수 모니터링은 매립지가 설계된 대로 운영되고 있는지를 보여주고, 침출수가 지하수로 침투하지 않는다는 입증자료를 제공한다. 또한 매립지의 운영 개선과 관련된 위해를 식별하며, 매립지가 더 이상 인체나 환경에 위험을 주지 않는 시기를 판별할 수 있게 한다.

매립지 설계

매립지의 설계에 포함되는 사항은 부지 준비, 건물, 모니터링 관정, 규모, 차수층, 침출수 수집 시스템, 최종 복토 및 가스 수집 시스템 등 다양하다. 그러나 여기에서는 매립지 규모 설계, 차수 시스템 선정, 침출수 수집 시스템 및 최종 복토 시스템에 대한 기초적인 고려사항으로 논의를 한정한다.

  매립지에 필요한 부피를 추정하려면, 발생하는 쓰레기 양과 압축된 쓰레기의 밀도를 알아야 한다. 지역 조건에 따라 한 도시와 다른 도시의 쓰레기 부피가 현저하게 다를 수 있다.

  살바토(Salvato, 1972)는 연간 필요한 부피를 추정하기 위해 다음의 식을 권고한다.

$$V_{LF} = \frac{PEC}{D_c}$$

(13-4)

여기서 V_{LF} = 매립지 부피(m^3)

P = 인구

E = 고형 폐기물에 대한 다짐한 채움(fill)의 비율 = $(V_{sw} + V_c) / V_{sw}$

V_{sw} = 고형 폐기물 부피(m^3)

V_c = 복토(토양) 부피(m^3)

C = 연간 1인당 수집된 고형 폐기물의 평균 질량($kg \cdot person^{-1}$)

D_c = 다짐한 채움의 밀도($kg \cdot m^{-3}$)

다짐한 채움의 밀도는 매립지에서 사용되는 장비와 폐기물의 수분 함량 따라 $300 \sim 700 \ kg \cdot m^{-3}$로 다양하다. 일반적으로 설계치는 $475 \sim 600 \ kg \cdot m^{-3}$로 한다.

예제 13-5 아포카테킬 카운티(Apocatequil County)에서 20년간 운영을 위해서 매립지 공간이 얼마나 필요한지 구하시오. 142,000명의 사람들이 이 매립지를 사용하고 있고, 1인당 $2.0 \ kg \cdot day^{-1}$의 폐기물을 발생한다고 가정한다. 다짐하지 않은 폐기물의 밀도는 $106 \ kg \cdot m^{-3}$이며, 압축비로는 4.2를 사용할 수 있다. 다짐한 채움과 폐기물의 비는 1.9이다.

풀이 식 13-4를 적용한다.

$$V_{LF} = \frac{PEC}{D_c} = \frac{(142,000 \ persons)(2.0 \ kg \cdot day^{-1})(365 \ days \cdot year^{-1})(1.9)}{(106 \ kg \cdot m^{-3})(4.2)} = 442,400 \ m^3$$

20년을 곱한다.

$442,400 \times 20 = 8,848,000 = 8,900,000 \ m^3$

복토재의 부피를 고려하지 않았다면, 부피는 $4.66 \times 10^6 \ m^3$으로 결정되었을 것이다.

매립지 종료

최종 복토층의 주요 기능은 완성된 매립지로 수분이 유입되는 것을 방지하는 것이다. 수분이 들어가지 않으면 침출수 생산이 최소한의 비율에 도달하고 지하수 오염 가능성이 최소화될 것이다.

오늘날 최종 복토층은 표층, 생물 차단층, 배수층, 수리 차단층, 기초층 및 발생 가스 이동층으로 구성된다. 표층은 식물이 자라기에 적절한 토양을 제공하기 위한 것이다. 초화에 적합한 토양 깊이는 약 0.3 m이다. 생물 차단층은 식물의 뿌리가 차수층을 관통하는 것을 방지하기 위한 것이다. 그러나 이 차단층에 최적의 재료는 아직 없는 것으로 보인다. 배수층은 침출수 수집 시스템과 동일한 기능을 수행하는데, 즉 유공관 그리드에 물이 잘 유입되도록 한다. 차등 침하가 발생하면 수집 배관 시스템이 제 기능을 수행하지 못할 수 있다. 일부 설계자들은 배수층을 배치하는 대신 차수층을 더 두껍게 설치한다. 수리 차단층은 매립지로의 물의 이동을 방지함으로써 차수층과 동일한 기능을 한다. EPA는 합성차수막과 합성차수막의 기초 역할을 함과 동시에 투수계수가 낮아 차수 기능도 있는 토양으로 구성된 복합 차수층을 권장한다. 이 토양은 발생 가스 이동층의 거친 골재로부터 합성차수막을 보호한다. 발생 가스 이동층은 가스를 표면으로 운반하기 위한 배출구 역할을 하는 큰 입자의 자갈로 구성된다. 가스가 에너지 회수를 위해 수집될 경우 일련의 가스 회수 관정이 설치된다. 이 관정에 음압을 가하여 가스를 지상 시스템으로 끌어들인다.

매립지는 고르지 못한 침하로 인해 종료 이후 유지 보수가 필요하다. 유지 보수는 주로 원활한 배수를 유지하기 위해 표면을 평탄화하고, 물이 고여 지하가 오염되는 것을 방지하기 위해 지면 굴곡을 채우는 작업으로 구성된다. 최종 복토층의 깊이는 약 0.6 m여야 한다.

종료된 매립지는 공원, 놀이터 또는 골프 코스와 같은 여가활동 목적으로 사용되어 왔다. 이 밖에도 주차장과 저장 공간에 사용된다. 매립지의 차등 침하와 가스 발생으로 완공된 매립지에 건물을 건설하는 것은 피해야 한다.

매립지에는 단층 건물과 경비행기를 위한 활주로가 건설될 수도 있다. 이 경우 불균일한 구조물의 침강 및 균열이 발생할 수 있기 때문에 기초 하중이 집중되는 것을 피하는 것이 중요하다. 설계자는 가스가 구조물로 흘러 들어가지 않고 대기로 빠져나가도록 조치를 취해야 한다.

연습문제

13-1 베일리 석조 회사(Bailey Stone Works)는 직원 6명을 고용하고 있다. 다짐하지 않은 폐기물의 밀도는 $480 \ kg \cdot m^{-3}$이고 폐기물 발생률이 $1 \ kg \cdot capata^{-1} \cdot day$라 가정하여 이 사업장에서 발생하는 고형 폐기물의 연간 부피를 결정하시오.

답: $4.6 \ m^3 \cdot year^{-1}$

13-2 페슈다디안(Peshdadians)에 위치한 나이료상하(Nairyosangha) 매립지는 $1.89 \ kg \cdot capita^{-1} \cdot day$ 속도로 MSW를 발생시키는 562,400명의 인구에게 서비스를 제공한다. 매립지의 부피는 $11,240,000 \ m^3$이고, 현재 매립지의 63%를 사용하고 있다. 다짐한 채움과 폐기물의 비는 1.9이다. 남아 있는 매립지의 예상 수명을 결정하시오. 다짐한 폐기물의 밀도는 $490 \ kg \cdot m^{-3}$로 가정한다.

답: 2.76년

13-3 덱스터(Dexter) 교수는 다음 표에 나와 있는 것처럼 가정에서 배출되는 고형 폐기물을 측정하였다. 쓰레기통 부피가 $0.0757 \ m^3$인 경우 3월 18일부터 4월 8일까지의 기간 동안 그녀의 가정에서 발생한 고형 폐기물의 평균 밀도는 얼마인가? 빈 쓰레기통의 질량을 3.63 kg이라고 가정한다.

날짜	쓰레기통 번호	총중량[a] (kg)	날짜	쓰레기통 번호	총중량[a] (kg)
3월 18일	1	7.26	4월 8일	1	6.35
	2	7.72		2	8.17
				3	8.62
3월 25일	1	10.89			
	2	8.17			
	3	7.26			

[a]쓰레기통 + 고형 폐기물.

답: 평균 밀도 $= 58.4 \ kg \cdot m^{-3}$

13-4 매립지 면적이 21 ha이고 차수층 두께가 1.3 m인 경우, 다짐 점토층을 통과하는 침출수의 부피유량을 계산하시오. 투수계수는 2.5×10^{-10} m · s^{-1}이고, 수두는 0.8 m라고 가정한다.

      답: 2.8 m^3 · day^{-1}

13-5 면적이 12 ha인 매립지의 차수층 두께가 0.9 m이다. 매년 1,700 m^{3}의 침출수가 수집되며, 차수층의 투수계수는 3.9×10^{-10} m · s^{-1}이다. 차수층 위 수두는 얼마인가?

      답: 1.04 m

13-6 새크라멘토시 매립지의 매립가스에 함유되어 있는 염화비닐, 벤젠 및 염화메틸렌의 농도는 표 13-6과 같다. 이 가스들의 농도를 μg L^{-1} 단위로 구하시오.

14

유해 폐기물 관리

사례 연구

쏟은 우유에 울지 말고 오염된 우유에 울어라.

1973년 가을, 미시간 시골에서 낙농가들이 우유 생산이 급격히 감소하고 있다는 것을 알아차렸다. 송아지의 유산율과 사산율이 크게 증가했고, 송아지와 병아리는 발굽과 발톱이 변형되는 심각한 기형을 가지고 태어났다. 이 문제들은 농무부(Department of Agriculture)에 보고되어 "나쁜 낙농업"으로 치부되었다. 미시간주 연구실로 보내진 사료 샘플의 결과는 "정상"이었다.

1974년 4월 수의사 알파 클라크(Alpha Clark)는 미시간 외곽의 실험실로 보낸 소 샘플에서 가정용품에서 흔히 난연제로 사용되던 화학물질인 폴리브롬화바이페닐(polybrominated biphenyl, PBB)을 다량 검출하였다. 그러나 주 정부는 오히려 주 밖으로 소를 밀매한 혐의로 클라크를 고소하였다. 소송은 결국 기각되었고, 주 정부가 원인을 찾아내기까지는 몇 달이 더 걸렸다. 그동안 농부들은 소떼가 줄어들고 죽는 것을 계속 지켜보아야만 했다. PBB가 원인으로 밝혀지면서 500개 이상의 농장이 격리되었고 3만 마리 이상의 소를 도살하여 매몰시켰다. 또한 150만 마리의 닭과 수천 마리의 돼지, 양, 토끼를 도살하였다. 그 사이 PBB로 오염된 유제품, 닭고기, 돼지고기 제품은 주 전역의 소비자들에게 판매되어 소비되었다.

이 환경 및 경제 재앙은 미시간주 세인트 루이스에 있는 벨시콜(Velsicol) 화학공장의 포장 실수로 시작되었다. 이 공장에서는 우유 생산을 향상시키기 위해 소 사료에 산화 마그네슘을 첨가해 왔다. 그 제품은 뉴트리마스터(NutriMaster)라고 불렸는데, 같은 공장에서는 파이어마스터(FireMaster)라는 상표명으로 판매되는 PBB도 생산하였다. 다음에 무슨 일이 일어났는지는 확실하지 않지만, PBB가 들어 있는 자루가 미시간 전역의 사료 공장으로 보내져 그곳에서 소 사료와 섞였다. 또한 같은 기계가 다른 동물의 사료를 처리하는 데 사용되어 PBB와 사료가 교차 오염되었다.

PBB는 미국에서 더 이상 제조되지 않지만 영향은 남아 있다. 에모리 롤린스(Emory Rollins) 공중보건학교가 실시한 연구(Jacobson et al., 2017)에 따르면 미시간 주민의 약 60%의 혈액에서 상대적으로 높은 PBB 농도가 검출되었다. PBB에 노출된 여성은 아프가(Apgar) 검사에서 낮은 점수를 받는 영아의 출산율과 유방암 발병률이 높았다. PBB에 노출이 높은 여성의 딸들은 유산할 가능성이 더 높았다. 미시간주 세인트 루이스시의 상수도는 PBB를 포함한 벨시콜 화학공장의 화학물질로 오염되어 있다. 수백만 달러가 들어간 수십 년의 복원 노력에도 불구하고, 부주의한 실수의 유산은 여전히 남아 있다.

14-1 서론

유해 폐기물(hazardous waste)은 현재 또는 미래에 인간, 식물 또는 동물의 생명에 상당한 위험을 초래하는 폐기물 또는 폐기물의 조합으로, 특별한 주의를 기울여 처리 또는 폐기되어야 하는 물질이다.

다이옥신과 PCB

대표적으로 유명한 2가지 특별한 유해 폐기물인 다이옥신과 **PCB**에 대해 알아보자. 이것들은 대중의 관심을 끄는 물질이기 때문에 이 물질들의 발생원과 환경영향과 같은 화학적 특성에 대해 간단히 살펴 볼 것이다.

다이옥신은 클로로다이옥신(chlorodioxin) 골격 구조를 가진 20개 이상의 서로 다른 화합물의 집합이다(그림 14-1 참고). 가장 흔한 형태인 2,3,7,8-tetrachlorodibenzo-*p*-dioxin(TCDD)은 모든 합성화학물질 중에서 가장 독성이 강한 것으로 알려져 있다. 다이옥신은 클로로페놀, 2,4,5-T와 같은 농약, 2,4-D와 2,4,5-T의 50/50 혼합으로 만들어진 고엽제인 에이전트 오렌지(Agent Orange), 조류 제어용 제초제, 살충제, 방부제와 같은 물질의 제조 및 연소 중에 열에 의해 부산물로 생성될 수 있는 오염물질이다. 다이옥신은 상업적 목적으로 제조되지 않고 부산물로만 발생한다. 현재까지, 어떤 다이옥신도 환경에서 자연적으로 형성되는 것이 확인되지 않았다. 상업 및 가정 연소 과정에서 발생한 입자상 물질은 TCDD로 광범위하게 오염되어 있는 것으로 보고되었다. 제초제 사용으로 대기에 다이옥신 오염(0.1~10 ppm)이 지속되고 생체 축적이 이루어질 수 있다.

TCDD는 실온에서 결정질 고체이며 수용해도는 매우 낮은 편이다(0.2~0.6 ppb). TCDD는 매우 안정적인 화합물질이며, 700℃ 이상에서 열에 의해 분해된다. 또한 TCDD는 사이클로헥사논에 녹아있는 올리브 오일 용액과 같은 수소공여 용매의 존재하에서 자외선에 의해 광화학적으로 분해된다.

TCDD 오염은 미국에서는 잡초 제거에, 베트남에서는 고엽제로 사용되었던 2,4,5-T와 2,4-D, 러브 커넬(Love Canal) 처분장의 폐기물, 미주리주 스털전(Sturgeon)시의 오르토클로로페놀(orthochlorophenol) 원유 유출 잔여물, 열차 탈선, 이탈리아의 세베조의 클로로페놀 제조 공장 폭발로 인한 낙진에서 ppm 수준으로 검출되었다. 세베조 공장 부지에서는 공학자와 과학자들이 환경적으로 안전한 제어 전략을 개발하는 데 어려움을 겪었다.

사람들에게 미치는 다이옥신의 환경 건강 영향은 잘 기록되어 있지 않다. 그러나 남베트남의 신생아에게 다이옥신에 의한 선천적 결함이 나타난다는 주장이 제기되면서 연구자들이 동물 독성 조사를 시작하게 되었다. TCDD는 염소 여드름과 같은 심각한 피부 질환을 일으키는 것으로 알려져 있다. 시험 동물에게는 발암물질, 기형 발생물질, 돌연변이 유발 원인 및 배아 독소이며, 포유류의 면역 반응에 영향을 미치는 것으로 알려져 있다. 이러한 영향은 영구적이고, 수생생물에 생물 축적된다. 현재(2017년)까지 낮은 수준의 TCDD에 대한 노출과 직접적인 상관관계가 있는 사망자는 없었다. 또한 역학조사 결과 발암, 기형 발생, 돌연변이 발생 또는 신생아 결함, 유산 또는 유사한 인체 건강상의 유해한 영향 증가도 보이지 않았다. 그러나 2000년 5월, 미국 환경보호청(EPA)

그림 14-1

다이옥신의 몇 가지 예

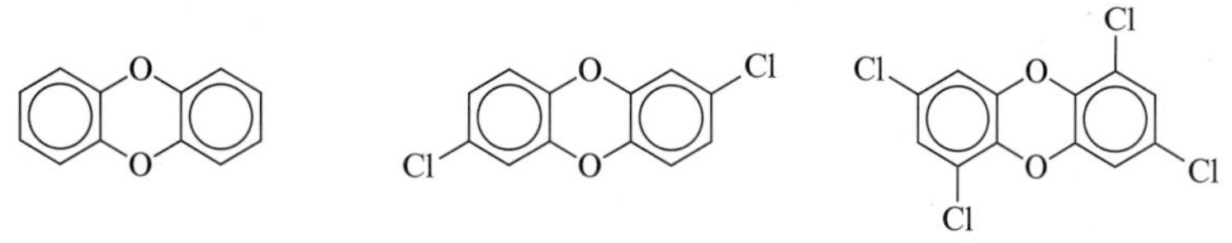

미치환 다이옥신 2,7-DCDD 1,3,6,8-TCDD

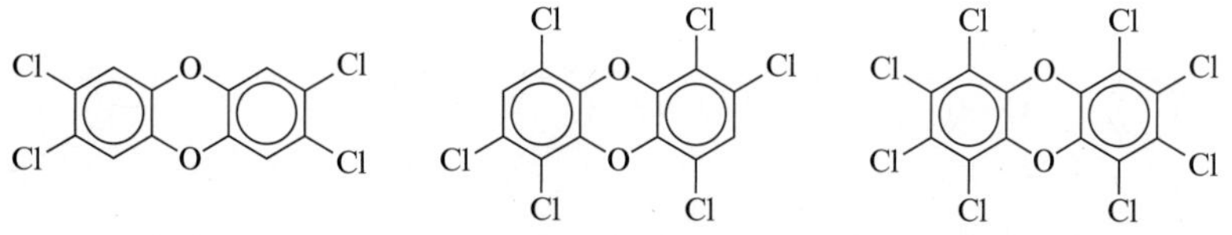

2,3,7,8-TCDD 1,2,4,6,7,9-HEXA-CDD OCDD

(이하 'EPA'라 지칭)은 다이옥신이 미량이라도 인체 건강에 악영향을 미칠 수 있다는 증거를 제시하는 보고서 초안을 발표하였다(Hileman, 2000). 보고서 초안은 TCDD가 확인된 인간 발암물질(known human carcinogen)이며 다른 다이옥신은 인간 발암물질일 가능성이 높은 물질(likely human carcinogen)이라고 명시하고 있다. EPA는 다이옥신이 조절 호르몬의 붕괴, 생식 및 면역계 장애, 비정상적인 태아 발달을 포함한 광범위한 다른 영향을 끼칠 수 있다고 주장한다. 환경 중 다이옥신 수준은 1930년경까지는 무시할 정도였고, 1970년경에 정점을 찍었으며, 그 이후로 감소하고 있다. 인간 지질 조직에서 다이옥신의 농도는 1980년 이후 감소하였다.

PCB(폴리염화바이페닐)라는 용어는 바이페닐 분자의 염소화에 의해 생성된 유기화학물질군을 지칭한다. 이는 10개의 형태와 이론적으로 200개 이상의 화합물로 구성되어 있다. 이러한 형태는 바이페닐 분자에 특정 수의 염소가 치환됨으로써 발생하며 화학명명법에 따라 모노클로로바이페닐, 디클로로바이페닐, 트리클로로바이페닐 등에 해당한다. 각 PCB 형태에 대한 여러 개의 이성질체가 있을 수 있으며, 분자의 각 바이페닐 부분(2-6, 2'-6')에서 염소 치환이 가능한 위치의 수에 따라 이성질체의 수가 달라진다. 그러나 제조 과정에서 모든 가능한 이성질체가 형성될 가능성은 낮다. 일반적으로 가장 일반적인 이성질체는 두 벤젠고리에 동일한 수의 염소 원자를 가지거나 두 벤젠고리 사이에 하나의 염소 원자 수 차이가 있는 경우이다. 그림 14-2에 몇 가지 예가 나와 있다.

상업용 PCB 혼합물은 다양한 상표명으로 제조되었다. 제품의 염소 함량은 제조 공정 중 염소 처리 정도 또는 개별 생산자에 따른 PCB 형태 혼합 비율에 따라 18~79%로 다양하였다. 각 제조사는 제품 내 염소 함량을 구별하기 위한 특정 시스템을 가지고 있었다. 예를 들어, Aroclor 1248, 1254, 1260은 각각 48, 54, 60% 염소 함량을 나타낸다. Clophen A60, Phenochlor DP6, Kaneclor 600은 이 제품들이 헥사클로로바이페닐의 혼합물을 포함하고 있음을 가리킨다.

앨라배마주 애니스턴에 있는 공장은 1970년에, 일리노이주 사우젯(Sauget)의 공장은 1977년에 PCB 생산이 중단되면서, 미국에서 유일하게 중요한 PCB 생산업체는 몬산토(Monsanto) 산업 화학 회사였다. 몬산토의 등록된 상표명인 아로클로르(Aroclors)로 판매된 PCB 혼합물은 원래 변압기와 축전기의 냉각 유도체로, 열전달 유체로, 그리고 가연성이 낮아야 하는 나무 제품의 보호 코팅제로 사용되었다. 생산자와 사용자 모두 PCB에 노출되어 발생할 수 있는 잠재적 위험을 전혀 인지하지 못한 채, 처음에는 아무 영향도 보이지 않았던 초기 독성 실험 결과에 따라 운영하였다(Penning, 1930). 1930~1960년에 페인트, 잉크, 제진제, 농약과 같은 상품에 PCB 사용을 제한하지 않아 현재 알려진 대로 PCB가 광범위하게 보급되었다. 늦어도 1937년 이전에 직업적으로 노출된 근로자에게 독성 효과가 발견되었으며 제조 현장에서 허용한계값이 부과되었다.

PCB의 환경 배출 패턴은 1970년대 초반에 크게 바뀌었다. 그 전까지는 PCB의 사용이나 폐기에 어떠한 제한도 부과되지 않았다. 1969년과 1970년에 만성 노출이 인체 건강과 환경에 위험을 초래할 수 있다는 증거가 제시된 후, 몬산토는 자발적으로 PCB 판매를 중지했으며 엄격한 제어 조치를 통해 산업용 사용으로 인한 PCB 배출률을 줄였다.

그림 14-2

몇몇 폴리염화바이페닐 분자의 구조와 명칭

3-클로로바이페닐

2,4'-디클로로바이페닐

2,4,4',6-테트라클로로바이페닐

2,2',4,4',6,6'-헥사클로로바이페닐

그러나 이동성 PCB(환경매체와 생물체 사이에서 이동할 수 있는)의 저장소와 이보다 더 큰 이동성이 없는 저장소는 여전히 존재한다. 후자에는 여전히 사용 중이거나 매립지 및 적치장에 폐기된 PCB 함유 물질이 있다. 이러한 발생원에서 앞으로 PCB가 환경으로 배출될지 여부에 영향을 미치는 주요 요인은 화학물질의 저장 및 폐기를 제어하는 정부 규정일 것이다.

14-2 EPA의 유해 폐기물 지정 시스템

EPA는 2가지 방법으로 유해 폐기물을 지정한다(40 CFR 260):[*] (1) EPA가 개발한 목록에 존재할 경우, (2) 폐기물이 점화성, 부식성, 반응성 또는 독성을 나타낸다는 증거가 있는 경우.

유해 폐기물 목록에는 사용한 할로겐화 및 비할로겐화 용제, 전기 도금조, 여러 개별 생산 공정에서 발생하는 폐수 처리 슬러지, 그리고 다양한 증류 공정에서 발생하는 무거운 잔여물, 가벼운 잔여물, 잔류 타르, 미사용 증유분 등이 포함되어 있다.

일부 상업용 화학제품도 폐기되면 유해 폐기물로 분류된다. 여기에는 비소산, 시안화물 및 여러 농약류 물질과 같은 "급성 유해" 폐기물뿐만 아니라 벤젠, 톨루엔 및 페놀과 같은 "독성" 폐기물이 포함된다.

EPA는 유해 폐기물을 5개의 범주로 구분한다. 각 유해 폐기물에는 종종 **유해 폐기물 코드**(hazardous waste code)라고 불리는 EPA 유해 폐기물 번호가 주어진다. 유해 폐기물 코드의 첫 글자는 폐기물의 범주를 나타내며, 각 범주는 다음과 같다.

1. 비특이적 발생원의 특정 유형의 폐기물. 예를 들어 할로겐화 용제, 비할로겐화 용제, 전기 도금 슬러지 및 도금에 사용되는 시안화 용액이 포함된다. 이 범주에는 28개의 목록이 있다. 이 폐기물들은 문자 F로 시작한다.

2. 특정 발생원의 특정 유형의 폐기물. 예를 들어 산화 크롬 녹색 색소 생산으로 인해 발생하는 오븐 잔류물, 분리 및 사전 정화된 염수가 사용되지 않는 염소 생산의 수은 전지 공정에서 발생하는 염수 정화 고형물(brine purification mud)을 포함한다. 이 범주에는 111개의 목록이 있다. 이 폐기물들은 문자 K로 시작한다.

3. 급성 유해 폐기물로 확인된 상업용 화학제품 또는 중간생성물, 규격에 맞지 않는 제품 또는 잔여물. 예로는 은시안화칼륨, 톡사펜, 산화비소 등이 있다. 이 범주에는 약 203개의 목록이 있다. 이 폐기물들은 문자 P로 시작한다.

4. 유해 폐기물로 확인된 상업용 화학제품 또는 중간생성물, 규정에서 특정하지 않는 제품 또는 잔여물. 예로는 자일렌, DDT, 사염화탄소 등이 있다. 이 범주에는 약 450개의 목록이 있다. 이 폐기물들은 문자 U로 시작한다.

5. 특성 폐기물. 어디에도 특별히 지정되지 않았으나 점화성, 부식성, 반응성 또는 독성을 나타내는 폐기물이다. 이 폐기물들은 문자 D로 시작한다.

항목 1에서 4에 지정된 목록 중 하나에 속하는 폐기물을 **지정 폐기물**(listed waste)이라고 하며, 일반적인 특성 때문에 유해하다고 공표된 폐기물을 **특성 폐기물**(characteristic waste)이라고 한다. 또한 점화성, 부식성, 반응성의 특성은 ICR, 독성은 TC라고 부른다.

---

[*] 참고: CFR은 미국연방기준집을 의미한다. 앞의 번호는 권을 가리키며, 뒤의 번호는 기준을 설명하는 문단 번호이다.

그림 14-3

폐기물이 유해한지를 판단하기 위한 흐름 체계

폐기물이란?

산업
사용하는 제품을 제외한
모든 것은 폐기물이다.

폐수처리장
처리장에서 나오는
모든 것은 폐기물이다.

"RCRA" 고형 폐기물이란?

→ 다음과 같은 경우 "RCRA"고형 폐기물이 아니다.
　가정용 하수(261.4 Subpart a)
　수질보호법의 점오염원 배출
　관개 반류수
　원자력국이 관리하는 핵폐기물
　현장 광산 폐기물
　회수로에서 발생하는 펄프액
　순수 황산을 생산하는 데 사용된 황산
　회수된 2차 물질
　회수된 폐목재 보존용액 및 이 공정에서 회수된 폐수
　EPA 유해 폐기물 번호 K060, K087, K141, K143, K144, K145, K147, K148 및 코크스 부산물
　　공정에서 발생하는 폐기물이 독성 이외의 유해성은 없으며 발생 후 재활용될 때.(참고: 이
　　폐기물은 발생 시점부터 재활용 시점까지 육상 처분이 이루어지지 않을 때에 한하여
　　제외된다.)
　고온 금속 회수 장치에서 K061 처리 시 발생하는 비폐수 스플래시-냉각기 드로스 잔류물(non-
　　waste water splash-condenser dross residue)이 드럼(선적된 경우)으로 선적되며 회수 전에
　　육상 처분되지 않은 경우

다른 모든 폐기물은 "RCRA" 고형 폐기물(고체, 액체 또는 가스)이다.

유해 폐기물이란?

→ 다음과 같은 경우 "RCRA" 유해 고형 폐기물이 아니다.
　가정 폐기물
　비료로서 토양에 다시 뿌려지는 농업 폐기물
　광산 부지로 반환된 광산 폐기물
　비산재, 스크러버 슬러지
　원유, 가스, 지열 에너지 생산과 관련된 폐기물
　3가크롬(Cr^{3+})이 발견되어 독성 특성 시험을 통과하지 못한 폐기물이나 크롬의 존재로 인해
　　Subpart D에 포함된 폐기물
　광석 및 광물의 추출, 부화처리 및 선광처리로 발생한 폐기물
　시멘트 가마 먼지 폐기물
　비소 처리된 목재
　석유로 오염된 매체 및 잔재물
　주입된 지하수로 독성으로 인해 유해한 것
　사용된 염화불화탄소 냉매
　턴메탈을 씌우지 않은 사용한 오일 필터
　사용유 재정제 증류 공정 잔류물질(아스팔트 제품을 제조하는 원료로 사용됨)

→ 다음의 경우가 아니면 폐기물은 "RCRA" 유해 고형 폐기물이 아니다.
　"RCRA"의 Part 261, Subpart D에 지정되어 있는 경우
　기재된(위) 물질을 포함하는 혼합물인 경우
　4가지의 특정 유해 폐기물 특성 중 하나를 나타내는 경우

→ 다음의 경우라면 "RCRA" 유해 고형 폐기물이 아니다.
　청원에 의해 Subpart D 목록에서 제외된 경우(폐지)

다른 모든 폐기물은 "RCRA" 유해 고형 폐기물이다.

그림 14-3

(계속)

어떤 폐기물이 규제 대상인가?

"RCRA" 유해 고형 폐기물은 현재 다음과 같은 경우 Subtitle C 규정의 적용을 받지 않는다.
현장에서 발생한 총 "RCRA" 유해 폐기물 양이 100 kg·month^{-1} 미만인 경우.
합법적으로 매립 또는 재사용될 계획인 경우(261.6). 그러나 슬러지이거나 Part 261 목록에 있는 물질을 포함하는 경우 저장 및 운송에 관한 RCRA 보고 의무가 있다.
"RCRA" 유해 고형 폐기물은 다음과 같은 경우 일시적으로 특정 규정에서 면제된다.
제품 및 원료 저장 탱크, 제품 및 원료 운반 차량 또는 선박, 제품 및 원료 파이프라인, 제조 공정 단위 또는 관련 비폐기물 처리-제조 공정에서 발생하는 유해 폐기물인 경우

다른 모든 "RCRA" 유해 고형 폐기물에는 폐기, 운송 및 저장과 관련하여 RCRA 규정의 Subtitle C가 적용된다.

재활용 가능 물질의 요건

발전기, 수송기 및 저장시설에 대한 요건이 적용되지 않는 유해 폐기물:
Subpart C부터 H에 의해 규제(261.6):
폐기를 포함하는 방식으로 사용되는 재활용 가능 물질
보일러 및 산업용 화로에서 에너지 회수를 위해 연소된 유해 폐기물
귀금속이 매립된 곳에서부터 얻은 재활용 가능 물질
회수 중인 폐연축전지
규제나 RCRA의 통지 요건의 적용을 받지 않음:
회수된 산업용 에탄올
재생을 위해 배터리 제조업체로 반환된 폐전지
스크랩 금속
오일 함유 유해 폐기물의 정제로부터 생산된 연료
정상적인 석유 정제, 생산 및 운송 작업으로 유해 폐기물로부터 회수된 오일
오일 함유 유해 폐기물로부터 생산한 유해 폐연료
석유 정제공정 유해 폐기물로부터 생산된 석유 코크스
재활용되고, 유해 특성을 나타내어 유해 폐기물인 폐유는 이 장의 Parts 260-268의 요건을 따르지 않고, 이 장의 Part 279에 따라 규제된다.

그림 14-3은 EPA 정의에 따라 폐기물이 유해한지 여부를 판단하기 위한 일반화된 흐름 체계를 보여준다. 이 체계에서 특히 중요한 것은 RCRA 규정에 포함되지 않은 것들이다. 예를 들어, 생활하수, 독성 및 유해물질을 포함하는 특정 핵 물질 및 가정 폐기물, 소량의 폐기물(100 kg·month^{-1} 미만)은 RCRA 규정에서 제외된다. 그러나 이러한 폐기물이 전혀 규제되지 않는 것은 아니다. 이들은 다른 법령에 따라 규제되므로 RCRA에 따라 규제될 필요가 없다.

일부 폐기물은 RCRA의 권한하에 있지 않지만, 그럼에도 불구하고 유해한 것으로 간주된다. 이러한 특별한 폐기물의 예로는 PCB와 석면이 있다. PCB와 석면은 유해물질규제법(Toxic Substances Control Act; TSCA로 약칭되고 "타스카"로 발음)에 따라 규제된다.

14-3 RCRA와 HSWA

유해 폐기물에 대한 의회의 조치

1976년 의회는 EPA가 유해 폐기물 규제를 수립하도록 지시하는 자원 보전 및 회수법(Resource Conservation and Recovery Act; RCRA로 약칭되고 "릭라"로 발음)을 통과시켰다. RCRA는 1984년

유해 및 고형 폐기물 수정안(Hazardous and Solid Waste Amendments; HSWA로 약칭되고 "히스와"라고 발음)에 의해 개정되었다. RCRA와 HSWA는 유해 폐기물의 발생과 폐기를 규제하기 위해 제정되었다. 이 법률들은 버려지거나 폐쇄된 폐기물 매립지나 유출사고를 다루지 않는데, 이를 위해 1980년에 "슈퍼펀드"라고 불리는 종합환경대응배상책임법(Comprehensive Environmental Response, Compensation, and Liability Act; CERCLA로 약칭되고 "서클라"라고 발음)이 제정되었다. 1986년의 슈퍼펀드 개정 및 재승인법(Superfund Amendments and Reauthorization Act)인 SARA는 CERCLA의 규정을 확대하였다. 다음 절에서는 RCRA, HSWA, CERCLA 및 SARA에 대해 설명하고자 한다.

요람에서 무덤까지 개념

EPA의 요람에서 무덤까지(cradle-to-grave) 유해 폐기물 관리 시스템은 발생 지점("요람")에서 궁극적인 처리 지점("무덤")까지 유해 폐기물을 추적하려는 시도이다. 이 시스템은 발생자가 유해 폐기물 수송에 **적하목록**(manifest)(내용물을 설명하는 항목별 목록) 양식을 부착하도록 요구한다. 이 절차는 폐기물이 허가된 매립지에 실제로 도달하는지 확인하기 위해 고안되었다.

발생자의 의무

유해 폐기물의 발생자는 RCRA에 따라 수립된 유해 폐기물 관리의 '요람에서 무덤까지' 사슬의 첫 번째 고리이다. 100 kg 이상의 유해 폐기물 또는 매월 1 kg 이상의 급성 유해 폐기물을 발생시키는 자는 (몇 가지 예외를 제외하고는) 모든 의무사항을 준수해야 한다.

유해 폐기물 발생자가 규제를 받는 의무사항은 다음과 같다(U.S. EPA, 1986).

1. EPA 식별(ID) 번호 획득
2. 운반 전 유해 폐기물 처리
3. 유해 폐기물의 목록화
4. 기록 보관 및 보고

EPA는 각 발생자에 고유한 식별 번호를 부여한다. 이 번호 없이 발생자는 유해 폐기물을 처리, 저장, 폐기 또는 운송할 수 없다. 또한 발생자는 EPA ID 번호가 없는 수송자나 처리, 보관 또는 폐기(treatment, storage, or disposal, TSD) 시설에 유해 폐기물을 제공할 수 없다.

운송전 규정은 유해 폐기물을 원점에서 최종 매립까지 안전하게 운송하기 위해 고안되었다. 이러한 규정을 개발하면서 EPA는 교통부가 유해 폐기물을 발생지 밖으로 운송하는 데 사용하는 규정을 도입하였다(49 CFR Parts 172, 173, 178 및 179).

EPA는 이러한 교통부 규정을 도입하는 것 외에도 운송 전 폐기물 축적을 포함하는 운송 전 규정을 개발하였다. 발생자는 유해 폐기물을 제대로 보관하고, 비상 계획이 있고, 유해 폐기물의 적절한 처리를 위해 훈련을 받았다면 90일 이하의 기간 동안 유해 폐기물을 현장에 축적할 수 있다.

90일의 기간은 발생자가 충분한 양의 폐기물을 수집하여 운송 비용을 줄일 수 있게 한다. 즉, 여러 번 적은 양의 폐기물을 운반하는 데 돈을 지불하는 대신 발생자는 큰 운송물 1개를 운반하기 충분할 때까지 폐기물을 축적할 수 있다. 발생자가 유해 폐기물을 90일 이상 현장에 축적하는 경우 저장시설 운영자로 간주되며, 해당 시설에 대한 요구사항을 준수해야 한다.

그림 14-4

유해 폐기물 적하목록
(출처: EPA.)

Please print or type.   (Form designed for use on elite (12-pitch) typewriter.)   Form Approved. OMB No. 2000-0404. Expires 7-31-86

UNIFORM HAZARDOUS WASTE MANIFEST	1. Generator's US EPA ID No.	Manifest Document No.	2. Page 1 of	Information in the shaded areas is not required by Federal law.

3. Generator's Name and Mailing Address

A. State Manifest Document Number

B. State Generator's ID

4. Generator's Phone (   )

5. Transporter 1 Company Name   6.   US EPA ID Number

C. State Transporter's ID

D. Transporter's Phone

7. Transporter 2 Company Name   8.   US EPA ID Number

E. State Transporter's ID

F. Transporter's Phone

9. Designated Facility Name and Site Address   10.   US EPA ID Number

G. State Facility's ID

H. Facility's Phone

11. US DOT Description (Including Proper Shipping Name, Hazard Class, and ID Number)	12. Containers No.	Type	13. Total Quantity	14. Unit Wt/Vol	I. Waste No.
a.					
b.					
c.					
d.					

J. Additional Descriptions for Materials Listed Above

K. Handling Codes for Wastes Listed Above

15. Special Handling Instructions and Additional Information

16. GENERATOR'S CERTIFICATION: I hereby declare that the contents of this consignment are fully and accurately described above by proper shipping name and are classed, packed, marked, and labeled, and are in all respects in proper condition for transport by highway according to applicable international and national government regulations.

Unless I am a small quantity generator who has been exempted by statute or regulation from the duty to make a waste minimization certification under Section 3002(b) of RCRA, I also certify that I have a program in place to reduce the volume and toxicity of waste generated to the degree I have determined to be economically practicable and I have selected the method of treatment, storage, or disposal currently available to me which minimizes the present and future threat to human health and the environment.

Printed/Typed Name   Signature   Month Day Year

17. Transporter 1 Acknowledgement of Receipt of Materials

Printed/Typed Name   Signature   Month Day Year

18. Transporter 2 Acknowledgement of Receipt of Materials

Printed/Typed Name   Signature   Month Day Year

19. Discrepancy Indication Space

20. Facility Owner or Operator: Certification of receipt of hazardous materials covered by this manifest except as noted in Item 19.

Printed/Typed Name   Signature   Month Day Year

GENERATOR / TRANSPORTER / FACILITY

EPA Form 8700-22 (Rev. 4-85) Previous edition is obsolete.

유해 폐기물 적하목록(이하 적하목록)은 요람에서 무덤까지 폐기물 관리의 핵심이다(그림 14-4). 적하목록 사용을 통해 발생자는 발생 지점에서 궁극적인 처리, 저장 또는 폐기 지점까지 유해 폐기물의 이동을 추적할 수 있다.

HSWA에 따라 발생자는 적하목록에 스스로가 결정한 경제적 현실성이 있는 방법으로 폐기물의 부피와 독성을 저감하는 프로그램을 시행하였음을 증명해야 한다. 발생자에 의해 선택된 TSD 방법은 현재 시점에서 인체 건강과 환경에 대한 위해성을 최소화하는 가장 실행 가능한 방법임을 증명한다.

적하목록은 제어된 추적 시스템의 일부이다. 폐기물이 수송자에서부터 지정된 시설로 또는 수송자에서부터 다른 수송자로 이송될 때마다 적하목록은 폐기물의 수령을 확인하기 위해 서명이 필요하다. 적하목록 사본은 운송 네트워크의 각 노드에서 보관된다. 폐기물이 지정된 시설로 전달되면 시설의 소유자 또는 운영자는 적하목록 사본을 발생자에게 보내야 한다. 이 시스템을 통해 발생자는 유해 폐기물이 궁극적인 목적지에 도달했다는 사실을 문서로 확인하고 보관할 수 있다.

폐기물이 최초 수송자가 수령한 날부터 35일이 지나고 나서도 발생자가 지정된 시설로부터 적하목록 사본을 받지 못하면, 발생자는 수송자 또는 지정된 시설에 연락하여 폐기물의 행방을 알아내야 한다. 만약 45일이 지났는데도 적하목록을 받지 못한 경우 발생자는 예외 보고서를 제출해야 한다.

발생자의 기록 보관 및 보고 의무는 EPA와 주정부가 발생된 폐기물의 양과 유해 폐기물의 이동을 추적할 수 있게 한다.

수송자 규정

수송자는 유해 폐기물의 발생자와 궁극적인 외부 처리, 저장 또는 폐기 사이의 중요한 연결 고리이다. 수송자 규정은 두 기관의 요구사항이 상충하는 것을 피하기 위해 EPA와 교통부가 공동으로 개발하였다(U.S. EPA. 1986). 규정은 통합되어 있지만, 단일 법령에 규정되어 있지는 않다. 수송자는 49 CFR 171-179(Hazardous Materials Transportation Act; 유해물질 운송법)에 따른 규정과 40 CFR Part 263(RCRA Subtitle C)에 따른 규정을 준수해야 한다.

유해 폐기물의 발생자와 수송자가 모든 적절한 규정을 준수하더라도 유해 폐기물을 운송하는 것은 여전히 위험하고, 사고가 일어날 가능성이 항상 있다. 이러한 가능성에 대처하기 위해, 규정은 유출이 발생할 경우 운송자에 지역 당국에 알리거나 유출 구역을 막음으로써 건강과 환경을 보호하기 위한 즉각적인 조치를 취할 의무를 부여한다.

이 규정은 또한 공무원들에게 운송 사고를 처리할 수 있는 특별한 권한을 부여한다. 권한을 가진 연방정부, 주 정부, 또는 지역 공무원이 폐기물의 즉각적인 제거가 인체 건강이나 환경을 보호하기 위해 필요하다고 판단하면 EPA ID가 없는 수송자에게 적하목록 없이 폐기물을 제거하도록 할 수 있다.

처리, 저장 및 폐기 준수사항

처리, 저장 및 폐기(TSD) 시설은 요람에서 무덤까지인 유해 폐기물 관리 시스템의 마지막 연결고리이다. 유해 폐기물을 취급하는 모든 TSD는 운영 허가를 받아야 하며 TSD 규정을 준수해야 한다. TSD 규정은 유해 폐기물의 환경 배출을 최소화하기 위해 소유자와 운영자가 준수해야 하는 성능 기준을 설정한다.

TSD 시설은 다음 기능 중 하나 이상을 수행할 수 있다(U.S. EPA, 1986).

1. **처리**: 유해 폐기물을 중화시키기 위해, 무해하거나 덜 유해하게 하기 위해, 회수하기 위해, 운송·저장·폐기를 안전하게 하기 위해, 또는 회수·저장 또는 부피 저감을 용이하게 하기 위해 유해 폐기물의 물리적, 화학적, 생물학적 특성이나 구성을 변경하도록 설계된 모든 방법, 기술 또는 공정(중화반응 포함).

2. **저장**: 유해 폐기물을 임시적으로 보관하는 것으로, 이후 유해 폐기물은 처리되거나, 폐기되거나 다른 곳에 보관됨.

3. **폐기**: 고형 폐기물 또는 유해 폐기물이 땅이나 물로 배출, 퇴적, 주입, 투기, 유출, 누출 또는 배치되어 그 구성요소가 환경으로 유입되거나 공기 중으로 방출되거나 물로 배출되는 것(지하수 배출 포함).

법에는 행정적-비기술적 준수사항과 기술적 준수사항으로 이루어진 기준이 정해져 있다.

행정적-비기술적 준수사항은 TSD 소유자와 운영자가 시설을 적절히 운영하기 위해 필요한 절차와 계획을 수립하고 응급 상황이나 사고 발생 시 대처하기 위한 것이다. 이는 다음 표에 표시된 영역을 다룬다.

Subpart	영역
A	누가 그 규정의 적용을 받는가?
B	일반시설기준
	폐기물 분석, 보안, 검사, 교육
	가연성, 반응성 또는 공존할 수 없는 폐기물
	위치 기준(허용시설)
C	대비 및 예방
D	우발사태 계획 및 비상 절차
E	적하목록 시스템, 기록 보관 및 보고

기술적 준수사항의 목적은 운영 허가를 받기 위해 대기 중인 기존 시설에서 유해 폐기물 처리, 저장 및 폐기 시 발생 가능한 위협을 최소화하는 것이다. 준수사항에는 여러 종류의 시설에 적용되는 일반 기준과 폐기물 관리 방법에 적용되는 특정 기준의 2가지 부문이 있다.

일반 기준은 3가지 영역을 다룬다.

1. 지하수 모니터링 요건
2. 사용 종료, 사후관리 요건
3. 재정적 요구사항

지하수 모니터링은 유해 폐기물을 관리하는 데 사용되는 지표 저류, 매립지, 육상 처리시설, 폐기물 적치장의 소유자 또는 운영자에 대해서만 요구된다. 이 요건의 목적은 시설 하부의 지하수에 미치는 영향을 평가하는 것이다. 육상 처분장을 제외한 시설은 운영 기간 동안 모니터링을 실시하여야 하며, 운영 종료 후 30년까지 모니터링을 계속해야 한다.

규정에서 제시하는 지하수 모니터링 프로그램은 폐기물 관리 단위의 상류 지점 한 곳과 하류 지점 세 곳, 총 4개의 모니터링 관정을 설치해야 한다. 하류 지점 관정은 폐기물 관리 단위에서 유출이 일어날 경우 이를 차단할 수 있도록 배치해야 한다. 상류 지점 관정은 폐기물 관리 단위의 폐기물에 의해 영향을 받지 않는 지하수 자료(배경 자료라고 함)를 제공해야 한다. 관정이 적절하게 배치된다면 상류 지점과 하류 지점의 관정에서 확보한 자료를 비교하여 오염 발생 여부를 확인할 수 있다.

관정을 설치한 후에는 소유자 또는 운영자가 1년 동안 관정을 모니터링하여 선정된 화학물질의 배경농도를 설정한다. 이 데이터는 향후 모든 데이터 비교의 기초가 된다. 배경농도를 설정하는 매개변수는 식수, 지하수 수질 및 지하수 오염의 3가지가 있다.

운영 종료는 TSD 시설의 소유자 또는 운영자가 TSD 운영을 마치고 폐기물을 더 이상 수용하지 않는 것을 뜻한다. 매립지에 복토층이나 덮개를 적용하고 장비, 구조물 및 토양을 폐기하거나 오염을 제거한다. 사후관리는 처분시설에만 적용되는데, 시설의 소유자 또는 운영자가 처분시스템의 건전성을 유지하고 감시하기 위한 모니터링 및 유지 활동을 하는 사용 종료 후 30년의 기간을 말한다.

재정적 요구사항은 시설 운영 종료와 처분시설의 사후관리 및 시설의 운영과 관련하여 급작스럽게 또는 점진적으로 발생하는 사고로 일어난 신체적 상해와 재산상의 손해에 대해 제3자에게 보상하기 위한(주 및 연방정부는 이러한 의무에서 면제됨) 필요한 비용을 지불할 수 있도록 하기 위해 제정되었다. 재정적 요구사항에는 운영 종료 사후관리에 대한 재무 보증과 상해 및 재산 손해에 대한 책임 보장의 2가지 유형이 있다.

육상 금지.   HSWA는 RCRA의 범위를 크게 확장하였다. HSWA는 대부분 기존의 유해 폐기물 처리 방법, 특히 육상 폐기가 안전하지 않다는 시민들의 강력한 우려에 대응하여 만들어졌다. HSWA Section 3004는 특정 폐기물의 육상 폐기에 대한 제한을 설정하는데, 이는 일반적으로 "육상 금지" 또는 **육상 폐기 제한**(land disposal restrictions, LDR)이라 불린다. Section 3004(m)에서 요구한 바에 따라, EPA는 폐기물의 유해 성분의 이동 가능성을 충분히 감소시켜 인체 건강과 환경에 대한 단기 및 장기 위협을 최소화시키는 처리 수준 또는 방법을 확립하였다. 1994년 9월 18일, EPA는 공정을 효율화하기 위해 범용 처리 기준(universal treatment standard, UTS)을 발표하였다(59 FR 47980, 1994).

지하 저장탱크

지하 저장탱크(underground storage tank, UST) 시스템은 지하 저장탱크, 연결 배관, 지하 보조 장비 및 격납 시스템을 포함한다. 1988년 9월 23일, EPA는 지하 저장탱크의 최종 규칙을 공포하였다 (Bair, 1989).

새로운 규정에는 여러 가지 제외사항이 포함된다.

- 유해 폐기물 UST 시스템
- 규제되고 있는 폐수 처리시설
- 유압 리프트 탱크 및 전기 장비 탱크와 같이 운영을 위해 사용되는 규제물질을 포함하는 모든 장비 또는 기계
- 41.5 L 미만의 모든 UST 시스템
- 규제물질의 농도가 최소(무시할 정도)인 모든 UST 시스템
- 사용 후 신속하게 비워지는 모든 비상 유출 또는 월류 임시저장 시스템

모든 UST 시스템은 (1) 유리섬유 강화 플라스틱, (2) 강철 및 유리섬유 강화 플라스틱 합성물, (3) 음극 방식법으로 코팅된 강철 탱크의 3가지 방법 중 하나를 이용한 부식 방지 기능을 갖추고 있어야 한다. 음극 방식 시스템은 정기적으로 시험하고 검사해야 한다. 또한 모든 소유자 및 운영자는

유출 및 과다 주입 방지 장비와 설치 방법이 규정을 준수하는지 확인할 수 있는 설치 증명서를 제공해야 한다.

모든 UST에 대해 방출(누출) 감지 장치가 설치되어야 한다. 석유 UST 시스템에는 몇 가지 다른 방법이 허용되지만, 일부 시스템에는 특정한 요구사항이 있다. 예를 들어, 가압 배송 시스템에는 자동 라인 누출 감지기가 장착되어 있어야 하며 매년 라인 누출 시험을 거쳐야 한다. 또한 유해물질을 저장하는 모든 새로운 또는 업그레이드된 UST 시스템은 모니터링 기능이 있는 보조 격납 장치가 있어야 한다.

유출이 확인되면 소유자와 운영자는 시정 조치를 취해야 한다. 즉각적인 시정 조치에는 안전상 위험 및 화재 위험 완화, 유출된 물질에 포화된 토양과 부유하고 있는 물품 제거, 필요한 추가 시정 조치에 대한 평가가 포함된다. 모든 복원 상황과 마찬가지로 오염된 토양과 지하수를 장기간 정화하기 위한 시정조치 계획이 필요할 수 있다.

14-4 CERCLA와 SARA

슈퍼펀드법

1980년 공포된 종합환경대응배상책임법(Comprehensive Environmental Response, Compensation, and Liability Act, CERCLA)은 "슈퍼펀드"로 더 잘 알려져 있으며, 환경으로 배출되는 유해물질에 대한 책임, 배상, 정화 및 비상 대응과 비활성 유해 폐기물 처분지의 정화를 실시하기 위한 법이다. CERCLA는 EPA에 버려진 폐기물 처분지를 정화하고 유해 폐기물과 관련된 비상 사태에 대응할 수 있는 권한과 기금을 제공한다. 이 법은 대응과 집행 메커니즘을 모두 규정하고 있다. 이 법의 4대 조항은 다음을 정립한다.

1. 책임자를 찾을 수 없거나 자발적으로 비용을 부담하지 않을 현장의 조사 및 정화 비용을 부담하는 기금(이하 "슈퍼펀드"라 함)
2. 버려진 또는 비활성 유해 폐기물 부지의 정화 우선순위 목록(국가 우선순위 목록)
3. 버려진 또는 비활성 부지의 조치를 위한 절차(국가 비상 계획)
4. 정화 책임자에 대한 책임

처음에 신탁 기금은 석유와 42개 기본 화학물질 생산자와 수입업자가 납부하는 세금으로 충당하였다. 슈퍼펀드는 처음 5년 동안 약 16억 달러를 모금했으며, 그중 86%는 산업계에서, 나머지는 연방정부에서 조달하였다. 1986년 슈퍼펀드 개정 및 재승인법(Superfund Amendments and Reauthorization Act, SARA)은 슈퍼펀드 부지를 정화할 수 있는 자금을 크게 확대하였다. 이 기금은 석유 제품(27억 5000만 달러), 사업 소득(25억 달러), 화학 공급원료(14억 달러)에 세금을 부과해 5년간 86억 달러를 모금하였고, 나머지는 일반 수입에서 충당하였다.

국가 우선순위 목록

국가 우선순위 목록(national priority list, NPL)은 EPA가 공중보건이나 환경에 상당한 위험을 주는 것으로 보여 슈퍼펀드 기금 사용의 가치가 있는 부지를 식별하는 도구 역할을 한다. 1982년에 처음 작성되었고, 1년에 세 번 갱신된다. 2012년 1월 현재 이 목록에 올라와 있는 부지는 목록은 1,298개이다(U.S. EPA, 2012).

최초의 NPL은 통보 절차와 기존 정보를 통해 작성되었다. 그 후에 유해도 평가 시스템(hazard ranking system, HRS)으로 알려진 정량적 평가 시스템이 개발되었다. 이 시스템의 평가 점수가 높은 부지가 목록에 추가된다. NPL에 등재된 부지는 슈퍼펀드 기금을 사용할 수 있다. 점수가 낮은 부지는 일반적으로 기금을 사용할 수 없다.

유해도 평가 시스템

유해도 평가 시스템(HRS)은 유해물질의 격리 상황, 유출 경로, 물질의 특성과 양 및 잠재적 수용체[*]에 기초한 잠재적 위협이 통제되지 않은 유해 폐기물 부지의 순위를 매기는 절차이다. HRS에서 제시한 방법에 따라 부지가 야기하는 상대적 유해도를 대변하고 유해물질에 대한 인체 및 환경의 노출 가능성을 반영한 정량적 추정치를 도출한다. HRS 점수는 해당 부지가 지하수, 지표수, 토양, 대기의 4가지 경로를 통해 오염될 확률에 기초한다. 지하수 및 대기 이동 경로는 각각 섭취와 흡입에 의한 노출에 대해 평가된다. 지표수 이동 및 토양 노출 경로는 복수의 섭취 유형의 노출에 대해 평가된다. 지표수는 (1) 음용수, (2) 인간으로 연결되는 먹이 사슬, (3) 환경(접촉)이 유해 폐기물에 노출되었는지 평가한다. 이러한 노출은 육상/범람에 의한 이동과 지하수가 지표수로 이동하는 2가지 개별 이동 구성요소에 대해 평가된다. 토양은 (1) 거주 인구와 (2) 인근 인구에 대한 잠재적 유해 폐기물 노출에 대해 평가한다(40 CFR 300).

HRS를 사용하려면 부지 및 주변, 존재하는 유해물질, 대수층 및 간섭 지층의 지질에 대한 상당한 정보가 필요하다. HRS 부지 점수에 가장 큰 영향을 미치는 요인은 인구 밀집 지역 또는 식수원에 대한 근접성, 존재하는 유해물질의 양과 그 유해물질의 독성이다. HRS 방법론은 다음과 같은 이유로 비판을 받아왔다.

1. 환경에만 위협이나 위험을 나타내는 경우 해당 부지가 높은 점수를 받을 가능성이 낮아 인체 건강 영향에 대한 편향이 강하다.
2. 인체 건강에 대한 편향 때문에, 인구 밀도가 높은 영향 지역에 대한 편향이 훨씬 더 강하다.
3. 공기 배출 이동 경로는 실제 배출로 기록되어야 한다고 명시되어 있으나, 지하수 및 지표수 경로에는 그러한 문서 요건이 없다.
4. 독성 및 화학물질의 지속성에 대한 점수는 현장의 물질 누출 차단 상황에 기초할 수 있는데, 이는 독성 화학물질의 알려진 또는 잠재적 배출과 반드시 관련이 있는 것은 아니다.
5. 하나의 이동 경로에 대한 높은 점수는 다른 이동 경로들에 대한 낮은 점수로 인해 상쇄될 수 있다.
6. 경로 점수를 평균내어 평가하는 방식은 단 한 가지의 경로로 인체 건강과 환경에 심각한 위협을 줄 수 있는 경우에 그 부지의 위해를 과소평가할 수 있다.

HRS 점수는 0에서 100까지이며, 100점은 가장 유해한 부지를 나타낸다. 주 정부가 최우선 순위로 지정한 부지를 NPL에 포함하라는 CERCLA 요구사항을 충족시키기 위해 HRS 순위에 예외가 발생하기도 한다.

---

[*] 유해 폐기물 노출에 의한 악영향이 우려되는 사람(주민, 작업자, 방문객 등) 또는 동식물

국가 비상 계획

국가 비상 계획(NCP)은 비상 또는 임박한 위협의 존재 여부를 판단하기 위한 초기 평가, 비상 대응 조치의 작성, 부지 순위(HRS) 결정 및 향후 조치를 위한 우선순위 설정 방법 등 유해 폐기물 부지에서 취해야 할 조치에 대한 상세한 지침을 제공한다. 어떤 부지가 환경에 잠재적 위험을 내포하고 있다는 근거가 충분하면 보다 상세한 조사가 필요하다(O'Brien and Gere Engineers Inc., 1988; 40 CFR 400.300).

NCP에는 부지와 관련된 위험도를 상세하게 평가하기 위해 취해야 할 조치가 나와 있다. 이러한 평가를 **정화 조사**(remedial investigation, RI)라고 하며, 적절한 정화 대안을 선정하는 과정을 **타당성 조사**(feasibility study, FS)라고 한다. 정화 조사와 타당성 조사는 흔히 정화 조사/타당성 조사(RI/FS)로 알려진 단일 단계로 결합되는 경우가 많다. RI/FS의 요건은 대개 문서화된 사업 계획서에 요약되어 있으며, RI/FS를 실행하기 전에 관련 연방 및 주 기관의 승인을 받아야 한다.

정화 조사에는 다음 항목을 다루는 세부 계획의 수립이 포함된다.

1. **현장 조사**: 폐기물의 특성 및 범위, 부지의 물리적 특성 및 부지의 폐기물에 의해 영향을 받을 수 있는 수용체를 특정하기 위해 적용할 수리지질학적 및 지구물리학적 시료 채취 및 분석 절차에 대한 설명
2. **품질관리**: 현장 조사 프로그램에서 수집된 모든 데이터가 유효하고 만족스럽게 정확하다는 것을 보장하기 위해 시행되어야 할 지침
3. **보건과 안전**: 부지에서 작업하고 현장 조사를 수행하는 인력의 안전을 보호하기 위해 사용하는 절차

정화 조사 활동과 수집된 데이터의 후속 평가 작업을 **위해성 평가**(risk assessment) 또는 위험성(endangerment) 평가라고 한다. 정화 조사 보고서는 이러한 평가 결과를 문서화한다.

정화 조사 보고서는 다양한 정화 대안을 평가하는 타당성 조사의 기준 역할을 한다. 검토 기준에는 인체 건강과 환경의 전반적인 보호, 적용 가능하거나 관련성이 있고 적절한 규정의 준수, 장기적 효과, 독성, 이동성 또는 부피의 저감, 단기적 효과, 기술적 및 행정적 실행 가능성, 비용, 주 정부의 수용, 지역 사회의 수용 등이 포함된다. 선정된 모든 정화 방법은 유해 폐기물 부지의 위해도를 허용 가능한 수준으로 저감할 수 있어야 한다. 그리고 일반적으로 이 목표를 달성하는 가장 낮은 비용의 대안이 실행안으로 선정된다. 타당성 조사 결과는 **결정 기록**(record of decision, ROD)이라 불리는 서면 보고서에 제시된다. 이 문서는 선정된 실행안 설계를 위한 예비 기준의 역할을 한다.

NCP의 핵심 중 하나는 "공공보건, 복지 및 환경"에 대한 위험 수준을 포함한 여러 기준에 따라 정화 수준을 선택하도록 명시되어 있다는 것이다. 따라서 어느 부지에서든지 사전에 결정된 수준의 정화가 요구되거나 달성되어야 하지 않고, 부지별로 정화 정도가 정해진다. 한 위치에서 허용되는 것이 반드시 다른 위치에서 허용되는 것은 아닐 수 있다.

RI/FS의 완료와 승인에 따라, 다음 단계는 선택된 정화 방법에 대한 계획과 상세사항을 준비하는 것이고, 이를 **정화 설계**(remedial design, RD)라 한다. 계획 및 상세사항에 따라 건설 및 기타 활동을 수행하면 사업이 종료된다.

법적 책임

아마도 법원의 시험을 견뎌낸 CERCLA의 가장 광범위한 조항은 NPL 부지의 정화에 대한 엄격한 연대책임의 부과일 것이다. EPA가 **잠재적 책임 당사자**(potentially responsible parties, PRP)로 확인한 대상에는 유해 폐기물이 저장, 처리 또는 폐기된 시설 및 토지의 발생자, 현재 소유자 또는 이전 소유자뿐 아니라 운송을 위해 유해 폐기물을 수령하고 시설을 선택한 자도 포함될 수 있다. 잠재적 책임 당사자는 엄격한 책임, 즉 무과실 책임을 가진다. 주의도 부주의도, 좋은 믿음도 나쁜 믿음도, 지식도 무지도 변호가 될 수 없다. 의회는 잠재적 책임 당사자가 발생한 문제에 실제로 책임이 있는지에 대해 이의를 제기할 수 있으며, 그 후 비용이나 책임을 분담하기를 꺼릴 것이라고 예측하였으며, 그 예측은 들어맞았다. CERCLA의 엄격한 책임 규정은 폐기 방법이 폐기 당시 지배적인 기준, 법률 및 관행에 부합하더라도 잠재적 책임 당사자가 책임져야 한다고 명령한다. 즉, CERCLA는 "우선 지금 지불하고 나중에 논쟁하라"고 천명한다(O'Brien and Gere Engineers Inc., 1988).

CERCLA에서 "연대" 책임이라는 용어 자체는 삭제되었지만, 법원은 해당 용어가 포함된 것이나 다름이 없다고 해석하였다. 이는 잠재적 책임 당사자가 어떤 폐기물이라도 부지에 기여했다면, 해당 잠재적 책임 당사자는 정화 관련 모든 비용에 대해 책임을 질 수 있다는 것을 의미한다. 이 개념은 SARA에서 재확인되었다. 만약 잠재적 책임 당사자가 지불을 거부한다면, 연방정부는 비용을 회수하기 위해 소송을 제기할 수 있다. 책임 당사자들이 충분한 이유 없이 정화 비용을 지불할 수 없는 경우 그들은 손해에 대한 책임을 3배로 질 수 있다.

슈퍼펀드 개정 및 재승인법

슈퍼펀드 개정 및 재승인법(SARA)는 CERCLA 프로그램의 많은 조항과 개념을 재확인하고 강화하였다. 의회는 SARA에서 폐기물을 다른 폐기 장소로 이동하거나 부지에서 단순히 격리하는 것보다 소각이나 화학 처리와 같이 유해하지 않게 만드는 정화 방법에 대한 선호를 분명히 표명하였다. 다만, 이것을 의무사항으로 명시하지는 않았다.

SARA의 또 다른 측면은 정화 수준이 **적용 가능하거나 관련성이 있고 적절한 규정**(applicable or relevant and appropriate requirements, ARAR)을 준수해야 한다는 것이다. ARAR은 CERCLA 및 SARA 이외의 프로그램에서 제시하는 환경 기준이다. 예를 들어, 소각장에서 발생하는 대기 배출에 관한 규정이 있는 주에서는 소각을 이용한 슈퍼펀드 정화가 해당 기준을 충족해야 한다. 또한 유사한 기준이 관련 있고 적절하다고 판단되는 경우 EPA는 이를 적용하기로 선택할 수 있다. 예를 들어, 통제되지 않은 유해 폐기물 부지에서 발견된 폐기물 드럼통이 F001-F005 폐용매와 동일한 성분을 가지고 있는 것으로 보이는 내용물을 담고 있는 경우, RCRA 폐기물에 대한 범용 처리 기준은 해당 폐기물의 출처를 식별할 수 있는 특별한 증거가 없더라도 관련 있고 적절한 것으로 간주할 수 있다.

SARA는 천연자원, 특히 부지 외 천연자원에 대한 피해를 고려하도록 하는 요구사항을 대폭 강화한다. CERCLA 역시 이를 준수하도록 요구했지만, 실제로 이 사항을 고려하는 부지는 거의 없었다. SARA는 이 사항을 향후 조사 및 정화 활동에 포함시키기 위한 메커니즘을 제공한다.

Title II. SARA는 CERCLA의 조항에 title III(비상 계획 및 지역 사회 알 권리)를 추가한다. 비상 계획 조항에 따라 시설은 EPA가 지정한 임계계획량(threshold planning quantities)을 초과하는 고위험 유해물질이 있는 경우 주 비상 대응 위원회에 통지해야 한다. 또한 지역 사회는 화학 비상 대응 계획을 개발하기 위해 지역 비상 계획 위원회(Local emergency planning committees, LEPC)를 설립해야 한다. 이 계획에는 규제 시설의 식별, 비상 대응 및 통보 절차, 훈련 프로그램 및 화학물질 유출 시 대피 계획이 포함되어야 한다.

시설에서 2가지 목록 중 하나(즉, EPA의 고위험 물질 목록 또는 CERCLA section 103(a) 목록)에 있는 화학물질의 규제 물량(regulated quantity, RQ)을 실수로 배출하고, 이로 인해 부지 외부 노출 가능성이 있는 경우 LEPC에 즉시 알려야 한다. 또한 이 법은 선택한 대응 조치, 알려졌거나 예상되는 건강 위해성 및 노출된 개인에 대한 의학적 권고사항을 보고할 것을 요구한다.

Title III의 가장 혁신적인 조항은 화학물질의 양과 지역 내 시설에 있는 해당 화학물질의 위치를 지역 사회가 알 권리를 천명한 것이다. 이에 따라 대중은 화학물질의 잠재적 위험에 대한 정보를 이용할 수 있다. 또한 지정된 임계치 이상의 화학물질을 배출하는 시설은 매년 EPA 지정 양식(양식 R)에 따라 독성물질 배출량 목록(toxic release inventory)을 제출해야 한다. 이 목록에는 폐기물의 부지 밖으로의 이동뿐만 아니라 우발적 및 일상적 배출도 포함된다. 이러한 자료들을 공지함으로써, 환경에 버려지는 많은 양의 물질들에 대한 대중의 항의가 있었고, 산업계는 이전에 규제되지 않아 통제되지 않았던 배출을 통제하기 위해 피나는 노력을 하게 되었다.

14-5 유해 폐기물 관리

유해 폐기물을 관리하기 위한 논리적인 우선순위는 다음과 같다.

1. 우선적으로 유해 폐기물의 발생량을 줄인다.
2. "폐기물 교환"을 촉진한다. (한 공장의 유해 폐기물은 다른 공장의 공급 원료가 될 수 있다. 예를 들어, 일부 산업의 산성 및 용매 폐기물은 가공하지 않고 다른 공장에서 사용할 수 있다.)
3. 유해 폐기물에 포함된 금속, 에너지 및 기타 유용한 자원을 재활용한다.
4. 화학적 및 생물학적 처리를 통해 액체 유해 폐기물을 해독하고 중화시킨다.
5. 4번 항목에서 발생하는 폐기 슬러지의 양을 탈수로 줄인다.
6. 적절한 오염 통제 및 모니터링 시스템을 갖춘 특수 고온 소각장에서 가연성 유해 폐기물의 부피를 저감시킨다.
7. 5번과 6번 항목에서 발생하는 슬러지와 재를 안정화하거나 고형화하여 금속의 용출성을 줄인다.
8. 남은 처리 잔여물은 특수 설계된 매립지에 처분한다.

폐기물 최소화

폐기물 최소화 프로그램의 성공에 필요한 핵심 요소는 다음과 같다(Fromm, Bachrach, and Callahan, 1986).

- 최고 수준의 조직 의지
- 재원
- 기술 자원
- 적절한 조직, 목표 및 전략

우선 고위 경영진의 의지가 가장 먼저 갖춰져야 다른 요소들을 확립하기 위한 노력들이 뒤따를 수 있다. 조직 구조는 참가자들의 의사소통과 피드백을 촉진할 수 있어야 한다. 때로는 가장 좋은 아이디어가 매일 공정 작업을 하는 라인 운영자로부터 나온다.

일부 기업은 정량적 폐기물 최소화 목표를 설정한다. 다른 회사들은 정성적인 목표를 설정하는 데 그친다.

폐기물 감사. 폐기물 최소화 전략을 수립함에 있어 중요한 첫 단계는 폐기물 감사를 수행하는 것이다. 감사는 단계적으로 진행되어야 한다.

1. 폐기물 흐름 식별
2. 발생원 식별
3. 폐기물 최소화를 위한 폐기물 흐름 우선순위 설정
4. 선별 대안
5. 실행
6. 추적
7. 진행상황 평가

폐기물 감사 시작 시 중요한 질문은 "왜 이 폐기물이 생성되고 있는가?"이다. 해결책을 찾기 전에 먼저 폐기물 발생의 주요 원인을 파악해야 한다. 감사는 추가 평가 또는 실행을 위한 구체적 폐기물 최소화 대안 목록을 작성하기 위해 폐기물 흐름 지향적이어야 한다. 원인을 파악한 후에는 해결책 대안을 수립할 수 있다. 물질수지를 계산할 수 있는 효율적인 재료 및 폐기물 추적 시스템은 우선순위를 설정하는 데 유용하다. 얼마나 많은 재료가 들어가고, 그중 얼마가 폐기물로 귀결되는지 알면 어떤 과정으로 어떤 폐기물을 먼저 처리해야 할지 결정할 수 있다.

예제 14-1 한 제조 회사에서 첫 번째 감사의 일환으로 다음과 같은 자료를 수집하였다. 회사로부터의 잠재적 연간 대기 배출량을 kg 단위의 휘발성 유기화합물(VOC)로 추정하시오. 액체 1 US 배럴 = 0.12 m^3 이다.

구매부서 기록	
물질	구매량(배럴)
염화메틸렌(CH_2Cl_2)	228
트리클로로에틸렌(C_2HCl_3)	505

폐수(ww) 처리장 유입량	
물질	평균 농도($mg \cdot L^{-1}$)
CH_2Cl_2	4.04
C_2HCl_3	3.25

처리장으로 유입되는 평균 유량은 0.076 $m^3 \cdot s^{-1}$이다.

유해 폐기물(hw) 목록		
물질	배럴	농도 (%)
CH_2Cl_2	228	25
C_2HCl_3	505	80

연말에 사용되지 않는 배럴	
CH_2Cl_2	8
C_2HCl_3	13

풀이 물질수지 흐름도는 두 폐기물 모두 동일하다.

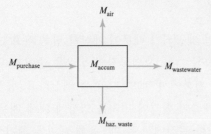

물질수지 방정식은

$$M_{purchase} = M_{air} + M_{ww} + M_{hw} + M_{accum}$$

M_{air}에 대해 이 방정식을 풀면 VOC 배출량 추정치를 얻을 수 있다.

먼저, 구매한 양을 계산한다. 각 화합물의 밀도는 부록 A에서 확인할 수 있다.

구매한 질량은

$$M_{(CH_2Cl_2)} = (228 \text{ barrels} \cdot \text{year}^{-1})(0.12 \text{ m}^3 \cdot \text{barrel}^{-1})(1,327 \text{ kg} \cdot \text{m}^{-3})$$
$$= 36,306.72 \text{ kg} \cdot \text{year}^{-1}$$

$$M_{(C_2HCl_3)} = (505 \text{ barrels} \cdot \text{year}^{-1})(0.12 \text{ m}^3 \cdot \text{barrel}^{-1})(1,476 \text{ kg} \cdot \text{m}^{-3})$$
$$= 89,445.60 \text{ kg} \cdot \text{year}^{-1}$$

이제 폐수 처리장으로 유입되는 양을 계산한다. (참고로 $1.0 \text{ mg} \cdot \text{L}^{-1} = 1.0 \text{ g} \cdot \text{m}^{-3}$.)

$$M_{(CH_2Cl_2)} = (4.04 \text{ g} \cdot \text{m}^{-3})(0.076 \text{ m}^3 \cdot \text{s}^{-1})(86,400 \text{ s} \cdot \text{day}^{-1})(365 \text{ days} \cdot \text{year}^{-1})(10^{-3} \text{ kg} \cdot \text{g}^{-1})$$
$$= 9,682.81 \text{ kg} \cdot \text{year}^{-1}$$

$$M_{(C_2HCl_3)} = (3.25 \text{ g} \cdot \text{m}^{-3})(0.076 \text{ m}^3 \cdot \text{s}^{-1})(86,400 \text{ s} \cdot \text{day}^{-1})(365 \text{ days} \cdot \text{year}^{-1})(10^{-3} \text{ kg} \cdot \text{g}^{-1})$$
$$= 7,789.39 \text{ kg} \cdot \text{year}^{-1}$$

다음으로 유해 폐기물 처리시설로 운송되는 질량을 계산한다.

$$M_{(CH_2Cl_2)} = (228)(0.12)(1,327)(0.25) = 9,076.68 \text{ kg} \cdot \text{year}^{-1}$$

$$M_{(C_2HCl_3)} = (505)(0.12)(1,476)(0.80) = 71,556.48 \text{ kg} \cdot \text{year}^{-1}$$

누적량은

$$M_{(CH_2Cl_2)} = (8)(0.12)(1,327) = 1,273.92 \text{ kg} \cdot \text{year}^{-1}$$

$$M_{(C_2HCl_3)} = (13)(0.12)(1,476) = 2,302.56 \text{ kg} \cdot \text{year}^{-1}$$

각 화합물에 대한 대기 배출 추정량은 다음과 같다.

$$M_{(CH_2Cl_2)} = 36,306.72 - 9,682.81 - 9,076.68 - 1,273.92$$
$$= 16,273.31 \text{ 또는 } 16,000 \text{ kg} \cdot \text{year}^{-1}$$

$$M_{(C_2HCl_2)} = 89,445.60 - 7,789.39 - 71,556.48 - 2,302.56$$

$$= 7,797.17 \text{ 또는 } 7,800 \text{ kg} \cdot \text{year}^{-1}$$

1배럴의 부피가 유효숫자 두 자리로만 제공되기 때문에 계산한 답을 유효숫자 두 자리로 반올림하여 나타낸다. 이 분석으로 통해 배출되는 대기오염물질의 질량을 줄이기 위해서 먼저 염화메틸렌을 공략해야 한다. 또한 단순히 구매 기록에서 '배럴 입고'를 계산하고, 유해 폐기물 목록에서 '배럴 출고'를 계산하는 것은 이 업체의 배출이 환경에 미치는 영향에 대해 매우 잘못된 그림을 제시할 수 있음을 알아야 한다. 폐기물 최소화 관점에서 볼 때, 유해 폐기물 폐기장으로 가는 농도가 80%인 C_2HCl_3가 재활용 후보인 것도 분명하다.

폐기물 감사의 첫 4단계(발생원 저감 – 폐기물 교환 – 재활용 – 처리)는 결국 폐기물 관리 대안을 모두 모아 놓은 것이며, 이 순서는 관리 우선순위와 같다.

대안 선정은 발생원 제어에서 시작된다. 발생원 제어 조사는 (1) 투입 재료, (2) 공정 기술, (3) 인간적 측면의 변화에 초점을 맞춰야 한다. 투입 재료 변경은 정화, 치환, 희석의 3가지 요소로 분류할 수 있다.

투입 재료의 정화는 불활성 물질이나 불순물이 생산 공정에 유입되지 않도록 한다. 이러한 작업은 공정 내의 자산에 불필요한 불순물이 축적되는 것을 방지하기 위한 세정이나 정제를 수반하므로 폐기물이 발생한다. 폐기물 발생을 줄이기 위한 공급물질 정화 사례로는 전기 도금 시 탈이온화 세척수를 사용하거나, 이염화에틸렌 생산을 위한 옥시염소화 반응기에서 공기 대신 산소를 사용하는 방법이 있다.

치환이란 독성물질을 낮은 독성 또는 높은 환경적 만족도를 가진 물질로 대체하는 것이다. 이러한 예로 냉각수 부식 억제제로 디크롬산 대신 인산염을 사용하거나 염화 용매 대신 염기성 세제를 사용하여 그리스를 제거하는 것이 있다. 이러한 변화는 산업계가 그들의 공정에 도입하기 시작한 "녹색화학"이라고 불리는 접근법의 예이다(U.S. EPA, 2017).

희석은 투입 재료 변경에서 경미한 구성요소로, **드랙아웃**(dragout)(한 탱크에서 다른 탱크로의 자재 운반)을 최소화하기 위해 보다 묽은 도금 용액을 사용하는 것을 예로 들 수 있다.

기술 변화는 공장의 시설에 적용되는 것이다. 예로는 공정 변경, 장비, 배관 또는 배치 변경, 공정 운영 설정 변경, 추가 자동화, 에너지 절약, 물 절약 등이 있다.

절차적 또는 제도적 변화는 사람들이 생산 공정에 영향을 미치는 방법을 개선하는 것으로 이루어진다. 이는 "좋은 운영 관행" 또는 "좋은 살림"이라고도 한다. 여기에는 운영 절차, 손실 방지, 폐기물 분리, 자재 처리 개선 등이 포함된다.

폐기물 교환

제3자에게 재판매를 위해 독립적인 당사자에게 잉여 미사용 원료를 위탁하여 폐기물을 최소화함으로써 폐기물 발생과 새로운 원자재를 사용하는 데 드는 생산 비용(환경적, 금전적 비용)을 절감할 수 있다. 즉, "한 사람의 쓰레기가 다른 사람의 보물이 된다". 처리 또는 폐기 비용이 많이 드는 제조 부산물과 사용 가능하거나 판매 가능한 부산물의 차이는 기회, 직속 생산라인 외 공정에 대한 생산자의 지식, 순수원료의 상대적인 가격 등에서 온다. 폐기물 교환은 다양한 자재의 가용성과 필요성을 정리해 놓는 정보 교환소 역할을 한다.

재활용

RCRA와 HSWA에 따르면, EPA는 재활용을 신중하게 정의하여 실제로 처리, 보관 또는 폐기(TSD) 시설 소유자인 가짜 재활용업자들이 재활용에 대해 보다 관대한 규칙을 적용받는 것을 막았다. 이 정의는 재료를 사용, 재사용 또는 회수하면 재활용된다고 말한다(40 CFR 261.1 (c)(7)). 물질이 (1) 제품을 만들기 위한 성분(중간물질로서의 사용을 포함)으로 사용되는 경우(그러나 금속 함유 2차 재료로부터 금속을 회수하는 경우와 같이 재료의 별개의 성분이 별도의 최종 제품으로 회수되는 경우, 재료는 이 조건을 충족하지 못함), (2) 상용 제품의 효과적인 대체물로서 특정 기능에 사용되는 경우(40 CFR 261.1 (c)(5))에 "사용 또는 재사용"된다. 물질은 유용한 제품을 분리하기 위해 처리되거나 재생되는 경우 "회수"로 본다. 예로는 폐배터리로부터 납 추출 및 폐용매의 재생(40 CFR 261.1 (c)(4))이 있다(U.S. EPA, 1988a).

증류 공정은 폐용매를 회수하는 데 사용될 수 있다. 회수 가능성을 결정하는 주요 특성은 다양한 유용 성분의 비등점과 수분 함량이다. 폐용매가 희석될수록 회수의 경제성이 떨어진다. 회수된 용매는 발전기에 의해 재사용되거나 순수원료 가격에 필적하는 금액으로 판매될 수 있다. 용매 회수로 얻는 이득은 회수 비용을 상쇄할 수 있다.

금속 도금 세척수로부터 금속을 회수하는 몇 가지 기술이 있다. 대부분은 단일 금속 성분을 포함하는 폐수에만 적용된다. 이온 교환, 전기 투석, 증발, 역삼투 등이 그 예다.

1988년 10월 연방 항소 법원은 재활용을 위해 수집된 폐유를 유해 폐기물 목록에 포함하지 않는 EPA 정책을 기각하였다. 그 판결 이전에는 PCB 오염 오일, 석유 산업 슬러지 및 유연 휘발유 탱크 바닥유가 유일하게 규제되는 오일이었다. 발생한 오일 및 유류 폐기물의 대부분은 EPA 규정에 따라 유해 폐기물로 분류되지 않았다. 이러한 폐기물은 연료로 사용하기 위해 회수하거나 윤활제로 사용하기 위해 정제할 수 있다. 모든 폐유는 현재 유해하다고 여겨지지만, 이전에 회수되었던 오일은 여전히 회수 가능하다. 다만 그것들을 추적하기 위한 요구조건이 더 엄격해졌다.

14-6 처리 기술

폐기물 최소화한 후 남은 폐기물은 반드시 해독 및 중화되어야 한다. 이를 달성하기 위해 다양한 처리 기술을 사용할 수 있으며, 그중 상당수는 앞선 장들에서 논의한 공정의 응용이다. 그 예로는 생물학적 산화(11장), 화학적 침전, 이온 교환 및 산화-환원(2장), 탄소 흡착(12장)이 있다. 여기서는 이러한 공정이 유해 폐기물 처리에 어떻게 적용되는지 논의하고 몇 가지 새로운 기술을 소개한다.

생물학적 처리

자연적으로 발생하는 화합물과는 대조적으로, **인위적인 화합물**(anthropogenic compounds)(인간에 의해 생성된 화합물)은 생분해에 저항적이다(Kobayashi and Rittman, 1982). 한 가지 이유는 자연적으로 존재하는 생물은 인위적인 화합물을 공통 대사 경로에 들어가 완전 무기물화될 수 있는 중간물질로 변환시키는 효소를 생산할 수 없기 때문이다.

환경적으로 중요한 많은 인위적인 화합물은 할로겐화 물질이고, 할로겐화는 이러한 물질의 잔류성과 관련이 있다. 할로겐화 유기화합물에는 살충제, 가소제, 플라스틱, 용매, 트리할로메테인 등이 포함되어 있다. 염화 화합물은 DDT 및 기타 살충제 등 수많은 산업용 용매와 관련한 문제 때문에 가장 잘 알려져 있고 가장 많이 연구되는 물질이다. 따라서 염화 화합물은 할로겐화 화합물에 대해 이용 가능한 정보 대부분의 기초가 된다.

할로겐화 화합물에 잔류성을 부여하는 것으로 보이는 특성 중 일부는 할로겐 원자의 위치, 할로겐 원소의 종류, 그리고 할로겐화의 정도가 있다. 생분해의 첫 번째 단계가 탈할로겐화인 경우가 있는데, 여기에는 몇 가지 생물학적 메커니즘이 있다.

단순한 일반화는 적용되지 않는 것으로 보인다. 예를 들어, 최근까지도 많은 이들이 산화 경로가 할로겐화 화합물이 탈할로겐화되는 전형적인 수단인 것으로 믿었다. 이제 생물학적 또는 비생물학적인 혐기성 환원성 탈할로겐화(reductive dehalogenation)는 특정 종류의 화합물의 변환 또는 생분해의 중요한 요소로 인식되고 있다. 살충제와 할로겐화된 1- 및 2-탄소 지방족 화합물의 다수는 환원성 탈염소화로 분해 반응이 시작된다.

환원성 탈할로겐화는 산화-환원 반응에 의한 할로겐 원자의 제거를 포함한다. 기본적으로, 이 메커니즘은 미생물 또는 무기 이온(예: Fe^{3+}) 및 생물학적 생성물(예: NAD(P), 플라빈, 플라보단백질, 혈단백질, 포르피린, 클로로필, 사이토크롬, 글루타티온)과 같은 **비생물** 매개체를 통해 환원상태의 유기물질로부터 전자를 전달받는 것을 포함한다. 매개체는 환원상태의 유기물질로부터 전자를 받아 할로겐화 화합물로 전달하는 역할을 한다. 이 과정의 주요 요건은 가용한 자유 전자와 전자 공여체, 매개체, 전자 수용체 사이의 직접 접촉이다. 대부분의 환원성 탈염소화는 일반적으로 환경의 산화-환원 전위가 0.35 V 이하일 때만 발생하지만, 정확한 요건은 관련된 화합물에 따라 달라진다.

순수 배양 미생물과 단일 기질을 이용한 단순화된 연구가 생화학적 경로를 알아내는 데 중요하지만, 더 자연적인 상황에서의 생분해성이나 변환을 예측하는 데는 사용될 수 없다. 생분해 여부는 용존 산소, 산화-환원 전위, 온도, pH, 다른 화합물의 가용성, 염도, 입자상 물질, 경쟁 생물체 및 화합물과 생물체의 농도와 같은 환경적 요인들 사이의 상호 작용에 의해 결정되는 경우가 많다. 용해도, 휘발성, 소수성 및 옥탄올-물 분배계수와 같은 화합물의 물리적 또는 화학적 특성은 용액 내 화합물의 가용성에 영향을 미친다. 물에서 용해되지 않는 화합물은 생물체가 생분해에 쉽게 사용할 수 없지만 몇몇 예외가 있다. 예를 들어, 물에 대한 용해도가 낮은 DDT는 썩어가는 나무에서 발견되는 백색 부후균에 의해 분해될 수 있다. 이는 백색 부후균 반응에 관여하는 효소가 세포에서 분비되기 때문이다.

마찬가지로 단순화된 배양 연구는 다른 생물체들 사이에 많은 상호 작용이 일어나는 조건의 환경에서 물질의 거동을 예측하는 데에도 부적절하다. 첫째, 순수 배양 연구에서 크게 변화하지 않는 물질이 혼합 배양 조건에서 분해되거나 변형될 수 있다. 이러한 유형의 상호 작용의 좋은 예는 성장 기질이 아닌 화합물이 탄소 또는 에너지원으로 대사되지는 않지만, 다른 화합물을 성장 기질로 사용하는 생물체에 의해 부수적으로 변환되는 작용으로, 이를 **공동대사**(cometabolism)라 한다. 성장 기질은 비성장 기질의 공동대사에 필요한 에너지를 제공한다. 둘째, 한 생물체에 의한 초기 변환 생성물이 정상적인 대사 경로에 의해 대사될 수 있는 화합물이 형성될 때까지 일련의 다른 생물체에 의해 연속적으로 분해될 수 있다. 그 예로는 DDT의 분해가 있는데, 이는 한 균종에 의해서만 직접적으로 무기물화된다고 보고되었다. 반면 다른 생물체들은 공동대사를 통해서만 DDT를 분해하여 다른 생물체가 사용 가능한 다양한 변환 생성물을 만드는 것으로 보인다. 예를 들어, 하이드로게노모나스(*Hydrogenomonas*)는 p-염화페닐아세트산(p-chlorophenylacetic acid, PCPA)까지만 DDT를 대사할 수 있으며, 생성된 PCPA는 아스로박터(*Arthrobacter*)에 의해 제거된다.

표 14-1은 거의 모든 종류의 인위적 화합물이 미생물에 의해 분해될 수 있음을 보여준다. 또한 이 표에는 환경적으로 중요한 생분해에 참여하는 다양한 미생물이 나와 있다.

연구된 지 거의 20년이 지났지만, 인위적인 화합물의 생물학적 처리를 위해 새로운 미생물을 사용하는 것은 아직 개발 단계에 있는 개념이다. 대규모 적용이 가능하려면 여전히 많은 발전이 필요한데, 그중 가장 중요한 것은 서로 다른 생물체에 의한 특정 화합물의 생분해 대사 경로에 대한 이해를 향상시키는 것이다. 많은 미생물, 특히 녹조와 빈영양세균의 신진대사 능력은 아직 잘 알려져 있지 않다. 이러한 지식은 제한 반응을 결정하고 특정한 용도에 적절한 유형의 생물체를 선택하는 데 필수적이다. 특히 새로운 미생물균을 사용할 때에는 실제 처리 시스템에서 선택 및 유지되어야 할 적절한 유형의 미생물이 무엇인지에 대한 자세한 정보가 필요하다. 유전자 조작으로 특수 목적의 생물체를 개발하기 위해서는 자연에 존재하는 많은 다양한 유형의 생물체들의 유전자 구조에 대한 이해가 대폭 향상되어야 한다.

활성 슬러지, 살수 여상과 같은 전통적인 생물학적 처리 공정은 유해 폐기물을 처리하는 데 사용되어 왔다. 활성 슬러지 공정에서의 주요 차이점은 평균 미생물 체류 시간이 기존의 4~15일에서 3~6개월이라는 훨씬 긴 기간으로 연장된다는 것이다. 살수 여상의 경우에는 수리학적 부하율이 생활하수 처리 시스템에 사용되는 것보다 훨씬 낮다. TSD 설비가 하수처리와는 달리 적용하는 것으로는 연속 회분식 반응기(sequencing batch reactor, SBR)가 있다. SBR은 주기적으로 운용되는 유입-유출 형태의 반응기이다(Herzbnin, Irvine, and Malinowski, 1985). SBR 시스템의 각 반응기는

표 14-1	인위적인 화합물과 이를 분해할 수 있는 미생물의 예		
화합물	미생물	화합물	미생물
지방족(비할로겐화) 아크릴로니트릴	효모, 사상균, 원생균의 혼합 배양체	다환방향족(비할로겐화) 벤조(a)피렌, 나프탈렌, 벤조(a)안트라센	쿠닝하멜라 엘레강스 슈드모나스
지방족(할로겐화) 트리클로로에탄, 트리클로로에틸렌, 염화메틸, 염화메틸렌	해양세균, 토양세균, 하수 슬러지	다환방향족(할로겐화) PCBs 4-클로로바이페닐	슈드모나스, 플라보박테리아 곰팡이류
방향족 화합물(비할로겐화) 벤젠, 2,6-디니트로톨루엔, 크레오졸, 페놀	슈드모나스종, 하수 슬러지	살충제 톡사펜 딜드린 DDT 키폰	화농성코리네박테리움 *Anacystic nidulans* 하수 슬러지, 토양세균 라군 슬러지
방향족 화합물(할로겐화물) 1,2-; 2,3-; 1,4-디클로로벤젠, 헥사클로로벤젠, 트리클로로벤젠, 펜타클로로페놀	하수 슬러지 토양 미생물	니트로사민 디메틸니트로사민 프탈레이트 에스테르	로도슈드모나스 마이크로코쿠스 12B

출처: 1982년 Kobayashi and Rittman, 1982의 표1에서 발췌함

각 주기에 유입, 반응, 침전, 유출, 대기의 5개의 개별 단계가 있다. 원 폐수가 탱크를 채우면 생물학적 반응이 시작된다. 유입 및 반응 단계에서 폐수는 활성 슬러지 반응조와 동일한 방식으로 폭기된다. 반응 단계 이후에는 혼합액의 부유물질이 침전되도록 한다. 처리된 상징액은 유출 단계에서 배출된다. 유출과 유입 사이의 시간인 대기 단계는 폐수 흐름 수요에 따라 존재하지 않을 수도 있고 며칠에 이를 수도 있다. SBR은 폐수가 배출되기 전에 처리의 완료 여부를 시험할 수 있다는 큰 이점이 있다.

화학적 처리

화학적 무해화는 단독 처리 방법으로 이용되거나, 운송, 소각 및 매립 전에 특정 폐기물의 위험을 줄이기 위해 사용되는 처리 기술이다.

화학적 방법으로 독성 화학물질이 **매체**(matrix)(폐수, 슬러지 등)에서 마법처럼 사라지게 할 수는 없고 단지 다른 형태로 전환할 수 있다는 점에 주의해야 한다. 따라서 이때는 화학적 무해화 단계의 생성물이 시작 물질보다 문제를 덜 일으키는 물질이 되도록 하는 것이 중요하다. 이러한 반응에 사용하는 시약이 위험할 수 있다는 점에도 유의해야 한다.

화학적 방법의 종류에는 착물화, 중화, 산화, 침전, 저감이 있다. 최적의 방법은 빠르고, 정량적이며, 저렴하고, 오염 문제가 될 수 있는 잔류 시약을 남기지 않는 것이다. 다음 단락에서는 이러한 기술 중 몇 가지를 설명한다.

중화. 용액의 pH를 수용 가능한 범위로 높이거나 낮추기 위해 단순한 물질수지 법칙을 적용하여 중화시킨다. 황산 또는 염산은 염기성 용액에 첨가되고, 생석회(NaOH) 또는 소석회[$Ca(OH)_2$]는 산성 용액에 첨가된다. 폐기물의 pH값이 2보다 낮거나 12.5보다 높으면 유해하기 때문에 pH를 2~12.5 범위로 가져오는 것이 적절해 보이지만, 더 좋은 처리 방법은 자연 생물군을 보호하기 위해 최종 pH 값을 6~8 범위에 있도록 하는 것이다.

산화. 시안화 분자는 산화에 의해 파괴되는데, 염소는 가장 자주 사용되는 산화제이다. 수소 시안화 가스의 생성을 피하기 위해서는 알칼리성 조건에서 산화가 수행되어야 한다. 이 과정을 흔히 **알칼리 염소처리**(alkaline chlorination)라고 한다. 염소 산화에서 반응은 2단계로 수행된다.

$$NaCN + 2NaOH + Cl_2 \rightleftharpoons NaCNO + 2NaCl + H_2O \tag{14-1}$$

$$2NaCNO + 5NaOH + 3Cl_2 \rightleftharpoons 6NaCl + CO_2 + N_2 + NaHCO_3 + 2H_2O \tag{14-2}$$

첫 번째 단계에서 pH는 10 이상으로 유지되고 반응은 몇 분만에 진행된다. 이 단계에서 pH가 낮으면 유독성의 수소 시안화 가스가 발생할 가능성이 있기 때문에 상대적으로 높은 pH 값을 유지하기 위해 많은 주의를 기울여야 한다. 두 번째 단계는 pH가 8일 때 가장 빠르게 진행되지만, 첫 번째 단계만큼 빠르지는 않다. 다음 침전 단계에서 화학물질 소비를 줄이기 위해 두 번째 단계에서 더 높은 pH값을 선택할 수 있다. 이렇게 하면 반응 시간이 늘어난다. CNO^-(즉, 시안산염 음이온)은 현재 규정에 의해 무독성으로 간주되기 때문에 두 번째 반응이 수행되지 않는 경우도 많다.

오존도 산화제로 사용될 수 있다. 오존은 염소보다 산화-환원 전위가 높기 때문에 산화력이 높다. 오존이 사용될 때, pH에 대한 고려사항은 염소에 대해 논의된 것과 유사하다. 오존은 구입할 수 없기 때문에 공정의 일부로 현장에서 만들어야 한다.

이 기술은 구리, 아연 및 황동 도금 용액, 시안화염 항온 수조에서 얻은 시안화물 및 부동태화 용액과 같은 광범위한 시안화물 폐기물에 적용할 수 있다. 이 공정은 1940년대 초부터 산업적인 규모로 실행되어 왔다. 그러나 매우 높은 시안화물 농도(>1%)의 경우 산화가 바람직하지 않을 수 있다. 금속의 시안화물 복합체, 특히 철과 일부 니켈과의 복합체는 시안화물 산화 기술에 의해 쉽게 분해되지 않는다.

시안화물의 전해 산화는 고온에서 양극 전기 분해에 의해 수행된다. 이 과정의 이론적 근거는 전위가 존재할 때 시안화물이 용액 내 산소와 반응하여 이산화탄소와 질소가스를 생산한다는 것이다. 일반적으로 분해는 닫힌 셀에서 수행된다. 2개의 전극이 용액에 매달려 있고 직류 전류가 흘러 반응을 유도한다. 항온 수조 온도는 50~95℃로 유지되어야 한다.

이 기술은 농축된 폐 박막액, 구리, 아연 및 황동 도금용액, 알칼리성 물때 제거제 및 부동태화 용액 내 시안화물의 파괴에 사용된다. 고농도 시안화물(50,000~100,000 mg·L^{-1})이 함유된 폐기물에 대해서는 더욱 성공적이었지만, 500 mg·L^{-1} 정도의 저농도에도 성공적으로 활용되었다.

폐수에서 유기화합물을 처리하기 위한 화학적 산화 방법은 광범위하게 연구되었다. 일반적으로 묽은 용액에만 적용되며 생물학적 방법에 비해 고가이다. 예로는 습식 공기 산화, 과산화수소, 과망간산염, 이산화염소, 염소 및 오존 산화가 포함된다. 이 중 습식 공기 산화와 오존 처리는 생물학적 공정의 전처리 단계로서 가능성을 보여주었다.

짐머만 공정이라고도 알려진 **습식 공기 산화**(wet air oxidation)는 대부분의 유기화합물이 충분한 온도와 압력 하에서 산소에 의해 산화될 수 있다는 원리에 따라 작동한다. 습식 공기 산화는 과도한 증발 방지를 위해 175~325℃의 온도와 충분히 높은 압력 조건에서 용해 또는 부유된 유기 입자의 수용상 산화라고 할 수 있다. 액체에 공기를 주입하며, 이 과정은 연료 효율이 높다. 일단 산화 반응이 시작되면, 대개는 자동으로 계속 반응이 일어난다. 이 방법은 시약 비용에 의해 제한되지

그림 14-5

pH에 따른 금속 수산화물의 용해도
(출처: U.S. Environmental Protection Agency, 1981)

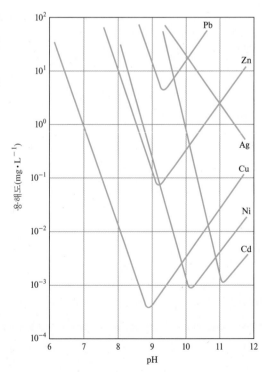

않기 때문에 잠재적으로 모든 화학적 산화 방법 중에서 가장 광범위하게 적용될 수 있다. 또한 일부 농약을 포함한 대부분의 유기화합물을 파괴하는 데 유용한 것으로 나타났다. 습식 산화는 많은 유해 화합물을 허용 가능한 수준으로 파괴할 수 있지만, 소각만큼 완전하지는 않다. 대부분의 경우 금속 염 촉매가 첨가되면 효율이 증가하거나 공정을 더 낮은 온도나 압력으로 실행할 수 있다.

침전. 도금 세척수 내 금속은 종종 침전에 의해 제거된다. 이는 용해도곱 원칙을 직접 적용한 것이다(2장 참조). 석회 또는 소석회 성분으로 pH를 높이면 금속의 용해도가 낮아지고(그림 14-5) 금속 수산화물이 침전된다. 그림 14-5와 같이 최적의 pH를 선택하면 최적의 제거가 가능하다. 각 금속에 대한 최적값이 있지만, 많은 경우 금속이 혼합물로 존재하고 있으므로 개별 금속에 대한 최적값을 정확히 맞추어 실행하기는 어려울 수 있다.

예제 14-2 한 금속 도금 회사가 아연을 제거하기 위해 침전 시스템을 설치하고 있다. 그들은 pH 미터를 사용하여 혼합탱크에 공급하는 수산화 용액의 양을 제어할 계획이다. 배출수 내 아연 농도 0.80 $mg \cdot L^{-1}$를 달성하려면 제어기를 얼마의 pH로 설정해야 하는가? $Zn(OH)_2$의 K_{sp}는 7.68×10^{-17}이다.

풀이 부록 A의 표 A-8에 제시된 수산화아연 반응은 다음과 같다.

$$Zn^{2+} + 2OH^- \rightleftharpoons Zn(OH)_2$$

2장에서와 같이 용해도곱 식을 다음과 같이 작성할 수 있다.

$$K_{sp} = [Zn^{2+}][OH^-]^2$$

아연 농도가 0.80 $mg \cdot L^{-1}$보다 크지 않도록 하는 것이 목표이다. 이때 아연의 리터당 몰수를 계산한다.

$$[Zn^{2+}] = \frac{0.80 \ mg \cdot L^{-1}}{(65.38 \ g \cdot mol^{-1})(1000 \ mg \cdot g^{-1})} = 1.224 \times 10^{-5} \ mol \cdot L^{-1}$$

이제 수산화물 농도를 구한다.

$$[OH^-]^2 = \frac{7.68 \times 10^{-17}}{1.224 \times 10^{-5}} = 6.275 \times 10^{-12}$$

따라서,

$$[OH^-] = (6.275 \times 10^{-12})^{0.5} = 2.505 \times 10^{-6}$$

pOH는

$$pOH = -\log(2.505 \times 10^{-6}) = 5.601$$

그리고 제어기의 pH 설정은

$$pH = 14 - pOH = 14 - 5.601 = 8.399 \ 또는 \ 8.4$$

환원.　대부분의 중금속은 수산화물로 쉽게 침전하지만 도금용액에 사용되는 6가크롬은 침전되기 전에 3가크롬으로 환원되어야 한다. 환원은 보통 아황산가스(SO_2) 또는 아황산수소나트륨($NaHSO_3$)으로 수행한다. SO_2와 반응은

$$3SO_2 + 2H_2CrO_4 + 3H_2O \rightleftharpoons Cr_2(SO_4)_3 + 5H_2O \qquad (14\text{-}3)$$

낮은 pH에서 반응이 빠르게 진행되기 때문에, pH를 2~3 범위로 조절하기 위해 산을 첨가한다.

물리적/화학적 처리

유해 폐기물과 수용액을 분리하기 위해 몇 가지 처리 공정이 사용된다. 발생하는 폐기물은 무해화하지 않고 추가적인 처리나 회수를 위해 농축된다.

탄소 흡착.　흡착은 용액 속의 가스 증기나 화학물질이 분자간 힘(예: 수소 결합, 반데르발스 상호작용)에 의해 고체에 고정되는 물질전달 과정이며, 이는 표면 현상이다. 고정층 압력 용기에 흡착제를 담는다(12장 참조). 활성탄, 분자체, 실리카겔, 활성알루미나가 가장 흔히 사용되는 흡착제이다. 활성 지역은 어느 시점에 포화상태가 된다. 흡착된 유기물질이 상업적 가치를 지닌다면, 고정층은 증기를 통과시켜 재생된다. 유기물질 증기가 포함된 수증기는 응축시켜 유기성 부분을 물로부터 분리한다. 유기물질이 상업적 가치가 없는 경우, 탄소는 소각하거나 재생을 위해 제조자에게 운송할 수 있다. 탈지제로부터의 증기를 회수하거나 폐수 유출수를 추가 처리하기 위한 탄소 시스템은 40년 이상 상업적으로 적용되어 왔다.

증류.　기화 및 응축 과정에 의해 휘발성이 낮은 물질로부터 휘발성이 높은 물질을 분리하는 것을 증류라고 한다. 구성요소가 둘 이상인 액체 혼합물이 혼합물의 비등점에 도달했을 때, 증기상이 액체상 위에 생성된다. 순수 구성요소의 증기압이 다를 경우(일반적으로 그러함), 증기압이 더 높은 구성요소는 증기압이 더 낮은 구성요소보다 증기상에 더 농축된다. 증기상이 냉각되어 액체가 생성되면 구성요소가 부분적으로 분리된다. 분리 정도는 증기압의 상대적 차이에 따라 달라지며, 차이가 클수록 분리 효율이 높아진다. 차이가 충분히 크면 기화 및 응축으로 구성된 단일 분리 주기로 구성요소를 분리할 수 있다. 만약 차이가 충분히 크지 않으면 여러 주기(단계)가 필요하다. 4가지 유형의 증류를 사용할 수 있는데, 이는 회분식 증류, 분획, 증기 스트리핑, 박막 증발이다.

　　회분식 증류 및 분획 모두 용제 회수에 대해 입증된 기술이다. 회분식 증류는 특히 고형물 농도가 높은 폐기물에 적용될 수 있다. 분획은 여러 구성요소를 분리해야 하고 폐기물에 최소한의 부유물질만 포함되어 있을 때 적용된다.

탈기.　유기화합물의 휘발성이 상대적으로 높고 농도가 상대적으로 낮을 때, 공기를 불어넣어 유기화합물을 빼내는 것이 유용할 수 있다. 탈기(air stripping)는 낮은 농도의 휘발성 유기물질을 가진 대량의 오염 지하수를 정화하는 데 사용된다. 이 과정은 12장에서 논의한 흡수의 반대 과정이다. 공기와 오염된 액체가 충진탑 내에서 서로 반대 방향으로 통과한다. 이때 휘발성 화합물은 공기 중으로 증발하고 깨끗한 액체만 남는다. 오염된 공기는 대기오염 문제를 피하기 위해 처리되어야 하는데, 이는 일반적으로 활성탄 칼럼(column)에 공기를 통과시키고 탄소를 소각함으로써 이루어진다. 탈기는 물에서 테트라클로로에틸렌, 트리클로로에틸렌, 톨루엔을 제거하는 데 사용되어 왔다

(Gross and TerMaath, 1987).

탈기탑 설계식은 다음과 같다.

$$Z_T = \frac{L}{A} \times \frac{\ln\{(C_1/C_2) - (L\,R T_g/G H_c)[(C_1/C_2) - 1]\}}{K_L a[1 - (L\,R T_g/G H_c)]}$$ (14-4)

여기서 Z_T = 충전 깊이(m)

　　L = 물 유량($m^3 \cdot min^{-1}$)

　　A = 충전 단면적(m^2)

　　G = 공기 유량($m^3 \cdot min^{-1}$)

　　H_c = 헨리상수($atm \cdot m^3 \cdot mol^{-1}$)

　　R = 표준기체상수 = $8.206 \times 10^{-5}\ atm \cdot m^3 \cdot mol^{-1} \cdot K^{-1}$

　　T_g = 공기 온도(K)

　　C_1, C_2 = 유입수 및 유출수 내 유기물 농도($mol \cdot m^{-3}$)

　　K_L = 액체 물질전달계수($mol \cdot min^{-1} \cdot m^{-2} \cdot mol^{-1} \cdot m^3$)

　　a = 물질전달을 위한 단위 부피당 충전물의 유효 접촉 면적($m^2 \cdot m^{-3}$)

예제 14-3 타코마시의 관정 12A는 1,1,2,2-테트라클로로에탄 350 $\mu g \cdot L^{-1}$로 오염되어 있다. 이 물을 1.0 $\mu g \cdot L^{-1}$의 검출 한계까지 정화해야 한다. 다음 설계 매개변수를 사용하여 이 요건을 충족하도록 탈기탑을 설계하시오.

헨리상수 = $5.0 \times 10^{-4}\ atm \cdot m^3 \cdot mol^{-1}$　　　　온도 = 25°C

$K_L a = 10 \times 10^{-3} \cdot s^{-1}$　　　　　　　　　　　충전 지름은 4.0 m를 초과할 수 없다.

공기 유속 = 13.7 $m^3 \cdot s^{-1}$　　　　　　　　　　　충전 높이는 6.0 m를 초과할 수 없다.

액체 유속 = 0.044 $m^3 \cdot s^{-1}$

풀이 부록 A에 제시된 헨리상수의 단위는 $kPa \cdot m^3 \cdot mol^{-1}$이다. 이를 $atm \cdot m^3 \cdot mol^{-1}$로 변환하려면 표준 조건에서의 대기압, 즉 101.325 $kPa \cdot atm^{-1}$로 나눈다.

그런 다음 충전 부피인 $Z_T A$에 대해 탈기탑 설계식을 푼다.

$$Z_T A = (0.044)\ \frac{\ln\{(350/1) - [(0.044)(8.206 \times 10^{-5})(298)/(13.7)(5.0 \times 10^{-4})][(350/1) - 1]\}}{10 \times 10^{-3}\{1 - [(0.044)(8.206 \times 10^{-5})(298)/(13.7)(5.0 \times 10^{-4})]\}}$$

$$= (0.044)(674.74) = 29.69\ m^3$$

지름 4 m와 높이 6 m의 경계 조건에서는 어떠한 답도 가능하다. 예를 들어,

지름(m)	탑 높이(m)
4.00	2.36
3.34	3.39
2.58	5.68

증기 스트리핑. 휘발성이 낮거나 농도가 높은(>100 ppm) 가스의 경우 **증기 스트리핑**(steam stripping)을 사용할 수 있다. 공정의 물리적 배열은 공기 대신 증기가 유입된다는 점을 제외하면 탈기 장치(air stripper)와 매우 유사하다. 증기를 추가하면 액상에서 유기화합물의 용해도를 낮추고 증기 압을 증가시킴으로써 스트리핑 공정 효율이 개선된다. 증기 스트리핑은 염화 탄화수소, 자일렌, 아세톤, 메틸 에틸케톤, 메탄올, 펜타클로로페놀로 오염된 액상 폐기물을 처리하는 데 사용되어 왔다. 처리 유기화합물 농도는 100 ppm에서 10% 범위이다(U.S. EPA, 1987).

증발. 증발에 의한 도금 금속의 회수는 사용한 세척수를 농축시켜 도금조로 돌아갈 수 있도록 충분히 물을 끓임으로써 이루어진다. 응축된 증기는 세척수로 재활용된다. 증발률 또는 증발기 부하는 도금조의 물수지를 유지하도록 설정된다. 증발은 보통 첨가물의 열분해를 방지하고 물의 증발에 필요한 에너지의 양을 줄이기 위해 진공상태에서 수행된다.

증발기에는 액막 상승식 증발관, 폐열을 이용한 플래시 증발기, 액중 증발, 대기압 증발의 4가지 유형이 있다. 액막 상승식 증발관은 증발 가열 표면이 폐수막으로 덮여 있고 끓는 폐수 내에 놓여 있지 않도록 제작된다. 플래시 증발기는 구성이 비슷하지만 도금 용액은 폐수와 함께 증발기 내에서 지속적으로 재순환된다. 이는 도금조의 폐열을 증발에 사용할 수 있게 한다. 액중 증발은 가열 코일이 폐수에 잠겨 있는 방식이다. 대기압 증발기는 재사용을 위해 증류액을 회수하지 않으며 진공상태에서 작동하지 않는다.

이온 교환. 금속과 이온화된 유기화학물질은 이온 교환으로 회수할 수 있다. 이온 교환의 화학적 원리는 10장에서 논의되었다. 이온 교환에서 제거할 이온을 함유한 폐수는 수지층을 통과한다. 이온 교환 수지는 양이온과 음이온 중 어느 한쪽만 제거할 수 있다. 이온 교환 과정에서 수지 표면에 존재하는 같은 전하를 가진 이온은 용액 속의 이온과 교환된다. 일반적으로 수소나 나트륨은 용액 내 양이온(금속)과 교환된다. 수지층이 교환된 이온으로 포화상태가 되면 공정을 멈추고 원래 이온

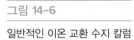

그림 14-6

일반적인 이온 교환 수지 칼럼

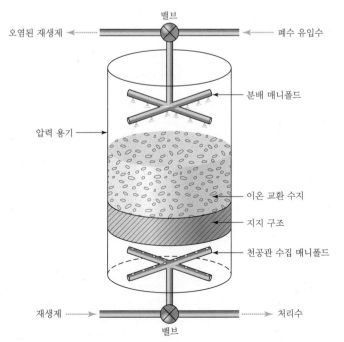

(수소나 나트륨)이 함유된 농축액을 수지층에 통과시켜 수지를 재생한다. 교환된 오염물질은 재활용될 수 있는 농축된 형태로 수지층 밖으로 배출되게 된다. 일반적인 이온 교환 칼럼은 그림 14-6과 같다. 이때 칼럼을 오염시킬 수 있는 부유물질을 제거하기 위해서는 전처리용 여과기가 필요한데, 이는 수지를 오염시킬 수 있는 유기화합물과 오일도 제거한다.

일반적으로 이온 교환 시스템은 세척수가 상대적으로 묽은 농도($< 1,000$ mg·L^{-1})를 가지고, 재활용을 위해 상대적으로 낮은 농도가 필요한 화학물질 회수 용도로 적합하다. 이온 교환은 산-구리, 산-아연, 니켈, 주석, 코발트 및 크롬 도금조에서 도금 화학물질을 회수하는 것에 대해 상업적으로 입증되었다.

실규모 운전에서는, 수지층이 포화상태에 도달하기 전에 용질의 농도가 대부분의 배출 기준을 초과하기 때문에 수지층은 포화상태에 도달할 수 없다. 따라서 정상 작동을 위하여 비작업 시간 동안 사용한 수지를 재생할 수 있는 운전 사이클이 필요하거나, 주 7일, 하루 24시간 작동하는 경우 1개가 작동하지 않아도 되도록 수지층을 여러 개 설치할 필요가 있다.

이온 교환이 일어나는 동안의 정상 흐름은 수지층을 통과하여 아래쪽으로 흐르는 방향이다. 수리학적 부하는 $25 \sim 600$ m^3·day^{-1}·m^{-2} 범위이다. 수리학적 부하가 낮으면 접촉 시간이 길어지고 교환 효율이 향상된다. 수지층의 표면이 필터처럼 작용하기 때문에 수지층의 재생은 역류, 즉 재생 용액을 컬럼의 하부에서부터 주입하여 수행된다. 이는 급속 모래 여과지의 역세척과 마찬가지로 칼럼을 세정하는 방식이다. 재생 시 수리학적 부하는 $60 \sim 120$ m^3·day^{-1}·m^{-2} 범위이다.

전기투석. 전기투석 장치는 특정 분자를 선택적으로 가두거나 또는 통과시키기 위해 막을 사용한다. 막은 합성 섬유로 지지되어 있는 얇은 시트의 이온 교환 수지이다. 장치는 여러 개의 셀(cell)을

그림 14-7

전기투석. (유입수 내 양이온은 나트륨 이온(Na$^+$)과 같은 움직임을 보이고 음이온은 염화 이온(Cl$^-$)과 같은 움직임을 보인다. 전기장의 작용으로 양이온 교환막은 양이온의 통과만 허용하고 음이온 교환막은 음이온의 통과만 허용한다.)

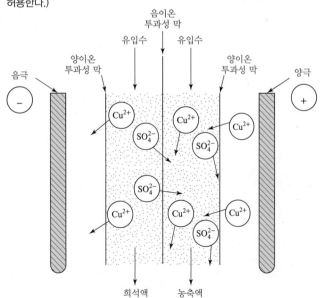

그림 14-8

전기투석 장치 흐름도

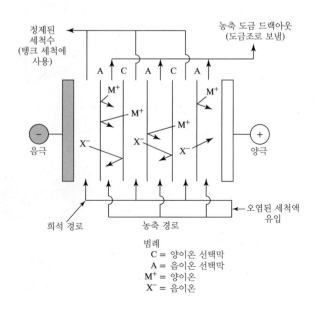

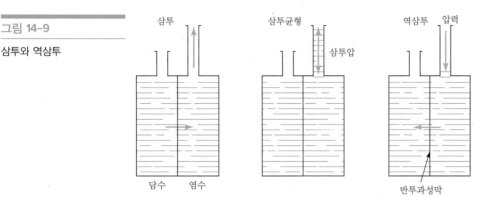

그림 14-9

삼투와 역삼투

삼투   삼투균형   역삼투   압력
삼투압
담수   염수   반투과성막

차례로 연결하여 음이온 막과 양이온 막이 번갈아 배치되도록 구성한다(그림 14-7). 전위는 막 전체에 가해져 이온 이동의 원동력을 제공한다. 양이온 막은 양이온만을 통과시키고, 음이온 막은 음이온만을 통과시킨다. 막에 평행하게 흐르는 두 경로의 유체 흐름이 있는데(그림 14-8), 한 경로에서는 이온이 제거되고, 다른 경로에서는 이온이 농축된다. 이온이 제거되는 희석 경로에서 달성되는 정화 정도는 가해지는 전위에 의해 설정된다. 전하를 통과시키는 능력은 희석 용액 내 이온의 농도에 비례한다. 이온 이동은 전위에 비례하기 때문에 최적의 시스템 운영을 위해서 에너지 소비량과 오염물질 제거 수준 사이에 균형을 맞추어야 한다.

전기투석은 염수에서 식수를 생산하기 위해 40년 이상 상업적으로 사용되어 왔다. 또한 설탕의 전해질 제거, 유청과 같은 식품의 탈염, 사진 산업에서 발생하는 폐현상액과 금속 도금 세척수로부터의 니켈 회수에도 사용된다. 일반적으로 전기 투석은 $1,000 \sim 5,000 \ mg \cdot L^{-1}$의 무기 염을 포함하는 폐수를 염 농도 $100 \sim 500 \ mg \cdot L^{-1}$의 희석액과 최대 농도 $10,000 \ mg \cdot L^{-1}$의 농축액으로 분리할 수 있다.

역삼투.   **삼투**(osmosis)는 용질의 통과는 방해하지만 용매는 통과시키는 이상적인 반투과성 막을 통해 용매가 묽은 용액에서 농축된 용액으로 자발적으로 이동하는 것을 말한다. 그림 14-9와 같이 용액 쪽 막에 압력을 가하면 용매 흐름을 줄일 수 있다. 압력이 용액 쪽 삼투압 이상으로 증가하면 흐름이 역전되어 순수한 용매가 용액에서 용매로 전달된다. 금속 표면처리 폐수에서 용질은 금속이고 용매는 순수한 물이다.

막은 다양한 구성이 가능하며, 운전 압력은 $2,800 \sim 5,500 \ kPa$이다. 상업적으로 이용 가능한 막 중합체는 pH, 강한 산화제, 방향족 탄화수소와 같은 모든 극한 화학 인자에 대해 내성을 갖추고 있지는 못하지만, 몇몇 막은 니켈, 구리, 아연 및 크롬 도금조에 대해서는 내성이 입증되었다.

용매 추출.   용매 추출은 **액체 추출**(liquid extraction) 또는 **액-액 추출**(liquid-liquid extraction)이라고도 불린다. 폐수보다 대상 오염물질에 대한 용해도가 높은 용매와 폐수가 접촉할 경우 액-액 추출을 사용하여 폐수에서 오염물질을 제거할 수 있다. 오염물질은 폐수에서 용매로 이동하는 경향이 있다. 이 방법은 주로 유기물질을 분리하는 방법이지만 용매에 금속과 반응하는 물질이 포함되어 있는 경우 금속을 제거하는 데도 사용할 수 있다. **액상 이온 교환**(liquid ion exchange)은 이러한 반응의 한 종류이다.

용매 추출 공정에서는 용매와 폐수를 혼합시켜 추출하고자 하는 물질을 폐수에서 용매로 전달한다. 물에 용해되지 않는 용매는 중력에 의해 물과 분리된다. 추출된 오염물질을 함유하고 있는 용매 용액을 **추출물**(extract)이라고 한다. 추출로 오염물질이 제거된 폐수를 **라피네이트**(raffinate)라고 한다. 증류에서와 마찬가지로 하나 또는 그 이상의 단계로 분리를 수행하며, 단계가 늘어날수록 라피네이트는 더 깨끗해진다. 기기의 복잡성은 간단한 혼합기에서부터 색다른 접촉장치에 이르기까지 다양하다. 추출물이 충분히 농축된 경우 유용한 물질을 회수할 수 있다. 용매와 재사용 가능한 유기화학물질을 회수하기 위해 증류를 이용하기도 한다. 액상 이온 교환에 사용된 용해는 금속 회수를 위해 산이나 염기를 첨가하여 재생한다. 이 과정은 광석 가공 산업, 식품 가공, 제약 및 석유 산업에 광범위하게 적용되고 있다.

소각

소각로에서 화학물질은 고온(800℃ 이상)에서 산화에 의해 분해된다. 유해 성분이 파괴되려면 폐기물 또는 최소한 그 유해 성분이 가연성이어야 한다. 유기성 폐기물의 연소로 인한 1차 생산물은 주로 이산화탄소, 수증기, 불활성 재이지만 여러 다른 생성물들도 형성될 수 있다.

연소 생성물. 폐기물 내 탄소, 수소, 산소, 질소, 황, 할로겐, 인의 비율과 수분 함량을 알아야 화학량론적 연소 공기 요구량을 결정하고 연소가스 유량과 조성을 예측할 수 있다. 실제 소각 조건은 **완전 연소 생성물**(products of complete combustion, POCs)의 형성을 극대화하고 **불완전 연소 생성물**(products of incomplete combustion, PICs)의 형성을 최소화하기 위해 과잉 산소를 필요로 한다.

할로겐화 유기화합물의 소각은 할로겐화 산을 형성하기 때문에 소각 과정에서 환경적으로 수용 가능한 대기 배출을 위해 추가적인 처리가 필요하다. 염소화 유기화합물은 유해 폐기물에서 발견되는 가장 일반적인 할로겐화 탄화수소이다. 과잉 공기로 염화 탄화수소를 소각하면 이산화탄소, 물, 염화수소가 형성된다. 디클로로에틸렌 소각이 그 예이다.

$$2C_2H_2Cl_2 + 5O_2 \rightleftharpoons 4CO_2 + 2H_2O + 4HCl \tag{14-5}$$

이산화탄소와 증기를 대기 중으로 안전하게 배출하기 위해 염화수소를 제거해야 한다.

유해 폐기물은 유기 또는 무기 황 화합물을 포함할 수 있다. 이러한 폐기물이 소각되면 아황산 가스가 생성된다. 예를 들어, 에틸메르캅탄의 소각 시 다음과 같은 반응이 일어난다.

$$2C_2H_5SH + 9O_2 \rightleftharpoons 4CO_2 + 6H_2O + 2SO_2 \tag{14-6}$$

황 함유 폐기물의 소각으로 발생하는 이산화황은 대기질 기준을 초과해서는 안 된다.

완전 연소를 위해 과잉 공기를 공급해야 하지만, 초과량은 경험적으로만 결정할 수 있다. 예를 들어, 휘발성이 높고 깨끗한 탄화수소 폐기물은 고형물 함량이 높고 고형물 내에 무거운 탄화수소 화합물이 있는 슬러지보다 훨씬 적은 과잉 공기가 필요할 수 있다. 또한 슬러지와 고형물 소각에는 화학량론적 값을 2~3배 정도 초과하는 공기가 필요할 수 있다. 공기를 지나치게 과잉 공급하는 것은 폐기물을 파괴 온도까지 가열하는 데 필요한 연료량을 늘리고, 산화해야 하는 유해 폐기물의 체류 시간을 단축하며, 대기오염 제어 장비가 처리해야 할 공기 배출량을 증가시키기 때문에 피해야 한다.

유해 폐기물의 소각으로 인한 부산물은 연소 생성물과 불완전 연소의 산물이 있다. PICs에는 일산화탄소, 탄화수소, 알데하이드, 케톤, 아민, 유기산 및 다환방향족탄화수소가 포함된다. 잘 설계된 소각로에서는 이러한 물질의 양이 미미하지만, 설계가 불량하거나 부하가 큰 소각장에서는

PICs가 환경문제를 야기할 수 있다. 예를 들어, PCB는 이러한 조건에서 매우 독성이 강한 염화 디벤조퓨란으로 분해된다. 유해물질인 헥사클로로사이클로펜타디엔은 많은 유해 폐기물에서 발견되며 훨씬 더 유해한 화합물인 헥사클로로벤젠(HCB)으로 분해되는 것으로 알려져 있다(Opelt, 1981).

소각 중 부유 입자상 물질도 방출된다. 여기에는 폐기물 내 광물 성분으로부터 발생하는 산화 무기물과 염의 입자, 불완전 연소된 가연성 물질의 조각이 포함된다.

마지막으로 재는 연소의 생성물로 이는 유해 폐기물로 간주된다. 휘발성이 없는 금속은 결국 재가 되며, 타지 않은 유기화합물도 재에 존재할 수 있다. 유기화합물이 잔류하는 경우에는 재를 다시 소각함으로써 간단히 해결할 수 있지만 금속은 매립 전에 처리해야 한다.

설계 고려사항. 적절한 소각로 설계 및 운영에 가장 중요한 인자는 연소 온도, 연소가스 체류 시간, 폐기물과 연소 공기 및 보조연료의 혼합 효율이다(Opelt, 1981).

파괴를 위한 시간과 온도 요건을 결정하는 데 중요한 폐기물의 화학적 및 열적 동태 특성으로는 소각을 방해하거나 특별한 설계가 필요한 원소 조성, 순발열량 및 기타 특별한 성질(예: 폭발성)이 있다.

일반적으로 보조연료 사용 없이 연소를 유지하려면, 고체는 액체나 가스보다 더 높은 연소 온도와 더 많은 과잉 공기량이 필요하기 때문에 발열량이 더 높아야 한다. 지속적인 연소(**자생 연소**(autogenous combustion))는 발열량 $9.3 \ MJ \cdot kg^{-1}$에서부터 가능하지만, 유해 폐기물 소각 산업에서는 폐기물을 혼합하여(필요한 경우 연료유도 투입) 전체 발열량을 $18.6 \ MJ \cdot kg^{-1}$ 이상으로 하는 것이 일반적이다.

폐기물 혼합은 연소가스 내 염소 농도를 줄이기 위해 염소화 유해 폐기물의 순 염소 함량을 중량 기준으로 최대 약 30%로 제한하는 데에도 사용된다. 염소와 특히 염소에서 형성되는 염화수소는 매우 부식성이 강해, 소각로의 내화벽돌을 산화시켜 부서지게 한다.

유해 폐기물 소각로는 폐기물 내 **주요 유기성 유해 요소**(principal organic hazardous components, POHCs)의 99.99% **파괴 및 제거 효율**(destruction and removal efficiency, DRE)을 달성하도록 설계되어야 한다. 이는 일반적으로 "four 9s DRE"라고 불린다. 이보다 높은 DRE로 "five 9s", "six 9s"도 있을 수 있으며, 이는 각각 99.999와 99.9999% DRE이다. 연소되는 폐기물의 복잡성 때문에 99.99% DRE를 달성하기 위한 시간과 온도 요구사항을 사전에 예측하는 것은 매우 어렵다. 달성 여부를 입증하기 위해 경험적 시험(**시험 소각**(trial burns))이 필요한데, 할로겐 함량이 낮은 물질보다 할로겐 함량이 높은 물질을 파괴하기가 더 어렵다는 것이 경험으로 입증되었다.

소각로 유형. 소각 분야는 액체 주입 및 로터리 킬른 소각로의 2가지 기술이 지배적이다(Opelt, 1981년). 모든 소각 시설의 90% 이상이 이러한 기술 중 하나를 사용하며, 이 중 90% 이상이 액체 주입 장치이다. 이 밖에 유동층 소각 및 저공기/열분해 시스템도 드물게 사용된다.

수평, 수직 및 접선 액체 주입 장치가 사용된다. 대부분의 유해 폐기물 소각로는 액체 유해 폐기물을 분무 노즐을 통해 350~700 kPa로 연소실로 주입한다. 이러한 액체 소각로의 크기는 초당 방출되는 열에 따라 300,000 J~9 MJ까지 다양하다. 천연가스나 연료유와 같은 보조연료는 폐기물이 자생 연소되지 않을 때 종종 사용된다. 액체 폐기물은 주입되면서 미세한 물방울로 분무된다. 분무기나 노즐을 통해 40~100 μm 범위의 물방울을 만들 수 있다. 뜨거운 가스에서 물방울은 휘발되고 증기는 산화된다. 액체 유해 폐기물을 효율적으로 파괴하려면 증발되지 않은 물방울과 반응하지

그림 14-10

로터리 킬른 소각로

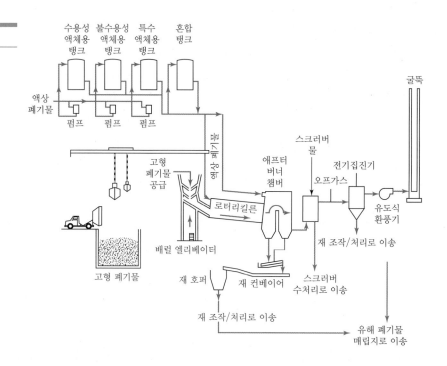

않은 증기의 양을 최소화해야 한다.

체류 시간(time), 온도(temperature) 및 난류(turulence)(흔히 "3 Ts"라고 함)는 파괴 효율을 높이기 위해 최적화된다. 일반적인 체류 시간은 0.5~2초이며, 소각로 온도는 보통 800~1,600°C이다. 또한 폐기물 내 유기화학물질의 효과적인 파괴를 위해서는 높은 수준의 난류가 바람직하다. 액체 소각로 흐름이 축방향인지, 방사방향인지, 접선방향인지에 맞춰 원하는 온도, 난류 및 체류 시간을 달성하기 위해 연료 버너와 별도의 폐기물 주입 노즐을 추가로 배치할 수 있다. 수직 장치는 재가 축적될 가능성이 낮으며, 접선 장치는 열 방출량이 훨씬 높고 혼합률이 우수하다.

로터리 킬른은 고체, 액체, 용기에 담긴 폐기물을 모두 처리할 수 있는 능력이 있어 유해 폐기물 처리 시스템에 자주 사용된다. 폐기물은 그림 14-10과 같은 내화형 로터리 킬른에서 소각된다. 쉘은 폐기물을 순환 공기와 혼합하기 쉽도록 수평면에서 약간 기울어지게 장착된다. 고형 폐기물과 드럼통 폐기물은 보통 컨베이어 시스템이나 램에 의해 투입되며, 액체 및 펌핑 가능 슬러지는 노즐을 통해 주입된다. 킬른의 하단에서 불연성 금속 및 기타 잔여물은 재로 배출된다.

로터리 킬른은 일반적으로 지름이 1.5~4 m이고 길이는 3~10 m이다. 로터리 킬른 소각로는 보통 길이 대 직경 비율(length-to-diameter ratio, L/D)이 2~8 사이이다. 회전속도는 0.5~2.5 cm·s^{-1}이며, 킬른의 둘레 길이에 따라 달라진다. 높은 L/D 비율과 느린 회전속도는 더 긴 체류 시간이 필요한 폐기물에 사용된다. 킬른의 유입부 끝은 초기 소각 반응을 적절히 제어하기 위해 밀폐되어 있다.

고형 폐기물의 잔류 시간은 킬른의 회전속도와 그 각도의 함수이다. 폐기물을 휘발시키는 체류 시간은 가스속도에 의해 제어된다. 소각로 내 고체의 체류 시간은 다음과 같이 추정할 수 있으며, 이 경우 계수 0.19는 제한된 실험 데이터에 기초한다.

$$t_o = \frac{0.19L}{NDS} \qquad\qquad (14\text{-}7)$$

여기서 t_o = 체류 시간(분)

L = 킬른 길이(m)

N = 킬른 회전속도(rev · min^{-1})

D = 킬른 지름(m)

S = 킬른 경사(m · m^{-1})

로터리 킬른 시스템은 유해 폐기물을 완전히 파괴하기 위해 일반적으로 2차 연소실 또는 애프터버너를 포함한다. 킬른 운전 온도는 800~1,600℃이다. 애프터버너 온도는 1,000~1,600℃이다. 액체 폐기물은 주로 2차 연소실로 주입된다. 휘발되고 연소된 폐기물은 킬른을 나와 2차 연소실로 들어가고, 여기서 추가 공기가 제공된다. 발열량이 높은 액체 폐기물 또는 연료가 2차 연소실로 유입될 수 있다. 2차 연소실과 킬른 모두 발화를 위한 보조연료 점화 시스템이 장착되어 있다.

시멘트 킬른은 유해 폐기물을 파괴하는 데 매우 효율적이다. 긴 체류 시간과 높은 운전 온도는 폐기물 대부분의 파괴 요건을 초과한다. 염화 탄화수소 폐기물로 인해 발생하는 염산은 시멘트 제품의 알칼리도를 약간 낮추면서 킬른에서 석회로 중화된다. 시멘트 공장은 액체 폐기물을 소각함으로써 에너지를 절약할 수 있지만, 허가를 얻는 비용과 대중의 반대로 사용되지 못하고 있다.

대기오염 제어. 소각로의 일반적인 대기오염 제어(air pollution control, APC) 장비에는 애프터버너, 액체 스크러버, 분무 제거기 및 미세입자 제어장치가 있다. 애프터버너는 높은 온도에서 추가 연소 공간을 제공하여 연소되지 않은 유기 부산물의 배출을 제어하는 데 사용된다. 스크러버는 연소가스에서 입자상 물질, 산성가스 및 잔류 유기화합물을 물리적으로 제거하기 위해 사용된다. 금속은 소각 과정에서 파괴되지 않고, 일부는 휘발되어 대기오염 제어장치에서 수집된다. 스크러버에서 빠져나온 큰 액체 방울은 분무 제거기에 잡힌다. 가스 정화의 마지막 단계는 남아 있는 미세입자를 제거하는 것인데, 이 단계에서는 전기집진기가 사용된다. 스크러버 물 및 다른 APC 장치의 잔여물은 여전히 유해하므로 최종 매립 전에 처리되어야 한다.

유해 폐기물 소각로의 허가. 유해 폐기물 소각로의 허가는 연방정부, 주 및 지역 수준에서 동시에 수행되는 복잡하고 다면적인 프로그램이다. 유해 폐기물의 조작·운반·처리·처분 및 소각장 운영에 관한 다양한 주 정부 및 지방 정부 규정으로 인해 각각의 신규 시설은 고유한 허가요건을 가지고 있다.

일반적으로, 유해 폐기물 소각로는 연방 RCRA, 주 RCRA, PCB에 대한 독성물질관리법(TSCA), 주 및 연방 폐수 배출, 주 및 연방 대기오염 제어 등의 법률에 따라 허가를 받아야 한다. 이 외에 지방 자치 단체의 다양한 허가가 필요할 수도 있다. 이들 각각은 환경 법규에 의해 결정된 성능 수준과 같거나 그 이상의 수준에서 소각로가 운영됨을 입증하는 자료를 요구한다. 또한 각각은 환경 영향에 대한 공청회와 토론도 의무화한다.

유해 폐기물 소각로는 다음 3가지 성능 기준을 충족해야 한다(Theodore and Ronalds, 1987).

1. **주요 유기성 유해 요소(POHC).** 주어진 POHC에 대한 DRE는 폐기물에서 제거된 POHC의 질량 백분율로 정의된다. POHC 성능 기준은 허가서에 지정된 각 POHC에 대한 DRE가 99.99% 이상 되도록 요구한다. DRE 성능 기준에 따라 시험 연소 중 폐기물과 굴뚝 배출가스 모두에서 지정 POHC의 양을 측정하기 위해 샘플링과 분석이 실시되어야 한다. (지정 POHC

라는 용어는 본 장의 뒷부분에서 더 자세히 설명된다.) DRE는 소각로와 굴뚝 가스[*]에 유입된 폐기물의 물질수지로부터 결정된다.

$$DRE = \frac{(W_{in} - W_{out})}{W_{in}} \times 100\% \qquad (14\text{-}8)$$

여기서 W_{in} = 폐기물 내 어떤 한 POHC의 질량 공급속도

W_{out} = 대기로 배출되기 전 배기가스에 존재하는 동일한 POHC의 질량 배출속도

2. **염산**. 유해 폐기물을 연소하고 염화수소(HCl) 1.8 kg·h^{-1} 이상의 굴뚝 배출물을 생성하는 소각로는 배출속도 1.8 kg·h^{-1}와 대기오염 제어 장비 유입량의 1% 중 큰 것을 초과하지 않도록 HCl 배출을 제어해야 한다.

3. **입자**. 입자상 물질의 굴뚝 배출은 산소 함량 7%로 보정된 굴뚝 가스의 경우 180 mg·dscm^{-1} (건조 표준 세제곱미터당 밀리그램)으로 제한된다. 이 보정은 다음 식으로 수행한다.

$$P_c = P_m \frac{14}{(21 - Y)} \qquad (14\text{-}9)$$

여기서 P_c = 보정된 입자 농도(mg·dscm^{-1})

P_m = 측정한 입자 농도(mg·dscm^{-1})

Y = 건조 연도가스 내 산소 백분율

이러한 방법으로, 오로지 굴뚝의 공기유량 증가에 기인하는 입자 농도 감소는 인정되지 않으며, 굴뚝의 공기유량 감소에 의한 입자 농도 증가는 불이익을 받지 않는다.

이러한 성능 기준을 준수하는 것은 시설 폐기물의 **시험 연소**(trial burn)로 문서화된다. RCRA 허가 신청의 일환으로, 폐기물 분석, 소각로의 공학적 설명, 샘플링 및 모니터링 절차, 시험 일정 및 프로토콜, 제어 정보를 포함하는 시험 연소 계획을 수립해야 한다. EPA는 설계가 적합하다고 판단될 경우, 소유자 또는 운영자가 소각로를 건설하고 시험 연소 절차를 시작할 수 있도록 임시 허가를 발급한다.

임시 허가는 4단계의 운전에 적용된다. 첫 번째 단계에서는 시공 직후 기계 결함 가능성을 확인하고 시험 연소 절차를 준비하기 위한 성능 시험 목적으로 운전한다. 이 허가 단계는 유해 폐기물을 공급하는 720시간의 운전으로 제한된다. 시험 연소는 두 번째 단계에서 실시된다.

시험 연소 중에 POHC 성능 기준을 준수하는지 확인하기 위해 폐기물에 식별된 모든 POHC에 대해 소각로 DRE를 측정할 필요는 없다. 예상되는 열분해의 어려움(소각성)과 폐기물 내 POHC 농도에 기초하여 DRE가 낮을 가능성이 가장 큰 POHC가 시험 연소 시 지정 POHC가 된다. EPA 허가 심사자는 소각장 시설의 소유자 또는 운영자와 함께 시험 연소 중 시료 채취와 분석을 위해 주어진 폐기물에서 어떤 POHC를 지정할지를 결정한다.

다양한 폐기물을 처리하고자 할 경우 고농도에서 소각하기 어려운 특정 POHC를 시험 연소에 사용할 수 있다. 이러한 대체물질을 대리(surrogate) POHC라고 한다. 대리 POHC는 실제로 일반 폐

---

[*] 이것은 소각장에 대한 물질수지가 아니다. 스크러버 물, APC 잔여물, 재로 귀결되는 유해 폐기물은 계산에 포함하지 않는다. 따라서 산화가 매우 불량한 경우에도 스크러버가 효율적이거나 폐기물이 재로 쌓인다면 소각로는 99.99%의 규칙을 충족할 수 있다. 이는 잔여물이 유해한 것으로 간주되는 한 가지 이유로, 잔여물은 매립 전에 처리되어야 한다.

기물에 존재할 필요는 없지만 폐기물에서 발견되는 어떤 POHC보다 소각하기가 더 어려워야 한다.

세 번째 단계는 시험 연소를 완료하고 결과를 제출하는 것이다. 이 단계는 몇 주에서 몇 개월이 소요될 수 있으며, 이 기간 동안 소각로는 지정된 조건에서 작동할 수 있다.

시험 연소 시 성능 기준을 충족한다면, 시설은 허가 기간 동안의 운전인 4단계(최종 단계)를 시작할 수 있다. 그러나 시험 연소 결과로 기준 준수를 입증하지 못할 경우, 2차 시험 연소를 위해 임시 허가를 갱신해야 한다.

예제 14-4 지정된 3개의 POHCs(클로로벤젠, 톨루엔, 자일렌)로 구성된 시험 연소 폐기물 혼합물을 1,000°C에서 소각한다. 폐기물 공급속도와 굴뚝 배출량은 다음 표와 같고, 굴뚝 가스 유량은 375.24 dscm·min^{-1}(분당 건조 표준 세제곱미터)이다. 장치가 규정을 준수하고 있는지 결정하시오.

화합물	유입구 (kg·h^{-1})	배출구 (kg·h^{-1})	화합물	유입구 (kg·h^{-1})	배출구 (kg·h^{-1})
클로로벤젠(C_6H_5Cl)	153	0.010	HCl		1.2
톨루엔(C_7H_8)	432	0.037	7% O_2에서 입자		3.615
자일렌(C_8H_{10})	435	0.070			

배출구 농도는 APC 장비 통과 후 굴뚝 내에서 측정되었다.

풀이 먼저 각 POHC에 대한 DRE를 계산한다.

$$DRE = \frac{W_{in} - W_{out}}{W_{in}} \times 100$$

$$DRE_{chlorobenzene} = \frac{153 - 0.010}{153} \times 100 = 99.993\%$$

$$DRE_{toluene} = \frac{432 - 0.037}{432} \times 100 = 99.991\%$$

$$DRE_{xylene} = \frac{435 - 0.070}{435} \times 100 = 99.984\%$$

각 지정 POHC에 대한 DRE는 99.99% 이상이어야 한다. 이 경우 지정 POHC의 하나인 자일렌이 기준을 충족하지 못하고, 다른 POHC는 99.99% 이상의 DRE를 나타낸다.

이제 HCl 배출에 대한 적합성을 확인한다. HCl 배출은 1.8 kg·h^{-1} 또는 제어장치 이전 HCl의 1% 중 더 큰 것을 초과할 수 없다. 1.2 kg·h^{-1} 배출이 1.8 kg·h^{-1} 한계를 충족한다는 것은 명백하다. 이 정도면 적합성을 입증하기에 충분하지만, 비교를 위해 제어 전 질량 배출률을 계산한다. 이를 위해, 공급된 모든 염소가 HCl로 전환된다고 가정한다. 클로로벤젠(M_{CB})의 몰 공급속도는

$$M_{CB} = \frac{W_{CB}}{(MW)_{CB}} = \frac{(153 \text{ kg·h}^{-1})(1,000 \text{ g·kg}^{-1})}{112.5 \text{ g·mol}^{-1}} = 1,360 \text{ mol·h}^{-1}$$

여기서 M_{CB} = 클로로벤젠의 몰 유입량

$(MW)_{CB}$ =클로로벤젠의 분자량

클로로벤젠의 각 분자는 염소 원자 하나를 포함한다. 그러므로

$$M_{HCl}=M_{CB}$$
$$=1,360 \text{ mol} \cdot \text{h}^{-1}$$
$$W_{HCl}=(\text{HCl의 분자량})(\text{mol} \cdot \text{h}^{-1})$$
$$=(36.5 \text{ g} \cdot \text{mol}^{-1})(1,360 \text{ mol} \cdot \text{h}^{-1})$$
$$=49,640 \text{ g} \cdot \text{h}^{-1} \text{ 또는 } 49.64 \text{ kg} \cdot \text{h}^{-1}$$

이는 제어 전의 HCl 배출량이다. 1.2 kg $\cdot$ h^{-1}의 배출량은 제어 전 배출량의 1% 이상이다. 즉,

$$\text{제어 전 배출량의 } 1\%=(0.01)(49.64)$$
$$=0.4964 \text{ kg} \cdot \text{h}^{-1}$$

그러나 HCl 배출량이 1.8 kg $\cdot$ h^{-1} 미만이기 때문에 소각로는 HCl 기준을 만족한다.

입자 농도는 7% O_2에서 측정되었으므로 보정할 필요가 없다. 입자의 배출구 부하(W_{out})는

$$W_{out}=\frac{(3.615 \text{ kg} \cdot \text{h}^{-1})(10^6 \text{ mg} \cdot \text{kg}^{-1})}{(375.24 \text{ dscm} \cdot \text{min}^{-1})(60 \text{ min} \cdot \text{h}^{-1})}=160 \text{ mg} \cdot \text{dscm}^{-1}$$

이는 기준 180 mg $\cdot$ dscm^{-1}보다 작으므로 입자에 대해서는 기준을 준수한다. 그러나 소각로가 자일렌에 대한 DRE를 만족하지 못하기 때문에 장치는 규정을 통과하지 못한다.

PCB에 대한 규정. PCB 소각은 RCRA가 아닌 TSCA에 따라 규제된다. 따라서 PCB의 소각 허용 조건 중 일부는 다른 RCRA 유해 폐기물의 소각 조건과 다르다.

액체 PCB의 소각 조건은 다음과 같이 요약할 수 있다.

1. **시간과 온도.** 2가지 조건 중 하나를 충족해야 한다. PCB의 소각로 체류 시간은 온도 1,200°C ±100°C와 굴뚝 가스 내 3% 초과 산소 조건에서 2초여야 하며, 온도 1,600°C±100°C와 굴뚝 가스 내 2% 초과 산소 조건에서 1.5초여야 한다.

   EPA는 이러한 조건이 액체 PCB DRE ≥99.9999%를 만족한다고 해석한다.

2. **연소 효율.** 다음으로 계산한 연소 효율은 최소한 99.99%여야 한다.

$$\text{연소 효율}=\frac{C_{CO_2}}{C_{CO_2} + C_{CO}} \times 100\% \tag{14-10}$$

   여기서 C_{CO_2} =굴뚝 가스 내 이산화탄소 농도
   C_{CO} =굴뚝 가스 내 일산화탄소 농도

3. **모니터링 및 제어.** 이러한 허용 한계 외에도, 소각장의 소유자 또는 운영자는 성능에 영향을 미치는 변수를 모니터링하고 제어해야 한다. 연소 시스템에 공급되는 PCB의 속도와 양은 15분 이하의 일정한 간격으로 측정 및 기록되어야 한다. 또한 소각 공정의 온도를 지속적으로 측정하고 기록해야 한다. 소각로로의 PCB 유입은 연소 온도가 지정된 온도, 즉 1,200°C 또

는 1,600℃ 미만으로 떨어질 때, 운전 모니터링이 실패할 때, PCB 속도 및 양 측정 또는 기록 장비가 고장날 때, 초과 산소가 지정된 백분율 값보다 아래로 떨어질 때마다 자동으로 중지되어야 한다. PCB 소각 중 HCl 제거를 위해서는 스크러버를 사용해야 한다.

또한, 시험 연소가 수행되어야 하며 배기가스의 다음 항목 배출을 모니터링해야 한다.

산소(O_2)	총염화 유기물 함량
일산화탄소(CO)	PCB
질소산화물(NO_x)	총입자상 물질
염화수소(HCl)	

비액체 PCB, PCB 제품, PCB 장비, PCB 용기를 소각하는 데 사용되는 소각로는 액체 PCB의 소각과 동일한 규칙을 준수해야 하며, 소각로에서 공기로의 PCB 배출은 소각로로 유입된 PCB kg당 0.001 g을 넘지 않아야 한다(DRE 99.9999%).

안정화-고형화

니켈과 같은 어떤 폐기물들은 구성 원소 때문에 물리적 또는 화학적 방법으로 파괴되거나 무해화될 수 없다. 따라서 일단 수용액에서 분리되어 재나 슬러지에 농축되면, 유해 성분은 용출성에 대한 LDR 규제를 충족하는 안정적인 화합물로 결합되어야 한다.

이 처리 기술의 용어는 지난 10년 사이 진화해 왔다. 1980년대 초중반에는 "화학적인 고정, 캡슐화" 및 "결합"이 고형화 및 안정화와 호환되어 사용되었다. LDR 규제가 공포됨에 따라 EPA는 안정화-고형화(stabilization-solidification)에 대한 보다 정확한 정의를 수립하고 이 기술에 다른 용어를 사용하지 않도록 권고하였다(U.S. EPA, 1988b). EPA는 안정화와 고형화를 결합했는데, 이는 처리에서 얻은 결과 물질이 안정적이고(stable) 견고해야(solid) 하기 때문이다. **안정성**(stability)은 **독성용출시험법**(Toxicity Characteristic Leaching Procedure, TCLP)으로 확인하는 유해 폐기물과 첨가제 화학물질 혼합물의 용출에 대한 저항 정도에 따라 결정된다(55FR 22530, 1990). 따라서 EPA의 정의에서 안정화-고형화는 화학적으로 유해 성분의 이동성을 저감시키는 화학 처리 과정을 의미한다.

용출성 저감은 유해 성분을 붙들어 놓는 격자 구조나 화학 결합의 형성으로 달성되어, 물이나 약한 산 용액이 폐기물과 접촉할 때 용출될 수 있는 성분의 양을 제한한다. 안정화-고형화의 2가지 주요 공정은 시멘트 기반과 석회 기반 공정이다. 시멘트나 석회 첨가제는 재나 슬러지와 물과 혼합되어, 고체 형성을 위해 양생한다. 정확한 혼합 비율은 시행착오법을 이용한 폐기물 시료에 대한 실험에 의해 결정된다. 두 기법 모두에서 안정화제에 규산염과 같은 다른 첨가제를 추가할 수 있다. 일반적으로 이 기술은 유기 오염물질, 오일 또는 그리스가 거의 또는 전혀 없는 금속 함유 폐기물에 적용할 수 있다.

14-7 매립 처분

심정주입

심정주입(deep well injection)은 폐기물을 지질학적으로 안전한 지반에 주입하는 것이다. 적절한 유해 폐기물 주입 관정의 일반적인 기술적 요건은 다음과 같다(Warners, 1998).

1. 폐기물을 수용할 수 있을 만큼 충분히 크고 투과성이 있는 염수 함유 지반
2. 폐기물을 주입 지층에 가두기에 충분히 불투과성인 상부층 및 하부층(가압층)
3. 폐기물의 유실이 발생할 수 있는 침하형-붕괴형 지형, 단층, 연결부 및 버려진 관정의 부재

이러한 요구사항을 달성하기 위해서는 지하의 지질학적 및 수문학적 특성에 대해 명확히 이해하여야 한다. 또한 주입 전에 폐기물을 전처리해야 하는 경우가 많은데, 전처리 목적은 폐기물 특성을 개선하여 주입 장비 및 지질층과 호환되도록 하는 것이다. 몇몇 중요한 폐기물 특성은 미생물, 부유물질, 오일 및 동반 또는 용존 가스의 존재이다.

이러한 지형으로 폐기물을 주입하는 것은 주로 루이지애나주와 텍사스주에서 시행되었다. LDR 규제의 마지막 1/3을 공포하면서, EPA는 수질보호법 규정(55FR 22530, 1990)에 따라 폐기물을 class I 주입 관정에 폐기할 수 있도록 허용하였다.

육상 처리

육상 처리는 폐기물의 토양 경작(land farming)이라고도 불린다. 이 방법에서 폐기물은 비료나 거름과 같은 방식으로 토양물질과 혼합되고, 토양에 있는 미생물은 폐기물의 유기성 부분을 분해한다. 그러나 LDR 규제에 따라 이 방법은 이제 금지되었다.

안전 매립지

이상적이지는 않지만, 유해 폐기물의 처리를 위한 토지 사용은 앞으로도 얼마간 주요한 대안으로 남아 있을 것이다. 소각재, 스크러버 바닥재 및 생물학적, 화학적 및 물리적 처리의 결과로 원래 질량의 최대 20%의 잔류물을 남긴다. 이러한 잔류물은 경제적인 방법으로 안전하게 처리되어야 하는데, 이 시점에서 안전 매립지가 유일한 선택이다.

유해 폐기물의 매립 처분과 관련된 기본적인 물리적 문제는 물의 이동으로 발생하며, 이는 매립지를 침투한 후 통과하는 강수에서 비롯된다. 폐물질이 용해되면 오염물질이 폐기물 부지에서 넓은 토양 지역, 그리고 하부 대수층으로 운반된다. 지하수 오염 문제는 관정의 사용 금지와 대수층과 연결된 지표수의 오염으로 이어질 수 있다. 많은 경우, 지하수의 움직임이 느리기 때문에, 폐기물의 매립 처분이 시작된 지 몇 년이 지나서야 관정 오염이 감지된다. 일부 화학종의 경우 토양 입자에 대한 흡착이 오염운의 움직임을 지연시킨다.

유해 폐기물 시설에 의해 발생하는 수질오염은 다양한 방식으로 나타날 수 있다. 매립지 침출수는 매립지의 측면에서 배출되어 지표 유출수로 유입되거나 불포화지대를 통해 천천히 스며들어 하부에 있는 대수층으로 들어갈 수 있다. 저류지 차수층의 파손이나 저장탱크 바닥의 균열도 오염물질이 지하수면을 향해 아래로 이동하게 한다. 때때로 이러한 이동은 점토층과 같은 비교적 불투과성인 지질학적 방벽에 의해 지연된다.

정화조치 없이 매립된 폐기물은 대개 지속적인 오염원으로 작용한다. 폐기물 구성요소는 침투하는 강우에 의해 계속해서 지하로 운반된다. 따라서 유해 폐기물을 취급하는 부지는 차수층을 설치할 뿐만 아니라 자연 방벽 위에 위치하는 것이 좋다. 또한 부지는 관련 대수층의 상태를 지속적으로 확인할 수 있도록 계측되어야 한다. 침출수 발생이 예상되는 경우 침출수 수집 및 처리를 위한 시스템이 있어야 한다.

안전 매립지 기술은 부지선정 및 건설의 두 단계로 나눌 수 있다. 다음 논의는 E.F. 우드(E.F.

Wood) 연구진의 연구(Wood et al., 1984)로부터 도출되었다.

매립지 부지선정. 유해 폐기물 매립지의 부지선정에서 고려하는 4가지 주요사항은 대기질, 지하수질, 지표수질, 가스와 침출수의 지하 이동이다. 사회정치적 측면을 논외로 했을 때, 마지막 3가지 요소가 매립지 부지선정에서 고려되어야 할 주요요소이다.

대기질은 매립된 유해 폐기물의 휘발성, 가스 발생, 가스 이동, 풍력 분산 등에 의해 야기되는 대기에 대한 악영향을 방지하기 위해 반드시 고려되어야 한다. 일반적으로, 이러한 것들은 적절한 건설 기술에 의해 제어될 수 있으며, 부지선정을 제한하지 않는다.

수리지질학적 부지선정 문제는 수문학, 기후, 지질학, 그리고 토양의 4가지 주요 분야로 나눌 수 있다.

유해 폐기물 매립지의 위치 선정을 위한 수문학적 고려사항에는 지하수면까지의 거리, 동수 경사, 관정과의 근접성 및 지표수와의 근접성이 있다. 수원에 대한 부지의 근접성 및 부지와 수원 사이에 존재하는 자연의 유형은 오염물질 이동에 영향을 미친다. 지표면에서 지하수면까지의 거리가 짧을 때는 오염물질 이동 시간도 짧아 오염물질이 포화 지역에서 측면으로 분산되기 전에 감쇄가 거의 없다. 지하수면까지의 평균 거리는 오염물질이 현저하게 감쇄될 수 있을 정도로 충분히 먼 것이 바람직하다. 이는 또한 포화 지역의 모니터링을 용이하게 하며, 누출 감지 및 정화 조치가 적시에 수행될 수 있도록 한다.

지역 지하수 공급원에서부터 반대쪽으로 경사지는 동수경사가 바람직하다. 동수경사가 가파를 수록 감쇄 시간이 줄어들고 지하수 이동속도가 빨라지므로 동수경사는 적절해야 한다.

폐기물 매립지에서 급수관정 및 지표수까지의 거리는 가능한 한 멀어야 매립지에서 누출이 발생할 경우 잠재적 오염으로부터 이들을 보호할 수 있다. 또한 지표수와의 근접성은 범람의 가능성을 고려해야 한다. 부지가 침수되면 매립시설의 구조가 약해져 부실이 발생하고 폐기물이 유출된다. 따라서 범람원이나 국지적 홍수 발생 지역에 시설을 건설하지 않는 것이 중요하다.

기후는 오염물질 이동의 원동력이 된다. 그러나 기후가 크게 달라질 것 같지 않은 지역 범위 내에서 잠재적 부지를 선정할 때는 제외될 수 있다.

모암의 구조적 무결성은 지진 위험 구역, 침하 및 단층과 균열 측면에서 중요하다. 지진 위험 구역은 지진이 발생했거나 발생할 확률이 높은 지역이다. 이는 지질학적 단층과 균열이 있는 것을 나타낸다. 투수계수와 공극률이 낮은 암석이더라도 단층과 균열이 있으면 오염물질이 흐르는 자연 경로가 되기 때문에 매우 중요하다. 미래의 지진 활동은 내진 설계가 이루어지지 않는 한 부지의 건설, 폐기물 매립 및 매립지 종료 중 또는 후에 매립 처분시설의 매립 셀 및 저장탱크를 손상시킬 수 있다.

수송 능력(transport capacity)은 오염물질의 이동을 허용하는 토양의 능력을 말한다. 따라서 토양 수송 능력이 클수록 오염물질의 이동성이 커진다. 투수계수가 낮은 토양은 오염물질의 이동을 지연시킴으로써 흐름 기간을 연장시키고 자연 방어 역할을 할 수 있다. 빙하 퇴적지와 삼각주 모래 지대는 모두 투수계수가 높은 잘 분류된 모래와 자갈층으로, 이들은 폐기물이 더 빠르고 더 멀리 이동하도록 한다. 점토와 실트는 투수계수가 낮아 폐기물의 이동을 억제한다.

수착능(sorption capacity)은 유기물 함량, 주요 미네랄 성분, pH 및 토양에 따라 달라진다. 수착은 오염물질의 흡수 및 흡착을 모두 포함한다. 수착은 금속, 인, 유기화학물질의 이동을 제한하는 데 중요하다. **양이온 교환 용량**(cation-exchange capacity, CEC)은 토양의 양이온을 폐기물의 양이온으로 교환할 수 있는 토양 능력의 척도이다. CEC가 높을수록 더 많은 양이온을 붙들 수 있다. 또한 오염물질 이동을 지연시키는 토양의 능력은 수많은 산화물과 수산화물(특히 철산화물), 그리고 인산염, 탄산염과 같은 기타 화합물의 존재에 달려 있다. 이 화합물들은 용액에서 중금속을 침전시킨다.

토양의 수소 이온 농도(pH)는 금속 양이온의 지배적인 제거 메커니즘에 영향을 미친다. 금속 양이온의 지배적인 제거 메커니즘은 pH<5일 때는 교환 또는 흡착이고, pH>6일 때는 침전이다.

매립지 건설. 안전 매립지란 기본적으로 침출수나 기타 오염물질이 매립지로부터 빠져나와 지표수나 지하수에 악영향을 미칠 수 없다는 것을 의미한다(Josephson, 1981). 부지에서의 누출은 운영 중이나 운영 후 모두 허용되지 않는다. 또한 꺼짐, 미끄러짐, 범람으로 발생할 수 있는 외부 또는 내부 이동도 없어야 한다. 폐기물이 부지에서 이동하도록 해서는 안 된다.

유해 폐기물을 위해 불침투성 매립장을 만들고 그 온전함을 영원히 보장하는 것은 거의 불가능하다. 매립지 설계 및 운영은 부지의 폐기물 이동을 최소화하기 위해 규제된다. 현행 EPA 규정(40 CFR 264.300)에 따르면 유해 폐기물 매립지는 (1) 최소 2개 이상의 차수층, (2) 차수층 위나 사이의 침출수 수집 시스템, (3) 최소 24시간, 25년 강우로 인해 발생하는 물을 수집하고 제어하기 위한 지표 유입 및 유출 제어장치, (4) 모니터링 관정, (5) 덮개를 설치해야 한다(그림 14-11).

차수 시스템은 다음을 포함해야 한다(57 FR 3462, 1992).

1. 매립지 운영 및 사후관리 기간 동안 유해 물질이 차수층으로 이동하지 않도록 하는 재료(예: 지오멤브레인)를 이용해 설계 및 제작된 상단 차단층.

그림 14-11

매립지 차수층 설계 및 권장 최종복토 설계의 최소 기술 요구사항 (출처: U. S. Environmental Protection Agency, 1989)

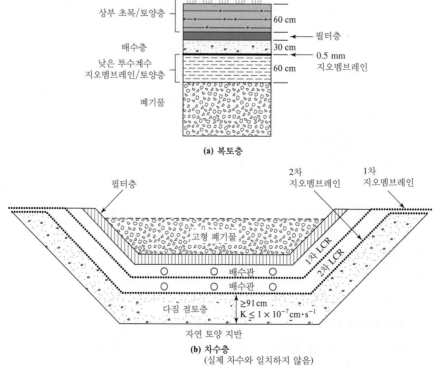

(a) 복토층

(b) 차수층
(실제 차수와 일치하지 않음)

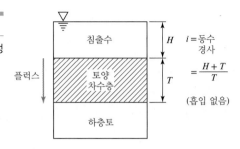

그림 14-12

매립지 차수층의 동수경사 정의

2. 최소 2개의 구성요소로 이루어진 복합 차수층. 상부 구성요소는 운영 및 사후관리 기간 동안 유해물질이 차수층으로 이동하지 않도록 하는 재료(예: 지오멤브레인)로 설계 및 제작되어야 한다. 하부 구성요소는 상부 구성요소에 균열이 발생할 경우 유해물질의 이동을 최소화할 수 있도록 하는 재료로 설계 및 제작되어야 한다. 또한 하부 구성요소는 투수계수가 1×10^{-7} cm·s^{-1} 이하인 최소 91 cm의 다짐토양 재료로 제작되어야 한다.

최종 차단층 바로 위의 침출수 수집 및 제거(leachate collection and removal, LCR) 시스템은 차단층 위의 침출수 깊이가 30 cm를 초과하지 않도록 침출수를 수집 및 제거할 수 있도록 설계, 제작, 운영 및 유지되어야 한다. 차수층 사이와 바닥 차수층 바로 위에 설치된 LCR은 누출 감지 시스템의 역할도 한다. LCR은 최소한 다음과 같아야 한다.

1. 바닥 경사도를 1% 이상으로 제작
2. 조립질 배수 재료를 이용해 1×10^{-2} cm·s^{-1} 이상의 투수계수와 30 cm 이상의 두께를 가지도록 제작 또는 합성 지오넷 배수 재료를 이용해 3×10^{-5} m^2·s^{-1} 이상의 투과율을 가지도록 제작
3. 붕괴를 방지할 수 있는 충분한 강도를 가지도록 제작하고, 막히지 않도록 설계

침출수 수집 시스템에는 침출수가 배수층으로 역류하지 않도록 액체를 제거할 수 있는 충분한 용량의 펌프가 설치되어야 하며, 방류 기준을 충족하도록 침출수를 처리해야 한다. 처리한 침출수는 공공하수 처리 시스템 또는 수로로 방류될 수 있다.

침출수의 양은 달시의 법칙을 사용하여 추정할 수 있다(7장 참조). 차수층의 동수경사는 그림 14-12와 같이 정의된다. 유량은 가용한 물의 양, 즉 강수량과 매립지 면적의 곱을 초과할 수 없다. 오염물질이 토양층을 통과하는 이동 시간은 유로의 선형 길이(T)를 침투속도로 나눈 값으로 추정할 수 있다(식 7-14).

예제 14-5 점토층 위 침출수 깊이가 30 cm, 점토의 공극률이 55%일 때, 침출수가 1×10^{-7} cm·s^{-1}의 투수계수를 가진 0.9 m 점토층을 이동하는 데 얼마나 걸리는가?

풀이 달시 속도는 식 7-12를 사용하여 구한다.

$$v = K\left(\frac{dh}{dr}\right)$$

여기에서 동수경사(dh/dr)는 그림 14-12와 같이 정의된다.

$$\frac{dh}{dr} = \frac{0.30 \text{ m} + 0.9 \text{ m}}{0.9 \text{ m}} = 1.33$$

따라서 달시 속도는 다음과 같다.

$$\nu = (1 \times 10^{-7} \text{ cm} \cdot \text{s}^{-1})(1.33) = 1.33 \times 10^{-7} \text{ cm} \cdot \text{s}^{-1}$$

식 7-14에 따라 침투속도는

$$v' = \frac{K \, (dh/dr)}{\eta} = \frac{1.33 \times 10^{-7} \text{ cm} \cdot \text{s}^{-1}}{0.55} = 2.42 \times 10^{-7} \text{ cm} \cdot \text{s}^{-1}$$

따라서 이동 시간은

$$t = \frac{T}{v'} = \frac{(0.9 \text{ m})(100 \text{ cm} \cdot \text{m}^{-1})}{2.42 \times 10^{-7} \text{ cm} \cdot \text{s}^{-1}} = 3.71 \times 10^{8} \text{초 또는 약 } 12\text{년}$$

부지 운영자는 각 셀의 위치와 치수를 주의 깊게 기록하고 지속적으로 측량하는 수직 및 수평 마커에 맞춰 지도상에 표기해야 한다. 또한 기록에는 각 셀의 내용물과 셀 내 각 유해 폐기물 유형의 대략적인 위치가 표시되어야 한다.

지하수 모니터링의 목적은 지하수가 오염되지 않도록 지표 유입수, 지표 유출수, 침출수 관리 프로그램이 제대로 기능하고 있는지 확인하는 것이다. 오염이 발생할 경우 조기경보를 발령하고 대책을 시행할 수 있다. 부지 소유자 또는 운영자는 배경(상류) 및 하류 수질을 확인할 수 있도록 시설의 경계 주변에 충분한 수의 모니터링 관정을 배치해야 한다. EPA 규정은 특히 하류 관정의 위치를 강조하면서 어떻게 모니터링 관정을 설치하고, 선별하고, 밀폐하고, 시료를 채취하고 배치할지를 상세하게 제시한다.

일반적인 지하수질, 특히 식수원으로서 최상단 대수층의 적합성은 EPA의 1차 식수 기준을 충족해야 한다. 각 배출유량은 매립지 운영 기간 및 종료 기간 중에는 매주, 그리고 사후관리 기간 동안에는 매월 계산해야 한다. 만약 매립지 침출수가 지하수로 새고 있다면 부지 운영자는 EPA에 문제 해결 방법을 보여주는 평가 계획을 제출해야 한다.

14-8 지하수 오염 및 정화

오염 과정

유해 폐기물 매립지가 지하수 오염의 유일한 원인은 아니다. 다른 원인으로는 생활폐기물 매립지, 정화조, 광업 및 농업 활동, 폐기물 무단투기 및 지하 저장탱크의 누출이 있다. 지역 주유소에 설치된 휘발유 저장탱크 중 약 5,000개에서 누출이 발생하는 것으로 추정된다.

지하수 오염의 위협은 부지 특이적 지질학적 및 수문학적 조건에 따라 달라진다. 오염 과정과 오염물질의 이동 과정은 9장에서 논의하였다.

EPA의 지하수 정화 절차

오염 부지의 정화를 위한 연방 프로그램은 그림 14-13의 절차를 따른다. 이 절차의 각 단계는 다음과 같다.

예비 평가. EPA의 관여는 일반적으로 잠재적 유해 폐기물 부지의 식별에서 시작된다. 이는 지역 시민과 공무원, 주 환경 기관, 부지 소유자들을 포함한 다양한 출처를 통하거나 특정 산업과 관련된 잠재적 문제를 인지함으로써 이루어진다.

EPA는 미국의 모든 정화 조치 대상 후보 부지를 기록하기 위해 종합환경대응·책임정보시스템(comprehensive environmental response, compensation, and liability information system, CERCLIS)이라고 하는 목록 관리 시스템을 개발하였다. 이 프로그램은 부지에 대한 정보를 획득하면, 그 부지를 등록함으로써 지속적으로 업데이트되는 프로그램이다. CERCLIS 부지 목록은 매우 빠르게 증가해 왔으며, 추가적으로 버려진 부지 및 오염 부지가 발견됨에 따라 미래에도 계속 증가할 것으로 예상된다. 2005년 9월 기준 NPL에는 1,239개의 부지가, CERCLIS에는 12,031개의 부지가 등록되어 있다.

예비 평가(preliminary assessment, PA)는 특정 부지의 오염 가능성을 식별하는 첫 번째 단계이다. 예비 평가의 주요 목표는 오염물질이 환경에 배출되었는지, 부지 근처 거주자나 근로자에게 즉각적인 위험이 있는지, 부지 조사가 필요한지 여부를 결정하는 것이다. 일반적으로 예비 평가 중에는 환경 분석을 위한 시료 채취가 이루어지지 않는다. 예비 평가에 따라 EPA 또는 지정된 주 기관은 부지의 거주자나 근로자에 대한 즉각적인 위협의 신속한 제거 조치가 필요하다고 판단할 수 있다. 그렇지 않은 경우, 예비 평가에 기초하여 EPA는 부지를 다음 3가지 범주 중 하나로 분류한다.

1. 인체 건강이나 환경에 위협이 되지 않기 때문에 더 이상의 조치는 필요하지 않음
2. 예비 평가를 완료하기 위해 추가 정보가 필요함
3. 부지 조사가 필요함

부지 조사. 부지 조사는 존재하는 유해물질의 유형을 결정하고 오염의 정도와 그 이동 정도를 확인하기 위해 시료 채취를 필요로 한다. 실제 부지 조사는 작업계획과 현장안전계획 준비를 포함한다. 부지 조사는 3가지 목표가 있다.

그림 14-13

슈퍼펀드 정화 과정의 단계
(출처: U.S. Environmental
Protection Agency, 2005)

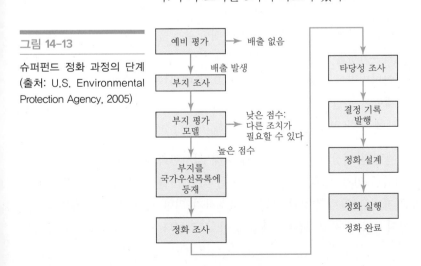

1. 공중보건 및 환경에 위협이 되지 않는 배출이 있는지 결정
2. 배출 부지 근처 거주자나 근로자에 대한 즉각적인 위협이 있는지 확인
3. NPL에 부지를 등재해야 하는지 여부를 결정하기 위한 데이터 수집

HRS, NPL, RI/FS 및 ROD. EPA 절차의 다음 단계에는 HRS를 수행하기 위한 계산, 점수가 높은 경우 NPL에 등재, RI/FS의 실행 및 ROD 발행이 있다. 이러한 단계는 14-4절에서 자세히 논의되었다.

정화 설계 및 정화 조치. EPA가 지원하는 정화 조치는 NPL에 등재된 부지에서만 수행할 수 있다. 이 순위는 슈퍼펀드 예산이 가장 비용 효율적인 방식으로 사용되고 가장 큰 혜택을 창출할 수 있도록 돕는다.

부지에서 정화 조치를 취하기 전에 여러 가지 질문에 대한 답이 필요한데, 이는 문제 정의, 설계 대안 및 정책으로 분류될 수 있다.

1. **문제 정의 질문.** 오염물질은 무엇이며 얼마나 오염되었는가? 오염 부지의 면적은 얼마인가? 오염 지하수 내 오염운의 크기는 얼마인가? 오염운의 정확한 위치와 이동 방향은 어디인가?
2. **질문 설계.** 사용 가능한 대안 중 부지를 정화하는 가장 좋은 방법은 무엇인가? 이러한 대안들은 어떻게 구현되어야 하는가? 처리 시 어떤 생성물이 발생되는가? 정화 완료까지 시간이 얼마나 걸리며 비용은 얼마나 드는가?
3. **정책 질문.** 어느 정도의 보호가 적절한가? 다시 말해서, 얼마나 깨끗한 것이 깨끗한 것인가?

처음 두 질문에 대한 답변은 오염 부지 지역의 광범위한 시료 채취를 통해 뒷받침되는 과학적 또는 공학적 배경지식을 필요로 한다. 그러나 마지막 질문은 객관적으로 대답할 수 없고 오히려 주관적이고 정치적인 문제이다.

국가 비상 계획(NCP)은 유해물질과 관련된 사고에 대해 3가지 유형의 대응을 정의한다. 이러한 대응에서 제거는 복원과 구별된다. **제거**(removal)는 이름에서 알 수 있듯이, 일반적으로 안전 유해 폐기물 매립지로 폐기물을 물리적으로 재배치하는 것이다. **복원**(remediation)은 폐기물의 독성이나 이동성을 줄이기 위해 처리하거나, 추가적인 배출을 최소화하기 위해 부지를 봉쇄하는 것을 의미한다. 복원은 부지 또는 TSD 시설에서 수행할 수 있다. 3가지 유형의 대응은 다음과 같다.

1. **즉각적인 제거**는 인체 건강이나 환경에 대한 즉각적이고 중대한 손상을 방지하기 위한 즉각적인 대응이다. 즉각적인 제거는 6개월 이내에 완료해야 한다.
2. **계획된 제거**는 긴급 대응이 아니더라도 부분적인 대응이 필요할 때 신속하게 제거하는 것이다. 계획된 제거에도 6개월 제한이 동일하게 적용된다.
3. **복원 대응**은 관련된 특정 문제에 대한 영구적인 부지 해결책을 달성하기 위한 것이다.

즉각적인 제거는 유해물질과 관련된 비상사태를 방지하기 위해 실시한다. 이러한 비상사태에는 화재, 폭발, 유해물질과의 직접적인 인간 접촉, 인간, 동물 또는 먹이 사슬의 노출, 음용수원의 오염이 포함될 수 있다. 즉각적인 제거는 인체 건강과 생명을 보호하기 위한 정화, 유해한 배출의 억제 및 환경에 대한 손상 가능성의 최소화를 포함한다. 예를 들어, 트럭이나 기차, 바지선의 유출

이 발생하면 EPA는 유출 정화를 위한 즉각적인 제거를 결정할 수 있다.

즉각적인 제거 대응에는 시료 수집 및 분석, 배출의 봉쇄 또는 제어, 부지에서 유해물질 제거, 비상용수 공급, 보안 펜스 설치, 피해 우려 시민의 대피 또는 유해오염물질 확산 방지 등의 활동이 포함될 수 있다.

계획된 제거에는 즉각적인 비상상황이 발생하지 않은 유해 부지가 포함된다. EPA는 계획된 제거 조치가 손상이나 위험을 최소화하고 문제에 대한 보다 효과적인 장기 해결책과 일치하는 경우 슈퍼펀드에 의거하여 이를 시작할 수 있다. 계획된 제거는 책임 당사자를 알 수 없거나 혹은 책임 당사자가 적시에 적절한 조치를 취할 수 없거나 그것을 거부할 경우 EPA에 의해 수행된다. 정화를 하는 주는 정화 조치 비용의 최소 10%를 부담하고 해당 부지를 NPL 등재 후보로 올리는 데 동의해야 한다.

완화 및 처리

오염물질의 확산은 대부분 오염운에 국한되기 때문에 대수층의 한정적 영역만 회수하고 복원하면 된다. 그러나 오염된 대수층을 정화하는 것은 번거롭고, 시간이 많이 걸리고, 비용도 많이 든다. 원래의 오염원은 제거할 수 있지만, 지하수의 완전한 복구는 부지의 지하 환경 파악, 잠재적 오염원 위치 확인, 잠재적 오염물질 이동 경로 파악, 오염물질 범위 및 농도 결정, 그리고 효과적인 정화 과정의 선택과 구현과 같은 추가적인 문제들로 가득하다(Griffin, 1988).

이처럼 정화는 간단한 문제는 아니지만 그래도 가능하다. 현재 다양한 방법들이 사용되고 있으며 어떤 경우에는 성공이 입증되었다. 이러한 방법에는 격리에서부터 대수층 내 원래 위치에서 또는 지하수를 빼내어 오염물질을 파괴하는 것까지 다양하다. 예를 들어, 오염된 물을 제거하기 위한 양수 관정 설치, 오염된 흐름만을 막기 위한 트렌치 건설, 지하수 오염물질의 생분해 촉진이 있다.

일반적으로 가장 합리적이고 경제적인 정화 방법은 특정 용도에 필요한 수질을 얻기 위해 물을 처리하는 것이다. 그런 다음 처리한 물을 사용하거나 대수층으로 반환할 수 있다. 이때 장벽과 처리 방법의 조합을 고려해야 한다. 원인 제어(오염원의 제거 또는 복원), 물리적 제어 및 처리 방법은

그림 14-14

지하수 함양 관정이 지하수 흐름 패턴에 미치는 영향

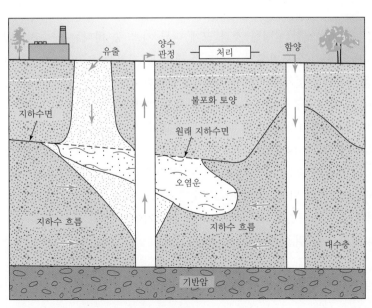

모두 지하수 오염 문제를 완화하는 역할을 한다. 법률도 가능한 전략을 좌우할 수 있다.

관정 시스템. 관정 시스템은 오염된 지하수를 처리하는 일반적인 정화 공정의 한 예이다. 관정 시스템은 물의 주입 또는 취수를 통해 지하의 동수경사를 조절한다. 또한 지하수의 이동을 직접적으로 제어하고 지하 오염물질의 움직임을 간접적으로 제어하도록 설계된다. 이 작업은 모두 선택한 부지에 관정을 설치해야 실시 가능하다. 오염운의 특성(폭, 길이, 깊이, 일반 형상), 오염운 전체의 동수경사 및 대수층의 수리지질학적 특성을 결정하기 위해 먼저 수리지질학적 연구를 수행할 필요가 있다. 관정 시스템에는 웰 포인트 시스템, 깊은 관정 시스템 및 기압 마루 시스템의 3가지 주요 유형이 있다.

웰 포인트와 깊은 관정 시스템은 모두 물을 취수한다. 전자는 간격이 좁고 얕은 관정을 사용하며, 각각은 중앙에 위치한 펌프에 연결된 메인 파이프(헤더)에 연결된다. 웰 포인트 시스템은 지하수면이 얕은 대수층에만 사용된다. 깊은 관정 시스템은 더 깊은 곳에 사용되며 대부분 개별적으로 양수된다. 웰 포인트와 깊은 관정 시스템은 모두 시스템의 영향 반경이 오염물질 오염운을 완전히 포함하도록 설계되어야 한다.

기압 마루 시스템의 원리는 앞서 본 관정 시스템의 원리와 반대이다. 오염되지 않은 깨끗한 물을 주입하여 지하수면을 상승시켜 지하수 흐름을 방해한다. 주입 관정은 함양 관정이라고도 하는데, 함양 관정의 지하수면 상승 효과는 그림 14-14와 같다.

가솔린과 같은 **비수용상액체**(nonaqueous phase liquids, NAPL)는 "제품"이라고 불리는데, 그 이유는 이러한 액체의 회수가 상업적 가치를 가질 수 있기 때문이다. NAPL이 지하수면 위에 떠 있을 때, 이를 회수하기 위해 특별한 기법을 사용할 수 있다. NAPL을 회수하기 위한 제품 회수 시스템은 대수층이 아닌 NAPL 오염운에서 끝나는 관정을 사용한다. 모든 탄화수소는 물에 약간 용해되기 때문에 제품 회수 시스템은 일반적으로 오염된 지하수를 제거하고 처리하는 지하수 양수 시스템을 동반한다. 일반적인 시스템은 그림 14-15에 나와 있다.

처리 기술. 오염된 지하수를 정화하는 데 사용되는 처리 방법은 기본적으로 14-6절에서 설명한 것과 동일하다. 각각은 부지 상황에 맞춰 설계되어야 한다.

양수처리법. 14-6절에서 설명한 것과 크게 다른 기술 중 하나는 양수처리법(pump-and-treat)이다. 양수처리법의 목적은 오염운의 수리학적 격리 및 지하수 오염물질의 제거이다. 양수처리 정화를 위해 관정 시스템을 설계할 때에는 7장에서 설명한 우물 수리학을 적용한다.

추출 관정의 **포획 구간**(capture zone)은 관정으로 배출되는 지하수 영역을 의미한다. 지하수 흐름은 관정에 의해 포획되지 않고 양수 관정을 우회할 수 있기 때문에 포획 구간이 영양추(7-5절)와 일치하지는 않는다(그림 14-16). 정상상태 조건하에서, 영양추의 정도는 투과율과 양수속도에 크게 의존한다. 포획 구간의 범위는 투과율과 양수속도뿐만 아니라 지역 동수경사에 따라 달라진다.

포획 구간을 그리기 위해 3가지 매개변수가 사용되는데, 이는 (1) 양수 관정에서 상류 방향으로 무한한 거리에서 포획 구간의 폭, (2) 양수 관정 위치에서 포획 구간의 폭, (3) 양수 관정에서부터 하류 방향의 포획 구간 위치(**정체점**(stagnation point)이라고 함)이다. 이들 매개변수는 그림 14-17에 나와 있다.

자반델(Javandel)과 창(Tsang)(1986)은 일부 중요한 변수 사이의 관계를 조사하는 데 사용할 수

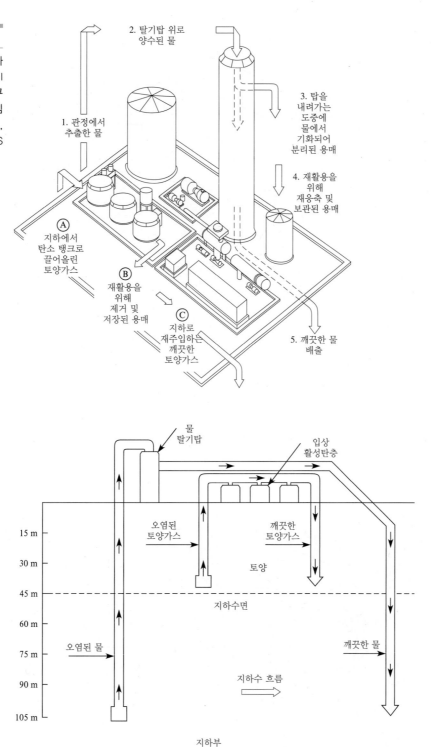

그림 14-15

록히드 항공 시스템 회사 (Lockheed Aeronautical Systems Company)의 아쿠아-디톡스 지하수 처리 시스템 (출처: Hazmat World, November 1989, EHS Publishing.)

있는 포획 구간의 매우 이상적인 모델을 개발하였다. 이 모델은 단면이 균일하고 폭이 무한한 균질한 등방성 대수층을 가정한다. 대수층은 피압대수층이거나 비피압대수층일 수 있다. 그러나 자유면 대수층일 경우 대수층의 총두께 대비 지하수면 저하량이 유의하지 않아야 한다. 추출 관정은 완전 관통정으로 가정한다.

자반델(Javandel)과 창(Tsang)(1986)은 그림 14-17에 표시된 좌표계의 원점에 위치한 단일 관정

그림 14-16

그림 14-16

양수 관정에 의해 영향을 받은 지하수 유선

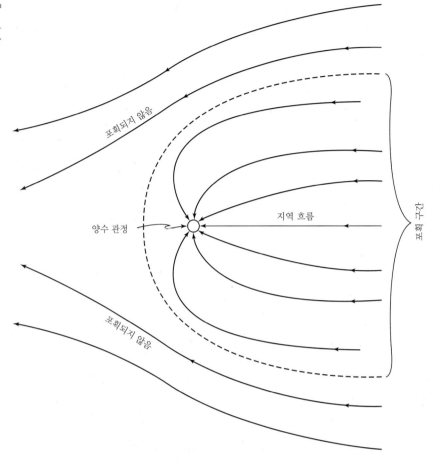

그림 14-17

단일 추출 관정의 포획 구간을 분석하는 해석해를 나타내는 특성 곡선

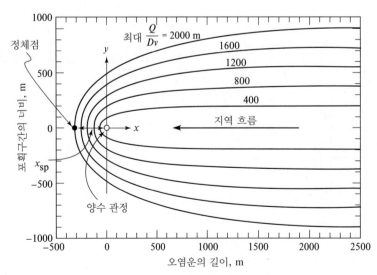

을 사용하여 포획 구간의 y 좌표를 계산하는 다음 식을 개발하였다.

$$y = \pm \frac{Q}{2Dv} - \frac{Q}{2\pi Dv} \tan^{-1} \frac{y}{x}$$

(14-11)

여기서 x, y = 원점으로부터의 거리(m)

$\quad Q$ = 관정 양수 속도($m^3 \cdot s^{-1}$)

$\quad D$ = 대수층 두께(m)

$\quad v$ = 달시 속도($m \cdot s^{-1}$)

"±"를 사용하면 x축 위와 아래의 y 좌표를 계산할 수 있다. 마스터스(Masters, 1998)는 이 식이 원점에서 포획 구간 곡선을 나타내는 선 위의 관심 x, y 좌표까지 그려진 각도 ϕ(라디안 단위)로 다시 작성될 수 있음을 보여주었다. 이는

$$\tan \phi = \frac{y}{x} \tag{14-12}$$

따라서 $0 \le \phi \le 2\pi$ 구간에 대해 식 14-12를 다음과 같이 다시 쓸 수 있다.

$$y = \pm \frac{Q}{2\,Dv} - \left(1 - \frac{\phi}{\pi}\right) \tag{14-13}$$

이 식으로 몇 가지 중요한 근본적인 관계를 확인할 수 있다.

- 포획 구간의 너비는 양수 속도에 정비례한다.
- 포획 구간의 너비는 달시 속도에 반비례한다.
- x가 무한히 커지면, $\phi = 0$이고 $y = Q/(2\,Dv)$이다. 따라서, 그림 14-17과 같이 포획 구간의 최대 너비는 $2[Q/(2\,Dv)] = Q/(Dv)$이다.
- $\phi = \pi/2$의 경우, $x = 0$이고 $y = Q/(4\,Dv)$이다. 따라서 $x = 0$에서 포획 구간의 너비는 $2[Q/(4\,Dv)] = Q/(2\,Dv)$이다.

추출 관정에서 정체점까지의 하류 방향 거리(X_{sp})는 다음 식으로 추정할 수 있다(LeGrega, Buckingham, and Evans, 2001).

$$X_{sp} = \frac{Q}{2\pi\,Dv} \tag{14-14}$$

자반델(Javandel)과 창(Tsang)은 다양한 관정 구성(1~4개의 관정)과 $x = \infty$에서 포획 구간의 여러 너비에 대해 일련의 "특성" 곡선을 제시하였다. 포획 구간 기술을 사용하는 접근 방식은 다음과 같이 요약된다.

1. 특성 곡선과 동일한 척도로 오염운 모양을 나타낸 부지 지도를 준비한다.
2. 지역 흐름 방향이 x축에 평행하도록 1개의 관정 특성 곡선에 부지 지도를 겹쳐서 배치한다. 오염운의 앞쪽 끝을 추출 관정 위치 바로 너머에 놓는다. 오염운을 완전히 포함하는 포획 구간 곡선을 선택한다. 이를 만족하는 $x = \infty$에서의 Q/Dv 값을 얻는다.
3. Q/Dv에 Dv를 곱하여 필요한 양수율을 결정한다. 1개의 관정을 사용하여 필요한 양수율을 달성할 수 있다면 문제는 해결된다. 1개의 관정으로 달성하지 못하면 네 번째 단계로 이동한다.
4. 적절한 양수율을 달성하기 위해 2개, 3개, 또는 4개 관정의 특성 곡선을 사용하여 두 번째 단계를 반복한다. 다중 관정 시나리오의 경우, 각 관정은 동일한 속도로 양수하는 것으로 가정한다.

여러 개의 관정 사이를 통과하는 지하수 흐름을 방지하기 위해 다중 추출 관정의 포획 구간은 서로 겹쳐야 한다. 추출 관정 사이의 거리가 $Q/\pi Dv$보다 작거나 같으면 포획 구간이 겹친다. 관정이 x축에 대해 대칭으로 위치한다고 가정하면 다음을 사용하여 최적의 간격을 계산할 수 있다.

- 2개 관정 사이 공간은 $Q/\pi Dv$
- 3개 관정 사이 공간은 $1.26\, Q/\pi Dv$
- 4개 관정 사이 공간은 $1.2\, Q/\pi Dv$

필요한 양수율을 달성할 수 있느냐 없느냐의 문제는 피압대수층의 경우 피압지하수면이 대수층까지 내려오지 않도록 하는 이용 가능한 수두 저하량에 의해 결정된다. 이는 7-5절에서 설명한 방법을 사용하여 계산할 수 있다. 비피압대수층의 경우, 대수층의 충두께 대비 지하수면 저하량이 충분히 크지 않아야 하며, 이 결정에는 전문적인 판단이 필요하다.

예제 14-6 오식스(Oh Six) 마을의 식수 관정은 대수층의 오염물질 오염운으로 위협받고 있다. 피압대수층은 두께가 28.7 m이다. 투수계수는 1.5×10^{-4} m · s^{-1}, 저류계수는 3.7×10^{-5}, 지역 동수경사는 0.003이다. 오염운은 가장 넓은 지점에서 폭이 300 m이다. 허용 수위 저하량 기준 최대 허용 양수율은 0.006 m^3 · s^{-1}이다. 정체점이 식수 관정에서 100 m 떨어지도록, 그리고 포획 구간이 오염운을 둘러싸도록 단일 추출 관정의 위치를 결정하시오. 아래는 식수 관정과 오염운의 관계에 대한 개략도이다.

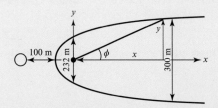

풀이 식 7-12를 사용하여 달시 속도를 결정한다.

$$v = K\frac{dh}{dr} = (1.5 \times 10^{-4}\ \text{m} \cdot \text{s}^{-1})(0.003) = 4.5 \times 10^{-7}\ \text{m} \cdot \text{s}^{-1}$$

상류 방향으로 무한한 거리의 포획 구간 너비는

$$\frac{Q}{Dv} = \frac{0.006\ \text{m}^3 \cdot \text{s}^{-1}}{(28.7\ \text{m})(4.5 \times 10^{-7}\ \text{m} \cdot \text{s}^{-1})} = 464.58\ \text{또는}\ 465\ \text{m}$$

추출 관정에서 포획 구간 너비는 다음과 같다.

$$\frac{Q}{2\,Dv} = \frac{0.006\ \text{m}^3 \cdot \text{s}^{-1}}{2(28.7\ \text{m})(4.5 \times 10^{-7}\ \text{m} \cdot \text{s}^{-1})} = 232.29\ \text{또는}\ 232\ \text{m}$$

추출 관정에서 정체점은 하류 방향으로 다음 거리만큼 떨어져 있다.

$$x_{sp} = \frac{0.006\ \text{m}^3 \cdot \text{s}^{-1}}{2\pi(28.7\ \text{m})(4.5 \times 10^{-7}\ \text{m} \cdot \text{s}^{-1})} = 73.94\ \text{또는}\ 74\ \text{m}$$

추출 관정이 배치되어야 하는 오염운의 앞쪽 끝부터 하류 방향의 거리는 식 14-13을 사용하여 결정된다. $y = 150$ m일 때,

$$150 \text{ m} = (232.29 \text{ m}) \left(1 - \frac{\phi}{\pi}\right)$$

추출 관정에서 오염운이 포획 구간에 닿는 지점까지의 각도(라디안 단위)를 풀면

$$\phi = 0.35 \, \pi \text{ rad}$$

개략도를 참고하여 거리를 다음과 같이 계산할 수 있다.

$$x = \frac{y}{\tan \phi} = \frac{150 \text{ m}}{\tan (0.35 \, \pi)} = \frac{150 \text{ m}}{1.96} = 76.4 \text{ 또는 } 76 \text{ m}$$

이 풀이는 매우 이상적인 조건을 가정하여 작성되었다. 오염운의 앞 가장자리는 식 14-13을 사용하여 위치를 결정할 수 있도록 하기 위해 편리한 모양을 하고 있다. 오염운이 타원형에 더 가까우면 접점보다 앞쪽 끝에 위치할 것이다. 이러한 경우 여기서 제시한 풀이 기법은 추출 관정의 위치 지정에 상당한 오류를 발생시킬 수 있다.

자반델(Javandel)과 창(Tsang)이 가정한 매우 이상적인 상황은 오염운의 이동을 제어하는 관정 시스템의 작동 원리를 이해하는 데 유용하지만, 실제 부지에서는 가정한 경계 조건이 거의 충족되지 않는다. 부지 조건에 맞게 보정된 컴퓨터 모델은, 여전히 완벽하지는 않더라도, 제안된 양수처리법의 작동에 대해 보다 신뢰할 수 있는 정보를 제공할 것이다.

시간이 지나면서 오염물질 제거속도는 기하급수적으로 감소하고, 오염물질이 토양에서 물로 확산과 탈착을 하여 지하수 내 오염물질 농도가 다시 증가하기 때문에 양수처리법의 양적인 제거 기술로서의 가치는 제한적이다.

연습문제

14-1 셀레늄 2.0 mg·L^{-1}을 함유한 공공하수가 RCRA 유해 폐기물인지 결정하시오.

답: 유해 폐기물이 아니다.

14-2 세탁소에서 10 kg·month^{-1}로 유해 폐용매를 축적한다. 세탁소는 배송비를 절약하기 위해 TSD 시설로 배송하기 전에 6개월치 폐용매를 모으고 싶어 하는데, 이것이 가능한지 설명하시오. (참고: 이 질문은 CFR에서 해당 규정을 검색해야 하는 "꼼수" 질문이다.)

답: 가능하다.

14-3 증기 그리스 제거장치가 590 kg·week^{-1}의 트리클로로에틸렌(TCE)을 사용한다. 이는 절대 폐기

되지 않는다. 들어오는 부품에는 TCE가 없으며 나가는 부품의 드래그아웃은 $3.8 \ L \cdot h^{-1}$ TCE이다. 매주 그리스 제거장치 바닥에서 제거되는 슬러지는 들어오는 TCE의 1.0%를 차지한다. 이 공장은 $5 \ d \cdot week^{-1}$, $8 \ h \cdot d^{-1}$로 가동한다. 그리스 제거장치에 대한 물질수지 흐름도를 그려서 증발로 인한 손실($kg \cdot week^{-1}$)을 추정하시오. TCE의 밀도는 $1.460 \ kg \cdot L^{-1}$이다.

답: $M_{evap} = 362.18$ 또는 $360 \ kg \cdot week^1$

14-4 아래 표와 그림 P-14-4에 대해 물질수지를 이용하여 응축액 수집탱크로 들어오는 유기화합물의 질량 흐름률($kg \cdot d^{-1}$)을 결정하시오.

시료 장소	유량($L \cdot min^{-1}$)	총휘발성 유기물	온도(°C)
1	40.5	$5{,}858 \ mg \ L^{-1}$	25
2	44.8	$0.037 \ mg \ L^{-1}$	80
3	57 (증기)	44.13%	20

주의:

(a) %는 부피 퍼센트이다.

(b) 증기유량은 1기압, 20°C로 보정된 값이다.

(c) 액상 유기물 밀도는 $0.95 \ kg \cdot L^{-1}$로 가정할 수 있다.

(d) 유기물 증기의 분자량은 염화메틸렌과 같다고 가정한다.

(e) 수증기 질량 흐름률은 106°C에서 $252 \ kg \cdot h^{-1}$이다.

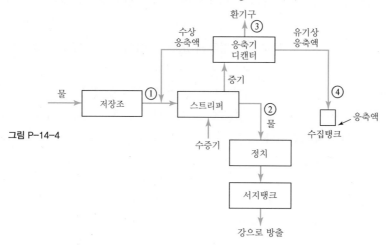

그림 P-14-4

14-5 문제 14-4의 응축기 디캔터의 효율은 얼마인가?

답: $\eta = 62.5\%$

14-6 다음 표에 나와 있는 성분과 농도를 고려하여 폐기물을 중화시키는 데 필요한 황산의 양($kg \cdot d^{-1}$)을 계산하시오. 또한 중화 후 총용존 고형분(total dissolved solids, TDS)을 추정하시오($mg \cdot L^{-1}$).

성분	농도 ($mg \cdot L^{-1}$)	유량 ($L \cdot min^{-1}$)
NaOH	15	200

14-7 차아염소산나트륨(NaOCl)을 사용하여 시안화나트륨을 산화시키는 반응식을 쓰시오.

14-8 $NaHSO_3$를 사용하여 크롬산($H_2Cr_2O_7$) 내 6가크롬을 3가크롬으로 환원시키는 반응식을 쓰시오.

14-9 $100 \, L \cdot min^{-1}$으로 흐르는 도금 세척수가 $50.0 \, mg \cdot L^{-1}$의 아연을 함유하고 있다. 기존 배출자에 대한 EPA의 전처리 기준인 $2.6 \, mg \cdot L^{-1}$를 달성하는 데 필요한 이론적 pH를 계산하고, 기준값에 맞춰서 아연을 제거(즉, $50 \, mg \cdot L^{-1}$에서 기준을 뺀 만큼 제거)하기 위한 소석회의 이론적 투여량을 추정하시오. 석회는 100% 순수하다고 가정한다.

14-10 침전지에서 제거된 금속 도금 슬러지의 고형물 농도는 4%이다. 만약 슬러지 부피가 $1.0 \, m^3 \cdot day^{-1}$라면, 슬러지가 필터 프레스로 처리되어 고형물 농도가 30%가 될 때의 부피는 얼마인가? 또한 압착 슬러지가 80% 고형물로 건조된다면, 부피는 얼마인가?

   답: 압착 $V_2 = 0.133 \, m^3 \cdot day^{-1}$; 건조기 $V_2 = 0.05 \, m^3 \cdot day^{-1}$

14-11 문제 14-10에서 침전지에서 발생한 슬러지 내 페로시안 화합물 농도는 $400 \, mg \cdot kg^{-1}$ (4% 고형물)이다. 페로시안 화합물이 침전물의 일부이고 필터 프레스에서 빠져나오는 양은 없다고 가정하면 필터 케이크에서의 농도는 얼마인가?

14-12 와타피타에(Watapitae)의 관정 13은 테트라클로로에틸렌 $440 \, \mu g \cdot L^{-1}$로 오염되어 있다. 물은 $0.2 \, \mu g \cdot L^{-1}$(검출한계)에 도달하도록 정화되어야 한다. 다음 설계 매개변수를 사용하여 요구사항을 충족하도록 탈기탑을 설계하시오. 합리적인 충전 높이를 위해 직렬로 연결된 1개 이상의 칼럼이 필요할 수 있다.

  헨리상수 $= 100 \times 10^{-4} \, m^3 \cdot atm \cdot mol^{-1}$ 온도 $= 20°C$
  $K_{La} = 13.5 \times 10^{-3} \, s^{-1}$ 칼럼 직경은 4.0 m를 초과할 수 없음
  공기유량 $= 15 \, m^3 \cdot s^{-1}$ 칼럼 높이가 6.0 m를 초과할 수 없음
  액체유량 $= 0.22 \, m^3 \cdot s^{-1}$

14-13 소각로 운영자는 소각을 위해 다음과 같은 폐기물을 받았다. 폐기물 투입량 내 염소 질량 30%를 달성하려면 작업자가 메탄올(CH_3OH)을 얼마나 혼합해야 하는가? 메탄올 밀도는 $0.7913 \, g \cdot mL^{-1}$라고 가정한다.

  사염화탄소 $= 12.2 \, m^3$ 헥사클로로벤젠 $= 15.3 \, m^3$ 펜타클로로페놀 $= 2.5 \, m^3$

14-14 유해 폐기물 소각로의 배출가스에서 염화메틸렌이 $211.86 \, \mu g \cdot m^{-3}$ 농도로 측정되었다. 소각로 가스 유량이 $597.55 \, m^3 \cdot min^{-1}$라면, 염화메틸렌의 질량 흐름률($g \cdot min^{-1}$)은 얼마인지 구하시오.

14-15 자일렌이 $481 \, kg \cdot h^{-1}$의 속도로 소각로에 공급된다. 굴뚝의 질량 흐름률이 $72.2 \, g \cdot h^{-1}$이라면 이 장치는 EPA 규정을 준수하고 있는가?

14-16 시험 연소 시 발생하는 POHCs는 아래 표와 같다. 소각장은 $1,100°C$의 온도로 운영되었다. 굴뚝 가스 유량은 $5.90 \, dscm \cdot s^{-1}$, 산소는 10.0%이었다. 투입된 폐기물 내 모든 염소가 HCl로 변환된다고 가정할 때, APC 장비를 통과한 후 배출 가스가 측정되는 경우 장치는 규정을 준수하고 있는가?

화합물	유입구 (kg · h⁻¹)	배출구 (kg · h⁻¹)
벤젠	913.98	0.2436
클로로벤젠	521.36	0.0494
자일렌	1378.91	0.5670
HCl	n/a	4.85
입자	n/a	10.61

14-17 시험 연소 중에 소각로에 헥사클로로벤젠(HCB), 펜타클로로페놀(PCP), 아세톤(ACET)이 포함된 혼합 수용액이 공급되었다. 각 구성요소는 부피 기준으로 투입된 용액의 9.3%를 차지하였다. 즉, HCB=9.3%, PCP=9.3%, ACET=9.3%이었다. 공급률은 140 L · min⁻¹이었으며, 소각장은 1,200℃의 온도에서 운영되었다. 굴뚝 가스 유량은 28.32 dscm · s⁻¹, 산소는 14%이었다. 투입된 폐기물 내 모든 염소가 HCl로 변환된다고 가정할 때, APC 장비를 통과한 후 배출가스의 농도가 다음과 같이 측정된 경우 장치는 규정을 준수하고 있는가?

헥사클로로벤젠=170 μg · dscm⁻¹   HCl=83.2 μg · dscm⁻¹

펜타클로로페놀=353 μg · dscm⁻¹   입자=123.4 mg · dscm⁻¹

아세톤=28 μg · dscm⁻¹

답: 소각로는 입자를 제외하고 모든 배출 제한을 준수한다.

14-18 토양 시료의 투수계수를 결정하기 위해 변수위 투수 시험기를 이용하여 시험을 진행하였다(그림 P-14-18). 기록된 데이터는 다음과 같다.

a의 지름=1 mm   초기 수두=1.0 m

A의 지름=10 cm   최종 수두=25 cm

길이, L=25 cm   시험 기간=14일

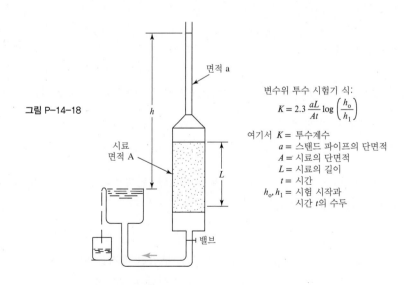

그림 P-14-18

변수위 투수 시험기 식:

$$K = 2.3 \frac{aL}{At} \log\left(\frac{h_o}{h_1}\right)$$

여기서 K = 투수계수
a = 스탠드 파이프의 단면적
A = 시료의 단면적
L = 시료의 길이
t = 시간
h_o, h_1 = 시험 시작과 시간 t의 수두

이 데이터를 이용하여 시료의 투수계수를 계산하시오. 또한 시료가 매립지 부지를 대표한다고 가정할 때, 토양은 유해 폐기물 매립지에 적합한가?

답: 2.86×10^{-9} cm $\cdot$ s^{-1}

14-19 아래에서 설명하는 3개 토양층이 유해 폐기물 매립지의 바닥과 그 아래에 있는 대수층 사이에 있다. 상부 토층 위 침출수의 깊이는 0.3 m이다. 침출수가 토양 C의 바닥에 위치한 대수층으로 이동하는 데 몇 년이 걸리는지 구하시오.

토양 A
깊이 = 3.0 m
투수계수 = 1.8×10^{-7} cm $\cdot$ s^{-1}
공극률 = 55%

토양 B
깊이 = 10 m
투수계수 = 2.2×10^{-5} m $\cdot$ s^{-1}
공극률 = 25%

토양 C
깊이 = 12.0 m
투수계수 = 5.3×10^{-5} mm $\cdot$ s^{-1}
공극률 = 35%

답: 28년

14-20 사염화탄소를 담은 드럼(0.12 m^3)이 사질토로 유출되었다. 토양의 투수계수는 7×10^{-4} m $\cdot$ s^{-1}이고 공극률은 0.38이다. 지하수면은 지표면 아래 3 m이고 동수경사는 0.002이다. 대수층의 두께는 28 m이다. 단일 관정 추출 시스템의 양수 속도는 0.014 m$^3 \cdot$ s^{-1}이다. 관정에서 포획 구간의 너비를 추정하시오.

15

소음 공해

사례 연구

소음, 소음, 소음!

대부분 사람들은 소음으로 인한 불편을 겪은 적이 있을 것이다. 세계에서 가장 시끄러운 도시에서의 삶을 상상해 보자. 가장 시끄러운 도시 중 하나로 손꼽히는 인도 뉴델리에는 2,500만 명이 거주하고 있다. 뉴델리 시내 소음 수준은 100 데시벨(decibel, dB)을 넘는 곳도 있으며, 이는 거주 지역에 권고되는 적절한 소음 수준인 50~55 dB를 가뿐히 넘긴다. 뉴델리 평균 소음 수준은 80 dB로, 이는 15 m 거리에서의 화물 열차의 소음 수준과 비슷하다. 뉴델리 소음의 주원인은 교통수단이며, 이웃과 발전기가 그 뒤를 따른다. 또한 종교와 정치적 활동, 가내 공업 역시 소음에 크게 기여한다(Firdaus and Ahmed, 2010).

소음의 주요 영향으로는 불쾌감과 소통 방해가 있다. 또한 두통, 메스꺼움, 현기증, 피로, 혈압 상승, 심박수 상승, 호흡 가빠짐, 식은땀, 우울감, 조울증, 소화불량, 고혈압도 보고되었다. 실제로, 뉴델리 거주민에게는 심각한 청력 손상이 발견되었다.

뉴델리에서는 소음 수준을 관리하기 위한 각종 방안이 강구되고 있다. 교통수단의 경적을 제한하거나 소음 관련 조례 개정, 소음 차단시설 개선, 상업/산업 지역과 거주 지역의 분리, 소음 흡수를 위한 그린벨트 지역 확대가 대표적이다(Garg and Maji, 2016).

15-1 서론

소음(noise)은 통상적으로 원하지 않는 소리로 정의되며, 우리가 출생하기 전부터 시작해서 삶 전체에 걸쳐 노출되는 환경적인 현상이다. 소음은 또한 환경오염의 일종으로, 다양한 인위적인 활동과 결합하여 생성되는 폐산물이라 할 수 있다. 후자의 관점에서 소음은 시끄러운 정도와 관계없이 모든 소리를 총칭하는 용어로 원치 않는 생리적 혹은 심리적 효과를 초래하며, 개인 혹은 집단의 사회적 목적을 방해한다. 여기서 사회적 목적은 소통, 일, 휴식, 여가, 잠과 같은 우리의 모든 행위를 총칭하는 포괄적인 말이다.

우리는 삶의 결과로 2가지 일반적인 유형의 오염물질을 생성한다. 첫 번째 유형은 수질과 공기 오염물질과 같이 오랜 기간 동안 환경에 남아 있는 유형으로서 우리는 이를 잘 인지하고 있다. 두 번째 유형은 최근 들어서 관심이 집중되기 시작한 것으로, 제조 과정에서 생기는 열과 같은 에너지 잔여물(residual)을 의미한다. 음파의 형태를 지닌 에너지도 이러한 에너지 잔여물에 해당하며, 다행히 환경에 장기간 남아 있지는 않는다. 지구 전체에서 소리 에너지의 총량은 다른 유형의 에너지에 비해 그리 크지 않지만, 소리 에너지를 매우 민감하게 감지할 수 있는 귀로 인하여, 소리는 상대적으로 작은 에너지로도 우리에게 부정적인 영향을 줄 수 있다.

충분한 세기와 지속 시간을 지닌 소음은 미미한 손상부터 완전한 청력 소실까지 다양한 범위의 일시적 혹은 영구적 청력 손상을 가져올 수 있다고 알려져 있다. 일반적으로 충분히 높은 에너지를 가지는 어떤 종류의 소리도 일시적 청력 손상을 일으킬 수 있으며, 일정 시간 이상 노출이 지속되면 영구적 손상까지 나타날 수 있다. 미국에서는 170만 명 정도의 50~59세 근로자가 보상이 필요한 수준의 청력 손상을 가지고 있다고 추산된다. 2012년 기준으로, 산업계에 발생하는 잠재적 비용은 10억 달러가 넘을 가능성이 있다(Olishifsk and Harford, 1975). 단기간이지만 심각한 소음의 영향으로는 의사소통 및 다른 청각 신호에 대한 인지력 방해, 수면과 휴식 방해, 불쾌감 유발, 복잡한 일을 수행하는 개인의 능력 저하, 삶의 질 저하 등이 있다.

산업혁명과 2차 세계대전 이후 기술 진보가 계속되면서 미국과 다른 산업화된 국가의 환경 소음은 점진적으로 증가하였으며, 점점 더 많은 지역이 상당한 수준의 소음에 노출되고 있다. 과거에는 청력 손상을 일으킬 정도의 소음은 공장이나 직업적인 상황에 한정되었는데, 오늘날에는 그러한 강도나 지속 시간에 근접한 소음 수준이 도시의 도로나 주거지 근처에서도 감지되고 있다.

소음이 환경오염이나 잠재적인 위협, 혹은 적어도 삶의 질을 떨어뜨리는 요인이라는 인식이 뒤늦게 형성된 이유는 여러 가지가 있다. 소음은 우선 원치 않는 소리라는 정의 측면에서 주관적인 경험이다. 어떤 사람이 소음이라고 생각하는 소리가 다른 사람에게는 좋은 소리일 수 있다.

두 번째로, 소음은 공기나 수질오염물질과 달리 환경에 오래 머무르지 않고 금방 사라진다. 일반적인 사람이 산발적으로 발생하는 환경적 소음에 대하여 개선하거나, 통제하거나 적어도 불만을 제기하려 할 때면, 그 소음은 이미 더 이상 존재하지 않을 가능성이 크다.

세 번째로, 소음이 우리에게 미치는 생리학적이고 심리적인 영향은 서서히 발생하거나 정확히 가려내기 힘든 경우가 많아 인과관계를 밝히기가 쉽지 않다. 이미 소음에 영향을 받은 사람들에게는 그 소음이 전혀 문제가 되지 않는 경우도 많다.

게다가 일반 대중은 국가의 기술 진보를 자랑스럽게 여겨 빠른 교통수단, 노동 절약형 기계, 새로운 여가 도구 같은 기술이 가져오는 부산물을 기꺼이 받아들인다. 기술 진보는 소음의 증가를 불러왔으며, 많은 사람들은 추가적인 소음을 진보의 대가로 받아들인다.

지난 30년 동안 대중은 기술 진보의 대가가 자신에게 돌아오는 것에 거부감을 갖기 시작하였다. 대중은 소음의 영향이 완화되도록 요구하였는데, 이러한 완화 비용은 결코 적지 않다. 미국 시카고 오헤어(O'Hare) 공항 근처의 자택 600가구마다 방음시설을 설치하는 평균 비용은 1997년 기준 약 27,500달러인 것으로 나타났다(Sylvan, 2000). 2001년, 보스턴 로건(Logan) 공항은 9,900만 달러를, LA 국제공항은 1억 1,900만 달러를 토지 매입과 방음에 배정하였다. 2001년 말 기준으로 미국에서 소음 완화를 위해 사용된 비용은 총 52억 달러를 넘었다(De Neufville and Odoni, 2003). 소음을 줄이기 위해 비행기를 개조하거나 교체하는 비용은 36억 달러(2005년 달러가치 기준)를 초과할 것이다(Achitoff, 1973). 교통 소음 절감 프로그램은 1963년 첫 소음벽이 세워진 이래 시행되었다. 2001년까지 미국 44개 주의 교통부와 푸에르토리코는 28억 달러(2005년 달러가치 기준) 이상의 비용을 들여 2,900 km에 달하는 소음벽을 건설하였다(FHWA, 2005).

공학과 과학계는 소음과 소음의 영향, 그리고 완화 및 제어 방식에 대한 상당한 지식을 축적하였다. 소음은 그런 의미에서 다른 환경 오염원과는 다르다. 일반적으로 실내외 소음을 제어하기 위한 활용 가능한 기술은 존재한다. 말하자면, 소음은 오염원의 생물학적, 물리적 영향에 관한 지식보다 오염원 제어에 관한 기술이 더욱 발전된 하나의 사례이다.

음파의 특징

음파(sound wave)는 고체물질의 진동이나 유체가 고체 주변 혹은 구멍을 통과하여 흐르면서 일어나는 분리로 발생한다. 이러한 진동이나 분리는 튜브에서의 피스톤 진동과 비슷하게 주변 공기가 압축(compression)과 희박화(rarefaction) 과정을 교대로 겪도록 만든다(그림 15-1). 공기 분자의 압축은 국지적으로 공기 밀도와 압력을 상승시키게 된다. 반대로, 희박화는 국지적인 밀도와 압력을 감소시킨다. 이러한 압력의 변화는 소리가 되어 인간의 귀에 감지된다.

그림 15-1에서 A 지점에 서 있다고 상상해 보자. 당신은 매 0.000010초마다 기압을 잴 수 있는 기구를 가지고 있으며 측정값을 그래프에 그릴 수 있다고 가정한다. 피스톤이 일정 비율로 진동한다면, 이러한 압축과 희박화는 관을 따라서 일정한 속도로 전파되게 된다. 이 전파속도가 소리의 속도(c)이다. A 지점에서의 압력 증감은 시간이 지나면서 그림 15-2처럼 주기 혹은 파동 모양으로 나타난다. 이러한 파동 모양은 사인파 모양(sinusoidal)이라고 부른다. 진동의 연속적인 고점 사이의 시간 간격 혹은 연속적인 저점 사이의 시간 간격을 **주기**(period, P)라고 부른다. 주기의 역(逆), 즉 1초 동안 몇 번의 고점이 나타나는지는 **주파수**(frequency, f)라 부른다. 주기와 주파수의 관계는 아래와 같이 나타낸다.

$$P = \frac{1}{f} \tag{15-1}$$

압력 파동은 관을 따라 일정한 속도로 움직이므로, 우리는 같은 압력 판독(reading)값 간의 거리가 일정할 것이라는 것을 알 수 있다. 인접한 두 압력의 고점 사이의 거리 혹은 두 저점 사이의 거리를 **파장**(wavelength, λ)이라고 부른다. 파장과 주파수 사이의 관계는 다음과 같다.

$$\lambda = \frac{c}{f} \tag{15-2}$$

파장의 **진폭**(amplitude, A)은 압력 0인 선에서부터 고점의 높이 혹은 저점의 깊이를 잰 것이다(그림 15-2 참조). 그림 15-2로부터 파장의 주기에 해당하는 시간 동안 평균 압력을 구하면 0이 된다는 것을 알 수 있다. 이 결과는 진폭과는 관계없이 나타난다. 물론, 이러한 결과로는 만족스럽지

그림 15-1

진동하는 피스톤으로 인한 공기 분자의 압축 및 희박화

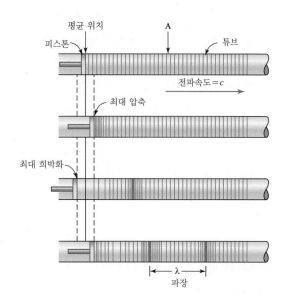

그림 15-2

공기 분자의 압축 및 희박화로 인한 사인모양의 파동. A는 진폭, P는 주기.

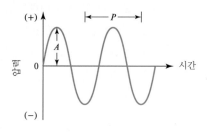

않다. **제곱평균제곱근**(root mean square, rms) **음압**(sound pressure, p_{rms})은 이러한 문제를 극복하기 위하여 사용된다.[*] rms 음압은 매 순간 한 번씩 측정된 진폭값을 제곱하고 이를 시간에 대하여 평균을 낸 후, 이 값에 대한 제곱근을 구한 것이다. rms 식은 아래와 같다.

$$\bar{p}_{rms} = (p^2)\frac{1}{2}\left[\frac{1}{t_m}\int p^2(t)dt\right]^{1/2} \tag{15-3}$$

위의 오버바(overbar)는 시간가중평균값을 나타내며, t_m은 측정 시간을 가리킨다.

음향 출력과 음세기

물체의 이동 길이와 힘의 이동 방향 성분을 곱한 것을 **일**(work)이라고 한다. 그러므로 이동하는 음압의 파동은 전파 방향으로 에너지를 전달한다. 일이 수행되는 속도를 **음향 출력**(sound power, W)이라고 한다.

음세기(sound intensity, I)는 음파의 전파 방향에 대해 직각인 단위 면적당 시간가중평균 음향 출력이다. 음세기와 음향 출력은 다음과 같은 관계를 가진다.

$$I = \frac{W}{A} \tag{15-4}$$

여기서 A는 파동 운동(wave motion)의 방향과 수직인 단위 면적이며, 따라서 음세기와 음향 출력은 다음과 같은 방식으로 음압과 관계를 지닌다.

$$I = \frac{(p_{rms})^2}{\rho c} \tag{15-5}$$

여기서 I = 음세기(W · m^{-2})

  p_{rms} = rms 음압(Pa)

  ρ = 매개체의 밀도(kg · m^{-3})

  c = 매개체에서의 음속(m · s^{-1})

공기의 밀도와 음속은 기온의 함수이다. 주어진 온도와 압력에서, 공기의 밀도는 부록 A의 표 A-4에서 찾을 수 있다. 101.325 kPa에서 공기 중 음속은 아래의 식에 의해 결정될 수 있다.

$$c = 20.05\sqrt{T} \tag{15-6}$$

여기서 T는 캘빈(K)으로 나타낸 절대 기온을 의미하며, c의 단위는 m · s^{-1}이다.

레벨과 데시벨

건강한 일반인이 들을 수 있는 가장 희미한 소리의 음압은 약 0.00002 Pa이다. 새턴(Saturn) 로켓 발사 시 발생되는 음압은 200 Pa을 넘는다. 과학적인 표기법에서도 이 수치는 매우 "천문학적" 범위의 숫자이다.

이 문제를 해결하기 위하여 측정량의 비율을 로그화한 값에 기반한 눈금이 사용된다. 이러한 측정값을 레벨(level)이라고 부른다. 이 측정값의 한 단위를 알렉산더 그레이엄 벨(Alexander

---

[*] 음압 = (총기압) − (대기압).

Graham Bell)의 이름을 따 **벨**(bel)이라고 부른다.

$$L' = \log \frac{Q}{Q_o}$$
(15-7)

여기서 L' = 레벨, bel

Q = 측정량

Q_o = 기준량

$\log$ = 밑이 10인 로그

1 bel은 꽤 큰 값을 가지므로 편의성을 위해 bel을 10으로 나눈 하위 단위를 **데시벨**(decibel, dB)이라고 부른다. 데시벨 단위의 레벨은 다음과 같이 계산할 수 있다.

$$L = 10 \log \frac{Q}{Q_o}$$
(15-8)

데시벨은 어떠한 물리적인 단위도 대표하지 않으며, 단지 로그값 변환이 수행된 것이다.

음향 출력 레벨.   기준량(Q_o)이 정해진다면 데시벨은 물리적 의미를 가진다. 소음 측정을 위한 기준 음향 출력 레벨은 10^{-12} W로 정해져 있으므로, 음향 출력 레벨(sound power level)은 다음과 같이 표현할 수 있다.

$$L_w = 10 \log \frac{W}{10^{-12}}$$
(15-9)

이 식을 이용하여 음향 출력 레벨을 표현할 때는 기준 음향 출력 10^{-12} W이 명시되어야 한다.

음세기 레벨.   소음 측정을 위한 기준 음세기(식 15-4)는 10^{-12} W · m^{-2}로 정해져 있으므로, 음세기 레벨(sound intensity level)은 다음과 같다.

$$L_I = 10 \log \frac{I}{10^{-12}}$$
(15-10)

음압 레벨.   소리 측정 기기는 p_{rms}를 측정하므로 음압 레벨(sound pressure level)은 아래와 같이 계산할 수 있다.

$$L_p = 10 \log \frac{(p_{rms})^2}{(p_{rms})_o^2}$$
(15-11)

이 식은 다음과 같이 변환할 수 있다.

$$L_p = 20 \log \frac{(p_{rms})}{(p_{rms})_o}$$
(15-12)

기준 음압은 20 μPa(마이크로파스칼)로 정해져 있다. 그림 15-3은 여러 음압값을 표시하고 있다.

음압 레벨의 혼합.   데시벨 수치는 로그화 과정을 거쳤기 때문에, 소리의 덧셈과 뺄셈이 데시벨 수치의 덧셈과 뺄셈으로 계산되지 않는다. 어떤 두 숫자를 로그화한 후 더한 값은 그 두 숫자의 곱을 로그화한 값과 같다는 것을 기억하자. 당신이 60 dB(기준 음압 20 μPa) 소음에 또 다른 60 dB(기준

그림 15-3

음압 레벨의 상대적 척도

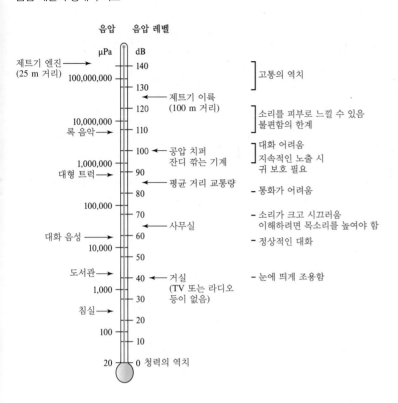

그림 15-4

데시벨 결합 문제를 풀기 위한 그래프

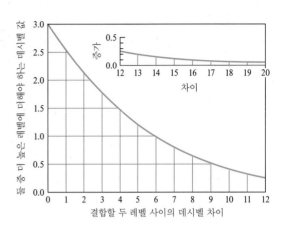

음압 20 μPa)의 소음을 더한다면, 63 dB(기준 음압 20 μPa)의 소음을 만들어 낼 수 있다. 혹시 의심이 든다면, 두 데시벨 값을 음향 출력 레벨로 변환한 후 더한 다음에 다시 이것을 데시벨로 변환해 보면 옳다는 것을 알 수 있다. 데시벨 혼합 문제에 대한 답은 그림 15-4를 활용하여 구할 수도 있다. 이러한 계산을 위하여 소음 공해 관련 연구에서는 결과값과 가장 가까운 정수를 보고해야 한다. 여러 레벨이 더해져야 한다면, 이들을 낮은 수치의 레벨에서부터 2개씩 묶어 더하면서 결국에는 하나의 수치가 되도록 하면 된다. 이제부터 이 장에서는 특별한 언급이 없는 한 모든 레벨을 기준 음압 20 μPa에 대한 상대적인 값으로 가정하기로 한다.

예제 15-1 68 dB, 79 dB, 75 dB이 더해져서 생성되는 소리의 음향 출력 레벨을 구하시오.

풀이 판독 결과를 음향 출력으로 변경한 후 더하고, 이를 다시 데시벨로 바꾸면 된다.

$$L_w = 10 \log \sum 10^{(68/10)} + 10^{(75/10)} + 10^{(79/10)}$$

$$= 10 \log(117,365,173)$$

$$= 80.7 \text{ dB}$$

반올림하면 81 dB(기준 음압 20 μPa).

   그림 15-4을 이용한 다른 풀이 방법에서는 우선 가장 낮은 두 레벨인 68 dB과 75 dB을 선택한다. 두 수치의 차이가 75－68＝7이므로, 이를 그림 15-4에서 x축의 7에서 수직선을 그리고 이 선과 곡선이 교차하는 지점에서 수평선을 그리면 이 수평선이 y축과 만나는 곳의 위치는 0.8 dB이다. 따라서 68 dB과 75 dB의 합은 75.8 dB이다. 이 결과와 나머지 계산은 아래 도표에 나타나 있다.

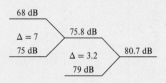

소음의 특징

청감역보정회로.   우리가 소음을 측정하는 이유는 보통 사람과 관련이 있으며, 우리는 궁극적으로 소리의 물리적인 현상 자체보다는 소리에 대한 사람의 반응에 더 관심을 가지게 된다. 가령, 단순히 음압 레벨을 그 소리의 크기를 보여주는 값으로 간주해서는 안 된다. 이는 소리가 얼마나 크게 들리는 지의 여부가 주파수(혹은 음높이)와도 큰 관련이 있기 때문이다. 이 밖에도 측정하는 소음의 주파수에 대해 아는 것은 도움이 될 때가 많다. 여기에 청감역보정회로가 사용될 수 있다(GRC,

---

그림 15-5

정밀한 소리 측정기
(ⓒLarson Davis, Inc.)

그림 15-6

3가지 기본 청감역보정회로의 반응 특성

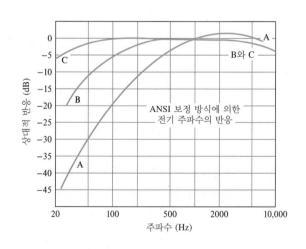

주파수 (Hz)	곡선 A (dB)	곡선 B (dB)	곡선 C (dB)	주파수 (Hz)	곡선 A (dB)	곡선 B (dB)	곡선 C (dB)
표 15-1			소리 측정기 회로의 보정값				
10	−70.4	−38.2	−14.3	500	−3.2	−0.3	0
12.5	−63.4	−33.2	−11.2	630	−1.9	−0.1	0
16	−56.7	−28.5	−8.5	800	−0.8	0	0
20	−50.5	−24.2	−6.2	1000	0	0	0
25	−44.7	−20.4	−4.4	1250	0.6	0	0
31.5	−39.4	−17.1	−3.0	1600	1.0	0	−0.1
40	−34.6	−14.2	−2.0	2000	1.2	−0.1	−0.2
50	−30.2	−11.6	−1.3	2500	1.3	−0.2	−0.3
63	−26.2	−9.3	−0.8	3150	1.2	−0.4	−0.5
80	−22.5	−7.4	−0.5	4000	1.0	−0.7	−0.8
100	−19.1	−5.6	−0.3	5000	0.5	−1.2	−1.3
125	−16.1	−4.2	−0.2	6300	−0.1	−2.9	−2.0
160	−13.4	−3.0	−0.1	8000	−1.1	−2.9	−3.0
200	−10.9	−2.0	0	10,000	−2.5	−4.3	−4.4
250	−8.6	−1.3	0	12,500	−4.3	−6.1	−6.2
315	−6.6	−0.8	0	16,000	−6.6	−8.4	−8.5
400	−4.8	−0.5	0	20,000	−9.3	−11.1	−11.2

1972). **청감역보정회로**(weighting networks)는 특정 주파수의 소리를 낮추기 위해 측정기에 삽입된 전기 필터 회로이다. 이 회로를 통해 소리 측정기(그림 15-5)가 인간의 귀처럼 특정한 주파수에 더 민감하게 반응할 수 있게 된다. 청력 기준을 만든 사람들은 A, B, C 3가지 보정 방식을 만들었다. 이들 간 가장 큰 차이점은 매우 낮은 주파수가 A 회로에서는 많이, B 회로에서는 조금, C 회로에서는 거의 걸러지지 않는다는 것이다. 따라서 측정된 소음의 크기가 C 회로보다 A 회로에서 더 높은 값을 갖는다면 소음은 거의 낮은 주파수로 인해 발생한 것이라 볼 수 있다. 만약 (대부분의 진지한 소음 측정 연구자가 하는 바와 같이) 소음의 주파수 분포를 측정하고 싶다면, 소리 분석기를 사용해야 한다. 그러나 분석기 비용을 지불하기 어렵다면 청감역보정회로를 통해 소음의 주파수에 관한 사실들을 알아낼 수도 있다.

그림 15-6은 ANSI(American National Standards Institute)의 사양 번호 SI.4-1971에 명시된 3가지 기본 회로의 반응 특성을 보여준다. 청감역보정회로가 사용될 때, 소리 측정기는 각 주파수 별로 표 15-1에 나타난 데시벨 수치를 실제 측정된 음압 레벨에다가 전기적으로 더하거나 뺀다. 그 다음, 각 주파수 별로 보정된 결과를 지수적으로 더하여 하나의 데시벨 수치로 표현한다. 청감역보정회로를 사용하여 측정한 수치는 '음압 레벨'이라고 하지 않고 '소리의 크기'라고 부르며, 측정된 수치의 단위는 dB(A), dBa, dBA, dB(B), dBb, dBB 등으로 표시하고, 그 값은 L_A, L_B, L_C의 문자로 나타낸다.

예제 15-2 90 dB인 2개의 순음(pure tone)을 이용하여 새로운 타입 2 소음계를 시험하려고 한다. 두 순음은 1,000 Hz와 100 Hz의 음이다. A, B, C 청감역보정회로의 예상 판독값은 얼마인가?

풀이 표 15-1을 보면, 1,000 Hz에서는 A, B, C 회로 각각에 대한 보정값이 모두 0 dB임을 알 수 있다. 따라서 1,000 Hz의 순음에 대한 A, B, C 회로의 판독값은 모두 90 dB이다.

표 15-1의 100 Hz에서는 회로별 보정값이 다르다. A 회로는 -19.1 dB, B 회로는 -5.6 dB, C 회로는 -0.3 dB를 보정한다. 따라서 예상되는 판독값은 다음과 같다.

A 회로: 90 - 19.1 = 70.9 또는 70 dB(A)

B 회로: 90 - 5.6 = 84.4 또는 84 dB(B)

C 회로: 90 - 0.3 = 89.7 또는 90 dB(C)

예제 15-3 A, B, C 청감역보정회로에서 다음과 같이 소리 크기가 측정되었다.

음원 1: 94 dB(A), 95 dB(B), 96 dB(C)
음원 2: 74 dB(A), 83 dB(B), 90 dB(C)

각 음원의 특징이 저주파수인지, 중간/고주파수인지 판단하시오.

풀이 그림 15-6을 보면, A, B, C 회로의 판독값이 500 Hz 이상에서는 비슷하다. 이 영역은 중간/고주파수 영역으로 분류할 수 있으며, 타입 2 소음계로는 중간 주파수와 고주파수를 더 세분화하여 구분해낼 수는 없다. 200 Hz보다 낮은 저주파수 영역에서는 A, B, C 회로의 판독값이 크게 차이나는 것을 볼 수 있다. A 회로의 판독값이 B 회로의 판독값보다 작으며, A와 B 회로의 판독값이 C 회로의 판독값보다 작다.

음원 1: 판독값의 차이가 1 dB 수준이다. 그림 15-6으로부터 이 소리는 중간/고주파수 영역의 소리라는 것을 알 수 있다.

음원 2: 판독값의 차이가 수 dB 수준이며, A 회로의 판독값이 B 회로의 판독값보다 작고, 두 판독값은 모두 C 회로의 판독값보다 작다. 그림 15-6으로부터 이 소리는 저주파수 영역의 소리라는 것을 알 수 있다.

옥타브 구간. 소음을 면밀히 분석하기 위해서는 소음을 주파수 성분 혹은 스펙트럼으로 나누는 작업이 필수적이다. 일반적으로는 8~11개의 옥타브 구간을 고려하게 된다. 표준 옥타브 구간과

---

* 옥타브는 주어진 주파수와 그 주파수의 2배 사이의 주파수 간격이다. 예를 들어, 주어진 주파수 22 Hz에서 옥타브 구간은 22~44 Hz이다. 두 번째 옥타브 구간은 44~88 Hz이다.

표 15-2 옥타브 구간

옥타브 주파수 구간 (Hz)	기하평균 주파수 (Hz)	옥타브 주파수 구간 (Hz)	기하평균 주파수 (Hz)
22~44	31.5	1,400~2,800	2,000
44~88	63	2,800~5,600	4,000
88~175	125	5,600~11,200	8,000
175~350	250	11,200~22,400	16,000
350~700	500	22,400~44,800	31,500
700~1,400	1,000		

이들의 기하평균 주파수가 표 15-2에 나타나 있다. 옥타브 분석은 옥타브 필터와 정밀한 소리 측정기를 통해 수행된다.

옥타브 구간 분석은 보통 침입자 판별과 같은 주거지 소음 분석 정도에는 충분히 사용 가능하지만, 주거지 소음 개선이나 산업에서의 생산 설비 소음 분석 등의 목적에는 더욱 정밀한 분석이 필요하다. 1/3 옥타브 구간 분석은 옥타브 단위의 구간 분석에 비해 더 많은 정보를 얻을 수 있어서, 주거지 소음 문제에 대한 개선 활동의 목적으로는 충분하다. 이보다 더 정밀하게는 주파수 구간의 폭을 2 Hz의 수준까지 낮출 수 있다. 이 정도 수준의 세분화는 제품 디자인과 테스트 혹은 산업 설비 소음과 진동 분석 상황에 적합하다.

평균 음압 레벨. 데시벨의 로그 성질 때문에 평균 음압값은 일반적인 방법으로는 계산하기 어렵다. 대신에 아래와 같은 식이 사용되어야 한다.

$$\bar{L}_p = 20 \log \frac{1}{N} \sum_{j=1}^{N} 10^{(L_j/20)} \tag{15-13}$$

여기서 $\bar{L}_p$ = 평균 음압 레벨(dB, 기준 음압 20 μPa)

N = 측정 횟수

L_j = j번째 음압 레벨(dB, 기준 음압 20 μPa)

$j = 1, 2, 3, \cdots, N$

위 식은 dB(A) 단위의 소리 크기를 측정하는 데에도 그대로 적용된다. 20이라는 계수를 10으로 바꾸어서 평균 음향 출력을 계산하는 것도 가능하다.

예제 15-4 38, 51, 68, 78 dB인 4개 소리의 평균 레벨을 구하시오.

풀이 먼저, 합을 다음과 같이 구한다.

$$\sum_{j=1}^{4} = 10^{(38/20)} + 10^{(51/20)} + 10^{(68/20)} + 10^{(78/20)}$$
$$= 1.09 \times 10^4$$

그 다음, 아래와 같이 평균값을 계산한다.

$$\bar{L}_p = 20 \log \frac{1.09 \times 10^4}{4}$$

$$= 68.7 \text{ 또는 } 69 \text{ dBA}$$

단순한 산술평균으로는 58.7 혹은 59 dB이 나온다.

소리의 유형. 소음의 패턴은 정성적으로 **정상상태**(steady-state) 혹은 **연속적**(continuous), **간헐적**(intermittent), **충격적**(impulse 혹은 impact) 중 한 가지 용어로 표현된다. **연속적 소음**(continuous noise)은 관찰 기간 동안 소리가 중단되지 않고 소리의 크기 변화가 5 dB 미만인 소음이다. 가정집의 선풍기 소리가 예시가 될 수 있다. **간헐적 소음**(intermittent noise)은 1초 이상 중단되었다가 1초 이상 지속되는 연속적 소음이다. **충격적 소음**(impulse noise)은 0.5초 이내에 40 dB 이상의 소리 변화가 발생하고 지속 시간은 1초 미만인 소음이다.[*] 총기를 발포하는 소음이 충격적 소음의 예이다.

충격적 소음은 2가지 유형으로 분류된다. A 유형은 순간 최대 음압까지 빠른 속도로 올라간 후 작은 음수의 압력 파형이 뒤이어 나타나거나 혹은 배경 음압(그림 15-7)까지 쇠퇴하는 것이 특징이고, B 유형은 감쇠 진동하는 쇠퇴 양상을 보이는 것이 특징이다(그림 15-8). A 유형의 지속 시간은 최초 음봉우리의 지속 시간을 의미하는 반면, B 유형의 지속 시간은 순간 최대 음압으로부터 쇠퇴하는 포락선(envelope)이 20 dB 이상 쇠퇴하는 데 필요한 시간을 말한다. 충격의 지속 시간은 짧기 때문에 특수하게 고안된 소리 측정기가 사용되어야 한다. 또한 충격적 소음의 크기는 시간적인 평균의 개념이 들어가기 때문에 순간 최대 음압과는 차이가 있다는 것을 인지할 필요가 있다.

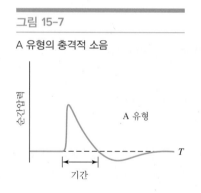

그림 15-7

A 유형의 충격적 소음

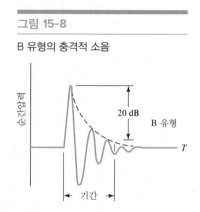

그림 15-8

B 유형의 충격적 소음

15-2 소음이 인간에 미치는 영향

소음이 인간에 미치는 영향은 청각적 효과와 심리적-사회적 효과로 나눌 수 있다. 소음의 **청각적 효과**(auditory effect)는 청력의 감소와 소통 방해를 포함하며, 소음의 **심리적-사회적 효과**

---

[*] 미국 산업안전보건청(Occupational Safety and Health Administration, OSHA)은 어떤 소음(충격적 소음 포함)이 반복해서 일어나고 소음 사이의 시간 간격이 0.5초 미만인 경우, 꾸준한(steady) 소음으로 분류한다.

(psychological-sociological effects)는 불쾌감, 수면 방해, 업무력 저하 및 음향적 사생활 침해를 포함한다.

청각의 원리

청력의 감소 효과에 대해서 논의하기 전에, 귀의 일반적인 구조와 원리에 대해서 설명할 필요가 있다.

해부학적으로 귀는 외이, 중이, 내이의 세 부분으로 구성되어 있다(그림 15-9). 외이와 중이는 소리의 압력을 진동으로 변경하며 작은 물체가 내이에 도달하는 것을 막는다. 유스타키오관은 중이 공간에서부터 연구개 뒤쪽의 목구멍 상부까지 연결되어 있다. 유스타키오관은 평상시에는 닫혀 있다가 하품, 씹기, 삼킴 행위를 할 때 수축되는 구개 근육에 의해 열린다. 이로 인하여 중이 내부의 환풍과 압력 균등화가 가능해진다. 고도의 급격한 상승과 같이 외부 공기압이 빠르게 변하는 상황에서는 불수의적인 삼킴과 하품으로 유스타키오관을 열어 압력을 균등하게 해준다.

소리 변환기의 역할을 하는 기관은 중이에 존재한다.[*] 이 변환기는 고막(tympanic membrane)과 3개의 이소골(ossicle)로 구성되어 있다(그림 15-10). 인대가 이소골을 지지해주며, 이소골은 두 근육의 작용이나 고막의 변형에 의해 움직인다. 이 근육의 움직임은 불수의적이다. 큰 소리는 이 근육을 수축시켜 이소골 시스템의 움직임을 경직되게 한다(Borg and Counter, 1989). 이로 인해 섬세한 내이 구조를 물리적 손상으로부터 보호할 수 있게 된다. 중이에 대한 다음 논의는 클레미스(Clemis,

그림 15-9

귀의 해부학적 구성

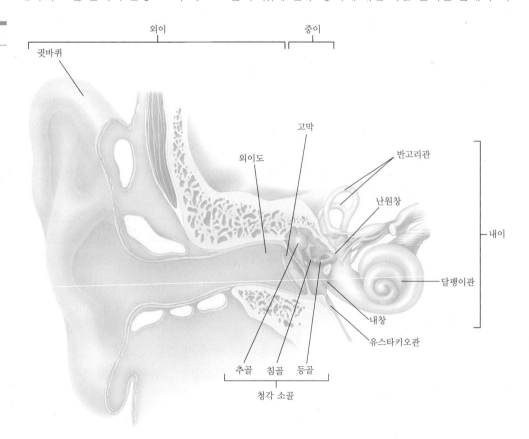

---

[*] 변환기는 한 시스템에서 다른 시스템으로 출력(power)을 전송하는 장치이다. 여기에서 음향 출력은 기계적 변위로 변환되며, 이 기계적 변위는 추후에 뇌에 의해 측정되고 해석된다.

그림 15-10

중이에 내장된 음향 변환기의 메커니즘

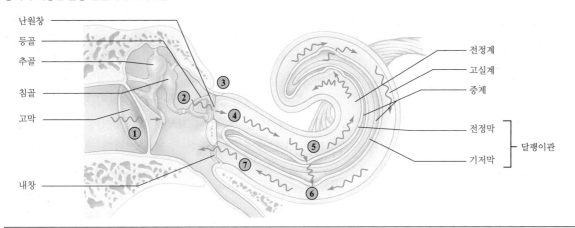

1. 음파가 고막을 때려서 진동시킨다.

2. 고막의 진동은 중이의 세 뼈를 진동시킨다.

3. 등골의 발판이 난원창에서 진동한다.

4. 발판의 진동은 전정계의 외림프를 진동시킨다.

5. 외림프의 진동은 기저막의 변위를 유발한다. 짧은 파동(높은 주파수)은 난원창 근처의 기저막의 변위를 일으키고, 더 긴 파동(낮은 주파수)은

난원창에서 일정 거리 떨어진 기저막의 변위를 유발한다. 기저막의 움직임은 기저막에 부착된 나선 기관의 유모세포에서 감지된다.

6. 전정계의 외림프와 와우관의 내림프 진동은 고실계의 외림프에 전달된다.

7. 고실계의 외림프 진동은 내창으로 전달되어 감쇠된다.

1975)에서 발췌하였다.

청력에 있어 중이의 주된 기능은 소리 에너지를 외이에서 내이로 전달해 주는 것이다. 고막이 진동하면서 추골로 그 움직임이 전달된다. 이소골 체계에서 뼈는 서로 연결되어 있으므로 추골의 움직임은 침골과 난원창에 있는 등골로 전달된다.

등골이 앞뒤로 요동하며 움직임에 따라 진동이 난원창을 통해 내이로 전달된다. 이에 따라 고막의 기계적인 운동은 효과적으로 중이를 통해 내이의 유체로 전달된다.

귀의 소리 전달 시스템은 소리를 2가지 주요 기제를 통하여 증폭한다. 먼저, 등골저의 표면에 비해 상대적으로 넓은 고막의 표면은 유압 효과를 만들어 낸다. 고막의 면적은 난원창의 면적보다 25배 크다. 고막에서 수집된 모든 음압은 이소골 시스템을 통해 전달되며 난원창의 작은 부분으로 모인다. 이 과정에서 압력이 상당히 증가하게 된다.

이소골 체계 내 뼈는 지렛대처럼 움직이도록 배열되어 있다. 긴 쪽은 고막에 가깝고, 짧은 쪽은 난원창 쪽으로 향해 있다. 뼈가 만나는 지점에 받침점이 위치해 있다. 지렛대의 긴 쪽에 조그마한 압력이 생기면 짧은 쪽에 훨씬 더 강한 압력이 생성된다. 긴 쪽은 고막에 붙어 있고 짧은 쪽은 난원창에 붙어 있으므로 이소골 시스템은 음압의 증폭 역할을 하게 되는 것이다. 전체 소리 전달 기제의 증폭비는 22 : 1 정도이다.

내이 기관은 균형 수용기이자 청각 수용기이다. 청각 수용기는 중심축으로부터 두 바퀴 반 감싸져 마치 달팽이처럼 생긴 뼈인 **달팽이관**(cochlea)에 위치하고 있다(그림 15-9). 달팽이관의 교차 부분(그림 15-11)은 **전정계**(scala vestibuli), **중계**(scala media), **고실계**(scala tympani)로 구분되어 있다. 전정계와 고실계는 달팽이관 정점에서 연결되어 있으며 외림프액으로 채워져 있다. 청각 기관

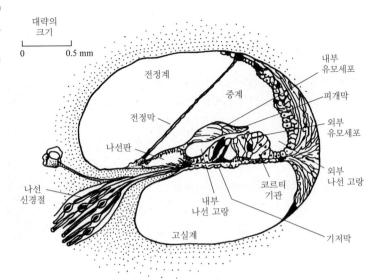

인 **코르티 기관**(organ of Corti)은 중계에 위치하고 있다. 중계는 림프라는 다른 유체로 채워져 있으며, 코르티 기관은 내림프에 잠겨 있다.

중계는 삼각형 모양의 기관으로 약 34 mm 길이를 가지고 있다. 그림 15-11에서 알 수 있듯이, **기저막**(basilar membrane)으로부터 자란 세포가 있다. 한쪽 끝에는 모다발(유모세포)이 자라 있으며 다른 한쪽에는 청각 신경이 붙어 있다. 젤라틴 막(**피개막**(tectorial membrane))은 유모세포 위로 뻗어 있으며 **나선판**(limbus spiralis)에 붙어 있다. 유모세포는 피개막에 덮여 있다.

등골에 의한 난원창의 진동은 전정계, 중계, 고실계의 유체가 파도 같은 움직임을 생성하도록 한다. 기저막의 움직임과 피개막의 움직임이 반대 방향으로 일어나면서 모세포의 삭모 움직임(shearing motion)을 만들어 낸다. 모세포를 끌어당기는 움직임은 뇌로 연결되는 청각 신경에 전기적인 충격을 준다.

난원창과 내창 부근의 신경 말단은 높은 주파수에 민감한 반면, 달팽이관 정점 부근에 위치한 말단은 낮은 주파수에 민감하다.

정상적인 듣기 능력

주파수 범위와 민감도. 청력적으로 건강하고 젊은 성인 남성은 20~16,000 Hz 주파수 사이의 음파를 잘 듣는다. 어린이나 젊은 여성은 20,000 Hz의 주파수까지 들을 수 있는 경우도 많다. 보통 우리가 말을 할 때는 500~2,000 Hz 사이의 주파수가 발생한다. 우리의 귀는 2,000~5,000 Hz에서 가장 민감하며, 이 주파수에서 인식 가능한 가장 작은 음압은 20 μPa이다.

공기 중 1,000 Hz에서 20 μPa의 음압은 공기 분자를 1.0 nm 이동시키는 수준에 해당한다. 한편, 공기 분자의 열운동은 약 1 μPa의 음압에 해당한다. 만약 귀가 더 섬세했다면, 당신은 해변에 치는 파도처럼 당신의 귀에 공기 분자가 부딪히는 소리를 들을 수 있었을 지도 모른다.

크기. 음압은 같지만 주파수는 다른 두 소리는 서로 상이한 크기 레벨을 가지고 있다. 크기 레벨이란 심리음향적인 값이다.

1935년 플레처(Fletcher)와 먼슨(Munson)은 주파수와 소리 크기에 대한 일련의 실험을 진행하였다. 실험 대상자들에게 기준 음과 실험용 음 2가지를 제시한 후, 실험용 음의 크기를 조절하여 기준 음의 크기와 같아지도록 만들라고 요구하였다. 실험 결과는 데시벨로 나타낸 음압과 실험용 음의 주파수와의 상관관계를 나타내는 곡선으로 나타내었는데, 이 곡선을 **플레처-먼슨 컨투어**(Fletcher-Munson contour) 혹은 **등감곡선**(equal loudness contour)이라 부른다. 기준 음은 1,000 Hz이다. 각 등감곡선이 나타내는 값은 데시벨로 나타낸 기준 음의 음압값이며, 이 단위를 **폰**(phon)이라 부른다. 등감곡선의 가장 낮은 부분(점선)은 "청각의 임계점"을 나타낸다. 실제 임계점은 정상적인 청각을 가진 일반인별로 ±10 dB 정도의 차이를 보일 수 있다.

청력 검사. 청력 검사는 **청력계**(audiometer)라는 기계를 통하여 측정된다. 기본적으로 청력계는 다양한 음압을 가지는 순수 음조를 만들어서 이어폰으로 내보내는 장치이다. **청력도**(audiogram)를 그릴 수 있는 청력계는 **청력한계수준**(hearing threshold level, HTL) 척도라 불리는 청감역보정회로(weighting network)를 가지고 있다.

청력한계수준 척도는 0 dB이 젊은 일반인의 귀에 겨우 들릴 만한 수준이 되도록 순수 음의 크기를 주파수별로 조정한 것이다. ASA-1951과 ANSI-1969 2가지 표준이 사용되고 있는데, ANSI 기준값은 그림 15-12에 표시되어 있다. 이때 플레처-먼슨 컨투어와의 유사점에 주목하라. 개인의 청력 검사를 위해 준비된 초기 청력도를 **기준 청력한계수준**(baseline HTL) 또는 줄여서 청력한계수준이라 불린다.

그림 15-13의 청력도는 훌륭한 수준의 청각 응답을 보여준다. 일반인의 평균 응답은 "0" dB값에서 ±10 dB 범위에 있다. 청력도에 나타난 것처럼 이 실험은 ANSI-1969 청감역보정회로로 진행되었다.

지금까지의 논의에서 일반적인 청력을 말할 때 '젊은'이라는 말을 강조해 왔다. 이는 청력의 감퇴가 나이가 들면서 '**노인성 난청**(presbycusis)'이라는 청력 손상의 형태로 발생하기 때문이다.

청각장애

원리. 강력한 폭발음에 의한 고막 파열을 제외하고는 외이와 중이는 소음에 의해서 거의 손상을 입지 않는다. 대부분의 경우, 청각장애는 유모세포의 손상과 같은 신경 손상의 결과이다(그림 15-14). 소음에 의한 손상과 관련해서는 다음 2가지 이론이 제시되고 있다. 첫 번째는 과도한 전단력(shearing force)에 의해서 유모세포가 기계적인 손상을 입는다는 이론이고, 두 번째는 강력한 소

그림 15-12

청력한계수준에 대한 ANSI 기준값

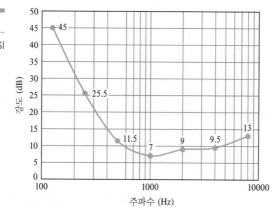

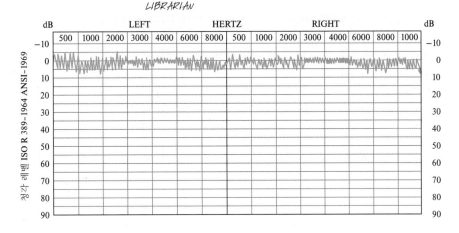

그림 15-13

우수한 청력 반응을 보여주는 청력도

그림 15-14

다양한 유모세포 손상 정도 (출처: U.S. Environmental Protection Agency, 1974.)

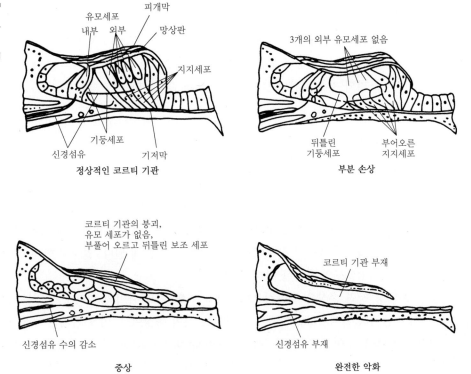

음 자극이 유모세포의 신진대사 활동을 크게 높이면서 결국에는 세포가 죽음에 이른다는 이론이다. 한 번 손상된 유모세포는 재생되지 않는다.

측정. 청력 손상 가능성이 있는 사람의 코르티 기관을 직접 관찰하는 것은 불가능하기 때문에, 청력 손상은 청력한계수준의 변화로써 추론한다. 새로운 청력한계수준에 도달하기 위해 필요한 음압의 증가량을 **한계이동**(threshold shift)이라 부른다. 물론 모든 한계이동의 측정은 소음에 노출되기 전 기준 청력도에 따라 달라진다.

청력 손상은 일시적이거나 영구적일 수 있다. 소음이 유발하는 손상은 나이(노인성 난청), 약물, 질병, 두부 충격 등으로 인한 손상으로부터 구분되어 분석되어야 한다. **일시적 한계이동**(temporary threshold shift, TTS)은 소음 자극을 제거하면 점진적으로 기준 청력 한계로 회귀한다는 점에서 **영구적 한계이동**(permanent threshold shift, PTS)과 구분된다.

한계이동에 영향을 미치는 요소. 일시적 혹은 영구적 한계이동을 일으키는 주요 인자는 다음과 같다(NIOSH, 1972).

1. **소리 크기.** 일반 사람이 일시적 한계이동을 경험하려면 소리 크기가 60~80 dBA를 넘어야 한다.
2. **소리의 주파수 분포.** 어음(語音) 주파수에 거의 모든 에너지를 포함하고 있는 소리는 어음(語音) 주파수보다 낮은 영역에 대부분의 에너지를 가지고 있는 소리 유형보다 한계이동을 더 잘 일으킨다.
3. **소리의 지속 시간.** 소리가 더 오래 날수록 이동량이 커진다.
4. **소리 노출의 시간적 분포.** 소음과 소음 사이에 조용한 구간의 길이와 횟수가 이동에 영향을 미친다.
5. **개인별 내성의 차이.** 개인마다 소음에 대한 내성은 크게 차이가 난다.
6. **소리의 종류(정상상태 소음, 간헐적 소음, 충격적 소음).** 소리의 최대 순간 음압에 대한 내성은 소리의 지속 시간이 늘어날수록 크게 줄어든다.

일시적 한계이동. 일시적 한계이동(TTS)은 이명, 청력의 일시적 약화, 혹은 귀의 불편함을 수반한다. 일시적 한계이동은 대부분 노출 2시간 내에 발생한다. 일시적 한계이동 시작 후 한두 시간 내에 기준 청력한계수준으로의 회복이 시작되어, 노출 후 16~24시간 내에 대부분 회복된다.

영구적 한계이동. 일시적 한계이동과 영구적 한계이동(PTS) 사이에는 직접적인 연관이 있는 것으로 보인다. 노출 발생 후 2~8시간 내에 일시적 한계이동이 발생하지 않는 수준의 소음은 이 시간 이후로 지속되어도 영구적 한계이동 역시 발생하지 않게 된다. 일시적 한계이동의 청력도는 영구적 한계이동의 청력도와 유사한 형태를 보인다.

소음성 청력 손상은 일반적으로 3,000~6,000 Hz 사이의 주파수에 있는 청력한계곡선에 국지적이고 급격한 골짜기(dip) 형태로 나타나는 것이 특징이다. 이 골짜기는 보통 4,000 Hz에서 발생하며(그림 15-15), 이를 **고주파수 노치**(high-frequency notch)라 부른다. 연속적 소음 노출 상황에서 일시적 한계이동에서 영구적 한계이동으로 발전하는 과정은 규칙적인 양상을 보인다. 우선, 고주파수 노치가 양방향으로 커지면서 퍼진다. 상당한 손상이 3,000 Hz 이상에서 발생할 수 있지만, 듣는 것에는 아무런 차이를 느끼지 못한다. 사실 사람은 어음(語音) 주파수인 500~2,000 Hz 사이에서 청력한계수준이 ANSI-1969 기준으로 평균 25 dB 증가하기 전까지는 청력 손상을 알아채지 못한다. 소음이 유발하는 영구적 손상은 매우 느리게 서서히 발생하기 때문에 노출된 개인은 이를 자각하기 어렵다. 소음 노출에 의한 완전한 청력 손실은 아직 관찰되지 않았다.

청각적 외상. 외이와 중이는 강한 소리에 거의 손상되지 않는다. 그러나 폭발적인 소리는 고막과 이소골 시스템을 파열시킬 수 있다. 매우 강한 소리에 짧게 노출되면서 발생하는 영구적 청력 손상

그림 15-15

고주파수 노치에서의 청력 손실을 보여주는 청력도

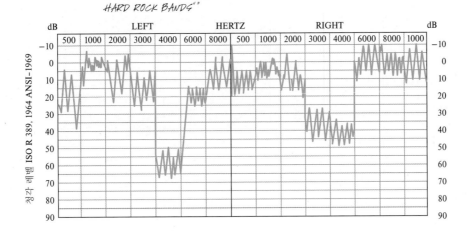

을 **청각적 외상**(acoustic trauma)이라고 부른다(Davis, 1958). 청각적 외상은 외이와 중이의 손상을 동반하거나 동반하지 않을 수 있다.

보호 기제. 그 정도나 기제는 명확하지 않지만 중이의 구조는 내이의 민감한 감지 기관에 보호 작용을 하는 것으로 보인다(Davis, 1957). 보호 기제 중 하나는 등골의 진동 모드를 바꾸는 것이다. 앞서 언급한 대로 중이의 근육은 큰 소리에 반응해 수축함으로써 통상적인 상황보다 증폭 비용을 낮춘다. 이로 인한 변화량은 약 5~10 dB 수준에 해당한다. 그러나 근육뼈 구조의 반응 시간은 약 10 ms 내외이다. 따라서 보호 작용은 충격적 소음의 특징인 급격한 소리 변화에는 크게 효과가 없다.

손상–위험 기준

손상–위험 기준(damage-risk criteria)은 한 사람이 청력 손상을 피하는 선에서 노출될 수 있는 최대 수준을 가리킨다. 미국 안과이비인후과협회(American Academy of Ophthalmology and Otolaryngology)는 500, 1,000, 2,000 Hz에서 청력한계수준이 25 dB 이상(ANSI-1969)일 때 **청력 손상**(hearing impairment)이라 정의했는데, 이를 **낮은 경계점**(low fence)이라 부른다. 청력한계수준이 평균 92 dB를 넘을 시에는 **완전 손상**(total impairment)이라 부른다. ANSI의 낮은 경계점을 설정할 때에는 노인성 난청도 포함된다. 위 2가지 기준은 거의 모든 근로자가 반복되어 노출되어도 일상 대화에 필요한 청력에 손상 없는 환경을 제공하기 위하여 설정되었다.

연속적 혹은 간헐적 노출. 미국 국립산업안전보건연구원(National Institute for Occupational Safety and Health, NIOSH)은 노동자들이 그림 15-16의 선 B에서 설정된 한계점을 넘는 근로 소음에 노출되지 않도록 권고한다. 여기에 더해 NIOSH는 신설되는 작업장에서 근로자가 그림 15-16의 선 A 한계점 아래의 소음에만 노출되도록 권고한다. 1969년 노동자 보호를 위해 제정된 월시-힐리(Walsh-Healey) 법안은 선 A 기준에 상응하는 손상–위험 기준을 사용하고 있다.

그림 15-16

지속적 또는 간헐적 소음 노출에 대한 NIOSH 직업 소음 노출 제한

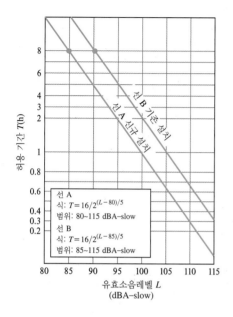

선 A
식: $T = 16/2^{(L-80)/5}$
범위: 80~115 dBA–slow
선 B
식: $T = 16/2^{(L-85)/5}$
범위: 85~115 dBA–slow

그림 15-17

소리 레벨과 거리의 함수로서 대화의 질 (출처: U.S. Environmental Protection Agency, 1971.)

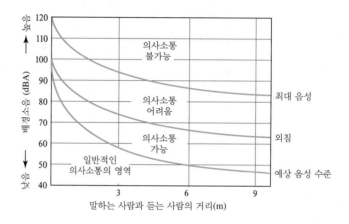

어음(語音) 방해

알다시피 소음은 우리의 의사소통을 방해한다. 손상을 일으킬 정도로 강도가 높지는 않은 소음일지라도 의사소통을 방해할 수 있다. **차단**(masking) 효과라 불리는 어음(語音) 방해는 발화자와 청자 간 거리 그리고 어음의 주파수 요소의 복잡한 작용으로 나타난다. 다양한 배경소음 수준에 따른 소통의 어려움을 나타내기 위한 수단으로 어음 방해 정도(speech interference level, SIL)라는 지표가 만들어졌다. 대화의 질은 그림 15-17과 같이 dBA 단위의 배경소음 크기에 따른 함수로 나타낼 수 있다.

예제 15-5 조용한 구역에 있는 발화자가 6.0 m 떨어진 곳에서 4.5 Mg 트럭을 운전 중인 청자에게 말하는 상황을 고찰하시오. 트럭 운전석의 소음 수준은 73 dBA이다.

풀이 그림 15-17을 보면, 말하는 사람은 매우 크게 소리쳐야 할 것이다. 만약 말하는 사람이 1.0 m 이내의 거리로 이동한다면, 통상적으로 시끄러운 환경에서 무의식적으로 높아지는 목소리 정도로 말해도 될 것이다.

거실이나 교실에서 자주 접할 수 있는 거리(4.5~6.0 m)에서 보통처럼 대화를 하려면 배경소음 수준이 50 dB 이하여야 한다.

불쾌감

소음을 경험한 결과로 불쾌감(annoyance)이 나타난다. 이러한 불쾌감은 특정 소리의 불쾌한 속성, 소음에 의한 활동 방해, 소음에 의한 심리적 반작용, 소음에 담겨 전달된 메세지에 의한 것이다 (Miller, 1971). 예를 들어, 밤에 들리는 소음은 낮에 들리는 소음보다 더 불쾌하며, 크기가 변동하는 소음은 크기가 일정한 소음보다 더 불쾌하다. 또한 우리가 이미 싫어하는 소리와 유사하거나 우리를 위협하는 소음은 특히 불쾌하다. 배려가 결여되었거나 오래 지속될 것 같은 소음은 일시적이거나 어쩔 수 없이 가해진 소음보다 더 불쾌하다. 발생원이 눈에 보이는 소음은 보이지 않는 소음보다 더 불쾌하다. 새로운 소음은 조금 덜 불쾌하며, 지역의 정치적인 이슈와 연관된 소음은 특별히 불쾌감이 높거나 낮다(May, 1978).

소음에 의한 불쾌감의 정도나 불쾌감이 불만 제기, 생산 저하, 소음에 대한 대응 행위로 이어지는지의 여부는 여러 요소에 달려 있다. 몇 가지 요소는 이미 규명되어 있으며, 그들의 상대적인 중요성 역시 평가되어 있다. 항공기 소음에 대한 반응은 가장 많은 관심을 받은 분야이다. 그러나 도로 교통수단이나 산업, 여가 활동으로부터 발생하는 소음에 대한 반응에 대해서는 정보가 적다 (Miller, 1971). 오늘날 많은 소음 평가 혹은 예측 시스템은 불쾌감 유발 정도를 예측하기 위하여 개발되었다.

음속 폭음. 불쾌감 유발과 관련된 소음 연구의 특수한 분야 중 하나로 **음속 폭음**(sonic booms)이 있다.

초음속으로 움직이는 항공기나 다른 물체의 주변 공기 흐름은 **충격파**(shock wave)라 불리는 공기의 끊김이 존재한다는 특징을 가진다. 이는 공기가 관통할 수 없는 물체가 공기에 갑자기 부딪히면서 생기는 결과이다. 초음속 미만의 속도에서는 물체의 앞단이 도착하기 전에 공기는 외향류(outward flow)를 시작한다. 그러나 초음속에서는 항공기 앞단의 공기에 갑작스러운 충격이 가해져 그림 15-18과 같이 대기압보다 높은 수준의 과잉 압력을 받는 부분을 만들게 된다. 과잉 압력을 받는 이 부분은 음속을 따라 바깥쪽으로 퍼지면서 기류의 방향을 바꿔버리는 **선수파**(bow wave)라

그림 15-18

초음속 비행으로 생성된 선수파와 파미로 인한 음속 폭음

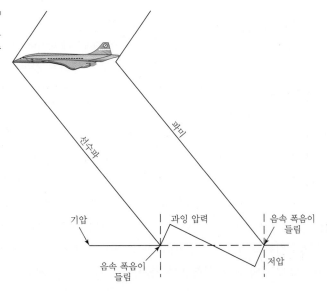

는 원뿔 모양의 음파를 만든다. 두 번째 음파는 **파미**(tail wave)로, 말 그대로 항공기의 말단에서 발생하며 보통 기압보다 낮은 부분을 형성하게 된다. 저기압 현상으로 인한 공기 끊김은 항공기 기체 후미의 공기가 옆으로 흐르도록 한다.

선수파와 파미가 관찰자에게 도달하면서 관찰자는 기압 변화를 경험한다. 이러한 기압의 차이는 폭발적인 소리를 느끼도록 한다(Minnix, 1978). 이 기압파, 즉 음속 폭음은 항공기의 속도가 음속을 넘어설 때만 발생하는 것이 아니라 항공기가 초음속으로 비행하는 동안 계속 발생하게 된다.

소음의 절대적인 크기와 자극적인 소리 특성에 의한 각성 효과는 우리를 매우 불쾌하게 한다. 우리는 이러한 소음에 절대 익숙해질 수 없을 것이다. 초음속으로 비행하는 상업용 항공기는 미국 상공에서 금지되어 있으며 군사용 목적의 초음속 비행 역시 저밀도 인구 지역으로 제한된다.

수면 방해

수면 방해는 연구계의 큰 관심을 받는 불쾌감 유발의 특수한 분야이다(Miller, 1971). 우리 중 대부분은 익숙하지 않은 무섭고 큰 소리로 인해 잠에 들지 못하거나 잠에서 깬 적이 있을 것이다. 알람 소리에 깨는 것이 일반적이지만, 알람 소리에 익숙해질 경우 듣지 못하고 계속 자기도 한다. 환경적인 소리는 익숙하지 않을 때에만 수면을 방해하는 것으로 보인다. 그렇다면, 수면 방해는 비정상적이거나 새로운 소리의 주파수에서만 발생한다고 할 수 있다. 일상적인 경험은 오히려 소리가 수면을 도울 수도 있고, 잠이 든 상태를 유지하도록 할 수도 있다는 것을 보여준다. 부드러운 자장가나 선풍기의 일정한 소리 혹은 파도의 일정한 리듬은 안정을 느끼도록 해준다. 일정한 정상상태의 소리는 일시적인 소음을 막아 주기도 한다.

수면 방해에 대한 또 다른 예시는 논의를 더욱 복잡하게 한다. 시골 사람은 시끄러운 도시에서 잠을 잘 자지 못하며 도시 사람은 시골에서 잘 때의 조용함을 견디지 못한다. 부모가 아이의 작은 소리에는 깨지만, 천둥 속에서는 잘 자는 것은 무슨 이유인가? 이러한 경우들은 소음에 대한 노출과 수면의 질 간의 관계가 복잡함을 보여준다.

연구는 조용한 환경에서 자고 있는 개인이 3분 이내의 비교적 짧은 소음에 노출된 경우에 대해 가장 많이 이루어졌다. 일반적으로 소음의 발생은 수면 5~7시간 동안 넓은 간격으로 퍼져있다. 이러한 연구 관찰 사례가 그림 15-19에 제시되어 있다. 그림에서의 파선은 잠에서 깨어난 비율을 나타내는 가상의 선이다. 실험은 조용한 수면 환경의 실험실에 익숙해지도록 며칠간 적응을 거친 젊은 성인 남성을 대상으로 진행되었다. 실험 대상자는 잠에서 깨면 가까이에 위치된 버튼을 누르도록 지시받았고, 소음에 반응하고 깨어있도록 하는 적당한 수준의 동기를 갖게 하였다.

실험 대상자들은 의식이 있고, 정신이 맑아 주의를 기울이는 상태일 때 감지할 있는 소음의 수준보다, 얕은 수면 상태일 때에는 30~40 dB 정도 더 높은 소음에서 잠에서 깰 수 있었고, 깊은 수면 상태일 때에는 50~60 dB 정도 더 높은 소음에서만 깰 수 있었다.

그림 15-19의 실선은 공항 부근 거주 주민의 설문 응답으로부터 도출한 데이터를 보여준다. 저공비행이 잠을 깨우거나 잠들지 못하게 한다고 대답한 응답자의 비율을 비행의 소음 레벨별로 나타내고 있다. 이 곡선은 6~8시간의 일반적인 수면 시간에 걸쳐 약 30번의 비행 횟수 사례를 기준으로 한다. 채워진 원은 3분의 소음에 의해 잠에서 깨는 사람의 비율을 나타낸 것이다. 이 곡선은 각자의 침실에서 수면을 취하는 350명의 실험 대상자를 관찰한 것을 기반으로 한 것이다. 측정은 오전 2~7시에 이루어졌으며, 거의 모든 실험 대상자가 얕은 수면에서 깼다고 가정하는 것이 합리

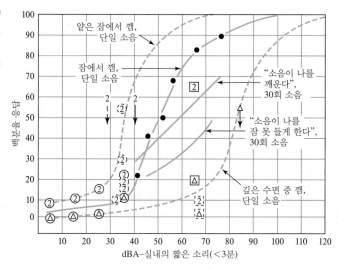

그림 15–19

짧은 소음이 수면에 미치는 영향 (출처: U.S. Environmental Protection Agency, 1971.)

적임을 보여준다.

업무력 저하

어음(語音) 혹은 어음을 포함하지 않는 청각 신호를 사용하는 업무에서 신호를 인지하는 것을 방해하거나 막을 만한 모든 강도의 소음은 업무 수행에 영향을 미친다.

정신적이거나 기계적인 업무는 청각 신호를 포함하지 않으므로 소음의 업무 수행에 대한 영향을 평가하기 어렵다. 인간의 행동은 복잡하기 때문에 여러 종류의 소음이 여러 종류의 과업을 수행하는 개인에게 어떤 영향을 미칠지 정확하게 알아내기는 매우 어렵다. 그럼에도 불구하고 우리는 다음과 같은 일반적 결론을 얻을 수 있다. 의미 없는 일정한 소음은 90 dBA를 넘지 않는 한 인간의 수행 능력에 영향을 미치지 않는다. 그러나 불규칙적인(거슬리는) 소음은 일정한 소음에 비해 지장을 준다. 이러한 소음은 90 dBA 이하여도 업무 수행에 방해가 된다. 또한 1,000~2,000 Hz가 넘는 고주파수 소음 요소는 저주파수 소음 요소보다 업무 수행에 더 큰 영향을 미친다. 소음은 전반적인 업무 속도에는 영향을 주지 않지만 큰 소음은 업무 속도의 변동성을 높인다. 소음으로 인해 업무가 중단된 후에는 보상 작용으로 업무 속도가 일시적으로 증가할 수 있다. 소음은 일의 총량을 줄이기보다는 일의 정확도를 낮출 가능성이 높다. 복잡한 일은 단순한 일보다 소음에 더 크게 영향을 받게 된다.

소리의 사생활

사생활이 보장되지 않으면, 모든 사람은 복잡한 사회 규범에 매우 철저히 따르도록 강요받거나 자포자기 식의 태도를 가지게 될 것이다. 사생활 보장은 이 극단적인 두 상황을 피하도록 해준다. 특히 소리에 있어서 사생활 보장이 되지 않으면, 우리는 앞서 언급된 모든 소음에 영향을 받을 뿐 아니라, 개인의 행위가 다른 사람을 방해하게 되기 때문에 개인의 행위에도 큰 제약을 받게 될 것이다. 소리의 사생활(acoustic privacy)이 보장되지 않으면, 소리는 전화를 잘못 거는 것처럼 잘못된 곳에 전달된다. 이 행위는 받는 사람과 거는 사람 모두에게 방해를 끼친다.

15-3 평가 시스템

소음 평가 시스템의 목적

이상적인 소음 평가 시스템은 소음 측정기나 분석기로 측정한 소음의 결과를 간결하면서도 의미있게 요약할 수 있어야 한다. 소리의 크기와 불쾌감 유발에 관한 이전의 내용에서 우리가 소음에 반응하는 것이 소리 주파수에 의해 결정된다는 것을 배웠으며, 소음의 종류(연속적, 간헐적, 충격적 소음)와 발생 시간(주간보다 야간에 발생한 소음이 더 부정적)이 불쾌감 유발의 중요한 요소임을 알 수 있었다.

그러므로 이상적인 시스템은 주파수를 반드시 고려해야 하며, 주간과 야간 소음을 구분해야 한다. 마지막으로, 여러 차례에 걸친 소음 노출을 축적하여 나타낼 수 있어야 한다. 통계적인 시스템은 이러한 요구사항을 충족시킬 수 있다.

통계적인 평가 시스템이 가진 현실적인 어려움은 각 측정 위치마다 대량의 매개변수가 생긴다는 점이다. 어떤 구역을 대표하려면 이러한 변수의 개수가 더욱 커야 한다. 이렇게 많은 변수가 규제에 효과적으로 활용되기는 거의 불가능하다. 따라서 소음 노출에 대한 하나의 측정치를 정의하기 위해서 상당한 노력이 이루어졌다. 현재 사용되는 3가지 시스템은 다음과 같다.

L_N 개념

매개변수 L_N은 특정 소리를 얼마나 자주 초과하였는지를 보여주는 통계치이다. 예를 들어, $L_{30} = 67$ dBA이라면 우리는 측정 시간의 30% 동안 67 dBA를 넘었다는 것을 알 수 있다. $N = 1\%, 2\%, 3\%, \cdots$일 때 N에 대한 L_N의 구성은 그림 15-20처럼 누적 분포 곡선을 보이게 된다.

누적 분포 곡선과 연관된 것은 확률 분포 곡선이다. 이는 소음 수준이 특정 구간에 얼마나 자주 속하는지를 보여준다. 그림 15-21에서 우리는 전체 시간의 35% 동안 65~67 dBA 수준의 소음이 발생했고, 15% 동안 67~69 dBA 수준의 소음이 발생했다는 것을 알 수 있다. 이 도표와 L_N의 관계는 매우 간단하다. 오른쪽에서 왼쪽으로 연속 계급 구간에서의 각 비율을 더하면 상응하는 L_N을 얻을 수 있다. 예를 들어, 오른쪽 4개 구간의 비율 1%, 2%, 12%, 15%를 모두 더하면 30%로 L_{30}이 되

그림 15-20

누적 분포 곡선

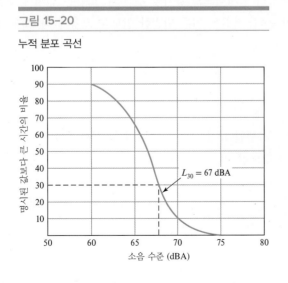

그림 15-21

확률 분포도

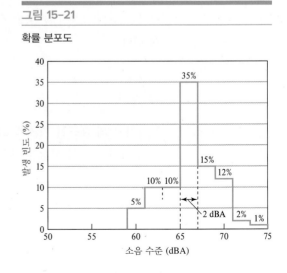

며, 이 중 가장 왼쪽 구간의 하한선의 소음값은 67 dBA이므로 아래 식과 같이 된다.

$$L(1+2+12+15) = 67 \text{ dBA}$$

L$_{eq}$ 개념

등가연속등에너지 수준(equivalent continuous equal energy level; L_{eq})은 모든 변동하는 소음 수준에 적용될 수 있다. 이는 주어진 시간 동안 변동하는 소음과 같은 양의 에너지를 가지는 일정한 소음을 의미하며, 다음과 같이 계산할 수 있다.

$$L_{eq} = 10 \log \frac{1}{t} \int_o^t 10^{L(t)/10} dt \qquad (15\text{--}14)$$

여기서 $t = L_{eq}$를 계산하는 시간 구간

$L(t) =$ 변동하는 소음 수준(dBA)

일반적으로 $L(t)$와 시간 사이에 특정한 관계가 성립하지 않으므로 시간 간격별로 $L(t)$를 측정하여 사용해야 한다. 이를 반영하여 식을 수정하면 다음과 같다.

$$L_{eq} = 10 \log \sum_{i=1}^{i=n} 10^{L_i/10} t_i \qquad (15\text{--}15)$$

여기서 $n =$ 총 샘플 개수

$L_i = i$번째 샘플의 소음 수준(dBA)

$t_i =$ 전체 샘플 시간 중 차지하는 분율

예제 15-6 10분간 90 dBA의 소음이 발생하고, 연이어 30분간 70 dBA의 소음이 발생하는 경우를 생각해 보자. 40분간의 등가연속등에너지 수준은 얼마인가? 소음 측정 간격은 5분으로 가정한다.

풀이 소음 측정 간격이 5분이라면, 총측정값은 8개이며, 전체 측정 시간에서 각 측정값이 차지하는 비율은 $1/8 = 0.125$이다. 이를 바탕으로 합을 다음과 같이 구할 수 있다.

$$\sum_{t=1}^{2} = (10^{90/10})(0.250) + (10^{70/10})(0.750)$$

$$= (2.50 \times 10^8) + (7.50 \times 10^6) = 2.58 \times 10^8$$

최종적으로 다음과 같이 로그를 취하면 답을 얻을 수 있다.

$$L_{eq} = 10 \log(2.58 \times 10^8) = 84.11 \text{ 또는 } 84 \text{ dBA}$$

L_{eq}의 계산 예시는 그림 15-22에 그림으로 나타나 있다. 이로부터 가끔 발생하는 높은 소음 수준에 큰 가중치가 주어짐을 알 수 있다.

등가연속등에너지 수준은 1965년 독일에서 공항 부근 주민에게 미치는 항공기 소음의 영향을 측정하기 위하여 고안된 특정 등급 기준으로 개발되었다(Burck et al., 1965). 이 개념은 호주의 주

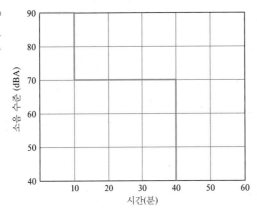

그림 15-22

예제 15-6에 주어진 등가연속
등에너지 수준 계산 그림

택 지역이나 교실에서 거리 교통 소음의 효과를 측정하기 위한 수단으로 적합하였다. 또한 길거리나 도로 교통, 철도 교통, 운하, 수상 교통, 항공기, 산업 생산 설비(개별 기계 포함), 경기장, 놀이터 같은 곳에서 발생하는 모든 종류의 변동하는 소음의 주관적인 효과를 평가하기 위한 목적으로 독일에서 국가 테스트 표준에 포함되었다.

L$_{dn}$ 개념

L_{dn}은 24시간 동안 L_{eq}를 평가하면서, 야간에는 10 dBA의 "페널티"를 부과한 개념이다. 따라서 주간-야간의 평균(day-night average)이라는 의미로 "eq" 대신 "dn"이라는 기호를 붙였다. 항공기 소음에 적용할 때 L_{dn}은 DNL로 표기되기도 한다. 야간 시간은 오후 10시부터 오전 7시를 의미한다. L_{dn}은 시간 단위를 1초로 정의하고, L_{eq}식으로부터 유도한 식으로 구한다. L_{dn}이 계산되는 시간이 24시간이므로 총시간은 86,400초가 된다. 따라서 식 15-15는 아래와 같이 바꾸어 쓸 수 있다.

$$L_{dn} = 10 \log \left[\frac{1}{86,400} \sum 10^{L_i/10} t_i + \sum 10^{(L_j+10)/10} t_i \right] \tag{15-16}$$

10 log(86,400)=49.4이므로 주간-야간 평균 소음 수준은 다음과 같이 바꾸어 쓸 수 있다.

$$L_{dn} = 10 \log \left[\sum 10^{L_i/10} t_i + \sum 10^{(L_j+10)/10} t_i \right] - 49.4 \tag{15-17}$$

15-4 지역 사회 소음원과 기준

우리의 목적은 모든 지역 사회의 소음 요인이 가진 특성을 자세히 논의하는 것에 있지 않기 때문에 여기에 모든 소음 기준을 열거해 놓지는 않았다. 이보다는 특정 예시를 골라 숫자의 범위와 크기에 대한 감을 제공하고자 한다.

교통 소음

항공기 소음.　대형 항공기(예: 보잉 747)가 발생시키는 음압 레벨은 착륙 시보다 이륙 시 더 높으며, 대부분의 다른 항공기도 그러하다. 터보젯이라는 작은 비행기를 제외하면, 소형 항공기의 음압 레벨이 더 낮다.

그림 15-23

항공기 소음 노출과 불쾌감의 관계

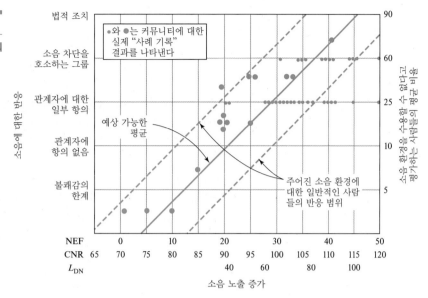

항공기 운항의 불쾌감 유발 기준은 설문조사와 광범위한 현장 측정에 기반한다. 미국과 영국 9 곳의 공항에서 실시한 불쾌감 설문조사의 결과가 그림 15-23에 요약되어 있다. 앞서 언급했듯이, L_{dn}은 오후 10시부터 오전 7시까지로 정의된 야간 시간에 발생한 소음에 10 dB의 페널티를 부과한 24시간 L_{eq} 값이다.

고속도로 차량 소음. 대부분의 차량에서 배기 소음은 시속 약 55 km 미만일 때의 소음 발생이 주요인이다(그림 15-24). 타이어 소음은 일반 자동차보다 트럭이 심하지만, 시속 80 km 이상의 속도에서는 자동차 소음의 주요 원인이 된다. 물론 트럭보다는 덜 시끄럽지만 자동차는 주행 숫자가 많

그림 15-24

자동차의 일반적인 소음 스펙트럼

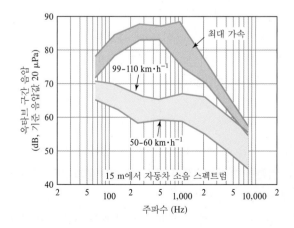

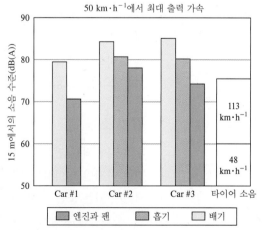

표 15-3 미국 연방 고속도로 관리국의 신규 건설을 위한 소음 기준

토지사용 범주	외부 설계 소음 수준(dBA)		토지사용 범주 설명
	L_{eq}	L_{10}	
A	57	60	고요함과 조용함이 특별히 중요하며 공공의 필요를 위한 지역으로 그 용도를 유지하는 데 고요함과 조용함이 필수적인 지역. 예를 들어, 고요함과 조용함이 특별히 요구되는 활동에 전용으로 사용되거나 해당 지역 공무원이 그 필요성을 인정하는 야외 극장, 특정 공원 또는 공원의 일부, 개방 공간.
B	67	70	주거, 모텔, 호텔, 공공 회의실, 학교, 교회, 도서관, 병원, 피크닉 구역, 레크리에이션 구역, 놀이터 활동적인 스포츠 구역 및 공원.
D	72	75	범주 A 및 B에 포함되지 않은 개발된 토지, 부동산 또는 활동.
D	제한없음	제한없음	미개발 토지
E	52 (내부)	55 (내부)	공공 회의실, 학교, 교회, 도서관, 병원 및 기타 공공 건물.

[a] L_{eq} 또는 L_{10} 중 하나를 사용할 수 있지만 둘 다 사용할 수는 없다. 레벨은 1시간 측정을 기반으로 한다.
출처: FHWA, 1973.

기 때문에 총소음에 대한 기여도가 크다.

디젤 트럭은 휘발유 트럭보다 8~10 dB 정도 더 시끄럽다. 80 km 이상에서 타이어 소음은 트럭 소음의 주요인이 된다. 크로스바 트레드(crossbar tread; 타이어 접지면 형상의 일종)가 가장 큰 소음을 유발한다.

오토바이 소음은 주행 속도에 크게 영향을 받는다. 소음의 주요 원인은 배기기관이다. 2행정기관 엔진과 4행정기관 엔진의 소음 스펙트럼은 상당히 다르다. 2행정기관 엔진은 좀 더 고주파수 영역에 에너지가 집중되어 있다.

미국 연방 고속도로 관리국(Federal Highway Administration, FHA)은 표 15-3의 신규 건설 소음 기준을 개발하였다. 이는 문제를 일으키지 않을 정도보다는 높지만 많은 고속도로에 존재하는 수준보다는 낮다.

기타 내연기관

주위에서 찾아보기 쉽고 주요 관심 대상이 되는 내연기관의 자료를 표 15-4에 소개하였다. 이러한 내연기관들은 도시 주거지의 평균 소음 수준을 높이는 데 중요한 요소는 아닌 경우가 많지만, 대부분 장비의 불쾌감 유발도가 높은 편으로 나타났다(U.S. EPA, 1971a). 내연기관 장비의 운전자가 참고할 수 있도록 8시간 소음 노출 수준이 정리되어 있다.

건설 소음

흔히 사용되는 건설 장비 19종의 소음 유발 범위가 그림 15-25에 소개되어 있다. 샘플이 제한적이기는 하지만 데이터는 상당히 정확한 편이다. 장비 간의 상호 작용과 장비가 사용되는 물질에 따라서 발생되는 소음 수준은 크게 달라진다.

불쾌감을 유발하는 건설 소음은 정량화하기 어렵지만, 아래와 같은 일반화가 가능하다.

표 15-4 내연기관의 소음 특성 요약

원인	A 회로로 보정한 소음 에너지[a] (kW · h · day⁻¹)	15.2 m에서의 일반적인 소음 레벨 (dBA)	8시간 노출 레벨[b] (dBA) 평균	8시간 노출 레벨[b] (dBA) 최대	일반적인 노출 시간 (h)
예초기	63	74	74	82	1.5
정원 트랙터	63	78	N/A	N/A	N/A
사슬톱	40	82	85	95	1
송풍식 제설기	40	84	61	75	1
잔디 깎는 가두리톱	16	78	67	75	0.5
모형 항공기	12	78	70[c]	79[c]	0.25
송풍식 낙엽 제거기	3.2	76	67	75	0.25
발전기	0.8	71	–	–	–
경운기	0.4	70	7	80	1

[a] 하루에 가동되는 총장치 수의 추정치 기준
[b] 상대적 청력 손상 위험 평가를 위한 동등한 수준
[c] 엔진 트리밍 작업 중
출처: U.S. EPA, 1971.

1. 교외 지역의 단일 주택 건축은 경계선에서의 8시간 L_{eq}가 70 dBA 한계를 넘을 시 간헐적인 불만을 일으킨다.

2. 교외 지역의 굴착이나 건설은 경계선에서의 8시간 L_{eq}가 85 dBA 한계를 넘을 시 법적 조치 (소송 등)를 받을 수 있다.

구역과 위치 설정

미 주택도시개발부(Department of Housing and Urban Development, HUD)는 표 15-5와 같이 신규 건설로 발생하는 주거지의 소음 노출 기준에 대한 가이드라인을 제시한다. 미 연방항공청(Federal Aviation Administration, FAA)도 토지 사용 호환성 목적으로 소음 수준을 제시한다. 구역과 위치 설정 시, 위 기준과 교통 소음(표 15-13)에서 앞서 언급된 기준을 적용할 경우, 불쾌감 유발과 불만을 줄일 수 있다.

표 15-5 신규 주거지 건설에 대한 HUD 소음 평가 기준

일반 외부 노출	평가
89 dBA, 하루에 60분 초과	허용되지 않음
75 dBA, 하루에 8시간 초과	
65 dBA, 하루에 8시간 초과	재량에 따라 결정: 일반적으로 허용되지 않음
현장에서 시끄럽게 반복되는 소리	
하루에 8시간 이상 65 dBA를 초과하지 않음	재량에 따라 결정: 일반적으로 허용
하루에 30분 이상 45 dBA를 초과하지 않음	허용

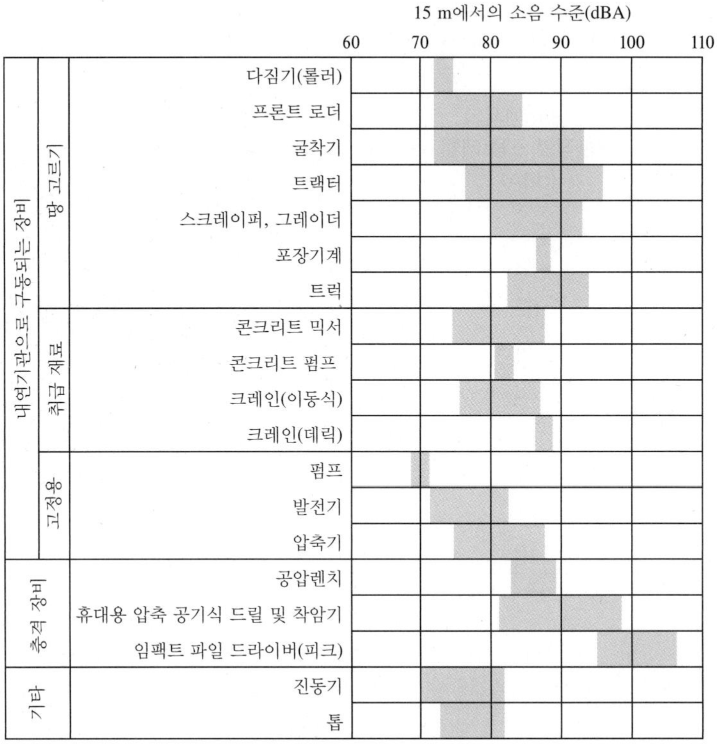

그림 15-25

다양한 유형의 건설 장비에서 발생하는 소음 수준의 범위(가용한 제한적 데이터 샘플을 기반으로 함) (출처: U.S. Environmental Protection Agency, 1972.)

15 m에서의 소음 수준(dBA)

60 70 80 90 100 110

분류		장비
내연기관으로 구동되는 장비	땅 고르기	다짐기(롤러)
		프론트 로더
		굴착기
		트랙터
		스크레이퍼, 그레이더
		포장기계
		트럭
	취급 재료	콘크리트 믹서
		콘크리트 펌프
		크레인(이동식)
		크레인(데릭)
	고정용	펌프
		발전기
		압축기
충격 장비		공압렌치
		휴대용 압축 공기식 드릴 및 착암기
		임팩트 파일 드라이버(피크)
기타		진동기
		톱

건강과 복지를 보호하기 위한 수준

의회 지시에 따라 미국 환경보호청(EPA)(이하 'EPA'라 지칭)은 미국 시민의 건강과 복지를 보호하기 위해 필수적으로 판단되는 소음 수준을 발표하였다(표 15-6)(U.S. EPA 1974). EPA는 주거 지역의 조용한 환경을 유지하는 것은 활동 방해와 불쾌감 유발을 막고 높은 소음에 노출되었을 때 청력 기관이 회복할 수 있도록 하는 측면에서 도시와 교외 지역 모두에서 중요하다고 선언하였다.

15-5 외부 소음의 전달

역제곱 법칙

지름이 δ인 구가 일정하게 수축과 팽창을 하면서 진동하는 경우에, 소리의 파동은 그 표면으로부터 일정하게 전파된다. 이 구가 반사가 없는 공간에 놓이고, $\kappa\delta^*$가 1보다 매우 작다면, 구에서부터 거리 r만큼 떨어진 어느 지점에서 측정한 소리의 세기는 거리 r의 제곱과 반비례한다. 즉,

$$I = \frac{W}{4\pi r^2} \tag{15-18}$$

여기서 I = 음세기(W · m^{-2})

W = 음향 출력(W)

이를 **역제곱 법칙**(inverse square law)이라 부르며, 파동의 발산에 의해 거리가 멀어지면서 음세기가 약해지는 것을 설명한다(그림 15-26). 도로나 철도 같은 선형 음원에서는 음세기가 줄어드는 것이

---

* $\kappa = 2\pi / \lambda$. 여기서 λ는 파형의 주기, κ는 길이의 역수 단위를 가짐.

표 15-6 적절한 안전율을 두고 공중보건 및 복지를 보호하기 위해 필요한 연간 에너지 평균 L_{eq}

측정	실내			실외		
	활동방해	청력 손실 고려	두 가지 효과로부터 더 보호하기 위해[b]	활동방해	청력 손실 고려	두 가지 효과로부터 더 보호하기 위해[b]
외부 공간이 있는 주거 또는 농장 거주						
L_{dn}	45		45	55		55
$L_{eq(24)}$		70			70	
외부 공간이 없는 주거						
L_{dn}	45		45			
$L_{eq(24)}$		70				
상업						
$L_{eq(24)}$	a	70	70[c]	a	70	70[c]
실내 교통						
$L_{eq(24)}$	a	70	a			
산업						
$L_{eq(24)}^{d}$	a	70	70[c]	a	70	70[c]
병원						
L_{dn}	45		45	55		55
$L_{eq(24)}$		70			70	
교육						
$L_{eq(24)}^{d}$	45		45	55		55
$L_{eq(24)}$		70			70	
레크리에이션 지역						
$L_{eq(24)}$	a		70[c]		70	70[c]
농지 및 일반 비인구 토지						
$L_{eq(24)}$			70[c]			70[c]

a 서로 다른 유형의 활동이 서로 다른 수준과 연관되어 있기 때문에 대화가 중요한 활동인 경우를 제외하고는 활동방해가 발생하지 않는 최대 레벨을 식별하는 것이 어려움.

b 보다 낮은 값 기준

c 오직 청력 손실만을 고려

d 하루 중 나머지 16시간 동안의 노출이 24시간 평균에 비해 무시할 수 있는 수준 만큼 충분히 낮으면(즉 L_{eq}가 60 dB보다 크지 않으면) 이 상황에서 $L_{eq(8)}$=75 dB을 사용할 수 있음.

참고: 청력 손실 고려 레벨 설명: 청력 손실을 식별하는 레벨을 식별하는 네 적용한 노출 기간은 40년이다.

출처: U.S. EPA, 1974.

그림 15-26

역제곱 법칙의 도식화

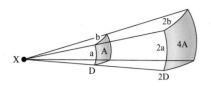

그림 15-27

소음원에서 반경 r을 따라 일어나는 음압 레벨 변화

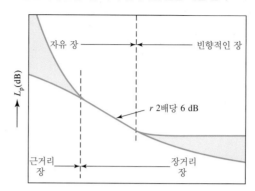

r^2이 아닌 r에 반비례한다. 따라서 우리는 음원으로부터 정해진 거리에서 음압을 측정하여 역제곱 법칙이나 거리의 역수와의 비례관계를 사용하여 다른 거리에서의 음압을 예측할 수 있다. 가령 역제곱 법칙을 통해 r_1의 거리에서 측정한 음압 L_{p1}을 이용하여 r_2 거리의 음압 L_{p2}를 다음 식과 같이 계산할 수 있다.

$$L_{p2} = L_{p1} - 10 \log\left(\frac{r_2}{r_1}\right)^2 \qquad\qquad \textbf{(15-19)}$$

유사하게, 선형 음원에 대해서 r_2 거리의 음압 L_{p2}를 아래와 같이 계산할 수 있다.

$$L_{p2} = L_{p1} - 10 \log\left(\frac{r_2}{r_1}\right) \qquad\qquad \textbf{(15-20)}$$

음원이 전파되는 장

소음원이 발생시키는 파동의 전파 특성은 음원으로부터의 거리에 따라 변화한다(그림 15-27). 음원에 가까운 **근거리 장**(near field)에서는 입자속도가 음압과 동위상(in phase)에 있지 않다. 즉, 이 구역에서 L_p는 거리가 증가함에 따라 요동하며 역제곱 법칙을 따르지 않는다. 입자속도와 음압이 동위상에 있는 경우 소리를 측정하는 위치는 **장거리 장**(far field)에 있다고 할 수 있다. 음원이 자유 공간에 있을 경우 반사 표면이 없으므로 장거리 장에서의 측정은 **자유 장**(free field) 측정이 된다. 음원이 철강 벽, 천장, 바닥 같이 소리의 반사가 매우 잘 되는 구역에 있을 경우, 장거리 장에서의 측정은 **반향적인 장**(reverberant field)에서 측정된 것이라고 할 수 있다. 그림 15-27의 색칠된 부분은 L_p가 반향적인 장에서 역제곱 법칙을 따르지 않음을 보여준다.

지향성

대부분의 실제 음원은 모든 방향으로 동일하게 소리를 퍼뜨리지 않는다. 실제 음원으로부터 주어진 거리에서 특정 주파수 구간 내 음압을 측정하면 각기 다른 방향마다 다른 측정값이 나온다는 것을 확인할 수 있다.

지향성 인자(directivity factor)는 음원 지향성의 정량적 척도이다. 지향성 인자에 로그를 취한 것을 **지향성 지수**(directivity index)라 부른다. 구 모양의 음원에서는 이 값이 아래와 같이 정의된다.

$$DI_\theta = L_{p\theta} - L_{ps} \tag{15-21}$$

여기서 $L_{p\theta}$=**무반향**(anechoic) 공간에서 출력 W으로 퍼져나가는 지향성이 있는 음원으로부터 거리 r', 각도 θ에서 측정한 음압(dB)

L_{ps}=무반향 공간에서 출력 W으로 퍼져나가는 지향성이 없는 음원으로부터 거리 r'에서 측정한 음압(dB). 지향성이 있는 음원과 같은 음원이지만 우리가 역제곱 법칙을 개발할 때 가정했던 것처럼 이상적인 상황을 가정한 것.

단단하거나 평평한 표면 위 혹은 근처에 음원이 위치할 경우 지향성 지수는 아래와 같은 형태를 취한다.

$$DI_\theta = L_{p\theta} - L_{ps} + 3 \tag{15-22}$$

3 dB이 추가된 것은 구가 아니라 반구에서 측정이 이루어졌기 때문이다. 즉, 이상적인 구체가 아닌 반구로 소리가 퍼져 나간다면 반지름 r에서 음세기는 2배가 된다. 측정된 지향성 자료는 L_p가 측정된 각도와 주파수에서만 적용이 가능하다.

여기서 우리는 지향성 패턴이 음원으로부터의 거리와 관계없이 모양을 바꾸지 않는다고 가정하였다. 이 가정하에서 우리는 음원으로부터 관심 방향 각도에 있는 r_1 거리의 지점에서 음압을 측정함으로써 역제곱 법칙을 적용할 수 있다.

공기전파

소음의 공기전파를 예측할 때, 전파에 유리한 조건으로 예측하는 것을 금지하는 것은 이제 표준 규범이 되었다. 이는 아래와 같이 자세히 규정되어 있다(ISO, 1989, 1990).

1. 바람은 음원에서 수신기 방향으로 불며, 바람의 각도는 음원과 수신기 중심을 잇는 선에서 45° 이내이다.
2. 풍속은 3~11 m 높이에서 측정했을 때 초속 1~5 m 사이이다.
3. 수평적인 방향에서 발생하는 모든 전파는 지표면 역전(ground-based inversion)에 영향을 받는다.

대기 조건의 영향. 소리 에너지는 분자 들뜸과 산소 분자의 진정으로 인해, 혹은 매우 낮은 온도에서는 공기의 열전도와 점성에 의해 등방성(isotropic)을 지닌 대기에 흡수된다. 분자 들뜸은 소음 주파수, 습도, 온도의 복잡한 함수이다. 일반적으로 우리는 습도가 낮을수록 소리 흡수도가 올라간다고 알고 있다. 온도가 10~20°C로 올라가면(소음 주파수에 따라 다름) 흡수도도 올라가는 반면, 25°C 이상에서는 흡수도가 낮아진다. 소리의 흡수는 높은 주파수에서 더 잘 일어난다.

수직 온도 분포는 소리의 전파 경로를 크게 변경시킨다. 초단열감률(superadiabatic lapse rate)이 존재한다면 음선은 위쪽으로 구부러지며 소음 음영대(noise shadow zone)가 형성된다. 역전(inversion) 상황에서 음선은 지표면쪽으로 구부러져 소리의 세기가 커진다. 이 현상은 가까운 거리에서는 무시할 만하지만 800 m 넘는 거리에서는 10 dB 정도 차이를 일으킬 수 있다.

이와 유사하게, 바람은 소리가 전파되는 길을 변화시킨다. 바람의 방향으로 이동하는 소리는 아래로 구부러지고, 바람과 반대 방향으로 이동하는 소리는 위로 구부러진다. 아래로 구부러질 때는 소리의 크기에 별 영향이 없지만, 위로 구부러질 때에는 확연한 소리의 감소가 발생할 수 있다.

기본 점음원 모형. 점음원이란 $\kappa\delta \ll 1$이면서, 식 15-18이 적용되는 음원을 말한다. 마그랍(Magrab)에 의하면,

대부분의 실제 소음원은 단순한 점음원으로 분류할 수 없다. 그러나 복잡한 음원이 만드는 음향 장의 모양은 다음 두 조건이 만족되면 점음원이 만드는 것과 유사하게 보인다: (1) $r/\delta \gg 1$, 즉 음원으로부터의 거리는 음원의 특성 길이(characteristic dimension)에 비해 크다. (2) $\delta/\lambda \ll r/\delta$, 즉 음원의 크기와 파장의 비가 음원으로부터의 거리와 특성 길이의 비보다 작다. $r/\delta > 3$는 첫 번째 조건을 충분히 만족시키며, 따라서 $\delta/\lambda < 3$를 만족해야 한다(Magrab, 1975).

기본 점음원 식은 아래와 같다.

$$L_p \cong L_w - 20 \log r - 11 - A_e \tag{15-23}$$

여기서 L_p = 음원으로부터 거리 r, 각도 θ에서 기대되는 음압(기준 음압 20 μPa), dB

$\qquad L_w$ = 각도 θ에서 측정된 음향 출력(기준 음향 출력 10^{-12} W), dB

$\qquad A_e$ = 거리 r에서의 감쇠, dB

마지막 항(A_e)을 제외하면, 이 식은 역제곱 법칙이다. A_e항은 파형의 퍼짐에 의한 것에 추가로 일어나는 감쇠를 나타내며(dB), 이는 환경적 조건에 의해 발생한다. A_e는 아래의 5개 항으로 나눌 수 있다.

A_{e1} = 공기에 의한 감쇠, dB

A_{e2} = 지표면에 의한 감쇠, dB

A_{e3} = 장애물에 의한 감쇠, dB

A_{e4} = 나뭇잎에 의한 감쇠, dB

A_{e5} = 집에 의한 감쇠, dB

입문서인 이 책의 특성상, 기본 점음원 식에 대한 추가적인 논의는 생략한다. 좀 더 자세한 내용을 위해서는 Piercy and Daigle(1991)을 추천한다.

예제 15-7 압축기의 음향 출력 레벨(기준 음향 출력: 10^{-12} W)은 1,000 Hz에서 124.5 dB이다. 200 m 거리에서의 음압 레벨을 구하시오. 청명한 여름 오후, 풍속은 5 m/s, 기온은 20°C, 상대습도는 50%, 기압은 101.325 kPa라고 가정한다. 이 조건에서의 공기 흡수에 의한 감쇠(A_{e1})는 0.94 dB이다. 지면에 의한 총감쇠(A_{e2})는 −2.21 dB로, 지면에 의한 반사로 소음 수준이 커지는 상황이다.

풀이 기본 점음원 모델(식 15-23)을 이용하여 다음과 같이 구할 수 있다.

$$L_p = 124.5 - 20 \log (200) - 11 - 0.94 - (-2.21)$$

$$= 124.5 - 46 - 11 - 0.94 + 2.21 = 68.77 \text{ 또는 } 69 \text{ dB (1,000 Hz에서)}$$

15-6 교통 소음 예측

L$_{eq}$ 예측

온타리오 교통통신국은 L_{eq}를 기반으로 교통 소음 예측식을 개발하였다(Hajek, 1977). 이 경험적 예측식은 다음과 같다.

$$L_{eq} = 42.3 + 10.2 \log(V_c + 6V_t) - 13.9 \log D + 0.13S \tag{15-24}$$

여기서 L_{eq} = 1시간 동안의 등가연속에너지 수준(dBA)
V_c = 자동차 부피(4륜차만 해당)(차 · h^{-1})
V_t = 트럭의 부피(6륜 이상)(차 · h^{-1})
D = 포장도로 가장자리에서 수신기까지의 거리(m)
S = 1시간 동안의 평균 교통 흐름 속도(km · h^{-1})

이 식은 장애물 요인은 고려하지 않았으며, 장애물의 영향을 반영할 수 있는 모노그래프가 공개되어 있다.

L$_{dn}$ 예측

온타리오 예측법에 따르면, L_{eq} 계산식을 확장하여 L_{dn}의 계산이 가능하다. 해당 모델은 다음과 같다.

$$L_{dn} = 31.0 + 10.2 \log[\text{ADDT} + \%T\,\text{ADDT}/20] - 13.9 \log D + 0.13S \tag{15-25}$$

여기서 L_{dn} = 오후 10시~오전 7시에 10 dBA 가중치가 적용된 24시간 동안의 A 회로 등가소리 레벨(dBA)
ADDT = 연간 평균 일일 교통량(차량 · day^{-1})
$\%T$ = 하루 평균 트럭 비율(%)

이 식은 15-24와 마찬가지로 장애물 요인을 고려하지 않은 것이다.

15-7 소음 제어

음원–경로–수신자 개념

당신에게 소음 문제가 있어 해결하고자 한다면, 먼저 소음이 어떤 작용을 하는지, 어디에서 발생되는지, 어떻게 전파되는지, 어떤 조치가 필요한지에 대해 알아봐야 한다. 가장 직관적인 방법은 어떤 음원에서 발생하고, 어떤 경로를 따라 전파되며, 어떤 수신자나 청자에게 영향을 미치는지 이 3가지 기본 요소에 따라 문제를 진단하는 것이다(Berendt et al., 1976).

음원은 소음이나 진동 에너지를 방출하는 단일 혹은 다수의 기계적 장치일 수 있다. 이런 상황은 여러 기계나 기구가 집 또는 사무실에서 주어진 시간 동안 작동될 때 발생한다.

소음이 전파되는 가장 분명한 경로는 음원과 청자 간 직선 공기 경로(line-of-sight air path)이다. 예를 들면, 항공기 비행으로 인한 소음은 땅의 관찰자에게 직선 공기 경로로 전파된다. 또한 소음은 구조적 경로로도 전파된다. 소음은 한 지점에서 다른 지점으로 한 경로 혹은 여러 경로의 결합에 의해 전파될 수 있다. 한 아파트에서 세탁기를 돌리는 것으로 생기는 소음은 창문, 출입구, 복도, 배관 등의 공기 경로로 전파될 수 있다. 바닥이나 벽이 세탁기와 물리적으로 접촉하고 있는 경우, 바닥이나 벽의 진동이 발생하게 된다. 진동은 건물을 통해 구조적으로 전파되어 다른 구역의 벽이 진동하게 하며, 소음을 전달한다.

수신자는 한 명의 사람, 한 교실 내의 학생들, 혹은 교외 지역 사회 전체가 될 수 있다.

위에서 언급된 소음 문제는 아래에서 한 가지 혹은 전부를 고치거나 대체하여 해결할 수 있다.

1. 소음 출력을 줄이기 위한 음원 개선
2. 청자에게 도달하는 소음 수준을 줄이기 위한 환경과 전파 경로 변경 또는 제어
3. 수신자에게 개인 보호 장비 제공

설계를 통한 소음원 통제

충격력 감소. 많은 장비와 기계 요소는 다른 부품을 강하게 타격하는 부품을 가지고 있는데, 이러한 타격 동작이나 충격은 기계의 기능에 필수적인 경우가 많다. 충격력(impact forces) 소음을 줄이기 위해서 여러 방안을 시도해 볼 수 있다. 실제 적용해야 할 해결책은 문제가 되는 기계의 특성에 따라 달라질 것이다.

다음과 같은 설계 변경은 분명한 효과가 있다.

1. 충격을 가하는 물체의 무게, 크기, 하강 높이 줄이기
2. 충격 표면 사이에 충격 흡수 소재를 덧대어 충격 완화하기. 어떤 경우에는 충돌체에 충격 흡수층을 넣어 그 충격이 기계의 다른 부분으로 전달되는 것을 감소시킬 수 있다.
3. 가능한 경우, 공명(울림)을 줄이기 위하여 충격부나 표면에 비금속 소재를 사용하기
4. 같은 결과값을 얻을 수 있다면 크지만 짧은 시간의 충격을 작지만 긴 시간의 충격으로 대체하기

속도와 압력 감소. 기계 혹은 기계 시스템의 회전이나 움직이는 부품의 속도를 줄이면 동작이 부드러워져 소음 저감에 기여할 수 있다. 마찬가지로 공기, 가스, 액체 순환 시스템의 압력과 유속을 줄이면 움직임이 줄어들어 소음 발생이 줄어들게 된다. 다음 단락에서는 설계에 활용될 수 있는 구체적인 대안을 다룬다.

마찰 저항 감소. 회전하거나, 미끄러지거나, 움직이는 기계 시스템 부품들 간에 발생하는 마찰을 줄이는 것 역시 동작을 부드럽게 하여 소음 저감에 기여할 수 있다. 또한 액체 분배 시스템의 흐름 저항을 줄이는 것도 소음 저감에 도움이 된다. 움직이는 부품의 마찰 저항을 줄이기 위해 확인해야 할 중요한 요소 4가지는 정렬, 매끈함, 균형, 이심률(out-of-roundness)이다.

소음 방사 면적 감소. 일반적으로 진동하는 부품이나 표면이 클수록 큰 소음이 발생한다. 조용한 기계장치 설계를 위해서는 보통 성능이나 구조적인 강점의 손실 없이 방사 면적을 줄이는 것이 좋다. 이는 부품을 작게 만들거나, 잉여 물질을 제거하거나, 부품에 구멍을 뚫어 달성할 수 있다. 예를 들어, 크고 진동하는 금속판으로 만들어진 안전장치를 그물망 형태로 교체하면 표면적이 감소하여 소음이 줄어든다.

소음 누출 감소. 대부분의 기계 밀폐함은 간단한 설계 변경과 소음 흡수 처리를 통해 효율적인 방음장치로 기능하도록 만들 수 있다. 다음과 같은 방법으로 소음을 상당히 낮출 수 있다.

1. 접합부의 모든 불필요한 구멍이나 금을 메운다.
2. 고무 개스킷 혹은 적절한 코크(caulk)를 사용하여 기계 밀폐함을 전기선, 배관이 관통하는 모든 곳을 밀봉한다.
3. 가능하다면, 소음을 발생시키지만 기능을 위해 필요한 모든 구멍과 포트는 고무 개스킷으로 가장자리 처리가 된 뚜껑으로 덮어 밀봉한다.
4. 배기, 냉각, 혹은 환풍을 목적으로 만든 모든 구멍에 방음 처리된 배관 혹은 머플러를 설치한다.
5. 구멍은 기계 작동자나 다른 사람으로부터 멀리 배치한다.

진동하는 부품을 격리시키거나 감쇠하기. 매우 단순한 것을 제외한 모든 기계는 특정 동작 부품의 진동 에너지가 기계 구조를 통해 전파되어 다른 부품과 표면까지 진동하게 만듦으로써 최초의 음원보다 음세기를 증폭시킨다.

일반적으로 진동 문제는 2가지 측면에서 살펴볼 수 있다. 첫째, 음원과 에너지를 전파하는 표면 간의 에너지 전달을 방지해야 한다. 둘째, 구조 내에서 발생하는 에너지를 약화시키거나 소멸시켜야 한다. 전자는 격리를 통해, 후자는 감쇠를 통해 해결할 수 있다.

진동 격리의 가장 효과적인 방안에는 기계에서 가장 구조적으로 경직되면서 큰 부품에서 발생되는 진동의 탄성지지(resilient mounting)가 있다. 진동 감쇠에 사용되는 소재나 구조로는 점성 속성을 지닌 것을 사용한다. 이들은 구부러지거나 비틀어지는 특성을 지니고 있어 분자 운동에서 소음 에너지의 일부를 소비하는 역할을 한다. 그 예로 모터에 스프링 마운트를 사용하거나 냉난방 배관에 아연 도금된 합판 강철과 플라스틱을 사용하는 것이 있다.

머플러나 기타 소음기 사용. 머플러와 소음기에 실질적인 차이는 없다. 이 둘은 보통 호환되며, 사실상 방음 필터이다. 이들은 유체 흐름으로 인한 소음을 완화하는 데에 쓰인다. 이러한 장치는 크게 2가지, 흡수형과 반응형 머플러로 구분된다. **흡수형 머플러**(absorptive muffler)는 소리를 흡수하는 섬유질 혹은 다공성 소재로 소음을 저감한다. **반응형 머플러**(reactive muffler)는 기하학적 특성에 소리를 저감시킨다. 이는 소리 파동을 반사 혹은 확장시키는 모양을 하고 있어 소음이 자체 상쇄되도록 만든다.

머플러의 성능을 설명하기 위한 용어는 여러 가지가 있으나 가장 자주 사용되는 것은 **삽입손실**(insertion loss)이다. 삽입손실은 머플러가 삽입되기 전후에 같은 지점에서 측정된 두 음압 간의 차이값이다. 각 머플러의 삽입손실은 제조사의 소재 선택이나 설계에 따라 크게 달라지므로 여기에서는 일반적인 삽입손실 예측식을 제시하지 않는다.

전파 경로에서의 소음 제어

음원에서 발생되는 소음을 제어하는 모든 방법을 시도해 본 후, 다음으로 시도해 볼 수 있는 것은 소음이 귀에 도달하기 전에 소리 에너지의 흐름을 줄이거나 막을 수 있는 도구를 전파 경로에 설치하는 것이다. 이는 (1) 경로에서 소리를 흡수하거나, (2) 경로에 반사 장애물을 두어 소리 방향을 다른 방향으로 바꾸거나, (3) 소음 격리 상자나 울타리 안에 소음원을 배치하여 소리를 격리시켜 실현할 수 있다.

가장 효과적인 기술은 소음 원인의 유형이나 크기, 음세기, 소음의 주파수 범위, 환경이나 속성에 따라 달라진다.

분리. 소음 수준을 줄이기 위한 간단하고 경제적인 방법으로 대기의 흡수 능력과 발산 능력을 활용할 수 있다. 공기는 저주파수보다는 고주파수 소리를 더 효과적으로 흡수한다. 그러나 거리가 충분할 경우 저주파수 소리도 상당량 흡수된다.

당신이 소음원에서 2배로 멀어질 수 있다면 음압을 6 dB 낮출 수 있을 것이다. 소음의 크기를 반으로 줄이려면 음압 레벨이 10 dB 정도 감소해야 한다. 당신이 기차 같은 선형 소음으로 고통을 겪고 있다면 음압 레벨은 거리를 2배로 늘릴 때마다 3 dB 밖에 줄어들지 않는다. 희석 효과율이 낮은 이유는 선형 소음은 원통형의 음파를 방사하기 때문이다. 이러한 파장의 표면은 음원으로부터 거리가 2배가 될 때마다 2배 밖에 늘어나지 못한다. 그러나 기차로부터의 거리가 기차의 길이와 비슷해지면 소음 절감 효과는 거리 2배당 6 dB의 비율로 떨어지기 시작한다.

실내에서 소음은 보통 음원 부근에서 거리를 2배로 늘릴 때마다 3~5 dB 정도 줄어든다. 그러나 음원과의 거리가 멀어지면, 소음을 반사하는 단단한 벽과 천장 표면으로 인해서 거리가 2배가 될 때마다 1~2 dB 정도의 감소만 발생한다.

흡수 재질. 소음은 빛과 마찬가지로 하나의 단단한 표면에서 다른 표면으로 튕겨진다. 소음 제어 작업에서 이는 **반향**(reverberation)이라 불린다. 부드럽고 스폰지 같은 소재가 벽, 바닥, 천장에 설치된다면 반사되는 소리는 산란되고 빨아들여진다(흡수된다).

방음 타일, 카펫, 천장의 직물, 벽 표면, 바닥 같은 소리 흡수 재질은 대부분의 방에서 고주파 소리를 5~10 dB 정도 줄일 수 있으나 저주파에서는 그 효과가 2~3 dB에 불과하다. 그러나 이러한 조치는 소음이 심한 기계에 직접적으로 노출되는 작동 근로자에게는 보호 효과를 주지 못한다. 최상의 효과를 보기 위해서는 소음 흡수 재질이 소음원에 최대한 가깝게 설치되어야 한다.

다공성과 가벼운 무게로 인해 방음 소재는 한 방에서 다른 방으로 전달되는 구조적 소음이나 공기 운반 소음을 막는 것에 효과적이지 못하다. 즉, 당신이 윗집의 걷는 소리 혹은 말하는 소리를 들을 수 있을 경우, 방음 타일을 천장에 설치하는 것으로는 소음 전파를 줄이지 못한다.

방음 안감. 배관, 파이프 통로, 전기적 통로로 전달되는 소음은 방음 소재로 통로 내부 표면에 안감을 대어 줄일 수 있다. 고주파수 소음은 일반적인 배관 설치 구조에서 2.5 cm 두께의 방음 안감(acoustical lining)으로 1 m당 약 10 dB의 저감이 일어난다. 저주파수 소음은 저감시키기 더 어려운데, 저주파수에서는 방음 처리에 2배 이상의 길이 혹은 두께가 필요하기 때문이다.

장애물과 패널. 소음 경로에 크기가 충분히 큰 장벽이나 스크린, 전향장치를 배치하는 것은 소음 전파도를 낮출 수 있는 효과적인 방법이며, 이 효과는 소음의 주파수에 따라 달라진다. 일반적으로 고주파수 소음이 더 효과적으로 제거된다.

장벽의 효과는 설치 위치, 높이, 길이에 따라 달라진다. 그림 15-28을 보면 소음이 다음 4가지 경로를 따름을 알 수 있다. 먼저, 소음은 장벽의 위로 음원을 볼 수 있는 수신자에게 직접적인 경로

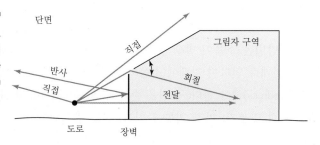

를 따라 전달된다. 장벽은 시선을 막지 않으므로 완화 효과가 없다. 장벽의 흡수 효과와 관계없이 소음을 낮추거나 흡수하는 능력이 없는 것이다.

두 번째, 소음은 장벽의 그림자 구역에서 수신자에게 회절되어 전달된다. 장벽의 가장자리 바로 위를 지나가는 소음은 그림에 표기된 그림자 구역으로 아래로 회절(구부러짐)된다. 회절해야만 하는 각도가 클수록 장벽이 그림자 구역의 소음을 완화하는 효과는 커진다. 즉, 작은 각도보다 큰 각도로 회절되는 에너지가 더 적다.

세 번째, 그림자 구역에서는 장벽을 투과하여 직접적으로 전달되는 소음이 중요한 경우도 있다. 예를 들어 회절 각도가 극단적으로 클 때, 회절된 소음은 투과된 소음보다 작을 수 있다. 이 경우 소음의 전달은 장벽의 성능에 의해 좌우된다. 즉, 더 두꺼운 장벽을 설치하면 소음이 완화될 수 있는 것이다. 허용 가능한 투과 소음 수준은 장벽의 소음 완화 효과의 목표치에 달려 있다.

네 번째 경로는 그림 15-28에 나와 있는 반사되는 경로이다. 반사 후 소음은 음원의 반대쪽에 있는 수신자에게만 중요성을 지닌다. 따라서 상황에 따라 이 반사 소음을 줄이기 위해 장벽 표면에 방음 소재를 사용할 것인지 결정한다. 이 조치는 그림자 구역에 있는 수신자에게는 도움이 되지 않는다. 대부분의 실제 사례에서 반사된 소음은 장벽 설계에 중요한 역할을 하지 않는다. 선형 소음원인 경우, 또 다른 단락 경로(short-circuit path)가 존재할 수 있다. 이는 음원의 일부가 장벽에 가려지지 않는 것을 말한다. 예를 들어 장벽 길이가 충분치 않다면, 어떤 수신자는 장벽의 수평방향 끝 너머로 음원을 볼 수 있게 된다. 이러한 장벽 끝 부근의 소음은 장벽의 소음 저감 효과를 낮춘다. 요구되는 장벽 길이는 목표하는 순저감 총량에 달려있다. 10~15 dB 수준의 저감을 목표로 한다면 장벽은 길어야 한다. 장벽은 음원으로부터 가장 가까운 지점뿐만 아니라 앞뒤로 매우 먼 지점까지도 직접 경로를 차단해야 한다.

이 4가지 경로 중 장벽에서 그림자 구역으로 회절되는 소음은 장벽 설계 관점에서 가장 중요한 변수이다. 일반적으로 장벽에 의한 소음 저감에 관한 결정은 그림자 구역으로 얼마나 회절 에너지가 발생하는지에 좌우된다.

밀폐함. 시끄러운 기계의 설계, 동작, 부품을 바꾸는 것보다 독립된 방이나 상자에 두는 것이 훨씬 더 경제적이고 실용적일 수 있다. 밀폐함(enclosures)의 벽은 소리를 억제하기 위하여 두껍고 기밀성이어야 한다. 흡수 안감을 내부 표면에 대는 것은 내부의 소음이 반향으로 인해 증강되는 것을 줄여줄 것이다. 이때 음원과 밀폐함 사이의 구조적인 접촉을 피함으로써 음원의 진동이 밀폐함 벽으로 전달되지 않도록 해야 한다.

교정을 통한 소음 제어

소음 문제의 가장 좋은 해결 방법은 소음이 발생하지 않도록 장치를 설계하는 것이다. 그러나 우리는 연식, 남용, 혹은 조잡한 설계로 인하여 기계에 소음이 발생하는 상황을 맞닥뜨린다. 이 경우, 우리는 현존하는 문제를 교정(redress)해야 한다. 음원을 손볼 수 있을 때 사용해 볼 수 있는 조치들은 다음과 같다. 회전 부품의 균형 맞추기, 마찰 저항 줄이기, 진동 감쇠하기, 소음 누출 막기, 머플러나 거친 도로 표면을 정기적으로 수리하기 등이 있다.

수신자 보호

모든 수단이 실패한 경우. 동력 사슬톱이나 도로 파쇄 기계 작동 노동자처럼 강도 높은 소음에 노출될 수밖에 없으면서, 지금까지 언급된 모든 조치가 적합하지 않은 경우에는 수신자(receiver)를 보호하기 위한 조치가 고려되어야 하는데, 아래 2가지 방법이 보통 사용된다.

근무 스케줄 바꾸기. 높은 소음 수준에 연속적으로 노출되는 양을 제한한다. 청력 보호를 위하여 하루 이틀에 걸쳐 8시간 동안 계속 소음에 노출시키기보다는 며칠에 걸쳐 매일 짧은 간격으로 강도 높은 소음 작업을 하도록 하는 편이 좋다.

산업 혹은 건설 현장에서 간헐적인 근무 스케줄을 적용하면, 소음이 심한 장비의 작동자뿐만 아니라 인근 작업자에게도 도움이 된다. 간헐적 스케줄을 시행할 수 없는 상황에서는 근로자에게 중간에 휴식 시간을 제공해야 한다. 근로자는 소음 수준이 낮은 장소에서 휴식을 취할 수 있어야 하며, 휴식 시간에 대해 급여를 지불하지 않거나 유급 휴가, 조퇴로 처리하는 것을 막아야 한다.

도로 보수 공사, 생활폐기물 수거, 공장 가동, 항공 교통 등 소음을 필연적으로 수반하는 작업은 주민의 수면을 보장하기 위하여 이른 아침과 밤에는 작업량을 줄여야 한다. 오후 10시에서 오전 7시 사이의 작업 소음은 측정값보다 10 dBA 더 높게 체감된다는 것을 기억하자.

귀 보호. 유연한 삽입형 귀마개, 컵 형태의 보호장비와 헬멧 등의 청력 보호장비를 구입하는 방법이 있다. 이러한 장비는 15~35 dB(그림 15-29)의 소음을 줄일 수 있다. 삽입형 귀마개는 의료인의 확인을 받아 귀에 잘 맞게 착용해야 효과가 있다. 그림 15-29에서처럼 귀덮개와 삽입형 귀마개를 동시에 사용해야 가장 큰 효과를 얻을 수 있다. 귀덮개는 완화 효과 인증을 받은 것을 사용해야 한다.

이러한 장비는 다른 모든 수단이 소음을 수용 한계까지 낮추는 것에 실패했을 때, 가장 마지막

그림 15-29

다양한 주파수에서 귀 보호기의 감쇠

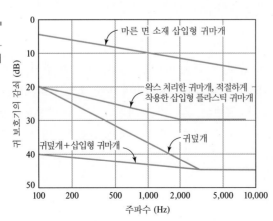

수단으로서 활용되어야 한다. 예초기, 목재 파쇄기(mulcher, chipper), 총기 등을 작동할 때에는 귀 보호 장비를 사용해야 한다. 귀 보호 장비는 의사소통에 방해가 되며, 경고 신호가 작업 중에 자주 발생하는 벌목과 같은 상황에서는 위험할 수 있다. 현대의 청력 손상 기기로는 이어폰을 쓰는 휴대용 디지털 음악 재생장치가 있다. 이어폰은 높은 소음 수준이 완화 작용없이 직접적으로 귀에 전달된다. 당신이 다른 사람의 이어폰 소리를 들을 수 있다면, 이 사람은 90~95 dBA이 넘는 소리에 자신을 노출시키고 있는 것이다.

연습문제

15-1 어떤 도로 근처의 건물 높이가 6.92 m이다. 50.0-Hz 소리의 파장과 비교하여 빌딩의 높이는 얼마나 높은가? 음속은 346.12 m · s^{-1}라고 가정한다.

   답: 파장과 동일

15-2 68, 82, 76, 68, 74, 81 dB 소리 레벨의 총합을 구하시오.

   답: 85.5 또는 86 dB

15-3 여러 대의 목재 파쇄기(chipper)가 사용되는 공사 현장 주변에서 측정한 음압이 127 dB이고, 하나를 제외하고 모든 파쇄기가 멈춘 경우에 측정한 음압은 120 dB이다. 127 dB로 측정되었을 때 사용된 목재 파쇄기의 수를 예측하시오. 같은 지점에 위치한 이상적인 점 소음원으로 가정한다.

15-4 오페라 하우스 무대의 문 밖에서 측정된 소음이 109 dBA, 110 dBB, 111 dBC이다. 가수가 베이스인가 소프라노인가? 그렇게 예상한 이유를 설명하시오.

15-5 고도 250 m를 지나가는 비행기로부터 다음 소음 스펙트럼을 얻었다. A 회로 등가소리 레벨을 구하시오.

대역 중심 주파수 (Hz)	대역 레벨 (dB)	대역 중심 주파수 (Hz)	대역 레벨 (dB)
125	85	1,000	100
250	88	2,000	104
500	96	4,000	101

15-6 당신은 신형 예초기의 A 회로 소리 레벨을 평가하고 74 dBA를 얻기 위한 조언 요청을 받았다. 제조사는 다음 3가지 방안을 고려하고 있다: (1) 각 주파수 대역에서 소리를 3 dB 감소할 수 있는 개선된 머플러, (2) 기계의 속도를 감소시켜 각 주파수 대역에서 소리를 5 dB 감소, (3) 5개의 고주파수 밴드에서 소리를 15 dB 감소하기 위한 엔진 재설계. A 회로 소리 레벨을 구하고, 제조사의 개선 방안 중 74 dBA 이하 목표를 달성하기 위한 방안을 조언하시오. 제조사의 개선 방안은 중복으로 사용 가능하며, 이 경우 효과는 각 주파수 대역에서 데시벨 덧셈 방식으로 더해진다

고 가정한다.

대역 중심 주파수 (Hz)	대역 레벨 (dB)	대역 중심 주파수 (Hz)	대역 레벨 (dB)
63	78	1,000	79
125	76	2,000	80
250	76	4,000	78
500	77	8,000	70

15-7 다음 음압 레벨을 단순 산술 평균한 값과 식 15-13에 따라 로그값 평균법을 적용하여 평균한 값을 구하시오: 76, 59, 35, 69, 72 dB. 단순 산술 평균이 음압 레벨을 과소평가하는지 아니면 과대평가 하는지 판단하시오.

15-8 건설업자가 미국 미시간의 논트로포(Nontroppo)에 있는 조용한 주거 지역에 작은 쇼핑몰을 만들자 고 제안하였다. 유사한 환경에 있는 유사한 크기의 쇼핑몰에서 측정한 아래 데이터를 기반으로, 건 설업자가 항의나 법적 조치를 받게 될 지 예상해 보고, L_{eq}를 구하시오.

시간 (h)	소리 레벨 (dBA)	시간 (h)	소리 레벨 (dBA)
0000-0600	42	2000-2200	68
0600-0800	55	2200-0000	57
0800-1000	65	1800-0000	45
1000-2000	70		

15-9 U.S. EPA(1974)는 도시에 사는 중학생이 경험하는 전형적인 소음 패턴이 다음과 같다고 예측하였 다. 아래 소음 노출량에 대한 L_{dn}을 구하시오.

시간 (h)	소리 레벨 (dBA)	시간 (h)	소리 레벨 (dBA)
0000-0700	52	1500-1700	75
0700-0900	82	1700-1800	90
0900-1200	60	1800-2100	60
1200-1300	65	2100-0000	52
1300-1500	60		

15-10 제트기 엔진 평가 장비의 음향 출력은 125 Hz에서 149 dB(10^{-12} W 기준)이다. 1,200 m 거리에 서 측정한 125 Hz 음압은 얼마인가? 온도 역전이 있는 여름 아침이며, 풍속은 1.50 m/s, 온도는 25.0℃, 상대 습도는 70.0%, 압력은 101.3 kPa이다. 이때 공기감쇠량은 0.36 dB이며, 지면의 감쇠량 은 1.79 dB이다.

15-11 시간당 1,200대의 차량이 일정한 간격으로 지나가는 이상적인 조건의 1차선 도로가 있다. 다음을 계산하시오.

(a) 평균 속도가 40.0 km·h^{-1}일 때 차량의 중심 간 평균 거리

(b) 평균 속도가 40.0 km·h^{-1}일 때 1 km에 존재하는 차량 수

(c) 너비가 8.0 m이고 길이가 1 km인 이 도로의 가장자리에서 각 차량의 소음이 71 dBA라고 할 때, 도로에서 60.0 m 떨어진 지점의 소리 레벨을 구하시오. 차량 속도는 40.0 km·h^{-1}이고, 소리는 이 상적인 반구형으로 퍼지며, 0.3 dBA 미만의 영향을 미치는 요인은 무시할 수 있다고 가정한다.

> 답: (a) 33.3 m
>
> (b) 30대
>
> (c) L_p = 47.47 또는 48 dBA

15-12 미시간주의 노트로포(Nontroppo)에서 고속도로 우회로 건설에 대한 공청회를 열었다. 고속도로에서 123.17 m 떨어진 페르마타(Fermata) 학교에서 모든 차량에 의한 감쇠되지 않은 L_{eq}를 구하여 FHA 소음 기준을 위반할 가능성을 평가하시오.

페르마타 학교 옆 고속도로 우회로를 통과하는 예상 교통량 데이터:

자동차: 시속 88.5 km, 시간당 7,800대

중형 트럭: 시속 80.5 km, 520대

대형 트럭: 시속 80.5 km, 650대

이온화 방사선

사례 연구

체르노빌, 영원히 잃어버린 땅인가?

1986년 4월 26일, 우크라이나 키이우에서 북쪽으로 약 130 km, 벨라루스와의 국경에서 남쪽으로 20 km 떨어진 체르노빌에서 여느 때와 다름없는 하루가 시작되었다. 체르노빌과 인근 도시 프리피얏(Pripyat) 사람들에게는 알리지 않은 채, 원자력 발전소 관리직원들은 주요 전력 공급을 상실한 후 터빈이 얼마나 오래 작동하는지 알아보기 위해 시설을 테스트하고 있었다. 그러다 26일 오전, 반응조가 매우 불안정한 상태가 되면서 엄청난 전력 충격이 가해진 후 폭발이 몇 차례 이어졌고, 직원 2명이 그 자리에서 사망하였다.

이 사고는 군시설을 제외하고 환경으로 가장 많은 방사성 물질을 배출한 사건으로 기록되었다. 많은 양의 방사성 물질, 특히 요오드-131과 세슘-137은 약 열흘 동안 대기 중으로 방출되었다. 이후 몇 주 사이에, 방사성 물질에 노출된 결과로 28명이 사망하였다.

이 사고로 수십만 명의 인구가 이주하게 되면서 상당한 경제적 손실이 발생하였고, 사람들은 대피와 경고로 불안과 혼란에 휩싸였다. 또한 사고가 발생하고 얼마 지나지 않아 소비에트 연방이 붕괴되면서 이는 정치적 및 경제적 불안으로 이어졌다. 이와 함께, 부실한 건강 관리 대책으로 사람들에게 상당한 수준의 스트레스와 우려를 안겨주었다. 사고 지역에서는 술과 담배에 의존하는 비율이 상당히 높게 나타났다.

체르노빌 사고 후 수십 년 동안 가장 보편적으로 나타난 건강 영향은 사고 발생 무렵에 벨라루스, 러시아 연방, 우크라이나의 사고로 가장 오염된 지역에서 어린 시절과 청소년 시절을 보낸 사람들의 갑상선암 발생률이 상당히 증가한 것이었다. 사고 직후 수일 내에 방사성 요오드 물질은 소를 방목하는 목초지를 오염시켰고, 목초지의 방사성 요오드가 우유에 농축되어 오염된 우유를 섭취한 어린이들의 갑상선에 축적되었다. 그러나 다행히도 갑상선 질환 환자들에 대한 모니터링을 진행하면서, 갑상선암으로 인한 치사율은 최소화되었다(World Health Organization, 2006).

체르노빌 사고는 기존 소비에트 연방에서 원자로의 안정성을 높이는 결과를 가져왔다. 이 지역 국가들과 서방국들의 협력을 통해, 안전에 대한 인식 제고와 함께 원자로의 상당한 개선이 이루어졌다. 1989년 세계원자력발전사업자협회(the World Association of Nuclear Operators)가 창설되었고, 이 조직을 통해 30개국 이상의 운전담당직원 간의 협력을 강화시켰다. 1994년에는 원자력 안전에 대한 조약(the Convention on Nuclear Safety)이 채택되었다. 10만 명 이상의 사람들이 방사능 오염 수준이 낮은 벨라루스의 영향 지역으로 이주하였다. 이러한 이주와 함께 가스, 물, 전력에 관한 기반시설이 재건되었다. 해당 지역의 목재 사용은 금지되었으며, 높은 수준으로 오염된 지역은 벌목 후 조림을 실시하였다. 이후 체르노빌 지역은 관광지로 변모하였는데, 이는 폭발 구역에서 30 km 떨어진 곳이다(World Nuclear Association, 2018).

16-1 기본 원리[*]

원자 구조

여기서의 논의는 원자 구조에 관한 보어(Bohr) 모델을 숙지하고 있다고 가정하고 진행한다. 이 모델에서는 중앙에 원자핵이 위치하고, 이를 몇 개의 전자가 닫힌 궤도를 따라 둘러싸고 있는 형태로 원자를 묘사한다. 궤도 전자의 집단은 원자 껍질을 이룬다.

원자핵 자체는 양전하(e^+)를 나타내는 양성자와 전하를 나타내지 않는 중성자, 2가지 입자로 구성되어 있다. 특정 원자의 형태에서 각각 e^- 전하를 나타내는 Z개의 전자가 원자핵 주위를 돌고 있고, N개의 중성자와 P개의 양성자로 구성된 원자핵이 있다. 원자의 전기적 중성 조건은 $Pe - Ze = 0$을 만족하는 경우로, 이는 원자핵 내 양성자 수와 주위를 도는 전자 수가 같을 때이다.

숫자 Z는 원자 번호이며, $Z + N$은 원자량을 나타내는데 보통 A로 표기한다. A와 Z는 특정한 원자 종류를 정의하는데, 이를 **핵종**(nuclide)이라고 부른다.

핵종의 질량은 **통일된 원자량 단위**(unified atomic mass unit)로 측정되며 u라는 단위를 사용한다. 이 단위는 질량수 12인 탄소 원자 질량의 1/12과 같다고 정의한다. 1 u는 1.6606×10^{-27} kg이다. 이를 이용하면, 중성자의 질량은 1.0088665 u이며, 양성자의 질량은 1.0088925 u이고, 전자의 질량은 0.0005486 u이다.

이로부터 양성자와 중성자의 질량을 1로 근사할 수 있으므로, **질량수**(atomic mass number)는 u 단위의 핵종 질량과 가장 가까운 정수임을 알 수 있다. 예를 들어, 12개의 양성자와 12개의 중성자를 가진 마그네슘의 핵종은 $A = 24$이며 핵종 질량은 23.985045 u이다. 핵종 질량과 질량수의 차이를 **질량 초과분**(mass excess)이라고 부른다.

원자의 화학적 특성은 주변을 도는 전자의 개수, 즉 원자 번호 Z에 따라 달라진다. 주어진 Z에 대해 고유한 하나의 원소가 정의된다. 예를 들어, 주어진 원자가 2개의 전자를 갖고 있다면 이는 헬륨이어야 한다(전자가 이온화되지 않거나 이와 유사한 비평형상태에 있지 않다는 가정하에서). 이와 유사하게 8개의 전자를 가진 원자는 산소여야 한다.

특정한 핵종 X는 $_Z^A X$로 표기되며, X에는 원소 기호가 위치한다. 그러나 Z가 원소 종류를 결정하므로 Z와 X는 같은 것을 의미한다. 따라서 $^A X$로 축약해서 표현할 수 있다. 예를 들어, 탄소는 6개의

---

[*] 이 논의는 Coombe(1968)를 참고하였다.

그림 16-1

수소의 3가지 동위 원소
(출처: Coombe, R.A., An
Introduction to Radioactivity
for Engineers, pp. 1-37,
1968, MacMillan.)

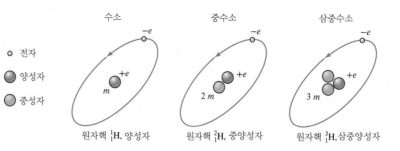

중성자와 6개의 양성자를 가지고 있다. 따라서 이 핵종은 ^{12}C 또는 탄소-12로 표기할 수 있다.

각 원소(Z에 의해 결정)에 대해 몇몇 핵종(Z와 A로 결정)들은 Z가 같으면서도 다른 A를 갖기도 하는데, 같은 원소가 다른 핵종을 갖는 것을 **동위원소**(isotope)라고 한다. $Z=1$인 수소는 3개의 동위원소를 갖는데 질량수가 1, 2, 3이다. Z가 1로 동일하므로, 이는 각각 0, 1, 2개의 중성자를 갖는 것을 의미한다. 이는 그림 16-1에 나타나 있다. 3가지 동위원소들은 모두 화학적으로 수소로 거동하지만 핵종 질량은 다르다. ^{1}H의 핵종 질량은 1.007825 u, ^{2}H(중수소)의 핵종 질량은 2.014102 u, ^{3}H(삼중수소)의 핵종 질량은 3.016049 u이다.

특정 원소의 원자량은 각 동위원소들의 핵종 질량에 자연계에 존재하는 상대적인 비율을 가중치로 곱하여 합산한 값으로 정의되며, 이는 기호 A로 표기한다. 예를 들어, 수소의 원자량은 다음과 같이 계산한다.

$$1.007825(0.9844) + 2.014102(0.0156) + 3.016049(0) = 1.00797$$

수소의 동위원소의 질량은 중성자 질량을 단순히 합한 수치는 아니다. 예를 들어, ^{1}H의 핵종 질량에 중성자를 더하면 2.016490 u이나, 중수소의 질량은 2.014102 u이다. 여기서 발생하는 0.002388 u의 차이는 **질량 결손**(mass defect)이라고 일컫는다. 이는 양성자와 중성자가 중양성자(중수소의 원자핵)를 구성할 때 에너지 손실이 발생하기 때문이다. 반대로, 중양성자가 나눠질 때에는 에너지가 필요하다. 이러한 에너지 요구량을 **결합 에너지**(binding energy)라고 하며, 질량을 에너지로 변환하는 아인슈타인 방정식으로 계산할 수 있다.

$$E = \Delta m c^2 \tag{16-1}$$

여기서 Δm은 질량 결손이고, c는 빛의 속도이다.

위의 과정에서 방출되는 방사선과 입자의 에너지, 그리고 원자 및 원자핵 에너지의 다양한 수준은 **전자볼트**(electron volt; eV)로 나타낼 수 있다. 이는 1볼트의 전위를 잃는 전자로부터 얻을 수 있는 에너지이다. 이러한 정의에 따라 다음과 같은 에너지 단위의 변환이 성립한다.

$$1 \text{ eV} = 1.602 \times 10^{-12} \text{ erg} = 1.602 \times 10^{-19} \text{ J}$$

원자핵 에너지 수준 및 방사선 에너지의 경우, 전자볼트 단위를 사용하면 수치가 커져서 MeV와 KeV가 10^6 eV와 10^3 eV를 대신하여 사용된다. c = 2.99793×10^8 m·s^{-1}, 1 u = 1.6606×10^{-27} kg을 식 16-1에 대입하면 1 u의 에너지는 931.634 MeV로 나타난다. 전자 하나의 질량 0.0005486 u가 완전히 사라지면, 대략 0.511 MeV의 에너지가 방출될 것이다.

방사능과 방사선

동위원소는 원자핵 내에서 중성자 대 양성자의 비율이 다르다. 일부 비율에서는 불안정성이 높을 수도 있는데, 이는 중성자 대 양성자의 비율이 지나치게 높기 때문이다. 이러한 불안정성으로 인해 원자핵은 평형상태를 유지하려는 쪽으로 변화하며, 이 과정에서 입자 또는 전자기파를 방출하여 잉여 에너지를 전달하게 된다. 이러한 핵붕괴 현상을 **방사능**(radioactivity)이라고 부르며, 이러한 현상을 발현하는 동위원소를 **방사성 동위원소**(radioisotope)라고 한다.

동위원소에는 3가지 유형이 있다. 하나는 안정적이고, 다른 하나는 자연적으로 방사능을 나타내며, 나머지 하나는 인위적으로 생성될 수 있으며 방사능을 나타낸다. 산업계에서 널리 사용되는 유형은 인위적으로 생성된 방사성 동위원소이다.

방사성 동위원소가 붕괴될 때 잉여 에너지를 방출하는 3가지 주요 붕괴 산물은 알파 입자, 베타 입자, 감마 방사선이다.

알파 입자 방출. 개념적으로, 무거운 원소의 불안정은 크기에서 비롯된다. 즉, 원자핵이 지나치게 큰 것이 문제가 된다. 이러한 원소들이 크기를 줄일 수 있는 한 가지 방법은 양성자 또는 중성자를 방출하는 것이다. 이때 1개만을 방출하는 것이 아니라 2개의 양성자와 2개의 중성자를 묶음으로 함께 방출하게 되는데, 이러한 묶음을 **알파 입자**(alpha particle, α)라고 한다. 알파 입자는 2개의 양성자와 2개의 중성자로 구성된 헬륨-4 원자의 원자핵과 동일하다. 결과적으로 알파 입자가 방출되면, 원자핵은 $2e$만큼의 전하와 대략 4 u의 질량이 감소하게 되며, 이를 일반화하여 식으로 표현하면 다음과 같다.

$$_{Z}^{A}X \rightleftharpoons {}_{Z-2}^{A-4}X + {}_{2}^{4}He \tag{16-2}$$

원자가 헬륨 묶음을 방출하는 것을 알파선 방출을 통한 붕괴라고 일컫는다. 알파 입자 방출은 주로 원자 번호가 82보다 높은 방사성 동위원소에서 발생하고, 원자 번호가 증가함에 따라 이러한 알파 입자 붕괴의 가능성은 빠르게 증가한다. 즉, 알파 입자 붕괴는 매우 무거운 원소들의 특징이다. 이러한 현상은 자연적인 방사성 동위원소의 주요 붕괴 사슬에서 살펴볼 수 있다.

여기서 중요한 사실은 알파 입자 붕괴를 거친 원자는 새로운 원소로 변환된다는 것이다. 이는 새로운 원자핵(종종 **딸핵**(daughter)이라고 부름)은 어미핵보다 양성자가 2개 적기 때문이다. 알파 입자 방출을 통해 우라늄은 토륨이 되고, 라듐은 라돈이 된다.

베타 입자 방출. 베타 입자 방출은 원자핵 내 중성자 대 양성자 비율이 매우 높은 경우(원자핵 내 지나치게 많은 중성자가 있을 때)에 나타난다. 안정적인 상태로 가기 위해 원자핵 내 중성자는 양성자와 전자로 붕괴될 수 있다. 이렇게 발생한 양성자는 원자핵 내에 머무르면서 중성자 대 양성자 비율을 감소시키고, 전자는 방출된다. 방출된 전자는 **베타 입자**(beta particle, β)로 부르며 일반적인 붕괴식은 다음과 같다.

$$_{Z}^{A}X \rightleftharpoons {}_{Z+1}^{A}X + \beta^{-} \tag{16-3}$$

여기서 주목할 것은 핵으로부터 유래한 전자를 β^{-}로 나타내어 다른 기원의 전자와 구분하는 점이다. β에 음의 부호를 사용하는 것은 양전자(positron)로 부르는, 양전하를 띠는 유사한 입자가 존재할 때 발생할 수 있는 혼란을 방지하기 위함이다.

알파 입자 방출과 마찬가지로 베타 입자 방출을 통해 어미원자는 새로운 원소로 변환되는데, 이는 원자핵 내 양성자 수가 하나 증가하기 때문이다. 만일 딸핵이 여전히 방사성 물질이라면 베타 입자를 다시 방출하여 또 다른 새로운 원소가 되는데, 이러한 반응은 안정적인 중성자 대 양성자 비율에 이를 때까지 계속된다. 이러한 일련의 변환 과정의 예를 들면, 핵분열의 산물인 원소 크립톤은 루비듐이 되고, 이어서 스트론튬으로, 최종적으로 이트륨으로 변환된다.

예제 16-1 다음의 식으로 나타나는 각 붕괴 단계에서 방출되는 입자들을 설명하시오.

$$^{89}_{36}Kr \rightarrow {}^{89}_{37}Rb \rightarrow {}^{89}_{38}Sr \rightarrow {}^{89}_{39}Y$$

풀이 각 단계마다 Z가 1만큼 증가하므로 각 단계에서 방출되는 입자는 베타 입자이다.

감마선 방출. 알파 또는 베타 입자는 감마선과 함께 방출될 수 있다. 알파 또는 베타 방출이 원자핵 크기나 특정 형태의 입자 수의 변화를 가져오는 반면, 감마선 방출은 단순히 에너지 방출만을 나타낸다. 이는 알파 또는 베타 입자 방출 후 새롭게 형성된 원자핵 내에 잔류하는 에너지이다. 감마선의 형태를 나타내는 전자기파는 들뜬 상태의 원자핵이 보다 안정적인 상태로 전환될 때 방출된다. 따라서 원자핵은 본래의 조성을 유지하면서 잉여 에너지를 방출하는 것이다. 방사선의 주파수가 ν라면, 원자핵의 에너지 상태는 E_1에서 E_2로 변환하고, 이 두 에너지는 다음의 식으로 표현된다.

$$E_1 - E_2 = h\nu \tag{16-4}$$

여기서 h는 플랑크상수로 6.624×10^{-27} ergs의 값을 갖는다. 따라서 감마선으로 방출된 에너지는 $h\nu$이다. 수식에서 감마선은 그리스 문자 감마(γ)로 표현된다.

X선. 감마선은 X선(x-ray)과 유사하며, 두 전자기파의 차이는 오로지 그 근원에 기인한다. 감마선은 원자핵이 들뜬 상태에서 안정된 상태로 변환하는 과정에서 발생하는데 반해, X선은 전자가 높은 원자 에너지준위에서 낮은 상태로 이동할 때 발생한다. 일반적으로 원자 에너지준위는 원자 핵 에너지준위보다 조밀하며, 식 16-4에 따라 X선의 주파수는 감마선보다 훨씬 작다. 산업계 적용의 관점에서 감마선과 X선은 단지 투과력에 차이가 있을 뿐이다. 투과력은 주파수에 비례하므로 감마선이 X선보다 투과력이 우수하다.

다중 방출. 앞선 논의에서는 단일 방출만을 고려하였다. 실제로 2개 또는 그 이상의 유형이 방출되는 것이 가능하고, 대부분의 경우 같은 유형의 입자들이 다른 에너지 수준으로 방출된다. 이러한 효과는 본래의 동위원소 원자핵과 입자 방출로 생성된 원자핵에서의 원자핵 에너지준위가 다양하기 때문에 발생한다.

방사성 붕괴

각각의 불안정한 (방사성)원자는 알파 또는 베타 입자를 방출하여 결국 안정한 상태에 이르게 되는데, 이렇게 더욱 안정한 상태로 변환하는 것을 **붕괴**(decay)라고 일컫는다. 방사성 붕괴 과정은 주어진 시료에서 불안정한 원자핵의 일부만이 주어진 시간 내에 붕괴한다는 사실로 특징지어진다. 한 시료에서 특정 원자핵이 dt라는 시간 동안 붕괴할 확률은 $-\lambda dt$이며, 여기서 λ는 방사성 붕괴상수를 나타낸다. 방사성 붕괴상수는 어떤 특정 원자핵이 단위 시간당 붕괴할 확률로 정의할 수 있다.

다수의 유사한 원자핵이 모여있는 경우, λ는 원자핵의 나이와는 독립적으로 모든 원자핵에 동일하다. 이는 λ가 상수임을 의미한다. 만일 N이 특정 시간 t에서 존재하는 원자핵의 수라면, dt 동안 붕괴하는 수는 $\lambda N dt$로 나타낼 수 있다. 원자핵의 수가 dN만큼 감소하는 것은 다음의 식으로 나타낼 수 있다.

$$dN = -\lambda N dt \tag{16-5}$$

음의 부호는 시간에 따라 N이 감소함을 의미한다. 식 16-5는 붕괴율이 원자핵의 수에 비례함을 나타내며, 이는 반응식이 1차임을 의미한다.

식 16-5는 다음과 같이 적분하여 정리할 수 있다.

$$\int_{N_o}^{N} \frac{dN}{N} = \int_{0}^{t} \lambda \, dt$$

$$\ln \frac{N}{N_o} = -\lambda t$$

또는

$$N = N_o \exp(-\lambda t) \tag{16-6}$$

여기서 N_0은 $t=0$에서 존재하는 방사성 원자핵의 수이다. 식 16-6은 방사성 붕괴가 지수함수의 감소 형태임을 나타낸다. 원자핵의 수가 절반으로 붕괴되기까지 걸리는 시간을 반감기($T_{1/2}$)라고 하며, 이는 식 16-6에서 다음과 같이 얻을 수 있다.

$$\ln \frac{N_o/2}{N_o} = -\lambda T_{1/2}$$

$T_{1/2}$에 대해 풀면

$$T_{1/2} = \frac{\ln 2}{\lambda} = \frac{0.693}{\lambda} \tag{16-7}$$

표 16-1	방사성 동위원소의 반감기		
방사성 동위원소	**반감기**	**방사성 동위원소**	**반감기**
폴로늄-212	3.04×10^{-7}초	칼슘-45	165일
탄소-10	19.3초	코발트-60	5.27년
산소-15	2.05분	삼중수소	12.5년
탄소-11	20.4분	스트론튬-90	28년
라돈-222	3.825일	세슘-137	30년
요오드-131	8.06일	라듐-226	1622년
인-32	14.3일	탄소-14	5570년
폴로늄-210	138.4일	칼륨-40	1.4×10^9년

위의 식에서 방사성 물질의 2가지 중요한 인자인 λ와 $T_{1/2}$가 서로 연관되어 있음을 알 수 있다. 이 수치들은 특정 물질의 특성이다. 방사성 동위원소의 반감기는 마이크로초에서 수백만 년에 이르기까지 매우 넓은 범위에 걸쳐 있는데, 일부 대표적인 핵종의 반감기 수치는 표 16-1에 정리되어 있다.

예제 16-2 칼 카보네이트(Kal Karbonate)는 Ca^{45}가 2.0 μCi·L^{-1}의 농도로 담겨 있는 시료병을 폐기 처분해야 한다. 방사성 동위원소가 배출 허용기준인 2.0×10^{-4} μCi·mL^{-1}을 만족하기 위해 소요되는 시간은 얼마인가?

풀이 표 16-1에서 Ca^{45}의 반감기는 165일이다.

식 16-7을 이용하여 λ를 계산한다.

$$\lambda = \frac{0.693}{165\ d} = 4.20 \times 10^{-3}\ d^{-1}$$

식 16-6을 이용하여 소요 시간을 계산한다.

$$2.0 \times 10^{-4}\ \mu Ci \cdot mL^{-1} = (2.0\ \mu Ci \cdot L^{-1})(10^{-3}\ L \cdot mL^{-1}) \exp\left[(-4.20 \times 10^{-3})(t)\right]$$
$$0.10 = \exp\left[(-4.20 \times 10^{-3})(t)\right]$$

식의 양변에 자연로그를 취한다.

$$\ln(0.10) = \ln\{\exp[(-4.20 \times 10^{-3})(t)]\}$$
$$-2.30 = (-4.20 \times 10^{-3})(t)$$
$$t = 548.23\ \text{또는}\ 550\text{일}$$

비방사능과 베크렐. 물성값 N을 어떤 시료의 **방사능**이라 하며, SI 단위체계에서는 방사능의 단위로 **베크렐**(becquerel; Bq)을 사용한다. 방사성 물질 1 Bq은 붕괴 빈도가 초당 1회인 불안정한 원자의 양을 의미한다. 이러한 정의는 단일 동위원소와 혼합물에 모두 사용할 수 있으며 모든 붕괴 유형을 포함한다.

오랜 기간 방사능의 단위로 **퀴리**(curie; Ci)를 사용하였다. 방사성 물질의 1 Ci는 붕괴 빈도가 초당 3.700×10^{10}회인 불안정한 원자의 양을 의미한다. 1 Bq은 2.7×10^{-11} Ci와 같다. 퀴리는 상당히 큰 단위이므로 밀리퀴리(1 mCi = 10^{-3} Ci) 또는 마이크로퀴리(1 μCi = 10^{-6} Ci), 심지어 피코퀴리(1 pCi = 10^{-12} Ci)에 이르기까지 작업에 용이한 수준으로 변환하여 사용되기도 하였다.

방사성 동위원소의 비방사능은 순수 방사성 동위원소의 1 g당 방사능을 의미한다. 1 g의 순수 방사성 동위원소의 원자수는 다음과 같으며,

$$N = \frac{N_A}{A} \tag{16-8}$$

여기서 N_A는 아보가드로(Avogadro)의 수(6.0248×10^{23})이고 A는 핵종 질량이다. 특정 방사성 동위원소의 비방사능 S는 방사성 동위원소의 고유 성질이다.

$$S = \frac{\lambda N_A}{A}\ \text{회} \cdot s^{-1} \tag{16-9}$$

붕괴 생성물의 증가. 붕괴 과정에서 딸핵종이라는 새로운 핵종이 형성된다. 만약 딸핵종이 안정적이라면, 어미핵이 붕괴됨에 따라 딸핵종의 농도는 점차 증가할 것이다. 반면, 딸핵종도 방사성 물질이라면 어미, 딸, 손녀 생성물의 농도 변화는 각각의 붕괴율에 따라 달라질 것이다.

몇몇 경우에는 방사성 동위원소가 붕괴되어 또 다른 방사성 핵종을 생성한다. 이러한 현상은 많은 핵종에 대해 계속될 수 있으며, 이로 인해 붕괴 사슬이 형성된다. 특정 사슬의 특성은 사슬 내 다양한 물질의 상대적인 붕괴상수에 상당한 영향을 받는다.

가장 단순한 경우는 어미원자들로부터 방사성 딸 생성물이 증가하는 경우이다. λ_1의 붕괴상수를 갖는 N_1개의 어미원자가 λ_2의 붕괴상수를 갖는 N_2개의 딸원자로 붕괴된다고 가정하자. 딸 생성물의 증가율은 어미로부터 생성되는 속도와 딸원자가 붕괴되는 속도의 차이이다. 이는 다음과 같이 나타낼 수 있다.

$$\frac{dN_2}{dt} = \lambda_1 N_1 - \lambda_2 N_2 \tag{16-10}$$

딸의 생성률은 곧 어미의 붕괴율이라고 할 수 있다.

식 16-6에 N_1을 어미핵종의 수, N_{10}을 초기 어미핵종의 수로 표현하여 적용하면 다음과 같다.

$$N_1 = N_{10} \exp(-\lambda_1 t)$$

식 16-10에 대입하면 다음과 같다.

$$\frac{dN_2}{dt} = \lambda_1 N_{10} \exp(-\lambda_1 t) - \lambda_2 N_2 \tag{16-11}$$

이를 정리하면 다음과 같다.

$$\frac{dN_2}{dt} + \lambda_2 N_2 = \lambda_1 N_{10} \exp(-\lambda_1 t) \tag{16-12}$$

이 식은 $e\lambda^{2t}$를 각 항에 곱하여 풀 수 있다.

$$\exp(\lambda_2 t) \frac{dN_2}{dt} + \exp(\lambda_2 t) \lambda_2 (N_2) = \lambda_1 N_{10} \exp(-\lambda_1 t) \exp(\lambda_2 t) \tag{16-13}$$

$$\frac{dN_2 e^{\lambda_2 t}}{dt} = \lambda_1 N_{10} \exp[(\lambda_2 - \lambda_1)t] \tag{16-14}$$

이를 적분하면 다음과 같다.

$$N_2 e^{\lambda_2 t} = \frac{\lambda_1 N_{10}}{\lambda_2 - \lambda_1} \exp[(\lambda_2 - \lambda_1)t] + C \tag{16-15}$$

적분상수 C는 경계 조건으로부터 정해진다. 이 경우, $t=0$에서 딸 생성물이 존재하지 않으므로 $N_2 = 0$이다. 이러한 경계 조건을 이용하여 식 16-15는 다음과 같이 정리된다.

$$N_2 = \frac{\lambda_1 N_{10}}{\lambda_2 - \lambda_1} (e^{-\lambda_1 t} - e^{-\lambda_2 t}) \tag{16-16}$$

딸 생성물의 특징. 식 16-16의 유도 과정에서 초기 시간에서 $N_2=0$으로 가정하였다. 딸핵종 또한 붕괴하므로, 무한대의 시간이 지나면 N_2는 다시 0이 될 것이다. $N_2 = 0$이 되는 이 두 시간대 사이에서 N_2가 최대치에 도달하는 시간 t'이 있을 것이다. 이때 증가율은 전환점을 맞이하게 되어, $dN_2/dt = 0$이 될 것이다. 식 16-16에 이러한 사실을 적용하여 다음을 유도할 수 있다.

$$t' = \frac{\ln \lambda_2 - \ln \lambda_1}{\lambda_2 - \lambda_1} \tag{16-17}$$

영년 평형.　방사능 평형의 제한적인 사례로 $\lambda_1 \ll \lambda_2$인 경우, 어미 방사능이 딸의 반감기 기간 동안 감소하지 않으면, 이를 **영년 평형**(secular equilibrium)이라고 한다. 이러한 예로 ^{238}U가 ^{234}Th로 감소하는 경우가 있다. 이 경우, 반감기 후 N_2 값의 유용한 근사치는 다음과 같다.

$$N_2 = N_{10} \frac{\lambda_1}{\lambda_2} \tag{16-18}$$

어미의 지속적인 생성.　이전의 계산들은 초기 시간에서 특정한 수의 어미원자가 존재하고 이후에 붕괴되는 상황을 가정하였다. 그러나 흥미롭게도 많은 경우, 어미는 지속적으로 보충된다. 이러한 경우는 예를 들면 원자로에서 발생하는데, 여기서 어미핵종은 중성자 충돌에 의해 지속적으로 생성된다. 또 다른 예는 대기 상층부에 존재하는 핵이 우주방사선에 노출되어 탄소-14가 연속적으로 생성되는 것이다.

최종 생성물.　어떠한 방사성 붕괴 사슬이라도 결국 안정한 상태의 핵종에 도달해야 한다. 안정한 핵종에 대해서는 $\lambda = 0$이다. 예를 들어, 딸이 안정 동위원소인 어미 방사성 동위원소를 생각해 보면, 식 16-16에 $\lambda_2 = 0$을 적용하여 정리할 수 있다.

$$N_2 = N_{10} (1 - e^{-\lambda_1 t}) \tag{16-19}$$

더 긴 붕괴 사슬에 대해 도출한 다른 식에도 유사한 방식을 적용할 수 있다.

방사성 동위원소

자연발생 방사성 동위원소.　50개의 자연발생 방사성 동위원소의 대부분은 토륨 계열, 우라늄 계열, 악티늄 계열 3가지 계열로 분류된다. 각각의 계열은 원자량이 큰 원소(우라늄-238, 토륨-232, 우라늄-235)에서 시작하며, 알파 및 베타 입자 방출의 일련의 과정을 거쳐 안정한 핵종에 도달한다 (납-206, 납-208, 납-207). 이 3가지 계열은 무거운 원소와 연관되며, 자연발생 방사성 동위원소의 원자량이 82보다 작은 경우는 매우 드물다.

　자연발생 방사성 동위원소의 반감기는 매우 길다. 이들은 생성 당시 지구의 구성요소들로 추정되는데, 이들의 활동은 여전히 감지된다.

　자연환경에서 발생하지만 엄밀히 말하면 자연발생적이지 않은 2가지 중요한 동위원소로는 수소-3(삼중수소)와 탄소-14가 있다. 이들 방사성 동위원소는 지구의 상층 대기에 충돌하는 우주방사선에 의해 인위적으로 생성된다. 현재 이들 방사성 동위원소의 양은 평형상태에 있으며, 우주 방사선에 의한 생성률과 자연 붕괴율 간의 균형을 이루고 있다. 이러한 현상으로 인해, 이들 방사성 동위원소는 고고학적 연대기 추정에 사용된다.

인위적으로 생성된 방사성 동위원소.　인위적으로 생성되는 방사성 동위원소들은 주로 원자로 또는 입자 가속기에서 발생한다. 사이클로트론은 필요한 충돌 입자 에너지를 쉽게 얻을 수 있고, 생산량이 상당히 높아 가장 일반적으로 사용하는 가속기이다. 안정한 동위원소를 방사성 동위원소로 변환하는 것은 표적핵을 전자기 또는 입자로 충돌시켜 발생하며, 이를 통해 핵반응에 필요한 동위원소를 생성한다.

가속기가 사용되는 경우, 충돌하는 입자들은 주로 양성자, 중양성자, 알파 입자이다. 사이클로트론으로부터 아연-64가 활발한 중양성자와 충돌하면서 발생한 핵반응에서 중양성자와 아연-64는 새로운 원소를 형성한다. 새 원소는 $30e + e$의 전하와 $64 + 2$의 원자량을 갖는다. 이 물질의 핵은 ^{66}Ga, 갈륨-66이다. 이러한 중간 핵은 대부분 즉시 붕괴하는데, 여러 붕괴 방식 중 한 과정을 따른다. 만일 양성자가 방출되면 최종 핵은 $32e$의 전하와 65의 원자량을 갖게 되는데, 이는 ^{65}Zn이다. 이 동위원소는 자연에서는 존재하지 않는다.

산업용 방사성 동위원소의 생산과 관련하여 가장 보편적으로 사용되는 핵반응은 열중성자들로부터 오는 것이다. 적절한 용기에 담긴 표적물질은 원자로 노심에 삽입된 후 필요한 시간 동안 머물게 된다. 원자로 노심에는 많은 양의 열중성자가 공급된다. 열중성자와 표적핵의 반응으로 필요한 방사성 동위원소가 생성되는데, 이러한 과정을 **중성자 활성화**(neutron activation)라고 한다.

분열

원자로(nuclear reactor)는 분열 가능한 물질(우라늄-235, 플루토늄-239 또는 우라늄-233)이 모여 있는 곳으로, 자체적으로 **사슬 반응**(chain reaction)을 유지할 수 있는 형태로 배치되어 있다. 이 원자핵들이 적절한 에너지를 가진 중성자들과 충돌할 때, 이들은 **분열**(fission)하고 분열 산물과 중성자로 나누어진다. 핵반응이 지속되려면 적어도 1개의 생성된 중성자가 또 다른 핵분열을 위해 사용될 수 있어야 한다. 따라서 어떤 수치 미만으로는 자체적으로 반응을 이어갈 수 없는 최소(**임계**) 질량이 존재한다. 실제 원자로는 가용한 중성자들이 과잉이 되도록 설계하며, 잉여 중성자는 **감속재**(moderator)를 사용하여 제어한다. 감속재는 보론, 카드뮴, 하프늄과 같은 중성자 포획이 가능한 물질로 구성된다. 이러한 물질은 **제어봉**(control rod)의 형태로 제작되어 잉여 중성자를 제어하기 위해 원자로 안팎으로 움직인다.

핵분열 연쇄 반응은 상당한 양의 열을 방출하는 것이 특징이다. 이 열은 원자로가 녹아서 기계적인 고장을 일으키지 않고, 궁극적으로 통제불능의 분열이 발생하지 않도록 효율적인 냉각 시스템으로 제어되어야 한다. 통제불능의 반응은 원자 폭발로 귀결된다.

핵분열 조각들은 질량이 작은 원소들이다. 일반적으로 하나의 핵으로부터 2개의 핵분열 조각이 발생하는데, 각 조각은 200 MeV 수준의 에너지를 가지고 있다. 우라늄 핵이 나눠져서 생성된 2개의 조각은 매번 동일하지 않다. 분열은 매우 비대칭적으로 일어나고 30개 이상의 다양한 방법으로 발생할 수 있다. 가장 보편적으로 생성되는 동위원소는 원자량 95와 139 주위에 분류된 그룹에 속한다.

핵분열 과정에서 생성된 조각들은 중성자 대 양성자 비율이 매우 커서 불안정한 상태이므로, 안정상태의 핵에 도달하기 전에 많은 변환이 일어나야 한다.

핵분열 조각들은 질량이 크고 초기 전하량이 매우 높기 때문에 이동성이 매우 낮은 물질이다. 따라서 이들은 우라늄 핵이 분열할 때 연료 원소 안에 포함된다. 사용 후 원자로 연료 원소는 후속 처리에 많은 문제를 일으키는 매우 강력한 방사선원이다. 핵분열 조각 자체가 때때로 산업용 방사능 공급원으로 사용되기도 한다.

X선의 생성[*]

X선은 1895년 빌헬름 콘라드 뢴트겐(Wilhelm Conrad Roentgen)에 의해 발견되었다. 그는 음극선관을 검은 판지 박스로 덮고 관 근처에 설치한 바륨 플라티노시아나이드로 코팅된 스크린에 나타난 형광을 관찰하였다. 이러한 현상에 대해 추가적으로 조사하여 그는 불투명한 물질을 침투하는 보이지 않는 광선이 생성되었으며, 이는 특정 화학물에 형광을 발생시킬 수 있다고 결론지었다. 그는 이 새로운 보이지 않는 광선을 **X선**(x-ray)이라고 명명하였다. X선은 이 발견자의 이름을 따서 '뢴트겐선'이라고 일컬어지기도 한다.

앞서 언급하였듯이, X선은 전자기파로, 감마선과 같이 전자기파 스펙트럼의 일부분을 차지한다. 감마선과 같이 X선은 고체물질을 통과한다. X선이 물질과 상호 작용하는 방식은 생물학적 상호 작용이나 사진 효과 모두 동일하다.

감마선이 원자의 핵에서 발생하는데 비해, X선은 원자핵 밖에서 고속 전자가 원자와 상호 작용하여 발생한다. 이러한 이유로 X선과 감마선의 에너지 분포에는 차이가 있다. 어느 단일 방사성 핵종으로부터 발생한 감마선은 하나 또는 여러 개의 불연속적인 에너지로 구성된다. X선은 넓고 연속적인 에너지 스펙트럼으로 이루어져 있는데, 연속적인 스펙트럼에 대해서는 추후 설명하기로 한다.

X선관. X선은 고속 전자의 흐름이 어떤 물질에 충돌할 때마다 발생한다. 이는 충돌하는 물질 내의 원자가 고속 전자의 급속한 정지 또는 굴절을 야기하기 때문이다. X선관(그림 16-2)은 고속 전자가 반응물질에 충돌하도록 설계된다. X선관의 필수요소는 (1) 음극과 양극이 들어 있는 고도로 진공 처리된 유리 외피, (2) 음극에서 방사되는 전자의 발생원, (3) 전자 흐름의 경로에 배치된 표적(또는 양극)이다.

1913년 윌리엄 D. 쿨리지(William D. Coolidge)에 의한 고온의 필라멘트관 개발은 X선 분야의 중요한 진보를 이루었다. 오늘날 사용되는 대부분의 X선관은 이러한 형태를 따른다. 여기서 자유전자들은 진공관 내 백열 필라멘트에 의해 가열되고, 전기장을 통해 가속된다. 방사선의 질과 강도는 고온의 필라멘트관에서 간단한 전기적 방법으로 제어될 수 있다. 방사선의 강도는 전류에 정비

그림 16-2

자가정류회로에서의 전형적인 X선관

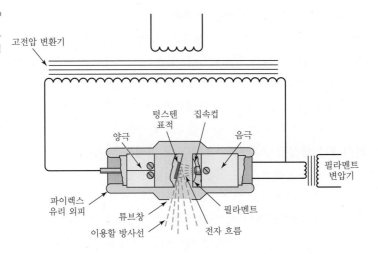

고전압 변환기

텅스텐 표적 / 집속컵

양극 / 음극

파이렉스 유리 외피

튜브창 / 필라멘트

이용할 방사선 / 전자 흐름

필라멘트 변압기

---

[*] 이 논의는 U.S. PHS (1968)를 참고하였다.

례하고 전압의 제곱에 비례한다. 이는 사용기간 동안 관의 특징이 일정하게 유지되면서 넓은 범위의 파장과 강도의 빛이 발생하게 한다.

X선관의 작동에 필요한 고압은 단계형 변압기로 얻을 수 있으며, 출력은 항상 교류 형태이다. 전자들은 관 내에서 음극에서 양극으로 흐르기 때문에 일종의 정류장치가 필요하다. 자가정류관은 자체 정류기로 거동한다. 교류 전압이 이러한 관에 가해지면, 양극이 저온을 유지하는 한 전류는 음극에서 양극으로 흐르게 된다. 양극이 고온이 되면 주기의 절반 동안 전자의 흐름이 뒤바뀌므로 음극이 손상된다. 따라서 자가정류관은 낮은 전류도 짧은 구동 기간 동안만 사용 가능하다. 전력공급회로에 밸브(정류기)를 사용하면 X선관에서 역전압을 제거할 수 있다. 이를 통해 X선관에서 더 높은 전력을 받아들일 수 있고, 방사선 출력이 증가하고, 노출 시간이 짧아진다.

X선 생산 효율. 평균적으로, 전자기파로 방출되는 전자 에너지의 분율은 표적대상 원자의 원자번호와 전자속도에 따라 증가한다. 이 분율은 매우 작으며, 다음의 경험식으로 표현될 수 있다.

$$F = 1.1 \times 10^{-9} ZV \tag{16-20}$$

여기서 F＝X선으로 전환되는 전자 에너지 분율

Z＝표적물질의 원자번호

V＝전자 에너지(볼트)[*]

일반적으로 공급된 전력의 1% 미만이 X선 에너지로 전환된다. 나머지 에너지(99% 이상)는 표적물질에서 발생하는 열로 나타난다(주로 이온화와 들뜸을 통해 나타남). 결과적으로 표적물질의 전자 충돌은 고온을 유발하고, 발생한 열이 빠르게 사라지지 않으면 표적물질은 녹을 것이다. 이러한 열 발생은 X선관의 용량을 제한하는 인자이다.

적절한 표적은 다음의 특징을 지니고 있어야 한다.

1. 높은 원자번호. 이는 효율이 원자번호에 직접 비례하기 때문이다.
2. 높은 녹는점. 이는 고온이 발생하기 때문이다.
3. 열을 소산시키기 위한 높은 열용량
4. 표적의 증발을 방지하는 고온에서의 낮은 증기압

연속적인 스펙트럼. 고속 전자가 표적에 멈출 때, 발생한 방사선은 연속적인 에너지(파장) 분포를 나타낸다. 빠르게 이동하는 전자가 표적의 표면층에 침투함에 따라, 전자들은 핵의 강력한 쿨롱장과의 충돌로 급작스럽게 속도가 느려지고, 본래 진행 방향에서 벗어나게 된다. 전자가 급작스러운 속도 변화를, 방향 전환을, 또는 둘 다를 경험할 때마다 X선 형태의 에너지가 방출된다. 방출되는 X선 광자 에너지는 감속되는 정도에 따라 달라진다. 만약 전자가 한 번의 충돌로 정지하게 되면, 결과적으로 발생하는 광자 에너지는 정지된 전자의 운동 에너지를 따르며 최대치를 나타낼 것이다. 만일 전자가 덜 과격한 충돌을 하게 되면, 낮은 광자 에너지가 생성된다. 다양한 형태의 충돌이 발생하기 때문에 최대치를 포함한 모든 에너지의 광자가 생성될 것이다. 따라서 X선 스펙트럼은 연속적인 분포를 갖는다. 최대 강도(곡선의 피크)는 최소 파장의 1.5배 가량의 파장에서 발생한다. 주어진 X선관에서 나오는 총방사선 강도는 스펙트럼 곡선 아래의 면적으로 나타나며, 전자 전류(표

---

[*] 전자 에너지는 일반적으로 튜브를 사이에 가해진 전압으로 표현된다.

적에 충돌하는 전자의 수)에 정비례하는 것으로 밝혀졌다.

방사선량[*]

이온화 방사선이 생명체에 미치는 해로운 영향은 세포와 장기 조직에 흡수되는 에너지 때문이다. 이렇게 흡수된 에너지(또는 선량)는 살아 있는 세포 내 분자의 화학적 분해를 일으킨다. 이러한 분해 과정은 조직 내 원자와 방사선 간의 이온화 및 들뜸 상호 작용과 연관된 것으로 보인다. 세포나 조직에서 이온화 방사선에 의해 생성된 이온화량 또는 이온쌍의 수는 주어진 양이나 선량에서 예상할 수 있는 분해 및 생리학적 손상 정도의 지표가 된다. 따라서 방사선량 측정의 이상적인 기준은 관심 매체에서 이온쌍의 수(또는 이온화)이다. 실질적인 이유로 노출 선량을 정의하기 위해 선택된 매체는 공기이다.

노출선량-뢴트겐. 특정 공간 내에서 X선 또는 감마선의 피폭선량은 공기 중에서 이온화를 발생시키는 능력에 기초한 방사선 지표이다. X선 또는 감마선에 대한 피폭을 표현하는 단위는 뢴트겐(R)이다. 뢴트겐 단위의 장점은 이 단위로 나타낸 피폭선량의 크기가 대체로 흡수량과 연관될 수 있다는 점이며, 이는 방사선 피폭으로 인해 예상되는 생물학적 영향(또는 손상)을 예측하거나 정량화하는 데 중요한 부분이 된다.

뢴트겐(roentgen)은 공기 0.001293 g당[†] 관련 입자 방출이 공기 중에서 양 또는 음의 정전기 단위(electrostatic unit, esu) 1의 이온을 생성하게 하는 X선 또는 감마선의 피폭선량이다. 방사선의 이온화 특성은 몇몇 유형의 탐지 장비 및 탐지 방법의 원리가 되기 때문에 이러한 장치는 노출선량을 정량하는 데 사용될 수 있다. 여기서 뢴트겐은 공기의 이온화에 기반한 노출선량의 단위임에 유의해야 한다. 이는 이온화의 단위도, 흡수선량의 단위도 아니다.

흡수선량-그레이. 이온화 방사선의 흡수선량은 해당 장소에서 방사선에 조사된 물질의 단위 질량당 방사선에 의해 물질에 전달되는 에너지이다. SI 단위체계에서 흡수선량의 단위는 **그레이**(gray; Gy)를 사용한다. 1 Gy는 $1 \text{ J} \cdot \text{kg}^{-1}$의 흡수에 해당하는 값이다. 이전의 흡수선량 단위는 **라드**(rad)였는데, 1 rad는 $100 \text{ ergs} \cdot \text{g}^{-1}$의 흡수에 해당하는 값으로, 1 Gy = 100 rads이다. 뢴트겐 단위는 오로지 X선 또는 감마선에만 적용이 가능하지만, 그레이 단위는 이온화 방사선의 유형 또는 흡수매체 유형에 관계없이 사용할 수 있다.

뢴트겐을 그레이로 변환하기 위해서는 입사 방사선 에너지와 흡수물질의 질량 흡수계수 2가지를 알고 있어야 한다. 이는 예제 16-3에 설명되어 있다.

예제 16-3 1.0 R의 감마선량이 공기 중에서 측정되었다. 경험적인 연구에 따르면, 공기 중에서 각 이온쌍을 형성하는 과정에서 평균 34 eV의 에너지가 전달된다(흡수된다). 공기 1 cm^3에서 등가흡수선량은 얼마인가?

---

[*] 이 논의는 U.S. PHS (1968)를 참고하였다.

[†] 표준 온도 및 압력 조건에서 공기 1 cm^3의 질량은 0.001293 g이다.

풀이 공기 0.001293 g(표준 조건에서 1 cm³ 공기의 질량)당 1 esu를 형성하기 위해, 감마선은 공기 중에 흡수될 때 1.61×10^{12}의 이온쌍을 생성해야 한다. 경험적인 추정에 따르면, 총 흡수된 에너지는 다음과 같다.

$$[34 \text{ eV} \cdot (\text{ion pair})^{-1}](1.61 \times 10^{12} \text{ ion pairs} \cdot g^{-1}) = 5.48 \times 10^{13} \text{ eV} \cdot g^{-1}$$

전자볼트 대신 erg 단위를 사용하면

$$(5.48 \times 10^{13} \text{ eV} \cdot g^{-1})(1.602 \times 10^{-12} \text{ erg} \cdot \text{eV}^{-1}) = 87 \text{ ergs} \cdot g^{-1}$$

1 erg = 1×10^{-7} J이므로, 표준 조건에서 1 cm³ 공기로의 1 R의 노출선량은 다음과 같은 흡수선량으로 계산할 수 있다.

$$(87 \text{ ergs} \cdot g^{-1})(10^{-7} \text{ J} \cdot \text{erg}^{-1})(10^3 \text{ g} \cdot kg^{-1}) = 8.7 \times 10^{-3} \text{ J} \cdot kg^{-1} = 8.7 \times 10^{-3} \text{ Gy}.$$

상대적인 생물학적 효과. 모든 이온화 방사선이 유사한 생물학적 효과를 유발할 수 있지만, 그레이 단위로 측정된 흡수선량은 방사선 유형에 따라 특정 효과가 크게 다를 수 있다. 이와 관련한 거동의 차이는 특정 방사선의 **상대적인 생물학적 효과**(relative biological effectiveness, RBE)라는 지표를 통해 표현된다. 특정 방사선의 상대적인 생물학적 효과는 감마선(특정 에너지)의 흡수선량(그레이) 대 주어진 방사선의 흡수선량의 비율로 정의된다. 만약 0.2 Gy의 느린 중성자 방사선의 흡수선량이 감마선 1 Gy의 경우와 동일한 생물학적 효과를 나타낸다면, 느린 중성자의 상대적인 생물학적 효과는 다음과 같다.

$$\text{RBE} = \frac{1 \text{ Gy}}{0.2 \text{ Gy}} = 5$$

특정 유형의 핵 방사선에 대한 상대적인 생물학적 효과값은 방사선 에너지, 생물학적 손상의 종류와 정도, 장기 및 조직의 특성과 같은 여러 요인에 영향을 받는다.

조직 가중치(W_T). **조직 가중치**(tissue weighting factor, W_T)는 방사성 동위원소 및 방사성 동위원소의 화학적 형태에 따른 방사선민감성(radiosensitivity)의 변화 정도가 다양한 조직과 장기에 따라 다르다는 사실을 보정하기 위해 선량 계산에 사용되는 인자이다. 일부 조직과 장기는 방사선에 매우 민감하다. 예를 들어, 요오드는 갑상선 조직에 쉽게 결합되기 때문에 갑상선은 방사성 요오드에 매우 민감하다. 따라서 방사선 요오드에 대한 W_T가 높다. 만약 조직이나 장기가 방사선에 민감하지 않은 경우, 그 조직에 대한 W_T 수치는 매우 작거나 0이 될 것이다.

시버트. 상대적인 생물학적 효과를 염두에 두고, **시버트**(Sv)라고 알려진 또 다른 국제 단위계 단위를 소개하고자 한다. 1 Sv는 감마선 1 Gy와 같은 생물학적 효과를 나타내는 방사선량과 같다. 이전에는 **렘**(rem)으로 알려져 있었는데, 이는 "roentgen equivalent man"의 약자이다(1 Sv = 100 rem). 그레이는 에너지 흡수를 표현하기 편리한 단위이지만, 특정 핵 방사선 흡수로 인한 생물학적 효과를 반영하지는 못한다. 시버트는 다음과 같이 정의된다.

시버트 용량 = RBE × 그레이 용량 × W_T

시버트는 방사선 흡수로 인한 생물학적 손상의 정도를 나타내는 지표이므로, 생물학적 선량의 단위이다.

16-2 이온화 방사선의 생물학적 영향[*]

이온화 방사선이 생물학적 손상을 일으킨다는 것은 오래전부터 알려진 사실이다. 사람에 대한 첫 번째 사례는 1895년 X선의 발견을 보고한 뢴트겐의 논문이 소개되고 불과 몇 개월 후에 보고되었다. 1902년에는 X선이 암을 유발하는 첫 번째 사례가 보고되었다.

방사선 피폭으로 인체에 유해한 영향을 준 많은 증거는 1920년대와 1930년대에 초창기 방사선 전문의, 라듐 산업 종사자, 기타 특수 작업 종사자 집단 사례에 기반하고 있다. 그러나 장기간 소량으로 만성 노출되는 경우는 1950년대까지 알려지지 않았으며, 방사선의 생물학적 효과에 대한 대부분의 지식은 2차 세계대전 이후에 축적되었다.

생물학적 영향의 순차적인 패턴

방사선 피폭에 따른 순차적인 영향은 잠복기, 영향기, 회복기 3단계로 나누어진다.

잠복기. 방사선 피폭 이후, 인지할 수 있는 영향이 나타나기 전에 **잠복기**(latent period)로 불리는 지연 시간이 존재한다. 잠복기의 기간은 다양하다. 실제로, 방사선의 생물학적 효과는 이러한 시간대를 기반으로 하여 임의적으로 단기 또는 급성, 장기 또는 지연 효과로 나누어진다. 수분, 수일, 수주 내에 나타나는 효과들은 **급성 효과**(acute effect), 수년, 수십년, 때로는 수 세대 후에 나타나는 효과들은 **지연 효과**(delayed effect)로 부른다.

영향기. 잠복기 또는 그 직후에는 식별 가능한 특정 영향이 관찰될 수 있다. 방사능에 피폭된 성장하는 조직 내에서 종종 보여지는 현상 중 하나는 체세포분열 또는 세포분열의 중단이다. 이는 피폭선량에 따라 일시적이거나 영구적일 수 있다. 그 밖에 관찰되는 영향들은 염색체 절단, 염색질 접합, 거대 세포 형성 등 비정상적인 유사분열, 염색 특성의 변화, 운동성 또는 섬모 운동의 변화, 세포용해, 액포형성, 원형질의 점성 변화, 세포벽의 투과성 변화와 같은 것들이다. 이러한 영향들 중 상당수는 다른 유형의 자극으로도 단독으로 발생할 수 있다. 그러나 전반적인 효과는 단일 화학 약품으로 재현 불가능하다.

회복기. 방사능 피폭 후 어느 정도의 회복이 가능하다. 급성 효과의 경우 노출 후 수일 또는 수주 내에 회복이 분명하게 나타난다. 그러나 회복 불가능한 잔류 손상이 있으며, 이는 추후에 지연 효과를 일으킬 수 있는 치료 불가능한 손상이다.

생물학적 영향의 결정 요인

용량–반응 곡선. 생물학적으로 유해한 물질에 대해 투여한 용량과 이에 따라 발생한 반응 또는 손상의 상관관계를 살펴보는 것은 유용하다. 방사선 피폭으로 손상된 양은 방사선이 조사된 동물세포에서 나타나는 이상 발생 빈도 또는 인구집단에서 발생하는 만성 질환 빈도가 될 수 있다. 이 두

---

* 이 논의는 U.S. PHS (1968)를 참고하였다.

그림 16-3

발단선량을 나타내는 용량 반응 곡선

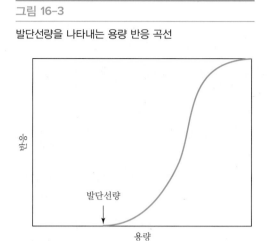

그림 16-4

발단선량이 없는 용량 반응 곡선

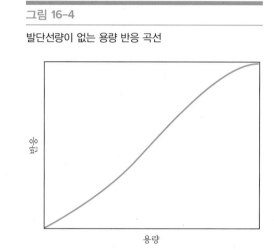

변수를 도식화하여 용량-반응 곡선을 만들 수 있다. 방사선과 관련하여 중요한 질문은 이 곡선의 특성과 형태이다. 그림 16-3과 16-4는 2가지 가능성을 보여준다.

그림 16-3은 전형적인 임계 곡선이다. 곡선이 가로축과 접하는 부분이 발단선량을 나타내는 지점이며, 이 용량 미만으로는 아무런 반응이 나타나지 않는다. 만약 피부 발진과 같은 급성이면서 쉽게 관찰되는 방사선 효과를 반응으로 취한다면, 이러한 유형의 곡선이 적용된다. 이 효과의 최초 발현은 어느 정도의 최소 용량에 도달할 때까지 나타나지 않는다.

그림 16-4는 선형이거나 비임계 관계를 나타내는데, 곡선과 가로축이 원점에서 만난다. 따라서 아무리 작은 용량이라도 어느 정도의 반응을 발생시킨다. 방사능의 유전적 효과가 비임계 현상으로 여겨지는 몇 가지 증거가 있으며, 비임계 효과는 방사선 방호지침과 공중보건 프로그램의 방사선 제어 활동에서 세우는 몇 가지 기본적인(그리고 보수적인) 가정 중 하나이다. 따라서 많은 인구집단이 매우 적은 방사선에 노출될 때 어느 정도의 위해가 발생한다고 가정한다. 이러한 가정은 허용 가능한 방사선 피폭에 대한 지침을 복잡하게 만드는데, 이는 "허용 가능한 위해"라는 개념을 적용하려면 주어진 방사선 피폭으로부터 발생하는 편익을 발생 가능한 위험과 비교해야 하기 때문이다.

흡수율. 방사선이 투여 또는 흡수되는 속도는 어떤 효과가 발생할지 파악하는 데 매우 중요하다. 방사선으로 인한 손상에서 상당 수준의 회복이 가능하기 때문에, 주어진 용량이 한 번에 노출되기보다 분산될 때(노출 사이에 회복할 시간을 부여함) 효과가 적게 나타날 것이다.

노출 면적. 일반적으로 연관된 인체 면적을 분명하게 확인할 수 없는 경우 외부 방사선 피폭은 전신 조사로 가정한다. 조사된 인체의 면적은 중요한 노출 변수인데, 이는 같은 조건하에 면적이 넓을수록 전반적인 손상이 커지기 때문이다. 심지어 비장이나 골수와 같은 방사선에 매우 민감한 혈액 형성 기관의 부분적인 차폐도 전체적인 효과를 상당히 완화할 수 있다. 이러한 현상의 예로 방사선 치료를 들 수 있는데, 방사선 치료에서는 전신에 전달될 경우 치명적일 수 있는 선량이 종양 부위와 같은 매우 제한된 영역에 전달된다.

종과 개체별 민감도의 차이. 방사선민감성은 종에 따라 매우 다양하게 나타난다. 예를 들어, 식물과 미생물의 치사량은 보통 포유류의 치사량보다 수백 배 높다. 설치류의 다른 종 사이에서도 한 종이 다른 종의 3~4배의 방사선민감성을 보이기도 한다.

같은 종 내에서는 개체 간 민감도에 따라 생물학적 다양성이 나타난다. 이러한 이유로 각 종에 대한 치사량은 통계적으로 표현된다. 표준 통계지표로 사용되는 것은 특정 종의 LD_{50}, 즉 충분히 큰 개체군에서 50%의 개체가 치사할 수 있는 용량이다. 인체에 적용할 경우 LD_{50}은 약 450 R로 추정된다.

세포별 민감도의 차이. 동일한 개체 내에서도 방사선 손상에 대한 민감도는 다양한 유형의 세포와 조직에 따라 광범위하게 나타난다. 일반적으로 빠르게 분열하고 있거나 빠른 분열 가능성이 있는 세포는 분열하지 않는 세포보다 민감하다. 또한 분화되지 않은 세포(예를 들면, 원시세포 또는 비특화 세포)는 고도로 특화된 세포보다 더욱 민감하다. 같은 세포군 내에서도 원시적이고 빠르게 분열하는 미성숙한 형태는, 구조와 기능에 특화되어 분열을 중단한 오래되고 성숙한 세포보다 방사선에 더욱 민감하다.

급성 영향

급성 방사선 노출은 매우 짧은 시간 동안 신체의 넓은 부분에 일어나는 경우이다. 방사선량이 많은 경우 수시간에서 수일 내에 효과가 나타날 수 있다. 여기서 잠복기 또는 방사선 피폭과 이로 인한 영향이 발현되기까지 지연되는 시간은 상대적으로 짧고, 선량 수준이 증가할수록 더욱 짧아진다. 이러한 단기 방사선 효과는 급성 **방사선 증후군**(radiation syndrome)으로 알려진 징후와 증상으로 이루어져 있다.

급성 방사선 증후군의 단계는 다음과 같다.

1. **전구 증상.** 초기 단계로 보통 메스꺼움, 구토, 불쾌감이 나타난다. 이는 비특이적 전신 반응을 보이는 급성 바이러스 감염의 전구 증상과 유사하다고 볼 수 있다.
2. **잠복기.** 바이러스 감염의 잠복기와 비견될 수 있는 이 단계에서는 질병의 주관적인 증상이 가라앉고 환자가 상태가 나아짐을 느낀다. 그러나 혈액 형성 장기와 기타 다른 부위에서 후속 증상을 발현시키는 변화가 일어날 수 있다.
3. **질환 발현기.** 이 단계에는 방사선 피폭과 분명하게 연관지을 수 있는 임상 소견이 나타난다. 가능한 징후와 증상으로는 발열, 감염, 출혈, 심한 설사, 탈진, 방향감각 상실, 심혈관 파괴 등이 있다. 개인별로 관찰되는 이러한 현상 중 어느 것이든 피폭된 방사선량에 크게 좌우된다.
4. **회복 또는 사망.**

선량과 급성 방사선 증후군 유형의 관계

앞서 언급하였듯이, 세포마다 방사선에 대한 민감도가 다르다. 예를 들어, 상대적으로 낮은 선량에서 손상 가능성이 높은 세포는 림프절과 골수의 미숙 백혈구와 같은 가장 민감도가 높은 세포들이다. 낮은 선량에서 질환 발현기에는 이러한 세포들에서 발열, 감염, 출혈과 같은 관찰 가능한 영향이 있을 것이다. 이는 급성 방사성 증후군의 **조혈 형태**(hematopoietic form)로 알려져 있다.

보통 6 Gy를 초과하는 높은 선량에서는 다소 낮은 민감도의 세포가 손상될 것이다. 특히 중요한 것은 위장관에 위치한 상피세포인데, 상피세포가 파괴되면 필수적인 생물학적 장벽이 손상된다. 결과적으로 심각한 병원균 감염과 심한 설사, 체액 손실 등 급성 방사성 증후군의 **위장 형태**(gastrointestinal form)가 발현된다.

급성 방사선 증후군의 **뇌 형태**(cerebral form)는 100 Gy 이상의 높은 선량에서 나타날 수 있는데, 상대적으로 저항력이 있는 중추신경계 세포들이 손상되고, 이로 인해 방향감각 상실과 쇼크로 특징지을 수 있는 질환을 앓게 된다.

방사선 손상의 발현 양상에서 다양한 개인차를 고려할 때, 각각의 증상에 대해 특정한 용량 범위를 규정하기는 어렵다. 그러나 이어서 언급할 일반적인 값은 선량의 범위에 대한 대략적인 지표를 제공하는 역할을 할 수 있다. 0.5 Gy 이하에서는 일반적인 실험실 실험 또는 임상에서 손상 징후를 보이지 않는다. 1 Gy에서는 대부분의 경우 증상을 보이지 않지만, 소수는 약간의 혈액 변화를 보일 수 있다. 2 Gy에서는 대부분이 확실한 손상 징후를 나타낸다. 이 선량 수준은 방사선의 영향에 가장 민감한 사람들에게 치명적일 수 있다. 4.5 Gy는 평균 치사량으로, 노출된 환자의 50%가 사망한다. 약 6 Gy는 급성 방사선 증후군의 위장 형태의 임계 수준을 나타내며, 노출된 모든 사람들의 예후가 매우 좋지 않다. 8~10 Gy에서는 치명적인 결과가 분명히 나타난다.

지연 효과

방사선의 장기적인 영향은 최초 피폭 후 수년 후에 나타날 수 있다. 이때 잠복기는 급성 방사선 증후군 때보다 훨씬 길다. 지연된 방사선 영향은 이전의 급성, 고용량 피폭 또는 수년에 걸친 저준위 피폭으로 인해 발생할 수 있다.

방사선의 장기적 영향과 연관된 어떠한 고유한 질병은 없다. 이러한 영향은 인구집단에서 이미 존재하는 특정 증상의 통계적 증가로 나타나는데, 이러한 증상의 발생률이 낮기 때문에 방사선의 영향을 가려내기 위해서는 큰 피폭 인구집단을 조사할 필요가 있다. 그런 다음 생물통계학적 및 역학적 방법을 이용하여 노출과 영향의 상관관계를 규명한다. 인체에 대한 지연된 방사선 영향 연구는 큰 인구집단의 조사 필요성뿐만 아니라 잠복기의 존재로 인해 매우 복잡하다. 방사선으로 인한 질병의 증가는 수년간 연구를 계속하지 않으면 기록하기 어려울 수 있다.

또한 동물 집단을 대상으로는 방사선 피폭을 제외한 모든 인자를 동일하게 유지하여 본래 의미에 부합하는 실험을 수행할 수 있지만, 인간 집단에서는 여러 이유로 피폭된 인구집단의 방사선 생물학적 정보 외 정보는 간접 정보만을 얻을 수 있다. 자주 나타나는 피폭된 인구집단의 특수한 성질은 기저 질환의 존재인데, 이는 피폭되지 않은 그룹과 비교하여 의미 있는 결론을 도출하는 것을 매우 어렵게 한다.

이러한 어려움에도 불구하고, 피폭된 인간에 대한 많은 역학조사는 이온화 방사선이 실제로 최초 노출 후 장기간 특정 질병의 위험을 증가시킬 수 있다는 확실한 증거를 제공하였다. 이 정보는 동일한 영향을 입증하는 동물 실험을 통해 얻은 것을 보완하고 입증한다.

지금까지 관찰된 지연 효과 중에는 암, 발생학적 결함, 백내장, 수명 단축, 유전적 돌연변이 발생률의 증가를 초래할 수 있는 신체적 손상이 있다. 동물종과 아종 및 용량을 적절하게 선택하여 실험하면 이온화 방사선이 거의 보편적인 발암작용을 일으키며 다양한 장기와 조직에 종양을 발생시키는 것을 확인할 수 있다. 방사선이 인체에 다양한 종류의 암을 유발시키는 데 기여하는 것을 직접적으로 보여주는 증거도 있다.

인간 증거.   방사선 피폭 대상자에 대한 경험적 관찰과 역학조사 모두 방사선의 발암적 특성을 어느 정도 일관되게 입증하였다. 이러한 발견 중 일부를 요약하면 다음과 같다.

금세기 초, 지연된 방사선 영향이 거의 인지되지 않았던 시기에, 주로 젊은 여성들은 시계의 반짝이는 숫자를 손으로 그렸는데, 작은 붓을 라듐이 함유된 페인트에 담근 다음 입술이나 혀로 끝을 다듬었다. 수년 후, 라듐 페인트를 섭취한 사람들에 대한 연구로 뼈에 축적된 라듐으로 인해 뼈 육종과 다른 악성 종양의 발생률이 증가했음이 밝혀졌다.

X선의 초기 사용 당시, X선을 다루는 의료진은 관련된 위험을 대부분 인지하지 못해 상당한 방사선량에 노출되었다. 1910년 초에 X선 노출로 인한 의사의 암 사망에 대한 보고가 있었는데, 피부암은 이러한 초기 의료진들 사이에 나타난 명확한 질환이었다. 예를 들어, 치과의사들은 환자의 입에 치과 필름을 반복적으로 갖다 대면서 손가락에 병변이 생겼다.

금세기 초, 유럽의 일부 큰 광산에서는 우라늄 광석인 역청우란광을 채굴하였다. 공기 중에 부유하는 방사성 물질을 흡입한 결과, 광부들 사이에서 폐암이 유행하였다. 역청우란광 광부들의 폐암 발병 위험은 일반인들보다 적어도 50% 이상 높은 것으로 추정되었다.

방사선이 인체에 백혈병 유발물질이라는 개념에 대한 가장 강력한 근거는 일본 히로시마 원폭 생존자들에 대한 역학 연구로부터 나왔다. 약 1 Sv의 추정 선량 이상의 방사선에 피폭된 생존자들은 백혈병 발병률이 매우 증가하였다. 백혈병 발병률은 추정 선량(폭발 지점으로부터 거리로 표현됨)과 상관관계를 나타내어 백혈병 발생이 실제로 방사선 피폭에 기인한다는 가설을 지지하였다. 또한 심하게 피폭된 생존자들 사이에서 갑상선암이 증가한 증거도 있다.

임신 중 피폭된 산모의 자녀에 대한 선도적인 연구로 산모의 골반 X선 검사로 인해 자궁에서 피폭된 어린 아이들 사이에 백혈병에 걸릴 가능성이 증가함을 밝혔다. 백혈병에 걸린 아이의 엄마들에게 아이를 임신한 기간 중 방사선 피폭 여부에 대한 응답을 받아 건강한 아이들의 엄마들로 구성된 대조군의 응답과 비교하였다. 본래 이 연구는 방사선 이력에 대한 정보를 설문지 기법에 의존하여 많은 비판을 받았는데, 이는 두 그룹의 엄마들 사이의 기억력 차이가 결과를 편향시켰을 가능성이 있기 때문이다. 첫 번째 연구에 대한 문제를 정정하기 위해 고안된 후속 연구는 태아의 X선 피폭이 백혈병을 유발한다는 것을 입증하였다.

미숙한 상태로 분화되지 않고 빠르게 분열하는 세포가 방사선에 매우 민감하다는 점을 고려하면, 비교적 낮은 방사선량에 의해 태아와 태아 조직이 쉽게 손상되는 것은 놀라운 일이 아니다. 동물 실험에서는 0.10 Gy의 선량으로도 유해한 효과가 발생할 수 있다는 것이 밝혀졌다. 따라서 인간 배아가 이와 같이 취약할 수 있다는 것은 부인할 수 없는 사실이다.

피폭된 태아에서 발생한 이상 징후의 대부분은 중추신경계와 관련이 있으며, 어떤 특정 유형의 손상이 발생하느냐 하는 것은 피폭이 발생하는 임신 단계와 피폭선량에 관련이 있다. 배아 사망 기준으로 임신의 가장 초기 단계, 아마도 첫 몇 주간이 방사선에 가장 민감할 것이다. 실질적인 방사선 방호 관점에서 볼 때 이러한 초기 민감도는 매우 중요한데, 이는 임신을 예상하지 못한 채 인간 배아 발달 단계에서 피폭될 수 있기 때문이다. 이로 인해, 국제 방사선 방호 위원회는 가임기 여성의 골반 부위를 대상으로 한 일상적인 비응급 진단 조사를 월경 시작 후 10일로 제한할 것을 권고해 왔다. 이러한 예방조치는 수정란을 실수로 피폭시킬 가능성을 크게 줄일 수 있다.

임신이라고 생각하지 못할 수 있는, 임신 2주부터 6주까지의 기간은 신생아의 선천성 이상 증상에 있어 가장 민감한 시기이다. 이 기간의 배아 사망 가능성은 가장 초기 단계에 비해 낮지만 신생아의 형태학적 결함이 발생할 수 있으므로 주의를 기울여야 한다.

임신 후기에 배아 조직은 총체적이고 쉽게 관찰할 수 있는 손상에 대한 저항성이 커진다. 그러나 기능적 변화, 특히 중추신경계와 관련된 변화는 이러한 후기 노출에 의해 일어날 수 있다. 이는 태어날 때 측정하거나 평가하기 어렵다. 이러한 변화는 보통 학습 패턴 및 발달과 같은 현상에 미묘한 변화를 수반하며, 이러한 현상이 나타나기 전에 상당한 잠복기를 가질 수 있다. 임신이 진행됨에 따라 태아의 방사선 손상에 대한 민감도가 감소한다는 일반론이 출생 전 피폭에 의한 백혈병 유발에는 적용되지 않는다는 증거도 있다. 임신 말기 방사선 위험을 평가할 때 고려해야 할 중요한 요소는 방사선의 발단선량이 존재하지 않는 태아의 미숙 생식세포에서 유전자 돌연변이를 발생시킬 수 있다는 것이다.

수명 단축.　많은 동물 실험에서 방사선이 수명을 단축시키는 효과가 있다는 것이 입증되었다. 노화 과정은 복잡하고 상당히 불분명하며, 노화에 관련한 정확한 메커니즘은 아직 규명되지 않았다. 이러한 연구에서 피폭된 동물들은 방사선에 피폭되지 않은 대조군과 비교했을 때 같은 질병이라도 더 이른 나이에 죽는다. 그러나 조기 노화의 총영향이 얼마나 큰지, 방사선에 의한 질병 발생이 얼마나 증가하는지는 여전히 밝혀지지 않았다.

유전적 영향

배경.　수정된 난자는 정자와 난자의 결합으로 만들어진 단일 세포로, 수백만 번의 세포분열을 통해 새로운 생명체로 완성되어 간다. 새로운 개체의 특성을 생산하는 정보는 수정란의 핵에 있는, 23쌍으로 배열된 염색체라고 불리는 막대 모양의 구조에 전달된다. 한 쌍에서 한쪽은 어미가, 다른 한쪽은 아비가 기여한다. 빠르게 분화하는 배아 조직이 겪는 각 세포분열 시에 이 모든 정보는 충실하게 복제되어, 발달하는 생명체의 새로운 세포 각각의 핵에는 본질적으로 모든 정보가 담겨 있다. 여기에는 물론 정자나 난자가 될 새로운 생명체의 생식세포가 포함되며, 이에 따라 정보는 한 세대에서 다음 세대로 전달된다. 이 유전 정보는 견본이나 코드에 비유되는데, 놀라운 정확도로 수백만 번 반복된다. 그러나 외부의 영향을 받아 세포핵 내 유전물질이 손상될 수 있으며, 이런 경우 왜곡된 유전 정보가 세포 본래의 정보를 전달하듯이 충실히 재생산된다. 이러한 종류의 변화가 성숙한 정자나 난자가 될 고환이나 난소의 세포에서 일어날 때, 이를 **유전적 돌연변이**(genetic mutation)라고 일컫는다. 만약 손상된 정자나 난자 세포가 그 후 착상에 사용된다면, 그 결점은 새로운 생명체의 모든 세포에 재생산된다. 따라서 초기 돌연변이로 인한 결점은 많은 세대를 걸쳐 전해질 수 있다.

대부분의 유전학자들은 유전자 돌연변이가 많이 발생하는 것이 해롭다는 것에 동의한다. 이러한 피해를 입은 개체들은 정상적인 개체들보다 번식에 성공할 가능성이 적기 때문에 자연적으로 개체군에서 점차적으로 제거될 수 있다. 특정 돌연변이에 의해 생성된 결함이 심각할수록 더 빨리 제거되고, 결함이 덜 심각할수록 느리게 제거된다.

이러한 해로운 돌연변이의 자연적인 제거에 대한 균형으로 새로운 돌연변이가 끊임없이 발생하고 있다. 많은 물질이 돌연변이 유발 특성을 가지고 있으며, 현재 우리가 알고 있는 사실은 이러한 사례 중 극히 일부일 가능성이 있다. 또한 돌연변이는 외부의 충격 없이도 생물의 생식세포 내에서 발생할 수 있다. 돌연변이를 일으키는 것으로 밝혀진 다양한 외부 영향 중에는 다양한 화학물질, 특정 약물, 온도 상승 및 이온화 방사선과 같은 물리적 요인이 있다. 자연적으로 발생하는 돌연변이 중 작은 일부만이 자연방사선에 의해 발생하는 것으로 보인다. 인체의 경우, 자연방사선의 기여율은 10% 미만인 것으로 추정된다. 인공방사선이 생식선에 전달되면 자연적으로 발생하는 돌연변이보다 더 큰 돌연변이를 발생시킬 수 있다. 이러한 점에서 방사선은 유일한 요인이 아니라, 돌연변이율을 증가시킬 수 있는 여러 환경 요인 중 하나이다.

동물 증거. 이온화 방사선의 돌연변이 유발 특성은 1927년 초파리를 실험 동물로 사용하여 처음 발견되었다. 그 후로 다른 종을 포함한 실험으로 확장되었고, 특히 쥐에 대해 많은 연구가 수행되었다. 동물 실험은 방사선의 유전적 영향에 관한 정보를 제공해 오고 있으며, 집중적인 실험의 결과로 몇 가지의 일반적인 결론을 내릴 수 있다. 건강에 중요한 사항으로는 (1) 방사선의 유전적 영향에 대한 발단선량, 즉 유전적 손상이 발생하지 않는 선량이 존재한다는 근거는 없다는 것과 (2) 방사선 피폭에 의한 돌연변이 손상의 정도는 선량과 강도 모두의 함수로 보이며, 따라서 장기간에 걸쳐 진행되거나 나누어 피폭된다면 같은 선량이라도 손상의 정도가 약화될 수 있다는 것이다.

인간 증거. 1945년 원자폭탄에서 살아남은 일본인들을 대상으로 유전적 영향에 대한 인간 연구가 이루어졌다. 돌연변이 속도의 증가 가능성 지수로서, 특정 조사 그룹(예를 들어, 어머니는 조사되었지만 아버지는 조사되지 않은 가족)의 자손에서 성비가 관찰되었다. 산모의 돌연변이 피해 중 일부가 열성, 치명성, 성과 연관성이 있다고 가정했을 때, 이들 가족 내 성비는 피폭되지 않은 그룹보다 남성 출생이 적은 방향으로 이동할 것으로 예측되었으며, 초기 보고서에도 이러한 경향이 나타나 있다. 그러나 추후 더 온전한 데이터를 평가한 결과, 성비에 미치는 영향에 대한 본래 가설을 뒷받침하지 못하는 것으로 나타났다.

또 다른 연구로 백혈병 아동 부모와 정상 아동 부모의 방사선 이력에 대한 연구가 이루어졌다. 결과는 이 기간 동안 X선 진단을 받은 엄마가 있는 어린이들에게 통계적으로 유의한 백혈병 위해 증가가 있는 것으로 나타났다. 여기서의 영향은 명백히 태아의 피폭이 아니라 유전에 의한 것인데, 이는 방사선 피폭이 임신 전에 발생했기 때문이다.

다운증후군을 가진 아이 부모의 방사선 피폭 이력을 확인한 또 다른 연구에서 피폭의 대부분은 아이가 태어나기 전으로 나타났다. 다운증후군을 가진 아이의 엄마들 중 상당수가 정상 아이의 엄마들보다 형광 투시 및 X선 치료를 더 많이 받은 것으로 보고되었다.

이 두 연구의 결과는 이온화 방사선이 사람의 돌연변이를 유발한다는 증거가 될 수 있다. 그러나 X선이 필요한 모집단과 그렇지 않은 모집단 사이에 상당한 차이가 있을 수 있기 때문에 연구 결과는 다소 의구심을 가지고 볼 필요가 있다. 피폭된 방사선량에 관계없이 이러한 차이가 X선이 필요한 모집단의 자손에서 백혈병 또는 다운증후군의 발병률이 약간 높게 나오는 결과를 야기했을 수도 있다는 것이다. 현재까지 방사선 피폭으로 인한 인간의 유전적 영향에 대한 반박 불가능한 증거는 나오지 않았다.

16-3 방사선 기준

노출-용량 지침과 규칙의 수립에 있어 다르게 취급되는 두 인구집단이 있다. 즉, 이온화 방사선이 필요한 업무에 종사하는 사람과 일반 대중에 대한 기준은 별도로 마련되어 있다. 기준 설정에 많은

표 16-2 방사능 핵종의 공기와 물의 최종 허용 배경 농도 조과치

방사능 핵종	등급[b]	구강 섭취 ALI (μCi)[b]	작업장 수치 흡입 ALI (μCi)	작업장 수치 흡입 DAC (μCi)[c]	배출 농도 공기 (μCi·mL^{-1})	배출 농도 물 (μCi·mL^{-1})	하수관거로 배출 월평균 농도 (μCi·mL^{-1})
바륨-131	D[a], 모든 화합물	3×10^3	8×10^3	3×10^{-6}	1×10^{-8}	4×10^{-5}	4×10^{-4}
베릴륨-7	W, Y에 해당하는 것을 제외한 모든 화합물	4×10^3	2×10^4	9×10^{-6}	3×10^{-8}	6×10^{-4}	6×10^{-3}
	Y, 산화물, 할로겐화물, 질산염	–	2×10^4	8×10^{-6}	3×10^{-8}	–	–
칼슘-45	W, 모든 화합물	2×10^3	8×10^2	4×10^{-7}	1×10^{-9}	2×10^{-5}	2×10^{-4}
탄소-14	일산화물	–	2×10^6	7×10^{-4}	2×10^6	–	–
	이산화물	–	2×10^5	9×10^{-5}	3×10^{-7}	–	–
	화합물	2×10^3	2×10^3	1×10^{-6}	3×10^{-9}	3×10^{-5}	3×10^{-4}
세슘-137	D, 모든 화합물	1×10^2	2×10^2	6×10^{-8}	2×10^{-10}	1×10^{-6}	1×10^{-5}
요오드-131	D, 모든 화합물	3×10^1 감상선 (9×10^1)	5×10^1 감상선 (2×10^3)	2×10^{-8}	–	–	–
철-55	D, W에 해당하는 것을 제외한 모든 화합물	9×10^3	2×10^3	8×10^{-7}	3×10^{-9}	1×10^{-6}	1×10^{-5}
	W, 산화물, 수산화물, 할로겐화물	–	4×10^3	2×10^{-6}	6×10^{-9}	1×10^{-4}	1×10^{-3}
인-32	D, W에 해당하는 것을 제외한 모든 화합물	6×10^2	9×10^2	4×10^{-7}	1×10^{-9}	9×10^{-6}	9×10^{-5}
	W, Zn^{2+}, S^{3+}, Mg^{2+}, Fe^{3+}, Bi^{3+}, 란탄 계열 원소의 인산염	–	4×10^2	2×10^{-7}	5×10^{-10}	–	–
라돈-222	핵해종이 제거된 경우	–	1×10^4	4×10^{-6}	1×10^{-8}	–	–
	핵해종이 존재하는 경우	–	1×10^2 (또는 4 작업수준-개월[d])	3×10^{-8} (또는 0.33 작업수준[e])	1×10^{-10}	–	–
스트론튬-90	D, SrTiO$_3$를 제외한 모든 용해성 화합물	3×10^1 뼈 표면	2×10^1 뼈 표면	8×10^{-9}	3×10^{-11}	5×10^{-7}	5×10^{-6}
	Y, SrTiO$_3$를 제외한 모든 불용해성 화합물	4×10^1	2×10^1 4	2×10^{-9}	6×10^{-12}	–	–
아연-65	Y, 모든 화합물	4×10^2	3×10^2	1×10^{-7}	4×10^{-10}	5×10^{-6}	5×10^{-5}

[a] D, W, Y는 체내에 전류하는 시간에 따른 등급으로 각각 수일, 수주, 수년을 의미
[b] ALI는 연간 노출 한도(annual limit of intake)
[c] DAC는 도출된 공기 농도(derived air concentration)
[d] (역주) working level month, 라돈의 딸핵종으로 인한 방사선량의 단위
[e] (역주) working level, 라돈의 딸핵종 농도의 단위
출처: title 10, CFR, part 20, Appendix B에서 발췌.

과정들이 있지만, 일반적으로 기준은 집단 간에 일관성을 가져야 한다. 원자력 규제 위원회는 미국에서 표준이 되는 연방 규제 코드(10 CFR 20)에 지침을 발간하였다. 선량 지침은 자연방사선량에 추가된다.

직업상 피폭에 대한 허용 선량은 다음과 같은 가정을 바탕으로 예측된다. 피폭 집단은 감시 및 통제되며, 성인이고, 작업 및 관련 위험에 대해 잘 알고 있으며, 피폭은 작업 중, 즉 주당 40시간 근무 중 발생하고, 건강 상태가 양호하다. 이러한 상황에서 어떤 개인도 0.05 Sv을 초과하는 방사선 피폭을 받아서는 안 된다.

큰 규모의 인구집단에서 한 해 동안 허용되는 전신선량은 0.001 Sv이다. 이 선량은 의료 및 치과 치료로 인한 것을 포함하지 않는데, 진단 및 치료 목적으로 발생하는 선량은 이보다 훨씬 클 수 있다.

이러한 선량 지침 외에도 원자력 규제 위원회는 환경으로의 방사성 핵종 배출에 대한 기준을 설정하였는데, 표 16-2는 이 목록에서 발췌한 것이다. 이러한 농도는 기존 배경 농도를 초과한 만큼을 측정하게 되며, 이는 연간 평균 수치이다. 환경으로의 배출은 주변 대기 또는 자연수계에서 주어진 수치를 초과하지 않도록 제한해야 한다. 동위원소 혼합물이 제한구역이 아닌 구역으로 배출되면, 농도는 다음의 관계가 성립되도록 제한될 것이다.

$$\frac{C_A}{\text{MPC}_A} + \frac{C_B}{\text{MPC}_B} + \frac{C_C}{\text{MPC}_C} \leq 1 \tag{16-21}$$

여기서 C_A, C_B, C_C = 방사성 핵종 A, B, C의 농도

MPC_A, MPC_B, MPC_C = 방사성 핵종 A, B, C의 최대 허용 농도(maximum permissible concentration, 10 CFR 20, 20장 부록 B 표 II)

라돈.   환경으로의 노출 및 배출에 대한 기준과 달리, 라돈의 실내공기질 기준은 미국 환경보호청(EPA)(이하 'EPA'라 지칭)에서 설정하였다. 이는 라돈이 인위적인 활동의 결과가 아닌 자연발생하는 물질이기 때문이다. EPA의 지침은 라돈의 연평균 노출을 $4 \text{ pCi} \cdot \text{L}^{-1}$로 제한할 것을 권고한다.

16-4 방사선 노출

외부 및 내부 방사선 장해

외부 방사선 장해(radiation hazard)는 인체에 침투하여 해를 입히기에 충분한 에너지의 이온화 방사선원에 노출되어 발생한다. 일반적으로 0.07 mm 피부 보호층을 투과하려면 최소 7.5 MeV의 알파 입자가 필요하며, 베타 입자는 70 keV를 필요로 한다(U.S. PHS, 1970). 알파 또는 베타 방사선원이 피부에 상당히 가깝지 않은 한, 이들은 작은 외부 방사선 장해를 가할 뿐이다. X선과 감마선은 가장 일반적인 유형의 외부 장해 요인이다. 에너지가 충분하다면 둘 다 체내 깊숙이 침투할 수 있다. 따라서 X선과 감사선은 모든 장기에 장해를 가할 수 있다.

방사성 물질은 섭취, 방사성 물질이 함유된 공기의 흡입, 피부를 통한 방사성 물질 용액의 흡수, 피부 상처를 통한 조직으로의 방사성 물질의 흡수에 의해 체내로 들어올 수 있다. 방사성 물질을 섭취하는 위험은 한 번에 많은 양을 섭취하는 것에서 오는 것이 아니라, 그 물질을 입으로 가져오는 손, 담배, 식료품, 기타 물체에 있는 방사성 물질이 소량이지만 계속 축적되는 것에서 온다.

인체에 유입된 방사성 물질은 내부 장해 요인이다. 장해의 정도는 방사선의 종류, 에너지, 물질의 물리적·생물학적 반감기, 동위원소가 위치하는 장기의 방사선민감도에 따라 달라진다. 알파 및 베타 방출은 내부 장해 관점에서 가장 위험한 방사성 핵종인데, 이는 이들의 비이온화도가 매우 높기 때문이다. 중간 수준의 반감기를 갖는 방사성 핵종은 비교적 높은 활성도와 상당한 손상을 입힐 만큼의 긴 반감기를 모두 갖추고 있기 때문에 가장 위험하다. 폴로늄은 잠재적으로 매우 심각한 내부 장해 물질의 예이다. 이는 5.3 MeV의 이온화 능력이 높은 알파 입자를 방출하며, 반감기는 138일이다.

자연 배경 노출

사람들은 우주, 지상, 내부에 있는 방사선원으로부터 자연방사선에 노출된다. 자연 배경 노출에 의한 일반적인 생식선 피폭은 그림 16-5에 요약되어 있다. 우주방사선은 대기 밖에서 발생한다. 이 방사선은 주로 에너지 스펙트럼 피크가 1~2 GeV 범위에 있는 양성자들로 구성되어 있으며, 무거운 핵도 존재한다. 1차 우주방사선 및 매우 높은 에너지의 2차 우주방사선의 충돌은 많은 중성자, 양성자, 알파 입자 및 다른 파편들이 방출되는 격렬한 핵반응을 일으킨다. 우주방사선에 의해 생성되는 대부분의 중성자는 열에너지로 느려지고, ^{14}N과 n, p(중성자-양성자) 반응에 의해 ^{14}C가 생성된다. 탄소-14의 수명은 지구 표면에서 교환 가능한 탄소(이산화탄소, 해양에 용해된 중탄산염, 생물 등)와 완전히 혼합될 정도로 길다. 우주방사선의 일부는 지구 표면으로 침투하여 우리 몸의 피폭선량에 직접적으로 기여한다. 지상방사선 피폭은 지각에서 발견되는 50개의 자연발생 방사성 핵종에서 발생한다. 이 중 라돈은 일반 대중에게 보편적인 환경유해물질로 큰 의미를 지니고 있다.

라돈은 모체인 라듐의 방사성 붕괴의 산물이다. 라듐은 ^{235}U, ^{238}U, ^{232}U의 3가지 주요 계열로 생성된다. 생성된 라돈 동위원소는 ^{222}Rn, ^{220}Rn, ^{219}Rn이다. ^{222}Rn은 반감기가 길고, 지질물질에 있는 모체 우라늄이 풍부하기 때문에 많이 생성될 수 있어 환경적으로 더 큰 장해로 간주된다. 라듐과

그림 16-5

미국에서 거주하는 사람들의 1인당 연평균 방사선 노출량 (출처: U.S. Department of Energy.)

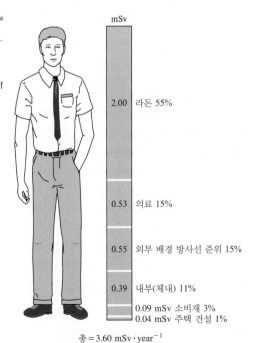

mSv

2.00 라돈 55%

0.53 의료 15%

0.55 외부 배경 방사선 준위 15%

0.39 내부(체내) 11%

0.09 mSv 소비재 3%
0.04 mSv 주택 건설 1%

총 = 3.60 mSv·year^{-1}

라듐 모체의 반감기는 매우 길기 때문에, 그 근원은 인간의 시간 범위에서 줄어들지 않는다.

라돈의 위험은 라돈 자체에서 나오는 것이 아니라 방사성 붕괴 생성물(^{218}Po, ^{214}Po, ^{214}Bi)에서 나온다. 붕괴 생성물은 대기 중의 미립자에 쉽게 부착되는 중금속 원자이다. 주된 건강 문제는 부착되지 않은 붕괴 생성물과 붕괴 생성물이 부착된 입자들을 흡입하는 것에서 비롯된다. 이후 붕괴 생성물과 입자들은 폐에 쌓이게 된다. 붕괴가 계속되면서, 알파, 베타, 감마선의 형태로 에너지를 방출하여 폐 조직을 손상시키고, 궁극적으로 폐암을 유발할 수 있다(Kuennen and Ruth, 1989).

라돈은 가스상 물질이며, 헬륨, 네온, 크립톤, 아르곤과 같은 다른 비활성 가스들처럼 무색, 무취, 화학적으로 불활성이다. 라돈은 흡착, 가수분해, 산화, 침전되지 않기 때문에, 지중에서의 이동이 토양과의 화학적 상호 작용에 의해 억제되지 않는다.

라돈의 이동은 토양 공극을 통한 기체상 확산과 지하수로의 용해 및 용해상 이동, 2가지 메커니즘에 의해 일어난다. 확산 및 이동속도는 방출속도, 공극률, 구조물에 의한 이동 경로, 수분 함량 및 수문학적 조건의 함수이다. 이러한 이동 경로는 사람들에게 영향을 미치는 2개의 메커니즘으로 이어진다. 라돈 방출이 많은 지역에 건설된 건물은 바닥 배수나 이음매와 같은 자연스러운 공사 개구부(표 16-3) 또는 기초 침하로부터 발생하는 균열과 같은 구조적 손상을 통해 라돈 가스가 구조물에 침투할 수 있다. 라돈 방출이 있는 대수층에서 공공급수원으로 사용하는 지역에서는 샤워 시에 라돈이 방출될 수 있다. 여기서 한 가지 경험 법칙은 라돈 농도가 10,000 pCi · L^{-1}인 물이 가열되고 교란되면 약 1 pCi · L^{-1}의 공기를 생성하게 된다는 것이다(Murane and Spears, 1987).

X선

X선 장비 사용은 산업계, 의료계, 연구계에서 다양하게 이루어지며, 모든 사용은 잠재적 노출원이다.

의료 및 치과용 사용. 30만~40만 명의 의료-기술 종사자들은 직업적으로 장비들을 다루면서 방사선에 노출되며, 이 외에도 많은 인구집단이 노출된다. 의사들을 만나는 일일 250만 명 인구의 상당수는 진단 절차상 X선 촬영을 한다.

산업용 사용. 산업용 X선 장치에는 주물, 가공 구조물 및 용접부의 결함 판단에 사용하는 방사선 및 형광 투시 장치, 예를 들어, 항공사 수하물에서 반입 불가 물질을 검출하는 데 사용되는 형광 투

표 16-3 주택 7채의 바닥 배수로와 지하 공기 중 라돈 가스 측정 결과

주택 번호	바닥 배수로에서 라돈 농도 (pCi · L^{-1})	지하 공기에서 라돈 농도 (pCi · L^{-1})	배수로와 지하실 농도의 비율
1	169.3	2.51	67.5
2	98.4	2.24	43.9
3	91.4	1.43	63.9
4	413.3	1.87	221
5	255.4	3.95	64.7
6	173.4	3.02	57.4
7	52.1	9.63	5.4
평균	179.0	3.52	

시 장치가 포함된다. 이러한 장치를 사용하면 작업자나 주변 사람이 전신 노출될 수 있다.

연구용 사용. 고압 X선 장비의 사용은 대학 및 유사 연구 기관의 연구실에서 점점 보편화되고 있다. 연구에 사용되는 기타 X선 장비로는 결정 구조 분석을 위한 X선 회절장치, 입자 가속기가 있다.

방사성 핵종

자연발생. 수천 베크렐의 라듐이 의료 분야에서 사용되고 있다. 이러한 경우, 환자 외에 다른 환자, 간호사, 기술자, 방사선 전문의 및 의사는 잠재적으로 방사선에 노출된다.

또한 폴로늄이나 라듐을 방사능원으로 취하는 정적 제거기가 직물 및 종이 무역, 인쇄, 사진 처리, 전화 및 전신 업체 등의 산업계에서 널리 사용되어 왔다.

인위적 발생. 미국 내 6,000개 이상의 대학, 병원 및 연구소가 의료, 생물학, 산업, 농업 및 과학 연구와 의료 진단 및 치료에 방사성 핵종을 사용하고 있다. 미국에서는 매년 백만 명 이상의 사람들이 방사선 치료를 받는다. 준비, 취급, 적용, 운송 과정에서 이러한 방사성 핵종에 피폭될 가능성이 있다. 이러한 물질의 사용으로 발생하는 폐기물의 환경오염을 통해 내부 및 외부 피폭도 발생할 수 있다.

원자로 운전

원자로 운전과 관련된 방사선원에는 원자로 자체, 환기 및 냉각 폐기물, 사용 후 핵연료와 핵분열 생성물 폐기물의 제거 및 재처리와 관련된 절차, 새로운 연료의 채굴, 제분 및 제조와 관련된 절차가 있다.

방사성 폐기물

방사성 폐기물에는 원자로 및 화학공정 플랜트, 연구시설, 의료시설 3가지 주요 발생원이 있다. 방사성 폐기물을 취급하고 폐기하는 규정은 일반 대중에게 노출이 최소화되도록 설계되어 있으나, 폐기물을 취급하는 이들을 보호해 주기에는 충분하지 않다.

16-5 방사선 방호*

여기서 논의할 원칙은 방사선의 모든 유형이나 에너지에 적용 가능하다. 그러나 그 적용은 공급원의 종류, 강도, 에너지에 따라 다양할 것이다. 예를 들어, 방사성 물질의 베타 입자는 가속기의 고속 전자와는 다른 방식의 차폐를 필요로 한다. 이상적으로 우리는 방사선 피폭을 0으로 만드는 방호를 제공하고자 하지만, 현실은 기술적, 경제적인 한계로 인해 얻는 이익에 비해 위해가 작도록 타협할 수밖에 없다. 방사선 기준은 위해가 너무 크다고 판단되는 한계를 설정한다.

외부 방사선 장해의 저감

거리, 차폐, 노출 시간 단축 3가지 근본적인 방법이 외부 방사선 장해를 감소하기 위해 사용된다.

---

* 이 논의는 U.S. PHS (1968)을 참고하였다.

거리. 거리는 매우 효과적일 뿐만 아니라 방사선 방호의 원리 중 가장 쉽게 적용할 수 있는 부분이다. 단일 에너지의 베타 입자들은 대기 중에서 한정된 범위를 갖는다. 때로는 원격 제어장치를 이용하여 충분한 거리를 확보함으로써 완전한 방호를 달성할 수 있다.

방사선 강도의 감소에 대한 역제곱 법칙은 X선, 감마선, 중성자 방사선의 점원(point source)에 적용된다. 역제곱 법칙은 한 점으로부터의 방사선 강도가 거리의 제곱에 반비례하여 변화하는 것을 의미한다.

$$\frac{I_1}{I_2} = \frac{(R_2)^2}{(R_1)^2} \tag{16-22}$$

여기서 I_1은 선원으로부터 R_1만큼 떨어진 곳에서의 방사선 강도를, I_2은 선원으로부터 R_2만큼 떨어진 곳에서의 방사선 강도를 의미한다. 이 공식을 살펴보면 거리를 3배 증가시키면 방사선 강도는 1/9로 감소한다는 것을 알 수 있다. 역제곱 법칙은 넓은 범위의 선원 또는 여러 선원으로 이루어진 방사선장에는 적용되지 않는다.

X선관은 점원으로 간주할 수 있으므로 이 법칙에 의한 감소 계산이 유효하다. 감마선 선원과 캡슐 중성자 선원도 관련된 거리에 비해 선원의 크기가 작은 경우 점원으로 간주할 수 있다.

차폐. 차폐는 방사선 방호를 위한 가장 중요한 방법 중 하나로, 선원과 보호 대상자 사이에 흡수성 물질을 배치하는 방식이다. 방사선은 흡수매체에서 감쇠하게 된다. 이 경우, 흡수는 스펀지가 물을 흡수하는 것과 같은 현상을 의미하는 것이 아니라 방사선이 통과하는 물질의 원자에 방사선의 에너지가 전달되는 과정을 의미한다. X선과 감마선 에너지는 광전 효과, 콤프턴 효과, 쌍생성의 3가지 방법으로 손실된다.

광전 효과(photoelectric effect)는 에너지 손실이 완전하게 발생하거나 전혀 발생하지 않을 수 있는 작용이다. X선 또는 광자는 모든 에너지를 어떤 원자의 궤도 전자에 전달한다. 이 광자는 본래 에너지로만 구성되어 있기 때문에 단순히 사라지게 된다. 에너지는 이동 시 운동 에너지의 형태로 궤도 전자에 전달되고, 이렇게 증가한 에너지는 전자에 대한 원자핵의 인력을 넘어서 전자가 상당한 속도로 궤도에서 벗어나도록 한다. 이로 인해 이온쌍이 생성된다. **광전자**(photoelectron)라고 불리는 고속 전자는 다른 원자의 궤도에서 다른 전자들을 떨어뜨릴 수 있는 충분한 에너지를 가지고 있으며, 에너지가 모두 소진될 때까지 2차 이온쌍을 생성한다.

콤프턴 효과(compton effect)는 도달하는 X선이나 감마선의 에너지를 부분적으로 빼앗는 방법이다. 즉, 방사선은 일부 원자의 궤도 전자와 상호 작용하는 것으로 보이지만, 콤프턴 상호 작용의 경우 에너지의 일부만이 전자로 전달되고, X선이나 감마선은 약화된 상태에서 느려진다. 콤프턴 전자라고 일컬어지는 고속 전자는 광전자와 같은 방식으로 2차 이온화를 발생시키며, 약화된 X선은 다른 콤프턴 상호 작용에서 더 많은 에너지를 잃거나 광전 효과를 통해 완전히 사라지게 된다. 콤프턴 상호 작용의 단점은 약화된 X선이나 감마선의 이동 방향이 본래 방향과 다르다는 것이다. 약화된 X선 또는 감마선은 산란 광자라고도 불리며, 전체 과정을 콤프턴 산란이라고 한다. 이러한 상호 작용에 의해 방사선 내 광자의 방향은 무작위로 변할 수 있으며, 산란된 방사선이 강도는 낮지만 모서리 부분과 차폐 뒷부분에 나타날 수도 있다.

세 번째 유형인 **쌍생성**(pair production)은 광전 또는 콤프턴 효과보다는 훨씬 드물게 나타난다. 쌍생성은 X선이나 감마선이 적어도 1 MeV의 에너지를 갖고 있지 않는 한 불가능하다(실제로, 이는 2 MeV의 에너지를 보유할 때까지 중요하지 않다). 쌍생성은 음의 에너지 상태에서 양의 에너지 상태로 전자를 들어올리는 것으로 생각할 수 있다. 여기서 쌍은 광자가 전자를 방출하고 구멍(양전자)을 남기는 과정에 등장하는 양전자-전자쌍을 가리킨다. 만일 2 전자 질량 생성을 위해 필요한 1 MeV 이상의 잉여 에너지가 광자에 있다면, 그것은 단순히 두 전자 사이에 운동 에너지로 공유되고, 그들은 원자 밖으로 빠른 속도로 벗어난다. 음의 전자는 완벽히 정상적인 방식으로 거동하며, 운동 에너지를 모두 소실할 때까지 2차 이온쌍을 생성한다. 양전자는 움직이고 있는 한 2차 이온화를 발생시키지만, 에너지를 손실하고 거의 정지할 때까지 느려지면 물질 내 어딘가에서 자유 음전자를 만나게 된다. 이 둘은 서로 반대되는 전하에 이끌려 서로를 소멸시키고 합쳐져서, 이들의 질량을 순수한 에너지로 변환한다. 따라서 소멸 지점에서 0.51 MeV의 감마선 2개가 발생한다. 이러한 감마선은 궁극적으로 광전 흡수 또는 광전 흡수에 이은 콤프턴 산란에 의해 제거된다.

쌍생성이 일어나려면 광자의 에너지가 1 MeV보다 커야 하므로, 치과 및 의료 방사선 촬영에 사용되는 X선의 경우는 해당하지 않는다. 이러한 유형의 방사선 촬영에 사용되는 X선의 에너지가 0.1 MeV를 초과하는 경우는 드물다.

차폐물질과의 상호 작용의 지배적인 메커니즘은 방사선과 흡수물질의 에너지에 의존한다. 광전 효과는 낮은 에너지에서, 콤프턴 효과는 중간 에너지에서, 쌍생성은 높은 에너지에서 가장 중요하다. X선 또는 감마선 광자가 흡수물질을 통과할 때, 흡수 과정에서 발생하는 감소의 정도는 방사선 에너지, 특정 흡수 매질, 그리고 통과하는 흡수 매질의 두께에 의해 결정된다. 일반적인 감쇠는 다음과 같이 나타낼 수 있다.

$$\frac{dI}{dx} = -uI_o \tag{16-23}$$

여기서 dI = 방사선 강도 감소량
I_0 = 입사 방사선 강도
u = 비례상수
dx = 통과하는 흡수 매질의 두께

이를 적분하면 다음과 같다.

$$I = I_o \exp(-ux) \tag{16-24}$$

u값을 알고 있다면 이 공식을 사용하여 두께 x의 차폐막 뒤의 방사선 강도를 계산하거나, 원하는 수준으로 방사선 강도를 감소시키는 데 필요한 흡수 매질의 두께를 계산하는 것이 용이하다. u값은 x가 선형 차원일 때 **선형 흡수계수**(linear absorption coefficient)라고 불리며, 방사선 에너지와 흡수 매질에 따라 결정된다. I/I_0 비율을 **전송**(transmission)이라고 한다. 실험적으로 결정된 u값을 제공하거나 다양한 두께 또는 다양한 차폐 재료에 대한 전송값을 제공하는 표와 그래프를 이용할 수 있다 (그림 16-6~9).

만일 감쇠하는 방사선이 좁은 빔(narrow beam) 조건을 만족하지 못하거나 두꺼운 흡수 매질과 연관이 있으면, 흡수 방정식은 다음과 같이 나타난다.

$$I = BI_o \exp(-ux) \tag{16-25}$$

여기서 B는 축적계수라 부르며, 흡수 매질 내에 산란된 방사선으로 인한 방사선 강도의 증가를 나

그림 16-6

라듐으로부터 발생한 감마선의 납 통과 시 전송

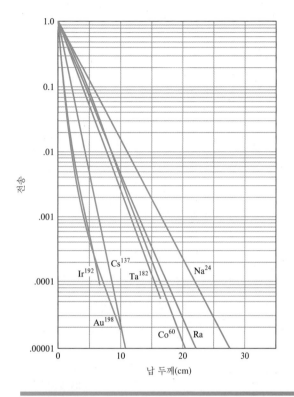

그림 16-7

라듐으로부터 발생한 감마선의 콘크리트(밀도 2.35 Mg·m⁻³) 통과 시 전송

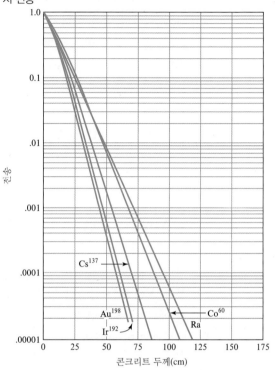

그림 16-8

라듐으로부터 발생한 감마선의 철 통과 시 전송

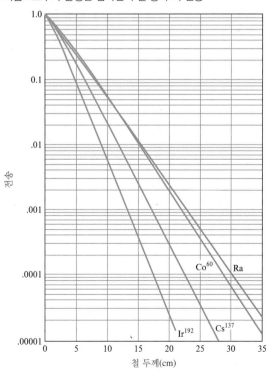

그림 16-9

X선의 납 통과 시 전송

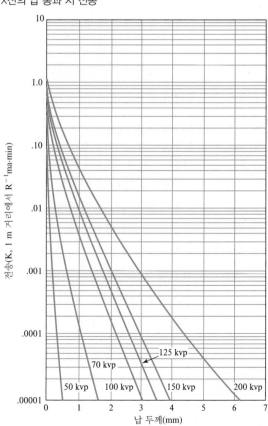

타낸다.

방사성 핵종의 알파 및 베타 방출에 대해(가속기가 아닌 경우), 적당한 차폐로 상당한 감소 효과를 달성할 수 있다. 필요한 차폐량은 입자 에너지의 함수이다. 예를 들어, 10 MeV의 알파 입자는 대기 중에서 1.14 m의 범위를 갖고 있는 반면, 1 MeV의 입자는 2.28 cm의 범위를 갖는다. 따라서 실질적으로 어떤 고체물질이든지 알파 입자를 차폐하는 데 사용할 수 있다. 베타 입자도 비교적 쉽게 차폐될 수 있다. 예를 들어, 1.71 MeV에서 ^{32}P 베타는 알루미늄 0.25 cm로 99.8% 감쇠할 수 있다. 단, 금속과 같이 원자 번호가 높은 물질은 **제동방사**(Bremsstrahlung radiation)(다른 종류의 방사선을 중지시킴에 따라 발생하는 방사선)를 생성시키므로 고에너지 베타 차폐에 사용해서는 안 된다. 원자 번호가 높은 물질에서는 베타 입자가 흡수되지만, 과잉으로 가둬진 에너지는 X선의 형태로 방출된다. 이러한 이유로 일반적으로 6~12 mm 두께의 유리나 투명 합성수지가 사용된다.

고속 중성자는 대부분의 물질에서 잘 흡수되지 않는다. 따라서 효과적인 흡수를 위해 속도를 늦출 필요가 있다. 에너지 전달이 가장 크게 일어나는 것은 같은 질량의 입자 사이의 충돌이므로 수소 물질은 고속 중성자의 속도를 늦추는 데 가장 효과적이다. 물, 파라핀, 콘크리트는 모두 수소 함량이 높으므로 중성자 차폐에 중요하다. 중성자의 에너지를 낮춘 후에는 붕소나 카드뮴으로 흡수할 수 있다. 붕소 원자는 중성자를 포획할 때 알파 입자를 방출하지만 알파 입자의 범위가 매우 짧기 때문에 추가적인 위험은 없다. 카드뮴에 의한 중성자 포획은 감마선을 방출하기 때문에 납 등의 감마 흡수체를 추가적으로 사용하여 감마선을 차폐해야 한다. 캡슐형 중성자 공급원의 완벽한 차폐장치는 우선 중성자의 속도를 늦추기 위한 파라핀층, 느려진 중성자를 흡수하기 위한 카드뮴층, 그리고 카드뮴에서 생성된 감마선과 캡슐에서 방출되는 감마선을 흡수하기 위한 외부 납층으로 구성된다.

방사선에 노출되는 것을 줄이고자 차폐를 사용할 때는 주의를 기울여야 한다. 차폐로 선원과의 직선 경로가 가려진 사람들이 반드시 보호받는 것은 아니며, 또한 벽이나 칸막이가 반대편에 있는 사람들에게 완전히 안전한 차폐가 되는 것은 아니다. 이들의 허용 선량은 차폐 설계에서 고려한 것보다 적을 수 있다. 또한 방사선은 산란될 수 있기 때문에 모서리를 돌아갈 수 있다.

방사선 산란은 흡수 매질이 방사선의 전파 경로에 있을 때 언제나 다소간 발생하기 때문에 흡수매체는 새로운 방사선원으로 작용할 수 있다. 종종 실내 벽체, 바닥 및 기타 고체 물체가 방사선원에 가까이 있어 상당한 선량을 방출할 수도 있다. 이러한 조건에서 점선원이 사용될 때에는 거리에 따른 방사선 강도를 계산하는 데 역제곱 법칙이 완전히 유효하지 않다. 방사선 측정은 어느 지점에서든 잠재적 노출을 확인하기 위해 필요하다.

노출 시간 단축. 모든 방사선원에 대한 피폭 기간을 제한하고 피폭 사이에 충분한 회복 시간을 제공하면 방사선의 영향을 최소화할 수 있다. 손상에 대한 제로 발단선량 이론에 따르면 얼마나 작든 간에 노출은 최소화시키는 것이 좋다. 원자력 규제 위원회가 설정한 기준은 피해야 하는 상한이지, 달성해야 하는 목표가 아니다.

비상시에는 매우 높은 선량의 영역에서 작업해야 할 수 있다. 이때 주당 1×10^{-3} Gy (0.1 rad)의 방사선 방호지침 선량에 기반한 1일 평균 허용치를 초과하지 않도록 총피폭 시간을 제한함으로써 안전하게 수행할 수 있다. 이는 작업자가 단기간에 1×10^{-3} Gy 이상을 받아도 괜찮다는 것을 의미하지 않는다. 즉, 하루 동안 1×10^{-3} Gy의 선량에 노출되고 나머지 6일 동안의 노출 선량이 0인 것은 규칙을 준수하더라도 노출량이 과다한 것으로 본다. 이 주기는 반복되면 안 된다. 따라서 비상시에는 방사선 방호지침의 값이 어느 한 사람에 의해 초과되지 않도록 동일한 업무를 여러 명이 교대로 수행해야 한다.

내부 방사선 장해 감소

작업 환경. 오염의 예방과 통제는 작업장 내부 장해를 줄이는 가장 효과적인 방법이다. 보호장비 사용과 올바른 취급 기법은 강력한 보호 수단이 된다. 건조한 상태에서 빗자루질을 금하여 먼지를 최소한으로 유지해야 한다. 실험은 후드 안에서 수행해야 한다. 후드의 배기가스는 반드시 고효율 필터를 사용하여 여과해야 한다. 일반 복장이 오염되지 않도록 방호복을 착용해야 한다. 응급 작업 중 또는 먼지가 발생할 때에는 인공호흡기를 착용해야 한다. 방사성 물질을 취급하는 지역에서는 식사가 금지되어야 한다. 그리고 무엇보다 중요한 것은 방사성 물질의 관리와 취급에 대해 적절한 훈련을 실시하는 것이다.

라돈. 거주지 내 라돈은, 담배를 제외하고 작업환경과 관련이 없는 것들 중 가장 주요한 내부 방사선 장해 요인이다. 라돈은 주로 거주지 아래 토양에서 유입되기 때문에 방호 노력은 지하 또는 마루 밑 공간에서 이루어져야 한다.

EPA는 건물 신축 시 라돈 유입 경로의 감소와 주변 및 기저 토양으로부터 건물의 외풍(드래프트) 2가지 접근 방식을 제안하였다. 유입 경로 감소 방식은 그림 16-10에 요약되어 있다. 특히 바닥 배수관(표 16-3 참조) 및 바닥 균열과 같은 기초에서의 침투를 주의해야 한다. 슬래브 하부에 폴리에틸렌 시트를 사용하면 건물이 침하하면서 발생하는 슬래브 균열로 인한 노출을 제어하는 데 효과적이다. 열은 상층부로 올라가는 습성이 있어서 외풍이 마치 굴뚝과 같은 작용을 할 수 있는데, 이는 주택의 지하에 음압이 생기게 하여 토양 공극의 라돈을 빨아들일 수 있다. 그림 16-11은 외풍 효과를 최소화하기 위한 몇 가지 기술을 보여준다(Murane and Spears, 1987).

기존 구조물의 경우, 별도의 장치를 설치하기 어렵고 비용이 많이 들기 때문에 만족스러운 결과를 얻지 못할 수 있다. 배관 타일이 가장자리 기초 근처에 있는 경우, 이들을 이상적인 위치에 배치하여 주요 토양가스 유입 경로(슬래브와 기초 벽 사이의 접합부 및 라돈이 블록벽의 틈으로 들어갈 수 있는 바닥 부분) 주변에 음압이 만들어지도록 한다. 또한 슬래브 자체에 구멍을 뚫어 전체 슬래브 아래에 음압 시스템을 만들 수도 있다. 이 기술이 효과를 보기 위해서는 여러 흡입점(3~7개)이 필요하다. 한 시범사업에서는 집의 기초를 들어올려 블록벽을 밀폐하는 것이 효과적이라는 것을 보

그림 16-10

라돈 유입 경로 저감 방법

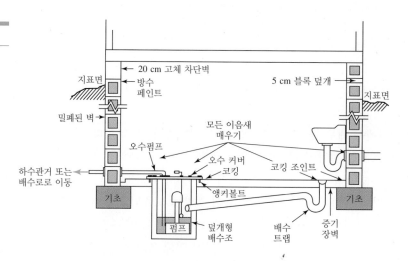

그림 16-11

음압 저감 방법

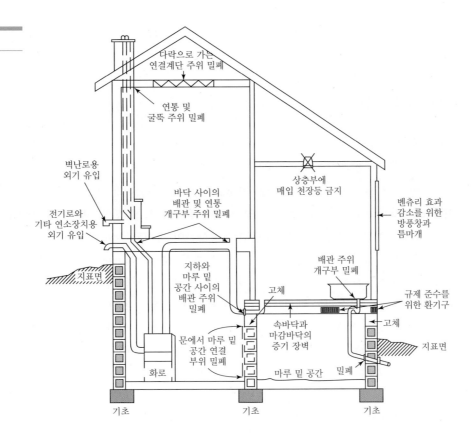

그림 16-12

라돈 가스 침투 방지를 위한 내부 멤브레인 차단막과 밀폐제

(출처: Ibach and Gallagher (1987), Retrofit and Preoccupancy Radon Mitigation Program for Homes, "Indoor Radon Ⅱ Proceeding of the Second APCA International Specialty Conference," Cherry Hill, NJ, Air Pollution Control Association, pp. 172-182.)

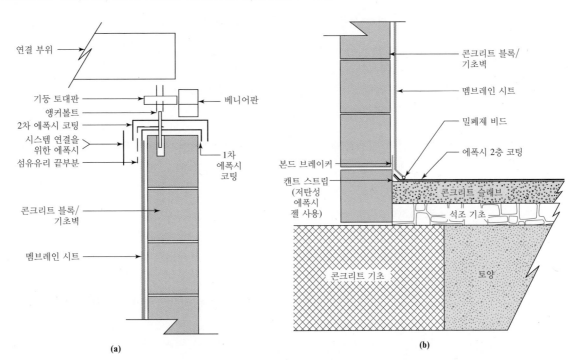

여주었는데, 이때 바닥과 벽에는 전용 에폭시 코팅을 적용하였다(그림 16-12)(Ibach and Gallagher, 1987).

16-6 방사성 폐기물

폐기물 유형

방사성 폐기물을 정량적으로 분류하는 만족스러운 단일 체계는 없다. 편의를 위해 방사성 폐기물을 "준위"에 따라 분류하는데, **고준위 폐기물**(high-level waste)은 리터당 퀴리($Ci \cdot L^{-1}$) 단위, **중준위 폐기물**(intermediate-level waste)은 리터당 밀리퀴리($mCi \cdot L^{-1}$) 단위, **저준위 폐기물**(low-level waste)은 리터당 마이크로퀴리($\mu Ci \cdot L^{-1}$) 단위로 방사능이 측정되는 폐기물을 가리킨다. 다른 분류 방식에서는 중간 수준 폐기물을 생략하고 고준위, **초우라늄**(transuranic), 저준위라는 용어를 사용한다. 고준위 폐기물은 사용 후 핵연료 또는 원자로에서 나오는 사용 후 핵연료 자체를 재처리할 때 발생하는 폐기물이다. 초우라늄 폐기물은 주기율표에서 우라늄 다음에 나오는 동위원소를 포함하는 폐기물이다. 이들은 연료 조립, 무기 제조, 재처리의 부산물로, 일반적으로 방사능은 낮지만 반감기가 20년 이상인 동위원소를 포함하고 있다. 저준위 폐기물의 대부분은 상대적으로 방사능이 매우 낮다. 대부분은 차폐가 거의 혹은 전혀 필요하지 않으며 직접 접촉하여 처리할 수 있다.

고준위 방사성 폐기물 관리

2005년을 기준으로 미국에는 약 104개의 원자로가 가동되고 있다(EIA, 2005). 매년 이들 원자로 각각에서는 대략 $10 \ m^3$의 사용 후 연료가 생성된다. 연료 조립체는 상당히 적은 양의 핵분열 생성 폐기물(fission product waste)이 발생하는 구조로 되어 있는데, 대략 $10 \ m^3$ 중 $0.1 \ m^3$이 핵분열 생성 폐기물이다. 물론, 이 핵분열 생성 폐기물은 조립체 전체적으로 고르게 분포하고 있어 쉽게 분리되지 않는다. 관리 방안은 (1) 원자로에서 분리한 형태로 무기한 저장하거나, (2) 핵분열 생성 폐기물을 추출하고 다른 물질을 재활용하기 위해 재처리하거나, (3) 매립 또는 기타 격리 방식으로 폐기하는 것이다.

1987년 핵폐기물 정책 법안에 의거하여 의회는 비영구적 저장시설을 건설하도록 규정하였다. 원자력 규제 위원회는 미 연방 규제집(10 CFR 60)에 현장에서의 규칙을 상세히 수록하였다. 몇 가지 중요한 사항은 다음과 같다(Murray, 1989).

1. 시설의 설계와 운영이 국민의 건강과 안전에 지나친 위해를 초래해서는 안 된다. 방사선량 한계는 자연 배경값에 비해 충분히 작아야 한다.
2. 다중 방벽을 사용해야 한다.
3. 철저한 현장 조사가 이루어져야 한다. 현장의 지질학적, 수문학적 특성이 알맞아야 한다.
4. 저장소는 향후 채굴 가능한 자원이 없는 곳에 위치해야 하고, 인구 밀집 지역에서 멀리 떨어져 있어야 하며, 연방정부의 통제를 받아야 한다.
5. 고준위 폐기물은 가동 후 50년까지 회수 가능한 상태로 보관되어 있어야 한다.
6. 폐기물 포장은 지진에서 우발적인 사고에 이르기까지 가능한 모든 영향을 고려하여 설계되어야 한다.

7. 포장은 설계 수명이 300년이다.

8. 저장소에서 공공용수 공급원까지 지하수가 이동하는 시간을 1,000년 이상 확보해야 한다.

9. 방사성 핵종의 연간 방출량은 저장소가 폐쇄된 후 1,000년 후에 존재하는 방사능의 양의 1/1000 미만이어야 한다.

폐기물 격리 시험 공장

1979년 의회는 폐기물 격리 시험 공장 사업을 승인하였다. 많은 정치적 협상 끝에, 폐기물 격리 시험 공장은 원자력 규제 위원회의 인허가를 면제받고 군용 초우라늄 폐기물 시설로 승인되었다. 1983년부터 건설된 이 시설은 뉴멕시코 남동부에 있으며 지하 650 m에 위치한 16 km의 수직 통로와 터널로 이루어져 있다. 이 부지의 지층은 이첩기의 염분지이다. 이 시설은 1989년부터 폐기물을 받기로 되어 있으나 계획대로 진행되지 못하였는데, 특정 위해사항을 분석하고 자원 보전 및 회수법(RCRA)의 요건을 만족하기 위해 사용이 지연되었기 때문이다. 이 시설은 설계 개념을 시연하고 추후 회수할 군사용 고준위 폐기물로 몇 가지 실험을 하기 위해 고안되었다. 이를 통해 부식성 폐기물에서의 가스 생성과 잠재적 오염 시나리오에 관한 많은 설계 관련 의문들을 해결해 가고 있는 중이다.

저준위 방사성 폐기물 관리

역사적 관점. 1962~1971년 사이 상업용 폐기물 처리장 6곳이 허가되었는데, 그중 3곳은 실패하여 문을 닫았고, 나머지 3곳(켄터키주의 맥시 플랫(Maxey Flats), 일리노이주의 셰필드(Sheffield), 뉴욕주의 웨스트밸리(West Valley))도 비슷한 문제를 겪었다. 이들은 얕은 지반에 매립하는 방법으로 폐기물을 처분하였다. 약 3~6 m의 깊이로 참호를 굴착하여 드럼과 기타 방사성 핵종이 담긴 용기(종이박스 다수 포함)를 넣고 굴착한 흙으로 덮는 과정을 거쳤다. 매립이 완료된 부지는 복토 후 식종하였다.

물은 복토층 사이로 침투하고 동물들은 굴을 파고 들어갔다. 지하수의 이동 경로를 제한하기 위해 선택된 점토층은 우수를 가두는 연못 역할을 하여 드럼통의 부식을 가속화시켰다. 웨스트밸리에서는 방사능이 증가하면서 이 현상이 문제로 제기되자, 참호를 열어 인근 하천으로 물을 양수하여 방류하는 조치를 취하였다. 동시에 드럼통의 30~50%가 비어 있는 것으로 확인되었는데, 이 점과 뒤채움 재료가 드럼 사이의 빈 공간을 완전히 채우지 않은 무거운 점토라는 사실로 인해 덮개가 상당히 내려앉았다. 이로 인해 드럼의 부식과 파손의 원인이 된 강수의 저류현상이 두드러졌다.

이 사건들은 방사성 폐기물을 어떻게 관리해야 하는지에 대해 재고하게 만들었다. 이로 인해 1980년에 의회는 저준위 폐기물 정책법(Low-Level Waste Policy Act)을 제정하였다. 각 주는 주 경계 내에서 생성된 저준위 방사성 폐기물의 처리를 위해 주 내외부에 처리 용량을 확보할 책임이 있다. 이 법은 지역별 폐기물 관리 전략 마련을 위해 주 간에 협약(compact)을 맺도록 규정하였다. 2004년 3월 현재 협약 조직은 그림 16-13에 나타난 바와 같다. 협약은 어떤 시설이 필요하고 어떤 주가 주된 역할을 맡을 것인지를 결정한다. 1986년부터 폐기물 수거를 시작하기로 되어 있었지만, 협상 과정이 예상보다 더 오래 걸려 2010년 이후로 기한이 연장되었다. 많은 협약들이 건설은 고사하고 부지 선정도 못하고 있다. 현재 이용 가능한 부지 3곳은 곧 용량이 소진될 예정이기 때문에 문

그림 16-13

저준위 방사성 폐기물 협약
(2004년 3월 기준 자료). 주
간의 선은 동일 협약 내 참여
주를 나타낸다(예: 뉴잉글랜
드와 텍사스).

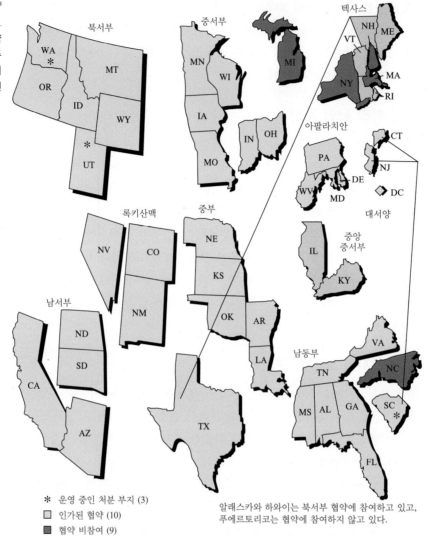

✳ 운영 중인 처분 부지 (3)
☐ 인가된 협약 (10)
■ 협약 비참여 (9)

알래스카와 하와이는 북서부 협약에 참여하고 있고,
푸에르토리코는 협약에 참여하지 않고 있다.

그림 16-14

저준위 방사성 폐기물 처분

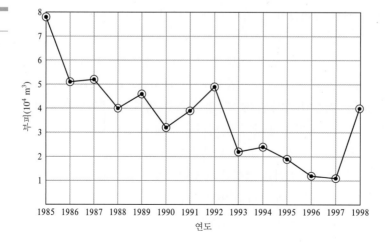

제 해결이 시급하다.

폐기물 최소화. 이 책에서 다루었던 모든 폐기물 문제와 마찬가지로 저준위 방사성 폐기물을 관리하는 첫 번째 단계는 저준위 방사성 폐기물의 발생을 최소화하는 것이다. 1980년 이후로 저준위 방사성 폐기물의 감축에 상당한 진전이 있었다(그림 16-14). 이는 많은 방안들이 효과적으로 사용될 수 있음을 보여준다.

비방사성 폐기물에서 고형 방사성 폐기물을 즉시 분류하는 것은 폐기물의 부피를 저감하고 우라늄과 초우라늄 폐기물에서 방사성 핵종을 회수하는 데 필수적인 초기 단계 작업이다. 오염되지 않은 폐기물을 배출 지점에서 처리하지 않는 한, 선별을 통해 해당 폐기물의 양을 크게 줄일 수 있을 것으로 예상하는 것은 지나치게 낙관적이다. 실제로, 배출 지점에서 이와 같은 업무를 수행할 수 있도록 작업자들을 훈련시키는 것은 상당히 성공적이었다. 방사성 폐기물 관리요원에게 배출 시점과 지점 이후의 시간과 장소에서 성분을 알 수 없는 혼합 폐기물을 분류하도록 하는 것은 흡입, 부상, 또는 주변의 외부 피폭에 의한 허용치 이상의 방사선 장해를 발생시킨다.

방사능 오염이 의심되는 물질들은 라벨을 부착하는데, 따라서 방사능이 없는 폐기물이 방사성 폐기물로 분류되어 폐기되는 경우가 종종 있다. 방사성 폐기물이라 불리는 폐기물의 상당 부분은 생성된 장소 때문에 이러한 범주에 속한다. 의심 대상의 저준위 고형 폐기물을 분석하여 실제 방사능 함량을 확인하는 비용이 비싸기 때문에 의심되는 폐기물과 방사성 폐기물을 분리하여 처리하는 것보다 합쳐서 처리하는 것이 더 저렴할 수 있다. 그러나 이러한 방사성 의심 폐기물은 처분 공간을 불필요하게 차지한다. 또한 이러한 비방사성 폐기물을 방사성 폐기물용 특수 처리장에 폐기하는 데 불필요한 시간, 노력, 비용이 소비된다.

방사성 물질을 사용하는 실험실이나 방사성 화학물질을 다루는 작업에서 발생하는 모든 폐기물을 방사성이라고 가정하는 것이 일반적인 관례였다. 이를 방사선 구역 혹은 오염 지역 폐기물로 부른다. 따라서 공공 폐기물 매립지에서 처리할 수 있는 폐기물은 방사능으로 오염된 폐기물과 혼합된다. 폐기물이 방사능을 함유하지 않았다는 것을 증명할 책임은 폐기물을 인증하거나 배출하는 사람에게 있는데, 폐기물 검사에 시간이 많이 소요되므로 이를 생략하는 경우가 많다.

비방사성 폐기물의 양을 줄이는데 성공할 가능성이 높은 방법은 소위 방사선 구역과 오염 구역을 면밀하게 판별하여 해당 구역을 축소하는 것이다. 현재는 이러한 구역을 상당히 광범위하게 정의하고 폐기물이 방사능에 노출되지 않을 것이 명백한 구역까지도 포함하는 것이 일반적이다. 방사선 구역 내에 있는 사무실과 행정 구역이 그 예이다. 이러한 구역은 편의상 기술 구역에서 발생하는 저준위 고형 방사성 폐기물에 포함되는 비방사성 폐기물을 상당량 배출한다. 방사성 폐기물과 비방사성 폐기물이 함께 발생하는 실험실 상황에서는 점선원 분리를 통해 방사성 폐기물 발생을 최소화할 수 있다.

발생 지점에서 가연성 또는 압축성 폐기물을 분리하면 폐기물 처리가 개선되고 부피가 감소한다. 분류를 통해 소각할 수 없는 폐기물이 소각장에서 처리되지 않도록 할 수 있다. 소각장에서의 폐기물 부피 감소가 압축기에서의 감소보다 크기 때문에 소각 가능한 폐기물이 소각장에 더 많이 가도록 하는 것이 폐기물 감소에 더욱 효과적이다.

압축에 의한 부피 감소. 저준위 고형 방사성 폐기물의 절반 가량은 압축으로 부피를 감소시킬 수 있다. 압축장치에는 압축기, 포장기, 배거 3가지 종류가 있다.

압축기(compactor)는 폐기물을 최종 보관, 운송 또는 폐기용 용기에 강제로 넣는 방식이다. 이때 가장 선호되는 용기는 0.210 m³ 드럼이다. **패커**(packer)는 압축기의 형태 중 하나로, 이 장치에서 폐기물은 재사용 가능한 용기에 압축된다. 처리장에서 압축된 폐기물은 압축된 형태를 유지하기 위해 별도의 처리없이 매립된다. 패커 시스템으로는 최소한의 공간 절약만 달성 가능하다.

포장기(baler)는 폐기물을 압축하여 덩어리로 만든 후 포장하거나 서로 묶어 보관, 운송 또는 처분한다. 포장기를 사용하면 상당한 공간 절약이 가능하다.

배거(bagger)는 폐기물을 미리 정해진 형태로 압축한 후 원형 또는 직사각형 용기, 상자 또는 드럼통에 주입하여 보관, 운송 또는 처분한다. 이 압축 방법을 사용하면 공간을 어느 정도 절약할 수 있다.

이 3가지 기술은 일반적인 상황과 몇몇 특수한 상황에 적용 가능하다. 그러나 이러한 처리는 보관 중에 연소가 일어날 위험을 방지할 수 없으며, 특정 물질만이 압축에 적합하다. 압축 처리에 적합한 물질로는 종이, 의류, 고무, 플라스틱, 목재, 유리, 작은 금속성 물체가 있다. 크고 단단한 금속성 물체는 일반적으로 압축이 불가능하고 용기 및 압축 기계에 손상을 줄 수 있으므로 제외해야 한다. 수분(자유수분 또는 종이나 천에 다량 흡수된 것)은 고압에서 외부로 빠져나갈 수 있고, 작업자에게 큰 위험을 초래할 수 있으므로 피해야 한다. 또한 부식성, 발열성, 폭발성 폐기물은 유기성이든 무기성이든 이러한 처리에서 제외되어야 한다.

압축 기계는 경제적이고 안정적이며 조작이 쉬워야 한다. 시판되는 장비는 매우 많지만 모두 공기 차단, 배기가스 환기, 여과, 필요시 차폐를 실시할 수 있도록 개조되어야 한다.

소각에 의한 부피 감소. 소각에 의한 고형 방사성 폐기물의 감소는 저준위 방사성 폐기물 관리자, 특히 부지를 구하기 어렵거나 부지 비용이 높은 지역의 관리자들의 관심을 끄는 방안이다. 이러한 조건하에서 부피 감소의 장점은 매우 크며, 단점은 극복할 장애물 정도로 보여진다. 부지가 부족하여 구하기 어려운 유럽에서 가연성 고형 방사성 폐기물의 소각은 최종 처분 전에 흔히 수행되고 만족스러운 결과를 낳는 전처리 방식이다.

이 방법은 선별된 가연성 폐기물의 부피를 80~90% 감소시키는 것으로 보고되어 있는데, 배기가스 처리 및 내화재 변화와 같은 잔류물 처리를 고려하면 과대평가된 추정치일 수 있다. 소각으로 매장, 운송 및 장기 모니터링에 사용되는 부지를 상당히 절약할 수 있다. 또한 지하공간에 장기 화재가 발생할 가능성에 대한 지속적인 우려로부터 우리를 해방시켜 줄 것이다. 소각 시에는 유기물(용매, 이온교환수지 등)과 부패하기 쉬운 생물학적 물질(동물 사체, 배설물 등)을 태우는 문제에 각별히 주의해야 한다. 방사성 폐기물의 소각은 방사성 에어로졸의 생성을 방지하기 위해 통제된 조건에서 수행되어야 하며, 폐기물이 RCRA 폐기물이면서 방사성인 경우 RCRA 및 원자력 규제위원회 규정을 모두 준수해야 한다.

장기적인 관리 및 격리

부지 선정. 방사성 폐기물을 매장할 때 한 가지 우려되는 점은 지하수나 침투한 지표수가 폐기물을 침출시켜 방사성 물질을 이동시키는 것이다. 방사성 핵종은 자연적인 과정으로 지하수에서 지표수로 유입되거나 우물을 통해 지표면으로 끌어올려질 수 있다. 이 때문에 부지 선정에 있어 수문지질학 및 수리화학적 고려가 매우 중요하다.

부지의 적절성 여부를 판단하기 위해 필요한 수문지질학 및 수리화학적 자료의 유형은 다음과 같다(Papadopulos and Winograd, 1974).

1. 지하수면까지 깊이(필요시 부유대수층 수위 포함)
2. 가장 가까운 지하수, 샘물 또는 지표수 사용 지점까지의 거리(등록된 우물과 샘물, 특히 공공이용용 우물 포함)
3. 강수량과 유출량의 차 대비 팬 증발 비율(적어도 2년 이상의 월별 자료)
4. 지하수면 등고선도
5. 연간 지하수면 변동 규모
6. 가장 얕은 피압대수층 하부의 지층 및 구조
7. 저장소를 통과하거나 인접한 상수하천의 기저유량 자료
8. 대수층 및 반대수층에 존재하는 물과 침출수의 화학적 특성
9. 불포화대 및 포화대(가장 얕은 피압대수층 기저에 이르기까지)의 각 층상별로 코어 시료와 참호의 그랩 시료를 채취하여 실험실에서 측정한 수리전도도, 유효 공극률, 광물학적 특성(수리전도도는 다양한 함수율 및 수분 장력에서 측정)
10. 특수 시공된 관측공에서 중성자 수분계로 측정한 불포화대의 수분 함량(2년 이상 기록 필요)
11. 불포화대 상부 4.5~9 m까지의 토양 수분 장력 현장 측정값(2년 이상 기록 필요)
12. 가장 얕은 피압대수층 기저에 이르기까지 존재하는 모든 포화된 지하수분 층상의 3차원 수두 분포
13. 투과율 및 저장 계수를 결정하기 위한 양수, 주입, 순간변위 시험
14. 비피압 대수층과 가장 얕은 피압대수층의 함양 및 유출 구역 정의
15. 분산계수의 현장 측정값
16. 모든 지하수면 층상에서 중요 핵종의 이동에 대한 분산계수의 실험실 및 현장 산정값
17. 침식률 또는 경사 후퇴율

이러한 자료는 불포화대와 포화대에서 발생하는 유체의 흐름과 핵종 이동을 완전히 파악하기 위해 필요하다.

방사성 오염물질을 확실하게 장기간(즉, 수백만 년) 매립지에 고립시키는 것은 불가능하다. 그러나 이러한 오염물질이 수용 가능한 수준으로 붕괴될 때까지 지표면 아래에 머무르게 하여 사람들로부터 거리를 둘 수 있는 수문지질학적 환경은 존재하는 것으로 보인다.

문제는 단순히 최적화된 격리를 확보하는 것뿐만 아니라 최소한의 지정된 시간 동안 격리를 보장하거나, 이 기간이 경과할 때까지 지표면 아래에 있는 방사성 오염물질의 상태를 파악하고 예측하는 것이다. 이러한 예측이 어렵거나 불가능하게 만드는 복잡한 수문지질학적 특성을 지닌 곳은 방사성 폐기물 처분장으로 적합하지 않다.

지질학적 관점에서 매장된 방사성 폐기물의 장기적 통제에 대한 2가지 기본적인 접근 방식이 있다. 가장 간단한 접근 방식은 물이 폐기물에 도달하는 것을 방지하여 폐기물 내 오염물질이 이동할 가능성을 차단하는 것이다. 침투가 거의 없거나 전혀 없는 건조한 기후에서는 이 방법이 가능할 수 있다.

침투가 발생하는 습한 기후 지역에서는 수백 년 동안 폐기물과 물을 격리할 수 있는 일종의 공학적 용기나 시설이 필요하다. 그러나 그러한 시설이 설계, 시공 및 시연될 수 있는지는 두고 봐야 할 일이다.

장기적인 통제에 대한 두 번째 접근 방식은 방사성 오염물질이 이동하여도 안전성에 문제가 없는 것을 입증할 수 있는 수문지질학적 환경에 폐기물을 매립하는 것이다. 현장이 실제로 안전하다는 것을 입증하려면 오염물질 이동에 영향을 미치는 요인에 대한 정량적인 평가가 필요하다. 이러한 평가는 상당이 어려울 수 있지만, 만약 방사성 폐기물을 습한 기후나 침투로 매장된 폐기물의 침출이 발생 가능한 기후에 매립하여야 한다면 이것이 유일한 선택지로 보인다.

또한 매립지의 생물학적, 미생물학적 환경에도 관심을 기울여야 한다. 토양 미생물, 지렁이, 큰 굴을 파는 동물, (특히 사막지역에서) 물과 영양분을 얻기 위해 뻗은 깊고 곧은 식물 뿌리는 모두 매립지에서 생물권으로 폐기물 성분이 이동하는 요인이 될 수 있다. 어떤 생물은 불용성 오염물질을 이동시키는 착물형성제로 작용할 수 있는 유기화합물을 토양에 방출할 수 있다. 또 다른 생물은 놀라울 정도로 높은 배율로 서식 환경으로부터 방사성 핵종을 농축하여 생화학적 가용성과 방사성 핵종의 분포를 변화시킬 수 있다.

부지 선정 기준. 미시간주의 부지 선정 기준은 처분 장소 선정 시 고려해야 하는 요소를 잘 보여준다.

첫 번째 목적은 인구 밀집 지역 및 인간 활동과의 충돌을 피하는 것이다. 미시간주는 격리 거리를 1 km로 설정하고 환경 모니터링의 건강 및 안전 성능 목표를 위협할 수준이 될 정도로 예상 인구증가량이 커서는 안 된다고 규정하였다.

최근 10,000년 이내 지각 변동이 발생한 단층에서 1.6 km 이내에 있는 지역은 후보지에서 제외된다. 이와 유사하게, 상당한 강도의 지진이 감지된 적이 있는 곳과 범람원 지역도 제외된다. 사면 사태, 침식, 이와 유사한 지질학적 현상들이 시설에 손상을 입힐 가능성이 있는지 여부도 평가해야 한다.

지하수가 현장으로부터 100년 동안 30 m 이상 흐르거나 지하수가 500년 이내에 대수층에 도달할 수 있는 지역도 제외된다. 또한 단독 수원으로 사용되는 대수층 지역과 지하수가 1 km 이내에 지표로 배출되는 지역도 제외된다. 오대호에서 16 km 이내에 처분 시설을 지어서는 안 된다.

이 기준은 가장 안전한 교통망이 사용되어야 한다고 규정한다. 인구 밀집 지역에서 떨어져 있고 사고율이 낮은 고속도로가 적합하다.

현장은 복잡한 기상학적 특성이 없어야 하며 자원개발과의 충돌을 피해야 한다. 마찬가지로, 습지나 해안 지역과 같이 환경에 민감한 지역도 피해야 한다. 1988년 1월 1일 기준으로 개발 계획이 정식으로 제안 또는 승인된 지역은 제외한다.

이 기준들은 매우 엄격하다. 이러한 제약과 더욱 어려운 문제인 대중의 반대로, 미국에서 새로운 부지가 확정된 사례는 아직 없다. 일부 협정은 심각한 문제와 갈등을 겪었고, 이로 인해 1개 주가 축출되기도 하였다. 예를 들어, 미시간주는 처분장 유치구로 선정된 후 수용 가능한 부지를 찾아내는 데 실패하여 중서부 협약에서 축출되었다.

소수의 일부 협약은 비교적 잘 진행되고 있다. 이러한 협약에는 공공기관, 지역 사회 관계자, 규제 기관 및 발전소가 참여하여 부지 식별, 허가 신청 완료, 계약서 확정 및 부지 건설을 위한 공동의 노력을 기울이고 있다. 가장 성공적인 접근법은 부지 후보지 몇 개를 찾아낸 후 그중 한 곳이

자원하는 방식이다.

현재 미국에서 운영되고 있는 두 부지는 워싱턴주 핸포드(Hanford)와 사우스캐롤라이나주 반웰(Barnwell)에 있다. 이들 처분장은 미국 전역의 저준위 방사성 폐기물을 수용함으로써 엄청난 재정적 이득을 거두고 있다. 1995년 11월 $0.210 \ m^3$ 드럼을 처리하는 데 드는 총비용은 약 3,000달러였다. 많은 발전소에서 수년 동안 이 폐기물을 저장해 왔으며(예: 미시간주에서는 55개 발전소가 5년 동안 폐기물을 저장해 옴), 결국 공간이 부족해지기 때문에 기꺼이 이 가격을 지불할 것이다.

연습문제

16-1 $^{40}_{18}X$과 $^{14}_{7}X$의 원소 이름은 무엇인가?

답: 아르곤과 질소

16-2 다음의 붕괴 사슬에서 방출되는 입자는 무엇인가?

$^{14}_{6}C \longrightarrow {}^{14}_{7}N$

답: 베타

16-3 다음의 붕괴 사슬의 각 단계에서 배출되는 입자는 무엇인가?

$^{226}_{88}Ra \longrightarrow {}^{222}_{86}Rn \longrightarrow {}^{218}_{84}Po \longrightarrow {}^{214}_{82}Pb$

16-4 다음의 붕괴 사슬의 각 단계에서 배출되는 입자는 무엇인가?

$^{238}_{92}U \longrightarrow {}^{234}_{90}Th \longrightarrow {}^{234}_{91}Pa \longrightarrow {}^{234}_{92}U$

16-5 ^{32}P을 $0.5 \ \mu Ci \cdot L^{-1}$ 포함하는 실험실 용액을 처리하고자 한다. 방사성 동위원소가 허용 가능한 배출 수준에 도달하려면 얼마나 기다려야 하는가?

16-6 ^{131}I을 $100 \ \mu Ci \cdot L^{-1}$ 포함하는 병원 폐수를 처리하고자 한다. 방사성 동위원소가 허용 가능한 배출 수준에 도달하려면 얼마나 기다려야 하는가?

16-7 순수한 ^{131}I 시료 $50 \ \mu Ci$의 질량은 얼마인가?

답: $4.04 \times 10^{-10} \ g$

16-8 스프레드시트를 작성하여 순수한 ^{226}Ra로부터 ^{222}Rn이 발생하는 곡선을 계산하여 도시하시오. 초기에는 ^{222}Rn이 없는 것으로 가정한다.

16-9 X선 장비가 70 kV, 5 mA로 작동 중일 때, 선원으로부터 1.0 m 떨어진 곳에서 $D \ R \cdot min^{-1}$의 강도가 발생한다. 선원으로부터 2.0 m 떨어진 곳에서 발생하는 강도는 얼마인가?

16-10 문제 16-9에서 X선의 선원이 15 mA로 운영된다면, 선원으로부터 2.0 m 떨어진 곳에서 발생하는 강도는 얼마인가?

답: 0.75 D

16-11 ^{60}Co의 전송을 99.6% 감쇠시킬 수 있는 납의 두께(cm)는 얼마인가?

16-12 문제 16-11에서 납에 의한 것과 동일한 감쇠 효과를 달성하는 콘크리트의 등가 두께(cm)는 얼마인가?
　　　답: ~55 cm

16-13 ^{137}Cs을 차폐할 때 사용하는 납의 비례상수(u)를 구하시오.

Properties of Air, Water, and Selected Chemicals

부록

A

TABLE A–1 **Physical Properties of Water at 1 atm**

Temperature (°C)	Density, ρ (kg · m^{-3})	Specific Weight, γ (kN · m^{-3})	Dynamic Viscosity, μ (mPa · s)	Kinematic Viscosity, ν (μm^2 · s^{-1})
0	999.842	9.805	1.787	1.787
3.98	1000.000	9.807	1.567	1.567
5	999.967	9.807	1.519	1.519
10	999.703	9.804	1.307	1.307
12	999.500	9.802	1.235	1.236
15	999.103	9.798	1.139	1.140
17	998.778	9.795	1.081	1.082
18	998.599	9.793	1.053	1.054
19	998.408	9.791	1.027	1.029
20	998.207	9.789	1.002	1.004
21	997.996	9.787	0.998	1.000
22	997.774	9.785	0.955	0.957
23	997.542	9.783	0.932	0.934
24	997.300	9.781	0.911	0.913
25	997.048	9.778	0.890	0.893
26	996.787	9.775	0.870	0.873
27	996.516	9.773	0.851	0.854
28	996.236	9.770	0.833	0.836
29	995.948	9.767	0.815	0.818
30	995.650	9.764	0.798	0.801
35	994.035	9.749	0.719	0.723
40	992.219	9.731	0.653	0.658
45	990.216	9.711	0.596	0.602
50	988.039	9.690	0.547	0.554
60	983.202	9.642	0.466	0.474
70	977.773	9.589	0.404	0.413
80	971.801	9.530	0.355	0.365
90	965.323	9.467	0.315	0.326
100	958.366	9.399	0.282	0.294

Pa · s = (mPa · s) × 10^{-3}

m^2 · s^{-1} = (μm^2 · s^{-1}) × 10^{-6}

TABLE A-2 **Saturation Values of Dissolved Oxygen in Fresh Water Exposed to a Saturated Atmosphere Containing 20.9% Oxygen Under a Pressure of 101.325 kPa[a]**

Temperature (°C)	Dissolved Oxygen (mg · L^{-1})	Saturated Vapor Pressure (kPa)
0	14.62	0.6108
1	14.23	0.6566
2	13.84	0.7055
3	13.48	0.7575
4	13.13	0.8129
5	12.80	0.8719
6	12.48	0.9347
7	12.17	1.0013
8	11.87	1.0722
9	11.59	1.1474
10	11.33	1.2272
11	11.08	1.3119
12	10.83	1.4017
13	10.60	1.4969
14	10.37	1.5977
15	10.15	1.7044
16	9.95	1.8173
17	9.74	1.9367
18	9.54	2.0630
19	9.35	2.1964
20	9.17	2.3373
21	8.99	2.4861
22	8.83	2.6430
23	8.68	2.8086
24	8.53	2.9831
25	8.38	3.1671
26	8.22	3.3608
27	8.07	3.5649
28	7.92	3.7796
29	7.77	4.0055
30	7.63	4.2430
31	7.51	4.4927
32	7.42	4.7551
33	7.28	5.0307
34	7.17	5.3200
35	7.07	5.6236
36	6.96	5.9422
37	6.86	6.2762
38	6.75	6.6264

[a]For other barometric pressures, the solubilities vary approximately in proportion to the ratios of these pressures to the standard pressures.

Source: Calculated by G. C. Whipple and M. C. Whipple from measurements of C. J. J. Fox, *Journal of the American Chemical Society,* vol. 33, p. 362, 1911.

TABLE A–3	**Viscosity of Dry Air at Approximately 100 kPa[a]**			
	Temperature (°C)	**Dynamic Viscosity (μPa · s)**	**Temperature (°C)**	**Dynamic Viscosity (μPa · s)**
	0	17.1	55	20.1
	5	17.4	60	20.3
	10	17.7	65	20.6
	15	17.9	70	20.9
	20	18.2	75	21.1
	25	18.5	80	21.4
	30	18.7	85	21.7
	35	19.0	90	21.9
	40	19.3	95	22.2
	45	19.5	100	22.5
	50	19.8	150	25.2

[a]$\mu = 17.11 + 0.0536\,T + (P/8280)$ where T is in degrees Celsius and P is in kilopascals.

TABLE A–4	**Properties of Air at Standard Conditions[a]**		
	Molecular weight	M	28.97
	Gas constant	R	287 J · kg^{-1} · K^{-1}
	Specific heat at constant pressure	c_p	1005 J · kg^{-1} · K^{-1}
	Specific heat at constant volume	c_v	718 J · kg^{-1} · K^{-1}
	Density	ρ	1.185 kg · m^{-3}
	Dynamic viscosity	μ	1.8515×10^{-5} Pa · s
	Kinematic viscosity	ν	1.5624×10^{-5} m^2 · s^{-1}
	Thermal conductivity	k	0.0257 W · m^{-1} · K^{-1}
	Ratio of specific heats, c_p/c_v	k	1.3997
	Prandtl number	Pr	0.720

[a]Measured at 101.325 kPa pressure and 298 K temperature.

TABLE A–5	**Properties of Saturated Water at 298 K**		
	Molecular weight	M	18.02
	Gas constant	R	461.4 J · kg^{-1} · K^{-1}
	Specific heat	c	4181 J · kg^{-1} · K^{-1}
	Prandtl number	Pr	6.395
	Thermal conductivity	k	0.604 W · m^{-1} · K^{-1}

TABLE A–6	**Frequently Used Constants**		
	Standard atmospheric pressure	P_{atm}	101.325 kPa
	Standard gravitational acceleration	g	9.8067 m · s^{-2}
	Universal gas constant	R_u	8314.3 J · kg^{-1} · mol^{-1} · K^{-1}
	Electrical permittivity constant	ϵ_0	8.85×10^{-12} C · V^{-1} · m^{-1}
	Electron charge	q_e	1.60×10^{-19} C
	Boltzmann's constant	k	1.38×10^{-23} J · K^{-1}

TABLE A–7   Properties of Selected Organic Compounds

Name	Formula	M.W.	Density (g · mL^{-1})	Vapor Pressure (mm Hg)	Henry's Law Constant (kPa · m^3 · mol^{-1})
Acetone	CH_3COCH_3	58.08	0.79	184	0.01
Benzene	C_6H_6	78.11	0.879	95	0.6
Bromodichloromethane	$CHBrCl_2$	163.8	1.971		0.2
Bromoform	$CHBr_3$	252.75	2.8899	5	0.06
Bromomethane	CH_3Br	94.94	1.6755	1300	0.5
Carbon tetrachloride	CCl_4	153.82	1.594	90	3
Chlorobenzene	C_6H_5Cl	112.56	1.107	12	0.4
Chlorodibromomethane	$CHBr_2Cl$	208.29	2.451	50	0.09
Chloroethane	C_2H_5Cl	64.52	0.8978	700	0.2
Chloroethylene	C_2H_3Cl	62.5	0.912	2550	4
Chloroform	$CHCl_3$	119.39	1.4892	190	0.4
Chloromethane	CH_3Cl	50.49	0.9159	3750	1.0
1,2-Dibromoethane	$C_2H_2Br_2$	187.87	2.18	10	0.06
1,2-Dichlorobenzene	$1,2\text{-}Cl_2\text{—}C_6H_4$	147.01	1.3048	1.5	0.2
1,3-Dichlorobenzene	$1,3\text{-}Cl_2\text{—}C_6H_4$	147.01	1.2884	2	0.4
1,4-Dichlorobenzene	$1,4\text{-}Cl_2\text{—}C_6H_4$	147.01	1.2475	0.7	0.2
1,1-Dichloroethylene	$CH_2{=}CCl_2$	96.94	1.218	500	15
1,2-Dichloroethane	$ClCH_2CH_2Cl$	98.96	1.2351	700	0.1
1,1-Dichloroethane	CH_3CHCl_2	98.96	1.1757	200	0.6
Trans-1,2-Dichloroethylene	$CHCl{=}CHCl$	96.94	1.2565	300	0.6
Dichloromethane	CH_2Cl_2	84.93	1.327	350	0.3
1,2-Dichloropropane	$CH_3CHClCH_2Cl$	112.99	1.1560	50	0.4
Cis-1,3-Dichloropropylene	$ClCH_2CH{=}CHCl$	110.97	1.217	40	0.2
Ethyl benzene	$C_6H_5CH_2CH_3$	106.17	0.8670	9	0.8
Formaldehyde	$HCHO$	30.05	0.815		
Hexachlorobenzene	C_6Cl_6	284.79	1.5691		
Pentachlorophenol	Cl_5C_6OH	266.34	1.978		
Phenol	C_6H_5OH	94.11	1.0576		
1,1,2,2-Tetrachloroethane	$CHCl_2CHCl_2$	167.85	1.5953	5	0.05
Tetrachloroethylene	$Cl_2C{=}CCl_2$	165.83	1.6227	15	3
Toluene	$C_6H_5CH_3$	92.14	0.8669	28	0.7
1,1,1-Trichloroethane	CH_3CCl_3	133.41	1.3390	100	3.0
1,1,2-Trichloroethane	$CH_2ClCHCl_2$	133.41	1.4397	25	0.1
Trichloroethylene	$ClHC{=}CCl_2$	131.29	1.476	50	0.9
Vinyl chloride	$H_2C{=}CHCl$	62.50	0.9106	2200	50
o-Xylene	$1,2\text{-}(CH_3)_2C_6H_4$	106.17	0.8802	6	0.5
m-Xylene	$1,3\text{-}(CH_3)_2C_6H_4$	106.17	0.8642	8	0.7
p-Xylene	$1,4\text{-}(CH_3)_2C_6H_4$	106.17	0.8611	8	0.7

Note: Ethene = ethylene; ethyl chloride = chloroethane; ethylene chloride = 1,2-dichloroethane; ethylidene chloride = 1,1-dichloroethane; methyl benzene = toluene; methyl chloride = chloromethane; methyl chloroform = 1,1,1-trichloroethane; methylene chloride = dichloromethane; tetrachloromethane = carbon tetrachloride; tribromomethane = bromoform.

TABLE A–8	Typical Solubility Product Constants		
Equilibrium Equation	**K_{sp} at 25°C**	**Equilibrium Equation**	**K_{sp} at 25°C**
$AgCl \rightleftharpoons Ag^+ + Cl^-$	1.76×10^{-10}	$Fe(OH)_2 \rightleftharpoons Fe^{2+} + 2OH^-$	4.79×10^{-17}
$Al(OH)_3 \rightleftharpoons Al^{3+} + 3OH^-$	1.26×10^{-33}	$FeS \rightleftharpoons Fe^{2+} + S^{2-}$	1.57×10^{-19}
$BaSO_4 \rightleftharpoons Ba^{2+} + SO_4^{2-}$	1.05×10^{-10}	$PbCO_3 \rightleftharpoons Pb^{2+} + CO_3^{2-}$	1.48×10^{-13}
$Cd(OH)_2 \rightleftharpoons Cd^{2+} + 2OH^-$	5.33×10^{-15}	$Pb(OH)_2 \rightleftharpoons Pb^{2+} + 2OH^-$	1.40×10^{-20}
$CdS \rightleftharpoons Cd^{2+} + S^{2-}$	1.40×10^{-29}	$PbS \rightleftharpoons Pb^{2+} + S^{2-}$	8.81×10^{-29}
$CdCO_3 \rightleftharpoons Cd^{2+} + CO_3^{2-}$	6.20×10^{-12}	$Mg(OH)_2 \rightleftharpoons Mg^{2+} + 2OH^-$	1.82×10^{-11}
$CaCO_3 \rightleftharpoons Ca^{2+} + CO_3^{2-}$	4.95×10^{-9}	$MgCO_3 \rightleftharpoons Mg^{2+} + CO_3^{2-}$	1.15×10^{-5}
$CaF_2 \rightleftharpoons Ca^{2+} + 2F^-$	1.61×10^{-10}	$MnCO_3 \rightleftharpoons Mn^{2+} + CO_3^{2-}$	2.23×10^{-11}
$Ca(OH)_2 \rightleftharpoons Ca^{2+} + 2OH^-$	7.88×10^{-6}	$Mn(OH)_2 \rightleftharpoons Mn^{2+} + 2OH^-$	2.04×10^{-13}
$Ca_3(PO_4)_2 \rightleftharpoons 3Ca^{2+} + 2PO_4^{3-}$	2.02×10^{-33}	$NiCO_3 \rightleftharpoons Ni^{2+} + CO_3^{2-}$	1.45×10^{-7}
$CaSO_4 \rightleftharpoons Ca^{2+} + SO_4^{2-}$	3.73×10^{-5}	$Ni(OH)_2 \rightleftharpoons Ni^{2+} + 2OH^-$	5.54×10^{-16}
$Cr(OH)_3 \rightleftharpoons Cr^{3+} + 3OH^-$	6.0×10^{-31}	$NiS \rightleftharpoons Ni^{2+} + S^{2-}$	1.08×10^{-21}
$Cu(OH)_2 \rightleftharpoons Cu^{2+} + 2OH^-$	2.0×10^{-19}	$SrCO_3 \rightleftharpoons Sr^{2+} + CO_3^{2-}$	5.60×10^{-10}
$CuS \rightleftharpoons Cu^{2+} + S^{2-}$	1.28×10^{-36}	$Zn(OH)_2 \rightleftharpoons Zn^{2+} + 2OH^-$	7.68×10^{-17}
$Fe(OH)_3 \rightleftharpoons Fe^{3+} + 3OH^-$	2.67×10^{-39}	$ZnS \rightleftharpoons Zn^{2+} + S^{2-}$	2.91×10^{-25}
$FeCO_3 \rightleftharpoons Fe^{2+} + CO_3^{2-}$	3.13×10^{-11}		

TABLE A–9	Typical Valences of Elements and Compounds in Water		
Element or Compound	**Valence**	**Element or Compound**	**Valence**
Aluminum	3^+	Manganese	2^+
Ammonium (NH_4)	1^+	Nickel	2^+
Barium	2^+	Oxygen	2^-
Boron	3^+	Nitrogen	$3^+, 5^+, 3^-$
Cadmium	2^+	Nitrate (NO_3)	1^-
Calcium	2^+	Nitrite (NO_2)	1^-
Carbonate (CO_3)	2^-	Phosphorus	$5^+, 3^-$
Carbon dioxide (CO_2)	a	Phosphate (PO_4)	3^-
Chloride (*not* chlorine)	1^-	Potassium	1^+
Chromium	$3^+, 6^+$	Silver	1^+
Copper	2^+	Silica	b
Fluoride (*not* fluorine)	1^-	Silicate (SiO_4)	4^-
Hydrogen	1^+	Sodium	1^+
Hydroxide (OH)	1^-	Sulfate (SO_4)	2^-
Iron	$2^+, 3^+$	Sulfide (S)	2^-
Lead	2^+	Zinc	2^+
Magnesium	2^+		

[a]Carbon dioxide in water is essentially carbonic acid:

$$CO_2 + H_2O \rightleftharpoons H_2CO_3$$

As such, the equivalent weight = GMW/2.

[b]Silica in water is reported as SiO_2. The equivalent weight is equal to the gram molecular weight.

TABLE A–10   Values of K_{ow}, Water Solubilities, and Henry's Law Constants for Selected Organic Compounds

Compound	log K_{ow}	Water Solubility (mg · L^{-1})	K_H (atm · M^{-1})	Compound	log K_{ow}	Water Solubility (mg · L^{-1})	K_H (atm · M^{-1})
Data from Yaws for 25°C				**Aromatic compounds, continued**			
Halogenated aliphatic compounds				Napthalene	3.3	32	0.46 (20°C)
Methanes				Phenanthrene	4.46	1.18	
Chloromethane	0.91	5900	8.2	Anthracene	4.45	0.053	
Dichloromethane	1.25	19,400	2.5	Fluorene	4.18	1.89	
Chloroform	1.97	7500	4.1	**Other aromatic compounds**			
Bromoform	2.4	3100	0.59	Chlorobenzene	2.84	390	4.5
Carbon tetrachloride	2.83	790	29	1,2-Dichlorobenzene	3.43	92	2.8
Dichlorodifluoromethane	2.16	18,800	390	1,3-Dichlorobenzene	3.53	123	3.4
Ethanes				1,4-Dichlorobenzene	3.44	80	
Chloroethane	1.43	9000	6.9	1,2,4-Trichlorobenzene			3.0
1,1-Dichloroethane	1.79	5000	5.8	Hexachlorobenzene	5.73	0.0047	
1,2-Dichloroethane	1.48	8700	1.18	Nitrobenzene	1.85	1940	0.021
1,1,1-Trichloroethane	2.49	1000	22	3-Nitrotoluene	2.45	500	0.075
1,1,2-Trichloroethane	1.89	4400	0.92	Phenol	1.46	80,000	0.00076
Hexachloroethane	3.91	8	25	Diethyl phthalate	2.47	1000	0.00014
Ethenes				2-Chlorophenol	2.15	25,000	0.037
Vinyl chloride	1.62	2700	22	3-Chlorophenol	2.5	25,000	0.00204
1,1-Dichloroethene	2.13	3400	23	Dibenzofuran	4.12		
1,2-cis-Dichloroethene	1.86	3500	7.4	**Other aliphatic compounds**			
1,2-trans-Dichloroethene	2.09	6300	6.7	Methyl t-butyl ether	0.94	51,000	0.54
Trichloroethene	2.42	1100	11.6	Methyl ethyl ketone	0.29	250,000	0.030
Tetrachloroethene	3.4	150	26.9	**Data from Schnoor et al. for 20°C**			
Aromatic compounds				2-Nitrophenol	1.75	2100	
Hydrocarbons				Benzo(a)pyrene	6.06	0.0038	0.00049
Benzene	2.13	1760	5.6	Acrolein	0.01	210,000	0.0038
Toluene	2.73	540	6.4	Alachlor	2.92	240	
Ethylbenzene	3.15	165	8.1	Atrazine	2.69	33	
Styrene	2.95	322	2.6	Pentachlorophenol	5.04	14	
o-Xylene	3.12	221	4.2	DDT	6.91	0.0055	0.038
m-Xylene	3.2	174	6.8	Lindane	3.72	7.52	0.0048
p-Xylene	3.15	200	6.2	Dieldrin	3.54	0.2	0.0002
1,2,3-Trimethylbenzene	3.66	36	7.4	2,4-D	1.78	900	0.00000172
1,2,4-Trimethylbenzene	4.02	35					

Sources: C. L. Yaws, "Chemical Properties Handbook," McGraw-Hill, New York, 1999. Schnoor et al., "Processes, Coefficients, and Models for Simulating Toxic Organics and Heavy Metals in Surface Waters," U.S. Environmental Protection Agency, EPA/600/3-87/015, June 1987.

TABLE A–11   Henry's Law Constants for Common Gases Soluble in H_2O

Temperature (°C)	$K_H \times 10^{-4}$ (atm)							
	Air	N_2	O_2	CO_2	CO	H_2	H_2S	CH_4
0	4.32	5.29	2.55	0.073	3.52	5.79	0.027	2.24
10	5.49	6.68	3.27	0.104	4.42	6.36	0.037	2.97
20	6.64	8.04	4.01	0.142	5.36	6.83	0.048	3.76
30	7.71	9.24	4.75	0.186	6.20	7.29	0.061	4.49
40	8.70	10.4	5.35	0.233	6.96	7.51	0.075	5.20

Source: G. Kiely, *Environmental Engineering.* 1996 The McGraw-Hill Education Companies, New York.

List of Elements with Their Symbols and Atomic Masses

List of the Elements with Their Symbols and Atomic Masses*

Element	Symbol	Atomic Number	Atomic Mass†	Element	Symbol	Atomic Number	Atomic Mass†
Actinium	Ac	89	(227)	Lanthanum	La	57	138.9
Aluminum	Al	13	26.98	Lawrencium	Lr	103	(257)
Americium	Am	95	(243)	Lead	Pb	82	207.2
Antimony	Sb	51	121.8	Lithium	Li	3	6.941
Argon	Ar	18	39.95	Lutetium	Lu	71	175.0
Arsenic	As	33	74.92	Magnesium	Mg	12	24.31
Astatine	At	85	(210)	Manganese	Mn	25	54.94
Barium	Ba	56	137.3	Meitnerium	Mt	109	(266)
Berkelium	Bk	97	(247)	Mendelevium	Md	101	(256)
Beryllium	Be	4	9.012	Mercury	Hg	80	200.6
Bismuth	Bi	83	209.0	Molybdenum	Mo	42	95.94
Bohrium	Bh	107	(262)	Neodymium	Nd	60	144.2
Boron	B	5	10.81	Neon	Ne	10	20.18
Bromine	Br	35	79.90	Neptunium	Np	93	(237)
Cadmium	Cd	48	112.4	Nickel	Ni	28	58.69
Calcium	Ca	20	40.08	Niobium	Nb	41	92.91
Californium	Cf	98	(249)	Nitrogen	N	7	14.01
Carbon	C	6	12.01	Nobelium	No	102	(253)
Cerium	Ce	58	140.1	Osmium	Os	76	190.2
Cesium	Cs	55	132.9	Oxygen	O	8	16.00
Chlorine	Cl	17	35.45	Palladium	Pd	46	106.4
Chromium	Cr	24	52.00	Phosphorus	P	15	30.97
Cobalt	Co	27	58.93	Platinum	Pt	78	195.1
Copper	Cu	29	63.55	Plutonium	Pu	94	(242)
Curium	Cm	96	(247)	Polonium	Po	84	(210)
Darmstadtium	Ds	110	(269)	Potassium	K	19	39.10
Dubnium	Db	105	(260)	Praseodymium	Pr	59	140.9
Dysprosium	Dy	66	162.5	Promethium	Pm	61	(147)
Einsteinium	Es	99	(254)	Protactinium	Pa	91	(231)
Erbium	Er	68	167.3	Radium	Ra	88	(226)
Europium	Eu	63	152.0	Radon	Rn	86	(222)
Fermium	Fm	100	(253)	Rhenium	Re	75	186.2
Fluorine	F	9	19.00	Rhodium	Rh	45	102.9
Francium	Fr	87	(223)	Roentgenium	Rg	111	(272)
Gadolinium	Gd	64	157.3	Rubidium	Rb	37	85.47
Gallium	Ga	31	69.72	Ruthenium	Ru	44	101.1
Germanium	Ge	32	72.59	Rutherfordium	Rf	104	(257)
Gold	Au	79	197.0	Samarium	Sm	62	150.4
Hafnium	Hf	72	178.5	Scandium	Sc	21	44.96
Hassium	Hs	108	(265)	Seaborgium	Sg	106	(263)
Helium	He	2	4.003	Selenium	Se	34	78.96
Holmium	Ho	67	164.9	Silicon	Si	14	28.09
Hydrogen	H	1	1.008	Silver	Ag	47	107.9
Indium	In	49	114.8	Sodium	Na	11	22.99
Iodine	I	53	126.9	Strontium	Sr	38	87.62
Iridium	Ir	77	192.2	Sulfur	S	16	32.07
Iron	Fe	26	55.85	Tantalum	Ta	73	180.9
Krypton	Kr	36	83.80	Technetium	Tc	43	(99)

(continued)

Element	Symbol	Atomic Number	Atomic Mass[†]	Element	Symbol	Atomic Number	Atomic Mass[†]
Tellurium	Te	52	127.6	Uranium	U	92	238.0
Terbium	Tb	65	158.9	Vanadium	V	23	50.94
Thallium	Tl	81	204.4	Xenon	Xe	54	131.3
Thorium	Th	90	232.0	Ytterbium	Yb	70	173.0
Thulium	Tm	69	168.9	Yttrium	Y	39	88.91
Tin	Sn	50	118.7	Zinc	Zn	30	65.39
Titanium	Ti	22	47.88	Zirconium	Zr	40	91.22
Tungsten	W	74	183.9				

[*]All atomic masses have four significant figures. These values are recommended by the Committee on Teaching of Chemistry, International Union of Pure and Applied Chemistry.

[†]Approximate values of atomic masses for radioactive elements are given in parentheses.

Periodic Table of Chemical Elements

Key:

9	F	Fluorine	19.00

9 — Atomic number
19.00 — Atomic mass

1 / 1A	2 / 2A	3 / 3B	4 / 4B	5 / 5B	6 / 6B	7 / 7B	8 / 8B	9 / 8B	10 / 8B	11 / 1B	12 / 2B	13 / 3A	14 / 4A	15 / 5A	16 / 6A	17 / 7A	18 / 8A
1 **H** Hydrogen 1.008																	2 **He** Helium 4.003
3 **Li** Lithium 6.941	4 **Be** Beryllium 9.012											5 **B** Boron 10.81	6 **C** Carbon 12.01	7 **N** Nitrogen 14.01	8 **O** Oxygen 16.00	9 **F** Fluorine 19.00	10 **Ne** Neon 20.18
11 **Na** Sodium 22.99	12 **Mg** Magnesium 24.31											13 **Al** Aluminum 26.98	14 **Si** Silicon 28.09	15 **P** Phosphorus 30.97	16 **S** Sulfur 32.07	17 **Cl** Chlorine 35.45	18 **Ar** Argon 39.95
19 **K** Potassium 39.10	20 **Ca** Calcium 40.08	21 **Sc** Scandium 44.96	22 **Ti** Titanium 47.88	23 **V** Vanadium 50.94	24 **Cr** Chromium 52.00	25 **Mn** Manganese 54.94	26 **Fe** Iron 55.85	27 **Co** Cobalt 58.93	28 **Ni** Nickel 58.69	29 **Cu** Copper 63.55	30 **Zn** Zinc 65.39	31 **Ga** Gallium 69.72	32 **Ge** Germanium 72.59	33 **As** Arsenic 74.92	34 **Se** Selenium 78.96	35 **Br** Bromine 79.90	36 **Kr** Krypton 83.80
37 **Rb** Rubidium 85.47	38 **Sr** Strontium 87.62	39 **Y** Yttrium 88.91	40 **Zr** Zirconium 91.22	41 **Nb** Niobium 92.91	42 **Mo** Molybdenum 95.94	43 **Tc** Technetium (98)	44 **Ru** Ruthenium 101.1	45 **Rh** Rhodium 102.9	46 **Pd** Palladium 106.4	47 **Ag** Silver 107.9	48 **Cd** Cadmium 112.4	49 **In** Indium 114.8	50 **Sn** Tin 118.7	51 **Sb** Antimony 121.8	52 **Te** Tellurium 127.6	53 **I** Iodine 126.9	54 **Xe** Xenon 131.3
55 **Cs** Cesium 132.9	56 **Ba** Barium 137.3	57 **La** Lanthanium 138.9	72 **Hf** Hafnium 178.5	73 **Ta** Tantalum 180.9	74 **W** Tungsten 183.9	75 **Re** Rhenium 186.2	76 **Os** Osmium 190.2	77 **Ir** Iridium 192.2	78 **Pt** Platinum 195.1	79 **Au** Gold 197.0	80 **Hg** Mercury 200.6	81 **Tl** Thallium 204.4	82 **Pb** Lead 207.2	83 **Bi** Bismuth 209.0	84 **Po** Polonium (210)	85 **At** Astatine (210)	86 **Rn** Radon (222)
87 **Fr** Francium (223)	88 **Ra** Radium (226)	89 **Ac** Actinium (227)	104 **Rf** Rutherfordium (257)	105 **Db** Dubnium (260)	106 **Sg** Seaborgium (263)	107 **Bh** Bohrium (262)	108 **Hs** Hassium (265)	109 **Mt** Meitnerium (266)	110 **Ds** Darmstadtium (269)	111 **Rg** Roentgenium (272)	112	(113)	114	(115)	116	(117)	(118)

Lanthanides and Actinides:

58 **Ce** Cerium 140.1	59 **Pr** Praseodymium 140.9	60 **Nd** Neodymium 144.2	61 **Pm** Promethium (147)	62 **Sm** Samarium 150.4	63 **Eu** Europium 152.0	64 **Gd** Gadolinium 157.3	65 **Tb** Terbium 158.9	66 **Dy** Dysprosium 162.5	67 **Ho** Holmium 164.9	68 **Er** Erbium 167.3	69 **Tm** Thulium 168.9	70 **Yb** Ytterbium 173.0	71 **Lu** Lutetium 175.0
90 **Th** Thorium 232.0	91 **Pa** Protactinium (231)	92 **U** Uranium 238.0	93 **Np** Neptunium (237)	94 **Pu** Plutonium (242)	95 **Am** Americium (243)	96 **Cm** Curium (247)	97 **Bk** Berkelium (247)	98 **Cf** Californium (249)	99 **Es** Einsteinium (254)	100 **Fm** Fermium (253)	101 **Md** Mendelevium (256)	102 **No** Nobelium (254)	103 **Lr** Lawrencium (257)

Legend:
- Metals
- Metalloids
- Nonmetals

The 1–18 group designation has been recommended by the International Union of Pure and Applied Chemistry (IUPAC) but is not yet in wide use. In this text we use the standard U.S. notation for group numbers (1A–8A and 1B–8B). No names have been assigned for elements 112, 114, and 116. Elements 113, 115, 117, and 118 have not yet been synthesized.

Useful Unit Conversion and Prefixes

Useful Conversion Factors

Multiply	By	To Obtain
atmosphere (atm)	101.325	kilopascal (kPa)
Calorie (international)	4.1868	Joules (J)
centipoise	10^{-3}	$Pa \cdot s$
centistoke	10^{-6}	m^2/s
cubic meter (m^3)	35.31	cubic feet (ft^3)
cubic meter	1.308	cubic yard (yd^3)
cubic meter	1,000.00	liter (L)
cubic meter/s	15,850.0	gallons/min (gpm)
cubic meter/s	22.8245	million gal/d (MGD)
cubic meter/m^2	24.545	gallons/sq ft (gal/ft^2)
cubic meter/d $\cdot$ m	80.52	gal/d $\cdot$ ft (gpd/ft)
cubic meter/d $\cdot$ m^2	24.545	gal/d $\cdot$ ft^2 (gpd/ft^2)
cubic meter/d $\cdot$ m^2	1.0	meters/d (m/d)
days (d)	24.00	hours (h)
days (d)	1,440.00	minutes (min)
days (d)	86,400.00	seconds (s)
dyne	10^{-5}	Newtons (N)
erg	10^{-7}	Joules (J)
grains (gr)	6.480×10^{-2}	grams (g)
grains/U.S. gallon	17.118	mg/L
grams (g)	2.205×10^{-3}	pounds mass (lb_m)
hectare (ha)	10^4	m^2
hectare (ha)	2.471	acres
Hertz (Hz)	1	cycle/s
Joule (J)	1	$N \cdot m$
J/m^3	2.684×10^{-5}	Btu/ft^3
kilogram/m^3 (kg/m^3)	8.346×10^{-3}	lb_m/gal
kilogram/m^3	1.6855	lb_m/yd^3
kilogram/ha (kg/ha)	8.922×10^{-1}	$lb_m/acre$
kilogram/m^2 (kg/m^2)	2.0482×10^{-1}	lb_m/ft^2
kilometers (km)	6.2150×10^{-1}	miles (mi)
kilowatt (kW)	1.3410	horsepower (hp)
kilowatt-hour	3.600	megajoules (MJ)
liters (L)	10^{-3}	cubic meters (m^3)
liters	1,000.00	milliliters (mL)
liters	2.642×10^{-1}	U.S. gallons
megagrams (Mg)	1.1023	U.S. short tons
meters (m)	3.281	feet (ft)
meters/d (m/d)	2.2785×10^{-3}	ft/min
meters/d	3.7975×10^{-5}	meters/s (m/s)
meters/s (m/s)	196.85	ft/min
meters/s	3.600	km/h
meters/s	2.237	miles/h (mph)
micron (μ)	10^{-6}	meters
milligrams (mg)	10^{-3}	grams (g)
milligrams/L	1	g/m^3
milligrams/L	10^{-3}	kg/m^3
Newton (N)	1	$kg \cdot m/s^2$

(continued)

Multiply	By	To Obtain
Pascal (Pa)	1	N/m^2
Poise (P)	10^{-1}	$Pa \cdot s$
square meter (m^2)	2.471×10^{-4}	acres
square meter (m^2)	10.7639	sq ft (ft^2)
square meter/s	6.9589×10^6	gpd/ft
Stoke (St)	10^{-4}	m^2/s
Watt (W)	1	J/s
Watt/cu meter (W/m^3)	3.7978×10^{-2}	hp/1,000 ft^3
Watt/sq meter $\cdot$ °C ($W/m^2 \cdot$ °C)	1.761×10^{-1}	Btu/h $\cdot$ $ft^2 \cdot$ °F

SI Unit Prefixes

Amount	Multiples and Submultiples	Prefixes	Symbols
1,000,000,000,000,000,000	10^{18}	exa	E
1,000,000,000,000,000	10^{15}	peta	P
1,000,000,000,000	10^{12}	tera	T
1,000,000,000	10^9	giga	G
1,000,000	10^6	mega	M[a]
1,000	10^3	kilo	k[a]
100	10^2	hecto	h
10	10	deka	da
0.1	10^{-1}	deci	d
0.01	10^{-2}	centi	c[a]
0.001	10^{-3}	milli	m[a]
0.000,001	10^{-6}	micro	μ[a]
0.000,000,001	10^{-9}	nano	n
0.000,000,000,001	10^{-12}	pico	p
0.000,000,000,000,001	10^{-15}	femto	f
0.000,000,000,000,000,001	10^{-18}	atto	a

[a]Most commonly used.

Greek Alphabet

Greek Alphabet

A	α	Alpha		N	ν	Nu
B	β	Beta		Ξ	ξ	Xi
Γ	γ	Gamma		O	o	Omicron
Δ	δ	Delta		Π	π	Pi
E	ε	Epsilon		P	ρ	Rho
Z	ζ	Zeta		Σ	σ	Sigma
H	η	Eta		T	τ	Tau
Θ	θ	Theta		Υ	υ	Upsilon
I	ι	Iota		Φ	ϕ	Phi
K	κ	Kappa		X	χ	Chi
Λ	λ	Lambda		Ψ	ψ	Psi
M	μ	Mu		Ω	ω	Omega

책을 만든 사람들

지은이
Susan J. Masten
Mackenzie L. Davis

감수
박제량
홍익대학교 건설환경공학과 교수

최용주
서울대학교 건설환경공학부 교수

옮긴이
김이중
홍익대학교 건설환경공학과 교수

명재욱
KAIST 건설및환경공학과 교수

박제량
홍익대학교 건설환경공학과 교수

윤석환
KAIST 건설및환경공학과 교수

이재영
아주대학교 환경안전공학과 교수

조은혜
전남대학교 농생명화학과 교수

최용주
서울대학교 건설환경공학부 교수

최정권
서울대학교 건설환경공학부 교수

(가나다순)

4판

환경공학 및 과학
PRINCIPLES OF ENVIRONMENTAL ENGINEERING AND SCIENCE, 4th EDITION

2022년 7월 14일 4판 1쇄 펴냄

지은이 Susan J. Masten, Mackenzie L. Davis
감 수 박제량, 최용주
옮긴이 김이중, 명재욱, 박제량, 윤석환, 이재영, 조은혜, 최용주, 최정권
펴낸이 류원식
펴낸곳 교문사

편집팀장 김경수 | **책임진행** 윤소연 | **디자인** 신나리 | **본문편집** 홍익m&b

주소 (10881) 경기도 파주시 문발로 116
전화 031-955-6111 | **팩스** 031-955-0955
홈페이지 www.gyomoon.com | **E-mail** genie@gyomoon.com
ISBN 978-89-363-2287-8 (93530)
정가 43,000원